U0155291

Excel 2019

函数与公式应用大全

Excel Home◎编著

北京大学出版社
PEKING UNIVERSITY PRESS

内 容 提 要

本书以 Excel 2019 为蓝本，全面系统地介绍了函数公式的应用方法。深入揭示背后的原理概念，并配有大量典型实用的应用案例，帮助读者全面掌握 Excel 函数公式的应用技术。

全书分为 5 篇 33 章以及 4 则附录，内容包括函数导读、常用函数、函数综合应用、条件格式、数据验证和高级图表制作中的函数应用，以及函数与公式常见错误指南。附录中还提供了 Excel 的规范与限制，Excel 的快捷键，Excel 2019 中的函数功能说明和 Excel 易用宝简介，方便读者随时查阅。

本书适合各层次的 Excel 用户，既可作为初学者的入门指南，又可作为中、高级用户的参考手册。

图书在版编目(CIP)数据

Excel 2019函数与公式应用大全 / Excel Home编著. — 北京：北京大学出版社，2022.4
ISBN 978-7-301-32917-7

Ⅰ. ①E… Ⅱ. ①E… Ⅲ. ①表处理软件 Ⅳ. ①TP391.13

中国版本图书馆CIP数据核字（2022）第038780号

书　　名 Excel 2019函数与公式应用大全
Excel 2019 HANSHU YU GONGSHI YINGYONG DAQUAN
著作责任者 Excel Home　编著
责 任 编 辑 张云静　吴秀川
标 准 书 号 ISBN 978-7-301-32917-7
出 版 发 行 北京大学出版社
地　　址 北京市海淀区成府路205 号　100871
网　　址 http://www. pup. cn　　新浪微博: @ 北京大学出版社
电 子 信 箱 pup7@ pup. cn
电　　话 邮购部 010-62752015　发行部 010-62750672　编辑部 010-62570390
印 刷 者 天津中印联印务有限公司
经 销 者 新华书店
787毫米×1092毫米　16开本　44.5印张　1071千字
2022年4月第1版　2022年4月第1次印刷
印　　数 1-8000册
定　　价 129.00 元

前　言

感谢您选择《Excel 2019 函数与公式应用大全》。

本书是由 Excel Home 技术专家团队在《Excel 2016 函数与公式应用大全》基础上创作的升级版本，完整详尽地介绍了 Excel 函数与公式的技术特点和应用方法。全书从公式与函数基础开始，逐步展开到文本处理、查找引用、统计求和等常用函数应用，以及数组公式、多维引用等。除此之外，还详细介绍了 Web 函数、宏表函数、自定义函数、数据库函数以及 Microsoft 365 专属 Excel 中部分有代表性的新函数，另外还包括在数据验证、条件格式、高级图表制作中的函数与公式综合应用，最后还介绍了公式常见错误及处理方法，形成一套结构清晰、内容丰富的 Excel 函数与公式知识体系。

本书采用循序渐进的方式，由易到难地介绍各个知识点。除了原理和基础性的讲解，还配以大量的典型示例帮助读者加深理解，读者甚至可以在自己的实际工作中直接进行借鉴。

读者对象

本书面向的读者群是所有需要使用 Excel 的用户。无论是初学者，中、高级用户还是 IT 技术人员，都能从本书找到值得学习的内容。当然，希望读者在阅读本书以前至少对 Windows 操作系统有一定的了解，并且知道如何使用键盘与鼠标。

本书约定

在正式开始阅读本书之前，建议读者花上几分钟时间来了解一下本书在组织和编写上使用的一些惯例，这会对您的阅读有很大的帮助。

软件版本

本书的写作基础是安装于 Windows 10 操作系统上的简体中文版 Excel 2019。尽管本书中的许多内容也适用于 Excel 的早期版本，如 Excel 2007、2010、2013 或 2016，或者其他语言版本的 Excel，如英文版、繁体中文版。但是为了能顺利学习本书介绍的全部功能，仍然强烈建议读者在简体中文版 Excel 2019 的环境下学习。

菜单命令

我们会这样来描述在 Excel 或 Windows 以及其他 Windows 程序中的操作，如在讲到对某张 Excel 工作表进行隐藏操作时，通常会写成：在 Excel 功能区中单击【开始】选项卡中的【格式】

下拉按钮，在其扩展菜单中依次选择【隐藏和取消隐藏】→【隐藏工作表】命令。

鼠标指令

本书中表示鼠标操作的时候都使用标准方法："指向""单击""右击""拖动""双击""选中" 等，您可以很清楚地知道它们表示的意思。

键盘指令

当读者见到类似 <Ctrl+F3> 这样的键盘指令时，表示同时按下 <Ctrl> 键和 <F3> 键。

Win 表示 Windows 键，就是键盘上画着⊞的键。本书还会出现一些特殊的键盘指令，表示方法相同，但操作方法会稍许不一样，有关内容会在相应的章节中详细说明。

Excel 函数与单元格地址

本书中涉及的 Excel 函数与单元格地址将全部使用大写，如 SUM(A1:B5)。但在讲到函数的参数时，为了和 Excel 中显示一致，函数参数全部使用小写，如 SUM(number1,number2, ...)。

图标

注意 →	表示此部分内容非常重要或者需要引起重视
提示 →	表示此部分内容属于经验之谈，或者是某方面的技巧
参考 →	表示此部分内容在本书其他章节也有相关介绍

阅读技巧

不同水平的读者可以使用不同的方式来阅读本书，以求用相同的时间和精力获得最大的回报。

刚刚接触函数公式的初级用户或者任何一位希望全面熟悉函数公式的读者，可以从头开始阅读，因为本书是按照函数公式的使用频度及难易程度来组织章节顺序的。

中、高级用户可以挑选自己感兴趣的主题有侧重地学习，虽然各知识点之间有千丝万缕的联系，但通过我们在本书中提示的交叉参考，可以轻松地顺藤摸瓜。

如果遇到困惑的知识点不必烦躁，可以暂时跳过，先保留个印象即可，今后遇到具体问题时再来研究。当然，更好的方式是与其他爱好者进行探讨。如果读者身边没有这样的人选，可以登录 Excel Home 技术论坛，这里有无数 Excel 爱好者正在积极交流。

另外，本书中为读者准备了大量的示例，它们都有相当的典型性和实用性，并能解决特定的问题。因此，读者也可以直接从目录中挑选自己需要的示例开始学习，然后快速应用到自己的工作中，就像查辞典那么简单。

赠送资源

读者可以用微信扫描右侧二维码关注“博雅读书社”微信公众号，根据提示获取下载码，即可获得本书的示例文件学习资源。

写作团队

本书由周庆麟策划并组织编写，绪论部分以及第 1~4 章、6~8 章、第 10 章和第 17 章由祝洪忠编写，第 5 章、11~13 章、25~27 章、第 32 章由方洁影编写，第 9 章、14 章、16 章、19~20 章、28 章、33 章由郭新建编写，第 15 章、18 章、21~24 章由翟振福编写，第 29~31 章由郑晓芬编写，最后由祝洪忠和周庆麟完成统稿。

衷心感谢 Excel Home 论坛的五百万会员，是他们多年来不断地支持与分享，才营造出热火朝天的学习氛围，并且成就了今天的 Excel Home 系列图书。

感谢 Excel Home 全体专家作者团队成员对本书的支持和帮助，尤其是本书较早版本的作者——余银、巩金玲、李锐、邵武，他们为本系列图书的出版贡献了重要的力量。

ExcelHome 论坛管理团队和培训团队长期以来都是 ExcelHome 图书的坚实后盾，他们是 Excel Home 中最可爱的人，代表人物有朱尔轩、林树珊、吴晓平、刘晓月、路丽清等，在此向他们表示由衷的感谢。

衷心感谢 ExcelHome 微博的所有粉丝和 ExcelHome 微信公众号的所有关注者，你们的“赞”和“分享”是我们不断前进的新动力。

后续服务

在本书的编写过程中，尽管我们每一位团队成员都未敢稍有疏虞，但纰缪和不足之处仍在所难免。敬请读者能够提出宝贵的意见和建议，您的反馈将是我们继续努力的动力，本书的后继版本也将会更臻完善。

您可以访问 https://club.excelhome.net，我们开设了专门的版块用于本书的讨论与交流。您也可以发送电子邮件到 book@excelhome.net，我们将尽力为您服务。

同时，欢迎您关注我们的官方微博和微信，这里会经常发布有关图书的更多消息，以及大量的 Excel 学习资料。

新浪微博：@ExcelHome

微信公众号：iexcelhome

《Excel 2019函数与公式应用大全》配套学习资源获取说明

第一步 微信扫描下面的二维码，
关注 Excel Home 官方微信公众号。

第二步 进入公众号以后，
输入关键词“202205”，单击
“发送”按钮。

第三步 根据公众号返回的提示，即可获得本书配套视频、示例文件及其他赠送资源。

目　录

第一篇　函数与公式基础

第二篇　常用函数

第三篇 函数综合应用

第四篇 其他功能中的函数应用

第五篇　函数与公式常见错误指南

示例目录

绪论　如何学习函数与公式

在 Excel 中，函数与公式无疑是最具有魅力的功能之一。使用函数与公式，能帮助用户完成多种要求的数据运算、汇总、提取等工作。函数与公式同数据验证功能相结合，能限制数据的输入内容或类型，还可以制作动态更新的下拉菜单。函数与公式同条件格式功能相结合，能根据单元格中的内容，显示出用户自定义的格式。在高级图表、透视表等应用中，也少不了函数与公式的身影。

虽然学习函数与公式没有捷径，但也是讲究方法的。本篇以我们的亲身体会和无数 Excel 高手的学习心得总结而来，以便教给大家正确的学习方法和思路，从而能让大家举一反三，通过自己的实践来获得更多的进步。

1. 学习函数很难吗

“学习函数很难吗？”，这是很多新人朋友在学习函数与公式之初最关心的问题。在刚刚接触函数与公式时，陌生的函数名称和密密麻麻的参数说明的确会令人望而生畏。我们说任何武功都是讲究套路的，只要肯用心，一旦熟悉了基本的套路章法，函数与公式这部“九阳神功”就不再难以修炼。

“我英文不好，能学好函数吗？”，这也是初学者比较关心的问题。其实这个担心完全是多余的，有些函数的名称特别长，这个也不需要全部记住，从 Excel 2007 开始，增加了屏幕提示功能，可以帮助用户快速地选择适合的函数，这个功能对于有英文恐惧症的同学来说无疑是一个福音。

Excel 中的函数有 400 多个，是不是每个函数都要学习呢？答案是否定的。实际工作中，常用函数大约有 30~50 个，像财务函数、工程函数等专业性比较强的函数，只有与该领域有关的用户才会用得多一些。只要将常用函数的用法弄通理顺了，再去看看那些不常用的函数，理解也不是困难的事情。

单个函数的功能和作用还是比较单一有限的，这些常用函数相互嵌套组合，威力得以极大的增强。很多函数“高手”往往是将简单的函数进行巧妙组合，衍生出精妙的应用，化腐朽为神奇。

如果能对这几十个常用函数有比较透彻的理解，再加上熟悉了它们的组合应用，就可以应对工作中的大部分问题了。其余的函数，有时间可以大致浏览一下，能够有一个初步的印象，这样在处理实际问题时，更容易快速找到适合的函数。

万事开头难，当我们开启了函数的大门，就会进入一个全新的领域，无数个函数就像是整装待发的士兵，在等你调遣指挥。要知道，学习是一个加速度的过程，只要基础的东西理解了，后面的学习就会越来越轻松。

2. 从哪里学起

长城不是一天修建的，函数与公式也不是一天就能够学会的，不要试图找到一本可以一夜精通的秘籍，循序渐进、积少成多是每个高手的必经之路。

在开始学习阶段，除了阅读图书学习基础理论知识，建议大家多到一些 Office 学习论坛去看一看免费的教程。本书所依托的 Excel Home 技术论坛，有大量的交流帖，就为广大 Excel 爱好者提供了广阔的学习平台，如下图所示。

从需要出发，学以致用。从实际工作需要出发，努力用函数与公式来解决实际问题，这是学习的动力源泉。

虽然基础理论是很枯燥的，但也是必须的。就像练习武功要先扎马步一样，千万不要急于求成，在开始阶段就去尝试理解复杂的数组公式或是嵌套公式，这样只会增加挫败感。

从简单公式入手，掌握公式的逻辑关系、功能和运算结果，是初期学习阶段的最佳切入点。对复杂的公式，要逐步学会分段剖析，了解各部分的功能和作用，层层化解，逐个击破。

3. 如何深入学习

带着问题学，是最有效的学习方法。不懂就问，多看别人写的公式，多看有关 Excel 函数与公式的书籍、文章、视频，这对于提高水平有着重要的作用。

当然，光看还不够，必须要多动手练习，观赏马术表演和自己骑马的感受是不一样的。很多时候我们看别人的操作轻车熟路，感觉没有什么难度，但是当自己动手时才发现远没有看到的那样简单。熟能生巧，只有自己多动手多练习，才能更快地练就驰骋千里的真本领。

有人说，兴趣是最好的老师。但是除了一些天赋异禀的神人，对于大多数人来说，能对学习产生兴趣不是件很容易的事情。除了兴趣之外，深入学习 Excel 函数与公式的另一个诀窍就是坚持。当我们想去解决一件事，就有一千种方法，如果不想解决这件事，就有一万个理由。学习函数与公式也是如此，不懈的坚持是通晓函数与公式的催化剂。冰冻三尺非一日之寒，三天打鱼两天晒网也很难学好函数与公式。放弃是最容易的，但绝不是最轻松的，在职场如战场的今天，有谁敢轻易说放弃呢?

分享也是促进深入学习的一个重要方法，当我们对函数与公式有了一些最基本的了解，就可以用自己的知识来帮助别人了。Excel Home 论坛每天有上千个求助交流帖子，这些都是练手学习的好素材。不要觉得自己的水平太低而怕别人嘲笑，能用自己的知识帮到别人，是一件很惬意的事情。在帮助别人的过程中，可以看看高手的公式是怎样写的，对比一下和自己的解题思路有什么不同。有些时候，即使“现学现卖”也是不错的学习方法。

如果自己学习中遇到问题了，除了百度搜索一下类似的问题，也可以在 Excel Home 论坛函数与公式版块发帖求助。求助时也是讲究技巧学问的，相对于“跪求”“急救”等词汇，对问题明确清晰的表述会更容易得到高手们的帮助。

提问之前，自己先要理清思路：我的数据关系是怎样的？问题的处理规则明确吗？希望得到什么样的结果呢？很多时候问题没有及时解决，不是问题本身太复杂，而是因为自己不会提问，翻来覆去说不到点子上；也不是高手太傲慢，只是缺少等你说清楚问题的耐心。

在 Excel Home 技术论坛，有很多帖子的解题思路堪称精妙。对一些让人眼前一亮的帖子，可以收藏起来慢慢消化吸收。但是千万不要以为下载了就是学会了，很多人往往只热衷于下载资料，而一旦下载完成，热情不再，那些资料也就“一入硬盘深似海”了。

微博、微信也是不错的学习平台，随着越来越多传统网站和精英人物的加入，其中的学习资源也丰富起来。只需要登录自己的账户，然后关注那些经常分享 Excel 应用知识的微博和微信公众号，就可以源源不断地接收新内容推送。新浪微博 @ExcelHome 和微信公众号 iexcelhome 每天都会推送完全免费的精彩教程，小伙伴们在等着你的加入。

万丈高楼平地起，当我们能将函数与公式学以致用，能够应用 Excel 函数与公式对实际问题提出解决方案时，就会实现在 Excel 函数领域中自由驰骋的目标。

最后祝广大读者和 Excel 函数与公式爱好者在阅读本书后，能够学有所成！

第一篇

函数与公式基础

函数与公式是Excel的代表性功能之一，具备出色的计算能力，灵活使用函数与公式可以提高数据处理与分析的能力和效率。本篇主要讲解公式的编辑与使用方法、Excel函数的语法结构与计算方式及数据引用、数据类型、运算符、名称等基础知识，理解并掌握这些知识点，对深入学习函数与公式会有很大帮助。

第 1 章　认识公式

理解并掌握 Excel 函数与公式的基础概念，对于进一步学习和运用函数与公式解决问题将起到重要的作用。

本章学习要点

（1）了解 Excel 函数与公式的基础概念。

（2）公式的组成要素。

（3）公式的输入、编辑、删除和复制。

（4）公式保护。

1.1　公式和函数的概念

Excel 公式是指以等号“=”开始，将数据（引用或常量）、运算符、函数等元素按照一定的顺序组合进行运算的等式，如“=A1+B2+10”或是“=COUNT(A1:E10)”。

单击【插入】选项卡下的【公式】按钮，可以插入各种数学公式，但这些数学公式只能显示，不能进行计算，如图 1-1 所示。

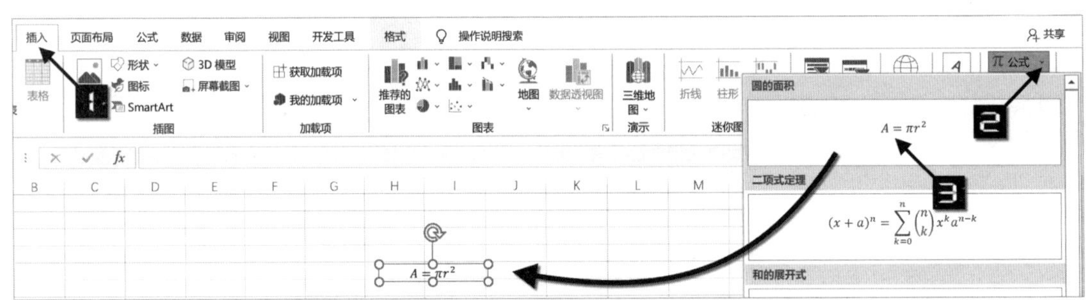

图 1-1　通过【插入】选项卡插入数学公式

本书中涉及的公式，均指 Excel 公式，与上述的数学公式无关。

公式通常包含以下 5 种元素。

- 运算符：是指一些用于计算的符号，如加（+）、减（-）、乘（*）、除（/）等。
- 单元格引用：可以是一个单元格或是多个单元格构成的引用区域。
- 数值或文本：例如，数字 8 或字符“A”。
- 函数：例如，SUM 函数、VLOOKUP 函数。
- 括号：用于控制公式中各个表达式的计算顺序。

Excel 函数可以看作是预定义的公式，按特定的顺序或结构进行计算。例如“=SUM(A1:A100)”，就是使用 SUM 函数对 A1 至 A100 单元格中的数值求和，相当于 A1+A2+A3+……+A100。

1.2　公式的输入、编辑与删除

1.2.1　输入

在单元格中输入以等号“=”开头的内容时，Excel 自动将该内容视作公式。如果在单元格中输入以加号“+”、减号“-”开头的内容时，Excel 会自动在其前面加上等号，并将内容视作公式。

在已经设置为“文本”数字格式的单元格中输入任何内容，Excel 都只将其视作文本数据，即使以等号“=”开头，Excel 也不将其视作公式。

在输入公式时，如果需要进行单元格引用，可以使用手工输入和鼠标选取两种方式。

➲ Ⅰ　手工方式

单击要输入公式的单元格，如 A3 单元格，然后输入等号“=”，再依次输入字符“A”“1”“+”“A”和“2”，输入完成后按 <Enter> 键，即可得到公式“=A1+A2”。

➲ Ⅱ　使用鼠标选取单元格

单击 A3 单元格，然后输入等号“=”，再使用鼠标单击选取 A1 单元格，接下来输入加号“+”，然后使用鼠标单击选取 A2 单元格，最后按 <Enter> 键，同样得到公式“=A1+A2”。

如果输入的公式有语法错误或公式中使用的括号不匹配，Excel 会自动进行检测并弹出相应的错误提示对话框，如图 1-2 所示。

如果公式较长，可以在运算符前后或函数参数前后使用空格或按 <Alt+Enter> 组合键手动换行。这样能够增加公式的可读性，使公式的各部分关系更加明确，便于理解。

如图 1-3 所示，在公式中分别使用了空格和手动换行符，但是不会影响公式计算。

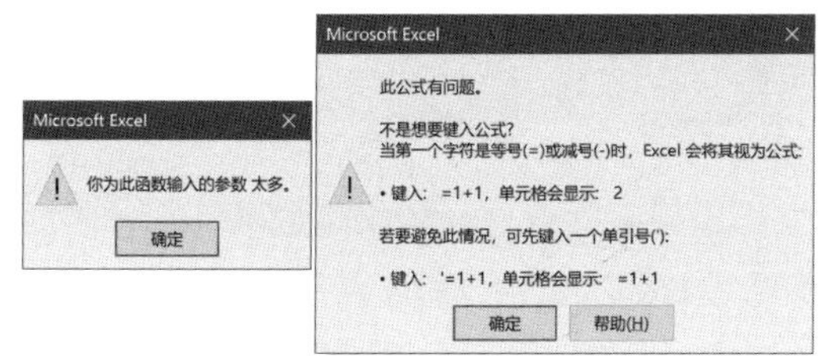

图 1-2　错误提示

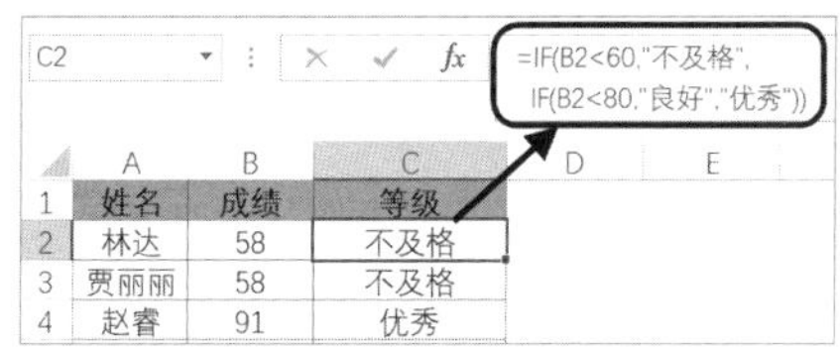

图 1-3　公式中使用空格和手动换行符进行间隔

1.2.2　修改

如果需要对现有公式进行修改，可以通过以下 3 种方式进入编辑状态。

方法 1：选中公式所在单元格，按 <F2> 键。

方法 2：双击公式所在单元格。如果双击无效，则需要依次单击【文件】→【选项】，在弹出的【Excel 选项】对话框中单击【高级】→选中【允许直接在单元格内编辑】复选框，如图 1-4 所示。

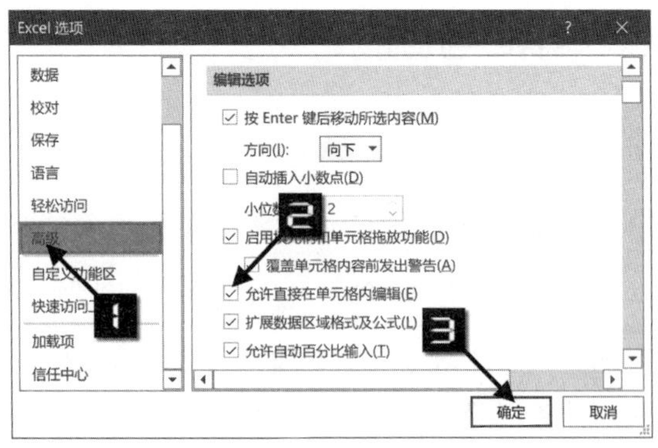

图 1-4　允许直接在单元格内编辑

方法 3：选中公式所在单元格，在编辑栏中进行修改。

❖ 修改完毕后可以按 <Enter> 键确认。

❖ 如果在修改中途想要放弃修改，可以按 <Esc> 键。

1.2.3 删除

选中公式所在单元格或区域，按 <Delete> 键即可清除单元格中的全部内容。

1.3 公式的复制与填充

当需要在多个单元格中使用相同的计算规则时，可以将已有公式快速复制到其他单元格，而无须逐个单元格编辑公式。

示例1-1 使用公式计算商品金额

	A	B	C	D
1	名称	数量（斤）	单价	金额
2	小白菜	24.2	0.85	
3	菜花	21.4	1.2	
4	五花肉	15.1	13.5	
5	鲅鱼	45.3	9.9	
6	鸡蛋	10.5	4.5	
7	牛肉	12.1	31.5	
8	豆腐	24.2	2	
9	鸡胸肉	15.1	6.5	
10	西红柿	10.3	1.4	

图 1-5　用公式计算商品金额

图 1-5 所示表格是某餐厅食材原料采购记录的部分内容，需要根据 B 列的数量和 C 列的单价计算出每种食材原料的金额。

首先在 D2 单元格输入以下公式，按 <Enter> 键，计算出第一项食材原料的金额。

```
=B2*C2
```

采用以下 5 种方法，可以将 D2 单元格的公式应用到计算规则相同的 D3:D10 单元格区域。

方法 1：拖曳填充柄。单击 D2 单元格，鼠标指针指向该单元格右下角，当光标变为黑色“+”字型填充柄时，按住鼠标左键向下拖曳至 D10 单元格，释放鼠标。

方法 2：双击填充柄。单击 D2 单元格，双击 D2 单元格右下角的填充柄，公式将向下填充到当前连续区域的最后一行，本例中为 D10 单元格。

方法 3：填充公式。选中 D2:D10 单元格区域，按 <Ctrl+D> 组合键或依次单击【开始】→【填充】下拉按钮，在下拉菜单中单击【向下】按钮，如图 1-6 所示。

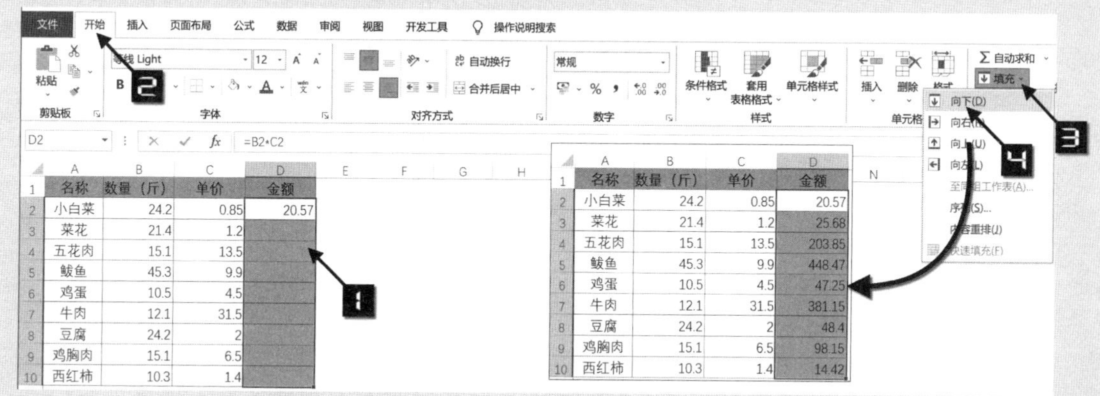

图 1-6　填充公式

提示

当需要向右复制公式时，可在【填充】下拉菜单中单击【向右】按钮，或者按 <Ctrl+R> 组合键。

方法 4：复制公式。单击 D2 单元格，然后依次单击【开始】→【复制】按钮，或按 <Ctrl+C> 组合键复制。选中 D3:D10 单元格区域，依次单击【开始】→【粘贴】下拉按钮，在下拉菜单中单击【公式】按钮。

方法 5：多单元格同时输入。选中 D2:D10 单元格区域，单击编辑栏中的公式使其进入编辑状态，最后按 <Ctrl+Enter> 组合键，则 D2:D10 单元格中将输入相同的公式。

以上 5 种方法的区别如下。

方法 1、方法 2、方法 3 和方法 4 中按 <Ctrl+V> 组合键粘贴是复制单元格操作，起始单元格的格式、条件格式、数据验证等属性将被覆盖到填充区域。方法 4 中通过【开始】选项卡粘贴公式和方法 5 不会改变填充区域的单元格格式。

方法 5 可用于不连续单元格区域的公式批量输入。

提示

使用方法 2 时，如果要填充的区域内包含空行，公式将无法复制到最后一行。

如果多张工作表的数据结构相同，并且计算规则一致，可以将已有公式快速应用到其他工作表，而无须再次编辑输入公式。

示例1-2　将公式快速应用到其他工作表

图 1-7 所示，分别是某餐厅两天的采购记录表，两个表格的数据结构相同。在“6 月 1 日”工作表的 D2:D10 单元格区域使用公式计算出了每种食材原料的金额，需要在“6 月 2 日”工作表中

使用同样的规则计算出不同食材原料的金额。

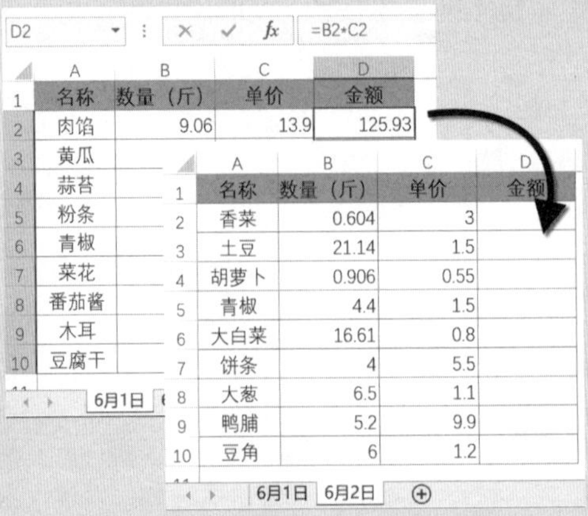

D2 =B2*C2

	A	B	C	D
1	名称	数量（斤）	单价	金额
2	肉馅	9.06	13.9	125.93
3	黄瓜			
4	蒜苔			
5	粉条			
6	青椒			
7	菜花			
8	番茄酱			
9	木耳			
10	豆腐干			

	A	B	C	D
1	名称	数量（斤）	单价	金额
2	香菜	0.604	3	
3	土豆	21.14	1.5	
4	胡萝卜	0.906	0.55	
5	青椒	4.4	1.5	
6	大白菜	16.61	0.8	
7	饼条	4	5.5	
8	大葱	6.5	1.1	
9	鸭脯	5.2	9.9	
10	豆角	6	1.2	

6月1日 6月2日

图 1-7 采购记录表

选中“6 月 1 日”工作表中的 D2:D10 单元格区域，按 <Ctrl+C> 组合键复制，切换到“6 月 2 日”工作表，单击 D2 单元格，按 <Ctrl+V> 组合键或按 <Enter> 键，即可将公式快速应用到“6 月 2 日”工作表中。

1.4 设置公式保护

为了防止工作表中的公式被意外修改、删除，或不想让其他人看到已经编辑好的公式，可以设置 Excel 单元格格式的“保护”属性，配合工作表保护功能，实现对工作表中的公式设置保护。

示例1-3 设置公式保护

在图 1-8 所示的员工信息表中，C2:C11 单元格区域使用公式从身份证号码中提取性别信息，F2:F3 单元格区域使用公式统计出不同性别人数，希望对公式所在单元格区域进行保护。

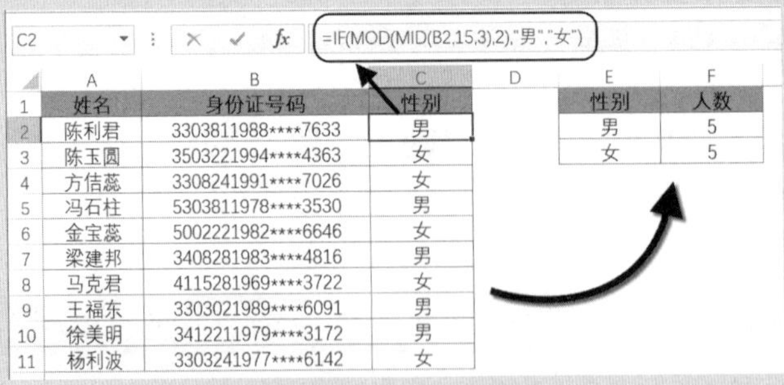

C2 =IF(MOD(MID(B2,15,3),2),"男","女")

	A	B	C	D	E	F
1	姓名	身份证号码	性别		性别	人数
2	陈利君	3303811988****7633	男		男	5
3	陈玉圆	3503221994****4363	女		女	5
4	方佶蕊	3308241991****7026	女			
5	冯石柱	5303811978****3530	男			
6	金宝蕊	5002221982****6646	女			
7	梁建邦	3408281983****4816	男			
8	马克君	4115281969****3722	女			
9	王福东	3303021989****6091	男			
10	徐美明	3412211979****3172	男			
11	杨利波	3303241977****6142	女			

图 1-8 员工信息表

操作步骤如下。

步骤① 单击任意空白单元格，按 <Ctrl+A> 组合键选中当前工作表全部单元格区域，再按 <Ctrl+1> 组合键打开【设置单元格格式】对话框。切换到【保护】选项卡，取消选中【锁定】和【隐藏】复选框，单击【确定】按钮，如图 1-9 所示。

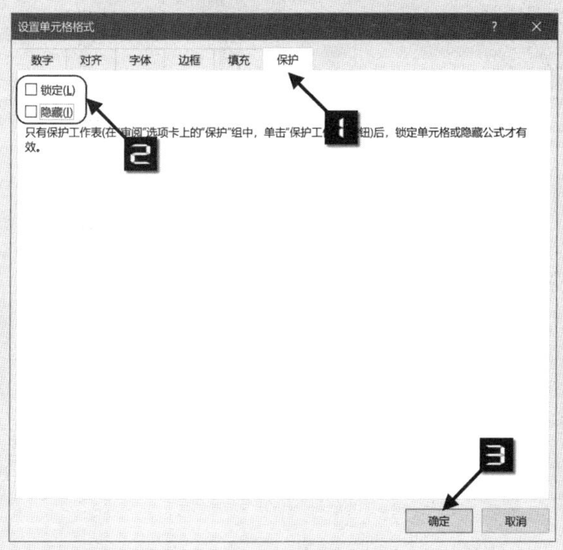

图 1-9　设置单元格格式

步骤② 单击【开始】选项卡下的【查找和选择】按钮，在下拉菜单中选择【公式】命令，此时会选中全部包含公式的单元格区域。

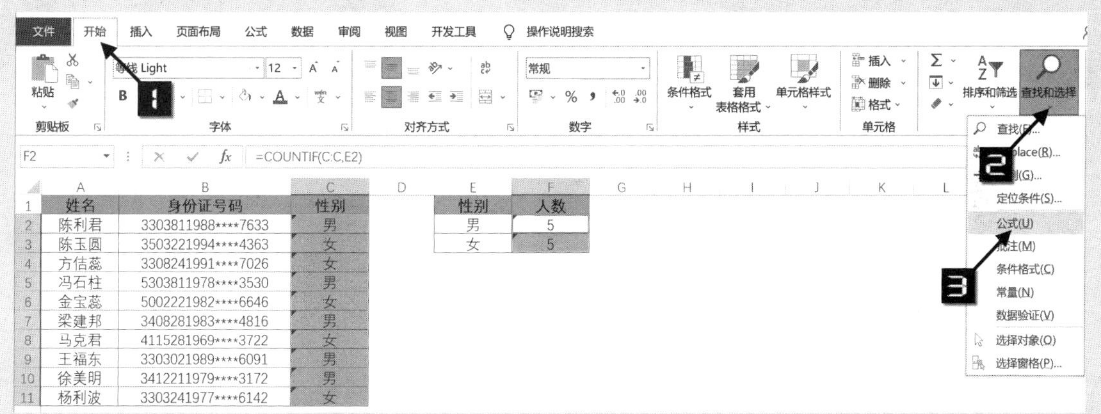

图 1-10　定位公式单元格区域

步骤③ 按 <Ctrl+1> 组合键打开【设置单元格格式】对话框，切换到【保护】选项卡，选中【锁定】和【隐藏】复选框，单击【确定】按钮。

步骤④ 依次单击【审阅】→【保护工作表】按钮，在弹出的【保护工作表】对话框中保留默认设置单击【确定】按钮，如图 1-11 所示。

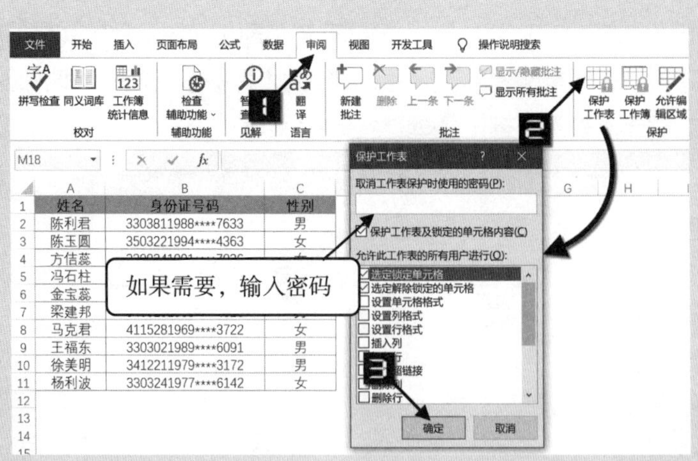

图 1-11　保护工作表

设置完毕后，单击公式所在单元格时，编辑栏将不显示公式。如果试图对该单元格进行编辑，Excel 将弹出警告对话框，并拒绝修改，如图 1-12 所示。而工作表中不包含公式的单元格则可正常编辑修改。

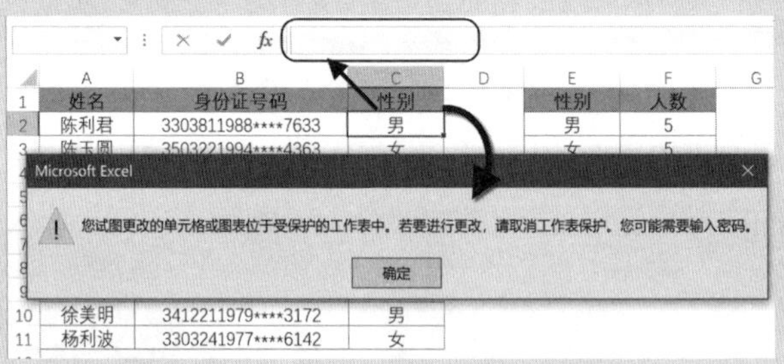

图 1-12　Excel 拒绝修改公式

要取消公式保护，单击【审阅】选项卡中的【撤销工作表保护】按钮即可，如果之前设置了保护密码，此时则需要提供正确的密码。

根据本书前言的提示操作，可观看设置公式保护的视频讲解。

1.5　浮点运算误差

浮点数是一个计算机术语，这是一种在计算机中的数字表示的方法或标准。因为计算机系统是以二进制进行存储和运算的，所以只能以近似的约数表示任意某个实数。

浮点计算是指浮点数参与的运算，这种运算通常伴随着因为无法精确表示而进行的近似或舍入，在二进制下的微小误差传递到最终计算结果中，可能会得出不准确的结果。

十进制数值转换为二进制数值的计算方法如下。

（1）整数部分：连续用该整数除以 2 取余数，然后用商再除以 2，直到商等于 0 为止，最后把各个余数按相反的顺序排列。

（2）小数部分：用 2 乘以十进制小数，将得到的整数部分取出，再用 2 乘以余下的小数部分，然后再将积的整数部分取出。如此往复，直到积中的小数部分为 0 或达到所要求的精度为止，最后把取出的整数部分按顺序排列。

（3）含有小数的十进制数转换成二进制时，先将整数、小数部分分别进行转换，然后将转换结果相加。

如果将十进制数值 22.8125 转换为二进制数值，其计算过程如图 1-13 所示。

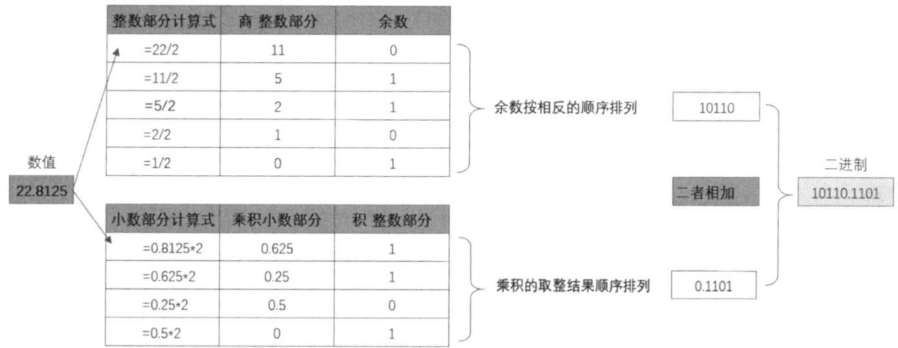

图 1-13　二进制转换过程

整数部分，22 的转换过程为：

22 除以 2 结果为 11，余数为 0。

11 除以 2 结果为 5，余数为 1。

5 除以 2 结果为 2，余数为 1。

2 除以 2 结果为 1，余数为 0。

1 除以 2 结果为 0，余数为 1。

余数按相反的顺序排列，二进制结果为 10110。

小数部分，0.8125 的转换过程为：

首先用 0.8125 乘以 2，结果取整。小数部分继续乘以 2，结果取整，得到小数部分 0 为止，将整数顺序排列。

0.8125 乘以 2 等于 1.625，取整结果为 1，小数部分是 0.625。

0.625 乘以 2 等于 1.25，取整结果为 1，小数部分是 0.25。

0.25 乘以 2 等于 0.5，取整结果为 0，小数部分是 0.5。

0.5 乘以 2 等于 1.0，取整结果为 1，小数部分是 0，计算结束。

将乘积的取整结果顺序排列，结果是 0.1101。

最后将 22 的二进制结果 10110 和 0.8125 的二进制结果 0.1101 相加，计算出十进制数值 22.8125 的二进制结果为 10110.1101。

按照上述方法将小数 0.6 转换为二进制代码，计算结果为：0.10011001100110011……，其中的 0011 部分会无限重复，无法用有限的空间量来表示。当结果超出 Excel 计算精度，产生了一个因太小而无法表示的数字时，在 Excel 中的处理结果是 0。

如图 1-14 所示，在 A2 单元格输入公式“=4.1-4.2+1”，然后连续单击【开始】选项卡下的【增加小数位数】按钮，计算结果将显示为 0.899999999999999。

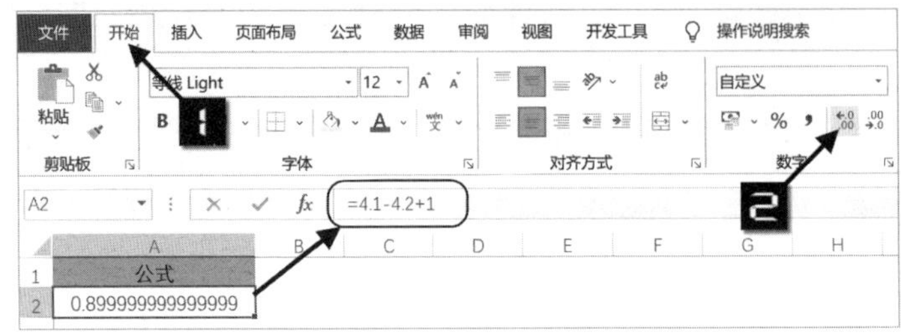

图 1-14　浮点运算误差

Excel 提供两种基本方法来弥补舍入误差。

一种方法是使用 ROUND 函数将数字四舍五入。例如，将 A2 单元格公式修改为：

```
=ROUND(4.1-4.2+1,1)
```

公式返回保留一位小数的计算结果 0.9。

有关 ROUND 函数的详细介绍，请参阅 12.4 节。

另一种方法是借助“将精度设为所显示的精度”选项。此选项会强制让工作表中每个数字的值成为单元格中显示的值。依次单击【文件】→【选项】，打开【Excel 选项】对话框。然后单击【高级】，在【计算此工作簿时】区域下选中【将精度设为所显示的精度】复选框，此时 Excel 会弹出警告对话框，提示用户“数据精度将会受到影响”，依次单击【确定】按钮完成设置，如图1-15所示。

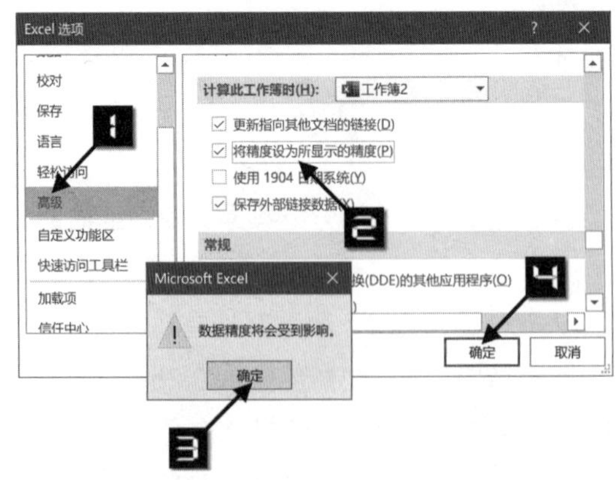

图 1-15　将精度设为所显示的精度

如果单元格设置了显示两位小数的数字格式，然后启用“将精度设为所显示的精度”选项，在保存工作簿时，所有超出两位小数部分的精度将会丢失。

提示

> 开启此选项会影响当前工作簿中的全部工作表，并且无法恢复由此操作所影响的数据精度。

练习与巩固

1. 如果所选单元格数据类型为数值，状态栏中会显示计数、平均值及求和等结果，如果所选单元格数据类型为文本，状态栏中则只显示（_______）结果。

2. 输入单元格的公式包含运算符、单元格引用、值或字符串、工作表函数和参数，以及（_______）等 5 种元素。

3. 当需要在多个单元格中使用相同的计算规则时，可以通过（_______）和（_______）的操作方法实现，而不必逐个单元格编辑公式。

4. 通过设置 Excel 单元格格式的“保护”属性，配合工作表保护功能，可以实现对工作表中的公式设置保护。你能说出保护公式的主要步骤吗?

5. 有时公式的计算结果中会出现非常细小的误差，这种误差叫作（_______）。

第 2 章　公式中的运算符和数据类型

本章讲解 Excel 公式中各种运算符的作用与特点，以及各种数据类型的特征和计算方式，深入学习这些基础知识，有助于理解公式的运算顺序及含义。

本章学习要点

（1）了解公式中的运算符。

（2）掌握数据类型的概念。

（3）学习数据类型的转换。

2.1　认识运算符

2.1.1　运算符的类型

Excel 中的运算符是构成公式的基本元素之一，包括算术运算符、比较运算符、文本运算符和引用运算符四种类型，每个运算符分别代表一种运算方式。

- ❖ 算术运算符：主要包括加、减、乘、除、百分比及乘幂等各种常规的算术运算。
- ❖ 比较运算符：用于比较数据的大小。
- ❖ 文本运算符：主要用于将字符或字符串进行连接与合并。
- ❖ 引用运算符：这是 Excel 特有的运算符，主要用于产生单元格引用。

不同运算符的作用说明如表 2-1 所示

表 2-1　公式中的运算符

符号	说明	实例
-	算术运算符：负号	=8*-5
%	算术运算符：百分号	=60*5%
^	算术运算符：乘幂	=3^2 =16^(1/2)
* 和 /	算术运算符：乘和除	=3*2/4
+ 和 -	算术运算符：加和减	=3+2-5
=、<> >、< >=、<=	比较运算符：等于、不等于、大于、小于、大于等于和小于等于	=A1=5 判断 A1 是否等于 5 =(B1<>"ABC") 判断 B1 是否不等于字符“ABC” =C1>=5 判断 C1 大于等于 5

续表

符号	说明	实例
&	文本运算符：连接文本	= "Excel"&"Home" 返回文本“ExcelHome” =123&456 返回文本型数字“123456”
:（冒号）	区域运算符，生成对两个引用之间的所有单元格的引用	=SUM(A1:B10) 引用冒号两侧所引用的单元格为左上角和右下角的矩形单元格区域
（空格）	交叉运算符，生成对两个引用的共同部分的单元格引用	=SUM(A1:B5 A4:D9) 引用 A1:B5 与 A4:D9 的交叉区域，公式相当于 =SUM(A4:B5)
,（逗号）	联合运算符，将多个引用合并为一个引用	=SUM(B1:B10,E1:E10) 用于参数的间隔，在部分函数中支持使用联合运算符将多个不连续区域的引用合并为一个引用

比较运算符的结果只有 TRUE 或 FALSE，文本运算符的结果一定是文本数据类型。

2.1.2　运算符的优先顺序

当公式中使用了多个运算符时，Excel 将根据各个运算符的优先级顺序进行运算，对于同一级别的运算符，则按从左到右的顺序运算，如表 2-2 所示。

表 2-2　Excel 公式中的运算优先级

顺序	符号	说明
1	:（空格）,	引用运算符：冒号、单个空格和逗号
2	-	算术运算符：负号（取得与原值正负号相反的值）
3	%	算术运算符：百分比
4	^	算术运算符：乘幂
5	* 和 /	算术运算符：乘和除（注意区别数学中的 ×、÷）
6	+ 和 -	算术运算符：加和减
7	&	文本运算符：连接文本
8	=,<,>,<=,>=,<>	比较运算符：比较两个值（注意区别数学中的≠、≤、≥）

2.1.3　括号与嵌套括号

在数学计算式中，使用小括号 ( )、中括号 [ ] 和大括号 { } 能够改变运算的优先级别，在 Excel 中均使用小括号代替，而且括号的优先级将高于表 2-2 中所有运算符，括号中的算式优先计算。如果在公式中使用多组括号进行嵌套，其计算顺序是由最内层的括号逐级向外层进行计算。

例 1：梯形上底长为 5、下底长为 8、高为 4，其面积的数学计算公式如下。

```
=(5+8)×4÷2
```

在 Excel 中使用的公式书写形式为：

```
=(5+8)*4/2
```

由于括号优先于其他运算符，先计算 5+8 得到 13，再从左向右计算 13*4 得到 52，最后计算 52/2 得到 26。

例 2：判断成绩 n 是否大于等于 60 分且小于 80 分时，其数学计算公式如下。

```
60≤n<80 或 80>n≥60
```

在 Excel 中，假设成绩 n 在 A2 单元格，正确的写法应为：

```
=AND(A2>=60,A2<80)
```

使用以下公式计算将无法得到正确结果：

```
=60<=A2<80
```

根据运算符的优先级，<= 与 < 属于相同级次，按照从左到右运算，Excel 会先判断 60<=A2 返回逻辑值 TRUE 或 FALSE，再判断逻辑值 <80。由于逻辑值大于数值，从而始终返回 FALSE。

在公式中使用的括号必须成对出现。虽然 Excel 在结束公式编辑时会做出判断并自动补充、更正，但是更正结果并不一定是用户所期望的。例如，在单元格中输入以下内容，按 <Enter> 键，会弹出如图 2-1 所示的对话框。

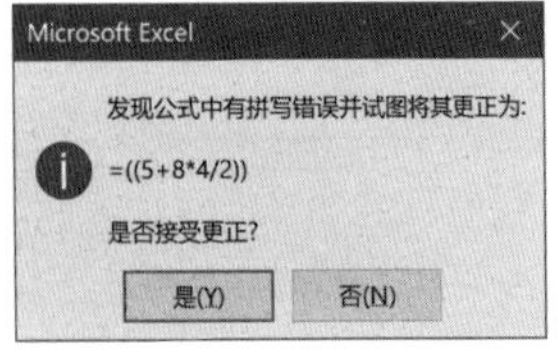

图 2-1　公式自动更正

```
=((5+8*4/2
```

当公式中有较多的嵌套括号时，选中公式所在单元格，鼠标单击编辑栏中公式的任意位置，不同的成对括号会以不同颜色显示，此项功能可以帮助用户更好地理解公式的结构和运算过程。

2.2　认识数据类型

2.2.1　常见数据类型

Excel 中的数据类型包括数值、文本、日期时间及逻辑值和错误值。

➲ Ⅰ 数值

数值是指所有代表数量的数字形式，如企业的产值和利润、学生成绩、个人的身高体重等。数值可以是正数，也可以是负数，并且都可以用于计算。除了普通的数字外，还有一些带有特殊符号的数字也会被 Excel 识别为数值，如百分号（%）、货币符号（如￥）和千分间隔符（,）。如果字母 E 在数字中恰好处于特定的位置，还会被 Excel 识别为科学记数符号。例如，输入“5e3”，会显示为科学记数形式 5.00E+03，即 5.00 乘以 10 的 3 次幂。

在 Excel 中，由于软件自身的限制，对于数值的使用和存储存在一些规范和限制。

Excel 可以表示和存储的数字最大精确到 15 位有效数字。对于超过 15 位的整数数字，如 1 234 567 890 123 456 789，Excel 会自动将 15 位以后的数字变为 0 来存储。对于大于 15 位有效数字的小数，则会将超出的部分截去。

因此，对于超出 15 位有效数字的数值，Excel 将无法进行精确的计算和处理。例如，无法比较相差无几的 20 位数字的大小、无法用数值形式存储 18 位的身份证号码等。

➲ II　文本

文本通常是指一些非数值性的文字、符号等，如企业名称、驾校考试科目、员工姓名等。除此以外，很多不需要进行数值计算的数字也可以保存为文本形式，如电话号码、身份证号码、银行卡号等。在公式中直接输入文本内容时，需要用一对半角双引号（""）包含，如公式“=A1="ExcelHome"”。

➲ III　日期和时间

在 Excel 中，日期和时间是以一种特殊的“序列值”形式存储的。

在 Windows 操作系统上所使用的 Excel 版本中，日期系统默认为“1900 日期系统”，即以 1900 年 1 月 1 日作为序列值的基准日期，这一天的序列值计为 1，这之后的日期均以距离基准日期的天数作为其序列值。例如，1900 年 1 月 15 日的序列值为 15。Excel 中可表示的最大日期是 9999 年 12 月 31 日，其日期序列值为 2 958 465。

输入日期后再将单元格数字格式设置为“常规”，此时就会在单元格内显示该日期的序列值。

提示

> Macintosh 操作系统下的 Excel 版本默认日期系统为“1904 日期系统”，即以 1904 年 1 月 1 日作为日期系统的基准日期。另外，为了保持与 Lotus 1-2-3 相兼容，在 Excel 的日期系统中还保留了并不存在的 1900 年 2 月 29 日（1900 年不是闰年）。

作为一种特殊的数值形式，日期承载着数值的所有运算功能。例如，要计算两个日期之间相距的天数，可以直接在不同单元格中分别输入两个日期，在第 3 个单元格使用单元格引用并用减法运算。

日期序列值是一个整数，时间的序列值则是一个小数。一天的数值单位是 1，1 小时可以表示为 1/24 天，1 分钟可以表示为 1/(24*60) 天，一天中的每一个时刻都可以由小数形式的序列值来表示。例如，中午 12:00:00 的序列值为 0.5（一天的一半），12:30:00 的序列值近似为 0.520833。

将小数部分表示的时间和整数部分表示的日期结合起来，就能以序列值表示一个完整的日期时间点。例如，2020 年 9 月 10 日中午 12:00:00 的序列值为 44 084.5。

对于不包含日期的时间值，如“12:30:00”，Excel 会自动以 1900 年 1 月 0 日这样一个实际不存在的日期作为其日期值。

如需在公式中直接输入日期或时间，需要用一对半角双引号（""）包含，如公式“="2021-8-15"-15”或“="10:24:00"+"0:30:00"”。

➲ IV 逻辑值

逻辑值包括 TRUE（真）和 FALSE（假）两种。假设 A3 单元格为任意数值，使用公式“=A3>0”，就能够返回 TRUE（真）或 FALSE（假）。

逻辑值之间进行四则运算或是逻辑值与数值之间的运算时，TRUE 的作用等同于 1，FALSE 的作用等同于 0。例如，FALSE*FALSE=0，TRUE-1=0

➲ V 错误值

用户在使用 Excel 的过程中可能会遇到一些错误值信息，如 #N/A、#VALUE!、#DIV/0! 等，出现这些错误值有多种原因，常见的错误值及产生的原因如表 2-3 所示。

表 2-3　常见错误值及产生的原因

错误值	产生的原因
#VALUE!	在需要数字或逻辑值时输入了文本，Excel 不能将其转换为正确的数据类型
#DIV/0!	使用 0 值作为除数
#NAME?	使用了不存在的名称或是函数名称拼写错误
#N/A	在查找函数中，无法找到匹配的内容
#REF!	删除了有其他公式引用的单元格或工作表，致使单元格引用无效
#NUM!	在需要数字参数的函数中，使用了不能接受的参数
#NULL！	1. 在公式中未使用正确的区域运算符，产生了空的引用区域，例如将公式“=SUM(A3:A10)”误写为“=SUM(A3 A10)”； 2. 在区域引用之间使用了交叉运算符（空格字符）来指定不相交的两个区域的交集。例如，公式“=SUM(A1:A5 C1:C3)”，A1:A5 和 C1:C3 没有相交的区域

当单元格中所含的数字超出单元格宽度，或者在设置了日期、时间的单元格内输入了负数，将以 # 号填充。

如果将使用数据模型创建的数据透视表通过【OLAP 工具】→【转换为公式】命令转换为公式，当参数设置错误时，会瞬时显示为错误值“#GETTING_DATA”，再转换为错误值“#N/A”。

在 Microsoft 365 版本的 Excel 中，还增加了部分新的错误值类型，如错误值“#SPILL!”表示公式的溢出区域不是空白区域。

除此之外，如果数据源中本身含有错误值，大多数公式的计算结果也会返回错误值。

2.2.2　数据的比较

数值大小的比较规则为：负数 <0< 正数。

字母大小的比较规则为：a<b<c……、A<B<C……。

对于文本型数字或是字母、数字的混合内容，会先按照首字符在计算机系统字符集中的数字代码顺序进行比较。首字符相同的，则继续按第二个字符在计算机系统字符集中的数字代码顺序进行比较，以此类推。例如，a1、a2、……a8、a9、a10 这 10 个字符串的从大往小排列的顺序为 a9、a8……a2、a10、a1。

在简体中文版操作系统中，汉字的比较规则是按拼音首字母的顺序。对于中文词组，则先按第一个汉字的拼音首字母排序，如果首字母相同，则继续比较第二个汉字的拼音首字母，以此类推。

不同类型的数据进行大小比较时按照以下顺序排列：

负数 <0< 正数 < 半角符号（如 !、%、-）< 字母 a~Z< 中文字符 <FALSE<TRUE

即数字小于半角符号，半角符号小于字母，字母小于中文字符，中文字符小于逻辑值 FALSE，逻辑值 TRUE 最大，错误值不参与排序。

如图 2-2 所示，需要将 A2~A5 单元格中的房间号进行升序排序。首先比较第一个字符，在第一个字符相同的前提下，Excel 继续用第二个字符进行比较，因为数值小于半角符号，所以“10-5-7”会在“1-5-10”之前显示。

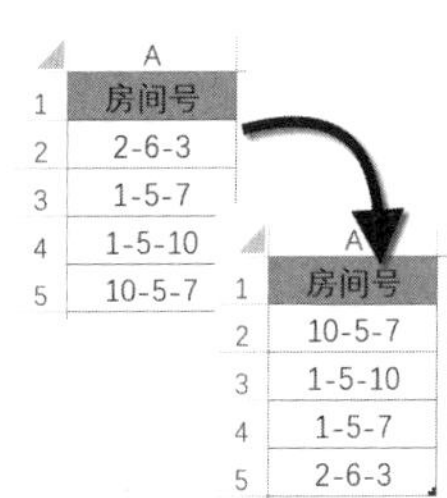

图 2-2　混合类型数据的排序效果

文本内容的比较规则与计算机的操作系统语言有关，简体中文版操作系统的部分比较规则在其他语言版本的操作系统中可能不适用。

2.3　数据类型的转换

2.3.1　逻辑值与数值转换

逻辑值与数值之间没有等同的关系，但在进行公式计算时允许将逻辑值视作数值。

示例2-1　计算员工全勤奖

图 2-3 所示为员工考勤表的部分内容，需要根据出勤天数计算全勤奖。出勤天数超过 23 天的全勤奖为 50 元，否则为 0。

在 C2 单元格输入以下公式，将公式向下复制到 C10 单元格。

```
=(B2>23)*50
```

公式优先计算括号内的 B2>23 部分，结果返回逻辑值 TRUE 或 FALSE，再使用逻辑值乘以 50。如果 B2 大于 23，则相当于

	A	B	C
1	姓名	出勤天数	全勤奖
2	蒙学友	23	
3	张凯华	24	
4	孟文欣	19	
5	孙立凯	24	
6	周建华	23	
7	曹学萌	24	
8	孙琳琳	24	
9	张和平	23	
10	金维凤	24	

图 2-3　计算全勤奖

TRUE*50，结果为 50。如果 B2 不大于 23，则相当于 FALSE*50，结果为 0。

在比较运算的公式或逻辑判断函数中，结果为 0 时相当于 FALSE，结果为不等于 0 的其他数值时则相当于 TRUE。

2.3.2 文本型数字与数值的转换

存储为文本格式的数字可以直接参与四则运算，但当此类数据以数组或单元格引用的形式作为某些函数的参数时，将被视为文本来处理。如果在【开始】选项卡下更改已有内容的单元格的数字格式，这些数据将无法直接从文本格式到其他格式之间进行相互转换。

例如，将 A1 单元格和 A2 单元格数字格式分别设置为“常规”和“文本”，然后分别输入数值 1 和 2，对数值 1 和文本型数字 2 的运算结果如表 2-4 所示。

表 2-4 文本型数字参与运算的特性

公式	返回结果	说明
=A1+A2	3	文本“2”参与四则运算被转换为数值
=SUM(A1:A2)	1	文本“2”在单元格引用中视为文本，未被 SUM 函数统计

使用以下 6 个公式，均能够将 A2 单元格的文本型数字转换为数值。

```
乘法：=A2*1
除法：=A2/1
加法：=A2+0
减法：=A2-0
减负运算：=--A2
函数转换：=VALUE(A2)
```

其中，减负运算相当于计算负数的负数，因其输入简便而被广泛应用。

如果希望将 A3 单元格中的数值转换为文本格式，可以用连接符将 A3 连接一个空文本 ""。

```
=A3&""
```

也可以先将文本型的数字转换为数值之后再进行统计分析，以便降低公式的使用难度。

通常情况下，文本型数字所在单元格的左上角会显示绿色三角形的错误检查符号。如果选中包含文本型数字的单元格，会在单元格一侧出现【错误检查选项】按钮，单击按钮右侧的下拉菜单，会显示选项菜单，单击其中的“转换为数字”命令，可以将所选内容转换为数值格式，如图 2-4 所示。

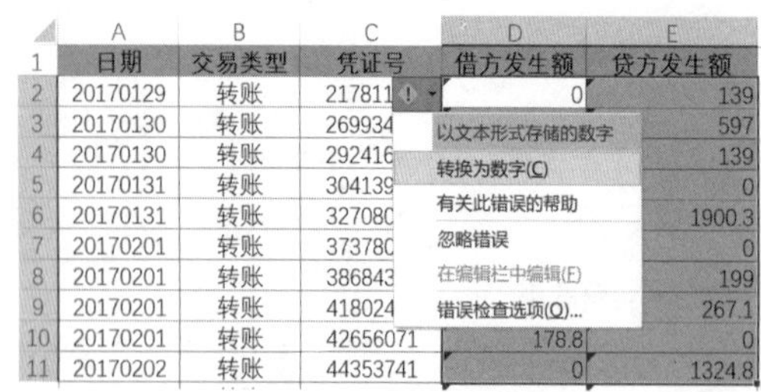

图 2-4 错误检查选项

提示

可以先选中一个连续的单元格区域，然后使用“转换为数字”命令将所有单元格的文本型数字转换为数值。

根据本书前言的提示操作，可观看数据类型转换的视频讲解。

练习与巩固

1. 运算符是构成公式的基本元素之一，每个运算符分别代表一种运算方式。Excel 中的运算符包括（________）运算符、（________）运算符、（________）运算符和（________）运算符四种类型。

2. 除了错误值外，文本、数值与逻辑值比较时的顺序为数值小于文本，文本小于逻辑值（________），逻辑值（________）最大，错误值不参与排序。

3. 当公式中使用多个运算符时，Excel 将根据各个运算符的优先级顺序进行运算，对于同一级次的运算符，则按（________）的顺序运算。

4. 在逻辑判断、条件格式和数据验证的公式中，如果公式结果为 0 相当于（________），如果公式结果是不等于 0 的数值则相当于（________）。

5. 如果要将 A2 单元格的文本型数字转换为数值，可以使用哪几种方法？

第3章　单元格引用类型

本章对 Excel 公式中的单元格引用方式进行讲解，理解不同单元格引用类型的特点和区别，对于学习和运用函数与公式具有非常重要的意义。

本章学习要点

（1）掌握单元格引用的表示方式。
（2）了解A1引用样式和R1C1引用样式。
（3）理解相对引用、绝对引用和混合引用。
（4）学习多单元格和单元格区域引用。

3.1　A1 引用样式和 R1C1 引用样式

Excel 作为一个电子表格软件，其最基本的组成元素是单元格。在 Excel 工作表中，由默认的网格横线所间隔出来的区域称为“行”，而由竖线间隔出来的区域称为“列”。行列互相交叉所形成的一个个格子称为“单元格”。Excel 工作表由 1 048 576×16 384 个单元格组成，即每行 2^14 个单元格，每列 2^20 个单元格。

在公式中可以通过写明坐标的方式表示单元格或区域，实现对存储于单元格或区域中的数据的调用，这种方法称为单元格引用。

Excel 中的单元格引用方式包括 A1 引用样式和 R1C1 引用样式两种。

➲ **A1 引用样式**

在默认情况下，Excel 使用 A1 引用样式，即使用字母 A~XFD 表示列标，用数字 1~1048576 表示行号。单元格地址由列标和行号组合而成，列标在前，行号在后。通过单元格所在列的列标 + 所在行的行号组成可以准确地定位一个单元格。例如，A1 即指该单元格位于 A 列第 1 行，是 A 列和第 1 行交叉处的单元格。

如果要引用单元格区域，可顺序输入区域左上角单元格的地址、冒号（:）和区域右下角单元格的地址。不同 A1 引用样式的说明如表 3-1 所示。

表 3-1　A1 引用样式示例

表达式	引用
C5	C 列第 5 行的单元格
D15:D20	D 列第 15 行到 D 列第 20 行的单元格区域
B2:D2	B 列第 2 行到 D 列第 2 行的单元格区域
C3:E5	C 列第 3 行到 E 列第 5 行的单元格区域

续表

表达式	引用
9:9	第 9 行的所有单元格
9:10	第 9 行到第 10 行的所有单元格
C:C	C 列的所有单元格
C:D	C 列到 D 列的所有单元格

公式“= C5”，表示返回 C5 单元格的值。

公式“=A1+C5”，表示计算 A1 单元格和 C5 单元格的合计值。

提示 单元格引用必须配合正确的运算符或函数才能返回正确的计算结果。

➲ R1C1 引用样式

如图 3-1 所示，依次单击【文件】→【选项】按钮，打开【Excel 选项】对话框。在【公式】选项卡的【使用公式】区域中选中【R1C1 引用样式】复选框，单击【确定】按钮，可以启用 R1C1 引用样式。R1C1 引用样式如图 3-2 所示。

使用 R1C1 引用样式时，Excel 使用字母“R”加行数字和字母“C”加列数字来指示单元格的位置，行号在前，列号在后。R1C1 即指该单元格位于工作表中的第 1 行第 1 列，如果选择第 2 行和第 3 列交叉处位置，在名称框中即显示为 R2C3。其中，字母“R”“C”分别是英文“Row”（行）“Column”（列）的首字母，其后的数字则表示相应的行号列号。R2C4 也就是 A1 引用样式中的 D2 单元格。

图 3-1　启用 R1C1 引用样式

图 3-2　使用 R1C1 引用样式时，列标显示为数字

不同 R1C1 引用样式的说明如表 3-2 所示。

表 3-2　R1C1 引用样式示例

表达式	引用
R5C3	第 5 行第 3 列的单元格，即 C5 单元格
R15C4:R20C4	第 15 行第 4 列到第 20 行第 4 列的单元格区域，即 D15:D20 单元格区域
R2C2:R2C4	第 2 行第 2 列到第 2 行第 4 列的单元格区域，即 B2:D2 单元格区域

续表

表达式	引用
R3C3:R5C5	第 3 行第 3 列到第 5 行第 5 列的单元格区域，即 C3:E5 单元格区域
R9	第 9 行的所有单元格
R9:R10	第 9 行到第 10 行的所有单元格
C10	第 10 列的所有单元格
C3:C4	第 3 列到第 4 列的所有单元格

3.2 相对引用、绝对引用和混合引用

如果 A1 单元格公式为“=B1”，那么 A1 就是 B1 的引用单元格，B1 就是 A1 的从属单元格。从属单元格与引用单元格之间的位置关系称为单元格引用的相对性，可分为 3 种不同的引用方式，即相对引用、绝对引用和混合引用。它们的表达形式以是否使用符号“$”进行区分。

3.2.1 相对引用

当复制公式到其他单元格时，Excel 保持从属单元格与引用单元格的相对位置不变，称为相对引用。

例如，使用 A1 引用样式时，在 B2 单元格输入公式“=A1”，当向右复制公式时，将依次变为：“=B1”“=C1”“=D1”……，当向下复制公式时，将依次变为“=A2”“=A3”“=A4”……，也就是始终保持引用公式所在单元格的左侧 1 列、上方 1 行位置的单元格。

在 R1C1 引用样式中，则使用相对引用的标识符“[ ]”，将需要相对引用的行号或列号的数字包括起来，正数表示右侧或下方的单元格，负数表示左侧或上方的单元格，表示方式为“=R[-1]C[-1]”。

3.2.2 绝对引用

当复制公式到其他单元格时，Excel 保持公式所引用的单元格绝对位置不变，称为绝对引用。

在 A1 引用样式中，如果希望复制公式时能够固定引用某个单元格地址，需要在行号和列标前使用绝对引用符号 $。例如，在 B2 单元格输入公式“=$A$1”，当向右复制公式或向下复制公式时，始终为“=$A$1”，保持引用 A1 单元格不变。

在 R1C1 引用样式中，绝对引用的表示方式为“=R1C1”。

示例3-1 按出勤天数计算劳务费

图 3-3 展示的是某工程队人员出勤的部分记录，需要根据 B5:C11 单元格区域中的出勤天数和 B2 单元格的日工资，计算出两个月的劳务费。

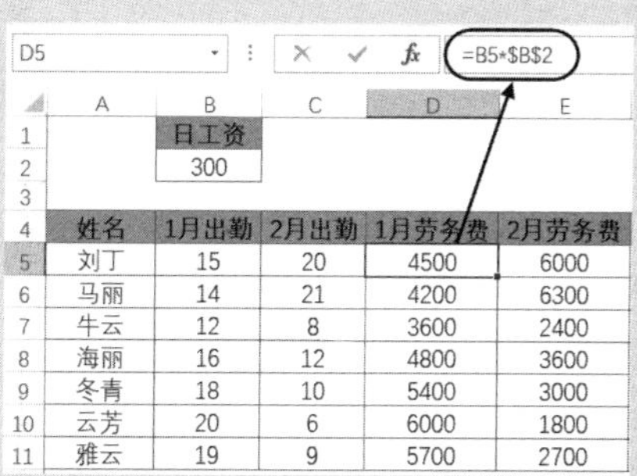

D5 =B5*$B$2

	A	B	C	D	E
1		日工资			
2		300			
3					
4	姓名	1月出勤	2月出勤	1月劳务费	2月劳务费
5	刘丁	15	20	4500	6000
6	马丽	14	21	4200	6300
7	牛云	12	8	3600	2400
8	海丽	16	12	4800	3600
9	冬青	18	10	5400	3000
10	云芳	20	6	6000	1800
11	雅云	19	9	5700	2700

图 3-3　计算提价后的商品价格

在 D5 单元格输入以下公式，复制到 D5:E11 单元格区域。

```
=B5*$B$2
```

公式中的 B5 是出勤天数所在单元格，使用相对引用方式，当公式向右或向下复制时，单元格引用位置也会发生改变，始终引用公式所在单元格左侧两列的内容。

日工资标准是固定的，所以对 B2 进行绝对引用，写为 $B$2，公式向右或向下复制时，始终引用 B2 单元格中的日工资不变。

3.2.3　混合引用

当复制公式到其他单元格时，Excel 仅保持所引用单元格的行方向的绝对位置不变，而列方向位置发生变化；或仅保持列方向的绝对位置不变，而行方向位置发生变化，这种引用方式称为混合引用。

假设公式放在 B1 单元格中对 A1 单元格进行引用，各引用类型的特性如表 3-3 所示。

表 3-3　单元格引用类型及特性

引用类型	A1 样式	R1C1 样式	特性
绝对引用	=$A$1	=R1C1	公式向右向下复制不改变引用关系
行绝对引用、列相对引用	=A$1	=R1C[-1]	公式向下复制不改变引用关系
行相对引用、列绝对引用	=$A1	=RC1	公式向右复制不改变引用关系，因为引用单元格与从属单元格的行相同，故 R 后面的 1 省去
相对引用	=A1	=RC[-1]	公式向右向下复制均会改变引用关系，因为引用单元格与从属单元格的行相同，故 R 后面的 1 省去

示例3-2　制作乘法口诀表

如图 3-4 所示，在公式中使用不同的引用方式，能够快速制作出乘法口诀表。

	A	B	C	D	E	F	G	H	I	J
1		1	2	3	4	5	6	7	8	9
2	1	1×1=1								
3	2	1×2=2	2×2=4							
4	3	1×3=3	2×3=6	3×3=9						
5	4	1×4=4	2×4=8	3×4=12	4×4=16					
6	5	1×5=5	2×5=10	3×5=15	4×5=20	5×5=25				
7	6	1×6=6	2×6=12	3×6=18	4×6=24	5×6=30	6×6=36			
8	7	1×7=7	2×7=14	3×7=21	4×7=28	5×7=35	6×7=42	7×7=49		
9	8	1×8=8	2×8=16	3×8=24	4×8=32	5×8=40	6×8=48	7×8=56	8×8=64	
10	9	1×9=9	2×9=18	3×9=27	4×9=36	5×9=45	6×9=54	7×9=63	8×9=72	9×9=81

图 3-4 乘法口诀表

操作步骤如下。

步骤① 在 B1 单元格内输入数字 1，按住 Ctrl 键，拖动 B1 单元格右下角的填充柄到 J1 单元格，在 B1:J1 单元格区域内生成数字 1~9。

步骤② 在 A2 单元格输入数字 1，按住 Ctrl 键，拖动 A2 单元格右下角的填充柄到 A10 单元格，在 A2:A10 单元格区域内生成数字 1~9。

步骤③ 在 B2 单元格输入以下公式，将公式复制到 B2:J10 单元格区域，如图 3-5 所示。

```
=CONCAT(B$1,"×",$A2,"=",B$1*$A2)
```

B2 =CONCAT(B$1,"×",$A2,"=",B$1*$A2)

	A	B	C	D	E	F	G	H	I	J
1		1	2	3	4	5	6	7	8	9
2	1	1×1=1	2×1=2	3×1=3	4×1=4	5×1=5	6×1=6	7×1=7	8×1=8	9×1=9
3	2	1×2=2	2×2=4	3×2=6	4×2=8	5×2=10	6×2=12	7×2=14	8×2=16	9×2=18
4	3	1×3=3	2×3=6	3×3=9	4×3=12	5×3=15	6×3=18	7×3=21	8×3=24	9×3=27
5	4	1×4=4	2×4=8	3×4=12	4×4=16	5×4=20	6×4=24	7×4=28	8×4=32	9×4=36
6	5	1×5=5	2×5=10	3×5=15	4×5=20	5×5=25	6×5=30	7×5=35	8×5=40	9×5=45
7	6	1×6=6	2×6=12	3×6=18	4×6=24	5×6=30	6×6=36	7×6=42	8×6=48	9×6=54
8	7	1×7=7	2×7=14	3×7=21	4×7=28	5×7=35	6×7=42	7×7=49	8×7=56	9×7=63
9	8	1×8=8	2×8=16	3×8=24	4×8=32	5×8=40	6×8=48	7×8=56	8×8=64	9×8=72
10	9	1×9=9	2×9=18	3×9=27	4×9=36	5×9=45	6×9=54	7×9=63	8×9=72	9×9=81

图 3-5 制作乘法口诀表

步骤④ 选中 B2:J10 单元格区域，依次单击【开始】→【条件格式】→【新建规则】命令，打开【新建格式规则】对话框。在【选择规则类型】列表中选中【使用公式确定要设置格式的单元格】选项，在公式编辑框中输入以下公式，单击【格式】按钮，如图 3-6 所示。

```
=B$1>$A2
```

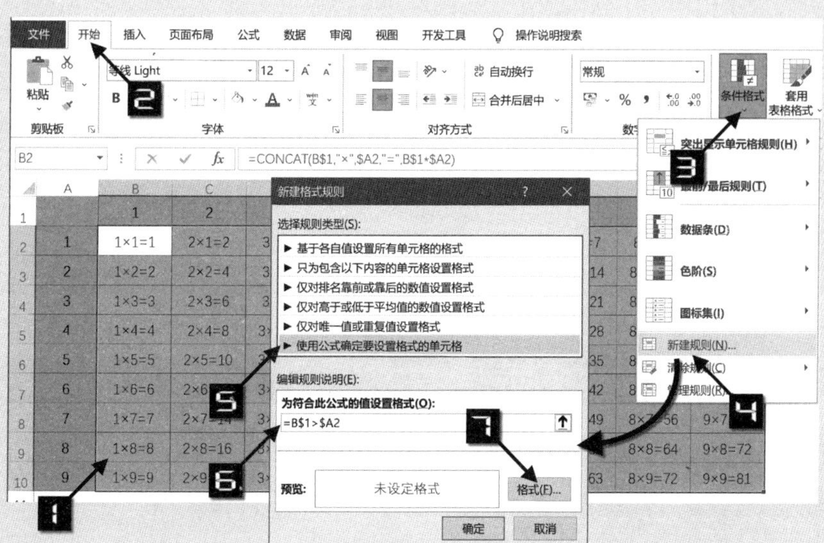

图 3-6　新建格式规则

步骤⑤ 在弹出的【设置单元格格式】对话框中，切换到【数字】选项卡下，在左侧的分类列表中选中【自定义】，然后在格式代码文本框中输入三个半角分号 ;;;，表示在 B$1>$A2 条件成立时，所选区域内单元格中的内容在大于 0、小于 0、等于 0 及文本时都不显示。最后依次单击【确定】按钮关闭对话框，如图 3-7 所示。

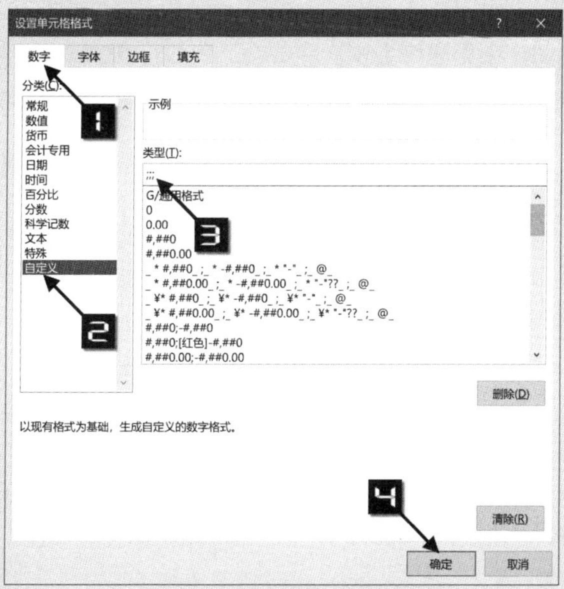

图 3-7　设置单元格格式

CONCAT 函数的作用是将多个区域和（或）字符串连接起来得到新的字符串。本例中，待连接的各个元素为 B$1 单元格中的数字、符号 "×"、$A2 单元格中的数字、符号 "=" 和 B$1*$A2 的计算结果。

公式中的 B$1，表示使用列相对引用、行绝对引用方式。当公式向右复制时，由于列方向是相对引用，所以列号随之变化。当公式向下复制时，由于行方向是绝对引用，所以始终引用第一行的序号。也就是随公式所在单元格位置的不同，能够始终引用公式所在列的第一行中的序号。

公式中的 $A2，表示使用列绝对引用、行相对引用方式。当公式向右复制时，由于列方向是绝对引用，所以始终引用 A 列不变。当公式向下复制时，由于行方向是相对引用，所以行号随之递增。也就是随公式所在单元格位置的不同，始终引用公式所在行的 A 列的序号。

示例3-3 按期数计算累计应还利息

	A	B	C	D	E
1	期数	应还本金	应还利息	应还本息	累计应还利息
2	1	7503.73	54000.00	61503.73	
3	2	7908.93	53594.80	61503.73	
4	3	8336.01	53167.72	61503.73	
5	4	8786.15	52717.57	61503.73	
6	5	9260.61	52243.12	61503.73	
7	6	9760.68	51743.05	61503.73	
8	7	10287.76	51215.97	61503.73	
9	8	10843.29	50660.43	61503.73	
10	9	11428.83	50074.89	61503.73	
11	10	12045.99	49457.74	61503.73	

图 3-8 等额本金法计算的贷款各期应还本金和应还利息

图 3-8 展示了使用等额本金法计算出的贷款各期应还本金和应还利息明细表的部分内容，需要按期数计算累计应还利息。

在 E2 单元格输入以下公式，向下复制到数据区域最后一行。

```
=SUM($C$2:C2)
```

本例中的“$C$2”部分使用了绝对引用方式，而“C2”部分则使用了相对引用方式，当公式向下复制时，引用区域会依次变成 $C$2:C3、$C$2:C4、$C$2:C5……这样的动态扩展范围。SUM 函数对这个动态扩展的范围内的数值进行求和，从而实现逐期累加的效果。

3.2.4 快速切换引用方式

在公式编辑过程中，当输入一个单元格或单元格区域地址时，可以按 <F4> 键在不同引用方式中循环切换，其顺序如下。

绝对引用→行绝对引用、列相对引用→行相对引用、列绝对引用→相对引用。

在 A1 引用样式中，在 A1 单元格输入公式“=B2”，依次按 <F4> 键，引用类型切换顺序为：

```
$B$2 → B$2 → $B2 → B2
```

在 R1C1 引用样式中，A1 单元格输入公式“=R[1]C[1]”，依次按 <F4> 键，引用类型切换顺序为：

```
R2C2 → R2C[1] → R[1]C2 → R[1]C[1]
```

提示

在部分笔记本电脑及部分品牌的键盘上使用 <F4> 键时，需要先按 <Fn> 键切换功能键。

根据本书前言的提示操作，可观看相对引用、绝对引用和混合引用的视频讲解。

3.3　单元格引用中的“绝对交集”

按照单个单元格进行计算时，根据公式所在的从属单元格与引用单元格之间的物理位置返回交叉点值，称为“绝对交集”或“隐含交叉”。

如图 3-9 所示，G3 单元格中公式为“=C1:C5”，此时 G3 单元格返回的结果为 C3 单元格中的字符“C3”，这是因为 G3 单元格和 C3 单元格位于同一行。

在公式中，可以使用交叉运算符（半角空格）取得两个区域的交叉区域。如图 3-10 所示，使用以下公式将得到 D3:F4 单元格区域的数值之和。

```
=SUM(B2:F4 D3:F10)
```

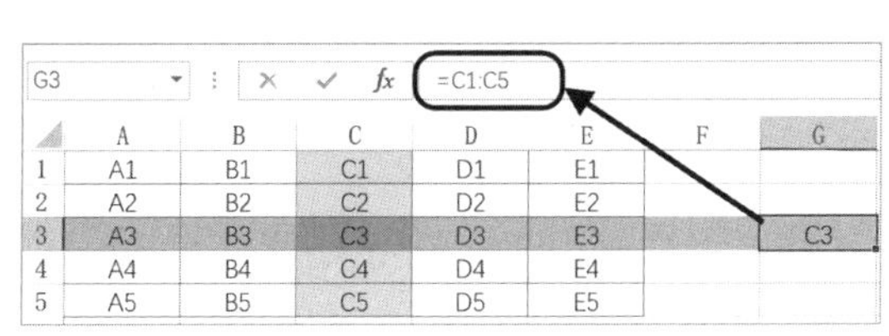

	A	B	C	D	E	F	G
1	A1	B1	C1	D1	E1		
2	A2	B2	C2	D2	E2		
3	A3	B3	C3	D3	E3		C3
4	A4	B4	C4	D4	E4		
5	A5	B5	C5	D5	E5		

图 3-9　绝对交集引用

SUM　=SUM(B2:F4 D3:F10)

	A	B	C	D	E	F	G	H
1		数据1	数据2	数据3	数据4	数据5		
2		20	47	33	52	50		
3		48	35	52	52	41		
4		15	24	41	17	52		F10)
5		27	15	28	17	12		
6		25	23	22	19	40		
7		17	35	28	24	19		
8		45	50	20	38	26		
9		46	17	14	50	31		
10		42	36	18	41	31		

图 3-10　交叉引用求和

B2:F4 与 D3:F10 单元格区域的交叉区域是 D3:F4 单元格区域，因此公式仅对该区域执行求和计算。这种计算方法的实际应用场景较少，读者对此知识点只需简单了解即可。

3.4　工作表变动对单元格引用的影响

如果工作表插入或删除行、列，现有公式中的引用位置会自动更改，如图 3-11 所示。

如果删除了被引用的单元格区域，或删除了被引用的工作表，则会出现引用错误，如图 3-12 所示。

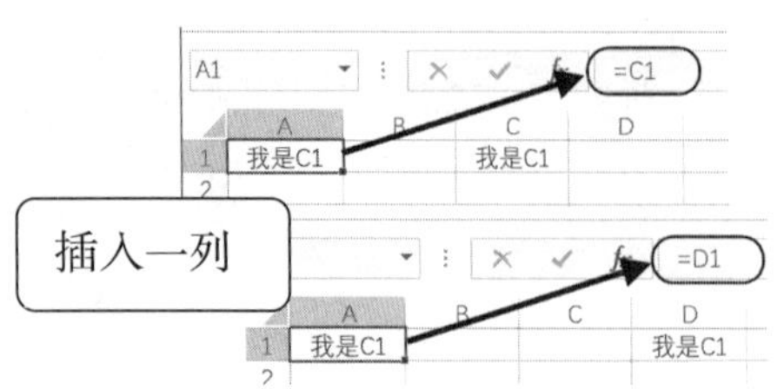

图 3-11　引用位置自动更改

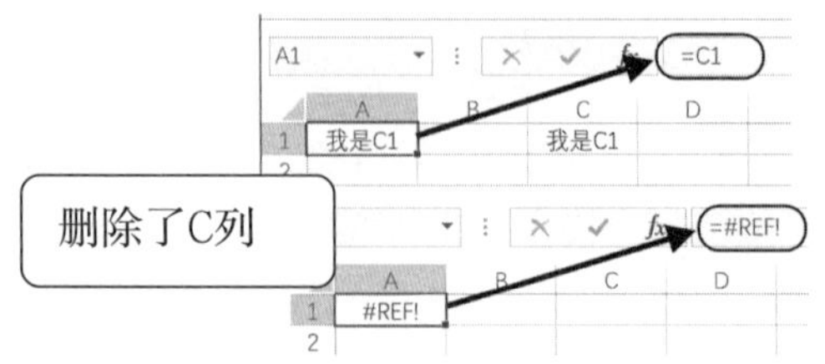

图 3-12　出现引用错误

练习与巩固

1. 单元格引用样式包括 A1 引用样式和（______）两种。

2. 如果 A1 单元格公式为“=B1”，那么 A1 就是 B1 的（______）单元格，B1 就是 A1 的从属单元格。从属单元格与引用单元格之间的位置关系称为单元格引用的相对性，可分为 3 种不同的引用方式，即（______）、（______）和混合引用，用美元符号“$”进行区别。

3. 当复制公式到其他单元格时，Excel 保持从属单元格与引用单元格的相对位置不变，称为（______）。

4. 当复制公式到其他单元格时，Excel 保持公式所引用的单元格绝对位置不变，称为（______）。

5. 当复制公式到其他单元格时，Excel 仅保持所引用单元格的行或列方向之一的绝对位置不变，而另一个方向位置发生变化，这种引用方式称为（______），可分为对行绝对引用、对列相对引用和对行相对引用、对列绝对引用。

6. 当输入一个单元格或是单元格范围地址时，可以按（______）键在 4 种引用类型中循环切换，其顺序为：（______）→行绝对引用列相对引用→行相对引用列绝对引用→（______）。

第 4 章　跨工作表引用和跨工作簿引用

本章对引用不同工作表及引用不同工作簿中的单元格及单元格区域等方面的知识进行讲解。

本章学习要点

（1）引用其他工作表区域的方法。

（2）引用其他工作簿的工作表区域。

（3）引用连续多工作表的相同区域。

4.1　引用其他工作表区域

在公式中允许引用其他工作表的单元格区域进行计算。引用其他工作表的单元格区域时，需要在单元格地址前加上工作表名和半角叹号“!”。例如，以下公式表示对 Sheet2 工作表 A1 单元格的引用。

```
=Sheet2!A1
```

也可以在公式编辑状态下，通过鼠标单击相应的工作表标签，然后选取单元格区域。使用鼠标选取其他工作表的区域后，公式中的单元格地址前自动添加工作表名称和半角感叹号“!”。

示例4-1　引用其他工作表区域

在图 4-1 所示的费用明细表中，需要在“汇总”工作表中计算“6 月”工作表的费用总额。

操作方法为：在“汇总”工作表 B2 单元格输入等号和函数名及左括号“=SUM (”，然后单击“6 月”工作表标签，拖动鼠标选择 F2:F29 单元格区域，或单击 F2 单元格，然后按 <Shift+Ctrl+ ↓ > 组合键，最后按 <Enter> 键结束编辑，此时公式将在单元格地址前自动添加工作表名，并补齐右括号：

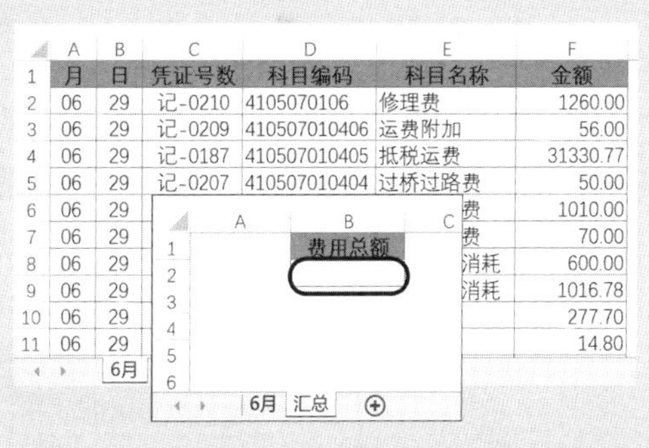

图 4-1　工资汇总表

```
=SUM('6 月 '!F2:F29)
```

跨表引用的表示方式为“工作表名 + 半角感叹号 + 引用区域”。当所引用的工作表名是以数字开头、包含空格或以下特殊字符时，公式中的工作表名称前后将各添加一个半角单引号（'）。

$ % ` ~ ! @ # ^ & ( ) + - = , | ' ; { }

如果更改了被引用的工作表名，公式中的工作表名部分会自动更新。
例如，将上述示例中的“6 月”工作表的表名修改为“费用明细”时，引用公式将自动更改为：

```
=SUM(费用明细!F2:F29)
```

4.2 引用其他工作簿中的单元格

当在公式中引用其他工作簿中的单元格地址时，其表示方式为：

```
[工作簿名称]工作表名!单元格地址
```

如图 4-2 所示，使用以下公式引用“员工身份证信息”工作簿中 Sheet1 工作表的 B2 单元格。

```
=[员工身份证信息.xlsx]Sheet1!$B$2
```

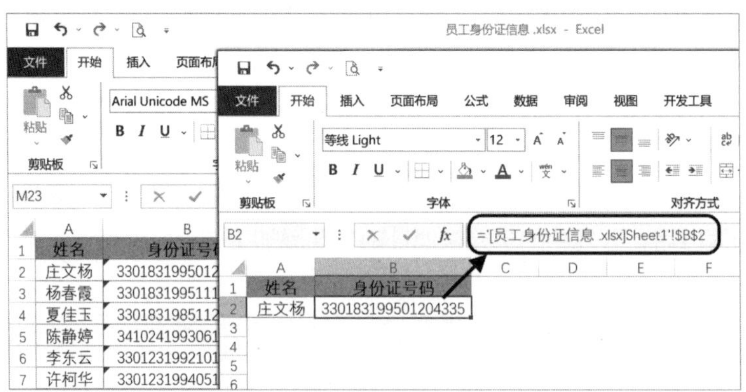

图 4-2　引用其他工作簿单元格

“[员工身份证信息.xlsx]”部分，中括号内是被引用的工作簿名称，“Sheet1”部分是被引用的工作表名称，最后是用“!”隔开的单元格地址“$B$2”。

如果关闭被引用的工作簿，公式会自动添加被引用工作簿的路径，如图 4-3 所示。

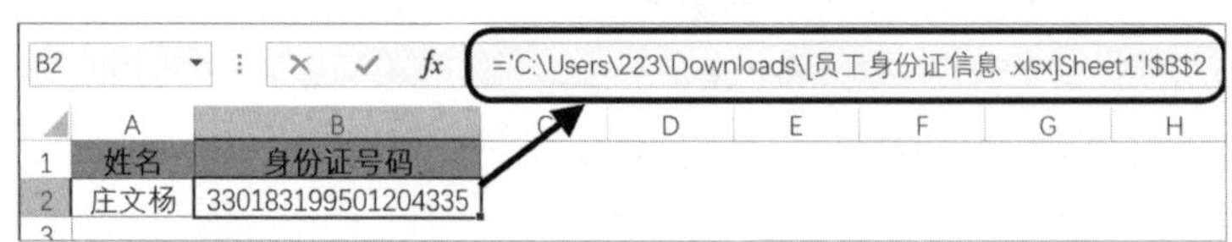

图 4-3　带有路径的单元格引用

如果路径或工作簿名称、工作表名称之一以数字开头，或包含空格及特殊字符，感叹号之前部分需要使用一对半角单引号包含。

```
='[(20-21)上半年产耗 0717-2.xlsx]第一生产线'!$A$1
```

当打开引用了其他工作簿数据的工作簿时，如果被引用工作簿没有打开，则会出现如图 4-4 所示的安全警告。

单击【启用内容】按钮可以更新链接，但是如果使用了 SUMIF 函数、OFFSET 函数等参数类型为 range 或 reference 的函数进行跨工作簿引用时，如果被引用的工作簿没有打开，公式将返回错误值。

为便于数据管理，应尽量在公式中减少跨工作簿的数据引用。

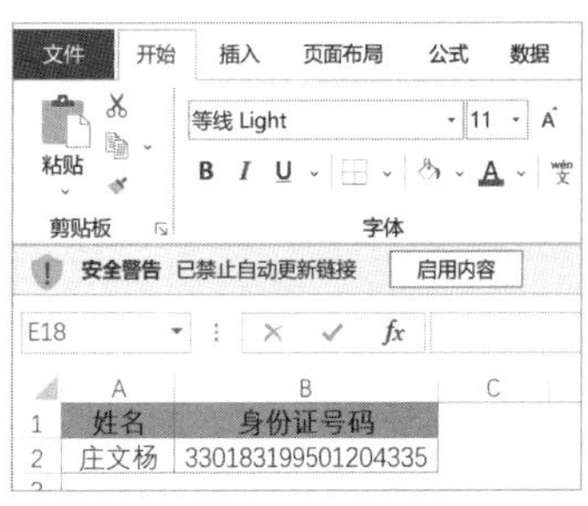

图 4-4　安全警告

4.3　引用连续多工作表相同区域

4.3.1　三维引用输入方式

三维引用是对多张工作表上相同单元格或单元格区域的引用，其要点是“跨越两张或多张连续工作表”和“相同单元格区域”。

当引用多张相邻工作表的相同单元格区域时，可以使用三维引用的输入方式进行计算，而无须逐个对各工作表的单元格区域进行引用。其表示方式为：按工作表排列顺序，使用冒号将起始工作表和终止工作表名称进行连接，然后连接“!”及单元格地址。

支持连续多表同区域引用的常用函数包括 SUM、AVERAGE、AVERAGEA、COUNT、COUNTA、MAX、MIN、PRODUCT、RANK 等，主要适用于多张工作表具有相同结构时的统计计算。

示例4-2　汇总连续多工作表相同区域

如图 4-5 所示，“1 月”“2 月”“3 月”“4 月”“5 月”和“6 月”工作表是不同月份的费用明细记录，每张表的 F 列是费用金额。

在“汇总”工作表的 B2 单元格中，输入“=SUM(”，然后鼠标单击“1 月”工作表标签，按住 <Shift> 键，单击“6 月”工作表标签，再单击 F 列列标选取整列，按 <Enter> 键结束公式编辑，将得到以下公式：

```
=SUM('1月:6月'!F:F)
```

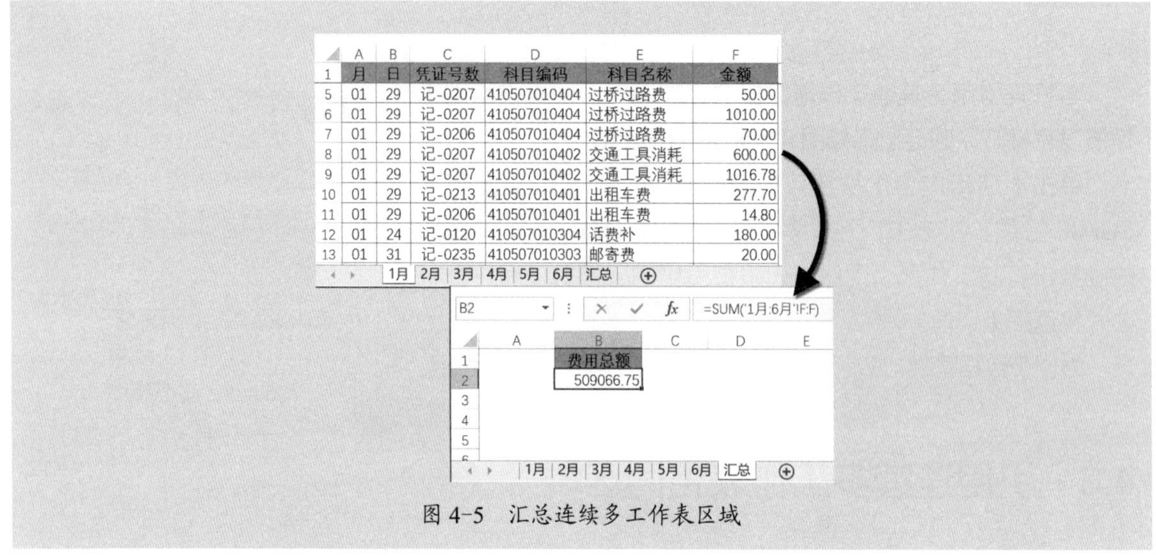

图 4-5 汇总连续多工作表区域

4.3.2 用通配符输入三维引用

在公式中使用三维引用方式引用多工作表时，还可以使用通配符“*”代表公式所在工作表之外的所有其他工作表名称。例如，在汇总表 B2 单元格输入以下公式，将自动对汇总表之外的其他工作表的 E3:E10 单元格区域求和。

```
=SUM('*'!E3:E10)
```

公式输入后，Excel 会自动将通配符转换为实际的工作表名称。当工作表位置或单元格引用发生改变时，需要重新编辑公式，否则会导致公式运算错误。

练习与巩固

1. 在公式中引用其他工作表的单元格区域时，需要在单元格地址前加上工作表名和（_______）。

2. 除采用输入的方法进行三维引用外，还可以使用通配符（_______）代表公式所在工作表之外的所有其他工作表名称。

第 5 章　表格和结构化引用

通过创建“表格”，能够轻松地对数据进行分组和分析，并且能够独立于工作表中其他行列的数据，来单独对“表格”中的数据进行筛选、排序等操作。另外，“表格”还具有一些常规表格不具备的特性，如固定标题行、表格区域自动扩展、自动填充公式等，Power Query、Power Pivot 等加载项也依赖于“表格”。本章介绍 Excel 2019 的“表格”功能，以及在公式中对“表格”结构化引用等方面的知识。为了便于区别，本章中除功能区的按钮名称以外，其他部分均以“超级表”来代称这一特殊的“表格”。

本章学习要点

（1）了解 Excel“表格”的特点。　　　　（2）在公式中使用结构化引用。

5.1　“超级表”的特点

5.1.1　创建“超级表”

创建“超级表”的步骤如下。

步骤① 选取对象，也就是待生成“超级表”的单元格区域，如图 5-1 所示的 A1:B9 单元格区域。如果整个数据区域中没有任何空行或空列，可选取其中任意一个非空单元格（如 A4）作为选取的对象。

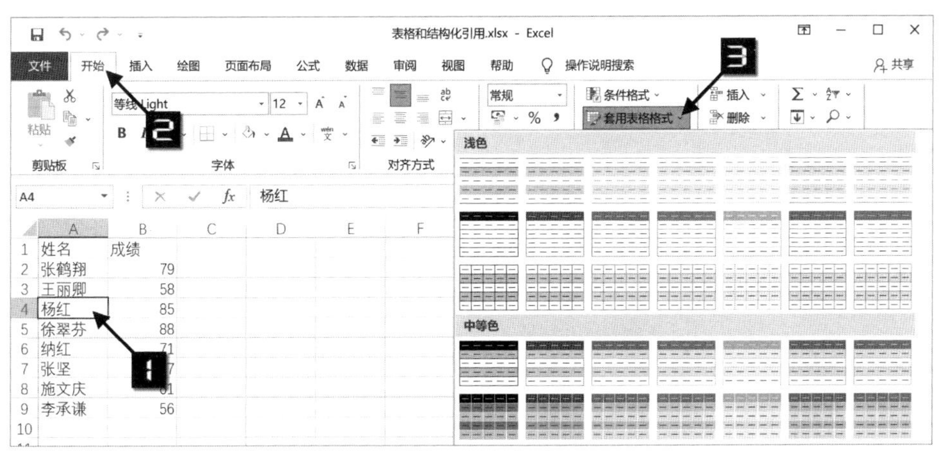

图 5-1　【套用表格格式】

步骤② 在【开始】选项卡下单击【套用表格格式】下拉按钮，在扩展菜单中可选择任意一种表格样式，如图 5-1 所示。

也可在【插入】选项卡下单击【表格】按钮，如图 5-2 所示。或是按 <Ctrl+T> 或 <Ctrl+L> 组合键。

步骤③ 在弹出的【创建表】对话框中保留默认设置，然后单击【确定】按钮以生成“超级表”，如图 5-3 所示。

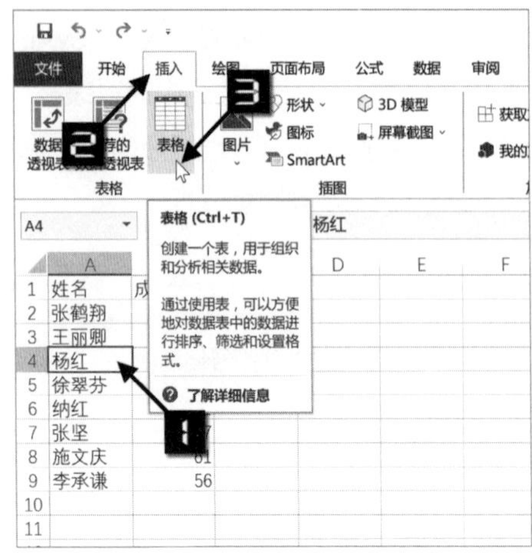

图 5-2 【插入】→【表格】

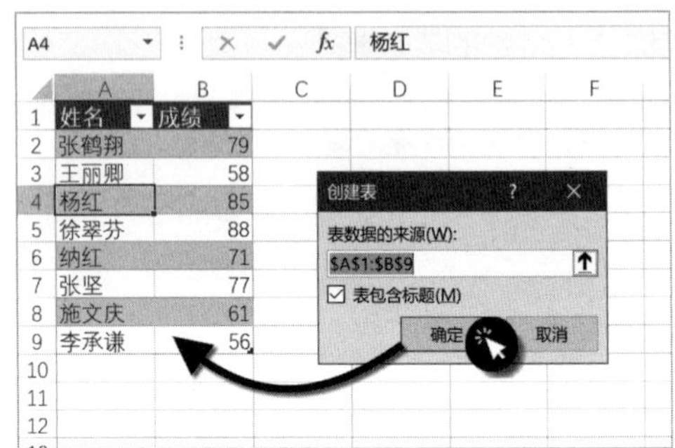

图 5-3 生成“超级表”

5.1.2 “超级表”的特点

超级表具有以下特点。

- 有且只有一行标题行，标题行的内容为文本格式且无重复，原字段标题有重复的，多次出现的标题上会加数字来区分。
- 自动应用表格样式。
- 所有合并的单元格自动取消合并，原有内容在原合并区域左上角的第一个单元格显示。
- 选取“超级表”中任意单元格，向下滚动工作表时，表格标题自动替换工作表的列标，如图 5-4 所示。

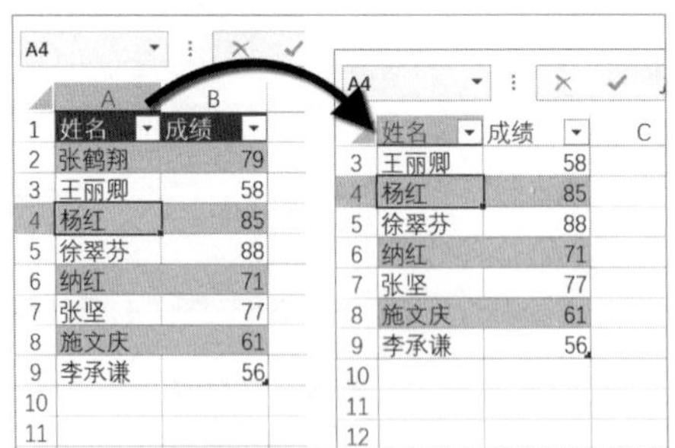

图 5-4 滚动表格，列标题自动替换工作表列标

- 标题行自动添加【筛选】按钮，还可以在“超级表”的基础上插入【切片器】，对数据进行快速筛选，如图 5-5 所示。

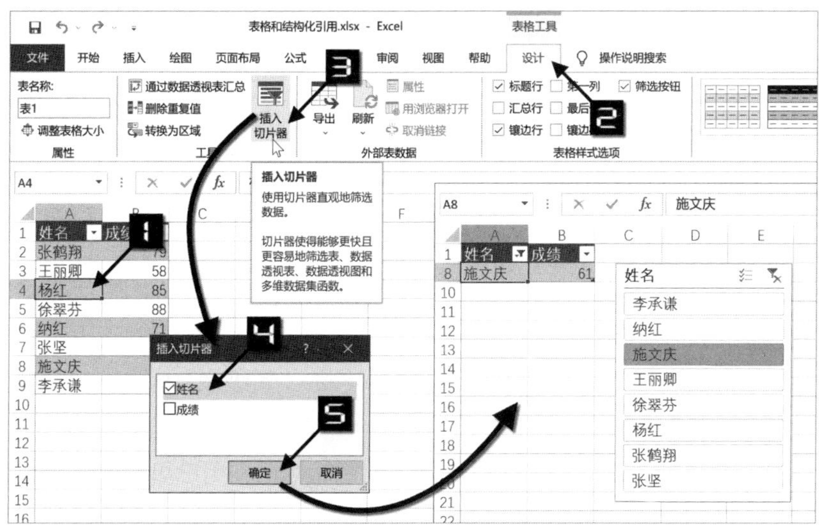

图 5-5 在“超级表”上插入【切片器】

5.1.3 “超级表”应用范围的变化

在“超级表”右下角有一个应用范围的标记，如图 5-6 中箭头所指位置，用鼠标拖放这个标记可以调整“超级表”的应用范围。

还有一种调整方法是在【表格工具】【设计】选项卡下单击【调整表格大小】按钮，在弹出的【重设表格大小】对话框中重新指定表格范围，如图 5-7 所示。

图 5-6 “超级表”的应用范围标记

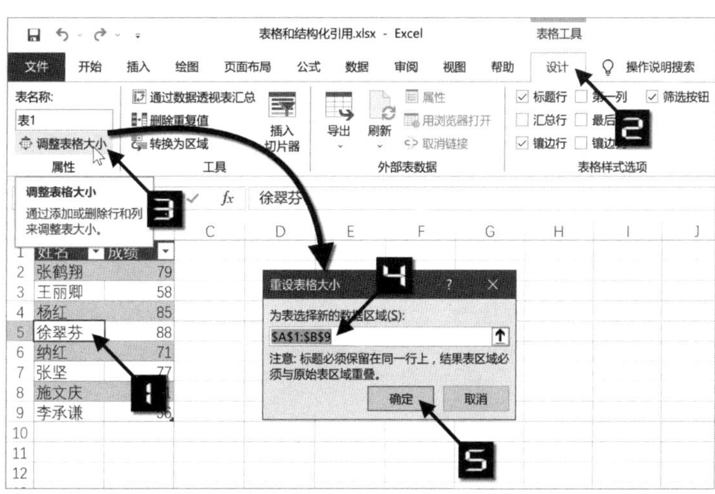

图 5-7 调整“超级表”大小

“超级表”的应用范围可以自动扩展，在“超级表”的右侧或下方任意与“超级表”相邻的单元格里输入内容，“超级表”的大小自动扩展到包括新输入内容的单元格。新扩展的列会自动加上标题，原标题内容如为【自定义序列】，则新标题内容按序列规则自动生成，否则自动生成“列 + 数字”的默认标题。

清除整行或整列的内容，并不会导致“超级表”范围自动缩小，如果需要缩小“超级表”的范围，除了用鼠标拖放应用范围标记和调整表格大小以外，还可以使用【删除列】或【删除行】功能。

5.2 “超级表”的计算

5.2.1 计算列

“超级表”默认启用计算列功能。

如果在“超级表”右侧相邻列的任意单元格输入公式，“超级表”区域除自动扩展外，还自动将公式应用到该列的所有单元格，如图 5-8 所示。

新增的计算列，会出现一个【自动更正选项】的智能标记，用户可以根据需要修改设置，如图 5-9 所示。

图 5-8　公式自动应用到一列中

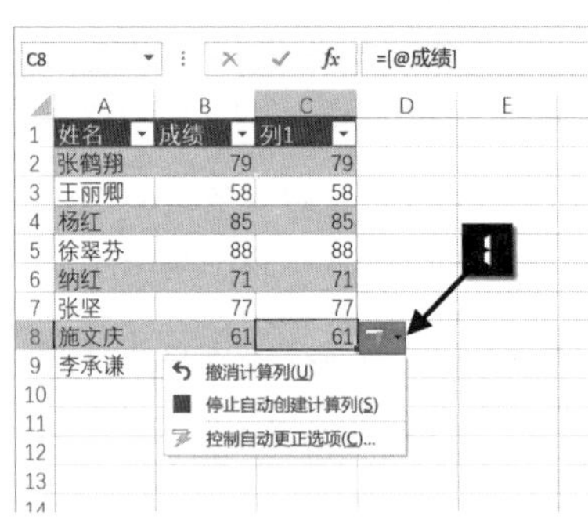

图 5-9　自动更正选项

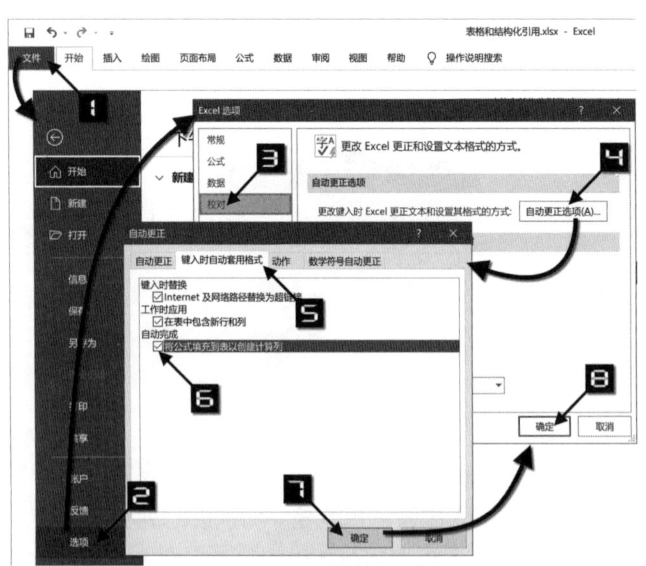

图 5-10　开启计算列功能

“超级表”的表格大小能够随数据自动扩展。例如，以“超级表”为数据源创建数据透视表和图表，当在“超级表”中添加数据时，图表和数据透视表的数据源范围也会随之自动扩展。

如果因为某些误操作导致这一功能失效，可以依次单击【文件】→【选项】，打开【Excel 选项】对话框。再依次单击【校对】→【自动更正选项】命令，打开【自动更正】对话框，在【键入时自动套用格式】选项卡下，选中【将公式填充到表以创建计算列】复选框，最后单击【确定】按钮，如图 5-10 所示。

5.2.2　汇总行

在“超级表”中可以使用【汇总行】功能。

选取“超级表”中任意单元格，在【表格工具】的【设计】选项卡下选中【汇总行】复选框，“超级表”会自动添加一行“汇总”行，默认汇总方式为求和，如图 5-11 所示。

单击汇总行中的单元格，会出现下拉按钮，在下拉列表中可以选择不同的汇总方式，Excel 会自动生成相应的公式，如图 5-12 所示。

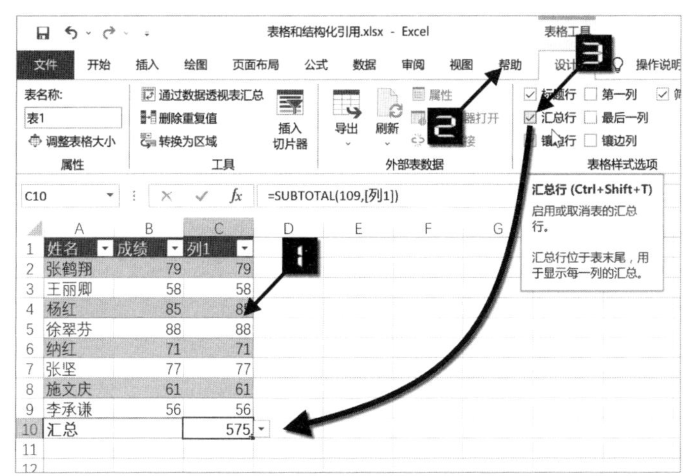

图 5-11　“超级表”的汇总行

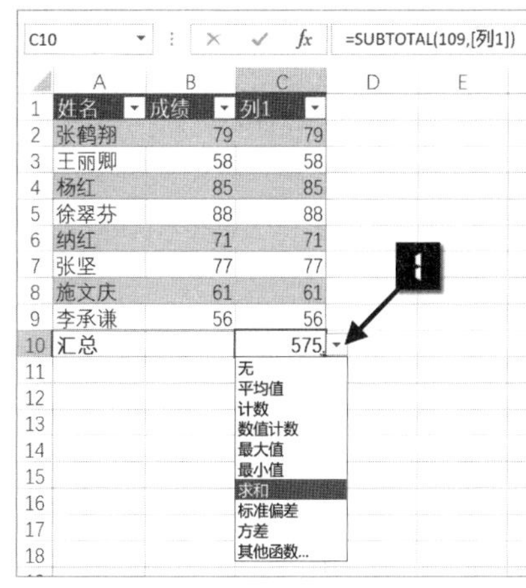

图 5-12　在下拉列表中选择汇总方式

添加汇总行后，如果在与“超级表”相邻的下方单元格输入内容后，将不会自动扩展“超级表”的应用范围。此时可以单击“超级表”中最后一个数据记录的单元格（汇总行的上一行），如图 5-12 中的 C9 单元格，按 <Tab> 键向表格中添加新的一行，汇总行中的公式引用范围也会自动扩展。

示例5-1　创建成绩“超级表”并统计总平均分和各科最高分

图 5-13 所示，是某班级考试成绩的部分数据，创建成绩“超级表”可以快速实现多种方式的汇总。

步骤① 选取数据区域内任意单元格（如 A4），依次单击【插入】→【表格】，在【创建表】对话框中保持【表包含标题】复选框的选中状态，单击【确定】按钮，如图 5-13 所示。

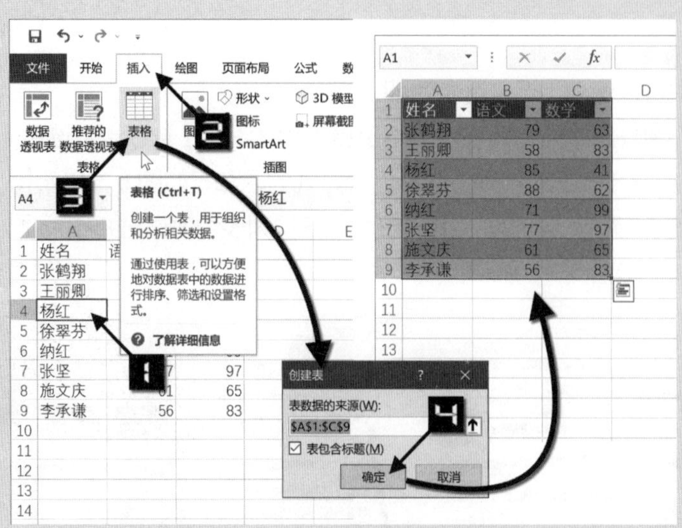

图 5-13 创建“超级表”

步骤② 选取 D 列中与“超级表”相邻的任意单元格（如 D2），依次进行以下操作：输入等号“=”，单击 B2 单元格，然后输入加号“+”，再单击 C2 单元格，按下 <Enter> 键完成公式，最后将自动生成的标题名“列 1”改成“总分”，如图 5-14 所示。

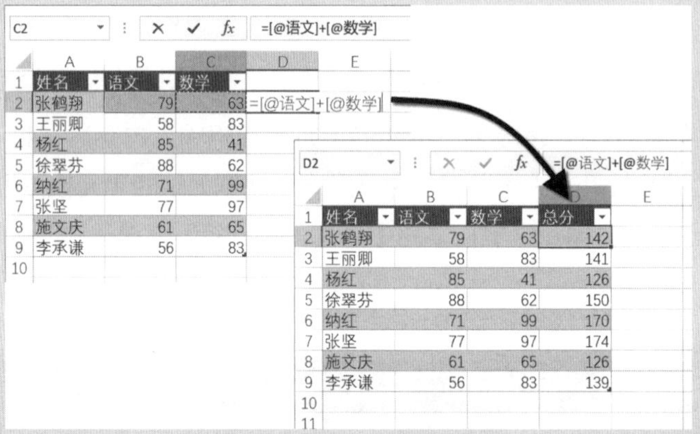

图 5-14 添加“总分”计算列

步骤③ 选取“超级表”中任意单元格（如 A5），在【表格工具】【设计】选项卡下选中【汇总行】复选框，“超级表”最后一行将自动添加“汇总”行。单击 B10 单元格的下拉按钮，在下拉列表中选取【最大值】；单击 C10 单元格的下拉按钮，同样选取【最大值】；单击 D10 单元格的下拉按钮，在下拉列表中选取【平均值】，如图 5-15 所示。

此时如果对数据进行筛选，公式将仅对筛选后处于显示状态的数据进行汇总，如图 5-16 所示。

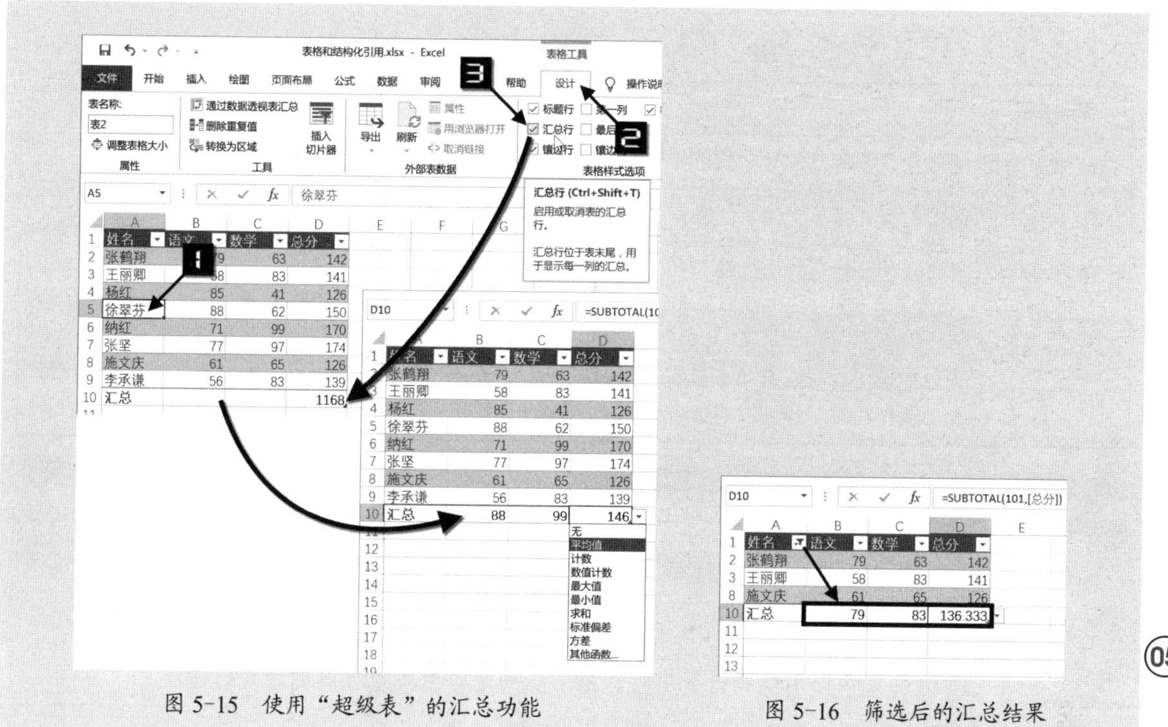

图 5-15　使用“超级表”的汇总功能

图 5-16　筛选后的汇总结果

根据本书前言的提示操作，可观看“超级表”计算的视频讲解。

5.3　结构化引用

在示例 5-1 中，D10 单元格的公式使用“[总分]”表示 D2:D9 单元格区域，并且可以随“超级表”区域的增减而自动改变引用行的范围。这种以类似字段名方式表示单元格区域的方法，称为“结构化引用”。

结构化引用包含以下几个元素。

- 表名称：如以上公式中的“表 2”，可以单独使用表名称来引用除标题行和汇总行以外的“超级表”区域。在某些特定情况下，比如公式与引用的同行单元格属同一个“超级表”，这时公式里可以不加表名称。
- 列标题：如图 5-16 D10 单元格公式中的“[总分]”，引用的是该列标题和汇总以外的数据区域。
- 表字段：共有 5 项，即 [# 全部][# 数据][# 标题][# 汇总] 和 @ - 此行，不同选项表示的范围如表 5-1 所示。

表 5-1　不同表字段标识符表示的范围

标识符	说明
[# 全部]	返回包含标题行、所有数据行和汇总行的范围
[# 数据]	返回包含数据行、但不包含标题行和汇总行的范围
[# 标题]	返回只包含标题行的范围
[# 汇总]	返回只包含汇总行的范围，如果没有汇总行则返回错误值“#REF!”
@ - 此行	返回公式所在行和表格数据行交叉的范围。如果公式所在行和表格没有交叉，或者与标题行或汇总行在同一行上，则返回错误值“#VALUE!”

如图 5-17 所示，在编辑公式表格名称后输入左中括号“[”，将弹出表格区域标题行表字段，并支持“公式记忆式键入”功能。

在实际输入公式时，可以通过鼠标单击公式引用区域的方式来输入，故而以上规则无须刻意记忆，了解其规则即可。

提示　在公式中使用结构化引用时，不支持相对引用与绝对引用方式的切换。

如果在输入公式的过程中，发现通过鼠标单击选取公式引用范围不是结构化引用，可以依次单击【文件】→【选项】命令打开【Excel 选项】对话框。切换到【公式】选项卡下，选中【在公式中使用表名】复选框，最后单击【确定】按钮，如图 5-18 所示。

图 5-17　可记忆式键入的结构化引用

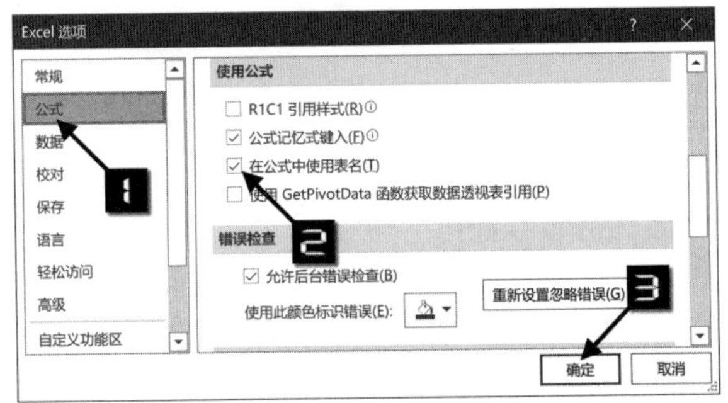

图 5-18　在公式中使用表名

练习与巩固

1. 在 Excel 2019 中创建“超级表”有 3 种方法，请说出其中的任意两种。
2. 如果为“超级表”添加“汇总”行，默认汇总方式为（________）。
3. 如果在“超级表”中添加数据时，公式中引用了“超级表”的数据范围会（________）。
4. 如果某个公式为“=SUM（表 1[销售额]）”，说明公式中使用了（________），请说出关闭该选项的主要步骤。

第 6 章　认识 Excel 函数

本章对函数的基本用法和各种相关概念进行讲解，掌握 Excel 函数的基础知识，为深入学习和运用函数与公式解决问题奠定基础。

本章学习要点

（1）了解 Excel 函数的基础概念。
（2）掌握 Excel 函数的结构。
（3）了解可选参数与必需参数。
（4）常用函数的分类。

6.1　函数的概念

Excel 函数是由 Excel 内部预先定义并按照特定的算法来执行计算的功能模块。每个 Excel 函数只有唯一的名称且不区分大小写。

6.1.1　函数的结构

函数由函数名称、左括号、以半角逗号相间隔的参数和右括号构成。

函数的参数数量各不相同，有些函数只有一个参数，有些函数有多个参数，还有一些函数没有参数。例如 NOW 函数、RAND 函数、PI 函数没有参数，仅需要函数名称和一对括号。

函数的参数根据自身特点可以使用常量、数组、单元格引用或其他函数。当使用函数作为另一个函数的参数时，称为嵌套函数。

如图 6-1 所示的是常见的使用 IF 函数判断正数、负数和零的公式，其中，第 2 个 IF 函数是第 1 个 IF 函数的嵌套函数。

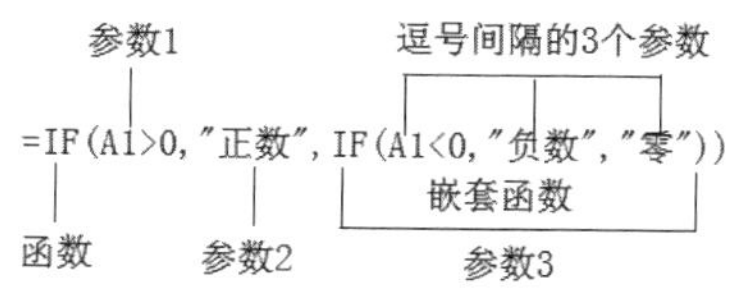

图 6-1　函数的结构

6.1.2　可选参数与必需参数

一些函数可以仅使用其部分参数，如 SUM 函数可支持 255 个参数，其中第 1 个参数为必需参数不能省略，而第 2 个至 255 个参数都可以省略。在函数语法中，可选参数一般用一对中括号“[ ]”包含起来，当函数有多个可选参数时，可从右向左依次省略参数。如图 6-2 所示。

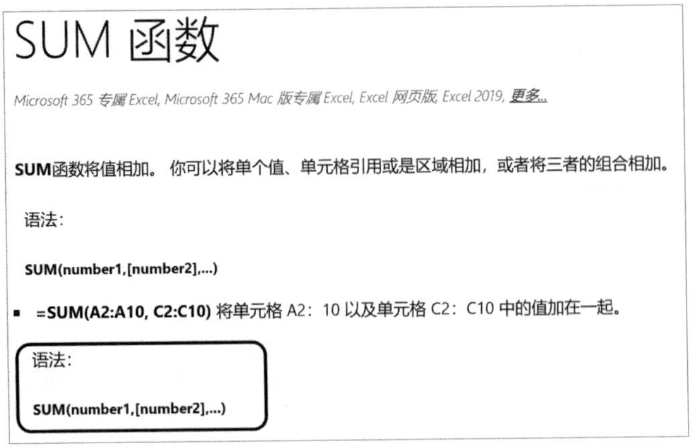

SUM 函数

Microsoft 365 专属 Excel, Microsoft 365 Mac 版专属 Excel, Excel 网页版, Excel 2019, 更多...

SUM函数将值相加。你可以将单个值、单元格引用或是区域相加，或者将三者的组合相加。

语法：

SUM(number1,[number2],...)

- **=SUM(A2:A10, C2:C10)** 将单元格 A2：10 以及单元格 C2：C10 中的值加在一起。

语法：

SUM(number1,[number2],...)

图 6-2　SUM 函数的语法说明

除了 SUM、COUNT 等函数具有多个相同类型的参数外，其他常用函数省略可选参数的默认处理方式如表 6-1 所示。

表 6-1　常用函数省略可选参数情况

函数名称	参数位置及名称	省略参数后的默认处理方式
IF 函数	第 3 个参数 [value_if_false]	默认为 FALSE
LOOKUP 函数	第 3 个参数 [result_vector]	默认为数组语法
MATCH 函数	第 3 个参数 [match_type]	默认为 1
VLOOKUP 函数	第 4 个参数 [range_lookup]	默认为 TRUE
HLOOKUP 函数	第 4 个参数 [range_lookup]	默认为 TRUE
INDIRECT 函数	第 2 个参数 [a1]	默认为 A1 引用样式
FIND(B) 函数	第 3 个参数 [start_num]	默认为 1
SEARCH(B) 函数	第 3 个参数 [start_num]	默认为 1
LEFT(B) 函数	第 2 个参数 [num_chars]	默认为 1
RIGHT(B) 函数	第 2 个参数 [num_chars]	默认为 1
SUBSTITUTE 函数	第 4 个参数 [instance_num]	默认为替换所有符合第 2 个参数的字符
SUMIF 函数	第 3 个参数 [sum_range]	默认对第 1 个参数 range 进行求和

此外，在公式中有些参数可以省略参数值，在前一参数后仅使用一个逗号，用以保留参数的位置，这种方式称为“省略参数的值”或“简写”。

常见的函数参数简写方式如表 6-2 所示。

表 6-2 参数简写方式

原公式	简写后的公式
=VLOOKUP(E1,A1:B10,2,FALSE)	=VLOOKUP(E1,A1:B10,2,)
=MAX(D2,0)	=MAX(D2,)
=OFFSET(A1,0,0,10,1)	=OFFSET(A1,,,10,1)
=SUBSTITUTE(A2,"A","")	=SUBSTITUTE(A2,"A",)

提示

省略参数指的是将参数连同前面的逗号（如果有）一同去除，仅适用于可选参数；省略参数的值（简写）指的是保留参数前面的逗号但不输入参数的值，可以是可选参数，也可以是必需参数。尽管部分 Excel 函数支持“简写”，但是不推荐这么做。

6.1.3 优先使用函数

某些简单的计算可以通过运算符来完成。例如，对 A1:A3 单元格求和，可以使用以下公式：

```
=A1+A2+A3
```

但如果要对 A1~A1000 或更多单元格求和，逐个单元格相加的做法将变得无比繁杂、低效，并且容易出错。使用 SUM 函数则可以非常简洁地完成同样的任务。例如，使用以下公式，即可得到 A1~A1000 单元格中的数值之和。

```
=SUM(A1:A1000)
```

其中 SUM 是求和函数，A1:A1000 是需要求和的区域，表示对 A1:A1000 单元格区域执行求和计算。如果求和区域有所变化，可以简单地修改 SUM 函数的参数来完成新的计算。

此外，使用函数对单元格区域进行计算，可以提高公式的稳定性。比如在 B1、C1 单元格分别使用下列公式：

```
=A1+A2+A3
=SUM(A1:A3)
```

如果删除工作表的第 2 行，则 B1 单元格的公式就会出现错误引用，而 C1 单元格的公式仍然可以正常计算。

有关工作表变动对公式的影响，请参阅 3.4 节。

6.2 常用函数的分类

在 Excel 函数中，根据来源的不同可将函数分为以下 4 类。

➲ Ⅰ 内置函数

Excel 在默认状态下就可以使用的函数。

➲ Ⅱ 扩展函数

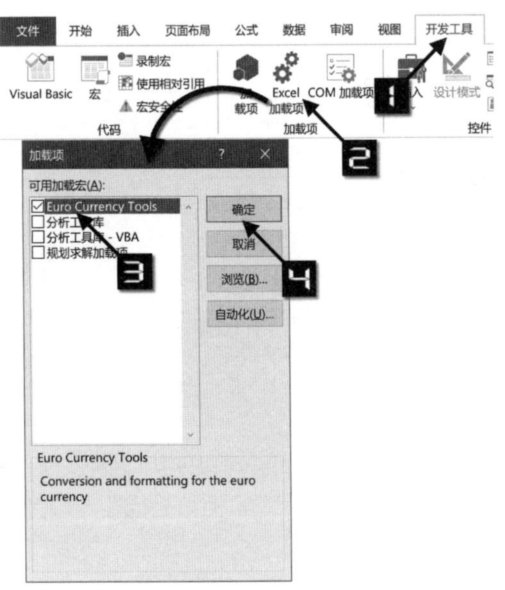

图 6-3 欧元转换工具加载项

必须通过加载宏才能正常使用的函数。例如，EUROCONVERT 函数必须安装并加载“欧元转换工具”加载项之后才能正常使用。如需加载“欧元转换工具”加载项，可依次单击【开发工具】→【Excel 加载项】命令，在弹出的【加载项】对话框中选中【Euro Currency Tools】复选框，最后单击【确定】按钮，如图 6-3 所示。

➲ Ⅲ 自定义函数

使用 VBA 代码进行编制并实现特定功能的函数，这类函数存放于 VB 编辑器的“模块”中。相关内容请参阅第 24 章。

➲ Ⅳ 宏表函数

该类函数是 Excel 4.0 版函数，需要通过定义名称或在宏表中使用，其中多数函数已逐步被内置函数和 VBA 功能替代。相关内容请参阅第 23 章。

包含有自定义函数或宏表函数的文件需要保存为“启用宏的工作簿 (.xlsm)”，并在首次打开文件后需要在【宏已被禁用】安全警告对话框中单击【启用内容】按钮，否则宏表函数将不可用。

根据函数的功能和应用领域，内置函数可分为以下几种类型：

文本函数、信息函数、逻辑函数、查找和引用函数、日期和时间函数、统计函数、数学和三角函数、财务函数、工程函数、多维数据集函数、兼容性函数和 Web 函数。

其中，兼容性函数是在新版本 Excel 中，对早期版本进行精确度改进或更改名称以更好地反映其用法而保留的旧版函数。虽然这些函数仍可向后兼容，但建议用户从现在开始使用新函数，因为旧版函数在 Excel 的未来版本中可能不再支持。

在实际应用中，函数的功能被不断开发挖掘，不同类型函数能够解决的问题也不仅仅局限于某个类型。函数的灵活性和多变性，也正是学习函数公式的乐趣所在。

6.3 认识函数的易失性

有时，用户打开一个工作簿但没做任何更改就关闭时，Excel 也会弹出“是否保存对文档的更改？”的对话框，这是因为该工作簿中用到了“易失性函数”。

在工作簿中使用了易失性函数时，每激活一个单元格或在一个单元格输入数据，或者只是打开工作簿，具有易失性的函数都会自动重新计算。

易失性函数在以下情形不会引发自动重新计算。

❖ 工作簿的重新计算模式设置为“手动”时。
❖ 当手工设置列宽、行高而不是双击调整为合适列宽时，但隐藏行或设置行高值为 0 除外。
❖ 当设置单元格格式或其他更改显示属性的设置时。
❖ 激活单元格或编辑单元格内容但按 <Esc> 键取消时。

常见的易失性函数有以下几种。

❖ 获取随机数的 RAND 和 RANDBETWEEN 函数，每次编辑会自动产生新的随机数。
❖ 获取当前日期、时间的 TODAY、NOW 函数，每次返回当前系统的日期、时间。
❖ 返回单元格引用的 OFFSET、INDIRECT 函数，每次编辑都会重新定位实际的引用区域。
❖ 获取单元格信息的 CELL 函数和 INFO 函数，每次编辑都会刷新相关信息。

此外，如果 SUMIF 函数第三参数使用简写形式，也会引发重新计算。

练习与巩固

1. Excel 函数只有唯一的名称且（_______）大小写，每个函数都有特定的功能和用途。

2. 在公式中使用函数时，通常有表示公式开始的等号、函数名称、左括号、以（_______）相间隔的参数和右括号构成。

3. 一些函数可以仅使用其部分参数，在函数语法中，可选参数一般用（_______）包含起来进行区别，当函数有多个可选参数时，可从右向左依次省略参数。

4. 在公式中有些参数可以省略参数值，在前一参数后仅跟一个逗号，用以保留参数的位置，这种方式称为“省略参数的值”或“简写”，常用于代替逻辑值 FALSE、数值（_______）或空文本等参数值。

5. 省略参数指的是将参数连同前面的逗号（如果有）一同去除，仅适用于（_______）参数；省略参数的值（简写）指的是保留参数前面的逗号，但不输入参数的值，可以是可选参数，也可以是必需参数。

6. 有时用户打开一个工作簿不做任何更改直接关闭时，Excel 也会提示“是否保存对文档的更改？”，这是因为该工作簿中用到了（_______）。

第 7 章　函数的输入与查看函数帮助

本章学习函数的输入、编辑及查看函数帮助文件的方法，熟悉输入、编辑函数的方法并善于利用帮助文件，将有助于函数的学习和理解。

本章学习要点

（1）输入函数的方式。　　　　（2）查看函数帮助文件。

7.1　输入函数的几种方式

7.1.1　使用“自动求和”按钮插入函数

如图 7-1 所示，在【公式】选项卡和【开始】选项卡下都有【自动求和】按钮，使用该按钮能够快速插入求和、计数、平均值、最大值及最小值等公式。

默认情况下，单击【自动求和】按钮或按 <Alt+=> 组合键将插入用于求和的 SUM 函数。单击【自动求和】按钮右侧的下拉按钮，在下拉列表中包括【求和】【平均值】【计数】【最大值】【最小值】和【其他函数】6 个选项，如图 7-2 所示。

图 7-1　自动求和按钮

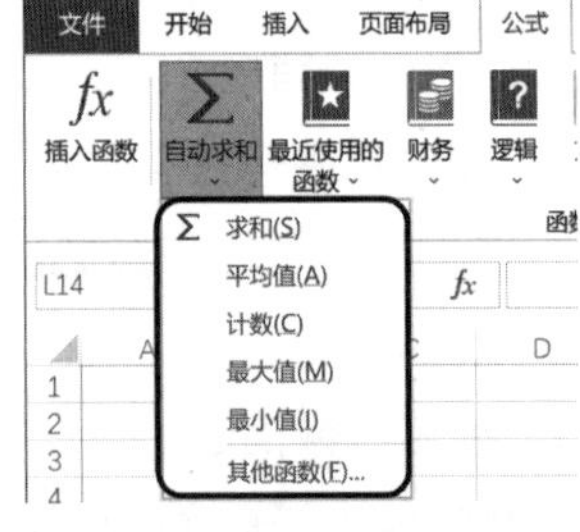

图 7-2　自动求和按钮选项

在下拉列表中单击【其他函数】按钮时，将打开【插入函数】对话框，如图 7-3 所示。

选择【求和】【平均值】【计数】【最大值】【最小值】其中一种计算方式后，Excel 将智能地根据所选取单元格区域及周边数据分布情况，自动选择公式统计的单元格范围，以实现快捷输入。如图 7-4 所示，选中 B2:H8 单元格区域，单击【公式】选项卡下的【自动求和】按钮，Excel 将对该区域的每一列和每一行分别进行求和。

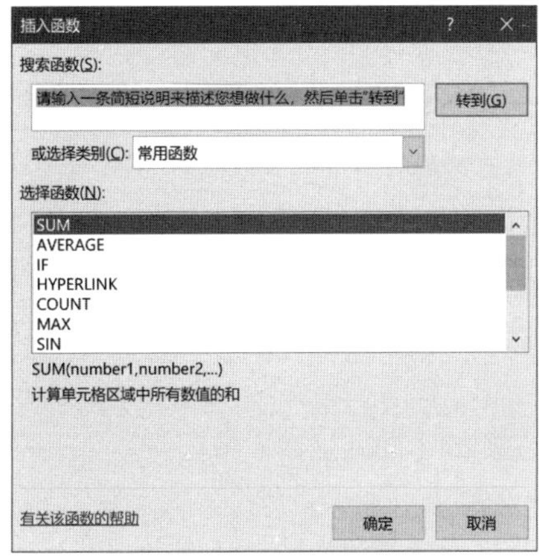

图 7-3　插入函数对话框

	A	B	C	D	E	F	G	H
1	店铺名称	1月	2月	3月	4月	5月	6月	合计
2	世纪阳光	4900	8200	6300	5900	4100	7000	36400
3	家悦邻居	3400	5400	2900	7400	5600	8600	33300
4	诚品悦购	1500	5700	6100	7400	3000	4300	28000
5	世纪东城	9300	6900	8400	8800	2800	3200	39400
6	佳兴百货	2200	6100	7500	8100	3600	6000	33500
7	奥德商超	7500	7600	3800	8900	3400	5200	36400
8	合计	28800	39900	35000	46500	22500	34300	207000

图 7-4　对多行多列同时求和

通常情况下，Excel 自动对公式所在行之上的数据或公式所在列左侧的数据求和。如果插入自动求和公式的单元格上方和左侧是空白单元格，则需要用户指定求和区域。

如果要计算的表格区域处于筛选状态时，单击【自动求和】按钮将使用 SUBTOTAL 函数，以便在筛选状态下进行求和、平均值、计数、最大值、最小值等汇总计算。关于 SUBTOTAL 函数的详细用法，请参阅 15.8.1 节。

7.1.2　使用函数库插入已知类别的函数

在【公式】选项卡下的【函数库】命令组中，Excel 分类提供了【财务】【逻辑】【文本】【日期和时间】【查找与引用】【数学和三角函数】【其他函数】等多个下拉按钮，在【其他函数】下拉按钮中还提供了【统计】【工程】【多维数据集】【信息】【兼容性】和【Web 函数】等扩展菜单。用户可以按需插入某个内置函数（数据库函数除外），还可以单击【最近使用的函数】下拉按钮，在下拉菜单（列表）中选取最近使用过的 10 个函数，如图 7-5 所示。

图 7-5　使用函数库插入已知类别的函数

7.1.3 使用“插入函数”向导搜索函数

使用【插入函数】对话框向导选择或搜索所需函数，可选类别将更加丰富。以下 4 种方法均可打开【插入函数】对话框。

❖ 单击【公式】选项卡上的【插入函数】按钮。

❖ 切换到【公式】选项卡下，在【函数库】命令组的各个下拉菜单中单击【插入函数】命令或单击【自动求和】下拉按钮，在扩展菜单中单击【其他函数】。

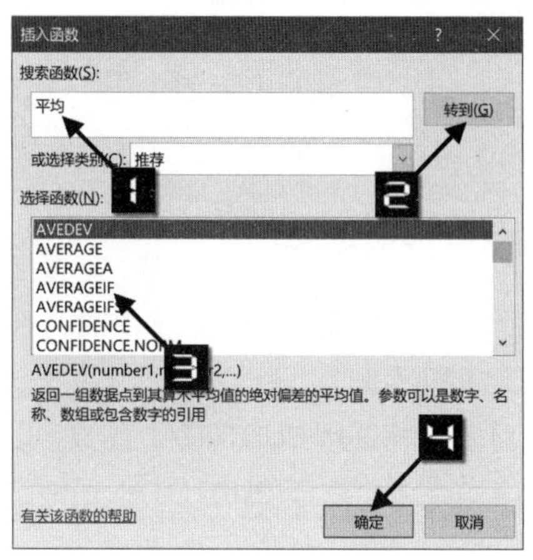

图 7-6 插入函数

❖ 单击“编辑栏”左侧的【插入函数】按钮 *fx* 。

❖ 按 <Shift+F3> 组合键。

如图 7-6 所示，在【搜索函数】编辑框中输入关键字“平均”，单击【转到】按钮，对话框中将显示“推荐”的函数列表，选择需要的函数后，单击【确定】按钮，即可插入该函数并切换到【函数参数】对话框。

在【函数参数】对话框中，从上至下主要由函数名、参数编辑框、函数简介及参数说明和计算结果等几部分组成。其中，参数编辑框允许直接输入参数或单击右侧折叠按钮以选取单元格区域，如图 7-7 所示。

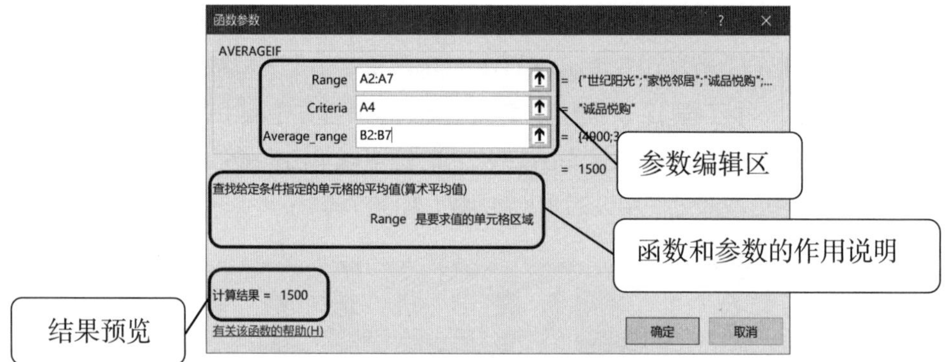

图 7-7 函数参数对话框

7.1.4 使用公式记忆式键入手工输入

Excel 默认开启“公式记忆式键入”功能，只要输入开头部分字母，将会出现相关的所有函数的和名称列表供选择。

在编辑公式时，按 <Alt+ ↓ > 组合键可以切换是否启用“公式记忆式键入”功能，也可以单击【文件】→【选项】，在【Excel 选项】对话框的【公式】选项卡中选中【使用公式】区域的【公式记忆式键入】的复选框，然后单击【确定】按钮关闭对话框。

例如，将输入法切换到英文输入状态下，输入“=SU”后，Excel 将自动显示所有以“=SU”开头的函数、名称或“表格”的扩展下拉菜单。借助上、下方向键或鼠标可以选择不同的函数，右侧将显示此函数功能提示，双击鼠标或按 <Tab> 键可将此函数添加到当前的编辑位置，既提高了输入效率，又确保输入函数名称的准确性。

随着输入更多的字符，扩展下拉菜单中的候选项将逐步缩小范围，如图 7-8 所示。

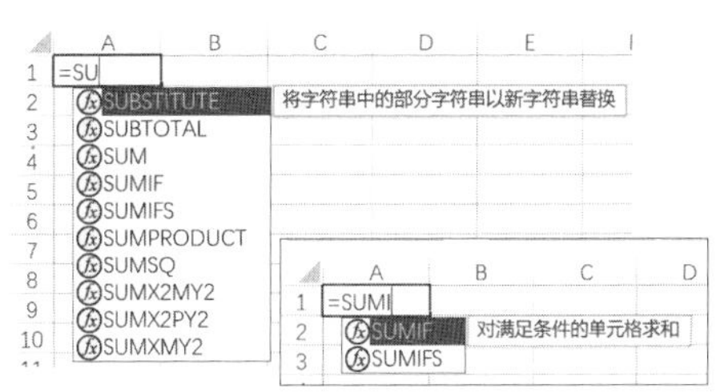

图 7-8　公式记忆式键入

7.1.5　活用函数屏幕提示工具

在单元格中或编辑栏中编辑公式时，当完整地输入函数名称及左括号后，在编辑位置附近会自动出现悬浮的【函数屏幕提示】工具条，可以帮助用户了解函数语法中参数名称、可选参数或必需参数等，如图 7-9 所示。

提示信息中包含了当前输入的函数名称及完成此函数所需要的参数。图 7-9 中输入的 SUM 函数显示了 number1 和［number2］两个参数，正在编辑的参数以加粗字体显示。

如果公式中已经填入了函数参数，单击【函数屏幕提示】工具条中的某个参数名称时，编辑栏中自动选择该参数所在部分（包括使用嵌套函数作为参数的情况），并以灰色背景突出显示，如图 7-10 所示。

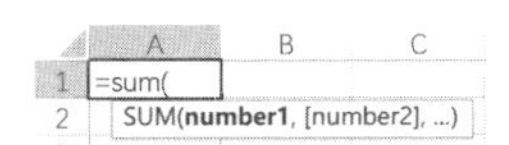

图 7-9　手工输入函数时的提示信息

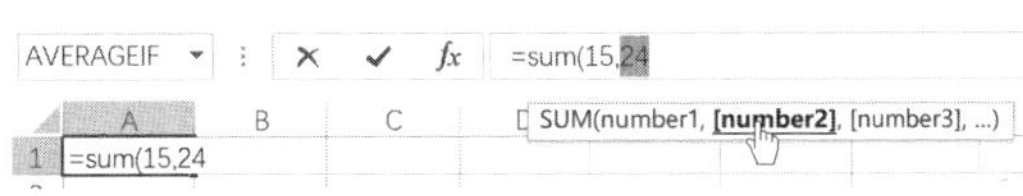

图 7-10　快速选择函数参数

如果没有显示函数屏幕提示，可以依次单击【文件】→【选项】命令，打开【Excel 选项】对话框。在【高级】选项卡的【显示】区域中，检查【显示函数屏幕提示】的复选框是否处于选中状态，如图 7-11 所示。

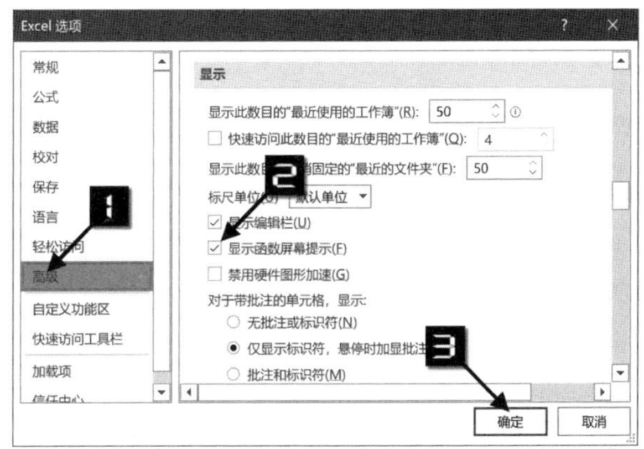

图 7-11　显示函数屏幕提示

7.2　查看函数帮助文件

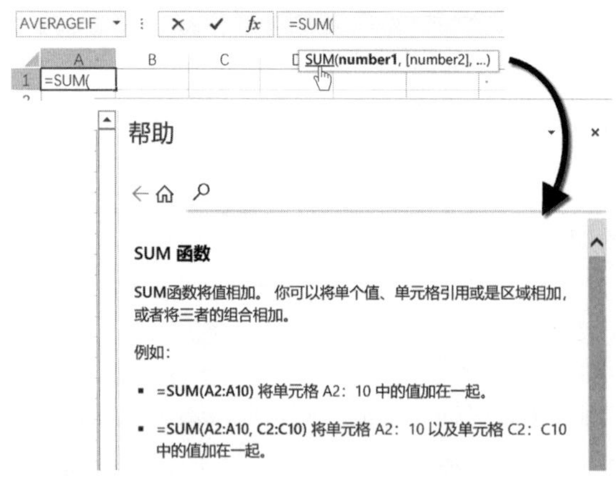

图 7-12　获取函数帮助信息

在计算机正常联网的情况下，单击【函数屏幕提示】工具条上的函数名称，将在工作表右侧显示该函数的帮助信息，如图 7-12 所示。

Excel 2019 没有本地帮助文件，只能使用在线方式查看。

帮助文件中包括函数的说明、语法、参数，以及简单的函数示例，尽管帮助文件中的函数说明有些还不够透彻，但仍然不失为学习函数公式的好帮手。

使用以下方法也可以查看帮助信息。

❖ 在单元格中输入等号和函数名称后按 <F1> 键。
❖ 按 <F1> 键打开【帮助】窗格，在顶部的搜索框中输入关键字，单击搜索按钮，即可显示与之有关的函数。单击函数名称，将在【帮助】窗格中打开关于该函数的帮助文件，如图 7-13 所示。
❖ 在功能区右侧的操作说明搜索框中输入关键字，在下拉菜单中单击【获得相关帮助】右侧的扩展按钮，然后在扩展菜单中单击函数名称，如图 7-14 所示。

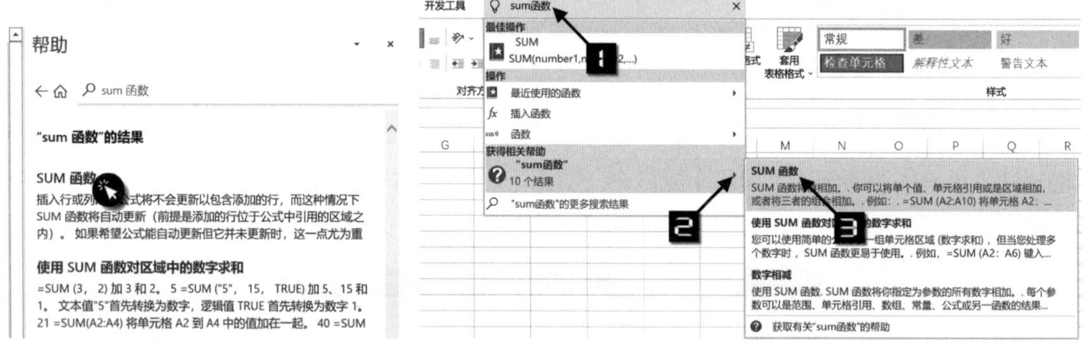

图 7-13　在【帮助】窗格中搜索关键字　　　图 7-14　使用操作说明搜索框

❖ 单击"编辑栏"左侧的【插入函数】按钮 fx，打开【插入函数】对话框。在【选择函数】列表中单击选中函数名称，再单击右下角的【有关该函数的帮助】链接，将使用系统默认浏览器打开"Office 支持"网页中的帮助文件，如图 7-15 所示。

图 7-15　在【插入函数】对话框中打开帮助文件

练习与巩固

1. 默认情况下，单击【自动求和按钮】按钮或按 <Alt+=> 组合键将插入（________）函数。

2. 当要计算的表格区域处于筛选状态时，单击【自动求和】按钮将应用（________）函数的相关功能。

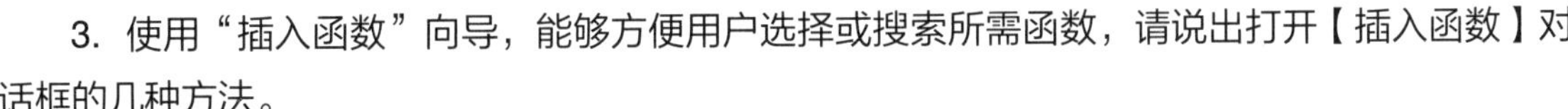

3. 使用“插入函数”向导，能够方便用户选择或搜索所需函数，请说出打开【插入函数】对话框的几种方法。

4. 请说出查看函数帮助信息的几种方法。

第 8 章　公式结果的检验、验证和限制

本章对公式使用中的常见问题与公式结果的检验验证、函数与公式的限制等方面知识进行讲解，学习这些知识，有助于对公式的各类故障进行判断和处置。

本章学习要点

（1）公式常见错误与检查。
（2）公式审核功能。
（3）函数与公式的限制。

8.1　使用公式的常见问题

使用公式进行计算时，可能会因为某种原因而无法得到正确结果，并在单元格中返回错误值信息。不同类型的错误值表示该错误值出现的原因，请参阅 2.2.1 节。

8.1.1　检查公式中的错误

当公式的结果返回错误值时，应及时查找错误原因并修改公式以解决问题。

Excel 提供了后台错误检查的功能。在【Excel 选项】对话框【公式】选项卡的【错误检查】区域中，选中【允许后台错误检查】复选框，并在【错误检查规则】区域根据实际需求来选中各个规则前的复选框，最后单击【确定】按钮，如图 8-1 所示。

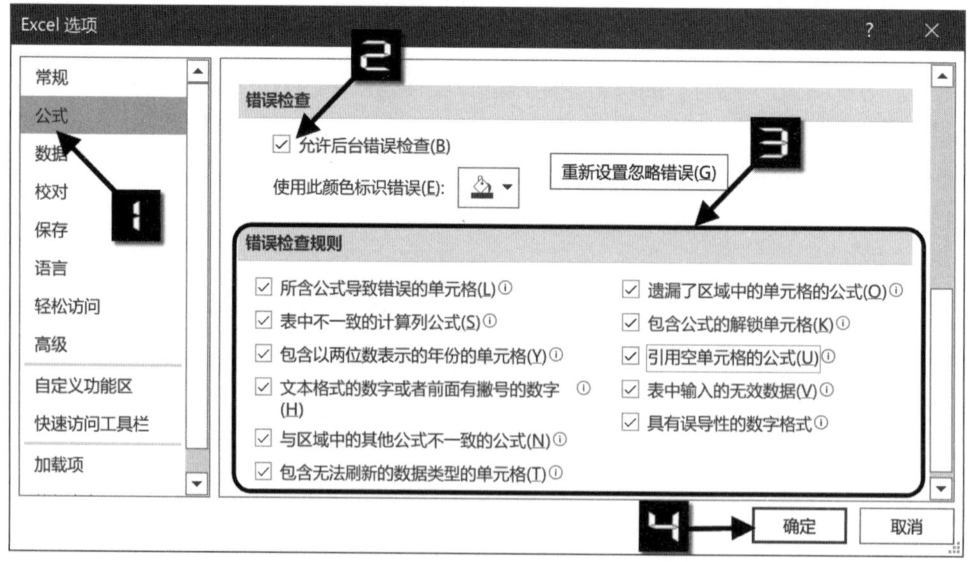

图 8-1　设置错误检查规则

当单元格中的公式或值与上述情况相符时，单元格左上角将显示一个三角形智能标记。选定包含该智能标记的单元格，单元格左侧将出现感叹号形状的【错误提示器】下拉按钮，扩展菜单中包括公式错误的类型、关于此错误的帮助、显示计算步骤等信息，如图 8-2 所示。

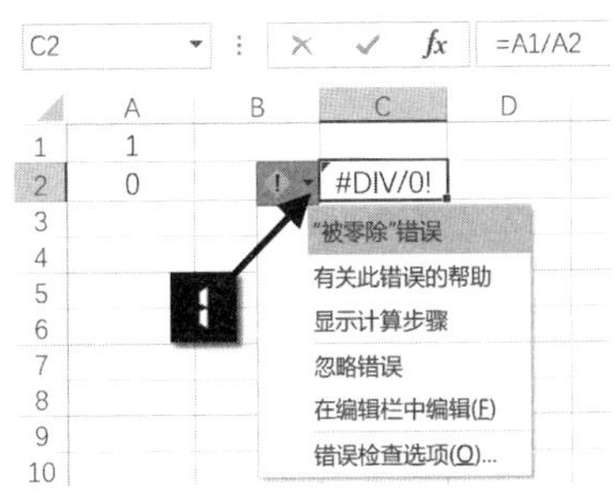

图 8-2　错误提示器

示例8-1　使用错误检查工具

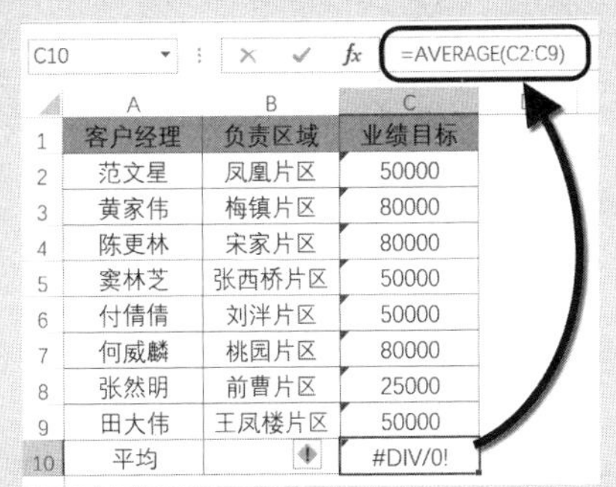

	A	B	C
1	客户经理	负责区域	业绩目标
2	范文星	凤凰片区	50000
3	黄家伟	梅镇片区	80000
4	陈更林	宋家片区	80000
5	窦林芝	张西桥片区	50000
6	付倩倩	刘洋片区	50000
7	何威麟	桃园片区	80000
8	张然明	前曹片区	25000
9	田大伟	王凤楼片区	50000
10	平均		#DIV/0!

图 8-3　公式返回错误值

如图 8-3 所示，在 C10 单元格使用 AVERAGE 函数计算 C2:C9 单元格的平均值，但结果显示为错误值“#DIV/0!”。

可以使用以下三种方法进行排查处理。

第一种方法是在【公式】选项卡下单击【错误检查】按钮，弹出【错误检查】对话框。提示单元格 C2 中出错误，错误原因是“以文本形式存储的数字”，并提供了关于【此错误的帮助】【显示计算步骤】【忽略错误】【在编辑栏中编辑】等选项，方便用户选择所需执行的操作。

单击【转换为数字】按钮，可依次将各单元格中的文本型数字转换为数值，也可以通过单击“上一个”或“下一个”按钮查看其他单元格中的公式错误情况，如图 8-4 所示。

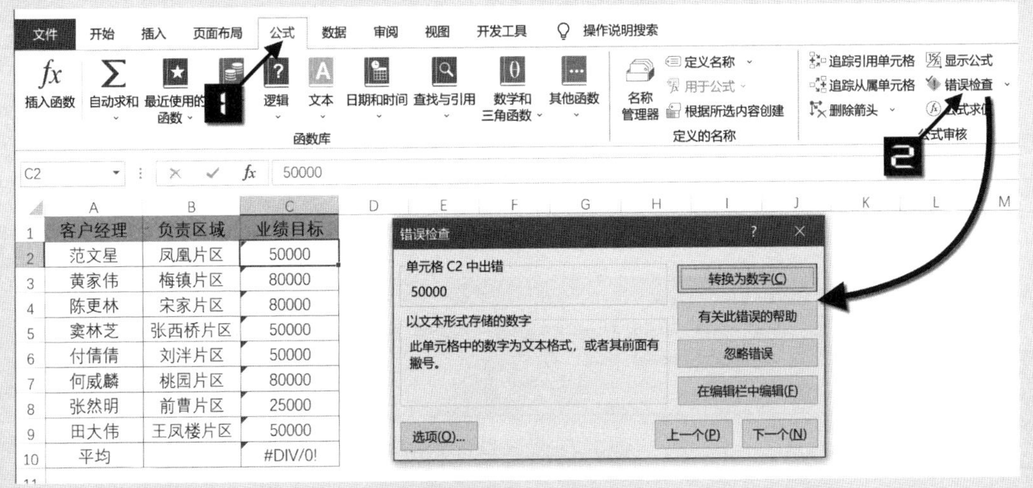

图 8-4　执行错误检查

第二种方法是选定公式所在单元格，在【公式】选项卡中依次单击【错误检查】→【追踪错

误】命令，将在 C2 单元格中出现蓝色的追踪箭头，表示错误可能来源于 C2 单元格，由此可以判断 C2 单元格格式可能存在错误，如图 8-5 所示。

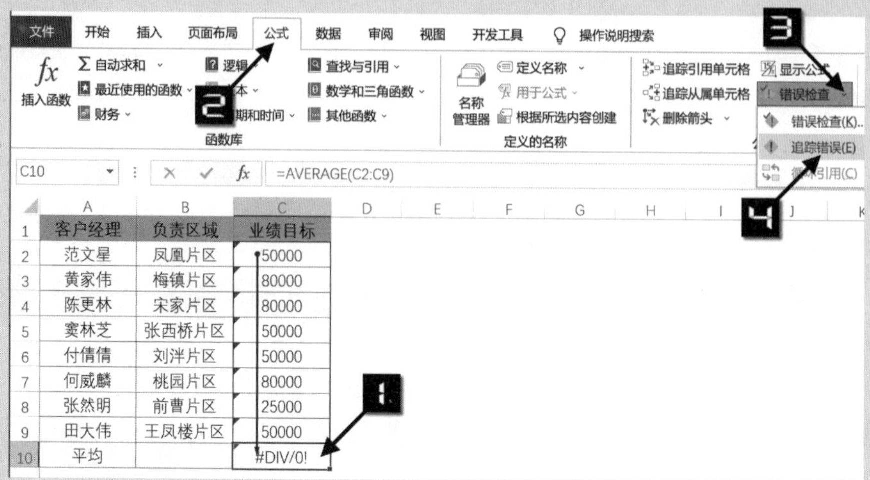

图 8-5 追踪错误来源

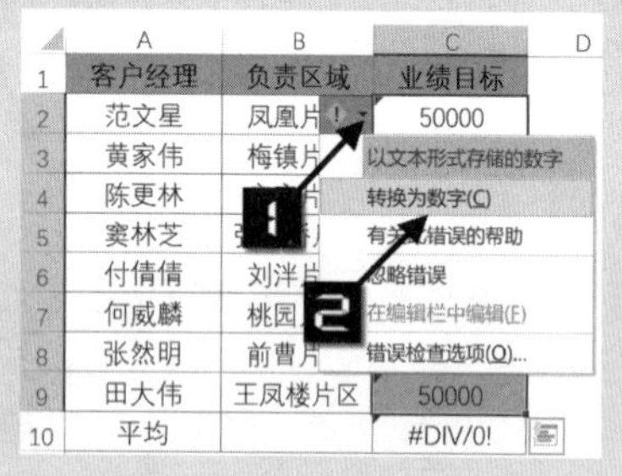

图 8-6 使用错误提示器转换文本型数字

如不再需要显示追踪箭头，可依次单击【公式】→【删除箭头】命令来取消显示。

第三种方法是选中 C2:C9 单元格区域，单击选中区域左上角的【错误指示器】下拉按钮，在扩展菜单中单击【转换为数字】，则 C10 单元格可正确计算出平均值，如图 8-6 所示。

8.1.2 处理意外循环引用

当公式计算返回的结果需要依赖公式自身所在的单元格的值时，无论是直接还是间接引用，都称为循环引用。如 A1 单元格输入公式：=A1+1，或是 B1 单元格输入公式“=A1”，而 A1 单元格公式为“=B1”，都会产生循环引用。

当在单元格中输入包含循环引用的公式时，Excel 将弹出循环引用警告对话框，如图 8-7 所示。

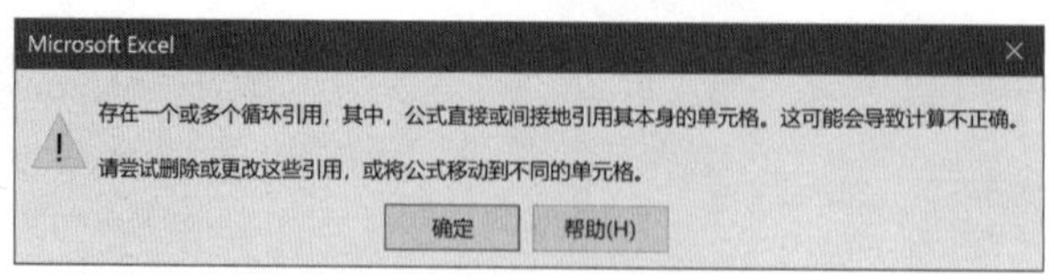

图 8-7 循环引用警告

默认情况下，Excel 禁止使用循环引用，因为公式中引用自身的值进行计算，将永无休止地计算而得不到答案。

如果公式计算过程中与自身单元格的值无关，仅与自身单元格的行号、列标或文件路径等属性相关，则不会产生循环引用。例如，在 A1 单元格输入以下 3 个公式，分别用于提取 A1 单元格的行号、列号及文件名称，均不会产生循环引用。

```
=ROW(A1)
=COLUMN(A1)
=CELL("filename",A1)
```

示例8-2 查找包含循环引用的单元格

图 8-8 是某公司外贸交易的部分记录，E14 单元格使用以下公式计算总金额。

```
=SUM(E:E)
```

由于公式中引用了 E14 自身的值，公式无法得出正确的计算结果，结果显示为 0，并且在状态栏的左下角出现文字提示“循环引用：E14”。

在【公式】选项卡中依次单击【错误检查】→【循环引用】命令，将显示包含循环引用的单元格地址。单击该地址，将跳转到对应单元格。如果工作表中包含多个循环引用，此处仅显示一个循环引用的单元格地址。

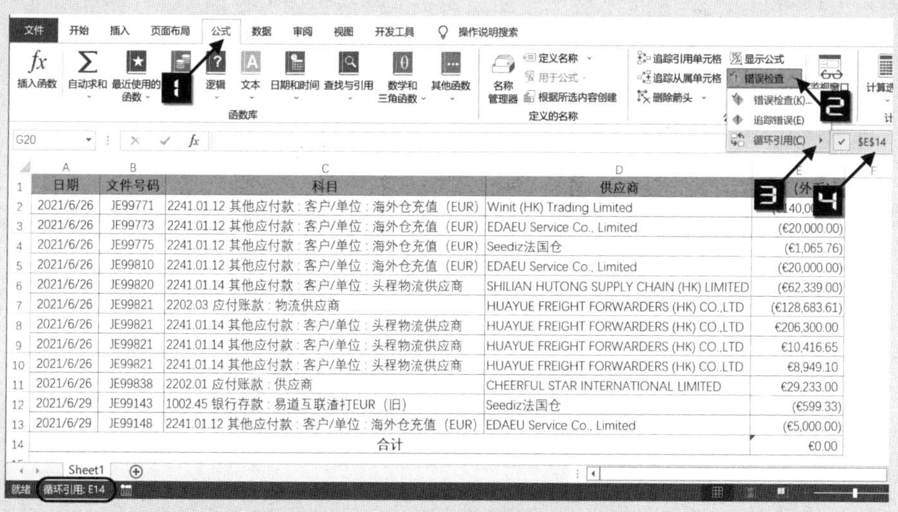

	A	B	C	D	E
1	日期	文件号码	科目	供应商	(外...
2	2021/6/26	JE99771	2241.01.12 其他应付款：客户/单位：海外仓充值（EUR）	Winit (HK) Trading Limited	...140,0...
3	2021/6/26	JE99773	2241.01.12 其他应付款：客户/单位：海外仓充值（EUR）	EDAEU Service Co., Limited	(€20,000.00)
4	2021/6/26	JE99775	2241.01.12 其他应付款：客户/单位：海外仓充值（EUR）	Seediz法国仓	(€1,065.76)
5	2021/6/26	JE99810	2241.01.12 其他应付款：客户/单位：海外仓充值（EUR）	EDAEU Service Co., Limited	(€20,000.00)
6	2021/6/26	JE99820	2241.01.14 其他应付款：客户/单位：头程物流供应商	SHILIAN HUTONG SUPPLY CHAIN (HK) LIMITED	(€62,339.00)
7	2021/6/26	JE99821	2202.03 应付账款：物流供应商	HUAYUE FREIGHT FORWARDERS (HK) CO.,LTD	(€128,683.61)
8	2021/6/26	JE99821	2241.01.14 其他应付款：客户/单位：头程物流供应商	HUAYUE FREIGHT FORWARDERS (HK) CO.,LTD	€206,300.00
9	2021/6/26	JE99821	2241.01.14 其他应付款：客户/单位：头程物流供应商	HUAYUE FREIGHT FORWARDERS (HK) CO.,LTD	€10,416.65
10	2021/6/26	JE99821	2241.01.14 其他应付款：客户/单位：头程物流供应商	HUAYUE FREIGHT FORWARDERS (HK) CO.,LTD	€8,949.10
11	2021/6/26	JE99838	2202.01 应付账款：供应商	CHEERFUL STAR INTERNATIONAL LIMITED	€29,233.00
12	2021/6/29	JE99143	1002.45 银行存款：易道互联渣打EUR（旧）	Seediz法国仓	(€599.33)
13	2021/6/29	JE99148	2241.01.12 其他应付款：客户/单位：海外仓充值（EUR）	EDAEU Service Co., Limited	(€5,000.00)
14			合计		€0.00

图 8-8　快速定位循环引用

解决方法是将 E14 单元格公式的引用区域修改为实际的 E2:E13 数据区域，公式即可正常计算。

8.1.3 显示公式本身

如果输入公式后并未得到计算结果，而是显示公式本身，可通过以下两种方法来排查处理。

第一种方法是检查是否启用了“显示公式”模式。

08 章

如果工作表的列宽变大，单元格的居中方式也发生变化，可在【公式】选项卡下检查【显示公式】按钮是否处于高亮状态，如图 8-9 所示。

解决方法是单击【显示公式】按钮或按 <Ctrl+`> 组合键（` 键位于 <Tab> 键的上方），在普通模式和显示公式模式之间进行切换。

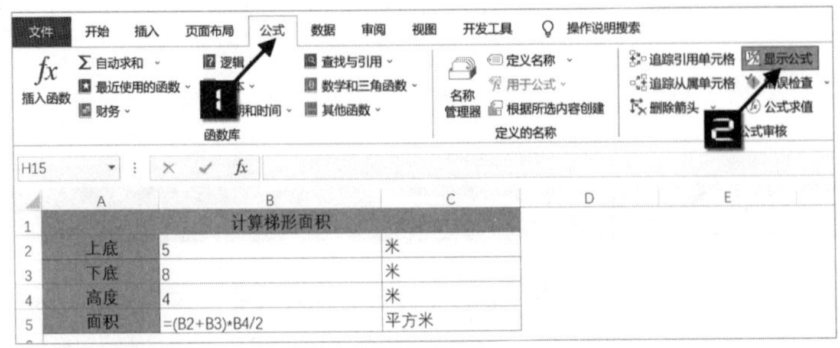

图 8-9　显示公式

第二种方法是检查单元格是否设置了“文本”格式。

如果未开启“显示公式”模式，单元格中仍然是显示公式本身而不是计算结果，则可能是由于单元格设置了“文本”格式。

解决方法是选中公式所在单元格，将单元格数字格式设置为“常规”，然后双击单元格中的公式，再按 <Enter> 键退出编辑状态即可。

如果多个连续单元格使用相同公式，可先设置左上角单元格为常规格式，重新激活公式后，再将公式复制到其他单元格区域。

8.1.4　自动重算和手动重算

在打开工作簿或对工作簿中的内容进行编辑时，公式会默认执行重新计算。因此当工作簿中使用了大量的公式时，经常会因为计算任务过重而导致 Excel 运行缓慢。通过设置 Excel 的计算选项，可以避免不必要的公式重算，减少对系统资源的占用。

如图 8-10 所示，在【Excel 选项】对话框【公式】选项卡下的【计算选项】区域中，选中【手动重算】单选按钮，然后选中【保存工作簿前重新计算】的复选框，单击【确定】按钮退出对话框。

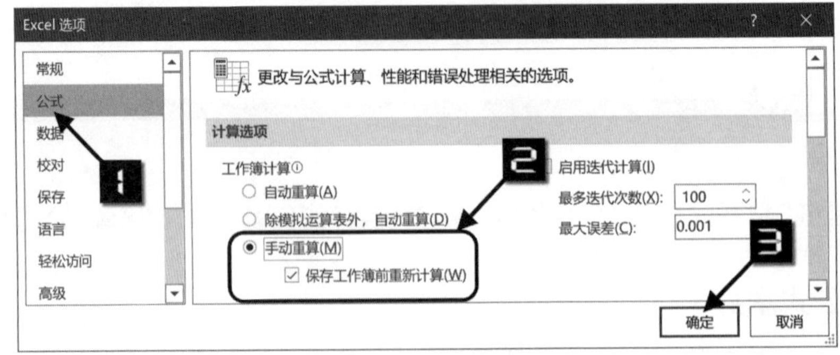

图 8-10　设置手动计算选项

此外，也可以单击【公式】选项卡下的【计算选项】下拉按钮，在下拉菜单中选择【手动】选项。

当工作簿设置为“手动”计算模式时，使用不同的功能键或组合键，可以执行不同的重新计算效果，如表 8-1 所示。

表 8-1　重新计算按键的执行效果

按键	执行效果
F9	对整个工作簿进行重新计算
Shift+F9	对当前工作表进行重新计算

8.2　公式结果的检验和验证

当结束公式编辑后，可能会出现错误值，或者虽然可以得出计算结果但并不是预期的值。为确保公式的准确性，还需要对公式结果进行必要的检验和验证。

8.2.1　简单统计公式结果的验证

使用公式对单元格区域进行求和、平均值、极值、计数等简单统计时，可以借助状态栏进行验证。

如图 8-11 所示，选择 C2:C14 单元格区域，状态栏上自动显示该区域的平均值、计数等结果，可以用来与 C15 单元格的公式计算结果进行简单验证。

	A	B	C	D	E	F
1	姓名	业务区域	数量-出库	无税折前收入	无税内核毛利	数量-冲帐
2	牛红伟	五星	14508	6031.34	1116.40	16149
3	廖豫华	玉林市区	3780	1133.65	146.33	4527
4	凌广辉	容县全渠道	2872	738.59	120.96	3008
5	雷嘉嘉	河池全渠道	2053	489.29	67.78	2049
6	张金松	南宁代理商	8088	1772.28	171.65	7902
7	彭海琦	崇左市区	1343	235.10	20.16	1307
8	杨行文	O2O项目组	345	73.29	7.55	347
9	纪传颂	梧州全渠道	2283	512.46	59.69	2296
10	邓兴斌	柳州非城区	774	134.40	7.39	839
11	崔立东	桂林市辖区	2759	586.27	51.02	2777
12	唐建龙	防城港佳盛	961	179.53	5.91	961
13	王东华	B2B业务	976	145.82	10.87	967
14	张营军	零售项目组	2006	735.72	116.44	2033
15		合计	42748	12767.75	1902.16	45162

图 8-11　简单统计公式的验证

8.2.2　使用 <F9> 键查看运算结果

在公式编辑状态下，选择全部公式或其中的某一部分，按 <F9> 键可以显示所选公式部分的运算结果。选择公式段时，注意要包含一组完整的运算对象，比如选择一个函数时，则必须选定整个函数名称、左括号、参数和右括号，选择一段计算式时，不能截至某个运算符而不包含其后面的必要组成元素。

如图 8-12 所示，在编辑栏选中“B2+B3”部分，按下 <F9> 键之后，将显示该部分公式的计算结果 13。

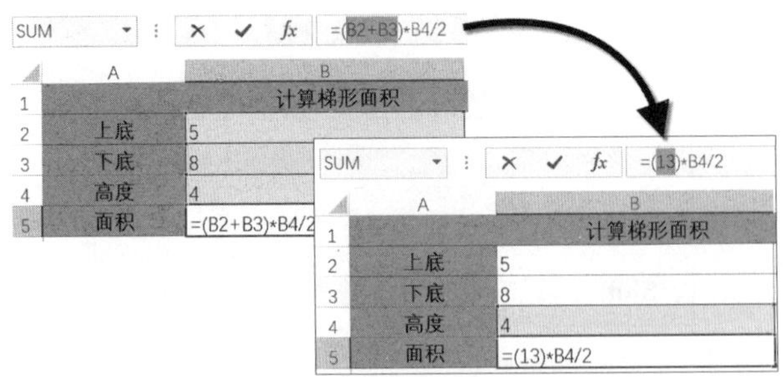

图 8-12　按 <F9> 键查看部分运算结果

使用 <F9> 键查看公式运算结果后，可以按 <Esc> 键恢复原状，也可以单击编辑栏左侧的取消按钮。

按 <F9> 键计算时，对空单元格的引用将识别为数值 0。当选取的公式段运算结果字符过多时，将无法显示计算结果，并弹出“公式太长。公式的长度不得超过 8192 个字符。”的对话框。另外，对于部分复杂公式，使用 <F9> 键查看到的计算结果有时可能并不正确。

8.2.3　使用公式求值查看分步计算结果

如图 8-13 所示，单击包含公式的 B5 单元格，单击【公式】选项卡下的【公式求值】按钮，将弹出【公式求值】对话框。单击【求值】按钮，可按照公式运算顺序依次查看公式的分步计算结果。

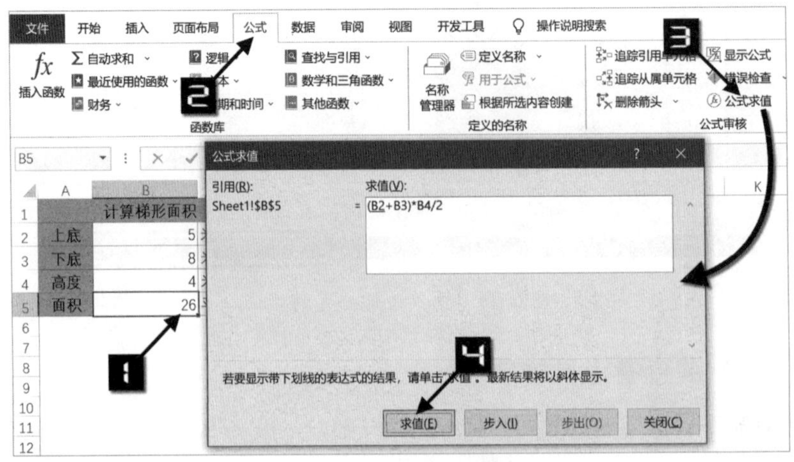

图 8-13　公式求值对话框

单击【步入】按钮将进入分支计算模式，在【求值】区域会显示当前单元格地址的具体内容，单击【步出】按钮可退出分支计算模式，如图 8-14 所示。

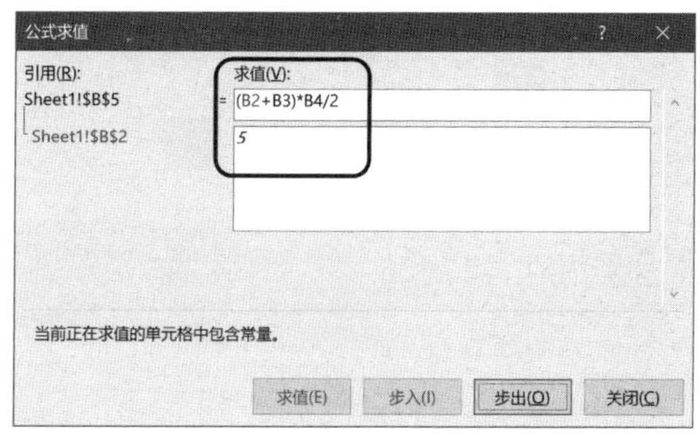

图 8-14　显示分支部分运算结果

8.2.4　单元格追踪与监视窗口

在【公式】选项卡下的【公式审核】命令组中，还包括【追踪引用单元格】【追踪从属单元格】和【监视窗口】等功能。

依次单击【追踪引用单元格】或【追踪从属单元格】命令时，将在公式与其引用或从属的单元格之间用蓝色箭头连接，方便用户查看公式与各单元格之间的引用关系。如图 8-15 所示，左侧为使用【追踪引用单元格】，右侧为使用【追踪从属单元格】时的效果。

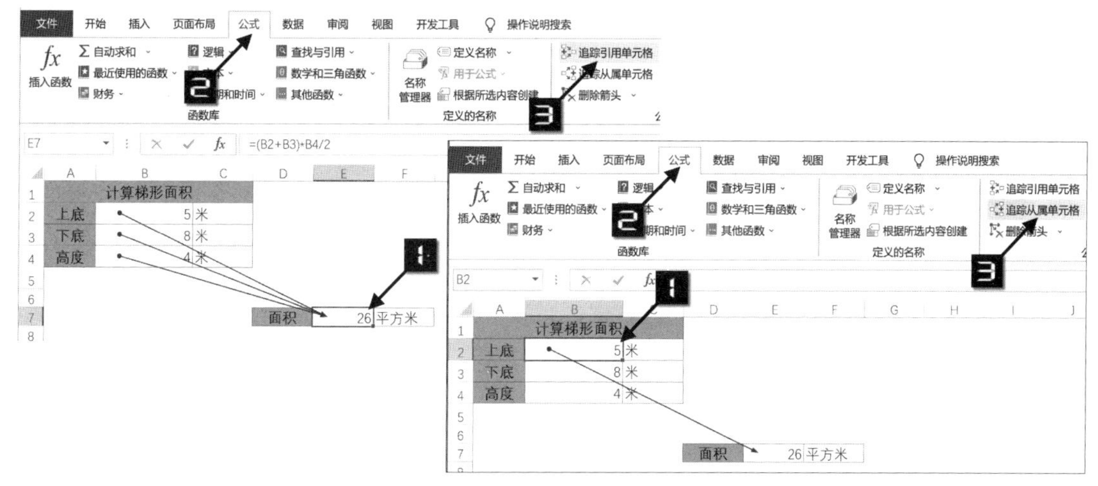

图 8-15　追踪引用单元格与追踪从属单元格

左侧的箭头表示 E7 单元格引用了 B2、B3 和 B4 单元格的数据，右侧的箭头表示 B2 单元格被 E7 单元格引用。检查完毕后，单击【公式】选项卡下的【删除箭头】按钮，可恢复正常视图显示。

如果公式中引用了其他工作表的单元格，在使用【追踪引用单元格】命令时，会出现一条黑色虚线连接到小窗格图标。双击黑色虚线，即可弹出【定位】对话框。在定位对话框中双击单元格地址，可快速跳转到被引用工作表的相应单元格，如图 8-16 所示。

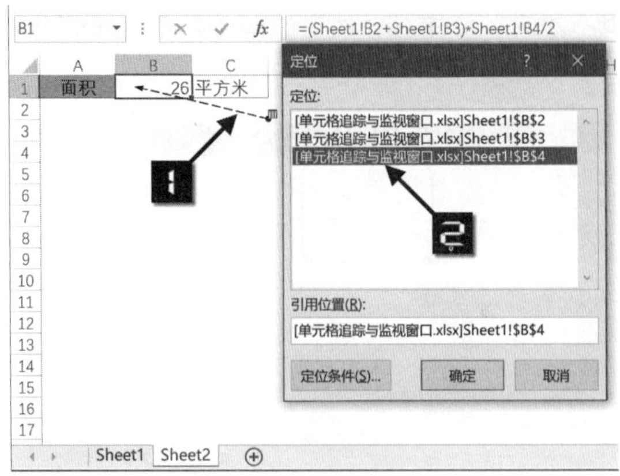

图 8-16　不同工作表之间追踪引用单元格

示例8-3 添加监视窗口

如果重点关注的数据分布在不同工作表，或是分布在大型工作表的不同位置时，频繁切换工作表或是滚动定位去查看这些数据将会非常麻烦，同时也会影响工作效率。

利用【监视窗口】功能，可以把重点关注的数据添加到监视窗口中，随时查看数据的变化情况。切换工作表或是调整工作表滚动条时，【监视窗口】始终在最前端显示。

操作步骤如下。

步骤① 单击【公式】选项卡中的【监视窗口】按钮，在弹出的【监视窗口】对话框中单击【添加监视】按钮，弹出【添加监视点】对话框。

步骤② 输入需要监视的单元格地址，或是单击右侧的折叠按钮来选择目标单元格，单击【添加】按钮完成操作，如图 8-17 所示。

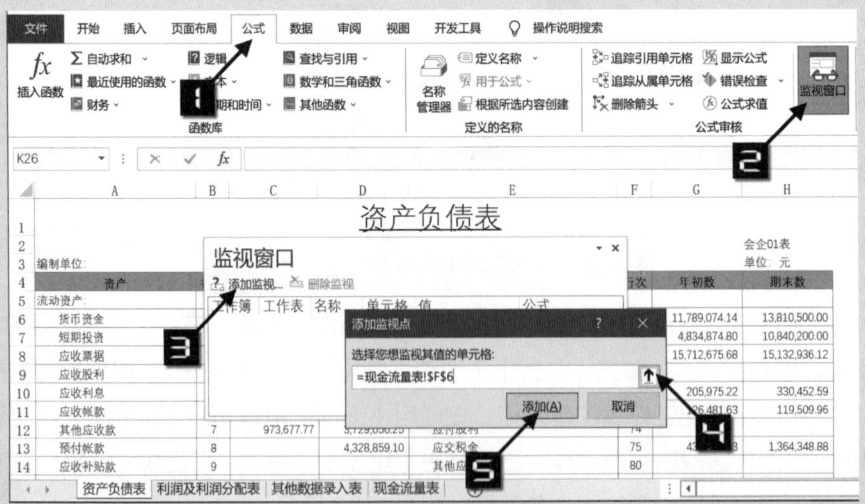

图 8-17　添加监视窗口

【监视窗口】会显示目标监视点单元格所属的工作簿、工作表、自定义名称、单元格、值及公式状况，并且可以随着这些项目的变化实时更新显示内容。【监视窗口】中可添加多个目标监视点，也可以拖动【监视窗口】对话框到工作区边缘位置，使其成为固定的任务窗格，如图 8-18 所示。

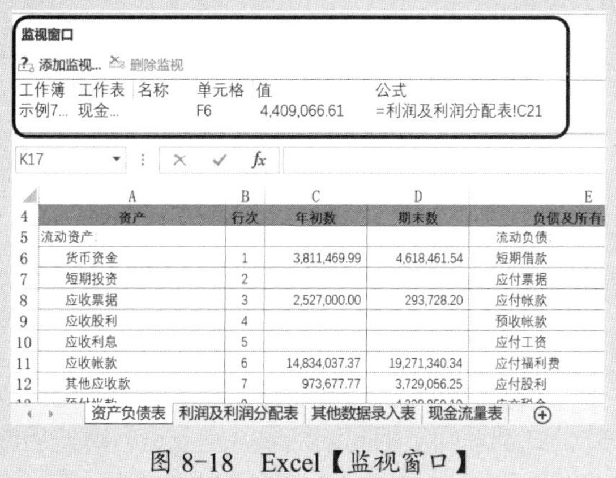

图 8-18　Excel【监视窗口】

8.3　函数与公式的限制

8.3.1　计算精度限制

Excel 计算精度为 15 位有效数字（含小数，即从左侧第 1 个不为 0 的数字开始算起）。例如在单元格中输入数字 123456789012345678 和 0.00123456789012345678，超过 15 位有效数字部分将自动变为 0，输入后的最终结果为 123456789012345000 和 0.00123456789012345。

注意

在输入超过 15 位的有效数字（如 18 位身份证号码）时，需事先设置单元格为“文本”格式后再进行输入，或先输入半角单引号“'”，强制以文本形式存储数字，否则第 15 个数字之后的数字将转为 0 且无法逆转。

8.3.2　公式字符限制

单个 Excel 公式的最大长度为 8192 个字符。在实际应用中，如果公式长度达到上百个字符，就已经相当复杂，对于后期的修改、编辑都会带来影响，也不便于其他用户快速理解公式的含义。可以借助排序、筛选、辅助列等手段，降低公式的复杂程度。

8.3.3　函数参数的限制

Excel 内置函数最多可以包含 255 个参数。当使用单元格引用作为函数参数且超过参数个数限制时，可使用逗号将多个引用区域间隔后用一对括号包含，形成合并区域，整体作为一个参数使用，从而解决参数个数限制问题。例如，以下两个公式，在公式 1 中使用了 4 个参数，而公式 2 利用“合并区域”的引用方式，仅视为 1 个参数。

```
公式 1：=SUM(J3:K3,L3:M3,K7:L7,N9)
公式 2：=SUM((J3:K3,L3:M3,K7:L7,N9))
```

8.3.4 函数嵌套层数的限制

Excel 公式最多可以包含 64 层嵌套。

练习与巩固

1. 如果公式返回错误值“#NAME?”，出错的原因是什么？

2. 请说出使用错误检查工具的主要步骤。

3. 如果输入公式后并未得到计算结果，而是显示公式本身，请说出可能的原因及解决方法。

4. 如果多个单元格中的公式都返回了相同的结果，需要进行哪些检查？

5. 在公式编辑状态下，选择全部公式或其中的某一部分，按（________）键可以单独计算并显示该部分公式的运算结果。

第 9 章　使用命名公式——名称

本章主要介绍使用单元格引用、常量数据、公式进行命名的方法与技巧，让读者认识并了解名称的分类和用途，能够运用名称解决日常应用中的一些具体问题。

本章学习要点

（1）了解名称的概念和命名限制。
（2）理解名称的级别和应用范围。
（3）掌握常用定义、筛选、编辑名称的操作技巧。

9.1　认识名称

9.1.1　名称的概念

名称是一类较为特殊的公式，多数名称是由用户预先自行定义，但不存储在单元格中的公式。也有部分名称可以在创建表格、设置打印区域等操作时自动产生。

名称是被特殊命名的公式，也是以等号“=”开头，可以由字符串、常量数组、单元格引用、函数与公式等元素组成，已定义的名称可以在其他名称或公式中调用。

名称可以通过模块化的调用使公式变得更加简洁，同时在数据验证、条件格式、高级图表等应用上也都具有广泛的用途。

9.1.2　为什么要使用名称

合理使用名称主要有以下优点。

➲ I　在部分情况下可增强公式的可读性

例如，将存放在 B3:B12 单元格区域的考核成绩数据定义名称为“考核”，使用以下两个公式都可以计算考核总成绩，显然，公式 1 比公式 2 更易于理解其意图。

```
公式 1 =SUM(考核)
公式 2 =SUM(B3:B12)
```

➲ II　方便输入

输入公式时，描述性的名称“考核”比单元格地址 B3:B12 更易于输入。

➲ III　快速进行区域定位

单击位于编辑栏左侧名称框的下拉箭头，在弹出的下拉菜单中选择已定义的名称，可以快速定位到工作表的特定区域。

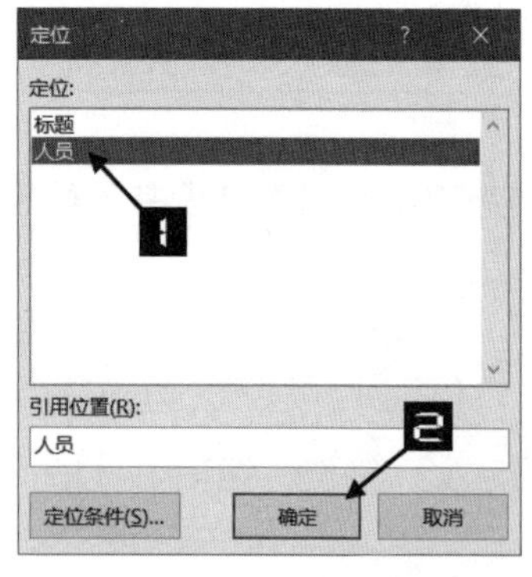

图 9-1　定位名称

在【开始】选项卡中依次单击【查找和选择】→【转到】命令，打开【定位】对话框（或按 <F5> 键），选择已定义的名称，单击【确定】按钮，可以快速定位到工作表的某个区域，如图 9-1 所示。

➲ Ⅳ　**便于公式的统一修改**

例如，在工资表中有多个公式都使用 3500 作为基本工资，乘以不同系数进行奖金计算。当基本工资额发生改变时，需要逐个修改相关公式将较为烦琐，如果定义“基本工资”的名称并使用到公式中，则只需修改一个名称的相关参数即可。

➲ Ⅴ　**有利于简化公式**

在一些较为复杂的公式中，可能需要重复使用相同的公式段进行计算，导致整个公式冗长，不利于阅读和修改。例如，下面的公式重复使用了相同的公式段。

```
=IF(SUM($B2:$F2)=0,0,G2/SUM($B2:$F2))
```

将其中 SUM($B2:$F2) 部分定义名称为“库存”，则公式可简化为：

```
=IF(库存=0,0,G2/库存)
```

➲ Ⅵ　**可解决数据验证和条件格式中无法使用常量数组、交叉引用的问题**

Excel 不允许在数据验证和条件格式中直接使用含有常量数组或交叉引用的公式（使用交叉运算符获取单元格区域交集），但可以将常量数组或交叉引用部分定义为名称，然后在数据验证和条件格式中进行调用。

➲ Ⅶ　**解决在工作表中无法使用宏表函数问题**

宏表函数不能直接在工作表的单元格中使用，必须通过定义名称来调用。

➲ Ⅶ　**为高级图表或数据透视表设置动态的数据源**

9.2　定义名称的方法

9.2.1　认识名称管理器

Excel 中的名称管理器可以方便用户维护和编辑名称，在名称管理器中能够查看、创建、编辑或删除名称。在【公式】选项卡下单击【名称管理器】按钮打开【名称管理器】对话框。在对话框中可以看到已定义名称的命名、引用位置、名称的作用范围和注释信息，各字段的列宽可以手动调整，以便显示更多的内容，如图 9-2 所示。

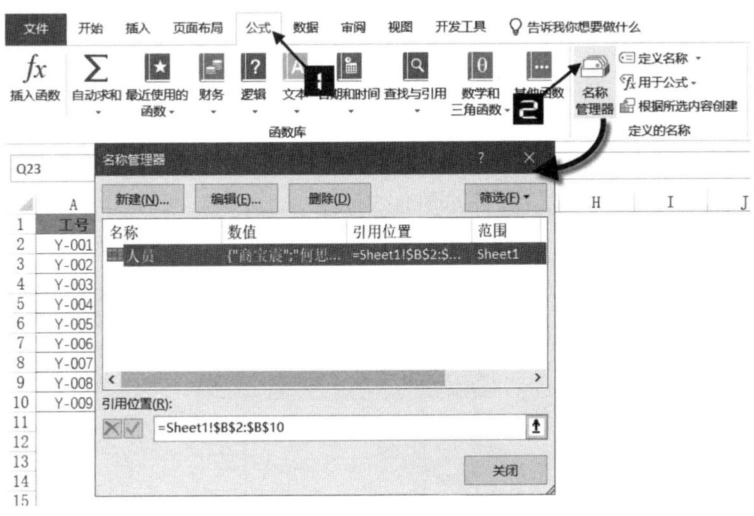

图 9-2　名称管理器

【名称管理器】具有筛选器功能，单击右上角的【筛选】按钮，在下拉菜单中按不同类型划分为三组供用户筛选："工作表范围内的名称"和"工作簿范围内的名称"，"有错误的名称"和"没有错误的名称"，"定义的名称"和"表名称"，如果在下拉菜单中选择【工作表范围内的名称】选项，名称列表中将仅显示工作表级名称，如图 9-3 所示。

单击列表框中已定义的名称，再单击【编辑】按钮，打开【编辑名称】对话框，可以对已定义的名称修改命名或是重新设置引用位置，如图 9-4 所示。

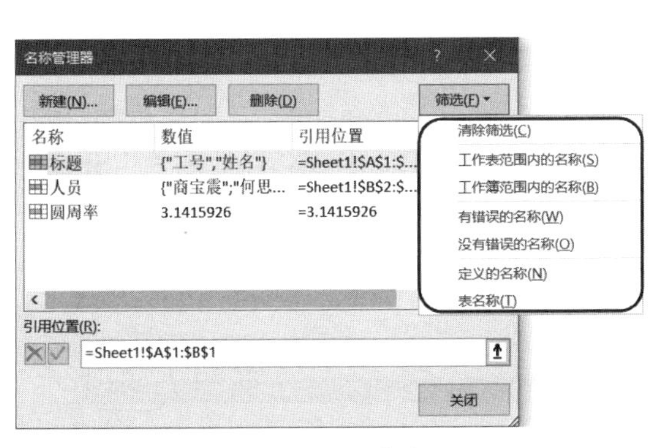

图 9-3　名称筛选器

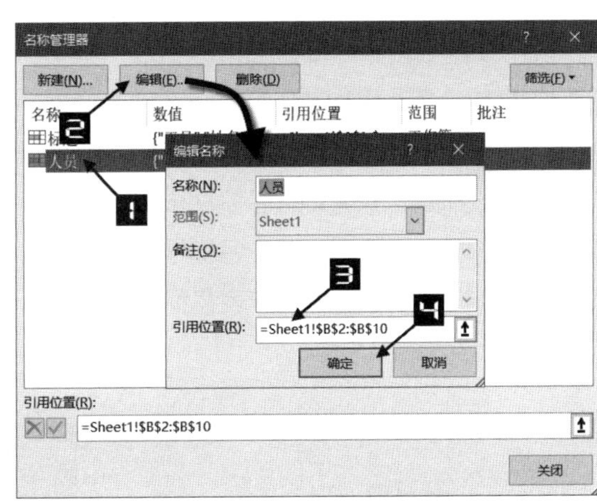

图 9-4　编辑名称

9.2.2　在【新建名称】对话框中定义名称

以下两种方式可以打开【新建名称】对话框。

方法 1：单击【公式】选项卡下的【定义名称】按钮，弹出【新建名称】对话框。

在【新建名称】对话框中可以对名称命名。单击【范围】右侧的下拉按钮，能够将定义名称指定为工作簿范围或是某张工作表范围。

在【备注】文本框内可以添加注释，以便于使用者理解名称的用途。

在【引用位置】编辑框中，可以直接输入公式，也可以单击右侧的折叠按钮选择单元格区域作为引用位置。

最后单击【确定】按钮，完成设置，如图 9-5 所示。

图 9-5　定义名称

方法 2：依次单击【公式】→【名称管理器】按钮，在弹出的【名称管理器】对话框中单击【新建】按钮，弹出【新建名称】对话框。之后的设置步骤与方法 1 相同。

9.2.3　使用名称框快速创建名称

使用工作表编辑区域左上方的【名称框】，可以快速将单元格区域定义为名称。在图 9-6 所示的工作表内，选择 B2:B10 单元格区域，将光标定位到【名称框】内，输入“人员”后按 <Enter> 键完成编辑，即可将 B2:B10 单元格区域定义名称为“人员”。

使用【名称框】定义的名称默认为工作簿级，如需定义为工作表级名称，需要在名称前添加工作表名和感叹号。例如，在【名称框】中输入“Sheet1! 人员”，则该名称的作用范围为“Sheet1”工作表（前提条件是当前工作表名称与此相符），如图 9-7 所示。

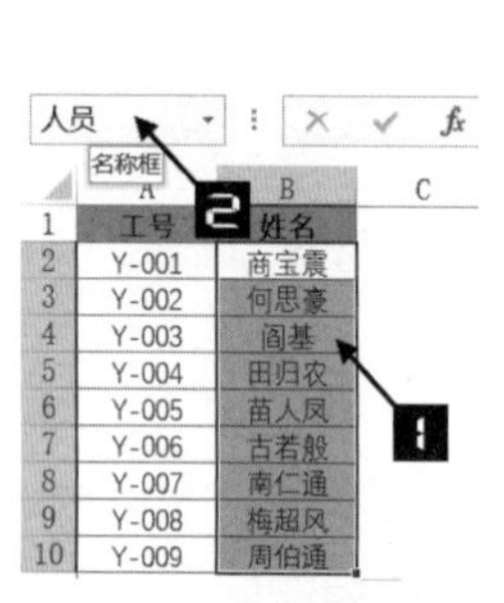

图 9-6　名称框创建名称

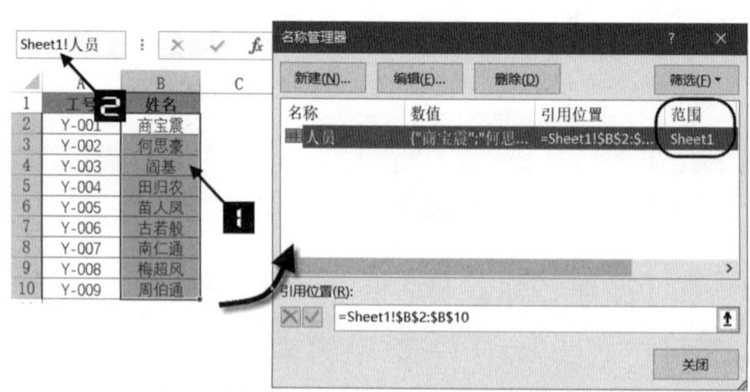

图 9-7　名称框创建工作表级名称

【名称框】除了可以定义名称外，还可以激活已经命名的单元格区域。单击名称框下拉按钮，在下拉菜单中选择已经定义的名称，即可选中命名的单元格区域，如图 9-8 所示。

同一单元格或单元格区域允许有多个名称，但在实际应用时应尽量避免出现这种情况。如果同一单元格或区域有多个名称，选中这些单元格或区域时，名称框内只显示按升序排列的第一个名称。

定义名称允许引用非连续的单元格范围。按住 <Ctrl> 键，鼠标选取多个单元格或单元格区域，在名称框输入名称后按 <Enter> 键即可，如图 9-9 所示。

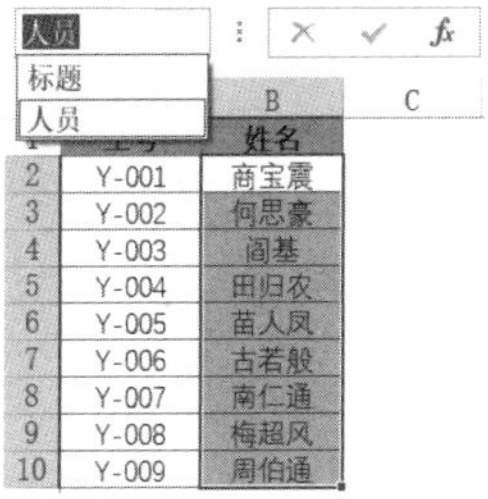

人员 ▾　标题　人员

	A	B
2	Y-001	商宝震
3	Y-002	何思豪
4	Y-003	阎基
5	Y-004	田归农
6	Y-005	苗人凤
7	Y-006	古若般
8	Y-007	南仁通
9	Y-008	梅超风
10	Y-009	周伯通

图 9-8　快速选取命名的区域

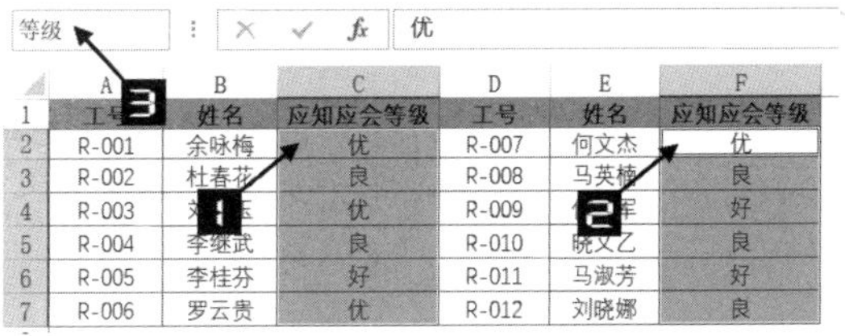

等级　优

	A	B	C	D	E	F
1	工号	姓名	应知应会等级	工号	姓名	应知应会等级
2	R-001	余咏梅	优	R-007	何文杰	优
3	R-002	杜春花	良	R-008	马英楠	良
4	R-003	[illegible]	优	R-009	[illegible]	好
5	R-004	李继武	良	R-010	晓文乙	良
6	R-005	李桂芬	好	R-011	马淑芳	好
7	R-006	罗云贵	优	R-012	刘晓娜	良

图 9-9　定义不连续的单元格区域

9.2.4　根据所选内容批量创建名称

如果需要对表格中多行多列的单元格区域按标题行或标题列定义名称，可以使用【根据所选内容创建名称】命令快速创建多个名称。

示例9-1　批量创建名称

选择需要定义名称的范围，依次单击【公式】选项卡→【根据所选内容创建】按钮，或者按 <Ctrl+Shift+F3> 组合键，在弹出的【根据所选内容创建名称】对话框中，保留默认的【首行】复选框的选中状态，单击【确定】按钮完成设置，如图 9-10 所示。

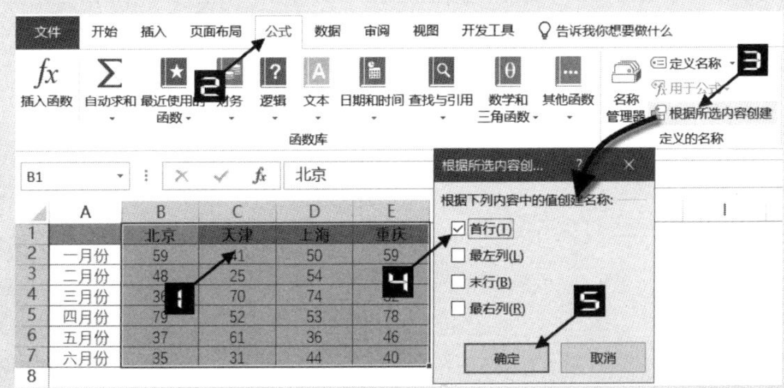

图 9-10　根据所选内容批量创建名称

打开【名称管理器】对话框，可以看到四个工作簿级名称，并且以选定区域首行单元格中的内容命名，如图 9-11 所示。使用此方法时，如果字段标题中包含空格，命名会自动以短横线替换空格，如标题为“姓 名”，定义后的名称将显示为“姓_名”。

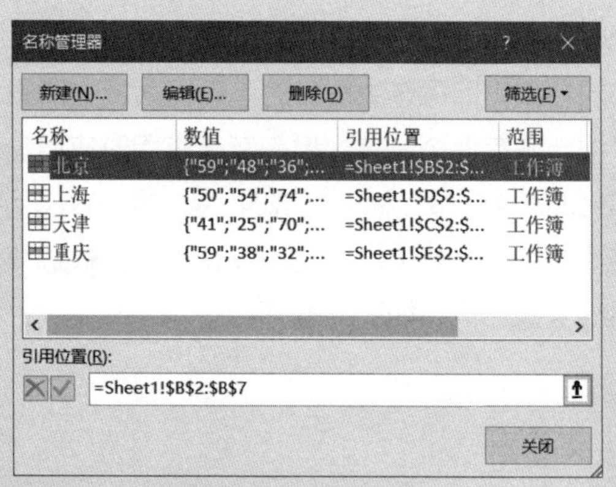

图 9-11　名称管理器

【根据所选内容创建名称】对话框中的复选标记会对 Excel 已选中的范围进行自动分析，如果选区首行是文本，Excel 将建议根据首行的内容创建名称。【根据所选内容创建名称】对话框中各复选框的作用如表 9-1 所示。

表 9-1 【根据所选内容创建名称】选项说明

复选框选项	说明
首行	将顶端行的文字作为该列的范围名称
最左列	将最左列的文字作为该行的范围名称
末行	将底端行的文字作为该列的范围名称
最右列	将最右列的文字作为该行的范围名称

使用【根据所选内容创建】功能所创建的名称仅引用包含值的单元格。Excel 基于自动分析的结果有时并不完全符合用户的期望，应进行必要的检查。

根据本书前言的提示操作，可观看定义名称方法的视频讲解。

9.3　名称的级别

部分名称可以在一个工作簿的所有工作表中直接调用，而部分名称则只能在某一工作表中直接调用，这是由于名称的作用范围不同。根据作用范围的不同，Excel 的名称可分为工作簿级名称和工作表级名称。

9.3.1 工作表级名称和工作簿级名称

依次单击【公式】→【名称管理器】按钮，或是按 <Ctrl+F3> 组合键打开【名称管理器】对话框，如图 9-12 所示。名称列表中的【范围】属性显示了各个名称的作用范围，其中“姓名”是工作表级名称，作用于“Sheet1”工作表。“等级”是工作簿级名称，作用范围涵盖整个工作簿。

默认情况下，新建的名称作用范围均为工作簿级，如果要创建作用于某个工作表的局部名称，操作步骤如下。

步骤① 单击【公式】→【定义名称】按钮，打开【新建名称】对话框。

步骤② 在名称文本框中输入自定义的命名，在【范围】下拉菜单中选择指定的工作表，在引用位置编辑框中输入公式或是选择单元格区域，最后单击【确定】按钮，如图 9-13 所示。

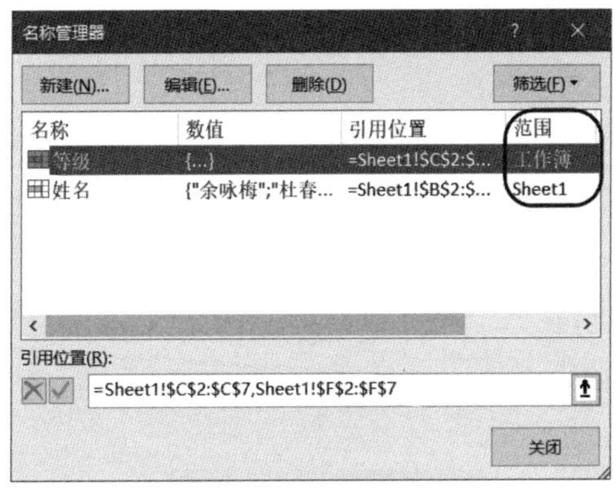

图 9-12 名称的作用范围

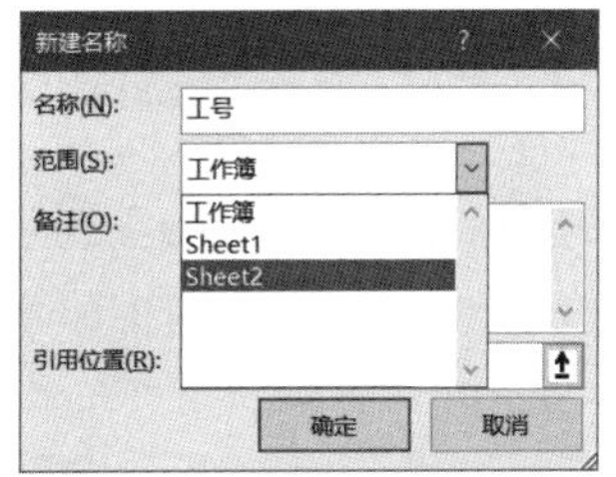

图 9-13 定义工作表级名称

工作表级别的名称在所属工作表中可以直接调用，当在其他工作表中引用某个工作表级名称时，则需在公式中以“工作表名 + 半角感叹号 + 名称”形式输入。

示例9-2 统计销售一部的销售总额

图 9-14 所示，分别定义了两个工作表级的名称“销售额”，需要在“销售二部”工作表中计算“销售一部”工作表的销售总额，可使用以下公式完成计算：

=SUM(销售一部！销售额)

当被引用工作表名称中的首个字符是数字，或工作表名称中包含空格等特殊字符时，需使用在工作表名称

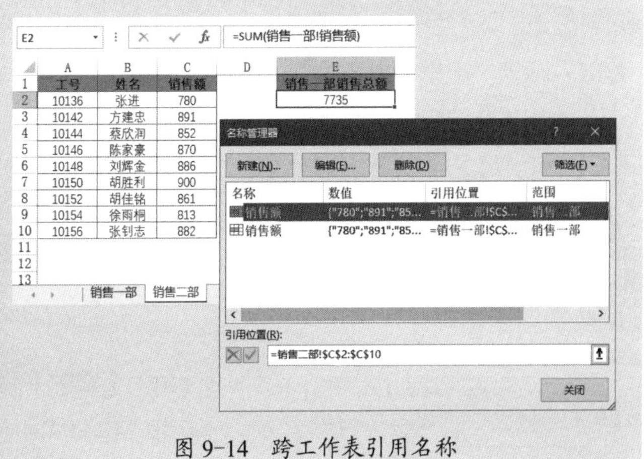

图 9-14 跨工作表引用名称

前后加上一对半角单引号。

```
=SUM('销售 一部'!销售额)
```

Excel 允许工作表级、工作簿级名称使用相同的命名，工作表级名称优先于工作簿级名称。不过，引用同名的工作表级和工作簿级名称时很容易造成混乱。因此尽量不要对工作表级和工作簿级使用相同的命名。

提示：本章中如未加特殊说明，所定义和使用的名称均为工作簿级名称。

9.3.2 多工作表名称

名称的引用范围可以是多张工作表的单元格区域，但创建时必须使用【新建名称】对话框进行操作。

示例9-3 统计全部考核总分

图 9-15 展示的是某企业员工的考核成绩表，不同月份的考核成绩存放在不同工作表内，各工作表的数据结构和数据行数均相同，需要统计各次考核的总分。

上半年考核

	A	B	C
1	工号	姓名	成绩
2	10102	田归农	77
3	10103	苗人凤	86
4	10104	胡一刀	78
5	10105	胡斐	68
6	10106	马行空	75
7	10109	木文察	77
8	10110	何思豪	72
9	10111	陈家洛	87
10	10112	无尘道长	84
11			

下半年考核

	A	B	C
1	工号	姓名	成绩
2	10102	田归农	87
3	10103	苗人凤	75
4	10104	胡一刀	68
5	10105	胡斐	67
6	10106	马行空	66
7	10107	马春花	77
8	10108	徐铮	82
9	10110	何思豪	84
10	10111	陈家洛	79
11			

年终考核

	A	B	C	D
1	工号	姓名	成绩	
2	10102	田归农	81	
3	10103	苗人凤	72	
4	10104	胡一刀	72	
5	10105	胡斐	84	
6	10106	马行空	86	
7	10107	马春花	80	
8	10108	徐铮	76	
9	10109	商宝震	75	
10	10110	何思豪	80	
11				

图 9-15 各次考核成绩

步骤① 激活“上半年考核”工作表。选中 C2 单元格，依次单击【公式】→【定义名称】按钮，弹出【新建名称】对话框。在【名称】文本框中输入“全部考核成绩”。

步骤② 单击【引用位置】编辑框中的默认的单元格地址之后，按住 <Shift> 键单击最右侧的“年终考核”工作表标签，再单击“年终考核”工作表的 C10 单元格，此时编辑框中的内容为：

```
='上半年考核:年终考核'!$C$2:$C$10
```

单击【确定】按钮完成定义名称，如图 9-16 所示。

新建名称
名称(N): 全部考核成绩
范围(S): 工作簿
备注(O):
引用位置(R): =上半年考核:年终考核!$C$2:$C$10
确定 取消

图 9-16 创建多工作表名称

可以在公式中使用已定义的名称，计算各次考核成绩的总分。

=SUM(全部考核成绩)

已定义的多表名称不会出现在名称框或【定位】对话框中，多表名称引用的格式为：

= 开始工作表名：结束工作表名！单元格区域

在已定义多表名称的工作簿中，如果在定义名称的第一张工作表和最后一张工作表之间插入一个新工作表，多表名称将包括这个新工作表。如果插入的工作表在第一张工作表之前或最后一张工作表之后，则不包含在名称中。

如果删除了多表名称中包含的工作表，Excel 将自动调整名称范围。多表名称的作用范围可以是工作簿级，也可以是工作表级。

9.4 名称命名的限制

用户在定义名称时，可能会弹出如图 9-17 所示的错误提示，这是因为名称的命名不符合 Excel 限定的命名规则。

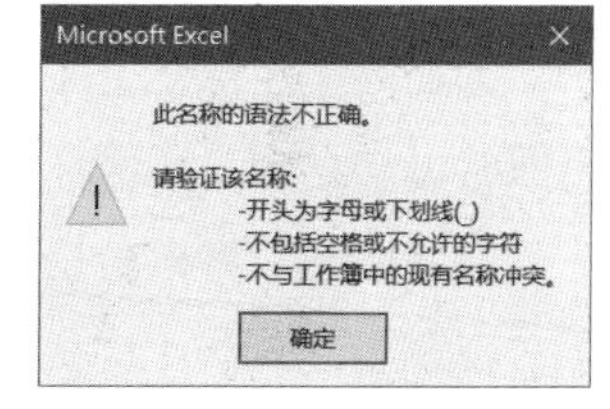

图 9-17 错误提示

名称命名的限制如下。

- ❖ 名称的命名可以用任意字母与数字组合在一起，但不能以纯数字命名或以数字开头，如“1Pic”将不被允许。
- ❖ 除了字母 R、C、r、c，其他单个字母均可作为名称的命名。因为 R、C 在 R1C1 引用样式中表示工作表的行、列。
- ❖ 命名也不能与单元格地址相同，如“B3”“D5”等。一般情况下，不建议用户使用单个字母作为名称的命名，命名的原则应有具体含义且便于记忆。
- ❖ 不能使用除下划线、点号和反斜线 \、问号？以外的其他半角符号，使用问号？时不能作为名称的开头，如可以用“Name?”，但不可以用“?Name”。
- ❖ 不能包含空格。可以使用下划线或是点号代替空格，如“一部 _ 二组”。
- ❖ 不能超过 255 个字符。一般情况下，名称的命名应该便于记忆且尽量简短，否则就违背了定义名称的初衷。
- ❖ 名称不区分大小写，如“DATA”与“Data”是相同的，Excel 会按照定义时键入的命名进行保存，但在公式中使用时视为同一个名称。

此外，名称作为公式的一种存在形式，同样受函数与公式关于嵌套层数、参数个数、计算精度等方面的限制。

从使用名称的目的看，名称应尽量直观地体现所引用数据或公式的含义，不宜使用可能产生歧义的名称，尤其是使用较多名称时，如果命名过于随意，则不便于名称的统一管理和对公式的解读与修改。

9.5 定义名称可用的对象

9.5.1 Excel 创建的名称

除了用户创建的名称外，Excel 还可以自动创建某些名称，常用的内部名称有 Print_Area、Print_Titles、Consolidate_Area、Database、Criteria、Extract 和 FilterDatabase 等，创建名称时应避免覆盖 Excel 的内部名称。

例如，设置了工作表打印区域，Excel 会为这个区域自动创建名为“Print_Area”的名称。如果设置了打印标题，Excel 会定义工作表级名称“Print_Titles”，另外当工作表中插入了表格或是执行了高级筛选操作，也会自动创建默认的名称。

部分 Excel 宏可以隐藏名称，这些名称在工作簿中虽然存在，但是不出现在【名称管理器】对话框或名称框中。

9.5.2 使用常量

如果需要在整个工作簿中多次重复使用相同的常量，如产品利润率、增值税率、基本工资额等，可以将其定义为一个名称并在公式中使用，使公式的修改和维护变得更加容易。

例如，员工考核分析时，需要分析各个部门的优秀员工，以全体员工成绩的前 20% 为优秀员工。在调整优秀员工比例时，需要修改多处公式，而且容易出错，可以定义一个名称“优秀率”，以便公式调用和修改。

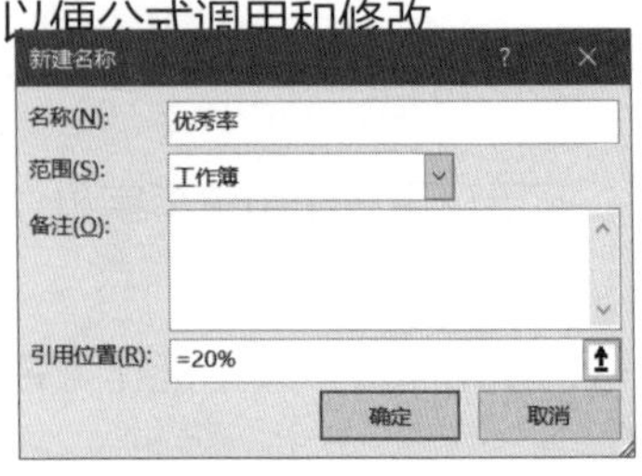

图 9-18 定义引用常量的名称

步骤① 依次单击【公式】选项卡【定义名称】按钮，弹出【新建名称】对话框，在【名称】框中输入名称“优秀率”。

步骤② 在【引用位置】编辑框中输入“=20%”，单击【确定】按钮完成设置，如图 9-18 所示。

除了数值常量，还可以使用文本常量，如可以创建名为“EH”的名称。

```
="ExcelHome"
```

因为这些常量不存储在任何单元格内，所以使用常量的名称在【名称框】中也不会显示。

9.5.3 使用函数与公式

除了常量，像月份等经常随着表格打开时间而变化的内容，需要使用工作表函数定义名称。定义名称“当前月份”，引用位置使用以下公式，如图 9-19 所示。

```
=MONTH(TODAY())&"月"
```

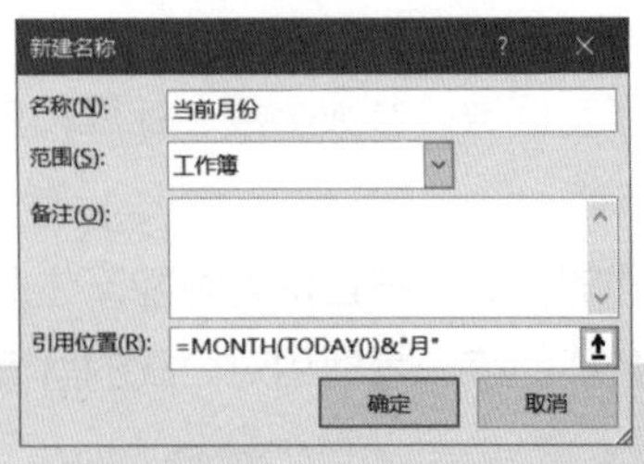

图 9-19 使用工作表函数定义名称

公式中使用了两个函数，TODAY 函数返回系统当前日期，MONTH 函数返回这个日期变量的月份，再使用文本连接符 &，将月份数字和文字“月”连接。

在单元格输入以下公式，则返回系统当前月份。

```
=当前月份
```

假设系统日期是 12 月 21 日，则返回结果为 12 月。

也可在公式中使用已定义的名称再次定义新的名称，如使用以下公式定义名称“本月 1 日”。

```
=当前月份&"1 日"
```

在单元格输入以下公式，假设系统日期是 12 月 21 日，则返回文本结果“12 月 1 日”。

```
=本月 1 日
```

9.6　名称的管理

使用名称管理器功能，用户能够方便地对名称进行查阅、修改、筛选和删除。

9.6.1　名称的修改与备注信息

Ⅰ　修改已有名称的命名

对已有名称的命名可进行编辑修改，修改命名后，公式中使用的名称会自动应用新的命名。

如图 9-20 所示，单击【公式】选项卡中的【名称管理器】按钮，或者按 <Ctrl+F3> 组合键，打开【名称管理器】对话框。

选择名称“姓名”后，单击【编辑】按钮，弹出【编辑名称】对话框。在【名称】编辑框中修改命名为“人员”，在【备注】文本框中根据需要添加备注信息。最后单击【确定】按钮关闭【编辑名称】对话框，再单击【关闭】按钮关闭【名称管理器】对话框。修改名称后公式中已使用的名称“姓名”将自动变为“人员”。

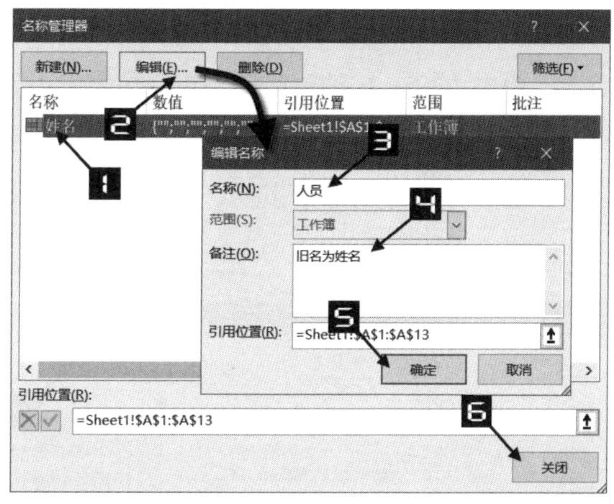

图 9-20　修改已有名称的命名

Ⅱ　修改名称的引用位置

在【编辑名称】对话框中的【引用位置】编辑框中，可以修改已定义名称使用的公式或单元格引用。

09 章

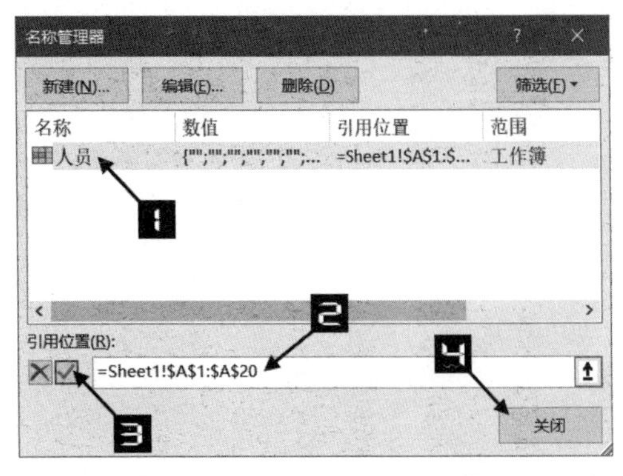

图 9-21 修改名称的引用位置

也可以在【名称管理器】对话框中选择名称后，直接在【引用位置】编辑框中输入新的公式或是单元格引用区域，单击左侧的输入按钮☑确认输入，最后单击【关闭】按钮完成修改，如图 9-21 所示。

➲ Ⅲ 修改名称的级别

使用编辑名称的方法，无法实现工作表级和工作簿级名称之间的互换。如需修改名称的级别，可以先复制名称【引用位置】编辑框中已有的公式，再单击【名称管理器】对话框【新建】按钮，新建一个同名的不同级别的名称，然后单击旧名称，再单击【删除】按钮将其删除。

在编辑【引用位置】编辑框中的公式时，按方向键或 <Home>、<End> 及鼠标单击单元格区域，都会将光标激活的单元格区域以绝对引用方式添加到【引用位置】的公式中。按下 <F2> 键切换到“编辑”模式，就可以在编辑框的公式中移动光标，方便修改公式。

9.6.2 筛选和删除错误名称

当不需要使用名称或名称出现错误无法正常使用时，可以在【名称管理器】对话框中进行筛选和删除操作。

步骤① 单击【筛选】下拉按钮，在下拉菜单中选择【有错误的名称】选项，如图 9-22 所示。

步骤② 在筛选后的名称管理器中，单击首个名称项目，再按住 <Shift> 键单击最底端的名称项目，单击【删除】按钮，有错误的名称将全部删除，单击【关闭】按钮关闭对话框，如图 9-23 所示。

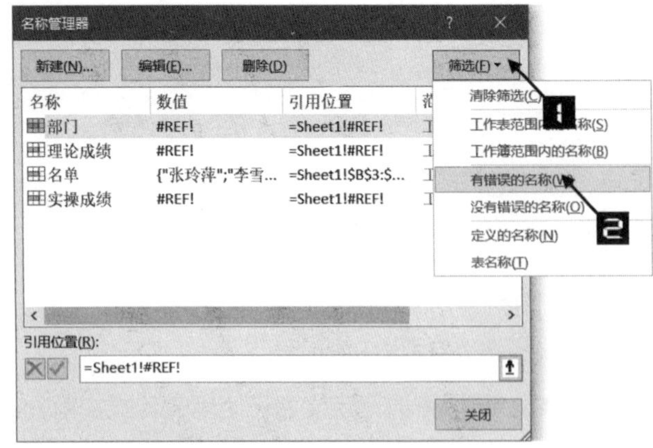

图 9-22 筛选有错误的名称

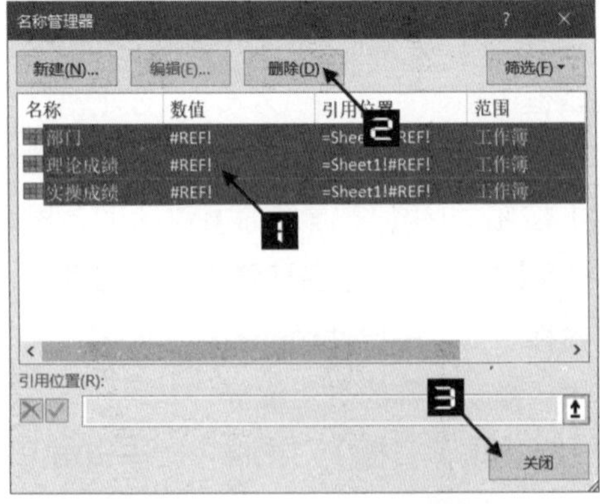

图 9-23 删除有错误的名称

9.6.3　在单元格中查看名称中的公式

在【名称管理器】中虽然也可以查看名称使用的公式，但受限于对话框大小，有时无法显示整个公式，可以将定义的名称全部在单元格中罗列出来，便于查看和修改。

如图 9-24 所示，选择需要显示公式的单元格，依次单击【公式】→【用于公式】→【粘贴名称】选项，弹出【粘贴名称】对话框，或按 <F3> 键弹出该对话框。单击【粘贴列表】按钮，所有已定义的名称将粘贴到单元格区域中，并且以一列名称、一列公式文本的形式显示。

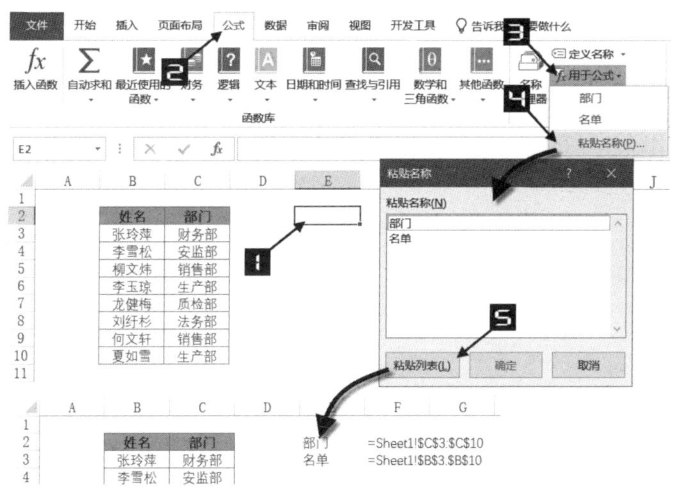

图 9-24　在单元格中粘贴名称列表

> **注意**
>
> 粘贴到单元格的名称，将逐行列出，如果名称中使用了相对引用或混合引用，则粘贴后的公式文本将根据其相对位置发生改变。

9.7　名称的使用

9.7.1　输入公式时使用名称

需要在单元格的公式中调用已定义的名称时，可以在公式编辑状态手工输入已定义的名称。也可以在【公式】选项卡中单击【用于公式】下拉按钮并选择相应的名称，如图 9-25 所示。

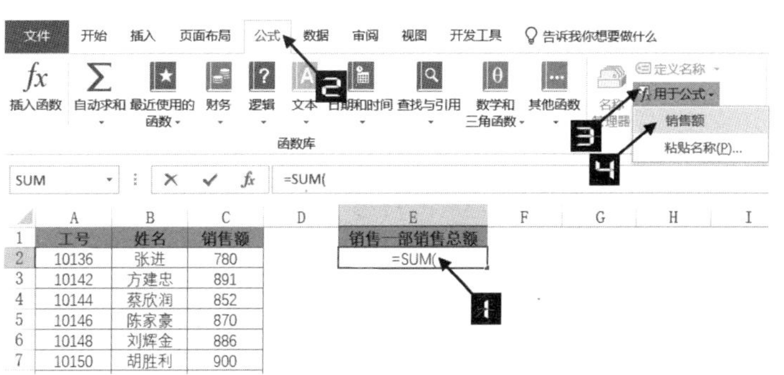

图 9-25　公式中调用名称

如果某个单元格或区域中

设置了名称，在输入公式过程中，使用鼠标选择该区域作为需要插入的引用，Excel 会自动应用该单元格或区域的名称。Excel 没有提供关闭该功能的选项，如果需要在公式中使用常规的单元格或区域引用，则需要手工输入单元格或区域的地址。

9.7.2 现有公式中使用名称

如果在工作表内已经输入了公式，再进行定义名称，Excel 不会自动用新名称替换公式中的单元格引用。可以通过设置，使 Excel 将名称应用到已有公式中。

示例9-4 现有公式中使用名称

在当前工作表中已使用以下公式定义了名称“销售额”。

```
=Sheet1!$D$2:$D$5
```

D6 单元格中已有的计算销售额公式为：

```
=SUM(D2:D5)
```

依次单击【公式】→【定义名称】下拉按钮，在下拉菜单中选择【应用名称】选项，弹出【应用名称】对话框。在【应用名称】列表中选择需要应用于公式中的名称，单击【确定】按钮，被选中的名称即可应用到公式中，如图 9-26 所示。

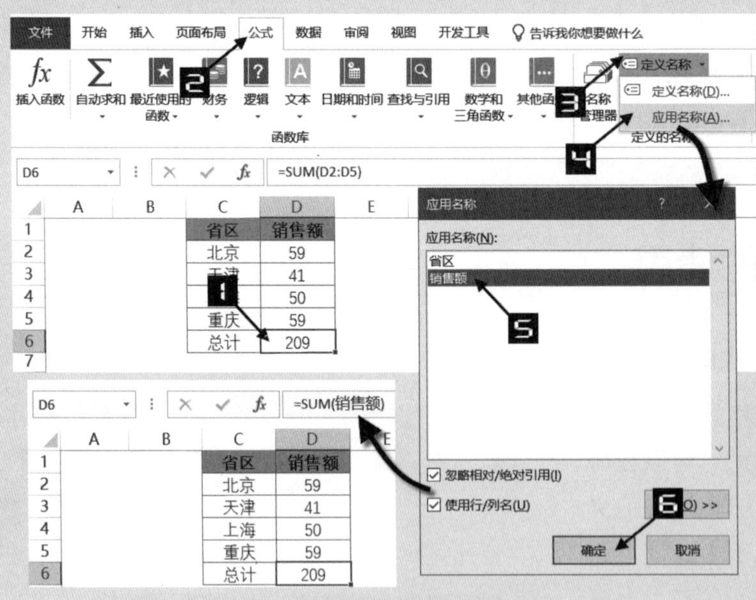

图 9-26 在公式中应用名称

如果选中一个包含公式的单元格区域，再执行应用名称操作，则只会将名称应用到所选区域的公式中。

在【应用名称】对话框中，包括【忽略相对 / 绝对引用】和【使用行 / 列名】两个复选框。【忽略相对 / 绝对引用】复选框控制着用名称替换单元格地址的操作，如果选中了该复选框，则只有与公式引用完全匹配时才会应用名称。多数情况下，可保留默认选项。

如果选中【使用行 / 列名】复选框，Excel 在应用名称时使用交叉运算符。如果 Excel 找不到单元格的确切名称，则使用表示该单元格的行和列范围的名称，并且使用交叉运算符连接名称。

9.8　定义名称的技巧

9.8.1　在名称中使用不同引用方式

在名称中使用鼠标选取方式输入单元格引用时，默认使用带工作表名称的绝对引用方式。例如，单击【引用位置】对话框右侧的折叠按钮，然后单击选择 Sheet1 工作表中的 A1 单元格，相当于输入“=Sheet1!$A$1”，当需要使用相对引用或混合引用时，可以连续按 <F4> 键切换。

在单元格中的公式内使用相对引用，是与公式所在单元格形成相对位置关系。在名称中使用相对引用，则是与定义名称时的活动单元格形成相对位置关系。通常情况下，可先单击需要应用名称的首个单元格，然后定义名称，定义名称时使用此单元格作为切换引用方式的参照。

如图 9-27 所示，当 B2 单元格为活动单元格时创建工作簿级名称“左侧单元格”，在【引用位置】编辑框中使用以下公式并相对引用 A2 单元格。

```
=销售一部!A2
```

如果 B3 单元格输入公式“= 左侧单元格”，将调用 A3 单元格。如果在 A 列单元格输入公式“= 左侧单元格”，将调用与公式处于同一行中的工作表最右侧的 XFD 列单元格。

如图 9-28 所示，由于名称“= 左侧单元格”使用了相对引用，如果激活其他单元格，如 E5，按 <Ctrl+F3> 组合键，在弹出的【名称管理器】对话框中可以看到引用位置指向了活动单元格的左侧单元格。

```
=销售一部!D5
```

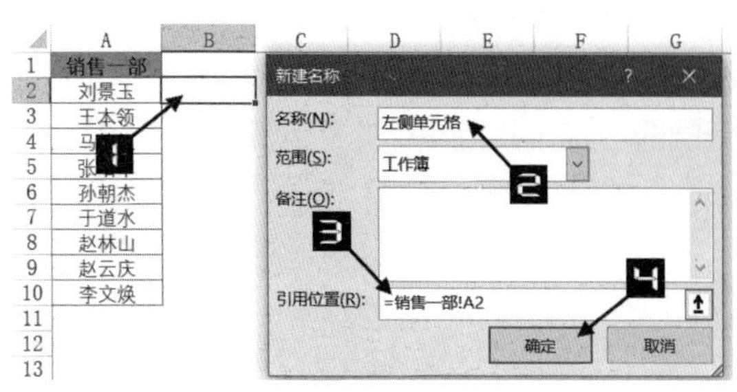

图 9-27　相对引用左侧单元格

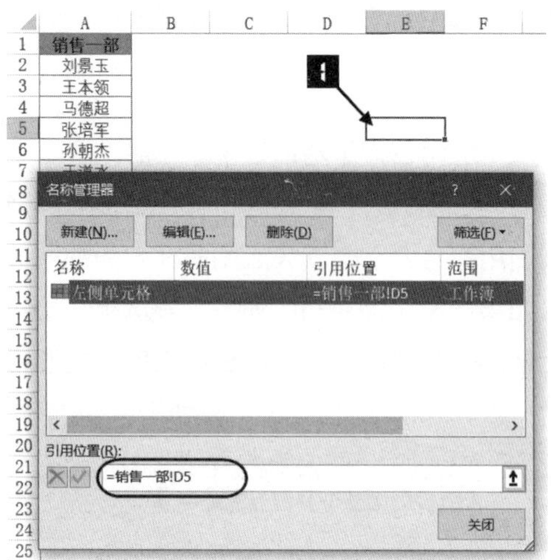

图 9-28　不同活动单元格中的名称引用位置

混合引用定义名称的方法与相对引用类似，不再赘述。

9.8.2　引用位置始终指向当前工作表内的单元格

如图 9-29 所示，定义的名称“左侧单元格”虽然是工作簿级名称，但在“销售二部”工作表中使用时，仍然会调用“销售一部”工作表的 A2 单元格。

如果需要名称在任意工作表内都能引用所在工作表的单元格，需在【名称管理器】的引用位置编辑框中，去掉“!”前面的工作表名称，仅保留“!”和单元格引用地址即可。如图 9-30 所示，引用位置编辑框中的公式为：

```
=!A2
```

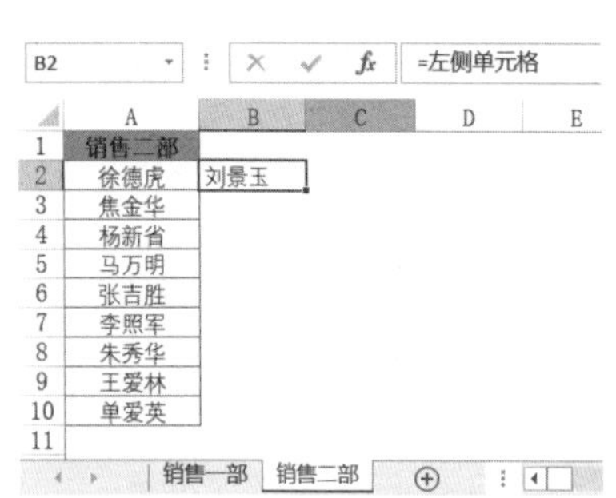

图 9-29　引用结果错误

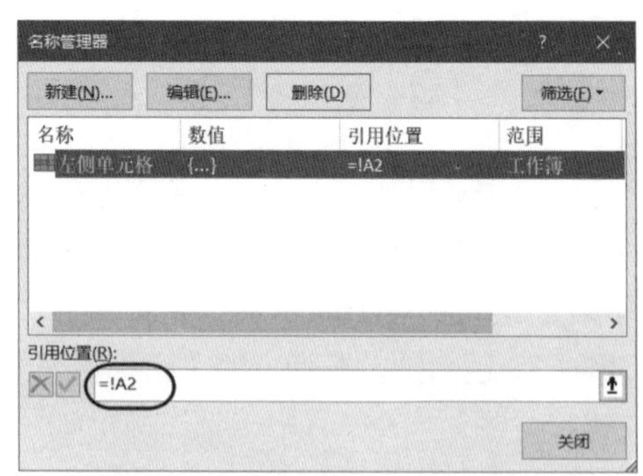

图 9-30　引用位置不使用工作表名

修改完成后，在任意工作表中的公式中使用名称“左侧单元格”时，均引用公式所在工作表的单元格。

9.8.3 公式中的名称转换为单元格引用

Excel 不能自动使用单元格引用替换公式中的名称。使用以下方法，能够将公式中的名称转换为实际的单元格引用。操作步骤如下。

步骤① 单击【文件】→【选项】命令，在弹出的【Excel 选项】对话框中单击【高级】选项，在【Lotus 兼容性设置】中选中【转换 Lotus 1-2-3 公式】复选框，单击【确定】按钮关闭对话框，如图 9-31 所示。

步骤② 重新激活公式所在单元格。

步骤③ 再从【Excel 选项】对话框中取消选中【转换 Lotus 1-2-3 公式】复选框，公式中的名称即可转换为实际的单元格引用，如图 9-32 所示。

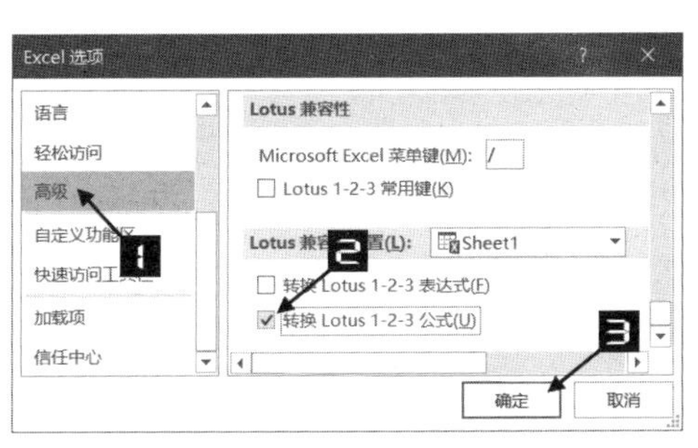

图 9-31 【Excel 选项】对话框

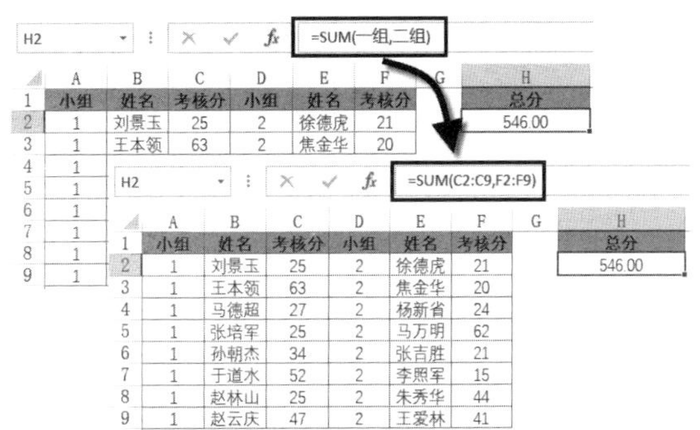

图 9-32 名称转换为单元格引用

9.9 使用名称的注意事项

9.9.1 工作表复制时的名称问题

Excel 允许用户在任意工作簿之间进行工作表的复制，名称会随着工作表一同被复制。当复制包含名称的工作表或公式时，应注意因此出现的名称混乱。

在不同工作簿建立副本工作表时，涉及源工作表的所有名称（含工作簿、工作表级和使用常量定义的名称）将被原样复制。

同一工作簿内建立副本工作表时，原引用该工作表区域的工作簿级名称将被复制，产生同名的工作表级名称。原引用该工作表的工作表级名称也将被复制，产生同名工作表级名称。仅使用常量定义的名称不会发生改变。

如图 9-33 所示，在“销售一部”工作表中，同时定义了工作簿级名称“姓名”和工作表级名称“销售额”。

右击工作表标签，在快捷菜单中选择【移动或复制工作表】命令，在弹出的【移动或复制工作表】对话框中勾选【建立副本】复选框，单击【确定】按钮，则建立了“销售一部 (2)”工作表。

再次打开【名称管理器】，会出现如图 9-34 所示的多个名称。

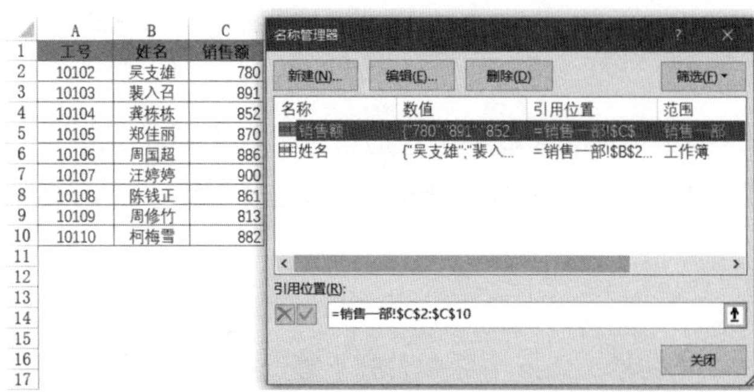

图 9-33　名称管理器中的不同级别名称

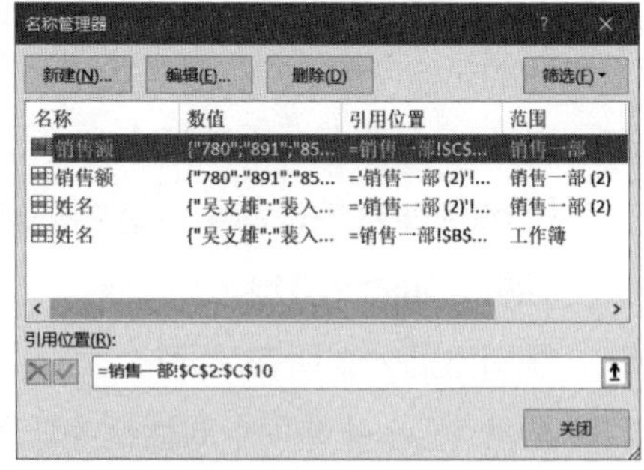

图 9-34　建立副本工作表后的名称

工作表在同一工作簿中的复制操作，会导致工作簿中存在名字相同的全局名称和局部名称，应有目的地进行调整或删除，以便于在公式中调用名称。

9.9.2　删除操作引起的名称问题

当删除某张工作表时，属于该工作表的工作表级名称会被全部删除，而引用该工作表的工作簿级名称将被保留，但【引用位置】编辑框中的公式将产生“#REF!”错误。

例如，定义工作簿级名称 Data 为：

```
=Sheet2!$A$1:$A$10
```

❖ 删除 Sheet2 工作表时，Data 的【引用位置】变为：

```
=#REF!$A$1:$A$10
```

❖ 删除 Sheet2 表中的 A1:A10 单元格区域时，Data 的【引用位置】变为：

```
=Sheet2!#REF!
```

❖ 删除 Sheet2 表中的 A2:A5 单元格区域时，Data 的【引用位置】随之缩小：

```
=Sheet2!$A$1:$A$6
```

反之，如果是在 A1:A10 单元格区域中间插入行，则 Data 的引用区域将随之增加。

❖ 在【名称管理器】中删除名称“Data”之后，工作表所有调用该名称的公式都将返回错误值“#NAME?”。

9.9.3　使用数组公式定义名称

在定义名称时使用数组公式时，和在工作表中输入的方式有所不同，只要在【引用位置】编辑框中输入公式即可，而无须按 <Ctrl+Shift+Enter> 组合键结束编辑。

如果公式较为复杂，直接在【引用位置】编辑框中输入公式时会比较麻烦。可以在要使用定义名称的首个单元格中输入公式，并以当前单元格作为参照，根据名称应用的范围设置正确的单元格

引用方式。然后在编辑栏中拖动鼠标选中公式，按 <Ctrl+C> 组合键复制，再打开【名称管理器】对话框，在【引用位置】编辑框中按 <Ctrl+V> 组合键粘贴公式即可。

关于单元格引用方式的内容，请参阅 3.2 节。

9.10 使用 INDIRECT 函数创建不变的名称

名称中的单元格地址即便使用了绝对引用，也可能因为数据所在单元格区域的插入行（列）、删除行（列）、剪切操作等而发生改变，导致名称与实际期望引用的区域不符。

如图 9-35 所示，名称“基本工资”的引用范围为 C2:C8 单元格区域，且使用默认的绝对引用。

如果将工作表第 4 行整行删除，则名称“基本工资”引用的单元格区域自动更改为 C2:C7，如图 9-36 所示。

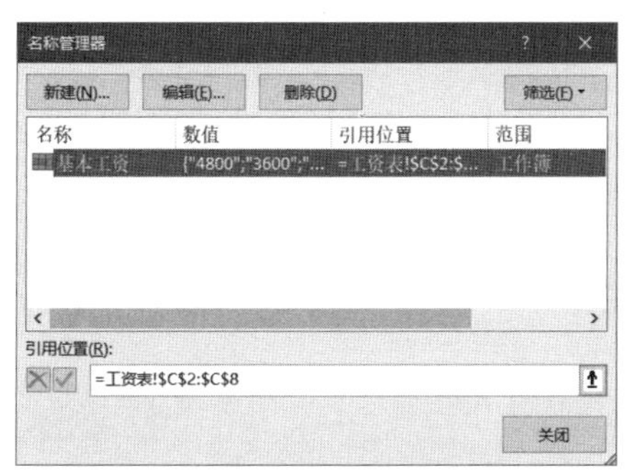

图 9-35 引用位置使用绝对引用

图 9-36 剪切数据后引用区域发生变化

如需始终引用“工资表”工作表的 C2:C8 单元格区域，可以在【引用位置】编辑框中将原有的单元格地址“= 工资表 !$C$2:$C$8”更改为以下公式：

```
=INDIRECT(" 工资表 !C2:C8")
```

如需定义的名称能够在每张工作表分别引用各自的 C2:C8 单元格区域，则可使用：

```
=INDIRECT("C2:C8")
```

INDIRECT 函数的作用是返回文本字符串的引用，公式中的“工资表 !C2:C8”部分是文本字符，由 INDIRECT 函数将文本字符串变成实际的引用。

使用此方法定义名称后，删除、插入行列等操作均不会对名称的引用位置造成影响。

关于 INDIRECT 函数的具体用法，请参阅 14.2.9 节。

9.11 定义动态引用的名称

动态引用是相对静态而言的，一个静态的区域引用，如 $A$1:$A$100 是始终不变的。动态引用则可以随着数据的增加或减少，自动扩大或是缩小引用区域。

9.11.1 使用函数公式定义动态引用的名称

借助引用类函数来定义名称，可以根据数据区域变化，对引用区域进行实时的动态引用。配合数据透视表或图表，能够实现动态实时分析的目的。在复杂的数组公式中，结合动态引用的名称，还可以减少公式运算量，提高公式运行效率。

示例9-5 创建动态的数据透视表

通常情况下，用户创建了数据透视表之后，如果数据源中增加了新的行或列，即使刷新数据透视表，新增的数据仍然不能在数据透视表中呈现。可以为数据源定义名称或使用插入“表格”功能获得动态的数据源，从而生成动态的数据透视表。

在图 9-37 所示的销售明细表中，首先定义名称“Data”，公式为：

```
=OFFSET(销售明细表!$A$1,,,COUNTA(销售明细表!$A:$A),COUNTA(销售明细表!$1:$1))
```

图 9-37 销售明细表

接下来使用定义的名称作为数据源，生成数据透视表。

步骤① 单击数据明细表中的任意单元格，如 A5 单元格，在【插入】选项卡下单击【数据透视表】按钮，弹出【创建数据透视表】对话框。在【表 / 区域】编辑框中输入已经定义好的名称“data”，单击【确定】按钮，如图 9-38 所示。

步骤② 此时自动创建一个包含透视表的工作表“Sheet1”。在【数据透视表字段列表】中，依次将

“销售人员”字段拖动到行区域，将“产品规格”字段拖动到列区域，将“销售数量”字段拖动到值区域，完成透视表布局设置。

在销售明细表中增加记录后，右击数据透视表，在快捷菜单中选择【刷新】命令，数据透视表即可自动添加新增加的数据汇总记录，如图 9-39 所示。

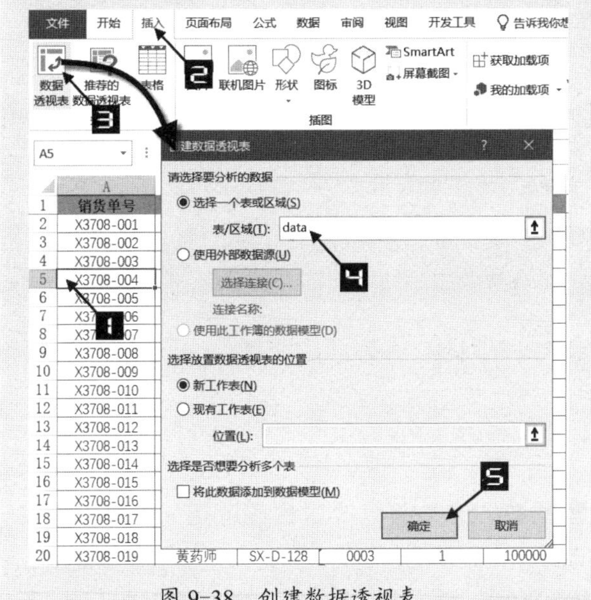

图 9-38　创建数据透视表

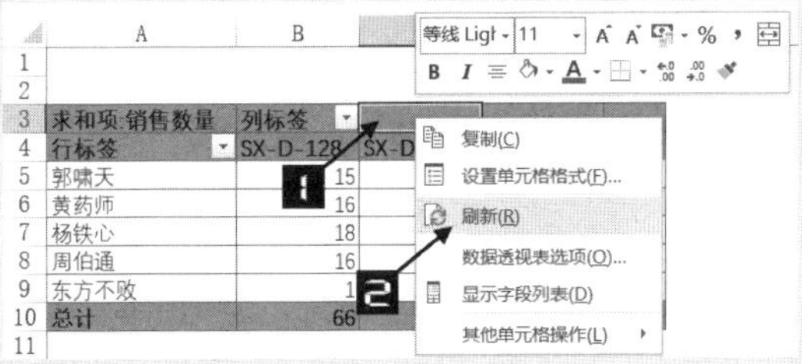

图 9-39　刷新数据透视表

9.11.2　利用“表”区域动态引用

Excel 的“表格”功能除支持自动扩展、汇总行等功能以外，还支持结构化引用。当单元格区域创建为“表格”后，Excel 会自动定义“表 1”样式的名称，并允许修改命名。

示例9-6　利用“表”区域动态引用

如图 9-40 所示，单击数据区域任意单元格，如 A2，依次单击【插入】→【表格】按钮，弹出【创建表】对话框。保留默认设置，单击【确定】按钮，将普通数据表转换为“表格”。

插入“表格”后，Excel 自动创建“表 + 数字”的名称。

如图 9-41 所示，按下 <Ctrl+F3> 组合键弹出【名称管理器】对话框，单击名称“表 1”，此时【删除】按钮和引用位置都呈灰色无法修改状态，随着数据的增加，名称“表 1”的引用范围会自动变化。

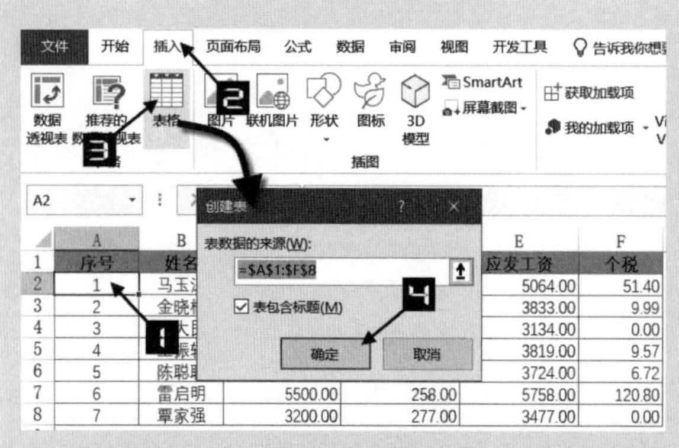

图 9-40　创建表

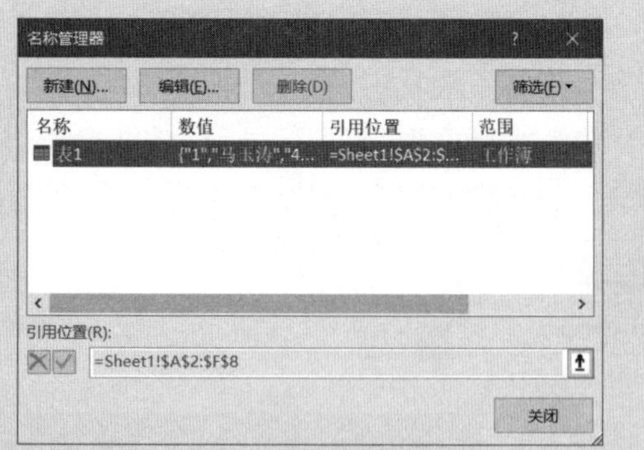

图 9-41　插入"表"产生的名称不能编辑或删除

用户可以使用此名称来创建数据透视表或是图表，实现动态引用数据的目的。如果在公式中引用了"表格"中的一行或一列数据，数据源增加后，公式的引用范围也会自动扩展。

9.12 创建自定义函数

在工作中，有时会使用到非常复杂的嵌套函数，这类函数很适合通过定义名称，借助 Microsoft 365 专属 Excel 中的 LAMBDA 函数改造成结构简单的自定义函数，以便多次调取使用。

LAMBDA 函数能够让用户在 Excel 中创建自定义的函数，从而完成一些较为复杂的计算。其语法如下：

```
=LAMBDA([parameter1,parameter2, ...,] 计算)
```

其中的 parameter1、parameter2,……参数是要传递给函数的值，可以是单元格的引用、字符串或是数字，最多可以输入 253 个参数。"计算"部分则是要执行并作为函数结果返回的公式。其语法相当于：

```
=LAMBDA(定义的参数 1,定义的参数 2,…执行的计算方式)
```

例如，以下公式定义了两个参数 x 和 y，然后执行相加运算，返回两个参数的和。

```
=LAMBDA(x,y,x+y)
```

单击【公式】选项卡下的【定义名称】按钮，弹出【新建名称】对话框。在【名称】文本框中输入"Mysum"作为自定义函数的名称。在【引用位置】编辑框中使用以上公式，如图 9-42 所示。

在工作表的 C1 单元格中输入以下公式，即可返回 A1 和 B1 两个单元格的合计值，如图 9-43 所示。

```
=Mysum(A1,B1)
```

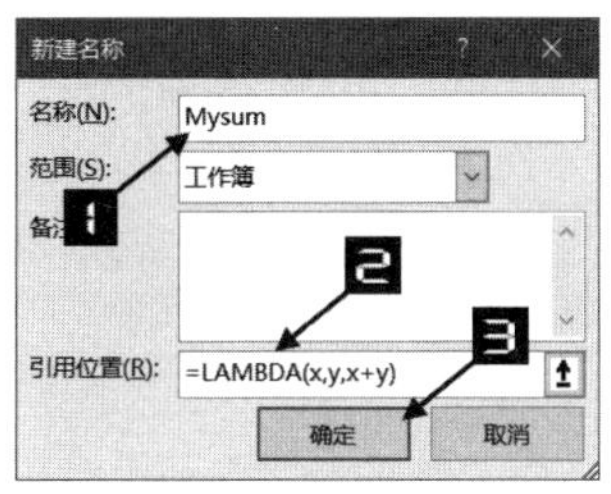

图 9-42 创建名称

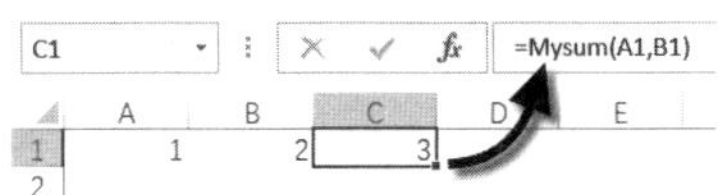

图 9-43 使用自定义函数

示例9-7 制作自定义函数TextSplit

如图 9-44 所示，需要从 A 列用“/”进行间隔的会计科目中，按级别拆分出不同级别的科目。

	A	B	C	D
1	会计科目	一级科目	二级科目	三级科目
2	管理费用/税费/水利建设资金	管理费用	税费	水利建设资金
3	管理费用/研发费用/材料支出	管理费用	研发费用	材料支出
4	管理费用/研发费用/人工支出	管理费用	研发费用	人工支出
5	管理费用/研发费用	管理费用	研发费用	
6	管理费用	管理费用		
7	应收分保账款/保险专用	应收分保账款	保险专用	
8	应交税金/应交增值税/进项税额	应交税金	应交增值税	进项税额
9	应交税金/应交增值税/已交税金	应交税金	应交增值税	已交税金
10	应交税金/应交增值税/减免税款	应交税金	应交增值税	减免税款
11	应交税金/应交营业税	应交税金	应交营业税	
12	应交税金	应交税金		
13	生产成本/基本生产成本/直接人工费	生产成本	基本生产成本	直接人工费
14	生产成本/基本生产成本/直接材料费	生产成本	基本生产成本	直接材料费

图 9-44 拆分会计科目

在 B2 单元格输入以下数组公式，按 <Ctrl+Shift+Enter> 组合键结束编辑，将公式复制到 B2:D14 单元格区域。

```
{=IFERROR(INDEX(FILTERXML("<a><b>"&SUBSTITUTE($A3,"/","</b><b>")&"</b></a>","a/b"),COLUMN(A2)),"")}
```

公式首先使用 SUBSTITUTE 函数将分隔符 "/" 全部替换为 </b><b>，然后在替换后的内容前后分别连接字符串 "<a><b>" 和 "</b></a>"，得到一个 XML 结构的字符串，再通过 FILTERXML 函数获取 a 元素下各个子元素 b 之间的内容，返回一个内存数组：

```
{"管理费用";"税费";"水利建设资金"}
```

最后使用 INDEX 函数从内存数组中依次提取出不同位置的元素。

公式较为复杂烦琐，并不利于重复使用。

单击【公式】选项卡下的【定义名称】按钮，弹出【新建名称】对话框。在【名称】文本框中输入“TextSplit”作为自定义函数的名称。在【引用位置】编辑框中使用以下公式，如图9-45所示。

```
=LAMBDA(x,y,FILTERXML("<a><b>"&SUBSTITUTE(x,y,"</b><b>")&"</b></a>","a/b"))
```

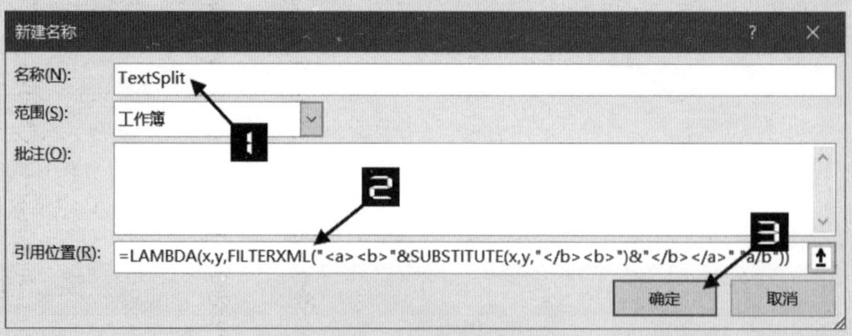

图 9-45 创建自定义函数

本例公式中，为 LAMBDA 函数定义了两个参数，分别为 x 和 y，其中 x 表示源字符串，y 表示间隔符。然后通过表达式 FILTERXML 函数，将源字符串 x 按间隔符 y 拆分为一个内存数组。

在 B2 单元格输入以下公式，并复制到 B2:D14 单元格区域，如图 9-46 所示。

```
=IFERROR(INDEX(TextSplit($A2,"/"),COLUMN(A1)),"")
```

B2 =IFERROR(INDEX(TextSplit($A2,"/"),COLUMN(A1)),"")

	A	B	C	D
1	会计科目	一级科目	二级科目	三级科目
2	管理费用/税费/水利建设资金	管理费用	税费	水利建设资金
3	管理费用/研发费用/材料支出	管理费用	研发费用	材料支出
4	管理费用/研发费用/人工支出	管理费用	研发费用	人工支出
5	管理费用/研发费用	管理费用	研发费用	
6	管理费用	管理费用		
7	应收分保账款/保险专用	应收分保账款	保险专用	
8	应交税金/应交增值税/进项税额	应交税金	应交增值税	进项税额
9	应交税金/应交增值税/已交税金	应交税金	应交增值税	已交税金
10	应交税金/应交增值税/减免税款	应交税金	应交增值税	减免税款
11	应交税金/应交营业税	应交税金	应交营业税	
12	应交税金	应交税金		
13	生产成本/基本生产成本/直接人工费	生产成本	基本生产成本	直接人工费
14	生产成本/基本生产成本/直接材料费	生产成本	基本生产成本	直接材料费

图 9-46 使用自定义函数

如果字符串的间隔符发生了变化，如获取字符串“满易贷 - 还款环节 - 还款中咨询 - 手动还款”中第 2 个和第 3 个间隔符“-”之间的数据，只需修改 TextSplit 函数的间隔符参数即可，以下公式返回结果“还款中咨询”。

```
=INDEX(TextSplit("满易贷 - 还款环节 - 还款中咨询 - 手动还款","-"),3)
```

使用名称创建的自定义函数只在当前工作簿有效，LAMBDA 是 Microsoft 365 专属 Excel 中的新增函数，目前在 Excel 2019 版本中尚不可用。

9.13　使用 LET 函数在公式内部创建名称

LET 函数是 Microsoft 365 专属 Excel 中的新函数，它可以在公式内部定义名称，实现类似在名称管理器中定义名称的效果。其语法如下：

```
=LET(名称1,名称值1,计算或名称2,[名称值2],[计算或名称3]…)
```

前三个参数是必需的。第一个参数指定一个名称，第二个参数是该名称的对应内容，第三个参数可以是计算表达式或是继续指定新的名称，如果该参数是计算表达式，Excel 会执行计算，并返回最终结果。

例如，在以下公式中，第一参数指定一个名称“x”，第二参数指定该名称内容为 B2 单元格的引用。第三参数继续指定另一个名称“y”，第四参数指定该名称内容为 C2 单元格的引用。第五参数是一个计算表达式，公式最终返回 x+y 的结果，即 B2 单元格和 C2 单元格的合计值，如图 9-47 所示。

D2　=LET(x,B2,y,C2,x+y)

	A	B	C	D
1	姓名	基本工资	奖金	合计
2	陆艳菲	6972	1000	7972
3	杨庆东	6076	4000	10076
4	任继先	5729	3000	8729
5	陈尚武	5306	5000	10306
6	李光明	6626	5000	11626
7	李厚辉	5220	3000	8220
8	毕淑华	6867	5000	11867
9	向建荣	6780	3000	9780
10	赖群毅	5871	2000	7871
11	徐翠芬	6282	5000	11282
12	张鹤翔	6929	2000	8929

图 9-47　计算工资合计值

```
=LET(x,B2,y,C2,x+y)
```

示例9-8　使用LET函数统计员工奖金

如图 9-48 所示，A~D 列为某公司员工奖金明细数据，需要在 G 列根据 F 列指定的姓名计算对应的奖金，如果 C 列的奖金额不高于 3000，同时 D 列为“是”，则返回奖金额，否则返回“奖金超额或查无此人”。

	A	B	C	D	E	F	G
1	工号	姓名	奖金	是否发放		姓名	奖金
2	EH0135	陆艳菲	1000	是		陆艳菲	1000
3	EH0434	杨庆东	4000	否		张鹤翔	2000
4	EH0945	任继先	3000	否		徐翠芬	奖金超额或查无此人
5	EH0709	陈尚武	5000	是		刘文杰	奖金超额或查无此人
6	EH0877	李光明	5000	是			
7	EH0422	李厚辉	3000	是			
8	EH0997	毕淑华	5000	是			
9	EH0668	向建荣	3000	是			
10	EH0507	赖群毅	2000	是			
11	EH0458	徐翠芬	5000	否			

图 9-48　统计奖金发放

在 G2 单元格输入以下公式，向下复制到 G5 单元格。

```
=LET(查询范围,IF(D$2:D$21="是",B$2:C$21),奖金,IFERROR(VLOOKUP(F2,查询范
```

围,2,0),""),IF(奖金<3000,奖金,"奖金超额或查无此人"))

公式首先定义了一个名称“查询范围”，与该名称对应的内容是“IF(D$2:D$21="是",B$2:C$21)”。公式的意思是，如果 D2:D21 单元格区域的内容为“是”，则返回 B2:C21 单元格区域内对应的数据，否则返回逻辑值 FALSE。

公式接着定义另一个名称“奖金”，与该名称对应的内容是“IFERROR(VLOOKUP(F2,查询范围,2,0),"")”。VLOOKUP 函数在查询范围的首列查找 F2 单元格的姓名，并返回查询区域第 2 列的奖金。如果找不到查询结果，则使用 IFERROR 函数返回空文本 ""。

公式最后执行表达式“IF(奖金<3000,奖金,"奖金超额或查无此人")”，当奖金小于 3000 时，返回实际奖金额，当奖金额在 3000 及以上或是空文本时，则返回字符串“奖金超额或查无此人”。

LET 函数和定义名称的作用相似，可以将重复出现的运算式或字符串定义为名称，简化公式的输入，使计算层次和逻辑更清晰的同时也提高了运算效率。但和定义名称不同的是，LET 函数定义的名称只在当前 LET 公式内部有效。

练习与巩固

1. 请说出打开【新建名称】对话框的两种方法。

2. 使用【名称框】定义的名称默认为工作簿级，如需定义为工作表级名称，需要在名称前添加（______）。

3. Excel 对名称命名有限定规则，请说出其中的三种。

4. 在【引用位置】编辑框中编辑公式时，按下（______）键切换到“编辑”模式，就可以在编辑框的公式中移动光标，方便修改公式。

5. 在输入函数名后按（______）功能键，可以调出【粘贴名称】对话框。

6. 如果需要名称在任意工作表内都能引用所在工作表的单元格，需在【名称管理器】的引用位置编辑框中，去掉（______），仅保留（______）和单元格引用地址即可。

第二篇

常用函数

本篇从函数自身特性角度，重点介绍了Excel 2019中的主要函数使用方法及常用技巧。主要包括：文本处理技术、信息提取与逻辑判断、数学计算、日期和时间计算、查找与引用、统计与求和、数组公式、多维引用、财务金融函数、工程函数、Web类函数、数据库函数、宏表函数、自定义函数和数据透视表函数等。

第 10 章　文本处理技术

在日常工作中经常需要对文本型数据进行处理，如拆分与合并字符、提取或替换字符中的部分内容及格式化文本等，Excel 提供了多个函数来专门处理此类需求。本章主要介绍利用文本函数处理数据的常用方法与技巧。

本章学习要点

（1）认识文本型数据。　（2）常用文本函数。

10.1　认识文本型数据

Excel 的数据类型是按照单元格中的全部内容来进行区分的。如果一个单元格中的内容既包含数字，也包含中文、字母或符号，则该单元格的数据类型为文本型数据，如字符串“Excel2019”和“100 米”。

10.1.1　在公式中输入文本

在公式中输入文本时，需要以一对半角双引号包含，如公式：

```
=" 我 "&" 是中国人 "
```

如果在公式中输入文本时不使用双引号，将被识别为未定义的名称而返回错误值 #NAME?，如公式：

```
= 我 & 是中国人
```

此外，在公式中要表示一个半角双引号字符本身时，需要额外使用两个半角双引号。例如要使用公式得到带半角双引号的字符串 " 我 "，表示方式为：=""" 我 """，其中最外层的一对双引号表示输入的是文本字符，“我”字前后分别用两个双引号 "" 表示单个的双引号字符本身。

文本函数的参数均支持使用文本型数字。

10.1.2　空单元格与空文本

空单元格是指未输入内容或按 <Delete> 键清除内容后的单元格。空文本是指没有任何内容的文本，在公式中以一对半角双引号 "" 表示，其性质是文本，字符长度为 0。空文本通常是由函数公式计算获得，结果在单元格中显示为空白。

空单元格和空文本虽然具有相同的显示效果，但是其实质并不相同。如果按 <F5> 功能键使用定位功能，当定位条件选择“空值”时，定位结果将不包括“空文本”。而在筛选操作中，将筛选

条件设置为“(空白)”时，结果会同时包含“空单元格”和“空文本”。

如图 10-1 所示，A3 单元格是空单元格，在 B 列分别使用以下公式进行比较。

	A	B	C
1			
2	以下为空单元格	比较结果	B列公式
3		TRUE	=A3=""
4		TRUE	=A3=0
5		FALSE	=""=0

图 10-1　比较空单元格与空文本

由公式结果可以发现，空单元格可视为空文本，也可看作数字 0(零)。但是由于空文本和数字 0(零)的数据类型不一致，所以公式“=""=0”返回了逻辑值 FALSE。

用公式引用空单元格时，将返回无意义的 0，如果在公式最后连接空文本 ""，可将无意义的 0 值显示为空文本。

示例10-1 屏蔽公式返回的无意义0值

如图 10-2 所示，在 H2 单元格中使用公式“=A5”来获取 A5 单元格的商品编码，但是由于 A5 单元格为空值，公式返回无意义的 0。使用以下公式可以屏蔽无意义的 0 值。

```
=A5&""
```

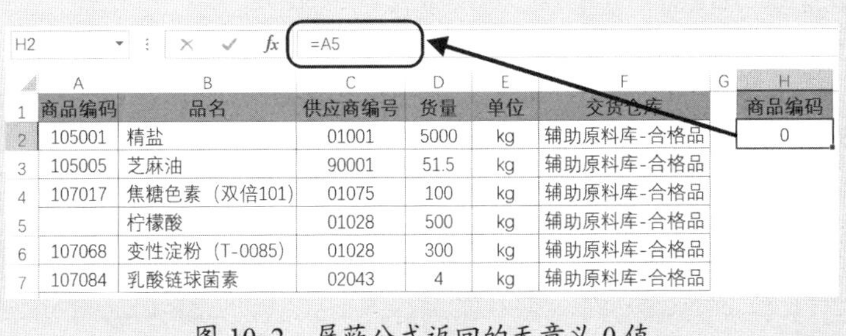

	A	B	C	D	E	F	G	H
1	商品编码	品名	供应商编号	货量	单位	交货仓库		商品编码
2	105001	精盐	01001	5000	kg	辅助原料库-合格品		0
3	105005	芝麻油	90001	51.5	kg	辅助原料库-合格品		
4	107017	焦糖色素（双倍101）	01075	100	kg	辅助原料库-合格品		
5		柠檬酸	01028	500	kg	辅助原料库-合格品		
6	107068	变性淀粉（T-0085）	01028	300	kg	辅助原料库-合格品		
7	107084	乳酸链球菌素	02043	4	kg	辅助原料库-合格品		

图 10-2　屏蔽公式返回的无意义 0 值

如果被引用单元格中为数值，使用连接空文本的方法，公式结果为文本型的数字。

10.2　文本函数应用

文本函数将处理对象都视为文本型数据来处理，得到的结果也是文本型数据。

10.2.1　用 EXACT 函数判断字符是否完全相同

一般情况下，使用等号可以判断两个数据是否相同，如公式“=A1=A2”，或公式“="课时"="课程"”。但是等号不能区分字母大小写，如图 10-3 所示，A1 和 A2 分别为字符“A 型”和“a 型”，在 B1 单元格使用公式“=A1=A2”判断两个单元格的内容是否相同时，公式将返回 TRUE。

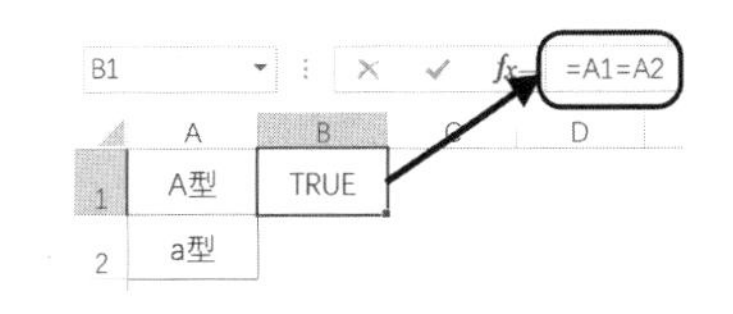

图 10-3　使用等号无法判断大小写

在一些需要区分大小写的比较计算中，可以使用 EXACT 函数比较两个文本值是否完全相同，函数语法如下：

```
EXACT(text1,text2)
```

上例的公式如果修改为“= EXACT(A1,A2)”，将返回结果 FALSE。

参数 text1 和 text2 是待比较的字符，如果其中一个参数是多个单元格的引用区域，EXACT 函数会将另一个参数与这个单元格区域中的每一个元素分别进行比较。例如，使用以下公式，EXACT 函数将返回 A1:A5 单元格区域中每个元素与 C2 单元格的比较结果，如图 10-4 所示。

```
{=EXACT(A2:A5,C2)}
```

如果 EXACT 函数的两个参数都是多个单元格的引用区域且单元格数量相同，会将两个参数中的每一个元素分别进行比较，并返回内存数组结果。例如，使用以下公式比较 A 列与 C 列字符是否相同，其比较方式如图 10-5 所示。

```
{=EXACT(A2:A5,C2:C5)}
```

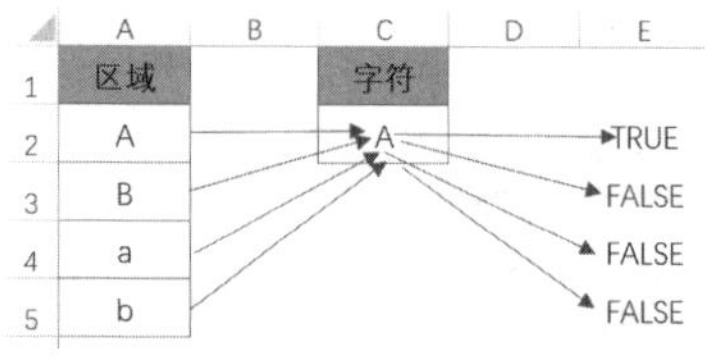

图 10-4　一对多比较

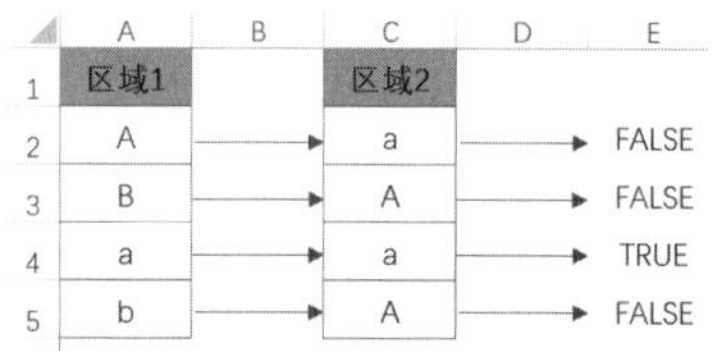

图 10-5　多对多比较

提示

EXACT 函数能够区分半角全角及大小写，但是不能区分单元格格式的差异。

示例10-2 区分大小写的查询

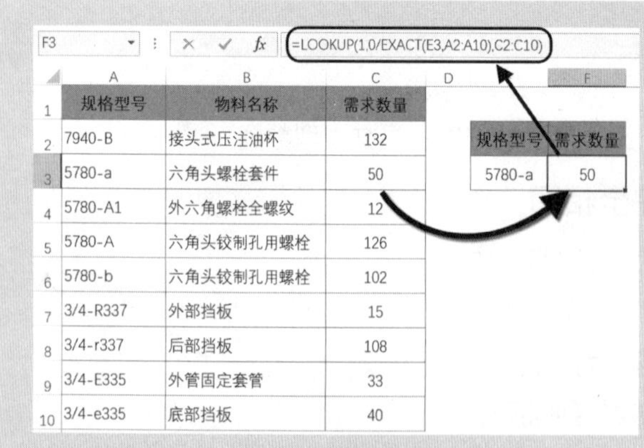

	A	B	C
1	规格型号	物料名称	需求数量
2	7940-B	接头式压注油杯	132
3	5780-a	六角头螺栓套件	50
4	5780-A1	外六角螺栓全螺纹	12
5	5780-A	六角头铰制孔用螺栓	126
6	5780-b	六角头铰制孔用螺栓	102
7	3/4-R337	外部挡板	15
8	3/4-r337	后部挡板	108
9	3/4-E335	外管固定套管	33
10	3/4-e335	底部挡板	40

规格型号	需求数量
5780-a	50

图 10-6　区分大小写的查询

如图 10-6 所示，需要在 A~C 列的明细表中，根据 E3 单元格指定的规格型号来查询对应的需求数量。在 F3 单元格输入以下公式，结果为 50。

```
=LOOKUP(1,0/EXACT(E3,A2:A10),C2:C10)
```

公式中的“EXACT(E3,A2:A10)”部分，使用 EXACT 函数，将 E3 单元格中的规格型号与 A2:A10 单元格区域中的

每个元素分别进行比较，得到一组由逻辑值构成的内存数组：

```
{FALSE;FALSE;FALSE;TRUE;FALSE;……}
```

再使用 0 除以该内存数组，返回由错误值和 0 构成的新内存数组：

```
{#DIV/0!;#DIV/0!;#DIV/0!;0;#DIV/0!; ……}
```

LOOKUP 函数使用 1 作为查询值，以这个内存数组中等于或小于查询值的最大值（0）进行匹配，并返回第三参数中对应位置的内容。

关于 LOOKUP 函数的详细用法，请参阅 14.2.5。

10.2.2　用 CHAR 函数和 CODE 函数完成字符与编码转换

CHAR 函数和 CODE 函数用于处理字符与计算机字符集编码之间的转换。CHAR 函数返回编码在计算机字符集中对应的字符，CODE 函数返回字符串中的第一个字符在计算机字符集中对应的编码。

CHAR 函数和 CODE 函数互为逆运算，但两个函数的结果并不完全对应。例如，以下公式，先使用 CHAR(180) 得到一个字符，再使用 CODE 函数将该字符转换为计算机字符集中的编码，结果并非 180，而是 32。

```
=CODE(CHAR(180))
```

在 Excel 帮助文件中，CHAR 函数的参数要求是介于 1 至 255 之间的数字，实际上可以取更大的值，如公式“=CHAR(55289)”将返回字符“座”。

示例10-3 生成字母序列

大写字母 A~Z 在计算机字符集中的编码为 65~90，小写字母的编码为 97~122，根据字母编码，使用 CHAR 函数可以生成大写字母或小写字母，如图 10-7 所示。

图 10-7　生成字母序列

在 B3 单元格输入以下公式，将公式向右复制到 AA3 单元格。

```
=CHAR(COLUMN(A1)+64)
```

公式利用COLUMN函数生成65~90的自然数序列，通过CHAR函数返回对应编码的大写字母。

同理，在B7单元格输入以下公式，将公式向右复制到AA7单元格，可以生成26个小写字母。

```
=CHAR(COLUMN(CS1))
```

此外，36进制的10~35分别由大写字母A~Z表示，因此也可用BASE函数来生成大写字母。在B4单元格输入以下公式，将公式向右复制到AA4单元格。

```
=BASE(COLUMN(J1),36)
```

公式利用COLUMN函数生成10~35的自然数序列，通过BASE函数转换为36进制的值，即得到大写字母A~Z。

10.2.3 用UPPER函数和LOWER函数转换大小写

UPPER函数和LOWER函数的作用分别是将字符串中的字母全部转换为大写和小写，PROPER函数则是将字符串中的各个英文单词的首个字母转换为大写，其他字母转换为小写。

例如，以下公式能够将字符串“excel”中的字母全部转换为大写，结果为“EXCEL”。

```
=UPPER("excel")
```

以下公式能够将字符串“EXCEL”中的字母全部转换为小写，结果为“excel”。

```
=LOWER("EXCEL")
```

以下公式能够将字符串“excel home”中的单词首字母全部转换为大写，结果为“Excel Home”。

```
=PROPER("excel home")
```

10.2.4 转换单字节字符与双字节字符

双字节字符是指一个字符占用两个标准字符位置的字符，又称为全角字符。所有汉字及在全角状态下输入的字母、数字和符号等均为双字节字符。例如“Ｅｘｃｅｌ２０１９”“函数公式”就是双字节字符。

单字节字符是指一个字符占用一个标准字符位置的字符，又称为半角字符，在半角状态下输入的字母、数字和符号均为单字节字符。

使用WIDECHAR函数和ASC函数能够将部分半角字符和全角字符进行相互转换，WIDECHAR函数的作用是将半角字符转换为全角字符，ASC函数则是将全角字符转换为半角字符。

10.2.5 用LEN函数和LENB函数计算字符、字节长度

LEN函数用于返回文本字符串中的字符数，LENB函数用于返回文本字符串中所有字符的字节数。对于双字节字符，LENB函数计数为2，而LEN函数计数为1。对于单字节字符，LEN函数和

LENB 函数都计数为 1。

例如，使用以下公式将返回 7，表示字符串“Excel 之家”共有 7 个字符。

```
=LEN("Excel 之家")
```

使用以下公式将返回 9，因为字符串“Excel 之家”中的两个汉字的字节长度为 4。

```
=LENB("Excel 之家")
```

10.2.6　CLEAN 函数和 TRIM 函数清除多余空格和不可见字符

不能打印的字符也称为不可见字符，主要存在于从系统导出的数据中。使用 CLEAN 函数能够删除文本中的大部分不能打印的字符。

TRIM 函数用于移除文本中除单词之间的单个空格之外的多余空格，字符串内部的连续多个空格仅保留一个，字符串首尾的空格不再保留。例如，以下公式返回结果为“Time and tide wait for no man”。

```
=TRIM(" Time  and  tide  wait  for  no  man    ")
```

示例10-4　使用CLEAN函数清除不可见字符

图 10-8 所示，是某单位从系统中导出的数据，其中部分单元格包含有不可见字符，在 I2 单元格使用 SUM 函数对 G 列的贷方金额直接求和时，结果返回 0。

I2　=SUM(G2:G30)

	A	B	C	D	E	F	G	H	I
1	日期	交易类型	凭证种类	凭证号	摘要	借方发生额	贷方发生额		贷方发生总额
2	2021/1/29	转账	资金汇划补充凭证	21781169	B2C EB0000000	0.00	139.00		0.00
3	2021/1/30	转账	资金汇划补充凭证	26993401	B2C EB0000000	0.00	597.00		
4	2021/1/30	转账	资金汇划补充凭证	29241611	B2C EB0000000	0.00	139.00		
5	2021/1/31	转账	资金汇划补充凭证	30413947	B2C EB0000000	0.00	1,123.80		
6	2021/1/31	转账	资金汇划补充凭证	32708047	B2C EB0000000	0.00	1,900.30		
7	2021/2/1	转账	资金汇划补充凭证	37378081	B2C EB0000000	0.00	1,233.50		
8	2021/2/1	转账	资金汇划补充凭证	38684365	B2C EB0000000	0.00	199.00		
9	2021/2/1	转账	资金汇划补充凭证	41802427	B2C EB0000000	0.00	267.10		

图 10-8　凭证记录

可使用以下公式完成计算。

```
=SUMPRODUCT(CLEAN(G2:G30)*1)
```

首先使用 CLEAN 函数清除 G2:G30 单元格区域中的不可见字符，得到一组文本型的数字。然后将这些文本型数字乘以 1 转换为数值，再使用 SUMPRODUCT 函数对乘积进行求和即可。

10.2.7 使用 NUMBERVALUE 函数转换不规范数字

在整理表格数据的过程中，经常会有一些不规范的数字影响数据的汇总分析。例如在数字中混有空格，或者夹杂有全角数字及文本型数字等。NUMBERVALUE 函数可以实现 ASC 函数和 TRIM 函数的全部功能。

示例10-5 使用NUMBERVALUE函数转换不规范数字

	A	B	C
1	转换前	NUMBERVALUE	VALUE
2	123 4 56	123456	#VALUE!
3	6432%	64.32	64.32
4	４４５３	4453	4453
5	２３.５％	0.235	0.235
6	３４３２%%	0.3432	#VALUE!
7	9865	9865	9865
8	233	233	233

图 10-9 不规则数字的转换

图 10-9 中 A 列数据中包含空格、全角字符和不规则的符号，需要将其转换为正常的数值。

在 B2 单元格输入以下公式，向下复制到 B8 单元格。

```
=NUMBERVALUE(A2)
```

NUMBERVALUE 函数较 VALUE 函数在功能上有一定的提升。该函数不仅可以实现 VALUE 函数日期转换为数值序列、文本型数字转换为数值型数字、全角数字转换为半角数字等功能，还可以处理混杂空格的数值及符号混乱等特殊情况。

10.2.8 字符替换

使用替换函数，能够将字符串中的部分或全部内容替换为新的字符串。用于替换的函数包括 SUBSTITUTE 函数、REPLACE 函数及用于区分双字节字符的 REPLACEB 函数。

Ⅰ SUBSTITUTE 函数根据内容替换

SUBSTITUTE 函数的作用是将目标字符串中指定的字符串替换为新字符串，函数语法如下：

```
SUBSTITUTE(text,old_text,new_text,[instance_num])
```

第一参数 text 是目标字符串或目标单元格引用。第二参数 old_text 是需要进行替换的旧字符串。第三参数 new_text 指定将旧字符串替换成的新字符串。第四参数 instance_num 是可选参数，指定替换第几次出现的旧字符串，如果省略该参数，源字符串中的所有与 old_text 参数相同的文本都将被替换。

例如，以下公式返回“之家 Home”。

```
=SUBSTITUTE("Excel 之家 Excel Home","Excel","")
```

而以下公式返回“Excel 之家 Home”。

```
=SUBSTITUTE("Excel 之家 Excel Home","Excel","",2)
```

SUBSTITUTE 函数区分大小写和全角半角字符。如果目标字符串中不包含第二参数，则不执

行替换。如果第三参数是空文本或简写该参数的值而仅保留参数之前的逗号，相当于将需要替换的文本删除。例如，以下两个公式都返回字符串“Excel”。

```
=SUBSTITUTE("ExcelHome","Home","")
=SUBSTITUTE("ExcelHome","Home",)
```

如果需要计算指定字符（串）在某个字符串中出现的次数，可以使用 SUBSTITUTE 函数将其全部删除，然后通过 LEN 函数计算删除前后字符长度的变化来完成。

示例10-6 统计各部门值班人数

图 10-10 展示了某单位春节值班表的部分内容，B 列的值班人员由“、”分隔，需要统计各部门的值班人数。

在 C2 单元格输入以下公式，将公式向下复制到 C7 单元格。

```
=LEN(B2)-LEN(SUBSTITUTE(B2,"、",))+1
```

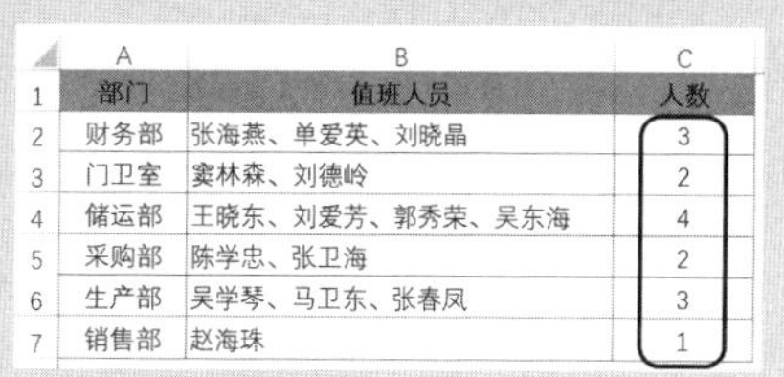

	A	B	C
1	部门	值班人员	人数
2	财务部	张海燕、单爱英、刘晓晶	3
3	门卫室	窦林森、刘德岭	2
4	储运部	王晓东、刘爱芳、郭秀荣、吴东海	4
5	采购部	陈学忠、张卫海	2
6	生产部	吴学琴、马卫东、张春凤	3
7	销售部	赵海珠	1

图 10-10　统计问卷结果

本例中，SUBSTITUTE 函数省略第三参数的参数值，表示从 B2 单元格中删除所有的分隔符号“、”。

先使用 LEN 函数计算出 B2 单元格字符个数，再用 LEN 函数计算出删除掉分隔符号“、”后的字符个数，二者相减即为分隔符“、”的个数。由于值班人数比分隔符数多 1 个，因此加 1 就是值班人数。为了避免在 B 列单元格为空时公式返回错误结果 1，可在公式原有公式基础上加上 B2 不等于空的判断，当 B2 单元格为空时公式返回 0。

```
=(LEN(B2)-LEN(SUBSTITUTE(B2,"、",))+1)*(B2<>"")
```

SUBSTITUTE 函数每次只能替换一项关键字符，如果有多个需要替换的选项，需要重复使用 SUBSTITUTE 函数依次进行替换。例如，要替换掉 A2 单元格中的字母 A~C，公式应写成：

```
=SUBSTITUTE(SUBSTITUTE(SUBSTITUTE(A2,"A",),"B",),"C",)
```

如有更多的替换选项，公式将会变得非常冗长，利用迭代计算功能可以实现多重替换。

示例10-7 利用迭代计算实现多重替换

图 10-11 所示，是某单位新员工的专业及电脑技能登记表，C 列中的电脑技能由于输入不规范，部分软件名称为小写或简称，需要根据右侧对照表中的内容，将旧字符依次替换为新字符。

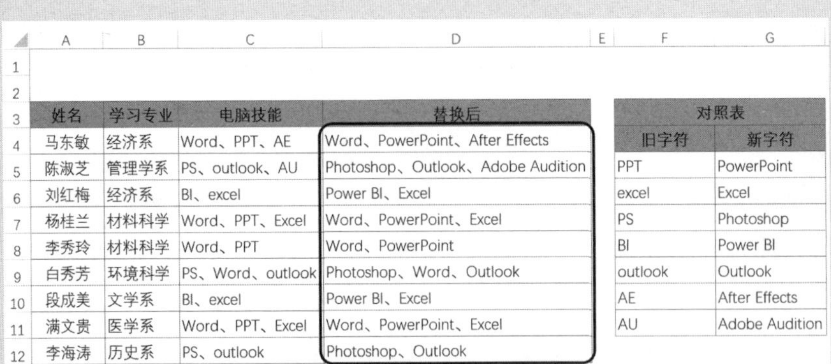

	A	B	C	D	E	F	G
1							
2							
3	姓名	学习专业	电脑技能	替换后		对照表	
4	马东敏	经济系	Word、PPT、AE	Word、PowerPoint、After Effects		旧字符	新字符
5	陈淑芝	管理学系	PS、outlook、AU	Photoshop、Outlook、Adobe Audition		PPT	PowerPoint
6	刘红梅	经济系	BI、excel	Power BI、Excel		excel	Excel
7	杨桂兰	材料科学	Word、PPT、Excel	Word、PowerPoint、Excel		PS	Photoshop
8	李秀玲	材料科学	Word、PPT	Word、PowerPoint		BI	Power BI
9	白秀芳	环境科学	PS、Word、outlook	Photoshop、Word、Outlook		outlook	Outlook
10	段成美	文学系	BI、excel	Power BI、Excel		AE	After Effects
11	满文贵	医学系	Word、PPT、Excel	Word、PowerPoint、Excel		AU	Adobe Audition
12	李海涛	历史系	PS、outlook	Photoshop、Outlook			

图 10-11　多重替换

操作步骤如下。

步骤1 依次单击【文件】→【选项】命令，打开【Excel 选项】对话框。切换到【公式】选项卡下，选中【启用迭代计算】复选框，保留【最多迭代次数】文本框中的 100 不变，单击【确定】按钮关闭对话框，如图 10-12 所示。

步骤2 在 C1 单元格输入以下公式，用于生成 1~100 的循环序号，如图 10-13 所示。

```
=MOD(C1,100)+1
```

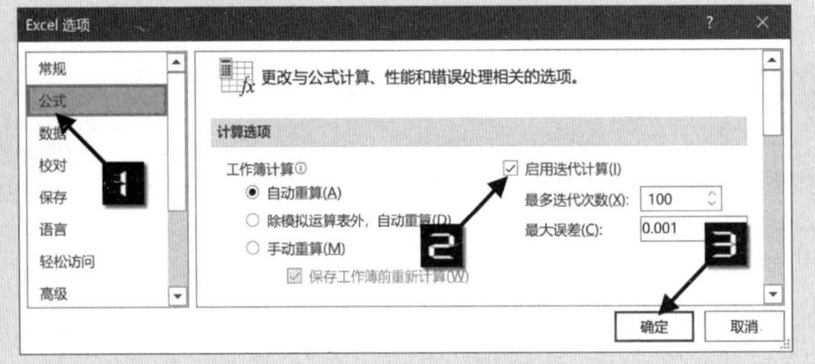

图 10-12　启用迭代计算

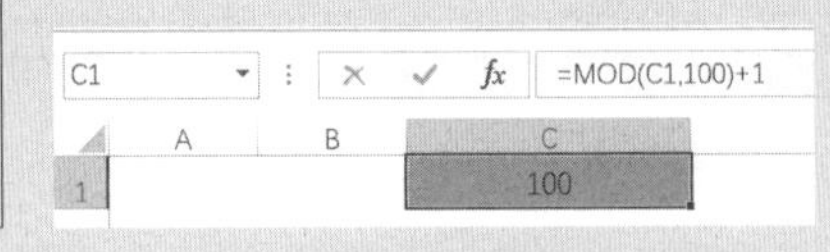

图 10-13　使用 MOD 函数生成循环序号

公式引用了 C1 单元格本身的值，使用 MOD 函数计算 C1 和 100 相除的余数，结果加上 1。计算过程如下。

在步骤 1 中，【Excel 选项】中设置的迭代计算次数是 100 次，也就是将引用了本身结果的公式重复运算 100 次。

当第 1 次计算时 C1 单元格的初始值为 0，MOD(0,100) 的结果是 0，加上 1 之后的结果为 1。

第 2 次计算时，MOD(1,100) 的结果是 1，加上 1 之后的结果是 2，

……

第 100 次计算时，MOD(99,100) 的结果是 99，加上 1 之后结果是 100。

也就是在一个迭代周期完成后，C1 单元格中的值会从 1 开始依次递增至 100。

步骤3 在 D4 单元格输入以下公式，向下复制到 D12 单元格。

```
=SUBSTITUTE(IF(C$1=1,C4,D4),OFFSET(F$4,C$1,0),OFFSET(G$4,C$1,0))
```

SUBSTITUTE 函数要替换的字符串是“IF(C$1=1,C4,D4)”的计算结果，当 C1 单元格为 1 时替换 C4 中的字符，否则替换 D4 单元格中已有的字符。

要替换的旧字符串是“OFFSET(F$4,C$1,0)”部分的引用结果，替换为的新字符串是“OFFSET(G$4,C$1,0)”部分的引用结果。

以要替换的旧字符串 OFFSET(F$4,C$1,0) 为例，OFFSET 函数以 F4 单元格为基点向下偏移，而负责指定偏移量的是 C1 单元格公式“MOD(C1,100)+1”的计算结果。当 C1 依次变成 1 至 100 时，OFFSET 函数会依次向下偏移 1 行、2 行、……100 行。

同理，替换为的新字符串 OFFSET(G$4,C$1,0) 部分，也会根据 C1 单元格公式结果的变化，以 G4 单元格为基点依次向下偏移 1 行、2 行、……100 行。

迭代计算的第 1 步，OFFSET(F$4,C$1,0) 从 F4 单元格开始向下偏移 1 行，得到 F5 单元格的引用，结果为“PPT”。OFFSET(G$4,C$1,0) 从 G4 单元格开始向下偏移 1 行，得到 G5 单元格的引用，结果为“PowerPoint”。

SUBSTITUTE 函数从 C4 单元格的字符“Word、PPT、AE”中，将“PPT”替换为“PowerPoint”，得到“Word、PowerPoint、AE”。

从第 2 步开始，SUBSTITUTE 函数要处理的就是公式本身所在单元格的字符。

迭代计算运行到第 6 步时，OFFSET(F$4,C$1,0) 和 OFFSET(G$4,C$1,0) 分别得到 F10 和 G10 单元格的引用，返回结果为“AE”和“After Effects”。

SUBSTITUTE 函数从 D4 单元格的字符“Word、PowerPoint、AE”中，将“AE”替换为“After Effects”，得到新的结果“Word、PowerPoint、After Effects”。

随着 C1 单元格的数值不断增加，OFFSET 函数偏移的行数也依次递增，相当于给 SUBSTITUTE 函数设置了不同的替换参数。SUBSTITUTE 函数执行 100 次替换后，将 F 列的所有旧字符串依次替换为 G 列的新字符串，如果旧字符串在 C2 单元格中不存在，则不执行替换。

关于 OFFSET 函数的详细用法，请参阅 14.2.8 节。

➲ II　REPLACE 函数根据位置替换

REPLACE 函数用于从目标字符串的指定位置开始，将指定长度的部分字符串替换为新字符串，函数语法如下：

```
REPLACE(old_text,start_num,num_chars,new_text)
```

第一参数 old_text 表示目标字符串。第二参数 start_num 指定要替换的起始位置。第三参数 num_chars 表示需要替换字符长度，如果该参数为 0（零），可以实现插入字符串的功能。第四参数 new_text 表示用来替换的新字符串。

示例10-8 隐藏手机号码中间四位

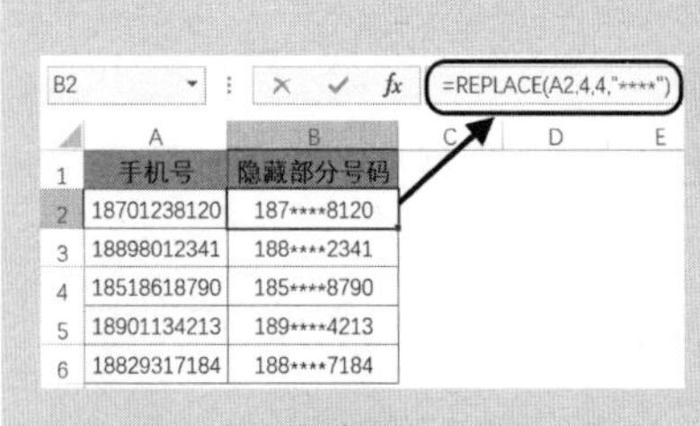
B2 fx =REPLACE(A2,4,4,"****")

	A	B
1	手机号	隐藏部分号码
2	18701238120	187****8120
3	18898012341	188****2341
4	18518618790	185****8790
5	18901134213	189****4213
6	18829317184	188****7184

图 10-14 隐藏手机号中间四位

在图 10-14 中，需要将 A 列手机号中间 4 位数字用 4 个星号“****”隐藏。

在 B2 单元格输入以下公式，向下复制到 B6 单元格。

```
=REPLACE(A2,4,4,"****")
```

公式中使用REPLACE函数从A2单元格的第4个字符起，将 4 个字符替换为“****”。

REPLACEB 函数的语法与 REPLACE 函数类似，区别在于 REPLACEB 函数是将指定字节长度的字符串替换为新文本。

示例10-9 使用REPLACEB函数插入分隔符号

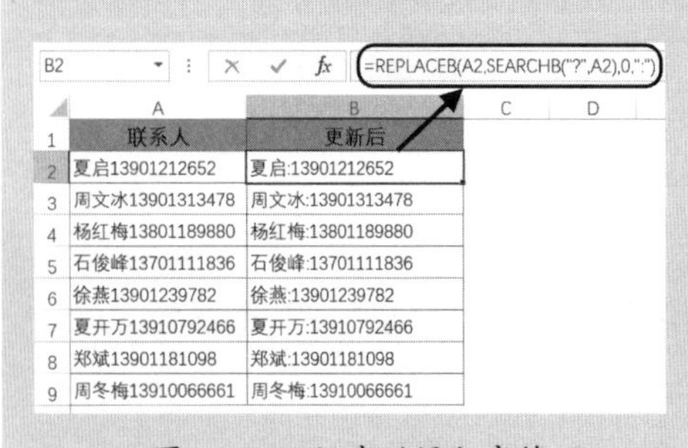
B2 fx =REPLACEB(A2,SEARCHB("?",A2),0,":")

	A	B
1	联系人	更新后
2	夏启13901212652	夏启:13901212652
3	周文冰13901313478	周文冰:13901313478
4	杨红梅13801189880	杨红梅:13801189880
5	石俊峰13701111836	石俊峰:13701111836
6	徐燕13901239782	徐燕:13901239782
7	夏开万13910792466	夏开万:13910792466
8	郑斌13901181098	郑斌:13901181098
9	周冬梅13910066661	周冬梅:13910066661

图 10-15 汉字后添加字符

图 10-15 为某单位客户联系表中的部分内容，希望在人员姓名后添加冒号“:”与手机号码进行分隔。

在B2单元格输入以下公式，向下复制到B9单元格。

```
=REPLACEB(A2,SEARCHB("?",A2),0,":")
```

SEARCHB 函数使用通配符“?”，在 A2 单元格中定位第一个单字节字符的位置，也就是第一个数字所在的位置。然后使用 REPLACEB 函数在该位置替换掉原有的 0 个字符，新替换的字符为“:”，相当于在此位置插入了冒号“:”。

根据本书前言的提示操作，可观看字符替换的视频讲解。

10.2.9 字符串提取与拆分

常用的字符提取函数主要包括 LEFT 函数、RIGHT 函数及 MID 函数等。

Ⅰ LEFT 函数和 RIGHT 函数

LEFT 函数用于从字符串的起始位置返回指定数量的字符，函数语法如下：

```
LEFT(text,[num_chars])
```

第一参数 text 是需要从中提取字符的字符串。第二参数 [num_chars] 是可选参数，指定要提取的字符数。如果省略该参数，则默认提取最左侧的一个字符。

以下公式返回字符串“Excel 之家 ExcelHome”左侧的 7 个字符，结果为“Excel 之家”：

```
=LEFT("Excel 之家 ExcelHome",7)
```

以下公式返回字符串“A-6633 型”最左侧 1 个字符，结果为“A”。

```
=LEFT("A-6633 型")
```

RIGHT 函数用于从字符串的末尾位置返回指定数字的字符。函数语法与 LEFT 函数相同，如果省略第二参数，默认提取最右侧的一个字符。

以下公式返回字符串“Excel 之家 ExcelHome”右侧 9 个字符，结果为“ExcelHome”。

```
=RIGHT("Excel 之家 ExcelHome",9)
```

以下公式返回字符串“型号 6633-A”右侧 1 个字符，结果为字母“A”。

```
=RIGHT(" 型号 6633-A")
```

示例10-10 提取物料名称中的管材长度

图 10-16 所示，是某工程安装队管材使用记录表的部分内容，C 列是由物料名称及规格型号组成的混合内容，需要提取出其中的最后一组数字，也就是管材的长度信息。

E2　=-LOOKUP(1,-RIGHT(C2,ROW($1:$9)))

	A	B	C	D	E
1	日期	物料代码	物料名称	数量（根）	管材长度
2	2021/1/18	34.001.0001	不锈钢管*441 规格Φ76*2.0*620	20	620
3	2021/1/18	34.001.0020	不锈钢管*441 规格Φ89*2.0*1250	34	1250
4	2021/1/18	34.001.0030	不锈钢管*441 规格Φ89*2.0*310	43	310
5	2021/1/18	34.001.0039	不锈钢管*441 规格Φ89*2.0*1350	17	1350
6	2021/1/18	34.001.0051	不锈钢管*441 规格Φ89*2.0*2100	15	2100
7	2021/1/18	34.002.0014	不锈钢管*409L 规格Φ63.5*1.75*1480	46	1480
8	2021/1/18	34.002.0038	不锈钢管*409L 规格Φ89*2.0*1350	29	1350
9	2021/1/18	34.003.0011	焊管*Q195 规格Φ89*2.0*1000	5	1000
10	2021/1/18	34.003.0021	焊管*Q195 规格Φ89*2.0*1700	32	1700
11	2021/1/18	34.005.0011	冷板焊管*SPCC 规格Φ63.5*1.75*855	36	855
12	2021/1/18	34.007.0007	不锈钢管*304 规格Φ89*2.5*400	11	400

图 10-16　提取字符串中的管材长度

在 E2 单元格输入以下公式，将公式向下复制到数据区域最后一行。

```
=-LOOKUP(1,-RIGHT(C2,ROW($1:$9)))
```

本例中所有管材长度均在单元格的最右侧，但是物料名称中除了数字还包含有英文字符。因此无法直接使用计算字符数和字节数的技巧来提取。

公式先使用 ROW($1:$9) 得到 1~9 的序号，以此作为 RIGHT 函数的第二参数。

RIGHT 函数从 C2 单元格的最右侧开始，分别截取长度为 1~9 个字符的字符串，得到内存数组结果为：

```
{"0";"20";"620";"*620";"0*620";".0*620";……}
```

再加上一个负号，将内存数组中的文本型数字转换为数值，文本字符串部分则转换为错误值：

{0;-20;-620;#VALUE!;#VALUE!;#VALUE!;……}

最后使用 LOOKUP 函数，以 1 作为查找值，在内存数组中忽略错误值返回最后一个数值。最后加上负号将负数转化为正数，得到右侧的连续数字。

如果将公式中的 RIGHT 函数换成 LEFT 函数，则可提取字符串左侧的连续数字。

有关 LOOKUP 函数的用法请参阅 14.2.5。

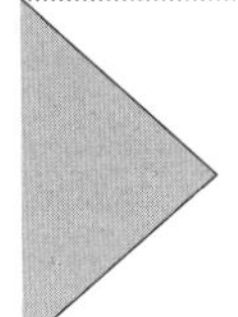

根据本书前言的提示操作，可观看 LEFT 函数和 RIGHT 函数的视频讲解。

在财务凭证中经常需要对数字进行分列显示，一位数字占用一格，同时还需要在金额前加上人民币符号（￥）。使用 Excel 制作凭证时，可以利用 LEFT 函数和 RIGHT 函数实现金额自动分列。

示例10-11 分列填写收款凭证

图 10-17 是一份模拟的收款凭证，其中 F 列为各商品的合计金额，需要在 G~P 列实现金额数值分列显示，且在第一位数字之前添加人民币符号（￥）。

	A	B	C	D	E	F	G	H	I	J	K	L	M	N	O	P
1					收款凭证											
2		客户全称:	新知书社德城店					开票日期		2021年8月18日						
3		商品名称		码洋	数量	合计	金额									
4							千	百	十	万	千	百	十	元	角	分
5		Excel 2019应用大全		99	80	7,920.00				¥	7	9	2	0	0	0
6		WPS表格实战技巧精粹		119	100	11,900.00			¥	1	1	9	0	0	0	0
7		别怕 Excel VBA其实很简单		59	90	5,310.00				¥	5	3	1	0	0	0
8																
9																
10		合计人民币（大 写）	贰佰零叁万玖千壹佰伍拾元整			25,130.00			¥	2	5	1	3	0	0	0
11		制表人:			经办人:						单位名称（盖章）					

图 10-17　收款凭证中的数字分列填写

在 G5 单元格输入以下公式，复制到 G5:P9 单元格区域。

```
=IF($F5,LEFT(RIGHT(" ￥"&$F5/1%,COLUMNS(G:$P))),"")
```

以 G5 单元格中的公式为例，首先使用 IF 函数进行判断，如果 F5 单元格不为 0，则执行 LEFT 和 RIGHT 函数的嵌套计算结果，否则返回空文本 ""。

“$F5/1%”部分，表示将 F5 单元格的数值放大 100 倍，也就是将可能存在的小数转换为整数，这部分也可以用 $F5*100 来代替。再将字符串“ ￥”（注意人民币符号前有一个空格）与其连接，变成新的字符串“ ￥792000”。

COLUMNS 函数用于计算参数引用的列数。“COLUMNS(G:$P)”部分用于计算从公式所在列至 P 列的列数，计算结果为 10。前半部分参数使用相对引用，后半部分使用绝对引用，当公式向右复制时，得到一个从 10 开始依次递减的自然数序列。

接下来使用 RIGHT 函数在这个字符串的右侧开始取值，长度为“COLUMNS(G:$P)”部分的计算结果。公式每向右一列，RIGHT 函数的取值长度减少 1。

如果 RIGHT 函数指定要截取的字符数超过字符串总长度，结果仍为原字符串，“RIGHT(" ￥792000",10)”部分的提取结果仍为“ ￥792000”。

LEFT 函数在 RIGHT 函数的提取结果中继续提取最左侧的字符，结果为空格。

当公式复制到 J5 单元格时，COLUMNS(G:$P) 变成 COLUMNS(J:$P)，计算结果为 7。RIGHT 函数在字符 " ￥792000" 的右侧提取 7 个字符，得到结果为“ ￥792000”。再使用 LEFT 函数从该结果基础上提取出最左侧的字符“￥”，其他单元格中的公式计算过程以此类推。

➲ II　MID 函数

MID 函数用于从字符串的任意位置开始，提取指定长度的字符串，函数语法如下：

```
MID(text,start_num,num_chars)
```

第一参数 text 是要从中提取字符的字符串，第二参数 start_num 用于指定要提取字符的起始位置，num_chars 参数用于指定提取字符的长度。如果第二参数加上第三参数超出了第一参数的字符总数，则提取到最后一个为止。

以下公式表示从字符串“Office 2019 办公组件”的第 8 个字符开始，提取 4 个字符，结果为“2019”。

```
=MID("Office 2019 办公组件",8,4)
```

以下公式表示从字符串“Office 2019 办公组件”的第 12 个字符开始，提取 10 个字符。由于指定位置 8 加上要提取的字符数 10 超过了字符总数，因此返回结果为“办公组件”。

```
=MID("Office 2019 办公组件",12,10)
```

示例10-12　从身份证号中提取出生日期

身份证号码的第 7~14 位是出生日期信息，分别用四位数字表示年份，两位数字表示月份，两位数字表示日期。图 10-18 所示，是某单位员工信息表的部分内容，需要根据 F 列的身份证号码提取出对应的出生日期。

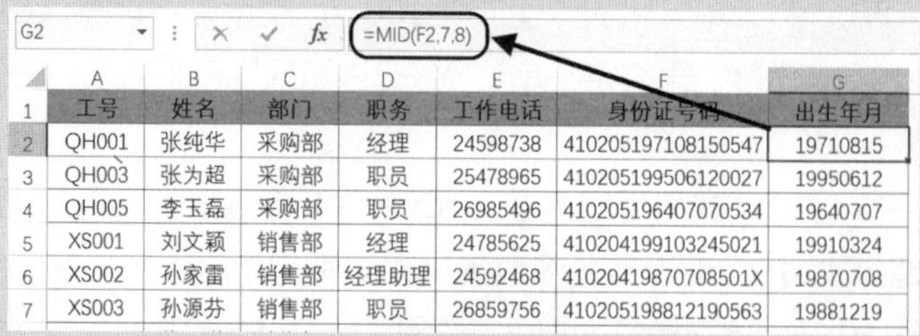

	A	B	C	D	E	F	G
1	工号	姓名	部门	职务	工作电话	身份证号码	出生年月
2	QH001	张纯华	采购部	经理	24598738	410205197108150547	19710815
3	QH003	张为超	采购部	职员	25478965	410205199506120027	19950612
4	QH005	李玉磊	采购部	职员	26985496	410205196407070534	19640707
5	XS001	刘文颖	销售部	经理	24785625	410204199103245021	19910324
6	XS002	孙家雷	销售部	经理助理	24592468	41020419870708501X	19870708
7	XS003	孙源芬	销售部	职员	26859756	410205198812190563	19881219

图 10-18 员工信息表

在 G2 单元格输入以下公式，向下复制到 G13 单元格。

```
=MID(F2,7,8)
```

MID 函数的第二参数和第三参数分别使用 7 和 8，表示从 F2 单元格的第 7 位开始，提取 8 个字符。

➲ III LEFTB 函数、RIGHTB 函数和 MIDB 函数

对于需要区分处理单字节字符和双字节字符的情况，分别对应 LEFTB 函数、RIGHTB 函数和 MIDB 函数，即在 LEFT、RIGHT 和 MID 函数名称后加上字母“B”，它们的语法与原函数相似，功能略有差异。

LEFTB 函数用于从字符串的起始位置返回指定字节数的字符。

RIGHTB 函数用于从字符串的末尾位置返回指定字节数的字符。

MIDB 函数用于在字符串的任意字节位置开始，返回指定字节数的字符。

当 LEFTB 函数和 RIGHTB 函数省略第二参数时，分别提取 text 字符串第一个和最后一个字节的字符。当第一个或最后一个字符是双字节字符时，函数返回半角空格。

如果 MIDB 函数的 num_chars 参数为 1，且该位置字符为双字节字符，函数也会返回空格。

如图 10-19 所示，需要提取出 A 列字符中的月份。在 B2 单元格输入以下公式，再将公式向下复制即可。

	A	B
1	要处理的文本	提取月份
2	1月	1
3	12月	12
4	3月	3
5	8月	8

图 10-19 提取月份

```
=TRIM(LEFTB(A2,2))
```

该公式首先使用 LEFTB 函数从 A2 单元格左侧开始，提取两个字节的字符数，得到结果为 "1 "，即数字 1 和一个空格，再使用 TRIM 函数清除多余空格。

示例10-13 提取混合内容中的中文备注和文件名称

图 10-20 展示了某企业不干胶印制订单的部分内容，E 列是半角字符和中文构成的图案文件及

备注，需要在 F 列和 G 列分别提取出字符串中的中文备注及图案文件名称。

	A	B	C	D	E	F	G
1	料号	材质要求	数量	规格	图案文件及备注	中文备注	文件名称
2	17505-00295	格拉辛底/黑白/	90	10*10CM	TF131033-DKGY外箱	外箱	TF131033-DKGY
3	17505-00295	格拉辛底/黑白/	70	10*10CM	TF131033-BGWT外箱	外箱	TF131033-BGWT
4	17505-00295	格拉辛底/黑白/	36	10*10CM	TF131033-GN集装袋	集装袋	TF131033-GN
5	17505-00295	格拉辛底/黑白/	80	10*10CM	WK830503-1-BK外箱	外箱	WK830503-1-BK
6	17505-00295	格拉辛底/黑白/	160	10*10CM	WK830503-1-WT集装袋	集装袋	WK830503-1-WT
7	1750501-06669	特光B不干胶	180	7*3CM	TF131033-DKGY内盒	内盒	TF131033-DKGY
8	1750501-06669	特光B不干胶	140	7*3CM	TF131033-BGWT内盒	内盒	TF131033-BGWT
9	1750501-06669	特光B不干胶	72	7*3CM	TF131033-GN牛皮纸袋	牛皮纸袋	TF131033-GN
10	1750501-06669	特光B不干胶	80	7*3CM	WK830503-1-BK内盒	内盒	WK830503-1-BK
11	1750501-06669	特光B不干胶	160	7*3CM	WK830503-1-WT内盒	内盒	WK830503-1-WT
12	17505-00295	格拉辛底/黑白/	50	10*10CM	TF112150外箱	外箱	TF112150
13	17505-00295	格拉辛底/黑白/	150	10*10CM	TF130917-Pink外箱	外箱	TF130917-Pink
14	17505-00295	格拉辛底/黑白/	100	10*10CM	TF130917-Grey外箱	外箱	TF130917-Grey
15	17505-00295	格拉辛底/黑白/	40	10*10CM	TF810233外箱	外箱	TF810233

图 10-20　不干胶印制订单

首先观察 E 列的字符分布规律，可以发现半角字符的图案文件均在左侧，而全角字符的备注说明均在右侧。已知一个全角字符等于两个字节长度，因此在提取备注说明时，可以先分别计算出 E2 单元格中的字节长度和字符长度，然后使用字节长度减去字符长度，其结果就是全角字符的个数。最后再使用 RIGHT 函数，从 E2 单元格最右侧根据全角字符个数提取出对应的字符数即可。

在 F2 单元格输入以下公式，将公式向下复制到数据区域最后一行，提取出 E2 单元格中的中文备注信息。

```
=RIGHT(E2,LENB(E2)-LEN(E2))
```

在 G2 单元格输入以下公式，将公式向下复制到数据区域最后一行，提取出 E2 单元格中的半角图案文件名称。

```
=LEFT(E2,LEN(E2)-(LENB(E2)-LEN(E2)))
```

要提取 E2 单元格中的半角字符，首先需要确定该单元格中的半角字符个数。半角字符数的计算公式为：

```
=LEN(E2)-(LENB(E2)-LEN(E2))
```

首先用 LENB(E2)-LEN(E2) 计算出 E2 单元格中的全角字符个数，然后使用 LEN(E2) 计算出 E2 单元格的字符总数，二者相减即得到半角字符数。如果去掉该部分公式中的括号，也可写成以下形式：

```
=LEN(E2)+LEN(E2)-LENB(E2)
```

继续简化还可以写成：

```
=2*LEN(E2)-LENB(E2)
```

最后使用 LEFT 函数，根据以上公式计算出的半角字符数，从 E2 单元格最左侧提取出对应长度的字符数。简化后的完整公式写法为：

```
=LEFT(E2,2*LEN(E2)-LENB(E2))
```

IV 借助 SUBSTITUTE 函数拆分字符

示例10-14 用SUBSTITUTE函数拆分会计科目

如图 10-21 所示，A 列是不同级别的会计科目，各级科目之间使用“/”进行间隔，需要在 B~D 列提取出各级科目名称。

	A	B	C	D	E
1	会计科目	一级科目	二级科目	三级科目	
2	管理费用/税费/水利建设资金	管理费用	税费	水利建设资金	
3	管理费用/研发费用/材料支出	管理费用	研发费用	材料支出	
4	管理费用/研发费用/人工支出	管理费用	研发费用	人工支出	
5	管理费用/研发费用	管理费用	研发费用		
6	管理费用	管理费用			
7	应收分保账款/保险专用	应收分保账款	保险专用		
8	应交税金/应交增值税/进项税额	应交税金	应交增值税	进项税额	
9	应交税金/应交增值税/已交税金	应交税金	应交增值税	已交税金	
10	应交税金/应交增值税/减免税款	应交税金	应交增值税	减免税款	
11	应交税金/应交营业税	应交税金	应交营业税		
12	应交税金	应交税金			
13	生产成本/基本生产成本/直接人工费	生产成本	基本生产成本	直接人工费	
14	生产成本/基本生产成本/直接材料费	生产成本	基本生产成本	直接材料费	

B2 =TRIM(MID(SUBSTITUTE($A2,"/",REPT(" ",99)),COLUMN(A1)*99-98,99))

图 10-21　会计科目

在 B2 单元格输入以下公式，将公式复制到 B2:D14 单元格区域。

```
=TRIM(MID(SUBSTITUTE($A2,"/",REPT(" ",99)),COLUMN(A1)*99-98,99))
```

REPT 函数的作用是按照给定的次数重复文本。函数语法如下：

```
REPT(text, number_times)
```

第一参数是需要重复的字符，第二参数是要重复的次数。

本例公式中的“REPT(" ",99)”部分，就是将空格重复 99 次，返回由 99 个空格组成的字符串。

SUBSTITUTE 函数将 A2 单元格中的分隔符号“/”全部替换成 99 个空格，目的是拉大各个字段间的距离，得到结果为：

" 管理费用　　　　　　　　税费　　　　　　　　水利建设资金 "

“COLUMN(A1)*99-98”部分，计算结果为 1，当公式向右复制时，会得到按 99 递增的序号：1，100，199……

MID 函数在 SUBSTITUTE 函数的公式结果基础上，分别从第 1、第 100、第 199……个字符位置开始截取 99 个字符，得到包含科目名称及空格的字符串。

最后使用 TRIM 函数清除字符串首尾多余的空格，得到各级科目名称。

示例10-15　提取指定层级的工单类目

图 10-22 所示，是某互联网金融机构的工单类目表的部分内容，每个层级之间用短横线 "-" 进行间隔，需要提取 4 级及之前的层级。

B2　=TRIM(LEFT(SUBSTITUTE(A2,"-",REPT(" ",199),4),99))

	A	B
1	工单类目	4级及之前的类目
2	满易贷-逾期/催收/征信问题-催收问题-与催收协商还款金额-不支持协商还款	满易贷-逾期/催收/征信问题-催收问题-与催收协商还款金额
3	满易贷-用信环节1-借款前咨询-利率问题-用户不认可系统提高利率	满易贷-用信环节1-借款前咨询-利率问题
4	医美贷款-获客环节（新）-客服电话咨询	医美贷款-获客环节（新）-客服电话咨询
5	满易贷-还款环节（新）-还款前咨询-还款方式-按期还款方式-自动扣款&用户询问自动扣款时绑定的银行卡	满易贷-还款环节（新）-还款前咨询-还款方式
6	满易贷-用信环节1-借款失败-咨询借款失败原因	满易贷-用信环节1-借款失败-咨询借款失败原因
7	满易贷-公共问题（新）-其他	满易贷-公共问题（新）-其他
8	满易贷-用信环节1-借款中咨询-人工审核阶段-人工审核未超时	满易贷-用信环节1-借款中咨询-人工审核阶段
9	满易贷-用信环节1-借款前咨询-利率问题-要求降低利率	满易贷-用信环节1-借款前咨询-利率问题
10	满易贷-用信环节1-借款前咨询-费用收取	满易贷-用信环节1-借款前咨询-费用收取
11	满易贷-逾期/催收/征信问题-催收问题-投诉催收-投诉催收方式	满易贷-逾期/催收/征信问题-催收问题-投诉催收
12	度小满钱包-其他（新）-其他-电话转接-有钱花	度小满钱包-其他（新）-其他-电话转接

图 10-22　工单类目表

在 B2 单元格输入以下内容，向下复制到数据区域最后一行。

```
=TRIM(LEFT(SUBSTITUTE(A2,"-",REPT(" ",199),4),99))
```

要得到 4 级及之前的层级，即提取第四个短横线前的所有字符。

公式中的“SUBSTITUTE(A2,"-",REPT(" ",199),4)”部分，先使用 REPT(" ",199) 得到 199 个空格，然后使用 SUBSTITUTE 函数将 A2 单元格中第 4 个短横线替换为 199 个空格。相当于以第 4 个短横线为界，以多个空格扩大字符之间的距离。

接下来使用 LEFT 函数，从 A2 单元格最左侧开始提取 99 个字符，得到包含类目名称及空格的字符串。最后再使用 TRIM 函数清除字符串多余的空格即可。

使用以下公式也可以实现同样的提取效果。

```
=LEFT(A2,FIND("@",SUBSTITUTE(A2&"@","-","@",4))-1)
```

首先使用 SUBSTITUTE 函数将第 4 个短横线替换为“@”，“@”可以是字符串中没有出现的任意字符。

然后使用 FIND 函数查询“@”首次出现的位置。最后使用 LEFT 函数，根据 FIND 函数的查询结果，在 A2 单元格左侧提取对应长度的字符串。FIND 函数的结果减去 1，表示提取到“@”的前一个字符。

当 A2 单元格中的短横线个数不足 4 个时，SUBSTITUTE 执行替换后的结果仍为 A2 单元格中原有的字符，此时再使用 FIND 函数查询“@”，会返回错误值。

在 A2 后连接字符“@”，当单元格中的短横线个数不足 4 个时，FIND 函数查询到的位置数字减去 1，结果就是 A2 单元格中原有的字符数，LEFT 函数最终将 A2 单元格中的字符全部提取出来。

➲ V 使用 SUBSTITUTE 函数和 LEFT、RIGHT 函数清除“顽固”的不可见字符

不可见字符有多种类型，其中包括部分“顽固”的不可见字符，这些字符在单元格内不显示字符宽度，使用 CLEAN 函数也无法清除。同时由于操作系统中使用的字符集类型有限，在使用 CODE 函数返回这些不可见字符的字符集编码时会无法准确识别，最终返回半角问号“?”在字符集中对应的编码 63。加之 CODE 与 CHAR 函数不能完全逆运算，再使用 CHAR(63) 时也无法再得到这些字符本身。

对于这种情况，可以不用判断其具体是哪一种字符，直接借助 SUBSTITUTE 函数及 LEFT 函数和 RIGHT 函数即可将其清除。

示例10-16 清除顽固的不可见字符

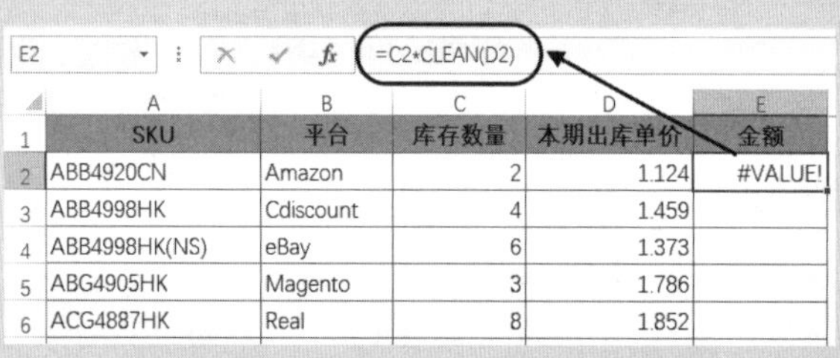

E2 =C2*CLEAN(D2)

	A	B	C	D	E
1	SKU	平台	库存数量	本期出库单价	金额
2	ABB4920CN	Amazon	2	1.124	#VALUE!
3	ABB4998HK	Cdiscount	4	1.459	
4	ABB4998HK(NS)	eBay	6	1.373	
5	ABG4905HK	Magento	3	1.786	
6	ACG4887HK	Real	8	1.852	

图 10-23 在线商品库存表

图 10-23 所示，是某公司在线商品库存表的部分内容，需要根据 C 列的库存数量和 D 列的本期出库单价计算金额。由于 D 列数据中包含有特殊类型的不可见字符，在 E2 单元格中使用公式 =C2*CLEAN(D2) 时，结果仍然返回了错误值。

单元格中的不可见字符通常分布于正常字符的左侧或（和）右侧，因此可以先使用 LEFT 函数和 RIGHT 函数分别提取出左右两侧的一个字符，观察其显示效果。首先在 H3 单元格和 H4 单元格分别输入以下公式，分别提取出 D2 单元格左右两侧各一个字符，返回结果如图 10-24 所示。

```
=LEFT(D2)
=RIGHT(D2)
```

	A	B	C	D	E	F	G	H	I
1	SKU	平台	库存数量	本期出库单价	金额				
2	ABB4920CN	Amazon	2	1.124				结果	公式
3	ABB4998HK	Cdiscount	4	1.459			最左侧字符	1	=LEFT(D2)
4	ABB4998HK(NS)	eBay	6	1.373			最右侧字符		=RIGHT(D2)
5	ABG4905HK	Magento	3	1.786					
6	ACG4887HK	Real	8	1.852					
7	AIS1230CN	SHOPIFY	1	2.422					
8	AMR3001HK	Amazon	2	2.976					

图 10-24 提取最左侧和最右侧的字符

在 H3 单元格中，提取出了 D2 单元格最左侧的字符 1。而在 H4 单元格中提取 D2 单元格最右侧的字符则显示为空白，说明 D2 单元格中的不可见字符在正常字符的右侧。

在 E2 单元格输入以下公式，向下复制到数据区域最后一行，即可得到正确结果，如图 10-25 所示。

```
=C2*SUBSTITUTE(D2,RIGHT(D2),)
```

E2　=C2*SUBSTITUTE(D2,RIGHT(D2),)

	A	B	C	D	E
1	SKU	平台	库存数量	本期出库单价	金额
2	ABB4920CN	Amazon	2	1.124	2.248
3	ABB4998HK	Cdiscount	4	1.459	5.836
4	ABB4998HK(NS)	eBay	6	1.373	8.238
5	ABG4905HK	Magento	3	1.786	5.358
6	ACG4887HK	Real	8	1.852	14.816
7	AIS1230CN	SHOPIFY	1	2.422	2.422
8	AMR3001HK	Amazon	2	2.976	5.952
9	AMR3001HK(USED)	SHOPIFY	5	2.332	11.66

图 10-25　公式计算出的正确结果

首先使用 RIGHT(D2) 提取出 D2 单元格最右侧的一个字符，以此作为 SUBSTITUTE 函数的第二参数。SUBSTITUTE 函数省略第三参数的值，同时省略第四参数，表示从 D2 单元格中将所有与第二参数相同的字符删除。

最后再将删除不可见字符后的文本型数字与 C2 单元格中的库存数量相乘，计算出金额。

10.2.10　在字符串中查找关键字符

➲ Ⅰ　FIND 函数和 SEARCH 函数

当需要从字符串中提取部分字符时，提取的位置和字符数量往往是不确定的，需要先根据指定条件进行定位。FIND 函数和 SEARCH 函数，以及用于双字节字符的 FINDB 函数和 SEARCHB 函数都可用于在字符串的文本中查找定位。

FIND 函数和 SEARCH 函数能够根据指定的字符串，在包含该字符串的另一个字符串中返回该字符串的起始位置。两个函数的语法相同，区别在于 FIND 函数区分大小写，而 SEARCH 函数不区分大小写。FIND 函数不支持通配符，SEARCH 函数则支持通配符。

```
FIND(find_text, within_text, [start_num])
SEARCH(find_text, within_text, [start_num])
```

第一参数 find_text 是要查找的文本，第二参数 within_text 是包含查找文本的源文本。第三参数 [start_num] 为可选参数，表示从源文本的第几个字符位置开始查找，如果省略该参数，默认值为 1。无论从第几个字符位置开始查找，最终返回的位置信息都从文本串的第一个字符算起。

如果源文本中存在多个要查找的文本，函数将返回从指定位置开始向右首次出现的位置。如果源文本中不包含要查找的文本，则返回错误值“#VALUE!”。

以下两个公式都返回“Excel”在字符串“Excel 之家 ExcelHome”中第一次出现的位置 1。

```
=FIND("Excel","Excel之家ExcelHome")
```

```
=SEARCH("Excel","Excel 之家 ExcelHome")
```

以下公式从字符串“Excel 之家 ExcelHome”第 5 个字符开始查找“Excel”，结果返回 8。

```
=FIND("Excel","Excel 之家 ExcelHome",5)
=SEARCH("Excel","Excel 之家 ExcelHome",5)
```

示例10-17 判断回路名称是否包含“照明”

图 10-26 所示，是某建筑公司电气施工设计方案表的部分内容，需要判断 B 列的回路名称中是否包含“照明”。

J2 =IF(ISNUMBER(FIND("照明",B2)),"是","否")

序号	回路名称	配电箱编号	设备容量 Pe(kW)	动照 需要系数	功率因数 COSØ	负荷级别	电源 回路数	母线段	是否 包含照明
1	站厅A端环控消防负荷1	AA1	143.6	0.75	0.8	一级	2	Ⅰ、Ⅱ	否
3	站厅A端环控二级负荷	AA7	62.25	0.75	0.8	二级	1	Ⅰ	否
4	站厅A端冷冻站环控负荷	AA10	80.2	0.75	0.8	三级	1	Ⅰ	否
5	站厅A端正常照明1	ALZ11	25	0.9	0.9	一级	1	Ⅰ	是
8	站厅A端应急照明	EPS11	15	1	0.9	一级	2	Ⅰ、Ⅱ	是
9	站厅广告照明	ALG11	20	0.8	0.9	三级	1	Ⅰ	是
10	非消防一级小动力	AP11-1	15	0.7	0.8	一级	2	Ⅰ、Ⅱ	否
11	消防小动力配电箱	AP11	10	0.7	0.8	一级	1	Ⅰ	否
13	三级小动力配电箱	AP15	50	0.7	0.8	二级	1	Ⅰ	否

图 10-26 电气施工设计方案表

在 J2 单元格输入以下公式，将公式向下复制到数据区域最后一行。

```
=IF(ISNUMBER(FIND("照明",B2)),"是","否")
```

FIND 函数以“照明”为查询关键字，在 B2 单元格中查找该关键字首次出现的位置。如果 B2 单元格中包含要查询的关键字，则返回表示位置的数值，否则返回错误值“#VALUE!”。

接下来使用 ISNUMBER 函数判断 FIND 函数得到结果是否为数值，如果是数值则返回逻辑值 TRUE，否则将返回 FALSE。

最后使用 IF 函数，当 ISNUMBER 函数的判断结果为 TRUE 时，说明 B2 单元格中包含要查询的关键字，公式返回指定内容“是”，否则返回“否”。

示例10-18 提取指定符号后的内容

如图 10-27 所示，需要从 C 列的物料名称及规格型号组成的混合内容中提取“Φ”号之后的规格型号信息。

E2　fx　=MID(C2,1+FIND("Φ",C2),99)

	A	B	C	D	E
1	日期	物料代码	物料名称	数量（根）	规格型号
2	2021/1/18	34.001.0001	不锈钢管*441 规格Φ76*2.0*620	20	76*2.0*620
3	2021/1/18	34.001.0020	不锈钢管*441 规格Φ89*2.0*1250	34	89*2.0*1250
4	2021/1/18	34.001.0030	不锈钢管*441 规格Φ89*2.0*310	43	89*2.0*310
5	2021/1/18	34.001.0039	不锈钢管*441 规格Φ89*2.0*1350	17	89*2.0*1350
6	2021/1/18	34.001.0051	不锈钢管*441 规格Φ89*2.0*2100	15	89*2.0*2100
7	2021/1/18	34.002.0014	不锈钢管*409L 规格Φ63.5*1.75*1480	46	63.5*1.75*1480
8	2021/1/18	34.002.0038	不锈钢管*409L 规格Φ89*2.0*1350	29	89*2.0*1350
9	2021/1/18	34.003.0011	焊管*Q195 规格Φ89*2.0*1000	5	89*2.0*1000
10	2021/1/18	34.003.0021	焊管*Q195 规格Φ89*2.0*1700	32	89*2.0*1700

图 10-27　提取指定符号后的字符

在 E2 单元格输入以下公式，将公式向下复制到数据区域最后一行。

```
=MID(C2,1+FIND("Φ",C2),99)
```

本例中，由于间隔符号“Φ”在 C 列各个单元格中出现的位置不固定，因此先使用 FIND 函数来查找“Φ”的位置。

公式中的“FIND("Φ",C2)”部分，返回符号 "Φ" 在 C2 中首次出现的位置，结果为 12。

然后使用 MID 函数，从 FIND 函数获取的间隔符号位置向右一个字符开始，提取右侧剩余部分的字符。

在不知道具体的剩余字符数时，指定一个较大的数值 99 作为要提取的字符数，99 加上起始位置 12 超出了 C2 单元格的总字符数，MID 函数最终提取到最后一个字符为止。

当单元格中没有出现符号“Φ”，FIND 函数会返回错误值，可在公式外侧嵌套 IFERROR 函数来屏蔽错误值。

```
=IFERROR(MID(D2,FIND("Φ",C2)+1,99),"")
```

示例10-19 提取最后一个斜杠之前的字符

图 10-28 所示，是某商贸公司的部分酒水商品清单，其中 B 列是商品中英文名称及产品规格和类型的混合内容，需要从中提取出商品的中英文名称和规格信息。

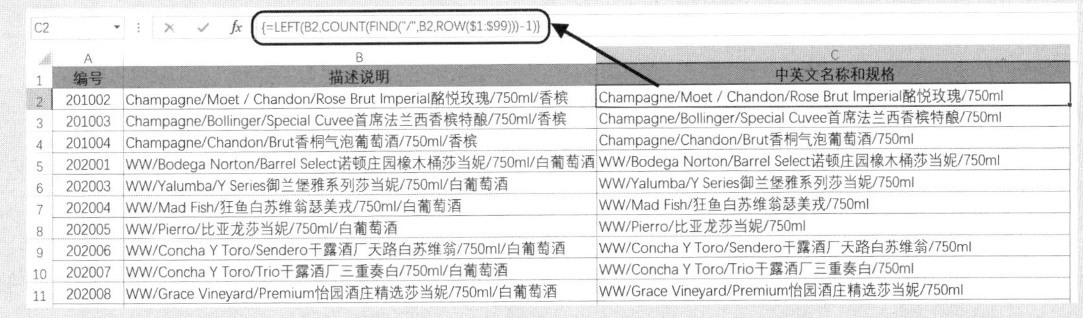

C2　fx　{=LEFT(B2,COUNT(FIND("/",B2,ROW($1:$99)))-1)}

	A	B	C
1	编号	描述说明	中英文名称和规格
2	201002	Champagne/Moet / Chandon/Rose Brut Imperial酩悦玫瑰/750ml/香槟	Champagne/Moet / Chandon/Rose Brut Imperial酩悦玫瑰/750ml
3	201003	Champagne/Bollinger/Special Cuvee首席法兰西香槟特酿/750ml/香槟	Champagne/Bollinger/Special Cuvee首席法兰西香槟特酿/750ml
4	201004	Champagne/Chandon/Brut香桐气泡葡萄酒/750ml/香槟	Champagne/Chandon/Brut香桐气泡葡萄酒/750ml
5	202001	WW/Bodega Norton/Barrel Select诺顿庄园橡木桶莎当妮/750ml/白葡萄酒	WW/Bodega Norton/Barrel Select诺顿庄园橡木桶莎当妮/750ml
6	202003	WW/Yalumba/Y Series御兰堡雅系列莎当妮/750ml/白葡萄酒	WW/Yalumba/Y Series御兰堡雅系列莎当妮/750ml
7	202004	WW/Mad Fish/狂鱼白苏维翁瑟美戎/750ml/白葡萄酒	WW/Mad Fish/狂鱼白苏维翁瑟美戎/750ml
8	202005	WW/Pierro/比亚龙莎当妮/750ml/白葡萄酒	WW/Pierro/比亚龙莎当妮/750ml
9	202006	WW/Concha Y Toro/Sendero干露酒厂天路白苏维翁/750ml/白葡萄酒	WW/Concha Y Toro/Sendero干露酒厂天路白苏维翁/750ml
10	202007	WW/Concha Y Toro/Trio干露酒厂三重奏白/750ml/白葡萄酒	WW/Concha Y Toro/Trio干露酒厂三重奏白/750ml
11	202008	WW/Grace Vineyard/Premium怡园酒庄精选莎当妮/750ml/白葡萄酒	WW/Grace Vineyard/Premium怡园酒庄精选莎当妮/750ml

图 10-28　酒水商品清单

观察数据规律可以发现，B 列的字符串中包含有多个斜杠，而最后一个斜杠之前的字符即是中英文名称和规格。因此只要判断出最后一个斜杠的位置，再使用 LEFT 函数从字符串的最左侧开始提取出相应长度的字符串即可。

在 C2 单元格输入以下数组公式，按 <Ctrl+Shift+Enter> 组合键结束编辑，将公式向下复制到数据区域最后一行。

```
{=LEFT(B2,COUNT(FIND("/",B2,ROW($1:$99)))-1)}
```

公式中的“FIND("/",B2,ROW($1:$99))”部分，FIND 函数第三参数使用了 ROW($1:$99)，表示分别在 B2 单元格第 1~99 个字符位置开始，查找斜杠所处的位置，返回内存数组结果为：

```
{10;10;……16;16;……25;25;……48;48;……54;54;……54;#VALUE!;……}
```

FIND 函数在源文本中查找不到关键字符时会返回错误值“#VALUE!”，本例内存数组中表示位置的最大数字为 54，表示从第 54 个字符往后，已没有要查询的符号 "/"。因此只要使用 COUNT 函数判断 FIND 函数返回的内存数组中有多少个数值，其结果就是最后一个斜杠所在的位置。

最后使用 LEFT 函数，根据 COUNT 函数返回的结果从 B2 单元格最左侧开始提取对应长度的字符串。COUNT 函数的结果减去 1，目的是提取到最后一个斜杠的位置再向左一个字符。

Ⅱ FINDB 函数和 SEARCHB 函数

FINDB 函数和 SEARCHB 函数分别与 FIND 函数和 SEARCH 函数对应，区别仅在于返回的查找字符串在源文本中的位置是以字节为单位计算。利用 SEARCHB 函数支持通配符的特性，可以进行模糊查找。

示例10-20 提取混合内容中的英文姓名

B2 =MIDB(A2,SEARCHB("?",A2),LEN(A2)*2-LENB(A2))

	A	B
1	联系人	英文姓名
2	陈小祥Xiaoxiang CHEN 金沙元年川菜食府	Xiaoxiang CHEN
3	王国平Guoping WANG 鱼头火锅金沙店	Guoping WANG
4	李琳玲Mellisa LEE 川派印象火锅金沙店	Mellisa LEE
5	裴丽丽Lily PEI 云南大滚锅牛肉	Lily PEI
6	董均才Juncai DONG 只源酒家	Juncai DONG
7	朱翌Yi ZHU 德远福酒楼	Yi ZHU
8	杨刚Gang YANG 府河人家金沙店	Gang YANG
9	杜春兰Chunlan DU 双流老妈兔头啤酒广场	Chunlan DU
10	杨莉莉Lili YANG 聚香缘珍味菜馆	Lili YANG

图 10-29　提取混合内容中的中文姓名

如图 10-29 所示，A 列是一些中英文混合的联系人信息，需要提取出英文姓名。

本例中的中英文之间没有间隔符号，而且英文名称的起始字母也不相同，因此无法使用查询固定间隔符号的方法来确定要提取的字符位置。

在 B2 单元格输入以下公式，向下复制到 B10 单元格。

```
=MIDB(A2,SEARCHB("?",A2),LEN(A2)*2-LENB(A2))
```

公式使用 SEARCHB 函数，以通配符半角问号“?”作为关键字，在 A2 单元格中返回首个半角字符出现的字节位置，得到结果为 7。

“LEN(A2)*2-LENB(A2)”部分，用于计算 A2 单元格中的半角字符数，结果为 15。

最后使用 MIDB 函数，从 A2 单元格中第 7 个字节开始，提取出 15 个字节数长度的字符串。

10.2.11　字符串合并

在处理文本信息时，经常需要将多个内容连在一起作为新的字符串使用。可以使用“&”符号、CONCATENATE 函数、CONCAT 函数、TEXTJOIN 函数及 PHONETIC 函数进行处理。

➲ I　“&”符号

“&”符号可以用于连接数字、文本或单元格中的内容，得到一个新的字符串。

公式“="abc"&123”，返回文本“abc123”。

公式“=987&123”，返回文本“987123”。

公式“=A1&B1”，将 A1 和 B1 单元格中的字符串连接为新的字符串。

如果将多个单元格区域进行连接合并，能够让查询函数完成多个条件的数据查询。

示例10-21　用&连接多个单元格区域

图 10-30 所示，是某公司办公电话表的部分内容，不同部门的员工有重名。需要根据 F2 单元格中的姓名和 G2 单元格中的部门信息，查询对应的办公电话。

在 H2 单元格输入以下数组公式，按 <Ctrl+Shift+Enter> 组合键结束编辑。

```
{=INDEX(D2:D13,MATCH(F2&G2,B2:B13&C2:C13,))}
```

H2　fx　{=INDEX(D2:D13,MATCH(F2&G2,B2:B13&C2:C13,))}

	A	B	C	D	E	F	G	H
1	序号	姓名	所在部门	办公电话		姓名	所在部门	办公电话
2	1	刘晋江	财务部	总机转 86518		何文杰	采购部	总机转 86522
3	2	董平辉	行政部	总机转 86519				
4	3	何文杰	安监部	总机转 86520				
5	4	肖冬梅	生产部	总机转 86521				
6	5	何文杰	采购部	总机转 86522				
7	6	陈东华	财务部	总机转 86523				
8	7	马和水	生产部	总机转 86524				
9	9	何晓峰	安监部	总机转 86525				
10	10	杜春雷	行政部	总机转 86526				
11	11	蒋亚飞	安监部	总机转 86527				
12	12	栾飞杰	生产部	总机转 86528				
13	13	关东海	财务部	总机转 86529				

图 10-30　多个条件的数据查询

公式中的“MATCH(F2&G2,B2:B13&C2:C13,)”部分，先使用 & 连接 F2 与 G2 单元格中的查询信息，使其成为新的字符串“何文杰采购部”。再使用 & 连接 B2:B13 与 C2:C13 单元格区域，得到内存数组结果为：

{"刘晋江财务部";"董平辉行政部";"何文杰安监部";"肖冬梅生产部";"何文杰采购部";……}

MATCH 函数在连接后的内存数组中查找出字符串“何文杰采购部”所在的位置，最后再由 INDEX 函数返回 D2:D13 单元格区域中对应位置的办公电话信息。

关于 MATCH 函数和 INDEX 函数的详细用法，请参阅 14.2.3 节和 14.2.4 节。

➲ II　CONCATENATE 函数

CONCATENATE 函数能够将多个字符串或单元格的内容合并为一个新的文本字符串。该函数不支持单元格区域引用，在合并多个单元格时需要逐一选择待合并的单元格地址，因此在实际工作中使用较少。假设要合并 A1:A5 单元格区域中的内容，CONCATENATE 函数的写法为：

```
=CONCATENATE(A1,A2,A3,A4,A5)
```

➲ Ⅲ　PHONETIC 函数

PHONETIC 函数的作用是提取字符串中的拼音字符，也能够用于文本的连接。但是仅支持对包含文本字符串的连续单元格区域，对于函数公式返回的结果、数字、错误值等其他类型数据都无法进行连接。因此在使用时有一定的局限性。

如果单元格中的文字使用【拼音指南】功能设置了拼音，PHONETIC 函数仅返回其拼音信息而忽略单元格中的文本，如图 10-31 所示。

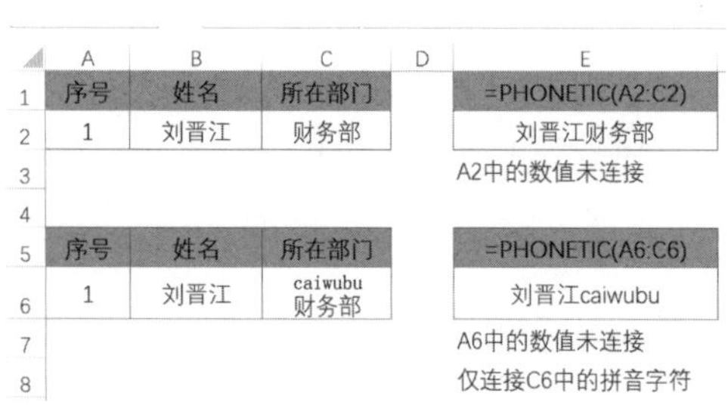

图 10-31　获取单元格拼音信息

➲ Ⅳ　CONCAT 函数

CONCAT 函数用于合并单元格区域中的内容或内存数组中的元素，但不提供分隔符。函数语法如下：

```
CONCAT(text1…)
```

各个参数是要进行连接的元素，这些元素可以是字符串、单元格区域或内存数组。

示例10-22　合并不同型号产品的辅料名称

图 10-32 所示，是某食品企业辅料添加表的部分内容，需要在 J 列合并不同型号产品使用的全部辅料名，并用空格进行分隔。

{=TRIM(CONCAT(IF(B2:I2>0,B$1:I$1&" ","")))}

	A	B	C	D	E	F	G	H	I	J
1	产品型号	白砂糖	焦糖色素	麦芽糖浆	柠檬酸	氢氧化钾	乳化剂	食用盐	吐温40	全部辅料
2	LM-5300A	76867		53410					155	白砂糖 麦芽糖浆 吐温40
3	LM-5100R				8072	18457		37000	66	柠檬酸 氢氧化钾 食用盐 吐温40
4	LM-5100				592	2240	1249	11300	665	柠檬酸 氢氧化钾 乳化剂 食用盐 吐温40
5	LM-6300F	468	9342							白砂糖 焦糖色素
6	LM-6300L	741	1950		1200					白砂糖 焦糖色素 柠檬酸

图 10-32　辅料记录

在 J2 单元格输入以下数组公式，按 <Ctrl+Shift+Enter> 组合键结束编辑，将公式向下复制到 J6 单元格。

```
{=TRIM(CONCAT(IF(B2:I2>0,B$1:I$1&" ","")))}
```

公式中的“IF(B2:I2>0,B$1:I$1&" ","")”部分，使用 IF 函数对 B2:I2 单元格区域的辅料使用

量进行判断，如果大于 0，则返回 B$1:I$1 中的辅料名称并连接一个空格 " "，否则返回空文本 ""。得到内存数组结果为：

{"白砂糖 ","","麦芽糖浆 ","","","","","吐温 40 "}

然后使用 CONCAT 函数连接该内存数组中的各个元素，最后使用 TRIM 函数清除多余的空格。

➲ V TEXTJOIN 函数

TEXTJOIN 函数用于合并单元格区域中的内容或内存数组中的元素，并可指定间隔符号，函数语法如下：

```
TEXTJOIN(delimiter,ignore_empty,text1,…)
```

第一参数 delimiter 是指定的间隔符号。该参数为空文本或省略参数值时，表示不使用分隔符号。第二参数 ignore_empty 用逻辑值指定是否忽略空单元格和空文本，TRUE 表示忽略空单元格和空文本，FALSE 表示不忽略空单元格和空文本。第三参数是需要合并的单元格区域或数组。

示例10-23 合并BOM表中的子项物料

图 10-33 所示，是某企业生产用 BOM 表的部分内容，其中 B 列是产品名称，C 列是子项物料名称，D 列和 E 列分别是子项物料的单位和单位用量。需要在“子项物料明细”工作表中根据指定的产品名称，合并对应的子项物料名称、单位用量及单位，并在不同子项物料记录之间添加换行符进行分隔。

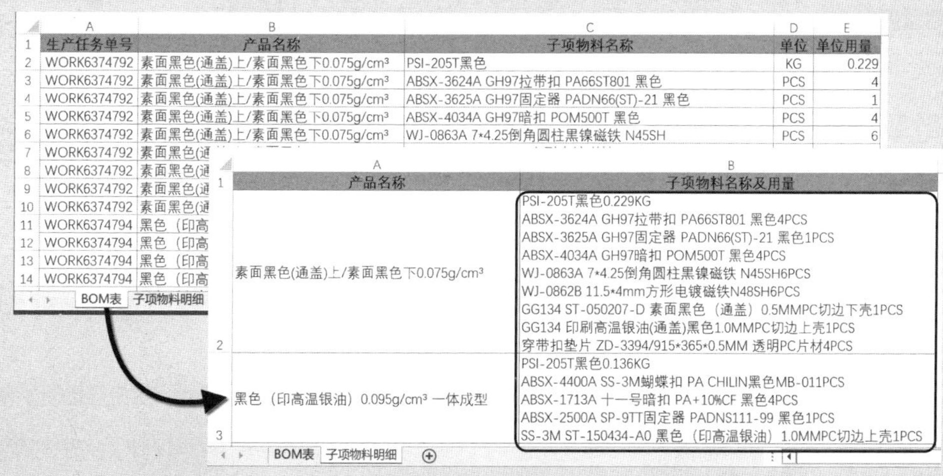

图 10-33 BOM 表

操作步骤如下。

步骤 1 选中“子项物料明细”工作表的 B2:B7 单元格区域，在【开始】选项卡下单击【自动换行】按钮，如图 10-34 所示。

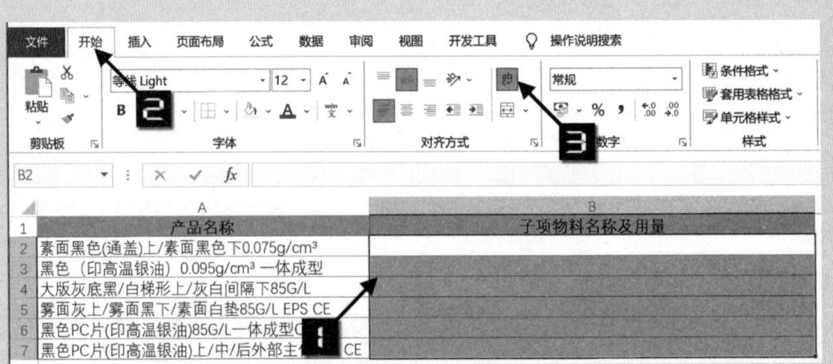

图 10-34　设置自动换行

步骤② 在 B2 单元格输入以下数组公式，按 <Ctrl+Shift+Enter> 组合键结束编辑，将公式向下复制到 B7 单元格。

```
{=TEXTJOIN(CHAR(10),TRUE,IF(A2=BOM表!B$2:B$55,BOM表!C$2:C$55&BOM表!E$2:E$55&BOM表!D$2:D$55,""))}
```

步骤③ 保持 B2:B7 单元格区域的选中状态，依次单击【开始】→【格式】→【自动调整行高】命令，如图 10-35 所示。

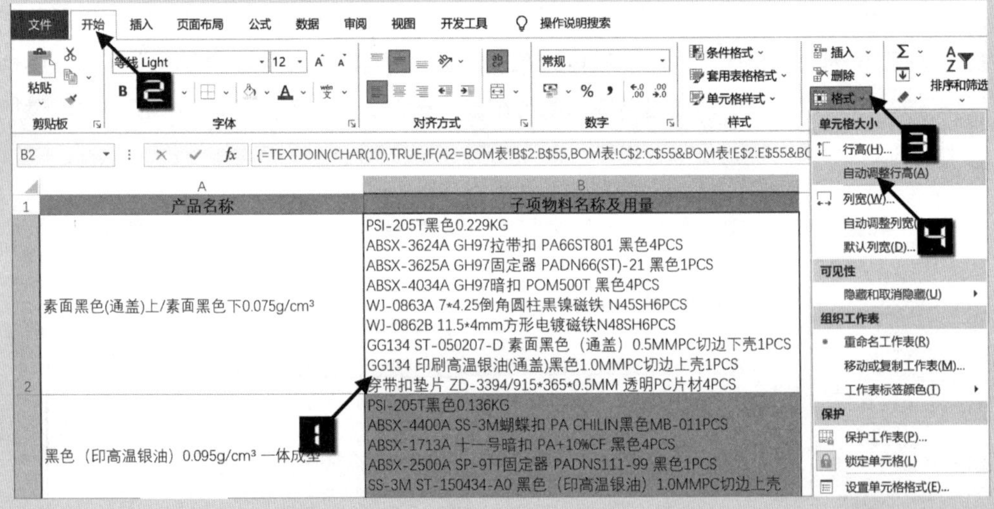

图 10-35　自动调整行高

公式中的“IF(A2=BOM 表!B$2:B$55,BOM 表!C$2:C$55&BOM 表!E$2:E$55&BOM 表!D$2:D$55,"")”部分，先使用 IF 函数将 BOM 表!B$2:B$55 单元格区域的产品名称与 A2 单元格中的产品名称进行比较，如果相同，则将 BOM 表中与之对应的 C 列子项物料名称与 E 列单位用量及 D 列的单位进行连接。如果不同则返回空文本，得到内存数组结果为：

```
{"PSI-205T 黑色 0.229KG";"ABSX-3624A GH97 拉带扣 PA66ST801 黑色 4PCS"; 数量和 ;"";"";"";"";"";"";"";"";"";"";"";""}
```

最后利用 TEXTJOIN 函数，以 CHAR(10) 生成的换行符作为分隔符号，忽略内存数组中的空文本进行合并。

TEXTJOIN 函数第二参数也可以使用非零数值来替代逻辑值 TRUE，使用数值 0 来代替逻辑值 FALSE。

根据本书前言的提示操作，可观看 TEXTJOIN 函数的视频讲解。

示例10-24 银行卡号分段显示

图 10-36 所示，是某企业的员工银行卡开户信息，需要将 C 列卡号每隔四位分段显示。

E2 fx {=TEXTJOIN(" ",1,MID(C2,ROW($1:$5)*4-3,4))}

	A	B	C	D	E
1	序号	姓名	卡号	账户余额	卡号分段显示
2	1	刘国华	6227001070520310470	1.00	6227 0010 7052 0310 470
3	2	严桂芳	6227001070520311163	1.00	6227 0010 7052 0311 163
4	3	刘明兴	6227001070520310496	1.00	6227 0010 7052 0310 496
5	4	刘明福	6227001070520310504	1.00	6227 0010 7052 0310 504
6	5	刘长银	6227001070520310660	1.00	6227 0010 7052 0310 660
7	6	王跃英	6227001070520310520	1.00	6227 0010 7052 0310 520
8	7	刘建华	6227001070520310538	1.00	6227 0010 7052 0310 538
9	8	钟寿东	6227001070520310546	1.00	6227 0010 7052 0310 546
10	9	钟明军	6227001070520310553	1.00	6227 0010 7052 0310 553
11	10	钟建生	6227001070520310561	1.00	6227 0010 7052 0310 561

图 10-36　开户信息

在 E2 单元格输入以下公式，将公式向下复制到数据区域最后一行。

```
=TEXTJOIN(" ",1,MID(C2,ROW($1:$5)*4-3,4))
```

公式中的“MID(C2,ROW($1:$5)*4-3,4)”部分，先使用 ROW($1:$5)*4-3，得到从 1 开始并且按 4 递增的序号 {1;5;9;13;17}。MID 函数以此作为第二参数，分别从 C2 单元格中的第 1、第 5、第 9、第 13 及第 17 个字符开始提取 4 个字符，得到内存数组结果为：

```
{"6227";"0010";"7052";"0310";"470"}
```

最后使用 TEXTJOIN 函数，以空格作为分隔符号，忽略参数中的空文本，将内存数组中的各个元素进行合并。

10.2.12　格式化文本

➲ Ⅰ　认识 TEXT 函数

TEXT 函数能够将数字、文本转换为特定格式的文本，函数基本语法如下：

```
TEXT(value,format_text)
```

第一参数 value 是目标内容。

第二参数 format_text 用于指定格式代码，与自定义单元格数字格式中代码基本相同。

部分代码仅适用于自定义单元格数字格式，不能在 TEXT 函数中使用。例如，TEXT 函数无法使用星号（*）来实现重复某个字符以填满单元格的效果，也无法实现以颜色显示数值等效果。除此之外，设置数字格式与 TEXT 函数还有以下区别。

- ❖ 设置数字格式仅仅改变数字的显示效果，其实质仍然是数值本身，不影响进一步的汇总计算。
- ❖ 使用 TEXT 函数处理后是带格式的文本，不再具有数值的特性。

示例10-25 计算课程总时长

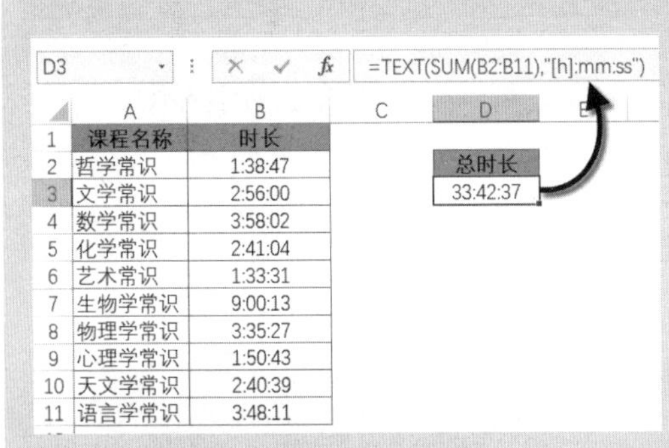

图 10-37 计算课程总时长

图 10-37 展示的是某在线学习班的课程及时长目录，需要计算出课程总时长。

在 D3 单元格输入以下公式，计算结果为 33:42:37。

```
=TEXT(SUM(B2:B11),"[h]:mm:ss")
```

首先使用 SUM 函数计算出 B2:B11 单元格区域的时长总和，TEXT 函数第二参数使用 "[h]:mm:ss"，表示将第一参数转换为超过进制的“时 : 分 : 秒”形式。

与自定义数字格式类似，TEXT 函数完整的格式代码也分为 4 个区段，各区段之间用半角分号间隔，默认情况下这四个区段的含义为：

```
对大于 0 的数值应用的格式；对小于 0 的数值应用的格式；对数值 0 应用的格式；对文本应用的格式。
```

在实际使用中，可以根据需要省略格式代码的部分区段，其作用也会发生相应变化。

- ❖ 如果使用三个区段，作用为：

```
对大于 0 的数值应用的格式；对小于 0 的数值应用的格式；对数值 0 应用的格式。
```

- ❖ 如果使用两个区段，作用为：

```
对大于 0 的数值应用的格式；对小于 0 的数值应用的格式。
```

- ❖ 如果使用一个区段，表示对所有数值应用相同的格式。

示例10-26 使用TEXT函数判断收入增减

图 10-38 所示，是某部门销售人员的销售提成记录，需要在 D 列计算出两年的提成差异。

	A	B	C	D
1	姓名	2019年销售提成	2020年销售提成	差异
2	蔡亚婵	51302	72656	比上年多21354元
3	曹玉玲	145271	130390	比上年少14881元
4	曾俊丽	96173	140262	比上年多44089元
5	陈春秀	94203	161353	比上年多67150元
6	陈翠恒	136867	161391	比上年多24524元
7	陈普蕊	94600	94600	与上年相同
8	陈小丽	142007	85455	比上年少56552元
9	陈颖娟	129169	76415	比上年少52754元
10	陈粤婷	53542	147422	比上年多93880元
11	程贤云	92819	112360	比上年多19541元

图 10-38　判断收入增减

在 D2 单元格输入以下公式，向下复制到数据区域最后一行。

```
=TEXT(C2-B2,"比上年多0元;比上年少0元;与上年相同")
```

TEXT 函数格式代码中的 0 有特殊含义，通常表示第一参数本身的数值。

本例格式代码使用“"比上年多0元; 比上年少0元;与上年相同"”，如果 C2-B2 的结果大于 0，就显示“比上年多 *n* 元”，如果 C2-B2 的结果小于 0，就显示“比上年少 *n* 元”，如果 C2-B2 的结果等于 0，就显示“与上年相同”。

在 TEXT 函数的第二参数中还可以使用判断条件来完成简单的条件判断，判断条件外侧需要加上一对中括号，中括号后是符合该条件时返回的结果。在执行条件判断时，完整格式代码的四个区段分别表示：

符合条件 1 时应用的格式；符合条件 2 时应用的格式；不符合条件的其他部分应用的格式；文本应用的格式。

如果格式代码使用三个区段，各区段分别表示：

符合条件 1 时应用的格式；符合条件 2 时应用的格式；不符合条件的其他部分应用的格式。

如果格式代码使用两个区段，各区段分别表示：

符合条件时应用的格式；不符合条件的其他部分应用的格式。

示例10-27 使用TEXT函数判断单项指标是否合格

图 10-39 为某公司产品质检单的部分内容，需要对 E 列的水溶性指标进行判断，大于 60 为合格，否则为不合格。

I2 =TEXT(E2,"[>60]合格;不合格")

	A	B	C	D	E	F	G	H	I
1	件数	产品批号	检验时间	水分	水溶性	PH值	粒度	菌落总数	水溶性判断
2	333	HK200626A1	2020/6/26	5.26	60.1	6.82	98.4	920	合格
3	330	HK200626A2	2020/6/26	5.06	57.4	6.76	98.4	960	不合格
4	377	HK200626A3	2020/6/27	5.7	60.7	6.98	98.4	920	合格
5	380	HK200626A4	2020/6/27	5.97	62.7	7.01	98.2	920	合格
6	345	HK200626A5	2020/6/27	5.72	60.8	6.93	98.4	970	合格
7	368	HK200626A6	2020/6/27	5.78	61.4	6.83	98.4	960	合格
8	330	HK200627A1	2020/6/27	5.71	63.1	6.86	98.3	980	合格
9	377	HK200627A2	2020/6/27	5.55	65	6.87	98.4	930	合格
10	380	HK200627A3	2020/6/28	5.55	65	6.78	98.6	810	合格
11	345	HK200627A4	2020/6/28	5.65	56.9	6.85	98.4	750	不合格

图 10-39　使用 TEXT 判断产品是否合格

在 I2 单元格输入以下公式，向下复制到数据区域最后一行。

```
=TEXT(E2,"[>60] 合格 ; 不合格 ")
```

本例中，TEXT 函数的第二参数使用个两区段，第一个区段是要判断的条件，第二区段是不符合条件时应用的格式。当 E2 单元格中的数值 >60 时返回“合格”，否则返回“不合格”。

一组自定义格式代码最多允许设置两个判断条件，如果在 J2 单元格输入以下公式，将对 E2 单元格中的指标依次执行两次判断，大于 60 时显示为“合格”，大于 55 时显示为“次级品”，其他显示为“不合格”。

```
=TEXT(E2,"[>60] 合格 ;[>55] 次级品 ; 不合格 ")
```

在自定义格式代码中设置两个判断条件时，第一个判断条件的区间范围不能包含第二个判断条件的区间范围，否则公式有可能返回错误的判断结果。

示例10-28 合并带数字格式的字符串

图 10-40 所示为某施工项目完成进度表的部分内容，其中 B 列为日期格式，C 列为百分比格式，需要将姓名、日期和完成进度合并在一个单元格内。

D2 =A2&TEXT(B2," 截止e年m月d日")&TEXT(C2,"已完成0.00%")

	A	B	C	D
1	姓名	日期	完成进度	合并内容
2	叶文杰	2021/5/13	72.52%	叶文杰 截止2021年5月13日已完成72.52%
3	窦兴华	2021/5/13	85.44%	窦兴华 截止2021年5月13日已完成85.44%
4	陈星	2021/5/13	93.75%	陈星 截止2021年5月13日已完成93.75%
5	王一凯	2021/5/13	96.75%	王一凯 截止2021年5月13日已完成96.75%
6	严菊萍	2021/5/13	82.85%	严菊萍 截止2021年5月13日已完成82.85%
7	王海花	2021/5/13	83.75%	王海花 截止2021年5月13日已完成83.75%
8	李春江	2021/5/13	73.66%	李春江 截止2021年5月13日已完成73.66%

图 10-40　合并带数字格式的字符串

对于设置了数字格式的单元格，如果直接使用文本连接符“&”连接，会全部按常规格式进行

连接合并。本例中，如果使用公式“=A2&B2&C2”，结果为“叶文杰 443290.7252”。其中 44329 是 B2 单元格的日期序列值，0.7252 则是 C2 单元格中百分比的小数形式。

在 D2 单元格输入以下公式，将公式向下复制到 D8 单元格。

```
=A2&TEXT(B2," 截至 e 年 m 月 d 日 ")&TEXT(C2," 已完成 0.00%")
```

公式中的“TEXT(B2," 截至 e 年 m 月 d 日 ")”部分，使用 TEXT 函数将 B2 单元格中的日期转换为字符串 " 截至 2021 年 5 月 13 日 "。

“TEXT(C2," 已完成 0.00%")”部分，将 C2 单元格中的百分比转换为字符串 " 已完成 72.52%"。

最后再使用文本连接符“&”，将 A2 单元格中的姓名及 TEXT 函数得到的字符串进行连接，得到结果为“叶文杰 截至 2021 年 5 月 13 日已完成 72.52%”。

TEXT 函数的格式代码参数中允许引用单元格地址。

示例10-29　在TEXT函数格式代码参数中引用单元格地址

仍以示例 10-27 中的数据为例，首先将判断标准输入 K2 单元格，然后再对指标执行判断，如图 10-41 所示。

I2　=TEXT(E2,"[>"&$K$2&"]合格;不合格")

	A	B	C	D	E	F	G	H	I	J	K
1	件数	产品批号	检验时间	水分	水溶性	PH值	粒度	菌落总数	水溶性判断		标准
2	333	HK200626A1	2020/6/26	5.26	60.1	6.82	98.4	920	合格		60
3	330	HK200626A2	2020/6/26	5.06	57.4	6.76	98.4	960	不合格		
4	377	HK200626A3	2020/6/27	5.7	60.7	6.98	98.4	920	合格		
5	380	HK200626A4	2020/6/27	5.97	62.7	7.01	98.2	920	合格		
6	345	HK200626A5	2020/6/27	5.72	60.8	6.93	98.4	970	合格		
7	368	HK200626A6	2020/6/27	5.78	61.4	6.83	98.4	960	合格		
8	330	HK200627A1	2020/6/27	5.71	63.1	6.86	98.3	980	合格		
9	377	HK200627A2	2020/6/27	5.55	65	6.87	98.4	930	合格		
10	380	HK200627A3	2020/6/28	5.55	65	6.78	98.6	810	合格		

图 10-41　判断产品是否合格

在 I2 单元格输入以下公式，将公式向下复制到数据区域最后一行。

```
=TEXT(E2,"[>"&$K$2&"] 合格 ; 不合格 ")
```

首先将字符串“"[>"”、K2 单元格中的数值及字符串“"] 合格；不合格 "”进行连接，得到新的字符串 "[>60] 合格；不合格 "，以此作为 TEXT 函数的第二参数。

当更改 E2 单元格中的标准时，相当于调整了格式代码中的数值，TEXT 函数的判断结果也会随之更新。

在 TEXT 函数的第二参数中添加间隔符号，能够实现一些特殊的计算要求。

示例10-30 用TEXT函数转换身份证号码中的出生日期

在图 10-42 所示的员工信息表中，需要从 F 列的身份证号码中提取出短日期格式的出生日期。

G2 =TEXT(MID(F2,7,8),"0-00-00")*1

	A	B	C	D	E	F	G
1	工号	姓名	部门	职务	工作电话	身份证号码	出生日期
2	QH001	张纯华	采购部	经理	24598738	410205197108150547	1971/8/15
3	QH003	张为超	采购部	职员	25478965	410205199506120027	1995/6/12
4	QH005	李玉磊	采购部	职员	26985496	410205196407070534	1964/7/7
5	XS001	刘文颖	销售部	经理	24785625	410204199103245021	1991/3/24
6	XS002	孙家雷	销售部	经理助理	24592468	41020419870708501X	1987/7/8
7	XS003	孙源芬	销售部	职员	26859756	410205198812190563	1988/12/19
8	XS005	佟大琳	销售部	职员	26849752	410205198512110525	1985/12/11
9	XS006	吴春雨	销售部	职员	23654789	410205197609090538	1976/9/9
10	XS007	宋良霖	销售部	职员	26584965	410205198911211016	1989/11/21

图 10-42 员工信息表

选中 G2 单元格，设置数字格式为“短日期”，然后输入以下公式，向下复制到数据区域最后一行。

```
=TEXT(MID(F2,7,8),"0-00-00")*1
```

首先使用 MID 函数，从 F2 单元格的第 7 位开始，提取出表示出生年月日的 8 位数字“19710815”。

TEXT 函数的第二参数设置为 "0-00-00"，表示在右起第 2 和第 4 个字符前分别加上日期间隔符号短横线，将“19710815”转换为具有日期样式的文本“1971-08-15”。

最后乘以 1，将文本日期转换为 1971 年 8 月 15 日的日期序列值，在单元格中以短日期格式显示。

示例10-31 使用TEXT函数转换中文格式日期

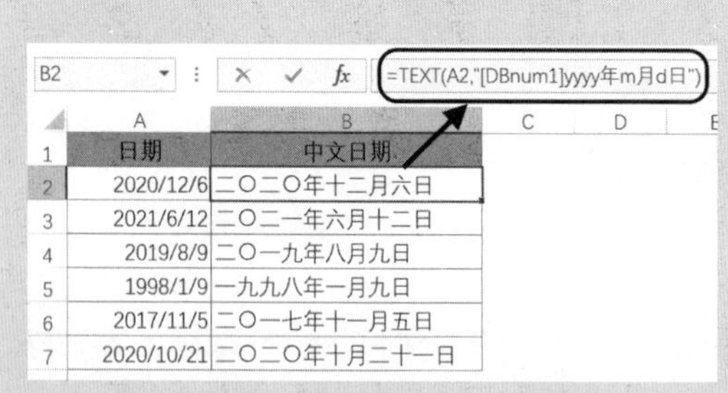

B2 =TEXT(A2,"[DBnum1]yyyy年m月d日")

	A	B
1	日期	中文日期
2	2020/12/6	二〇二〇年十二月六日
3	2021/6/12	二〇二一年六月十二日
4	2019/8/9	二〇一九年八月九日
5	1998/1/9	一九九八年一月九日
6	2017/11/5	二〇一七年十一月五日
7	2020/10/21	二〇二〇年十月二十一日

图 10-43 使用 TEXT 函数转换中文格式的日期

如图 10-43 所示，需要将 A 列的日期转换中文日期格式。

在 B2 单元格输入以下公式，向下复制到 B7 单元格。

```
=TEXT(A2,"[DBnum1]yyyy 年 m 月 d 日 ")
```

格式代码“yyyy 年 m 月 d 日”用于提取 A2 单元格中的日期，并且年份以四位数字表示。再使用格式代码“[DBnum1]”将其转换为中文小写数字格式。

使用 TEXT 函数与 MATCH 函数结合，能够将标准的中文小写数字转换为数值。

示例10-32　将中文小写数字转换为数值

如图 10-44 所示，需要将 A 列中的中文小写数字转换为数值。

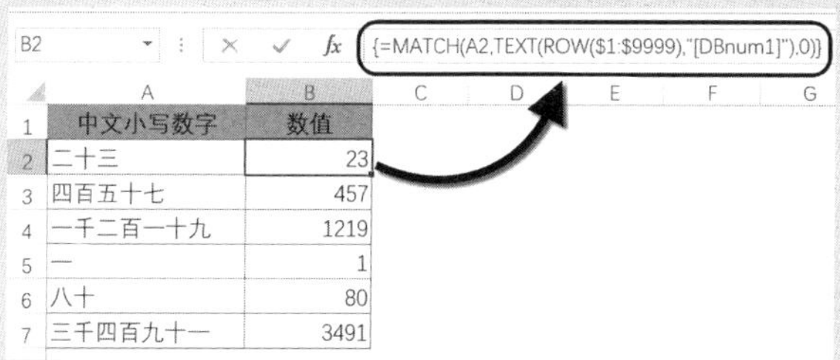

	A	B
1	中文小写数字	数值
2	二十三	23
3	四百五十七	457
4	一千二百一十九	1219
5	一	1
6	八十	80
7	三千四百九十一	3491

图 10-44　中文小写数字转换为数值

在 B2 单元格中输入以下数组公式，按 <Ctrl+Shift+Enter> 组合键结束编辑，向下复制到 B7 单元格。

```
{=MATCH(A2,TEXT(ROW($1:$9999),"[DBnum1]"),0)}
```

ROW($1:$9999) 用于生成 1~9999 的自然数序列。TEXT 函数使用格式代码 [DBnum1] 将其全部转换为中文小写格式。再由 MATCH 函数从中精确查找 A2 单元格字符所处的位置，变相完成从中文小写到数值的转换。

此公式适用于一至九千九百九十九的整数中文小写数字转换，可根据需要调整 ROW 函数的参数范围。

在数组公式中，使用 TEXT 函数将内存数组中的负数或文本强制转换为 0，能够完成一些较为复杂的计算。

示例10-33　分段计算利息

图 10-45 所示，是某房地产开发公司土地出让金及契税明细表的部分内容，其中 D 列是应付款日期，H 列是计息基数，I 列是计息截止日期。需要根据“利率”工作表中的历年一年期银行贷款基准或贷款市场报价利率，计算从应付款日期到计息截止日期之间的利息金额。

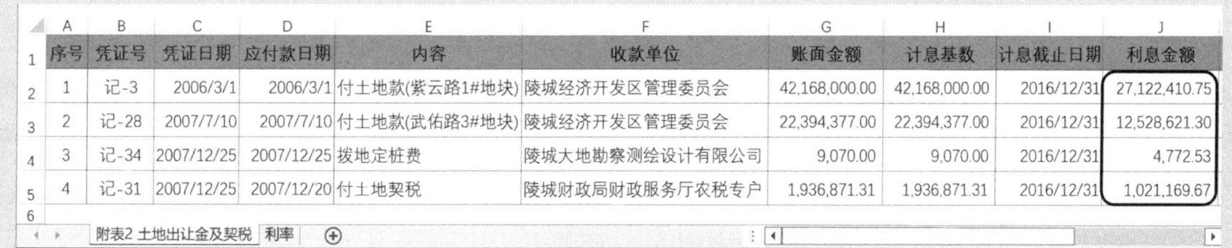

	A	B	C	D	E	F	G	H	I	J
1	序号	凭证号	凭证日期	应付款日期	内容	收款单位	账面金额	计息基数	计息截止日期	利息金额
2	1	记-3	2006/3/1	2006/3/1	付土地款(紫云路1#地块)	陵城经济开发区管理委员会	42,168,000.00	42,168,000.00	2016/12/31	27,122,410.75
3	2	记-28	2007/7/10	2007/7/10	付土地款(武佑路3#地块)	陵城经济开发区管理委员会	22,394,377.00	22,394,377.00	2016/12/31	12,528,621.30
4	3	记-34	2007/12/25	2007/12/25	拨地定桩费	陵城大地勘察测绘设计有限公司	9,070.00	9,070.00	2016/12/31	4,772.53
5	4	记-31	2007/12/25	2007/12/20	付土地契税	陵城财政局财政服务厅农税专户	1,936,871.31	1,936,871.31	2016/12/31	1,021,169.67
6										

图 10-45　土地出让金及契税明细表

“利率”工作表中的历年一年期银行贷款基准或贷款市场报价利率如图 10-46 所示。

	A	B	C	D	E
1	历年一年期银行贷款基准或贷款市场报价利率				
2	序号	利率开始日期	利率结束日期	年利率	备注
3	1	2002/2/21	2004/10/28	5.31%	
4	2	2004/10/29	2006/4/27	5.58%	
5	3	2006/4/28	2006/8/18	5.85%	
6	4	2006/8/19	2007/3/17	6.12%	
7	5	2007/3/18	2007/5/18	6.39%	
8	6	2007/5/19	2007/7/20	6.57%	
9	7	2007/7/21	2007/8/21	6.84%	
10	8	2007/8/22	2007/9/14	7.02%	
11	9	2007/9/15	2007/12/20	7.29%	
12	10	2007/12/21	2008/9/15	7.47%	
13	11	2008/9/16	2008/10/8	7.20%	
14	12	2008/10/9	2008/10/29	6.93%	
15	13	2008/10/30	2008/11/26	6.66%	
16	14	2008/11/27	2008/12/22	5.58%	
17	15	2008/12/23	2010/10/19	5.31%	

附表2 土地出让金及契税　利率

图 10-46　历年一年期银行贷款基准或贷款市场报价利率

解决此问题的关键是判断应付款日期到计息截止日期所在期间内，处于不同利率阶段内的计息天数。计息天数的计算规则分为以下三种情况。

第一种情况是 D 列的应付款日期小于或等于“利率”工作表中的利率开始日期，并且 I 列的计息截止日期大于或等于“利率”工作表中的利率结束日期，此种情况的计息天数为“利率结束日期 +1- 利率开始日期”。

第二种情况是 D 列的应付款日期处于“利率”工作表中的利率开始日期到利率结束日期之间，并且 I 列的计息截止日期大于或等于“利率”工作表中的利率结束日期，此种情况的计息天数为“利率结束日期 - 应付款日期”。

第三种情况是 D 列的应付款日期小于或等于“利率”工作表中的利率开始日期，并且 I 列的统计截止日期在“利率”工作表中的利率开始日期到利率结束日期之间，此种情况的计息天数为“计息截止日期 +1- 利率开始日期”。

在 J2 单元格输入以下数组公式，按 <Ctrl+Shift+Enter> 组合键结束编辑，将公式向下复制到 J5 单元格。

```
{=SUM(TEXT(IF(利率!C$3:C$48<=I2,利率!C$3:C$48+1,I2+1)-IF(利率!B$3:B$48>=D2,利率!B$3:B$48,D2+1),"0;!0;0")/360*利率!D$3:D$48*H2)}
```

公式在“利率!C$3:C$48”“I2”及“D2”后加上1，目的是为了正确统计各个时间段内的天数。

公式中的“IF(利率!B$3:B$48>=D2,利率!B$3:B$48,D2+1)”部分，用于判断“利率”工作表中的各个利率开始日期是否大于或等于 D2 单元格的应付款日期，如果利率开始日期大于或等于应付款日期，则以对应的利率开始日期为统计起始日，否则以 D2 单元格的应付款日期加上 1 天后作为统计起始日。得到一个由日期序列值构成的内存数组：

```
{38778;38778;38835;……;44095;44124;44155;44186}
```

公式中的“IF(利率!C$3:C$48<=I2,利率!C$3:C$48+1,I2+1)”部分，用于判断“利率”工作表中的各个利率结束日期是否小于或等于 I2 单元格中的计息截止日期，如果利率结束日期小于或等于计息截止日期，则以对应的利率结束日期为统计终止日，否则以 I2 单元格中的计息截止日期加上 1 天后作为统计终止日。得到内存数组结果为：

```
{38289;38835;38948;……;42736;42736;42736;42736}
```

然后将两个内存数组中的元素对应相减，得到在不同利率阶段内的计息天数：

```
{-489;57;113;211;62;63;32;24;97;270;23;21;28;26;666;67;45;56;92;337;28;
869;99; 71;48;59;59;435;-865;-961;……}
```

以上内存数组的开始部分和末尾部分均出现了负数，是因为这些阶段的利率结束日期在应付款日期之前，或者是利率开始日期在计息截止日期之后，实际计息天数应为 0。

接下来使用 TEXT 函数，第二参数设置为“"0;!0;0"”的目的是将内存数组中的负数强制显示为 0，大于 0 或是等于 0 的部分则仍然返回原数值。得到的内存数组结果就是不同利率阶段内的实际计息天数：

```
{"0";"57";"113";"211";"62";"63";"32";"24";"97";"270";"23";"21";"28";"26
";"666";"67";"45";"56";"92";"337";"28";"869";"99";"71";"48";"59";"59";"435
";"0";"0";……}
```

再将不同利率阶段内的实际计息天数除以年计息天数 360，并分别乘以“利率”工作表中 D$3:D$48 单元格区域中对应阶段的年利率和 H2 单元格中的计息基数，得到在不同利率阶段的利息金额。

最后使用 SUM 函数对各阶段的利息金额求和。

示例10-34 计算阶梯式销售提成

图 10-47 所示，是某设备销售安装公司的部分订单记录，需要以阶梯式规则（累进制）计算订单提成。具体规则为：

- ❖ 订单未税金额在 0~150 000 元的部分，提成比例为 0.34%。
- ❖ 大于 150 000 且小于等于 250 000 元的部分，提成比例为 0.41%。
- ❖ 大于 250 000 元的部分提成比例为 0.50%。

	A	B	C	D	E	F
1	订单号	客户名称	客户行业分类	项目描述	订单未税金额	订单提成
2	1100018490	隆霖建筑材料有限公司	公共建筑装饰和装修	运费、安装费、调试费	298,000.00	
3	1100018099	安波土方工程有限公司	其他土木工程建筑施工	机械手 7200186	92,920.00	
4	1100018542	华锦建筑劳务分包有限公司	其他土木工程建筑施工	模房护栏项目 77200059	107,190.00	
5	1108518542	德瑞医疗用品有限责任公司	其他未列明制造业	水式模温机 TTW-710B	424,700.00	
6	1100018490	茂仑建材有限公司	其他未列明建筑业	机械手 MDE-70III-P-18TR	113,177.00	
7	1700112338	悦腾物流服务有限公司	普通货物道路运输	7台注塑机水电气系统	231,192.00	
8	1700112337	广力建筑工程有限公司	其他土木工程建筑施工	7台注塑机供料系统	174,700.00	
9	1100016807	启兆建筑劳务有限公司	其他土木工程建筑施工	三次配送工程	135,000.00	
10	1100016855	传兴建筑工程有限公司	其他土木工程建筑施工	二次配送工程	79,202.00	
11	1700112338	保来企业管理咨询有限公司	其他未列明服务业	电气系统	347,770.00	
12	1700112337	振华通风设备有限公司	其他未列明制造业	供料系统	247,902.00	

图 10-47 设备销售安装订单记录

在 F2 单元格输入以下公式，向下复制到 F12 单元格。

```
=ROUND(SUM(TEXT(E2-{0,150000,250000},"0;!0")*{0.34,0.07,0.09}%),0)
```

公式中的“{0,150000,250000}”部分，0、150000 和 250000 是金额的分档节点。

公式中的“{0.34,0.07,0.09}%”部分，分别表示 0.34%、0.07% 和 0.09%。其中：

- 0.34% 是第 1 档的提成比例。
- 0.07% 是第 2 档和第 1 档的差，即 0.41%-0.34%。
- 0.09% 是第 3 档和第 2 档的差，即 0.50%-0.41%。

不同分档的提成比例构成如图 10-48 所示：

以 E2 单元格中的金额 298 000 为例，公式中的 E2-{0,150000,250000} 部分表示：

- 在所有的金额中，执行第 1 档的提成比例部分是 E2-0，即 298 000。
- 执行第 2 档与第 1 档之差的提成比例部分是 E2-150000，即 148 000。
- 执行第 3 档与第 2 档之差的提成比例部分是 E2-250000，结果为 48 000。

也就是在 298 000 中，有 298 000 执行 0.34% 的提成比例，有 148 000 执行 0.07% 的提成比例，有 48 000 执行 0.09% 的提成比例，如图 10-49 所示。

分档	第1档	第2档	第3档
提成总比例	0.34%	0.41%	0.50%

第1档	0.34%	0.34%	0.34%	第1档标准
第2档		0.07%	0.07%	第2档和第1档的差
第3档			0.09%	第3档和第2档的差

图 10-48 不同分档的提成比例

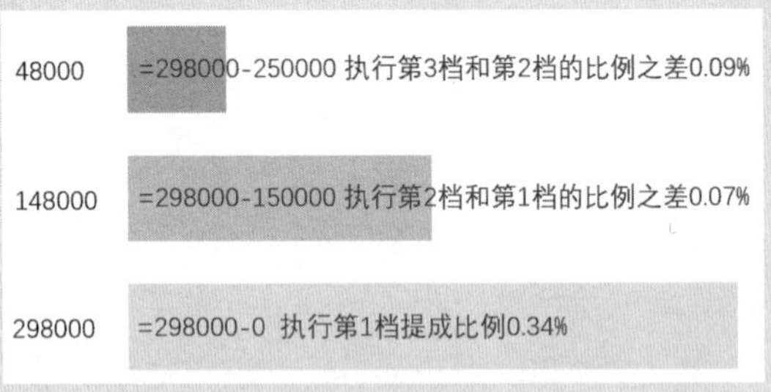

图 10-49 不同分档的提成比例构成示意图

公式中的“TEXT(E2-{0,150000,250000},"0;!0")*{0.34,0.07,0.09}%”部分，用各个分档区间的金额乘以对应的应执行提成比例，得到各分档提成金额。公式相当于：

```
{"298000","148000","48000"}*{0.34,0.07,0.09}%
```

即：298000*0.34%、148000*0.07%、48000*0.09%

最后再用 SUM 函数求和，并使用 ROUND 函数四舍五入保留到整数。

本例公式中 TEXT 函数的格式代码写成“0;!0”，作用是将负数强制转换为 0，对应使用金额减去各档的节点后出现负数的特殊情况。

以 E9 单元格中的金额为例，135000-{0,150000,250000} 得到以下结果：

```
{135000,-15000,-115000}
```

在以上内存数组中，执行第 1 档提成比例的金额是 135 000，而执行第 2 档和第 3 档的金额则变成了负数。TEXT 函数将 {135000,-15000,-115000} 转换为 {135000,0,0}，使执行第 1 档提成比例的金额为 135 000 不变，将执行第 2 档和第 3 档提成比例的金额转换为 0。

此公式也适用于阶梯电价、阶梯水价等计算。

Ⅱ　使用 FIXED 函数指定位数舍入数值

FIXED 函数用于将数字舍入到指定的小数位数，使用小数点和千位分隔符进行格式设置，并返回文本形式的结果。该函数语法如下：

```
FIXED(number,[decimals],[no_commas])
```

第一参数是需要舍入处理的数字或单元格引用。第二参数可选，是需要保留的小数位数，如果省略则假设其值为 2。第三参数是一个可选逻辑值，如果为 TRUE 时，则会禁止在返回的文本中包含千位分隔符。

示例10-35　使用FIXED函数将圆面积保留指定小数位

图 10-50 为某次测量圆板尺寸的部分记录，其中 B 列是圆板的半径，C 列是使用公式计算得到的面积，需要将计算得到的面积保留一位小数。

在 D2 单元格输入以下公式，向下复制到 D4 单元格。

```
=FIXED(C2,1)
```

D2　=FIXED(C2,1)

	A	B	C	D
1	材料编号	半径/cm	面积/cm²	保留一位小数
2	1#	3	28.2743339	28.3
3	2#	5	78.5398163	78.5
4	3#	8	201.06193	201.1

图 10-50　圆面积保留一位小数

公式中省略第三参数，如果返回的文本位数大于等于 1 000，结果将包含千位分隔符。

Ⅲ　使用 RMB 函数和 DOLLAR 函数转换货币格式

RMB 函数和 DOLLAR 函数都可以将数字转换为货币格式。前者的货币单位为“￥”，后者的货币单位为“$”。函数语法如下：

```
RMB(number,[decimals])
DOLLAR(number,[decimals])
```

第一参数 number 是待处理的数值。第二参数 decimals 可选，表示保留的小数位数，如果为负数，则第一参数从小数点往左按相应位数四舍五入，如果省略第二参数，则默认其值为 2。

以下两个公式将分别返回“￥4,528.8”和“$4,528.8”。

```
=RMB(4528.75,1)
=DOLLAR(4528.75,1)
```

Ⅳ 使用 NUMBERSTRING 函数将数字转换为中文

NUMBERSTRING 是一个隐藏函数，其作用是将数字转换为中文形式。该函数有两个参数，第一参数是要转换的数值，第二参数使用数值 1~3 来指定返回的类型，1 表示中文小写，2 表示中文大写，3 表示不带单位的中文读数。

如果要转换的数值带有小数，该函数会四舍五入后再进行转换。如果要转换的数值是负数，将返回错误值。

	A	B	C
1	待转换的数值	转换结果	B列公式
2	456820	四十五万六千八百二十	=NUMBERSTRING(A2,1)
3	456820	肆拾伍万陆仟捌佰贰拾	=NUMBERSTRING(A3,2)
4	456820	四五六八二〇	=NUMBERSTRING(A4,3)
5	456820.4	四五六八二〇	=NUMBERSTRING(A5,3)
6	-13440	#NUM!	=NUMBERSTRING(A6,1)

图 10-51 NUMBERSTRING 函数的转换效果

不同参数下的转换效果如图 10-51 所示。

Ⅴ 转换中文大写金额

如果需要使用 Excel 制作一些票据和凭证，这些票据和凭证中的金额往往需要转换为中文大写样式。

根据相关法规规定，中文大写金额有以下要求。

（1）中文大写金额数字到“元”为止的，在“元”之后应写“整”（或“正”）字，在“角”之后，可以不写“整”（或“正”）字。大写金额数字有“分”的，“分”后面不写“整”（或“正”）字。

（2）数字金额中有“0”时，中文大写应按照汉语语言规律、金额数字构成和防止涂改的要求进行书写。数字中间有“0”时，中文大写要写“零”字。数字中间连续有几个“0”时，中文大写金额中间可以只写一个“零”字。金额数字万位和元位是“0”，或者数字中间连续有几个“0”，万位、元位也是“0”，但千位、角位不是“0”时，中文大写金额中可以只写一个“零”字，也可以不写“零”字。金额数字角位是“0”，而分位不是“0”时，中文大写金额“元”后面应写“零”字。

示例10-36 转换中文大写金额

	A	B	C
1			
2		数字金额	中文大写金额
3		0.06	陆分
4		0.5	伍角整
5		1	壹元整
6		1.5	壹元伍角整
7		100	壹佰元整
8		1001.05	壹仟零壹元零伍分
9		-10105.01	负壹万零壹佰零伍元零壹分

图 10-52 转换中文大写金额

如图 10-52 所示，B 列是小写的金额数字，需要转换为中文大写金额。

在 C3 单元格输入以下公式，将公式向下复制。

```
=SUBSTITUTE(SUBSTITUTE(SUBSTITUTE(IF(B3<0,"
负","")&TEXT(INT(ABS(B3)), "[dbnum2];; ")&TEXT(
MOD(ABS(B3)*100,100),"[>9][dbnum2]元0角0分;[=0]
```

元整；[dbnum2]元零0分"),"零分","整"),"元零",),"元",)

“IF(B3<0,"负","")”部分用于判断 B3 单元格的金额是否为负数，如果是负数则返回“负”，否则返回空文本。

“TEXT(INT(ABS(B3)),"[dbnum2];; ")”部分，先使用 ABS 函数取得 B3 单元格的绝对值，再使用 INT 函数得到金额的整数部分。TEXT 函数第二参数设置为“"[dbnum2];; "”，表示将正数转换为中文大写数字，将零转换为空格。

“TEXT(MOD(ABS(B3)*100,100),"[>9][dbnum2]元0角0分;[=0]元整;[dbnum2]元零0分")”部分，先使用 MOD(ABS(B3)*100,100)，提取 B3 单元格小数点后的两位数字，然后通过 TEXT 函数自定义条件的三区段格式代码转换为对应的中文大写金额，大于 9 时显示为“元 n 角 n 分”，等于 0 时显示为“元整”，其他则显示为“元零 n 分”，其中的 n 为中文大写数字。

最后使用 SUBSTITUTE 函数执行三次替换，目的是处理一些特殊情况下出现的多余字符。

最内层的 SUBTITUTE 函数将“零分”替换为“整”，对应当数字金额到“角”为止时（如 1.5），在“角”之后不显示“零分”而是显示为“整”。

第二层的 SUBSTITUTE 函数对应数字金额不足 1 角（如 0.06）时，删除字符串中的多余字符“ 元零”。

最外层的 SUSTITUTE 函数对应数字金额的整数部分为 0（如 0.5）时，删除字符串中的多余字符“ 元”。

10.2.13　认识 T 函数

T 函数用于检测参数是否为文本，如果是文本或错误值时按原样返回，否则返回空文本 ""，不同参数下的返回结果如图 10-53 所示。

原始字符	T函数返回结果
Excel	Excel
123	
#DIV/0!	#DIV/0!
这是中文	这是中文

图 10-53　认识 T 函数

练习与巩固

1. 在公式中，文本需要使用（__________）包含。
2.（______）函数可以清除字符串前后的空格。
3.（______）函数可以清除字符串中的非打印字符。
4. TEXTJOIN 函数第二参数为 1 时，将（_______）空单元格。

5. CONCATENATE 函数和 CONCAT 函数哪个支持单元格区域引用?

6.（ _______ ）函数用于比较文本值是否完全相同。

7.（ ___________ ）函数将参数中单词首字母转换成大写，其余字母转换为小写。

8. LEFT 函数和 RIGHT 函数分别是从字符串的（ __ ）、（ __ ）侧提取字符。

9. MID 函数与 MIDB 函数有什么区别?

10. 常用于在字符串中查找字符的函数为（ __________ ）和（ ___________ ）。

11.（ ___________ ）函数支持使用通配符在字符串中查找字符。

12. TEXT 函数使用四区段的第二参数时，分别表示当第一参数为（ _____ ）、（ _____ ）、（ _____ ）、（ _____ ）时设置的格式。

第 11 章 信息提取与逻辑判断

信息函数用于返回指定单元格或工作表等的某些状态，如名称、路径、格式等。逻辑函数可以对数据进行相应的判断。

本章学习要点

（1）了解常用信息函数。

（2）常用的逻辑判断函数及嵌套使用。

（3）了解常用屏蔽错误值的办法。

11.1 用 CELL 函数获取单元格信息

CELL 函数用于获取单元格信息。该函数根据第一参数设定的值，返回引用区域左上角单元格的格式、位置、内容或是文件所在路径等，函数语法如下：

```
CELL(info_type,[reference])
```

第一参数 info_type 为必需参数，指定要返回的单元格信息的类型。

第二参数 reference 为可选参数，需要得到其相关信息的单元格。如果缺省该参数，则默认为活动单元格（按 F9 重新计算可查看公式结果变化情况）。如果参数 reference 是某一单元格区域，CELL 函数将返回该区域左上角单元格的信息。

CELL 函数的第二参数不支持跨工作簿的引用，当被引用的单元格与公式不在同一个工作簿时，如果关闭被引用数据的工作簿，公式结果将返回错误值“#N/A”。

CELL 函数使用不同的 info_type 参数，返回结果如表 11-1 所示。

表 11-1 CELL 函数不同参数返回的结果

info_type 参数	函数返回结果
"address"	返回单元格的绝对引用地址
"col"	返回单元格的列标，以数字表示（如 A 列返回 1）
"color"	如果设定的单元格数字格式中，负值以不同颜色显示，返回 1，否则返回 0
"contents"	返回单元格区域左上角单元格的内容（第二参数缺省时有可能造成公式出现循环错误，使用时需要注意）
"filename"	返回包含引用的路径、工作簿名和工作表名，如果包含目标引用的工作簿尚未保存，则返回空文本（""）
"format"	返回表示单元格中数字格式的字符代码

续表

info_type 参数	函数返回结果
"parentheses"	如果单元格使用了自定义格式，并且格式自定义代码中包含左括号“(”，返回 1，否则返回 0
"prefix"	返回表示单元格内文本常量水平对齐方式的字符代码。 如果单元格文本为右对齐，则返回双引号（"）。 如果单元格文本为居中或跨列居中，则返回脱字符（^）。 如果单元格文本水平居中方式设置为填充，则返回反斜杠（\）。 单元格文本常量的其他对齐设置，如左对齐、两端对齐、分散对齐，则返回单引号（'）。 单元格文本常量不设置任何对齐方式，亦返回单引号（'）。 单元格中内容不为文本常量，如数值、日期时间、逻辑值、公式等，则返回空文本（""）
"protect"	如果在【设置单元格格式】对话框的【保护】选项卡下设置了锁定，返回 1；反之返回 0
"row"	返回单元格的行号
"type"	返回表示单元格中数据类型的字符代码。 如果单元格为真空，返回“b”。 如果单元格为文本，包括由公式生成的文本结果，返回“l”。 其他情况则返回“v”
"width"	返回取整后的单元格列宽

11.1.1 使用 CELL 函数获取单元格列宽

CELL 函数第一参数为“width”时，能够得到取整后的单元格列宽，利用这一特点，可以实现忽略隐藏列的汇总计算。

示例11-1 借助CELL函数实现忽略隐藏列的汇总求和

图 11-1 所示，为某班级考试成绩的部分数据，B 至 G 列分别为三期的语文和数学成绩，H 列为总分。现在需要通过忽略隐藏列的方式查看不同期或不同学科的合计值。

	A	B	C	D	E	F	G	H
1	姓名	第一期		第二期		第三期		总分
2		语文	数学	语文	数学	语文	数学	
3	张鹤翔	79	63	44	84	69	63	402
4	王丽卿	58	83	45	93	69	93	441
5	杨红	85	41	93	41	69	89	418
6	徐翠芬	88	62	52	40	68	95	405
7	纳红	71	99	62	42	42	76	392
8	张坚	77	97	47	94	71	76	462
9	施文庆	61	65	75	63	72	69	405
10	李承谦	56	83	91	47	86	48	411
11								

图 11-1 学生考试成绩表

要实现忽略隐藏列的效果，需要先添加辅助行，再用 CELL 函数获取各列的列宽，最后对列宽

大于 0 的列求和。

在 B11 单元格中输入以下公式，向右复制到 G11 单元格。

```
=CELL("width",B1)
```

CELL 函数第一参数为“width”，用于返回指定单元格的列宽。第二参数 B1 可以为 B 列任意单元格的地址。当公式所在列隐藏时，CELL 函数返回 0。

在 H3 单元格输入以下公式，向下复制到 H10 单元格。

```
=SUMIF(B$11:G$11,">0",B3:G3)
```

隐藏 B 至 G 列中的任意列，如隐藏 D~G 列显示第一期考试成绩，或隐藏 C、E、G 三列显示三期语文成绩，按 F9 键重新计算后，F 列中将得到忽略隐藏列的求和结果，如图 11-2 所示。

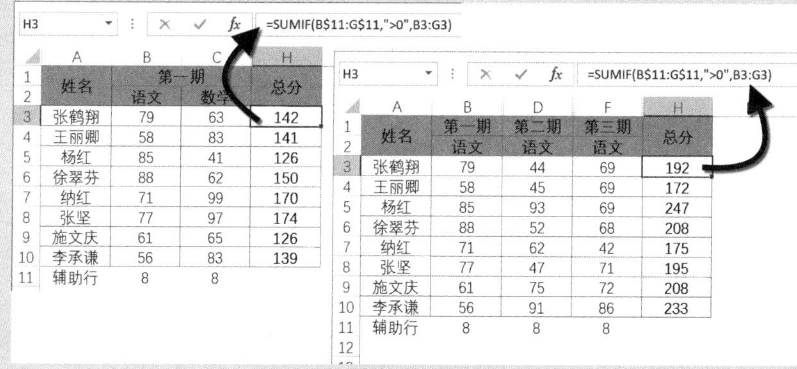

H3　=SUMIF(B$11:G$11,">0",B3:G3)

	A	B	C	H
1	姓名	第一期		总分
2		语文	数学	
3	张鹤翔	79	63	142
4	王丽卿	58	83	141
5	杨红	85	41	126
6	徐翠芬	88	62	150
7	纳红	71	99	170
8	张坚	77	97	174
9	施文庆	61	65	126
10	李承谦	56	83	139
11	辅助行	8	8	

H3　=SUMIF(B$11:G$11,">0",B3:G3)

	A	B	D	F	H
1	姓名	第一期	第二期	第三期	总分
2		语文	语文	语文	
3	张鹤翔	79	44	69	192
4	王丽卿	58	45	69	172
5	杨红	85	93	69	247
6	徐翠芬	88	52	68	208
7	纳红	71	62	42	175
8	张坚	77	47	71	195
9	施文庆	61	75	72	208
10	李承谦	56	91	86	233
11	辅助行	8	8	8	
12					

图 11-2　忽略隐藏列的求和结果

SUMIF 函数第一参数“B$11:G$11”为求和的条件区域，这里是辅助行中的列宽。采用行相对引用方式，公式向下复制时，引用区域不会发生变化。第二参数为求和条件“>0”，表示当第一参数即列宽的值大于 0 时，计算对应的 B3:G3 单元格区域的和。

为使得表格美观，公式完成后可将第 11 行辅助行隐藏。

注意

CELL 函数取得的结果为四舍五入后的整数列宽，如果将列宽调整到 0.5 以下，计算结果会舍入为 0，得到与隐藏该列相同的结果。如果目标单元格列宽发生变化，需要按 <F9> 键或双击单元格激发重新计算，才能更新计算结果。

11.1.2　使用 CELL 函数获取单元格数字格式

如果为某个单元格应用了内置数字格式，CELL 函数第一参数使用“format”，能够返回与该单元格数字格式相对应的文本值，如表 11-2 所示。

表 11-2　与数字格式相对应的文本值

如果 Excel 的格式为	CELL 函数返回值
G/ 通用格式、分数或是文本、星期及在格式代码中使用了 [$-x-systime] 的时间格式	"G"
数值格式，负数不为红色	"F0"（0 表示小数点后保留 0 位，根据实际变更）
数值格式，负数为红色	"F1-"（1 表示小数点后保留 1 位，根据实际变更）
货币格式	"C2" 或 "C2-"（2 表示小数点后保留 2 位，根据实际变更）
使用千分位	",0"（0 表示小数点后保留 0 位，根据实际变更）
会计专用格式	"C2"（2 表示小数点后保留 2 位，根据实际变更）
百分比	"P0"（0 表示小数点后保留 0 位，根据实际变更）
科学记数	"S0"（0 表示小数点后保留 0 位，根据实际变更）
包括年、月、日的日期格式（不限制是否包括时间）	"D1"
包括年和月的日期格式	"D2"
包括月和日的日期格式	"D3"
包括时、分、秒和上下午的时间格式	"D6"
包括时、分和上下午的时间格式	"D7"
包括时、分、秒的时间格式	"D8"
包括时、分的时间格式	"D9"

11.1.3　使用 CELL 函数获取工作表名称

CELL 函数第一参数使用“filename”时，可以获取包含引用的工作簿名称和工作表名称，并且带有完整的路径。

示例11-2　借助CELL函数获取工作表名称

使用以下公式可以获取带有完整路径的工作簿名称和工作表名称，如果是尚未保存的新建工作簿，则返回空文本（""）。

```
=CELL("filename",A1)
```

使用以下公式，可以获取当前工作表名称。

```
=MID(CELL("filename",A1),FIND("]",CELL("filename",A1))+1,99)
```

Excel 单元格中，直接引用的标准结构是“路径［工作簿名］工作表名！单元格地址”，而 CELL("filename") 所返回的结果结构为“路径［工作簿名］工作表名”，其中右侧中括号之后的部分就是工作表名。

MID 函数，用于提取从指定位置开始指定长度的字符，其用法为：

```
=MID(字符串,指定位置,指定长度)
```

字符串，本例是指“CELL("filename",A1)”部分所返回的结果；而指定长度，则可以是一个较大的数值。

关键问题是确定要提取字符的位置，即右括号“］”后面一个字符，此处套用了 FIND 函数处理，FIND 函数的典型用法为：

```
=FIND(查找值,查找范围)
```

查找值是右括号“］”，查找范围是 CELL("filename",A1)。

FIND 查找出来的结果是右括号所处的位置，还需要加 1，以获得工作表名的起始位置。

如果工作簿内只有一个与工作簿名称相同的工作表，使用 CELL("filename",A1) 将只能得到完整的路径和工作簿名称，结构是“路径\工作簿名 .xlsx”，而路径中的符号“\”个数无法确定，所以再用上述公式的思路无法获取工作表名称。

遇到这样的情况，可以插入一张新的工作表，或是将工作表名称修改为与工作簿不同的名称。

如果工作表名都是默认的 Sheet1、Sheet2……且工作表的位置不发生变化，则可以使用以下函数获得工作表名：

```
="Sheet"&SHEET()
```

公式中的字符串 "Sheet" 是默认工作表名的固定部分，SHEET 函数是用来提取当前工作表所在编号的函数，参数可缺省，即公式所在工作表的编号。

11.2　常用 IS 类判断函数

Excel 2019 提供了 12 个 IS 开头的信息函数，主要用于判断数据类型、奇偶性、空单元格、错误值等。

11.2.1　IS 类函数的通用用法

IS 类函数语法基本相同，都只有一个参数。所不同的在于有些 IS 类函数的参数为任何值，有些只能是数值，否则会返回错误值，具体如表 11-3 所示。

表 11-3　常用 IS 类函数

函数名	以下情况返回 TRUE	以下情况返回错误值
ISBLANK	真空单元格	
ISLOGICAL	逻辑值	
ISNUMBER	任意数值	
ISTEXT	任意文本（包括空文本）	
ISNONTEXT	任意非文本	
ISFORMULA	参数所引用的单元格里包含公式 （参数不能直接为常量）	
ISREF	任意引用（非常量）	
ISEVEN	数字为偶数（包括数值、文本型数字和真空）	文本、逻辑值、空文本、错误值
ISODD	数字为奇数（包括数值和文本型数字）	文本、逻辑值、空文本、错误值
ISERR	除 #N/A 以外的任意错误值	
ISNA	#N/A	
ISERROR	任意错误值	

11.2.2　使用 ISODD 和 ISEVEN 函数判断数值的奇偶性

ISODD 函数和 ISEVEN 函数能够判断数字的奇偶性，如果参数不是整数，将被截尾取整后再进行判断（相当于在原数值上使用了 INT 函数）。函数语法如下：

```
ISODD(number)
ISEVEN(number)
```

ISODD 函数用于判断参数是否为奇数，该函数只有一个参数，如果参数为奇数返回 TRUE，否则返回 FALSE。

ISEVEN 函数用于判断参数是否为偶数，该函数也只有一个参数，如果参数为偶数返回 TRUE，否则返回 FALSE。

这两个函数的参数可以是数值类的任意值，包括数值、货币、会计专用、百分比、分数、科学记数、日期、时间等，另外文本型数字和文本型日期也可以被这两个函数当作参数判断。当参数为纯文本字符或逻辑值时，则返回错误值“#VALUE!”，参数为错误值时，返回原错误值。

示例11-3　根据身份证号码判断性别

我国现行居民身份证号码由 18 位数字组成，第 17 位是性别标识码，奇数为男，偶数为女。

如图 11-3 所示，需要根据 A 列中的身份证号，判断对应的性别。

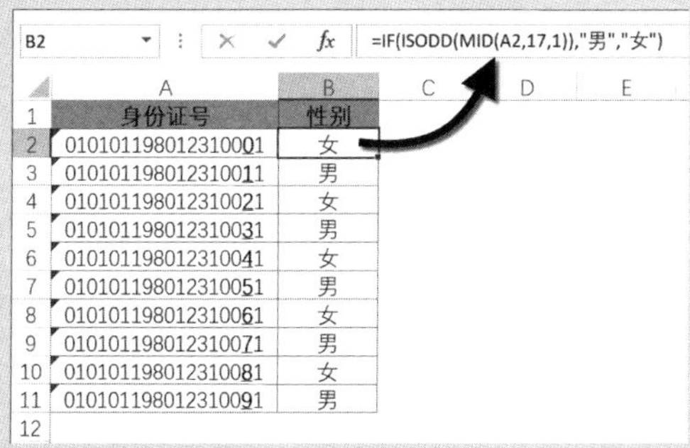

	A	B
1	身份证号	性别
2	010101198012310001	女
3	010101198012310011	男
4	010101198012310021	女
5	010101198012310031	男
6	010101198012310041	女
7	010101198012310051	男
8	010101198012310061	女
9	010101198012310071	男
10	010101198012310081	女
11	010101198012310091	男

图 11-3　根据身份证号码判断性别

在 B2 单元格输入以下公式，向下复制到 B11 单元格。

```
=IF(ISODD(MID(A2,17,1)),"男","女")
```

公式中先使用 MID 函数提取出身份证号中第 17 位数字，作为 ISODD 函数的参数，如果为奇数时返回TRUE，否则返回FALSE。最后用IF函数判断，参数为TRUE时返回“男”，否则返回“女”。

使用 ISEVEN 函数也可以完成类似判断，公式为：

```
=IF(ISEVEN(MID(A2,17,1)),"女","男")
```

11.3　其他信息类函数

11.3.1　ERROR.TYPE 函数

ERROR.TYPE 函数针对不同的错误值返回对应的数字，该函数只有一个参数，函数语法为：

```
ERROR.TYPE(error_val)
```

不同值对应的返回结果如表 11-4 所示。

表 11-4　使用 ERROR.TYPE 函数返回结果

函数 ERROR.TYPE 的参数	函数 ERROR.TYPE 的返回结果
#NULL!	1
#DIV/0!	2
#VALUE!	3
#REF!	4
#NAME?	5

续表

函数 ERROR.TYPE 的参数	函数 ERROR.TYPE 的返回结果
#NUM!	6
#N/A	7
#GETTING_DATA	8
非错误值	#N/A

如果是 Microsoft 365 专属 Excel 用户，还可以看到新增加的 6 种错误值，分别是"#SPILL!""#CONNECT!""#BOLCKED!""#UNKNOWN!""#FIELD!""#CALC!"，对应 ERROR.TYPE 的结果分别是 9、10、11、12、13、14。

11.3.2 TYPE 函数

TYPE 函数针对不同类型的数据返回对应的数字，该函数只有一个参数，函数语法为：

```
TYPE(value)
```

不同类型的参数对应的返回结果如表 11-5 所示。

表 11-5 使用 TYPE 函数返回结果

函数 TYPE 的参数	函数 TYPE 的返回结果
数值（包括货币、日期时间、百分比、分数等）	1
文本（包括文本型数字）	2
逻辑值	4
错误值	16
数组	64

SIGN 函数也有类似效果，当参数为正数和逻辑真时返回 1；当参数为 0 和逻辑假时返回 0；当参数为负数时返回 -1；当参数为纯文本时返回错误值"#VALUE!"。

11.3.3 N 函数

N 函数将错误值之外的字符串转换为数值，该函数只有一个参数，表示要转换的值。

不同类型字符串转换后的结果如表 11-6 所示。

表 11-6　不同类型的字符串用 N 函数转换后的结果

原数据类型	转换后	备注
数值	与源数据相同	
错误值	与源数据相同	
日期时间	返回该日期时间序列	2021-7-14 12:00 返回 44391.5
逻辑值 TRUE	1	
逻辑值 FALSE	0	
文本	0	
文本型数字	0	

除此之外，N 函数还常用于数组公式中的降维计算，关于多维引用请参阅 17.1。

11.3.4　INFO 函数

INFO 函数是返回当前操作环境有关信息的函数，该函数只有一个参数。不同参数的返回结果如表 11-7 所示。

表 11-7　使用 INFO 函数返回结果

INFO 参数	返回结果
DIRECTORY	当前目录或文件夹
NUMFILE	活动工作表
ORIGIN	顶部和最左侧的可见单元格
OSVERSION	操作系统版本
RECALC	重新计算模式
RELEASE	Microsoft Excel 版本
SYSTEM	操作环境

11.4　逻辑判断函数

11.4.1　逻辑函数 TRUE 和 FALSE

逻辑值 TRUE 和逻辑值 FALSE 可以以函数的形态出现，返回的结果仍是对应的逻辑值，如表 11-8 所示。

表 11-8　TRUE 函数与 FALSE 函数

公式	结果
=TRUE()	TRUE
=FALSE()	FALSE

11.4.2　逻辑函数 AND、OR、NOT、XOR 与乘法、加法运算

AND 函数、OR 函数、NOT 函数、XOR 函数分别对应四种逻辑关系，即“与”“或”“非”和“异或”，其参数全部是逻辑值或数值。

AND 函数最多可以支持 255 个条件参数，当所有条件参数的结果都为逻辑值 TRUE 时，结果返回 TRUE，否则返回 FALSE。

OR 函数最多也可以支持 255 个条件参数，其结果与 AND 函数相反。当所有条件参数的结果都为逻辑值 FALSE 时，结果返回 FALSE，否则返回 TRUE。

NOT 函数仅有一个参数，函数的结果与其参数的逻辑表达式结果相反。当参数为逻辑值 TRUE 时，结果返回 FALSE。当参数为逻辑值 FALSE 时，结果返回 TRUE。

XOR 函数最多可以支持 254 个条件参数。如果在多个条件参数中只有一个结果为逻辑值 TRUE 时，或者全部为 TRUE 时，结果返回 TRUE，否则返回 FALSE。

不同函数的判断结果如表 11-9 所示。

表 11-9　AND、OR、NOT 和 XOR 函数

公式	参数说明	结果
=AND(1+1=2,3>2,5<=6)	全部为 TRUE	TRUE
=AND(1+1=2,3>2,5>6)	部分为 TRUE	FALSE
=AND(1+1<>2,3<=2,5>6)	没有 TRUE	FALSE
=OR(1+1<>2,3<=2,5>6)	全部为 FALSE	FALSE
=OR(1+1=2,3>2,5>6)	部分为 FALSE	TRUE
=OR(1+1=2,3>2,5<=6)	没有 FALSE	TRUE
=XOR(1+1=2,3<=2,5>6)	只有一个 TRUE	TRUE
=XOR(1+1=2,3>2,5<=6)	全部为 TRUE	TRUE
=XOR(1+1=2,3>2,5>6)	两个 TRUE	FALSE
=XOR(1+1<>2,3<=2,5>6)	没有 TRUE	FALSE
=NOT(1+1=2)	TRUE	FALSE
=NOT(1+1<>2)	FALSE	TRUE

示例11-4　使用逻辑函数判断是否退休

图 11-4 所示，为某单位员工信息的部分数据，分别判断各人员是否符合退休条件。

E2　=OR(AND(D2="干部",B2="男",C2>=60),AND(D2="干部",B2="女",C2>=55),AND(D2="职工",B2="男",C2>=60),AND(D2="职工",B2="女",C2>=50))

	A	B	C	D	E	F	G	H	I	J
1	姓名	姓别	年龄	职务	是否退休			职务	性别	退休年龄
2	张鹤翔	男	54	职工	FALSE			干部	男	60
3	王丽卿	女	58	职工	TRUE			干部	女	55
4	杨红	女	59	干部	TRUE			职工	男	60
5	徐翠芬	女	52	干部	FALSE			职工	女	50
6	纳红	女	60	职工	TRUE					
7	张坚	男	52	职工	FALSE					
8	施文庆	男	57	干部	FALSE					
9	李承谦	男	62	干部	TRUE					

图 11-4　使用逻辑函数判断是否符合退休条件

在 E2 单元格输入以下公式，向下复制到 E9 单元格。

```
=OR(AND(D2=" 干部 ",B2=" 男 ",C2>=60),AND(D2=" 干部 ",B2=" 女
",C2>=55),AND(D2=" 职工 ",B2=" 男 ",C2>=60),AND(D2=" 职工 ",B2=" 女 ",C2>=50))
```

根据规定，判断退休年龄分成四个标准：年满 60 岁的男干部；年满 55 岁的女干部；年满 60 岁的男职工；年满 50 岁的女职工。只要有一个标准里的三个条件，即职务、性别和年龄都满足，就达到退休年龄。

因而公式分别用了四个 AND 函数来判断职务、性别和年龄是否达到要求，每一个 AND 函数的结果所代表的是一种判断标准，最后再用一个 OR 函数，把这四个 AND 的结果作为其参数，只要其中一个满足条件，就达到退休年龄。

E2 单元格中还可以使用以下公式完成该判断。

```
=(D2=" 干部 ")*(B2=" 男 ")*(C2>=60)+(D2=" 干部 ")*(B2=" 女 ")*(C2>=55)+(D2="
职工 ")*(B2=" 男 ")*(C2>=60)+(D2=" 职工 ")*(B2=" 女 ")*(C2>=50)
```

公式中使用乘法替代 AND 函数，使用加法替代 OR 函数，但是这两个公式的结果却不再是逻辑值 TRUE 或 FALSE，而是数字。

在 Excel 函数的运算过程中，逻辑值和数字之间有着密切的联系，当逻辑值参与到运算过程时，逻辑值 TRUE 被当作 1 来计算，逻辑值 FALSE 被当作 0 来计算；而数值运算的结果 0 被当作逻辑值 FALSE，所有非 0 的值被当作逻辑值 TRUE。

公式中乘法、加法的运算优先级与普通四则运算中相同，可以根据需要适当添加括号以符合逻辑判断的优先级。

由于 AND 函数和 OR 函数的运算无法返回数组结果。因此当逻辑运算需要返回包含多个结果的数组时，必须使用数组间的乘法、加法运算。

11.4.3 IF 函数判断条件“真”“假”

IF 函数是 Excel 中最常用的函数之一，其结构可以表达为“如果……则……否则……”。

函数语法为：

```
IF(logical_test,value_if_true,[value_if_false])
```

第一参数 logical_test 必需，为逻辑判断的条件。可以是计算结果为 TRUE、FALSE 或数值的任何表达式。

第二参数 value_if_true 必需，作为第一参数为 TRUE 或为非 0 数值时返回的结果。

第三参数 value_if_false 可选，作为第一参数为 FALSE 或等于数值 0 时返回的结果。如果第一参数为 FALSE，且第三参数缺省，将返回 FALSE。

以示例 11-4 中的数据为例，使用 IF 函数能够对计算得到逻辑值或数值进行判断并返回指定内容，公式可写成：

```
=IF(OR(AND(D2="干部",B2="男",C2>=60),AND(D2="干部",B2="女",C2>=55),AND(D2="职工",B2="男",C2>=60),AND(D2="职工",B2="女",C2>=50)),"已退休","")
=IF((D2="干部")*(B2="男")*(C2>=60)+(D2="干部")*(B2="女")*(C2>=55)+(D2="职工")*(B2="男")*(C2>=60)+(D2="职工")*(B2="女")*(C2>=50),"已退休","")
```

Excel 支持最多 64 个不同的 IF 函数嵌套。但在实际应用中，使用 IF 函数判断多个条件，公式会非常冗长。可以使用其他方式代替 IF 函数，使公式更加简洁。

示例11-5 使用IF函数计算提成额

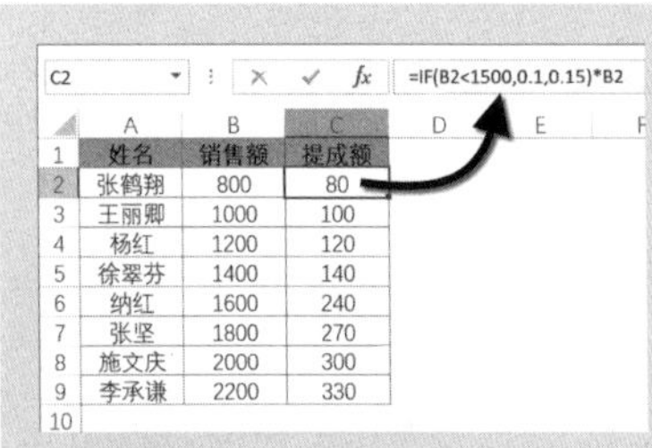

	A	B	C
1	姓名	销售额	提成额
2	张鹤翔	800	80
3	王丽卿	1000	100
4	杨红	1200	120
5	徐翠芬	1400	140
6	纳红	1600	240
7	张坚	1800	270
8	施文庆	2000	300
9	李承谦	2200	330

图 11-5　IF 函数计算提成额

图 11-5 所示，为某公司员工销售额部分数据，现需要计算提成额，当销售额小于 1 500 时，提成额是销售额的 10%，否则是 15%。

在 C2 单元格输入以下公式，向下复制到 C9 单元格。

```
=IF(B2<1500,0.1,0.15)*B2
```

使用 IF 函数判断，当第一参数 B2<1 500 符合时，得到逻辑值 TRUE，公式返回提成比例 0.1，否则返回 0.15。

最后将 IF 函数返回的提成比例与 B2 单元格中的销售额相乘，得到提成额。

根据本书前言的提示操作，可观看 IF 函数判断条件“真”“假”的视频讲解。

11.4.4 使用 IFS 函数实现多条件判断

IFS 函数可以取代多层嵌套的 IF 函数，其结构可以表达为“如果条件 1，则结果 1，如果条件 2，则结果 2……”，最多允许 127 个不同的条件。

函数语法为：

```
=IFS(logical_test1,value_if_true1,[logical_test2,value_if_true2],...,[logical_test127,value_if_true127])
```

第一参数 logical_test1 必需，为逻辑判断的条件。可以是计算结果为 TRUE、FALSE 或数值的任何表达式。

第二参数 value_if_true1 必需，作为第一参数为 TRUE 或为非 0 数值时返回的结果。

从第三参数起可以缺省，每两个参数为一组，用法与第一、第二参数相同，最多允许 127 组。

与 IF 嵌套最多 64 层相比，IFS 可以支持更多条件，但在实际应用中，条件如果过多，仍建议用其他方式代替 IFS 函数。

11.4.5 SWITCH 函数多条件判断

SWITCH 函数用于将表达式与参数进行比对，如匹配则返回对应的值，没有参数匹配时返回可选的默认值。函数语法如下：

```
=SWITCH(expression,value1,result1,[default_or_value2,result2],...,[default_or_value126,result126,defaul127])
```

如果第一参数的结果与 value1 相等则返回 result1。如果与 value2 相等则返回 result2……。如果都不匹配，则返回指定的内容。如果不指定内容且无参数可以匹配时，将返回错误值。

示例11-6 计算多层提成额

在示例 11-5 的基础上再增加几个条件，具体规则如下。

- 当销售额小于 1 500 时，提成额是销售额的 10%。
- 当销售额大于等于 1 500 且小于 2 000 时，提成额是销售额的 11%。
- 当销售额大于等于 2 000 且小于 2 500 时，提成额是销售额的 12%。
- 当销售额大于等于 2 500 且小于 3 000 时，提成额是销售额的 13%。
- 当销售额大于等于 3 000 且小于 3 500 时，提成额是销售额的 14%。

❖ 当销售额大于等于 3 500 时，提成额是销售额的 15%。

在 C2 单元格输入以下公式，向下复制到 C9 单元格。

```
=IF(B2<1500,0.1,IF(B2<2000,0.11,IF(B2<2500,0.12,IF(B2<3000,0.13,IF(B2<3500,0.14,0.15)))))*B2
```

在 D2 单元格输入以下公式，向下复制到 D9 单元格，如图 11-6 所示。

```
=IF(B2>=3500,0.15,IF(B2>=3000,0.14,IF(B2>=2500,0.13,IF(B2>=2000,0.12,IF(B2>=1500,0.11,0.1)))))*B2
```

C2 =IF(B2<1500,0.1,IF(B2<2000,0.11,IF(B2<2500,0.12,IF(B2<3000,0.13,IF(B2<3500,0.14,0.15)))))*B2

	A	B	C	D
1	姓名	销售额	IF1	IF2
2	张鹤翔	800	80	80
3	王丽卿	1300	130	130
4	杨红	1800	198	198
5	徐翠芬	2300	276	276
6	纳红	2800	364	364
7	张坚	3300	462	462
8	施文庆	3800	570	570
9	李承谦	4300	645	645

D2 =IF(B2>=3500,0.15,IF(B2>=3000,0.14,IF(B2>=2500,0.13,IF(B2>=2000,0.12,IF(B2>=1500,0.11,0.1)))))*B2

	A	B	C	D
1	姓名	销售额	IF1	IF2
2	张鹤翔	800	80	80
3	王丽卿	1300	130	130
4	杨红	1800	198	198
5	徐翠芬	2300	276	276
6	纳红	2800	364	364
7	张坚	3300	462	462
8	施文庆	3800	570	570
9	李承谦	4300	645	645

图 11-6 IF 函数多层嵌套计算销售提成

C2 单元格公式中嵌套了五个层级的 IF 函数。

首先判断 B2 是否小于 1 500，如果符合条件则返回 10%。否则继续用 IF 函数判断 B2 是否小于 2 000，如果符合条件则返回 11%。这一层 IF 函数的第一参数，不需要写成 AND(B2>=1500,B2<2000)，只需对小于 2 000 进行判断即可，因为公式在进行第一层 IF 判断时，已经把小于 1 500 的数剔除，在所有大于等于 1 500 的数中判断是否小于 2 000。

如果不满足第二层 IF 判断条件，再继续用 IF 函数判断 B2 是否小于 2 500，如果符合条件则返回 12%；否则继续用 IF 函数判断 B2 是否小于 3 000，如果符合条件则返回 13%；否则继续用 IF 函数判断 B2 是否小于 3 500，如果符合条件则返回 14%；否则返回 15%。

最后将 IF 函数返回的提成比例与 B2 单元格中的销售额相乘，得到提成额。

D2 单元格的公式的判断顺序与 C2 单元格公式正好相反，先从是否大于等于 3500 开始判断，以此类推。

多层嵌套判断时，后面的判断条件不能被前面的判断条件所包含。例如，以下两个公式的写法均为错误，如图 11-7 所示。

```
=IF(B2>1500,0.11,IF(B2>2000,0.12,IF(B2>2500,0.13,IF(B2>3000,0.14,IF(B2>3500,0.15,0.1)))))*B2
=IF(B2<=3500,0.14,IF(B2<=3000,0.13,IF(B2<=2500,0.12,IF(B2<=2000,0.11,IF(B2<=1500,0.1,0.15)))))*B2
```

C2　=IF(B2>1500,0.11,IF(B2>2000,0.12,IF(B2>2500,0.13,IF(B2>3000,0.14,IF(B2>3500,0.15,0.1)))))*B2

	A	B	C	D
1	姓名	销售额	错误公式	错误公式
2	张鹤翔	800	80	112
3	王丽卿	1300	130	182
4	杨红	1800	198	252
5	徐翠芬	2300	253	322
6	纳红	2800	308	392
7	张坚	3300	363	462
8	施文庆	3800	418	570
9	李承谦	4300	473	645

D2　=IF(B2<=3500,0.14,IF(B2<=3000,0.13,IF(B2<=2500,0.12,IF(B2<=2000,0.11,IF(B2<=1500,0.1,0.15)))))*B2

	A	B	C	D
1	姓名	销售额	错误公式	错误公式
2	张鹤翔	800	80	112
3	王丽卿	1300	130	182
4	杨红	1800	198	252
5	徐翠芬	2300	253	322
6	纳红	2800	308	392
7	张坚	3300	363	462
8	施文庆	3800	418	570
9	李承谦	4300	473	645

图 11-7　IF 函数多层嵌套错误写法

遇到这类多层嵌套的问题，可以先画一张图，如图 11-8 所示，先将所有数据的判断区间从小到大或从大到小排列，再对每个区间进行判断。这样做既可以避免上述公式的错误，还可以避免数据区间被遗漏。

		第1次判断	第2次判断	第3次判断	第4次判断	第5次判断
	<1500	0.1				
>=1500	<2000	否则结果	0.11			
>=2000	<2500		否则结果	0.12		
>=2500	<3000			否则结果	0.13	
>=3000	<3500				否则结果	0.14
>=3500						0.15

		第1次判断	第2次判断	第3次判断	第4次判断	第5次判断
	>=3500	0.15				
<3500	>=3000	否则结果	0.14			
<3000	>=2500		否则结果	0.13		
<2500	>=2000			否则结果	0.12	
<2000	>=1500				否则结果	0.11
<1500						0.1

图 11-8　IF 函数多层嵌套判断

还有一个更加简单的方法，就是根据使用的符号来确定，如果使用小于符号，则被判断的条件从小到大排列，反之从大到小排列。但是使用此法需要注意避免数据区间的遗漏。

如图 11-9 所示，相比于嵌套了五层的 IF 函数，如果使用 IFS 函数，公式更加简洁。

```
=IFS(B2<1500,0.1,B2<2000,0.11,B2<2500,0.12,B2<3000,0.13,B2<3500,0.14,1,0.15)*B2
=IFS(B2>=3500,0.15,B2>=3000,0.14,B2>=2500,0.13,B2>=2000,0.12,B2>=1500,0.11,1,0.1)*B2
```

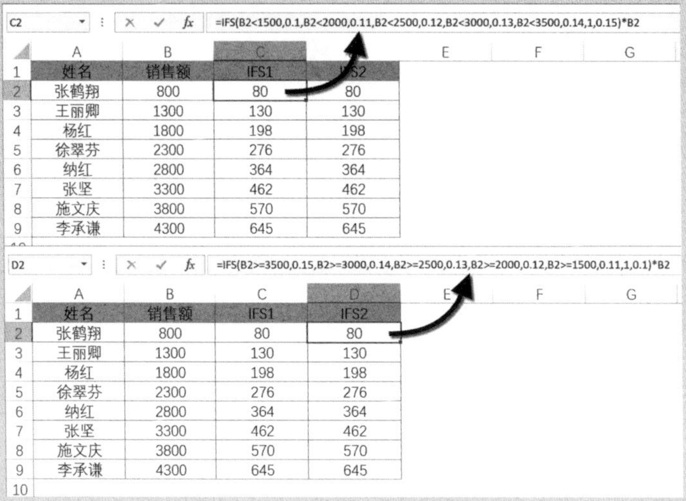

C2 `=IFS(B2<1500,0.1,B2<2000,0.11,B2<2500,0.12,B2<3000,0.13,B2<3500,0.14,1,0.15)*B2`

	A	B	C	D
1	姓名	销售额	IFS1	IFS2
2	张鹤翔	800	80	80
3	王丽卿	1300	130	130
4	杨红	1800	198	198
5	徐翠芬	2300	276	276
6	纳红	2800	364	364
7	张坚	3300	462	462
8	施文庆	3800	570	570
9	李承谦	4300	645	645

D2 `=IFS(B2>=3500,0.15,B2>=3000,0.14,B2>=2500,0.13,B2>=2000,0.12,B2>=1500,0.11,1,0.1)*B2`

	A	B	C	D
1	姓名	销售额	IFS1	IFS2
2	张鹤翔	800	80	80
3	王丽卿	1300	130	130
4	杨红	1800	198	198
5	徐翠芬	2300	276	276
6	纳红	2800	364	364
7	张坚	3300	462	462
8	施文庆	3800	570	570
9	李承谦	4300	645	645

图 11-9　IFS 函数计算销售提成

因为 IFS 函数不支持“否则”条件，所以当公式中所有条件都不满足时，可以在最后一个 logical_test 参数中输入 TRUE 或不为 0 的任意数，再在最后一个 value_if_true 参数中输入“否则结果”。例如，以上公式中第 11 个参数 1，第 12 个参数则是不满足前面所有条件的结果。

同样的问题也可以使用 SWITCH 函数完成，如图 11-10 所示。

```
=SWITCH(TRUE,B2<1500,0.1,B2<2000,0.11,B2<2500,0.12,B2<3000,0.13,B2<3500,0.14,0.15)*B2
```

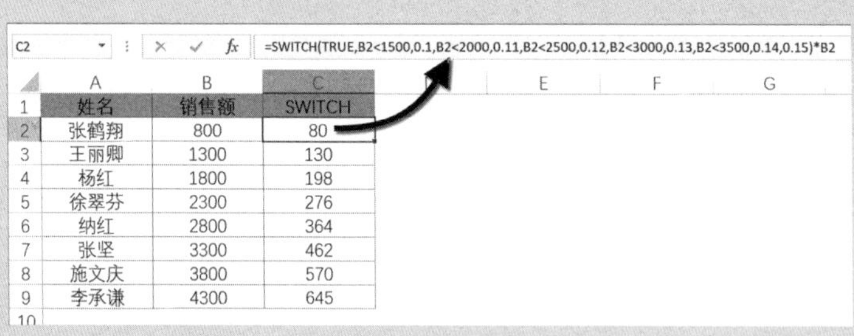

C2 `=SWITCH(TRUE,B2<1500,0.1,B2<2000,0.11,B2<2500,0.12,B2<3000,0.13,B2<3500,0.14,0.15)*B2`

	A	B	C
1	姓名	销售额	SWITCH
2	张鹤翔	800	80
3	王丽卿	1300	130
4	杨红	1800	198
5	徐翠芬	2300	276
6	纳红	2800	364
7	张坚	3300	462
8	施文庆	3800	570
9	李承谦	4300	645

图 11-10　SWITCH 函数计算销售提成

SWITCH 函数中第一个参数使用了 TRUE，之后所有的 value 参数如果满足条件，则返回其对应的 result 值，最后一个参数是当所有条件没有匹配的时候所返回的值。

11.4.6　IFNA 和 IFERROR 函数

IFERROR 函数和 IFNA 函数都是专门用于屏蔽错误值的函数，其函数语法为：

```
IFERROR(value,value_if_error)
IFNA(value,value_if_na)
```

IFERROR 函数第一参数是需要屏蔽错误值的公式，第二参数是公式计算结果为错误值时要返回的值。

IFNA 函数的作用和语法与 IFERROR 函数类似，但是仅对错误值“#N/A”有效。而 IFERROR 函数则可以屏蔽所有类型的错误值。因此在实际应用中，IFERROR 函数的使用率更高。

11.5　屏蔽错误值

11.5.1　忽略原公式本身结果

示例11-7　判断是不是Excel课程

有时候，产生错误值的原公式本身结果并非最终需要的。例如图 11-11 中，A 列是一系列课程名称，需要在 B 列中判断这些是不是 Excel 课程。公式中使用了 FIND 函数查找课程名称中是否存在“Excel”，如果存在，则会返回“Excel”在字符串中的位置，这与最终期望的“是”或“否”的结果不符，这时可以借助以下函数来屏蔽错误值。

如图 11-11 所示，借助了 TYPE 函数判断是不是 Excel 课程。在 B2 单元格中输入以下公式，并向下复制到 B7 单元格。

B2　=IF(TYPE(FIND("Excel",A2))=16,"否","是")

	A	B
1	课程名称	Excel课程
2	PPT工作汇报之图片传奇	否
3	“抄”亦有道，如何模仿别人的优秀PPT?	否
4	触动灵魂的Excel基础知识串讲	是
5	让Excel成为你的职场利器	是
6	Excel中被“无视”的神操作	是
7	达人哥带你玩转Word快速排版	否

图 11-11　借助 TYPE 判断是不是 Excel 课程

```
=IF(TYPE(FIND("Excel",A2))=16,"否","是")
```

公式中使用了 FIND 函数查找课程名称中是否存在“Excel”，如果课程名称中不存在“Excel”，则会返回错误值“#VALUE!”。这一结果经过 TYPE 函数判断后，返回 16。

最后用 IF 函数进行判断，如果 TYPE 函数的结果等于 16，则返回“否”，否则返回“是”。

ISNA、ISERR 和 ISERROR 都可用于判断参数是否为错误值，三者的区别在于 ISNA 只判断“#N/A”错误值，ISERR 判断除“#N/A”以外的错误值，ISERROR 判断所有错误值。

图 11-12 所示是分别使用 ISERR 和 ISERROR 函数判断是不是 Excel 课程。公式如下：

```
=IF(ISERR(FIND("Excel",A2)),"否","是")
```

```
=IF(ISERROR(FIND("Excel",A2)),"否","是")
```

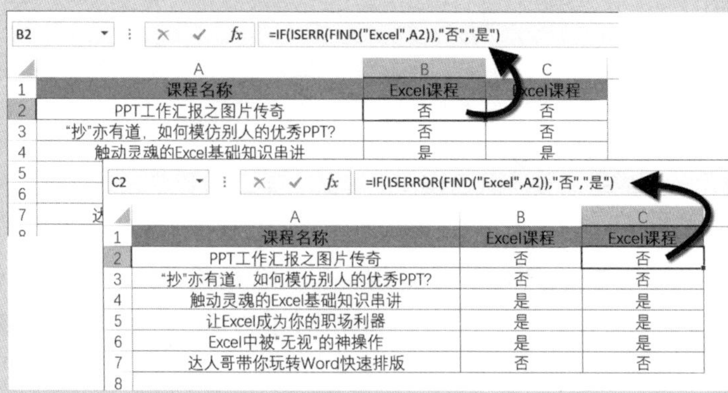

B2 =IF(ISERR(FIND("Excel",A2)),"否","是")

C2 =IF(ISERROR(FIND("Excel",A2)),"否","是")

	A	B	C
1	课程名称	Excel课程	Excel课程
2	PPT工作汇报之图片传奇	否	否
3	"抄"亦有道，如何模仿别人的优秀PPT?	否	否
4	触动灵魂的Excel基础知识串讲	是	是
5	让Excel成为你的职场利器	是	是
6	Excel中被"无视"的神操作	是	是
7	达人哥带你玩转Word快速排版	否	否

图 11-12　借助 ISERR 和 ISERROR 判断是不是 Excel 课程

公式中仍是使用了 FIND 函数查找课程名称中是否存在“Excel”，如果课程名称中不存在“Excel”，则会返回错误值“#VALUE!”。这种错误类型 ISERR 和 ISERROR 都可以进行判断，是错误的返回逻辑值 TRUE，反之返回逻辑值 FALSE。

最后用 IF 函数进行判断，返回“是”或“否”。

事实上，除了 ISODD 和 ISEVEN 以外，其他 IS 类函数的参数如果是错误值时，其返回的结果也是 TRUE 或 FALSE，所以有时候也可以根据实际需求使用 IS 类函数来屏蔽错误值。

B2 =IF(ISNUMBER(FIND("Excel",A2)),"是","否")

	A	B
1	课程名称	Excel课程
2	PPT工作汇报之图片传奇	否
3	"抄"亦有道，如何模仿别人的优秀PPT?	否
4	触动灵魂的Excel基础知识串讲	是
5	让Excel成为你的职场利器	是
6	Excel中被"无视"的神操作	是
7	达人哥带你玩转Word快速排版	否

图 11-13　借助 ISNUMBER 函数判断是不是 Excel 课程

如图 11-13 所示，FIND 函数所生成的结果是数值和错误值两种，这时也可以用 ISNUNBER 函数来判断，数值返回逻辑真 TRUE，错误值返回逻辑假 FALSE。

最后用 IF 函数进行判断，返回“是”或“否”，公式如下：

```
=IF(ISNUMBER(FIND("Excel",A2)),"是","否")
```

11.5.2　保留原公式本身结果

示例11-8　屏蔽查找不到时返回的错误值

有时候，公式只要不返回错误值，其计算结果就是最终需要的。如图 11-14 所示，需要在 E3 和 E4 单元格中返回 D3 和 D4 所列办公用品，在办公用品明细表中对应的数量。如果用 VLOOKUP 函数进行查找，当查找的办公用品存在于办公用品明细表中时，所返回的就是 VLOOKUP 公式本身返回的结果。例如，E3 单元格查找“打孔夹”的数量，结果就是 13。但是当查找值不存在的时候，就需要借助于一些函数来屏蔽错误值。

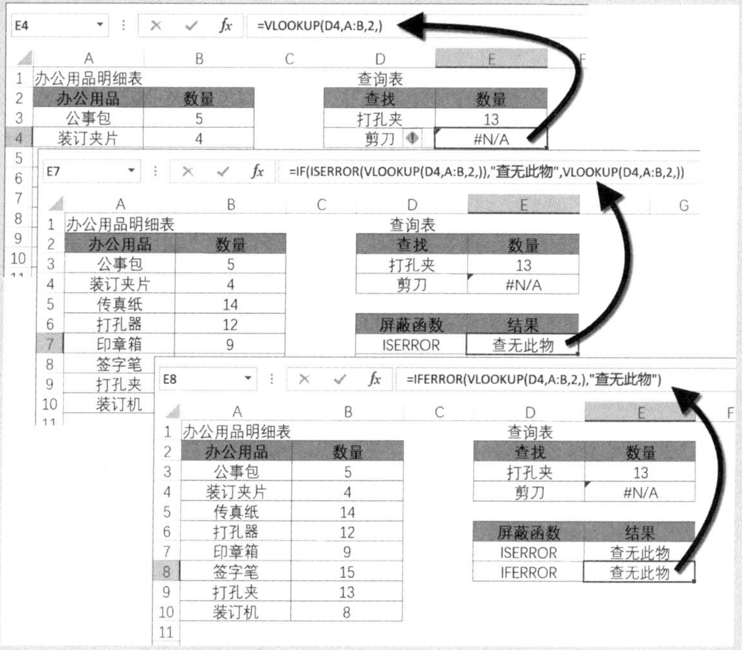

图 11-14　屏蔽查找函数返回的错误值

这时候如果仍使用 ISNA、ISERROR 等函数，公式如下：

```
=IF(ISERROR(VLOOKUP(D4,A:B,2,)),"查无此物",VLOOKUP(D4,A:B,2,))
```

公式中 VLOOKUP 部分就要出现两次，先用 ISERROR 判断 VLOOKUP 部分是否为错误值，再用 IF 对 ISERROR 的结果进行判断，是则返回“查无此物”，否则重复一次 VLOOKUP 部分。这样的公式不仅冗长，嵌套层级还相对多。

为避免这种情况，可以借助于 IFERROR 函数来屏蔽错误值，公式如下：

```
=IFERROR(VLOOKUP(D3,A:B,2,),"查无此物")
```

直接用 IFERROR 判断，如果 VLOOKUP 函数可以查找到，则返回对应的数量，否则返回“查无此物”。

11.5.3　利用计算规则屏蔽错误值

示例11-9　屏蔽除以0的错误值

如图 11-15 所示，在已知距离和耗时的基础上计算时速，当耗时为 0 时，会返回错误值“#DIV/0!”。遇到这种情况，利用 IS 类函数或 IFERR、IFERROR 函数都可以屏蔽此错误值。

	A	B	C	D	E
1	姓名	距离(km)	耗时（分钟）	时速	屏蔽错误值
2	张鹤翔	0	0	#DIV/0!	0
3	王丽卿	87	18	290	290
4	杨红	78	17	275.2941176	275.2941176
5	徐翠芬	94	21	268.5714286	268.5714286
6	纳红	74	15	296	296
7	张坚	113	25	271.2	271.2
8	施文庆	139	31	269.0322581	269.0322581
9	李承谦	189	41	276.5853659	276.5853659
10					

E2 =IF(C2,B2/C2*60,)

图 11-15　屏蔽除以 0 的错误值

但因为错误本身是由除数为 0 所引起的，还可以借助计算规则来屏蔽错误，在 E2 单元格输入以下公式，并向下复制到 E9 单元格。

```
=IF(C2>0,B2/C2*60,0)
```

或将公式简化为：

```
=IF(C2,B2/C2*60,)
```

利用 IF 判断，当 C2 不为 0 的时候，正常计算时速，否则返回 0。

11.5.4　利用函数规则屏蔽错误值

示例11-10 借助N函数屏蔽错误值

如图 11-16 所示，需要计算各办公用品的金额，即销量乘以单价，但是表中有一个数据的单价待定，这就造成直接相乘的公式结果出现错误值。

	A	B	C	D	E	F
1	办公用品	销量	单价	金额	N函数	
2	公事包	46	待定	#VALUE!	0	
3	装订夹片	12	2.16	25.92	25.92	
4	传真纸	50	7.6	380	380	
5	打孔器	28	6.34	177.52	177.52	
6	印章箱	14	5.88	82.32	82.32	
7	签字笔	19	3.87	73.53	73.53	
8	打孔夹	49	7.85	384.65	384.65	
9	装订机	13	8.12	105.56	105.56	
10						
11						
12						

E2 =B2*N(C2)

图 11-16　借助 N 函数屏蔽错误值

根据 Excel 本身的公式规则，文本不能参与四则运算。这时可以利用 N 函数，将文本转成 0，数值不变。在 E2 单元格输入公式如下，并向下复制到 E9 单元格，就可以屏蔽此错误值。

```
=B2*N(C2)
```

11.5.5　其他

除了函数本身以外，Excel 还有一些功能也可以起到屏蔽错误值的效果。如图 11-17 所示，选取数据所在的单元格区域后，依次单击【开始】→【条件格式】→【新建规则】命令。

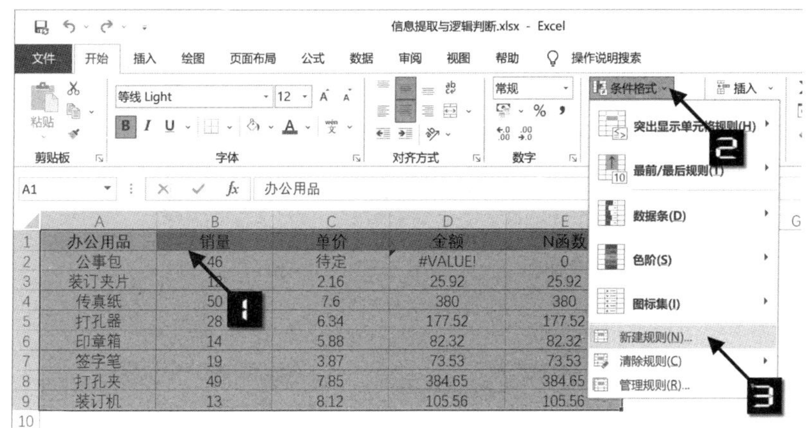

图 11-17　利用条件格式屏蔽错误值

在弹出的【新建格式规则】对话框中，选中【只为包含以下内容的单元格设置格式】，在【只为满足以下条件的单元格设置格式】下拉按钮中选择【错误】。再单击【格式】按钮，在弹出的【设置单元格格式】对话框中切换到【字体】选项卡下，将字体颜色设置为白色后，依次单击【确定】按钮关闭对话框，如图 11-18 所示。

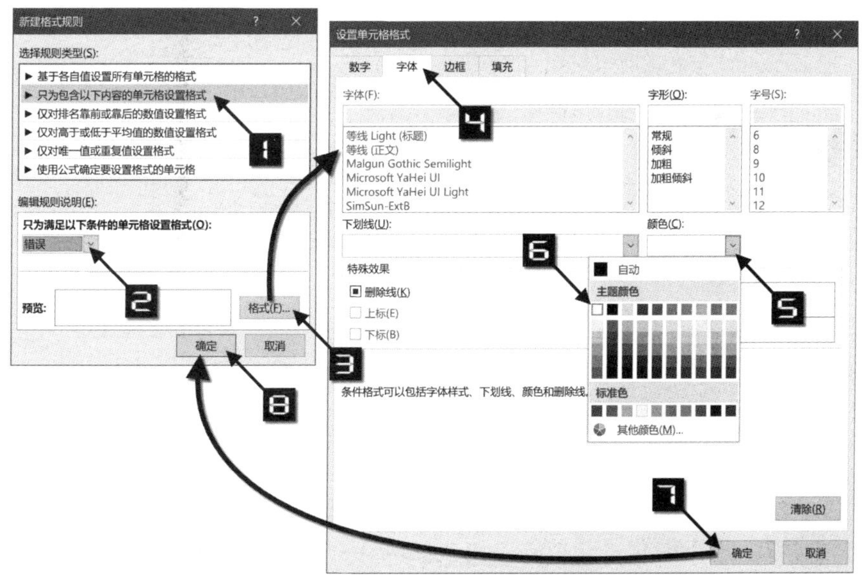

图 11-18　设置条件格式

经过以上设置，只要工作表中有错误值出现，就会自动转成白色字体，以起到“屏蔽”的作用。另外，如果对表格中的数据是否有错误值并不在意，只要打印出来的数据中不存在错误值即可，

还可以单击【页面布局】选项卡下的【打印标题】按钮，在弹出的【页面设置】对话框中自动切换到【工作表】选项卡下，将【错误单元格打印为】设置为【< 空白 >】，最后单击【确定】按钮，如图 11-19 所示。

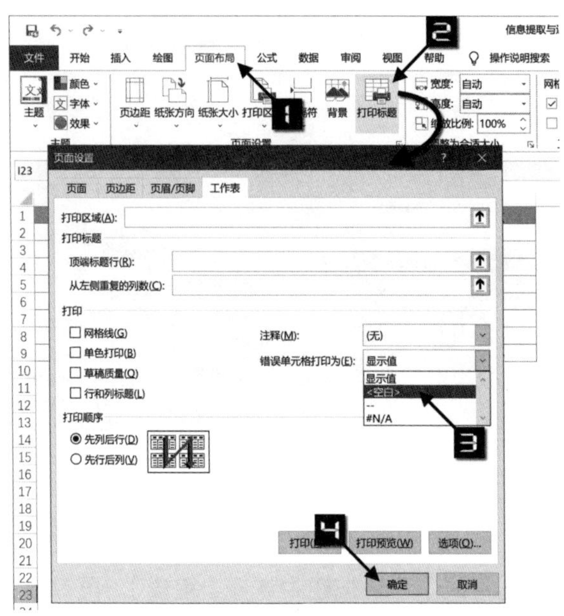

图 11-19 仅屏蔽打印时的错误值

设置完成后，在 Excel 中查看数据时正常显示错误值，但是打印出来的文档中错误值将不再显示。

练习与巩固

1. CELL 函数第一参数为 "address" 时，将返回（________________）。
2. 尝试利用 CELL 函数提取本工作簿的名称。
3. ISODD 函数当参数为（_________）时将返回 TRUE，ISEVEN 函数当参数为（_________）时将返回 TRUE。
4.（________________）函数用于判断参数是否为数值，返回 TRUE 或 FALSE。
5. 当所有参数都是 TRUE 时，AND 函数将返回（__________），当其中一个参数为 FALSE 时，AND 函数将返回（__________）。当其中一个参数为 TRUE 时，OR 函数将返回（__________）。当所有参数都为 FALSE 时，OR 函数将返回（__________）。
6. IF 函数当第一参数为 TRUE 时，将返回（__________），为 FALSE 时，将返回（__________）。
7. IFS 函数可以取代多层嵌套的（__________）函数。
8. 列举出至少两个屏蔽函数公式返回的错误值的方法。

第 12 章 数学计算

利用 Excel 数学计算类函数，可以在工作表中快速完成求和、取余、随机和修约等数学计算过程。同时，掌握常用数学函数的应用技巧，在构造数组序列、单元格引用位置变换、日期函数综合应用及文本函数的提取中都起着重要的作用。

本章学习要点

（1）数学运算。
（2）取余函数。
（3）舍入函数。
（4）数学转换。
（5）随机函数。

12.1 四则运算

所谓四则运算就是“加、减、乘、除”，在 Excel 里，可以用符号“+”“-”“*”“/”直接进行运算，如图 12-1 所示。

运算式	Excel公式	结果
3+2	=3+2	5
15-13	=15-13	2
7×4	=7*4	28
99÷33	=99/33	3

图 12-1 四则运算

12.1.1 加、减法运算

四则运算也有相应的函数，用于将各个参数中的数值求和的是 SUM 函数。

在四则运算中，并没有专门的“相减函数”，当需要多个数据相减时，可以使用减号“-”，引用逐个单元格相减，但这样做不仅编辑公式的效率低下，且公式冗长，这时可以根据减法的性质，用第一个数减去所有剩余数的和，如图 12-2 所示。

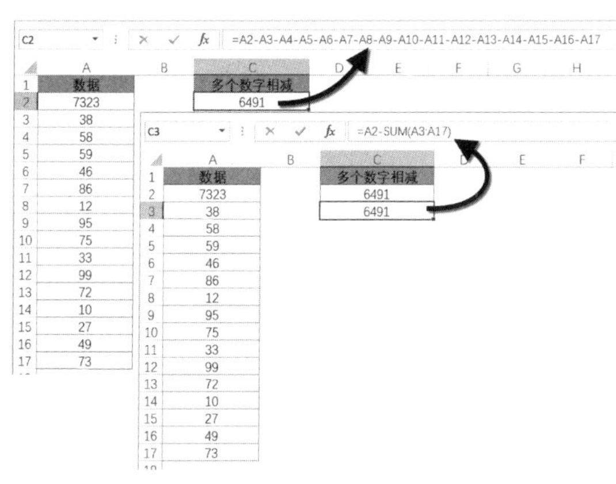

图 12-2 多数相减

12.1.2 乘法运算

计算乘积所用的是 PRODUCT 函数，基本语法为：

```
PRODUCT(number1,[number2,...,number255])
```

参数中的每一个 number 就是需要相乘的值，除了第一个必须外，其他都可以缺省。

参数可以是一个数值（常量）、单元格引用、单元格区域，也可以是多个单元格（或区域）。参数为多个单元格（或区域）时，需要添加一对半角小括号。对比以下两个公式：

```
=PRODUCT(A1,A3,A5)
```

此公式参数有三个，分别为 A1、A3 和 A5。

```
=PRODUCT((A1,A3),A5)
```

此公式参数只有两个，第一参数是一个不连续的单元格区域 A1 和 A3，第二参数是 A5。此种写法可以从某种意义上突破最多参数的限制。

参数为引用时，空单元格（包括真空和空文本）、逻辑值和文本将被忽略，而作为常量的逻辑值按 TRUE 为 1、FALSE 为 0 的规则参与运算；文本型数字作为参数时，单元格引用和数组常量都会被忽略，只有非数组常量才会被计算。

示例12-1 计算体积

如图 12-3 所示，是一些电脑主机的长宽高数据，需要根据 B 列的主机尺寸，计算主机体积。

	A	B	C	D	E	F
1	品名	主机尺寸（mm）	体积m³	长	宽	高
2	灵越	324×154×293	0.014619528	324	154	293
3	外星人	481.6×222.8×431.9	0.046343077	481.6	222.8	431.9
4	成就	290×92.6×292.8	0.007862851	290	92.6	292.8
5	XPS	367×308×169	0.019103084	367	308	169

图 12-3　计算体积

遇到这样的问题，如果数据表中的“长”“宽”“高”数据已经被分别列在三个单元格里，如图 12-3 的 D、E、F 三列所示，一个 PRODUCT 函数的基本用法就可以解决，在 C2 单元格输入以下公式，向下复制到 C5 单元格即可。

```
=PRODUCT(D2:F2)/10^9
```

公式中“/10^9”是将立方毫米转换为立方米，10^9 表示 10 的 9 次幂，即 1 000 000 000。

如果数据表中并无 D、E、F 三列的数据，则可以通过数据分列的方式来处理，选取待分列的 B2:B5 单元格区域，单击【数据】选项卡下的【分列】按钮，在弹出的【文本分列向导】对话框中选中【分隔符号】单选按钮，再单击【下一步】按钮，如图 12-4 所示。

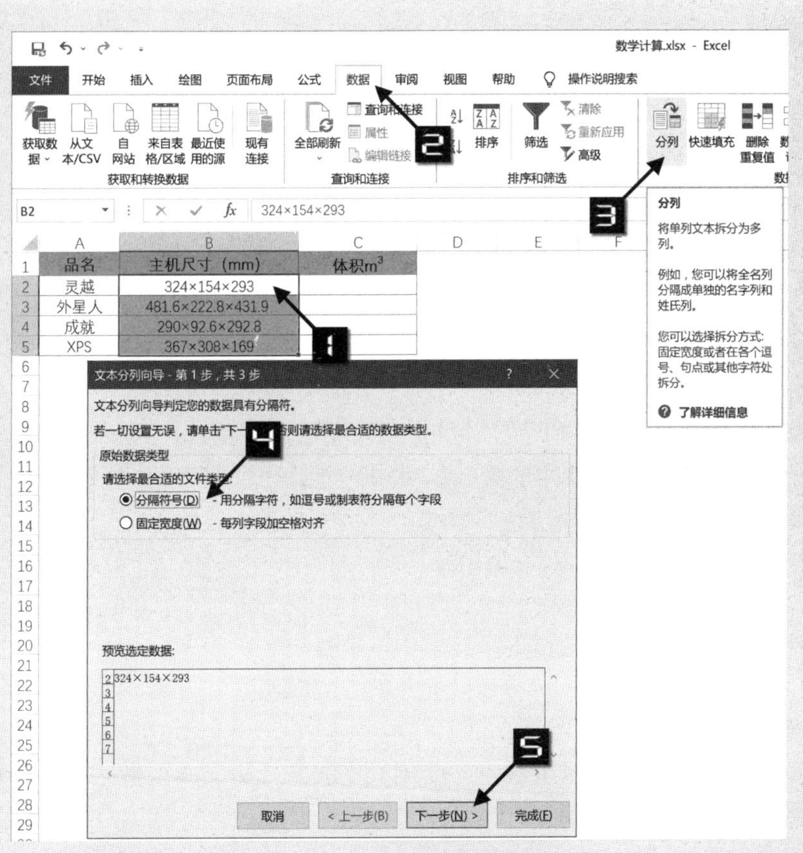

图 12-4　对主机尺寸进行分列处理

如图 12-5 所示，在【文本分列向导第 2 步】对话框中，设置分隔符号为乘号“×”后单击【下一步】按钮，进入第 3 步对话框后，将目标区域改成“=$D$2”，最后单击【完成】按钮，主机“长”“宽”“高”的数据就会分别在 D、E、F 三列中列出。

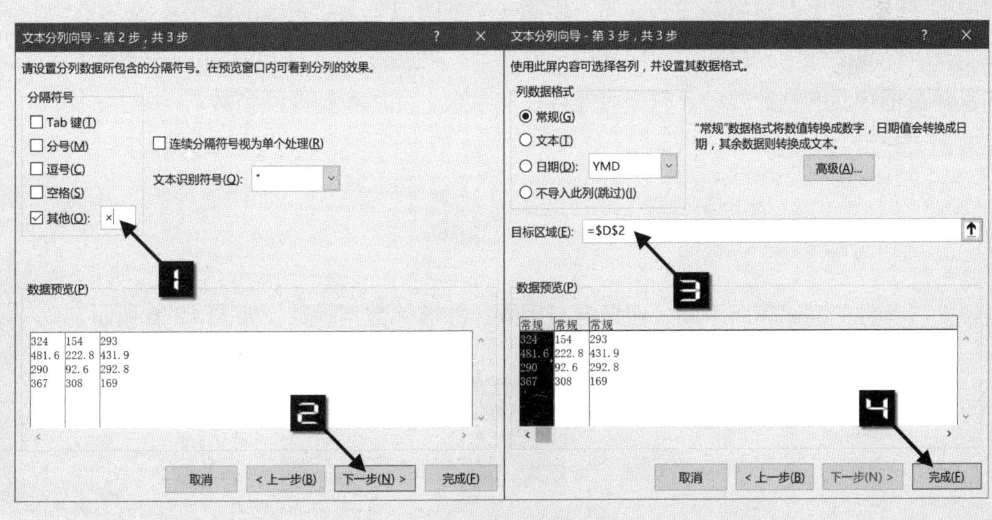

图 12-5　按“×”进行分列

如果直接以 B 列为数据源计算体积，可以使用以下公式：

```
=PRODUCT(1*TRIM(MID(SUBSTITUTE(B2,"×",REPT(" ",99)),{1,99,198},99)))/10^9
```

公式先使用 REPT(" ",99) 生成 99 个空格。

“SUBSTITUTE(B2,"×",REPT(" ",99))”部分，使用 SUBSTITUTE 函数将 B2 单元格中表示乘的符号“×”替换为 99 个空格。使 B2 单元格中的算式变成以下结果，也就是在三个数字之间各插入 99 个空格：

```
324                    154                    293
```

“MID(SUBSTITUTE(B2,"×",REPT(" ",99)),{1,99,198},99)”部分，MID 函数第二参数使用数组常量{1,99,198}，分别从以上字符串中的第 1 位、第 99 位和第 198 位开始，提取长度为 99 的字符串，得到一个内存数组，也就是带有空格的三个数字：

```
{"324                ","    154                ","        293"}
```

再使用 TRIM 函数替换掉多余的空格，变成以下结果：

```
{"324","154","293"}
```

用 TRIM 函数得到结果是文本型数字，使用乘 1 的方式将文本型数字转换为数值。然后用 PRODUCT 函数计算出三个数值的乘积。

最后将结果除以 10^9，将立方毫米转换为立方米。

12.1.3 除法运算

工作表函数中，并无严格意义上的“除法函数”，需要计算相除时，可以用除号“/”；当需要多个数据相除时，则可以根据除法的性质，用第一个数除以剩余所有数的乘积。

但是在工作表函数中，有两个与相除相关的函数，商函数 QUOTIENT 和取余函数 MOD，前者返回的是两数相除后的整数部分，忽略可能存在的余数，而后者则返回余数。

函数语法分别为：

```
QUOTIENT(numerator,denominator)
MOD(number,divisor)
```

虽然两者参数的描述有所不同，但是含义相同，即被除数与除数，如图 12-6 所示。

	A	B	C	D	E
1	被除数	除数	相除	QUOTIENT	MOD
2	第三行公式		=A3/B3	=QUOTIENT(A3,B3)	=MOD(A3,B3)
3	56	9	6.222222222	6	2
4	82	10	8.2	8	2
5	78	11	7.090909091	7	1
6	72	12	6	6	0

图 12-6　QUOTIENT 函数与 MOD 函数

这两个函数的参数可以是数值、货币、日期等，也可以是文本型数字，但是参数为文本（包括空文本）时，返回错误值“#VALUE!”；另外，根据除法规则，当除数为 0 或引用了真空单元格时，返回错误值“#DIV/0!”。

两个函数的两个参数都允许使用小数，QUOTIENT 函数的结果只有整数部分，MOD 函数则有可能返回小数结果。以下公式用于计算 7.23 除以 1.7 的余数，结果为 0.43。

```
=MOD(7.23,1.7)
```

MOD 函数的被除数和除数允许使用负数，结果的正负号与除数相同。以下公式用于计算 22 除以 -6 的余数，结果为 -2。

```
=MOD(22,-6)
```

如果用 INT 函数来表示 MOD 函数的计算过程，规则为：

```
MOD(n,d)=n-d*INT(n/d)
```

提示

在 Excel 2010 及以上版本中，被除数与除数的商必须小于 1 125 900 000 000，否则函数返回错误结果“#NUM!”。而在 Excel 2003 和 2007 中，被除数与除数的商必须小于 134 217 728。

示例12-2 利用MOD函数根据身份证号判断性别

除了 ISODD 和 ISEVEN 函数以外，利用 MOD 函数也可以判断奇偶，任意正整数除以 2 以后的余数只有两种，奇数为 1，偶数为 0，用 MOD 函数判断奇偶，正是利用这一特点，将第二参数设置为 2。

如图 12-7 所示，在 B2 单元格输入以下公式，向下复制到 B9 单元格，即可根据 A 列的身份证号码判断其性别。

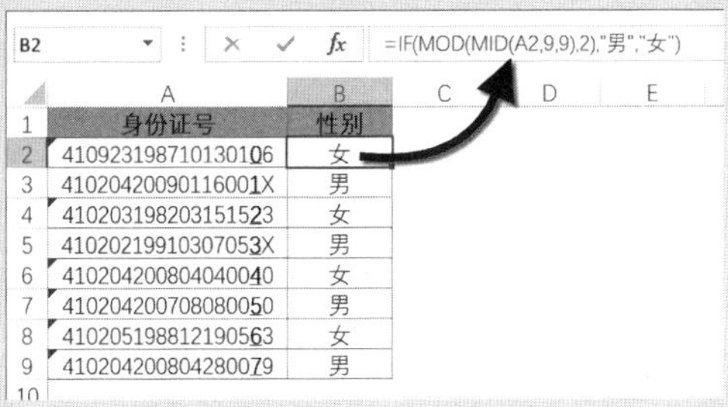

B2　=IF(MOD(MID(A2,9,9),2),"男","女")

	A	B
1	身份证号	性别
2	410923198710130106	女
3	41020420090116001X	男
4	410203198203151523	女
5	41020219910307053X	男
6	410204200804040040	女
7	410204200708080050	男
8	410205198812190563	女
9	410204200804280079	男

图 12-7　利用 MOD 函数从身份证号中提取性别

```
=IF(MOD(MID(A2,9,9),2),"男","女")
```

先使用 MID 函数从 B2 单元格第 9 位开始，提取出 9 个字符，再使用 MOD 函数计算该字符与 2 相除后的余数。如果余数为 1，IF 函数返回指定内容“男”，如果余数为 0，IF 函数返回指定内容“女”。

示例12-3 利用MOD函数生成循环序列

在学校考试座位排位或引用固定间隔的单元格区域等应用中，经常用到循环序列。在一些数组公式中，也经常使用该技巧获取一些有规律的内容。循环序列是基于自然数序列，按固定的周期重复出现的数字序列，其典型形式是 1、2、3、4、1、2、3、4……，利用 MOD 函数可生成这样的数字序列。

生成循环序列的通用公式为：

=MOD（列号或行号 -1，循环周期）+ 初始值

如图 12-8 所示，A 列是初始值，B 列是指定的循环周期，利用 MOD 函数结合自然数序列，可以根据初始值和指定的循环周期生成循环序列。

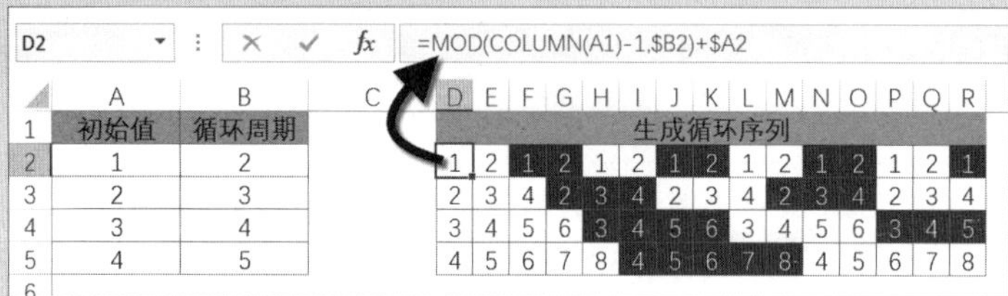

图 12-8 生成循环序列

在 D2 单元格输入以下公式，复制到 D2:R5 单元格区域。

```
=MOD(COLUMN(A1)-1,$B2)+$A2
```

生成逆序循环序列的通用公式为：

=MOD（循环周期 - 列号或行号，循环周期）+ 终止值

如图 12-9 所示，要根据已知的终止值和循环周期，生成逆向的循环序列。

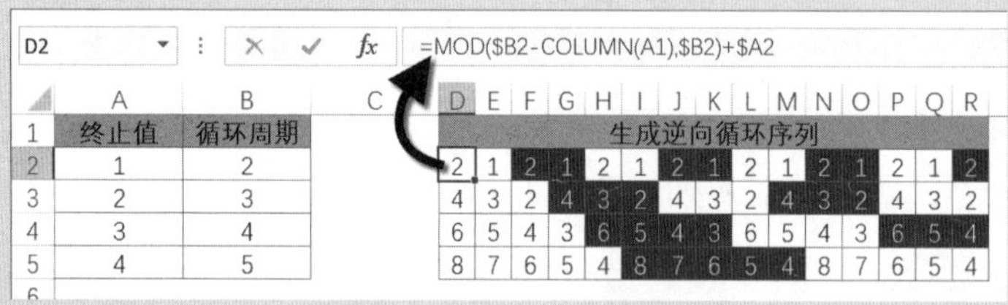

图 12-9 生成逆序循环序列

在 D2 单元格输入以下公式，复制到 D2:R5 单元格区域。

```
=MOD($B2-COLUMN(A1),$B2)+$A2
```

12.2　幂运算与对数运算

12.2.1　平方根函数

SQRT 函数用于计算数字的平方根，其语法是：

```
SQRT(number)
```

例如，计算 9 的平方根，结果为 3，公式如下：

```
=SQRT(9)
```

SQRT 的参数可以是任意大于等于 0 的数值、货币等，也可以是文本型数字和逻辑值。参数小于 0 时，返回错误值“#NUM!”。

12.2.2　乘方与开方运算

脱字号（^）是用于乘方与开方运算的符号，通用公式为：

```
=底数^指数
```

例如，计算 4 的 8 次方，公式如下：

```
=4^8
```

计算 65536 开 16 次方，公式如下：

```
=65536^(1/16)
```

在 Excel 中，用于乘方和开方的是 POWER 函数，其语法是：

```
POWER(number,power)
```

参数 number 是底数，power 是指数。

以上两个公式如果使用 POWER 函数，可以得到相同结果，公式如下：

```
=POWER(4,8)
=POWER(65536,1/16)
```

无论是用脱字号还是用 POWER 函数计算乘方开方，两个参数的用法相同，可以是数值、货币等，也可以是文本型数字和逻辑值。其中任何一个参数为纯文本时（包括空文本），返回错误值“#VALUE!”，两个参数都为 0 或空时，返回错误值“#NUM!”。

如果设定指数为 d，且 d>=1，计算规则如表 12-1 所示。

表 12-1　幂运算中指数的计算规则

POWER 函数	脱字号	计算规则
POWER(number,d)	number^d	计算 number 的 d 次方
POWER(number,1/d)	number^(1/d)	计算 number 的开 d 次方
POWER(number,-d)	number^-d	计算 number 的 d 次方的倒数
POWER(number,-1/d)	number^(-1/d)	计算 number 的开 d 次方的倒数

12.2.3　对数运算

对数是对求幂的逆运算，Excel 中与此相关的函数分别是：返回给定数值以指定底为底的 LOG 函数、返回给定数值以 10 为底的 LOG10 函数和返回给定数值自然对数的 LN 函数，其语法分别是：

```
LOG(number,[base])
LOG10(number)
LN(number)
```

参数可以是任意大于等于 0 且不等于 1 的数值、货币等，也可以是文本型数字。

示例12-4　计算二分法查找次数

利用二分法在 Excel 的一整列数据中查找某值，最多需要查找多少次。

Excel 的一整列是 1048576 条数据，如果用遍历法进行逐一查找，最多需要 1048576 次，而二分法查找，即每次从所有数据的二分位（中间位置）开始查找，其最多查找次数的公式是：

```
=LOG(1048576,2)
```

结果为 20 次。

12.2.4　其他平方运算

专门用于计算平方和与平方差的函数分别是 SUMSQ、SUMX2MY2、SUMX2PY2 和 SUMXMY2 函数，其计算规则如表 12-2 所示。

表 12-2　平方和与平方差函数

公式示例	计算规则	替代公式（均为数组公式）
=SUMSQ(A1:A4)	计算平方和	{=SUM(A1:A4^2)}
=SUMX2MY2(A1:A4,B1:B4)	两组数中对应值平方和之差	{=SUM(A1:A4^2)-SUM(B1:B4^2)}
=SUMX2PY2(A1:A4,B1:B4)	两组数中对应值平方和之和	{=SUM(A1:A4^2)+SUM(B1:B4^2)}
=SUMXMY2(A1:A4,B1:B4)	两组数中对应值差的平方和	{=SUM((A1:A4-B1:B4)^2)}

12.3　其他数学计算

12.3.1　绝对值

用于返回绝对值的是 ABS 函数，语法如下：

```
ABS(number)
```

参数可以是数值、货币、日期、逻辑值等，也可以是文本型数字。

示例12-5　显示是否最接近标准年龄

如图 12-10 所示是若干参加某考核的人员名单，其中 B 列是各人员的年龄，现需要从中找出最接近标准年龄的人员。

C2　{=IF(ABS(B2-E$2)=MIN(ABS(B$2:B$16-E$2)),"是","")}

	A	B	C	D	E
1	姓名	年龄	最接近标准		标准
2	郎俊	23			21
3	文德成	30			
4	王爱华	37			
5	杨文兴	43			
6	王竹蓉	20	是		
7	刘勇	41			
8	林效先	25			
9	陈萍	23			
10	李春燕	35			
11	祝生	10			
12	杨艳梅	43			
13	张贵金	23			
14	李平	16			
15	解德培	50			
16	张晓祥	22	是		
17					

图 12-10　显示是否最接近标准年龄

在 C2 单元格输入以下公式，向下复制到 C16 单元格即可。

```
{=IF(ABS(B2-E$2)=MIN(ABS(B$2:B$16-E$2)),"是","")}
```

提示

这是一个数组公式，公式首尾的一对大括号并非手工输入，而是在完成公式后同时按下 <Ctrl+Shift+Enter> 键后自动生成。

最接近标准年龄，也就是各人年龄与标准年龄相差最小。由于各人年龄有的比标准年龄大，有的比标准年龄小，直接相减后所取的最小值，反而有可能是相差最大的，这时就需要提取两者相减后的绝对值，再从中提取最小值。

公式中的“MIN(ABS(B$2:B$16-E$2))”部分，就是计算出所有年龄与标准年龄相减后绝对值中最小的值，以这个结果再去和 ABS(B2-E$2)，也就是每一个人对应的年龄与标准年龄相差后的绝对值相比较，最后用 IF 判断，分别返回“是”和空文本 ""。

12.3.2 最大公约数和最小公倍数

最大公约数指两个或多个整数共有约数中最大的一个。最小公倍数指两个或多个整数共有倍数中最小的一个。

GCD 函数返回两个或多个整数的最大公约数，LCM 函数返回两个或多个整数的最小公倍数，语法分别为：

```
GCD(number1,[number2,…,number255])
LCM(number1,[number2,…,number255])
```

number1 是必需参数，后续参数均可缺省。如果参数值不是整数，将被截尾取整。

所有参数可以是一个数值（常量），可以是一个单元格引用，也可以是一个单元格区域。

这两个函数的所有参数均可以是大于等于 0 的数值、货币、日期等，也可以是文本型数字，但是任意一个参数为文本（包括空文本）或逻辑值时，返回错误值“#VALUE!”；任意一个参数小于 0 时，返回错误值“#NUM!”。

如果 GCD 函数的任一参数大于 2^53+1，或 LCM 函数返回的值大于 2^53+1，GCD 函数和 LCM 函数返回错误值“#NUM!”。

示例12-6 最大公约数和最小公倍数

	A	B	C	D
1	number1	number2	最大公约数	最小公倍数
2	第三行公式		=GCD(A3:B3)	=LCM(A3:B3)
3	9	3	3	9
4	10	4	2	20
5	11	5	1	55
6	12	6	6	12

图 12-11 最大公约数和最小公倍数

如图 12-11 所示，A 列和 B 列为整数列，需要分别计算最大公约数和最小公倍数。

在 C3 单元格输入以下公式，向下复制到 C6 单元格，计算 A、B 两列数值的最大公约数。

```
=GCD(A3:B3)
```

在 D3 单元格输入以下公式，向下复制到 D6 单元格，计算 A、B 两列数值的最小公倍数。

```
=LCM(A3:B3)
```

12.4 数值取舍函数

在对数值的处理中，经常会遇到进位或舍去的情况。例如，去掉某数值的小数部分、按 1 位小数四舍五入或保留 4 位有效数字等。

Excel 2019 常用的取舍函数有 INT、TRUNC、ROUND、ROUNDUP 和 ROUNDDOWN 函数等。

12.4.1　取整函数

INT 函数和 TRUNC 函数通常用于舍去数值的小数部分，仅保留整数部分。因此常被称为取整函数。虽然这两个函数功能相似，但在实际使用上存在一定的区别。

INT 函数用于返回不大于目标数值的最大整数，语法为：

```
INT(number)
```

参数 number 是待取整的目标数值。

TRUNC 函数是对目标数值进行直接截位，语法为：

```
TRUNC(number,[num_digits])
```

其中，number 是需要截尾取整的实数，num_digits 是可选参数，用于指定取整精度的数字，缺省时 num_digits 的默认值为零。

这两个函数的参数均可以是数值、货币等，也可以是文本型数字和逻辑值。

INT 和 TRUNC 函数，除了在小数点位数上有差异以外，在对负数的处理上也有所不同。TRUNC 函数是单纯地“砍”掉指定小数点后的数字，而 INT 函数则是名副其实地向“下”取整，如图 12-12 所示。

	A	B	C	D
1		INT	TRUNC	
2	第3行公式	=INT(A3)	=TRUNC(A3)	=TRUNC(A3,2)
3	1.111	1	1	1.11
4	0.999	0	0	0.99
5	0.555	0	0	0.55
6	0.444	0	0	0.44
7	0.111	0	0	0.11
8	0	0	0	0
9	-0.111	-1	0	-0.11
10	-0.444	-1	0	-0.44
11	-0.555	-1	0	-0.55
12	-0.999	-1	0	-0.99
13	-1.111	-2	-1	-1.11

图 12-12　INT 与 TRUNC 的异同

示例12-7　重复显示一列中的内容

如图 12-13 所示，需要将 A 列中部门的数据按每个重复 3 次的方式显示。

在 C2 输入以下公式，向下复制到 C13 单元格。

```
=INDEX(A:A,INT(ROW(A3)/3)+1)
```

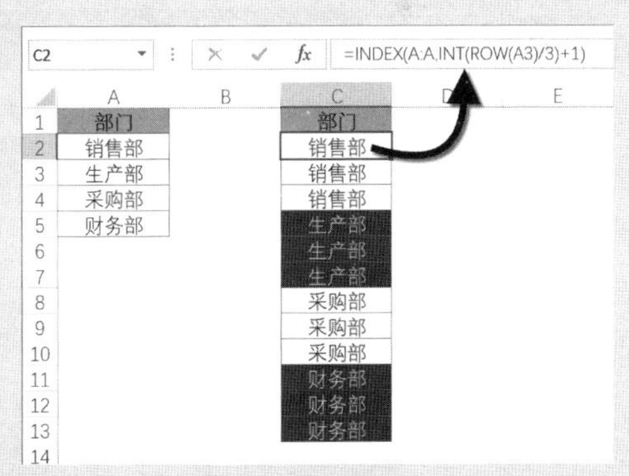

图 12-13　生成重复内容

“INT(ROW(A3)/3)”部分是生成重复值的固定结构，如需重复 3 次，公式中的数字就用 3，如需重复 5 次，公式中的数字就用 5，即 INT(ROW(A5)/5)，以此类推。

ROW(A3) 是提取 A3 单元格行号的函数，当公式向下复制后，会变成递增序列 3、4、5、6……，除以 3 以后的结果依次是 1、1.333、1.667、2、2.333、2.667、3……，再使用 INT 函数提取这些数的整数部分，即得到 1、1、1、2、2、2、3……

最后用 INDEX 函数，根据 INT 函数的结果来提取 A 列中对应位置的内容，因为数据是从第 2 行开始的，所以 INT 函数计算出结果后再 +1。

示例 12-7 的 INT 部分和示例 12-3 的 MOD 部分经常配合使用，以达到转换表格结构的效果。

12.4.2 舍入函数

ROUND、ROUNDUP 和 ROUNDDOWN 函数是常用的舍入函数，这三个函数的语法完全一样，参数的用法也完全相同，均可以是数值、货币等，也可以是文本型数字和逻辑值。

函数语法如下：

```
ROUND(number,num_digits)
ROUNDUP(number,num_digits)
ROUNDDOWN(number,num_digits)
```

三者的差异在于，ROUND 函数是四舍五入，ROUNDDOWN 函数是舍掉指定位数后的数字，和TRUNC函数的结果一致，ROUNDUP函数则是进位后再舍掉指定位数后的数字，如图12-14所示。

	A	B	C	D
1		ROUND	ROUNDUP	ROUNDDOWN
2	第3行公式	=ROUND(A3,2)	=ROUNDUP(A3,2)	=ROUNDDOWN(A3,2)
3	1.111	1.11	1.12	1.11
4	0.999	1	1	0.99
5	0.555	0.56	0.56	0.55
6	0.444	0.44	0.45	0.44
7	0.111	0.11	0.12	0.11
8	0	0	0	0
9	-0.111	-0.11	-0.12	-0.11
10	-0.444	-0.44	-0.45	-0.44
11	-0.555	-0.56	-0.56	-0.55
12	-0.999	-1	-1	-0.99
13	-1.111	-1.11	-1.12	-1.11

图 12-14 ROUND、ROUNDUP 和 ROUNDDOWN 函数的差异

示例12-8 解决求和“出错”问题

有时因为小数点位数的原因，会造成求和结果“出错”，如图 12-15 所示。

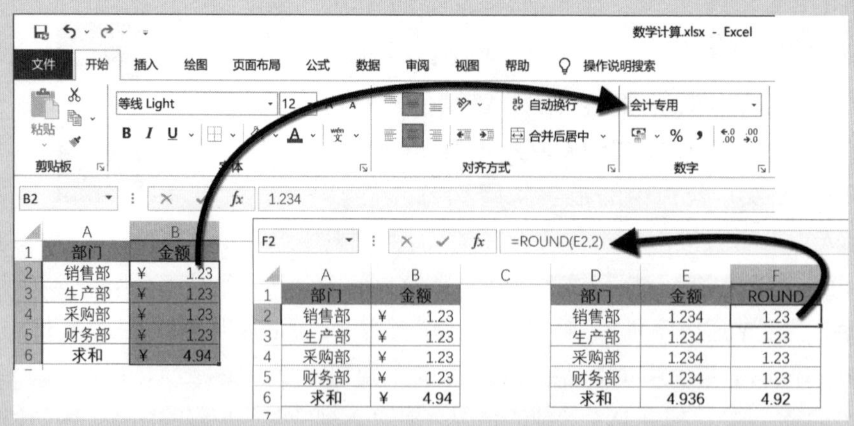

图 12-15 用 ROUND 解决求和“出错”问题

B 列数据应用了【会计专用】数据格式，导致小数点两位后的数字不显示，实际金额“1.234”被显示成“1.23”，最终的求和结果“4.94”并不符合 4 个 1.23 相加的结果。

事实上，Excel 只是忠实地按照实际数据“1.234”进行求和，得出“4.936”这个结果，并且因为【会计专用】数据格式的作用，显示成“4.94”。

遇到这种情况，将单元格数字格式改成常规固然可以看到更加精确的结果，但是因为现实货币最小单位都是分，所以还是需要用 ROUND 函数对小数点位数据进行限制，最后再对四舍五入后的数据进行求和，以达到“所见即所得”的效果。

在 F2 单元格输入以下公式，向下复制到 F5 单元格。

```
=ROUND(E2,2)
```

最后，再对 F2:F5 单元格区域进行求和计算。

如图 12-16 所示，TRUNC、ROUND、ROUNDUP 和 ROUNDDOWN 函数的第二参数还支持负数，这时，“舍入”的位数就转到了小数点的左侧，第二参数为 -1 时，舍入到十位；第二参数为 -2 时，舍入到百位，以此类推。

	A	B	C	D	E
1		第二参数为负数			
2	第3行公式	=TRUNC(A3,-1)	=ROUND(A3,-1)	=ROUNDUP(A3,-1)	=ROUNDDOWN(A3,-1)
3	111.1	110	110	120	110
4	99.9	90	100	100	90
5	55.5	50	60	60	50
6	44.4	40	40	50	40
7	11.1	10	10	20	10
8	0	0	0	0	0
9	-11.1	-10	-10	-20	-10
10	-44.4	-40	-40	-50	-40
11	-55.5	-50	-60	-60	-50
12	-99.9	-90	-100	-100	-90
13	-111.1	-110	-110	-120	-110

图 12-16　第二参数为负数

这四个函数的第二参数为小数时，将被截尾取整。

根据本书前言的提示操作，可观看常用舍入函数的视频讲解。

示例12-9　四舍六入五成双法则

常规的四舍五入直接进位，从统计学的角度来看会偏向大数，误差积累而产生系统误差。而四舍六入五成双的误差均值趋向于零，因此是一种比较科学的计数保留法，也是较为常用的数字修约规则。

四舍六入五成双，就是保留数字后一位小于等于 4 时舍去，大于等于 6 时进位，等于 5 且后面有非零数字时进位，等于 5 且后面没有非零数字时分两种情况：保留数字为偶数时舍去，保留数字为奇数时进位。

事实上，与四舍五入相比，四舍六入五成双只多了一个特例，就是 5 后面如果没有数字，并且 5 前面的数字为偶数时，不再进位。

如图 12-17 所示，对 A 列的数值按四舍六入五成双规则进行修约计算，保留两位小数。

C2 =IF(MOD(TRUNC(A2*10000),50)+MOD(TRUNC(A2*100),2),ROUND(A2,2),TRUNC(A2,2))

	A	B	C	D
1	number	四舍五入	四舍六入五成双	差异
2	1.2451	1.25	1.25	
3	1.245	1.25	1.24	5后无数，5前为偶数
4	1.2381	1.24	1.24	
5	1.238	1.24	1.24	
6	1.2351	1.24	1.24	
7	1.235	1.24	1.24	
8	1.2281	1.23	1.23	
9	1.228	1.23	1.23	
10	1.2251	1.23	1.23	
11	1.225	1.23	1.22	5后无数，5前为偶数
12	-1.225	-1.23	-1.22	5后无数，5前为偶数
13	-1.2251	-1.23	-1.23	
14	-1.235	-1.24	-1.24	
15	-1.2351	-1.24	-1.24	
16	-1.245	-1.25	-1.24	5后无数，5前为偶数
17	-1.2451	-1.25	-1.25	
18				

图 12-17　四舍六入五成双的修约计算

在 C2 单元格输入以下公式，向下复制到 C17 单元格。

```
=IF(MOD(TRUNC(A2*10000),50)+MOD(TRUNC(A2*100),2),ROUND(A2,2),TRUNC(A2,2))
```

公式中的“MOD(TRUNC(A2*10000),50)”部分，利用 A2 乘以 10000 后取整再除以 50 的余数，来判断小数点后是否仅 3 位且第 3 位是数字 5，如果满足条件结果为 0，否则为 1。虽然小数点后 3 位为 0 时，这一部分的结果也是 0，但这种情况下 TRUNC 和 ROUND 函数的结果一致，所以无须关注。

公式中的“MOD(TRUNC(A2*100),2)”部分，用来判断指定位数的数值的前一位是否为偶数，如果满足条件结果为 0，否则为 1。

两个条件相加是“或运算”，两个条件同时符合时，返回 ROUND(A2,2) 的计算结果，如果都不满足（结果为 0）时，返回 TRUNC(A2,2) 的计算结果。

最后用 IF 来判断，返回四舍五入的结果或截取前两位。

若在 G2 单元格指定要保留小数的位数，通用公式如下：

```
=IF(MOD(TRUNC(A2*10^(G$2+2)),50)+MOD(TRUNC(A2*10^G$2),2),ROUND(A2,G$2),
TRUNC(A2,G$2))
```

12.4.3 倍数舍入函数

在实际工作中，还有一些按倍数舍入的函数，分别是按指定倍数四舍五入的 MROUND 函数，按指定倍数向上舍入的 CEILING 和 CEILING.MATH 函数，按指定倍数向下舍入的 FLOOR 和 FLOOR.MATH 函数，以及按奇数、偶数进行舍入的 EVEN 和 ODD 函数。

MROUND 函数的语法为：

```
MROUND(number,multiple)
```

其中，number 是需要舍入的实数，multiple 是指定的倍数。

这两个函数的参数均可以是数值、货币等，也可以是文本型数字。

如果数值 number 除以基数 multiple 的余数大于或等于基数的一半，则 MROUND 函数向远离零的方向舍入。当 MROUND 函数的两个参数符号相反时，函数返回错误值“#NUM!”，如图 12-18 所示。

	A	B	C
1	number	MROUND	
2	第三行公式	=MROUND(A3,3)	=MROUND(A3,-3)
3	5	6	#NUM!
4	4	3	#NUM!
5	3	3	#NUM!
6	2	3	#NUM!
7	1	0	#NUM!
8	0	0	0
9	-1	#NUM!	0
10	-2	#NUM!	-3
11	-3	#NUM!	-3
12	-4	#NUM!	-3
13	-5	#NUM!	-6

图 12-18 MROUND 示例

CEILING 和 FLOOR 这两个函数属于兼容性函数，在新版本的 Excel 中已有更新的函数取代，目前虽然还可以正常计算，但是在实际工作中已不建议再使用。

取而代之的是 CEILING.MATH 和 FLOOR.MATH 函数，语法如下：

```
CEILING.MATH(number,[significance,mode])
FLOOR.MATH(number,[significance,mode])
```

CEILING.MATH 和 FLOOR.MATH 函数的语法完全相同，number 是需要舍入的实数，后面两个参数均是可选参数。significance 是指定倍数，如缺省则默认值为 1。当 number 参数为负数时，mode 参数设置为 0 表示靠近 0 舍入，否则远离 0 舍入，如缺省则默认值为 0。

所有参数均可以是数值、货币等，也可以是逻辑值或文本型数字。

两者的差异在于 CEILING.MATH 是向上舍入，而 FLOOR.MATH 是向下舍入，如图 12-19 所示。

	A	B	C	D	E
1	number	CEILING.MATH		FLOOR.MATH	
2	第三行公式	=CEILING.MATH(A3,3,1)	=CEILING.MATH(A3,3,0)	=FLOOR.MATH(A3,3,1)	=FLOOR.MATH(A3,3,0)
3	5	6	6	3	3
4	4	6	6	3	3
5	3	3	3	3	3
6	2	3	3	0	0
7	1	3	3	0	0
8	0	0	0	0	0
9	-1	-3	0	0	-3
10	-2	-3	0	0	-3
11	-3	-3	-3	-3	-3
12	-4	-6	-3	-3	-6
13	-5	-6	-3	-3	-6

图 12-19 CEILING.MATH 函数与 FLOOR.MATH 函数

示例12-10 计算通话计费时长

图 12-20 是某手机号通话详单的部分记录，需要根据 B 列的通话开始时间和 C 列的通话结束时间计算通话时长。

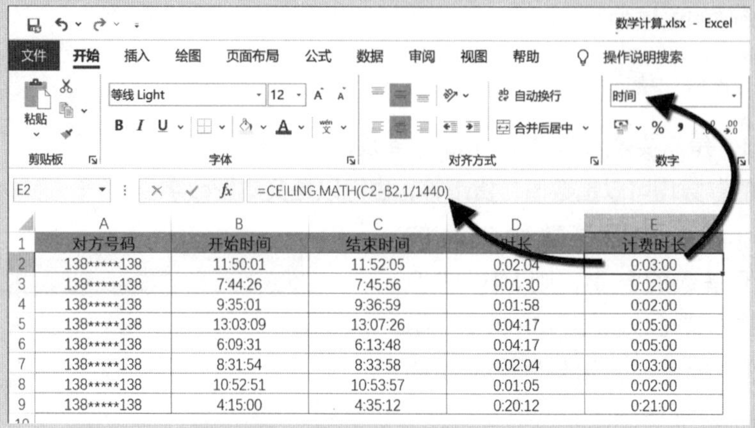

图 12-20 计算通话时长

由于时间本身可以计算，单纯的通话时长只需要结束时间减去开始时间即可。但是根据有关规定，不足一分钟的需要按一分钟计算，在 E2 单元格输入以下公式，向下复制到 E9 单元格。

```
=CEILING.MATH(C2-B2,1/1440)
```

CEILING.MATH 函数的第二参数使用 1/1440，也就是一分钟的时间序列值，将 C2-B2 的计算结果向上舍入到整数分钟。

为确保 E 列计算结果正常显示，需要将单元格格式设置为“时间”。

关于时间序列值的有关内容，请参阅 13.1 节。

EVEN 和 ODD 两个函数用法一样，都只有一个参数，语法如下：

```
EVEN(number)
ODD(number)
```

这两个函数都是将参数向远离 0 的方向进行舍入，EVEN 舍入到最近的偶数，ODD 舍入到最近的奇数。

12.5 数学转换函数

12.5.1 弧度与角度的转换

在数学和物理学中，弧度是角的度量单位。在 Excel 中的三角函数也采用弧度作为角的度量单位，通常不写弧度单位，记为 rad 或 R。在日常生活中，人们常以角度作为角的度量单位，因此存在角度与弧度的相互转换问题。

360° 角 =2π 弧度，利用这个关系式，可借助 PI 函数进行角度与弧度间的转换，也可直接使用 DEGREES 函数和 RADIANS 函数实现转换。

DEGREES 函数将弧度转化为角度，基本语法如下：

```
DEGREES(angle)
```

其中，angle 是以弧度表示的角。

RADIANS 函数将角度转化为弧度，基本语法如下：

```
RADIANS(angle)
```

其中，angle 是以角度表示的角。

12.5.2 度分秒数据的输入和度数的转换

在工程计算和测量等领域，经常使用度分秒的形式表示度数。度分秒分别使用符号“°”“'”和“''”表示，度与分、分与秒之间采用六十进制。

事实上，在 Excel 中有一个专门的六十进制体系，也就是时间。所以在输入度分秒数据时，完全可以使用时间输入方式，以半角冒号作为度和分之间的间隔。输入过程是：至少一位数的度 + 冒号 + 至少一位数的分 + 冒号 + 至少一位数的秒。此处的冒号应均为半角状态，在实际输入过程中，默认会把全角冒号自动转成半角。在此基础上对单元格数据格式进行修改，设置自定义数字格式为“[h]°mm'ss''”，如图 12-21 所示。

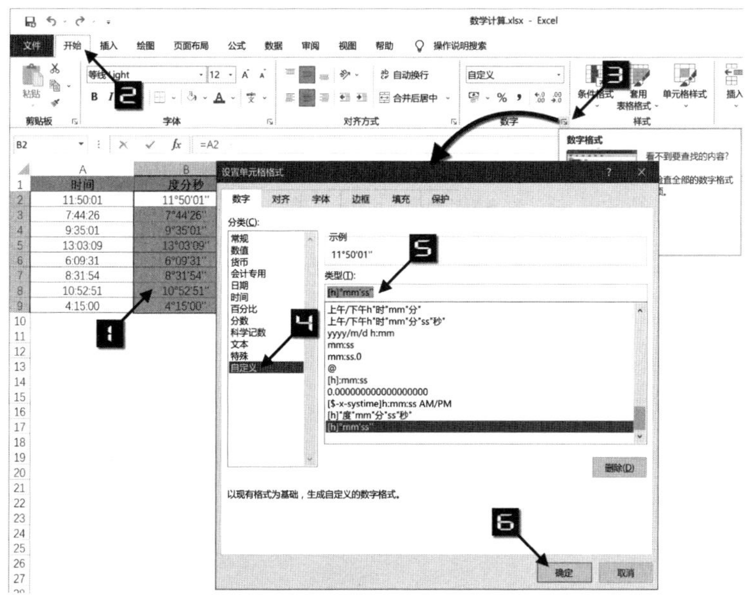

图 12-21　时间转换为度分秒

	A	B	C	D
1	时间	度分秒	转成度数	转成度分秒
2	第三行公式	=A3	=B3*24	=C3/24
3	11:50:01	11°50'01''	11.83	11°50'01''
4	7:44:26	7°44'26''	7.74	7°44'26''
5	9:35:01	9°35'01''	9.58	9°35'01''
6	13:03:09	13°03'09''	13.05	13°03'09''
7	6:09:31	6°09'31''	6.16	6°09'31''
8	8:31:54	8°31'54''	8.53	8°31'54''
9	10:52:51	10°52'51''	10.88	10°52'51''
10	4:15:00	4°15'00''	4.25	4°15'00''

图 12-22　度分秒和度数互转

这样输入的度分秒数据，需要转换成度数时，遵循时间计算规则，只要乘以 24 即可；反之度数转成度分秒，则是除以 24，如图 12-22 所示。

公式输入完成后，单元格的格式会随着被引用单元格格式而变化，需要注意调整。

12.5.3　罗马数字和阿拉伯数字的转换

罗马数字是最早的数字表示方式，比阿拉伯数字早 2 000 多年。罗马数字的组数规则复杂，记录较大的数值时比较麻烦，目前主要用于产品型号或是序列编号等。

标准键盘中没有罗马数字，因此输入罗马数字的过程较复杂。在 Excel 中，可以使用 ROMAN 函数将阿拉伯数字转换为罗马数字。其语法结构为：

```
ROMAN(number,[form])
```

number 为需要转换的阿拉伯数字，如果数字小于 0 或大于 3999，则返回错误值“#VALUE!”。form 指定所需罗马数字类型的数字，取值的范围为 0~4。罗马数字样式的范围从古典到简化，形式值越大，样式越简明。

ARABIC 函数将罗马数字转换为阿拉伯数字，方便统计计算。其语法结构为：

```
ARABIC(text)
```

text 为用双引号包围的罗马数字，或是对包含文本的单元格的引用。

12.6　随机数函数

随机数是一个事先不确定的数，在随机抽取试题、随机安排考生座位、随机抽奖等应用中，都需要使用随机数进行处理。使用 RAND 函数和 RANDBETWEEN 函数均能生成随机数。

RAND 函数不需要参数，可以随机生成一个大于等于 0 且小于 1 的小数，且产生的随机小数几乎不会重复。

RANDBETWEEN 函数的语法为：

```
RANDBETWEEN(bottom,top)
```

两个参数分别为下限和上限，用于指定产生随机数的范围，生成一个大于等于下限值且小于等于上限值的整数。

两个参数均可以是数值、货币等，也可以是文本型数字，参数为小数时，自动四舍五入。当第二参数小于第一参数时返回错误值“#NUM!”。

这两个函数都是“易失性函数”，当用户在工作表中按 <F9> 键或是编辑单元格等操作时，都会引发重新计算，函数也会返回新的随机数。

示例12-11　生成随机算术练习题

如图 12-23 所示，在 A2 单元格中输入以下公式，并向下复制到 A9 单元格，将生成简单的随机算术练习题。每按一次 <F9> 功能键，都可得到新的结果。

```
=INT(RAND()*20+30)&MID("+-×÷",RANDBETWEEN(1,4),1)&RANDBETWEEN(1,5)&"=?"
```

	A
1	练习题
2	40+1= ?
3	37÷5= ?
4	32-2= ?
5	40×1= ?
6	47×2= ?
7	36+5= ?
8	33×3= ?
9	30+2= ?

图 12-23　生成随机算术练习题

公式中的“INT(RAND()*20+30)”部分，用于生成 30~50 的随机数，以此作为算式中的第一个运算数值。使用 RAND 函数生成指定区间数值的模式化用法为：

```
=RAND()*(上限-下限)+下限
```

“MID("+-×÷",RANDBETWEEN(1,4),1)”部分，先使用 RANDBETWEEN 函数生成 1 至 4 的随机数，结果用作 MID 函数的第二参数。再使用 MID 函数从字符串“+-×÷”中，根据 RANDBETWEEN 函数生成的随机位置提取出一个字符，作为算式中的运算符。

RANDBETWEEN(1,5) 部分，生成 1 至 5 的随机数，作为算式中的第二个运算数值。

最后使用连接符“&”，将各部分随机结果和字符串“=?”连接，最终生成随机算式练习题。

在 ANSI 字符集中大写字母 A~Z 的代码为 65~90。因此利用随机函数先在此数值范围中生成一个随机数，再用 CHAR 函数进行转换，即可得到随机生成的大写字母，公式如下：

```
=CHAR(RANDBETWEEN(65,90))
```

如果是 Microsoft 365 专属 Excel 用户，还可以使用另一个随机函数 RANDARRAY，这是一个动态数组函数，语法如下：

```
=RANDARRAY([rows,columns,min,max,integer])
```

第一参数确定返回动态数组的行数，第二参数确定返回动态数组的列数，第三参数指随机数的下限，第四参数指随机数的上限，第五参数用来确定生成的随机数的类别，0 或 FALSE 为小数，不为 0 的数或 TRUE 为整数。五个参数可以从后往前缺省。

使用以下公式，能够创建 1~20 之间、按 5 行 10 列分布的随机小数数组，如图 12-24 所示。

```
=RANDARRAY(5,10,1,20,0)
```

A2　=RANDARRAY(5,10,1,20,0)

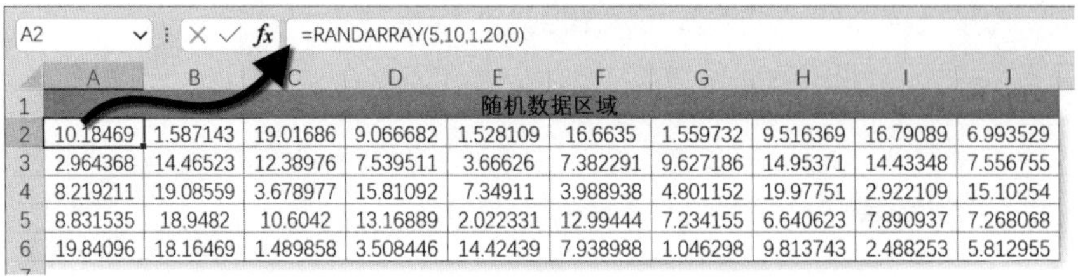

	A	B	C	D	E	F	G	H	I	J
1	随机数据区域									
2	10.18469	1.587143	19.01686	9.066682	1.528109	16.6635	1.559732	9.516369	16.79089	6.993529
3	2.964368	14.46523	12.38976	7.539511	3.66626	7.382291	9.627186	14.95371	14.43348	7.556755
4	8.219211	19.08559	3.678977	15.81092	7.34911	3.988938	4.801152	19.97751	2.922109	15.10254
5	8.831535	18.9482	10.6042	13.16889	2.022331	12.99444	7.234155	6.640623	7.890937	7.268068
6	19.84096	18.16469	1.489858	3.508446	14.42439	7.938988	1.046298	9.813743	2.488253	5.812955

图 12-24

关于动态数组，请参阅 26.1 节。

12.7 数学函数的综合应用

12.7.1 个人所得税计算

企业有每月为职工代扣、代缴工资薪金所得部分个人所得税的义务。根据有关法规，工资薪金所得以每月收入额减除费用 5 000 元后的余额为应纳税所得额，即：

应纳税所得额 = 税前收入金额 -5000（基数）- 专项扣除 - 专项附加扣除 - 其他扣除项
应纳税额 = 月应纳税所得额 × 适用税率 - 速算扣除数

“应纳税额”即每月单位需要为职工代扣代缴的个人收入所得税。

“速算扣除数”是指采用超额累进税率计税时，简化计算应纳税额的常数。在超额累进税率条件下，用全额累进的计税方法，只要减掉这个常数，就等于用超额累进方法计算的应纳税额，故称速算扣除数，个人所得税速算扣除数如表 12-3 所示。

表 12-3　工资、薪金所得部分的个人所得税额速算扣除数

级数	含税级距	税率 (%)	计算公式	速算扣除数
1	不超过 5 000 元的	3	T=(A-5000)*3%-0	0
2	超过 5 000 元至 12 000 元的部分	10	T=(A-5000)*10%-210	210
3	超过 12 000 元至 25 000 元的部分	20	T=(A-5000)*20%-1410	1 410
4	超过 25 000 元至 35 000 元的部分	25	T=(A-5000)*25%-2660	2 660

续表

级数	含税级距	税率 (%)	计算公式	速算扣除数
5	超过 35 000 元至 55 000 元的部分	30	T=(A-5000)*30%-4410	4 410
6	超过 55 000 元至 80 000 元的部分	35	T=(A-5000)*35%-7160	7 160
7	超过 80 000 元的部分	45	T=(A-5000)*45%-15160	15 160
本表含税级距指减除附加减除费用后的余额				

相关法规也规定了个人所得税的减免部分，在实际工作中计算应纳税额时应注意减免。

示例12-12 速算个人所得税

图 12-25 是简化后的员工工资表的部分数据，需要根据 B 列的应纳税所得额计算个人所得税和实发工资。

C2 =ROUND(MAX((B2-5000)*{3;10;20;25;30;35;45}%-{0;210;1410;2660;4410;7160;15160},0),2)

	A	B	C	D
1	员工姓名	税前收入	代缴个税	实发工资
2	张鹤翔	¥ 4,983.78	¥ -	¥ 4,983.78
3	王丽卿	¥ 7,340.07	¥ 70.20	¥ 7,269.87
4	杨红	¥ 14,554.31	¥ 745.43	¥ 13,808.88
5	徐翠芬	¥ 28,975.09	¥ 3,385.02	¥ 25,590.07
6	纳红	¥ 32,251.91	¥ 4,152.98	¥ 28,098.93
7	张坚	¥ 55,391.38	¥ 10,707.41	¥ 44,683.97
8	施文庆	¥ 68,983.83	¥ 15,234.34	¥ 53,749.49
9	李承谦	¥ 93,307.11	¥ 24,578.20	¥ 68,728.91

图 12-25 员工工资表

在 C2 单元格输入以下公式，向下复制到 C9 单元格，计算个人所得税（B2 单元格中的应纳税所得额已减除应扣除项目）。

```
=ROUND(MAX((B2-5000)*{3;10;20;25;30;35;45}%-{0;210;1410;2660;4410;7160;15160},0),2)
```

已知采用速算扣除数法计算超额累进税率的所得税时的计税公式是：

应纳税额 = 应纳税所得额 × 适用税率 − 速算扣除数

“{3;10;20;25;30;35;45}%”部分是不同区间的税率，即 3%、10%、25%、30%、35% 和 45%。

“{0;210;1410;2660;4410;7160;15160}”是各区间的速算扣除数。

用应纳税所得额乘以各个税率，再依次减去不同的速算扣除数，相当于：

```
(B2-5000)*3%-0、(B2-5000)*10%-210、(B2-5000)*20%-1410……(B2-5000)*45%-15160
```

也就是将“应纳税所得额”与各个“税率”“速算扣除数”分别进行运算，得到一系列备选“应纳个人所得税”，再使用 MAX 函数计算出其中的最大值，即为个人所得税。

使用此公式，如果工资不足 5 000 时公式会出现负数。所以为 MAX 函数加了一个参数 0，使应缴个税结果为负数时，MAX 函数的计算为 0。也就是如果工资不足 5 000，缴税额度为 0。

最后使用 ROUND 函数将公式计算结果保留两位小数。

12.7.2 不重复随机序列

随机函数返回的结果可能会有重复，有时这种重复并不会产生影响，如生成随机算术练习题等，但是在有些情况下，则不允许出现重复，如随机安排考生座位等。

生成不重复的随机函数需要用到数组公式或迭代运算，不仅公式复杂，不易学习理解，且数据量大时运行速度慢。借助辅助列来产生随机不重复数，能够简化公式。

示例12-13 随机安排考生座位

	A	B	C
1	考生编号	考生姓名	坐位
2	1	张鹤翔	1排1号
3	2	王丽卿	1排2号
4	3	杨红	1排3号
5	4	徐翠芬	1排4号
6	5	纳红	2排1号
7	6	张坚	2排2号
8	7	施文庆	2排3号
9	8	李承谦	2排4号

图 12-26 考生姓名与原有座位

如图 12-26 所示，B 列是考生姓名，C 列是每位考生原有的座位，现需要将考生的排列顺序打乱。

先将 C 列数据移动到 E 列，在空出来的 C2 单元格输入以下公式，向下复制到 C9 单元格。

```
=RAND( )
```

再将 A~C 三列数据按 C 列进行排序（升序或降序不限），最后删除 C 列公式，将 E 列的座位数据移回 C 列，如图 12-27 所示。

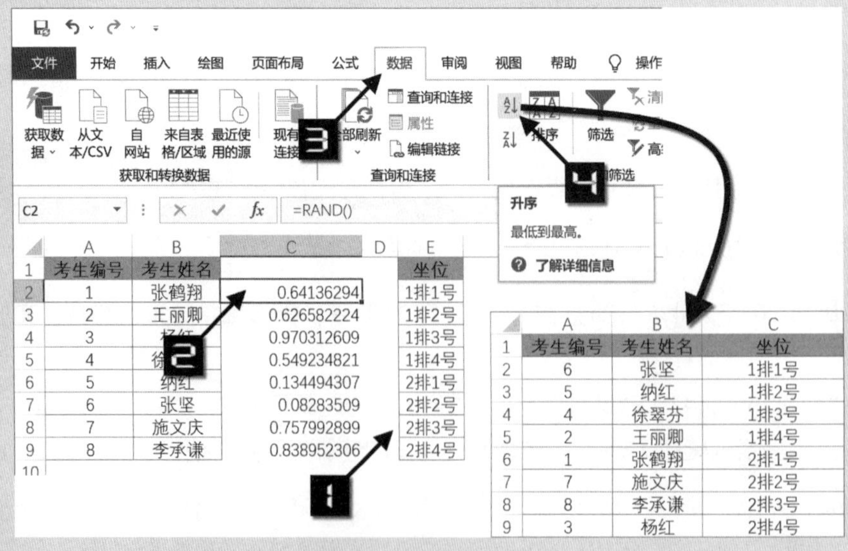

图 12-27 按随机数列排序

经过以上操作，考生的座位重新随机排列，A 列的考生编号也自动生成了不重复随机序列。

如果是 Microsoft 365 专属 Excel 用户，还可以使用以下公式生成随机排列：

```
=SORTBY(A2:B9,RANDARRAY(8))
```

公式中的“RANDARRAY(8)”生成 8 行 1 列随机数，再利用 SORTBY 对 A2:B9 这个单元格区内的数据，按照 RANDARRAY 的结果的顺序进行排序。

关于 SORYBY 函数，请参阅 27.2.2 节。

12.7.3　替代 IF 多层嵌套

在一些条件较多的判断中，如果使用 IF 函数的多层嵌套，不仅嵌套层级多，而且公式冗长。事实上，有很多 IF 多层嵌套，都可以从中寻找到规律，再利用数学计算类函数来解决。

示例12-14　根据得分判断级别

如图 12-28 所示，A~B 两列是得分与级别的对照表，需要根据这一对照表为所有得分填写对应的级别（假设得分的填写限制在0~99之间）：90~99分为A级；80~89 分为 B 级……以此类推，一直到 0~9 分的 J 级。

观察规律可以发现，这些数据区间都是 10，而在 ANSI 字符集中大写字母 A~J 的代码为 65~74，据此，可以在 E2 单元格输入以下公式，向下复制到 E21 单元格。

```
=CHAR(74-INT(D2/10))
```

E2　=CHAR(74-INT(D2/10))

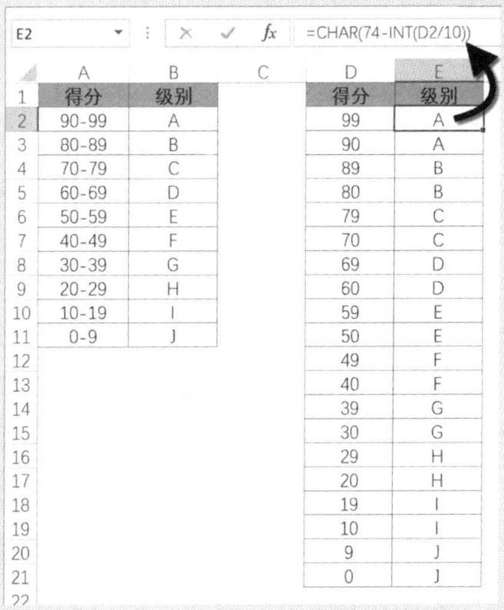

	A	B	C	D	E
1	得分	级别		得分	级别
2	90-99	A		99	A
3	80-89	B		90	A
4	70-79	C		89	B
5	60-69	D		80	B
6	50-59	E		79	C
7	40-49	F		70	C
8	30-39	G		69	D
9	20-29	H		60	D
10	10-19	I		59	E
11	0-9	J		50	E
12				49	F
13				40	F
14				39	G
15				30	G
16				29	H
17				20	H
18				19	I
19				10	I
20				9	J
21				0	J

图 12-28　根据得分与级别对照表计算级别

公式利用 INT(D2/10)，把得分的十位数提取出来，用 74 减去得分的十位数，目的是将其修正到适合 A~J 的 ANSI 字符集范围，最后再利用 CHAR 函数得出指定字符。

如果各级别的区间发生变化，80~99 分为 A 级；60~79 分为 B 级；40~59 分为 C 级；20~39 分为 D 级；0~19 分为 E 级。此时只需要将公式中的几个数字稍加修改即可，如图 12-29 所示。

```
=CHAR(69-INT(D2/20))
```

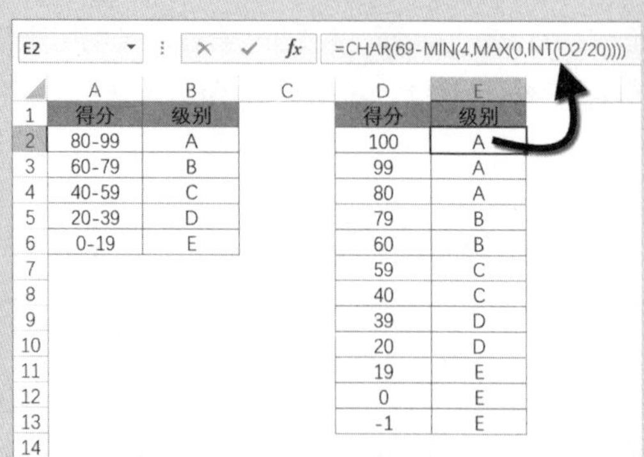

	A	B	C	D	E
1	得分	级别		得分	级别
2	80-99	A		100	A
3	60-79	B		99	A
4	40-59	C		80	A
5	20-39	D		79	B
6	0-19	E		60	B
7				59	C
8				40	C
9				39	D
10				20	D
11				19	E
12				0	E
13				-1	E
14					

图 12-29 根据得分与级别对照表计算级别

以上公式是建立在分数填写区间被限定在 0~99 之间的，如果无此限制，就需要在公式中再增加上下限：

```
=CHAR(69-MIN(4,MAX(0,INT(D2/20))))
```

“MAX(0,INT(D2/20))”部分是取 0 和 INT 结果之间的最大值，当 INT 结果小于 0 时返回 0；外面再嵌套 MIN 函数，与此异曲同工，是将结果控制在 4 以内。如此一来，CHAR 函数的参数被控制在 65~69 之间，不会出现 A、B、C、D、E 以外的结果。

练习与巩固

1. 多个数相加可以用 SUM 函数，多个数相减可以（__________________）。
2. 求商的函数是（_______）；求余的函数是（_______）。
3. 乘方和开方的运算可以不使用函数，而是使用（_______）。
4. GCD 函数返回两个或多个整数的（_______），LCM 函数返回两个或多个整数的（_______）。
5. INT 函数和 TRUNC 函数的区别是（____________________________________）。
6. ROUND 函数是最常用的（_______）函数之一，用于将数字（_______）到指定的位数。
7. ROUNDUP 函数与 ROUNDDOWN 函数对数值的取舍方向相反。前者向绝对值（_______）的方向舍入，后者向绝对值（_______）的方向舍去。
8. CEILING.MATH 函数与 FLOOR.MATH 函数也是常用的取舍函数，两个函数不是按小数位数进行取舍，而是按（______________）进行取舍。
9. 可以使用（_______）输入度分秒，此方法可以大大简化度分秒与度数之间转换的公式。
10. 要生成一组随机数值，通常可以使用（_______）函数和（_______）函数。

第 13 章　日期和时间计算

日期和时间是 Excel 中一种特殊类型的数据，有关日期和时间的计算在各个领域中都有非常广泛的应用。本章重点讲解日期和时间类数据的特点及计算方法，以及日期与时间函数的相关应用。

本章学习要点

（1）认识Excel工作表中的日期时间数据。
（2）日期和时间函数的应用。
（3）星期和工作日相关函数的运用。
（4）计算日期间隔。

13.1　认识日期和时间数据

Excel 把日期和时间数据作为一类特殊的数字表现形式：日期是从 1900 年 1 月 1 日开始，对应序列数 1，此后每增加一天，序列数加 1，最大到 9999 年 12 月 31 日，即 2 958 465；时间是把 1 天除以 24 小时除以 60 分钟除以 60 秒的数字作为最小单位“秒”。

如果将带有日期或时间数据的单元格格式设置为“常规”，可以查看以序列值显示的日期和以小数值显示的时间，如图 13-1 所示。

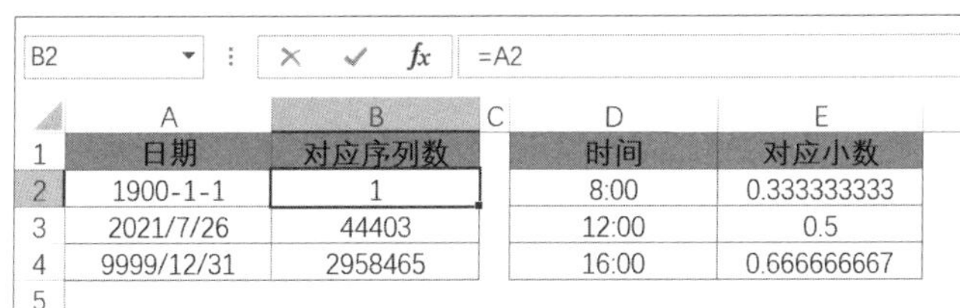

B2　=A2

	A	B	C	D	E
1	日期	对应序列数		时间	对应小数
2	1900-1-1	1		8:00	0.333333333
3	2021/7/26	44403		12:00	0.5
4	9999/12/31	2958465		16:00	0.666666667
5					

图 13-1　日期与时间分别对应的序列数和小数

超出日期时间范围的数值，即小于 0 或大于等于 2 958 466 的数值，转换成日期格式后，会以“ # ”在单元格中填充显示。

如果日期时间未超出范围，但仍显示成“#”，则是由于单元格列宽过小所致，只需要调整列宽即可完整显示。

将数值 0 设置成日期格式后，会显示成“1900 年 1 月 0 日”；但是直接在单元格中输入的“1900 年 1 月 0 日”或“1900-1-0”会被识别为文本，无法再转换成数值 0。

Excel 预置了两个日期系统，1900 日期系统和 1904 日期系统。1904 日期系统的序列数范围是 0~2957003，即 1904 年 1 月 1 日至 9999 年 12 月 31 日。

默认状态下，Excel for Windows 使用 1900 日期系统。不过两种系统可以切换，依次单击【文件】→【选项】，弹出【Excel 选项】对话框，选择【高级】选项卡，在【计算此工作簿时】之下选中或取消选中【使用 1904 日期系统】复选框，再单击【确定】按钮即可，如图 13-2 所示。

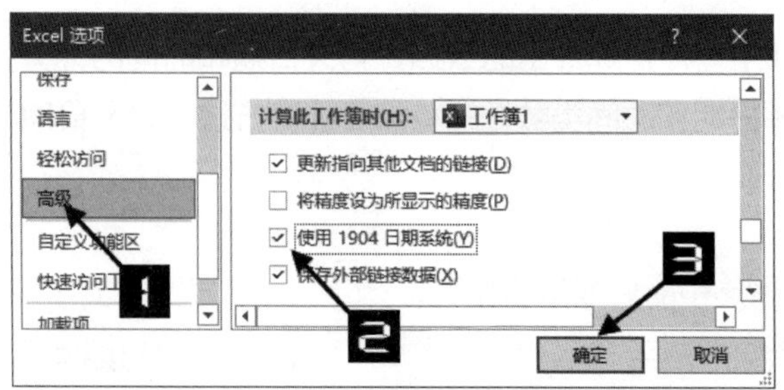

图 13-2　选择日期系统

如果当前工作簿中已有日期数据，修改以上设置后会导致原有日期发生变化。本书中均使用 1900 日期系统。

闰年在 Excel 中能被自动识别，其计算规则是年份能被 4 整除且不能被 100 整除，或者年份能被 400 整除。

Excel 的 1900 日期系统中有一个 BUG，即 1900 年并非闰年，但是 1900 年 2 月 29 日却有一个对应的日期序列值 60。这个 BUG 造成了两个影响，一是工作表数据与其他数据系统对接时，可能会产生 1 天的差异；另一是与日期相关的函数在计算 1900 年 3 月 1 日以前的数据时（如星期等），会出现错误结果。

13.1.1　输入日期数据

按 <Ctrl+;> 组合键，可以在活动单元格中输入操作系统当天日期。

在单元格中输入操作系统当年的任意日期，需要依次输入至少 1 位数的月、横杠（-）或斜杠（/）、至少 1 位数的日，显示为 × 月 × 日，如输入“7-26”或“7/26”，单元格内显示为“7 月 26 日”，编辑栏内显示“2021-7-26”或“2021/7/26”（假设操作系统当前为 2021 年）；中文的“月”和“日”，12 个月的英文单词也可以被识别，如输入“3 月 26 日”或“Mar-26”，单元格内显示对应的日期，编辑栏内显示“2021-3-26”或“2021/3/26”。

在输入过程中，日期分隔符不限横杠（-）或斜杠（/），可以混用，具体显示由 Windows 系统设置中的日期时间格式决定。本章中的“真日期”显示均以横杠（-）为示例。

在单元格中输入 1900 年到 2029 年间的任意日期，可以依次输入至少 1 位数的年、横杠（-）或斜杠（/）、至少 1 位数的月、横杠（-）或斜杠（/）、至少 1 位数的日，显示 ××××-×-×，如输入“21-7-26”或“21/7/26”，单元格和编辑栏均会显示成“2021-7-26”；中文“年”“月”

和“日”同样会被识别。

2030 年以后的日期，默认年必须要输入四位，如输入“30-1-1”，将显示“1930-1-1”。此默认设置可在 Windows 系统的控制面板中修改，如图 13-3 所示。

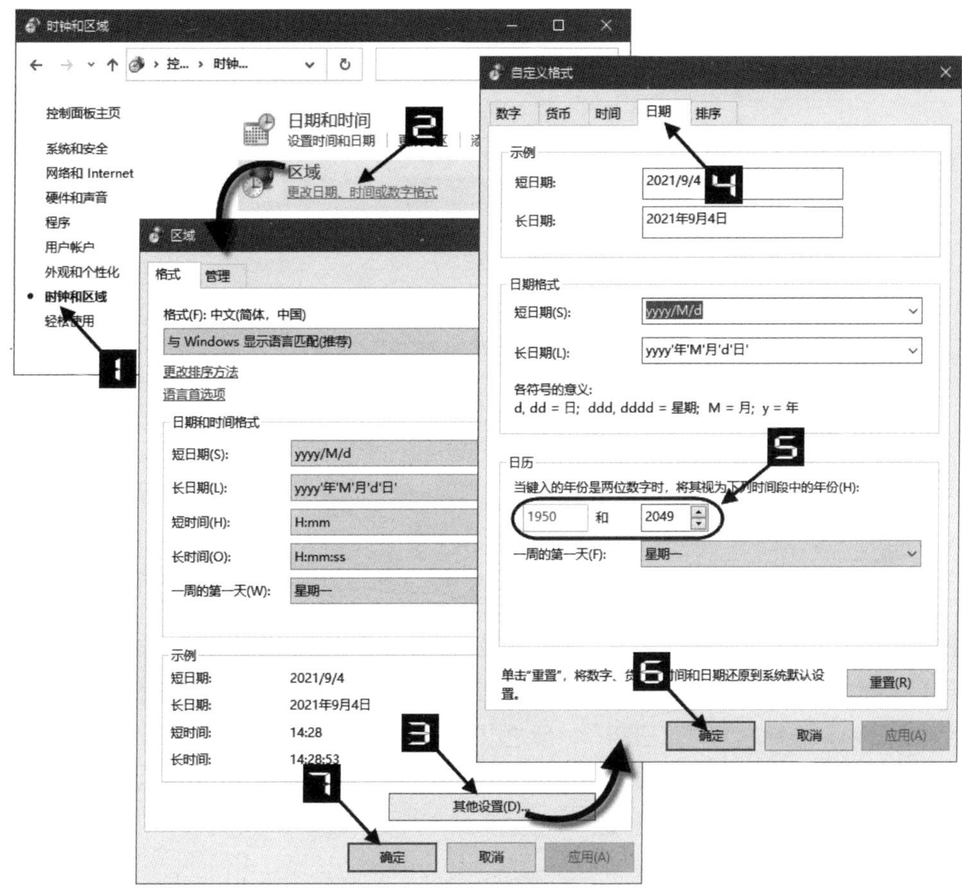

图 13-3　修改两位数年默认年份

在单元格中仅输入年月部分，Excel 会以此月的 1 日作为其日期。如输入“2018-5”，单元格内显示“May-18”，编辑栏内显示“2018-5-1”；如输入“2021 年 7 月”，单元格内仍显示“2021 年 7 月”，编辑栏内显示“2021-7-1”。

虽然在单元格中输入完整日期，如“2021 年 7 月 26 日”，结果显示与输入内容完全一致，编辑栏里显示“2021-7-26”，但是在实际输入过程中，可以简化输入，再根据需要统一设置单元格数字格式。

默认的单元格数字格式选项中包括“长日期”和“短日期”，即“2012 年 3 月 14 日”格式和“2012-3-14”格式，还可以根据实际需要选择其他日期格式或自定义，如图 13-4 所示。

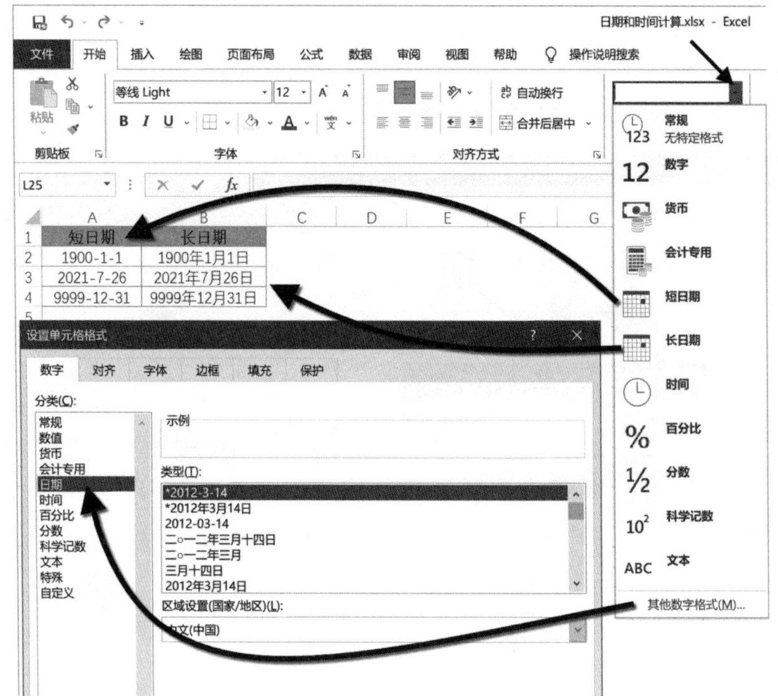

图 13-4　日期格式

无论单元格内以何种日期格式显示，编辑栏里均显示成系统默认的短日期格式。

如果能够通过设置单元格数字格式实现数值与日期的相互转换，这样的日期可以参与到与日期相关的各种运算中，被称之为“真日期”；反之以下几类则为“伪日期”。

- ❖ 以点（.）分隔，如“2021.7.26”“2021.7”“7.26”等。
- ❖ 以反斜杠（\）分隔，如“2021\7\26”“2021\7”“7\26”等。
- ❖ 八位数，如“20210726”。
- ❖ 不被自动识别的汉字，如“2021 年 7 月 26 号”。
- ❖ 中文操作系统下无法识别的顺序，如“26-7-2021”。
- ❖ 其他一些从系统中导出的文本型日期，这些文本型日期在单元格中的默认对齐方式为左对齐。

示例13-1　限制输入当年日期

如果只输入月和日，会默认该日期为系统当前年份。

如图 13-5 所示，需要在 A 列中限制只能输入今年的日期。选取 A2:A9 单元格区域，然后依次单击【数据】→【数据验证】命令，在弹出的【数据验证】对话框中切换到【设置】选项卡下，依次设置:【允许】“日期”、【数据】“介于”、【开始日期】“1-1”、【结束日期】“12-31”，单击【确定】按钮关闭对话框。

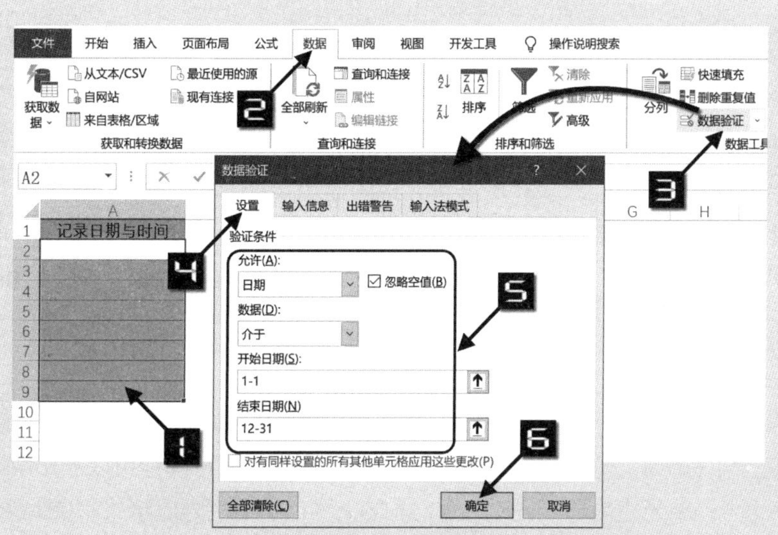

图 13-5　设置数据验证限制只能输入今年日期

完成以上操作后，再在 A2:A9 单元格区域输入非当前年的日期时，就会弹出提示对话框拒绝录入。

假设系统当年为 2021 年，该设置允许仅能够输入 2021 年的日期，再次打开【数据验证】对话框时，【开始日期】会自动变成“2021-1-1”，而【结束日期】则自动变成“2021-12-31”。到下一年度时，数据验证的规则就要重新设置。

可以将验证条件改成【允许】“自定义”，并在【公式】中输入以下公式，如图 13-6 所示。

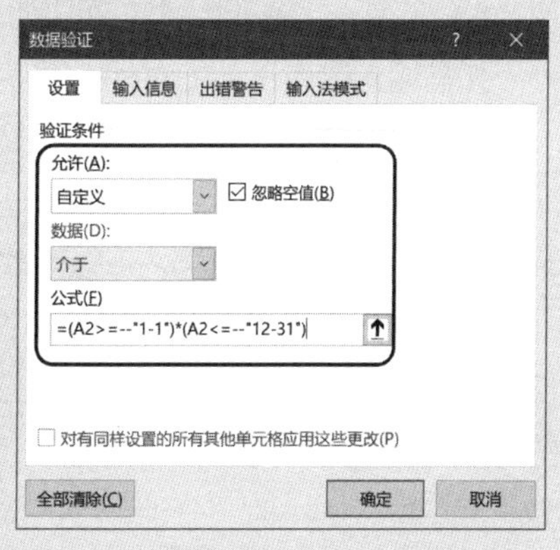

图 13-6　设置自定义数据验证

```
=(A2>=--"1-1")*(A2<=--"12-31")
```

设置自定义数据验证规则时，需要特别注意第一步选取的单元格区域，根据所选区域的活动单元格来设置验证规则。

公式巧妙地使用了“--"1-1"”和“--"12-31"”，无论系统日期是哪一年，提取的都是当前年份的 1 月 1 日和 12 月 31 日，再利用乘法运算，当两个条件同时满足时，不受数据验证的限制可以顺利输入。

如果直接在公式里使用日期和时间，会被误判。如“1-1”会被判断成“1 减 1”，此时需要在外面加上一对半角双引号，成为文本型的日期和时间，然后在前面加上两个减号，通过计算负数的负数（也叫减负运算），将文本型的日期和时间转换为对应的序列值。

13.1.2 输入时间数据

按 <Ctrl+Shift+;> 组合键，可以在活动单元格中输入操作系统的当前时间。

在单元格中输入任意包含时和分的时间，可以依次输入至少 1 位数的时、半角冒号和至少 1 位数的分，秒默认为 0。例如，输入“7:8”，单元格内显示“7:08”，编辑栏内显示“7:08:00”。

在单元格中输入任意包含时、分和秒的时间，可以依次输入至少 1 位数的时、半角冒号、至少 1 位数的分、半角冒号和至少 1 位数的秒。如输入“7:8:9”，单元格内显示“7:08:09”，编辑栏内同样显示为“7:08:09”。

提示 时间的分隔符是半角冒号，在输入时，默认全角冒号会自动转成半角冒号。

在简体中文操作系统中，“时”“分”和“秒”作为时间分隔符同样可以被正常识别。例如，输入“7 时 8 分 9 秒”，单元格内显示“7 时 08 分 09 秒”，编辑栏内显示“7:08:09”；输入“7 时 8 分”，单元格内显示“7 时 08 分”，编辑栏内显示“7:08:00”；但是输入不带小时的中文时间，如“8 分 9 秒”，将不会被自动识别成时间。

如需输入带有日期的时间，顺序依次是日期、空格、时间。

秒是时间的最小单位，可以最多显示为 3 位小数。设置单元格数字格式为“mm:ss.000”，可输入并显示成“00:01.123”，时和分都不允许出现小数。

设置单元格数字格式，可以修改或自定义时间格式。

如果输入时间数据的小时数超过 24，或是分钟秒数超过 60，Excel 会自动按时间进制转换，但一组时间数据中只能有一个超出进制的数，如输入“21:62:33”，Excel 自动转换为 22:02:33 的时间序列值 0.9184375，而输入“21:62:63”则会被识别为文本字符串。如果使用中文字符作为时间单位，则小时、分钟、秒的数据均不允许超过进制限制，否则无法正确识别。

如果能够通过设置单元格数字格式实现数值与时间的相互转换，这样的时间可以参与到与时间相关的各种运算中，被称之为“真时间”；反之，以下几类则为“伪时间”。

- 以点（.）分隔，如“7.08.09”“7.08”“08.09”等。
- 六位数，如“070809”等。
- 不被自动识别的符号，如 7°8'9'' 等。
- 其他一些从系统中导出的文本型时间。

示例13-2 生成指定范围内的随机时间

如图 13-7 所示，将 A2:E9 单元格数字格式设置为时间后，需要用公式生成若干组随机时间。

	A	B	C	D	E
1	任意时间	0:00-12:00	12:00-24:00	3:05-7:21	
2	21:12:38	3:13:32	21:42:58	5:19:00	5:33:26
3	13:16:13	4:00:42	13:16:31	5:50:00	6:08:16
4	19:13:01	2:30:33	16:20:50	3:55:00	6:15:21
5	19:59:58	9:19:33	22:39:51	5:05:00	6:18:19
6	3:12:32	4:57:22	17:40:15	6:18:00	7:20:58
7	8:37:50	2:54:03	14:55:23	6:44:00	6:09:36
8	18:04:04	9:01:52	12:01:17	6:20:00	5:32:02
9	22:46:40	9:18:20	19:26:34	5:15:00	4:33:34

图 13-7　根据需要生成随机时间

❖ 生成任意随机时间。

在 A2 单元格输入以下公式，向下复制到 A9 单元格。

```
=RAND()
```

时间就是大于等于 0 小于 1 之间的小数，RAND 函数生成的随机数范围恰好在此范围内。

❖ 生成 0 点至 12 点的随机时间。

在 B2 单元格输入以下公式，向下复制到 B9 单元格。

```
=RAND()/2
```

❖ 生成 12 点至 24 点的随机时间。

在 C2 单元格输入以下公式，向下复制到 C9 单元格。

```
=RAND()*0.5+0.5
```

这是用 RAND 函数生成指定区间随机数据的模式化用法，所指定的区间就是 0.5 至 1 之间。

❖ 生成 3:05 至 7:21 之间的随机时间，以分钟为单位。

在 D2 单元格输入以下公式，向下复制到 D9 单元格

```
=RANDBETWEEN("3:05"*1440,"7:21"*1440)/1440
```

此公式的思路是：先使用 RANDBETWEEN 函数生成 3:05 至 7:21 之间的随机分钟数，再除以一天的分钟数 1 440，得到指定时间内的随机分钟数。

❖ 生成 3:05 至 7:21 之间的随机时间，以秒为单位。

在 E2 单元格输入以下公式，向下复制到 E9 单元格。

```
="3:05"+RANDBETWEEN(0,15360)/86400
```

3:05 至 7:21 之间的间隔为 15 360 秒。因此先使用 RANDBETWEEN 函数生成 0 至 15 360 之间的随机整数，再除以一天的秒数 86 400，得到随机秒数的序列值。

随机秒数序列值加上起始时间“3:05”，得到 3:05 至 7:21 之间以秒为单位的随机时间。

13.2 日期时间格式的转换

13.2.1 文本型日期时间转“真日期”和“真时间”

在一些系统里导出的日期时间，虽然外观符合“真日期”和“真时间”样式，但其实质却为文本数字格式，无法通过修改单元格数字格式的方式转成数值，被称为文本型日期时间。

文本型日期时间并不影响日期时间类函数的使用，但不排除会使公式运算结果出现错误。因此在一些特殊情况下，需要进行转换。

例如将两个日期进行比较，如果都是“真日期”，则比较结果正确。但如果其中一个是文本型日期时，比较结果就有可能会出错。

如图 13-8 所示，使用公式判断“2021-2-1”是否小于“2021-12-1”，以及“5:00:00”是否小于“15:00:00”，当有文本型日期或文本型时间（默认左对齐）参与比较时，返回错误的结果 FALSE。这种情况下，就需要统一成“真日期”或“真时间”。

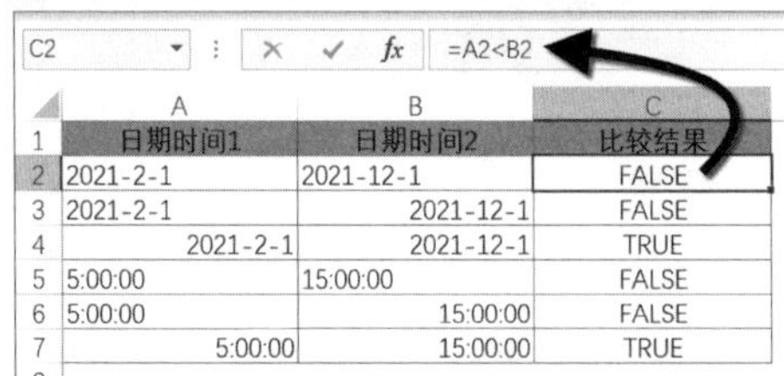

图 13-8 文本型日期时间造成的错误

常用转换方法如表 13-1 所示。

表 13-1 强制将文本型日期时间转换为“真日期”和“真时间”

转换方法	示例	结果
计算负数的负数（--）	=--"2021-8-1"	44409（2021-8-1）
加、减运算	="2021-8-1"+0 ="12:00"-0	44409（2021-8-1） 0.5（12:00:00）
乘、除运算	="2021-8-1"*1 ="12:00"/1	44409（2021-8-1） 0.5（12:00:00）
DATEVALUE 函数	=DATEVALUE("2021-8-1")	44409（2021-8-1）
TIMEVALUE 函数	=TIMEVALUE("12:00")	0.5（12:00:00）
VALUE 函数	=VALUE("2021-8-1") =VALUE("12:00")	44409（2021-8-1） 0.5（12:00:00）

另外，使用数据分列法或替换法等操作也可以实现转换，请参阅示例 13-3。

13.2.2　“真日期”“真时间”转文本型日期和文本型时间

将“真日期”“真时间”强制转换为文本型日期和时间或文本型数字的方法如图 13-9 所示。

	A	B	C
1	真日期时间	伪日期时间	使用公式
2	2021-8-1	44409	=A2&""
3	12:00	0.5	=A3&""
4	2021-8-1	2021-8-1	=TEXT(A4,"e-m-d")
5	12:00	12:00	=TEXT(A5,"h:mm")
6	2021-8-1	21年08月01日	=DATESTRING(A6)

图 13-9　强制将“真日期”“真时间”转换为文本型日期时间或文本型数字

关于 TEXT 函数在日期时间中的应用，请参阅 13.2.3 节。

隐藏函数 DATESTRING 也可以转换中文短日期。例如，输入以下公式将得到中文短日期“15 年 05 月 01 日”。

```
=DATESTRING("2015-5-1")
```

还可使用分列功能进行转换。选中数据区域后，依次单击【数据】→【分列】按钮，在弹出的【文本分列向导】对话框中依次单击【下一步】按钮，操作到第 3 步时，在列数据格式下选中【文本】单选按钮，最后单击【完成】按钮即可，如图 13-10 所示。

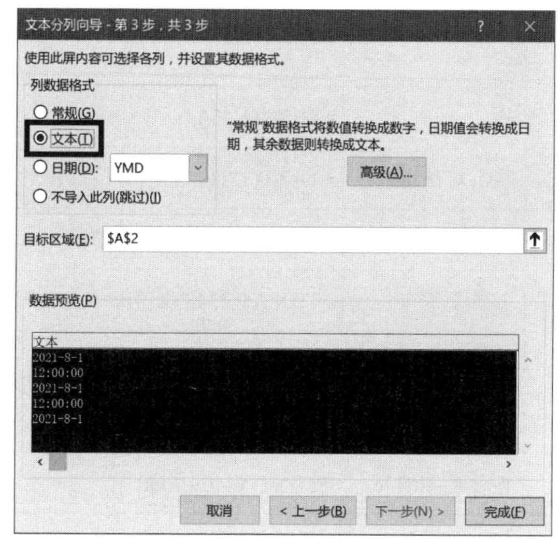

图 13-10　分列操作将“真日期”“真时间”转换为文本型日期时间

13.2.3　日期时间的“万能”转换函数

TEXT 函数也可以用于日期和时间的计算。

将单元格数字格式设置为日期时间，或者使用自定义数字格式，能够使日期时间数据显示不同的效果，而这些自定义的格式代码均可以被 TEXT 函数的第二参数 format_text 所用，实现近乎“万能”的转换效果。

以 2021 年 8 月 1 日的序列值 44409 和 1900 年 1 月 1 日 5:36:58 的序列值 1.234 为例，在简体中文操作系统中的常用日期时间格式代码及其含义如表 13-2 所示。

表 13-2　TEXT 第二参数用于日期时间的代码

代码	含义	公式示例	结果
y 或 yy	两位数的年	=TEXT(44409,"y")	21
yyy 或 yyyy	四位数的年	=TEXT(44409,"yyy")	2021
e	四位数的年	=TEXT(44409,"e")	2021
m 或 mm	月	=TEXT(44409,"mm")	08
mmm	英文月份缩写	=TEXT(44409,"mmm")	Aug
mmmm	英文月份全称	=TEXT(44409,"mmmm")	August
d 或 dd	日	=TEXT(44409,"d")	1
h 或 hh	时	=TEXT(1.234,"h")	5
m 或 mm（与 h 或 s 同时使用）	分	=TEXT(1.234,"h:mm")	5:36
s 或 ss	秒	=TEXT(1.234,"ss")	58
[h]、[m] 或 [s]	显示超过进制	=TEXT(1.234,"[h]")	29
AM/PM	AM 或 PM	=TEXT(1.234,"AM/PM")	AM
上午 / 下午	上午或下午	=TEXT(1.234," 上午 / 下午 h 时 ")	上午 5 时
aaa	中文星期缩写	=TEXT(44409,"aaa")	日
aaaa	中文星期全称	=TEXT(44409,"aaaa")	星期日
ddd	英文星期缩写	=TEXT(44409,"ddd")	Sun
dddd	英文星期全称	=TEXT(44409,"dddd")	Sunday
0	数字占位	=TEXT(723,"00-00")	07-23
! 或 \	强制显示	=TEXT(723,"00\/00") =TEXT(723,"00!:00")	07/23 07:23

TEXT 函数计算结果均为文本型，如需要转换成“真日期”或“真时间”，还需要在 TEXT 前加上减负运算（--）。

关于 TEXT 函数的详细用法，请参阅 10.2.12 节。

13.2.4　其他转换

示例13-3　批量转换“伪日期”

如图 13-11 所示，列出了几种常见的“伪日期”，需要将其全部转换为“真日期”。

	A	B	C	D	E	F
1	以点分隔	以反斜杠分隔	不被识别的汉字	不能识别的年月顺序	文本型日期	八位数
2	2020.2.26	2020\2\26	2020年2月26号	26-2-2020	2020-2-26	20200226
3	2020.2.27	2020\2\27	2020年2月27号	27-2-2020	2020-2-27	20200227
4	2020.2.28	2020\2\28	2020年2月28号	28-2-2020	2020-2-28	20200228
5	2020.2.29	2020\2\29	2020年2月29号	29-2-2020	2020-2-29	20200229
6	2020.3.1	2020\3\1	2020年3月1号	1-3-2020	2020-3-1	20200301
7	2020.3.2	2020\3\2	2020年3月2号	2-3-2020	2020-3-2	20200301
8	2020.3.3	2020\3\3	2020年3月3号	3-3-2020	2020-3-3	20200301
9	2020.3.4	2020\3\4	2020年3月4号	4-3-2020	2020-3-4	20200301

图 13-11　各种“伪日期”

批量转换的方法有多种，主要包括替换法、分列法和函数法。

❖ 替换法

选中数据区域后，按 <Ctrl+H> 组合键，打开【查找和替换】对话框进行批量转换。

图 13-11 中除了 D 列“不能识别的年月顺序”和 F 列中的“八位数”以外，其他都可以用替换法解决。“以点分隔”是将点（.）替换为横杠（-）或斜杠（/）；“以反斜杠分隔”则是将反斜杠（\）替换为横杠（-）或斜杠（/）；“不被识别的汉字”是将“号”替换为“日”。

最特别的是“文本型日期”，查找内容和替换内容完全一样，即将横杠（-）替换为横杠（-），如图 13-12 所示。

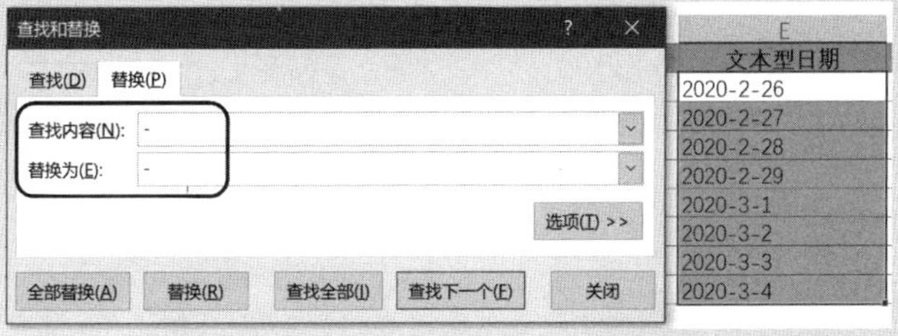

图 13-12　替换法批量转换“伪日期”

❖ 分列法

依次单击【数据】→【分列】按钮，打开【文本分列向导】对话框，在第 1 步和第 2 步的对话框里不需要做任何修改，直接连续单击【下一步】按钮，如图 13-13 所示。

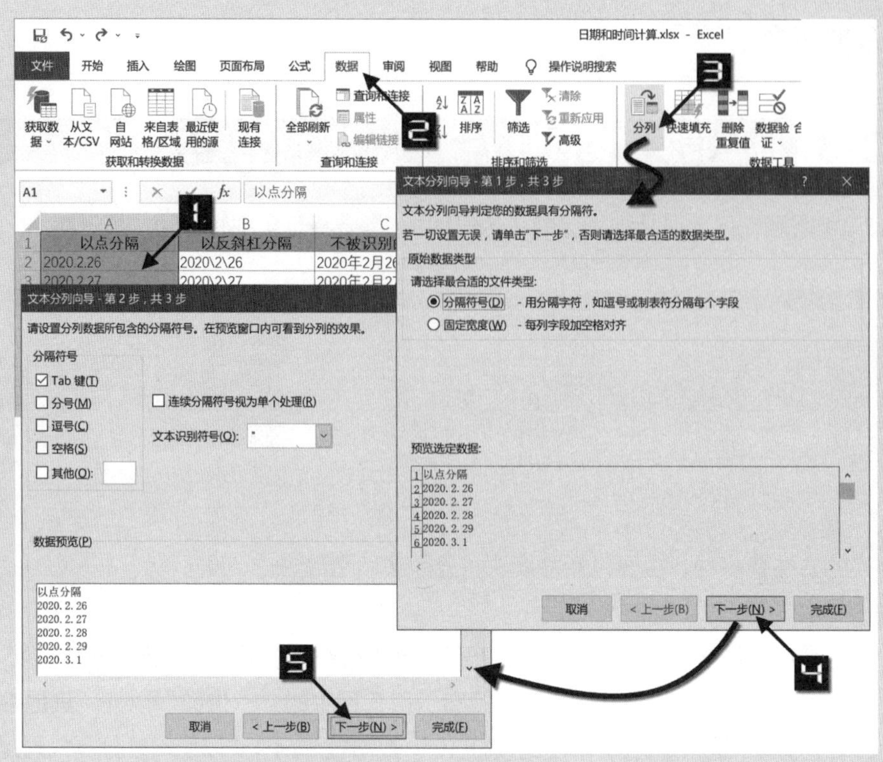

图 13-13　数据分列

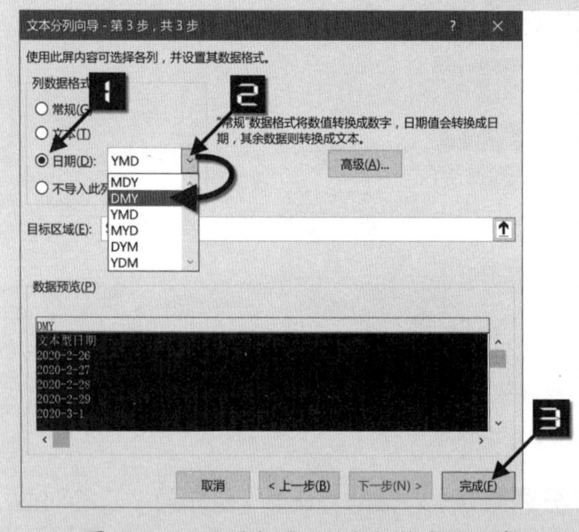

图 13-14　设置分列后的数据格式为日期

在【文本分列向导 第3步，共3步】对话框中，选中列数据格式区域的【日期】单选按钮，再单击【完成】按钮。

使用以上方法，除了“不被识别的汉字”以外，都可以实现批量转换。需要注意的是，“不能识别的年月顺序”因其顺序是“日-月-年”，所以需要修改一下日期的排列方式，将默认的“YMD”改成“DMY”，其中的D表示日，M表示月，Y表示年，如图 13-14 所示。

分列法的缺点是一次只能转换一列数据，对于多列数据，使用替换法或函数法处理更加快捷。

❖ 函数法

大部分函数法仍然沿用替换法的思路，使用 SUBSTITUTE 函数，将不被识别的分隔符替换为可以识别的分隔符。SUBSTITUTE 的典型用法为：

```
SUBSTITUTE(原字符串,查找字符串,替换字符串)
```

由于该函数返回的结果是文本字符串，实质也是“伪日期”。不过对于这样的“伪日期”，只要在函数前使用减负运算，即可强制将文本型日期转换为日期序列值，最后将单元格数字格式设置成日期即可。

“以点分隔”可以使用以下公式：

```
=--SUBSTITUTE(A2,".","-")
```

“以反斜杠分隔”可以使用以下公式：

```
=--SUBSTITUTE(B2,"\","-")
```

“不被识别的汉字”可以使用以下公式：

```
=--SUBSTITUTE(C2,"号","日")
```

处理“文本型日期”则不需要任何函数，直接使用减负运算（--）即可，公式如下：

```
=--E2
```

“八位数”中没有任何分隔符号，其转换公式相对特殊，需要使用 TEXT 函数在不同位置加上分隔符号，转换为具有日期样式的文本，最后再使用减负运算（--）：

```
=--TEXT(F2,"0-00-00")
```

较为复杂的是“不能识别的年月顺序”，公式如下：

```
=TEXT(LEFT(D2,LEN(D2)-5)&-RIGHT(D2,2),"d-m-y")*1
```

首先使用 LEN 函数计算出 D2 单元格的字符数，然后使用 LEFT 函数从 D2 单元格的左侧提取出比总字符数少五个的字符串，也就是除年份之外的部分。再与 D2 右侧的两位年数连接，使结果变成 Excel 能识别的日期形式“26-2-20”，但是这种形式的日期会被默认识别为 2026 年 2 月 20 日。

再使用 TEXT 函数，将第二参数设置为“d-m-y”，也就是按“日 - 月 - 年”的形式来识别，得到具有日期样式的字符串 "20-2-26"，最后乘以 1 转换为日期序列值。

批量将“伪时间”转换成“真时间”主要使用函数法来解决，如需将 6 位数表示的时间转成“真时间”，可以使用以下公式：

```
=1*TEXT("070809","0!:00!:00")
```

TEXT 函数第二参数使用“"0!:00!:00"”，表示在原有数字右侧开始第 2 位和第 4 位前强制加上时间间隔符号，得到具有时间样式的文本字符串，最后乘以 1 转换为时间序列值。

13.3 处理日期时间的函数

13.3.1 用 TODAY 函数和 NOW 函数显示当前日期与时间

TODAY 函数和 NOW 函数分别用于显示操作系统当前日期及当前日期和时间，两个函数都不需要参数。在单元格中输入以下公式，会显示操作系统当前的日期。

```
=TODAY()
```

在单元格中输入以下公式，会显示操作系统当前的日期和时间。

```
=NOW()
```

这两个函数都是“易失性函数”，当用户在工作表中按 <F9> 键或是编辑单元格等操作时，会引发重新计算。

示例13-4 记录当前日期时间且不再变化

在某些时效性强的记录中，需要记录数据输入时的日期和时间，但是不能随系统时间的变化而变化。

除了使用当前日期与时间输入的快捷键以外，还可以通过设置数据验证实现这一目的。

步骤① 在任意单元格输入公式“=NOW()”，本例选择 C1 单元格。

步骤② 选取 A 列数据区域，依次单击【数据】→【数据验证】按钮，弹出【数据验证】对话框。在【设置】选项卡下设置【允许】条件为“序列”，在【来源】编辑框中输入“=$C$1”，单击【确定】按钮，如图 13-15 所示。

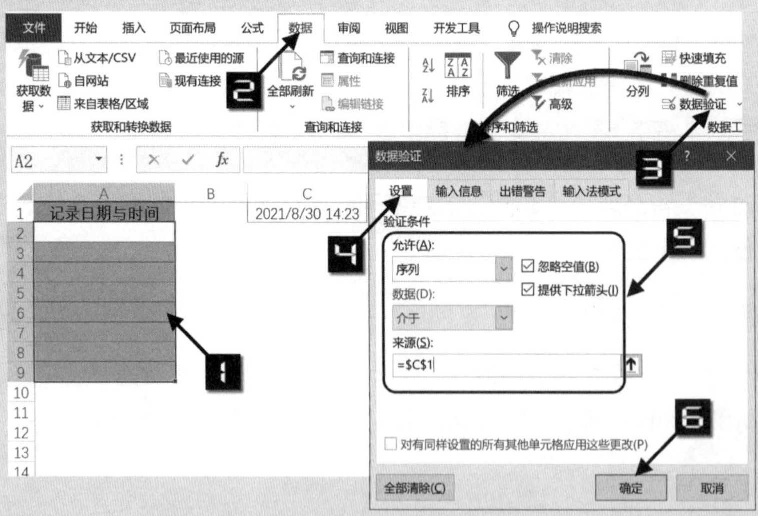

图 13-15　设置数据验证以限制输入当前时间

步骤③ 将 A 列设置为“2012-3-14 13:30”样式的日期格式，如图 13-16 所示。

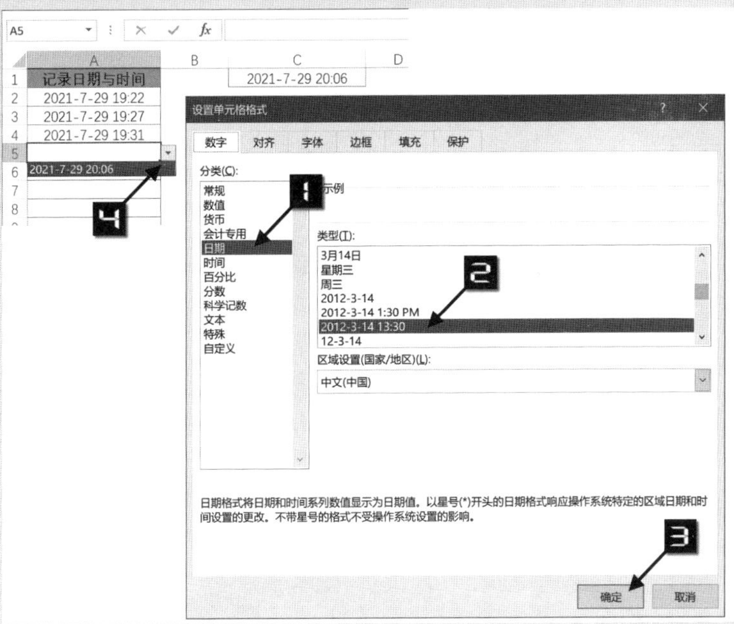

图 13-16　从下拉列表中选择日期时间

设置完毕后，单击 A 列单元格右侧的下拉按钮，即可快速输入当前的系统日期和时间。通过此方法输入的日期和时间，不再具有易失性的特性，已输入的日期时间内容不再自动更新。

13.3.2　用 YEAR、MONTH、HOUR 等函数“拆分”日期与时间

YEAR、MONTH、DAY、HOUR、MINUTE 和 SECOND 函数可以从日期与时间数据中分别提取出年、月、日、时、分、秒六个元素，各个函数的功能如表 13-3 所示。

表 13-3　日期与时间的“拆分”函数

函数名	功能
YEAR	返回指定日期的年份
MONTH	返回指定日期的月份，月份是介于 1~12 的整数
DAY	返回以序列数表示的某日期的天数，天数是介于 1~31 的整数
HOUR	返回指定时间的小时数，小时数是介于 0~23 的整数
MINUTE	返回指定时间的分钟数，分钟数是介于 0~59 的整数
SECOND	返回指定时间的秒数，秒数是介于 0~59 的整数

提示

YEAR、MONTH 和 DAY 函数的参数为空单元格时，会将其识别为 1900 年 1 月 0 日这样一个不存在的日期，分别得到 1900、1 和 0。

示例13-5 英文月份转换为月份数值

B2 =MONTH(A2&1)

	A	B
1	英文	月份
2	January	1
3	February	2
4	March	3
5	April	4
6	May	5
7	Jun	6
8	Jul	7
9	Aug	8
10	Sep	9
11	Oct	10
12	Nov	11
13	Dec	12

图 13-17 英文月份转换

如图 13-17 所示，A 列为英文的月份名称，需要在 B 列转换为对应的月份数值。

在 B2 单元格输入以下公式，向下复制到 B13 单元格。

```
=MONTH(A2&1)
```

使用连接符“&”将 A2 单元格与数值“1”连接，得到新字符串“January1”，成为系统可识别的文本型日期。系统对英文月份的识别有两种，包括月份全称和三个字母的缩写，所以这里不需要另加判断。

最后再使用 MONTH 函数提取出其中的月份。

示例13-6 从混合数据中分别拆分日期和时间

	A	B	C
1	打卡时间	日期	时间
2	2021/01/07 08:21:18	2021-1-7	8:21:18
3	2021/01/07 08:21:21	2021-1-7	8:21:21
4	2021/01/07 08:21:28	2021-1-7	8:21:28
5	2021/01/07 08:21:45	2021-1-7	8:21:45
6	2021/01/08 08:21:59	2021-1-8	8:21:59
7	2021/01/09 08:23:23	2021-1-9	8:23:23
8	2021/01/10 08:23:27	2021-1-10	8:23:27
9	2021/01/11 08:25:05	2021-1-11	8:25:05

图 13-18 分别提取日期和时间

从考勤机中导出的刷卡记录往往是同时包含日期和时间的文本型数字，如图 13-18 所示，需要分别提取出 A 列刷卡记录中的日期和时间。

输入公式之前，先将 B 列设置为短日期格式，将 C 列设置为时间格式，以免影响公式结果。

由于日期和时间的实质都是数值，因此既包含日期又包含时间的数据可以看作是带小数的数值。其中整数部分表示日期的序列值，小数部分表示时间的序列值。

提取日期可以用以下三种公式中的任意一种：

```
=INT(A2)
=TRUNC(A2)
=--TEXT(A2,"e-m-d")
```

使用 INT 函数或 TRUNC 函数提取 A 列数值的整数部分，结果即为表示日期的序列值。

使用 TEXT 函数则是直接将 A2 单元格中的数值转换成“年-月-日”格式，再在前面加上减负运算，返回对应的日期。

提取时间可以用以下三种公式中的任意一种：

```
=MOD(A2,1)
=A2-INT(A2)
=--TEXT(A2,"h:m:s")
```

使用 MOD 函数计算 A2 单元格值与 1 相除的余数，得到 A2 数值的小数部分，结果即为代表时间的序列值。

直接将日期时间中的日期部分减去，也可以得到时间数据。

使用 TEXT 函数则是直接将 A2 单元格中的数值转换成“时 : 分 : 秒”格式，再在前面加上减负运算，返回对应的时间。

以上公式均不会因 A 列是真日期还是符合日期结构的文本型日期而影响结果。

13.3.3　用 DATE 函数和 TIME 函数“合并”日期与时间

日期与时间“合并”函数有两个，分别是合并日期的 DATE 函数和合并时间的 TIME 函数，函数语法如下。

```
DATE(year,month,day)
TIME(hour,minute,second)
```

DATE 函数的三个参数分别表示年份、月份和天数；TIME 函数的三个参数分别表示小时、分钟和秒数。

如果参数中年月日指定的日期不存在，DATE 函数会自动调整无效参数的结果，顺延得到新的日期，而不会返回错误值，以下公式返回值为“2011-1-1”。

```
=DATE(2010,13,1)
```

如果参数“月份”小于 1，则从指定年份的一月开始往前推 N+1 个月。如 DATE(2021,-3,2)，将返回表示 2020 年 9 月 2 日的日期序列值。

如果参数“天数”小于 1，则从指定月份的第 1 天开始往前推 N+1 天。如 DATE(2021,1,-15)，将返回表示 2020 年 12 月 16 日的日期序列值。

参数中时分秒指定的时间不存在，TIME 函数同样会自动调整无效参数的结果，顺延得到新的日期，而不会返回错误值。

使用连接符（&）同样可以“合并”日期与时间，但是对无效参数不会自动调整。以下公式返回“32919”（1990 年 2 月 15 日的序列值）。

```
=--(1990&-2&-15)
```

而以下公式则返回错误值“#VALUE!”。

```
=--(2010&-13&-1)
```

示例13-7　日期与时间的“合并”

如图 13-19 所示，A 列是日期数据，B 列是时间数据，需要将两列数据合并成完整的日期时间。

在 C2 单元格中输入以下公式，向下复制到 C9 单元格。

```
=A2+B2
```

C 列的单元格格式会影响显示结果，需要设置自定义数字格式为：“yyyy-m-d h:mm:ss”。

C2　=A2+B2

	A	B	C
1	日期	时间	日期时间
2	2021-1-7	8:21:18	2021-1-7 8:21:18
3	2021-1-7	8:21:21	2021-1-7 8:21:21
4	2021-1-7	8:21:28	2021-1-7 8:21:28
5	2021-1-7	8:21:45	2021-1-7 8:21:45
6	2021-1-8	8:21:59	2021-1-8 8:21:59
7	2021-1-9	8:23:23	2021-1-9 8:23:23
8	2021-1-10	8:23:27	2021-1-10 8:23:27
9	2021-1-11	8:25:05	2021-1-11 8:25:05

图 13-19　“合并”日期与时间

示例13-8 利用DATE函数生成指定日期

C3 =DATE(A$1,A3,B3)

	A	B	C
1	2021		日期
2	月	日	
3	7	29	2021-7-29
4	7	30	2021-7-30
5	7	31	2021-7-31
6	8	1	2021-8-1
7	8	2	2021-8-2

图 13-20　DATE 函数生成日期

传统的财务记账习惯将年、月、日在不同单元格分别记录，如图 13-20 所示，A1 单元格为年份值，A3:A7、B3:B7 单元格区域分别为月份和一个月中的天数。

在 C3 单元格输入以下公式，向下复制到 C7 单元格，将根据指定的年月日返回具体的日期。

```
=DATE(A$1,A3,B3)
```

DATE 函数的第一参数使用行绝对引用，公式向下复制时年份均引用 A1 单元格的值。第二参数和第三参数分别为月份和一个月中的天数。

示例13-9 利用DATE函数计算指定年份母亲节的日期

每年 5 月份的第二个星期日是母亲节，利用 DATE 函数配合数学函数，可以计算指定年份母亲节的日期。

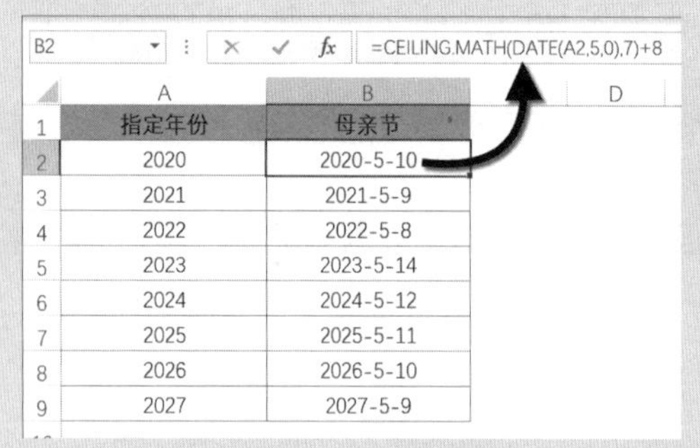

B2 =CEILING.MATH(DATE(A2,5,0),7)+8

	A	B
1	指定年份	母亲节
2	2020	2020-5-10
3	2021	2021-5-9
4	2022	2022-5-8
5	2023	2023-5-14
6	2024	2024-5-12
7	2025	2025-5-11
8	2026	2026-5-10
9	2027	2027-5-9

图 13-21　母亲节日期

如图 13-21 所示，需要根据 A 列的年份计算出该年度母亲节的日期。

在 B2 单元格输入以下公式，向下复制到 B9 单元格。

```
=CEILING.MATH(DATE(A2,5,0),7)+8
```

如果日期序列值恰好是 7 的倍数，则这一天是星期六。利用这一特性，将 DATE(A2,5,0)，也就是 4 月的最后一天，向上舍入到 7 的倍数，得到 5 月的第一个星期六，再加上 8 天，得到五月的第二个星期日。

13.4　星期函数

用于处理星期的函数包括 WEEKDAY 函数、WEEKNUM 函数及 ISOWEEKNUM 函数。除此之外，也经常用 MOD 函数和 TEXT 函数完成星期值的处理。

13.4.1　用 WEEKDAY 函数提取星期值

WEEKDAY 函数是用于提取星期值的函数，返回对应于某个日期一周中的第几天，函数基本语法如下：

```
WEEKDAY(serial_number,[return_type])
```

第一参数 serial_number 是指需要提取星期值的日期，第二参数 return_type 是可选参数，缺省时默认为 1，不同参数对应返回值的类型如表 13-4 所示。

表 13-4　WEEKDAY 函数返回值类型

return_type	返回的数字
1 或缺省	数字 1（星期日）~7（星期六）
2	数字 1（星期一）~7（星期日）
3	数字 0（星期一）~6（星期日）
11	数字 1（星期一）~7（星期日）
12	数字 1（星期二）~7（星期一）
13	数字 1（星期三）~7（星期二）
14	数字 1（星期四）~7（星期三）
15	数字 1（星期五）~7（星期四）
16	数字 1（星期六）~7（星期五）
17	数字 1（星期日）~7（星期六）

WEEKDAY 函数第二参数使用 2 时，公式结果用数字 1~7 分别表示星期一至星期日。以下公式可以返回系统当前年份的 1 月 1 日是星期几。

```
=WEEKDAY("1-1",2)
```

使用 MOD 函数也可以得到相同结果，公式如下：

```
=MOD("1-1"-2,7)+1
```

示例13-10　返回最近促销日的日期

某公司规定每到星期日为产品促销日，需要返回过去离指定日期最近的促销日，如果当前日期是星期日，亦返回前一个星期日的日期。如图 13-22 所示，可以在 B2 输入以下公式，向下复制到 B9 单元格。

	A	B	C
1	指定日期	上一个促销日	下一个促销日
2	2021-8-2	2021-8-1	2021-8-8
3	2021-8-8	2021-8-1	2021-8-15
4	2021-8-9	2021-8-8	2021-8-15
5	2021-8-15	2021-8-8	2021-8-22
6	2021-8-16	2021-8-15	2021-8-22
7	2021-8-22	2021-8-15	2021-8-29
8	2021-8-23	2021-8-22	2021-8-29
9	2021-8-29	2021-8-22	2021-9-5

图 13-22　返回最近促销日的日期

```
=A2-WEEKDAY(A2,2)
```

“WEEKDAY(A2,2)”部分返回指定日期的星期值，用当前日期减去当前日期的星期值，得到上一个星期日的日期。

在 C2 单元格输入以下公式，向下复制到 C9 单元格，可以返回当前日期下一个星期日的日期，如果当前日期是星期日，亦返回下一个星期日的日期。

```
=A2-MOD(A2-1,7)+7
```

WEEKDAY(指定日期 ,2) 和 MOD(指定日期 -1,7) 两个公式，虽然都可以返回指定日期对应的星期，但是对星期日的判断，前者返回 7，后者则返回 0。

示例13-11 计算加班费

E2 =IF(WEEKDAY(A2,2)>5,2,1.5)*D2*C2

	A	B	C	D	E
1	日期	姓名	加班时数	时基本工资	加班费
2	2021-7-26	张鹤翔	1	100	150
3	2021-7-27	张鹤翔	0.5	100	75
4	2021-7-28	张鹤翔	0.5	100	75
5	2021-7-29	张鹤翔	2.5	100	375
6	2021-7-30	张鹤翔	2.5	100	375
7	2021-7-31	张鹤翔	2	100	400
8	2021-8-1	张鹤翔	2	100	400
9	2021-8-2	张鹤翔	1.5	100	225
10	2021-8-3	张鹤翔	0.5	100	75
11	2021-8-4	张鹤翔	1	100	150

图 13-23 计算加班费

图 13-23 是某公司部分出勤数据，需要根据“时基本工资”和“加班时数”计算加班费。

根据有关规定加班费的计算，平时是“时基本工资”的 1.5 倍，周末是“时基本工资”的 2 倍，在E2单元格输入以下公式，向下复制到E11单元格。

```
=IF(WEEKDAY(A2,2)>5,2,1.5)*D2*C2
```

公式中的“WEEKDAY(A2,2)>5”部分，利用 WEEKDAY 函数判断星期值是否大于 5。再用 IF 判断，如果满足条件则为周末，返回 2；否则返回 1.5。

最后再用 IF 计算的结果乘以“时基本工资”和“加班时数”，得到最终的加班费。

以上公式中的“WEEKDAY(A2,2)>5”部分也可以用“MOD(A2,7)<2”替代。

13.4.2 用 WEEKNUM 函数判断周数

WEEKNUM 函数返回指定日期属于全年的第几周，该函数的基本语法如下：

```
WEEKNUM(serial_number,[return_type])
```

第一参数 serial_number 是指需要返回属于第几周的日期；第二参数 return_type 是可选参数，缺省时默认为 1，不同的参数对应返回值的类型如表 13-5 所示。

表 13-5 WEEKNUM 函数返回值类型

return_type	每周开始于
1 或缺省	星期日（机制 1，1 月 1 日所在的星期为该年的第 1 周，下同）
2	星期一（机制 1）

续表

return_type	每周开始于
11	星期一（机制 1）
12	星期二（机制 1）
13	星期三（机制 1）
14	星期四（机制 1）
15	星期五（机制 1）
16	星期六（机制 1）
17	星期日（机制 1）
21	星期一（机制 2，包含该年的第一个星期四的周为该年的第 1 周）

WEEKNUM 函数的语法结构与 WEEKDAY 函数的语法结构相同，第二参数使用 2 时，一周从星期一开始。以下公式可以返回系统当前年份的 7 月 1 日是第几周。

```
=WEEKNUM("7-1",2)
```

ISOWEEKNUM 函数用于返回给定日期在全年中的 ISO 周数，只有一个参数，其结果相当于 WEEKNUM 函数第二参数为 21 时的结果。

ISO 8601 是国际标准化组织的国际标准日期和时间表示方法，主要在欧洲流行。根据 ISO 8601 的规则，每年有 52 周或 53 周，每周的星期一是该周的第 1 天。每年的第一周为该年度的第一个星期四所在的周。例如，2021 年 1 月 1 日为星期五，那么 2021 年 1 月 4 日至 2021 年 1 月 10 日为 2021 年的第一周。

示例13-12 用WEEKNUM函数计算每月有几个促销日

某公司规定每到星期日为产品促销日，如图 13-24 所示，需要计算全年每个月各有几个促销日。

在 B2 单元格输入以下公式，向下复制到 B13 单元格。

```
=WEEKNUM(DATE(YEAR(NOW()),A2+1,0))-SUM(B$1:B1)-1
```

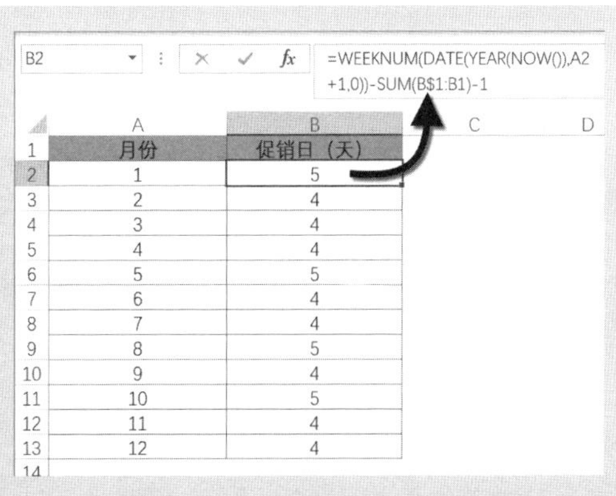

图 13-24　计算每月有几个促销日

公式中 DATE 部分第一参数使用了系统当前时间所在的年份，这样写可以保证这个公式在不同年份可以通用，如果只限定当前年（假设系统当前是 2021 年），则可以直接用 2021 作为第一参数。

DATE 部分的第二参数和第三参数的搭配，是一个模式化结构，月份使用当月 +1，日期用 0，根据 DATE 的自动计算规则，会自动返回当月最后一天。

WEEKNUM 部分计算的是当月最后一天的周数，第二参数缺省，即每周开始于星期日。根据日期规则，1 月份为 31 天，当月最后一天的周数减 1 必然为当月的星期日天数，所以公式最后用“-1”来修正。

公式复制到 B3 单元格以后，计算的结果为 1~2 月的星期日天数，需要减去 1 月的星期日天数，即 B2 单元格的结果。SUM(B$1:B1) 的结果为 0，向下复制一个单元格后的公式是 SUM(B$1:B2)，正好是 B2 单元格的结果。

公式复制到 B4 单元格以后计算的结果为 1~3 月的星期日天数，需要减去 B2 和 B3 单元格的结果，即 SUM(B$1:B3)，以此类推。

公式引用了上一行公式的结果，当 B 列月份不连续时，结果会出错，可以使用以下公式：

```
=WEEKNUM(DATE(YEAR(NOW()),A2+1,0))-MOD(WEEKNUM(DATE(YEAR(NOW()),
A2,0)),52)
```

公式的含义是从本月最后一天的周数减去上月最后一天的周数，每周从星期日开始计算。公式在计算一月份时，上月最后一天的周数为上一年度的周数。因此在后一个 WEEKNUM 函数的基础上加上 MOD 函数，来计算和 52 相除的余数，结果为 1。计算其他月份时，MOD 函数得到的余数仍然为 WEEKNUM 函数的计算结果。

13.5 季度运算

工作表函数中并没有专门处理季度的函数，但是根据季度的规律，可以利用一些日期函数，甚至数学运算和财务函数，对季度进行计算。

13.5.1 利用日期函数和数学运算计算季度

示例13-13 判断指定日期所在的季度

如图 13-25 所示，A 列为日期数据，在 B2 单元格输入以下公式，向下复制到 B8 单元格，可以计算出该日期所在的季度。

```
=LEN(2^MONTH(A2))
```

公式首先用 MONTH 函数计算出 A2 单元格的月份，计算结果用作 2 的乘幂。如图 13-26 所示，2 的 1 至 3 次幂结果是 1 位数，2 的 4 至 6 次幂结果是 2 位数，2 的 7 至 9 次幂结果是 3 位数，2

的 10 至 12 次幂结果是 4 位数。根据此特点，用 LEN 函数计算乘幂结果的字符长度，即为日期所在的季度。

B2　=LEN(2^MONTH(A2))

	A	B
1	指定日期	所在季度
2	2021-1-1	1
3	2021-3-1	1
4	2021-5-1	2
5	2021-7-1	3
6	2021-9-1	3
7	2021-11-1	4
8	2021-12-31	4

图 13-25　判断日期所在季度

公式	结果	字符长度
=2^1	2	1
=2^2	4	1
=2^3	8	1
=2^4	16	2
=2^5	32	2
=2^6	64	2
=2^7	128	3
=2^8	256	3
=2^9	512	3
=2^10	1024	4
=2^11	2048	4
=2^12	4096	4

图 13-26　2 的乘幂运算

还可以使用以下两个公式计算出日期所在季度。

```
=INT((MONTH(A2)+2)/3)
=CEILING.MATH(MONTH(A2)/3)
```

两个公式都是利用数学规律，第一个公式用月份加上 2 之后，再除以 3，整数部分就是日期所在季度。

第二个公式先用月份除以 3，再用 CEILING.MATH 函数向上舍入为整数，得出日期所在季度。

13.5.2　利用财务函数计算季度

COUPDAYBS 函数、COUPDAYS 函数和 COUPNCD 函数都可以完成与季度有关的计算。这三个函数的语法如下：

```
COUPDAYBS(settlement,maturity,frequency,[basis])
COUPDAYS(settlement,maturity,frequency,[basis])
COUPNCD(settlement,maturity,frequency,[basis])
```

COUPDAYBS 用于返回从付息期开始到结算日的天数；COUPDAYS 用于返回指定结算日所在付息期的天数；COUPNCD 用于返回结算日之后的下一个付息日。

这三个函数参数的具体用法相同：第一参数 settlement 是有价证券的结算日；第二参数 maturity 是有价证券的到期日，可以写成一个任意较大的日期序列值；第三参数 frequency 如果使用 4，表示年付息次数按季支付；第四参数 basis 如果使用 1，表示按实际天数计算日期。

示例13-14　指定日期所在季度的计算

如图 13-27 所示，需要根据 A 列日期，分别计算出该日期是所在季度的第几天、该日期所在季度总天数和该日期所在季度最后一天的日期。

	A	B	C	D
1	指定日期	在季度第几天	季度总天数	季度末日期
2	2021-1-1	1	90	2021-3-31
3	2021-3-1	60	90	2021-3-31
4	2021-5-1	31	91	2021-6-30
5	2021-7-1	1	92	2021-9-30
6	2021-9-1	63	92	2021-9-30
7	2021-11-1	32	92	2021-12-31
8	2021-12-31	92	92	2021-12-31

图 13-27　指定日期所在季度的计算

在 B2 单元格输入以下公式，向下复制到 B8 单元格。

```
=COUPDAYBS(A2,"9999-1",4,1)+1
```

本例中年付息次数选择按季支付，所以 A2 单元格日期所在季度的付息期，即为该季度的第一天。公式以 A2 单元格的日期作为结算日，通过计算所在季度第一天到当前日期的间隔天数，结果加 1，变通得到指定日期是所在季度的第几天。

在 C2 单元格输入以下公式，向下复制到 C8 单元格。

```
=COUPDAYS(A2,"9999-1",4,1)
```

公式以 A2 单元格作为结算日，在按季付息的前提下返回日期所在付息期的天数，也就是该日期所在的季度的总天数。

在 D2 单元格输入以下公式，向下复制到 D8 单元格。

```
=COUPNCD(A2,"9999-1",4,1)-1
```

公式以 A2 单元格日期作为结算日，计算该日期之后的下一个付息日，也就是下一个季度的第一天。用下个季度的第一天减 1，变通得到日期所在季度末的日期值。

13.6　日期时间间隔

13.6.1　日期时间的加、减运算

日期时间的本质是数值，因而也具备常规数值所具备的运算功能，常用的日期时间加减计算和比较运算可以归纳为以下几种，如表 13-6 所示。

表 13-6　日期时间的常用加减和比较

类别	示例公式	结果
结束日期 − 起始日期	="2021-7-31"-"2021-7-1"	30
结束时间 − 起始时间	="18:00"-"12:00"	0.25（6:00）
结束日期时间 − 起始日期时间	="2021-7-31 18:00"-"2021-7-1 12:00"	30.25

续表

类别	示例公式	结果
日期－指定天数	="2021-7-31"-30	44378（2021-7-1）
时间－指定时数	="18:00"-0.25	0.5（12:00）
日期＋指定天数	="2021-7-1"+30	44408（2021-7-31）
时间＋指定时数	="12:00"+0.25	0.75（18:00）
比较日期大小	=--"2021-7-31">--"2021-7-1"	TRUE
比较时间大小	=--"12:00">--"18:00"	FALSE
比较日期时间大小	="2021-7-31 12:00">"2021-7-1 18:00"	TRUE

示例13-15 计算投诉处理时长

图 13-28 是某公司投诉处理表的一部分，需要根据 B 列和 C 列的投诉日期和时间，以及 E 列的处理时间，计算处理时长。

	A	B	C	D	E	F	G	H	I	J
1	投诉人	投诉日期	投诉时间	接诉人	处理时间	处理时长（分钟）	处理时长（秒）	TEXT(H)	TEXT(M)	TEXT(S)
2	张鹤翔	2021-7-23	14:06:30	李承谦	2021-7-24 7:11:37	1025	61507	17	1025	61507
3	王丽卿	2021-7-24	10:08:55	李承谦	2021-7-26 15:36:53	3207	192477	53	3207	192478
4	杨红	2021-7-26	13:47:05	李承谦	2021-7-26 22:57:04	549	32999	9	549	32999
5	徐翠芬	2021-7-26	14:00:40	李承谦	2021-7-30 5:40:18	5259	315577	87	5259	315578
6	纳红	2021-7-26	20:18:34	李承谦	2021-7-27 18:22:10	1323	79415	22	1323	79415
7	张坚	2021-7-29	10:08:57	李承谦	2021-7-31 17:46:25	3337	200248	55	3337	200248
8	施文庆	2021-8-1	18:40:45	李承谦	2021-8-2 4:56:31	615	36946	10	615	36946

图 13-28　计算投诉处理时长

如果需要计算两个时间间隔的分钟数，可使用以下公式。

在 F2 单元格输入以下公式，向下复制到 F8 单元格。

```
=INT((E2-B2-C2)*1440)
```

一天有 1 440 分钟，要计算两个时间间隔的分钟数，只要用处理时间减去投诉日期再减去投诉时间，再乘以 1 440 即可。最后用 INT 函数舍去计算结果中不足一分钟的部分，计算出时长的分钟数。

如果需要计算两个时间间隔的秒数，可使用以下公式。

```
=INT((E2-B2-C2)*86400)
```

一天有 86 400 秒，所以计算秒数时用处理时间减去投诉日期再减去投诉时间，再乘以 86 400。

除此之外，使用 TEXT 函数能够以文本格式的数字返回两个时间的间隔。

以下公式返回取整的间隔小时数。

```
=TEXT(E2-B2-C2,"[h]")
```

以下公式返回取整的间隔分钟数。

```
=TEXT(E2-B2-C2,"[m]")
```

以下公式返回取整的间隔秒数。

```
=TEXT(E2-B2-C2,"[s]")
```

TEXT 函数在时间有关的运算过程中，计算结果会自动四舍五入，使用过程中，还需要根据实际需求选择合适的公式。

示例13-16 计算员工在岗时长

E2 =IF(D2>C2,D2-C2,D2+1-C2)

	A	B	C	D	E
1	姓名	考勤日期	上班打卡	下班打卡	在岗时长
2	张鹤翔	2021-7-31	8:15:00	0:00:00	15:45:00
3	王丽卿	2021-7-31	8:19:00	17:34:00	9:15:00
4	杨红	2021-7-31	8:24:00	0:09:00	15:45:00
5	徐翠芬	2021-7-31	8:24:00	0:35:00	16:11:00
6	纳红	2021-7-31	8:25:00	0:12:00	15:47:00
7	张坚	2021-7-31	8:29:00	17:42:00	9:13:00
8	施文庆	2021-7-31	8:30:00	17:55:00	9:25:00

图 13-29 员工考勤记录

图 13-29 是某企业员工考勤的部分记录，需要根据 C 列的上班打卡时间和 D 列的下班打卡时间，计算员工的工作时长。

如果在 E2 单元格使用公式“=D2-C2”计算时间差，由于部分员工的离岗时间为次日凌晨，仅从时间来判断，离岗时间小于到岗时间，两者相减得出负数，计算结果会出现错误。

通常情况下，员工在岗的时长不会超过 24 小时。如果下班打卡时间大于上班打卡时间，说明两个时间是在同一天，否则说明下班为次日。

在 E2 单元格输入以下公式，向下复制到 E10 单元格。

```
=IF(D2>C2,D2-C2,D2+1-C2)
```

IF 函数判断 D2 单元格的下班打卡时间是否大于 C2 单元格的上班打卡时间，如果条件成立，则使用下班时间减去上班时间。否则用下班时间加 1 后得到次日的时间，再减去上班时间。

公式也可以简化为：

```
=IF(D2>C2,0,1)+D2-C2
```

还可以借助 MOD 函数进行求余计算。

```
=MOD(D2-C2,1)
```

用 D2 单元格的下班时间减去 C2 单元格上班时间后，再用 MOD 函数计算该结果除以 1 的余数，返回的结果就是忽略天数的时间差。

13.6.2　计算日期间隔的函数

用来计算两日期之间间隔的函数有 DAYS、DAYS360 和 DATEDIF 函数。

Ⅰ　DAYS 函数和 DAYS360 函数

DAYS 函数可以返回两个日期之间的天数，该函数语法如下：

```
DAYS(end_date,start_date)
```

第一参数 end_date 是结束日期，第二参数 start_date 是开始日期。第二参数如果大于第一参数，返回负值结果。

DAYS360 函数也用于计算两个日期之间间隔的天数，该函数语法如下：

```
DAYS360(start_date,end_date,[method])
```

第一参数 start_date 是开始日期，第二参数 end_date 是结束日期，第三参数 method 用于指示计算时使用美国或是欧洲方法。

前两个参数的用法与 DAYS 函数的参数用法一致，第三参数为 0 或 FALSE 或缺省时，为美国方法；不为 0 或为 TRUE 时，为欧洲方法。

其计算规则是按照一年 360 天，每个月以 30 天计，在一些会计计算中会用到。如果会计系统是基于一年 12 个月，每月 30 天，则可用此函数帮助计算支付款项。

示例13-17　计算今天是本年、季、月度的第几天

如图 13-30 所示，设置 B 列单元格格式为自定义格式“第 0 天”（假设系统当前日期是 2021 年 8 月 9 日）。

	A	B	C
1	今天是	第几天	B列公式
2	本年度的	第222天	=NOW()-"1-1"+1
3	本季度的	第40天	=DAYS(NOW(),(LEN(2^MONTH(NOW()))-1)*3+1&"-1")+1
4	本月的	第9天	=DAY(NOW())

图 13-30　第几天

B2 单元格使用以下公式将返回系统当前日期是本年度的第几天。

```
=NOW()-"1-1"+1
```

B3 单元格使用以下公式将返回系统当前日期是本季度的第几天。

```
=DAYS(NOW(),(LEN(2^MONTH(NOW()))-1)*3+1&-1)+1
```

B4 单元格使用以下公式将返回系统当前日期是本月的第几天。

```
=DAY(NOW())
```

计算本年度第几天的公式是直接用 NOW()-"1-1"，就是用系统当前的日期时间减去本年度的 1 月 1 日，再加上一天得到今天是本年度的第几天。

同理，使用以下公式可以计算本年度有多少天。

```
="12-31"-"1-1"+1
```

计算本季度第几天的公式思路与使用 COUPDAYBS 函数不同，公式中的核心部分是开始日期，先利用“LEN(2^MONTH(NOW()))-1”计算当前日期的上一季度，如果当前是一季度则返回 0。利用每个季度都是相同的三个月，将 LEN 部分乘以 3 后再加 1，返回当前季度的第一个月，再和“-1”连接成当前季度的第一天。

计算本月度第几天，就是直接使用 DAY 函数提取当前日期在一个月中所处的天数。

➲ II DATEDIF 函数

DATEDIF 函数是一个隐藏的日期函数，用于计算两个日期之间的天数、月数或年数。函数语法如下：

```
DATEDIF(start_date,end_date,unit)
```

第一参数 start_date 是开始日期，第二参数 end_date 是结束日期。

第三参数 unit 为所需信息的返回类型，该参数不区分大小写，不同 unit 参数返回的结果如表 13-7 所示。

表 13-7 DATEDIF 函数的第三参数

unit 参数	函数返回结果
Y	时间段中的整年数，不足 1 年的部分向下舍入
M	时间段中的整月数，不足 1 月的部分向下舍入
D	时间段中的天数
MD	日期中天数的差，忽略日期中的月和年
YM	日期中月数的差，忽略日期中的日和年
YD	日期中天数的差，忽略日期中的年

将 DATEDIF 函数第三参数设置为“MD”时，在某些特殊情况下会出现负数、零或不准确的结果。

示例13-18 DATEDIF函数基本用法

如图 13-31 所示，在 D2 单元格输入以下公式，向下复制到 D2:D7 单元格区域。

```
=DATEDIF(B2,C2,A2)
```

在 D10 单元格输入以下公式，向下复制到 D10:D15 单元格区域。

```
=DATEDIF(B10,C10,A10)
```

	A	B	C	D	E
1	unit	start_date	end_date	DATEDIF	简述
2	Y	2016-2-8	2019-7-28	3	整年数
3	M	2016-2-8	2019-7-28	41	整月数
4	D	2016-2-8	2019-7-28	1266	天数
5	MD	2016-2-8	2019-7-28	20	天数，忽略月和年
6	YM	2016-2-8	2019-7-28	5	整月数，忽略日和年
7	YD	2016-2-8	2019-7-28	171	天数，忽略年
8					
9	unit	start_date	end_date	DATEDIF	简述
10	Y	2016-7-28	2019-2-8	2	整年数
11	M	2016-7-28	2019-2-8	30	整月数
12	D	2016-7-28	2019-2-8	925	天数
13	MD	2016-7-28	2019-2-8	11	天数，忽略月和年
14	YM	2016-7-28	2019-2-8	6	整月数，忽略日和年
15	YD	2016-7-28	2019-2-8	195	天数，忽略年

图 13-31　DATEDIF 函数的基本用法

D2 和 D10 单元格公式第三参数使用“Y”，计算两个日期之间的整年数。2016-2-8 到 2019-7-28 超过 3 年，所以其结果返回 3。而 2016-7-28 到 2019-2-8 不满 3 年，所以其结果返回 2。

D3 和 D11 单元格公式第三参数使用“M”，计算两个日期之间的整月数。2016-2-8 到 2019-7-28 超过 41 个月，所以返回结果 41。由于 2016-7-28 到 2019-2-8 不满 31 个月，所以返回结果为 30。

D4 和 D12 单元格公式第三参数使用“D”，计算两个日期之间的天数，相当于两个日期相减。

D5 和 D13 单元格公式第三参数使用“MD”，忽略月和年计算天数之差，前者相当于计算 7-8 与 7-28 之间的天数差，后者相当于计算 1-28 与 2-8 之间的天数差。

D6 和 D14 单元格公式第三参数使用“YM”，忽略日和年计算两个日期之间的整月数，前者相当于计算 2019-2-8 与 2019-7-28 之间的整月数，后者相当于计算 2018-7-28 与 2019-2-8 之间的整月数。

D7 和 D15 单元格公式第三参数使用“YD”，忽略年计算天数差，前者相当于计算 2019-2-8 与 2019-7-28 之间的天数差，后者相当于计算 2018-7-28 与 2019-2-8 之间的天数差。

示例13-19 计算项目完成天数

图 13-32 展示的是某项目的计划表，需要根据开始日和结束日，计算每个项目的天数。

在 D2 单元格输入以下公式，向下复制到 D8 单元格。

```
=C2-B2+1
```

	A	B	C	D
1	工作安排	开始日	结束日	天数
2	制作税局报表	2021-7-1	2021-7-4	4
3	公司内部报表	2021-7-4	2021-7-9	6
4	集团公司财务分析	2021-7-9	2021-7-11	3
5	财务人员会议	2021-7-11	2021-7-16	6
6	财务人员考核	2021-7-16	2021-7-21	6
7	制订下月费用计划	2021-7-21	2021-7-24	4
8	月底盘点	2021-7-24	2021-7-29	6

图 13-32　项目计划表

也可以使用以下公式计算相差天数。

```
=DAYS(C2,B2)+1
=DATEDIF(B2,C2,"d")+1
```

使用日期时间类函数有时会导致公式所在单元格的数字格式自动转成日期，需要注意调整。

以上三种解法都可以获得正确的结果，在实际应用中，使用两个日期直接相减的方式计算相差天数更加方便。

三个公式里都有一个“+1”，这是对日期计算的一种修正。正常情况下，一个任务的期限（假设期限是一个月），被普遍认可的写法是“2021 年 7 月 1 日至 2021 年 7 月 31 日”，但是这样的数据在 Excel 中相减以后的结果比实际间隔天数少 1 天，所以在公式后 +1 用以修正。

示例13-20 计算员工工龄

如图 13-33 所示，是某公司员工信息表的一部分，B 列显示了每位员工的入司日期，C 列是统计日期，现需要据此计算出工龄。

D2 =DATEDIF(B2,C2,"y")&"年"&DATEDIF(B2,C2,"ym")&"个月"&DATEDIF(B2,C2,"md")&"天"

	A	B	C	D
1	姓名	入司日期	统计日期	工龄
2	张鹤翔	2020-8-5	2021-8-5	1年0个月0天
3	王丽卿	2019-1-31	2021-8-5	2年6个月5天
4	杨红	2019-2-1	2021-8-5	2年6个月4天
5	徐翠芬	2002-2-28	2021-8-5	19年5个月8天
6	纳红	2002-1-31	2021-8-5	19年6个月5天
7	张坚	2002-2-1	2021-8-5	19年6个月4天
8	施文庆	2000-2-11	2021-8-5	21年5个月25天
9	李承谦	2006-6-14	2021-8-5	15年1个月22天

图 13-33 员工信息表

在 D2 单元格输入以下公式，向下复制到 D9 单元格。

```
=DATEDIF(B2,C2"y")&"年"&DATEDIF(B2,C2,"ym")&"个月"&DATEDIF(B2,C2,"md")&
"天"
```

公式中使用了三个 DATEDIF 函数，第三参数分别使用了“y”“ym”和“md”，分别计算出两个日期间隔的年、忽略年和日的间隔月数及忽略月和年的天数之差。

实际操作中，可根据统计需求对结束日期加上 1 天，然后再进行计算日期间隔。

示例13-21 计算账龄区间

账龄分析是指企业对应收账款按账龄长短进行分类，并分析其可回收性，是财务工作中一个重要的组成部分。图 13-34 展示的是某企业账龄分析表的部分内容，B 列是业务发生日期，C 列是结算日期，需要在 E 列计算出对应的账龄区间。G、H 两列是不同账期对应的账龄。

E2　=LOOKUP(DATEDIF(B2,C2,"M"),G$2:H$5)

	A	B	C	D	E	F	G	H
1	业务单位	业务发生日期	结算日期	业务金额（万元）	账龄区间		账期	账龄区间
2	甲单位	2020-12-9	2021-8-31	120	6-12个月		0	6个月以内
3	乙单位	2020-9-18	2021-9-1	46	6-12个月		6	6-12个月
4	丙单位	2021-5-22	2021-9-2	113	6个月以内		12	1-2年
5	丁单位	2019-6-24	2021-9-3	65	2年以上		24	2年以上
6	戊单位	2020-9-25	2021-9-4	123	6-12个月			
7	己单位	2019-9-25	2021-9-5	94	1-2年			
8	庚单位	2019-10-5	2021-9-6	109	1-2年			
9	辛单位	2021-5-28	2021-9-7	20	6个月以内			
10								

图 13-34　账龄分析表

E2 单元格使用以下公式，并向下复制到 E9 单元格。

```
=LOOKUP(DATEDIF(B2,C2,"M"),G$2:H$5)
```

DATEDIF 函数第二参数使用“M”，计算 B2 单元格日期与 C2 的结算日期间隔的整月数，计算的间隔月数结果为 8。

LOOKUP 函数以 DATEDIF 函数计算出的间隔月数作为查询值，在 G 列中查找该数值。由于找不到精确匹配结果。因此以小于 8 的最大值 6 进行匹配，并返回第三参数 H 列中相同位置的值，最终计算结果为“6-12 个月”。

示例13-22　规避DATEDIF函数在处理月末日期时出现的BUG

在计算过程中，DATEDIF 函数有时会返回一些看起来比较奇怪的结果，如以下公式返回结果为 -2。

```
=DATEDIF("1-31","3-1","md")
```

这和 DATEDIF 函数的计算机制有关。如图 13-35 所示，当日期是所在月份的最后 1 天时，部分单元格中返回了不准确的结果。例如，开始日期为 2021 年 2 月 28 日，结束日期为 2024 年 2 月 28 日时，返回结果为相距 3 年 0 个月 0 天，而 2024 年 2 月的最后一天是 29 日，两个日期的实际间隔不足 3 年。

对于月末日期，可使用以下公式单独进行处理，如图 13-36 所示。

```
间隔年：=YEAR(EDATE(B2+1,-MONTH(A2)))-YEAR(A2)
剩余月：=MOD(MONTH(B2+1)+11-MONTH(A2),12)
剩余日：=DAY(B2+1)-1
```

	A	B	C	D	E
1	起始日期	结束日期	间隔年	剩余月	剩余日
2	2021/1/1	2025/3/15	4	2	14
3	2021/1/1	2025/3/20	4	2	19
4	2021/1/1	2025/3/31	4	2	30
5	2021/2/28	2024/2/27	2	11	30
6	2021/2/28	2024/2/28	3	0	0
7	2021/2/28	2024/2/29	3	0	1
8	2021/1/31	2023/2/28	2	0	28
9	2021/1/31	2023/3/1	2	1	-2
10	2021/1/31	2023/3/2	2	1	-1
11	2021/1/31	2023/3/3	2	1	0
12	2021/1/31	2023/3/4	2	1	1

图 13-35　DATEDIF 函数的 BUG

	A	B	C	D	E
1	起始日期	结束日期	间隔年	间隔月	间隔日
2	2021-2-28	2024-2-27	2	11	27
3	2021-2-28	2024-2-28	2	11	28
4	2021-2-28	2024-2-29	3	0	0
5	2021-1-31	2023-2-28	2	1	0
6	2021-1-31	2023-3-1	2	1	1
7	2021-1-31	2023-3-2	2	1	2
8	2021-1-31	2023-3-3	2	1	3
9	2021-1-31	2023-3-4	2	1	4

图 13-36　对于月末日期的处理结果

间隔年的公式计算过程为：

```
=YEAR(EDATE(结束日期+1,-起始日期的月份))-YEAR(起始日期)
```

剩余月的公式计算过程为：

```
=MOD(MONTH(结束日期+1)+11-起始日期月份,12)
```

剩余天的公式计算过程为：

```
=DAY(结束日期+1)-1
```

DATEDIF 函数第二参数使用“M”计算两个日期直接的间隔月数时，如果开始日期和结束日期都是月末最后一天，并且开始日期的 DAY 大于结束日期的 DAY，或者结束日期为闰年的 2 月份时，DATEDIF 函数的计算结果有可能会少一个月。可使用“间隔年公式 *12+ 剩余月”公式来计算间隔月数。

```
=(YEAR(EDATE(B2+1,-MONTH(A2)))-YEAR(A2))*12+MOD(MONTH(B2+1)+11-MONTH(A2),12)
```

根据本书前言的提示操作，可观看用 DATEDIF 函数计算日期间隔的视频讲解。

13.6.3　用 EDATE 函数计算指定月份后的日期

EDATE 函数用于返回某个日期相隔指定月份之前或之后的日期，函数基本语法如下：

```
EDATE(start_date,months)
```

第一参数是开始日期，第二参数是开始日期之前或之后的月份数。

示例13-23 计算合同到期日

图 13-37 是某单位员工合同签订明细的部分记录，需要根据合同签订日和合同期限计算合同到期日。

D2 　=EDATE(B2,C2*12)-1

	A	B	C	D
1	姓名	合并签订日	合同期限（年）	合同到期日
2	张鹤翔	2020-2-29	2	2022-2-27
3	王丽卿	2019-8-31	3.5	2023-2-27
4	杨红	2021-3-15	1	2022-3-14
5	徐翠芬	2021-3-7	1	2022-3-6
6	纳红	2018-4-4	4	2022-4-3
7	张坚	2017-8-8	4	2021-8-7
8	施文庆	2018-12-19	3	2021-12-18
9	李承谦	2018-4-28	4	2022-4-27
10				

图 13-37　计算合同到期日

在 D2 单元格输入以下公式，向下复制到 D9 单元格。

```
=EDATE(B2,C2*12)-1
```

EDATE 函数使用 B2 单元格中的日期作为指定的开始日期，将 C2 单元格中的年数乘以 12 后转成月数，作为 EDATE 函数的第二参数。最后减去一天进行修正。

示例13-24 计算员工退休日期

根据现行规定，男性退休年龄为 60 岁，女性干部退休年龄为 55 岁，女性职工退休年龄为 50 岁。在图 13-38 所示的员工信息表中，需要根据 B 列的性别、C 列的出生日期和 D 列的职务，综合判断员工的退休日期。

E2 　=EDATE(C2,SUMIFS(I:I,G:G,D2,H:H,B2)*12)

	A	B	C	D	E	F	G	H	I
1	姓名	姓别	出生日期	职务	退休日期		职务	性别	退休年龄
2	张鹤翔	男	1987-10-13	职工	2047-10-13		干部	男	60
3	王丽卿	女	2009-1-16	职工	2059-1-16		干部	女	55
4	杨红	女	1982-3-15	干部	2037-3-15		职工	男	60
5	徐翠芬	女	1991-3-7	干部	2046-3-7		职工	女	50
6	纳红	女	2008-4-4	职工	2058-4-4				
7	张坚	男	2007-8-8	职工	2067-8-8				
8	施文庆	男	1988-12-19	干部	2048-12-19				
9	李承谦	男	2008-4-28	干部	2068-4-28				
10									

图 13-38　计算员工退休日期

首先在 G2~I5 单元格区域中罗列出不同职务、不同性别的退休年龄，然后在 E2 单元格输入以下公式，向下复制到 E9 单元格。

```
=EDATE(C2,SUMIFS(I:I,G:G,D2,H:H,B2)*12)
```

先使用 SUMIFS 函数对“职务”和“性别”两个条件进行判断，返回对应的退休年龄。

EDATE 函数以 B2 单元格的出生日期作为开始日期，以 SUMIFS 函数的结果乘以 12 作为指定的月份数，返回该月份数之后的日期，也就是退休日期。

示例13-25 根据中文月份计算前一个月的月份

如图 13-39 所示，A 列的月份上包括了中文“月”字，需要在 B 列中计算出之前一个月的月份。

在 B2 单元格输入以下公式，向下复制到 B13 单元格。

B2 =TEXT(EDATE(A2&"1日",-1),"m月")

	A	B
1	中文月份	前一月
2	1月	12月
3	2月	1月
4	3月	2月
5	4月	3月
6	5月	4月
7	6月	5月
8	7月	6月
9	8月	7月
10	9月	8月
11	10月	9月
12	11月	10月
13	12月	11月

图 13-39 计算带中文字月份的前一个月

```
=TEXT(EDATE(A2&"1 日 ",-1),"m 月 ")
```

使用连接符“&”将 A2 单元格与数值“1 日”连接，得到新字符串“1 月 1 日”，成为系统可识别的文本型日期。

EDATE 函数第一参数使用文本型日期，第二参数使用 -1，计算出一个月之前的日期。

TEXT 函数的格式代码设置为 "m 月 "，将 EDATE 函数得到的日期转换为中文形式的月份。

13.6.4 用 EOMONTH 函数计算指定月份的最后一天

EOMONTH 函数用于返回某个日期相隔指定月份之前或之后的最后一天，函数基本语法如下：

```
EOMONTH(start_date,months)
```

第一参数表示开始日期，第二参数是开始日期之前或之后的月份数。

两个参数的使用规则和 EDATE 函数的使用规则相同。

示例13-26 计算指定月份的总天数

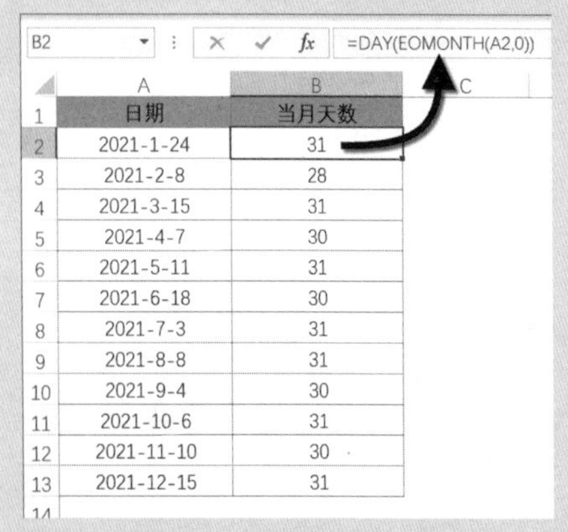

B2 =DAY(EOMONTH(A2,0))

	A	B
1	日期	当月天数
2	2021-1-24	31
3	2021-2-8	28
4	2021-3-15	31
5	2021-4-7	30
6	2021-5-11	31
7	2021-6-18	30
8	2021-7-3	31
9	2021-8-8	31
10	2021-9-4	30
11	2021-10-6	31
12	2021-11-10	30
13	2021-12-15	31

图 13-40 计算指定月份的天数

由于每个月的月末日期即是当月的总天数。因此当希望得到某个月份的总天数时，可以使用 EOMONTH 函数来处理。

如图 13-40 所示，在 B2 单元格输入以下公式，计算 A 列日期所在月份的天数，向下复制到 B13 单元格。

```
=DAY(EOMONTH(A2,0))
```

EOMONTH 函数返回指定日期的 0 个月之后，也就是指定日期所在月最后一天的日期序列值，最后使用 DAY 函数计算出该日期是当月的第几天。

用 DATE 函数也可以计算指定月份的天数，公式如下：

```
=DAY(DATE(YEAR(A2),MONTH(A2)+1,0))
```

DATE 函数第二参数使用“MONTH(A2)+1”，第三参数使用 0，目的是得到 A2 所在月份最后一天的日期。

同理，使用以下公式可以计算本月剩余天数。

```
=EOMONTH(NOW(),0)-TODAY()
```

13.6.5　用 YEARFRAC 函数计算间隔天数占全年的比例

YEARFRAC 函数用于计算开始日期和结束日期之间的天数占全年天数的百分比，函数基本语法如下：

```
YEARFRAC(start_date,end_date,[basis])
```

第一参数 start_date 表示开始日期，第二参数 end_date 表示结束日期。第三参数 basis 用于要使用的日计数基准类型，用 0 到 4 的数值表示五种不同的类型，如表 13-8 所示。该参数超出此范围返回错误值“#NUM!”。

表 13-8　YEARFRAC 函数第三参数指定的日计数基准类型

Basis	日计数基准
0 或省略	US (NASD) 30/360
1	实际 / 实际
2	实际 /360
3	实际 /365
4	欧洲　30/360

US (NASD) 30/360 和欧洲 30/360 的日计数基准均遵循以下计算规则，区别在于对月末日期的处理。

公式中的 Y、M、D 分别表示年、月、日。

US (NASD) 30/360 的日期调整规则为（按顺序遵循所有规则）：

- ❖ 如果日期 1 和日期 2 均为 2 月份的最后一天，则将 D_2 更改为 30。
- ❖ 如果日期 1 是 2 月份的最后一天，则将 D_1 更改为 30。
- ❖ 如果 D_2 是 31，D_1 是 30 或 31，则将 D_2 更改为 30。
- ❖ 如果 D_1 是 31，则将 D_1 更改为 30。

日计数基准类型使用欧洲 30/360 时，如果 D_1 或（和）D_2 是 31，则更改 D_1 或（和）D_2 到 30。

日计数基准类型使用“实际/实际”时，两个“实际”的含义不同。前面的“实际”为开始日期减去结束日期的天数差，后面的“实际”为开始年份到结束年份每一年的实际天数相加后，再除以两个日期之间年份数的平均值。以图 13-41 为例，C2 单元格使用

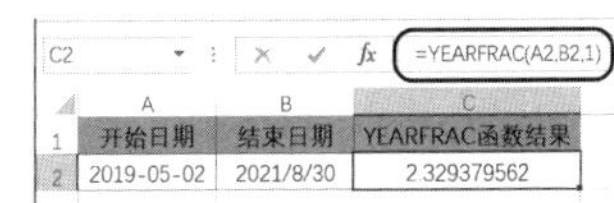

图 13-41　YEARFRAC 函数第三参数使用 1

以下公式，计算结果为 2.329379562。

```
=YEARFRAC(A2,B2,1)
```

公式计算过程如下：

```
=(B2-A2)/((2019年天数365+2020年天数366+2021年天数365)/3)
```

示例13-27 使用YEARFRAC函数计算应付利息

图 13-42 计算应付利息

如图 13-42 所示，需要根据 A~D 列中的计息日期、还款日期、计息金额、年利率计算应付利息。

E2 单元格使用以下公式，计算结果为 22750。

```
=ROUND(YEARFRAC(A2,B2,0)*C2*D2,2)
```

YEARFRAC 函数第一参数为开始日期，第二参数为结束日期，第三参数使用 0，表示使用 US (NASD) 30/360 的日计数基准。

计算出日期间隔年份后，再分别乘以计息金额和年利率计算出应付利息，最后使用 ROUND 函数将结果保留两位小数。

YEARFRAC 函数不严格要求开始日期和结束日期的参数位置，二者位置可以互换。

13.7 工作日有关的计算

13.7.1 计算指定工作日后的日期

WORKDAY 函数用于返回在起始日期之前或之后、与该日期相隔指定工作日的日期。函数基本语法如下：

```
WORKDAY(start_date,days,[holidays])
```

第一参数 start_date 为起始日期，第二参数 days 为开始日期之前或之后不含周末及节假日的天数，第三参数 holidays 可选，为包含需要从工作日历中排除的一个或多个节假日日期。

示例13-28 计算员工每月考评日期

某公司规定，每月 20 日为员工固定考评日，如果恰逢 20 日是星期六或星期日，则提前至星期五考评。如图 13-43 所示，需要根据 A 列中的月份，计算出当年（假设系统当前是 2021 年）每月考评的日期。

B2 单元格使用以下公式，向下复制到 B13 单元格。

```
=WORKDAY(DATE(YEAR(NOW())
,A2,21),-1)
```

B2 =WORKDAY(DATE(YEAR(NOW()),A2,21),-1)

月份	考评日期
1	2021-1-20
2	2021-2-19
3	2021-3-19
4	2021-4-20
5	2021-5-20
6	2021-6-18
7	2021-7-20
8	2021-8-20
9	2021-9-20
10	2021-10-20
11	2021-11-19
12	2021-12-20

图 13-43　每月员工考评日期

DATE 函数得出每月 21 日的日期值，再利用 WORKDAY 函数，第二参数设置为 -1，计算出前一个工作日的日期。

WORKDAY.INTL 函数的作用是使用自定义周末参数，返回在起始日期之前或之后，与该日期相隔指定工作日的日期。函数基本语法如下：

```
WORKDAY.INTL(start_date,days,[weekend],[holidays])
```

除第三参数 weekend 以外，其他三个参数与 WORKDAY 函数的三个参数含义和使用规则相同。

第三参数 weekend 参数可选，用于指定一周中属于周末和不属于工作日的日期。不同 weekend 参数对应的自定义周末日如表 13-9 所示。

表 13-9　weekend 参数对应的周末日

周末数字	周末日
1 或省略	星期六、星期日
2	星期日、星期一
3	星期一、星期二
4	星期二、星期三
5	星期三、星期四
6	星期四、星期五
7	星期五、星期六

续表

周末数字	周末日
11	仅星期日
12	仅星期一
13	仅星期二
14	仅星期三
15	仅星期四
16	仅星期五
17	仅星期六
1 或 0 的七个数字 例如："0000011"	从左到右表示从星期一至星期天， 0 代表工作日，1 代表休息日 至少要有一个 0

示例13-29 利用WORKDAY.INTL函数计算指定年份母亲节的日期

利用 WORKDAY.INTL 函数也可以计算出指定年份母亲节的日期。

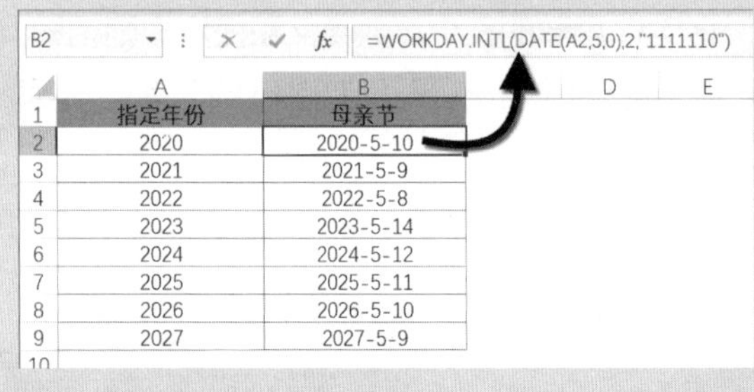

	A	B
1	指定年份	母亲节
2	2020	2020-5-10
3	2021	2021-5-9
4	2022	2022-5-8
5	2023	2023-5-14
6	2024	2024-5-12
7	2025	2025-5-11
8	2026	2026-5-10
9	2027	2027-5-9

图 13-44 母亲节日期

如图 13-44 所示，需要根据 A 列的年份计算出该年度母亲节的日期。

B2 单元格使用以下公式，向下复制到 B9 单元格。

```
=WORKDAY.INTL(DATE(A2,5,0),2,
"1111110")
```

母亲节的日期是 4 月 30 日之后的第二个星期日，公式中使用 WORKDAY.INTL 函数，将一周内除星期日以外其他日期全部定义为“休息日”，计算从 4 月 30 日起第二个“工作日”的结果。

示例13-30 计算完成维修的最迟日期

图 13-45 所示，是某产品维修计划表的部分内容，B 列为项目接单日期，C 列为向客户承诺的完成期限，G 列为法定节假日，需要计算出完成各维修项目的最迟日期。

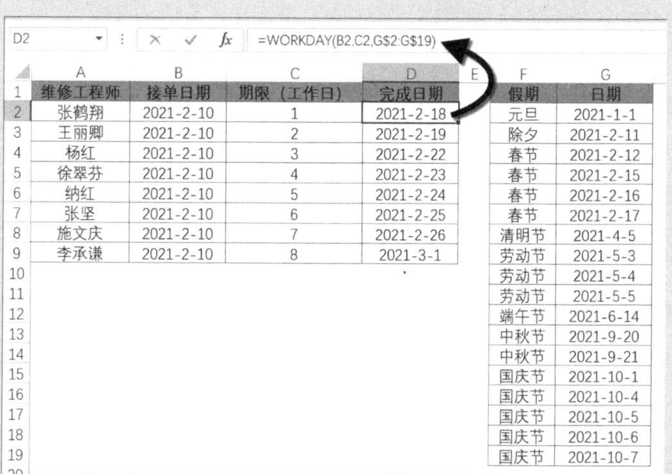
D2　=WORKDAY(B2,C2,G$2:G$19)

	A	B	C	D	E	F	G
1	维修工程师	接单日期	期限（工作日）	完成日期		假期	日期
2	张鹤翔	2021-2-10	1	2021-2-18		元旦	2021-1-1
3	王丽卿	2021-2-10	2	2021-2-19		除夕	2021-2-11
4	杨红	2021-2-10	3	2021-2-22		春节	2021-2-12
5	徐翠芬	2021-2-10	4	2021-2-23		春节	2021-2-15
6	纳红	2021-2-10	5	2021-2-24		春节	2021-2-16
7	张坚	2021-2-10	6	2021-2-25		春节	2021-2-17
8	施文庆	2021-2-10	7	2021-2-26		清明节	2021-4-5
9	李承谦	2021-2-10	8	2021-3-1		劳动节	2021-5-3
10						劳动节	2021-5-4
11						劳动节	2021-5-5
12						端午节	2021-6-14
13						中秋节	2021-9-20
14						中秋节	2021-9-21
15						国庆节	2021-10-1
16						国庆节	2021-10-4
17						国庆节	2021-10-5
18						国庆节	2021-10-6
19						国庆节	2021-10-7

图 13-45　计算完成维修的最迟日期

如果不考虑调休因素，在 D2 单元格输入以下公式，向下复制到 D9 单元格。

```
=WORKDAY(B2,C2,G$2:G$19)
```

公式中，B2 为起始日期，指定的工作日天数为 C2 的数字，G$2:G$19 单元格区域为需要排除的节假日日期，Excel 计算时自动忽略这些日期来计算工作日。

实际工作中，还需要考虑到调休问题，这就需要对假期的设定进行调整，把所有法定节假日、不调休的周末全部在 G 列列出，再在 D2 单元格输入以下公式，向下复制到 D9 单元格，如图 13-46 所示。

```
=WORKDAY.INTL(B2,C2,"0000000",G$2:G$11)
```

D2　=WORKDAY.INTL(B2,C2,"0000000",G$2:G$11)

	A	B	C	D	E	F	G
1	维修工程师	接单日期	期限（工作日）	完成日期		假期	日期
2	张鹤翔	2021-2-10	1	2021-2-18		除夕	2021-2-11
3	王丽卿	2021-2-10	2	2021-2-19		春节	2021-2-12
4	杨红	2021-2-10	3	2021-2-20		周末	2021-2-13
5	徐翠芬	2021-2-10	4	2021-2-22		周末	2021-2-14
6	纳红	2021-2-10	5	2021-2-23		春节	2021-2-15
7	张坚	2021-2-10	7	2021-2-25		春节	2021-2-16
8	施文庆	2021-2-10	9	2021-3-1		春节	2021-2-17
9	李承谦	2021-2-10	11	2021-3-3		周末	2021-2-21
10						周末	2021-2-27
11						周末	2021-2-28
12						……	……

图 13-46　考虑到调休因素的计算

公式使用了 WORKDAY.INTL 函数，将第三参数设置成“0000000”，即“全年无休型”，再将法定假日和未调休的周末作为第四参数，计算出包含调休的指定工作日后的日期。

根据本书前言的提示操作，可观看工作日计算的视频讲解。

13.7.2 计算两个日期之间的工作日天数

NETWORKDAYS 函数用于返回两个日期之间完整的工作日天数，该函数的语法如下：

```
NETWORKDAYS(start_date,end_date,[holidays])
```

第一参数 start_date 为起始日期，第二参数 end_date 为结束日期，第三参数 holidays 可选，是需要排除的节假日日期。

NETWORKDAYS.INTL 函数的作用是使用自定义周末参数，返回两个日期之间的工作日天数。该函数的语法如下：

```
NETWORKDAYS.INTL(start_date,end_date,[weekend],[holidays])
```

除第三参数 weekend 以外，其他三个参数与 NETWORKDAYS 的三个参数含义、使用规则完全一样。

第三参数 weekend 可选，为指定的自定义周末类型，与表 13-9 所示的 WORKDAY.INTL 函数的第三参数的使用规则相同。

示例13-31 计算员工应出勤天数

C2 =NETWORKDAYS(B2,EOMONTH(B2,0),F$2:F$10)

	A	B	C	E	F
1	姓名	入职日期	出勤天数	假期	日期
2	张鹤翔	2021-2-1	15	元旦	2021-1-1
3	王丽卿	2021-2-2	14	除夕	2021-2-11
4	杨红	2021-2-3	13	春节	2021-2-12
5	徐翠芬	2021-2-4	12	春节	2021-2-15
6	纳红	2021-2-5	11	春节	2021-2-16
7	张坚	2021-2-7	10	春节	2021-2-17
8	施文庆	2021-2-8	10	清明节	2021-4-5
9	李承谦	2021-2-9	9	劳动节	2021-5-3
10				劳动节	2021-5-4
11				……	……

图 13-47 计算员工应出勤天数

图 13-47 是某公司新入职员工的部分记录，需要根据入职日期，计算员工该月应出勤天数。

如果不考虑调休因素，在 C2 单元格输入以下公式，向下复制到 C9 单元格。

```
=NETWORKDAYS(B2,EOMONTH(B2,0),F$2:F$10)
```

EOMONTH(B2,0) 函数，计算出员工入职所在月份的最后一天。

NETWORKDAYS 函数以入职日期作为起始日期，以入职所在月份的最后一天作为结束日期，计算出两个日期间的工作日天数。第三参数用 G$2:G$10 单元格区域为需要排除的节假日日期，Excel 计算时自动忽略这些日期来计算工作日。

如果考虑到调休问题，同样可以对假期的设定进行调整，把所有法定节假日、不调休的周末全部列出，再在 C2 单元格输入以下公式，向下复制到 C9 单元格，如图 13-48 所示。

```
=NETWORKDAYS.INTL(B2,EOMONTH(B2,0),"0000000",F$2:F$12)
```



```
C2    =NETWORKDAYS.INTL(B2,EOMONTH(B2,0),"0000000",F$2:F$12)
```

姓名	入职日期	出勤天数
张鹤翔	2021-2-1	17
王丽卿	2021-2-2	16
杨红	2021-2-3	15
徐翠芬	2021-2-4	14
纳红	2021-2-5	13
张坚	2021-2-7	12
施文庆	2021-2-8	11
李承谦	2021-2-9	10

假期	日期
周末	2021-2-6
除夕	2021-2-11
春节	2021-2-12
周末	2021-2-13
周末	2021-2-14
春节	2021-2-15
春节	2021-2-16
春节	2021-2-17
周末	2021-2-21
周末	2021-2-27
周末	2021-2-28
……	……

图 13-48　列出所有法定假日和未调休的周末的计算

使用 NETWORKDAYS.INTL 函数将第三参数设置成“全年无休型”的“0000000”，再将法定假日和未调休的周末作为第四参数，计算出包含调休的出勤天数。

这一思路的缺点是事先需要将所有法定假日和未调休的周末全部列出，操作较为烦琐。换另外一种思路只需要列出法定假日和调休日期即可，如图 13-49 所示，在 C2 单元格输入以下公式，向下复制到 C9 单元格。

```
=NETWORKDAYS(B2,EOMONTH(B2,0),F$2:F$10)+COUNTIFS(G$2:G$10,">="&B2,G$2:G$10,"<="&EOMONTH(B2,0))
```

```
C2    =NETWORKDAYS(B2,EOMONTH(B2,0),F$2:F$10)+COUNTIFS(G$2:G$10,">="&B2,G$2:G$10,"<="&EOMONTH(B2,0))
```

姓名	入职日期	出勤天数
张鹤翔	2021-2-1	17
王丽卿	2021-2-2	16
杨红	2021-2-3	15
徐翠芬	2021-2-4	14
纳红	2021-2-5	13
张坚	2021-2-7	12
施文庆	2021-2-8	11
李承谦	2021-2-9	10

假期	日期	调休
元旦	2021-1-1	2021-2-7
除夕	2021-2-11	2021-2-20
春节	2021-2-12	
春节	2021-2-15	
春节	2021-2-16	
春节	2021-2-17	
清明节	2021-4-5	
劳动节	2021-5-3	
劳动节	2021-5-4	
……	……	

图 13-49　列出法定假日和调休日的计算

公式先用 NETWORKDAYS 函数计算出两个日期间不包含法定节假日的工作日天数。

再使用 COUNTIFS 函数，分别统计 G$2:G$10 单元格区域中的调休日期大于等于 B2 开始日期并且小于等于 EOMONTH(B2,0) 结束日期的个数，也就是统计在当前日期范围中的调休天数。

最后用不包含法定节假日的工作日天数加上当前日期范围中的调休天数，得到当月应出勤天数。

示例13-32 处理企业6天工作制的应出勤日期

C2 =NETWORKDAYS.INTL(B2,EOMONTH(B2,0),11)

	A	B	C
1	姓名	入职日期	出勤天数
2	张鹤翔	2021-7-1	27
3	王丽卿	2021-7-2	26
4	杨红	2021-7-3	25
5	徐翠芬	2021-7-4	24
6	纳红	2021-7-5	24
7	张坚	2021-7-6	23
8	施文庆	2021-7-7	22
9	李承谦	2021-7-8	21

图 13-50 计算 6 天工作制的应出勤日期

如图 13-50 所示，需要根据新员工的入职日期，按每周 6 天工作日、星期日为休息日，计算员工该月应出勤天数。

在 C2 单元格输入以下公式，向下复制到 C9 单元格。

```
=NETWORKDAYS.INTL(B2,EOMONTH(B2,0),11)
```

以下公式也可完成相同的计算。

```
=NETWORKDAYS.INTL(B2,EOMONTH(B2,0),"0000001")
```

本例中省略第四参数，实际应用时如果该月份有其他法定节假日，可以使用第四参数予以排除。

示例13-33 用NETWORKDAYS.INTL函数计算每月有几个星期日

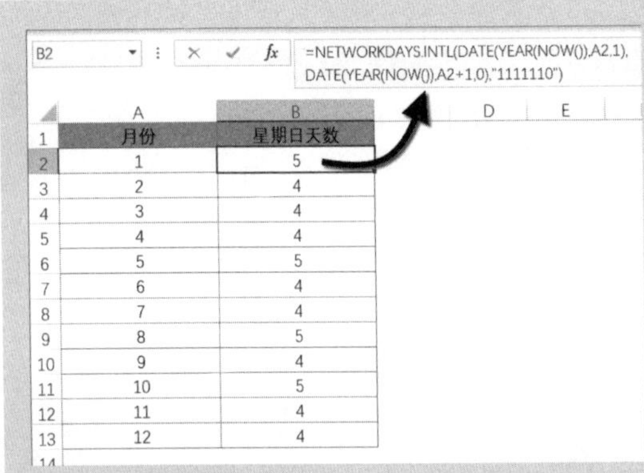

B2 =NETWORKDAYS.INTL(DATE(YEAR(NOW()),A2,1),DATE(YEAR(NOW()),A2+1,0),"1111110")

	A	B
1	月份	星期日天数
2	1	5
3	2	4
4	3	4
5	4	4
6	5	5
7	6	4
8	7	4
9	8	5
10	9	4
11	10	5
12	11	4
13	12	4

图 13-51 计算每月有几个星期日

根据 NETWORKDAYS.INTL 函数能够自定义周末参数的特点，可以方便地计算出指定日期所在月份中包含多少个星期日。

如图 13-51 所示，在 B2 单元格输入以下公式，向下复制到 B13 单元格。

```
=NETWORKDAYS.INTL(DATE(YEAR(NOW()),A2,1),DATE(YEAR(NOW()),A2+1,0),"1111110")
```

公式中的两个 DATE 函数部分，分别返回指定月的第一天和最后一天。

NETWORKDAYS.INTL 函数分别以当前月的第一天和当前月的最后一天作为起止日期，第三参数使用“1111110”，表示仅以星期日作为“工作日”，计算两个日期之间的“工作日”数。结果就是日期所在月份中包含的星期日天数。

13.8　日期函数的综合运用

示例13-34　闰年判断

如图 13-52 所示，需要根据 A 列的年份，判断当年是否为闰年。

	A	B
1	年份	是否闰年
2	1900	
3	2000	闰年
4	2018	平年
5	2019	平年
6	2020	闰年
7	2021	平年
8	2022	平年
9	2023	平年
10	2024	闰年
11	2025	平年
12	2100	平年

图 13-52　闰年判断

在 B3 单元格输入以下公式，向下复制到 B12 单元格。

```
=IF(COUNT(-(A3&"-2-29")),"闰年","平年")
```

首先使用 A3 与字符串“"-2-29"”连接，生成“2000-2-29”样式的字符串。如果该年份中的 2 月 29 日这个日期不存在，公式中的“年份 -2-29”部分将会按文本进行处理。

字符串前加上负号，如果字符串是日期，则返回一个负数，否则返回错误值“#VALUE!”。然后用 COUNT 函数统计数值个数，负数时返回 1，错误值时返回 0。

最后再用 IF 判断，得出“闰年”或“平年”。

以下公式的 COUNT 部分只用参数“-"2-29"”，可以计算系统日期当年是否为闰年，公式如下：

```
=IF(COUNT(-"2-29"),"闰年","平年")
```

也可以使用以下公式：

```
=IF(MONTH(DATE(A3,2,29))=2,"闰年","平年")
```

DATE(A3,2,29) 部分，使用 DATE 函数构造出该年度的 2 月 29 日，如果该年度没有 2 月 29 日，将返回该年度 3 月 1 日的日期序列值。

再用 MONTH 函数判断该日期是否为 2 月，如果是，则表示该年份是闰年。

或使用以下公式：

```
=IF(DAY(DATE(A3,3,0))=29,"闰年","平年")
```

“DATE(A3,3,0)”部分，使用 DATE 函数构造出该年度的 3 月 0 日，也就是 2 月份的最后一天。

再用 DAY 函数提取出天数，然后判断是否为 29 日，如果是，则表示该年份是闰年。

但是，上述三个公式在计算 1900 年时都会出错。可以保证所有年份都正确的公式如下：

```
=IF(MOD(SUM(-(MOD(A2,{4;100;400})=0)),2),"闰年","平年")
```

公式中使用了一个常量数组 {4;100;400} 作为 MOD 函数的第二参数，计算指定年份分别除以这三个数以后的余数，再判断结果是否等于 0。

按照闰年计算规则，年份分别除以 4、100 和 400，是闰年的有两种，一种是仅除以 4 无余数的，一种是分别除以这三个数都无余数的，即余数为 0 的个数为 1 个或 3 个。

再用 MOD 函数计算这一结果除以 2 的余数，1 和 3 都会返回 1(相当于 TRUE), 2 则返回 0(相当于 FALSE)。

最后再用 IF 判断，得出“闰年”或“平年”。

根据本书前言的提示操作，可观看闰年判断的视频讲解。

示例13-35 按年、月统计销售额

图 13-53 展示的是某单位 2020 年和 2021 年销售记录表的部分内容，A 列是业务发生日期，B 列是对应日期的销售额，需要计算各月份的销售额汇总。

	A	B	C	D	E	F	G	H	I	J
1	日期	销售额			2020	2021			2020	2021
2	2020-1-1	68.49		1	1690.23	1670.72		1	1690.23	1670.72
3	2020-1-2	22.12		2	1617.36	1619.27		2	1617.36	1619.27
4	2020-1-3	81.77		3	1748.58	1771		3	1748.58	1771
5	2020-1-4	73.75		4	1632.51	1693.86		4	1632.51	1693.86
6	2020-1-5	27.47		5	1719.47	1569.67		5	1719.47	1569.67
7	2020-1-6	53.7		6	1578.84	1800.71		6	1578.84	1800.71
8	2020-1-7	14.3		7	1575.08	1973.83		7	1575.08	1973.83
9	2020-1-8	20.75		8	1393.51	1869.3		8	1393.51	1869.3
10	2020-1-9	48.06		9	1464.44	1572.95		9	1464.44	1572.95
11	2020-1-10	12.15		10	1632.87	1876.34		10	1632.87	1876.34
12	2020-1-11	22.43		11	1827.83	1840.12		11	1827.83	1840.12
13	2020-1-12	98.38		12	1469.5	1706.03		12	1469.5	1706.03
14	2020-1-13	96.86								
729	2021-12-28	35.5								
730	2021-12-29	75.04								
731	2021-12-30	34.49								
732	2021-12-31	93.15								
733										

图 13-53 销售明细表

在 E2 单元格输入以下公式，向右向下复制到 E2:F13 单元格区域。

```
=ROUND(SUMIF($A:$A,"<"&DATE(E$1,$D2+1,1),$B:$B)-SUMIF($A:$A,"<"&DATE(E$1,$D2,1),$B:$B),2)
```

公式中用了两个 SUMIF 进行相减，两个 SUMIF 的差异仅在第二参数上：第一个 SUMIF 使用的条件是小于 DATE(E$1,$D2+1,1)，即下一个月的第一天之前；第二个 SUMIF 使用的条件是小于 DATE(E$1,$D2,1)，即本月的第一天之前。

两个 SUMIF 相减，相当于用下个月第一天之前的所有销售额，减去本月第一天之前的销售额，剩余的就是本月销售额。

最后再用 ROUND 函数，将计算结果保留两位小数。

使用此公式时，需要注意使用不同单元格引用方式的变化。其中日期所在范围 $A:$A 和销售

额所在范围 $B:$B 均为绝对引用整列；表示年份条件的 E$2 使用列相对引用、行绝对引用，以保证向下复制公式时引用行不会发生变化；表示月份条件的 $D3 使用列绝对引用、行相对引用，以保证向右复制公式时列不会发生变化。

也可以在 I2 单元格输入以下公式，向右向下复制到 I2:J13 单元格区域。

```
=ROUND(SUMPRODUCT((YEAR($A$2:$A$732)=I$1)*(MONTH($A$2:$A$732)=$H2)*$B$2:$B$732),2)
```

"YEAR($A$2:$A$732)=I$1"部分，使用 YEAR 函数分别计算 $A$2:$A$732 单元格的年份，并判断是否等于 I$2 单元格指定的年份值。

"MONTH($A$2:$A$732)=$H2"部分，使用 MONTH 函数分别计算 $A$2:$A$732 单元格的月份，并判断是否等于 $H3 单元格指定的月份值。

将两组逻辑值相乘，如果对应位置均为逻辑值 TRUE，相乘后结果为 1，否则返回 0。

再与 $B$2:$B$732 单元格的销售额相乘，用 SUMPRODUCT 函数返回乘积之和。

最后再用 ROUND 函数，将计算结果保留小数点后两位。

示例13-36 计算项目在每月的天数

图 13-54 展示的是某企业新项目从考察立项到调试生产的具体工期安排，需要根据开始日期和结束日期，计算各阶段项目在每月的天数。

	A	B	C	D	E	F	G	H	I	J
1	项目	开始日期	结束日期	21年9月	21年10月	21年11月	21年12月	22年1月	22年2月	22年3月
2	考察立项	2021-9-2	2021-9-23	22						
3	基建工程	2021-9-24	2022-1-11	7	31	30	31	11		
4	设备安装	2022-1-12	2022-2-7					20	7	
5	调试生产	2022-2-8	2022-3-5						21	5

图 13-54 工期安排表

在 D1 单元格输入以下公式，向右复制到 J1 单元格。

```
=EDATE(EOMONTH($B2,-1)+1,COLUMN(A1)-1)
```

公式中的 EOMONTH 函数部分，是为提取项目最早日期所在月前一个月的最后一天再加一天，也即当月第一天。

COLUMN 函数是用于返回单元格列数的函数，参数为 A1，则返回 1。向右复制到 B1 时，返回 2，以此类推，这一函数经常被用来生成横向的序列数。

最后使用 EDATE 函数，形成一个向右复制后可以按月递增的日期序列。

在 D2 单元格输入以下公式，复制到 D2:J5 单元格区域。

```
=TEXT(MIN($C2+1,E$1)-MAX(D$1,$B2),"0;;")
```

"MAX(D$1,$B2)"部分，用于计算 D1 单元格的当月 1 日与 B2 单元格项目开始日期的最大值。

如果项目开始日期大于或等于本月 1 日，则以项目开始日期作为当月的起始日期，否则使用当月 1 日作为当月的起始日期。

“MIN($C2+1,E$1)”部分，用于计算 C2 单元格的项目结束日期与 E1 单元格，即下个月 1 日的最小值。如果项目结束日期大于或等于下个月 1 日，则用下个月 1 日作为当月的截止日期，否则使用项目的结束日期作为当月的截止日期。如果 E1 单元格为空，MIN 函数计算时忽略空单元格，则返回 $C2+1 的计算结果，同样以项目结束日期作为当月的截止日期。

以上两数相减计算日差，结果为正数的即各阶段项目在每月的天数。

如果在当月项目未开始或已结束，此时两数相减的结果返回负数。TEXT 函数的格式代码使用 "0;;"，将 0 值和负数显示为空白。

示例13-37 制作项目倒计时牌

在日常工作中，经常会有一些倒计时的应用，如常见的距高考还有 n 天、距项目结束还有 n 天等。使用 Excel 中的日期函数结合按指定时间刷新的 VBA 代码，即可制作出倒计时牌。

	A	B
1	是否启动倒计时	☐ 启动
2	现在是	2021-8-11 20:40:04
3	项目结束日	2021-12-31 23:59:59
4	距离项目结束还有	142天 3小时19分钟55秒
5		

图 13-55　项目倒计时牌

如图 13-55 所示，B2 单元格显示的是当前的日期时间，B3 单元格是项目结束的最后时间，B4 单元格中显示的就是倒计时。

步骤① 设置公式。

B2 单元格使用以下公式，并将单元格数字格式设置为“yyyy-m-d h:mm:ss”。

```
=NOW()
```

在 B3 单元格输入项目结束日的日期时间，单元格数字格式同样设置为“yyyy-m-d h:mm:ss”。

在 B4 单元格输入以下公式：

```
=INT(B3-B2)&"天"&TEXT(B3-B2," h小时mm分钟ss秒")
```

公式的“INT(B3-B2)&"天"”部分，计算出两个日期的天数差。“TEXT(B3-B2," h 小时 mm 分钟 ss 秒")”，则是返回两日期之间的时间间隔。

步骤② 添加 VBA 代码。

虽然 NOW 函数属于易失性函数，但是如果在工作表中没有执行能够引发重新计算的操作，公式结果并不能自动实时刷新。因此需要添加定时刷新的 VBA 代码。

首先需要调出【开发工具】选项卡，依次单击【文件】→【选项】，打开【Excel 选项】对话框，切换【自定义功能区】，选中【开发工具】前的复选框，单击【确定】按钮，如图 13-56 所示。

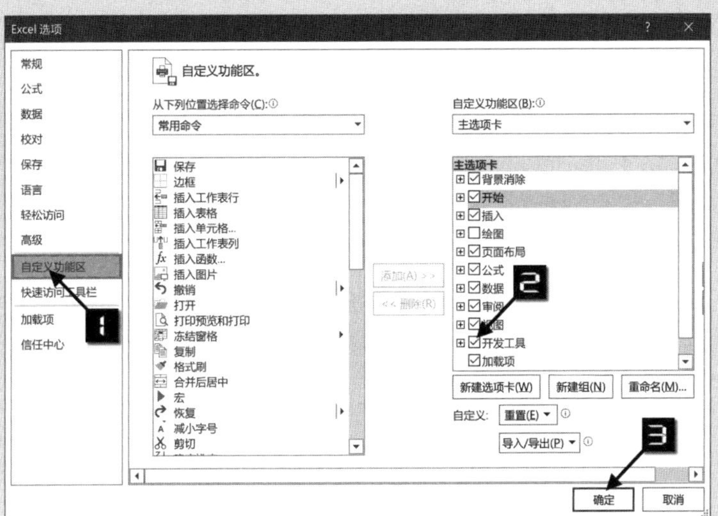

图 13-56　显示【开发工具】选项卡

单击【开发工具】选项卡下的【Visual Basic】按钮打开 VBE 界面，依次单击【插入】→【模块】命令，在【工程资源管理器】中双击刚刚插入的“模块 1”，在右侧的代码窗口中输入以下代码，如图 13-57 所示。

```
Sub Sample()
    If Range("b1") = False Then Exit Sub
    Call StartTime
End Sub
Sub StartTime()
    Application.OnTime Now + TimeValue("00:00:01"), "Sample"
    Calculate
End Sub
```

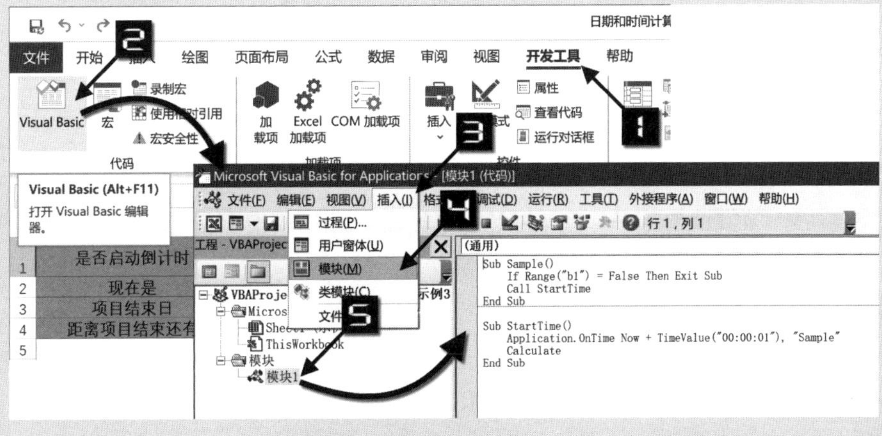

图 13-57　插入模块并输入代码

代码中的“"00:00:01"”，表示刷新时间为 1 秒，实际使用时可根据需要设置。例如，要设置刷新时间为 1 分钟，可将此部分修改为“"00:01:00"”。

由于使用了宏代码，因此需要将文件保存为 Excel 启用宏的工作簿，即 xlsm 格式。再次打开文件时，如果出现如图 13-58 所示的安全警告，单击【启用内容】按钮即可。

步骤③ 添加控制开关。

代码完成以后，还需要添加复选框用于控制是否启动倒计时。

依次单击【开发工具】→【插入】→【表单控件】→【复选框】控件，光标呈现细十字形状后，在 B1 单元格内拖动画出一个复选框，如图 13-59 所示。

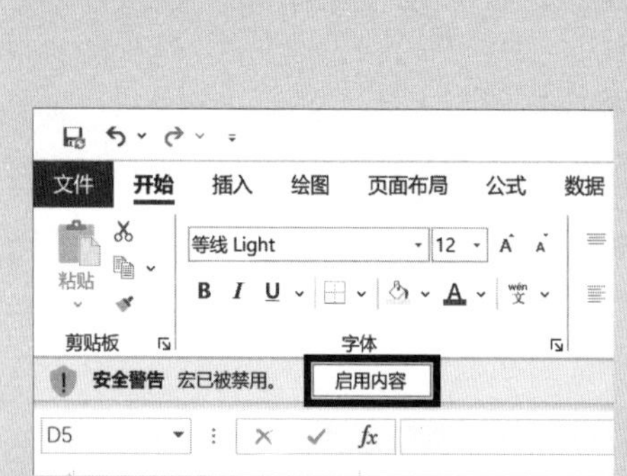

图 13-58　安全警告

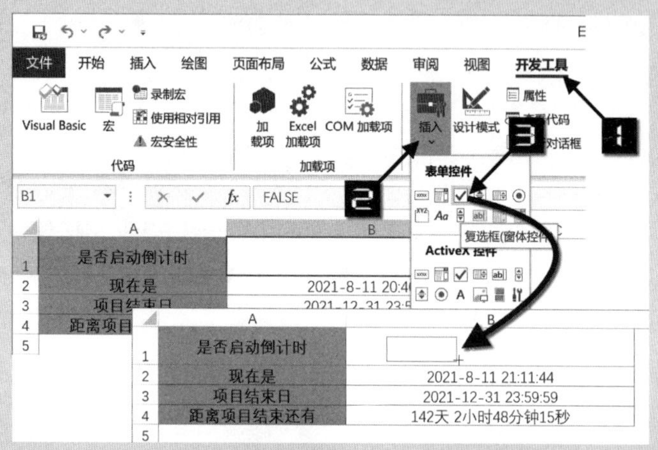

图 13-59　插入复选框

按住 <Ctrl> 键，再单击复选框，修改复选框里的文字为“启动”。保持该复选框的选中状态，在编辑栏中输入以下公式，如图 13-60 所示。

```
=$B$1
```

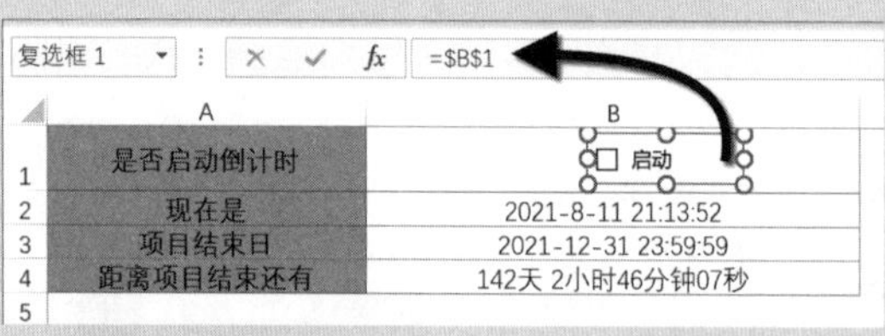

图 13-60　链接到单元格

经过此设置后，该复选框与 B1 单元格产生了链接：选中此复选框时，B1 单元格内会自动显示 TRUE，取消选中此复选框时，B1 单元格内自动显示成 FALSE。

为使整体美观，可将 B1 单元格的字体颜色设置成白色。

鼠标右击“启动”复选框，从快捷菜单中选取【指定宏】，然后在弹出的【指定宏】对话框中选中“StartTime”，单击【确定】按钮，如图 13-61 所示。

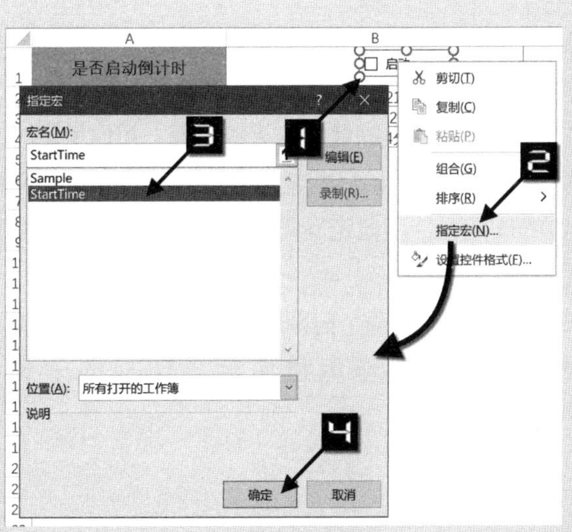

图 13-61 指定宏

完成以上设置以后，选中“启动”复选框，倒计时就会自动运行，如果取消选中该复选框，倒计时就会停止。

练习与巩固

1. Excel 支持 1900 日期系统和 1904 日期系统两种日期系统，1900 日期系统使用 1900 年 1 月 1 日作为日期序列值（________）。

2. 默认情况下，年月日之间的间隔符号包括（________）和（________）两种，在中文操作系统下，中文“年”“月”“(________)”可以作为日期数据的单位被正确识别。

3. 在 Excel 中输入“月 - 日”形式的日期，系统会默认按（________）年处理。

4. 在 Excel 中输入“年 . 月 . 日”形式的日期最方便日期函数的使用，这一说法正确吗?

5. 在四则运算中，使用半角双引号包含的日期时间数据可以直接参与计算。如果要在日期时间数据前后使用比较运算符，则需要（________）。

6. 使用 TEXT 函数提取日期中的中文星期，第二参数可以使用（________）或（________）。

7. TODAY 函数和 NOW 函数均不需要使用参数，这种说法正确吗?

8. 使用 YEAR 函数、MONTH 函数和 DAY 函数时，如果目标单元格为空单元格，Excel 会默认按照不存在的日期（________）进行处理，实际应用时可加上一个空单元格的判断条件。

9. DATE 函数可以根据指定的年份数、月份数和天数返回（________）。

10. WEEKDAY 函数第二参数使用（________）时，返回数字 1~7 分别表示星期一至星期日。

11. 假如 A1 单元格是开始时间，B1 单元格是结束时间，要返回间隔时间，可以不使用函数，而是直接使用（________）。

12. DATEDIF 函数是一个隐藏的日期函数，要计算两个日期之间的整月数和整年数时，第三参数分别为（________）和（________）。

13.（________）函数用于返回某个日期相隔指定月份之前或之后的日期。

14. 要返回指定月数之前或之后月份的最后一天的日期，可以使用（________）函数。

15.（________）函数用于返回在起始日期之前或之后、与该日期相隔指定工作日的日期。

16.（________）函数的作用是使用自定义周末参数，返回在起始日期之前或之后、与该日期相隔指定工作日的日期。

17. NETWORKDAYS 函数用于返回两个日期之间完整的（________）天数。

18. NETWORKDAYS.INTL 函数的作用是使用自定义周末参数，返回两个日期之间的（________）。

第 14 章　查找与引用函数

查找与引用函数可以根据一个到多个条件，在指定范围内查询并返回相关数据，是 Excel 中应用频率较高的函数类别之一。本章重点介绍相关函数的基础知识、注意事项及典型应用。

本章学习要点

（1）了解查找与引用函数的应用场景。

（2）理解查找与引用函数的参数要求。

（3）熟悉查找与引用函数的综合应用。

14.1　基础查找与引用函数

基础查找与引用函数一般嵌套在其他函数中使用，用于返回指定对象的信息，主要包括 ROW 函数和 ROWS 函数、COLUMN 函数和 COLUMNS 函数、ADDRESS 函数及 AREAS 函数。

14.1.1　ROW 函数和 ROWS 函数

ROW 函数用于返回引用的行号，其语法如下。

```
ROW([reference])
```

参数 reference 是可选的，指定需要计算行号的单元格或单元格区域（不能引用多个区域）。如果省略 reference，默认返回公式所在单元格的行号。

ROW 函数的返回值示例如表 14-1 所示。

表 14-1　ROW 函数示例

返回值	公式	说明
8	=ROW(A8)	返回 A8 单元格的行号
9	=ROW(Z9)	返回 Z9 单元格的行号
4	=ROW()	返回公式所在单元格的行号
{1;2;3}	=ROW(1:3)	返回第 1~3 行的行号数组

ROWS 函数用于返回引用或数组的行数，其语法如下：

```
ROWS(array)
```

参数 array 是必需的，是需要得到其行数的数组、数组公式或对单元格区域的引用。

ROWS 函数的返回值示例如表 14-2 所示。

表 14-2　ROWS 函数示例

返回值	公式	说明
7	=ROWS(A1:A7)	返回 A1:A7 单元格区域的行数
8	=ROWS(A1:E8)	返回 A1:E8 单元格区域的行数
5	=ROWS({1;2;3;4;5})	返回常量数组的行数
5	=ROWS(B1:B5<>"")	返回数组公式的行数

示例14-1 生成连续序号

	A	B	C	D	E
1	序号	客户	单价	数量	金额
2	1	广州纸制品加工	670.00	2	1,340.00
3	2	阳光诚信保险	420.00	2	840.00
4	3	何强家电维修	980.00	1	980.00
5	4	长江电子厂	680.00	3	2,040.00
6	5	长江电子厂	510.00	4	2,040.00
7	6	黄埔建强制衣厂	820.00	1	820.00
8	7	何强家电维修	490.00	1	490.00
9	8	信德连锁超市	360.00	1	360.00
10	9	志辉文具	150.00	5	750.00

图 14-1　生成连续序号

图 14-1 所示，是某产品销售记录表的部分内容，如果手工填充 A 列的序号，可能会由于表格重新排序或行删除等操作导致序号混乱，使用 ROW 函数或 ROWS 函数可以使序号始终保持连续。

在 A2 单元格输入以下公式，向下复制到 A2:A10 单元格区域。

```
=ROW()-1
```

ROW 函数省略参数，默认返回公式所在行的行号。公式位于第 2 行，因此需要减去 1 才能返回正确的结果。如果序列起始单元格位于其他行，则需要根据公式所在的位置，减去上一个单元格的行号。

在 A2 单元格也可以输入以下公式，向下复制到 A2:A10 单元格区域。

```
=ROWS(A$1:A1)
```

在 A2 单元格，ROWS(A$1:A1) 返回 A$1:A1 单元格区域的行数 1。当公式向下复制到 A3 单元格时，公式变为“ROWS(A$1:A2)”，公式返回 A$1:A2 单元格区域的行数 2，从而达到生成连续序号的目的。

14.1.2　COLUMN 函数和 COLUMNS 函数

COLUMN 函数用于返回引用的列号，其语法如下：

```
COLUMN([reference])
```

参数 reference 是可选的，指定需要获取列号的单元格或单元格区域。如果省略 reference，

COLUMN 函数默认返回公式所在单元格的列号。COLUMN 函数的返回值示例如表 14-3 所示。

表 14-3　COLUMN 函数示例

返回值	公式	说明
2	=COLUMN(B6)	返回 B6 单元格的列号
3	=COLUMN(C6)	返回 C6 单元格的列号
1	=COLUMN()	返回公式所在单元格的列号
{1,2,3,4}	=COLUMN(A:D)	返回 A~D 列的列号数组

COLUMNS 函数用于返回引用或数组的列数，其语法如下：

```
COLUMNS(array)
```

参数 array 是必需的，指定获取列数的单元格区域或数组。

COLUMNS 函数的返回值示例如表 14-4 所示。

表 14-4　COLUMNS 函数示例

返回值	公式	说明
8	=COLUMNS(A1:H7)	返回 A1:H7 单元格区域的列数
8	=COLUMNS(A2:H8)	返回 A2:H8 单元格区域的列数
5	=COLUMNS({1,2,3,4,5})	返回常量数组的列数
2	=COLUMNS(B1:C5<>"")	返回数组公式的列数

14.1.3　ROW 函数和 COLUMN 函数的注意事项

ROW 函数和 COLUMN 函数仅返回引用的行号和列号信息，与单元格区域中实际存储的内容无关。因此在 A1 单元格中使用以下公式时，不会产生循环引用。

```
=ROW(A1)
=COLUMN(A1)
```

如果参数是多行或多列的单元格区域，ROW 函数和 COLUMN 函数将返回连续的自然数序列，以下数组公式用于生成垂直序列 {1;2;3;4;5;6;7;8;9;10}。

```
{=ROW(A1:A10)}
```

以下数组公式用于生成水平序列 {1,2,3,4,5,6,7,8,9,10}。

```
{=COLUMN(A1:J1)}
```

注意

Microsoft Excel 2019 工作表最大行数为 1 048 576 行，最大列数为 16 384 列。因此，ROW 函数产生的行序号最大值为 1 048 576，COLUMN 函数产生的列序号最大值为 16 384。当 ROW 函数返回的结果为一个数值时，实质上是返回了单一元素的数组，如 ROW(A5) 返回结果为 {5}。如果将它作为 OFFSET 函数的参数，某些情况下可能无法显示正确的结果，需要使用 N 函数或 T 函数进行处理，或使用 ROWS 函数代替 ROW 函数。

14.1.4 ROW 函数和 COLUMN 函数典型应用

Ⅰ 生成有规律的序列

示例14-2 生成递增（减）和循环序列

在数组公式中，经常会使用 ROW 函数生成一组有规律的自然数序列，以下是几种生成常用递增（减）和循环序列的通用公式写法，实际应用中将公式中的 n 修改为需要的数字即可。

如图 14-2 所示，生成 1、1、2、2、3、3……或 1、1、1、2、2、2……，即间隔 *n* 个相同数值的递增序列，通用公式为：

```
=INT(ROW函数生成的递增自然数序列/n)
```

用 ROW 函数生成的行号除以循环次数 *n*，其中初始值行号等于循环次数，随着公式向下填充，行号逐渐递增，最后使用 INT 函数对两者相除的结果取整。

若生成递减序列，可以使用一个固定值减去 INT(ROW 函数生成的递增自然数序列 /*n*) 生成的递增序列。

如图 14-3 所示，生成 1、2、1、2……或 1、2、3、1、2、3……，即 1 至 *n* 的循环序列，通用公式为：

```
=MOD(ROW函数生成的递增自然数序列-1,n)+1
```

	A	B	C
1	=INT(ROW(A2)/2)	=INT(ROW(A3)/3)	=INT(ROW(A4)/4)
2	1	1	1
3	1	1	1
4	2	1	1
5	2	2	1
6	3	2	2
7	3	2	2
8	4	3	2
9	4	3	2
10	5	3	3
11	5	4	3
12	6	4	3
13	6	4	3

图 14-2 生成 1、1、2、2……递增序列

	A	B	C
1	=MOD(ROW(A1)-1,2)+1	=MOD(ROW(A1)-1,3)+1	=MOD(ROW(A1)-1,4)+1
2	1	1	1
3	2	2	2
4	1	3	3
5	2	1	4
6	1	2	1
7	2	3	2
8	1	1	3
9	2	2	4
10	1	3	1
11	2	1	2
12	1	2	3
13	2	3	4

图 14-3 生成循环序列

以 1 作为起始行号，MOD 函数计算行号 -1 与循环序列中的最大值相除的余数，结果为 0、1、0、1……或 0、1、2、0、1、2……的序列。最后对计算结果加 1，使其成为从 1 开始的循环序列。

如图 14-4 所示，生成 2、1、2、1……或 3、2、1、3、2、1……，即 n 至 1 的逆序循环序列，通用公式为：

=n-MOD(ROW 函数生成的递增自然数序列 -1,n)

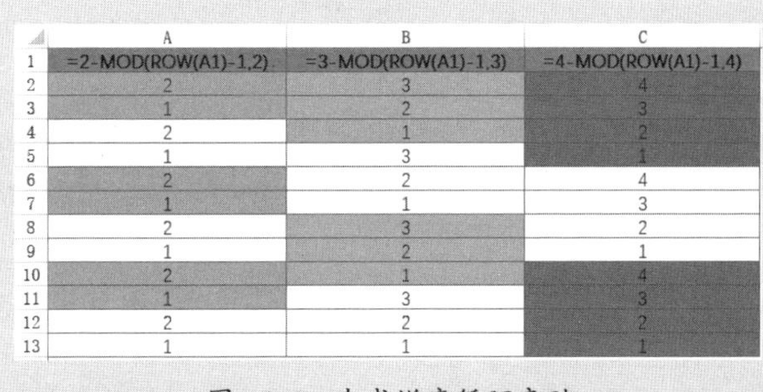

	A	B	C
1	=2-MOD(ROW(A1)-1,2)	=3-MOD(ROW(A1)-1,3)	=4-MOD(ROW(A1)-1,4)
2	2	3	4
3	1	2	3
4	2	1	2
5	1	3	1
6	2	2	4
7	1	1	3
8	2	3	2
9	1	2	1
10	2	1	4
11	1	3	3
12	2	2	2
13	1	1	1

图 14-4　生成逆序循环序列

先计算行号减去 1 的差，再用 MOD 函数计算这个差与循环序列中的最大值相除的余数，得到 0、1、0、1……或 0、1、2、0、1、2……的递增序列，最后用 n 减去该递增序列，使其成为自 n 至 1 的逆序循环序列。

➲ Ⅱ　单列（行）转多行多列

ROW 函数可以生成垂直方向的连续递增的自然数序列，COLUMN 函数可以生成水平方向的连续递增的自然数序列。ROW 函数和 COLUMN 函数组合应用可以生成两个方向递增（减）的矩阵序列，结合其他函数，如 INDEX 函数，可以实现将单列（行）数据转换为多行多列。

示例14-3　单列数据转多行多列

如图 14-5 所示，A2:A17 单元格区域为基础数据信息，从 A2 单元格起每 4 个单元格为 1 组数据，分别为客户 ID、公司、联系人和联系人类型。要求将 A2:A17 单元格区域的单列数据转换为 C2:F5 单元格区域的多行多列形式。

在 C2 单元格输入以下公式，复制到 C2:F5 单元格区域。

=INDEX($A$2:$A$17,4*ROW(A1)-4+COLUMN(A1))

	A	B	C	D	E	F
1	源数据		客户 ID	公司	联系人	联系人类型
2	CU0001		CU0001	嘉元实业	王伟	个人
3	嘉元实业		CU0002	三捷实业	方若山	业务
4	王伟		CU0003	红阳事业	路小米	业务
5	个人		CU0004	东旗酒业	洪国明	业务
6	CU0002					
7	三捷实业					
8	方若山					
9	业务		=4*ROW(A1)-4+COLUMN(A1)			
10	CU0003					
11	红阳事业		1	2	3	4
12	路小米		5	6	7	8
13	业务		9	10	11	12
14	CU0004		13	14	15	16
15	东旗酒业					
16	洪国明					
17	业务					

图 14-5　单列数据转多行多列

“4*ROW(A1)-4+COLUMN(A1)”部分，公式向下复制时，ROW(A1) 依次变为 ROW(A2)、ROW(A3)……，计算结果分别为 5、9、13……，即生成步长为 4 的等差数列。

公式向右复制时 COLUMN(A1) 依次变为 COLUMN(B1)、COLUMN(C1)……，计算结果分别为 2、3……即生成步长为 1 的等差数列。

这部分公式最终生成一个矩阵递增序列，如图 14-5 的 C11:F14 单元格区域所示。

最后利用 INDEX 函数根据该序列值获取 A 列相应位置的单元格内容，实现将单列数据转换成多行多列的目的。

III　行号作为提取信息标识

示例14-4　提取总分最高的3个人成绩信息

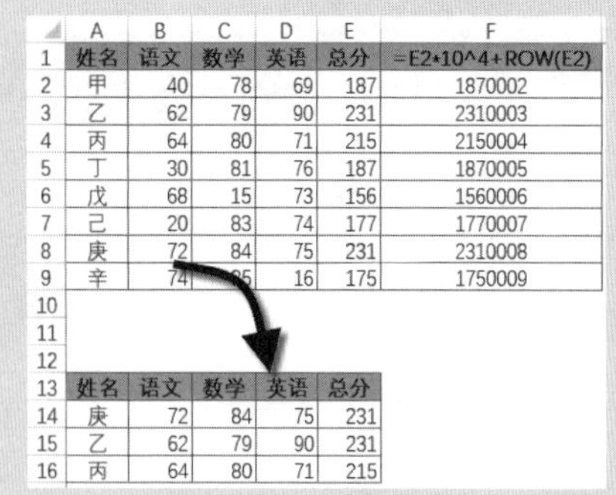

	A	B	C	D	E	F
1	姓名	语文	数学	英语	总分	=E2*10^4+ROW(E2)
2	甲	40	78	69	187	1870002
3	乙	62	79	90	231	2310003
4	丙	64	80	71	215	2150004
5	丁	30	81	76	187	1870005
6	戊	68	15	73	156	1560006
7	己	20	83	74	177	1770007
8	庚	72	84	75	231	2310008
9	辛	74	[illegible]	16	175	1750009
10						
11						
12						
13	姓名	语文	数学	英语	总分	
14	庚	72	84	75	231	
15	乙	62	79	90	231	
16	丙	64	80	71	215	

图 14-6　提取总分最高的 3 个人成绩信息

如图 14-6 所示，A1:E9 单元格区域为某次考试的学生成绩表，要求在 A13:E16 单元格区域列出总分最高的 3 个人的成绩信息。

在 A14 单元格输入以下数组公式，按 <Ctrl+Shift+Enter> 组合键结束编辑，复制到 A14:E16 单元格区域。

```
{=INDEX(A$1:A$9,MOD(LARGE($E$2:$E$9*10^4+ROW($E$2:$E$9),ROW(A1)),10^4))}
```

“$E$2:$E$9*10^4+ROW($E$2:$E$9)”部分，将总分扩大到原来的 10 000 倍，再加上对应的行号，返回一个内存数组。数组中的值，最后 4 位代表数据所在的行号，万位及之前代表总分，如图 14-6 中 F2:F9 单元格区域所示。

用 LARGE 函数将该内存数组从大到小依次输出前 3 项，如 2310008、2310003 和 2150004。

用 MOD 函数取 2310008、2310003 和 2150004 除以 10^4 的余数，分别得到 8、3 和 4，即总分最高的 3 个数据在 A1:E9 单元格区域中的行号。

最后利用 INDEX 函数分别从 A~E 列提取出第 8、3 和 4 行数据，返回总分最高的 3 个人的成绩信息。

14.1.5　用 ADDRESS 函数获取单元格地址

ADDRESS 函数用于根据指定行号和列号获得工作表中某个单元格的地址，其语法如下：

```
ADDRESS(row_num,column_num,[abs_num],[a1],[sheet_text])
```

第一参数 row_num 是必需参数，指定单元格引用的行号。

第二参数 column_num 是必需参数，指定单元格引用的列号。

第三参数 abs_num 是可选参数，指定要返回的引用类型，参数是 1~4 的数值。参数数值与引用类型的关系如表 14-5 所示。

表 14-5　abs_num 参数数值与引用类型之间的关系

参数数值	返回的引用类型	示例
1 或省略	绝对引用	$A$1
2	行绝对引用，列相对引用	A$1

续表

参数数值	返回的引用类型	示例
3	行相对引用，列绝对引用	$A1
4	相对引用	A1

第四参数 a1 是可选参数，是一个逻辑值，指定为 A1 或 R1C1 引用的样式。如果省略或为 TRUE，则 ADDRESS 函数返回 A1 引用样式；如果为 FALSE，则返回 R1C1 引用样式。

第五参数 sheet_text 是可选参数，指定外部引用的工作表的名称，如果忽略该参数，则返回的结果中不使用任何工作表名称。

ADDRESS 函数使用不同参数返回的示例结果如表 14-6 所示。

表 14-6　ADDRESS 函数返回结果示例

公式	说明	示例结果
=ADDRESS(2,3)	绝对引用	$C$2
=ADDRESS(2,3,2)	行绝对引用，列相对引用	C$2
=ADDRESS(2,3,2,FALSE)	R1C1 引用样式的行绝对引用、列相对引用	R2C[3]
=ADDRESS(2,3,1,FALSE,"Sheet1")	R1C1 引用样式对另一张工作表的绝对引用	Sheet1!R2C3

示例14-5　利用ADDRESS函数生成列标字母

利用 ADDRESS 函数，能够生成 Excel 工作表的列标字母，如图 14-7 所示，在 A2 单元格输入以下公式，向右复制到 AB2 单元格。

```
=SUBSTITUTE(ADDRESS(1,COLUMN(A2),4),1,"")
```

	A	B	C	D	E	F	G	H	I	J	K	L	M	N	O	P	Q	R	S	T	U	V	W	X	Y	Z	AA	AB
1																												
2	A	B	C	D	E	F	G	H	I	J	K	L	M	N	O	P	Q	R	S	T	U	V	W	X	Y	Z	AA	AB

图 14-7　生成列标字母

ADDRESS 函数第一参数为 1，表示使用 1 作为单元格的行号。第二参数为 COLUMN(A2) 作为单元格的列号，当公式向右复制时，COLUMN(A2) 的计算结果依次递增。第三参数使用 4，表示使用行相对引用和列相对引用的引用类型。公式最终得到 A1、B1、C1……AB1 等单元格地址字符串。

最后使用 SUBSTITUTE 函数将 ADDRESS 函数生成的单元格地址中的 1 替换为空，得到 Excel 工作表的列标字母。

14.1.6 用 AREAS 函数返回引用中的区域个数

AREAS 函数用于返回引用中的区域个数，其语法如下：

```
AREAS(reference)
```

参数 reference 是必需的，为对某个单元格或单元格区域的引用。

AREAS 函数的部分示例如下所示。

```
=AREAS(A2:D5)
```

返回值为 1，表明参数 A2:D5 为 1 个连续的单元格区域。

```
=AREAS((A1:E5,H3,F9:Z9))
```

返回值为 3，表明参数 A1:E5,H3,F9:Z9 为 3 个区域。当 AREAS 函数参数为多个引用时，必须用小括号括起来。

14.2 常用查找与引用函数

查找与引用函数能实现定位数据位置、返回特定查找值对应数据的功能。主要包括 VLOOKUP 函数、HLOOKUP 函数、MATCH 函数、INDEX 函数、LOOKUP 函数、OFFSET 函数、INDIRECT 函数和 CHOOSE 函数等。

14.2.1 用 VLOOKUP 函数从左到右查询数据

VLOOKUP 函数是使用频率非常高的查询与引用函数之一，函数名称中的“V”表示 vertical，意思是“垂直的”。VLOOKUP 函数可以返回查找值在单元格区域或数组中对应的其他字段数据。例如，可以在员工信息表中通过员工号查询员工所属部门等，其语法如下：

```
VLOOKUP(lookup_value,table_array,col_index_num,[range_lookup])
```

第一参数是必需的，指定需要查找的值。如果查询区域中包含多个符合条件的查找值，VLOOKUP 函数只返回第一个查找值对应的结果。如果没有符合条件的查找值，VLOOKUP 函数将返回错误值“#N/A”。

第二参数是必需的，指定查询的数据源，通常是单元格区域或数组。第一参数的查找值应位于数据源的首列，否则公式将返回错误值。

第三参数是必需的，指定返回结果在查询区域中第几列。如果该参数超出查询区域的总列数，公式将返回错误值“#REF!”，如果小于 1，则返回错误值“#VALUE!”。

第四参数是可选的，指定函数的查询方式，如果为 0 或 FASLE，为精确匹配；如果省略或为 TRUE，为近似匹配方式，当查找不到第一参数时，将返回小于查找值的最接近的一个，同时要求查询区域的首列按升序排序，否则会返回无效值。

VLOOKUP 函数返回值不符合预期或返回错误值的常见情况，如表 14-7 所示。

表 14-7　VLOOKUP 函数常见异常返回值原因

问题描述	原因分析
返回错误值“#N/A”，且第四参数为 TRUE	第一参数小于第二参数首列的最小值
返回错误值“#N/A”，且第四参数为 FALSE	第一参数在第二参数首列中未找到精确匹配项
返回错误值“#REF!”	第一参数在第二参数首列中有匹配值的情况下，第三参数大于第二参数的总列数
返回错误值“#VALUE!”	第一参数在第二参数首列中有匹配值的情况下，第三参数小于 1
返回了不符合预期的值	第四参数省略或为 TRUE 时第二参数首列未按升序排列

示例14-6 VLOOKUP函数返回错误值示例

图 14-8 展示了 VLOOKUP 函数返回错误值的几种常见情况。

	A	B	C	D	E	F	G
1	编号	姓名		编号	姓名	公式	原因分析
2	A	刘一山		Z	#N/A	=VLOOKUP(D2,A:B,2,)	编号Z不存在
3	B	李建国		B	#REF!	=VLOOKUP(D3,A:B,3,)	第三参数超过查询区域实际列数
4	C	吕国庆		C	#VALUE!	=VLOOKUP(D4,A:B,0,)	第三参数小于1
5	D	孙玉详		9	#N/A	=VLOOKUP(D5,A:B,2,)	D5为数字A6为文本
6	9	王建		8	#N/A	=VLOOKUP(D6,A:B,2,)	D6为文本A8为数字
7	F	孙玉详		F	#N/A	=VLOOKUP(D7,A:B,2,)	A7单元格有不可见字符
8	8	刘情		A	#N/A	=VLOOKUP(D8,A:B,2,)	D7单元格有不可见字符
9	H	朱萍					
10	I	汤灿					
11	J	刘烨					

图 14-8　VLOOKUP 函数返回错误值示例

当第一参数查找值在第二参数首列无精确匹配值时，如果 VLOOKUP 函数各参数使用均正确，可以使用 IFERROR 函数或条件格式屏蔽错误值。

当第三参数大于第二参数总列数或小于 1 时，应根据实际情况修改第三参数。

当第一参数查找值为数值类型，第二参数首列为文本型数值时，可以用分列、选择性粘贴等方式将第二参数首列的文本型数值转换成数值类型，或者将第一参数的数值强制转换成文本类型，如 VLOOKUP(D5&"",A:B,2,0)。

当第一参数查找值为文本型数值（包括文本型存储的日期），第二参数首列为数值类型时，可以使用分列等方式将第二参数首列的数值转换成文本型数值，或者通过数学运算将第一参数的文本型数值强制转换成数值类型，如 VLOOKUP(0+D6,A:B,2,0)。

当查找值或查找区域的首列包含不可见字符时（通常为系统导出或网页上复制的数据），可以使用 TRIM 函数、CLEAN 函数、分列和查找替换等功能将不可见字符清除。

正确利用相对引用和绝对引用，能够使 VLOOKUP 函数一次性返回多列结果，而不用针对每列分别单独编写公式。

示例14-7 查询并返回多列结果

如图 14-9 所示，A~D 列为员工信息表，要求根据 F 列的员工编号查询并返回员工姓名、籍贯和学历信息。

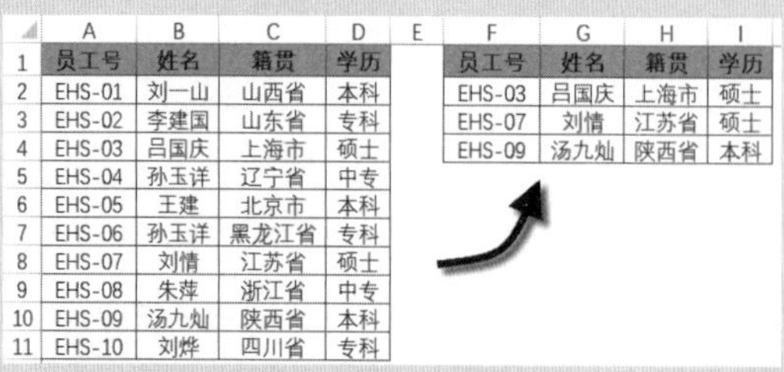

	A	B	C	D
1	员工号	姓名	籍贯	学历
2	EHS-01	刘一山	山西省	本科
3	EHS-02	李建国	山东省	专科
4	EHS-03	吕国庆	上海市	硕士
5	EHS-04	孙玉详	辽宁省	中专
6	EHS-05	王建	北京市	本科
7	EHS-06	孙玉详	黑龙江省	专科
8	EHS-07	刘情	江苏省	硕士
9	EHS-08	朱萍	浙江省	中专
10	EHS-09	汤九灿	陕西省	本科
11	EHS-10	刘烨	四川省	专科

	F	G	H	I
1	员工号	姓名	籍贯	学历
2	EHS-03	吕国庆	上海市	硕士
3	EHS-07	刘情	江苏省	硕士
4	EHS-09	汤九灿	陕西省	本科

图 14-9 查询并返回多列结果

在 G2 单元格输入以下公式，复制到 G2:I4 单元格区域。

```
=VLOOKUP($F2,$A:$D,COLUMN(B1),0)
```

VLOOKUP 函数第一参数为 $F2，使用列绝对引用行相对引用，当公式向右复制时，保持引用 F 列当前行的员工号不变。第三参数为 COLUMN(B1)，返回值 2，表示返回查询区域第 2 列“姓名”字段信息，当公式向右复制时，依次变成 COLUMN(C1) 和 COLUMN(D1)，分别返回值 3 和 4，VLOOKUP 函数也就分别返回第 3 列的“籍贯”和第 4 列的“学历”字段的信息。

注意

VLOOKUP 函数第三参数中的列号，不能理解为工作表实际的列号，而是所需结果在查询范围中的第几列。VLOOKUP 函数在精确匹配模式下支持使用通配符查找，但查询时不区分字母大小写。

示例14-8 通配符查找

	A	B	C	D	E
1	图书名称	价格		查询值	价格
2	Excel应用大全	34		*数据分析*	36
3	Excel实战技巧精粹	55		excel???大全	21
4	Excel透视表大全	21			
5	Excel高效办公	19			
6	Excel数据分析精粹	36			

图 14-10 通配符查找

如图 14-10 所示，A~B 列为图书及对应价格信息，要求查找 D 列包含通配符的关键字并返回对应图书价格信息。

在 E2 单元格输入以下公式，向下复制到 E2:E3 单元格区域。

```
=VLOOKUP(D2,A:B,2,0)
```

D2 单元格的查询值为“*数据分析*”。其中“*”为通配符，可以代替零到多个任意字符。因此该查询值表示包含关键字“数据分析”，前后有任意长度字符的字符串。A 列符合条件的首个值为“Excel 数据分析精粹”，公式返回其对应的价格 36。

D3 单元格公式的查询值为“excel??? 大全”。其中“?”为通配符，一个“?”代表任意一个字符。因此该查找值表示以“excel”开头，“大全”结尾，中间有 3 个字符的字符串，A 列符合条件的首个值为“Excel 透视表大全”，公式返回其对应的价格 21。

提示

> 若 VLOOKUP 函数查找值本身包含通配符“*”或“?”，用户又不需要执行通配符查询，需要在“*”或“?”前添加转义符“~”，强制取消通配符功能。

由于 VLOOKUP 函数要求查询值必须位于查询区域的首列，因此在默认情况下，VLOOKUP 函数只能实现从左到右的查询。如果被查询值不在查询区域的首列，可以通过手动或数组运算的方式，调换查询区域字段的顺序，再使用 VLOOKUP 函数实现数据查询。

示例14-9 逆向查询

如图 14-11 所示，A~D 列为员工信息表，员工号在第二列。要求根据 F 列的员工号，在 G 列返回对应员工的姓名。

在 G2 单元格输入以下数组公式，按 <Ctrl+Shift+Enter> 组合键结束编辑，并将公式向下复制到 G2:G4 单元格区域。

	A	B	C	D	E	F	G
1	姓名	员工号	籍贯	学历		员工号	姓名
2	刘一山	EHS-01	山西省	本科		EHS-03	吕国庆
3	李建国	EHS-02	山东省	专科		EHS-07	刘情
4	吕国庆	EHS-03	上海市	硕士		EHS-09	汤九灿
5	孙玉详	EHS-04	辽宁省	中专			
6	王建	EHS-05	北京市	本科			
7	孙玉详	EHS-06	黑龙江省	专科			
8	刘情	EHS-07	江苏省	硕士			
9	朱萍	EHS-08	浙江省	中专			
10	汤九灿	EHS-09	陕西省	本科			
11	刘烨	EHS-10	四川省	专科			

图 14-11　逆向查询

```
{=VLOOKUP(F2,CHOOSE({1,2},B:B,A:A),2,0)}
```

CHOOSE 函数的第一参数为常量数组 {1,2}，构造出 B 列员工号在前，A 列姓名在后的两列多行的内存数组：

```
{"员工号","姓名";"EHS-01","刘一山";"EHS-02","李建国";"EHS-03","吕国庆";"EHS-04","孙玉详";……}
```

该内存数组符合 VLOOKUP 函数要求查询值必须处于查询区域首列的特性。VLOOKUP 函数以员工号作为查询值，在内存数组中查询并返回员工号对应的姓名信息，从而实现了逆向查询的目的。

注意

> 本示例只是演示 VLOOKUP 如何实现逆向查询，由于该方式编写公式复杂且运算效率较低，在实际工作中并不推荐使用。

默认情况下，VLOOKUP 只返回首个符合条件的记录，但借助简单的辅助列，VLOOKUP 函数也可以返回多个符合条件的记录。

示例14-10 返回多个符合条件的记录

如图 14-12 所示，A~D 列为员工信息表，需要根据 F2 单元格指定的学历，在 G 列查询并返回符合该学历的所有员工的姓名。

在 A 列前插入一个空列作为辅助列，在 A2 单元格输入以下公式，向下复制到 A2:A11 单元格区域。A 列每个数字第一次出现时对应的 C 列的值即为需要查询的学历，如图 14-13 所示。

```
=COUNTIF(C$1:C2,$G$2)
```

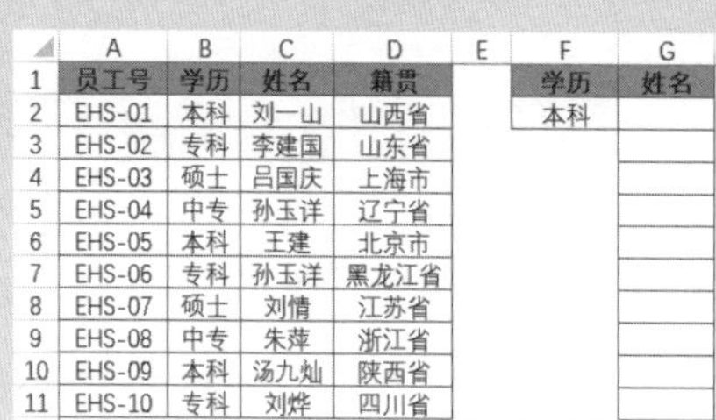

	A	B	C	D	E	F	G
1	员工号	学历	姓名	籍贯		学历	姓名
2	EHS-01	本科	刘一山	山西省		本科	
3	EHS-02	专科	李建国	山东省			
4	EHS-03	硕士	吕国庆	上海市			
5	EHS-04	中专	孙玉详	辽宁省			
6	EHS-05	本科	王建	北京市			
7	EHS-06	专科	孙玉详	黑龙江省			
8	EHS-07	硕士	刘情	江苏省			
9	EHS-08	中专	朱萍	浙江省			
10	EHS-09	本科	汤九灿	陕西省			
11	EHS-10	专科	刘烨	四川省			

图 14-12 返回多个符合条件的记录

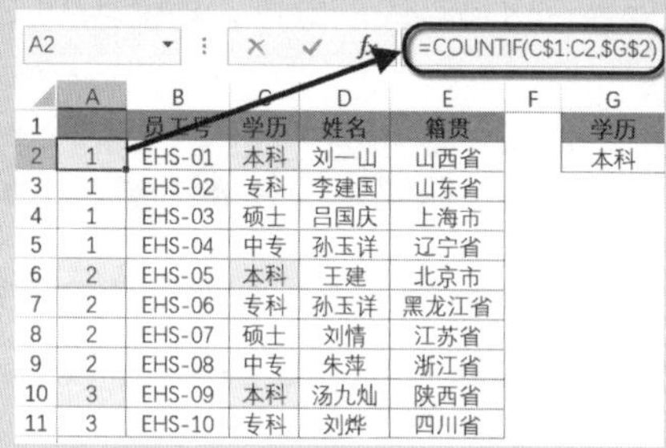

A2 =COUNTIF(C$1:C2,$G$2)

	A	B	C	D	E	F	G
1		员工号	学历	姓名	籍贯		学历
2	1	EHS-01	本科	刘一山	山西省		本科
3	1	EHS-02	专科	李建国	山东省		
4	1	EHS-03	硕士	吕国庆	上海市		
5	1	EHS-04	中专	孙玉详	辽宁省		
6	2	EHS-05	本科	王建	北京市		
7	2	EHS-06	专科	孙玉详	黑龙江省		
8	2	EHS-07	硕士	刘情	江苏省		
9	2	EHS-08	中专	朱萍	浙江省		
10	3	EHS-09	本科	汤九灿	陕西省		
11	3	EHS-10	专科	刘烨	四川省		

图 14-13 构建辅助列

公式从上到下依次判断 G2 单元格的学历在 C 列出现的次数。

A2 单元格公式为：

```
=COUNTIF(C$1:C2,$G$2)
```

返回值为 1，说明“本科”在 C$1:C2 单元格区域中出现了 1 次。

A3 单元格公式为：

```
=COUNTIF(C$1:C3,$G$2)
```

返回值为 1，说明“本科”在 C$1:C3 单元格区域中出现了 1 次。

……

A6 单元格公式为：

```
=COUNTIF(C$1:C6,$G$2)
```

返回值为 2，说明“本科”在 C$1:C6 单元格区域中出现了 2 次。

辅助列设置完毕后，在 H2 单元格输入以下公式，向下复制填充直至返回空文本。

```
=IFERROR(VLOOKUP(ROW(A1),A:D,4,0),"")
```

最终查询结果如图 14-14 所示。

公式中的“ROW(A1)”部分，公式向下复制时，依次变为 ROW(A2)、ROW(A3)……，即生成 1 至 n 的递增序列。VLOOKUP 函数使用 1 至 n 的递增序列作为查询值，使用 A:D 列作为查询区域，以精确匹配的方式查询返回 D 列的姓名。

H2　=IFERROR(VLOOKUP(ROW(A1),A:D,4,0),"")

	A	B	C	D	E	F	G	H
1		员工号	学历	姓名	籍贯		学历	姓名
2	1	EHS-01	本科	刘一山	山西省		本科	刘一山
3	1	EHS-02	专科	李建国	山东省			王建
4	1	EHS-03	硕士	吕国庆	上海市			汤九灿
5	1	EHS-04	中专	孙玉详	辽宁省			
6	2	EHS-05	本科	王建	北京市			
7	2	EHS-06	专科	孙玉详	黑龙江省			
8	2	EHS-07	硕士	刘情	江苏省			
9	2	EHS-08	中专	朱萍	浙江省			
10	3	EHS-09	本科	汤九灿	陕西省			
11	3	EHS-10	专科	刘烨	四川省			

图 14-14　最终查询结果

当 ROW 函数返回结果大于 A 列中的最大的数字时，VLOOKUP 函数会因为查询不到结果而返回错误值“#N/A”。IFERROR 函数用于屏蔽 VLOOKUP 返回的错误值，使之返回空文本。

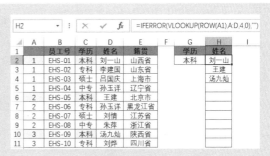

VLOOKUP 函数与其他函数搭配使用，可以实现多条件查询。

示例14-11　双条件查询

图 14-15 展示了某公司员工信息表，不同部门人员有同名的情况。要求根据姓名和部门两个条件在 H2 单元格返回对应人员的职务。

在 H2 单元格输入以下数组公式，按 <Ctrl+Shift+Enter> 组合键结束编辑。

```
{=VLOOKUP(F2&G2,IF({1,0},B:B&C:C,D:D),2,)}
```

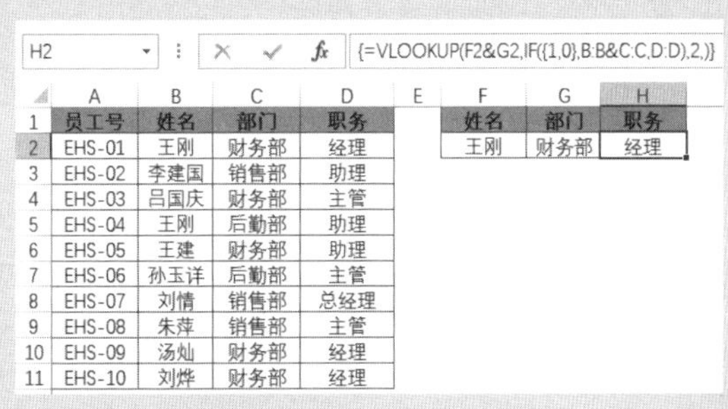

H2　{=VLOOKUP(F2&G2,IF({1,0},B:B&C:C,D:D),2,)}

	A	B	C	D	E	F	G	H
1	员工号	姓名	部门	职务		姓名	部门	职务
2	EHS-01	王刚	财务部	经理		王刚	财务部	经理
3	EHS-02	李建国	销售部	助理				
4	EHS-03	吕国庆	财务部	主管				
5	EHS-04	王刚	后勤部	助理				
6	EHS-05	王建	财务部	助理				
7	EHS-06	孙玉详	后勤部	主管				
8	EHS-07	刘情	销售部	总经理				
9	EHS-08	朱萍	销售部	主管				
10	EHS-09	汤灿	财务部	经理				
11	EHS-10	刘烨	财务部	经理				

图 14-15　双条件查询

“F2&G2”部分，使用连接符“&”将姓名和部门合并成字符串“王刚财务部”，作为 VLOOKUP 函数的查询条件。

“IF({1,0},B:B&C:C,D:D)”部分，先将 B 列和 C 列连接成一列数据，再使用 IF({1,0} 的方式，构造出姓名部门在前、职务在后的两列多行的内存数组：

{"姓名部门","职务";"王刚财务部","经理";"李建国销售部","助理";"吕国庆财务部","主管";"王刚后勤部","助理";……}

VLOOKUP 函数在 IF 函数构造出的内存数组的首列查询“王刚财务部”的位置，返回对应的职务信息，结果为“经理”。

示例14-12　按指定次数重复数据

如图 14-16 所示，B 列数据为需要重复显示的内容，A 列为指定重复的次数，要求生成如 D 列所示的结果。

在 A 列前插入一列空列作为辅助列，在 A2 单元格输入以下公式，向下复制到 A2:A4 单元格区域，如图 14-17 所示。

```
=SUM(B$2:B2)
```

在 E2 单元格输入以下公式向下复制，直到单元格显示为空白。

```
=IFERROR(VLOOKUP(ROW(A1),A:C,3,0),E3)&""
```

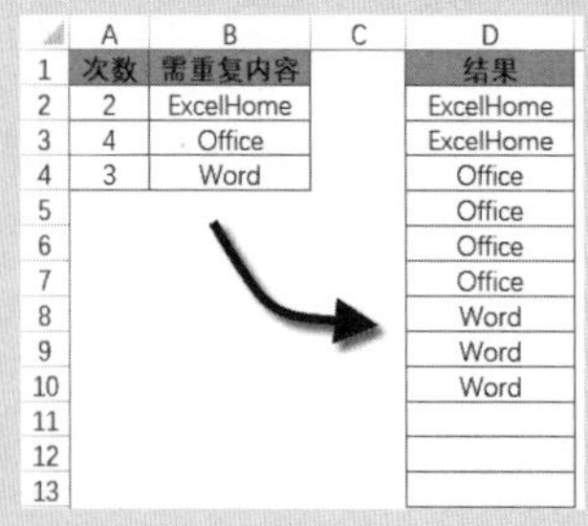

	A	B	C	D
1	次数	需重复内容		结果
2	2	ExcelHome		ExcelHome
3	4	Office		ExcelHome
4	3	Word		Office
5				Office
6				Office
7				Office
8				Word
9				Word
10				Word
11				
12				
13				

图 14-16　按指定次数重复数据

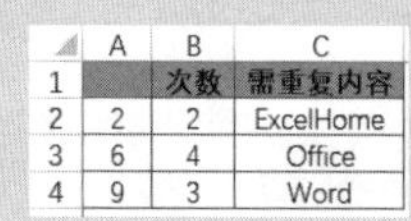

	A	B	C
1		次数	需重复内容
2	2	2	ExcelHome
3	6	4	Office
4	9	3	Word

图 14-17　构建辅助列

	A	B	C	D	E
1		次数	需重复内容		结果
2	2	2	ExcelHome		ExcelHome
3	6	4	Office		ExcelHome
4	9	3	Word		Office
5					Office
6					Office
7					Office
8					Word
9					Word
10					Word
11					
12					
13					

图 14-18　按指定次数重复显示完成图

“ROW(A1)”部分，公式向下复制时，依次变为 ROW(A2)、ROW(A3)……，即生成 1 至 n 的递增序列。VLOOKUP 函数依次查找 ROW 函数返回值，只有当 ROW 函数返回值为 2、6 和 9 时才会返回 C 列对应的内容，当 ROW 函数返回其他值时 VLOOKUP 函数查无结果，均返回错误值。

E2 单元格 VLOOKUP(ROW(A1),A:C,3,0) 返回错误值，E3 单元格 VLOOKUP(ROW(A2),A:C,3,0) 返回“ExcelHome”。当 E2 单元格返回错误值时，IFERROR 函数将 VLOOKUP 函数返回的错误值替换为公式所在单元格下一个单元格（E3 单元格）的内容，以此达到重复显示“ExcelHome”的目的。

当公式数量超过需要重复数据的次数总和时，VLOOKUP 函数将返回无意义的 0，因此使用连接空文本 &"" 的方式进行屏蔽。

VLOOKUP 函数第四参数为 TRUE 或被省略，表示使用近似匹配方式，通常情况下用于累进数值的查找。

示例14-13 判断考核等级

	A	B	C	D	E	F	G
1	序号	姓名	考核成绩	等级		等级对照表	
2	1	王刚	62	合格		分数	等级
3	2	李建国	96	优秀		0	不合格
4	3	吕国庆	98	优秀		60	合格
5	4	王刚	41	不合格		80	良好
6	5	王建	76	合格		90	优秀
7	6	孙玉详	80	良好			
8	7	刘情	63	合格			
9	8	朱萍	95	优秀			
10	9	汤九灿	59	不合格			
11	10	刘烨	70	合格			

图 14-19　判断考核等级

图 14-19 所示，是某公司员工考核成绩表的部分内容，F3:G6 单元格区域是考核等级对照表，首列已升序排序，要求在 D 列查询考核成绩对应的等级。

在 D2 单元格输入以下公式，向下复制到 D11 单元格。

```
=VLOOKUP(C2,F$3:G$6,2)
```

VLOOKUP 函数第四参数被省略，表示匹配模式为近似匹配，如果找不到精确的匹配值，则返回小于查询值的最大值。

C2 单元格的成绩 62 在对照表中查无匹配值。因此返回小于 62 的最大值 60，进而返回该分数对应的等级“合格”。

提示

使用近似匹配时，查询区域的首列必须按升序排序，否则可能无法得到正确的结果。

根据本书前言的提示操作，可观看使用 VLOOKUP 函数查询数据的视频讲解。

14.2.2　用 HLOOKUP 函数从上往下查询数据

HLOOKUP 函数名称中的 H 表示 horizontal，意思为“水平的”。该函数与 VLOOKUP 函数的语法非常相似，用法也基本相同，区别在于 VLOOKUP 函数在纵向区域或数组中查询，而 HLOOKUP 函数则在横向区域或数组中查询。

示例14-14　使用HLOOKUP查询班级人员信息

图 14-20 展示了某年级不同班级的人员信息，要求在 D8 单元格根据 B8 单元格的班号和 C8 单元格的职务查询对应人员的姓名。

在 D8 单元格输入以下公式。

```
=HLOOKUP(B8,1:4,MATCH(C8,A:A,0),0)
```

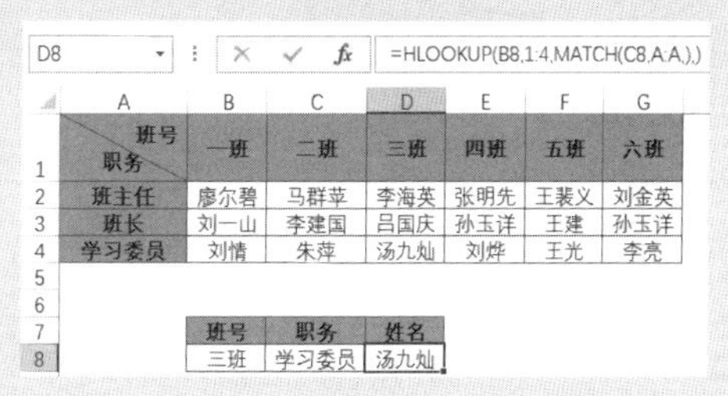

D8　=HLOOKUP(B8,1:4,MATCH(C8,A:A,),)

	A	B	C	D	E	F	G
1	班号 职务	一班	二班	三班	四班	五班	六班
2	班主任	廖尔碧	马群苹	李海英	张明先	王裴义	刘金英
3	班长	刘一山	李建国	吕国庆	孙玉洋	王建	孙玉洋
4	学习委员	刘情	朱萍	汤九灿	刘烨	王光	李亮
5							
6							
7		班号	职务	姓名			
8		三班	学习委员	汤九灿			

图 14-20　查询班级人员信息

MATCH 函数用于返回查找值在单行或单列中的相对位置，MATCH(C8,A:A,0) 返回 C8 单元格“学习委员”在 A 列中首次出现的位置，结果为 4，说明“学习委员”处于 A 列第 4 行，以此作为 HLOOKUP 的第三参数。

HLOOKUP 函数查询值为 B8，查询范围为 1:4，表示在 1~4 行整行的区域内，采用精确匹配的方式查找“三班”，返回该班级在查询范围内第 4 行的值，结果为“汤九灿”。

14.2.3　用 MATCH 函数返回查询值的相对位置

MATCH 函数用于返回查询值在查询范围中的相对位置，其语法如下：

```
MATCH(lookup_value,lookup_array,[match_type])
```

第一参数 lookup_value 为指定的查找对象。第二参数 lookup_array 为可能包含查找对象的单元格区域或数组，只能是一行或一列，如果是多行多列，则会返回错误值“#N/A”。第三参数 match_type 为查找的匹配方式。

当第三参数为 0 时，表示精确匹配，此时对第二参数无排序要求。以下公式返回值为 2，表示在第二参数的数组中字母“A”第一次出现的位置为 2。

```
=MATCH("A",{"C","A","B","A","D"},0)
```

如果第二参数中不包含字母“A”，公式将返回错误值“#N/A”。

当第三参数省略或为 1 时，表示升序条件下的近似匹配方式，此时要求第二参数按升序排列。函数将返回等于第一参数或是小于第一参数的最接近值的相对位置。以下公式返回值为 3，表示在第二参数中小于或等于 6 的最接近值为 5，5 在第二参数数组中序列位置为 3。

```
=MATCH(6,{1,3,5,7},1)
```

当第三参数为 -1 时，表示降序条件下的近似匹配方式，此时要求第二参数按降序排列。函数将返回等于第一参数或是大于第一参数的最接近值的相对位置。以下公式返回值为 2，表示在第二参数中大于等于 8 的最接近值为 9，9 在第二参数数组中序列位置为 2。

```
=MATCH(8,{11,9,6,5,3,1},-1)
```

示例14-15 MATCH函数常用查找示例

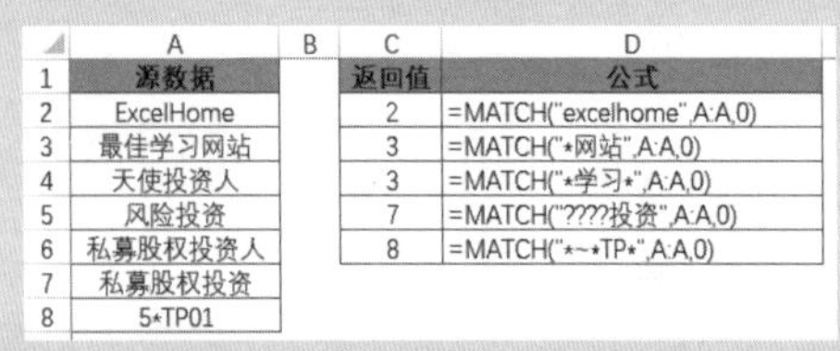

	A	B	C	D
1	源数据		返回值	公式
2	ExcelHome		2	=MATCH("excelhome",A:A,0)
3	最佳学习网站		3	=MATCH("*网站",A:A,0)
4	天使投资人		3	=MATCH("*学习*",A:A,0)
5	风险投资		7	=MATCH("????投资",A:A,0)
6	私募股权投资人		8	=MATCH("*~*TP*",A:A,0)
7	私募股权投资			
8	5*TP01			

图 14-21 MATCH 函数常用查找示例

如图 14-21 所示，A 列数据为文本内容，C 列为 MATCH 函数常用的查找示例返回结果。

在 C2 单元格输入以下公式，返回值为 2，表示“excelhome”在 A 列中的位置为 2。MATCH 函数匹配文本值时不区分字母大小写。

```
=MATCH("excelhome",A:A,0)
```

在 C3 单元格输入以下公式，返回值为 3，表示以“网站”结尾、前面有任意长度字符的文本在 A 列中出现的位置是 3。MATCH 函数匹配文本值时支持使用通配符。

```
=MATCH("*网站",A:A,0)
```

在 C4 单元格输入以下公式，返回值为 3，表示包含关键字“学习”的文本在 A 列中出现的位置是 3。

```
=MATCH("*学习*",A:A,0)
```

在 C5 单元格输入以下公式，返回值为 7，表示以“投资”结尾，前面有 4 个字符的文本在 A 列中出现的位置是 7。

```
=MATCH("????投资",A:A,0)
```

在 C6 单元格输入以下公式，返回值为 8，表示包含关键字“*TP”的文本（5*TP01）在 A 列中出现的位置是 8。如果查找区域中包括“*”或“?”，在使用 MATCH 函数查找时需在“*”或“?”前面添加转义符“~”，以强制取消通配符的作用。

```
=MATCH("*~*TP*",A:A,0)
```

注意

如果 MATCH 函数简写第三参数，仅以逗号占位，表示该参数为 0，即匹配方式为精确匹配。例如，MATCH("excelhome",A:A,)”等同于 MATCH("excelhome",A:A,0)。

如果查询区域中包含多个查询值，MATCH 函数只返回查询值首次出现的位置。利用这一特点，可以统计出一行或一列数据中不重复值的个数。

示例14-16 不重复值个数统计

如图 14-22 所示，A2:A9 单元格区域包括重复值，要求在 C2 单元格统计 A2:A9 单元格区域不重复值的个数。

在 C2 单元格输入以下数组公式，按 <Ctrl+Shift+Enter> 组合键结束编辑。

```
{=SUM(N(MATCH(A2:A9,A2:A9,)=ROW(A2:A9)-1))}
```

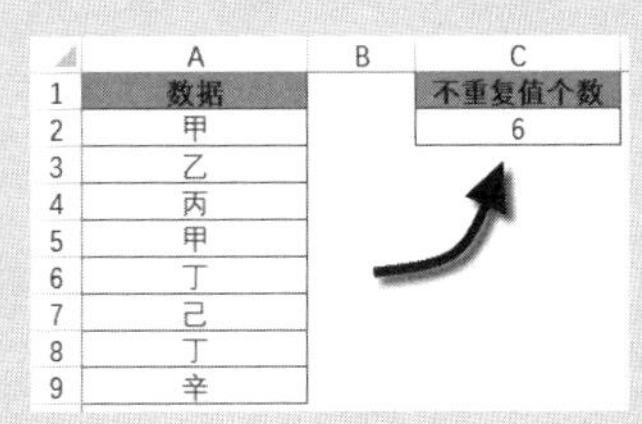

	A	B	C
1	数据		不重复值个数
2	甲		6
3	乙		
4	丙		
5	甲		
6	丁		
7	己		
8	丁		
9	辛		

图 14-22 统计不重复值的个数

“MATCH(A2:A9,A2:A9,)”部分，以精确匹配的方式，查找 A2:A9 单元格区域中每个数据在该区域中首次出现的位置，返回一个内存数组。

```
={1;2;3;1;5;6;5;8}
```

“ROW(A2:A9)-1”部分，生成从 1 至 8 的连续自然数序列，行数与 A 列数据行数一致。

用 MATCH 函数得到数据位置与 ROW 函数生成的序列值相比较。如果数据是首次出现，则比较的结果为 TRUE，否则为 FALSE。“MATCH(A2:A9,A2:A9,)=ROW(A2:A9)-1”部分返回内存数组如下：

```
{TRUE;TRUE;TRUE;FALSE;TRUE;TRUE;FALSE;TRUE}
```

TRUE 的个数代表 A2:A9 单元格区域中不重复值的个数，使用 N 函数将逻辑值 TRUE 和 FALSE 分别转换成 1 和 0，再用 SUM 函数求和即为不重复值的个数。

> **提示**
>
> 如果 MATCH 函数的查找单元格区域中包含空白单元格，结果将返回错误值“#N/A”。可以在 MATCH 函数的单元格区域引用后连接空文本“""”，将空单元格作为空文本处理，例如公式“=MATCH(A2:A9&"",A2:A9&"",)”。

示例14-17 统计两列相同数据个数

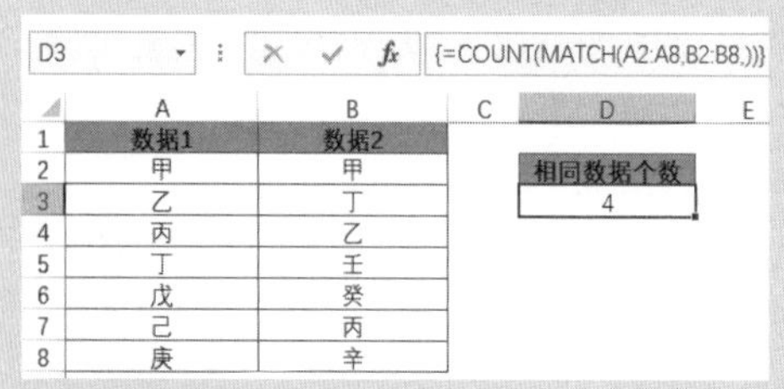

D3 {=COUNT(MATCH(A2:A8,B2:B8,))}

	A	B	C	D	E
1	数据1	数据2			
2	甲	甲		相同数据个数	
3	乙	丁		4	
4	丙	乙			
5	丁	壬			
6	戊	癸			
7	己	丙			
8	庚	辛			

图 14-23 统计两列相同数据个数

如图 14-23 所示，数据 1 和数据 2 各自无重复值，要求统计数据 1 和数据 2 中相同数据的个数。

在 D3 单元格输入以下数组公式，按 <Ctrl+Shift+Enter> 组合键结束编辑。

```
{=COUNT(MATCH(A2:A8,B2:B8,))}
```

如果 A2:A8 单元格区域中的数据在 B2:B8 单元格区域中存在，MATCH(A2:A8,B2:B8,) 返回首次出现的位置数字；如果不存在，则返回错误值“#N/A”，结果是一个由数字和错误值构成的内存数组。

```
{1;3;6;2;#N/A;#N/A;#N/A}
```

最后使用 COUNT 函数统计数组中数字的个数，返回两列相同数据的个数。

14.2.4 用 INDEX 函数根据指定的行列号返回值或引用

INDEX 函数可以在一个引用或数组范围中，根据指定的行号或（和）列号来返回引用或值。该函数有引用形式和数组形式两种类型的语法，分别为：

```
引用形式 INDEX(reference,row_num,[column_num],[area_num])
数组形式 INDEX(array,row_num,[column_num])
```

在引用形式中，第一参数 reference 是必需参数，指定一个或多个单元格区域的引用，如果引用是多个不连续的区域，必须将其用小括号括起来。

第二参数 row_num 是必需参数，指定需要返回引用的行号；第三参数 column_num 是可选参数，指定需要返回引用的列号；第四参数 area_num 是可选参数，指定返回引用的区域。

以下公式返回 A1:D4 单元格区域第 3 行和第 4 列交叉处的单元格，即 D3 单元格。

```
=INDEX(A1:D4,3,4)
```

以下公式返回 A1:D4 单元格区域中第 3 行单元格，即 A3:D3 单元格区域的和。

```
=SUM(INDEX(A1:D4,3,))
```

以下公式返回 A1:D4 单元格区域中第 4 列单元格，即 D1:D4 单元格区域的和。

```
=SUM(INDEX(A1:D4,,4))
```

以下公式返回 (A1:B4,C1:D4) 两个单元格区域中，第二个区域 C1:D4 第 3 行第 1 列的单元格，即 C3 单元格。

```
=INDEX((A1:B4,C1:D4),3,1,2)
```

根据公式的需要，INDEX 函数的返回值可以为引用或值。例如，以下第一个公式等价于第二个公式，CELL 函数将 INDEX 函数的返回值作为 B1 单元格的引用。

```
=CELL("width",INDEX(A1:B2,1,2))
=CELL("width",B1)
```

而在以下公式中，则将 INDEX 函数的返回值解释为 B1 单元格中的值。

```
=2*INDEX(A1:B2,1,2)
```

在数组形式中，第一参数 array 是必需参数，可以是单元格区域或数组。第二参数和第三参数要求与引用形式中类似，如果数组仅包含一行或一列，则相应的 row_num 或 column_num 参数是可选的。第二参数和第三参数不得超过第一参数的行数和列数，否则将返回错误值“#REF!”。例如，以下公式由于 A1:D10 单元格区域只有 4 列，而公式要求返回该区域第 20 列的单元格。因此返回错误值“#REF”。

```
=INDEX(A1:D10,4,20)
```

INDEX 函数和 MATCH 函数结合运用，能够完成类似 VLOOKUP 函数和 HLOOKUP 函数的查找功能，虽然公式看似相对复杂，但在实际应用中更加灵活多变。例如，以较高的效率解决逆向查询等问题。

示例14-18 根据员工号查询姓名和部门

如图 14-24 所示，A~C 列展示的是某单位员工信息表的部分内容，要求根据 E 列的员工号查询并返回员工姓名和所在部门信息。

	A	B	C	D	E	F	G
1	姓名	员工号	部门		员工号	姓名	部门
2	张丹丹	ZR-001	办公室		ZR-005	刘萌	后勤部
3	蔡如江	ZR-002	办公室		ZR-002	蔡如江	办公室
4	李婉儿	ZR-003	财富中心		ZR-007	顾长宇	人力行政部
5	孙天亮	ZR-004	财富中心				
6	刘萌	ZR-005	后勤部				
7	李珊珊	ZR-006	人力行政部				
8	顾长宇	ZR-007	人力行政部				
9	张丹燕	ZR-008	人力行政部				

图 14-24　根据员工号查询姓名和部门

在 F2 单元格输入以下公式，向下复制到 F4 单元格。

```
=INDEX(A:A,MATCH(E2,B:B,))
```

MATCH 函数以精确匹配的方式查询 E2 单元格员工号在 B 列中出现的位置，结果为 6。再用

INDEX 函数根据此索引值，返回 A 列中第 6 行对应的姓名。

在 G2 单元格输入以下公式，向下复制到 G4 单元格。

```
=INDEX(C:C,MATCH(E2,B:B,))
```

公式原理与 F 列公式相同。

14.2.5　LOOKUP 函数实现多种形式的数据查询

LOOKUP 函数主要用于在查找范围中查询指定值，并在另一个结果范围中返回对应值。该函数支持忽略查询范围中的空值、逻辑值和错误值，几乎可以完成 VLOOKUP 函数和 HLOOKUP 函数所有的查询功能。

LOOKUP 函数具有向量和数组两种语法形式，其语法分别为：

```
LOOKUP(lookup_value,lookup_vector,[result_vector])
LOOKUP(lookup_value,array)
```

向量语法中，第一参数为查找值，可以使用单元格引用或数组。第二参数为查找范围。第三参数是可选参数，为结果范围。

向量语法是在由单行或单列构成的第二参数中，查找第一参数，并返回第三参数中的对应值（如果第三参数省略，则默认以第二参数为结果范围）。

如果需要在查找范围中查找一个明确的值，查找范围必须升序排列；如果 LOOKUP 函数找不到查询值，会与查询区域中小于查询值的最大值进行匹配。如果查询值小于查询区域中的最小值，则 LOOKUP 函数会返回错误值“#N/A”。

如果查询区域中有多个符合条件的记录，LOOKUP 函数仅返回最后一个记录。

在数组语法中，LOOKUP 函数的数组形式在数组的第一行或第一列中查找指定的值，并返回数组最后一行或最后一列中同一位置的值。

当 LOOKUP 函数的查找值大于查找范围内所有同类型的值时，会直接返回查找区域最后一个同类型的值。

示例14-19 LOOKUP函数常见的模式化用法

例 1：返回 A 列最后一个文本值。

```
=LOOKUP("々",A:A)
```

“々”通常被看作是一个编码较大的字符，输入方法为按住 Alt 键不放，依次按数字小键盘的 4、1、3、8、5。一般情况下，第一参数写成“座”或是“做”，也可以返回一列或一行中的最后一个文本值。

例 2：返回 A 列最后一个数值。

```
=LOOKUP(9E+307,A:A)
```

9E+307 是 Excel 里的科学记数法，即 9*10^307，被认为接近 Excel 允许键入的最大数值。用它做查询值，可以返回一列或一行中的最后一个数值。

例 3：返回 A 列最后一个非空单元格内容。

```
=LOOKUP(1,0/(A:A<>""),A:A)
```

公式以 0/(条件)，构建一个由 0 和错误值“#DIV/0!”组成的数组，再用比 0 大的数值 1 作为查找值，即可查找查询区域中最后一个满足条件的记录，并返回第三参数中对应位置的内容。

LOOKUP 函数的典型用法可以归纳为：

```
=LOOKUP(1,0/(条件),目标区域或数组)
```

示例14-20 LOOKUP函数向量语法查找

如图 14-25 所示，A 列为 1~12 的序号，B 列为对应的生肖。要求根据 D2 单元格的序号查询并返回 B 列对应的生肖。

在 E2 单元格输入以下公式。

```
=LOOKUP(D2,A2:A13,B2:B13)
```

D2 单元格的值为 6，LOOKUP 在第二参数 A2:A13 单元格区域中查找 6 的位置，然后返回 B 列与 6 处于同一位置的内容“蛇”。

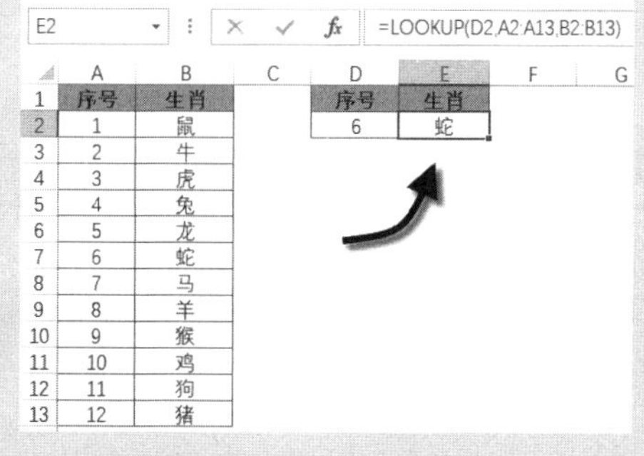
E2　=LOOKUP(D2,A2:A13,B2:B13)

	A	B	C	D	E
1	序号	生肖		序号	生肖
2	1	鼠		6	蛇
3	2	牛			
4	3	虎			
5	4	兔			
6	5	龙			
7	6	蛇			
8	7	马			
9	8	羊			
10	9	猴			
11	10	鸡			
12	11	狗			
13	12	猪			

图 14-25　查询生肖 1

在这种查找方式下，第二参数查找区域必须升序排列。

如果 D2 单元格的值为 13，则函数返回 A2:A13 单元格区域中小于或等于 13 的最大值 12，结果为“猪”。

示例14-21 LOOKUP函数数组语法查找

如图 14-26 所示，A 列为 1~12 的序号，B 列为对应的生肖。要求根据 D2 单元格的序号查询并返回 B 列对应的生肖。

在 E2 单元格输入以下公式：

```
=LOOKUP(D2,A:B)
```

D2 单元格的值为 6，LOOKUP 在第二参数 A:B 区域中的第一列查找 6 的位置，然后返回该区域最后一列相同位置的内容“蛇”。

由于第二参数的数组行数大于列数，因此 LOOKUP 函数在第二参数的首列查找第一参数。如果第二参数的列数大于行数，LOOKUP 函数将在第二参数的首行中查找第一参数。

如图 14-27 所示，B5 单元格的公式如下：

```
=LOOKUP(A5,B1:M2)
```

E2 =LOOKUP(D2,A:B)

	A	B	C	D	E
1	序号	生肖		序号	生肖
2	1	鼠		6	蛇
3	2	牛			
4	3	虎			
5	4	兔			
6	5	龙			
7	6	蛇			
8	7	马			
9	8	羊			
10	9	猴			
11	10	鸡			
12	11	狗			
13	12	猪			

图 14-26　查询生肖 2

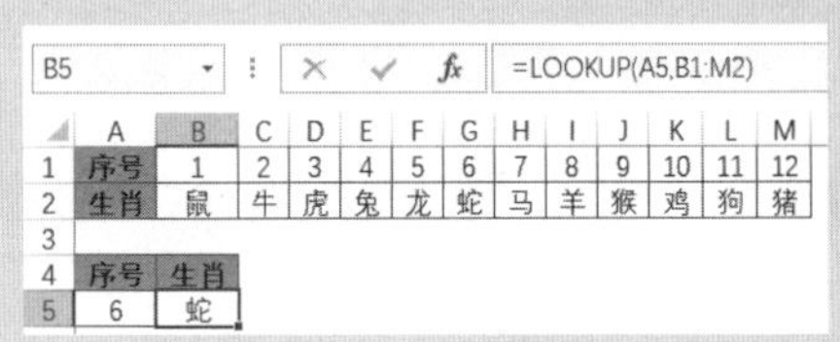

B5 =LOOKUP(A5,B1:M2)

	A	B	C	D	E	F	G	H	I	J	K	L	M
1	序号	1	2	3	4	5	6	7	8	9	10	11	12
2	生肖	鼠	牛	虎	兔	龙	蛇	马	羊	猴	鸡	狗	猪
3													
4	序号	生肖											
5	6	蛇											

图 14-27　查询生肖 3

LOOKUP 函数在 B1:M2 单元格区域中的首行查找 A5 单元格的值，并返回 B1:M2 单元格区域最后一行对应位置的内容“蛇”。

示例14-22 判断考核等级

D2 =LOOKUP(C2,F$3:F$6,G$3:G$6)

	A	B	C	D	E	F	G
1	序号	姓名	考核成绩	等级		等级对照表	
2	1	王刚	62	合格		分数	等级
3	2	李建国	96	优秀		0	不合格
4	3	吕国庆	98	优秀		60	合格
5	4	王刚	41	不合格		80	良好
6	5	王建	76	合格		90	优秀
7	6	孙玉详	80	良好			
8	7	刘情	63	合格			
9	8	朱萍	95	优秀			
10	9	汤九灿	59	不合格			
11	10	刘烨	70	合格			

图 14-28　判断考核等级

图 14-28 展示的是某公司员工考核成绩表的部分内容，F3:G6 单元格区域是考核等级对照表，首列已按成绩升序排序，要求在 D 列根据考核成绩查询出对应的等级。

在 D2 单元格输入以下公式，向下复制到 D11 单元格。

```
=LOOKUP(C2,F$3:F$6,G$3:G$6)
```

LOOKUP 函数在 F$3:F$6 单元格区域中查找考核成绩，以该区域中小于或等于考核成绩的最大值进行匹配，并返回与之对应的 G$3:G$6 单元格区域中的等级。

C2 单元格的考核成绩是 62，F$3:F$6 单元格区域中小于或等于 62 的最大值为 60，因此返回 60 对应的等级“合格”。

如果不使用对照表，可以使用以下公式实现同样的要求。

```
=LOOKUP(C2,{0,60,80,90},{"不合格","合格","良好","优秀"})
```

LOOKUP 函数第二参数使用升序排列的常量数组，这种方法可以取代 IF 函数完成多个区间的判断查询。

也可以使用以下公式完成同样的查询结果。

```
=LOOKUP(C2,F$3:G$6)
```


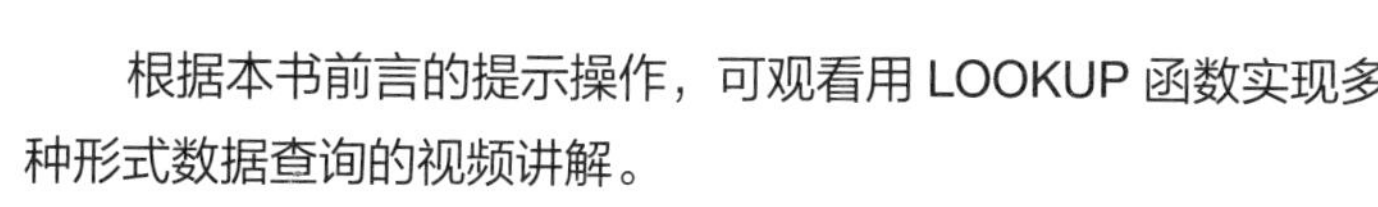

根据本书前言的提示操作，可观看用 LOOKUP 函数实现多种形式数据查询的视频讲解。

示例14-23 提取单元格中的数字

如图 14-29 所示，A 列为数值和单位混合的文本内容，要求提取单位左侧的数值。

在 B2 单元格输入以下公式，向下复制到 B2:B6 单元格区域。

```
=-LOOKUP(,-LEFT(A2,ROW($1:$99)))
```

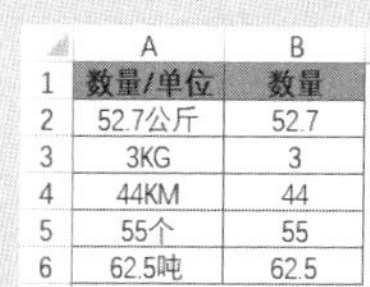

	A	B
1	数量/单位	数量
2	52.7公斤	52.7
3	3KG	3
4	44KM	44
5	55个	55
6	62.5吨	62.5

图 14-29 提取单元格中的数字

LEFT 函数从 A2 单元格左起第一个字符开始，依次返回长度为 1 至 99 的字符串。

```
{"5";"52";"52.";"52.7";"52.7公";……;"52.7公斤"}
```

加上负号后，数值转换为负数，含有文本的字符串则转换为错误值“#VALUE!”。

```
{-5;-52;-52;-52.7;#VALUE!;……;#VALUE!}
```

LOOKUP 函数省略第一参数的值，表示使用 0 作为查找值，在以上内存数组中忽略错误值进行查询。而查找值 0 又大于所有的负数，因此返回最后一个数值，最后再加上负号，将提取出的负数转为正数。

示例14-24 根据关键字分组

如图 14-30 所示，A 列为某公司明细账摘要，需要在 B 列根据 D2:D5 单元格区域的关键字返回对应的类别。

B2 =LOOKUP(1,0/FIND(D$2:D$5,A2),D$2:D$5)

	A	B	C	D
1	摘要	分类		类别
2	阀门20套_业务二部_SUGS0782354	阀门		阀门
3	金属蜡烛台3320个_业务七部_SUGS0782293	金属蜡烛台		金属蜡烛台
4	阀门_业务二部_SUGS0782354	阀门		服装
5	阀门1套_业务二部_SUGS0782292	阀门		金属制品
6	服装 3630件_业务五部_SUGS0782370	服装		
7	服装 3630件_业务五部_SUGS0782370	服装		
8	阀门5512套_业务二部_SUGS0782230	阀门		
9	阀门5512套金_业务二部_SUGS0782230	阀门		
10	金属制品 130个_周伟_SUGS0782322	金属制品		

图 14-30　根据关键字分组

在 B2 单元格输入以下公式，向下复制到 B2:B10 单元格区域。

```
=LOOKUP(1,0/FIND(D$2:D$5,A2),D$2:D$5)
```

FIND 函数返回查找字符串在另一个字符串中的起始位置，如果查无结果，返回错误值“#VALUE!”。

“0/FIND(D$2:D$5,A2)”部分，先用 FIND 函数依次查找 D$2:D$5 单元格区域中关键字在 A2 单元格的起始位置，得到由起始位置数值和错误值“#VALUE!”构成的内存数组。

```
{1;#VALUE!;#VALUE!;#VALUE!}
```

再用 0 除以该数组，返回由 0 和错误值“#VALUE!”构成的新内存数组。

```
{0;#VALUE!;#VALUE!;#VALUE!}
```

LOOKUP 函数用 1 作为查找值，以内存数组中最后一个 0 进行匹配，进而返回第三参数 D$2:D$5 单元格区域中对应位置的值。

示例14-25 获得本季度第一天的日期

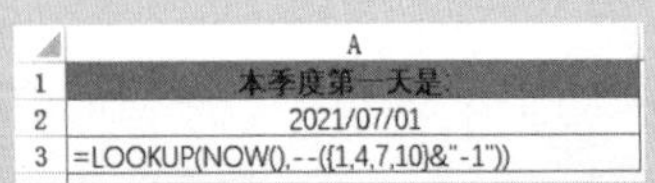

	A
1	本季度第一天是
2	2021/07/01
3	=LOOKUP(NOW(),--({1,4,7,10}&"-1"))

图 14-31　获取本季度第一天的日期

如图 14-31 所示，使用以下公式，可以获得本季度的第一天的日期。

```
=LOOKUP(NOW(),--({1,4,7,10}&"-1"))
```

使用连接符“&”将字符串 {1,4,7,10} 与 "-1" 连接，使其变成一个省略年份的日期样式的常量数组。

```
{"1-1","4-1","7-1","10-1"}
```

如果日期仅以月份和天数表示，会被 Excel 识别为当前年度的日期。用减负运算的方式，使其分别转换为本年度 1 月 1 日、4 月 1 日、7 月 1 日和 10 月 1 日的日期序列值，即以升序排列的四个季度第一天的日期。

NOW 函数返回系统当前的日期和时间。

LOOKUP 函数以当前的日期和时间作为查找值，在已经升序排列的日期中查找并返回小于或等于系统日期的最大值，结果为本季度第一天的日期。

LOOKUP 函数的第二参数可以是多组条件判断相乘组成的内存数组，常用写法为：

```
=LOOKUP(1,0/((条件 1)*(条件 2)*……*(条件 N)),目标区域或数组)
```

使用这种方法能够完成多条件的数据查询任务。

示例14-26 LOOKUP函数多条件查询

图 14-32 展示的是某单位员工信息表的部分内容，不同部门有重名的员工，需要根据部门和姓名两个条件，查询员工的职务信息。

在 G2 单元格输入以下公式。

```
=LOOKUP(1,0/((A2:A11=E2)*(B2:B11=F2)),C2:C11)
```

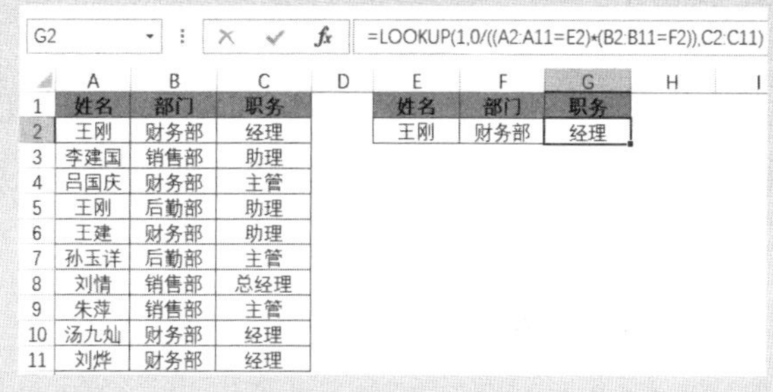

G2　=LOOKUP(1,0/((A2:A11=E2)*(B2:B11=F2)),C2:C11)

	A	B	C	D	E	F	G	H	I
1	姓名	部门	职务		姓名	部门	职务		
2	王刚	财务部	经理		王刚	财务部	经理		
3	李建国	销售部	助理						
4	吕国庆	财务部	主管						
5	王刚	后勤部	助理						
6	王建	财务部	助理						
7	孙玉洋	后勤部	主管						
8	刘情	销售部	总经理						
9	朱萍	销售部	主管						
10	汤九灿	财务部	经理						
11	刘烨	财务部	经理						

图 14-32　多条件查询

LOOKUP 函数第二参数使用两个等式相乘，分别比较 E2 单元格的部门与 A 列中的部门是否相同，F2 单元格的姓名与 B 列中的姓名是否相同。当两个条件同时满足时，两个逻辑值 TRUE 相乘返回数值 1，否则返回 0。

```
{1;0;0;0;0;0;0;0;0;0}
```

再用 0 除以该数组，返回由 0 和错误值“#DIV/0!”组成的新数组。

```
{0;#DIV/0!;#DIV/0!;……;#DIV/0!;#DIV/0!;#DIV/0!;#DIV/0!}
```

LOOKUP 函数查找值为 1，由于数组中的数字都小于 1，因此以该数组最后一个 0 进行匹配，并返回第三参数 C2:C11 单元格区域对应位置的值。

也可以使用以下公式完成同样的查询。

```
=LOOKUP(1,0/((A2:A11&B2:B11=E2&F2)),C2:C11)
```

公式将 A2:A11 和 B2:B11 单元格区域及 E2 和 F2 单元格分别使用连接符“&”进行连接，将两个判断条件合并为一个判断条件处理，使公式更加简短。

示例14-27 合并单元格条件求和

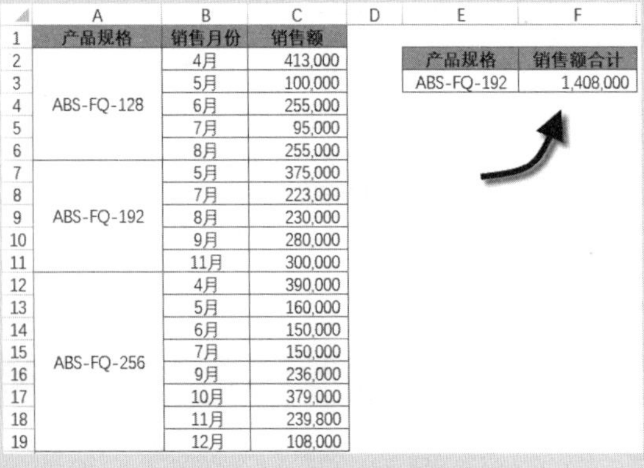

	A	B	C	D	E	F
1	产品规格	销售月份	销售额			
2	ABS-FQ-128	4月	413,000		产品规格	销售额合计
3		5月	100,000		ABS-FQ-192	1,408,000
4		6月	255,000			
5		7月	95,000			
6		8月	255,000			
7	ABS-FQ-192	5月	375,000			
8		7月	223,000			
9		8月	230,000			
10		9月	280,000			
11		11月	300,000			
12	ABS-FQ-256	4月	390,000			
13		5月	160,000			
14		6月	150,000			
15		7月	150,000			
16		9月	236,000			
17		10月	379,000			
18		11月	239,800			
19		12月	108,000			

图 14-33 合并单元格条件求和

如图 14-33 所示，A~C 列为不同规格产品的销售额统计表，A 列“产品规格”区域包含合并单元格。要求在 F3 单元格根据 E3 单元格的产品规格汇总其销售额。

在 F3 单元格输入以下数组公式，按 <Ctrl+Shift+Enter> 组合键结束编辑。

```
{=SUM((E3=LOOKUP(ROW(A2:A19),IF(A2:A19<>"",ROW(A2:A19)),A2:A19))*C2:C19)}
```

“IF(A2:A19<>"",ROW(A2:A19))”部分，如果 A 列单元格不为空，IF 函数返回对应行号，否则返回 FALSE。结果为一个内存数组：

```
{2;FALSE;FALSE;FALSE;FALSE;7;FALSE;FALSE;FALSE;FALSE;12;……}
```

“LOOKUP(ROW(A2:A19),IF(A2:A19<>"",ROW(A2:A19)),A2:A19)”部分，LOOKUP 函数在 IF 函数返回的内存数组中分别查找 ROW(A2:A19) 对应的位置，并返回 A2:A19 单元格区域相同位置的值：

```
{"ABS-FQ-128";"ABS-FQ-128";"ABS-FQ-128";"ABS-FQ-128";"ABS-FQ-128";"ABS-FQ-192";"ABS-FQ-192";"ABS-FQ-192";……}
```

将 E3 单元格的产品规格与 LOOKUP 函数返回的数组比较，若相等返回 TRUE，否则返回 FALSE，最终返回一个由逻辑值构成的内存数组。

```
{FALSE;FALSE;FALSE;FALSE;FALSE;TRUE;TRUE;……FALSE}
```

最后将数组中的逻辑值与 C2:C19 单元格区域的数值相乘后，再使用 SUM 函数求和。

14.2.6 用 XLOOKUP 函数实现数据查询

XLOOKUP 是 Microsoft 365 专属 Excel 中的新函数，主要用于在查询范围中根据指定条件返回查询结果。相比于传统的 VLOOKUP、INDEX 等函数，该函数具有编写更简洁、形式更灵活、运算更高效等特点。

函数语法如下：

```
XLOOKUP(lookup_value,lookup_array,return_array,[if_not_found],match_mode],[search_mode])
```

第一参数 lookup_value 是必需参数，指定需要查询的值。

第二参数 lookup_array 是必需参数，指定查询的单元格区域或数组。

第三参数 return_array 是必需参数，指定返回结果的单元格区域或数组。

第四参数 if_not_found 是可选参数，指定找不到有效的匹配项时返回的值；如果找不到有效的匹配项，同时该参数缺失，XLOOKUP 函数返回错误值“#N/A”。

第五参数 match_mode 是可选参数，表示匹配模式，共有四个选项，各选项含义如表 14-8 所示。

表 14-8 match_mode 参数

值	含义
0	默认值，表示完全匹配
-1	当查无完全匹配项时，返回下一个较小项
1	当查无完全匹配项时，返回下一个较大项
2	表示支持通配符查询（默认不支持）

第六参数 search_mode 是可选参数，表示搜索模式，共有四个选项，各选项含义如表 14-9 所示。

表 14-9 search_mode 参数

值	含义
1	默认值，表示从第一项开始向下搜索
-1	表示从最后一项开始向上搜索
2	要求 lookup_array 按升序排序，执行二进制搜索。 如果 lookup_array 未排序，将返回无效结果
-2	要求 lookup_array 按降序排序，执行二进制搜索。 如果 lookup_array 未排序，将返回无效结果

示例14-28 XLOOKUP函数执行单条件查询

如图 14-34 所示，A~D 列为员工信息表，要求根据 F 列的员工号查询并返回员工的姓名，如果查无匹配结果，则返回字符串“查无此人”。

	A	B	C	D	E	F	G
1	姓名	员工号	籍贯	学历		员工号	姓名
2	刘一山	EHS-01	山西省	本科		EHS-03	吕国庆
3	李建国	EHS-02	山东省	专科		EHS-07	刘情
4	吕国庆	EHS-03	上海市	硕士		EHS-19	查无此人
5	孙玉详	EHS-04	辽宁省	中专			
6	王建	EHS-05	北京市	本科			
7	孙玉详	EHS-06	黑龙江省	专科			
8	刘情	EHS-07	江苏省	硕士			
9	朱萍	EHS-08	浙江省	中专			
10	汤灿	EHS-09	陕西省	本科			
11	刘烨	EHS-10	四川省	专科			

图 14-34 单条件查询

G2 单元格使用以下公式，复制到 G2:G4 单元格区域。

```
=XLOOKUP(F2,B:B,A:A,"查无此人")
```

第一参数 F2 表示查询值，第二参数 B:B 表示查询的数据源范围，第三参数 A:A 表示查询结果范围，第四参数“查无此人”表示当查无匹配结果时的返回值。

XLOOKUP 第五参数为匹配模式，除了默认的完全匹配外，当没有完全匹配结果时，还支持返回下一个较大或较小项。

示例14-29 XLOOKUP函数判断考核等级

	A	B	C	D	E	F	G
1	姓名	员工号	考核得分	等级		得分	等级
2	刘一山	EHS-01	46	不及格		80	良好
3	李建国	EHS-02	84	良好		90	优秀
4	吕国庆	EHS-03	85	良好		0	不及格
5	孙玉详	EHS-04	87	良好		60	及格
6	王建	EHS-05	79	及格			
7	孙玉详	EHS-06	65	及格			
8	刘情	EHS-07	65	及格			
9	朱萍	EHS-08	90	优秀			
10	汤灿	EHS-09	44	不及格			
11	刘烨	EHS-10	79	及格			

图 14-35　判断考核等级

图 14-35 所示，是员工考核成绩表的部分内容，F3:G6 单元格区域是考核等级对照表，C 列得分为乱序状态，要求在 D 列根据考核成绩查询出对应的等级。

在 D2 单元格输入以下公式，向下复制到 D11 单元格。

```
=XLOOKUP(C2,F:F,G:G,"",-1)
```

XLOOKUP 函数的第五参数为 -1，表示当没有完全匹配项时，以下一个较小项进行匹配。

XLOOKUP 在 F 列中查找考核成绩，当查询不到和查找值 C2 完全匹配的结果时，以下一个较小项进行匹配。例如，查找值为 46，F 列找不到完全匹配项，则返回下一个较小项 0，进而返回该值对应的结果“不及格”。

XLOOKUP 第六参数为搜索模式，除了默认的从第一项开始向下搜索外，也支持从最后一项开始向上搜索。

示例14-30 XLOOKUP函数查询商品最新销售金额

	A	B	C	D	E	F	G	H
1	日期	商品	单价	数量	金额		商品	金额
2	2021/9/5	EHS-01	¥ 93.00	10	¥ 930.00		EHS-01	¥ 651.00
3	2021/9/17	EHS-02	¥ 162.00	9	¥ 1,458.00		EHS-02	¥ 1,458.00
4	2021/9/19	EHS-05	¥ 50.00	3	¥ 150.00		EHS-05	¥ 400.00
5	2021/9/19	EHS-03	¥ 125.00	5	¥ 625.00			
6	2021/10/1	EHS-02	¥ 162.00	2	¥ 324.00			
7	2021/10/2	EHS-03	¥ 125.00	4	¥ 500.00			
8	2021/10/12	EHS-01	¥ 93.00	10	¥ 930.00			
9	2021/10/14	EHS-03	¥ 125.00	3	¥ 375.00			
10	2021/10/26	EHS-05	¥ 50.00	8	¥ 400.00			
11	2021/10/27	EHS-02	¥ 162.00	9	¥ 1,458.00			
12	2021/10/29	EHS-04	¥ 105.00	4	¥ 420.00			
13	2021/11/23	EHS-01	¥ 93.00	7	¥ 651.00			
14	2021/12/4	EHS-03	¥ 125.00	7	¥ 875.00			

图 14-36　查询商品最新销售金额

如图 14-36 所示，A:E 列是某公司商品销售记录，其中日期列已升序排序，需要在 H 列查询 G 列商品最新的销售金额。

在 H2 单元格输入以下公式，向下复制到 H4 单元格。

```
=XLOOKUP(G2,B:B,E:E,"查无",0,-1)
```

XLOOKUP 函数第五参数为 0，表示匹配模式为完全匹配，第六参数为 -1，表示从最后一项开始向上搜索，当找到完全匹配值时，返回对应结果。由于日期列已升序排序，返回的结果即为商品的最新销售金额。

当数据量较大时，可以将 XLOOKUP 的搜索模式设置为二进制，实现更加高效的查询。

示例14-31 XLOOKUP函数实现二进制查询

如图 14-37 所示，A~D 列为员工信息表的部分内容，其中员工号已升序排列，要求根据 F 列的员工号查询并返回员工的姓名，如果找不到匹配结果，则返回字符串“查无此人”。

在 G2 单元格输入以下公式，复制到 G2:G4 单元格区域。

```
=XLOOKUP(F2,B:B,A:A,"查无此人",0,2)
```

	A	B	C	D	E	F	G
1	姓名	员工号	籍贯	学历		员工号	姓名
2	冯红恋	EHS-01	山西省	本科		EHS-03	严启芬
3	郑心敏	EHS-02	山东省	专科		EHS-17	许虹
4	严启芬	EHS-03	上海市	硕士		EHS-09	王青
5	赵雪	EHS-04	辽宁省	中专			
6	魏欣淼	EHS-05	北京市	本科			
7	孙山柳	EHS-06	黑龙江省	专科			
8	姜梅香	EHS-07	江苏省	硕士			
9	郑娣	EHS-08	浙江省	中专			
10	王青	EHS-09	陕西省	本科			
11	陈欢	EHS-10	四川省	专科			
12	张露	EHS-100	四川省	专科			
13	吴小兰	EHS-101	山西省	本科			

图 14-37　二进制查询

XLOOKUP 函数第五参数为 0，表示匹配模式为完全匹配，第六参数为 2，表示以二分法方式执行二进制搜索。

二分法是一种经典的数据查询算法，又被称为折半查找。它的基本思想是，假设数据升序排序，对于给定值 x，从序列的中间位置开始比较，如果当前位置值等于 x，则查找成功；若 x 小于当前位置值，则在数据的前半段中查找；若 x 大于当前位置值则在数据的后半段中继续查找，直到找到为止。

当搜索模式为二进制时，XLOOKUP 的第二参数必须按要求升序或降序排序，否则会返回错误结果。

14.2.7　用 FILTER 函数实现多结果查询

FILTER 函数是 Microsoft 365 专属 Excel 中的新函数，主要用于解决符合条件的结果有多项时的数据查询问题。函数语法如下：

```
filter(sourcearray,include,[if_empty])
```

第一参数 sourcearray 是必需参数，表示需要筛选的数组或区域。

第二参数 include 是必需参数，表示筛选的条件。

第三参数 if_empty 是可选参数，表示当筛选结果为空时返回的指定值。

示例14-32 FILTER函数返回多个符合条件的记录

如图 14-38 所示，A~D 列为员工信息表，需要根据 F2 单元格指定的学历，在 G 列查询并返回符合该学历的所有员工姓名。

在 G2 单元格输入以下公式：

```
=FILTER(C2:C11,B2:B11=F2,"查无此人")
```

FILTER 函数的筛选区域是“C2:C11”，筛选条件是“B2:B11=F2”，如果筛选结果为空，则返回指定字符串“查无此人”。FILTER 函数支持动态数组，会将查询到的多个结果自动溢出到 G2:G4 单元格区域。

当 FILTER 函数的第一参数是多列数组或单元格区域时，可以返回多列结果。如果需要根据 F2 单元格指定的学历，返回 A~D 列多字段的员工信息，可以在 F5 单元格输入以下公式，如图 14-39 所示。

```
=FILTER(A2:C11,B2:B11=F2)
```

	A	B	C	D	E	F	G
1	员工号	学历	姓名	籍贯		学历	姓名
2	EHS-01	本科	刘一山	山西省		本科	刘一山
3	EHS-02	专科	李建国	山东省			王建
4	EHS-03	硕士	吕国庆	上海市			汤九灿
5	EHS-04	中专	孙玉详	辽宁省			
6	EHS-05	本科	王建	北京市			
7	EHS-06	专科	孙玉详	黑龙江省			
8	EHS-07	硕士	刘情	江苏省			
9	EHS-08	中专	朱萍	浙江省			
10	EHS-09	本科	汤九灿	陕西省			
11	EHS-10	专科	刘烨	四川省			

图 14-38　返回多个符合条件的记录

	A	B	C	D	E	F	G	H	I
1	员工号	学历	姓名	籍贯		学历			
2	EHS-01	本科	刘一山	山西省		本科			
3	EHS-02	专科	李建国	山东省					
4	EHS-03	硕士	吕国庆	上海市		员工号	学历	姓名	籍贯
5	EHS-04	中专	孙玉详	辽宁省		EHS-01	本科	刘一山	山西省
6	EHS-05	本科	王建	北京市		EHS-05	本科	王建	北京市
7	EHS-06	专科	孙玉详	黑龙江省		EHS-09	本科	汤九灿	陕西省
8	EHS-07	硕士	刘情	江苏省					
9	EHS-08	中专	朱萍	浙江省					
10	EHS-09	本科	汤九灿	陕西省					
11	EHS-10	专科	刘烨	四川省					

图 14-39　返回多个符合条件的区域

在 Microsoft 365 专属 Excel 中，能够将数组中的每个元素自动返回到相邻单元格，此功能被称为“溢出”。本例中，FILTER 函数的结果中虽然包含多个元素，但是不需要在多行多列内拖动复制公式。

将第二参数设置为多组条件判断相乘组成的数组，可以使 FILTER 函数实现多条件查询。

示例14-33　FILTER函数实现多条件查询

如图 14-40 所示，A~D 列为员工信息表，需要根据 F2 单元格指定的部门和 G2 单元格指定的职务，查询并返回符合条件的员工信息。

	A	B	C	D	E	F	G	H	I
1	员工号	姓名	部门	职务		部门	职务		
2	EHS-01	王刚	财务部	经理		财务部	经理		
3	EHS-02	李建国	销售部	助理					
4	EHS-03	吕国庆	财务部	主管		员工号	姓名	部门	职务
5	EHS-04	王刚	后勤部	助理		EHS-01	王刚	财务部	经理
6	EHS-05	王建	财务部	助理		EHS-09	汤九灿	财务部	经理
7	EHS-06	孙玉详	后勤部	主管		EHS-10	刘烨	财务部	经理
8	EHS-07	刘情	销售部	总经理					
9	EHS-08	朱萍	销售部	主管					
10	EHS-09	汤九灿	财务部	经理					
11	EHS-10	刘烨	财务部	经理					

图 14-40　多条件查询

在 F5 单元格输入以下公式：

```
=FILTER(A2:D11,(C2:C11=F2)*(D2:D11=G2),"查无此人")
```

FILTER 函数第二参数使用两个等式相乘，分别比较 F2 单元格的部门与 A2:D11 单元格区域中的部门是否相同；G2 单元格的职务与 D2:D11 单元格区域中的姓名是否相同。当两个条件同时满足时，两个逻辑值 TRUE 相乘返回数值 1，否则返回 0。

```
{1;0;0;0;0;0;0;0;1;1}
```

在逻辑判断中，数值 1 被视为 TRUE，数值 0 被视为 FALSE，FILTER 函数据此对 A2:D11 单元格区域进行筛选并返回结果。

14.2.8 用 OFFSET 函数通过给定偏移量得到新的引用

OFFSET 函数功能十分强大，在本书后续章节的多维引用等实例中都会用到。它可以构建动态的引用区域，用于函数嵌套、数据验证中的动态下拉菜单，以及在图表中构建动态的数据源等。

该函数以指定的引用为参照，通过给定偏移量得到新的引用，返回的引用可以是一个单元格或单元格区域。函数语法如下：

```
OFFSET(reference,rows,cols,[height],[width])
```

第一参数 reference 是必需参数。作为偏移量参照的起始引用区域。该参数必须是对单元格或相连单元格区域的引用，否则公式会返回错误值“#VALUE!”或无法完成输入。

第二参数 rows 是必需参数，指定相对于偏移量参照系的左上角单元格，向上或向下偏移的行数。行数为正数时，代表向起始引用的下方偏移。行数为负数时，代表向起始引用的上方偏移。

第三参数 cols 是必需参数。指定相对于偏移量参照系的左上角单元格，向左或向右偏移的列数。列数为正数时，代表向起始引用的右侧偏移。列数为负数时，代表向起始引用的左侧偏移。

第四参数 height 是可选参数，表示需要返回引用区域的行数。

第五参数 width 是可选参数，表示需要返回引用区域的列数。

如果 OFFSET 函数行数或列数的偏移量超出工作表边缘，将返回错误值“#REF!”。

➲ Ⅰ 图解 OFFSET 函数偏移方式

图 14-41 中，以下公式将返回对 D5 单元格的引用。

```
=OFFSET(A1,4,3)
```

其含义为：

A1 单元格为 OFFSET 函数的引用基点。

rows 参数为 4，表示以 A1 为基点向下偏移 4 行，至 A5 单元格。

cols 参数为 3，表示从 A5 单元格向右偏移 3 列，至 D5 单元格。

图 14-42 中，以下公式将返回对 D5:G8 单元格区域的引用。

```
=OFFSET(A1,4,3,4,4)
```

	A	B	C	D	E	F	G	H	I	J	K
1	0	1	2	3	4	5	6	7	8	9	10
2	1	1	2	3	4	5	6	7	8	9	10
3	2	11	12	13	14	15	16	17	18	19	20
4	3	21	22	23	24	25	26	27	28	29	30
5	4	31	32	33	34	35	36	37	38	39	40
6	5	41	42	43	44	45	46	47	48	49	50
7	6	51	52	53	54	55	56	57	58	59	60
8	7	61	62	63	64	65	66	67	68	69	70
9	8	71	72	73	74	75	76	77	78	79	80
10	9	81	82	83	84	85	86	87	88	89	90
11	10	91	92	93	94	95	96	97	98	99	100

图 14-41　OFFSET 函数偏移示例 1

	A	B	C	D	E	F	G	H	I	J	K
1	0	1	2	3	4	5	6	7	8	9	10
2	1	1	2	3	4	5	6	7	8	9	10
3	2	11	12	13	14	15	16	17	18	19	20
4	3	21	22	23	24	25	26	27	28	29	30
5	4	31	32	33	34	35	36	37	38	39	40
6	5	41	42	43	44	45	46	47	48	49	50
7	6	51	52	53	54	55	56	57	58	59	60
8	7	61	62	63	64	65	66	67	68	69	70
9	8	71	72	73	74	75	76	77	78	79	80
10	9	81	82	83	84	85	86	87	88	89	90
11	10	91	92	93	94	95	96	97	98	99	100

图 14-42　OFFSET 函数偏移示例 2

其含义为：

A1 单元格为 OFFSET 函数的引用基点。

rows 参数为 4，表示以 A1 为基点向下偏移 4 行，至 A5 单元格。

cols 参数为 3，表示自 A5 单元格向右偏移 3 列，至 D5 单元格。

height 参数为 4，width 参数为 4，表示以 D5 单元格为起点向下取 4 行，向右取 4 列，最终返回对 D5:D8 单元格区域的引用。

当 OFFSET 函数返回的结果是对单元格区域的引用时，在一个单元格中输入公式，会显示为错误值“#VALUE!”。

以下公式将返回对 A2:K3 单元格区域的引用。

```
=OFFSET(A1:K1,1,0,2,)
```

其含义为：

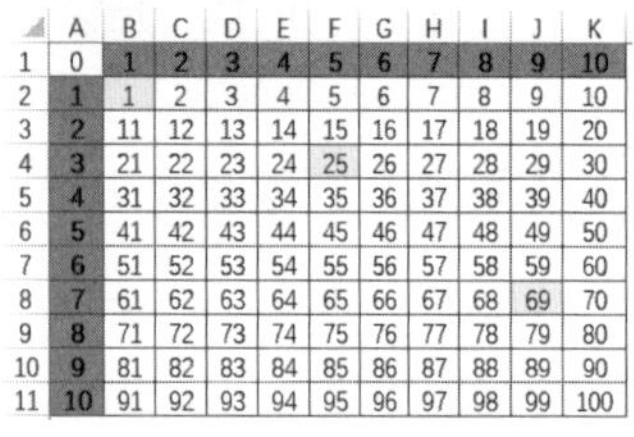

	A	B	C	D	E	F	G	H	I	J	K
1	0	1	2	3	4	5	6	7	8	9	10
2	1	1	2	3	4	5	6	7	8	9	10
3	2	11	12	13	14	15	16	17	18	19	20
4	3	21	22	23	24	25	26	27	28	29	30
5	4	31	32	33	34	35	36	37	38	39	40
6	5	41	42	43	44	45	46	47	48	49	50
7	6	51	52	53	54	55	56	57	58	59	60
8	7	61	62	63	64	65	66	67	68	69	70
9	8	71	72	73	74	75	76	77	78	79	80
10	9	81	82	83	84	85	86	87	88	89	90
11	10	91	92	93	94	95	96	97	98	99	100

图 14-43　OFFSET 函数偏移示例 3

以 A1:K1 单元格区域为引用基点，向下偏移 1 行 0 列至 A2:K2 单元格区域。然后以 A2:K2 单元格区域为起点向下取 2 行。参数 width 用逗号占位简写或省略该参数，表明引用的列数与第一参数引用基点的列数相同。

图 14-43 中，以下公式将返回对 B2、F4 和 J8 单元格的引用。

```
=OFFSET(A1,{1,3,7},{1,5,9})
```

其含义为：

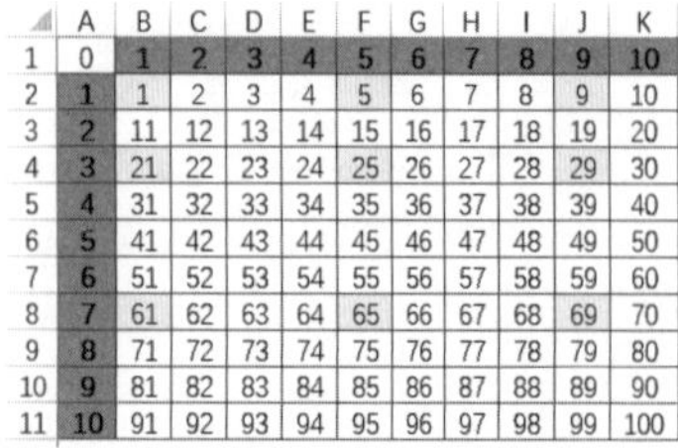

	A	B	C	D	E	F	G	H	I	J	K
1	0	1	2	3	4	5	6	7	8	9	10
2	1	1	2	3	4	5	6	7	8	9	10
3	2	11	12	13	14	15	16	17	18	19	20
4	3	21	22	23	24	25	26	27	28	29	30
5	4	31	32	33	34	35	36	37	38	39	40
6	5	41	42	43	44	45	46	47	48	49	50
7	6	51	52	53	54	55	56	57	58	59	60
8	7	61	62	63	64	65	66	67	68	69	70
9	8	71	72	73	74	75	76	77	78	79	80
10	9	81	82	83	84	85	86	87	88	89	90
11	10	91	92	93	94	95	96	97	98	99	100

图 14-44　OFFSET 函数偏移示例 4

以 A1 单元格为引用基点，向下分别偏移 1、3、7 行的同时，再向右偏移 1、5、9 列。

OFFSET 函数第二参数和第三参数 {1,3,7} 和 {1,5,9} 都是 1 行 3 列的数组，一共生成 3 组偏移量，偏移 1 行 1 列、偏移 3 行 5 列和偏移 7 行 9 列。

图 14-44 中，以下公式将返回对 B2、F2、J2、B4、F4、J4、B8、F8 和 J8 等 9 个单元格的引用。

```
=OFFSET(A1,{1,3,7},{1;5;9})
```

其含义为：

OFFSET 函数第二参数 {1,3,7} 为行数组，第三参数 {1;5;9} 为列数组，一共生成 9 组偏移量，即：偏移 1 行 1 列，偏移 1 行 5 列和偏移 1 行 9 列；偏移 3 行 1 列，偏移 3 行 5 列和偏移 3 行 9 列；偏移 7 行 1 列，偏移 7 行 5 列和偏移 7 行 9 列。最终，OFFSET 函数以 A1 单元格为引用基点，向下分别偏移 1 行时向右偏移 1、5、9 列，向下分别偏移 3 行时向右偏移 1、5、9 列，向下分别偏移 7 行时向右偏移 1、5、9 列。共返回 9 个单元格引用。

➲ II　OFFSET 函数参数规则

在使用 OFFSET 函数时，如果参数 height 或参数 width 省略，则视为其高度或宽度与引用基点的高度或宽度相同。如果引用基点是一个多行多列的单元格区域，当指定了参数 height 或参数 width，则以引用区域的左上角单元格为基点进行偏移，返回的结果区域的宽度和高度仍以 width 参数和 height 参数的值为准。

如图 14-45 所示，以下公式返回对 C3:D4 单元格区域的引用。

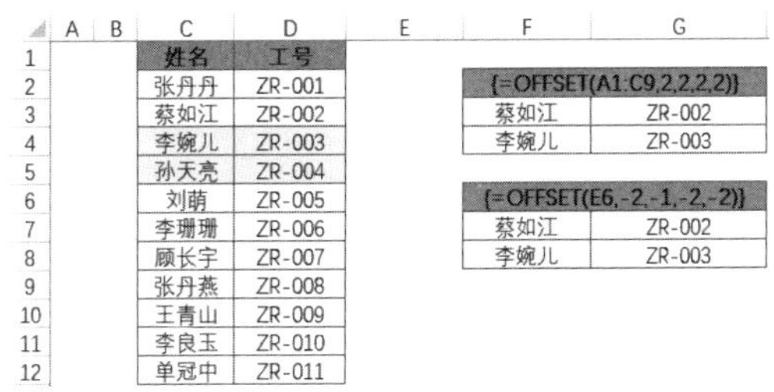

	C	D
1	姓名	工号
2	张丹丹	ZR-001
3	蔡如江	ZR-002
4	李婉儿	ZR-003
5	孙天亮	ZR-004
6	刘萌	ZR-005
7	李珊珊	ZR-006
8	顾长宇	ZR-007
9	张丹燕	ZR-008
10	王青山	ZR-009
11	李良玉	ZR-010
12	单冠中	ZR-011

{=OFFSET(A1:C9,2,2,2,2)}	
蔡如江	ZR-002
李婉儿	ZR-003

{=OFFSET(E6,-2,-1,-2,-2)}	
蔡如江	ZR-002
李婉儿	ZR-003

图 14-45　OFFSET 函数参数规则

```
=OFFSET(A1:C9,2,2,2,2)
```

其含义为：以 A1:C9 单元格区域为引用基点，整体向下偏移两行到第 3 行，向右偏移两列到 C 列，新引用的行数为两行，新引用的列数为两列。

OFFSET 函数的 height 参数和 width 参数不仅支持正数，还支持负数，负行数表示向上偏移，负列数表示向左偏移。

如图 14-45 所示，以下公式也会返回 C3:D4 单元格区域的引用。

```
=OFFSET(E6,-2,-1,-2,-2)
```

公式中的 rows 参数、cols 参数、height 参数和 width 参数均为负数，表示以 E6 单元格为引用基点，向上偏移两行到第 4 行，向左偏移 1 列到 D 列，此时偏移后的基点为 D4 单元格。在此基础上向上取两行，向左取两列，返回 C3:D4 的单元格区域的引用。

➲ III　OFFSET 函数参数自动取整

如果 OFFSET 函数的 rows 参数、cols 参数、height 参数和 width 参数不是整数，OFFSET 函数会自动舍去小数部分，保留整数。

如图 14-46 所示，以下两个公式的参数分别使用小数和整数，结果都将返回 B4:D5 单元格区域的引用。

	A	B	C	D
1	工号	姓名	工资	奖金
2	ZR-001	张丹丹	5500	122
3	ZR-002	蔡如江	4600	934
4	ZR-003	李婉儿	3200	317
5	ZR-004	孙天亮	8200	148
6	ZR-005	刘萌	5100	282
7	ZR-006	李珊珊	2700	709
8	ZR-007	顾长宇	8900	672
9	ZR-008	张丹燕	5240	971
10	ZR-009	王青山	3400	287
11	ZR-010	李良玉	4800	227
12	ZR-011	单冠中	5800	443

{=OFFSET(A1,3.2,1.8,2.7,2.2)}	
李婉儿	3200
孙天亮	8200

{=OFFSET(A1,3,1,2,2)}	
李婉儿	3200
孙天亮	8200

图 14-46　OFFSET 函数参数自动取整

选中 F2:G3 单元格区域，输入以下数组公式，按 <Ctrl+Shift+Enter> 组合键结束编辑。

```
{=OFFSET(A1,3.2,1.8,2.7,2.2)}
```

选中 F6:G7 单元格区域，输入以下数组公式，按 <Ctrl+Shift+Enter> 组合键结束编辑。

```
{=OFFSET(A1,3,1,2,2)}
```

公式以 A1 单元格为引用基点，向下偏移 3 行，向右偏移 1 列，新引用的区域为两行两列。

示例14-34 产品销售金额统计

G2 =SUM(OFFSET(B1:D1,MATCH(F2,A2:A5,),))

	A	B	C	D	E	F	G	H
1	产品	1月	2月	3月		产品	1~3月合计	
2	电饭煲	62	75	68		空调	201	
3	空调	51	69	81				
4	微波炉	86	77	69				
5	压力锅	51	82	73				

图 14-47 产品销售金额统计

如图 14-47 所示，A~D 列为不同产品 1-3 月的销售金额记录，要求根据 F2 单元格的产品名称在 G2 单元格返回该产品 1~3 月的销售额合计。

在 G2 单元格输入以下公式：

```
=SUM(OFFSET(B1:D1,MATCH(F2,A2:A5,),))
```

“MATCH(F2,A2:A5,)”部分返回 F2 单元格的产品名称“空调”在 A2:A5 单元格区域中所在的行数，结果为 2，以此作为 OFFSET 函数的偏移行数。OFFSET 函数以 B1:D1 单元格区域为引用基点，向下偏移两行，返回 B3:D3 单元格区域的引用。

最后用 SUM 函数对返回的引用求和，得到“空调”在 1~3 月销售金额的合计值。

示例14-35 动态下拉菜单

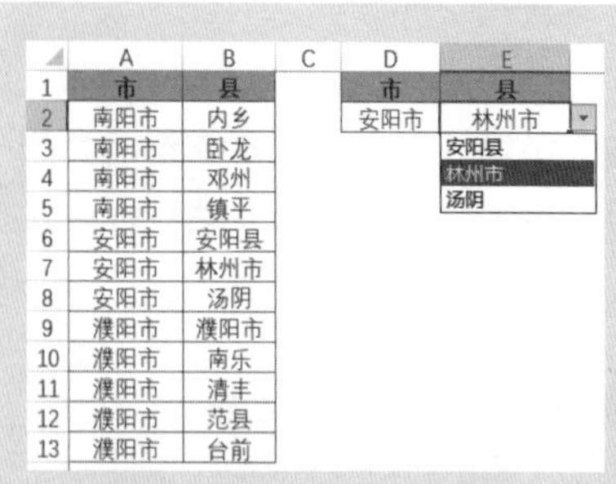

	A	B	C	D	E
1	市	县		市	县
2	南阳市	内乡		安阳市	林州市
3	南阳市	卧龙			安阳县
4	南阳市	邓州			林州市
5	南阳市	镇平			汤阴
6	安阳市	安阳县			
7	安阳市	林州市			
8	安阳市	汤阴			
9	濮阳市	濮阳市			
10	濮阳市	南乐			
11	濮阳市	清丰			
12	濮阳市	范县			
13	濮阳市	台前			

图 14-48 动态下拉菜单

如图 14-48 所示，A~B 列为部分市和下辖县的信息，要求根据 D2 单元格“市”的信息，在 E2 单元格生成该市对应下辖县的下拉菜单，方便快捷输入。

选中 E2 单元格，依次单击【数据】→【数据验证】按钮，弹出【数据验证】对话框。切换到【设置】选项卡下，单击【验证条件】区域的【允许】下拉按钮，在下拉列表中选择【序列】选项，在【来源】编辑框输入以下公式：

```
=OFFSET(B1,MATCH(D2,A:A,)-1,,COUNTIF(A:A,D2),)
```

依次勾选【忽略空值】和【提供下拉箭头】复选框，最后单击【确定】按钮关闭对话框。如图 14-49 所示。

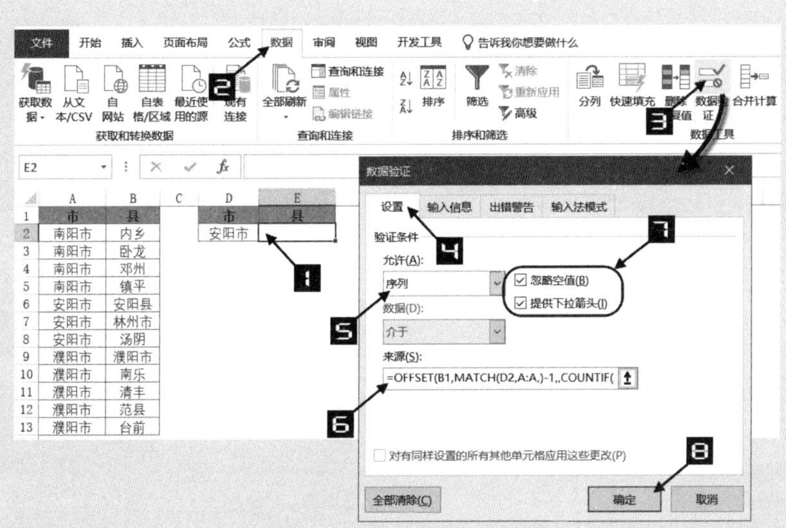

图 14-49　设置数据验证

“MATCH(D2,A:A,)”部分返回 D2 单元格的内容在 A 列第一次出现的位置，结果为 6，然后减去 1 作为 OFFSET 函数向下偏移的行数。“COUNTIF(A:A,D2)”部分返回 D2 单元格内容在 A 列出现的次数 3，即该市对应下辖县的行数，结果作为 OFFSET 函数新引用的行数。

OFFSET 函数以 B1 单元格为引用基准，向下偏移 5 行到 B6 单元格，再取 3 行 1 列得到 B6:B8单元格区域的引用。最后利用【数据验证】的相关功能生成了“安阳市”下辖县的下拉菜单。

D2 单元格的内容变化时，E2 单元格的下拉菜单也会随之变化。

提示

使用此方法时，要求 A 列必须经过排序处理。

OFFSET 函数的参数使用数组时会生成多维引用，配合 SUBTOTAL 函数可以实现对多行或多列求最大值、平均值等统计要求。

示例14-36　求总成绩的最大值

如图 14-50 所以，A~D 列为某班级学生成绩表，要求在 F2 单元格返回全部学生数学、语文和英语总成绩的最大值。

姓名	数学	语文	英语		总分最大值
张三	90	70	88		274
李四	85	75	65		
王五	75	76	67		
赵七	85	82	78		
刘八	88	88	98		
蔡明	89	89	85		
大林	56	74	88		

图 14-50　求总成绩的最大值

在 F2 单元格输入以下数组公式，按 <Ctrl+Shift+Enter> 组合键结束编辑。

```
{=MAX(SUBTOTAL(9,OFFSET(B1:D1,ROW(1:7),,)))}
```

“OFFSET(B1:D1,ROW(1:7),)”部分以 B1:D1 单元格区域为引用基点，向下分别偏移 1~7 行，生成 B2:D2、B3:D3、B4:D4……B8:D8 等 7 个区域的多维引用。

SUBTOTAL 函数使用 9 作为第一参数，表示使用 SUM 函数的计算规则，分别对 OFFSET 函数生成的 7 个区域求和，得到每个学生三门学科的总成绩之和。

```
{248;225;218;245;274;263;218}
```

最后，使用 MAX 函数提取出最大值。

示例14-37 统计新入职员工前三个月培训时间

H2 {=SUM(OFFSET(A2,,MATCH(,0/B2:G2,),,3) B2:G2)}

	A	B	C	D	E	F	G	H
1	姓名	1月份	2月份	3月份	4月份	5月份	6月份	合计
2	张三					2	4	6
3	李四		5	2	2	3	1	9
4	王五						2	2
5	赵七		1	3	2	3	2	6
6	刘八			2	2	3	1	7
7	蔡明		4	1	2	4	3	7
8	大林	1	3	2	3	1	2	6

图 14-51　统计新入职员工前三个月培训时间

图 14-51 展示的是某单位 1~6 月份新入职员工的培训记录，新员工从入职第一个月开始，每月需进行培训，要求计算每名员工前三个月的培训总时间。

在 H2 单元格输入以下数组公式，按 <Ctrl+Shift+Enter> 组合键结束编辑，向下复制到 H2:H8 单元格区域。

```
{=SUM(OFFSET(A2,,MATCH(,0/B2:G2,),,3) B2:G2)}
```

公式中 MATCH 函数的第一参数和第三参数，以及 OFFSET 函数的第二参数和第四参数均仅以逗号占位，公式相当于：

```
{=SUM(OFFSET(A2,0,MATCH(0,0/B2:G2,0),1,3) B2:G2)}
```

“MATCH(,0/B2:G2,)”部分，用 0 除以 B2:G2 单元格中的数值，得到由 0 和错误值“#DIV/0!”组成的内存数组。

```
{#DIV/0!,#DIV/0!,#DIV/0!,#DIV/0!,0,0}
```

MATCH 函数的查找值为 0，返回 0 在数组中首次出现的序列位置，结果为 5。

OFFSET 函数以 A2 单元格为引用基点，第二参数省略，表示向下偏移行数为 0，向右偏移的列数为 MATCH 函数的计算结果 5。

第四参数省略，表示新引用区域的行数与引用基点 A2 的行数相同。

再以此为基点向右取 3 列作为新引用区域的列数，最终返回 F2:H2 单元格区域的引用。

由于 B2:G2 单元格中的数值不足 3 个，也就是新员工入职时间不足三个月，此时 OFFSET 函数引用的区域已经超出 B2:G2 单元格的范围，如果直接使用 SUM 函数求和，会与公式所在的 H2 单元格产生循环引用而无法正常运算。

以 OFFSET 函数返回的引用区域和 B2:G2 单元格区域做交叉引用运算，得到两个区域重叠部分，即 F2:G2 单元格区域，避免了循环引用，最后再使用 SUM 函数统计求和。

示例14-38 利用OFFSET函数实现行列转换

如图 14-52 所示，A 列和 B 列是部分花卉的中英文对照表，英文和中文分别在同一行中并排显示，要求将中英文内容转换为在同一列中依次显示。

在 D2 单元格输入以下公式后向下复制，直到单元格显示为空白为止。

```
=OFFSET($A$2,(ROW(A1)-1)/2,MOD(ROW(A1)-1,2))&""
```

公式以“(ROW(A1)-1)/2”部分的计算结果作为 OFFSET 函数的行偏移参数。ROW 函数使用了相对引用，在公式向下复制时计算结果依次为 0、0.5、1、1.5……，即从 0 开始构成一个步长值为 0.5 的递增序列。OFFSET 函数对参数自动舍弃小数取整。因此，ROW 函数生成的序列在 OFFSET 中的作用相当于 0、0、1、1……，即公式每向下复制两行，OFFSET 偏移的行数增加 1。

“MOD(ROW(A1)-1,2)”部分的计算结果作为 OFFSET 函数的列偏移参数。在公式向下复制时计算结果依次为 0、1、0、1……，即从 0 开始构成一个 0 和 1 的循环序列。

OFFSET 函数以 A2 单元格为引用基点，使用 ROW 函数和 MOD 函数构建的有规律的序列作为行列偏移量，完成数据转置，计算过程如图 14-53 中 F 列所示。

	A	B	C	D
1	英文	中文		效果
2	rose	玫瑰花		rose
3	tulip	郁金香		玫瑰花
4	balsam	凤仙花		tulip
5	canna	美人蕉		郁金香
6	lily	百合花		balsam
7	jasmine	茉莉		凤仙花
8	sweet pea	香豌豆花		canna
9	sunflower	向日葵		美人蕉
10	geranium	大竺葵		lily
11				百合花
12				jasmine
13				茉莉
14				sweet pea
15				香豌豆花
16				sunflower
17				向日葵
18				geranium
19				大竺葵
20				

图 14-52 中英文内容在同一列显示

	A	B	C	D	E	F
1	英文	中文		效果		自A2开始的偏移量
2	rose	玫瑰花		rose		0行0列 A2
3	tulip	郁金香		玫瑰花		0行1列 B2
4	balsam	凤仙花		tulip		1行0列 A3
5	canna	美人蕉		郁金香		1行1列 B3
6	lily	百合花		balsam		2行0列 A4
7	jasmine	茉莉		凤仙花		2行1列 B4
8	sweet pea	香豌豆花		canna		3行0列 A5
9	sunflower	向日葵		美人蕉		3行1列 B5
10	geranium	大竺葵		lily		4行0列 A6
11				百合花		4行1列 B6
12				jasmine		5行0列 A7
13				茉莉		5行1列 B7
14				sweet pea		6行0列 A8
15				香豌豆花		6行1列 B8
16				sunflower		7行0列 A9
17				向日葵		7行1列 B9
18				geranium		8行0列 A10
19				大竺葵		8行1列 B10
20						9行0列 A11

图 14-53 有规律的偏移

如果 OFFSET 函数返回的引用为空单元格，公式将返回无意义的 0，因此使用 &"" 将其屏蔽。

14.2.9 用 INDIRECT 函数将文本字符串转换为单元格引用

INDIRECT 函数能够根据第一参数的文本字符串生成单元格引用。主要用于创建对静态命名区域的引用、从工作表的行列信息创建引用等，利用文本连接符“&”，还可以构造“常量 + 变量”“静态 + 动态”相结合的单元格引用方式。

函数语法如下：

```
INDIRECT(ref_text,[a1])
```

第一参数 ref_text 是一个表示单元格地址的文本，可以是 A1 或是 R1C1 引用样式的字符串，也可以是已定义的名称或“表”的结构化引用。但如果自定义名称是使用函数公式产生的动态引用，则无法用“=INDIRECT(名称)”的方式再次引用。

第二参数是一个逻辑值，用于指定使用 A1 引用样式还是 R1C1 引用样式，如果该参数为 TRUE 或省略，第一参数中的文本被解释为 A1 样式的引用。如果为 FALSE 或 0，则将第一参数中的文本解释为 R1C1 样式的引用。

采用 R1C1 引用样式时，参数中的“R”与“C”分别表示行（ROW）与列（COLUMN），与各自后面的数值组合起来表示具体的区域。如 R8C1 表示工作表中的第 8 行第 1 列，即 A8 单元格。如果在数值前后加上“[ ]”，则是表示公式所在单元格相对位置的行列。表示行列时，字母 R 和 C 不区分大小写。

例如在工作表第 1 行任意单元格使用以下公式，将返回 A 列最后一个单元格的引用，即 A1048576 单元格。

```
=INDIRECT("R[-1]C1",)
```

在 A1 单元格使用以下公式，将返回从 A1 向下两行，向右 3 列，即 D3 单元格的引用。

```
=INDIRECT("R[2]C[3]",)
```

例 1：如图 14-54 所示，A1 单元格为字符串“C1”，C1 单元格中为字符串“测试”。在 A3 单元格输入以下公式。

```
=INDIRECT(A1)
```

第一参数引用 A1 单元格，INDIRECT 函数将 A1 单元格中的字符串“C1”变成实际的引用。因此函数返回的是 C1 单元格的引用，即返回 C1 单元格内的字符串“测试”。

例 2：如图 14-55 所示，A1 单元格为文本“C1”，C1 单元格中为文本“测试”。在 A3 单元格输入以下公式。

```
=INDIRECT("A1")
```

INDIRECT 函数的参数为文本“A1”。因此函数返回的是对 A1 单元格的引用，即返回 A1 单元格中的文本“C1”。

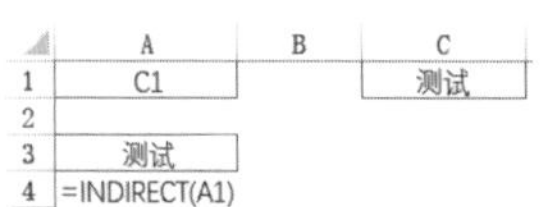

	A	B	C
1	C1		测试
2			
3	测试		
4	=INDIRECT(A1)		

图 14-54　INDIRECT 函数间接引用

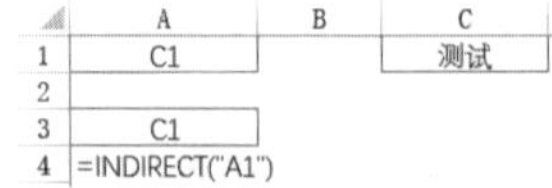

	A	B	C
1	C1		测试
2			
3	C1		
4	=INDIRECT("A1")		

图 14-55　INDIRECT 函数直接引用

例 3：如图 14-56 所示，D4 单元格输入文本“A1:B5”，D2 单元格使用以下公式将计算 A1:B5 单元格区域之和。

```
=SUM(INDIRECT(D4))
```

“A1:B5”只是 D3 单元格中的文本内容，INDIRECT 函数将表示引用的字符串转换为真正的 A1:B5 单元格区域的引用，最后使用 SUM 函数计算引用区域的和。

这种求和方式，会固定计算 A1:B5 单元格区域之和，不受删除或插入行列的影响。

例 4：如图 14-57 所示，在 C2 单元格输入以下公式，向下复制到 C6 单元格。C2:C6 单元格区域将根据 A 列和 B 列指定的数值，以 R1C1 引用样式返回对应单元格的引用。


```
=INDIRECT("R"&A2&"C"&B2,)
```

	A	B	C	D	E
1	9	4			
2	3	1		46	=SUM(INDIRECT(D4))
3	1	5			
4	9	3		A1:B5	文本表示的求和区域
5	8	3			

图 14-56　固定区域求和

	A	B	C	D	E	F	G	H
1	R值	C值	R1C1方式引用值结果					
2	3	5	3行5列					
3	5	5	5行5列		3行5列			
4	4	7	4行7列				4行7列	
5	6	6	6行6列		5行5列			
6	6	8	6行8列			6行6列		6行8列

图 14-57　R1C1 样式引用

公式中的““R"&A2&"C"&B2”部分，将文本 "R" 与 A2 单元格内容、文本“C”和 B2 单元格的内容连接成为字符串“R3C5”。INDIRECT 函数第二参数使用 0，表示将第一参数解释为 R1C1 引用样式，最终返回工作表第 3 行第 5 列，即 E3 单元格的引用。

示例14-39　跨工作表引用数据

图 14-58 展示的是某公司销售人员 1~3 月份的销售记录，要求将各月销售人员的销售额汇总到汇总表中。

在“汇总表”B2 单元格输入以下公式，复制到 B2:D11 单元格区域。

```
=INDIRECT("'"&B$1&"'!B"&ROW())
```

公式中的““'"&B$1&"'!B"&ROW()”部分，得到字符串“'1 月 '!B2”，也就是“1 月”的工作表 B2 单元格的地址，INDIRECT 函数将其转换成真正的单元格引用，返回值 24。

公式向下复制时，ROW 函数依次返回 3、4……，INDIRECT 函数最终返回名称为“1 月”的工作表 B3、B4……等单元格中的值。

公式向右复制时，工作表名称会依次变成“2 月”“3 月”，从而实现了跨工作表引用数据的目的。

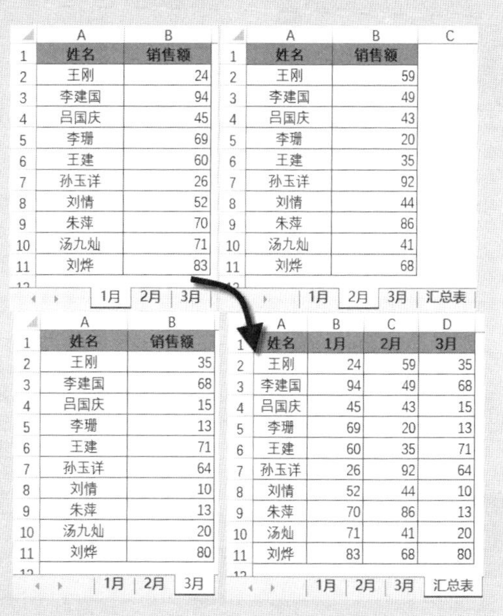

	A	B
1	姓名	销售额
2	王刚	24
3	李建国	94
4	吕国庆	45
5	李珊	69
6	王建	60
7	孙玉详	26
8	刘情	52
9	朱萍	70
10	汤九灿	71
11	刘烨	83

1月 | 2月 | 3月

	A	B	C
1	姓名	销售额	
2	王刚	59	
3	李建国	49	
4	吕国庆	43	
5	李珊	20	
6	王建	35	
7	孙玉详	92	
8	刘情	44	
9	朱萍	86	
10	汤九灿	41	
11	刘烨	68	

1月 | 2月 | 3月 | 汇总表

	A	B
1	姓名	销售额
2	王刚	35
3	李建国	68
4	吕国庆	15
5	李珊	13
6	王建	71
7	孙玉详	64
8	刘情	10
9	朱萍	13
10	汤九灿	20
11	刘烨	80

1月 | 2月 | 3月

	A	B	C	D
1	姓名	1月	2月	3月
2	王刚	24	59	35
3	李建国	94	49	68
4	吕国庆	45	43	15
5	李珊	69	20	13
6	王建	60	35	71
7	孙玉详	26	92	64
8	刘情	52	44	10
9	朱萍	70	86	13
10	汤灿	71	41	20
11	刘烨	83	68	80

1月 | 2月 | 3月 | 汇总表

图 14-58　跨工作表引用数据

注意

如果引用工作表标签名中包含有空格等特殊符号或以数字开头时，工作表的标签名前后必须加上一对半角单引号，否则公式会返回错误值“#REF!”。例如，引用工作表名称为“Excel Home”的 B2 单元格，公式应为“=INDIRECT("'Excel Home'!B2")”。

实际应用中可以在空白单元格内先输入等号“=”，再用鼠标单击对应的工作表标签，激活该工作表之后，再单击任意单元格，按 <Enter> 键结束公式输入，观察等式中的半角单引号位置。

示例14-40 汇总分表汇总行数据

图 14-59 展示的是某公司销售人员 1~3 月份的销售记录，不同月份数据的行数不同。要求将各月销售合计金额引用到“汇总表”。

在“汇总表”B2 单元格输入以下公式，返回结果如图 14-60 所示。

```
=INDIRECT("'"&A2&"'!R"&MATCH("合计：",INDIRECT("'"&A2&"'!A:A"),)&"C2",)
```

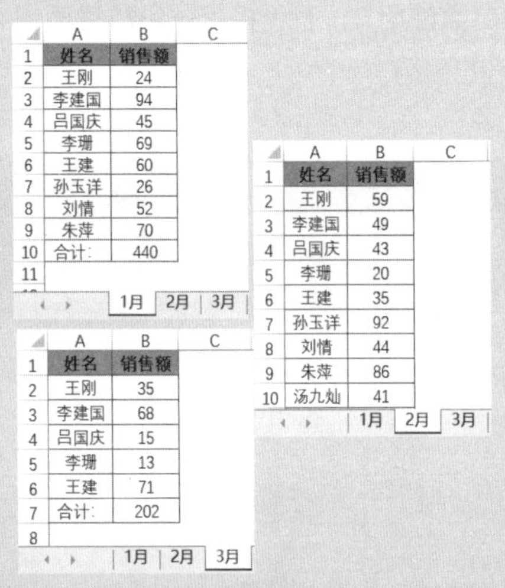

1月

姓名	销售额
王刚	24
李建国	94
吕国庆	45
李珊	69
王建	60
孙玉洋	26
刘情	52
朱萍	70
合计：	440

2月

姓名	销售额
王刚	59
李建国	49
吕国庆	43
李珊	20
王建	35
孙玉洋	92
刘情	44
朱萍	86
汤九灿	41

3月

姓名	销售额
王刚	35
李建国	68
吕国庆	15
李珊	13
王建	71
合计：	202

图 14-59 各分表数据

月份	月销售额合计
1月	440
2月	537
3月	202

图 14-60 汇总分表汇总行数据

“INDIRECT("'"&A2&"'!A:A")”部分，用于生成“1 月”工作表中 A 列的引用，即“'1 月 '!A:A”。MATCH 函数精确查找“合计：”在“1 月”工作表中 A 列的位置，结果为 10。

最外层的 INDIRECT 函数第二参数使用 0，表明引用方式是 R1C1 样式。第一参数返回的字符串为“'1 月 '!R10C2”，代表“1 月”工作表中第 10 行第 2 列的引用。INDIRECT 函数将代表该引用的字符串转换成真实引用，返回“1 月”工作表中 A 列“合计：”对应的 B 列销售额合计 440。

公式向下复制时，依次返回“2 月”和“3 月”B 列销售额的合计数字。

根据本例中的数据规律，一列中的合计数总是等于该列的最大值，因此也可以使用以下公式：

```
=MAX(INDIRECT(A2&"!B:B"))
```

使用 INDIRECT 函数得到以 A2 单元格内容命名的工作表 B 列的整列引用，然后使用 MAX 函数计算出该列最大值。

提示

> 使用 INDIRECT 函数也可以创建对另一个工作簿的引用，但是被引用工作簿必须打开，否则公式将返回错误值“#REF!”。

示例14-41 统计考核不合格人数

图 14-61 展示的是一份分布在多列中的员工考核记录。低于 60 分的为考核不合格，需要统计考核不合格人数。

在 H2 单元格输入以下公式：

```
=SUM(COUNTIF(INDIRECT({"C2:C11","F2:F11"}),"<60"))
```

H2　=SUM(COUNTIF(INDIRECT({"C2:C11","F2:F11"}),"<60"))

序号	姓名	成绩	序号	姓名	成绩		不合格人数
1	王刚	62	11	王光	62		4
2	李建国	96	12	李亮	96		
3	吕国庆	98	13	刘洋	98		
4	韩当	41	14	王晓光	41		
5	王建	76	15	孔辰刚	76		
6	孙玉详	80	16	梁婷	80		
7	刘情	63	17	王小翠	63		
8	朱萍	95	18	李爽	95		
9	汤九灿	59	19	刘艺	59		
10	刘烨	70	20	魏永	70		

图 14-61　求考核不合格人数

由于 COUNTIF 函数第一参数不支持联合区域的引用，直接使用 COUNTIF 函数统计时，需排除考核表中的员工序号信息。

INDIRECT 函数返回文本字符串“{"C2:C11","F2:F11"}”的引用，为 COUNTIF 函数提供了符合其要求的引用区域。

COUNTIF 函数分别返回 C2:C11 单元格区域小于 60 和 F2:F11 单元格区域小于 60 的人数。最后使用 SUM 函数对 COUNTIF 函数的计算结果求和，统计出考核不合格人数。

示例14-42 实现单元格值累加

如图 14-62 所示，A2:A11 单元格区域为数值，要求返回 B 列累加区域的结果，即分别返回 A2:A2 单元格区域、A2:A3 单元格区域、A2:A4 单元格区域……的累加值。

选中 C2:C11 单元格区域，输入以下数组公式，按 <Ctrl+Shift+Enter> 组合键结束编辑。

```
{=SUBTOTAL(9,INDIRECT("A2:A"&ROW(2:11)))}
```

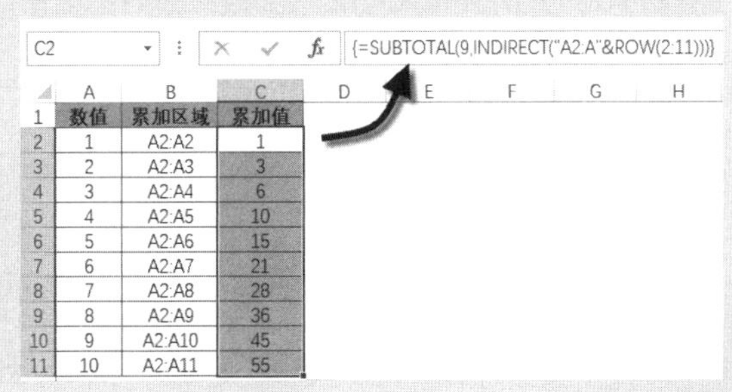

C2　{=SUBTOTAL(9,INDIRECT("A2:A"&ROW(2:11)))}

数值	累加区域	累加值
1	A2:A2	1
2	A2:A3	3
3	A2:A4	6
4	A2:A5	10
5	A2:A6	15
6	A2:A7	21
7	A2:A8	28
8	A2:A9	36
9	A2:A10	45
10	A2:A11	55

图 14-62　实现单元格值累加

“"A2:A"&ROW(2:11)”部分返回如下包括 10 个元素的数组：

```
{"A2:A2";"A2:A3";"A2:A4";"A2:A5";"A2:A6";"A2:A7";"A2:A8";"A2:A9";"A2:A10";"A2:A11"}
```

先使用 INDIRECT 函数将其转换为真实单元格区域的多维引用，然后使用 SUBTOTAL 函数分别对 INDIRECT 函数返回的 10 个区域分别求和，返回如下累加值内存数组：

```
{1;3;6;10;15;21;28;36;45;55}
```

示例14-43 带合并单元格的数据查询

F3 =LOOKUP("做",INDIRECT("A1:A"&MATCH(E3,B:B,0)))

	A	B	C	D	E	F
1	部门	姓名	籍贯			
2	安监部	谭静达	山东		姓名	所在部门
3		保文凤	北京		蒋秀芳	财务部
4		邬秉珍	河北			
5		李王雁	江苏			
6		张胜利	上海			
7	财务部	杨鸿秀	浙江			
8		王学明	江西			
9		周昆林	山西			
10		蒋秀芳	甘肃			
11		胡耀奇	吉林			
12	销售部	范绍雄	黑龙江			
13		郭云丽	浙江			
14		陈正明	江西			
15		张华昌	山东			

图 14-63 带合并单元格的数据查询

在如图 14-63 所示的员工信息表中，A 列的部门使用了合并单元格。需要根据 E3 单元格中的姓名查询所在部门。

在 F3 单元格输入以下公式，查询结果为“财务部”。

```
=LOOKUP("做",INDIRECT("A1:A"&MATCH(E3,B:B,0)))
```

“MATCH(E3,B:B,0)”部分，用 MATCH 函数返回 E3 单元格中的姓名在 B 列所处的位置，结果为 10。

用字符串“A1:A”与 MATCH 函数的结果相连，返回单元格地址字符串“A1:A10”，再使用 INDIRECT 将字符串转换为真正的单元格引用。

LOOKUP 函数的查询值使用“做”，在 A1:A10 单元格区域中返回最后一个文本记录，也就是员工的部门信息。

14.2.10 用 CHOOSE 函数根据指定的序号返回对应内容

CHOOSE 函数可以根据指定的数字序号返回与其对应的参数值，可以在某些条件下替代 IF 函数实现多条件的判断。函数语法如下：

```
CHOOSE(index_num,value1,[value2],...)
```

第一参数 index_num 为 1 到 254 之间的数字，也可以是包含 1 到 254 之间数字的公式或单元格引用。如果为 1，返回 value1；如果为 2，则返回 value2，以此类推。如果第一参数为小数，则在使用前截尾取整。

例如，以下公式将返回“B”。

```
=CHOOSE(2.2,"A","B","C","D")
```

示例14-44 不同月份销售额统计

图 14-64 展示了某公司销售人员 1~3 月销售明细，要求根据 B9 单元格输入的月份统计全部销售人员当月销售额合计。

在 C9 单元格输入以下公式：

```
=SUM(CHOOSE(MATCH(B9,B1:D1,),B2:B6,C2:C6,D2:D6))
```

	A	B	C	D
1	姓名	1月	2月	3月
2	王刚	24	59	35
3	李建国	94	49	68
4	吕国庆	45	43	15
5	李珊	69	20	13
6	王建	60	35	71
7				
8		月份	销售额	
9		2月	206	

图 14-64　不同月份销售额统计

“MATCH(B9,B1:D1,)”部分返回 B9 单元格的月份在 B1:D1 单元格区域中的序列位置，结果为 2。CHOOSE 函数据此返回备选参数中的第二个引用，即 C2:C6 单元格区域。最后用 SUM 函数求和，得到 2 月份的销售额合计。

14.3　其他查找与引用函数

14.3.1　用 HYPERLINK 函数生成超链接

HYPERLINK 函数是 Excel 中唯一一个除了可以返回数据值以外，还能生成超链接的特殊函数。常用于创建跳转到当前工作簿中的其他位置、指定路径的文档或 Internet 地址的快捷方式。

函数语法如下：

```
HYPERLINK(link_location,friendly_name)
```

参数 link_location 指定需要打开文档的路径和文件名，可以是 Excel 工作表或工作簿中特定的单元格或命名区域，也可以是 Microsoft Word 文档中的书签。 路径可以表示存储在硬盘驱动器上的文件，或者是 UNC 路径和 URL 路径。除了使用直接的文本链接以外，还支持使用在 Excel 中定义的名称，但相应的名称前必须加上前缀“#”号，如 #DATA、#Name。对于当前工作簿中的链接地址，也可以使用前缀“#”号来代替当前工作簿名称。

参数 friendly_name 是可选的，表示在单元格中的显示值。如果省略，HYPERLINK 函数建立超链接后将显示第一参数的内容。

如果需要选择一个包含超链接的单元格但不跳转到超链接目标，可以单击单元格并按住鼠标左键，直到指针变成空心十字“✣”，然后释放鼠标即可。

示例14-45 创建有超链接的工作表目录

图 14-65 展示的是不同销售人员的明细表，每个销售人员数据存储在不同的工作表中。为了方便查看数据，要求在“目录”工作表的 B 列创建指向各工作表的超链接。

	A	B	C
1	工作表名称	跳转超链接	
2	朱萍	点击跳转	
3	王建	点击跳转	
4	汤灿	点击跳转	
5	李建国	点击跳转	
6			
7			

目录 | 朱萍 | 王建 | 汤灿 | 李建国

图 14-65　为工作表名称添加超链接

在 B2 单元格使用以下公式，向下复制到 B5 单元格。

```
=HYPERLINK("#"&A2&"!A1","点击跳转")
```

公式中“"#"&A2&"!A1"”部分指定了当前工作簿内链接跳转的单元格地址，其中“#”表示当前工作簿，以 A2 单元格中的内容作为跳转的工作表名称，“A1”为跳转的单元格地址。第二参数为“点击跳转”，表示建立超链接后的显示值。

设置完成后，光标指针靠近公式所在单元格时，会自动变成手形，单击超链接，即可跳转到相应工作表的 A1 单元格。

示例14-46　快速跳转到指定单元格

图 14-66 展示的是一级科目和二级科目明细，要求根据 D2 单元格的一级科目在 E2 单元格生成跳转链接以快速跳转。

在 E2 单元格输入以下公式：

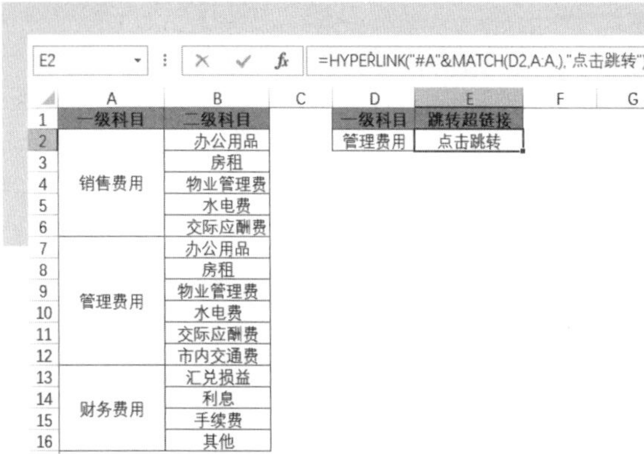

E2　=HYPERLINK("#A"&MATCH(D2,A:A,),"点击跳转")

	A	B	C	D	E
1	一级科目	二级科目		一级科目	跳转超链接
2	销售费用	办公用品		管理费用	点击跳转
3		房租			
4		物业管理费			
5		水电费			
6		交际应酬费			
7	管理费用	办公用品			
8		房租			
9		物业管理费			
10		水电费			
11		交际应酬费			
12		市内交通费			
13	财务费用	汇兑损益			
14		利息			
15		手续费			
16		其他			

图 14-66　快速跳转到一级科目位置

```
=HYPERLINK("#A"&MATCH(D2,A:A,), "点击跳转")
```

“MATCH(D2,A:A,)”部分返回 D2 单元格的“管理费用”科目在 A 列中的序列位置，结果为 7。“"#A"&MATCH(D2,A:A,)”部分返回文本“#A7”，HYPERLINK 函数以“#A7”作为第一参数返回跳转到当前工作表 A7 单元格的超链接。

使用 HYPERLINK 函数，除了可以链接到当前工作簿内的单元格位置，还可以在不同工作簿之间建立超链接及链接到其他应用程序。

示例14-47　在不同工作簿之间建立超链接

如图 14-67 所示，需要根据指定的目标工作簿的存储路径、名称、工作表名称和单元格地址，建立带有超链接的文件目录。

	A	B	C	D	E
1	文件路径	工作簿名称	工作表名称	单元格地址	链接到
2	D:\项目管理\	财务预算	2018年固定资产投资预算	A1	财务预算
3	D:\项目管理\	工程进度	一级节点计划	A2	工程进度

图 14-67　在不同工作簿之间建立超链接

在 E2 单元格输入以下公式，向下复制到 E3 单元格。

```
=HYPERLINK("["&A2&B2&".xlsx]"&C2&"!"&D2,B2)
```

首先使用连接符“&”，将字符串"["".xlsx]""!"分别与A2、B2、C2和D2单元格的内容进行连接，使其成为带有路径和工作簿名称、工作表名称及单元格地址的文本字符串，作为 HYPERLINK 函数跳转的具体位置。

“[D:\ 项目管理 \ 财务预算 .xlsx]2018 年固定资产投资预算 !A1”

第二参数引用 B2 单元格，指定在建立超链接后显示的内容为 B2 单元格的值。

在工作簿名称和工作表名称之间使用符号“#”，能够代替公式中的一对中括号“[ ]”。因此 E2 单元格也可使用以下公式：

```
=HYPERLINK(A2&B2&".xlsx#"&C2&"!"&D2,B2)
```

设置完成后，单击公式所在单元格的超链接，即打开相应的工作簿，并跳转到指定工作表中的单元格位置。

根据本书前言的提示操作，可观看用 HYPERLINK 函数生成超链接的视频讲解。

示例14-48　创建超链接到Word文档的指定位置

如图 14-68 所示，展示的是某单位项目管理文件的部分内容，有关的 Word 资料存放在 D 盘“项目管理”文件夹内，需要在工作表中创建指向 Word 文档的超链接。

在 C2 单元格输入以下公式：

```
=HYPERLINK("["&A2&B2&".docx]",
B2)
```

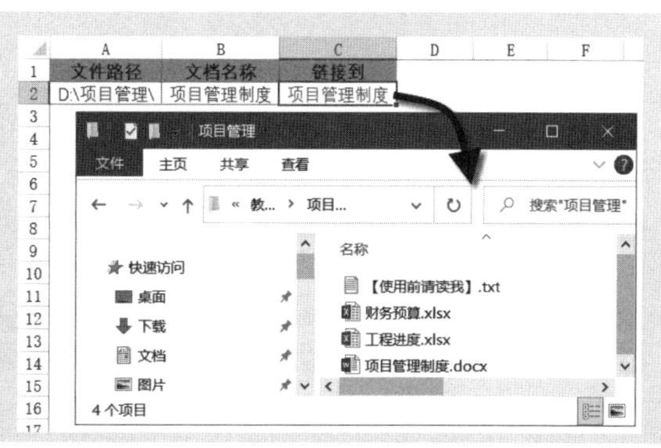

图 14-68　创建指向 Word 文档的超链接

先使用连接符“&”，连接出一个包含完整路径和文件名称及后缀名的字符串“[D:\项目管理\项目管理制度.docx]”。HYPERLINK 函数使用该字符串作为跳转的具体位置，输入公式后，单击链接即可打开相应的 Word 文档。

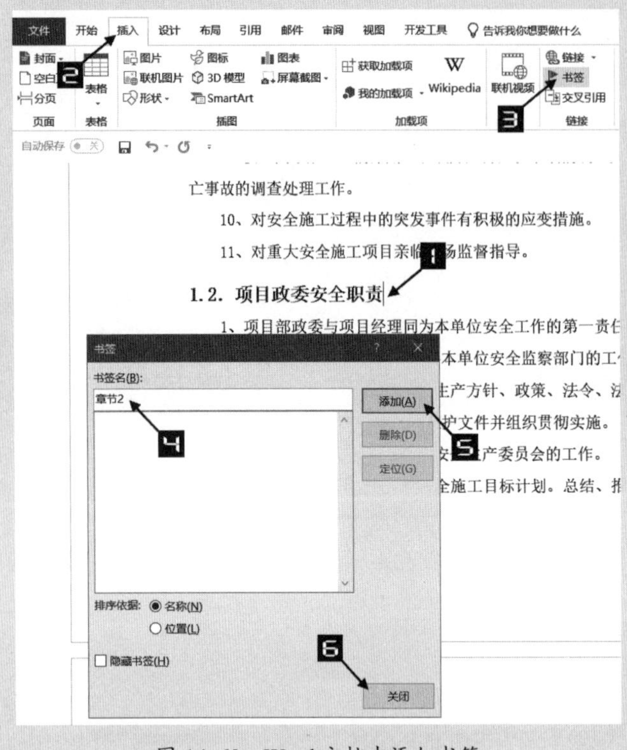

图 14-69 Word 文档中添加书签

若要创建指向 Word 文档中特定位置的超链接，需要使用书签来定义文件中所要跳转到的位置。以文档《项目管理制度》为例，打开该文档，单击需要跳转的位置，在【插入】选项卡下单击【书签】按钮，在弹出的【书签】对话框中输入书签名“章节 2”，单击【添加】按钮，最后按 <Ctrl+S> 组合键保存文档。如图 14-69 所示。

插入书签完成后，在 Excel 中输入以下公式：

```
=HYPERLINK("["&A2&B2&".docx] 章节 2",B2)
```

HYPERLINK 函数第一参数使用“[路径+文件名+后缀名]+书签”的格式。单击超链接，即可自动打开 D 盘“项目管理”文件夹中的 Word 文档“项目管理制度”，并指向书签“章节 2”的位置。

14.3.2 用 FORMULATEXT 函数提取公式字符串

如需提取单元格中的公式字符串，可以使用 FORMULATEXT 函数完成。该函数语法如下：

```
FORMULATEXT(reference)
```

如果 Reference 参数为整行或整列，或包含多个单元格的区域或定义名称，则 FORMULATEXT 函数返回行、列或区域中最左上角单元格中的公式。如果 Reference 参数的单元格不包含公式，FORMULATEXT 函数返回错误值“#N/A”。

示例14-49 提取公式字符串

如图 14-70 所示，B 列使用了不同的公式统计 A2:A10 单元格区域不重复值个数，要求在 C 列显示公式内容。

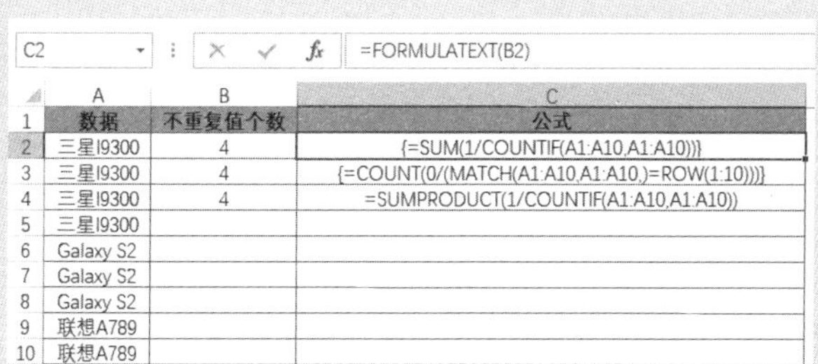

C2 | =FORMULATEXT(B2)

	A	B	C
1	数据	不重复值个数	公式
2	三星I9300	4	{=SUM(1/COUNTIF(A1:A10,A1:A10))}
3	三星I9300	4	{=COUNT(0/(MATCH(A1:A10,A1:A10,)=ROW(1:10)))}
4	三星I9300	4	=SUMPRODUCT(1/COUNTIF(A1:A10,A1:A10))
5	三星I9300		
6	Galaxy S2		
7	Galaxy S2		
8	Galaxy S2		
9	联想A789		
10	联想A789		

图 14-70　提取公式字符串

在 C2 单元格输入以下公式，向下复制到 C4 单元格。

```
=FORMULATEXT(B2)
```

14.3.3　用 TRANSPOSE 函数转置数组或单元格区域

TRANSPOSE 函数用于转置数组或单元格区域。转置单元格区域包括将行区域转置成列区域，或将列区域转置成行区域，类似于基础操作中的复制→选择性粘贴→转置功能。函数语法如下：

```
TRANSPOSE(array)
```

Array 是必需参数，指定需要进行转置的数组或单元格区域。转置的效果是将数组的第一行作为新数组的第一列，数组的第二行作为新数组的第二列，以此类推。

示例14-50 制作九九乘法表

利用 ROW 函数和 TRANSPOSE 函数，可以生成如图 14-71 所示的九九乘法表。

	A	B	C	D	E	F	G	H	I
1	1×1=1								
2	2×1=2	2×2=4							
3	3×1=3	3×2=6	3×3=9						
4	4×1=4	4×2=8	4×3=12	4×4=16					
5	5×1=5	5×2=10	5×3=15	5×4=20	5×5=25				
6	6×1=6	6×2=12	6×3=18	6×4=24	6×5=30	6×6=36			
7	7×1=7	7×2=14	7×3=21	7×4=28	7×5=35	7×6=42	7×7=49		
8	8×1=8	8×2=16	8×3=24	8×4=32	8×5=40	8×6=48	8×7=56	8×8=64	
9	9×1=9	9×2=18	9×3=27	9×4=36	9×5=45	9×6=54	9×7=63	9×8=72	9×9=81

图 14-71　九九乘法表

选中 A1:I9 单元格区域，输入以下数组公式，按 <Ctrl+Shift+Enter> 组合键结束编辑。

```
{=IF(ROW(1:9)<TRANSPOSE(ROW(1:9)),"",ROW(1:9)&"×"&TRANSPOSE(ROW(1:9))&
"="&ROW(1:9)*TRANSPOSE(ROW(1:9)))}
```

“ROW(1:9)”部分生成 1 列 9 行的序列数组 {1;2;3;4;5;6;7;8;9}，“TRANSPOSE(ROW(1:9))”将该数组转置成为 1 行 9 列 {1,2,3,4,5,6,7,8,9}。

公式计算过程如下：

步骤① 选中 A2:I9 单元格区域，输入以下数组公式，按 <Ctrl+Shift+Enter> 组合键结束编辑。

```
{=ROW(1:9)*TRANSPOSE(ROW(1:9))}
```

第 1 行 1 与 1~9 相乘，第 2 行 2 与 1~9 相乘，以此类推。效果如图 14-72 所示。

步骤② 选中 A2:I9 单元格区域，输入以下数组公式，按 <Ctrl+Shift+Enter> 组合键结束编辑。在图 14-72 生成的结果前添加 n*m 的信息。效果如图 14-73 所示。

```
{=ROW(1:9)&"×"&TRANSPOSE(ROW(1:9))&"="&ROW(1:9)*TRANSPOSE(ROW(1:9))}
```

	A	B	C	D	E	F	G	H	I
1	1	2	3	4	5	6	7	8	9
2	2	4	6	8	10	12	14	16	18
3	3	6	9	12	15	18	21	24	27
4	4	8	12	16	20	24	28	32	36
5	5	10	15	20	25	30	35	40	45
6	6	12	18	24	30	36	42	48	54
7	7	14	21	28	35	42	49	56	63
8	8	16	24	32	40	48	56	64	72
9	9	18	27	36	45	54	63	72	81

图 14-72　生成乘积结果

	A	B	C	D	E	F	G	H	I
1	1×1=1	1×2=2	1×3=3	1×4=4	1×5=5	1×6=6	1×7=7	1×8=8	1×9=9
2	2×1=2	2×2=4	2×3=6	2×4=8	2×5=10	2×6=12	2×7=14	2×8=16	2×9=18
3	3×1=3	3×2=6	3×3=9	3×4=12	3×5=15	3×6=18	3×7=21	3×8=24	3×9=27
4	4×1=4	4×2=8	4×3=12	4×4=16	4×5=20	4×6=24	4×7=28	4×8=32	4×9=36
5	5×1=5	5×2=10	5×3=15	5×4=20	5×5=25	5×6=30	5×7=35	5×8=40	5×9=45
6	6×1=6	6×2=12	6×3=18	6×4=24	6×5=30	6×6=36	6×7=42	6×8=48	6×9=54
7	7×1=7	7×2=14	7×3=21	7×4=28	7×5=35	7×6=42	7×7=49	7×8=56	7×9=63
8	8×1=8	8×2=16	8×3=24	8×4=32	8×5=40	8×6=48	8×7=56	8×8=64	8×9=72
9	9×1=9	9×2=18	9×3=27	9×4=36	9×5=45	9×6=54	9×7=63	9×8=72	9×9=81

图 14-73　添加 n*m 信息

步骤③ 最后添加 IF 函数，实现当 ROW(1:9)<TRANSPOSE(ROW(1:9)) 时返回空文本，否则返回由公式组合而成的字符串。

14.4　查找引用函数的综合应用

14.4.1　与文本函数嵌套使用

示例14-51　提取单元格中最后一个分隔符前的内容

	A	B	C
1	数据	提取公式1	提取公式2
2	管理费用/税费/水利建设资金	管理费用/税费	管理费用/税费
3	管理费用/研发费用/材料支出	管理费用/研发费用	管理费用/研发费用
4	管理费用/研发费用/人工支出	管理费用/研发费用	管理费用/研发费用
5	管理费用/研发费用	管理费用	管理费用

图 14-74　提取单元格中最后一个“/”前的内容

如图 14-74 所示，A 列单元格数据包括一个或多个以间隔符“/”分隔的内容，要求提取最后一个“/”前面的内容。

❖ 方法一：

在 B2 单元格输入以下数组公式，按 <Ctrl+Shift+Enter> 组合键结束编辑，向下复制到 B5 单元格。

```
{=LEFT(A2,LOOKUP(99,FIND("/",A2,ROW($1:$99)))-1)}
```

“FIND("/",A2,ROW($1:$99))”部分，分别从 A2 单元格文本中第 1~99 个字符开始查找“/”出现的位置，返回一个由数字和错误值构成的内存数组。

```
{5;5;5;5;5;8;8;8;#VALUE!;#VALUE!;……#VALUE!}
```

LOOKUP(99,FIND("/",A2,ROW($1:$99))) 函数在第二参数中返回最后一个数字，结果为 8，即最后一个“/”在 A2 单元格文本中出现的位置。LOOKUP 第一参数为 99，是一个较大的数字，也可以用其他数值代替，但必须大于 A 列字符串的最大长度。

LEFT 函数从 A2 单元格左边截取 7 个字符，即返回最后一个“/”前的内容。

❖ 方法二：

在 C2 单元格输入以下数组公式，按 <Ctrl+Shift+Enter> 组合键结束编辑，向下复制到 C5 单元格。

```
{=LEFT(A2,LEN(A2)-MATCH("/*",RIGHT(A2,ROW($1:$99)),))}
```

“RIGHT(A2,ROW($1:$99)”部分，分别从 A2 单元格最后一个字符开始取 1~99 个字符，返回一个内存数组。

```
{"金";"资金";"设资金";"建设资金";"利建设资金";……"管理费用/税费/水利建设资金"}
```

“MATCH("/*",RIGHT(A2,ROW($1:$99)),)”部分，利用通配符“*”，以精确匹配方式返回第一个以“/”开头的文本位置，即“/”从最右边开始是第几个字符，结果为 7。

LEN(A2) 函数返回 A2 单元格文本的字符数，结果为 14。

两者相减，即为需要截取的目标字符串的长度，最后使用 LEFT 函数按该长度截取字符。

14.4.2　查找与引用函数嵌套使用

示例14-52　统计指定月份销售量合计

如图 14-75 所示，D~P 列区域为不同产品 1~12 月销售量明细，要求根据 B2 单元格选取的产品名称、B3 单元格和 B4 单元格分别选取的起始和终止月份，在 B7 单元格统计销售量合计。

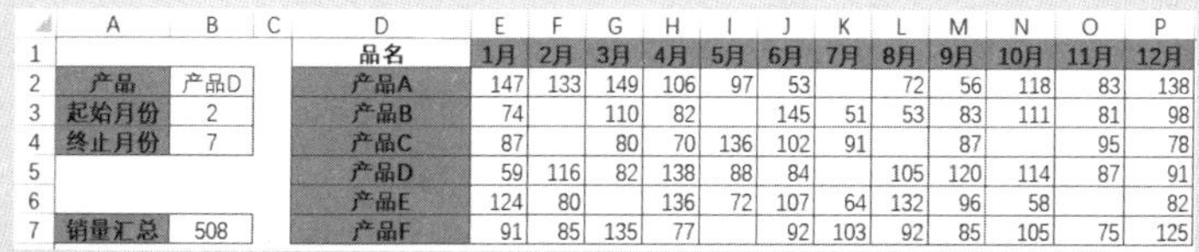

	A	B	C	D	E	F	G	H	I	J	K	L	M	N	O	P
1				品名	1月	2月	3月	4月	5月	6月	7月	8月	9月	10月	11月	12月
2	产品	产品D		产品A	147	133	149	106	97	53		72	56	118	83	138
3	起始月份	2		产品B	74		110	82		145	51	53	83	111	81	98
4	终止月份	7		产品C	87		80	70	136	102	91		87		95	78
5				产品D	59	116	82	138	88	84		105	120	114	87	91
6				产品E	124	80		136	72	107	64	132	96	58		82
7	销量汇总	508		产品F	91	85	135	77		92	103	92	85	105	75	125

图 14-75　统计指定月份销售量合计

在 B7 单元格输入以下数组公式，按 <Ctrl+Shift+Enter> 组合键结束编辑。

```
{=SUM(VLOOKUP(B2,D1:P7,ROW(INDIRECT(B3&":"&B4))+1,0))}
```

公式中的“B3&":"&B4”部分，返回文本“2:7”，INDIRECT 函数将其转换为对工作表第 2~7

行的引用。“ROW(INDIRECT(B3&":"&B4))+1”部分返回由行号组成的内存数组，用作 VLOOKUP 的第三参数。

```
{3;4;5;6;7;8}
```

VLOOKUP 函数查找值为 B2 单元格的内容“产品 D”，查询范围是 D1:P7 单元格区域，返回第 {3;4;5;6;7;8} 列的内容，即“产品 D”在 2~7 月的销售量。

```
{116;82;138;88;84;0}
```

最后用 SUM 函数求和。

14.4.3 按多条件筛选记录

示例14-53 制作客户信息查询表

	A	B	C	D	E	F	G	H
1	日期	客户姓名	进货单号	进货量		查询日期	2017/12/25	
2	2017/12/24	张三	N1001	10		查询客户	李四	
3	2017/12/25	李四	N1002	20				
4	2017/12/26	王五	N1003	30		查询结果		
5	2017/12/25	李四	N1004	40		序号	进货单号	进货量
6	2017/12/24	张三	N1005	50		1	N1002	20
7	2017/12/29	王五	N1006	60		2	N1004	40
8	2017/12/30	李四	N1007	40				
9	2017/12/31	王五	N1008	20				
10	2017/12/24	张三	N1009	30				

图 14-76 制作客户信息查询表

如图 14-76 所示，A~D 列为客户进货记录，要求根据日期和客户名称查询进货明细。

在 F6 单元格输入以下数组公式，按 <Ctrl+Shift+Enter> 组合键结束编辑，向下复制到 F10 单元格，用于生成查询结果序号。

```
{=IF(ROW(A1)>SUM(--($A$2:$A$10=$G$1)*($B$2:$B$10=$G$2)),"",ROW(A1))}
```

公式中的“SUM(--($A$2:$A$10=$G$1)*($B$2:$B$10=$G$2))”部分，用于判断符合日期和客户名称两个条件的数据的个数，结果为 2。

ROW 函数向下复制时会依次生成从 1 开始的递增自然数序列，当公式向下复制超过符合条件的数据的个数时，使用 IF 函数返回空文本，否则返回对应自然数序号。

在 G6 单元格输入以下数组公式，按 <Ctrl+Shift+Enter> 组合键结束编辑，复制到 G6:H10 单元格区域。

```
{=IF($F6="","",INDEX(C:C,SMALL(IF(($A$2:$A$10=$G$1)*($B$2:$B$10=$G$2),ROW($B$2:$B$10)),$F6)))}
```

公式中的“($A$2:$A$10=$G$1)*($B$2:$B$10=$G$2)”部分，分别判断 A 列数据和 B 列数据是否与指定的日期和客户名称相等，同时满足两个条件时返回值 1，否则返回 0，结果是一个由 1 和 0 构成的内存数组。

```
{0;1;0;1;0;0;0;0;0}
```

如果同时满足两个条件，IF 函数会返回对应数据行号，否则返回逻辑值 FALSE。

```
{FALSE;3;FALSE;5;FALSE;FALSE;FALSE;FALSE;FALSE}
```

SMALL 函数将符合条件的数据行号从小到大依次输出，INDEX 函数根据 SMALL 函数的运算结果在 G 列和 H 列分别返回“进货单号”和“进货量”。

最后使用 IF 函数判断 F 列单元格是否为空，为空时公式返回空文本，否则返回 INDEX 函数的计算结果。

14.4.4　利用错误值简化公式

示例14-54　提取一二三级科目名称

在图 14-77 所示的科目代码表中，A 列为科目代码，B 列为对应科目名称。A 列科目代码中长度为 4 的为一级代码，长度为 6 的为二级代码，长度为 8 的为三级代码。要求根据 A 列代码分别提取一级、二级和三级科目名称到 D~F 列。

	A	B	C	D	E	F
1	科目代码	科目名称		一级科目	二级科目	三级科目
2	1001	库存现金		库存现金		
3	1002	银行存款		银行存款		
4	1012	其他货币资金		其他货币资金		
5	101201	外埠存款		其他货币资金	外埠存款	
6	101202	银行本票存款		其他货币资金	银行本票存款	
7	101203	银行汇票存款		其他货币资金	银行汇票存款	
8	101204	信用卡存款		其他货币资金	信用卡存款	
9	101205	信用保证金存款		其他货币资金	信用保证金存款	
10	101206	存出投资款		其他货币资金	存出投资款	
11	1101	交易性金融资产		交易性金融资产		
12	110101	本金		交易性金融资产	本金	
13	11010101	股票		交易性金融资产	本金	股票
14	11010102	债券		交易性金融资产	本金	债券
15	11010103	基金		交易性金融资产	本金	基金
16	11010104	权证		交易性金融资产	本金	权证

图 14-77　提取一二三级科目

选中 D2:F2 单元格区域，输入以下数组公式，按 <Ctrl+Shift+Enter> 组合键结束编辑，向下复制公式到 D2:F245 单元格区域。

```
{=IFNA(VLOOKUP(LEFT(A2&"      ",{4,6,8}),$A:$B,2,),"")}
```

公式用法说明：

如果选中 D2:F2 单元格区域，直接输入以下数组公式，按 <Ctrl+Shift+Enter> 组合键结束编辑，向下复制公式到 D2:F245 单元格区域，返回结果中二级科目或三级科目列，会将一级科目同时显示，如图 14-78 所示。

```
{=VLOOKUP(LEFT(A2,{4,6,8}),$A:$B,2,)}
```

	A	B	C	D	E	F
1	科目代码	科目名称		一级科目	二级科目	三级科目
2	1001	库存现金		库存现金	库存现金	库存现金
3	1002	银行存款		银行存款	银行存款	银行存款
4	1012	其他货币资金		其他货币资金	其他货币资金	其他货币资金
5	101201	外埠存款		其他货币资金	外埠存款	外埠存款
6	101202	银行本票存款		其他货币资金	银行本票存款	银行本票存款
7	101203	银行汇票存款		其他货币资金	银行汇票存款	银行汇票存款
8	101204	信用卡存款		其他货币资金	信用卡存款	信用卡存款
9	101205	信用保证金存款		其他货币资金	信用保证金存款	信用保证金存款
10	101206	存出投资款		其他货币资金	存出投资款	存出投资款
11	1101	交易性金融资产		交易性金融资产	交易性金融资产	交易性金融资产
12	110101	本金		交易性金融资产	本金	本金
13	11010101	股票		交易性金融资产	本金	股票
14	11010102	债券		交易性金融资产	本金	债券

图 14-78　直接输入 VLOOKUP 函数返回效果

“LEFT(A2,{4,6,8})”部分从 A 列科目代码中分别从左面第一个字符开始取 4、6、8 个字符作为 VLOOKUP 函数的第一参数。VLOOKUP 函数在 D 列、E 列、F 列分别查找 4、6、8 位科目代码并返回对应的 B 列科目名称。由于二级科目代码和三级科目代码前 4 位是一级科目代码。因此在 E 列和 F 列也会返回对应一级科目代码对应的科目名称。

为使 E 列和 F 列不再返回对应的一级科目名称，可以使用以下公式，将 VLOOKUP 函数部分第一参数添加 4 个空格，使 VLOOKUP 返回错误值。返回结果如图 14-79 所示。

```
{=VLOOKUP(LEFT(A2&"    ",{4,6,8}),$A:$B,2,)}
```

	A	B	C	D	E	F
1	科目代码	科目名称		一级科目	二级科目	三级科目
2	1001	库存现金		库存现金	#N/A	#N/A
3	1002	银行存款		银行存款	#N/A	#N/A
4	1012	其他货币资金		其他货币资金	#N/A	#N/A
5	101201	外埠存款		其他货币资金	外埠存款	#N/A
6	101202	银行本票存款		其他货币资金	银行本票存款	#N/A
7	101203	银行汇票存款		其他货币资金	银行汇票存款	#N/A
8	101204	信用卡存款		其他货币资金	信用卡存款	#N/A
9	101205	信用保证金存款		其他货币资金	信用保证金存款	#N/A
10	101206	存出投资款		其他货币资金	存出投资款	#N/A
11	1101	交易性金融资产		交易性金融资产	#N/A	#N/A
12	110101	本金		交易性金融资产	本金	#N/A
13	11010101	股票		交易性金融资产	本金	股票
14	11010102	债券		交易性金融资产	本金	债券

图 14-79　调整后的 VLOOKUP 函数返回结果

以 D2 单元格为例，调整后的 VLOOKUP 第一参数在 D2 提取 A2&"   "前 4 个字符“1001”，在 E2 列提取 A2&"   "左面 6 个字符“1001 ”，在 F2 提取 A2&"   "左面 8 个字符“1001   ”。VLOOKUP 函数在 E2 和 F2 单元格查找含有空格的代码将返回错误值。

公式在 E 列查询时，如果 A 列为 4 位的一级科目代码，公式将返回错误值。6 位和 8 位的科目代码均返回二级科目代码对应的代码名称。

公式在 F 列查询时，只有 A 列代码为 8 位的三级代码时可以正常返回对应代码名称，A 列 4 位和 6 位科目代码均返回错误值。

最后用 IFNA 函数将错误值屏蔽显示为空文本。

示例14-55 计算快递费

图 14-80 所示，是某快递公司价格表的部分内容，其中 A 列是快递目的地，B~D 列分别是 1~3kg 时对应的价格，E~F 列是超出 3kg 时的首重（1kg）价格和续重每 kg 的单价。

如图 14-81 所示，需要在“运算计算”工作表中根据 B 列的快递目的地及 C 列的重量信息来计算对应的价格。同时要求不足 1kg 的部分按 1kg 计算，如 0.2kg 按 1kg，1.7kg 按 2kg，以此类推。

	A	B	C	D	E	F
1	目的地	1kg	2kg	3kg	超出3公斤部分	
2					首重1kg	续重每kg
3	北京市	1.5	3	5	3	2.5
4	天津市	1.5	3	5	3	2.5
5	河北省	1.5	3	5	3	2.5
6	山西省	1.5	3	5	3	2.5
7	内蒙古自治区	1.5	3	5	3.5	2.5
8	辽宁省	1.5	3	5	3.5	3.5
9	吉林省	1.5	3	5	3.5	4
10	黑龙江省	1.5	3	5	3.5	3
11	上海市	1.5	3	5	4	3
12	江苏省	1.5	3	5	4	3.5
13	浙江省	1.5	3	5	4.5	4
14	安徽省	1.5	3	5	5	4.5

价格表 运费计算

图 14-80 快递价格表

	A	B	C	D
1	运单号	目的地	重量	价格
2	DPK21****353166	宁夏回族自治区	1.7	2.8
3	DPK21****353167	吉林省	3.1	15.5
4	DPK21****353168	浙江省	4.1	20.5
5	DPK21****353169	江西省	1.52	3
6	DPK21****353170	吉林省	16	63.5
7	DPK21****353171	江苏省	0.74	1.5
8	DPK21****353172	上海市	0.04	1.5
9	DPK21****353173	海南省	12.84	91
10	DPK21****353174	湖南省	4.7	27
11	DPK21****353175	吉林省	3.8	15.5

价格表 运费计算

图 14-81 运费计算

在“运算计算”工作表的 D2 单元格输入以下公式，向下复制到数据区域最后一行。

```
=IF(C2<=3,VLOOKUP(B2,价格表!A:F,CEILING(C2,1)+1,0),VLOOKUP(B2,价格表!A:F,5,0)+VLOOKUP(B2,价格表!A:F,6,0)*(CEILING(C2,1)-1))
```

公式使用 IF 函数分为两部分，其中的“VLOOKUP(B2,价格表!A:F,CEILING(C2,1)+1,0)”部分，用于计算重量在 3kg 及以下时的运费价格。

先使用 CEILING 函数将 C2 单元格中的重量向上舍入到 1 的倍数，使其符合“不足 1kg 的部分按 1kg”的计算规则，然后将 CEILING 函数的结果作为 VLOOKUP 函数的第三参数，用于指定在价格表 A:F 列区域中返回哪一列。由于 1kg~3kg 部分的价格依次分布在查询区域的第 2~4 列。因此在 CEILING 函数结果基础上加上 1 来修正。

假设重量为 0.8kg，CEILING 函数舍入后的结果返回 1，再加上 1 之后得到 2。VLOOKUP 函数以 B2 单元格中的目的地作为查询值，以“价格表!A:F”作为查询区域，并返回这个区域中第 2 列对应的内容。

对于 3kg 以上部分的运费价格，计算规则为：

首重 1kg 价格 + 续重每 kg 单价 * 续重 kg

这部分计算使用公式中的“VLOOKUP(B2,价格表!A:F,5,0)+VLOOKUP(B2,价格表!A:F,6,0)*(CEILING(C2,1)-1)”来完成。

其中的“VLOOKUP(B2,价格表!A:F,5,0)”和“VLOOKUP(B2,价格表!A:F,6,0)”部分，

分别用于在价格表 A:F 列区域中查询出指定目的地的首重价格和续重每 kg 单价。然后使用“(CEILING(C2,1)-1)”，将 C2 单元格中的重量向上舍入到 1 的倍数之后再减去首重 1kg，得到续重部分的重量。

练习与巩固

1. VLOOKUP 函数第四参数为（__________）时表示使用精确匹配方式。

2. VLOOKUP 函数第一参数的查询值必须位于第二参数的第（__________）列。

3. 在 A1 单元格输入公式“=MATCH("A",{"C","B","D"},0)”，回车后单元格显示值为（__________）。

4. 查找与引用类函数中，（__________）等函数可以使用通配符查找。

5. OFFSET(A1:D4,4,5,3,2) 将返回对（__________）单元格区域的引用。

6. B2 单元格输入公式“=INDIRECT("R[-1]C[-1]",)”，将返回对（__________）单元格的引用。

7. 图 14-82 展示的是不同班级班主任、班长和学习委员信息。以“练习 14-1.xlsx”中的数据为例，请在 D8 单元格内，使用 INDEX 函数和 MATCH 函数根据 B8 和 C8 单元格指定的班号和职务返回对应的人员姓名，并在 E8 单元格使用 HYPERLINK 函数生成跳转到对应单元格的跳转链接。

8. 图 14-83 中的 A~B 列为不同产品销售量。以“练习 14-2.xlsx”中的数据为例，请根据 E2:E4 单元格区域指定的产品代码计算对应销售量合计。

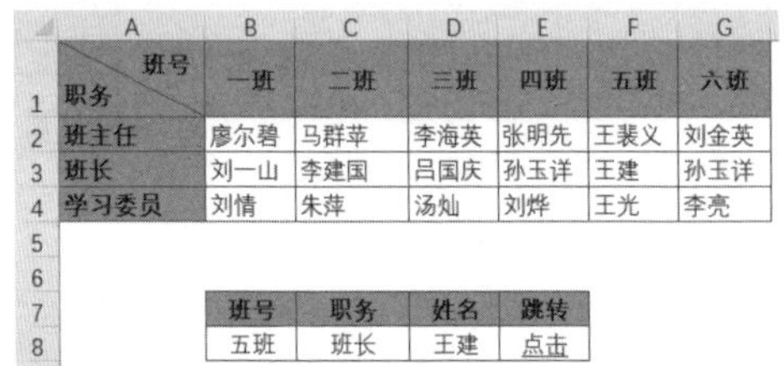

	A	B	C	D	E	F	G
1	班号 职务	一班	二班	三班	四班	五班	六班
2	班主任	廖尔碧	马群革	李海英	张明先	王裴义	刘金英
3	班长	刘一山	李建国	吕国庆	孙玉详	王建	孙玉详
4	学习委员	刘情	朱萍	汤灿	刘烨	王光	李亮
5							
6							
7		班号	职务	姓名	跳转		
8		五班	班长	王建	点击		

图 14-82　班级信息

	A	B	C	D	E
1	产品代码	销售量			
2	A001	13		产品代码	A004
3	A004	14			B002
4	A010	9			B011
5	B001	13			
6	B002	14		合计:	
7	B005	12			
8	B008	13			
9	B011	3			

图 14-83　计算产品销量

第 15 章　统计与求和

Excel 提供了丰富的统计与求和函数，这些函数在工作中有着广泛应用。本章介绍常用的统计与求和函数的基本用法，并结合实例介绍其在多种场景下的实际应用方法。

本章学习要点

（1）认识基础统计函数。

（2）条件统计与求和。

（3）筛选状态下的统计与求和。

（4）排列、组合和概率。

15.1　基础统计函数

Excel 中提供了多种基础统计函数，表 15-1 所示，列出了常用的 6 个统计函数及其功能和语法。

表 15-1　基础统计函数

函数	说明	语法
SUM	将指定为参数的所有数字相加	SUM(number1,[number2],...)
COUNT	计算参数列表中数字的个数	COUNT(value1,[value2],...)
COUNTA	计算区域中不为空的单元格的个数	COUNTA(value1,[value2],...)
AVERAGE	返回参数的算术平均值	AVERAGE(number1,[number2],...)
MAX	返回一组值中的最大值	MAX(number1,[number2],...)
MIN	返回一组值中的最小值	MIN(number1,[number2],...)

参数解释：

number1、value1：必需。进行相应统计的第一个数字、单元格引用或区域。

number2、value2、……：可选。进行相应统计的其他数字、单元格引用或区域。

示例15-1　基础统计函数应用

图 15-1 所示，是某班级考试成绩的部分内容，需要对此班级的考试成绩进行相应的统计。

	A	B	C	D	E	F	G	H
1	学号	姓名	性别	考试成绩			结果	公式
2	211	张辽	男	85		总成绩	677	=SUM(D2:D11)
3	212	赵云	女	99		考试人数	8	=COUNT(D2:D11)
4	213	貂蝉	男	81		总人数	10	=COUNTA(D2:D11)
5	214	孙尚香	男	缺考		平均分	84.63	=AVERAGE(D2:D11)
6	215	甘宁	男	79		最高分	99	=MAX(D2:D11)
7	216	夏侯惇	男	82		最低分	77	=MIN(D2:D11)
8	217	华雄	男	80				
9	218	郭嘉	男	缺考				
10	219	刘备	女	77				
11	220	甄姬	女	94				

图 15-1 基础统计函数应用

在 G2 单元格输入以下公式，计算出全班考试的总成绩，结果为 677。

```
=SUM(D2:D11)
```

在 G3 单元格输入以下公式，计算出本次参加考试的人数，结果为 8。COUNT 函数只统计数字的个数，所以 D5 和 D9 单元格的“缺考”不统计在内。

```
=COUNT(D2:D11)
```

在 G4 单元格输入以下公式，计算出该班级的总人数，结果为 10。COUNTA 函数统计不为空的单元格的个数，所有数字和文本全都统计在内。

```
=COUNTA(D2:D11)
```

在 G5 单元格输入以下公式，计算出全班的平均分，结果为 84.63。AVERAGE 函数计算引用区域中所有数字的算术平均值。D5 和 D9 单元格的“缺考”不是数字，因此不在统计范围内。

```
=AVERAGE(D2:D11)
```

在 G6 单元格输入以下公式，计算出该班级的最高分，结果为 99。

```
=MAX(D2:D11)
```

在 G7 单元格输入以下公式，计算出该班级的最低分，结果为 77。

```
=MIN(D2:D11)
```

15.2 不同状态下的求和计算

在不同结构的表格中，可以使用 SUM 函数结合其他技巧进行求和计算。

15.2.1 累计求和

使用 SUM 函数结合相对和绝对引用，可以完成累计求和运算。

示例15-2 累计求和

如图 15-2 所示，B3:M6 单元格区域是各分公司每一个月的销量计划。需要在 B10:M13 单元格区域计算出各分公司在各月份累计的销量计划。

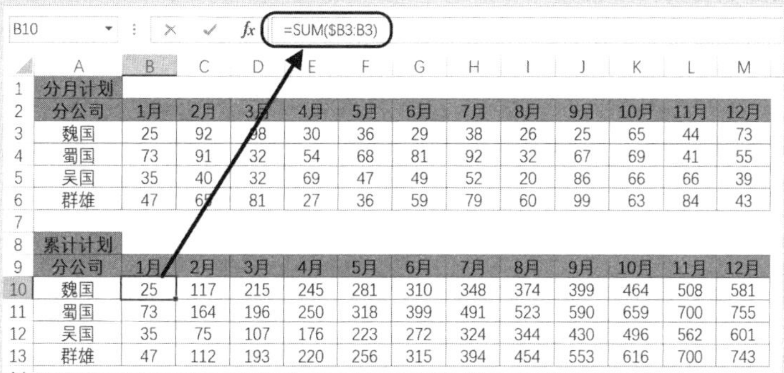

B10　=SUM($B3:B3)

	A	B	C	D	E	F	G	H	I	J	K	L	M
1	分月计划												
2	分公司	1月	2月	3月	4月	5月	6月	7月	8月	9月	10月	11月	12月
3	魏国	25	92	98	30	36	29	38	26	25	65	44	73
4	蜀国	73	91	32	54	68	81	92	32	67	69	41	55
5	吴国	35	40	32	69	47	49	52	20	86	66	66	39
6	群雄	47	65	81	27	36	59	79	60	99	63	84	43
7													
8	累计计划												
9	分公司	1月	2月	3月	4月	5月	6月	7月	8月	9月	10月	11月	12月
10	魏国	25	117	215	245	281	310	348	374	399	464	508	581
11	蜀国	73	164	196	250	318	399	491	523	590	659	700	755
12	吴国	35	75	107	176	223	272	324	344	430	496	562	601
13	群雄	47	112	193	220	256	315	394	454	553	616	700	743

图 15-2　累计求和

在 B10 单元格输入以下公式，复制到 B10:M13 单元格区域。

```
=SUM($B3:B3)
```

SUM 函数的参数使用混合引用和相对引用相结合的方式，当公式向右复制时，B 列始终固定，区域不断向右扩展，形成递增的统计范围，最终实现对每一个月份的累计求和。

15.2.2　连续区域快速求和

示例15-3 连续区域快速求和

如图 15-3 所示，C2:E11 单元格区域为部门员工的基本工资信息，需要计算每个人的工资合计。

	A	B	C	D	E	F
1	员工号	姓名	工资	奖金	加班费	工资合计
2	211	张辽	7500	1100	150	
3	212	赵云	7800	800	540	
4	213	貂蝉	8000	1700	210	
5	214	孙尚香	6700	1900	510	
6	215	甘宁	7100	1400	300	
7	216	夏侯惇	5100	2000	240	
8	217	华雄	7000	700	540	
9	218	郭嘉	8000	1800	540	
10	219	刘备	6400	1200	420	
11	220	甄姬	5100	900	270	
12	合计					

F2　=SUM(C2:E2)

	A	B	C	D	E	F
1	员工号	姓名	工资	奖金	加班费	工资合计
2	211	张辽	7500	1100	150	8750
3	212	赵云	7800	800	540	9140
4	213	貂蝉	8000	1700	210	9910
5	214	孙尚香	6700	1900	510	9110
6	215	甘宁	7100	1400	300	8800
7	216	夏侯惇	5100	2000	240	7340
8	217	华雄	7000	700	540	8240
9	218	郭嘉	8000	1800	540	10340
10	219	刘备	6400	1200	420	8020
11	220	甄姬	5100	900	270	6270
12	合计		68700	13500	3720	85920

图 15-3　连续区域快速求和

选中 C2:F12 单元格区域，按下 <Alt+=> 组合键，F2:F12 及 C12:E12 单元格区域会自动填充 SUM 函数公式，完成对行、列的求和。

15.3 其他常用统计函数

15.3.1 用 COUNTBLANK 函数统计空白单元格个数

COUNTBLANK 函数用于计算指定单元格区域中空白单元格的个数，基本语法如下：

```
COUNTBLANK(range)
```

range 是需要计算空白单元格个数的区域。如果单元格中包含空文本 ""，函数会将其计算在内，但包含零值的单元格不计算在内。

示例15-4 COUNTBLANK函数应用及对比

	A	B	C	D
1	数据		计数	公式
2	123		2	=COUNTBLANK(A2:A10)
3	你好		8	=COUNTA(A2:A10)
4	hello		3	=COUNT(A2:A10)
5				
6				
7	0			
8	TRUE			
9	9E+307			
10	123			

图 15-4 COUNTBLANK 函数应用及对比

如图 15-4 所示，A 列为基础数据，其中 A5 单元格是没有任何数据的空单元格，A6 单元格是通过函数公式“=IF(TRUE,"")”计算得到的空文本，A10 单元格是文本型的数字。

C2 单元格的公式为：

```
=COUNTBLANK(A2:A10)
```

计算结果为 2，统计 A5 和 A6 共有两个空白单元格，无论是真正的空单元格还是由公式计算得到的空文本，都统计在内。

C3 单元格的公式为：

```
=COUNTA(A2:A10)
```

A2:A10 单元格区域共有 9 个单元格，其中只有 A5 单元格是没有任何数据的空单元格，不在 COUNTA 统计范围内，所以结果返回为 8。

C4 单元格的公式为：

```
=COUNT(A2:A10)
```

COUNT 函数仅统计参数中的数字个数，空白单元格、逻辑值、文本或错误值将不计算在内。此处 COUNT 统计的是 A2 单元格中的数字 123、A7 单元格的数字 0 和 A9 单元格的 9E+307 共 3 个数字，所以结果返回为 3。A10 单元格为文本型数字 123，不在 COUNT 函数的统计范围内。

示例15-5 在合并单元格中添加序号

图 15-5 展示了某单位各部门的员工信息，不同的部门使用了合并单元格，需要在 A 列大小不一的合并单元格内添加序号。

可同时选中 A2:A11 单元格区域，在编辑栏输入以下公式，按 <Ctrl+Enter> 组合键。

```
=COUNTA(B$2:B2)
```

以 B$2:B2 作为 COUNTA 函数的参数，B$2 使用行绝对引用，B2 使用相对引用。在多单元格同时输入公式后，引用区域会自动扩展。

COUNTA 函数始终计算 B 列自第 2 行开始，至公式所在行区域中不为空的单元格个数。计算结果即等同于序号。

	A	B	C	D
1	序号	销售地区	业务员	销售金额
2	1	北京	马向言	10400
3			蔡旭秋	54400
4			裴鸣宇	16000
5	2	上海	林志林	36000
6			夏白宇	22400
7	3	天津	杜晨中	45000
8	4	重庆	白家华	36000
9			谷晨丹	25680
10			卢毅合	88750
11			白新苗	22400

图 15-5 合并单元格添加序号

15章

15.3.2 用 MODE.SNGL 函数和 MODE.MULT 函数计算众数

众数通常是指一组数据中出现次数最多的数值，用来代表数据的一般水平。一组数据中可能会有多个众数，也可能没有众数。

计算众数的分别是 MODE 函数、MODE.SNGL 函数与 MODE.MULT 函数。在高版本中，MODE 函数被归入兼容性函数类别，而 MODE.SNGL 函数与 MODE.MULT 函数可提供更高的精确度，其名称能够更好地反映其用法，它们的语法和功能如下：

```
MODE.SNGL(number1,[number2],...)
```

返回在某一数组或数据区域中出现频率最多的数值。

```
MODE.MULT(number1,[number2],...)
```

以垂直数组形式返回一组数据或数据区域中出现频率最高的一个或多个数值，因为此函数返回数值数组，所以必须以数组公式的形式输入。

number1 必需。要计算其众数的第一个数字参数。

number2, ... 可选。要计算其众数的 2 到 254 个数字参数。参数可以是数字或是包含数字的名称、数组或引用。

如果数组或引用参数包含文本、逻辑值或空白单元格，则这些值将被忽略；但包含零值的单元格将计算在内。如果参数为错误值或为不能转换为数字的文本，将会导致错误。如果数据集不包含重复的数据点，则 MODE.SNGL 和 MODE.MULT 返回错误值“#N/A”。

示例15-6 众数函数基础应用

	A	B	C	D
1	数据		众数	公式
2	6		6	=MODE.SNGL(A2:A10)
3	7			
4	6		6	{=MODE.MULT(A2:A10)}
5	4		7	{=MODE.MULT(A2:A10)}
6	7		#N/A	{=MODE.MULT(A2:A10)}
7	2		#N/A	{=MODE.MULT(A2:A10)}
8	7			
9	5			
10	6			

图 15-6 众数函数基础应用

如图 15-6 所示，在 C2 单元格输入以下公式，得到 A2:A10 单元格区域中出现次数最多的数字 6。

```
=MODE.SNGL(A2:A10)
```

当多个数字出现次数相同且均为最高的时候，MODE.SNGL 函数仅可以得到第一个出现的众数。

选中 C4:C7 单元格，输入以下数组公式，按 <Ctrl+Shift+Enter> 组合键结束编辑。

```
{=MODE.MULT(A2:A10)}
```

A2:A10 单元格区域中数字 6 和 7 均为最多出现的数字，所以 MODE.MULT 函数的结果为一个数组{6;7}。由于所选区域的范围大于出现最高次数的数据个数，所以C6和C7单元格返回错误值。

示例15-7 统计最受欢迎歌手编号

	A	B	C	D	E	F
1	听众	投票1	投票2	投票3		最受欢迎歌手
2	曹操	2	7	2		7
3	司马懿	8	8	3		8
4	夏侯惇	8	6	弃权		
5	张辽	3	5	弃权		
6	许褚	8	1	1		
7	郭嘉	1	8	8		
8	甄姬	7	6	5		
9	夏侯渊	6	7	弃权		
10	张郃	2	6	1		
11	徐晃	6	弃权	弃权		
12	曹仁	4	2	1		

图 15-7 校园最受欢迎歌手大赛

如图 15-7 所示，某学校组织校园歌手大赛，共有 1~8 号 8 名选手参加，现场有 80 位同学投票，每人最多可以投 3 票。在 F2 单元格输入以下公式，向下复制到单元格显示空白为止，依次统计出最受欢迎歌手的编号。

```
=IFERROR(INDEX(MODE.
MULT($B$2:$D$81),ROW(1:1)),"")
```

“MODE.MULT($B$2:$D$81)”部分，计算得到 B2:D81 单元格区域中出现最多的数字，返回内存数组结果为 {7;8}。

然后使用函数 INDEX 将数组 {7;8} 中的每一个元素依次提取到单元格中，最后使用 IFERROR 屏蔽错误值“#N/A”。

此次歌手大赛 7、8 号两位选手最受欢迎。

15.3.3 用 MEDIAN 函数统计中位数

中值（又称中位数）是指将统计总体当中的各个变量值按大小顺序排列起来，形成一个数列，处于变量数列中间位置的变量值就称为中值。使用 MEDIAN 函数能够返回一组已知数字的中值，基本语法如下：

```
MEDIAN(number1, [number2], ...)
```

number1,number2,...：其中 number1 是必需的，后续数字可选。是要计算中值的 1 到 255 个数字。

如果参数集合中包含奇数个数字，MEDIAN 将返回位于中间的那一个数。

如果参数集合中包含偶数个数字，MEDIAN 将返回位于中间的两个数的平均值。

参数可以是数字或是包含数字的名称、数组或引用。逻辑值和直接键入参数列表中代表数字的文本被计算在内。

如果数组或引用参数包含文本、逻辑值或空白单元格，则这些值将被忽略；但包含零值的单元格将计算在内。如果参数为错误值或为不能转换为数字的文本，将会导致错误。

示例15-8 中位数函数基础应用

如图 15-8 所示，在 H2 单元格输入以下公式，计算 A2:E2 单元格区域的中位数。

```
=MEDIAN(A2:E2)
```

A2:E2 单元格区域中共有 5 个数字，数字个数为奇数，所以返回结果为中间值，即数字 5。

在 H3 单元格输入以下公式，计算 A3:F3 单元格区域的中位数。

```
=MEDIAN(A3:F3)
```

A3:F3 单元格区域中共有 6 个数字，数字个数为偶数，所以返回结果为中间两个数的平均值，即 3 和 5 的平均值，结果为数字 4。

在 H4 单元格输入以下公式，计算 A4:F4 单元格区域的中位数。

```
=MEDIAN(A4:F4)
```

A4:F4 单元格区域共有 6 个值，但 C4 单元格的值为文本“空缺”，数据区域内只有 5 个数字，所以最终结果为这 5 个数字的中间值，返回结果为数字 3。

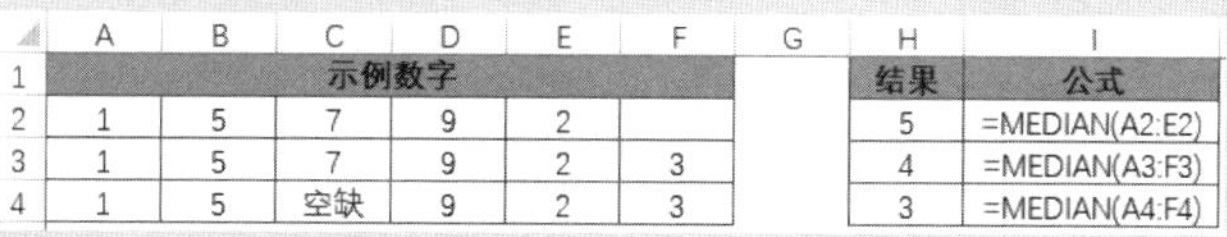

	A	B	C	D	E	F	G	H	I
1	示例数字							结果	公式
2	1	5	7	9	2			5	=MEDIAN(A2:E2)
3	1	5	7	9	2	3		4	=MEDIAN(A3:F3)
4	1	5	空缺	9	2	3		3	=MEDIAN(A4:F4)

图 15-8　中位数函数基础应用

示例15-9 计算员工工资的平均水平

如图 15-9 所示，A2:B21 单元格区域为某公司员工的工资，现在计算该公司员工的平均工资水平。

	A	B	C	D	E
1	员工	工资		平均水平	公式
2	黄盖	208000		8450	=MEDIAN(B2:B21)
3	大乔	9000		27640	=AVERAGE(B2:B21)
4	张辽	7900			
5	马超	9200			
6	黄月英	5600			
7	刘备	202108			
8	甘宁	9100			
9	孙尚香	8800			
10	袁术	7500			
11	周瑜	7300			

图 15-9　计算员工工资的平均水平

在 D2 单元格输入以下公式，计算员工工资的中位数，返回结果为 8 450。

```
=MEDIAN(B2:B21)
```

在 D3 单元格输入以下公式，计算员工工资的平均值，返回结果为 27 640。

```
=AVERAGE(B2:B21)
```

提示

通过中位数和平均值的对比可以看出，任何一个数据的变动都会引起平均数的变动，而中位数的大小仅与数据的排列位置有关。因此中位数不受偏大和偏小数的影响，当一组数据中的个别数据变动较大时，常用它来描述这组数据的集中趋势。

示例15-10 设置上下限

	A	B	C
1	员工	销售完成率	提成系数
2	黄盖	28%	50%
3	大乔	102%	102%
4	张辽	201%	200%
5	马超	84%	84%
6	黄月英	50%	50%
7	刘备	237%	200%
8	甘宁	143%	143%
9	孙尚香	46%	50%
10	袁术	226%	200%
11	周瑜	154%	154%

图 15-10　设置上下限

某公司计算销售提成，其中提成系数与当月销售计划完成率相关。如果完成率超过 200%，最高按照 200% 统计。如果完成率低于 50%，则最低按照 50% 统计。其他部分按实际值统计。

如图 15-10 所示，B 列是各员工的销售完成率，需要根据以上规则在 C 列计算出提成系数。

在 C2 单元格输入以下公式，向下复制到 C11 单元格。

```
=MEDIAN(B2,50%,200%)
```

将 B2 单元格的数字与 50%、200% 组成 3 个数的序列，从中提取中位数，即完成上下限的设置。本例也可以使用 MAX 结合 MIN 函数完成。

```
=MAX(MIN(B2,200%),50%)
```

“MIN(B2,200%)”部分，取 B2 单元格的值与 200% 比较，二者取最小值，即达到设定上限的目的。

“MAX(MIN(B2,200%),50%)”部分，用 MIN 函数取出的最小值与 50% 比较，二者取最大值，即达到设定下限的目的。

MAX 和 MIN 函数的顺序可以交换，并修改相应的参数，得到的结果完全一致。

```
=MIN(MAX(B2,50%),200%)
```

15.3.4 用 QUARTILE 函数计算四分位点

四分位数也称四分位点，是指在统计学中把所有数值由小到大排列并分成四等份，处于三个分割点位置的数值，通常用于销售和调查数据，以对总体进行分组。QUARTILE 函数能够返回一组数据的四分位点，基本语法如下：

```
QUARTILE(array,quart)
```

array 必需。要求得四分位数值的数组或数字型单元格区域。

quart 必需。指定返回哪一个值，具体说明如表 15-2 所示。

表 15-2 quart 参数说明

如果 quart 等于	函数 QUARTILE 返回	对应位置计算公式（n 为数据个数）
0	最小值	$1+(n-1)*0$
1	第一个四分位数（第 25 个百分点值）	$1+(n-1)*0.25$
2	中分位数（第 50 个百分点值）	$1+(n-1)*0.5$
3	第三个四分位数（第 75 个百分点值）	$1+(n-1)*0.75$
4	最大值	$1+(n-1)*1$

如果 array 为空，则 QUARTILE 函数返回错误值“#NUM!”。如果 quart 不为整数，将被截尾取整。如果 quart<0 或 quart>4，则 QUARTILE 函数返回错误值“#NUM!”。

当 quart 分别等于 0、2 和 4 时，MIN、MEDIAN 和 MAX 函数返回的值与 QUARTILE 函数返回的值相同。

示例15-11 四分位数函数基础应用

如图 15-11 所示，A2:A13 单元格区域为 12 个任意数字，在 C2:C6 单元格区域依次写下四分位数公式。

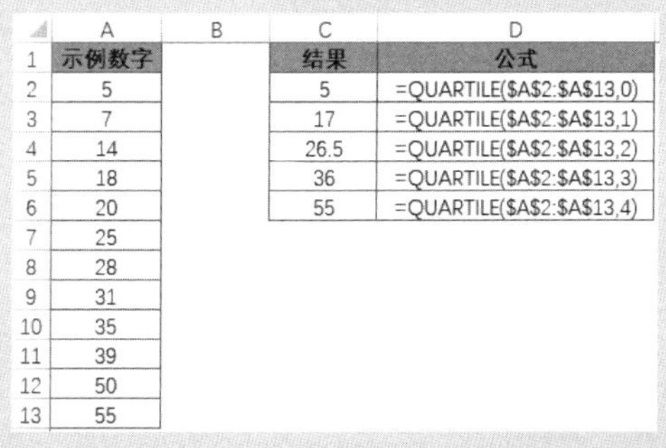

	A	B	C	D
1	示例数字		结果	公式
2	5		5	=QUARTILE($A$2:$A$13,0)
3	7		17	=QUARTILE($A$2:$A$13,1)
4	14		26.5	=QUARTILE($A$2:$A$13,2)
5	18		36	=QUARTILE($A$2:$A$13,3)
6	20		55	=QUARTILE($A$2:$A$13,4)
7	25			
8	28			
9	31			
10	35			
11	39			
12	50			
13	55			

图 15-11 四分位数函数基础应用

C3 单元格公式如下，返回结果为 17。

```
=QUARTILE($A$2:$A$13,1)
```

quart 参数为 1，返回第 1 个四分位数，此数字的位置为：

```
1+(12-1)*0.25=3.75
```

公式结果由第 3 小的数字 14 与第 4 小的数字 18 组成。

```
(18-14)*(3.75-3)+14=17
```

C5 单元格公式如下，返回结果为 36。

```
=QUARTILE($A$2:$A$13,3)
```

quart 参数为 3，返回第 3 个四分位数，此数字的位置为。

```
1+(12-1)*0.75=9.25
```

公式结果由第 9 小的数字 35 与第 10 小的数字 39 组成：

```
(39-35)*(9.25-9)+35=36
```

其余位置的计算方式与上述示例类似。

示例15-12 员工工资的四分位分布

	A	B	C	D	E
1	员工	工资		平均水平	公式
2	黄盖	208000		7450	=QUARTILE(B2:B21,1)
3	大乔	9000		9125	=QUARTILE(B2:B21,3)
4	张辽	7900			
5	马超	9200			
6	黄月英	5600			
7	刘备	202108			
8	甘宁	9100			
9	孙尚香	8800			
10	袁术	7500			
11	周瑜	7300			

图 15-12 员工工资的四分位分布

如图 15-12 所示，A2:B21 单元格区域为某公司员工的工资，现在计算该公司员工工资的四分位分布。

在 D2 单元格输入以下公式，返回结果为 7 450。

```
=QUARTILE(B2:B21,1)
```

在 D3 单元格输入以下公式，返回结果为 9 125。

```
=QUARTILE(B2:B21,3)
```

说明此公司有 1/4 的员工工资在 7 450 及以下，有 1/4 的员工工资在 9 125 及以上，一半的员工工资在 7 450~9 125 之间。

15.3.5 用 LARGE 函数和 SMALL 函数计算第 K 个最大（最小）值

LARGE 函数和 SMALL 函数分别返回数据集中第 k 个最大值和第 k 个最小值，基本语法如下。

```
LARGE(array,k)
SMALL(array,k)
```

array 参数：需要找到第 k 个最大 / 最小值的数组或数字型数据区域。

k 参数：要返回的数据在数组或数据区域里的位置。

示例15-13 列出前三笔销量

图 15-13 所示是某公司销售记录的部分内容，A 列是销售日期，B 列是每天的销量统计。需要统计最高的三笔销量和最低的三笔销量各是多少，并且按照降序排列。

	A	B	C	D	E
1	日期	销量		最高三笔	公式
2	2021/9/1	7900		7900	=LARGE($B$2:$B$16,ROW(1:1))
3	2021/9/2	4600		7600	=LARGE($B$2:$B$16,ROW(2:2))
4	2021/9/3	7400		7500	=LARGE($B$2:$B$16,ROW(3:3))
5	2021/9/4	7600			
6	2021/9/5	4700			
7	2021/9/6	5600		最低三笔	公式
8	2021/9/7	3000		4600	=SMALL($B$2:$B$16,4-ROW(1:1))
9	2021/9/8	7400		4200	=SMALL($B$2:$B$16,4-ROW(2:2))
10	2021/9/9	5300		3000	=SMALL($B$2:$B$16,4-ROW(3:3))
11	2021/9/10	4200			
12	2021/9/11	7500			
13	2021/9/12	6100			
14	2021/9/13	5700			
15	2021/9/14	6000			
16	2021/9/15	6400			

图 15-13　列出前三笔销量

在 D2 单元格输入以下公式，向下复制到 D4 单元格。

```
=LARGE($B$2:$B$16,ROW(1:1))
```

通过 ROW 函数生成连续的序列 1、2、3，LARGE 函数依次提取出数据区域中对应的第 1、2、3 个最大值。

在 D8 单元格输入以下公式，向下复制到 D10 单元格。

```
=SMALL($B$2:$B$16,4-ROW(1:1))
```

由于需要降序排列，所以使用“4-ROW(1:1)”，得到结果依次为 3、2、1。SMALL 函数依次提取出数据区域中对应的第 3、2、1 个最小值。

示例15-14 列出前三笔销量对应的日期

如图 15-14 所示，需要在销售记录表中提取出最高的三笔销量和最低的三笔销量所对应的日期，并且按销量降序排列。

	A	B	C	D
1	日期	销量		最高三笔
2	2021/9/1	7900		2021/9/1
3	2021/9/2	4600		2021/9/4
4	2021/9/3	7400		2021/9/11
5	2021/9/4	7600		
6	2021/9/5	4700		
7	2021/9/6	5600		最低三笔
8	2021/9/7	3000		2021/9/2
9	2021/9/8	7400		2021/9/10
10	2021/9/9	5300		2021/9/7
11	2021/9/10	4200		
12	2021/9/11	7500		
13	2021/9/12	6100		
14	2021/9/13	5700		
15	2021/9/14	6000		
16	2021/9/15	6400		

图 15-14　列出前三笔销量对应的日期

在 D2 单元格输入以下数组公式，按 <Ctrl+Shift+Enter> 组合键结束编辑，向下复制到 D4 单元格，依次返回最大三笔销量对应的日期。

```
{=INDEX(A:A,MOD(LARGE($B$2:$B$16+ROW($B$2:$B$16)%,ROW(1:1)),1)/1%)}
```

由于销量全部为整数，“$B$2:$B$16+ROW($B$2:$B$16)%”部分，得到含有销量和相应行号的数组，其中整数部分为 B 列的销量，小数部分为相应的行号。

```
{7900.02;4600.03;7400.04;7600.05;4700.06;……;6000.15;6400.16}
```

使用 LARGE 函数提取出此数组中的最大值，返回结果为 7 900.02。

“MOD(7900.02,1)/1%”部分先使用 MOD 函数计算 7900.02 除以 1 的余数，得到此数字的小数部分 0.02。再将它除以 1%，即扩大 100 倍，返回结果 2，也即最大销量对应的行号为 2。

最后使用 INDEX(A:A,10) 函数从 A 列中提取第 2 个元素，得到对应的日期 2021/9/1。

公式复制到 D3、D4 单元格，依次提取出第二大销量、第三大销量对应的日期。

在 D8 单元格输入以下数组公式，按 <Ctrl+Shift+Enter> 组合键结束编辑，向下复制到 D10 单元格，依次返回最低三笔销量对应的日期。

```
{=INDEX(A:A,MOD(SMALL($B$2:$B$16+ROW($B$2:$B$16)%,4-ROW(1:1)),1)/1%)}
```

计算原理与提取前三大销量对应的日期基本一致。

15.4 条件统计函数

条件统计函数包括单条件统计函数 COUNTIF、SUMIF 和 AVERAGEIF 函数，以及多条件统计函数 COUNTIFS、SUMIFS、AVERAGEIFS、MAXIFS、MINIFS 函数。

15.4.1 单条件计数 COUNTIF 函数

COUNTIF 函数对区域中满足单个指定条件的单元格进行计数，基本语法如下：

```
COUNTIF(range,criteria)
```

range 参数：必需。表示要统计数量的单元格的范围。

criteria 参数：必需。用于决定要统计哪些单元格的数量，可以是数字、表达式、单元格引用或文本字符串。

示例15-15 COUNTIF函数基础应用

如图 15-15 所示，是某公司销售记录的部分内容。其中 A 列为部门名称，B 列为员工姓名，C 列为销售日期，D 列为对应销售日期的销售金额记录，F~L 列为不同方式的统计结果。

	A	B	C	D	E	F	G	H	I	J	K	L
1	部门	姓名	销售日期	销售金额		1、	统计汉字			3、	统计数字	
2	个人渠道1部	陆逊	2021/7/9	5000			部门	人数			条件	人数
3	个人渠道2部	刘备	2021/7/27	5000			个人渠道1部	3			大于5000元	4
4	个人渠道1部	孙坚	2021/8/27	3000			个人渠道2部	4			等于5000元	5
5	个人渠道1部	孙策	2021/7/20	9000			团体渠道1部	4			小于等于5000元	9
6	团体渠道1部	刘璋	2021/8/26	5000			团体渠道2部	2				
7	团体渠道2部	司马懿	2021/9/12	7000							>5000	4
8	团体渠道1部	周瑜	2021/9/7	8000		2、	使用通配符				5000	5
9	团体渠道2部	曹操	2021/8/3	5000			渠道	人数			<=5000	9
10	团体渠道1部	孙尚香	2021/8/21	4000			个人渠道	7				
11	个人渠道2部	小乔	2021/7/26	2000			团体渠道	6			5000	4
12	团体渠道1部	孙权	2021/7/13	4000								5
13	个人渠道2部	刘表	2021/9/29	5000								9
14	个人渠道2部	诸葛亮	2021/9/1	8000								

图 15-15 COUNTIF 函数基础应用

Ⅰ　统计汉字

在 H3 单元格输入以下公式，向下复制到 H6 单元格，计算各个部门的人数。

```
=COUNTIFS(A:A,G3)
```

G3 单元格为“个人渠道 1 部”，COUNTIF 函数以此为统计条件，计算 A 列为个人渠道 1 部的个数。

Ⅱ　使用通配符

在 H10 单元格输入以下公式，向下复制到 H11 单元格，计算各个渠道的人数。

```
=COUNTIF(A:A,G10&"*")
```

通配符“*”代表任意多个字符，“?”代表任意一个字符。“G10&"*"”表示以G10单元格的“个人渠道”开头，后面有任意多个字符的单元格个数。

Ⅲ　统计数字

在 L3~L5 单元格分别输入以下公式，分别统计销售金额大于 5 000、等于 5 000、小于等于 5 000 的人数。

```
=COUNTIF(D:D,">5000")
=COUNTIF(D:D,"=5000")
=COUNTIF(D:D,"<=5000")
```

条件统计类函数的统计条件支持使用比较运算符，“">5000"”是按照数字大小比较，统计有多少个大于 5 000 的数字。

L7 单元格输入以下公式，并向下复制到 L9 单元格，计算出各个销售金额段的人数。

```
=COUNTIF(D:D,K7)
```

除了在公式中直接输入比较运算符，还可以使用函数公式引用单元格中的运算符。假如在 G17 单元格内输入 5 000，在 L11~L13 单元格分别输入以下 3 个公式，分别统计销售金额大于 5 000、等于 5 000、小于等于 5 000 的人数。

```
=COUNTIF(D:D,">"&K11)
=COUNTIF(D:D,"="&K11)
=COUNTIF(D:D,"<="&K11)
```

提示

作为参考的相应数字可以单独放在单元格中，在统计的时候引用此单元格即可。注意引用时必须写成“" 比较运算符 "& 单元格地址”的形式，如果把单元格地址放在双引号中写成类似">G17"的样式，G17将不再表示单元格地址，而是字符串“G17”。

15.4.2 数据区域中含通配符的统计

数据区域中含有通配符时，直接统计往往会出现偏差，需要借助转义符号“~”（波浪号）来完成统计。

示例15-16 数据区域中含通配符的统计

如图 15-16 所示，A1:C11 单元格区域为销售规格记录，在 F 列输入公式统计各个规格的产品各销售多少。

	A	B	C	D	E	F
1	产品	规格	日期		规格	错误方式
2	衣柜	2000*400*1800	2021/9/12		1500*500*2000	5
3	衣柜	1500*1500*2000	2021/9/30		1500*1500*2000	4
4	衣柜	2000*400*1800	2021/9/19		2000*400*1800	5
5	衣柜	1500*1500*2000	2021/9/2			
6	衣柜	1500*1500*2000	2021/9/25			
7	衣柜	1500*500*2000	2021/9/18		规格	正确方式
8	衣柜	2000*400*1800	2021/9/13		1500*500*2000	1
9	衣柜	2000*400*1800	2021/9/4		1500*1500*2000	4
10	衣柜	1500*1500*2000	2021/9/23		2000*400*1800	5
11	衣柜	2000*400*1800	2021/9/23			

图 15-16 数据区域中含通配符的统计

如果在 F2 单元格输入以下公式，向下复制到 F4 单元格后，将无法得到正确的结果。

```
=COUNTIF(B:B,E2)
```

COUNTIF 函数支持使用通配符，统计条件使用 E2 单元格时，单元格中的“*”被识别为通配符，所以 F2 单元格的统计结果为以“1500”开头，以“2000”结尾，且字符中间含有“500”的单元格个数，其结果为 5，包括 B3、B5、B6、B7、B10 这 5 个单元格。

正确的方法是，在 F8 单元格输入以下公式，向下复制到 F10 单元格。

```
=COUNTIF(B:B,SUBSTITUTE(E8,"*","~*"))
```

“SUBSTITUTE(E8,"*","~*")”部分，使用 SUBSTITUTE 函数将星号替换为“~*”，结果为"1500~*500~*2000"，其中“~”是转义符，作用是使“*”失去通配符的性质而被公式识别为普通字符。

最后使用 COUNTIF 函数统计数据区域中等于“1500*500*2000”的单元格个数，只有 B7 单元格，所以结果返回为 1。

提示

星号 *、问号 ? 和波浪号 ~ 是一类特殊的符号，在查找替换或是统计类公式中要匹配这些符号本身时，必须在符号前加上波浪号“~”。

还可以使用普通公式的方式统计，在 F8 单元格输入以下数组公式，按 <Ctrl+Shift+Enter> 组合键结束编辑，并向下复制到 F10 单元格。

```
{=SUM(N($B$2:$B$11=E8))}
```

在等式判断中不允许使用通配符，利用这一特性，公式直接使用等号判断 B 列的规格是否与 E8 单元格中的规则完全相同，得到由逻辑值 TRUE 或是 FALSE 构成的内存数组。再使用 N 函数将逻辑值TRUE转换为1，将FALSE转换为0，最后使用SUM函数求和，结果就是符合条件的个数。

15.4.3 单字段同时满足多条件的计数

示例15-17 单字段同时满足多条件的计数

在图 15-17 所示的销售记录表中，需要根据组别字段中的信息，计算 1 组和 3 组的总人数。

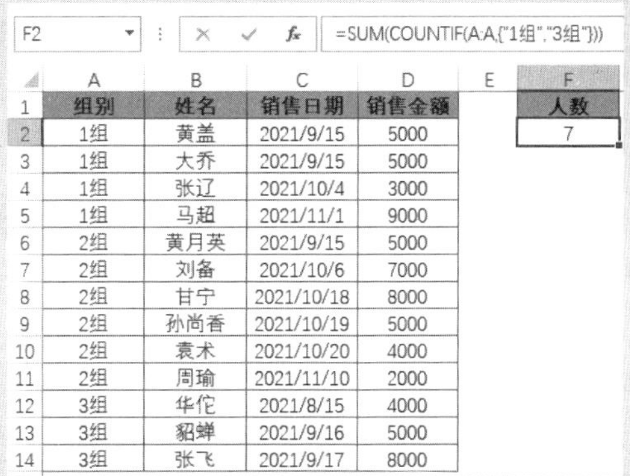

F2 =SUM(COUNTIF(A:A,{"1组","3组"}))

	A	B	C	D	E	F
1	组别	姓名	销售日期	销售金额		人数
2	1组	黄盖	2021/9/15	5000		7
3	1组	大乔	2021/9/15	5000		
4	1组	张辽	2021/10/4	3000		
5	1组	马超	2021/11/1	9000		
6	2组	黄月英	2021/9/15	5000		
7	2组	刘备	2021/10/6	7000		
8	2组	甘宁	2021/10/18	8000		
9	2组	孙尚香	2021/10/19	5000		
10	2组	袁术	2021/10/20	4000		
11	2组	周瑜	2021/11/10	2000		
12	3组	华佗	2021/8/15	4000		
13	3组	貂蝉	2021/9/16	5000		
14	3组	张飞	2021/9/17	8000		

图 15-17 某单字段同时满足多条件的统计

在 F2 单元格输入以下公式，统计 1 组和 3 组的人数。

```
=SUM(COUNTIF(A:A,{"1 组","3 组"}))
```

“COUNTIF(A:A,{"1 组","3 组"})”部分，统计条件使用常量数组的形式，表示分别对“1 组”和“3 组”两个条件进行统计，返回结果为数组 {4,3}，即有 4 个“1 组”和 3 个“3 组”。

然后使用 SUM 函数对数组 {4,3} 求和，得到最终的人数合计。

15.4.4 验证身份证号是否重复

示例15-18 验证身份证号是否重复

如图 15-18 所示，B 列是员工的身份证号码。可以使用 COUNTIF 函数来验证身份证号是否重复。

	A	B	C	D
1	姓名	身份证号	重复1	重复2
2	黄盖	530827198003035959	1	1
3	大乔	330326198508167286	3	1
4	张辽	330326198508167331	3	1
5	马超	330326198508167738	3	1
6	诸葛亮	330326198508162856	1	1
7	刘备	130927198108260950	1	1
8	甘宁	42050119790412529X	1	1
9	太史慈	420501197904125070	1	1
10	袁术	510132197912179874	1	1
11	周瑜	211281198511163334	1	1

图 15-18 验证身份证号是否重复

本例中的解题思路是统计与 B 列中相同单元格的个数，统计结果为 1 的即为不重复，大于 1 的即为重复。

如果在 C2 单元格输入以下公式，向下复制到 C11 单元格，将无法得到准确结果。

```
=COUNTIF(B:B,B2)
```

C3:C5 单元格区域的结果都为 3，而三名员工的身份证号只有前 15 位是一致的。这是因为 COUNTIF 函数在统计文本型数字时，会默认按数值型数字进行处理，而 Excel 最大数字精度只有

15 位，15 位之后的数字全部按照 0 处理。因此 COUNTIF 函数只能准确识别前 15 位数字。

正确的统计方法是在 D2 单元格输入以下公式，向下复制到 D11 单元格。

```
=COUNTIF(B:B,B2&"*")
```

在 B2 单元格后连接一个星号，利用数值不支持通配符的特性，使用 COUNTIF 函数将待统计的身份证号识别为一个文本字符串，表示查找以 B2 单元格内容开始的文本，最终返回单元格区域 B 列中与该身份证号码相同的单元格个数。

15.4.5 包含错误值的数据统计

示例15-19 包含错误值的数据统计

	A	B	C	D
1	姓名	考试分数		考试人数
2	陆逊	81		11
3	刘备	95		
4	孙坚	#N/A		
5	孙策	65		
6	刘璋	95		
7	司马懿	75		
8	周瑜	79		
9	曹操	69		
10	孙尚香	#N/A		
11	小乔	79		
12	孙权	65		
13	刘表	93		
14	诸葛亮	92		

图 15-19　含错误值的数据统计

如图 15-19 所示，B 列是学员考试分数，未参加考试的学员考试分数显示为错误值“#N/A”。在 D2 单元格输入以下公式统计参加考试的人数，返回结果为 11。

```
=COUNTIF(B2:B14,"<9e307")
```

9e307 是科学记数法，表示 9*10^307，接近 Excel 允许输入的最大数值。COUNTIF 函数在统计的时候先确定数据类型，“<9e307”是数值。因此只统计数据区域中小于 9e307 的数值，相当于对所有的数值进行计数统计。

15.4.6 统计非空文本数量

示例15-20 统计非空文本数量

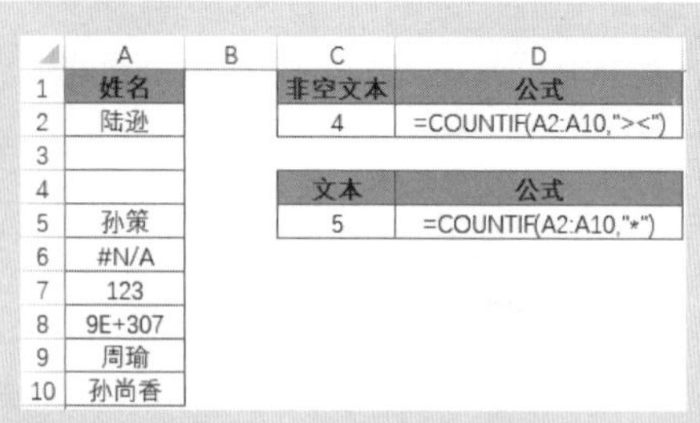

	A	B	C	D
1	姓名		非空文本	公式
2	陆逊		4	=COUNTIF(A2:A10,"><")
3				
4			文本	公式
5	孙策		5	=COUNTIF(A2:A10,"*")
6	#N/A			
7	123			
8	9E+307			
9	周瑜			
10	孙尚香			

图 15-20　统计非空文本数量

如图 15-20 所示，A2:A9 单元格区域为待统计数据，其中 A3 单元格为没有输入任何内容的真空单元格，A4 单元格为通过公式计算而返回的空文本。在 C2 单元格输入以下公式，得到数据区域中非空文本的数量，结果为 4。即 A2、A5、A9、A10 这 4 个单元格。

```
=COUNTIF(A2:A10,"><")
```

“><”表示的是大于“<”这个符号，由于真空单元格和空文本 "" 都要小于“<”，而其他常见

文本字符都要大于符号“<”，从而达到统计出非空文本的目的。

还可以使用以下公式统计包含文本的单元格个数。

```
=COUNTIF(A2:A10,"?*")
```

“?*”代表以任意一个字符开始，后面有任意长的字符，即单元格中至少有一个文本字符的个数。

在 C5 单元格输入以下公式，统计出数据区域中文本的数量。

```
=COUNTIF(A2:A10,"*")
```

通配符“*”代表任意多个字符，结果返回 5，即 A2、A4、A5、A9、A10 这 5 个单元格。

15.4.7　统计非重复值数量

示例15-21　统计非重复值数量

如图 15-21 所示，A 列为员工姓名，B 列为员工对应的部门，需要统计一共有多少个部门。

	A	B	C	D
1	员工	部门		部门数量
2	陆逊	吴国		4
3	黄月英	蜀国		
4	邓艾	魏国		
5	周瑜	吴国		
6	黄忠	蜀国		
7	吕布	群雄		
8	孙尚香	吴国		
9	小乔	吴国		

图 15-21　统计非重复值数量

在 D2 单元格输入以下数组公式，按 <Ctrl+Shift+Enter> 组合键结束编辑。

```
{=SUM(1/COUNTIF(B2:B9,B2:B9))}
```

“COUNTIF(B2:B9,B2:B9)”部分，统计出 B2:B9 单元格的每个元素在这个区域中各有多少个，返回结果为：

```
{4;2;1;4;2;1;4;4}
```

然后使用数字 1 除以此数组得到其倒数：

```
{1/4;1/2;1;1/4;1/2;1;1/4;1/4}
```

如果单元格的值在区域中是唯一值，这一步的结果是 1。如果重复出现两次，这一步的结果就有两个 1/2。如果单元格的值在区域中重复出现 3 次，结果就有 3 个 1/3……即每个元素对应的倒数合计起来结果仍是 1。

最后用 SUM 函数求和，结果就是不重复部门个数。

示例15-22　按不重复订单号计算订单金额

如图 15-22 所示，A 列是订单号，B 列是对应订单的总金额，C 列是分次开票的金额。需要根

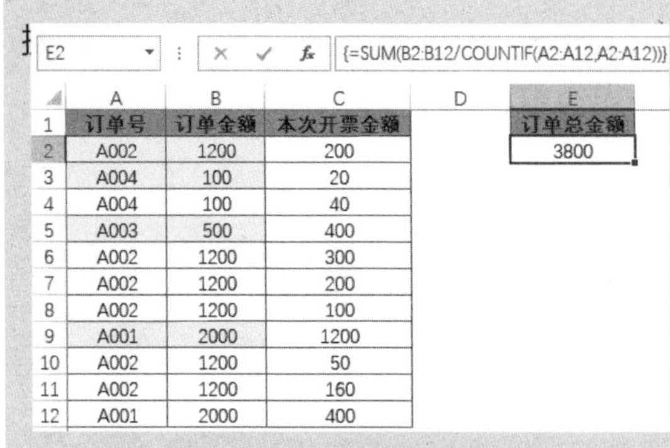

E2 {=SUM(B2:B12/COUNTIF(A2:A12,A2:A12))}

	A	B	C	D	E
1	订单号	订单金额	本次开票金额		订单总金额
2	A002	1200	200		3800
3	A004	100	20		
4	A004	100	40		
5	A003	500	400		
6	A002	1200	300		
7	A002	1200	200		
8	A002	1200	100		
9	A001	2000	1200		
10	A002	1200	50		
11	A002	1200	160		
12	A001	2000	400		

图 15-22　非重复值金额求和

在 E2 单元格输入以下数组公式，按 <Ctrl+Shift+Enter> 组合键结束编辑。

```
{=SUM(B2:B12/
COUNTIF(A2:A12,A2:A12))}
```

COUNTIF(A2:A12,A2:A12) 函数，统计出 A2:A12 单元格区域中的每个元素的个数，返回结果为：{6;2;2;1;6;6;6;2;6;6;2}

然后使用 B2:B12 单元格区域的订单金额除以此数组，得到每一个订单金额的 n 分之一。最后用 SUM 函数求和，结果就是不重复订单号的总订单金额。

15.4.8　多条件计数 COUNTIFS 函数

COUNTIFS 函数的作用是对区域中满足多个条件的单元格计数。函数语法如下：

```
COUNTIFS(criteria_range1,criteria1,[criteria_range2,criteria2]…)
```

criteria_range1： 必需。在其中计算关联条件的第一个区域。

criteria1： 必需。条件的形式为数字、表达式、单元格引用或文本，可用来定义将对哪些单元格进行计数。

criteria_range2,criteria2,...：可选。附加的区域及其关联条件，最多允许 127 个区域及条件对。每一个附加的区域都必须与参数 criteria_range1 具有相同的行数和列数，这些区域无须彼此相邻。

示例15-23　COUNTIFS函数基础应用

图 15-23 所示，是某公司销售记录的部分内容，F~H 列为不同方式的统计结果。

	A	B	C	D
1	组别	姓名	销售日期	销售金额
2	1组	黄盖	2021/9/15	5000
3	1组	大乔	2021/9/15	5000
4	1组	张辽	2021/10/4	3000
5	1组	马超	2021/9/1	9000
6	2组	黄月英	2021/9/15	5000
7	2组	刘备	2021/10/6	7000
8	2组	甘宁	2021/10/18	8000
9	2组	孙尚香	2021/10/19	5000
10	2组	袁术	2021/10/20	4000
11	2组	周瑜	2021/8/10	2000
12	3组	华佗	2021/8/15	4000
13	3组	貂蝉	2021/9/16	5000
14	3组	张飞	2021/9/17	8000

1、　统计日期

月份	业务笔数
8	2
9	6
10	5

2、　多条件统计

条件	业务笔数
1组销售额高于4000	3
2组10月销售数据	4

图 15-23　COUNTIFS 函数基础应用

➲ Ⅰ 统计日期

在多条件统计时，同一个条件数据范围可以被多次使用。

在 H3 单元格输入以下公式，向下复制到 H5 单元格，计算出 8~10 月份的业务笔数。

```
=COUNTIFS(C:C,">="&DATE(2021,G3,1),C:C,"<"&DATE(2021,G3+1,1))
```

由于日期的本质是数字，所以计算日期范围的时候，就相当于对某一个数字范围进行统计。H3 单元格计算 8 月份的人数，也就是范围设定在大于等于 2021-8-1，并且小于 2021-9-1 这个日期范围之间。

按月份统计日期时，公式不可以写成类似以下形式。

```
=COUNTIFS(MONTH($C$2:$C$14),G3)
```

因为 MONTH($C$2:$C$14) 部分计算的是一个内存数组结果，而 COUNTIFS 的条件区域要求必须是单元格引用。

➲ Ⅱ 多条件统计

在 H9 单元格输入以下公式，统计 1 组且销售额高于 4 000 的业务笔数。

```
=COUNTIFS(A:A,"1 组",D:D,">4000")
```

在 H10 单元格输入以下公式，统计 2 组 10 月份的销售业务笔数。

```
=COUNTIFS(A:A,"2 组",C:C,">="&DATE(2021,10,1),C:C,"<"&DATE(2021,11,1))
```

提示 在多条件统计时，每一个区域都需要有相同的行数和列数。

➲ Ⅲ 多字段同时满足多条件的计数

示例15-24 多字段同时满足多条件的计数

在图 15-24 所示的销售记录表中，需要统计 1 组和 3 组两个小组中，销售金额大于 7 000 或小于 5 000 的业务笔数。

在 F2 单元格输入以下公式：

```
=SUM(COUNTIFS(A:A,{"1 组","3 组"},D:D,{">7000";"<5000"}))
```

第一个条件 {"1 组","3 组"} 中的参数是逗号分隔，表示水平方向的数组。

	A	B	C	D	E	F
1	组别	姓名	销售日期	销售金额		业务笔数
2	1组	黄盖	2021/9/15	5000		4
3	1组	大乔	2021/9/15	5000		
4	1组	张辽	2021/10/4	3000		
5	1组	马超	2021/9/1	9000		
6	2组	黄月英	2021/9/15	5000		
7	2组	刘备	2021/10/6	7000		
8	2组	甘宁	2021/10/18	8000		
9	2组	孙尚香	2021/10/19	5000		
10	2组	袁术	2021/10/20	4000		
11	2组	周瑜	2021/8/10	2000		
12	3组	华佗	2021/8/15	4000		
13	3组	貂蝉	2021/9/16	5000		
14	3组	张飞	2021/9/17	8000		

图 15-24 多字段同时满足多条件的计数

第二个条件 {">7000";"<5000"} 中的参数是分号分隔，表示垂直方向的数组。

这样即形成了 4 组条件，分别为："1 组" 且 ">7000" "1 组" 且 "<5000" "3 组" 且 ">7000" "3 组" 且 "<5000"。

COUNTIFS 函数的统计结果为 {1,1;1,1}，最后使用 SUM 函数，计算出满足条件的业务笔数为 4。

示例15-25 按指定条件统计非重复值数量

如图 15-25 所示，A 到 D 列是某部门的销售数量统计，需要根据此清单统计各个部门的人数。

G2 {=SUM(IFERROR(1/COUNTIFS($A$2:$A$15,F2,$B$2:$B$15,$B$2:$B$15),0))}

	A	B	C	D	E	F	G
1	部门	员工	销售日期	销售数量		部门	人数
2	蜀国	张飞	2021/9/1	2080		魏国	1
3	吴国	甘宁	2021/9/3	9000		蜀国	2
4	魏国	曹操	2021/9/4	7900		吴国	3
5	魏国	曹操	2021/9/5	9200			
6	吴国	周瑜	2021/9/6	5600			
7	吴国	孙尚香	2021/9/7	2020			
8	吴国	周瑜	2021/9/8	9100			
9	吴国	甘宁	2021/9/8	8800			
10	蜀国	刘备	2021/9/8	7500			
11	蜀国	张飞	2021/9/9	7300			
12	蜀国	刘备	2021/9/11	8700			
13	蜀国	张飞	2021/9/11	8600			
14	吴国	甘宁	2021/9/14	8300			
15	魏国	曹操	2021/9/15	8300			

图 15-25 按指定条件统计非重复值数量

在 G2 单元格输入以下公式，按 <Ctrl+Shift+Enter> 组合键结束编辑，并向下复制到 G4 的单元格。

```
{=SUM(IFERROR(1/COUNTIFS($A$2:$A$15,F2,$B$2:$B$15,$B$2:$B$15),0))}
```

"COUNTIFS($A$2:$A$15,F2,$B$2:$B$15,$B$2:$B$15)" 部分，对于 A2:A15 单元格区域中满足条件为"魏国"，统计 B2:B15 单元格的每个元素在这个区域中各有多少个，返回结果为：{0;0;3;3;0;0;0;0;0;0;0;0;0;3}。

然后使用数字 1 除以此数组得到其倒数：{#DIV/0!;#DIV/0!;0.3333;0.3333;#DIV/0!;#DIV/0!;#DIV/0!;#DIV/0!;#DIV/0!;#DIV/0!;#DIV/0!;#DIV/0!;#DIV/0!;0.3333}。

然后使用 IFERROR 函数将错误值变成不影响求和计算的数字 0，最后用 SUM 函数求和，结果就是该部门不重复人员的数量。

15.4.9 单条件求和 SUMIF 函数

SUMIF 函数的作用是对区域中满足单个条件的单元格求和，基本语法如下：

```
SUMIF(range,criteria,[sum_range])
```

range： 必需。表示要根据条件进行计算的单元格区域。

criteria：必需。用于确定对哪些单元格求和的条件，其形式可以为数字、表达式、单元格引用或文本字符串。

sum_range：可选。要求和的实际单元格。如果省略 sum_range 参数，Excel 会对将应用条件的单元格区域同时作为求和区域。

sum_range 参数与 range 参数的大小和形状如果不同时，求和的实际单元格通过以下方法确定：使用 sum_range 参数中左上角的单元格作为起始单元格，范围与 range 参数行列数相同。

示例15-26 SUMIF函数基础应用

如图 15-26 所示，是某公司销售记录的部分内容，F~L 列为不同方式的统计结果。

	A	B	C	D	E	F	G	H	I	J	K	L
1	部门	姓名	销售日期	销售金额		1、	统计汉字			3、	统计数字	
2	个人渠道1部	陆逊	2021/7/9	5000			部门	销售金额			条件	销售金额
3	个人渠道2部	刘备	2021/7/27	5000			个人渠道1部	17000			大于5000元	32000
4	个人渠道1部	孙坚	2021/8/27	3000			个人渠道2部	20000			等于5000元	25000
5	个人渠道1部	孙策	2021/7/20	9000			团体渠道1部	21000			小于等于5000元	38000
6	团体渠道1部	刘璋	2021/8/26	5000			团体渠道2部	12000				
7	团体渠道2部	司马懿	2021/9/12	7000							>5000	32000
8	团体渠道1部	周瑜	2021/9/7	8000		2、	使用通配符				5000	25000
9	团体渠道2部	曹操	2021/8/3	5000			渠道	销售金额			<=5000	38000
10	团体渠道1部	孙尚香	2021/8/21	4000			个人渠道	37000				
11	个人渠道2部	小乔	2021/7/26	2000			团体渠道	33000			5000	32000
12	团体渠道1部	孙权	2021/7/13	4000								25000
13	个人渠道2部	刘表	2021/9/29	5000								38000
14	个人渠道2部	诸葛亮	2021/9/1	8000								

图 15-26　SUMIF 函数基础应用

Ⅰ　统计汉字

在 H3 单元格输入以下公式，向下复制到 H6 单元格，计算各个组别的销售金额。

```
=SUMIF(A:A,G3,D:D)
```

公式中的 A:A 是条件区域，G3 单元格是求和条件“个人渠道 1 部”，D:D 是求和区域。SUMIF 函数以“个人渠道 1 部”为统计条件，如果 A 列为“个人渠道 1 部”，则对 D 列对应位置的数值求和。

Ⅱ　使用通配符

在 H10 单元格输入以下公式，向下复制到 H11 单元格，计算各个渠道的销售金额。

```
=SUMIF(A:A,G10&"*",D:D)
```

通配符“*”代表任意多个字符，“?”代表任意一个字符。“G10&"*"”表示以 G10 单元格的“个人渠道”开头，后面有任意多个字符的单元格个数。

使用以下公式，可以统计出 A 列中所有以“个人”开头的销售金额。

```
=SUMIF(B:B,"个人*",D1)
```

SUMIF 函数的 sum_range 参数与 range 的单元格个数不同，sum_range 将以 D1 单元格为起点，并将区域延伸至行列数与 range 参数相同的单元格区域，即按照 D:D 计算。

➲ III　统计数字

SUMIF 函数的第三参数省略时，会将第一参数同时作为求和区域。在 L3~L5 单元格分别输入以下公式，分别统计销售金额大于 5 000、等于 5 000 和小于等于 5 000 部分的销售总额。

```
=SUMIF(D:D,">5000")
=SUMIF(D:D,"=5000")
=SUMIF(D:D,"<=5000")
```

条件统计类函数的统计条件支持使用比较运算符。因此 ">5000" 是按照数字大小比较，统计大于 5 000 的数字之和。

在 L7 单元格输入以下公式，向下复制到 L9 单元格，计算出各个区段的销售金额。

```
=SUMIF(D:D,K7)
```

在 L11~L13 单元格分别输入以下 3 个公式，分别统计销售金额大于 5 000、等于 5 000 和小于等于 5 000 部分的销售总额。

```
=SUMIF(D:D,">"&K11)
=SUMIF(D:D,"="&K11)
=SUMIF(D:D,"<="&K11)
```

SUMIF 函数第二参数的使用规则与 COUNTIF 函数的第二参数规则类似，引用时必须用连接符“&”连接比较运算符和单元格地址。

本例中的条件区域与求和区域相同，SUMIF 函数省略第三参数，对条件区域进行求和。

➲ IV　单字段同时满足多条件的求和

示例15-27　单字段同时满足多条件的求和

	A	B	C	D	E	F
1	组别	姓名	销售日期	销售金额		销售金额
2	1组	黄盖	2021/9/15	5000		39000
3	1组	大乔	2021/9/15	5000		
4	1组	张辽	2021/10/4	3000		
5	1组	马超	2021/11/1	9000		
6	2组	黄月英	2021/9/15	5000		
7	2组	刘备	2021/10/6	7000		
8	2组	甘宁	2021/10/18	8000		
9	2组	孙尚香	2021/10/19	5000		
10	2组	袁术	2021/10/20	4000		
11	2组	周瑜	2021/11/10	2000		
12	3组	华佗	2021/8/15	4000		
13	3组	貂蝉	2021/9/16	5000		
14	3组	张飞	2021/9/17	8000		

图 15-27　某单字段同时满足多条件的求和

在图 15-27 所示的销售记录表中，需要统计 1 组和 3 组的销售金额之和。

在 F2 单元格输入以下公式：

```
=SUM(SUMIF(A:A,{"1 组 ","3 组
"},D:D))
```

公式中的“SUMIF(A:A,{"1 组 ","3 组 "},D:D)”；部分，统计条件使用常量数组的形式，表示分别对 1 组和 3 组两个条件进行统计，返回结果为 {22000,17000}，即 1 组销

售金额为 22 000，3 组销售金额为 17 000。

然后使用 SUM 函数求和，得到最终的销售金额合计 39 000。

➲ V　二维区域条件求和

SUMIF 函数的参数不仅可以是单行单列，还可以是二维区域。

示例15-28 二维区域条件求和

如图 15-28 所示，A~H 列是一些销售记录，其中第 A、C、E、G 列是产品名称，B、D、F、H 列是每个月的产品销量。

在 K2 单元格输入以下公式，计算出各产品的总销量。

```
=SUMIF($A$2:$G$10,J2,$B$2:$H$10)
```

K2　=SUMIF($A$2:$G$10,J2,$B$2:$H$10)

	A	B	C	D	E	F	G	H	I	J	K
1	产品	1月	产品	2月	产品	3月	产品	4月		产品	销量
2	长裤	21	短裤	27	长裤	49	长裤	95		长裤	165
3	短裤	83	长裙	28	短裤	43	短裤	94		短裤	247
4	长裙	82	短裙	20	长裙	38	长裙	36		长裙	184
5	短裙	32	大衣	42	短裙	35	短裙	76		短裙	163
6	衬衫	25	夹克	86	衬衫	35	衬衫	76		衬衫	136
7	大衣	31	连衣裙	54	夹克	59	大衣	16		大衣	89
8	连衣裙	42			T恤	81	夹克	60		夹克	205
9					连衣裙	15	T恤	30		T恤	111
10							连衣裙	16		连衣裙	127

图 15-28　二维区域条件求和

本例中，$A$2:$G$10 是条件区域，$B$2:$H$10 是求和区域。SUMIF 函数在 $A$2:$G$10 区域依次判断每一个单元格是否符合条件，然后根据符合条件单元格的行列位置，来计算 $B$2:$H$10 区域中处于相同行列位置的数值之和。

以连衣裙为例，在 $A$2:$G$10 条件区域中，符合条件的单元格分别处于该区域中的第 1 列第 7 行、第 3 列第 6 行、第 5 列第 8 行及第 7 列第 9 行，SUMIF 函数根据这些位置信息，对 $B$2:$H$10 区域中对应位置的数值进行求和，如图 15-29 所示。

	A	B	C	D	E	F	G
1	产品	1月	产品	2月	产品	3月	产品
2	长裤	21	短裤	27	长裤	49	长裤
3	短裤	83	长裙	28	短裤	43	短裤
4	长裙	82	短裙	20	长裙	38	长裙
5	短裙	32	大衣	42	短裙	35	短裙
6	衬衫	25	夹克	86	衬衫	35	衬衫
7	大衣	31	连衣裙	54	夹克	59	大衣
8	连衣裙	42			T恤	81	夹克
9					连衣裙	15	T恤
10							连衣裙

	B	C	D	E	F	G	H
1	1月	产品	2月	产品	3月	产品	4月
2	21	短裤	27	长裤	49	长裤	95
3	83	长裙	28	短裤	43	短裤	94
4	82	短裙	20	长裙	38	长裙	36
5	32	大衣	42	短裙	35	短裙	76
6	25	夹克	86	衬衫	35	衬衫	76
7	31	连衣裙	54	夹克	59	大衣	16
8	42			T恤	81	夹克	60
9				连衣裙	15	T恤	30
10						连衣裙	16

图 15-29　二维区域条件求和运算过程

➲ VI　对最后一个非空单元格求和

示例15-29 对最后一个非空单元格求和

F2　=SUMIF(A3:D11,"",A2:D10)

	A	B	C	D	E	F
1	1月	2月	3月	4月		求和
2	23	22	8	5		68
3	18	26	5	29		
4	9	5	22	29		
5	28	3	22	23		
6	3	26	13	20		
7	18	21	28	19		
8	2		29	4		
9			18	6		
10				27		
11						

图 15-30　对纵向最后一个非空单元格求和

利用区域错位的特点，可以实现对最后一个非空单元格求和的目的。

如图 15-30 所示，A2:D11 单元格区域中每列的数据个数不同，在 F2 单元格输入以下公式，能够对每列最后一个单元格的数字求和。

```
=SUMIF(A3:D11,"",A2:D10)
```

本例中的条件参数为“""”，表示统计条件为空白单元格。条件区域和求和区域错开一行，A3:D11 单元格区域中每一个空白单元格，对应 A2:D10 单元格区域中与之相邻的数值。其中 A9 对应 A8 单元格 2，B8 对应 B7 单元格 21，C10 对应 C9 单元格 18，D11 对应 D10 单元格 27，其余空白单元格对应的也是空白单元格，不影响求和结果。

同样的思路，当数据为横向时，输入以下公式，能够对每行最后一个单元格求和，如图 15-31 所示。

```
=SUMIF(C1:K4,"",B1:J4)
```

M2　=SUMIF(C1:K4,"",B1:J4)

	A	B	C	D	E	F	G	H	I	J	K	L	M
1	1月	23	18	9	28	3	18	2					求和
2	2月	22	26	5	3	26	21						68
3	3月	8	5	22	22	13	28	29	18				
4	4月	5	29	29	23	20	19	4	6	27			

图 15-31　对横向最后一个非空单元格求和

根据本书前言的提示操作，可观看用 SUMIF 函数实现单条件求和的视频讲解。

15.4.10　多条件求和 SUMIFS 函数

SUMIFS 函数的作用是对区域中满足多个条件的单元格求和，函数语法如下：

```
SUMIFS(sum_range,criteria_range1,criteria1,[criteria_range2,
```

```
criteria2]…)
```

sum_range：必需。对一个或多个单元格求和，包括数字或包含数字的名称、区域或单元格引用。忽略空白和文本值。

criteria_range1：必需。在其中计算关联条件的第一个区域。

criteria1：必需。条件的形式为数字、表达式、单元格引用或文本，可用来定义将对哪些单元格进行求和。

criteria_range2,criteria2,...：可选。附加的区域及其关联条件，最多允许 127 个区域及条件对。每一个附加的区域都必须与参数 criteria_range1 具有相同的行数和列数，这些区域无须彼此相邻。

示例15-30 SUMIFS函数基础应用

如图 15-32 所示，是某公司销售记录的部分内容，F~H 列为不同方式的统计结果。

	A	B	C	D	E	F	G	H
1	组别	姓名	销售日期	销售金额		1.	统计日期	
2	1组	黄盖	2021/9/15	5000			月份	销售金额
3	1组	大乔	2021/9/15	5000			8	6000
4	1组	张辽	2021/10/4	3000			9	37000
5	1组	马超	2021/9/1	9000			10	27000
6	2组	黄月英	2021/9/15	5000				
7	2组	刘备	2021/10/6	7000		2.	多条件统计	
8	2组	甘宁	2021/10/18	8000			条件	销售金额
9	2组	孙尚香	2021/10/19	5000			1组销售额高于4000	19000
10	2组	袁术	2021/10/20	4000			2组10月销售数据	24000
11	2组	周瑜	2021/8/10	2000				
12	3组	华佗	2021/8/15	4000				
13	3组	貂蝉	2021/9/16	5000				
14	3组	张飞	2021/9/17	8000				

图 15-32　SUMIFS 函数基础应用

Ⅰ　统计日期

在 H3 单元格输入以下公式，向下复制到 H5 单元格，分别计算 8~10 月各月的销售金额。

```
=SUMIFS(D:D,C:C,">="&DATE(2021,G3,1),C:C,"<"&DATE(2021,G3+1,1))
```

如果 C 列的日期大于等于 2021-8-1 并且小于 2021-9-1，则对 D 列对应的金额求和。

Ⅱ　多条件统计

在 H9 单元格输入以下公式，统计 1 组销售额高于 4 000 的人员的销售金额。

```
=SUMIFS(D:D,A:A,"1组",D:D,">4000")
```

在 H10 单元格输入以下公式，统计 2 组 10 月份的销售金额。

```
=SUMIFS(D:D,A:A,"2组",C:C,">="&DATE(2021,10,1),C:C,"<"&DATE(2021,11,1))
```

在多条件统计时，每一个区域都需要有相同的行数和列数。

注意

SUMIFS 函数的求和区域是第一参数，并且不可省略，而 SUMIF 函数的求和区域是第三参数，需要注意区分。

根据本书前言的提示操作，可观看用 SUMIFS 函数实现多条件求和的视频讲解。

➲ Ⅲ　多字段同时满足多条件的求和

示例15-31　多字段同时满足多条件的求和

	A	B	C	D	E	F
1	组别	姓名	销售日期	销售金额		销售金额
2	1组	黄盖	2021/9/15	5000		24000
3	1组	大乔	2021/9/15	5000		
4	1组	张辽	2021/10/4	3000		
5	1组	马超	2021/9/1	9000		
6	2组	黄月英	2021/9/15	5000		
7	2组	刘备	2021/10/6	7000		
8	2组	甘宁	2021/10/18	8000		
9	2组	孙尚香	2021/10/19	5000		
10	2组	袁术	2021/10/20	4000		
11	2组	周瑜	2021/8/10	2000		
12	3组	华佗	2021/8/15	4000		
13	3组	貂蝉	2021/9/16	5000		
14	3组	张飞	2021/9/17	8000		

图 15-33　多字段同时满足多条件的求和

在图 15-33 所示的销售记录表中，需要统计 1 组和 3 组销售金额大于 7 000 或小于 5 000 部分的销售总额。

在 F2 单元格输入以下公式：

```
=SUM(SUMIFS(D:D,A:A,{"1 组 ","3 组 "},D:D,{">7000";"<5000"}))
```

第一个条件 {"1 组 ","3 组 "} 中的参数是逗号分隔，表示水平方向的数组。

第二个条件 {">7000";"<5000"} 中的参数是分号分隔，表示垂直方向的数组。

这样即形成了 4 组条件，分别为："1 组" 且 ">7000"、"1 组" 且 "<5000" "3 组" 且 ">7000"、"3 组" 且 "<5000"。

SUMIFS 函数计算结果为：

```
{9000,8000;3000,4000}
```

最后使用 SUM 函数求和，统计出满足条件的销售金额合计为 24 000。

15.4.11　用 MAXIFS 函数和 MINIFS 函数计算指定条件的最大（最小）值

MAXIFS 函数返回一组给定条件或标准指定的单元格中的最大值。基本语法如下：

```
MAXIFS(max_range,criteria_range1,criteria1,[criteria_
range2,criteria2],...)
```

MINIFS 函数返回一组给定条件或标准指定的单元格之间的最小值。基本语法如下：

```
MINIFS(min_range,criteria_range1,criteria1,[criteria_range2,criteria2],
...)
```

max_range 和 min_range 参数，是确定最大或最小值的实际单元格区域。

criteria_range1：是一组用于条件计算的单元格。

criteria1：用于确定哪些单元格是最小值的条件，可以是数字、表达式或文本。

criteria_range2,criteria2,...：可选。附加的区域及其关联条件，最多可以输入 126 个区域 / 条件对。

示例15-32 各班级的最高最低分

如图 15-34 所示，A~C 列是各班级的分数，在 F2 单元格输入以下公式，向下复制到 F4 单元格，得到各班级的最高分。

```
=MAXIFS(C:C,A:A,E2)
```

在 G2 单元格输入以下公式，向下复制到 G4 单元格，得到各班级的最低分。

```
=MINIFS(C:C,A:A,E2)
```

	A	B	C	D	E	F	G
1	班级	姓名	分数		班级	最高分	最低分
2	1班	曹操	52		1班	97	42
3	1班	司马懿	55		2班	91	52
4	1班	夏侯惇	79		3班	97	41
5	1班	张辽	74				
6	1班	许褚	44				
7	1班	郭嘉	53				
8	1班	甄姬	97				
9	1班	夏侯渊	44				
10	1班	张郃	42				
11	1班	徐晃	67				
12	1班	曹仁	88				
13	2班	典韦	82				

图 15-34 各班级的最高最低分

15.5 平均值统计

计算平均值的函数主要有 AVERAGE 函数、AVERAGEIF 函数和 AVERAGEIFS 函数。还有一些函数能够完成特殊规则下的平均值计算，如计算修剪平均值的 TRIMMEAN 函数、计算几何平均值的 GEOMEAN 函数及计算调和平均值的 HARMEAN 函数。

15.5.1 用 AVERAGEIF 函数和 AVERAGEIFS 函数计算指定条件的平均值

AVERAGEIF 函数返回满足单个条件的所有单元格的算术平均值，AVERAGEIFS 函数返回满足多个条件的所有单元格的算术平均值，两个函数的基本语法如下：

```
AVERAGEIF(range,criteria,[average_range])
AVERAGEIFS(average_range,criteria_range1,criteria1,[criteria_
range2,criteria2],…)
```

AVERAGEIF 函数与 SUMIF 函数的语法及参数完全一致，AVERAGEIFS 函数与 SUMIFS 函数的语法及参数完全一致。

示例15-33 条件平均函数基础应用

	A	B	C	D	E	F	G
1	组别	姓名	销售日期	销售金额		统计	销售金额
2	1组	黄盖	2021/9/15	5000		1组平均销售金额	5500
3	1组	大乔	2021/9/15	5000		10月份平均销售金额	5400
4	1组	张辽	2021/10/4	3000			
5	1组	马超	2021/9/1	9000			
6	2组	黄月英	2021/9/15	5000			
7	2组	刘备	2021/10/6	7000			
8	2组	甘宁	2021/10/18	8000			
9	2组	孙尚香	2021/10/19	5000			
10	2组	袁术	2021/10/20	4000			
11	2组	周瑜	2021/8/10	2000			
12	3组	华佗	2021/8/15	4000			
13	3组	貂蝉	2021/9/16	5000			
14	3组	张飞	2021/9/17	8000			

图 15-35 条件平均函数基础应用

如图 15-35 所示，需要根据左侧数据源，按不同条件统计平均值。

以下公式可以计算 1 组的平均销售金额。

```
=AVERAGEIF(A:A,"1 组 ",D:D)
```

公式中的“A:A”是条件区域，“"1 组 "”是指定的条件，“D:D”是要计算平均值的区域。如果 A 列等于指定的条件“1 组”，就对 D 列对应单元格中的数值计算平均值。

要计算 10 月份的平均销售金额，可以输入以下公式：

```
=AVERAGEIFS(D:D,C:C,">="&DATE(2021,10,1),C:C,"<"&DATE(2021,11,1))
```

G3 单元格计算 10 月份的平均销售金额，也就是范围设定在大于等于 2021-10-1，小于 2021-11-1 这个日期范围之间。

示例15-34 达到各班平均分的人数

F2 =COUNTIFS(A:A,E2,C:C,">="&AVERAGEIF(A:A,E2,C:C))

	A	B	C	D	E	F
1	班级	姓名	分数		班级	人数
2	1班	曹操	52		1班	5
3	1班	司马懿	55		2班	9
4	1班	夏侯惇	79		3班	8
5	1班	张辽	74			
6	1班	许褚	44			
7	1班	郭嘉	53			
8	1班	甄姬	97			
9	1班	夏侯渊	44			
10	1班	张郃	42			
11	1班	徐晃	67			
12	1班	曹仁	88			
13	2班	典韦	82			
14	2班	荀彧	89			
15	2班	曹丕	78			

图 15-36 达到各班平均分的人数

如图 15-36 所示，A~C 列是各班级学员的分数，在 F2 单元格输入以下公式，统计各班级达到平均分的人数。

```
=COUNTIFS(A:A,E2,C:C,">="&AVERAGEIF(A:A,E2,C:C))
```

“AVERAGEIF(A:A,E2,C:C)”部分，计算出各个班级的平均分，以此作为 COUNTIFS 函数的条件参数。

最后使用 COUNTIFS 函数，统计 A 列等于指定班级，并且 C 列大于等于平均分的人数。

15.5.2　使用 TRIMMEAN 函数内部平均值

内部平均值在计算时剔除了头部和尾部一定比例的数据，避免了因某些极大或极小值对整体数据造成明显的影响，可以更客观地反映出数据的整体水平情况。

TRIMMEAN 函数用于返回数据集的内部平均值。先从数据集的头部和尾部除去一定百分比的数据点，然后再计算平均值，基本语法如下：

```
TRIMMEAN(array,percent)
```

array： 必需。需要进行整理并求平均值的数组或数值区域。

percent： 必需。计算时所要除去的数据点的比例。例如，如果 percent=0.2，表示在 20 个数据点的集合中要除去 4 个数据点 (20×0.2)，即头部和尾部各除去两个。

TRIMMEAN 函数将除去的数据点数目向下舍入为最接近的 2 的整数倍。如果 percent=30%，30 个数据点的 30% 等于 9 个数据点，向下舍入最接近的 2 的倍数为数字 8。TRIMMEAN 函数将对称地在数据集的头部和尾部各除去 4 个数据。

示例15-35 计算工资的内部平均值

如图 15-37 所示，A 列为员工姓名，B 列为员工的基本工资。需要除去基本工资头尾 20% 的比例后，计算内部平均值。

在 D2 单元格输入以下公式，返回结果为 5 545。

```
=TRIMMEAN(B2:B14,20%)
```

	A	B	C	D	E
1	姓名	基本工资		内部平均值	公式
2	黄盖	5000		5545	=TRIMMEAN(B2:B14,20%)
3	大乔	5000			
4	张辽	3000		算术平均值	公式
5	马超	9000		8308	=AVERAGE(B2:B14)
6	黄月英	5000			
7	刘备	45000			
8	甘宁	8000			
9	孙尚香	5000			
10	袁术	4000			
11	周瑜	2000			
12	华佗	4000			
13	貂蝉	5000			
14	张飞	8000			

图 15-37　工资的内部平均值

区域中共有 13 个数据，13*20%=2.6，向下舍入到最接近的 2 的整数倍，即结果为 2，也就是在数据集的头部和尾部各除去 1 个数据。所以最终的结果是剔除了 B7 单元格的最大值 45 000 和 B11 单元格的最小值 2 000 之后计算算术平均值。

D6 单元格是直接使用 AVERAGE 函数计算得到的算术平均值，返回结果为 8 308。在本例中可以看出算术平均值明显比内部平均值要高。

示例15-36 去掉最高最低分后计算平均分数

如图 15-38 所示，A 列为参赛选手姓名，B~J 列为 9 位评委的打分情况。现在去掉 1 个最高分，去掉 1 个最低分，其余分数取平均值为该选手的综合得分。

K2 =TRIMMEAN(B2:J2,2/COUNT(B2:J2))

	A	B	C	D	E	F	G	H	I	J	K
1	姓名	评委1	评委2	评委3	评委4	评委5	评委6	评委7	评委8	评委9	综合得分
2	黄盖	65	45	80	60	75	45	65	95	50	62.86
3	大乔	75	70	45	65	50	85	40	弃权	75	63.33
4	张辽	95	30	70	70	90	70	30	85	85	71.43
5	马超	55	80	65	65	55	60	95	65	35	63.57
6	黄月英	90	80	30	70	35	85	65	75	60	67.14
7	刘备	95	85	弃权	70	60	50	弃权	100	70	76.00
8	甘宁	100	70	75	45	65	35	100	45	90	70.00
9	孙尚香	100	30	100	70	40	75	45	60	40	61.43
10	袁术	55	100	70	55	65	100	30	55	70	67.14
11	周瑜	弃权	70	100	40	40	65	40	55	90	60.00
12	华佗	40	35	55	45	60	30	50	45	55	46.43
13	貂蝉	85	45	70	30	50	60	90	70	50	61.43
14	张飞	95	80	55	30	70	80	90	85	40	71.43

图 15-38　比赛打分

在 K2 单元格输入以下公式，向下复制到 K14 单元格。

```
=TRIMMEAN(B2:J2,2/
COUNT(B2:J2))
```

COUNT(B2:J2) 部分，计算打分的评委总数为 9。

在第 3 行和第 11 行中，都有一个评委未打分，所以 COUNT 函数部分计算结果为 8。同理，第 7 行中有两个评委未打分，COUNT 函数部分计算结果为 7。

因为要去掉 1 个最高分和 1 个最低分，所以使用 2/COUNT(B2:J2) 作为 TRIMMEAN 函数的第二参数，表示在数据集的头部和尾部各除去 1 个数据后计算平均值。

15.5.3　使用 GEOMEAN 函数计算几何平均值

GEOMEAN 函数返回正数数组或区域的几何平均值，基本语法如下：

```
GEOMEAN(number1,[number2],...)
```

number1：必需，后续数值是可选的。这是用于计算平均值的一组参数，参数的个数可以为 1 到 255 个。

几何平均值的计算示例如下。

示例15-37 计算平均增长率

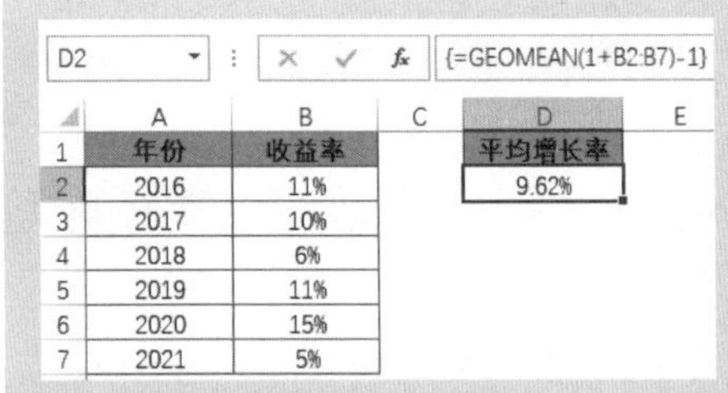

D2 {=GEOMEAN(1+B2:B7)-1}

	A	B	C	D	E
1	年份	收益率		平均增长率	
2	2016	11%		9.62%	
3	2017	10%			
4	2018	6%			
5	2019	11%			
6	2020	15%			
7	2021	5%			

图 15-39　计算平均增长率

图 15-39 所示，是某项投资各年份的收益记录，A 列为年份，B 列为每年对应的收益率。

在 D2 单元格输入以下数组公式，按 <Ctrl+Shift+Enter>组合键结束编辑，返回结果为9.62%。

```
{=GEOMEAN(1+B2:B7)-1}
```

“1+B2:B7”部分计算出每年的本利比例，使用 GEOMEAN 函数计算出几何平均值，再减去 1 即得到这 6 年的平均增长率。

15.5.4　使用 HARMEAN 函数计算调和平均值

HARMEAN 函数返回数据集合的调和平均值，调和平均值与倒数的算术平均值互为倒数。函数基本语法如下：

```
HARMEAN(number1,[number2],...)
```

number1：必需，后续数值是可选的，参数的个数可以为 1 到 255 个。

调和平均值的计算示例如下。

示例15-38 计算水池灌满水的时间

如图 15-40 所示，有 4 个灌水口，如果要灌满水池，单独开 1 号灌水口需要 3 分钟，单独开 2 号需要 5 分钟，单独开 3 号需要 8 分钟，单独开 4 号需要 11 分钟。现在将 4 个灌水口同时打开，需要多长时间可以灌满水池。

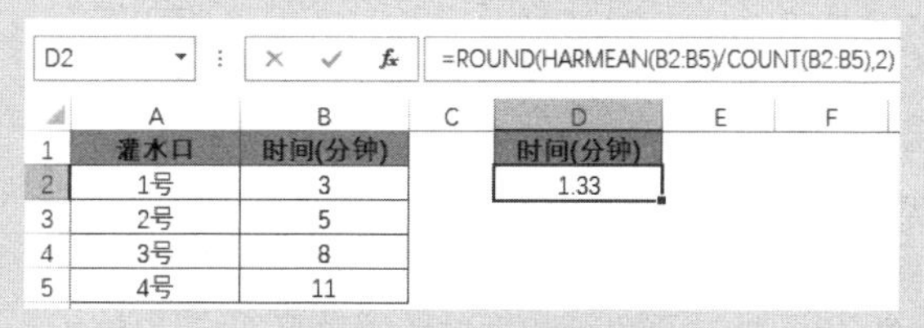

D2　=ROUND(HARMEAN(B2:B5)/COUNT(B2:B5),2)

	A	B	C	D
1	灌水口	时间(分钟)		时间(分钟)
2	1号	3		1.33
3	2号	5		
4	3号	8		
5	4号	11		

图 15-40　计算水池灌满水的时间

15章

在 D2 单元格输入以下公式，计算结果为 1.33 分钟。

```
=ROUND(HARMEAN(B2:B5)/COUNT(B2:B5),2)
```

首先用 HARMEAN(B2:B5) 函数计算出灌水后的调和平均值，然后除以灌水口的数量，即 COUNT(B2:B5) 函数的计算结果，得到同时打开灌水口时灌满水池的用时，最后使用 ROUND 函数将计算结果保留两位小数。

15.6　能计数、能求和的 SUMPRODUCT 函数

15.6.1　认识 SUMPRODUCT 函数

SUMPRODUCT 函数对给定的几组数组中，将数组间对应的元素相乘，并返回乘积之和，基本语法如下：

```
SUMPRODUCT(array1,[array2],[array3],...)
```

array1：必需。其相应元素需要进行相乘并求和的第一个数组参数。

array2, array3,...：可选。第 2 到 255 个数组参数，其相应元素需要进行相乘并求和。

Ⅰ　对纵向数组计算

如图 15-41 所示，A2:A5 与 B2:B5 是两个纵向数组。

在 D2 单元格输入以下公式，可以计算两个纵向数组乘积之和。

```
=SUMPRODUCT(A2:A5,B2:B5)
```

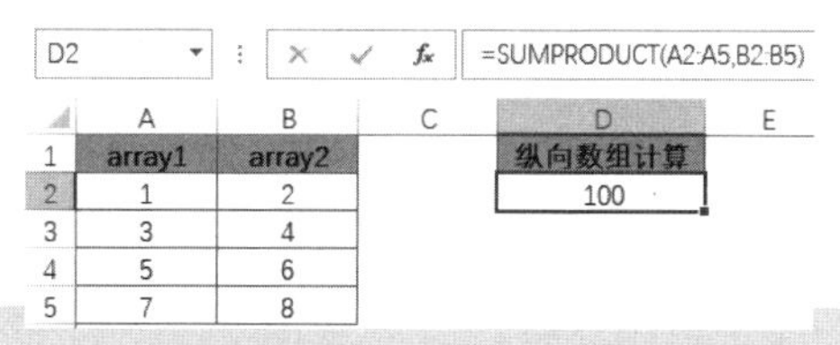

D2　=SUMPRODUCT(A2:A5,B2:B5)

	A	B	C	D
1	array1	array2		纵向数组计算
2	1	2		100
3	3	4		
4	5	6		
5	7	8		

图 15-41　对纵向数组计算

A2:A5 与 B2:B5 两部分对应单元格相乘之后再对乘积求和，即 1*2=2，3*4=12，5*6=30，7*8=56。然后计算 2+12+30+56，最终结果返回 100。

➲ Ⅱ 对横向数组计算

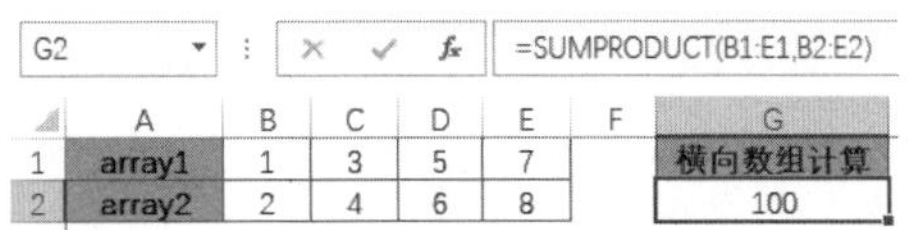
G2 =SUMPRODUCT(B1:E1,B2:E2)

	A	B	C	D	E	F	G
1	array1	1	3	5	7		横向数组计算
2	array2	2	4	6	8		100

图 15-42 对横向数组计算

如图 15-42 所示，B1:E1 与 B2:E2 是两个横向数组。

在 G8 单元格输入以下公式，可以计算两个横向数组乘积之和。

```
=SUMPRODUCT(B1:E1,B2:E2)
```

B1:E1 与 B2:E2 两部分对应单元格相乘之后再对乘积求和，即 1*2=2，3*4=12，5*6=30，7*8=56。然后计算 2+12+30+56，最终结果返回 100。

➲ Ⅲ 对二维数组计算

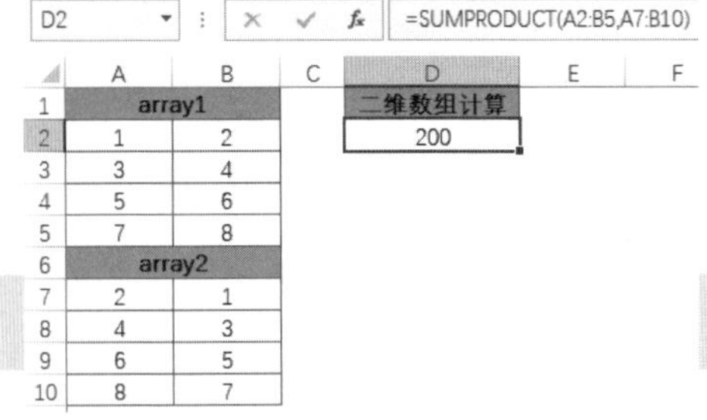
D2 =SUMPRODUCT(A2:B5,A7:B10)

	A	B	C	D	E	F
1	array1			二维数组计算		
2	1	2		200		
3	3	4				
4	5	6				
5	7	8				
6	array2					
7	2	1				
8	4	3				
9	6	5				
10	8	7				

图 15-43 对二维数组计算

如图 15-43 所示，A2:B5 与 A7:B10 是两个大小相同的二维区域。

在 D2 单元格输入以下公式，可以计算两个二维数组乘积之和。

```
=SUMPRODUCT(A2:B5,A7:B10)
```

A2:B5 与 A7:B10 两部分对应单元格相乘之后再对乘积求和，最终结果返回 200。

示例15-39 演讲比赛评分

图 15-44 所示，是某公司组织的一次演讲比赛，评委根据每位选手演讲的创意性、完整性等 5 个方面进行打分，每一个方面的比重不同，需要计算出每位选手的加权总分。

	A	B	C	D	E	F	G
1	打分项	创意性	完整性	实用性	可拓展性	现场表达	总分
2	比重	20%	15%	25%	30%	10%	100%
3	罗贯中	80	95	75	90	100	86
4	刘备	80	80	100	75	80	83.5
5	曹操	100	90	100	100	90	97.5
6	孙权	90	85	90	95	95	91.25

图 15-44 演讲比赛评分

在 G3 单元格输入以下公式，向下复制到 G6 单元格。

```
=SUMPRODUCT($B$2:$F$2,B3:F3)
```

使用第 2 行的权重与第 3 行的评分对应相乘，并对乘积求和，计算出每名选手的总分。

示例15-40 综合销售提成

图 15-45 所示，是一份销售数量统计表。A 列为产品名称，B 列为每种产品的单价，C 列为每种产品的销售员提成比例，D 列为此销售员本月的销售数量。需要计算出本月的全部销售提成。

在 F2 单元格输入以下公式，计算结果为 32 188。

F2　=SUMPRODUCT(B2:B6,C2:C6,D2:D6)

	A	B	C	D	E	F
1	产品	单价	提成比例	销售数量		销售提成
2	电冰箱	4800	20%	3		32188
3	空调	6800	28%	5		
4	电视	9600	25%	4		
5	电脑	4800	18%	7		
6	洗衣机	2300	15%	12		

图 15-45　综合销售提成

```
=SUMPRODUCT(B2:B6,C2:C6,D2:D6)
```

公式将 3 个数组对应位置的元素一一相乘，然后计算乘积之和。

根据本书前言的提示操作，可观看认识 SUMPRODUCT 函数的视频讲解。

15.6.2　SUMPRODUCT 条件统计计算

示例15-41 SUMPRODUCT条件统计计算

如图 15-46 所示，A~D 列是某公司销售记录的部分内容，F~I 列为不同方式的统计结果。

	A	B	C	D
1	部门	姓名	销售日期	销售金额
2	个人渠道1部	陆逊	2021/7/9	5000
3	个人渠道2部	刘备	2021/7/27	5000
4	个人渠道1部	孙坚	2021/8/27	3000
5	个人渠道1部	孙策	2021/7/20	9000
6	团体渠道1部	刘璋	2021/8/26	5000
7	团体渠道2部	司马懿	2021/9/12	7000
8	团体渠道1部	周瑜	2021/9/7	8000
9	团体渠道2部	曹操	2021/8/3	5000
10	团体渠道1部	孙尚香	2021/8/21	4000
11	个人渠道2部	小乔	2021/7/26	2000
12	团体渠道1部	孙权	2021/7/13	4000
13	个人渠道2部	刘表	2021/9/29	5000
14	个人渠道2部	诸葛亮	2021/9/1	8000
15				

1、统计汉字

部门	人数	销售金额
个人渠道1部	3	17000
个人渠道2部	4	20000
团体渠道1部	4	21000
团体渠道2部	2	12000

2、大于5000元的销售金额合计　32000

3、个人渠道的销售金额　37000

4、团体渠道1部人员3月份销售金额　9000

图 15-46　SUMPRODUCT 条件统计计算

Ⅰ　统计汉字

在 H3 单元格输入以下公式，向下复制到 H6 单元格，计算出各个部门的人数。

```
=SUMPRODUCT(--($A$2:$A$14=G3))
```

“$A$2:$A$14=G3”部分，G3 单元格为“个人渠道 1 部”，即统计 A2:A14 单元格区域哪些等于“个人渠道 1 部”，返回一个内存数组：

```
{TRUE;FALSE;TRUE;TRUE;FALSE;……;FALSE}
```

SUMPRODUCT 函数默认将数组中的非数值型元素作为 0 处理。因此使用两个负号“--”（减去负值运算），将逻辑值转化成 1 和 0 的数字数组：

```
{1;0;1;1;0;0;0;0;0;0;0;0;0}
```

最后通过 SUMPRODUCT 函数进行求和，即返回个人渠道 1 部的人数，结果为 3。

在 I3 单元格输入以下公式，向下复制到 I6 单元格，计算出各个组别的销售金额。

```
=SUMPRODUCT(($A$2:$A$14=G3)*1,$D$2:$D$14)
```

先使用 ($A$2:$A$14=G3) 得到一个由逻辑值构成的内存数组，然后乘以 1，得到一个由 0 和 1 构成的新数组：

```
{1;0;1;1;0;0;0;0;0;0;0;0;0}
```

最后使用 SUMPRDUCT 函数将新数组和 $D$2:$D$14 相乘的结果求和，即返回个人渠道 1 部的销售金额，结果为 17 000。

➲ II　按指定条件汇总

在 H9 单元格输入以下公式，计算大于 5 000 元的销售金额合计。

```
=SUMPRODUCT((D2:D14>5000)*1,D2:D14)
```

公式计算原理与统计汉字的公式原理相同。

➲ III　按关键字汇总

在 H12 单元格输入以下公式，计算个人渠道的销售金额。

```
=SUMPRODUCT((LEFT(A2:A14,4)="个人渠道")*1,D2:D14)
```

由于等式中不支持通配符。因此无法使用“A2:A14="个人渠道*"”这种方式来完成判断。先使用 LEFT 函数将 A2:A14 单元格区域的左侧 4 个字符提取出来，并判断是否等于“个人渠道”，来完成对个人渠道的统计。

➲ IV　按多个条件汇总

在 H15 单元格输入以下公式，计算团体渠道 1 部人员 8 月份的销售金额。

```
=SUMPRODUCT((A2:A14="团体渠道1部")*(MONTH(C2:C14)=8),D2:D14)
```

“(A2:A14="团体渠道 1 部")”部分，判断部门是否为“团体渠道 1 部”。再使用 MONTH 函数提取 C2:C14 单元格区域的月份，并判断是否等于 8。两组比较后的逻辑值相乘，得到内存数组结果为：

```
{0;0;0;0;1;0;0;0;1;0;0;0;0}
```

使用以上内存数组与 D2:D14 单元格区域的销售金额对应相乘后，再计算出乘积之和，完成统计。

还可以使用以下公式完成同样的计算。

```
=SUMPRODUCT((A2:A14=" 团体渠道 1 部 ")*(MONTH(C2:C14)=8)*D2:D14)
```

SUMPRODUCT 函数进行多条件求和可以使用如下两种形式的公式：

```
=SUMPRODUCT(条件区域 1*条件区域 2*……*条件区域 n,求和区域)
=SUMPRODUCT(条件区域 1*条件区域 2*……*条件区域 n*求和区域)
```


两个公式的区别在于最后连接求和区域时使用的是逗号“,”还是乘号“*”。

当求和区域中含有文本字符时，使用乘号“*”的公式会返回错误值“#VALUE!”，而使用逗号间隔的公式能够自动忽略求和区域中的文本，返回正确结果。

➲ V　按行、列方向执行多条件汇总

示例15-42 二维区域统计

如图 15-47 所示，A~D 列是各部门 1~3 月的销量记录，在 G2 单元格输入以下公式，向下复制到 G4 单元格，统计各部门在 2 月份的销量总和。

```
=SUMPRODUCT(($B$1:$D$1=F2)*(MONTH($A$2:$A$14)=8),$B$2:$D$14)
```

	A	B	C	D	E	F	G
1	销售日期	魏国	蜀国	吴国		部门	8月销量
2	2021/7/9	9	6	11		魏国	28
3	2021/7/27	18	5	12		蜀国	61
4	2021/8/27	15	18	14		吴国	49
5	2021/7/20	18	9	9			
6	2021/8/26	5	19	20			
7	2021/9/12	10	4	3			
8	2021/9/7	11	19	12			
9	2021/8/3	3	12	4			
10	2021/8/21	5	12	11			
11	2021/7/26	8	5	18			
12	2021/7/13	15	3	17			
13	2021/9/29	6	5	3			
14	2021/9/1	6	13	7			

图 15-47　二维条件区域统计

“($B$1:$D$1=F2)”部分，判断第一行的标题是否等于蜀国，如图 15-48 中 I1:K1 单元格区域所示，返回结果为一个横向数组：

```
{TRUE,FALSE,FALSE}
```

“(MONTH($A$2:$A$14)=8)”部分，判断 A 列的销售月份是不是 8 月，如图 15-48 中 H2:H14 单元格区域所示，返回结果为一个纵向数组：

```
{FALSE;……;FALSE;TRUE;……;TRUE;FALSE;……;FALSE;FALSE}
```

将两个数组中的对应元素依次相乘，结果如图 15-48 中 I2:K14 单元格区域所示，形成一个 13 行 3 列的二维数组：

```
{0,0,0;……;0,0,0;1,0,0;1,0,0;1,0,0;1,0,0;0,0,0;……;0,0,0}
```

	A	B	C	D	E	F	G	H	I	J	K
1	销售日期	魏国	蜀国	吴国		部门			TRUE	FALSE	FALSE
2	2021/7/9	9	6	11		魏国		FALSE	0	0	0
3	2021/7/13	15	3	17				FALSE	0	0	0
4	2021/7/20	18	9	9		部门条件判断		FALSE	0	0	0
5	2021/7/26	8	5	18				FALSE	0	0	0
6	2021/7/27	18	5	12				FALSE	0	0	0
7	2021/8/3	3	12	4				TRUE	1	0	0
8	2021/8/21	5	12	11				TRUE	1	0	0
9	2021/8/26	5	19	20				TRUE	1	0	0
10	2021/8/27	15	18	14		日期条件判断		TRUE	1	0	0
11	2021/9/1	6	13	7				FALSE	0	0	0
12	2021/9/7	11	19	12				FALSE	0	0	0
13	2021/9/12	10	4	3				FALSE	0	0	0
14	2021/9/29	6	5	3				FALSE	0	0	0

图 15-48　运算过程

最后再将此数组与 $B$2:$D$14 单元格区域中的每个元素对应相乘，再计算出乘积之和，返回最终结果为 28。

15.7　方差与标准差

15.7.1　VAR.P 函数和 VAR.S 函数计算方差

方差是在概率论和统计方差衡量随机变量或一组数据时离散程度的度量，用来度量随机变量和其数学期望（均值）之间的偏离程度。Excel 2019 中有两个计算方差的函数，分别是 VAR.P 函数和 VAR.S 函数。

VAR.P 函数计算基于整个样本总体的方差，基本语法如下：

```
VAR.P(number1,[number2],...)
```

VAR.P 函数的计算公式如下。

$$\frac{\sum(x-\overline{x})^2}{n}$$

VAR.S 函数估算基于样本的方差，基本语法如下：

```
VAR.S(number1,[number2],...)
```

VAR.S 函数的计算公式如下。

其中，$\overline{x}$ 为样本平均值，n 为样本大小。

提示

VAR.S 函数假设其参数是样本总体中的一个样本。如果数据为整个样本总体，则应使用 VAR.P 函数来计算方差。

示例15-43 产品包装质量比较

有甲、乙、丙 3 个车间包装产品，要求每个产品重量为 100g/ 袋。现在对 3 个车间随机各抽取 10 袋产品进行称重，称重数据如图 15-49 所示。

	A	B	C	D	E	F	G	H	I
1	批次	甲车间	乙车间	丙车间			甲车间	乙车间	丙车间
2	1	95	98	100		平均值	100	100	102
3	2	102	102	102		方差	10.6	68.2	3.2
4	3	106	85	104					
5	4	103	96	101					
6	5	97	103	102					
7	6	103	109	104					
8	7	99	111	105					
9	8	98	102	102					
10	9	97	107	101					
11	10	100	87	99					

图 15-49 产品包装质量比较

在 G2 单元格输入以下公式，向右复制到 I2 单元格，计算各车间包装产品的平均重量。

```
=AVERAGE(B2:B11)
```

在 G3 单元格输入以下公式，向右复制到 I3 单元格，计算各车间包装产品的偏离程度。

```
=VAR.P(B2:B11)
```

通过对比可以看出，甲、乙车间平均质量均为 100g，丙车间超出 100g，所以丙车间包装质量与标准相差较大。

甲车间方差为 10.6，乙车间方差为 68.2，二者相比，甲车间的方差较小，说明包装质量更加稳定。

15.7.2 STDEV.P 函数和 STDEV.S 函数计算标准差

标准差在概率统计中常作统计分布程度上的测量，反映组内个体间的离散程度，平均数相同的两组数据，标准差未必相同。标准差是方差的算术平方根，二者关系如下。

$$\text{STDEV.P} = \sqrt{\text{VAR.P}}$$

$$\text{STDEV.S} = \sqrt{\text{VAR.S}}$$

STDEV.P 函数计算基于以参数形式给出的整个样本总体的标准偏差，基本语法如下：

```
STDEV.P(number1,[number2],...)
```

STDEV.P 函数的计算公式如下：

$$\sqrt{\frac{\sum\left(x-\bar{x}\right)^2}{n}}$$

STDEV.S 函数基于样本估算标准偏差，基本语法如下：

```
STDEV.S(number1,[number2],...)
```

STDEV.S 函数的计算公式如下：

$$\sqrt{\frac{\sum\left(x-\bar{x}\right)^2}{n-1}}$$

其中 $\bar{x}$ 为样本平均值，n 为样本大小。

STDEV.S 函数假设其参数是总体样本。如果数据代表整个总体，则应使用 STDEV.P 函数计算标准偏差。

示例15-44 某班学生身高分布

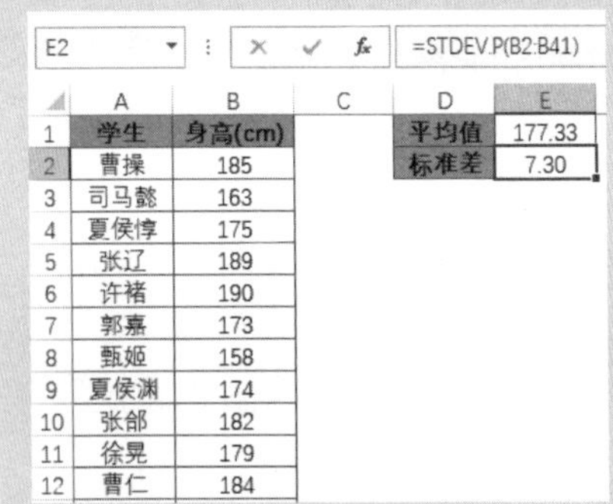

	A	B	C	D	E
1	学生	身高(cm)		平均值	177.33
2	曹操	185		标准差	7.30
3	司马懿	163			
4	夏侯惇	175			
5	张辽	189			
6	许褚	190			
7	郭嘉	173			
8	甄姬	158			
9	夏侯渊	174			
10	张郃	182			
11	徐晃	179			
12	曹仁	184			

图 15-50 某班学生身高分布

图 15-50 中 A~B 列是某班 40 名学生的身高记录表，在 E1 单元格输入以下公式计算得到学生的平均身高，结果为 177.33（cm）。

```
=AVERAGE(B2:B41)
```

在 E2 单元格输入以下公式，计算学生身高的标准差，返回结果为 7.30。

```
=STDEV.P(B2:B41)
```

由此可以说明，此班学员的身高主要分布在 177.33±7.30cm 之间。

15.8 筛选和隐藏状态下的统计与求和

15.8.1 认识 SUBTOTAL 函数

SUBTOTAL 函数返回列表或数据库中的分类汇总，应用不同的第一参数，可以实现求和、计数、平均值、最大值、最小值、标准差、方差等多种统计方式。基本语法如下：

```
SUBTOTAL(function_num,ref1,[ref2],...)
```

function_num：必需。数字 1~11 或 101~111，用于指定要为分类汇总使用的函数。如果使用 1~11，结果中将包括手动隐藏的行。如果使用 101~111，结果中则排除手动隐藏的行。无论使用哪种参数，始终排除经过筛选后不再显示的单元格。

SUBTOTAL 函数的第一参数说明如表 15-3 所示。

表 15-3 SUBTOTAL 函数不同的第一参数及作用

Function_num（统计结果包含执行隐藏行操作后的值）	Function_num（统计结果排除执行隐藏行操作后的值）	函数	说明
1	101	AVERAGE	计算平均值
2	102	COUNT	计算数值的个数
3	103	COUNTA	计算非空单元格的个数
4	104	MAX	计算最大值
5	105	MIN	计算最小值
6	106	PRODUCT	计算数值的乘积
7	107	STDEV.S	计算样本标准偏差
8	108	STDEV.P	计算总体标准偏差
9	109	SUM	求和
10	110	VAR.S	计算样本的方差
11	111	VAR.P	计算总体的方差

ref1：必需。要对其进行分类汇总计算的第一个命名区域或引用。

ref2,...：可选。要对其进行分类汇总计算的第 2 个至第 254 个命名区域或引用。

说明：

（1）如果在 ref1、ref2…中有其他的分类汇总（嵌套分类汇总），将忽略这些嵌套分类汇总，以避免重复计算。

（2）当 function_num 为从 1 到 11 的常数时，SUBTOTAL 函数将包括通过“隐藏行”命令所隐藏的行中的值。当 function_num 为从 101 到 111 的常数时，SUBTOTAL 函数将忽略通过“隐藏行”命令所隐藏的行中的值。

（3）SUBTOTAL 函数适用于数据列或垂直区域，不适用于数据行或水平区域。

示例15-45 SUBTOTAL函数在筛选状态下的统计

图 15-51 所示，是某公司销售统计表的部分内容，需要对筛选后的销售金额进行统计汇总。对 A 列进行筛选，保留“1 组”和“3 组”两个组别，如图 15-52 所示。

	A	B	C	D
1	组别	姓名	销售日期	销售金额
2	1组	黄盖	2021/9/15	5000
3	1组	大乔	2021/9/15	5000
4	1组	张辽	2021/10/4	3000
5	1组	马超	2021/9/1	9000
6	1组	黄月英	2021/9/15	5000
7	2组	刘备	2021/10/6	7000
8	2组	甘宁	2021/10/18	8000
9	2组	孙尚香	2021/10/19	5000
10	2组	袁术	2021/10/20	4000
11	2组	周瑜	2021/8/10	2000
12	3组	华佗	2021/8/15	4000
13	3组	貂蝉	2021/9/16	5000
14	3组	张飞	2021/9/17	8000

图 15-51　基础数据

	A	B	C	D	E	F	G
1	组别	姓名	销售日	销售金		求和	公式
2	1组	黄盖	2021/9/15	5000		44000	=SUBTOTAL(9,D2:D14)
3	1组	大乔	2021/9/15	5000		44000	=SUBTOTAL(109,D2:D14)
4	1组	张辽	2021/10/4	3000		计数	公式
5	1组	马超	2021/9/1	9000		8	=SUBTOTAL(2,D2:D14)
6	1组	黄月英	2021/9/15	5000		8	=SUBTOTAL(102,D2:D14)
12	3组	华佗	2021/8/15	4000		平均值	公式
13	3组	貂蝉	2021/9/16	5000		5500	=SUBTOTAL(1,D2:D14)
14	3组	张飞	2021/9/17	8000		5500	=SUBTOTAL(101,D2:D14)

图 15-52　SUBTOTAL 函数在筛选状态下的统计

在 F2 和 F3 单元格分别输入以下两个公式，对筛选后的单元格区域进行求和。

```
=SUBTOTAL(9,D2:D14)
=SUBTOTAL(109,D2:D14)
```

在 F5 和 F6 单元格分别输入以下两个公式，对筛选后的单元格区域进行计数。

```
=SUBTOTAL(2,D2:D14)
=SUBTOTAL(102,D2:D14)
```

在 F13 和 F14 单元格分别输入以下两个公式，对筛选后的单元格区域计算平均值。

```
=SUBTOTAL(1,D2:D14)
=SUBTOTAL(101,D2:D14)
```

SUBTOTAL 函数的计算只包含筛选后的行，所以其第一参数不论使用从 1 到 11 还是从 101 到 111，都可以得到正确结果。

示例15-46 隐藏行的数据统计

仍然以图 15-51 中的基础数据为例，将其中的第 7~9 行手动隐藏，然后对相应数据做统计。如图 15-53 所示，参数 1~11 与 101~111 的统计结果有所不同。

	A	B	C	D	E	F	G
1	组别	姓名	销售日	销售金		求和	公式
2	1组	黄盖	2021/9/15	5000		70000	=SUBTOTAL(9,D2:D14)
3	1组	大乔	2021/9/15	5000		44000	=SUBTOTAL(109,D2:D14)
4	1组	张辽	2021/10/4	3000		计数	公式
5	1组	马超	2021/9/1	9000		13	=SUBTOTAL(2,D2:D14)
6	1组	黄月英	2021/9/15	5000		8	=SUBTOTAL(102,D2:D14)
12	3组	华佗	2021/8/15	4000		平均值	公式
13	3组	貂蝉	2021/9/16	5000		5385	=SUBTOTAL(1,D2:D14)
14	3组	张飞	2021/9/17	8000		5500	=SUBTOTAL(101,D2:D14)

图 15-53　隐藏行数据统计

当 function_num 为从 1 到 11 的常数时，SUBTOTAL 函数将包括通过“隐藏行”命令所隐藏的行中的值，即手动隐藏行的数据将被统计在内。

当 function_num 为从 101 到 111 的常数时，SUBTOTAL 函数将忽略通过“隐藏行”命令所隐藏的行中的值，即不统计手动隐藏行的数据。

15.8.2 筛选状态下生成连续序号

示例15-47 筛选状态下生成连续序号

如图 15-54 所示，在 A2 单元格输入以下公式，向下复制到 A14 单元格，可以生成一组连续的序号。

```
=SUBTOTAL(103,$B$1:B1)*1
```

第一参数使用 103，表示使用 COUNTA 函数的计算规则，统计 B 列非空单元格数量。

直接使用 SUBTOTAL 函数时，在筛选状态下 Excel 会将最末行当作汇总行而始终显示，通过乘以 1 计算，使 Excel 不再将最末行识别为汇总行，避免筛选时导致最末行序号出错。

应用公式后，分别筛选不同的组别，A 列的序号将始终保持连续，如图 15-55 所示。

	A	B	C
1	序号	组别	员工
2	1	1组	曹操
3	2	3组	司马懿
4	3	1组	夏侯惇
5	4	3组	张辽
6	5	1组	许褚
7	6	3组	郭嘉
8	7	1组	甄姬
9	8	2组	夏侯渊
10	9	3组	张郃
11	10	3组	徐晃
12	11	3组	曹仁
13	12	2组	典韦
14	13	2组	荀彧
15	14	1组	关羽

图 15-54 生成连续序号公式

	A	B	C
1	序号	组别	员工
2	1	1组	曹操
4	2	1组	夏侯惇
6	3	1组	许褚
8	4	1组	甄姬
15	5	1组	关羽

	A	B	C
1	序号	组别	员工
9	1	2组	夏侯渊
13	2	2组	典韦
14	3	2组	荀彧

	A	B	C
1	序号	组别	员工
3	1	3组	司马懿
5	2	3组	张辽
7	3	3组	郭嘉
10	4	3组	张郃
11	5	3组	徐晃
12	6	3组	曹仁

图 15-55 筛选状态下生成连续序号

15.8.3 通过分类汇总求和

通过分类汇总，可以直接添加 SUBTOTAL 函数，而无须手工输入。

示例15-48 通过分类汇总实现SUBTOTAL求和

如图 15-56 所示，A1:E14 单元格区域是某公司员工收入的部分内容，其中 A 列的部门已经经过排序处理。

单击数据区域任意单元格，再依次单击【数据】→【分类汇总】按钮，弹出【分类汇总】对话框。在对话框中，【分类字段】和【汇总方式】保留默认选项，在【选定汇总项】区域中依次选中

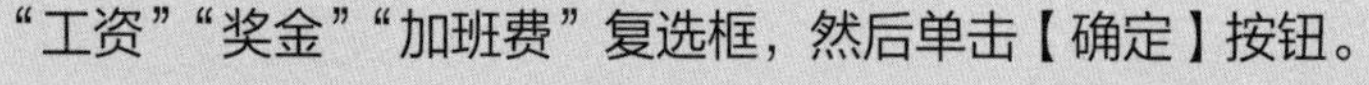

“工资”“奖金”“加班费”复选框，然后单击【确定】按钮。

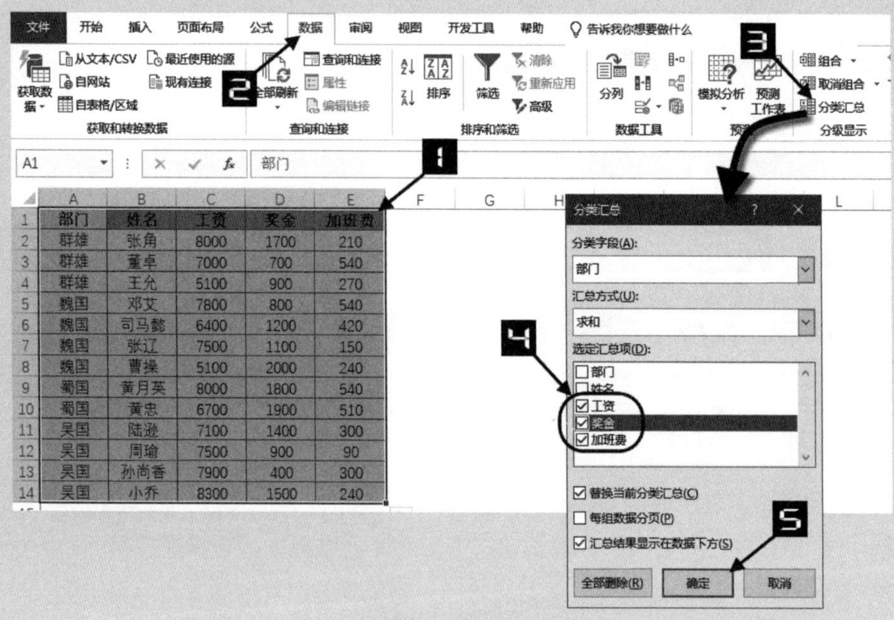

	A	B	C	D	E
1	部门	姓名	工资	奖金	加班费
2	群雄	张角	8000	1700	210
3	群雄	董卓	7000	700	540
4	群雄	王允	5100	900	270
5	魏国	邓艾	7800	800	540
6	魏国	司马懿	6400	1200	420
7	魏国	张辽	7500	1100	150
8	魏国	曹操	5100	2000	240
9	蜀国	黄月英	8000	1800	540
10	蜀国	黄忠	6700	1900	510
11	吴国	陆逊	7100	1400	300
12	吴国	周瑜	7500	900	90
13	吴国	孙尚香	7900	400	300
14	吴国	小乔	8300	1500	240

图 15-56　添加分类汇总

C19　=SUBTOTAL(9,C2:C17)

	A	B	C	D	E
1	部门	姓名	工资	奖金	加班费
2	群雄	张角	8000	1700	210
3	群雄	董卓	7000	700	540
4	群雄	王允	5100	900	270
5	群雄 汇总		20100	3300	1020
6	魏国	邓艾	7800	800	540
7	魏国	司马懿	6400	1200	420
8	魏国	张辽	7500	1100	150
9	魏国	曹操	5100	2000	240
10	魏国 汇总		26800	5100	1350
11	蜀国	黄月英	8000	1800	540
12	蜀国	黄忠	6700	1900	510
13	蜀国 汇总		14700	3700	1050
14	吴国	陆逊	7100	1400	300
15	吴国	周瑜	7500	900	90
16	吴国	孙尚香	7900	400	300
17	吴国	小乔	8300	1500	240
18	吴国 汇总		30800	4200	930
19	总计		92400	16300	4350

图 15-57　分类汇总求和

形成的分类汇总效果如图 15-57 所示，其中 C5、C10、C13、C18 单元格分别是对不同区域的求和公式。

```
=SUBTOTAL(9,C2:C4)
=SUBTOTAL(9,C6:C9)
=SUBTOTAL(9,C11:C12)
=SUBTOTAL(9,C14:C17)
```

C19 单元格的总计公式为：

```
=SUBTOTAL(9,C2:C17)
```

有其他的分类汇总时，SUBTOTAL 函数将忽略这些嵌套分类汇总，以避免重复计算。所以 C19 单元格中的公式不会包含 C5、C10、C13、C18 单元格的结果。

D、E 列的公式与 C 列公式用法一致。

15.8.4　认识 AGGREGATE 函数

AGGREGATE 函数返回列表或数据库中的合计。用法与 SUBTOTAL 近似，但在某些方面比 SUBTOTAL 更强大。AGGREGATE 函数支持忽略隐藏行和错误值的选项，函数语法如下：

引用形式：

```
AGGREGATE(function_num,options,ref1,[ref2],…)
```

数组形式：

```
AGGREGATE(function_num,options,array,[k])
```

第一参数 function_num 为一个介于 1 到 19 之间的数字，为 AGGREGATE 函数指定要使用的汇总方式。不同第一参数的功能如表 15-4 所示。

表 15-4 function_num 参数含义

数字	对应函数	功能
1	AVERAGE	计算平均值
2	COUNT	计算参数中数字的个数
3	COUNTA	计算区域中非空单元格的个数
4	MAX	返回参数中的最大值
5	MIN	返回参数中的最小值
6	PRODUCT	返回所有参数的乘积
7	STDEV.S	基于样本估算标准偏差
8	STDEV.P	基于整个样本总体计算标准偏差
9	SUM	求和
10	VAR.S	基于样本估算方差
11	VAR.P	计算基于样本总体的方差
12	MEDIAN	返回给定数值的中值
13	MODE.SNGL	返回数组或区域中出现频率最多的数值
14	LARGE	返回数据集中第 k 个最大值
15	SMALL	返回数据集中的第 k 个最小值
16	PERCENTILE.INC	返回区域中数值的第 $k(0 \le k \le 1)$ 个百分点的值
17	QUARTILE.INC	返回数据集的四分位数（包括 0 和 1）
18	PERCENTILE.EXC	返回区域中数值的第 k（$0<k<1$）个百分点的值
19	QUARTILE.EXC	返回数据集的四分位数 (不包括 0 和 1）

第二参数 options 为一个介于 0 到 7 之间的数字，决定在计算区域内要忽略哪些值，不同 options 参数对应的功能如表 15-5 所示。

表 15-5　不同 options 参数代表忽略的值

数字	作用
0 或省略	忽略嵌套 SUBTOTAL 函数和 AGGREGATE 函数
1	忽略隐藏行、嵌套 SUBTOTAL 和 AGGREGATE 函数
2	忽略错误值、嵌套 SUBTOTAL 和 AGGREGATE 函数
3	忽略隐藏行、错误值、嵌套 SUBTOTAL 和 AGGREGATE 函数
4	忽略空值
5	忽略隐藏行
6	忽略错误值
7	忽略隐藏行和错误值

第三参数 ref1 为区域引用。第四参数 ref2 可选，为其计算聚合值的 2 至 253 个数值参数。

ref1 可以是一个数组或数组公式，也可以是对要为其计算聚合值的单元格区域的引用。ref2 是某些函数必需的第二个参数。

ref1、ref2……必须是引用。

array 可以是引用、数组或数组公式，k 是某些函数必要的第二参数，如 LARGE、SMALL 等。

示例15-49　包含错误值的统计

图 15-58 所示，是某班同学的考试成绩，其中部分单元格显示为错误值“#N/A”。

	A	B	C	D	E	F
1	姓名	考试成绩			结果	公式
2	陆逊	85		总成绩	810	=AGGREGATE(9,6,B2:B11)
3	黄月英	92		平均分	90	=AGGREGATE(1,6,B2:B11)
4	邓艾	100		最高的三个分数	100	=AGGREGATE(14,6,$B$2:$B$11,ROW(1:1))
5	周瑜	#N/A			98	=AGGREGATE(14,6,$B$2:$B$11,ROW(2:2))
6	黄忠	87			95	=AGGREGATE(14,6,$B$2:$B$11,ROW(3:3))
7	司马懿	95				
8	张辽	77				
9	曹操	81				
10	孙尚香	98				
11	小乔	95				

图 15-58　包含错误值的统计

在 E2、E3 单元格分别输入以下公式，分别计算总成绩和平均分。

```
=AGGREGATE(9,6,B2:B11)
=AGGREGATE(1,6,B2:B11)
```

第一参数使用数字 9 和数字 1，分别表示使用 SUM 函数和 AVERAGE 函数的计算规则进行求和及统计平均值。第二参数使用数字 6，表示忽略错误值。

在 E4 单元格输入以下公式，向下复制到 E6 单元格，依次得到最高的三个分数为 100、98、

95。

```
=AGGREGATE(14,6,$B$2:$B$11,ROW(1:1))
```

第 1 个参数 14 表示使用 LARGE 函数的计算规则，即计算第 k 个最大值。第二参数使用数字 6，表示忽略错误值。第 4 个参数来指定返回第几大的值。

当 AGGREGATE 函数第一参数为 14~19 的数字，也就是在使用 LARGE、SMALL、PERCENTILE.INC、QUARTILE.INC、PERCENTILE.EXC 和 QUARTILE.EXC 函数的规则进行汇总时，参数采用数组形式，array 支持使用数组，并且需要指定参数 k。

示例15-50 按指定条件汇总最大值和最小值

15章

图 15-59 展示的是某公司销售汇总表的部分内容，需要根据 K4 单元格指定的销售类型，计算对应的最高和最低金额。

	A	B	C	D	E	F	G	H	I
1	发货日期	销售类型	客户名称	摘要	货号	颜色	数量	单价	金额
2	2019/1/31	正常销售	莱州卡莱				1	10,000	10,000
3	2019/1/31	其它销售	聊城健步				1	5,000	5,000
4	2019/1/31	正常销售	济南经典保罗				1	3,000	3,000
5	2019/1/31	正常销售	东辰卡莱威盾				1	100,000	100,000
6	2020/1/1	其它销售	聊城健步	收货款					-380
7	2020/1/1	正常销售	莱州卡莱		R906327	白色	40	220	8,800
8	2020/1/1	其它销售	株洲圣百	收货款					-760
9	2020/1/1	其它销售	聊城健步	托运费			5	30	150
10	2020/1/1	正常销售	奥伦		R906	黑色	40	100	4,000
11	2020/1/2	正常销售	奥伦		R906	黑色	50	200	10,000
12	2020/1/2	其它销售	奥伦	样品	R906	黑色	1	150	150
13	2020/1/2	其它销售	奥伦	损益			1	-100	-100
14	2020/1/2	其它销售	奥伦	退鞋	R906	黑色	-5	130	-650
15	2020/1/2	其它销售	奥伦	包装			200	5	1,000
16	2020/1/2	其它销售	奥伦	托运费			5	30	150
17	2020/1/5	其它销售	奥伦	收货款					-760
18	2020/1/5	正常销售	株洲圣百		R906	黑色	40	270	10,800

	K	L	M
3	销售类型	最高金额	最低金额
4	正常销售	100,000	3,000

图 15-59　按条件统计最高和最低金额

在 L4 单元格输入以下公式，将公式向右复制到 M4 单元格。

```
=AGGREGATE(13+COLUMN(A1),6,$I2:$I18/($B2:$B18=$K4),1)
```

公式中的“13+COLUMN(A1)”部分，目的是公式向右复制时能够得到 14、15 的递增序号。以此作为 AGGREGATE 函数的第一参数，表示分别使用 LARGE 函数和 SMALL 函数的计算规则。

“$I2:$I18/($B2:$B18=$K4)”部分是 AGGREGATE 函数的统计区域。用 I2:I18 单元格区域中的金额除以指定的统计条件“($B2:$B18=$K4)”，当 B2:B18 单元格区域中的销售类型等于 K4 单元格指定的销售类型时，返回 I 列对应的金额，否则返回错误值“#DIV/0!”，得到内存数组结果为：

```
{10000;#DIV/0!;3000;1……;10800}
```

AGGREGATE 函数的第二参数使用 6，第四参数使用 1，表示在以上内存数组中忽略错误值返回第 1 个最大值或第 1 个最小值。

示例15-51 返回符合指定条件的多个记录

图 15-60 展示的是某公司员工信息表的部分内容，需要根据 G2 单元格中指定的学历，提取出对应的姓名及隶属部门。

	A	B	C	D	E	F	G	H
1	工号	姓名	隶属部门	学历	年龄		学历	
2	068	魏靖晖	生产部	本科	30		本科	
3	014	虎必韧	生产部	专科	37			
4	055	杨丽萍	生产部	硕士	57		姓名	隶属部门
5	106	王晓燕	生产部	专科	48		魏靖晖	生产部
6	107	姜杏芳	销售部	本科	38		姜杏芳	销售部
7	114	金绍琼	销售部	本科	25		金绍琼	销售部
8	118	岳存友	行政部	专科	32		解文秀	行政部
9	069	解文秀	行政部	本科	24		彭淑慧	生产部
10	236	彭淑慧	生产部	本科	24		张文霞	生产部
11	237	杨莹妍	生产部	专科	44		郭志赟	生产部
12	238	周雾雯	生产部	高中	30			
13	239	杨秀明	生产部	高中	33			
14	240	张文霞	生产部	本科	29			
15	241	郭志赟	生产部	本科	35			
16	242	郑云霞	生产部	硕士	48			

图 15-60 提取符合条件的多项记录

在 G5 单元格输入以下公式，将公式复制到 G5:H12 单元格区域。

```
=IFERROR(INDEX(B:B,AGGREGATE(15,6,ROW($2:$16)/($D$2:$D$16=$G$2),
ROW(A1))),"")
```

公式中的“ROW($2:$16)/($D$2:$D$16=$G$2)”部分，以数据源中的行号 ROW($2:$16) 除以指定条件“($D$2:$D$16=$G$2)”，当 D2:D16 单元格区域中的学历等于 G2 单元格指定的学历时返回对应的行号，否则返回错误值“#DIV/0!”，得到一个包含行号和错误值的内存数组结果。

AGGREGATE 函数第一参数、第二参数、第四参数分别使用 15、6 和 ROW(A1)，表示使用 LARGE 函数的计算规则，在该内存数组中忽略错误值依次提取出第 1 至第 n 个最大行号。

再使用 INDEX 函数，根据 AGGREGATE 函数的计算结果，在 B 列中提取出对应位置的内容。

当公式向下复制的行数超过符合指定条件的记录数时，AGGREGATE 函数会返回错误值“#NUM!”，最后使用 IFERROR 函数，将错误值显示为空文本 ""。

15.9 使用 FREQUENCY 函数计算频数（频率）

FREQUENCY 函数用于计算数值在某个区域内的出现频数，然后返回一个垂直数组。函数语法如下：

```
FREQUENCY(data_array,bins_array)
```

data_array：必需。要统计频数（频率）的一组数值或对这组数值的引用。

bins_array：必需。指定不同区间的间隔数组或对间隔的引用。如果 bins_array 中不包含任何数值，则 FREQUENCY 返回 data_array 中的元素个数。

FREQUENCY 函数将 data_array 中的数值以 bins_array 为间隔进行分组，计算数值在各个区域出现的频率。FREQUENCY 函数的 data_array 可以是升序排列，也可以是乱序排列。无论 bins_array 中的数值升序还是乱序排列，统计时都会按照间隔点的数值升序排列，对各区间的数值个数进行统计，并且按照原本 bins_array 中间隔点的顺序返回对应的统计结果，即按 n 个间隔点划分为 $n+1$ 个区间。

对于每一个间隔点，统计小于等于此间隔点且大于上一个间隔点的数值个数。结果生成了 $n+1$ 个统计值，多出的元素表示大于最高间隔点的数值个数。

对于 data_array 和 bins_array 相同时，FREQUENCY 函数只对 data_array 中首次出现的数字返回其统计频率，其后重复出现的数字返回的统计频率都为 0。

说明：

（1）FREQUENCY 函数忽略空白单元格和文本。

（2）对于返回结果为数组的公式，必须以数组公式的形式输入。

示例15-52 统计不同分数段的人数

图 15-61 所示，是某学校的学生考试成绩，需要统计不同分数段的人数。

同时选中 E2:E6 单元格区域，输入以下数组公式，按 <Ctrl+Shift+Enter> 组合键结束编辑。

```
{=FREQUENCY(B2:B11,D2:D5)}
```

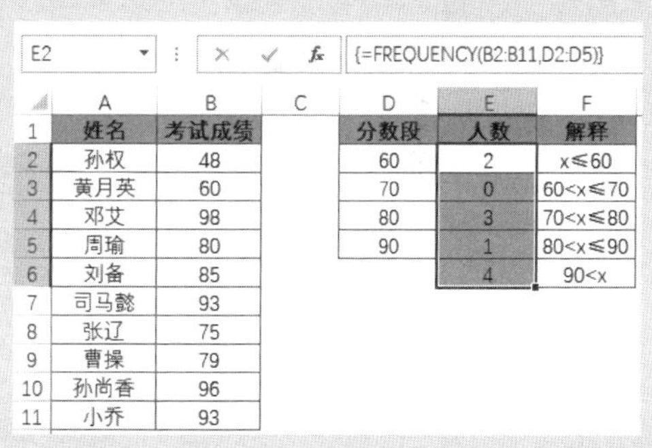

E2 {=FREQUENCY(B2:B11,D2:D5)}

	A	B	C	D	E	F
1	姓名	考试成绩		分数段	人数	解释
2	孙权	48		60	2	x≤60
3	黄月英	60		70	0	60<x≤70
4	邓艾	98		80	3	70<x≤80
5	周瑜	80		90	1	80<x≤90
6	刘备	85			4	90<x
7	司马懿	93				
8	张辽	75				
9	曹操	79				
10	孙尚香	96				
11	小乔	93				

图 15-61　分数段统计

FREQUENCY 函数统计全都是“左开右闭”的区间。本例中，指定的区间元素为四个，实际生成的结果比指定区间的元素多一个，公式计算的各部分结果表示：

（1）小于等于 60 共有 2 人。

（2）大于 60 且小于等于 70 共有 0 人。

（3）大于 70 且小于等于 80 共有 3 人。

（4）大于 80 且小于等于 90 共有 1 人。

（5）大于 90 共有 4 人。

这里的统计将每一个临界点的数字都统计在靠下的一个区域中，如 60 分归属于 0~60 分的区间。如果需要将临界点的值归入靠上的一个区域，如要将 60 分归属于 60~70 的区间，可以将参数 bins_array 减去一个很小的值即可。

如图 15-62 所示，同时选中 I2:I6 单元格区域，输入以下数组公式，按 <Ctrl+Shift+Enter> 组合键结束编辑。

I2　{=FREQUENCY(B2:B11,H2:H5-0.001)}

	D	E	F	G	H	I	J
1	分数段	人数	解释		分数段	人数	解释
2	60	2	x≤60		60	1	x<60
3	70	0	60<x≤70		70	1	60≤x<70
4	80	3	70<x≤80		80	2	70≤x<80
5	90	1	80<x≤90		90	2	80≤x<90
6		4	90<x			4	90≤x

图 15-62　调整临界点归属区间

```
{=FREQUENCY(B2:B11,H2:H5-0.001)}
```

根据本书前言的提示操作，可观看使用 FREQUENCY 函数计算频数（频率）的视频讲解。

示例15-53　判断是否为断码

图 15-63 展示的是某鞋店存货统计表的部分内容，B2:G2 单元格区域是鞋码规格，A 列为款色名称。如果同一款色连续 3 个码数有存货，则该款色为齐码，否则为断码。现在需要在 H 列使用公式判断各个款色是齐码还是断码。

	A	B	C	D	E	F	G	H
1	款色	码数						齐码断码
2		B70(32)	B75(34)	B80(36)	B85(38)	B90(40)	B95(42)	
3	0012764浅灰		2	4	3			齐码
4	0012764浅肤		1		1			断码
5	0012769大红		4	3	2			齐码
6	0012769蓝色	2	1		2			断码
7	0012769深灰		2					断码
8	0012789大红		2					断码
9	0012789豆绿	2	4	7	1			齐码
10	0012789黑色	3	6	6	2			齐码
11	0012789奶咖	2	6		1			断码
12	0012804黑色	1	3	2	3			齐码
13	0012804浅虾红	3	4	5	2			齐码
14	0112352浅灰		7	9	1	3		齐码

图 15-63　判断是否为断码

在 H3 单元格输入以下数组公式，按 <Ctrl+Shift+Enter> 组合键结束编辑，将公式向下复制到数据表的最后一行。

```
{=IF(MAX(FREQUENCY(IF(B3:G3>0,COLUMN(B:G)),IF(B3:G3=0,COLUMN(B
```

```
:G))))>2,"齐码","断码")}
```

“IF(B3:G3>0,COLUMN(B:G))”部分，使用 IF 函数判断 B3:G3 单元格区域中各个码数的存货量是否大于 0，如果大于 0 说明该码数有货，公式返回相应单元格的列号，否则返回逻辑值 FALSE，得到内存数组结果为：

```
{FALSE,3,4,5,FALSE,FALSE}
```

“IF(B3:G3=0,COLUMN(B:G))”部分的计算规则与上一个 IF 函数相反，在 B3:G3 单元格区域中的码数等于 0（缺货）时返回对应的列号，不等于 0（有货）时返回逻辑值 FALSE，得到内存数组结果为：

```
{2,FALSE,FALSE,FALSE,6,7}
```


借助 FREQUENCY 函数忽略数组中的逻辑值的特点，以缺货对应的列号 {2;6;7} 为指定间隔值，统计有货对应的列号 {3;4;5} 在各个分段中的数量，相当于分别统计在两个缺货列号之间有多少个有货的列号，返回内存数组结果为：

```
{0;3;0;0}
```

最后使用 MAX 函数从内存该数组中提取出最大值，再使用 IF 函数判断这个最大值是否大于 2，如果大于 2 时返回“齐码”，否则返回“断码”。

15.10　排列与组合

排列组合是组合学最基本的概念。所谓排列，就是指从给定个数的元素中取出指定个数的元素进行排序。组合则是指从给定个数的元素中仅仅取出指定个数的元素，不考虑排序。

15.10.1　用 FACT 函数计算阶乘

FACT 函数返回数的阶乘，一个数的阶乘等于 1*2*3*...* 该数。基本语法如下：

```
FACT(number)
```

number 必需。要计算其阶乘的非负数，如果 number 小于 0 或是大于 170，将返回错误值“#NUM!”。如果 number 不是整数，将被截尾取整。

示例15-54　排列队伍顺序的种数

一个小组共有 6 人，将这 6 个人按从左到右的顺序排列，共有排列队伍的种数为：

	A	B
1	排队	公式
2	720	=FACT(6)

图 15-64 排列队伍顺序的种数

```
=FACT(6)
```

如图 15-64 所示，返回结果为 720，即 1*2*3*4*5*6=720。

提示

在数学中 0 的阶乘不具有实际意义，故对 0 的阶乘定义为 1，即“=FACT(0)”返回结果为 1。

15.10.2 用 PERMUT 函数与 PERMUTATIONA 函数计算排列数

Excel 中提供了两个用于排列计算的函数，分别是 PERMUT 函数与 PERMUTATIONA 函数。

PERMUT 函数返回可从数字对象中选择的给定数目对象的排列数。排列为对象或事件的任意集合或子集，内部顺序很重要。排列与组合不同，组合的内部顺序并不重要。基本语法如下：

```
PERMUT(number, number_chosen)
```

number 必需。表示对象个数的整数。number_chosen 必需。表示每个排列中对象个数的整数。两个参数将被截尾取整。

如果 number 或 number_chosen 是非数值的，则 PERMUT 函数返回错误值“#VALUE!”。

如果 number<0 或 number_chosen<0，则 PERMUT 函数返回错误值“#NUM!”。

如果 number<number_chosen，则 PERMUT 函数返回错误值“#NUM!”。

PERMUT(n,k) 的计算公式如下：

$$\text{PERMUT}(n,k)=\frac{\text{FACT}(n)}{\text{FACT}(n-k)}$$

PERMUTATION 函数返回可从对象总数中选择的给定数目对象（含重复）的排列数。基本语法如下：

```
PERMUTATIONA(number, number_chosen)
```

number 必需。表示对象总数的整数。

number_chosen 必需。表示每个排列中对象数目的整数。两个参数将被截尾取整。

如果数字参数值无效，如当总数为 0 但所选数目大于 0，则 PERMUTATIONA 函数返回错误值“#NUM!”。

如果数字参数使用的是非数值数据类型，则 PERMUTATIONA 函数返回错误值“#VALUE!”。

PERMUTATION(n,k) 的计算公式如下：

$$\text{PERMUTATION}(n,k)=n^k$$

示例15-55 按顺序组合三位数

有 8 个小球，分别标注数字 1~8，按顺序抽取 3 个小球，并且每次抽取后不再放回，组成一个 3 位数，需要计算总共可以组成的数字种类有多少种。

使用以下公式，计算结果为 336，如图 15-65 所示。

```
=PERMUT(8,3)
```

公式的计算过程为：8*7*6=336

同样对此 8 个小球按顺序抽取 3 个，每次抽取后均放回，组成一个 3 位数，需要计算总共可以组成的数字种类有多少种。

使用以下公式，计算结果为 512，如图 15-65 所示。

```
=PERMUTATIONA(8,3)
```

公式的计算过程为：8^3=512

	A	B	C
1	方式	排列种类	公式
2	无重复抽取	336	=PERMUT(8,3)
3	可重复抽取	512	=PERMUTATIONA(8,3)

图 15-65 按顺序组合三位数

15.10.3 用 COMBIN 函数与 COMBINA 函数计算项目组合数

Excel 中提供了两个用于组合计算的函数，分别是 COMBIN 函数与 COMBINA 函数。

COMBIN 函数返回给定数目项目的组合数。基本语法如下：

```
COMBIN(number, number_chosen)
```

number 必需，项目的数量；number_chosen 必需，每一组合中项目的数量。

数字参数截尾取整。如果参数为非数值型，则函数 COMBIN 函数返回错误值“#VALUE!”。

如果 number<0 或 number_chosen<0，则 COMBIN 函数返回错误值“#NUM!”。

如果 number<number_chosen，则 COMBIN 函数返回错误值“#NUM!”。

COMBIN(n,k) 的计算公式如下：

$$\mathrm{COMBIN}(n,k)=\frac{\mathrm{PERMUT}(n,k)}{\mathrm{FACT}(k)}$$

COMBINA 函数返回给定数目的项的组合数（包含重复）。基本语法如下：

```
COMBINA(number, number_chosen)
```

number 必需。项目的数量。number_chosen 必需。每一组合中项目的数量。

两个参数将被截尾取整。如果数字参数值无效，例如，当总数为 0 但所选数目大于 0，则 COMBINA 函数返回错误值“#NUM!”。

如果数字参数使用的是非数值数据类型，则 COMBINA 函数返回错误值“#VALUE!”。

COMBINA(n,k) 的计算公式如下：

$$\text{COMBINA}(n,k)=\text{COMBIN}(n+k-1,k)=\frac{\text{PERMUT}(n+k-1,k)}{\text{FACT}(k)}$$

示例15-56 组合种类计算

	A	B	C
1	彩票	组合种类	公式
2	35选7彩票	6,724,520	=COMBIN(35,7)
3	福彩双色球	17,721,088	=COMBIN(33,6)*COMBIN(16,1)
4	体彩大乐透	21,425,712	=COMBIN(35,5)*COMBIN(12,2)
5	骰子投掷	1,287	=COMBINA(6,8)

图 15-66 组合种类计算

在彩票的组合种类等计算中，经常用到组合函数，如图 15-66 所示。

某彩票采用 35 选 7 的投注方式，则总共组合种类有 6 724 520 种，公式为：

```
=COMBIN(35,7)
```

福彩双色球为 33 选 6 加上 16 选 1 的投注方式，则总共组合种类有 17 721 088 种，公式为：

```
=COMBIN(33,6)*COMBIN(16,1)
```

体彩大乐透为 35 选 5 加上 12 选 2 的投注方式，则总共组合种类有 21 425 712 种，公式为：

```
=COMBIN(35,5)*COMBIN(12,2)
```

某游戏的投注方式为 8 个骰子，则这 8 个骰子的组合方式共有 1 287 种，公式为：

```
=COMBINA(6,8)
```

相当于公式：

```
=COMBIN(6+8-1,8)
```

示例15-57 人员选择概率

	A	B	C
1	选择方式	概率	公式
2	全为男生	4.35%	=COMBIN(25,5)/COMBIN(45,5)
3	全为女生	1.27%	=COMBIN(20,5)/COMBIN(45,5)
4	概率合计	5.62%	=B2+B3

图 15-67 人员选择概率

某班级共有 25 名男生，20 名女生，需要任意选择 5 名同学作为班级代表，计算恰好选择的全为男生或全为女生的概率，如图 15-67 所示。

全为男生的概率为 4.35%，公式为：

```
=COMBIN(25,5)/COMBIN(45,5)
```

全为女生的概率为 1.27%，公式为：

```
=COMBIN(20,5)/COMBIN(45,5)
```

全为男生或女生的概率为这两个概率的和，即 4.35%+1.27%=5.62%。

示例15-58　随机选择多选题时全部正确的概率

某次考试共有 5 道多选题，每道题都有 A、B、C、D 四个选项，其中至少有两个选项为正确答案，必须将答案全部选出才为正确。如图 15-68 所示，计算某同学随机选择 5 道题答案时，全部正确的概率。

	A	B	C
1	统计类型	组合数和概率	公式
2	每道题答案组合数	11	=COMBIN(4,2)+COMBIN(4,3)+COMBIN(4,4)
3	全部正确概率	0.00062%	=(1/11)^5

图 15-68　多选题全部正确的概率

每道题可能出现的答案组合数为 11 种，计算公式为：

```
=COMBIN(4,2)+COMBIN(4,3)+COMBIN(4,4)
```

则随机选择时全部正确的概率为：=(1/11)^5=0.00062%。

15.11　线性趋势预测

线性趋势预测是运用最小平方法进行预测，用直线斜率来表示增长趋势的一种外推预测方法。Excel 中的线性趋势预测函数包括 SLOPE 函数、INTERCEPT 函数、RSQ 函数、FORECAST 函数、TREND 函数等。

15.11.1　线性回归分析函数

线性回归分析函数包括 SLPOE 函数、INTERCEPT 函数、RSQ 函数。

SLOPE 函数通过 known_y's 和 known_x's 中数据点返回线性回归线 $y = a + bx$ 的斜率。斜率为垂直距离除以线上任意两个点之间的水平距离，即回归线的变化率 b。基本语法如下：

```
SLOPE(known_y's,known_x's)
```

参数 known_y's 为数字型因变量数据点数组或单元格区域。

参数 known_x's 为自变量数据点集合。

计算公式为：

$$b = \frac{\sum\left(x-\bar{x}\right)\left(y-\bar{y}\right)}{\sum\left(x-\bar{x}\right)^2}$$

其中 $\bar{x}$ 和 $\bar{y}$ 是样本平均值 AVERAGE(known_x's) 和 AVERAGE(known_y's)。

INTERCEPT 函数利用已知的 x 值与 y 值计算直线 $y = a + bx$ 与 y 轴交叉点 a，即直线的截距。交叉点是以通过已知 x 值和已知 y 值绘制的最佳拟合回归线为基础的。基本语法如下：

```
INTERCEPT(known_y's,known_x's)
```

参数 known_y's 为因变的观察值或数据的集合。

参数 known_x's 为自变的观察值或数据的集合。

计算公式为：

$$a = \overline{y} - b\overline{x}$$

其中 $\overline{x}$ 和 $\overline{y}$ 是样本平均值 AVERAGE(known_x's) 和 AVERAGE(known_y's)，斜率 b 为 SLOPE(known_y's,known_x's)。

RSQ函数通过 known_y's 和 known_x's 中的数据点返回PEARSON乘积矩相关系数的平方，R 平方值可以解释为 y 方差可归于 x 方差的比例。R 平方值介于 0~1 之间，越接近 1，表示回归拟合效果越好。基本语法如下：

```
RSQ(known_y's,known_x's)
```

参数 known_y's 为数组或数据点区域。

参数 known_x's 为数组或数据点区域。

计算公式为：

$$RSQ = \frac{(\sum(x-\overline{x})(y-\overline{y}))^2}{\sum(x-\overline{x})^2\sum(y-\overline{y})^2}$$

其中 $\overline{x}$ 和 $\overline{y}$ 是样本平均值 AVERAGE(known_x's) 和 AVERAGE(known_y's)。

示例15-59 计算一组数据的线性回归数据

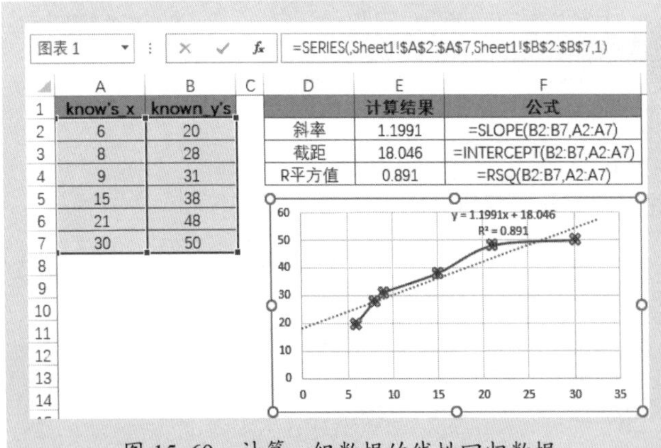

图 15-69 计算一组数据的线性回归数据

如图 15-69 所示，A 列为数据的 x 轴，B 列为数据的 y 轴，在 E2 单元格输入以下公式，计算该趋势的斜率为 1.1991。

```
=SLOPE(B2:B7,A2:A7)
```

在 E3 单元格输入以下公式，计算该趋势的截距为 18.046。

```
=INTERCEPT(B2:B7,A2:A7)
```

在 E4 单元格输入以下公式，计算该趋势的 R 平方值为 0.891。

```
=RSQ(B2:B7,A2:A7)
```

图 15-69 中利用 A2:B7 单元格的数据制作散点图，添加线性趋势线后，设置该趋势线显示公式，其公式即为：$y = 1.1991x + 18.046$，R^2=0.891。

15.11.2　用 TREND 函数和 FORECAST 函数计算内插值

Ⅰ　插值计算

插值法又称"内插法"，主要包括线性插值、抛物线插值和拉格朗日插值等。其中的线性插值法在日常工作中较为常用，是指使用连接两个已知量的直线，来确定在这两个已知量之间的一个未知量的值。相当于已知坐标（$x0,y0$）与（$x1,y1$），要得到 $x0$ 至 $x1$ 区间内某一位置 x 在直线上的值，如图 15-70 所示。

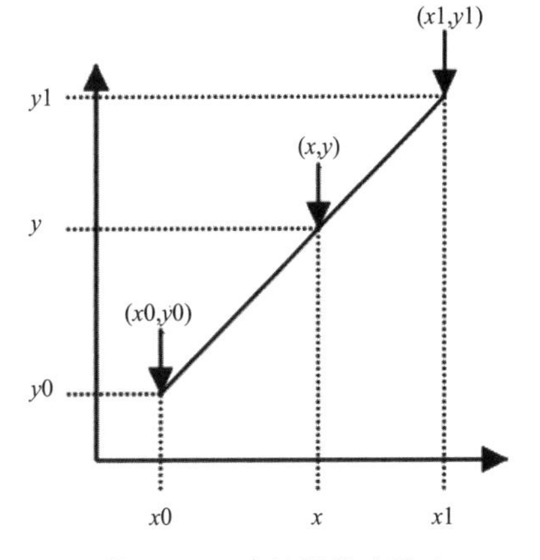

图 15-70　线性插值法图示

TREND 函数和 FORECAST 函数都可以完成简单的线性插值计算。

TREND 函数的作用是根据已知 x 序列的值和 y 序列的值，构造线性回归直线方程，然后根据构造好的直线方程，计算 x 值序列对应的 y 值序列。函数语法为：

```
TREND(known_y's,[known_x's],[new_x's],[const])
```

第一参数 known_y's 是已知关系 $y = mx + b$ 中的 y 值集合。

第二参数 [known_x's] 是已知关系 $y = mx + b$ 中的 x 值集合。

第三参数 [new_x's] 用于指定新 x 值。

第四参数如果为 TRUE 或省略，b 将按正常计算。如果为 FALSE，b 将被设为 0（零）。

FORECAST 函数的作用是根据现有的 x 值和 y 值，根据给定的 x 值通过线性回归来预测新的 y 值。函数语法为：

```
FORECAST(x,known_y's,known_x's)
```

第一参数 x 是需要进行预测的数据点。第二参数和第三参数分别对应已知的 y 值和 x 值。

示例15-60　根据水位计算水面面积

图 15-71 展示的是某水库库容测量表的部分内容，需要根据 H2 单元格中已知的水位，测算对应的水面面积。

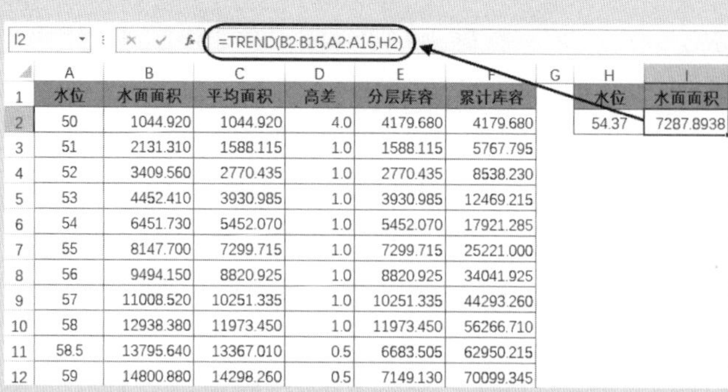

=TREND(B2:B15,A2:A15,H2)

	A	B	C	D	E	F	G	H	I
1	水位	水面面积	平均面积	高差	分层库容	累计库容		水位	水面面积
2	50	1044.920	1044.920	4.0	4179.680	4179.680		54.37	7287.8938
3	51	2131.310	1588.115	1.0	1588.115	5767.795			
4	52	3409.560	2770.435	1.0	2770.435	8538.230			
5	53	4452.410	3930.985	1.0	3930.985	12469.215			
6	54	6451.730	5452.070	1.0	5452.070	17921.285			
7	55	8147.700	7299.715	1.0	7299.715	25221.000			
8	56	9494.150	8820.925	1.0	8820.925	34041.925			
9	57	11008.520	10251.335	1.0	10251.335	44293.260			
10	58	12938.380	11973.450	1.0	11973.450	56266.710			
11	58.5	13795.640	13367.010	0.5	6683.505	62950.215			
12	59	14800.880	14298.260	0.5	7149.130	70099.345			

图 15-71　根据水位计算水面面积

在 I2 单元格输入以下公式，计算结果为 7287.8938。

```
=TREND(B2:B15,A2:A15,H2)
```

本例中，TREND 函数的 y 值集合为 B2:B15 单元格区域的水面面积，x 值集合为 A2:A15 单元格区域中的水位，新 x 值为 H2 单元格中指定的水位。TREND 函数省略第四参数，计算出水位为 54.37 时的水面面积。

使用以下公式也可实现相同的计算。

```
=FORECAST(H2,B2:B15,A2:A15)
```

➲ Ⅱ　分段插值计算

在插值计算中，取样点越多，插值结果的误差越小。分段线性插值相当于将与插值点靠近的两个数据点使用直线连接，然后在直线上选取对应插值点的数。

示例15-61　用分段线性插值法计算船舶排水量

图 15-72 展示的是某船舶公司静水力参数表的部分内容，需要根据 J2 单元格中指定的“型吃水 d”参数，以分段线性插值法计算对应的排水量。

	A	B	C	D	E	F	G	H	I	J	K
1	型吃水 d	排水量 A	总载重量 DW	厘米吃水吨数TPC	厘米纵倾力矩MTC	横稳心距基线高度KM	浮心距船中距离Xb	漂心距船中距离Xf		型吃水 d	排水量 A
2	(m)	(t)	(t)	(t/cm)	(9.81kN.m/cm)	(m)	(m)	(m)		8.2	17180
3	6.0	11860	6295	23.02	177.25	8.840	+0.164	-0.880			
4	6.2	12340	6776	23.17	179.60	8.800	+0.120	-1.130			
5	6.4	12820	7255	23.32	182.00	8.760	+0.068	-1.400			
6	6.6	13280	7715	23.46	184.50	8.738	+0.015	-1.710			
7	6.8	13760	8195	23.63	187.00	8.720	-0.048	-2.040			
8	7.0	14240	8675	23.78	189.75	8.710	-0.114	-2.400			
9	7.2	14710	9145	23.95	192.50	8.710	-0.192	-2.750			
10	7.4	15200	9635	24.11	196.00	8.714	-0.280	-3.135			
11	7.6	15680	10115	24.29	198.50	8.720	-0.370	-3.510			
12	7.8	16180	10615	24.46	202.00	8.740	-0.483	-3.895			
13	8.8	18680	13115	25.39	222.50	8.894	-1.050	-5.450			

图 15-72　静水力参数表

在 K2 单元格输入以下公式，结果为 17 180。

```
=TREND(OFFSET(B2,MATCH(J2,A3:A13),0,2),OFFSET(A2,MATCH(J2,A3:A13),0,2),
J2)
```

公式中的“MATCH(J2,A3:A13)”部分，MATCH 函数省略第三参数的参数值，在升序排列的 A3:A13 单元格区域中，以近似匹配方式查找 J2 单元格“型吃水 d”参数所在的位置。在查询不到与 J2 单元格相同的值时，以小于该查询值的最接近值进行匹配，并返回其相对位置，结果为 10。

公式中的“OFFSET(B2,MATCH(J2,A3:A13),0,2)”部分，OFFSET 函数以 B2 单元格为基点，以 MATCH 函数的查询结果 10 作为向下偏移的行数，向右偏移的列数为 0，新引用的行数为 2，最终得到的引用为 B12 和 B13 单元格中的排水量对照数据 {16180;18680}。

同理，使用“OFFSET(A2,MATCH(J2,A3:A13),0,2)”部分得到的引用为 A12 和 A13 单元格中的“型吃水 d”对照数据 {7.8;8.8}。

最后使用 TREND 函数，分别以两个 OFFSET 函数返回的引用作为已知的 y 值集合和已知的 x 值集合，以 J2 单元格中的“型吃水 d”数据为新 x 值，计算出与之对应的排水量数据。

练习与巩固

1. 列出以下各个功能对应的 Excel 函数。

（1）统计列表中数字的个数：（__________）

（2）统计列表中非空单元格的个数：（___________）

（3）统计列表中空白单元格的个数：（___________）

（4）统计一组数的中位数：（___________）

（5）统计最大和最小值：（____________）和（___________）

2. 假设 B2:B20 单元格区域是员工的身份证号，需要判断每个身份证号是否唯一，公式应为（___________________）。

3. SUBTOTAL 函数第一参数使用 9 与使用 109 的差异为：（______________________）。

第 16 章　数组公式

使用数组公式能够完成一些较为复杂的计算。本章重点学习数组公式与数组运算的概念、内存数组的构建及数组公式的一些高级应用。通过本章的学习，读者能够理解数组公式和数组运算，并能够利用数组公式来解决实际工作中的一些疑难问题。

本章学习要点

（1）理解数组、数组公式与数组运算。

（2）掌握数组的构建及数组填充。

（3）理解并掌握数组公式的一些高级应用。

16.1　理解数组

16.1.1　Excel 中数组的相关定义

在 Excel 函数与公式中，数组是指按一行、一列或多行多列排列的一组数据元素的有序集合。数据元素可以是数值、文本、日期、逻辑值和错误值等。

数组的维度是指数组的行列方向，一行多列的数组为横向数组，一列多行的数组为纵向数组，多行多列的数组则同时拥有纵向和横向两个维度。

数组的维数是指数组中不同维度的个数。只有一行或一列的数组，称为一维数组；多行多列拥有两个维度的数组称为二维数组。

数组的尺寸是以数组各行各列上的元素个数来表示的。一行 N 列的一维横向数组的尺寸为 $1\times N$；一列 N 行的一维纵向数组的尺寸为 $N\times 1$；M 行 N 列的二维数组的尺寸为 $M\times N$。

16.1.2　Excel 中数组的存在形式

➲ Ⅰ　常量数组

常量数组是指直接在公式中写入数组元素，并用大括号“{ }”在首尾进行标识的字符串表达式。常量数组不依赖单元格区域，可直接参与公式的计算。

常量数组的组成元素只能是常量元素，不允许使用函数、公式或单元格引用。数值型常量元素中不可以包含美元符号、逗号（千分位符）、括号和百分号。

一维纵向数组的各元素用半角分号“;”间隔，以下公式表示尺寸为 6×1 的数值型常量数组。

```
={1;2;3;4;5;6}
```

一维横向数组的各元素用半角逗号“,”间隔，以下公式表示尺寸为 1×4 的文本型常量数组。

```
={"二","三","四","五"}
```

每个文本型常量元素必须用一对半角双引号“""”将首尾标识出来。

二维数组的每一行上的元素用半角逗号“,”间隔，每一列上的元素用半角分号“;”间隔。以下公式表示尺寸为 4×3 的二维混合数据类型的数组，包含数值、文本、日期、逻辑值和错误值。

```
={1,2,3;"姓名","刘丽","2014/10/13";TRUE,FALSE,#N/A;#DIV/0!,#NUM!,#REF!}
```

如果将这个数组填入表格区域中，排列方式如图 16-1 所示。

1	2	3
姓名	刘丽	2014/10/13
TRUE	FALSE	#N/A
#DIV/0!	#NUM!	#REF!

图 16-1 4 行 3 列的数组

手工输入常量数组的过程比较烦琐，可以借助单元格引用来简化常量数组的录入。例如，在单元格 A1:A7 中分别输入“A~G”的字符后，在 B1 单元格中输入公式“=A1:A7”，然后在编辑栏中选中公式，按下 <F9> 键即可将单元格引用转换为常量数组。

Ⅱ 区域数组

区域数组实际上就是公式中对单元格区域的直接引用，维度和尺寸与常量数组一致。例如，以下公式中的 A1:A9 和 B1:B9 都是区域数组。

```
=SUMPRODUCT(A1:A9*B1:B9)
```

示例16-1 计算商品总销售额

图 16-2 展示的是不同商品销售情况的部分内容，需要根据 B 列的单价和 C 列的数量计算商品的总销售额。

在 E4 单元格输入以下数组公式，按 <Ctrl+Shift+Enter> 组合键结束编辑。

```
{=SUM(B2:B10*C2:C10)}
```

公式中的 B2:B10 和 C2:C10 都是区域数组，首先执行 B2:B10*C2:C10 的多项乘积计算，返回 9 行 1 列的数组结果：

```
{15;18.4;50;32;44;30.4;18;25.5;19.2}
```

最后再执行求和运算，计算结果为 252.5。

公式计算过程如图 16-3 所示。

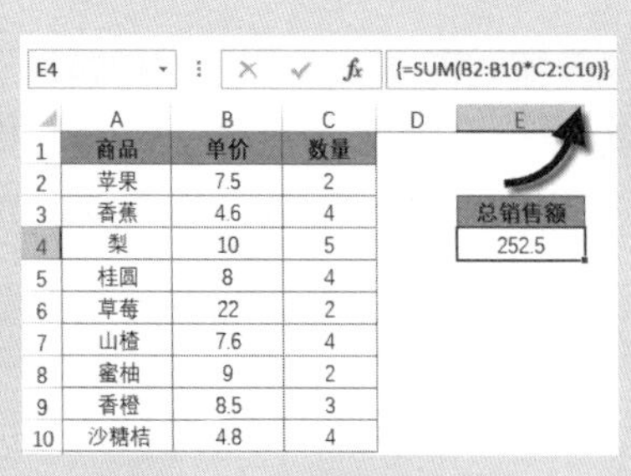

	A	B	C
1	商品	单价	数量
2	苹果	7.5	2
3	香蕉	4.6	4
4	梨	10	5
5	桂圆	8	4
6	草莓	22	2
7	山楂	7.6	4
8	蜜柚	9	2
9	香橙	8.5	3
10	沙糖桔	4.8	4

图 16-2 计算商品总销售额

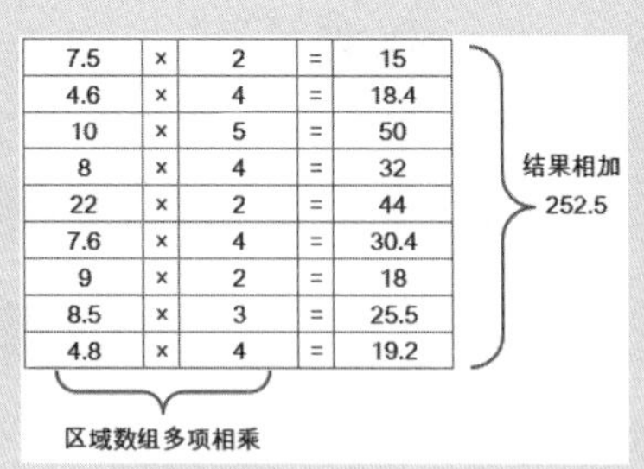

图 16-3 多项运算的过程

Ⅲ 内存数组

内存数组是指通过公式计算，返回的多个结果在内存中临时构成的数组。内存数组不需要存储到单元格区域中，可作为一个整体直接嵌套到其他公式中继续参与计算，如以下公式所示。

```
{=SMALL(A1:A9,{1,2,3})}
```

公式中的 {1,2,3} 是常量数组，而整个公式的计算结果为 A1:A9 单元格区域中最小的 3 个数组成的 1 行 3 列的内存数组。

内存数组与区域数组的主要区别如下。

- 区域数组通过单元格区域引用获得，内存数组通过公式计算获得。
- 区域数组依赖于引用的单元格区域，内存数组独立存在于内存中。

示例16-2 计算前三名的销售额占比

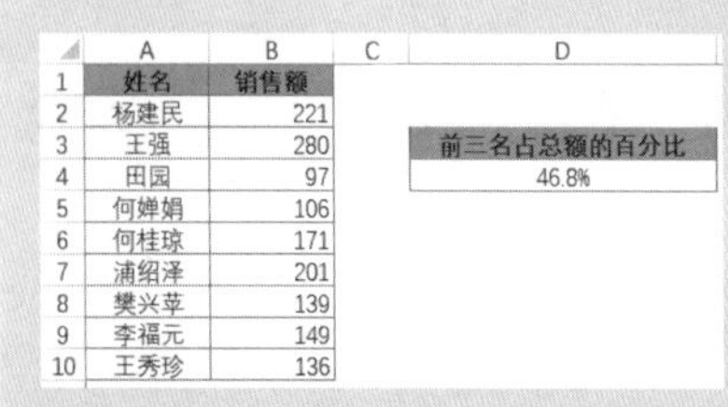

	A	B	C	D
1	姓名	销售额		
2	杨建民	221		
3	王强	280		前三名占总额的百分比
4	田园	97		46.8%
5	何婵娟	106		
6	何桂琼	171		
7	浦绍泽	201		
8	樊兴苹	139		
9	李福元	149		
10	王秀珍	136		

图 16-4 前三名的销售额占比

图 16-4 展示的是某单位员工销售业绩表的部分内容，需要计算前三名的销售额在销售总额中所占的百分比。

D4 单元格输入以下数组公式，按 <Ctrl+Shift+Enter> 组合键结束编辑。

```
{=SUM(LARGE(B2:B10,ROW(1:3)))/
SUM(B2:B10)}
```

公式中，“ROW(1:3)”部分返回 1~3 的序列值。“LARGE(B2:B10,ROW(1:3))”部分用于计算 B2:B10 单元格区域中第 1~3 个最大值，返回 1 列 3 行的内存数组，结果为 {280;221;201}。使用 SUM 函数对其求和，得到前 3 名的销售总额 702。

再除以 SUM(B2:B10) 得到的销售总额，返回前三名的销售额在销售总额中的占比，最后将单元格格式设置为百分数，结果为 46.8%。

Ⅳ 命名数组

命名数组是使用命名公式（名称）定义的一个常量数组、区域数组或内存数组，该名称可在公式中作为数组来调用。在数据验证和条件格式的自定义公式中，不接受常量数组，但可使用命名数组。

示例16-3　突出显示销量最后三名的数据

图 16-5 展示的是某单位员工销售情况表的部分内容，为了便于查看数据，需要通过设置条件格式的方法，突出显示销量最后三名的数据所在行。

步骤① 定义名称。

单击【公式】选项卡【定义名称】按钮，弹出【新建名称】对话框。

在【名称】编辑框中输入命名 Name。

在【引用位置】编辑框中，输入以下公式：

```
=SMALL($C$2:$C$10,{1,2,3})
```

最后单击【确定】按钮完成设置，如图 16-6 所示。

	A	B	C
1	序号	选手姓	销售额
2	1	任继先	212.50
3	2	陈尚武	87.50
4	3	李光明	120.00
5	4	李厚辉	157.50
6	5	毕淑华	120.00
7	6	赵会芳	160.00
8	7	赖群毅	125.00
9	8	李从林	105.00
10	9	路燕飞	133.00

图 16-5　销售情况表

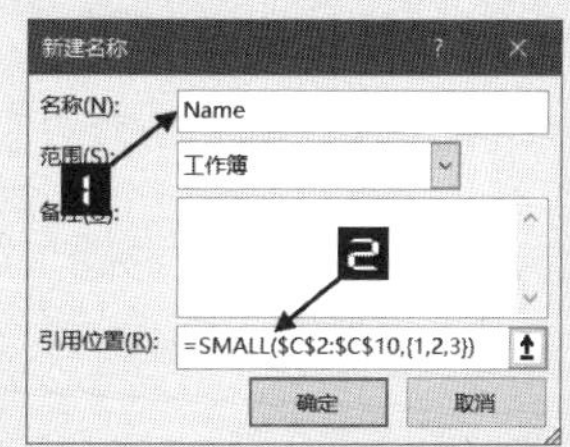

图 16-6　定义名称

步骤② 设置条件格式。

选中 A2:C10 单元格区域，在【开始】选项卡中依次单击【条件格式】→【新建规则】命令，弹出【新建格式规则】对话框。

在【新建格式规则】对话框的【选中规则类型】列表框中，选择【使用公式确定要设置格式的单元格】选项。在【为符合此公式的值设置格式】的编辑框中输入以下公式：

```
=OR($C2=Name)
```

单击【格式】按钮，打开【设置单元格格式】对话框。在【填充】选项卡中，选取合适的颜色，如红色。

最后依次单击【确定】按钮关闭对话框完成设置，设置后的显示效果如图 16-7 所示。由于 C4 单元格和 C6 单元格数值相同，并且都在最后三名的范围内。因此条件格式突出显示 4 行内容。

在自定义名称的公式中，SMALL 函数第二参数使用了常量数组“{1,2,3}”，用于计算 $C$2:$C$10 单元格区域中的第 1~3 个最小值。该公式可以在单元格区域中正常使用，但在数据验证和条件格式的公式中不能使用常量数组。因此需要先将“SMALL($C$2:$C$10,{1,2,3})”部分定义为名称，通过迂回的方式进行引用。

在条件格式中，OR 函数用于判断 C 列单元格的数值是否包含在定义的名称 Name 中。如果包含，则公式返回逻辑值 TRUE，条件格式成立，单元格以红色填充色突出显示。

如果事先未定义名称，而尝试在设置条件格式时使用以下公式，将弹出如图 16-8 所示的警告对话框，拒绝公式录入。

```
=OR($C2=SMALL($C$2:$C$10,{1,2,3}))
```

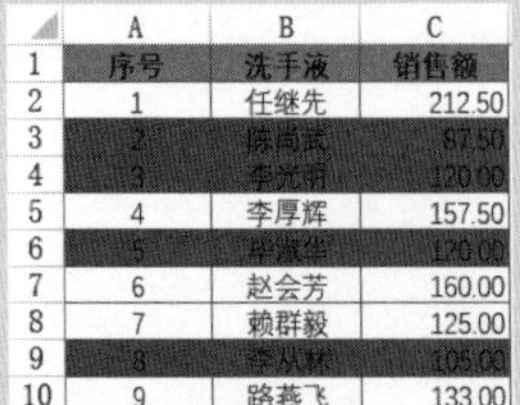

	A	B	C
1	序号	洗手液	销售额
2	1	任继先	212.50
3	2	陈尚武	87.50
4	3	李光明	120.00
5	4	李厚辉	157.50
6	5	毕淑华	120.00
7	6	赵会芳	160.00
8	7	赖群毅	125.00
9	8	李从林	105.00
10	9	路燕飞	133.00

图 16-7　条件格式显示效果

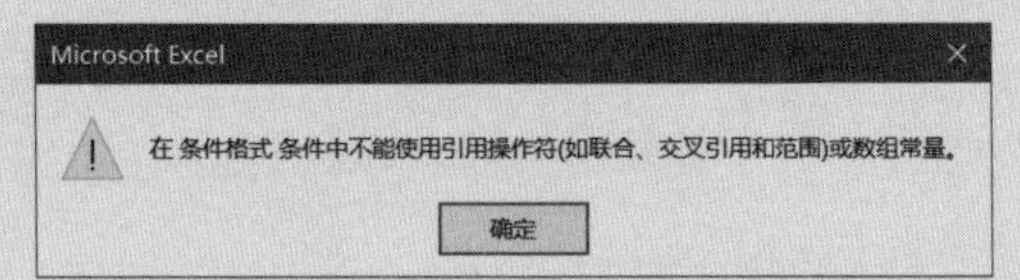

图 16-8　警告对话框

实际应用时，也可将公式修改为：

```
=$C2<=SMALL($C$2:$C$10,3)
```

公式首先用 SMALL 函数计算出 $C$2:$C$10 单元格区域中的第 3 个最小值，再判断 C2 单元格是否小于等于 SMALL 函数的计算结果，如果返回逻辑值 TRUE，则条件格式成立。

16.2　数组公式与数组运算

16.2.1　认识数组公式

数组公式不同于普通公式，是以按下 <Ctrl+Shift+Enter> 组合键完成编辑的特殊公式。作为数组公式的标识，Excel 会自动在数组公式的首尾添加大括号“{ }”。数组公式的实质是单元格公式的一种书写形式，用来显式地通知 Excel 计算引擎对其执行多项计算。

当编辑已有的数组公式时，大括号会自动消失，需要重新按 <Ctrl+Shift+Enter> 组合键结束编辑，否则公式将无法返回正确的结果。

在数据验证和条件格式的公式中，使用数组公式的规则和在单元格中使用有所不同，仅需输入公式即可，无须按 <Ctrl+Shift+Enter> 组合键结束编辑。

多项计算是对公式中有对应关系的数组元素同时分别执行相关计算的过程。按 <Ctrl+Shift+Enter> 组合键，即表示通知 Excel 执行多项计算。

以下两种情况下，必须使用数组公式才能得到正确结果。

- ❖ 当公式的计算过程中存在多项计算，并且使用的函数不支持非常量数组的多项计算时。
- ❖ 当公式计算结果为数组，需要在多个单元格存放公式计算结果时。

但是，并非所有执行多项计算的公式都必须以数组公式的输入方式来完成编辑。在参数类型为

array 数组型或 vector 向量类型的函数中使用数组，并返回单一结果时，不需要使用数组公式就能自动进行多项计算，如 SUMPRODUCT 函数、LOOKUP 函数、MMULT 函数及 MODE 函数等。

数组公式的优势是能够实现普通函数公式无法完成的复杂计算，但是也有一定的局限性。

❖ 数组公式相对较难理解，尤其是在修改由他人编辑完成的复杂数组公式时，如果不能完全理解编辑者的思路，将会非常困难。

❖ 由于数组公式执行的是多项计算，如果工作簿中使用较多的数组公式，或是数组公式中引用的计算范围较大时，会显著降低工作簿的计算速度。

16.2.2　多单元格数组公式

在多个单元格使用同一公式，按 <Ctrl+Shift+Enter> 组合键结束编辑形成的公式，称为多单元格数组公式，或者区域数组公式。

在单个单元格中使用数组公式进行多项计算后，有时会返回一组运算结果，但一个单元格中只能显示单个值（通常是结果数组中的首个元素），而无法完整显示整组运算结果。使用多单元格数组公式，则可以在选定的范围内完全展现出数组公式运算所产生的数组结果，每个单元格分别显示数组中的一个元素。

使用多单元格数组公式时，所选择的单元格个数必须与公式最终返回的数组元素个数相同。如图 16-9 所示，假设在 A1:A6 单元格区域分别输入 2、6、-5、3、-2、-1，此时同时选中 C2:C7 单元格区域，在编辑栏中输入以下公式（不包括两侧大括号），并按 <Ctrl+Shift+Enter> 组合键结束编辑，这样就完成了一组多单元格数组公式的输入。

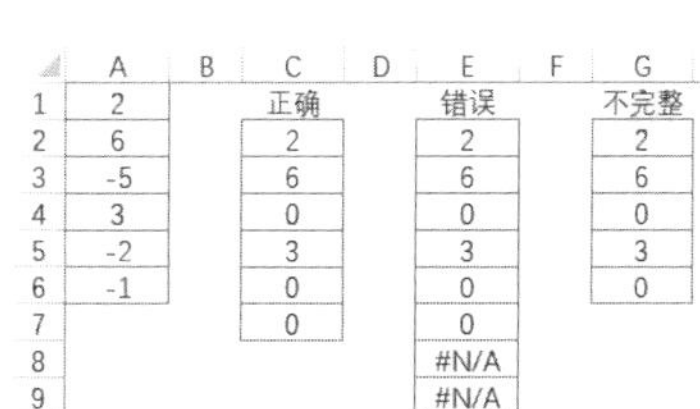

	A	B	C	D	E	F	G
1	2		正确		错误		不完整
2	6		2		2		2
3	-5		6		6		6
4	3		0		0		0
5	-2		3		3		3
6	-1		0		0		0
7			0		0		
8					#N/A		
9					#N/A		

图 16-9　多单元格数组公式

```
{=A1:A6*(A1:A6>0)}
```

观察 C2:C7 单元格区域中的公式，会发现其中所含的都是相同的公式内容。与常规公式的复制填充不同的是，使用这种输入方法，公式中引用的行号范围不会产生相对引用时自动递增的现象。

如果输入数组公式时，选择区域大于公式最终返回的数组元素个数，多出部分将显示为错误值“#N/A!”，如图 16-9 中 E2:E9 单元格区域所示。如果所选择的区域小于公式最终返回的数组元素个数，则公式结果显示不完整，如图 16-9 中 G2:G6 单元格所示。

必须使用多单元格数组公式，才能在单元格区域中显示内存数组结果。但是多单元格数组公式返回的除了内存数组，还有可能是单值。

如图 16-10 所示，选中 D3:D7 单元格区域，输入以下数组公式，按 <Ctrl+Shift+Enter> 组合键结束编辑。

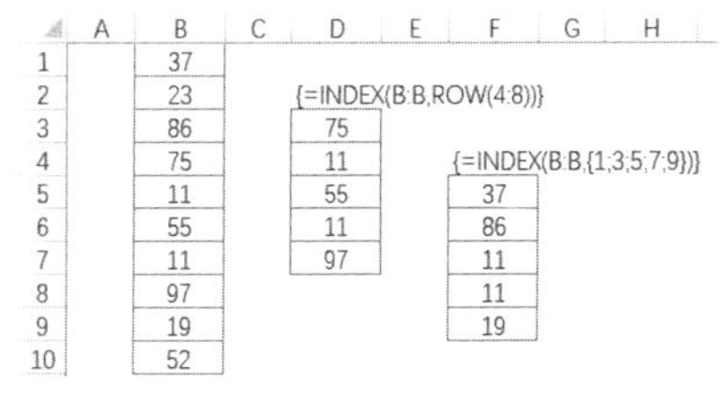

	A	B	C	D	E	F	G	H
1		37						
2		23		{=INDEX(B:B,ROW(4:8))}				
3		86		75				
4		75		11		{=INDEX(B:B,{1;3;5;7;9})}		
5		11		55		37		
6		55		11		86		
7		11		97		11		
8		97				11		
9		19				19		
10		52						

图 16-10　多单元格数组公式返回单值

```
{=INDEX(B:B,ROW(4:8))}
```

同时选中 F4:F8 区域，输入以下数组公式，按 <Ctrl+Shift+Enter> 组合键结束编辑。

```
{=INDEX(B:B,{1;3;5;7;9})}
```

两个公式虽然使用的是数组参数，但返回的都是单个计算结果而不是内存数组。

判断多单元格数组公式返回的结果是否为内存数组，可以使用以下两种方法。

- ❖ 选中任意单元格中的公式按 <F9> 键，如果显示的计算结果与多单元格数组公式的整体结果不一致，则说明公式结果是单值。
- ❖ 在原公式外嵌套使用 ROWS 函数或是 COLUMNS 函数，如果得到的行、列数结果与多单元格数组公式的整体行、列数不符，而是返回结果为 1，则说明公式结果是单值。

使用以上两种方法，都可以判定以下多单元格数组公式返回的结果是内存数组。

```
{=N(OFFSET(B1,{3;5;7},))}
```

示例16-4 多单元格数组公式计算销售额

G3 | {=E3:E10*F3:F10}

	A	B	C	D	E	F	G
1						利润率:	20%
2		序号	销售员	饮品	单价	数量	销售额
3		1	任继先	可乐	2.5	85	212.50
4		2	陈尚武	雪碧	2.5	35	87.50
5		3	李光明	冰红茶	2	60	120.00
6		4	李厚辉	鲜橙多	3.5	45	157.50
7		5	毕淑华	美年达	3	40	120.00
8		6	赵会芳	农夫山泉	2	80	160.00
9		7	赖群毅	营养快线	5	25	125.00
10		8	李从林	原味绿茶	3	35	105.00

图 16-11 多单元格数组公式计算销售额

图 16-11 展示的是某超市销售记录表的部分内容。需要以 E3:E10 单元格区域的单价分别乘以 F3:F10 单元格区域的数量，计算不同业务员的销售额。

同时选中 G3:G10 单元格区域，在编辑栏输入以下公式（不包括两侧大括号），按 <Ctrl+Shift+Enter> 组合键结束编辑。

```
{=E3:E10*F3:F10}
```

此公式将各种商品的单价分别乘以各自的销售数量，获得一个内存数组：

```
{212.5;87.5;120;157.5;120;160;125;105}
```

公式编辑完成后，在 G3:G10 单元格区域中将其依次显示出来，生成的内存数组与单元格区域尺寸一致。

为便于识别，本书中所有数组公式的首尾均添加大括号“{ }”。在 Excel 中实际输入公式时，不需要输入大括号。按 <Ctrl+Shift+Enter> 组合键完成公式编辑后会自动生成大括号，如果手工输入最外侧的大括号，公式会无法正常运算。

16.2.3 数组公式的编辑

针对多单元格数组公式的编辑有如下限制。

- ❖ 不能单独改变公式区域中某一部分单元格的内容。

❖ 不能单独移动公式区域中某一部分单元格。
❖ 不能单独删除公式区域中某一部分单元格。
❖ 不能在公式区域插入新的单元格。

当用户进行以上操作时,Excel 会弹出“无法更改部分数组”的提示对话框，如图 16-12 所示。

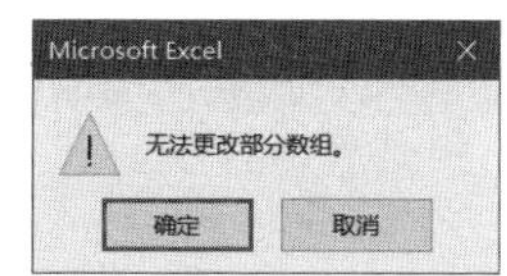

图 16-12　无法更改部分数组

如需修改多单元格数组公式，操作步骤如下。

步骤① 选择公式所在单元格或单元格区域，按 <F2> 键进入编辑模式。

步骤② 修改公式内容后，按下 <Ctrl+Shift+Enter> 组合键完成编辑。

如需删除多单元格数组公式，操作步骤如下。

步骤① 选择数组公式所在的任意一个单元格，按 <F2> 进入编辑状态。

步骤② 删除该单元格公式内容后，按下 <Ctrl+Shift+Enter> 组合键完成编辑。

另外，还可以先选择数组公式所在的任意一个单元格，按下 <Ctrl+/> 组合键选择多单元格数组公式区域。

16.2.4　数组的直接运算

所谓直接运算，指的是不使用函数，直接使用运算符对数组进行运算。由于数组的构成元素包含数值、文本、逻辑值、错误值。因此数组继承着错误值之外的各类数据的运算特性。数值型和逻辑型数组可以进行加、减、乘、除、乘方、开方等常规的算术运算，文本型数组可以进行连接运算。

➲ Ⅰ　数组与单值直接运算

数组与单值（或单个元素的数组）可以直接运算，返回一个数组结果，并且与原数组尺寸相同。

以下公式：

```
{=5+{1,2,3,4}}
```

返回与 {1,2,3,4} 相同尺寸的结果。

```
{6,7,8,9}
```

➲ Ⅱ　同方向一维数组之间的直接运算

两个同方向的一维数组直接进行运算，会根据元素的位置进行一一对应运算，生成一个新的数组。

以下公式：

```
{={1;2;3;4}*{2;3;4;5}}
```

返回结果为：

```
{2;6;12;20}
```

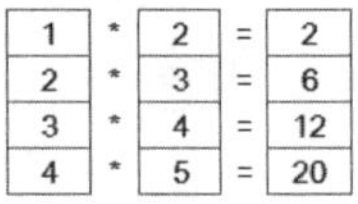

1	*	2	=	2
2	*	3	=	6
3	*	4	=	12
4	*	5	=	20

图 16-13 同方向一维数组的运算

公式的运算过程如图 16-13 所示。

参与运算的两个一维数组需要具有相同的尺寸，否则运算结果的部分数据为错误值“#N/A”。例如以下公式：

```
{={1;2;3;4}+{1;2;3}}
```

返回结果为：

```
{2;4;6;#N/A}
```

超出较小数组尺寸的部分会出现错误值。

➲ Ⅲ 不同方向一维数组之间的直接运算

$M\times1$ 的垂直数组与 $1\times N$ 的水平数组直接运算的运算方式是：数组中每个元素分别与另一数组的每个元素进行运算，返回 $M\times N$ 二维数组。

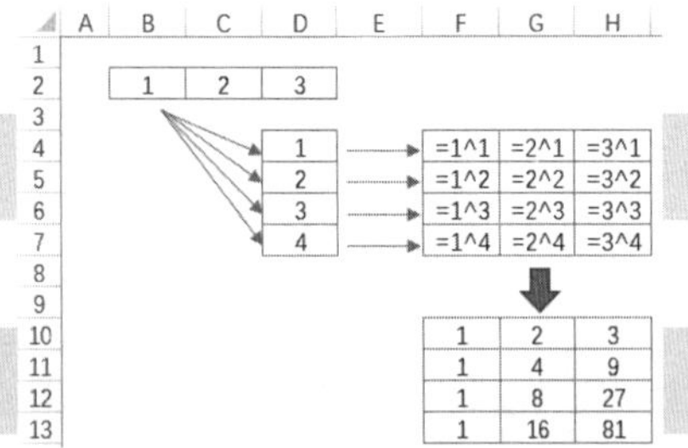

图 16-14 不同方向一维数组的运算过程

例如，以下公式：

```
{={1,2,3}^{1;2;3;4}}
```

返回结果为：

```
{1,2,3;1,4,9;1,8,27;1,16,81}
```

公式运算过程如图 16-14 所示。

示例16-5 多单元格数组公式制作九九乘法表

图 16-15 所示，是使用多单元格数组公式制作的九九乘法表。

	A	B	C	D	E	F	G	H	I	J
1		1	2	3	4	5	6	7	8	9
2	1	1×1=1								
3	2	1×2=2	2×2=4							
4	3	1×3=3	2×3=6	3×3=9						
5	4	1×4=4	2×4=8	3×4=12	4×4=16					
6	5	1×5=5	2×5=10	3×5=15	4×5=20	5×5=25				
7	6	1×6=6	2×6=12	3×6=18	4×6=24	5×6=30	6×6=36			
8	7	1×7=7	2×7=14	3×7=21	4×7=28	5×7=35	6×7=42	7×7=49		
9	8	1×8=8	2×8=16	3×8=24	4×8=32	5×8=40	6×8=48	7×8=56	8×8=64	
10	9	1×9=9	2×9=18	3×9=27	4×9=36	5×9=45	6×9=54	7×9=63	8×9=72	9×9=81

图 16-15 九九乘法表

选中 B2:J10 单元格区域，输入以下数组公式，按 <Ctrl+Shift+Enter> 组合键结束编辑。

```
{=IF(B1:J1<=A2:A10,B1:J1&"×"&A2:A10&"="&B1:J1*A2:A10,"")}
```

“B1:J1<=A2:A10”部分，分别判断 B1:J1 是否小于等于 A2:A10，返回由逻辑值 TRUE 和

FALSE 组成的 9 列 9 行的内存数组：

```
{TRUE,FALSE,FALSE,FALSE,FALSE,FALSE,FALSE,FALSE,FALSE;…TRUE,TRUE}
```

“B1:J1&"×"&A2:A10&"="&B1:J1*A2:A10”部分，使用连接符“&”将单元格内容和运算符及算式进行连接，同样返回 9 列 9 行的内存数组结果：

```
{"1×1=1","2×1=2","3×1=3","4×1=4","5×1=5","6×1=6",…,"9×9=81"}
```

使用 IF 函数进行判断，如果第一个内存数组中为逻辑值 TRUE，则返回第二个内存数组中对应位置的文本算式，否则返回空文本。

计算得到的数组结果存放在 9 列 9 行的单元格区域内，每个单元格显示出数组结果中对应的一个元素。

➲ IV 一维数组与二维数组之间的直接运算

如果一维数组的尺寸与二维数组的同维度上的尺寸一致，则可以在这个方向上进行一一对应的运算。即 $M \times N$ 的二维数组可以与 $M \times 1$ 或 $1 \times N$ 的一维数组直接运算，返回一个 $M \times N$ 的二维数组。 16章

例如以下公式：

```
{={1;2;3}*{1,2;3,4;5,6}}
```

返回结果为：

```
{1,2;6,8;15,18}
```

公式运算过程如图 16-16 所示。

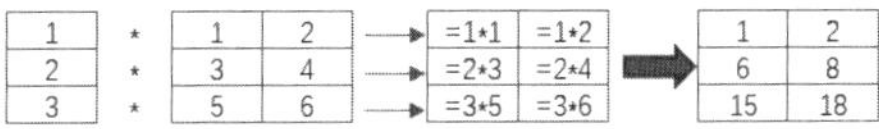

图 16-16 一维数组与二维数组的运算过程

如果一维数组与二维数组的同维度上的尺寸不一致，则结果将包含错误值“#N/A”。

例如，以下公式：

```
{={1;2;3}*{1,2;3,4}}
```

返回结果为：

```
{1,2;6,8;#N/A,#N/A}
```

➲ V 二维数组之间的直接运算

两个具有相同尺寸的二维数组可以直接运算，运算过程是将相同位置的元素两两对应进行运算，返回一个与原数组尺寸一致的二维数组。

例如，以下公式：

```
{={1,2;2,4;3,6;4,8}+{7,9;5,3;3,1;1,5}}
```

返回结果为：

```
{8,11;7,7;6,7;5,13}
```

公式运算过程如图 16-17 所示。

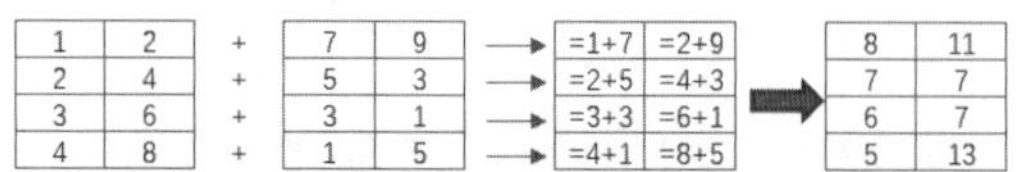

1	2	+	7	9	→	=1+7	=2+9	➡	8	11
2	4	+	5	3	→	=2+5	=4+3		7	7
3	6	+	3	1	→	=3+3	=6+1		6	7
4	8	+	1	5	→	=4+1	=8+5		5	13

图 16-17　二维数组之间的运算过程

如果参与运算的两个二维数组尺寸不一致，生成的结果以两个数组中的最大行列尺寸为新的数组尺寸，但超出较小尺寸数组的部分会产生错误值“#N/A”。

例如，以下公式：

```
{={1,2;2,4;3,6;4,8}+{7,9;5,3;3,1}}
```

返回结果为：

```
{8,11;7,7;6,7;#N/A,#N/A}
```

根据本书前言的提示操作，可观看数组直接运算的视频讲解。

16.2.5　数组的矩阵运算

MMULT 函数用于计算两个数组的矩阵乘积，函数语法如下：

```
MMULT(array1,array2)
```

其中，array1、array2 是要进行矩阵乘法运算的两个数组。array1 的列数必须与 array2 的行数相同，而且两个数组都只能包含数值元素。array1 参数和 array2 参数可以是单元格区域、数组常量或引用。

示例16-6 了解MMULT函数运算过程

MMULT 函数进行矩阵乘积运算时，将 array1 参数各行中的每一个元素与 array2 参数各列中的每一个元素对应相乘，返回乘积之和。计算结果的行数等于 array1 参数的行数，列数等于 array2 参数的列数。

如图 16-18 所示，在 B6:D6 单元格区域分别输入数字 1、2、3，在 F2:F4 单元格区域分别输入数字 4、5、6。在 C3 单元格输入以下公式，得到 B6:D6 与 F2:F4 单元格区域的矩阵乘积，结果为 {32}（单个元素的数组）。

```
=MMULT(B6:D6,F2:F4)
```

其计算过程为：

```
=1*4+2*5+3*6
```

当 array1 的列数与 array2 的行数不相等，或是任意单元格为空或包含文字时，MMULT 函数将返回错误值“#VALUE!”。

在图 16-18 中，array1 参数是 B6:D6 单元格区域，其行数为 1；array2 参数是 F2:F4 单元格区域，其列数也为 1。因此 MMULT 函数的计算结果为 1 行 1 列的单值数组。

如图 16-19 所示，在 B12:B14 单元格区域分别输入数字 4、5、6，在 C15:E15 单元格区域分别输入数字 1、2、3。同时选中 C12:E14 单元格区域，输入以下多单元格数组公式，按 <Ctrl+Shift+Enter> 组合键结束编辑。


```
{=MMULT(B12:B14,C15:E15)}
```

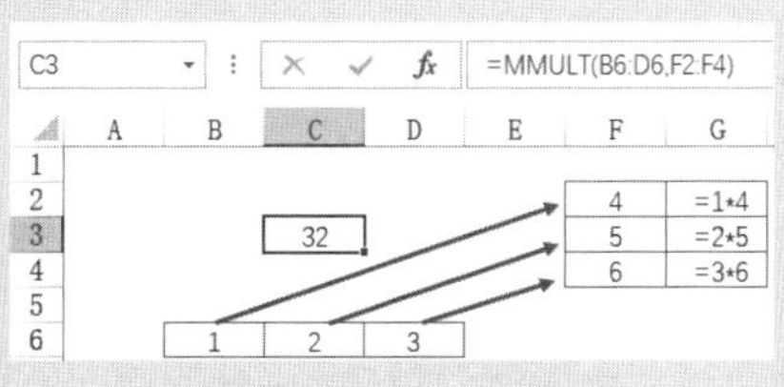

图 16-18　计算矩阵乘积

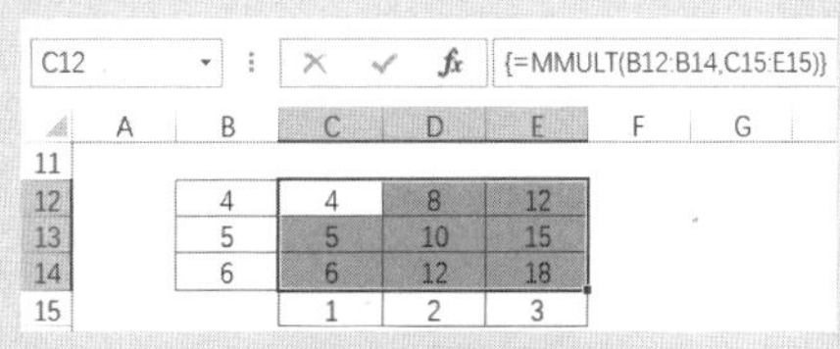

图 16-19　计算矩阵乘积

MMULT 函数的 array1 参数使用 B12:B14 单元格区域的 3 行垂直数组，array2 参数使用 C15:E15 单元格区域的 3 列水平数组，其计算结果为 3 行 3 列的内存数组：

```
{4,8,12;5,10,15;6,12,18}
```

计算得到的数组结果存放在 3 列 3 行的单元格区域内，每个单元格显示出数组结果中对应的元素。

在数组运算中，MMULT 函数常用于生成内存数组，其结果用作其他函数的参数。通常情况下 array1 参数使用水平数组，array2 参数使用一列的垂直数组。

示例16-7　计算餐费分摊金额

图 16-20 展示的是某单位餐厅的员工进餐记录，B 列是不同日期的餐费金额，C2:G10 单元格

区域是员工的进餐情况，1 表示当日进餐，空白表示当日没有进餐。需要在 C11:G11 单元格区域中，根据每日的进餐人数和餐费，计算每个人应分摊的餐费金额。

个人餐费计算方法为当日餐费除以当日进餐人数，如 5 月 21 日餐费为 44 元，进餐人数为 2 人，周伯通和杨铁心每人分摊 22 元，其他人不分摊。

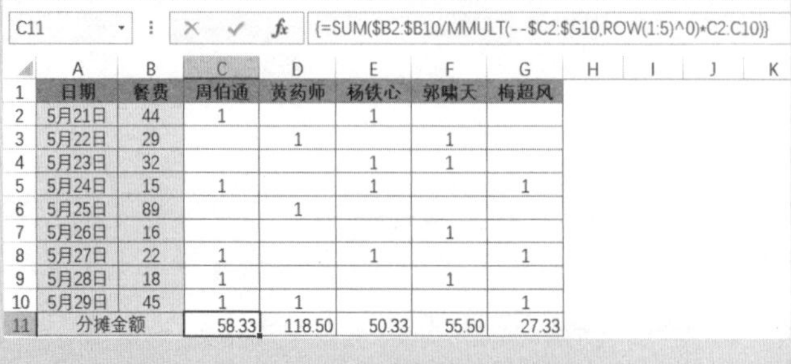

C11 {=SUM($B2:$B10/MMULT(--$C2:$G10,ROW(1:5)^0)*C2:C10)}

	A	B	C	D	E	F	G
1	日期	餐费	周伯通	黄药师	杨铁心	郭啸天	梅超风
2	5月21日	44	1		1		
3	5月22日	29		1		1	
4	5月23日	32			1	1	
5	5月24日	15	1		1		1
6	5月25日	89		1			
7	5月26日	16				1	
8	5月27日	22	1		1		1
9	5月28日	18	1			1	
10	5月29日	45	1	1			1
11	分摊金额		58.33	118.50	50.33	55.50	27.33

图 16-20　计算餐费分摊金额

在 C11 单元格输入以下数组公式，按 <Ctrl+Shift+Enter> 组合键结束编辑，向右复制到 G11 单元格。

```
{=SUM($B2:$B10/MMULT(--$C2:$G10,ROW(1:5)^0)*C2:C10)}
```

C2:G10 单元格区域中存在空白单元格，直接使用 MMULT 函数时将返回错误值。因此先使用减负运算，目的是将区域中的空白单元格转换为 0。

“ROW(1:5)^0”部分，返回 1 列 5 行的内存数组 {1;1;1;1;1}，结果用作 MMULT 函数的 array2 参数。任意非 0 数值的 0 次幂结果均为 1，根据此特点，常用于快速生成结果为 1 的水平或垂直内存数组。

“MMULT(--$C2:$G10,ROW(1:5)^0)”部分，计算减负运算后的 C2:G10 与 {1;1;1;1;1} 的矩阵乘积。以 C2:G2 为例，计算过程为：

```
=1*1+0*1+1*1+0*1+0*1
```

其他行以此类推。

MMULT 函数依次计算每一行的矩阵相乘之和，返回内存数组结果为：

```
{2;2;2;3;1;1;3;2;3}
```

结果相当于 C2:G10 单元格区域中每一行的总和，即每日进餐的人数。

使用 $B2:$B10 单元格区域的每日餐费，除以 MMULT 函数得到的每日进餐人数，结果即为每一天的进餐人员应分摊金额。再乘以 C2:C10 单元格区域的个人进餐记录，得到“周伯通”每天的应分摊金额：

```
{22;0;0;5;0;0;7.33333333333333;9;15}
```

最后使用 SUM 函数求和，得到“周伯通”应分摊餐费总额，将单元格设置保留两位小数，结果为 58.33。

16.3　数组构建及填充

在数组公式中，经常使用函数来重新构造数组。掌握相关的数组构建方法，对于数组公式的运用有很大的帮助。

16.3.1　行列函数生成数组

数组公式中经常需要使用“自然数序列”作为函数的参数，如 LARGE 函数的第 2 个参数、OFFSET 函数除第 1 个参数以外的其他参数等。手工输入常量数组比较麻烦，且容易出错，而利用 ROW、COLUMN 函数生成序列则非常方便快捷。

以下公式产生 1~10 的自然数垂直数组。

```
{=ROW(1:10)}
```

以下公式产生 1~10 的自然数水平数组。

```
{=COLUMN(A:J)}
```

16.3.2　一维数组生成二维数组

示例16-8　随机安排考试座位

图 16-21 展示的是某学校的部分学员名单，要求将 B 列的 18 位学员随机排列到 6 行 3 列的考试座位表中。

选中 D3:F8 单元格区域，输入以下多单元格数组公式，按 <Ctrl+Shift+Enter> 组合键结束编辑。

```
{=INDEX(B2:B19,RIGHT(SMALL(RANDBETWEEN(A2:A
19^0,999)/1%+A2:A19,ROW(1:6)*3-{2,1,0}),2))}
```

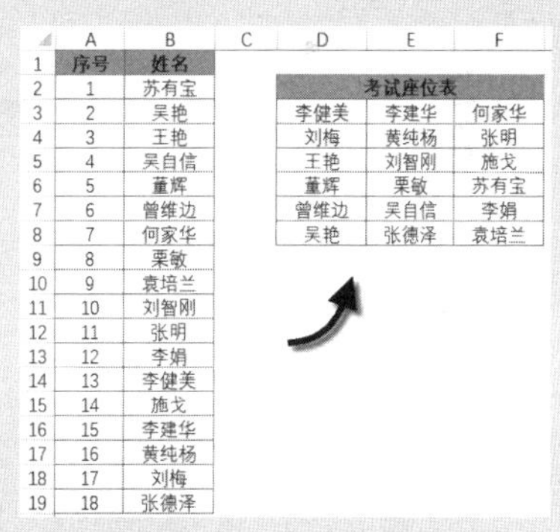

	A	B	C	D	E	F
1	序号	姓名				
2	1	苏有宝		考试座位表		
3	2	吴艳		李健美	李建华	何家华
4	3	王艳		刘梅	黄纯杨	张明
5	4	吴自信		王艳	刘智刚	施戈
6	5	董辉		董辉	栗敏	苏有宝
7	6	曾维边		曾维边	吴自信	李娟
8	7	何家华		吴艳	张德泽	袁培兰
9	8	栗敏				
10	9	袁培兰				
11	10	刘智刚				
12	11	张明				
13	12	李娟				
14	13	李健美				
15	14	施戈				
16	15	李建华				
17	16	黄纯杨				
18	17	刘梅				
19	18	张德泽				

图 16-21　随机安排考试座位

首先利用 RANDBETWEEN 函数生成一个 18 行 1 列的垂直数组，数组中各元素为 1~999 之间的随机整数，共包含 18 个。由于各元素都是随机产生。因此数组元素的大小顺序是随机排列的。

然后对上述生成的数组除以 1%，即乘以 100，再加上由 1~18 构成的序数数组，确保数组元素大小随机排列的前提下最后两位数字为序数 1~18。

“ROW(1:6)*3-{2,1,0}”部分，首先利用 ROW(1:6) 生成垂直数组 {1;2;3;4;5;6}，乘以 3 之后成

为 {3;6;9;12;15;18}，再减去水平数组 {2,1,0}，根据数组直接运算的原理生成 6 行 3 列（数组尺寸与结果单元格区域 D3:F8 对应）的二维数组：

```
{1,2,3;4,5,6;7,8,9;10,11,12;13,14,15;16,17,18}
```

该结果作为 SMALL 函数的第 2 个参数，对经过乘法和加法处理后的数组进行重新排序。由于原始数组的大小是随机的，因此排序使得各元素最后两位数字对应的序数成为随机排列。

最后，用 RIGHT 函数取出各元素最后的两位数字，并通过 INDEX 函数返回 B 列相应位置的学员姓名，即得到随机安排的学员考试座位表。

INDEX 函数返回结果为单值，可以使用 T 函数结合 OFFSET 函数得到内存数组结果：

```
{=T(OFFSET(B1,RIGHT(SMALL(RANDBETWEEN(A2:A19^0,999)/1%+A2:A19,ROW(1:6)*3-{2,1,0}),2),))}
```

16.3.3 提取子数组

➲ Ⅰ 从一列数据中提取子数组

在日常应用中，经常需要从一列数据中取出部分数据进行再处理。例如，在员工信息表中提取指定要求的员工列表、在成绩表中提取总成绩大于平均成绩的人员列表等。下面介绍从一列数据中提取部分数据形成子数组的方法。

示例16-9 按条件提取人员名单

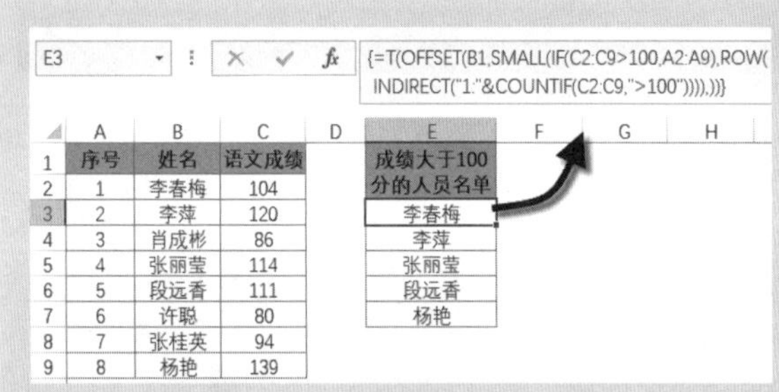

	A	B	C	D	E
1	序号	姓名	语文成绩		成绩大于100分的人员名单
2	1	李春梅	104		
3	2	李萍	120		李春梅
4	3	肖成彬	86		李萍
5	4	张丽莹	114		张丽莹
6	5	段远香	111		段远香
7	6	许聪	80		杨艳
8	7	张桂英	94		
9	8	杨艳	139		

图 16-22 提取成绩大于 100 分的人员名单

图 16-22 展示的某学校语文成绩表的部分内容，使用以下公式可以提取成绩大于 100 分的人员姓名，并返回内存数组结果。

```
{=T(OFFSET(B1,SMALL(IF(C2:C9>100,A2:A9),ROW(INDIRECT("1:"&COUNTIF(C2:C9,">100")))),))}
```

首先利用 IF 函数判断成绩是否满足条件，若成绩大于 100 分，则返回序号，否则返回逻辑值 FALSE。

然后利用 COUNTIF 函数统计成绩大于 100 分的人数 n，并结合 ROW 函数和 INDIRECT 函数生成 1~n 的自然数序列。

通过 SMALL 函数提取成绩大于 100 分的人员序号，OFFSET 函数根据 SMALL 函数返回的结果逐个提取人员姓名。

最终利用 T 函数将 OFFSET 函数返回的多维引用转换为内存数组。

关于多维引用的详细内容，请参阅 17.1 节。

➲ Ⅱ　从二维区域中提取子数组

示例16-10　提取单元格区域内的文本

如图 16-23 所示，A2:D5 单元格区域包含文本和数值两种类型的数据。

选中 F2:F8 单元格区域，输入以下数组公式可以提取单元格区域内的文本，并形成内存数组。

```
{=FILTERXML("<a><b>"&TEXTJOIN("</b><b>",1,IF(ISTEXT(A2:D5),A2:D5,""))&"</b></a>","a/b")}
```

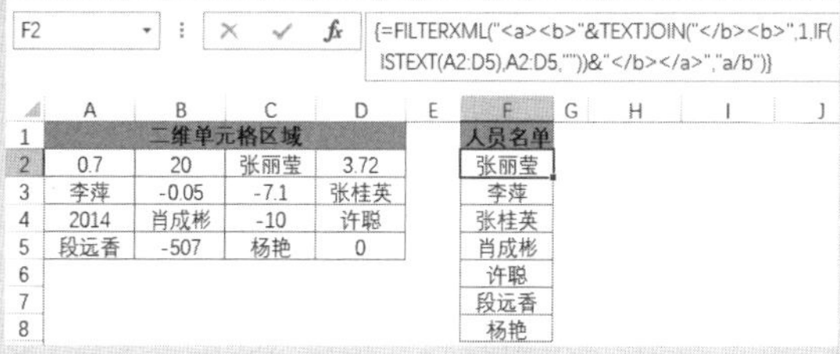

F2 　{=FILTERXML("<a><b>"&TEXTJOIN("</b><b>",1,IF(ISTEXT(A2:D5),A2:D5,""))&"</b></a>","a/b")}

	A	B	C	D	E	F
1	二维单元格区域					人员名单
2	0.7	20	张丽莹	3.72		张丽莹
3	李萍	-0.05	-7.1	张桂英		李萍
4	2014	肖成彬	-10	许聪		张桂英
5	段远香	-507	杨艳	0		肖成彬
6						许聪
7						段远香
8						杨艳

图 16-23　提取单元格区域内的文本

公式使用 TEXTJOIN 函数以“"</b><b>"”为分隔符，将 A2:D5 单元格区域内的文本合并，再从首尾分别连接上字符串“"<a><b>"”和“"</b></a>"”，得到一段 XML 格式的字符串，最后使用 FILTERXML 函数获取 XML 格式数据中“<b>”路径下的内容，返回一个内存数组。

16.3.4　填充带空值的数组

在合并单元格中，通常只有第一个单元格有值，而其余单元格是空单元格。数据后续处理过程中，经常需要为合并单元格中的空单元格填充相应的值以满足计算需要。

示例16-11　填充合并单元格

图 16-24 展示了某单位销售明细表的部分内容，因为数据处理的需要，需将 A 列的合并单元格中的空单元格填充对应的地区名称。

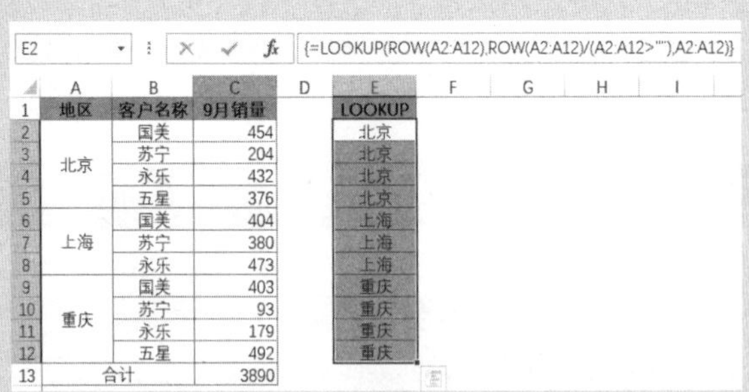

图 16-24　填充空单元格生成数组

使用以下公式可实现这种要求：

```
{=LOOKUP(ROW(A2:A12),ROW(A2:A12)/(A2:A12>""),A2:A12)}
```

公式中“ROW(A2:A12)/(A2:A12>"")”是解决问题的关键，它将 A 列的非空单元格赋值行号，空单元格则转化为错误值“#DIV/0!”，结果为：

```
{2;#DIV/0!;#DIV/0!;#DIV/0!;6;#DIV/0!;#DIV/0!;9;#DIV/0!;#DIV/0!;#DIV/0!}
```

然后利用 LOOKUP 函数，在内存数组中查询由 ROW(A2:A12) 生成的序号，即 {2;3;4;5;6;7;8;9;10;11;12}，以小于等于序号的最大值进行匹配，返回 A2:A12 单元格区域中对应的地区名称。

16.4　条件统计应用

16.4.1　单条件统计

在实际应用中，经常需要进行单条件下的不重复统计，如统计人员信息表中不重复人员数或部门数，某品牌不重复的型号数量等。以下主要学习利用数组公式针对单列或单行的数据进行不重复统计的方法。

示例16-12　多种方法统计不重复职务数

图 16-25 展示的是某单位人员信息表的部分内容，需要统计不重复的职务数。

	A	B	C	D	E	F	G
1	员工号	姓名	部门	职务		职务统计	
2	1001	黄民武	技术支持部	技术支持经理		MATCH函数法	5
3	2001	董云春	产品开发部	技术经理		COUNTIF函数法	5
4	3001	昂云鸿	测试部	测试经理			
5	2002	李枝芳	产品开发部	技术经理			
6	7001	张永红	项目管理部	项目经理			
7	1045	徐芳	技术支持部				
8	3002	张娜娜	测试部	测试经理			
9	8001	徐波	人力资源部	人力资源经理			

图 16-25　统计不重复职务数

因为部分员工没有职务。因此需要过滤掉空白单元格进行不重复统计，解决此问题有两种处理方法。

❖ MATCH 函数法

G2 单元格的数组公式如下：

```
{=COUNT(1/(MATCH(D2:D9,D:D,)=ROW(D2:D9)))}
```

利用 MATCH 函数查找 D2:D9 单元格区域中的职务在 D 列首次出现的行号，再与序号进行比较，来判断哪些职务是首次出现的记录。首次出现的职务返回逻辑值 TRUE，重复出现的职务返回逻辑值 FALSE，空白单元格返回错误值“#N/A”。结果如下：

```
{TRUE;TRUE;TRUE;FALSE;TRUE;#N/A;FALSE;TRUE}
```

利用 1 除以 MATCH 函数的比较结果，将逻辑值 FALSE 转换为错误值“#DIV/0!”。再用 COUNT 函数忽略错误值，统计数值个数，返回不重复的职务个数。

❖ COUNTIF 函数法

G3 单元格的数组公式如下：

```
{=SUM((D2:D9>"")/COUNTIF(D2:D9,D2:D9&""))}
```

利用 COUNTIF 函数返回区域内每个职务名称出现次数的数组，被 1 除后得到的商即为出现次数的倒数，再求和即得不重复的职务数量。

公式原理：假设职务“测试经理”出现了 n 次，则每次都转化为 1/n，n 个 1/n 求和得到 1。因此 n 个“测试经理”将被计数为 1。另外，“(D2:D9>"")”的作用是过滤掉空白单元格，让空白单元格计数为 0。

16.4.2　多条件统计应用

COUNTIFS、SUMIFS 和 AVERAGEIFS 等函数都可以处理简单的多条件统计问题，但在特殊条件情况下仍需借助数组公式来处理。

示例16-13 统计特定身份信息的员工数量

图 16-26 展示的是某企业人员信息表的部分内容，出于人力资源管理的要求，需要统计出生在六七十年代并且目前已有职务的员工数量。

由于身份证号码中包含了员工的出生日期，因此只需要取得相关的出生年份就可以判断出生年代进行相应统计。在 E16 单元格输入以下数组公式，按

	A	B	C	D	E
1	工号	姓名	身份证号	性别	职务
2	D005	常会生	370826197811065178	男	项目总监
3	A001	袁瑞云	370828197602100048	女	
4	A005	王天富	370832198208051945	女	
5	B001	沙宾	370883196201267352	男	项目经理
6	C002	曾蜀明	370881198409044466	女	
7	B002	李姝亚	370830195405085711	男	人力资源经理
8	A002	王薇	370826198110124053	男	产品经理
9	D001	张锡媛	370802197402189528	女	
10	C001	吕琴芬	370811198402040017	男	
11	A003	陈虹希	370881197406154846	女	技术总监
12	D002	杨刚	370826198310016815	男	
13	B003	白娅	370831198006021514	男	
14	A004	钱智跃	37088119840928534x	女	销售经理
15					
16	统计出生在六七十年代并且已有职务的员工数量				3

图 16-26　统计特定身份的员工数量

<Ctrl+Shift+Enter> 组合键结束编辑。

```
{=SUM((MID(C2:C14,7,3)>="196")*(MID(C2:C14,7,3)<"198")*(E2:E14<>""))}
```

公式利用 MID 函数取得各员工的出生年份进行比较判断，再判断 E 列区域是否为空（非空则写明了职务名称），最后统计出满足条件的员工数量。

除此之外，还可以借助 COUNTIFS 函数来实现，以下公式可以完成相同的统计。

```
=SUM(COUNTIFS(C2:C14,"??????"&{196,197}&"*",E2:E14,"<>"))
```

先将出生在六七十年代的身份证号码用通配符构造出来，然后利用 COUNTIFS 函数进行多条件统计，得出六十年代和七十年代出生并且已有职务的员工数量，结果为 {1,2}。最后利用 SUM 函数汇总上述结果，最终结果为 3。

16.4.3 条件查询及定位

产品在一个时间段的销售情况是企业销售部门需要掌握的重要数据之一，以便于对市场行为进行综合分析和制定销售策略，利用查询函数借助数组公式可以实现此类查询操作。

示例16-14 确定商品销量最大的最近月份

图 16-27 展示的是某超市 6 个月的饮品销量明细表，每种饮品的最高销量月份各不相同，以下数组公式可以查询各饮品最近一次销量最大的月份。

在 L4 单元格输入以下数组公式，按 <Ctrl+Shift+Enter> 组合键结束编辑。

```
{=INDEX(1:1,RIGHT(MAX(OFFSET(C1,MATCH(L3,B2:B11,),,,6)/1%+COLUMN(C:
H)),2))}
```

该公式先利用 MATCH 函数查找饮品所在行，然后使用 OFFSET 函数以 C1 单元格为基点向下偏移到饮品所在行，新引用的宽度为 6 列，形成动态的被查询饮品销量（数据范围）。将销售量乘以 100，并加上列号序列，这样就在销量末尾附加了对应的列号信息。

通过 MAX 函数定位最大销售量的数据列，得出结果 20007。使用 RIGHT 函数提取出最后两位数字，即为最大销量所在的列号。

最终以 RIGHT 函数结果作为索引值，利用 INDEX 函数返回查询的具体月份。

L4 {=INDEX(1:1,RIGHT(MAX(OFFSET(C1,MATCH(L3,B2:B11,),,,6)/1%+COLUMN(C:H)),2))}

	B	C	D	E	F	G	H	I	J	K	L
1	产品	五月	六月	七月	八月	九月	十月	汇总			
2	果粒橙	174	135	181	139	193	158	980		数据查询	
3	营养快线	169	167	154	198	150	179	1017		商品名称	蒙牛特仑苏
4	美年达	167	192	162	147	180	135	983		查询月份	九月
5	伊力牛奶	146	154	162	133	162	150	907			
6	冰红茶	186	159	176	137	154	175	987			
7	可口可乐	142	166	190	150	163	176	987			
8	雪碧	145	194	190	158	170	143	1000			
9	蒙牛特仑苏	142	137	166	144	200	155	944			
10	芬达	159	170	159	130	137	199	954			
11	统一鲜橙多	161	199	139	167	144	168	978			

图 16-27　查询产品最佳销售量的最近月份

除此之外，还可以使用以下数组公式来完成查询：

```
{=INDEX(1:1,RIGHT(MAX((C2:H11/1%+COLUMN(C:H))*(B2:B11=L3)),2))}
```

“C2:H11/1%+COLUMN(C:H)”部分，将所有销量放大 100 倍后附加对应的列号。再使用“B2:B11=L3”完成商品名称的过滤，结合 MAX 函数和 RIGHT 函数得到相应饮品最大销量对应的列号，最终利用 INDEX 函数返回查询的具体月份。

16章

16.5　文本数据提取技术

示例16-15　从消费明细中提取消费金额

图 16-28 展示了一份生活费消费明细表，由于数据录入不规范，无法直接汇总生活费。为便于汇总，需将消费金额从消费明细中提取出来单独存放。

	A	B	C	D
1	序号	日期	消费明细	金额
2	1	2015年10月1日	朋友婚礼送礼金800元	800
3	2	2015年10月2日	火车票260元去杭州	260
4	3	2015年10月3日	西湖一日游300元	300
5	4	2015年10月7日	火车票260元回家	260
6	5	2015年10月8日	请朋友吃饭340元	340
7	6	2015年10月9日	超市买生活用品332.4元	332.4
8	7	2015年10月10日	房租2000元	2000
9	8	2015年10月10日	水费128.6元	128.6
10	9	2015年10月10日	电费98.1元	98.1
11	10	2015年10月14日	买菜34.7元	34.7

图 16-28　消费明细表

每条消费明细记录中只包含一个数字字符串，提取到的数字即为消费金额，没有其他数字字符串的干扰。

在 D2 单元格输入以下数组公式，按 <Ctrl+Shift+Enter> 组合键结束编辑，并将公式向下复制到 D11 单元格。

```
{=-LOOKUP(1,-MID(C2,MIN(FIND(ROW($1:$10)-1,C2&1/17)),ROW($1:$16)))}
```

公式利用 FIND 函数在消费明细中查找 0~9 这 10 个数字，返回这 10 个数字在消费明细中最先出现的位置。公式中 1/17 的计算结果为 0.0588235294117647，是一个包含 0~9 的数字字符串，作用是确保 FIND 函数能查找到 0~9 的所有数字，不返回错误值。

使用 MIN 函数返回消费明细中第一个数字的位置，结合 MID 函数依次提取长度为 1~16 的数字字符串，结果如下：

```
{"8";"80";"800";"800 元 ";"800 元 ";"800 元 ";"800 元 ";"800 元 ";"800 元 ";"800 元 ";"800 元 ";"800 元 ";"800 元 ";"800 元 ";"800 元 ";"800 元 "}
```

加上负号将文本型数字转化为负数，同时将文本字符串转化为错误值。

最终利用 LOOKUP 函数忽略错误值返回数组中最后一个数值，得到负的消费金额，再加上负号即得到消费金额。

示例16-16 提取首个手机号码

图 16-29 展示了某经销商的客户信息，需要从中提取手机号码，使手机号码便于管理和联系。

C3 {=MID(B3,MIN(MATCH(1&{3,5,7,8},LEFT(MID(B3&1.13000151718E+21,ROW($1:90),11)/10^9,2),)),11)}

	A	B	C
1			
2		客户信息	首个手机号码
3		香港XX集团公司 联系人 M先生 电 话 18605359998 13580315792传 真 020-88226955	18605359998
4		广州XX化妆品有限公司 联系人 SS小姐 电话020-38627230/13302297598传真 020-38627227	13302297598
5		厦门XX发展有限公司 联系人 hzh 电话 059237462626/17705913646传真 0592-6666666	17705913646
6		广州YY集团公司 联系人 LK先生 电话 15580315762 18908990899传真 020-88226955	15580315762
7		广州ZZ集团公司 联系人 CD先生 电话 020-88226955 13580311192传真 020-88226955	13580311192
8		上海YYY化妆品有限公司 联系人 DGH(市场部)电话 021—64736960、64720013	
9		上海KK公司 联系人 DFGH电话 02154156226传真 02154159241	
10		大连PPP文化有限公司 联 系 人 HJD电话13898467444传真 0411-4628111	13898467444

图 16-29 客户信息表

手机号码是以 13、15、17 及 18 开头的 11 位数字字符串。而客户信息中包含公司名称、联系人姓名、固定电话、移动手机号及传真，有多个数字字符串对手机号码形成干扰，需甄别后方能提取。

在 C3 单元格输入以下数组公式，按 <Ctrl+Shift+Enter> 组合键结束编辑，并向下复制到 C10 单元格。

```
{=MID(B3,MIN(MATCH(1&{3,5,7,8},LEFT(MID(B3&1.13000151718E+21,ROW($1:90),11)/10^9,2),)),11)}
```

公式中，“1.13000151718E+21”是一个包含 13、15、17 及 18 开头的四类手机号码的数值。将其连接在客户信息之后，是为了避免 MATCH 函数在查找四类手机号码时返回错误值，达到容错的目的。

公式利用 MID 函数从“B3&1.13000151718E+21”字符串中依次提取 11 个字符长度的字符串。通过“/10^9”的数学运算，将 11 位均为数字的字符串转化为大于 0 且小于 100 的小数，将包含非数字的文本字符串转化为错误值。

使用 LEFT 函数提取左边两个字符，通过 MATCH 函数查找 13、15、17 及 18，分别返回以

13、15、17 及 18 开头的手机号码在客户信息中的位置。

使用 MIN 函数返回手机号码在客户信息中的最小位置，即首个手机号码的位置。

最终利用 MID 函数从客户信息中首个手机号码的位置处提取 11 个字符长度的字符串，得到首个手机号码。

16.6 不重复数据筛选技术

提取不重复数据是指在一个数据表中提取出唯一的记录，即重复的记录只算 1 条。使用函数和“高级筛选”功能均能够生成不重复记录结果。

16.6.1 一维区域取得不重复记录

示例16-17 从销售业绩表提取唯一销售人员姓名

图 16-30 展示的是某单位的销售业绩表，为了便于发放销售人员的提成工资，需要取得唯一的销售人员姓名列表，并统计各销售人员的销售总金额。

❖ MATCH 函数去重法

根据 MATCH 函数查找数据原理，当查找的位置序号与数据自身的位置序号不一致时，表示该数据重复。F3 单元格使用以下数组公式，按 <Ctrl+Shift+Enter> 组合键结束编辑，向下复制到 F9 单元格。

	A	B	C	D	E	F	G
1	地区	销售人员	产品名称	销售金额		各销售人员销售总金额	
2	北京	陈玉萍	冰箱	¥14,000		销售人员	销售总金额
3	北京	刘品国	微波炉	¥8,700			
4	上海	李志国	洗衣机	¥9,400			
5	深圳	肖青松	热水器	¥10,300			
6	北京	陈玉萍	洗衣机	¥8,900			
7	深圳	王运莲	冰箱	¥11,500			
8	上海	刘品国	微波炉	¥12,900			
9	上海	李志国	冰箱	¥13,400			
10	上海	肖青松	热水器	¥7,000			
11	深圳	王运莲	洗衣机	¥12,300			
12		合计		¥108,400			

图 16-30 销售业绩表提取唯一销售人员姓名

```
{=INDEX(B:B,SMALL(IF(MATCH(B$2:B$11,B:B,)=ROW($2:$11),ROW($2:$11),
65536),ROW(A1)))&""}
```

公式利用 MATCH 函数定位销售人员姓名，当 MATCH 函数结果与数据自身的位置序号相等时，返回当前数据行号，否则返回指定行号 65536（这是容错处理，工作表的 65536 行通常是无数据的空白单元格）。再通过 SMALL 函数将行号从小到大逐个取出，最终由 INDEX 函数返回不重复的销售人员姓名列表。

G3 单元格使用以下公式统计所有销售人员的销售总金额，并将公式复制到 G9 单元格区域。

```
=IF(F3="","",SUMIF(B:B,F3,D:D))
```

SUMIF 函数统计各销售人员的销售总金额，IF 函数用于屏蔽 F 列为空时公式返回的无

	A	B	C	D	E	F	G
1	地区	销售人员	产品名称	销售金额		各销售人员销售总金额	
2	北京	陈玉萍	冰箱	¥14,000		销售人员	销售总金额
3	北京	刘品国	微波炉	¥8,700		陈玉萍	¥22,900
4	上海	李志国	洗衣机	¥9,400		刘品国	¥21,600
5	深圳	肖青松	热水器	¥10,300		李志国	¥22,800
6	北京	陈玉萍	洗衣机	¥8,900		肖青松	¥17,300
7	深圳	王运莲	冰箱	¥11,500		王运莲	¥23,800
8	上海	刘品国	微波炉	¥12,900			
9	上海	李志国	冰箱	¥13,400			
10	上海	肖青松	热水器	¥7,000			
11	深圳	王运莲	洗衣机	¥12,300			
12		合计		¥108,400			

图 16-31 销售汇总表

意义 0 值。

提取的销售人员姓名列表及销售总金额如图 16-31 所示。

❖ COUNTIF 函数去重法

在F3单元格输入以下数组公式，按<Ctrl+Shift+Enter>组合键结束编辑，向下复制到F9单元格。

```
{=INDEX(B:B,1+MATCH(,COUNTIF(F$2:F2,B$2:B12),))&""}
```

公式利用 COUNTIF 函数统计已有结果区域中所有销售人员出现的次数，使用 MATCH 函数查找第一个零的位置，并结合 INDEX 函数返回销售人员姓名，即已有结果区域中尚未出现的首个销售人员姓名。随着公式向下复制，即可依次提取不重复的销售人员名单。

COUNTIF 函数结合 FREQUENCY 函数及 LOOKUP 函数，可使用普通公式提取唯一的销售人员名单。在 F3 单元格输入以下公式，向下复制到 F9 单元格。

```
=LOOKUP(,0/FREQUENCY(0,COUNTIF(F$2:F2,B$2:B12)),B$2:B12)&""
```

公式利用 COUNTIF 函数统计已有结果区域中所有销售人员出现的次数，使用 FREQUENCY 函数将数字 0 按销售人员出现的次数数组分段计频，在首个 0 的位置计数 1，即首个未出现的销售人员位置计数 1。“0/” 运算将 1 转化为 0，其余转化为错误值。最终通过 LOOKUP 函数忽略错误值，查找 0，返回对应位置的销售人员姓名。

B12 单元格是真空单元格，用于容错处理。F2:F8 单元格区域没有真空单元格，所以 COUNTIF 函数计数始终为 0。当销售人员姓名提取完毕时，其余单元格计数均为 1，只有空白单元格计数 0，如 F8 单元格公式中 COUNTIF 函数结果为：

```
{1;1;1;1;1;1;1;1;1;1;0;0;0;0;0;0}
```

此时 FREQUENCY 函数分频计数，在第一个 0 的位置计数 1，经过“0/” 运算，通过 LOOKUP 函数返回 0 对应位置即 B12 单元格的值，最终在 F8:F9 单元格区域显示空白。

16.6.2 二维数据表提取不重复记录

示例16-18 二维单元格区域提取不重复姓名

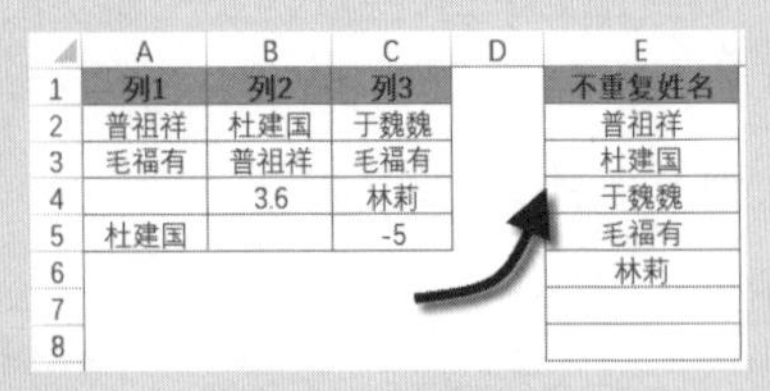

	A	B	C	D	E
1	列1	列2	列3		不重复姓名
2	普祖祥	杜建国	于魏魏		普祖祥
3	毛福有	普祖祥	毛福有		杜建国
4		3.6	林莉		于魏魏
5	杜建国		-5		毛福有
6					林莉
7					
8					

图 16-32　二维单元格区域提取不重复姓名

如图 16-32 所示，A2:C5 单元格区域内包含重复的姓名、空白单元格和数字，需要提取不重复的姓名列表。

在 E2 单元格输入以下数组公式，按<Ctrl+Shift+Enter>组合键结束编辑，并将公式向下复制，至单元格显示为空白为止。

```
{=INDIRECT(TEXT(MIN((COUNTIF(E$1:E1,$A$2:$C$5)+(A$2:C$5<=""))/1%%+ROW(A
$2:C$5)/1%+COLUMN(A$2:C$5)),"r0c00"),)&""}
```

该公式利用“+(A$2:C$5<="")”来判断 A2:C5 单元格区域中的非文本单元格，使空白单元格和数字单元格返回 1，有文本内容的单元格返回 0（零）。利用 COUNTIF 函数在当前公式所在单元格上方的 E 列单元格区域中统计各姓名的出现次数，使已经提取过的姓名返回 1，尚未提取的姓名返回 0（零）。“(COUNTIF(E$1:E1,$A$2:$C$5)+(A$2:C$5<=""))/1%%”这部分公式的作用就是使已经提取过的姓名或非姓名对应单元格位置返回大数 10 000，而尚未提取的姓名返回 0（零），以此达到去重复的目的。

通过数组运算“ROW(A$2:C$5)/1%+COLUMN(A$2:C$5)”构造 A2:C5 单元格区域行号列号位置信息数组。

利用 MIN 函数提取第一个尚未在 E 列中出现的姓名对应的单元格位置信息。

最终利用 INDIRECT 函数结合 TEXT 函数将位置信息转化为该位置的单元格内容。

16.7　利用数组公式排序

16.7.1　快速实现中文排序

利用 SMALL 函数和 LARGE 函数可以对数值进行升降序排列。而利用函数对文本进行排序则相对复杂，需要根据各个字符在系统字符集中内码值的大小，借助 COUNTIF 函数才能实现。

示例16-19　将成绩表按姓名排序

图 16-33 展示的是某班级学生成绩表的部分内容，已经按学号升序排序。现需要通过公式将成绩表按姓名升序排列。

	A	B	C	D	E	F
1	学号	姓名	总分		姓名排序	总分
2	508001	何周利	516		毕祥	601
3	508002	鲁黎	712		何周利	516
4	508003	李美湖	546		姜禹贵	520
5	508004	王润恒	585		李波	582
6	508005	姜禹贵	520		李美湖	546
7	508006	熊有田	651		鲁黎	712
8	508007	许涛	612		汤汝琼	637
9	508008	汤汝琼	637		王润恒	585
10	508009	毕祥	601		熊有田	651
11	508010	李波	582		许涛	612

图 16-33　对姓名进行升序排序

在 E2 单元格输入以下数组公式，按 <Ctrl+Shift+Enter> 组合键结束编辑，向下复制到 E11 单元格。

```
{=INDEX(B:B,RIGHT(SMALL(COUNTIF(B$2:B$11,"<"&B$2:B$11)/1%%%+ROW($2:
```

```
$11),ROW()-1),6))}
```

该公式关键的处理技巧是利用 COUNTIF 函数对姓名按 ASCII 码值进行大小比较，统计出小于各姓名的姓名个数，即是姓名的升序排列结果。本例姓名的升序排列结果为:{1;5;4;7;2;8;9;6;0;3}。

将 COUNTIF 函数生成的姓名升序排列结果与行号组合生成新的数组，再由 SMALL 函数从小到大逐个提取，最后根据 RIGHT 函数提取的行号，利用 INDEX 函数返回对应的姓名。

在数据表中，可以使用“排序”菜单功能进行名称排序。但在某些应用中，需要将姓名排序结果生成内存数组，供其他函数调用进行数据再处理，这时就必须使用函数公式来实现。以下公式可以生成姓名排序后的内存数组。

```
{=LOOKUP(--RIGHT(SMALL(COUNTIF(B$2:B$11,"<"&B$2:B$11)/1%%%+ROW($2:$11),ROW($1:$10)),6),ROW($2:$11),B$2:B$11)}
```

提示

本公式中的 COUNTIF 函数排序结果为按音序的升序排列，如需降序排列，可以将公式中的 "<"&B$2:B$11 修改为 ">"&B$2:B$11，或使用 LARGE 函数代替 SMALL 函数。

16.7.2 多关键字排序技巧

示例16-20 按各奖牌数量降序排列奖牌榜

图 16-34 展示的是某届亚运会奖牌榜的部分内容，需要依次按金、银、铜牌数量对各个国家或地区进行降序排列。

由于各个奖牌数量都为数值，且都不超过 3 位数。因此可以通过“*10^N”的方式，将金、银、铜牌 3 个排序条件整合在一起。

选中 G2:G10 单元格区域，在编辑栏输入以下数组公式，按<Ctrl+Shift+Enter>组合键结束编辑。

```
{=INDEX(A:A,RIGHT(LARGE(MMULT(B2:D10,10^{8;5;2})+ROW(2:10),ROW()-2),2))}
```

公式利用 MMULT 函数将金、银、铜牌数量分别乘以 10^8、10^5、10^2 后求和，把 3 个排序条件整合在一起形成一个新数组。该数组再与行号构成的序数数组组合，确保数组元素大小按奖牌数量排序的前提下最后两位数为对应的行号。

然后利用 LARGE 函数从大到小逐个提取，完成降序排列。再利用 RIGHT 函数返回对应的行号，最终利用 INDEX 函数返回对应的国家或地区。

排序结果如图 16-35 所示。

	A	B	C	D	E
1	国家/地区	金牌	银牌	铜牌	总数
2	韩国	79	71	84	234
3	印度	11	10	36	57
4	伊朗	21	18	18	57
5	朝鲜	11	11	14	36
6	卡塔尔	10	0	4	14
7	哈萨克斯坦	28	23	33	84
8	中国	151	108	83	342
9	日本	47	76	77	200
10	泰国	12	7	28	47

图 16-34　亚运会奖牌榜

	A	B	C	D	E	F	G	H
1	国家/地区	金牌	银牌	铜牌	总数		国家/地区	奖牌总数
2	韩国	79	71	84	234		中国	342
3	印度	11	10	36	57		韩国	234
4	伊朗	21	18	18	57		日本	200
5	朝鲜	11	11	14	36		哈萨克斯坦	84
6	卡塔尔	10	0	4	14		伊朗	57
7	哈萨克斯坦	28	23	33	84		泰国	47
8	中国	151	108	83	342		朝鲜	36
9	日本	47	76	77	200		印度	57
10	泰国	12	7	28	47		卡塔尔	14

图 16-35　根据各奖牌数量降序排列结果

在 H2 单元格输入以下公式，查询各国家或地区的奖牌总数。

```
=VLOOKUP(G2,A:E,5,)
```

16.8　连续性问题

FREQUENCY 函数具有分段统计频数功能，通常使用该函数解决数据连续性的问题。

示例16-21　最大连续次数

如图 16-36 所示，A2:I7 单元格区域为各球队战绩明细数据，需要在 J2:J7 区域计算每支球队最大连胜次数。

	A	B	C	D	E	F	G	H	I	J
1	队伍	第1轮	第2轮	第3轮	第4轮	第5轮	第6轮	第7轮	第8轮	最大连胜次数
2	海联队	败	胜	败	败	胜	胜	胜	胜	4
3	上清队	胜	胜	胜	胜	胜	败	败	败	5
4	猛虎队	败	败	败	败	败	败	败	胜	1
5	猎豹队	败	败	胜	败	胜	胜	败	败	2
6	蓝月亮队	败	败	胜	胜	胜	败	败	胜	3
7	蔷薇队	败	败	胜	败	败	败	败	败	1

图 16-36　最大连胜次数

J2 单元格输入以下数组公式，并复制到 J2:J7 区域。

```
{=MAX(FREQUENCY(IF(B2:I2="胜",COLUMN(B:I)),IF(B2:I2<>"胜",COLUMN(B:I))))}
```

公式利用 IF 函数判断 B2:I2 单元格区域是否为胜，返回对应的列标，作为 FREQUECNY 的第一参数；返回非胜单元格对应的列标构成间隔数组，作为 FREQUENCY 的第二参数。

FREQUENCY 函数以第二参数为分段点，对第一参数的值分组计频，统计大于上一分段点同时小于等于当前分段点的个数，计算出每个分段点连续为“胜”的数量，最终使用 MAX 函数返回最大连胜次数。

16.9 数组公式的优化

如果工作簿中使用了较多的数组公式，或是数组公式中的计算范围较大时，会显著降低工作簿重新计算的速度。通过对公式进行适当优化，可在一定程度上提高公式运行效率。

对数组公式的优化主要包括以下几个方面。

➲ Ⅰ 减小公式引用的区域范围

实际工作中，一张工作表中的记录数量通常是随时增加的。编辑公式时，可事先估算记录的大致数量，公式引用范围略多于实际数据范围即可，避免公式进行过多无意义的计算。

➲ Ⅱ 谨慎使用易失性函数

如果在工作表中使用了易失性函数，每次对单元格进行编辑操作时，所有包含易失性函数的公式都会全部重算。为了减少自动重算对编辑效率造成的影响，可将工作表先设置为手动重算，待全部编辑完成后，再启用自动重算。

➲ Ⅲ 使用多单元格数组公式替代单个单元格数组公式

使用单个单元格数组公式时，每个单元格中的公式都要分别计算。而使用多单元格数组公式时，整个区域中的公式只计算一次，然后把得到的数组结果中的 N 个元素分别赋值给 N 个单元格。

➲ Ⅳ 适当使用辅助列、定义名称，善于利用排序、筛选等基础操作

使用辅助列或定义名称的办法，将数组公式中的多项计算化解为多个单项计算，在数据量比较大时，可以显著提升运算处理的效率。

同理，在编辑公式之前，先利用排序、筛选、取消合并单元格等基础操作，使数据结构更趋于合理，可以降低公式的编辑难度，减少公式的运算次数。

练习与巩固

1. Excel 2019 中数组的存在形式包括（________________________）。
2. 命名数组主要用于（________________________）。
3. 数组公式与普通公式的主要区别是（________________________）。
4. 编辑多单元格数组公式，需要注意以下限制（________________________）。
5. 单元格中输入数组公式 ={4,9}^{2;0.5}，结果为 (________)。

第 17 章　多维引用

运用多维引用的技巧能够直接在内存中构造出对多个单元格区域的引用，从而实现一些较为特殊的计算需求，本章将介绍多维引用的基础知识及多维引用的部分实例。

本章学习要点

（1）认识多维引用。　　（2）多维引用实例。

17.1　认识多维引用

17.1.1　帮助文件中的“三维引用”

在 Excel 帮助文件中，关于“三维引用”的定义是对两个或多张工作表上相同单元格或单元格区域的引用。

例如，工作簿中的 Sheet1、Sheet2 和 Sheet3 工作表依次排列，使用以下公式表示对这三张工作表的 A1 单元格求和。

```
=SUM(Sheet1:Sheet3!A1)
```

此公式输入时，可先输入等号和函数名称及左括号“=SUM(”，然后单击最左侧的工作表标签“Sheet1”，按住 <Shift> 键单击最右侧的工作表标签“Sheet3”，接下来选中需要计算的单元格范围“A1”，按 <Enter> 键即可。

以下公式表示对 Sheet1、Sheet2 和 Sheet3 这三张工作表的 A1:A7 单元格区域求和。

```
=SUM(Sheet1:Sheet3!A1:A7)
```

支持这种引用形式的常用函数包括 SUM、AVERAGE、COUNT、COUNTA、MAX、MIN、RANK、PRODUCT 等。

INDIRECT 函数不能识别这种引用形式，所以不能用以下公式将字符串“Sheet1:Sheet3!A1:A7”转换为真正的引用。

```
=INDIRECT("Sheet1:Sheet3!A1:A7")
```

使用这种引用形式时各工作表必须要连续排列，如果移动 Sheet2 工作表的位置，使其不在工作表 Sheet1 和 Sheet3 中间，则“Sheet1:Sheet3!A1”就不会包含 Sheet2 工作表的 A1 单元格。

提示

这种引用形式的计算结果只能返回单值，不能返回数组结果，因此不能用于数组公式。

17.1.2 单元格引用中的维度和维数

在使用某些函数时，如果将其参数设置成数组形式，再与其他函数结合，就能够突破行列方向平面计算的特性，利用这种特性可实现一些较为特殊的计算需求。

为了便于理解这种特殊的计算方式，有人引用了数学中的“维度”概念来形容其计算原理，于是就有了“三维”“四维”的说法。引入“维度”的概念是为了便于理解这种计算的过程和原理，并无标准定义。

通常认为，维度是指引用中单元格区域的排列方向，维数则是引用中不同维度的个数。

单个单元格引用可视作一个无方向的点，没有维度和维数；一行或一列的连续单元格区域引用可视作一条直线，拥有一个维度，称为一维横向引用或一维纵向引用；多行多列的连续单元格区域引用可视作一个平面，拥有纵横两个维度，称为二维引用。

引用函数由于其参数在维度方面的交织叠加，可能返回超过二维的引用区域，习惯上将其称为函数产生的多维引用。

17.1.3 函数产生的多维引用

在 OFFSET 函数和 INDIRECT 函数的部分或全部参数中使用数组时，就会返回多维引用。

例如以下公式，OFFSET 函数第二参数使用常量数组 {0;1;2;3;4}，表示以 A2:D2 单元格区域为基点，向下分别偏移 0~4 行。

```
{=OFFSET(A2:D2,{0;1;2;3;4},0)}
```

分别得到以下几个单元格区域的引用：A2:D2、A3:D3、A4:D4、A5:D5、A6:D6

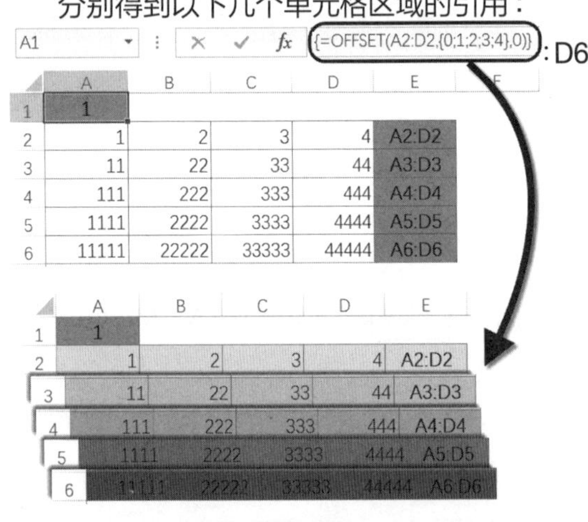

图 17-1 多维引用示意图

如果将 A2:D2 所处的位置看作是一张纸，即初始的二维位置，然后在这张纸上再放另外一张纸 A3:D3、A4:D4、……、A6:D6，这样由多张纸叠加组合起来就能构成一个三维的引用，如图 17-1 所示。

假如再将以上公式中 OFFSET 函数的第三参数（列偏移参数）设置为常量数组形式的 {0,1}，就可以看成在原来纸的右侧再放另外一张纸，然后在这两张纸上分别叠加，最终构成一个四维的引用。

为了便于理解，本章将所有超过二维引用的引用形式均称为多维引用。

17.1.4 对函数产生的多维引用进行计算

带有 reference、range 或 ref 参数的部分函数及数据库函数，可对多维引用返回的多个单元格区域引用分别进行计算，返回一个一维或二维的数组结果，相当于把多张纸上的结果再集合到一张纸上。

常用的处理多维引用的函数有 SUBTOTAL、AVERAGEIF、AVERAGEIFS、COUNTBLANK、COUNTIF、COUNTIFS、RANK、RANK.AVG、RANK.EQ、SUMIF、SUMIFS 等。

例如，下面的数组公式以 SUBTOTAL 函数对 OFFSET 函数生成的 A2:D2、A3:D3、A4:D4、A5:D5、A6:D6 这五个区域分别进行求和，得到内存数组结果为 {10;110;1110;11110;111110}，如图 17-2 所示。

```
{=SUBTOTAL(9,OFFSET(A2:D2,{0;1;2;3;4},0))}
```

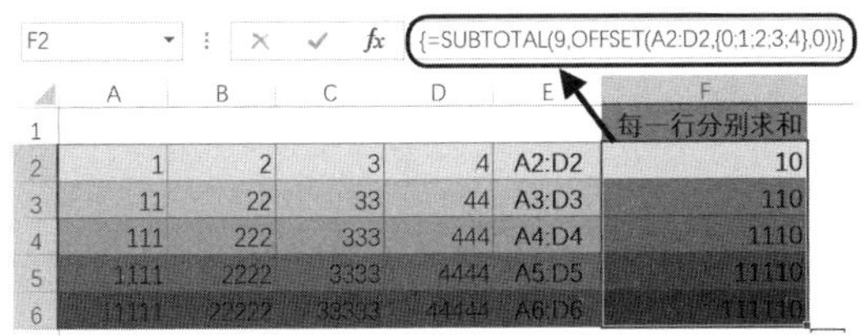

图 17-2 使用 SUBTOTAL 函数对多维引用区域进行汇总

SUM 函数仅支持类似“Sheet1:Sheet3!A1”的三维引用形式，不支持由函数产生的三维引用。

17.1.5 OFFSET 函数参数中使用数值与 ROW 函数的差异

如图 17-3 所示，分别使用以下两个公式计算 B5 单元格中的单价与 D2 单元格数量相乘的结果，只有第一个公式能正确运算。

```
=SUMPRODUCT(OFFSET(B1,4,0),D2)
=SUMPRODUCT(OFFSET(B1,ROW(A4),0),D2)
```

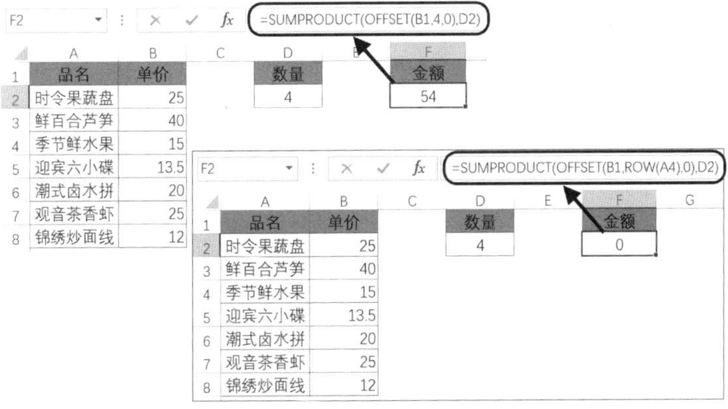

图 17-3 OFFSET 函数参数中使用数值与 ROW 函数的差异

这是因为“ROW(A4)”部分的结果并不是数值 4，而是只有一个元素的数组 {4}，由此产生了多维引用，而 SUMPRODUCT 函数不能直接对多维引用的结果进行计算。

在 ROW 函数外侧加上 MAX 函数、MIN 函数或是 SUM 函数，能使 ROW 函数返回的这个特殊的数组转换为一个普通的数值，第二个公式如下修改后即可正确运算。

```
=SUMPRODUCT(OFFSET(B1,MAX(ROW(A4)),0),D2)
```

17.1.6 借助 N 函数和 T 函数“降维”

	A	B	C	D	E	F	G
1	品名	金额		总金额			
2	时令果蔬盘	25		25	{=SUM(OFFSET(B1,ROW(1:3),0))}		
3	鲜百合芦笋	40					
4	季节鲜水果	15		80	{=SUM(N(OFFSET(B1,ROW(1:3),0)))}		
5	迎宾六小碟	13.5					
6	潮式卤水拼	20					
7	观音茶香虾	25					
8	锦绣炒面线	12					

图 17-4 使用 N 函数降维

当 N 函数和 T 函数的参数为多维引用时，会返回多维引用各个区域的第一个值。当多维引用的每个区域大小都是一个单元格时，使用这两个函数能实现“降维”的目的。

如图 17-4 所示，分别使用以下两个数组公式对 B2:B4 单元格区域中的数值求和，仅第二个公式可以返回正确结果。

```
{=SUM(OFFSET(B1,ROW(1:3),0))}
{=SUM(N(OFFSET(B1,ROW(1:3),0)))}
```

OFFSET 函数以 B1 单元格为基点，以 ROW(1:3) 得到的内存数组 {1;2;3} 作为行偏移量，分别向下偏移 1~3 行，最终返回的多维引用由 3 个大小为 1 行 1 列的单元格区域构成，也就是 B2、B3 和 B4。

使用 N 函数分别得到这三个引用中的第一个值之后，再使用 SUM 函数求和即可得到正确结果。

17.2 多维引用实例

17.2.1 按行、列区域统计数据

示例17-1 判断不活跃用户

图 17-9 展示了某公司部分客户 1~9 月份的购买记录，需要将连续 3 个月未发生交易的客户标记为不活跃。

	A	B	C	D	E	F	G	H	I	J	K
1	客户姓名	1月份	2月份	3月份	4月份	5月份	6月份	7月份	8月份	9月份	标记
2	彭树华	865	729		894			707	677	218	
3	周云鹏		526	276		226	629				不活跃
4	陈淑平	237	718	282	679			673	543	326	
5	陈世友		246	768	545	896	884		601	846	
6	李红云	192		632				528		283	不活跃
7	王永凤	206	409			892	182	404	857		
8	洪梓翔	604			593	772			600		
9	韩芝静	864	707			519				890	不活跃
10	张志刚	858		658	467	155		874	831		
11	鲁绍剑	842	302	482	716	655			629	537	

K2 {=IF(OR(SUBTOTAL(2,OFFSET(A2,0,COLUMN(A:G),1,3))=0),"不活跃","")}

图 17-5 1~6 月份销售明细表

在 K2 单元格输入以下数组公式，按 <Ctrl+Shift+Enter> 组合键结束编辑，再将公式向下复制到 K11 单元格。

```
{=IF(OR(SUBTOTAL(2,OFFSET(A2,0,COLUMN(A:G),1,3))=0),"不活跃","")}
```

公式中的“OFFSET(A2,0,COLUMN(A:G),1,3)”部分，OFFSET 函数以 A2 单元格为基点，向下偏移行数为 0 行，以 COLUMN(A:G) 生成的连续序号作为向右偏移的列数，新引用的行数为 1 行，新引用的列数为 3 列，分别得到 B2:D2、C2:E2、……、G2:I2 及 H2:J2 单元格区域的引用。

SUBTOTAL 函数第一参数设置为 2，表示使用 COUNT 函数的规则对 OFFSET 函数产生的多个区域分别统计其中的数值个数，得到内存数组结果为：

```
{2,2,1,1,1,2,3}
```

接下来使用 IF 函数和 OR 函数对内存数组中的值进行判断，如果内存数组中出现 0，就表示在其对应的引用区域中没有数值，最终返回判断结论“不活跃”。

示例17-2 计算铅球比赛平均成绩

图 17-6 展示了某学校运动会的铅球成绩记录，根据比赛规则，每名选手试掷次数为 6 次，取最高值为个人最终成绩。需要以每人的最高成绩来计算平均值。

H2 {=AVERAGE(SUBTOTAL(4,OFFSET(A2:A7,0,ROW(1:5))))}

	A	B	C	D	E	F	G	H
1	试掷次数	段定轩	何家栋	陈道宇	张明才	李元厚		以每人最高成绩计算平均值
2	第1次	18.27	18.07	17.96	17.34	16.32		18.17
3	第2次	17.77	16.61	18.38	16.66	16.14		
4	第3次	18.06	17.41	16.71	16.99	16.38		
5	第4次	16.41	16.13	17.20	17.76	18.25		
6	第5次	17.60	18.12	16.90	16.89	17.17		
7	第6次	17.60	17.28	17.49	17.81	17.97		

图 17-6 铅球成绩记录

在 H2 单元格输入以下数组公式，按 <Ctrl+Shift+Enter> 组合键结束编辑，计算结果为 18.17。

```
{=AVERAGE(SUBTOTAL(4,OFFSET(A2:A7,0,ROW(1:5))))}
```

公式中的“OFFSET(A2:A7,0,ROW(1:5))”部分，OFFSET 函数以 A2:A7 单元格区域为基点，向下偏移行数为 0 行，以 ROW(1:5) 生成的序号内存数组作为向右偏移的列数。最终分别得到 B2:B7、C2:C7、……、F2:F7 单元格区域的引用。

SUBTOTAL 函数第一参数设置为 4，表示使用 MAX 函数的规则对 OFFSET 函数产生的多个区域分别统计其中的最大值，得到内存数组结果为：

```
{18.27;18.12;18.38;17.81;18.25}
```

最后使用 AVERAGE 函数计算出平均值。

17.2.2 多工作表汇总求和

示例17-3 汇总多张工作表中的费用金额

图 17-7 展示的是某公司费用表的部分内容，各部门的费用数据存放在以分部门名称命名的工作表内。需要在“汇总”工作表中按照费用类别对各部门不同月份的费用金额进行汇总。

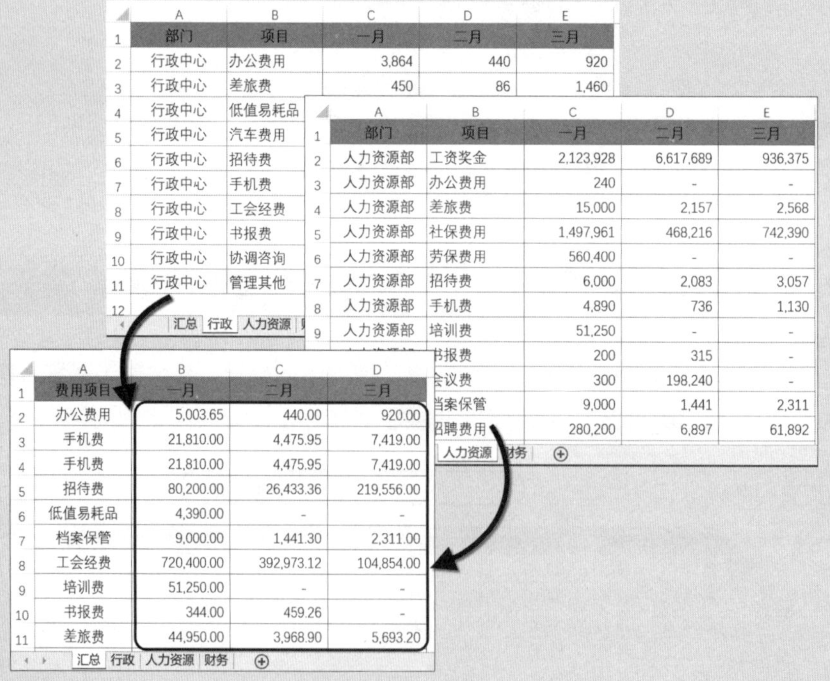

部门	项目	一月	二月	三月
行政中心	办公费用	3,864	440	920
行政中心	差旅费	450	86	1,460
行政中心	低值易耗品			
行政中心	汽车费用			
行政中心	招待费			
行政中心	手机费			
行政中心	工会经费			
行政中心	书报费			
行政中心	协调咨询			
行政中心	管理其他			

部门	项目	一月	二月	三月
人力资源部	工资奖金	2,123,928	6,617,689	936,375
人力资源部	办公费用	240	-	-
人力资源部	差旅费	15,000	2,157	2,568
人力资源部	社保费用	1,497,961	468,216	742,390
人力资源部	劳保费用	560,400	-	-
人力资源部	招待费	6,000	2,083	3,057
人力资源部	手机费	4,890	736	1,130
人力资源部	培训费	51,250	-	-
	书报费	200	315	-
	会议费	300	198,240	-
	档案保管	9,000	1,441	2,311
	招聘费用	280,200	6,897	61,892

费用项目	一月	二月	三月
办公费用	5,003.65	440.00	920.00
手机费	21,810.00	4,475.95	7,419.00
手机费	21,810.00	4,475.95	7,419.00
招待费	80,200.00	26,433.36	219,556.00
低值易耗品	4,390.00	-	-
档案保管	9,000.00	1,441.30	2,311.00
工会经费	720,400.00	392,973.12	104,854.00
培训费	51,250.00	-	-
书报费	344.00	459.26	-
差旅费	44,950.00	3,968.90	5,693.20

图 17-7 汇总多张工作表中的费用金额

首先观察数据的分布规律，可以发现汇总表中的月份与数据源工作表中的数据恰好错开一列：各部门工作表的费用项目名称均在 B 列，不同月份的数据依次分布在 C~E 列。而“汇总”工作表中，B~D 列是待汇总的月份。

在“汇总”工作表的 B2 单元格输入以下公式，将公式向右复制到 D2 单元格，再将 B2:D2 单元格区域中的公式向下复制到数据区域最后一行。

```
=SUM(SUMIF(INDIRECT({"行政","人力资源","财务"}&"!B:B"),$A2,INDIRECT({"
行政","人力资源","财务"}&"!C[1]",0)))
```

第一个 INDIRECT 函数部分，先将字符串 {"行政","人力资源","财务"} 与字符串“"!B:B"”进行连接，得到一组具有引用样式的文本字符串：

```
{"行政!B:B","人力资源!B:B","财务!B:B"}
```

再使用 INDIRECT 函数将这些字符串分别转换为对多张工作表 B 列整列的引用。

第二个 INDIRECT 函数部分，先将字符串 {"行政","人力资源","财务"} 与 "!C[1]" 连接，得到一组具有 R1C1 引用样式的字符串：

```
{"行政!C[1]","人力资源!C[1]","财务!C[1]"}
```

INDIRECT 函数第二参数设置为 0，将这些字符串解释为 R1C1 样式的引用。公式中的“C[1]”在 R1C1 引用样式下表示对公式所在单元格向右一列的整列引用。目的是公式在向右复制时，能随着公式所在列的变化，引用区域也能随之更新。 17章

接下来使用 SUMIF 函数，将 INDIRECT 函数得到的两组多维引用分别用作条件区域和求和区域，以 A2 单元格中的费用名称作为求和条件，得到在“行政”“人力资源”和“财务”三张工作表中的统计结果：

```
{3863.65,240,900}
```

最后使用 SUM 函数进行汇总求和。

当需要汇总工作表的较多时，可将工作表名称输入一行或一列的空白单元格内，再将公式中的工作表名称部分换成单元格引用。如图 17-8 所示，先将工作表名称依次输入 F2:F4 单元格区域，再将 B2 单元格修改为以下数组公式，按 < Ctrl+Shift+Enter> 组合键，最后将公式向右、向下复制到数据区域最后一行。

```
{=SUM(SUMIF(INDIRECT($F$2:$F$4&"!B:B"),$A2,INDIRECT($F$2:$F$4&"
!C[1]",0)))}
```

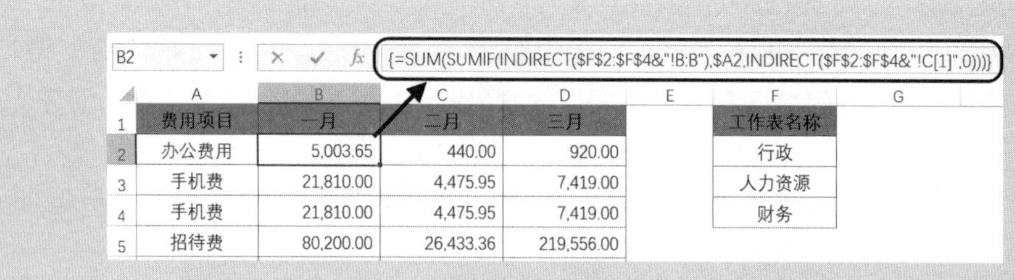

费用项目	一月	二月	三月		工作表名称
办公费用	5,003.65	440.00	920.00		行政
手机费	21,810.00	4,475.95	7,419.00		人力资源
手机费	21,810.00	4,475.95	7,419.00		财务
招待费	80,200.00	26,433.36	219,556.00		

图 17-8　引用单元格中的工作表名称

使用数据库函数也能处理多维引用，但是要求统计条件的字段名称与数据表中的字段名称一致。

示例17-4 使用DSUM函数实现多工作表汇总求和

图 17-9 展示的是某企业不同班组在 4 月份的计件工资核算表，需要在“汇总”表中计算指定人员的产量金额、补产金额及工资合计。

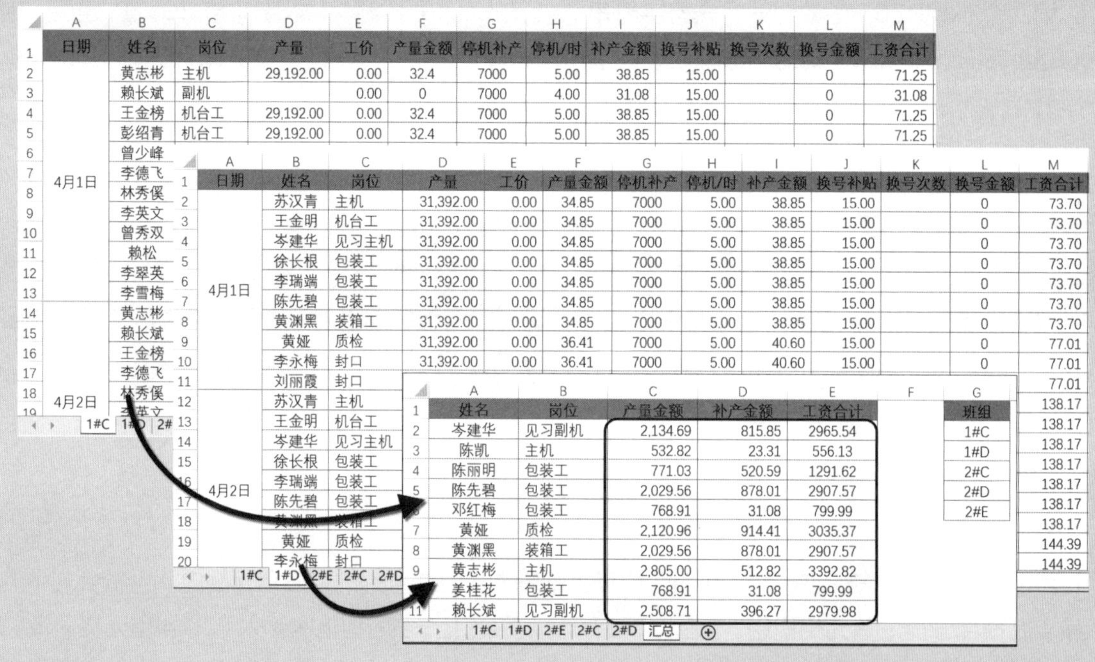

姓名	岗位	产量金额	补产金额	工资合计		班组
岑建华	见习副机	2,134.69	815.85	2965.54		1#C
陈凯	主机	532.82	23.31	556.13		1#D
陈丽明	包装工	771.03	520.59	1291.62		2#C
陈先碧	包装工	2,029.56	878.01	2907.57		2#D
邓红梅	包装工	768.91	31.08	799.99		2#E
黄娅	质检	2,120.96	914.41	3035.37		
黄渊黑	装箱工	2,029.56	878.01	2907.57		
黄志彬	主机	2,805.00	512.82	3392.82		
姜桂花	包装工	768.91	31.08	799.99		
赖长斌	见习副机	2,508.71	396.27	2979.98		

图 17-9　使用数据库函数处理多维引用

在“汇总”工作表 C2 单元格输入以下数组公式，按 <Ctrl+Shift+Enter> 组合键，再将公式向右向下复制到数据区域最后一行。

```
{=SUM(DSUM(INDIRECT("'"&$G$2:$G$6&"'!B1:N300"),C$1,$A$1:$A2))-
SUM(C$1:C1)}
```

公式中的“"'"&$G$2:$G$6&"'!B1:N300"”部分，先将 G2:G6 单元格区域中的班组名称分别与字符串连接成一组具有引用样式的文本字符串，由于工作表名称中以数字开头并且包含符号 #，因此需要在工作表名称前后各加上一个半角单引号。

```
{"'1#C'!B1:N300";"'1#D'!B1:N300";"'2#C'!B1:N300";"'2#D'!B1:N300";"'2#E'
!B1:N300"}
```

再使用 INDIRECT 函数将这些字符串分别转换为对多张工作表 B1:N300 单元格区域的引用，返回的多维引用结果用作 DSUM 函数的第一参数。

DSUM 函数第二参数设置为“C$1”，表示对各个区域中与 C1 单元格内容同名的字段进行汇总。

第三参数“$A$1:$A2”是一组包含给定条件的单元格区域。其中 $A$1 是列标志，$A2 是用于设定条件的单元格。

当公式向下复制时，第三参数“$A$1:$A2”的范围不断扩展，相当于统计条件中的姓名不断增加，DSUM 函数在多维引用的各个区域中分别得到这些姓名的汇总之和。

最后使用 SUM 函数计算出从第二行开始到公式所在行这个区域中的总和，减去公式上方已有的汇总数，结果就是当前行 A 列姓名的汇总数。

17.2.3　筛选状态下按条件计数

在筛选状态下执行汇总计算时关键是判断单元格的显示状态，SUBTOTAL 函数和 OFFSET 函数结合使用，能够完成筛选状态下的统计汇总。

示例17-5　筛选状态下按条件计数

图 17-10 展示的是某体育赛事表的部分内容，需要在对 A 列的比赛轮次进行筛选后，统计 E 列分别有多少个“胜”“平”“负”。

	A	B	C	D	E
1			胜	负	平
2			5	3	2
3					
4	轮次	主队	客队	比分	主队胜负
55	6	南安普敦	伯恩茅斯	1-3	负
56	6	莱切斯特	热刺	2-1	胜
57	6	伯恩利	诺维奇	2-0	胜
58	6	埃弗顿	谢菲联	0-2	负
59	6	曼城	沃特福德	8-0	胜
60	6	纽卡斯尔	布莱顿	0-0	平
61	6	水晶宫	狼队	1-1	平
62	6	西汉姆	曼联	2-0	胜
63	6	阿森纳	维拉	3-2	胜
64	6	切尔西	利物浦	1-2	负

图 17-10　筛选状态下按条件计数

在 C2 单元格输入以下数组公式，按 <Ctrl+Shift+Enter> 组合键结束编辑，将公式向右复制到 E2 单元格。

```
{=SUM((SUBTOTAL(3,OFFSET($A$4,ROW(1:120),0))=1)*($E$5:$E$124=C1))}
```

公式中的“OFFSET($A$4,ROW(1:120),0)”部分，OFFSET 函数以 A4 单元格为基点，分别向下偏移 1~120 行，向右偏移 0 列，生成的多维引用中包含 120 个大小为一行一列单元格区域。

SUBTOTAL 函数第一参数设置为 3，表示使用 COUNTA 函数的规则，对多维引用中的各个区域分别统计处于可见状态并且不为空的单元格个数，返回内存数组结果为：

```
{0;0;0;……;1;1;1;1;1;1;1;1;1;1;0; ……;0}
```

这部分公式相当于分别对 A5、A6、A7、……、A124 单元格的可见状态进行判断，如果内存数组中的结果为 1，则说明对应位置的单元格为可见状态。

接下来使用“$E$5:$E$124=C1”，判断 E 列单元格中的内容是否与 C1 单元格中的字符相同，得到由逻辑值 TRUE 和 FALSE 构成的内存数组。

最后将两个内存数组中的元素对应相乘，再使用 SUM 函数计算出乘积之和。

17.2.4 按指定次数重复显示内容

示例17-6 制作设备责任人标签

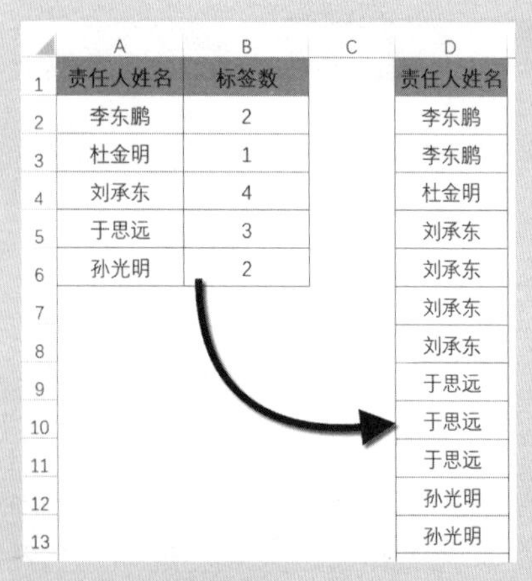

	A	B	C	D
1	责任人姓名	标签数		责任人姓名
2	李东鹏	2		李东鹏
3	杜金明	1		李东鹏
4	刘承东	4		杜金明
5	于思远	3		刘承东
6	孙光明	2		刘承东
7				刘承东
8				刘承东
9				于思远
10				于思远
11				于思远
12				孙光明
13				孙光明

图 17-11 制作设备责任人标签

如图 17-11 所示，某企业为落实 5S 管理，需要制作设备维护保养责任人标签。其中 A 列为责任人姓名，B 列为需要得到的标签数。

在 D2 单元格输入以下公式，向下复制到单元格显示空白为止。

```
=LOOKUP(ROW(A1)-1,SUBTOTAL(9,OFFSET(B$1,
0,0,ROW($1:$100))),A$2:A$101)&""
```

公式中的“OFFSET(B$1,0,0,ROW($1:$100))”部分，OFFSET 函数以 B1 单元格为基点，偏移行列数均为 0，以 ROW($1:$100) 生成的序号内存数组作为新引用的行数，得到由 100 个区域构成的多维引用，这些区域的大小分别为 1 列 1 行 ~1 列 100 行。

然后使用 SUBTOTAL 函数对多维引用中的每个区域分别求和，得到内存数组结果为：

```
{0;5;6;10;15;……;17;17;17;17}
```

公式结果相当于从 B1 单元格开始依次向下累加求和。

接下来使用 LOOKUP 函数，以 ROW(A1)-1 的计算结果为查询值，在以上内存数组中查找等于或小于该值的最接近值，并返回第三参数 A$2:A$101 中对应位置的内容。

提示

LOOKUP 函数的第一参数起始值为 ROW(A1)-1，也就是从 0 开始。而求和区域的起始位置必须要从第一行的标题单元格开始，使 SUBTOTAL 函数生成的求和结果中第一个元素始终为 0，否则公式将返回错误值。

17.2.5　累加求和

示例17-7　计算总上网电量首次达到1000万KWH 的月份

图 17-12 展示的是某小型热电厂年度报表的部分内容，需要根据第四行中每个月的总上网电量，计算首次达到 1000 万 KWH 的月份。

D11　{=INDEX(B1:M1,MATCH(TRUE,SUBTOTAL(9,OFFSET(B4,0,0,1,ROW(1:12)))>=10000000,))}

	A	B	C	D	E	F	G	H	I	J	K	L	M
1	项目	20年1月	20年2月	20年3月	20年4月	20年5月	20年6月	20年7月	20年8月	20年9月	20年10月	20年11月	20年12月
2	总发电量(KWH)	1824000	1770000	1584000	1620000	1656000	1800000	1788000	1854000	1842000	1836000	1794000	1782000
3	总供电量(KWH)	1506000	1466100	1302900	1337100	1366200	1494300	1482000	1530600	1516200	1504800	1467900	1455900
4	总上网电量(KWH)	1499480	1465380	1302840	1330560	1364880	1482360	1492920	1515360	1510080	1500840	1465200	1455960
5	脱硫用电量(KWH)	19943	18256	16935	18219	17995	17916	18251	19719	21342	22919	23041	23018
6	厂用电量(KWH)	318000	303900	281100	282900	289800	305700	306000	323400	325800	331200	326100	326100
7	环保用电占比%	6.27%	6.01%	6.02%	6.44%	6.21%	5.86%	5.96%	6.10%	6.55%	6.92%	7.07%	7.06%
8	外供汽量(t)	10026	9960	8400	8970	8560	10030	9980	10150	10020	9975	9950	9600
9													
10													
11	总上网电量达到1000万KWH的月份			20年8月									

图 17-12　热电厂年度报表

在 D11 单元格输入以下数组公式，按 <Ctrl+Shift+Enter> 组合键结束编辑，计算结果为“20 年 8 月”。

```
{=INDEX(B1:M1,MATCH(TRUE,SUBTOTAL(9,OFFSET(B4,0,0,1,ROW(1:12)))>=10000000,))}
```

公式中的“OFFSET(B4,0,0,1,ROW(1:12))”部分，OFFSET 函数以 B4 单元格为基点，偏移行列数均为 0，新引用的行数为 1 行，以 ROW($1:$12) 生成的内存数组作为新引用的列数，得到 B4:B4、B4:C4、……、B4:M4 共 12 个区域构成的多维引用。

再使用 SUBTOTAL 函数对多维引用中的每个区域分别求和，得到从 C4 单元格开始依次向右累加求和的内存数组结果：

```
{1499480;2964860;……;9938420;11453780;12963860;14464700;15929900;17385860}
```

接下来判断内存数组中的各个元素是否大于等于 10 000 000，得到由逻辑值 TRUE 和 FALSE 构成的新内存数组。

最后使用 MATCH 函数查找逻辑值 TRUE 首次出现的位置，并由 INDEX 函数返回 B1:M1 单元格区域中对应位置的月份信息。

多维引用公式的编写和运算过程都较为复杂，当处理的数据量比较多时，公式的计算效率会显著下降。实际工作中，可以通过排序或是增加辅助列等方式，降低公式复杂程度。

练习与巩固

1. 引用的维度是指引用中单元格区域的排列（____），维数是引用中不同维度的（____）。
2. 用来生成多维引用的函数包括（________）和（_______）。
3. 函数生成的多维引用将对每个单元格区域引用分别计算，同时返回（_______）个结果值。

第 18 章　财务函数

财务函数在社会经济生活中有着广泛的用途，小到计算个人理财收益、信用卡还款，大到评估企业价值、比较不同方案的优劣以确定重大投资决策，都会用到财务函数。财务函数主要可以分为与本金和利息相关、与投资决策和收益率相关、与折旧相关、与有价证券相关等类型。本章主要介绍如何利用财务函数来实现相关的计算需求。

本章学习要点

（1）财务、投资相关的基础知识。
（2）贷款本息计算相关函数。
（3）投资评价函数。
（4）折旧函数。

18.1　财务、投资相关的基本概念与常见计算

18.1.1　货币的时间价值

货币的时间价值是指在存在投资机会的市场上，货币的价值随着一定时间的投资和再投资而发生的增值。

假设张三在 2021 年 1 月 1 日有 100 元现金，第一种情况是将其存入银行，假定年存款利率为 3%，到 2022 年 1 月 1 日就可以取出 103 元。第二种情况是不做任何投资，到 2022 年 1 月 1 日仍然是 100 元。

第一种情况比第二种情况增加了 3 元，这部分就可以理解为货币的时间价值。

18.1.2　年金

年金是指等额、定期的系列收支，每期的收付款金额在年金周期内不能更改。例如，偿还一笔金额为 10 万元的无息贷款，每年 12 月 31 日偿还 1 万元，偿还 10 年就属于年金付款形式。

18.1.3　单利和复利

利息有单利和复利两种计算方式。

单利是指按照固定的本金计算的利息。即本金固定，到期后一次性结算利息，而本金所产生的利息不再计算利息，如银行的定期存款。

复利是指在每经过一个计息期后，都要将所生利息加入本金，以计算下期的利息。这样，在每一个计息期，上一个计息期的利息都将成为生息的本金，即以利生利，也就是俗称的“利滚利”，某些货币基金采用的就是这种计息方式。

示例18-1 分别用单利和复利计算投资收益

	A	B	C
1	年利率	5%	
2	本金	100	
3			
4	年份	单利累计收益	复利累计收益
5	1	5.00	5.00
6	2	10.00	10.25
7	3	15.00	15.76
8	4	20.00	21.55
9	5	25.00	27.63
10	6	30.00	34.01
11	7	35.00	40.71
12	8	40.00	47.75
13	9	45.00	55.13
14	10	50.00	62.89

图 18-1 单利和复利

如图 18-1 所示，假设初始投资本金为 100 元，年利率为 5%，分别使用单利和复利两种方式来计算每年的收益。

在 B5 单元格输入以下公式，向下复制到 B14 单元格。

```
=$B$2*$B$1*A5
```

在 C5 单元格输入以下公式，向下复制到 C14 单元格。

```
=$B$2*(1+$B$1)^A5-$B$2
```

可以看出，单利模式每年收益均为固定的 5 元，复利模式由于每年产生的收益都会滚动计入下年的本金。因此收益逐年增大。

现值和终值的计算一般基于复利模式计算。

一般财务函数中会提供参数指定投资本金的支出或贷款本息的偿还是在期初还是期末。如无特殊说明，示例中投资本金均指在每一个计息期间的第一天支出，就年度的计息期来说，投资本金于每年的 1 月 1 日支出。若为偿还贷款，贷款本金和利息的支出在每个计息期间的最末一天。

18.1.4 现值和终值

现值（Present Value，缩写为“PV”）指未来现金流量以恰当的折现率折算到现在的价值，在不考虑通货膨胀的情况下主要考虑的是货币的时间价值因素。

假设社会平均投资回报率为每年 10%，1 年之后的 110 元相当于现在的 100 元，也就是 1 年之后的 110 元折算到现在的价值是 110/(1+10%)^1 等于 100 元。因为现在的 100 元投资出去，1 年之后能收回 110 元。因此可以说 1 年之后的 110 元其现值是 100 元。

将未来的现金流折算成现值的过程叫作“折现”，折现使用的利率或回报率叫作“折现率”。

示例18-2 现值计算

	A	B	C	D
1	未来现金流发生时点（年）	1	2	3
2	未来现金流发生金额	18000	18000	18000
3	年利率	5.25%	5.25%	5.25%
4				
5	复利现值	17,102.14	16,249.06	15,438.54

图 18-2 现值计算

假设年利率为 5.25%，图 18-2 中列示了 1 年后、2 年后和 3 年后的 18 000 元现值的计算结果。在 B5 单元格输入以下公式，向右复制到 D5 单元格，计算复利下的现值。

```
=B2/(1+B3)^B1
```

可以看出，相同金额折现的期间越长，现值计算结果越小。

终值 (Future Value，缩写为“FV”) 与现值对应，又称将来值或本利和，是指现在一定量的资金在未来某一时点上的价值。

假设投资年回报率为 10%，现在投资 100 元，1 年之后会变成 110 元，也就是现在的 100 元折算到 1 年后的终值是 100*(1+10%)^1 等于 110 元。

示例18-3 终值计算

假设年利率为 5.25%，图 18-3 中列示了现在投资 18 000 元在 1 年后、2 年后和 3 年后的终值计算结果。在 B5 单元格输入以下公式，向右复制到 D5 单元格，计算复利下的终值。

```
=B2*(1+B3)^B1
```

	A	B	C	D
1	计算终值的时点（年）	1	2	3
2	现在投资金额	18000	18000	18000
3	年利率	5.25%	5.25%	5.25%
4				
5	复利终值	18,945.00	19,939.61	20,986.44

图 18-3 终值计算

可以看出，同样的投资金额时间越长终值计算结果越大。

18.1.5 年利率、月利率和日利率

根据不同的计息周期，一般分为年利率、月利率和日利率三种，在单利模式下和复利模式下三者关系有所不同。

单利模式：

```
月利率 *12= 年利率
日利率 *360= 月利率 *12= 年利率
```

复利模式：

```
(1+ 月利率 )^12-1= 年利率
(1+ 日利率 )^360-1= 年利率
```

提示

如果给定期间利率为 r，期间平均分成 n 个周期，单利模式下每个周期的利率 r' 与 r 的关系为 $r'*n=r$；复利模式下每个周期的利率 r' 与 r 的关系为 $(1+r')$^$n-1=r$。

18.1.6 折现率

折现率是根据资金具有时间价值这一特性，按复利计息原理把未来一定时期的现金流量折合成

现值的一种比率。

如果 1 年后的 110 元相当于现在的 100 元，可以说市场利率是 10%，也可以说现在的 100 元不做任何投资的机会成本率是 10%。此时，在评估一项具体投资时，应该用 10% 作为折现率，将未来预期收回本金和收益的合计值折算成现值，如果现值金额大于初始投资的金额，则说明这项投资是有利可图的，反之则不划算。

18.1.7 名义利率和实际利率

假设张三 2021 年 1 月 1 日投资 100 元购买某保本理财产品，约定年利率为 12%，每月结息，每月结息金额可以复投该保本理财产品。到 2021 年 12 月 31 日实际一共可收取的收益为：

```
100*(1+12%/12)^12-100= 12.68（元）
```

不考虑通货膨胀因素，实际投资的年化收益率为 12.68/100=12.68%，这个利率称为“实际利率”或“有效利率”。协议约定的年利率 12% 称为“名义利率”。

名义利率和实际利率存在差异是基于复利模式计算方法，给定名义利率或实际利率及每年的复利期数，可以将名义利率和实际利率互相转换。

假设名义利率为 i，实际利率为 r，每年复利期数为 n，则：

$$\left(1+\frac{i}{n}\right)^{n}-1=r$$

18.1.8 现金的流入与流出

所有的财务函数都基于现金流，即现金流入与现金流出。所有的交易也都伴随着现金流入与现金流出。例如，购车对于购买者是现金流出，对于销售者就是现金流入。存款对于存款人是现金流出，取款是现金流入。而对于银行，存款是现金流入，取款则是现金流出。

所以在构建财务公式的时候，首先要确定每一个参数应是现金流入还是现金流出。在财务函数的参数和计算结果中，正数代表现金流入，负数代表现金流出。

18.1.9 常见的贷款还款方式

假设张三有一笔 12 000 元的 1 年期银行贷款，年利率为 6.50%，要求每月还款一次。还款方式有等额本金偿还方式和等额本息偿还方式两种。

等额本金偿还方式是在还款期内把贷款本金等分，每期偿还同等数额的本金和本期期初贷款余额在该期间所产生的利息。这样的还款方式，每期偿还本金额固定，利息越来越少。

在等额本金偿还方式下，张三需要每月偿还 1 000 元本金和每月初贷款余额在当月产生的利息。实际偿还情况如表 18-1 所示。

表 18-1 等额本金偿还方式还款明细

期数	每期偿还本息和	其中：偿还本金	其中：偿还利息
1	-1,065.00	-1,000.00	-65.00
2	-1,059.58	-1,000.00	-59.58
3	-1,054.17	-1,000.00	-54.17
4	-1,048.75	-1,000.00	-48.75
5	-1,043.33	-1,000.00	-43.33
6	-1,037.92	-1,000.00	-37.92
7	-1,032.50	-1,000.00	-32.50
8	-1,027.08	-1,000.00	-27.08
9	-1,021.67	-1,000.00	-21.67
10	-1,016.25	-1,000.00	-16.25
11	-1,010.83	-1,000.00	-10.83
12	-1,005.42	-1,000.00	-5.42
合计：	-12,422.50	-12,000.00	-422.50

等额本息偿还方式是在还款期内每期偿还相等金额，每期支付的相等金额中同时包含本金和利息。随着本金的陆续偿还，每期支付的相等金额中本金占比越来越大，利息占比越来越少。

在等额本息偿还方式下，张三需要每月偿还 1 035.56 元。实际偿还情况如表 18-2 所示。

表 18-2 等额本息偿还方式还款明细

期数	每期偿还本息和	其中：偿还本金	其中：偿还利息
1	-1,035.56	-970.56	-65.00
2	-1,035.56	-975.81	-59.74
3	-1,035.56	-981.10	-54.46
4	-1,035.56	-986.41	-49.14
5	-1,035.56	-991.76	-43.80
6	-1,035.56	-997.13	-38.43
7	-1,035.56	-1,002.53	-33.03
8	-1,035.56	-1,007.96	-27.60
9	-1,035.56	-1,013.42	-22.14

续表

期数	每期偿还本息和	其中：偿还本金	其中：偿还利息
10	-1,035.56	-1,018.91	-16.65
11	-1,035.56	-1,024.43	-11.13
12	-1,035.56	-1,029.98	-5.58
合计：	-12,426.68	-12,000.00	-426.68

18.2 基本借贷和投资类函数 FV、PV、RATE、NPER 和 PMT

Excel 中有五个基本借贷和投资函数，它们之间是彼此相关的，分别是 FV 函数、PV 函数、RATE 函数、NPER 函数和 PMT 函数。各函数的功能说明如表 18-3 所示。

表 18-3 五个基本借贷和投资函数

函数	功能	语法
FV	缩写于 Future Value。基于固定利率及等额分期付款方式，返回某项投资的未来值	FV(rate,nper,pmt,[pv],[type])
PV	缩写于 Present Value。返回投资的现值。现值为一系列未来付款的当前值的累积和	PV(rate,nper,pmt,[fv],[type])
RATE	返回年金的各期利率	RATE(nper,pmt,pv,[fv],[type],[guess])
NPER	缩写于 Number of Periods。基于固定利率及等额分期付款方式，返回某项投资的总期数	NPER(rate,pmt,pv,[fv],[type])
PMT	缩写于 Payment。基于固定利率及等额分期付款方式，返回贷款的每期付款额	PMT(rate,nper,pv,[fv],[type])

这些财务函数中包含多个具有同样含义的参数，如 rate、per、nper、pv、fv 等，如表 18-4 所示。

表 18-4 常用财务函数通用参数说明

参数	含义	说明
rate	利率或折现率	使用时应注意 rate 应与其他参数保持一致。例如要以 12% 的年利率按月支付一笔 4 年期贷款，则 rate 应为 12%/12，总期数（nper）应为 4*12。如果每年还款一次，则 rate 应为 12%，总期数（nper）应为 4
nper	付款总期数	
per	需要计算利息、本金等数额的期数	例如，要计算按月支付的一笔 4 年期贷款第 15 个月时应支付的利息或本金，则 per 应等于 15。使用时应注意 per 的数值必须在 1 到 nper 之间
pv	现值	一系列未来现金流的当前值的累积和，某些函数中代表收到贷款的本金

续表

参数	含义	说明
fv	终值或未来值	一系列现金流未来值的累加和，一般为可选参数。若省略 fv，则假定其值为 0
pmt	各期所应支付的金额	如果期初一次性投资后不再追加投资，pmt 为 0
type	付款方式	数字 0 或 1，用以指定各期的付款时间是在期初还是期末。0 或省略代表期末，1 代表期初

这 5 个财务函数之间的关系可以用以下表达式表达：

$$\mathrm{FV}+\mathrm{PV}\times(1+\mathrm{RATE})^{\mathrm{NPER}}+\mathrm{PMT}\sum_{i=0}^{NPER-1}(1+\mathrm{RATE})^{i}=0$$

进一步简化如下：

$$\mathrm{FV}+\mathrm{PV}\times\left(1+\mathrm{RATE}\right)^{\mathrm{NPER}}+\mathrm{PMT}\times\frac{\left(1+\mathrm{RATE}\right)^{\mathrm{NPER}}-1}{\mathrm{RATE}}=0$$

当 PMT 为 0，即在初始投资后不再追加资金，则公式可以简化如下：

$$\mathrm{FV}+\mathrm{PV}\times\left(1+\mathrm{RATE}\right)^{\mathrm{NPER}}=0$$

18.3　与本金和利息相关的财务函数

18.3.1　未来值（终值）函数 FV

在利率 RATE、总期数 NPER、每期付款额 PMT、现值 PV、支付时间类型 TYPE 已确定的情况下，可利用 FV 函数求出未来值。其语法为：

```
FV(rate,nper,pmt,[pv],[type])
```

示例18-4　计算整存整取理财产品的收益

张三投资 10 000 元购买一款理财产品，年收益率是 6%，每月按复利计息，需要计算 2 年后的本金及收益合计金额，如图 18-4 所示。

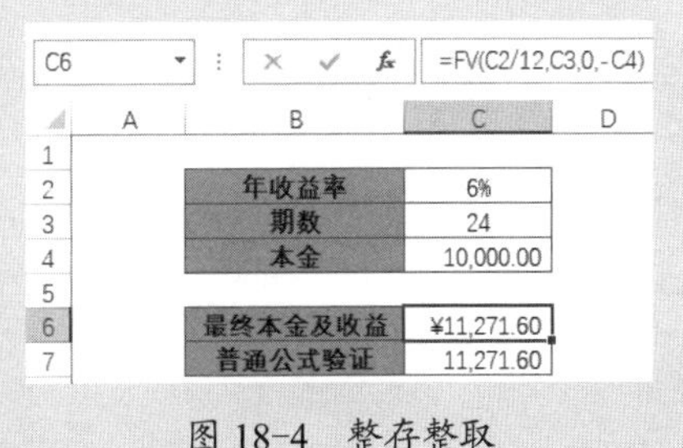

图 18-4　整存整取

在 C6 单元格输入以下公式：

```
=FV(C2/12,C3,0,-C4)
```

由于是按月计息，使用 C2 单元格 6% 的年收益率除以 12 得到每个月的收益率。C3 单元格的期数 24 代表 24 个月。由于是一次性期初投资，因此第三参数 pmt 为 0。投资 10 000 元购买理财产品，属于现金流出，所以 C4 使用负值。最终的本金收益结果为正值，说明是现金流入。type 函数省略说明是期末付款。

使用财务函数计算的单元格格式默认为“货币”格式。

在 C7 单元格输入以下公式可以对 FV 函数返回的结果进行验证。

```
=C4*(1+C2/12)^C3
```

示例18-5 计算零存整取的最终收益

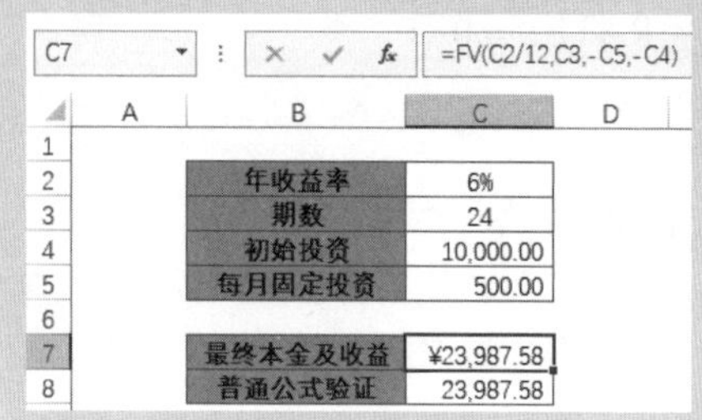

C7 =FV(C2/12,C3,-C5,-C4)

	A	B	C	D
1				
2		年收益率	6%	
3		期数	24	
4		初始投资	10,000.00	
5		每月固定投资	500.00	
6				
7		最终本金及收益	¥23,987.58	
8		普通公式验证	23,987.58	

图 18-5　零存整取

张三投资 10 000 元购买一款理财产品，而且每月再固定投资 500 元，年收益率是 6%，按复利计息，需要计算 2 年后的本金及收益合计金额，如图 18-5 所示。

在 C7 单元格输入以下公式：

```
=FV(C2/12,C3,-C5,-C4)
```

其中每月固定再投资金额属于现金流出，所以使用“-C5”。

在 C8 单元格输入以下普通公式可以对 FV 函数返回的结果进行验证。

```
=C4*(1+C2/12)^C3+C5*((1+C2/12)^C3-1)/(C2/12)
```

提示

银行的零存整取的利息计算方式并不适合于这个公式，因为银行每月按单利计算存款利息，而不是复利。

示例18-6 对比投资保险收益

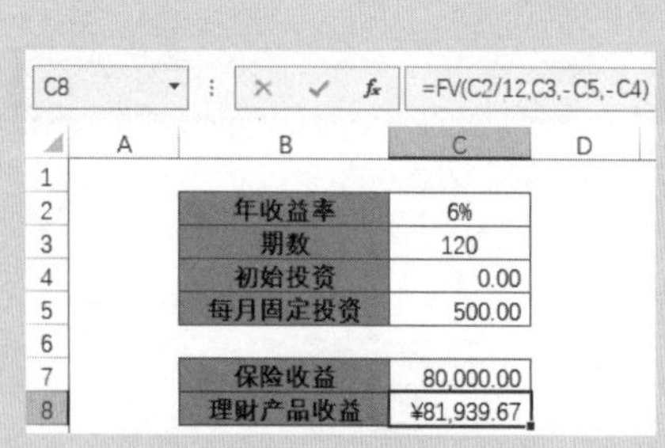

C8 =FV(C2/12,C3,-C5,-C4)

	A	B	C	D
1				
2		年收益率	6%	
3		期数	120	
4		初始投资	0.00	
5		每月固定投资	500.00	
6				
7		保险收益	80,000.00	
8		理财产品收益	¥81,939.67	

图 18-6　对比投资保险收益

有这样一份保险产品：孩子从 8 岁开始投保，每个月固定交给保险公司 500 元，一直到 18 岁，共计 10 年，120 个月。到期保险公司归还全部本金 500*12*10=60 000 元，如果孩子考上大学，额外奖励 20 000 元。

另有一份理财产品，每月固定投资 500 元，年收益率 6%，按月复利计息。

如果仅考虑投资收益，需要计算以上 2 种投资哪种的收益更高，如图 18-6 所示。

在 C7 单元格输入以下公式，结果为 80 000。

```
=500*120+20000
```

在 C8 单元格输入以下公式，结果为 81 939.67。

```
=FV(C2/12,C3,-C5,-C4)
```

假设孩子能够考上大学，投资保险的收益要比投资合适的理财产品少近 2 000 元。

18.3.2　现值函数 PV

在利率 RATE、总期数 NPER、每期付款额 PMT、未来值 FV、支付时间类型 TYPE 已确定的情况下，可利用 PV 函数求出现值。其语法为：

```
PV(rate,nper,pmt,[fv],[type])
```

示例18-7　计算存款多少钱能在30年到达100万

如图 18-7 所示，假设银行 1 年期定期存款利率为 1.5%，利率不变，每年都将本息和进行续存，如果希望在 30 年后个人银行存款可以达到 100 万元，那么现在一次性存入多少钱可以达到这个目标?

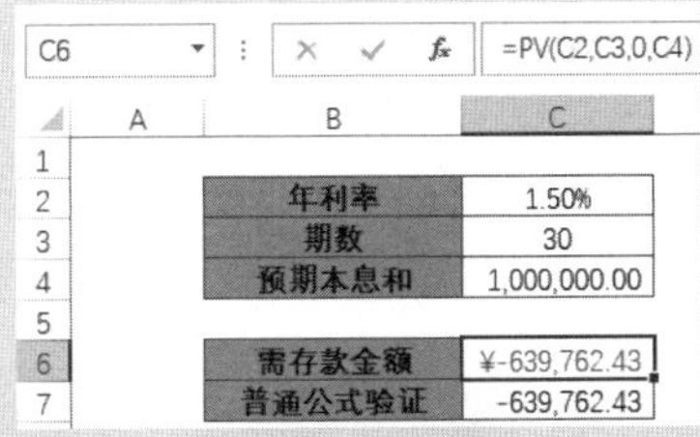

	A	B	C
1			
2		年利率	1.50%
3		期数	30
4		预期本息和	1,000,000.00
5			
6		需存款金额	¥-639,762.43
7		普通公式验证	-639,762.43

图 18-7　计算存款金额

在 C6 单元格输入以下公式：

```
=PV(C2,C3,0,C4)
```

因为是存款，属于现金流出，所以最终计算结果为负值。

在 C7 单元格输入以下普通公式可以对 PV 函数返回的结果进行验证。

```
=-C4/(1+C2)^C3
```

示例18-8　计算整存零取方式养老方案

如图 18-8 所示，现在有一笔钱存入银行，假设银行 1 年期定期存款利率为 1.5%，希望在之后的 30 年内每年从银行取 100 万元，直到全部存款取完，计算现在需要存入多少钱?

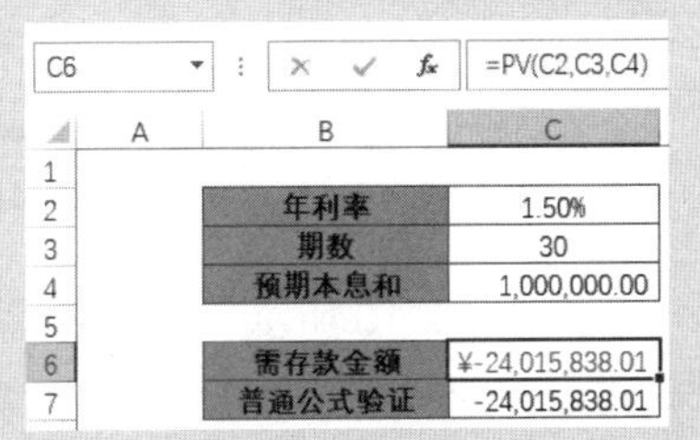

	A	B	C
1			
2		年利率	1.50%
3		期数	30
4		预期本息和	1,000,000.00
5			
6		需存款金额	¥-24,015,838.01
7		普通公式验证	-24,015,838.01

图 18-8　整存零取

在 C6 单元格输入以下公式：

```
=PV(C2,C3,C4)
```

由于最终全部取完，即未来值 FV 为 0(期初一次性存入金额与每期取出的 100 万元未来值合计为 0)，所以可以省略第四参数。

在 C7 单元格输入以下普通公式可以对 PV 函数返回的结果进行验证。

```
=-C4*(1-1/(1+C2)^C3)/C2
```

18.3.3 利率函数 RATE

RATE 函数计算年金形式现金流的利率或贴现利率。如果是按月计算利率，将结果乘以 12 即可得到相应条件下的年利率。其语法为：

```
RATE(nper,pmt,pv,[fv],[type],[guess])
```

其中最后一个参数 guess 为预期利率，是可选的。如果省略 guess，则假定其值为 10%。

RATE 函数通过迭代计算，可以有零个或多个解法。如果在 20 次迭代之后，RATE 的连续结果不能收敛于 0.0000001 之内，则 RATE 返回错误值“#NUM!”。

示例18-9 计算房产投资收益率

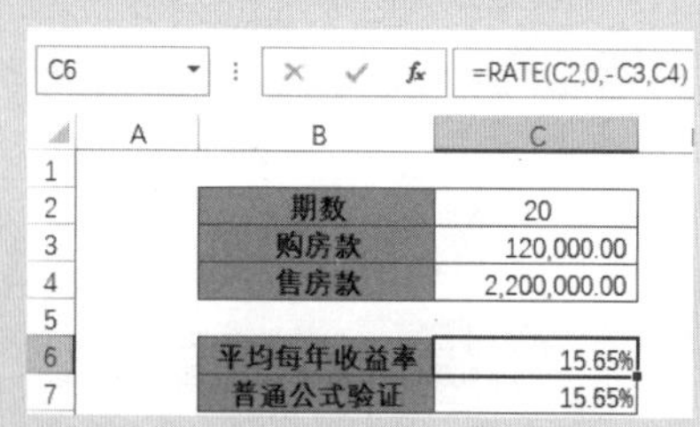

	A	B	C
1			
2		期数	20
3		购房款	120,000.00
4		售房款	2,200,000.00
5			
6		平均每年收益率	15.65%
7		普通公式验证	15.65%

图 18-9 计算房产投资收益率

张三在 2000 年用 12 万元购买了一套房产，到 2020 年以 220 万元价格卖出，总计 20 年时间，需要计算该项投资的年化收益率，如图 18-9 所示。

在 C6 单元格输入以下公式：

```
=RATE(C2,0,-C3,C4)
```

其中 C2 单元格为从买房到卖房之间的期数。中间没有追加投资，所以第二参数 pmt 为 0。在 2000 年支出 12 万元，所以在 2000 年属于现值，使用“-C3”，表示现金流出 12 万元。卖房时间是 2020 年，相对于 2000 年属于未来值，所以最后一个参数 fv 使用 C4。

在 C7 单元格输入以下普通公式可以对 RATE 函数返回的结果进行验证。

```
=(C4/C3)^(1/20)-1
```

示例18-10 计算实际借款利率

如图 18-10 所示，因资金需要，张三向他人借款 10 万元，约定每季度还款 1.2 万元，共计 3 年还清，那么这个借款的利率为多少？

在 C6 单元格输入以下公式返回每期利率。

```
=RATE(C2,-C3,C4)
```

由于期数 12 是按照季度来算的，即 3 年内共有 12 个季度，所以这里计算得到的利率为季度利率。

在 C7 单元格输入以下公式，将季度利率乘以 4，返回相应的年利率。

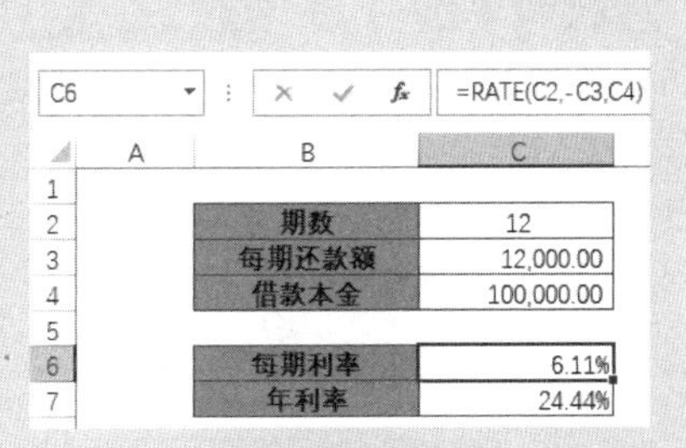

图 18-10　计算实际借款利率

```
=RATE(C2,-C3,C4)*4
```

18.3.4　期数函数 NPER

NPER 函数用于计算基于固定利率及等额分期付款方式，返回某项投资的总期数。其计算结果可能包含小数，需根据实际情况将结果向上舍入或向下舍去得到合理的实际值。其语法为：

```
NPER(rate,pmt,pv,[fv],[type])
```

示例18-11　计算理财产品购买期数

如图 18-11 所示，张三现有存款 10 万元，每月工资剩余 5 000 元可以用于购买理财产品。某理财产品的年利率为 6%，按月计息，需要连续多少期购买该理财产品可以使总额达到 100 万元。

在 C7 单元格输入以下公式：

```
=NPER(C2/12,-C3,-C4,C5)
```

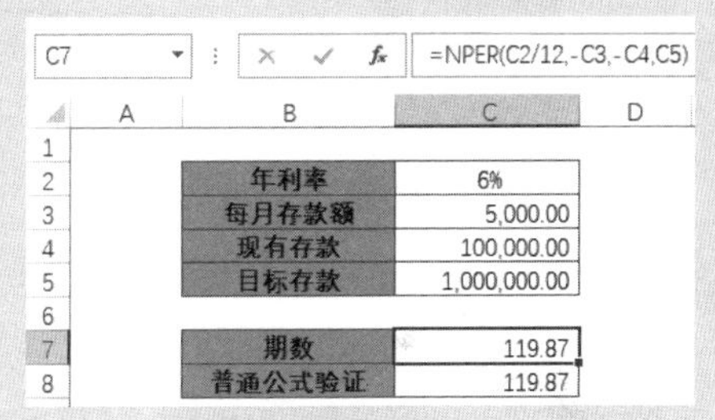

图 18-11　计算购买期数

计算结果为 119.87，由于期数都必须为整数，所以最终结果应为 120 个月，即 10 年整。

在 C8 单元格输入以下普通公式，可以对 NPER 函数返回的结果进行验证。

```
=LOG(((-C3)-C5*C2/12)/((-C3)+(-C4)*C2/12),1+C2/12)
```

18.3.5　付款额函数 PMT

PMT 函数的计算是基于固定的利率和固定的付款额，把某个现值（PV）增加或降低到某个未来值（FV）所需要的每期金额。其语法为：

```
PMT(rate,nper,pv,[fv],[type])
```

示例18-12 计算每期存款额

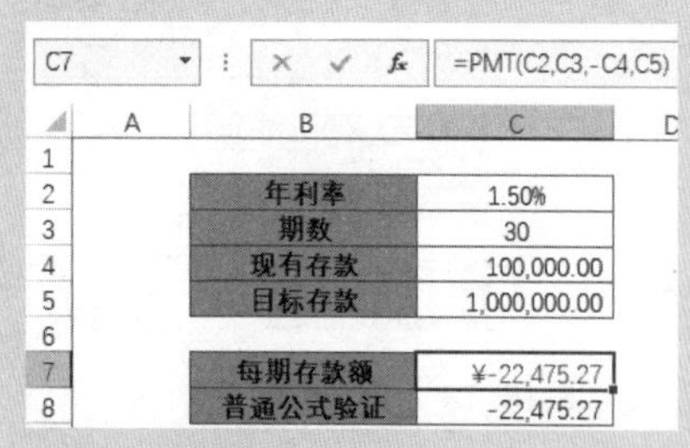

C7 =PMT(C2,C3,-C4,C5)

	A	B	C
1			
2		年利率	1.50%
3		期数	30
4		现有存款	100,000.00
5		目标存款	1,000,000.00
6			
7		每期存款额	¥-22,475.27
8		普通公式验证	-22,475.27

图 18-12 每期存款额

如图 18-12 所示，假设银行 1 年期定期存款利率为 1.5%。张三现有存款 10 万元，如果希望在 30 年后个人银行存款可以达到 100 万元，那么在这 30 年中，需要每年追加存款多少钱？

在 C7 单元格输入以下公式：

```
=PMT(C2,C3,-C4,C5)
```

在 C8 单元格输入以下普通公式可以对 PMT 函数返回的结果进行验证。

```
=(-C5*C2+C4*(1+C2)^C3*C2)/((1+C2)^C3-1)
```

示例18-13 贷款每期还款额计算

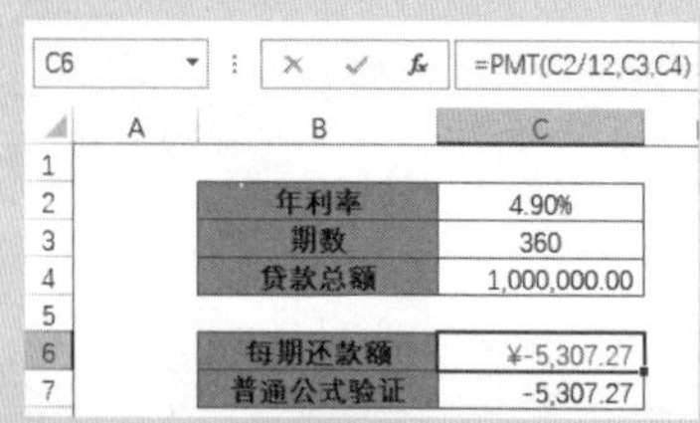

C6 =PMT(C2/12,C3,C4)

	A	B	C
1			
2		年利率	4.90%
3		期数	360
4		贷款总额	1,000,000.00
5			
6		每期还款额	¥-5,307.27
7		普通公式验证	-5,307.27

图 18-13 贷款每期还款额计算

如图 18-13 所示，张三从银行贷款 100 万元，年利率为 4.9%，共贷款 30 年，采用等额本息还款方式，需要计算每月还款额为多少？

在 C6 单元格输入以下公式：

```
=PMT(C2/12,C3,C4)
```

银行贷款的利率为年利率，由于是按月计息，所以需要除以 12 得到月利率。贷款的期数则用 30 年乘以 12，得到总计 360 个月。贷款属于现金流入，所以这里的现值使用正数，每月还款额属于现金流出。因此得到的结果是负数。

在 C7 单元格输入以下普通公式可以对 PMT 函数返回的结果进行验证。

```
=(-C4*(1+C2/12)^C3*C2/12)/((1+C2/12)^C3-1)
```

18.3.6 还贷本金函数 PPMT 和利息函数 IPMT

PMT 函数常被用在等额本息还贷业务中，用来计算每期应偿还的贷款金额。而 PPMT 函数和 IPMT 函数则可分别用来计算该业务中每期还款金额中的本金和利息部分，PPMT 函数和 IPMT 函数的语法如下：

```
PPMT(rate,per,nper,pv,[fv],[type])
IPMT(rate,per,nper,pv,[fv],[type])
```

示例18-14　贷款每期还款本金与利息

如图 18-14 所示，张三短期贷款 15 000 元，采用等额本息还款方式每月还款，年利率为 6.5%，12 个月付清。需要计算每个月偿还的本金和利息各多少?

	A	B	C	D	E	F	G
1	年利率	6.50%		期数	本息和	偿还本金	偿还利息
2	期数	12		1	¥-12,944.46	¥-12,131.96	¥-812.50
3	贷款总额	150,000.00		2	¥-12,944.46	¥-12,197.68	¥-746.79
4				3	¥-12,944.46	¥-12,263.75	¥-680.71
5				4	¥-12,944.46	¥-12,330.18	¥-614.29
6				5	¥-12,944.46	¥-12,396.97	¥-547.50
7				6	¥-12,944.46	¥-12,464.12	¥-480.35
8				7	¥-12,944.46	¥-12,531.63	¥-412.83
9				8	¥-12,944.46	¥-12,599.51	¥-344.95
10				9	¥-12,944.46	¥-12,667.76	¥-276.71
11				10	¥-12,944.46	¥-12,736.37	¥-208.09
12				11	¥-12,944.46	¥-12,805.36	¥-139.10
13				12	¥-12,944.46	¥-12,874.72	¥-69.74

图 18-14　贷款每期还款本金与利息

在 E2 单元格输入以下公式，计算每期的本息之和，向下复制到 E13 单元格。

```
=PMT(B$1/B$2,B$2,B$3)
```

在 F2 单元格输入以下公式，计算每期的偿还本金，向下复制到 F13 单元格。

```
=PPMT(B$1/B$2,D2,B$2,B$3,0)
```

在 G2 单元格输入以下公式，计算每期的偿还利息，向下复制到 G13 单元格。

```
=IPMT(B$1/B$2,D2,B$2,B$3,0)
```

在等额本息还款方式中，每期还款金额中利息部分越来越少，本金越来越多。但两者合计金额始终等于每期的还款总额，即在相同条件下 PPMT+IPMT=PMT。

18.3.7　累计还贷本金函数 CUMPRINC 和利息函数 CUMIPMT

使用 CUMPRINC 函数和 CUMIPMT 函数可以计算等额本息还款方式下某一个阶段需要还款的本金和利息的合计金额。CUMPRINC 函数和 CUMIPMT 函数的语法如下：

```
CUMPRINC(rate,nper,pv,start_period,end_period,type)
CUMIPMT(rate,nper,pv,start_period,end_period,type)
```

示例18-15　贷款累计还款本金与利息

如图 18-15 所示，张三从银行贷款 100 万元，采用等额本息还款方式每月还款，年利率为 4.9%，共贷款 30 年。需要计算第 2 年，即第 13 个月到第 24 个月期间需要还款的累计本金和利息各多少?

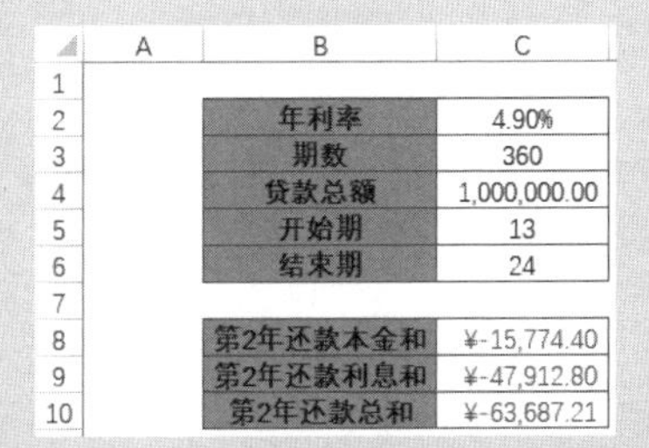

	A	B	C
1			
2		年利率	4.90%
3		期数	360
4		贷款总额	1,000,000.00
5		开始期	13
6		结束期	24
7			
8		第2年还款本金和	¥-15,774.40
9		第2年还款利息和	¥-47,912.80
10		第2年还款总和	¥-63,687.21

图 18-15　贷款累计还款本金与利息

在 C8 单元格输入以下公式，计算第 2 年累计还款本金。

```
=CUMPRINC(C2/12,C3,C4,C5,C6,0)
```

在 C9 单元格输入以下公式，计算第 2 年累计还款利息。

```
=CUMIPMT(C2/12,C3,C4,C5,C6,0)
```

在 C10 单元格输入以下公式，计算第 2 年累计还款本息总和。

```
=PMT(C2/12,C3,C4)*(C6-C5+1)
```

CUMPRINC 函数和 CUMIPMT 函数与之前介绍的其他财务函数不同，最后一个参数 type 不可省略，通常情况下，付款是在期末发生的，所以 type 一般使用参数 0。

18.4 名义利率函数 NOMINAL 与实际利率函数 EFFECT

在经济分析中，复利计算通常以年为计息周期。但在实际经济活动中，计息周期有半年、季度、月、周、日等多种。当利率的时间单位与计息期不一致时，就出现了名义利率和实际利率问题。

用于计算名义利率和实际利率的分别是 NOMINAL 函数和 EFFECT 函数，它们的语法分别为：

```
NOMINAL(effect_rate,npery)
EFFECT(nominal_rate,npery)
```

其中 npery 参数代表每年的复利期数。

二者之间的数学关系为：

$$\mathrm{EFFECT}=\left(1+\frac{\mathrm{NOMINAL}}{\mathrm{npery}}\right)^{\mathrm{npery}}-1$$

示例18-16 名义利率与实际利率

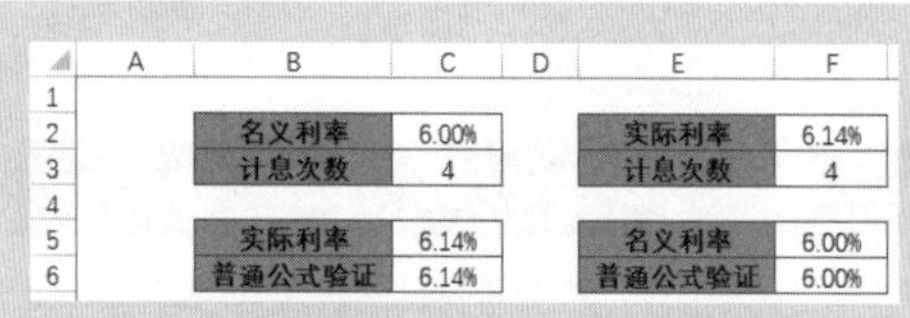

	A	B	C	D	E	F
1						
2		名义利率	6.00%		实际利率	6.14%
3		计息次数	4		计息次数	4
4						
5		实际利率	6.14%		名义利率	6.00%
6		普通公式验证	6.14%		普通公式验证	6.00%

图 18-16 名义利率与实际利率

如图 18-16 所示，将 6.00% 的名义利率转化为按季度复利计算的年实际利率，将 6.14% 的实际利率转化为按季度复利计算的年名义利率。

在 C5 单元格输入以下公式，将年名义利率转化为年实际利率。

```
=EFFECT(C2,C3)
```

C6 单元格中的普通验证公式为：

```
=(1+C2/C3)^C3-1
```

在 F5 单元格输入以下公式，将年实际利率转化为年名义利率。

```
=NOMINAL(F2,F3)
```

F6 单元格中的普通验证公式为：

```
=F3*((F2+1)^(1/F3)-1)
```

在计算实际利率时是使用复利的计算方式，所以实际利率比名义利率更高。

18.5　投资评价函数

Excel 中有 5 个常用的投资评价函数，用以计算净现值和收益率，其功能和语法如表 18-5 所示。

表 18-5　投资评价函数

函数	功能	语法
NPV	使用折现率和一系列未来支出（负值）和收益（正值）来计算一项投资的净现值	NPV(rate,value1,[value2],...)
IRR	返回一系列现金流的内部收益率	IRR(values,[guess])
XNPV	返回一组现金流的净现值，这些现金流不一定定期发生	XNPV(rate,values,dates)
XIRR	返回一组不一定定期发生的现金流的内部收益率	XIRR(values,dates,[guess])
MIRR	返回考虑投资的成本和现金再投资的收益率的修正后的收益率	MIRR(values,finance_rate, reinvest_rate)

18.5.1　净现值函数 NPV

净现值是指一个项目预期实现的现金流入的现值与实施该项计划的现金支出的差额。净现值体现了项目的获利能力，净现值大于等于 0 时表示方案不会亏损，净现值小于 0 则表示方案会亏损。

NPV 函数缩写于 Net Present Value，是根据设定的折现率或基准收益率来计算一系列现金流的合计。用 n 代表现金流的笔数，value 代表各期现金流，则 NPV 的公式如下：

$$\mathrm{NPV}=\sum_{i=1}^{n}\frac{\mathrm{value}_i}{(1+\mathrm{RATE})^i}$$

NPV 投资开始于 valuei 现金流所在日期的前一期，并以列表中最后一笔现金流为结束。NPV 的计算基于未来的现金流。如果第一笔现金流发生在第一期的期初，则第一笔现金必须添加到 NPV 的结果中，而不应包含在值参数中。

NPV 函数类似于 PV 函数。PV 函数与 NPV 函数的主要差别在于：PV 函数既允许现金流在期末开始也允许现金流在期初开始。与可变的 NPV 函数的现金流值不同，PV 函数现金流在整个投资中必须是固定的。

示例18-17 计算投资净现值

	A	B	C
1			
2		折现率	8.00%
3		初始投资	-50,000.00
4		第1年收益	9,000.00
5		第2年收益	10,200.00
6		第3年收益	11,000.00
7		第4年收益	13,000.00
8		第5年收益	15,500.00
9			
10		净现值	¥-4,085.23
11		PV函数验证	-4,085.23
12		普通公式验证	-4,085.23

图 18-17 计算投资净现值

已知折现率为 8%，某工厂拟投资 50 000 元购买一套设备，设备使用寿命5年，预计每年的收益情况如图 18-17 所示，求此项投资的净现值以判断这项投资是否可行。

在 C10 单元格输入以下公式：

```
=NPV(C2,C4:C8)+C3
```

其中 C3 单元格为第 1 年年初的现金流量，因此不包含在 NPV 函数的参数中。计算结果为负值，如果仅考虑净现值指标，那么购买这套设备并不是一笔好的投资。

在 C11 单元格中输入以下数组公式进行验证，按 <Ctrl+Shift+Enter> 组合键结束编辑。

```
{=SUM(-PV(C2,ROW(1:5),0,C4:C8))+C3}
```

在 C12 单元格中输入以下公式进行验证，按 <Ctrl+Shift+Enter> 组合键结束编辑。

```
{=SUM(C4:C8/(1+C2)^(ROW(1:5)))+C3}
```

示例18-18 出租房屋收益

	A	B	C
1			
2		折现率	8.00%
3		初始投资	-1,500,000.00
4		第1年租金	72,000.00
5		第2年租金	78,000.00
6		第3年租金	84,000.00
7		第4年租金	90,000.00
8		第5年租金	96,000.00
9		第5年年末卖房	1,800,000.00
10			
11		净现值	¥83,296.21
12		PV函数验证	83,296.21
13		普通公式验证	83,296.21

图 18-18 出租房屋收益

已知折现率为 8%，投资者投资 150 万元购买了一套房屋，然后以 72 000 元的价格出租一年，以后每年的出租价格比上一年增加 6 000 元，每年在年初收取租金。出租 5 年后，在第 5 年的年末以 180 万元的价格卖出，计算出该笔投资的收益情况，如图 18-18 所示。

在 C11 单元格输入以下公式：

```
=NPV(C2,C5:C9)+C3+C4
```

由于第 1 年的租金是在出租房屋之前收取，即收益发生在期初，所以第 1 年租金与买房投资的资金都在期初来做计算。房屋在第 5 年年末以升值后的价格卖出，相当于第 5 期的期末值。最终计算得到净现值 83 296 元，为一个正值，说明此项投资获得了较高的回报。

在 C12 单元格中输入以下数组公式进行验证，按 <Ctrl+Shift+Enter> 组合键结束编辑。

```
{=SUM(-PV(C2,ROW(1:5),0,C5:C9))+C3+C4}
```

在 C13 单元格中输入以下验证公式，按 <Ctrl+Shift+Enter> 组合键结束编辑。

```
{=SUM(C5:C9/(1+C2)^(ROW(1:5)))+C3+C4}
```

18.5.2 内部收益率函数 IRR

IRR 函数缩写于 Internal Rate of Return，返回由值中的数字表示的一系列现金流的内部收益率。也可以说，IRR 函数是一种特殊的 NPV 过程。

$$\sum_{i=1}^{n}\frac{value_i}{(1+\mathrm{IRR})^i}=0$$

这些现金流金额不必完全相同，但是现金流必须定期（如每月或每年按固定间隔）出现。

IRR 函数第一参数应至少一个正值和一个负值，否则返回错误值“#NUM!”。IRR 函数第一参数中的现金流数值，应按实际发生的时间顺序排列。

示例18-19 计算内部收益率

某工厂拟投资 50 000 元购买一套设备，使用寿命 5 年，预计之后每年设备的收益情况如图 18-19 所示，需要计算内部收益率。

在 C9 单元格输入以下公式：

```
=IRR(C2:C7)
```

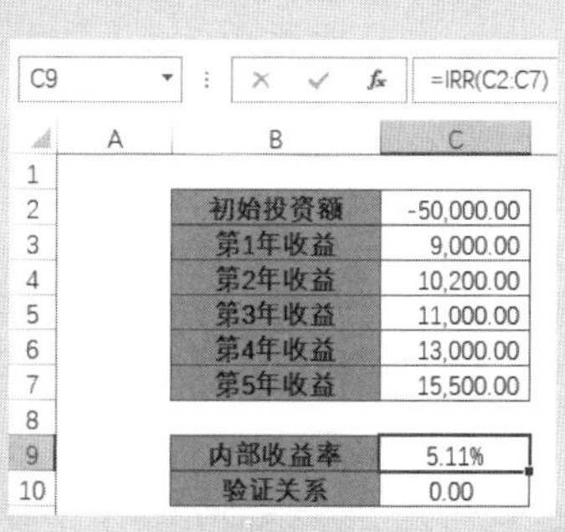

	A	B	C
1			
2		初始投资额	-50,000.00
3		第1年收益	9,000.00
4		第2年收益	10,200.00
5		第3年收益	11,000.00
6		第4年收益	13,000.00
7		第5年收益	15,500.00
8			
9		内部收益率	5.11%
10		验证关系	0.00

图 18-19 计算内部收益率

得到结果为 5.11%，说明如果现在的折现率低于 5.11%，那么购买此设备并生产得到的收益更高。反之如果折现率高于 5.11%，那么这样的投资便是不可行的。

在 C10 单元格输入以下公式，其结果为 0，以此来验证 NPV 与 IRR 之间的关系。

```
=NPV(C9,C3:C7)+C2
```


18.5.3 不定期现金流净现值函数 XNPV

XNPV 函数返回一组现金流的净现值，这些现金流不一定定期发生。它与 NPV 函数的区别在于：

- ❖ NPV 函数是基于相同的时间间隔定期发生，而 XNPV 是不定期的。
- ❖ NPV 的现金流发生是在期末，而 XNPV 是在每个期间的期初。

P_i 代表第 i 个支付金额，d_i 代表第 i 个支付日期，d_1 代表第 0 个支付日期，则 XNPV 的计算公式如下：

$$\mathrm{XNPV}=\sum_{i=1}^{n}\frac{P_i}{(1+\mathrm{RATE})^{\frac{d_i-d_1}{365}}}$$

XNPV 第二参数数值系列必须至少要包含一个正数和一个负数，第三参数中第一个支付日期代表支付表的开始日期，其他所有日期应晚于该日期，但可按任何顺序排列。

示例18-20 计算不定期现金流量的净现值

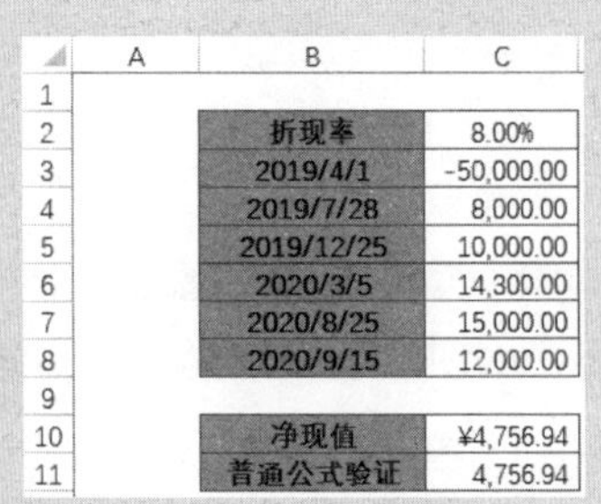

	A	B	C
1			
2		折现率	8.00%
3		2019/4/1	-50,000.00
4		2019/7/28	8,000.00
5		2019/12/25	10,000.00
6		2020/3/5	14,300.00
7		2020/8/25	15,000.00
8		2020/9/15	12,000.00
9			
10		净现值	¥4,756.94
11		普通公式验证	4,756.94

图 18-20 不定期现金流量净现值

已知折现率为 8%，某工厂拟于 2019 年 4 月 1 日投资 50 000 元购买一套设备，不等期的预期收益情况如图 18-20 所示，求此项投资的净现值以评估投资是否可行。

在 C10 单元格输入以下公式：

```
=XNPV(C2,C3:C8,B3:B8)
```

公式返回结果为正值，说明此项投资可行。如果公式返回结果为负值，则说明此项投资不可行。

在 C11 单元格中输入以下数组公式进行验证，按 <Ctrl+Shift+Enter> 组合键结束编辑。

```
{=SUM(C3:C8/(1+C2)^((B3:B8-B3)/365))}
```

18.5.4 不定期现金流内部收益率函数 XIRR

XIRR 函数返回一组不定期发生的现金流的内部收益率，该收益率为年化收益率。

P_i 代表第 i 个支付金额，d_i 代表第 i 个支付日期，d_1 代表第 0 个支付日期，则 XIRR 计算的收益率即为函数 XNPV = 0 时的利率，其计算公式如下：

$$\sum_{i=1}^{n}\frac{P_i}{(1+\text{RATE})^{\frac{d_i-d_1}{365}}}=0$$

示例18-21 不定期现金流量收益率

	A	B	C
1			
2		2019/4/1	-50,000.00
3		2019/7/28	8,000.00
4		2019/12/25	10,000.00
5		2020/3/5	14,300.00
6		2020/8/25	15,000.00
7		2020/9/15	12,000.00
8			
9		收益率	18.04%
10		验证关系	0.00

图 18-21 不定期现金流量收益率

某工厂拟于 2019 年 4 月 1 日投资 50 000 元购买一套设备，不定期的预期收益情况如图 18-21 所示，求此项投资的收益率。

在 C9 单元格输入以下公式：

```
=XIRR(C2:C7,B2:B7)
```

在 C10 单元格输入以下公式，其结果为 0，以此来验证 XNPV 与 XIRR 之间的关系。

```
=XNPV(C9,C2:C7,B2:B7)
```

18.5.5　再投资条件下的内部收益率函数 MIRR

MIRR 函数返回同时考虑投资的成本和现金再投资的收益率。其语法为：

```
MIRR(values, finance_rate, reinvest_rate)
```

第一参数 values 为一系列定期支出（负值）和收益（正值），第二参数 finance_rate 为投资的基准收益率，第三参数 reinvest_rate 为现金流再投资的收益率。

MIRR 函数返回的是修正的内含报酬率，该内含报酬率指在一定基准收益率（折现率）的条件下，将投资项目的未来现金流入量按照一定的再投资率计算至最后一年的终值，再将该投资项目的现金流入量的终值折算为现值，并使现金流入量的现值与项目的初始投资额相等的折现率。

MIRR 函数第一参数系列定期收支现金流应按发生的先后顺序排列，并使用正确的符号（收到的现金使用正值，支付的现金使用负值）。

示例18-22　再投资条件下的内部收益率计算

某公司拟进行一笔固定资产投资，初始投资额为 8 万元，运营期各年的现金流量、基准收益率和再投资收益率如图 18-22 所示，需要计算再投资条件下的内部收益率。

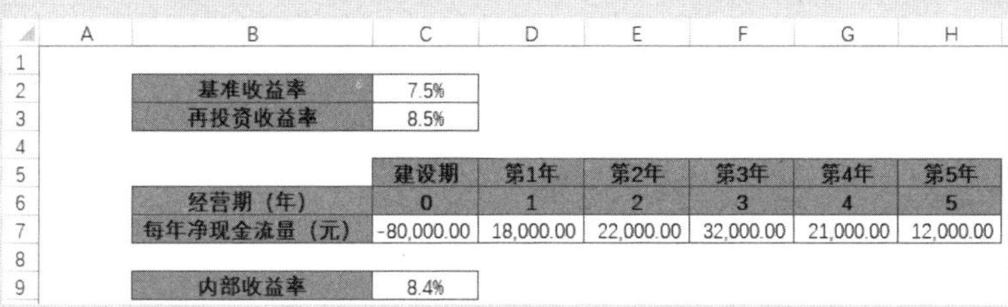

	A	B	C	D	E	F	G	H
1								
2		基准收益率	7.5%					
3		再投资收益率	8.5%					
4								
5			建设期	第1年	第2年	第3年	第4年	第5年
6		经营期（年）	0	1	2	3	4	5
7		每年净现金流量（元）	-80,000.00	18,000.00	22,000.00	32,000.00	21,000.00	12,000.00
8								
9		内部收益率	8.4%					

图 18-22　某固定资产投资数据

在 C9 单元格输入以下公式，返回结果为 8.4%。

```
=MIRR(C6:H7,C2,C3)
```

18.6　用 SLN、SYD、DB、DDB 和 VDB 函数计算折旧

折旧是指资产价值的下降，指在固定资产使用寿命内，按照确定的方法对应计折旧额进行系统分摊，分为直线折旧法和加速折旧法。

SLN 函数用于计算直线折旧法。用于加速折旧法计算的函数有 SYD 函数、DB 函数、DDB 函数和 VDB 函数。它们的功能与语法如表 18-6 所示：

表 18-6　折旧函数

函数	功能	语法
SLN	返回一个期间内的资产的直线折旧	SLN(cost,salvage,life)
SYD	返回在指定期间内资产按年限总和折旧法计算的折旧	SYD(cost,salvage,life,per)
DB	使用固定余额递减法，计算一笔资产在给定期间内的折旧值	DB(cost,salvage,life,period,[month])
DDB	用双倍余额递减法或其他指定方法，返回指定期间内某项固定资产的折旧值	DDB(cost,salvage,life,period,[factor])
VDB	使用双倍余额递减法或其他指定方法，返回一笔资产在给定期间（包括部分期间）内的折旧值	VDB(cost,salvage,life,start_period,end_period,[factor],[no_switch])

以上函数中各参数的含义如表 18-7 所示：

表 18-7　折旧函数参数及含义

参数	含义
cost	资产原值
salvage	折旧末尾时的值（有时也称为资产残值）
life	资产的折旧期数（有时也称作资产的使用寿命）
per 或 period	计算折旧的时间区间
month	DB 函数的第一年的月份数。如果省略月份，则假定其值为 12
start_period	计算折旧的起始时期
end_period	计算折旧的终止时期
factor	余额递减速率，如果省略 factor，其默认值为 2，即双倍余额递减法
no_switch	逻辑值，指定当折旧值大于余额递减计算值时，是否转用直线折旧法。值为 TRUE 则不转用直线折旧法，值为 FALSE 或省略则转用直线折旧法

直线折旧法：SLN 函数是指按固定资产的使用年限平均计提折旧的一种方法，计算公式如下。

$$SLN = \frac{cost - salvage}{life}$$

年限总和折旧法：SYD 函数是以剩余年限除以年度数之和为折旧率，然后乘以固定资产原值扣减残值后的金额。计算公式如下。

$$SYD = (cost - salvage)\frac{life - per + 1}{life*(life+1)/2}$$

固定余额递减法：DB 函数以固定资产原值减去前期累计折旧后的金额，乘以 1 减去几何平均残值率得到的折旧率，再乘以当前会计年度实际需要计提折旧的月数除以 12，计算出对应会计年度的折旧额。计算公式如下。

$$DB_{per}=\left(cost-\sum_{i=1}^{per-1}DB_i\right)*ROUND\left(1-\sqrt[life]{\frac{salvage}{cost}},3\right)*\frac{month}{12}$$

双倍余额递减法：DDB 函数用年限平均法折旧率的两倍作为固定的折旧率乘以逐年递减的固定资产期初净值，得出各年应提折旧额的方法（不考虑最后两年转直线法计算折旧的会计相关规定）。计算公式分如下两部分。

$$DDB_{per}=MIN\left(\left(cost-\sum_{i=1}^{per-1}DDB_i\right)*\frac{factor}{life},\ cost-salvage-\sum_{i=1}^{per-1}DDB_i\right)$$

示例18-23 折旧函数对比

假设某项固定资产原值为 5 万元，残值率为 10%，使用年限为 5 年。分别使用五个折旧函数来计算每年的折旧额，如图 18-23 所示。

	A	B	C	D	E	F	G
1							
2		固定资产原值	cost	50,000			
3		残值	salvage	5,000			
4		使用年限	life	5			
5		余额递减速率	factor	2			
6		不转直线折旧	no_switch	TRUE			
7							
8							
9		年度	SLN	SYD	DB	DDB	VDB
10		1	9,000.00	15,000.00	18,450.00	20,000.00	20,000.00
11		2	9,000.00	12,000.00	11,641.95	12,000.00	32,000.00
12		3	9,000.00	9,000.00	7,346.07	7,200.00	39,200.00
13		4	9,000.00	6,000.00	4,635.37	4,320.00	43,520.00
14		5	9,000.00	3,000.00	2,924.92	1,480.00	45,000.00

图 18-23 折旧函数对比

在 C10 单元格输入以下公式，用直线折旧法计算每一期的折旧额，向下复制到 C14 单元格。

```
=SLN($D$2,$D$3,$D$4)
```

在D10单元格输入以下公式，用年限总和折旧法计算每一期的折旧额，向下复制到D14单元格。

```
=SYD($D$2,$D$3,$D$4,B10)
```

在E10单元格输入以下公式，用固定余额递减法计算每一期的折旧额，向下复制到E14单元格。

```
=DB($D$2,$D$3,$D$4,B10)
```

在F10单元格输入以下公式，用双倍余额递减法计算每一期的折旧额，向下复制到F14单元格。

```
=DDB($D$2,$D$3,$D$4,B10,$D$5)
```

在 G10 单元格输入以下公式，用双倍余额递减法计算每一期折旧额的累计值，向下复制到 G14 单元格。

```
=VDB($D$2,$D$3,$D$4,0,B10,$D$5,$D$6)
```

通过以上计算结果可以看出，SLN 函数的折旧额每年相同，这种直线折旧法是最简单、最普遍的折旧方法。

VDB 函数的计算结果是返回一段期间内的累计折旧值，将函数的 start_period 设置为 0，以计算从开始截至每一个时期的累计折旧值。这里将 VDB 的 factor 参数设置为 2，并且不转线性折旧，相当于 DDB 函数的累计计算。

SLN、SYD、DB、DDB 四个函数的净值（原值减累计折旧后的余额）变化曲线如图 18-24 所示，加速折旧法在初期折旧率较大，后期较小并趋于平稳。

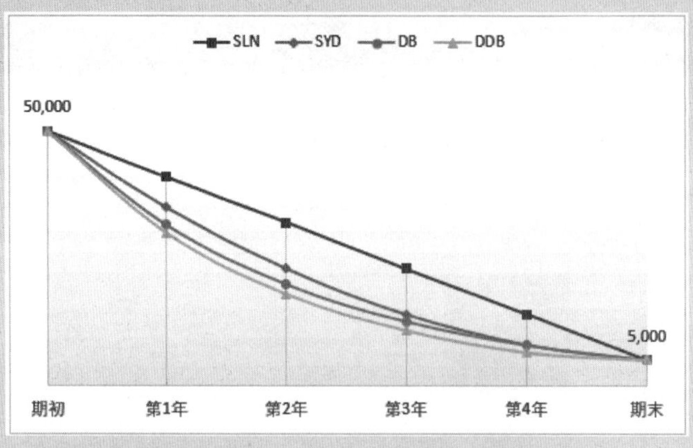

图 18-24　不同折旧法净值曲线

18.7　财务函数综合应用

18.7.1　动态投资回收期

动态投资回收期是指把投资项目各年的净现金流量按折现率折算成现值之后，使净现金流量累计现值等于零时的年数。

动态投资回收期是考虑资金的时间价值时收回初始投资所需的时间。如果收回初始投资所需的时间大于项目的经营期，则该项投资是不可行的。

动态投资回收期计算公式如下：

$$n=\left(Y_1-1\right)*\frac{\text{NPV}_1}{\text{NPV}_2}$$

其中：

N= 动态投资回收期的年数。

Y_1= 累计净现金流量现值出现正值的年数。

$NPV_1=Y_1$ 年份前一年累计净现金流量现值的绝对值。

$NPV_2=Y_1$ 年份净现金流量的现值。

示例18-24 计算动态投资回收期

某公司拟进行一项固定资产投资，初始投资额为 10 万元，折现率为 6.50%，建设期及后续 5 年经营期每年的净现金流如图 18-25 所示，要求计算该固定资产投资的动态投资回收期。

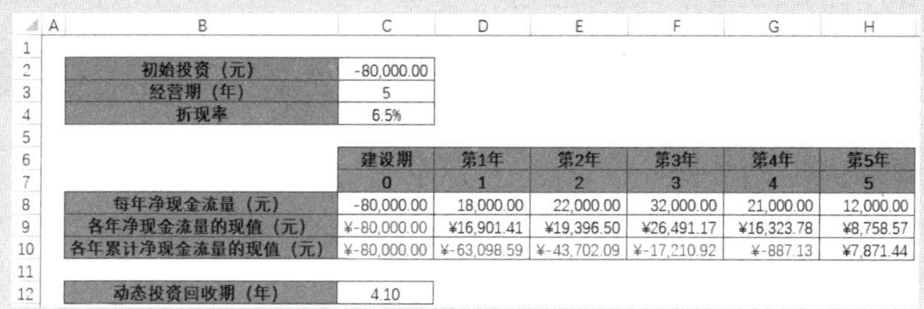

	建设期	第1年	第2年	第3年	第4年	第5年
初始投资（元）	-80,000.00					
经营期（年）	5					
折现率	6.5%					
	0	1	2	3	4	5
每年净现金流量（元）	-80,000.00	18,000.00	22,000.00	32,000.00	21,000.00	12,000.00
各年净现金流量的现值（元）	¥-80,000.00	¥16,901.41	¥19,396.50	¥26,491.17	¥16,323.78	¥8,758.57
各年累计净现金流量的现值（元）	¥-80,000.00	¥-63,098.59	¥-43,702.09	¥-17,210.92	¥-887.13	¥7,871.44
动态投资回收期（年）	4.10					

图 18-25　固定资产投资数据

在 C9 单元格输入以下公式，向右复制到 H9 单元格，计算经营期每年净现金流的现值。

```
=PV($C4,C7,0,-C8)
```

在 C10 单元格输入以下公式，向右复制到 H10 单元格，计算经营期每年净现金流现值的累计金额。

```
=SUM($C9:C9)
```

在 C12 单元格输入以下公式：

```
=LOOKUP(0,C10:H10,C7:H7)-LOOKUP(0,C10:H10)/LOOKUP(0,C10:H10,D9:I9)
```

“LOOKUP(0,C10:H10,C7:H7)”部分，返回 C10:H10 单元格区域中最后一个小于等于 0 的累计净现值对应的经营期，返回值为 4。

“LOOKUP(0,C10:H10)”部分，提取出第 4 年累计净现值金额，并用负号将该金额转化成正数。

“LOOKUP(0,C10:H10,D9:I9)”部分，提取出第一个累计净现值大于 0 年份对应的净现值。

根据动态投资回收期计算公式的逻辑和上述函数的返回值，最终计算出投资回收期的年数。

18.7.2　经营性租入或借款购买固定资产决策

当需要进行一项重大固定资产投资，而现金不足时，可以选择租入固定资产使用或向银行借款购买，此时就涉及测算哪种方案更优的问题。租入固定资产有经营性租入和融资租赁两种模式。

经营性租赁模式中，承租人不享有固定资产的所有权，按期支付租金，承租方固定资产不入账，不计提折旧。

融资租赁模式中，出租人根据承租人对租赁固定资产的特定要求和对供货人的选择，出资向供货人购买该固定资产，并租给承租人使用，承租人则分期向出租人支付租金，在租赁期内租赁物件的所有权属于出租人所有。融资租赁模式中，承租方固定资产入账，计提折旧。

向银行借款购买模式中，借款人借入资金后自主购买固定资产，拥有固定资产的产权，按照协议向银行定期支付本息。

由于现实中有税费，所以在考虑租赁或借款购买固定资产决策时，应考虑这方面的影响。

示例18-25 经营性租入或借款购买固定资产决策

某公司拟实施一项固定资产投资，如图 18-26 所示，投资总额为 8 万元。需判断经营性租入固定资产和借款购入固定资产哪种方案更优。假设固定资产使用寿命、固定资产租赁期限、租金支付年限和借款年限均为 5 年（假设租赁期限和固定资产使用寿命，此种情况不被认定为融资租赁，但与会计准则要求不符），税率为 25%，折现率使用 6%。

	A	B	C	D	E	F	G	H	I
1	购买固定资产价值	80,000.00		借款金额	80,000.00				
2	固定资产使用寿命	5		借款年利率	6.50%				
3	折旧计提方式	直线法		借款年限	5				
4	残值率	0%		借款偿还方式	等额本息				
5									
6	经营性租赁租金支付情况:			借款支付现金流情况:					
7	年份	支付租金		年份	还本息	还利息	折旧额	抵税额	税后现金流
8	1	18,571.00		1	¥-19,250.76	¥-5,200.00	¥16,000.00	¥5,300.00	¥-13,950.76
9	2	18,571.00		2	¥-19,250.76	¥-4,286.70	¥16,000.00	¥5,071.68	¥-14,179.09
10	3	18,571.00		3	¥-19,250.76	¥-3,314.04	¥16,000.00	¥4,828.51	¥-14,422.25
11	4	18,571.00		4	¥-19,250.76	¥-2,278.15	¥16,000.00	¥4,569.54	¥-14,681.23
12	5	18,571.00		5	¥-19,250.76	¥-1,174.93	¥16,000.00	¥4,293.73	¥-14,957.03
13									
14									
15	租金现金流现值	¥-58,670.86							
16	借款现金流现值	¥-60,695.31							

图 18-26 固定资产投资数据

在 E8 单元格输入以下公式，向下复制到 E12 元格。计算每年支付贷款本息金额。

```
=PMT(E$2,E$3,E$1)
```

在 F8 单元格输入以下公式，向下复制到 F12 单元格。计算每年支付贷款利息金额。

```
=IPMT(E$2,D8,E$3,E$1)
```

在 G8 单元格输入以下公式，向下复制到 G12 单元格。计算固定资产每年折旧额。

```
=SLN(B$1,0,E$3)
```

在 H8 单元格输入以下公式，向下复制到 H12 单元格。计算利息和折旧抵税金额。

```
=(-F8+G8)*0.25
```

在 I8 单元格输入以下公式，向下复制到 I12 单元格。计算每年净现金流量。

```
=E8+H8
```

在 B15 单元格输入以下公式，计算结果为经营性租入固定资产每年支付租金的现值合计。

```
=PV(6%,B2,B8*(1-25%),0,0)
```

在 B16 单元格输入以下公式，计算结果为借款购入固定资产后每年偿还贷款本息净现金流的现值合计。

```
=NPV(6%,I8:I12)
```

由于偿还银行贷款支出的现金流现值比支付租金现金流现值要大，因此经营性租入固定资产是更优方案。

18.7.3　摊余成本计算

摊余成本（amortized cost）是金融资产或金融负债的后续计量方式之一，指用实际利率作计算利息的基础，投资成本减去利息后的金额。例如，发行的债券应在账面用摊余成本法后续计量并确认财务费用。

摊余成本实际上是一种价值，它是某个时点上未来现金流量的折现值。折现时使用的利率为实际利率，实际利率指将未来合同现金流量折现成初始确认金额的利率。

摊余成本的计算公式如下：

摊余成本 = 初始确认金额 − 已偿还的本金 − 累计摊销额（按实际利率确认的财务费用与实际支付利息的差额）− 减值损失（或无法收回的金额）

示例18-26　摊余成本计算

某公司 2018 年 6 月 15 日发行了三年期债券，票面年利率为 6%，每年 6 月 15 日和 12 月 15 日需付息 675 万元，到期一次还本。债券票面金额合计 2.25 亿元，扣除相关费用 500 万元，实际获得资金 2.2 亿元（账面初始确认金额）。要求计算各期的摊余成本和利息调整摊销金额，如图 18-27 所示。

	A	B	C	D	E	F	G	H
1	期数	0	1	2	3	4	5	6
2	各期现金流情况	220,000,000	-6,750,000	-6,750,000	-6,750,000	-6,750,000	-6,750,000	-231,750,000
3								
4	实际利率	3.42%						
5								
6	各期摊余成本计算表:							
7	时间	期初摊余成本	财务费用	支付利息	利息调整摊销	偿还本金	期末摊余成本	
8	2018/06/15						220,000,000	
9	2018/12/15	220,000,000	7,514,956	6,750,000	-764,956		220,764,956	
10	2019/06/15	220,764,956	7,541,086	6,750,000	-791,086		221,556,041	
11	2019/12/15	221,556,041	7,568,108	6,750,000	-818,108		222,374,150	
12	2020/06/15	222,374,150	7,596,054	6,750,000	-846,054		223,220,204	
13	2020/12/15	223,220,204	7,624,954	6,750,000	-874,954		224,095,158	
14	2021/06/15	224,095,158	7,654,842	6,750,000	-904,842	225,000,000	0	
15	费用合计		45,500,000	40,500,000	-5,000,000	225,000,000		

图 18-27　摊余成本计算

H2 单元格的金额代表最后一期期末需要支付最后一期的利息 675 万元和全部本金 2.25 亿元。B4 单元格输入以下公式，计算实际利率。

```
=IRR(B2:H2)
```

在 G8 单元格输入以下公式，计算发行日的初始入账价值。

```
=225000000-5000000
```

在 B9 单元格输入以下公式，向下复制到 B14 单元格，计算每期期初的摊余成本。

```
=G8
```

在 C9 单元格输入以下公式，向下复制到 C14 单元格，计算每期按实际利率确认的财务费用金额。

```
=B9*$B$4
```

在 D9 单元格输入以下公式，向下复制到 D14 单元格，计算每期应支付的票面利息。

```
=225000000*0.06/2
```

在 E9 单元格输入以下公式，向下复制到 E14 单元格，计算每期的利息调整摊销金额。

```
=D9-C9
```

F14 单元格输入数字 225 000 000，为最后一期期末应偿还的全部本金。

在 G9 单元格输入以下公式，向下复制到 G14 单元格，计算每期期末的摊余成本。

```
=B9+C9-D9-F9
```

从制作的摊余成本计算表中可以看出，累计利息调整摊销金额就是票面金额 2.25 亿元与实际收到的现金 2.2 亿元（账面初始确认金额）之间的差额 500 万元。

练习与巩固

1. 财务函数中 type 参数为 0，代表付款时间在各期的（ __________ ）。
2. 财务函数中的 pmt 参数设置为 0，代表（ __________ ）。
3. 财务函数中常用的投资评价函数有（ __________ ）。
4. 内部收益率是指（ __________ ）的收益率。
5. 等额本息还款和等额本金还款两种方式的主要特征包括（ __________ ）。
6. 名义利率和实际利率的区别为（ __________ ）。

第 19 章　工程函数

工程函数是专门为工程设计人员准备的用于专业领域计算分析用的函数。

本章学习要点

（1）贝塞尔函数。

（2）数字进制转换函数。

（3）度量衡转换函数。

（4）与积分运算有关的误差函数。

（5）处理复数的函数。

19.1　贝塞尔（Bessel）函数

贝塞尔（也有音译为贝塞耳）函数是数学上的一类特殊函数的总称。一般贝塞尔函数是下列常微分方程（常称为贝塞尔方程）的标准解函数 $y(x)$。

$$x^2\frac{d^2y}{dx^2}+x\frac{dy}{dx}+\left(x^2-\alpha^2\right)y=0$$

贝塞尔函数的具体形式随上述方程中任意实数 α 变化而变化（相应地，α 被称为其对应贝塞尔函数的阶数）。实际应用中最常见的情形为 α 是整数 n，对应解称为 n 阶贝塞尔函数。

贝塞尔函数在波动问题及各种涉及有势场的问题中占有非常重要的地位，最典型的问题有：在圆柱形波导中的电磁波传播问题、圆柱体中的热传导问题及圆形薄膜的振动模态分析问题等。

Excel 共提供了 4 个贝塞尔函数。

第一类贝塞尔函数——J 函数：

$$\text{BESSELJ}(x,n)=J_n(x)=\sum_{k=0}^{\infty}\frac{(-1)^k}{k!\Gamma(n+k+1)}\left(\frac{x}{2}\right)^{n+2k}$$

第二类贝塞尔函数——诺依曼函数：

$$\text{BESSELY}(x,n)=Y_n(x)=\lim_{v\to n}\frac{J_v(x)\cos(v\pi)-J_{-v}(x)}{sin(v\pi)}$$

第三类贝塞尔函数——汉克尔（也有音译为汉开尔）函数：

$$\text{BESSELK}(x,n)=K_n(x)=\frac{\pi}{2}i^{n+1}\left[J_n(ix)+iY_n(ix)\right]$$

第四类贝塞尔函数——虚宗量的贝塞尔函数：

$$\text{BESSELI}(x,n)=I_n(x)=i^{-n}J_n(ix)$$

注意

> 当 x 或 n 为非数值型时，贝塞尔函数返回错误值“#VALUE!”。如果 n 不是整数，将被截尾取整。当 n<0 时，贝塞尔函数返回错误值“#NUM!”。

19.2　数字进制转换函数

工程函数中提供了二进制、八进制、十进制和十六进制之间的数值转换函数。这类函数名称比较容易记忆，其中二进制为 BIN，八进制为 OCT，十进制为 DEC，十六进制为 HEX，数字 2（英文 two、to 的谐音）表示转换的意思。例如，需要将十进制的数值转换为十六进制，前面为 DEC，中间加 2，后面为 HEX，完成此转换的完整函数名为 DEC2HEX。所有进制转换函数如表 19-1 所示。

表 19-1　不同数字系统间的进制转换函数

	二进制	八进制	十进制	十六进制
二进制	—	BIN2OCT	BIN2DEC	BIN2HEX
八进制	OCT2BIN	—	OCT2DEC	OCT2HEX
十进制	DEC2BIN	DEC2OCT	—	DEC2HEX
十六进制	HEX2BIN	HEX2OCT	HEX2DEC	—

进制转换函数的语法如下：

```
函数(number,places)
```

其中，参数 number 为待转换的数字进制下的非负数，如果 number 不是整数，将被截尾取整。参数 places 为需要保留的位数，如果省略此参数，函数将使用必要的最少字符数；如果结果的位数少于指定的位数，将在返回值的左侧自动添加 0。

提示：DEC2BIN、DEC2OCT、DEC2HEX 三个函数的 number 参数支持负数。当 number 参数为负数时，将忽略 places 参数，返回由二进制补码记数法表示的 10 个字符的二进制数、八进制数、十六进制数。

除此之外，Excel 2016 中还有 BASE 和 DECIMAL 两个进制转换函数，可以进行任意数字进制之间的转换。

BASE 函数可以将十进制数转换为给定基数下的文本表示，基本语法如下：

```
BASE(number,radix,[min_length])
```

其中，参数 number 为待转换的十进制数字，必须为大于等于 0 且小于 2^53 的整数。参数 radix 是要将数字转换成的基本基数，必须为大于等于 2 且小于等于 36 的整数。[min_length] 是可选参数，指定返回字符串的最小长度，必须为大于等于 0 的整数。如果参数不是整数，将被截尾取整。

DECIMAL 函数可以按给定基数将数字的文本表示形式转换成十进制数，基本语法如下：

```
DECIMAL(text,radix)
```

其中，参数 text 是给定基数数字的文本表示形式，字符串长度必须小于等于 255，text 参数可以是对于基数有效的字母数字字符的任意组合，并且不区分大小写。参数 radix 是 text 参数的基本基数，必须为大于等于 2 且小于等于 36 的整数。

示例19-1 不同进制数字的相互转换

如图 19-1 所示，使用以下两个公式，可以将 B 列的十进制数字 180154093 转换为十六进制，结果为“ABCEEED”。

```
=DEC2HEX(B3)
=BASE(B4,16)
```

如图 19-2 所示，使用以下两个公式可以将 B 列的八进制数字 475 转换为二进制，结果为“100111101”。

```
=OCT2BIN(B7)
=BASE(DECIMAL(B8,8),2)
```

	A	B	C	D
1				
2		十进制数	十六进制数	公式
3		180154093	ABCEEED	=DEC2HEX(B3)
4		180154093	ABCEEED	=BASE(B4,16)

图 19-1　十进制转换为十六进制

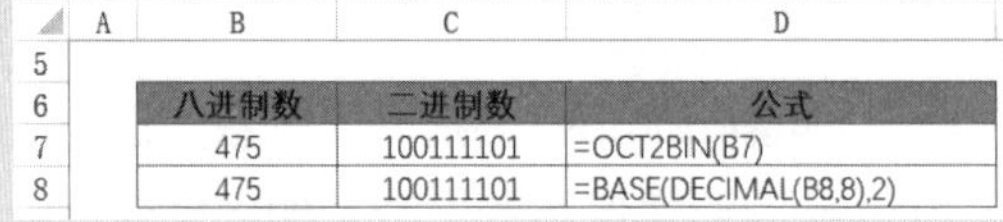

	A	B	C	D
5				
6		八进制数	二进制数	公式
7		475	100111101	=OCT2BIN(B7)
8		475	100111101	=BASE(DECIMAL(B8,8),2)

图 19-2　八进制转换为二进制

如图 19-3 所示，使用以下公式可以将 B 列的十六进制字符“1ABCDEF2”转换为三十六进制，结果为“7F2QR6”。

```
=BASE(DECIMAL(B11,16),36)
=BASE(HEX2DEC(B12),36)
```

	A	B	C	D
9				
10		十六进制数	三十六进制数	公式
11		1ABCDEF2	7F2QR6	=BASE(DECIMAL(B11,16),36)
12		1ABCDEF2	7F2QR6	=BASE(HEX2DEC(B12),36)

图 19-3　十六进制转换为三十六进制

19.3　度量衡转换函数

CONVERT 函数可以将数字从一种度量系统转换为另一种度量系统，基本语法如下：

```
CONVERT(number,from_unit,to_unit)
```

其中，参数 number 为以 from_unit 为单位的需要进行转换的数值，参数 from_unit 为数值 number 的单位，参数 to_unit 为结果的单位。

CONVERT 函数中 from_unit 参数和 to_unit 参数接受的部分文本值（区分大小写）如图 19-4 所示。from_unit 和 to_unit 必须是同一列，否则函数返回错误值“#N/A”。

重量和质量	unit	距离	unit	时间	unit	压强	unit	力	unit
克	g	米	m	年	yr	帕斯卡	Pa	牛顿	N
斯勒格	sg	英里	mi	日	day	大气压	atm	达因	dyn
磅（常衡制）	lbm	海里	Nmi	小时	hr	毫米汞柱	mmHg	磅力	lbf
U（原子质量单位）	u	英寸	in	分钟	min	磅平方英寸	psi	朋特	pond
盎司	ozm	英尺	ft	秒	s	托	Torr		
吨	ton	码	yd						
		光年	ly						

能量	unit	功率	unit	磁	unit	温度	unit	容积	unit
焦耳	J	英制马力	HP	特斯拉	T	摄氏度	C	茶匙	tsp
尔格	e	公制马力	PS	高斯	ga	华氏度	F	汤匙	tbs
热力学卡	c	瓦特	W			开氏温标	K	U.S. 品脱	pt
IT卡	cal					兰氏度	Rank	夸脱	qt
电子伏	eV					列氏度	Reau	加仑	gal
马力-小时	HPh							升	L
瓦特-小时	Wh							立方米	m3
英尺磅	flb							立方英寸	ly3

图 19-4　CONVERT 函数的单位参数

例如，使用以下公式可以将 1 大气压（atm）转化为毫米汞柱（mmHg）。

```
=CONVERT(1,"atm","mmHg")
```

公式结果为 760.0021002，即 1atm ≈ 760mmHg。

19.4　误差函数

在数学中，误差函数（也称为高斯误差函数）是一个非基本函数，在概率论、统计学及偏微分方程中都有广泛的应用。自变量为 x 的误差函数定义为：$\operatorname{erf}(x)=\frac{2}{\sqrt{\pi}}\int_0^x e^{-\eta^2}d\eta$，且有$\operatorname{erf}(\infty)=1$和$\operatorname{erf}(-x)=-\operatorname{erf}(x)$。余补误差函数定义为：$\operatorname{erfc}(x)=1-\operatorname{erf}(x)=\frac{2}{\sqrt{\pi}}\int_x^\infty e^{-\eta^2}d\eta$。

在 Excel 中，ERF 函数返回误差函数在上下限之间的积分，基本语法如下：

$$\text{ERF(lower\_limit, [upper\_limit])} = \frac{2}{\sqrt{\pi}}\int_{lower\_limit}^{upper\_limit} e^{-\eta^2}d\eta$$

其中，lower_limit 参数为 ERF 函数的积分下限。upper_limit 参数为 ERF 函数的积分上限，如果省略，ERF 函数将在 0 到 lower_limit 之间积分。

例如，使用以下公式可以计算误差函数在 1 到 3.2 之间的积分。

```
=ERF(1,3.2)
```

计算结果为 0.157293181289133。

ERFC 函数返回从 *x* 到无穷大积分的互补 ERF 函数，基本语法如下：

```
ERFC(x)
```

其中，*x* 为 ERFC 函数的积分下限。

19.5 处理复数的函数

工程类函数中，有多个处理复数的函数，可以完成与复数相关的运算，如表 19-2 所示。

表 19-2 不同数字系统间的进制转换函数

函数名	功能	函数名	功能
IMABS	返回复数的绝对值	IMAGINARY	返回复数的虚部系数
IMARGUMENT	返回复数的辐角	IMCONJUGATE	返回复数的共轭复数
IMCOS	返回复数的余弦值	IMCOSH	返回复数的双曲余弦值
IMCOT	返回复数的余切值	IMCSC	返回复数的余割值
IMCSCH	返回复数的双曲余割值	IMDIV	返回两个复数之商
IMEXP	返回复数的指数值	IMLN	返回复数的自然对数
IMLOG10	返回以 10 为底的复数的对数	IMLOG2	返回以 2 为底的复数的对数
IMPOWER	返回复数的整数幂	IMPRODUCT	返回 1 到 255 个复数的乘积
IMREAL	返回复数的实部系数	IMSEC	返回复数的正割值
IMSECH	返回复数的双曲正割值	IMSIN	返回复数的正弦值
IMSINH	返回复数的双曲正弦值	IMSQRT	返回复数的平方根
IMSUB	返回两个复数的差值	IMSUM	返回复数的和
IMTAN	返回复数的正切值		

各函数均有必需的参数 inumber，如果 inumber 为非 $x+yi$ 或 $x-yi$ 文本格式的值，函数返回错误值“#NUM!”，如果 inumber 为逻辑值，则函数返回错误值“#VALUE!”。

示例19-2　旅行费用统计

图 19-5 展示了某旅行团的出国费用明细，其中包括人民币和美元两部分，需要计算一次旅行的平均费用。

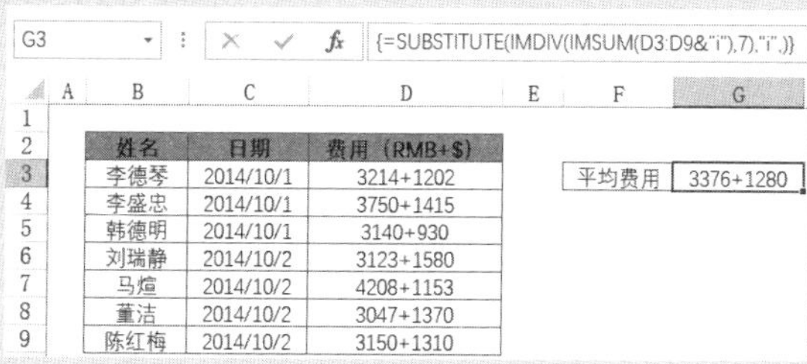
G3　{=SUBSTITUTE(IMDIV(IMSUM(D3:D9&"i"),7),"i",)}

姓名	日期	费用（RMB+$）
李德琴	2014/10/1	3214+1202
李盛忠	2014/10/1	3750+1415
韩德明	2014/10/1	3140+930
刘瑞静	2014/10/2	3123+1580
马煊	2014/10/2	4208+1153
董洁	2014/10/2	3047+1370
陈红梅	2014/10/2	3150+1310

平均费用	3376+1280

图 19-5　旅行费用明细

在 G3 单元格输入以下数组公式，按 <Ctrl+Shift+Enter> 组合键结束编辑。

```
{=SUBSTITUTE(IMDIV(IMSUM(D3:D9&"i"),7),"i",)}
```

公式首先将费用与字母“i”连接，将其转换为文本格式表示的复数。然后利用 IMSUM 函数返回复数的和，即实部与实部之和得到新的实部，虚部与虚部之和得到新的虚部，结果为：

```
"23632+8960i"
```

再利用 IMDIV 函数返回 IMSUM 函数的求和结果与 7 相除的商，即费用的平均值。结果为：

```
"3376+1280i"
```

公式中的 7 是计算平均值的实际数据量，也可以使用 COUNTA(A3:A9) 替代。

最后利用 SUBSTITUTE 函数将作为复数标志的字母“i”替换为空，得到平均费用。

练习与巩固

1. 将十进制数转换为给定基数下的文本，可以使用函数（________）。
2. 将数据的度量从大气压（atm）转化为毫米汞柱（mmHg），可以使用函数（____________）。

第 20 章　Web 类函数

Web 类函数目前仅包含 3 个函数，分别是 ENCODEURL 函数、WEBSERVICE 函数和 FILTERXML 函数。使用此类函数可以通过网页链接从 Web 服务器获取数据，将有道翻译、天气查询、股票、汇率等网络应用中的数据引入 Excel 计算分析。

本章学习要点

（1）Web 类函数语法简介。　　（2）Web 类函数应用实例。

20.1　用 ENCODEURL 函数对 URL 地址编码

ENCODEURL 函数的作用是对 URL 地址（主要是中文字符）进行编码，基本语法如下：

```
ENCODEURL(text)
```

其中，text 参数为需要进行 URL 编码的字符串。

例如，使用以下公式可以生成 Google 翻译的网址。

```
="http://translate.google.cn/?#zh-CN/en/"&ENCODEURL(" 中华人民共和国 ")
```

公式将字符串“中华人民共和国”进行 UTF-8 编码，返回如下 URL 地址。

```
http://translate.google.cn/?#zh-CN/en/%E4%B8%AD%E5%8D%8E%E4%BA%BA%E6%B0
%91%E5%85%B1%E5%92%8C%E5%9B%BD
```

图 20-1　Google 翻译界面

将生成的网址复制到浏览器地址栏中，可以直接打开 Google 翻译页面，得到字符串“中华人民共和国”的英文翻译结果，如图 20-1 所示。

ENCODEURL 函数不仅适用于生成网址，也适用于所有以 UTF-8 编码方式对中文字符进行编码的场合。过去，在 VBA 网页编程中需要自己编写函数来实现编码过程，现在，使用该函数即可直接实现。

提示　Web 类函数在 Excel Online 和 Excel 2016 for Mac 中不可用。

20.2　用 WEBSERVICE 函数从 Web 服务器获取数据

WEBSERVICE 函数可以通过网页链接地址从 Web 服务器获取数据，基本语法如下：

```
WEBSERVICE(url)
```

其中，url 是 Web 服务器的网页地址。如果 url 字符串长度超过 2 048 个字符，则 WEBSERVICE 函数会返回错误值“#VALUE!”。

只有在计算机联网的前提下，才能使用 WEBSERVICE 函数从 Web 服务器获取数据。

示例20-1　英汉互译

如图 20-2 所示，在 B2 单元格输入以下公式，向下复制到 B7 单元格，可以在工作表中利用有道翻译实现英汉互译。

```
=FILTERXML(WEBSERVICE("http://fanyi.youdao.com/translate?&i="&ENCODEURL
(A2)&"&doctype=xml&version"),"//translation")
```

	A	B
1	原文	有道英汉互译
2	你真漂亮。	You are so beautiful.
3	I love you.	我爱你。
4	建筑抗震设计规范	Building seismic design code
5	appointments	任命
6	你好吗？	How are you?
7	I would like a cup of tea.	我想喝杯茶。

图 20-2　使用函数实现英汉互译

url 地址中的“http://fanyi.youdao.com/translate”是有道翻译提供的免费 API 接口，“i”和“doctype”是以 get 方式向有道翻译请求数据时，传输的两个参数。“i”参数指定翻译的原文，但 url 中不支持中文和某些特殊字符。因此需要使用 ENCODEURL 函数将翻译原文转换为 UTF-8 编码。“doctype”参数指定返回数据格式，可以是“json”或“xml”格式，本例指定为“xml”。

公式利用 WEBSERVICE 函数从有道翻译 API 接口获取包含对应译文的 XML 格式文本。

```
<?xml version=""1.0"" encoding=""UTF-8""?>
<response type=""ZH_CN2EN"" errorCode=""0"" elapsedTime=""1"">
    <input>
        <![CDATA[ 你真漂亮。]]>
    </input>
        <translation>
            <![CDATA[You are so beautiful.]]>
```

```
        </translation>
    </response>
```

从 XML 格式文本中可以发现翻译后的内容处在 translation 路径下，最后利用 FILTERXML 函数从中提取出 <translation> 路径下的目标译文。

20.3 用 FILTERXML 函数获取 XML 结构化内容中的信息

FILTERXML 函数可以获取 XML 结构化内容中指定路径下的信息，基本语法如下：

```
FILTERXML(xml, xpath)
```

其中,xml 参数是有效 XML 格式文本,xpath 参数是需要查询的目标数据在 XML 中的标准路径。

FILTERXML 函数可以结合 WEBSERVICE 函数一起使用，如果 WEBSERVICE 函数获取到的是 XML 格式的数据，则可以通过 FILTERXML 函数从 XML 的结构化信息中提取出目标数据。除此之外，FILTERXML 函数的计算对象也可以是人为搭建的 XML 格式的数据。

示例20-2 借助FILTERXML函数拆分会计科目

如图 20-3 所示，需要从 A 列用“/”进行间隔的会计科目中，按级别拆分出不同级别的科目。

	A	B	C	D
1	会计科目	一级科目	二级科目	三级科目
2	管理费用/税费/水利建设资金	管理费用	税费	水利建设资金
3	管理费用/研发费用/材料支出	管理费用	研发费用	材料支出
4	管理费用/研发费用/人工支出	管理费用	研发费用	人工支出
5	管理费用/研发费用	管理费用	研发费用	
6	管理费用	管理费用		
7	应收分保账款/保险专用	应收分保账款	保险专用	
8	应交税金/应交增值税/进项税额	应交税金	应交增值税	进项税额
9	应交税金/应交增值税/已交税金	应交税金	应交增值税	已交税金
10	应交税金/应交增值税/减免税款	应交税金	应交增值税	减免税款
11	应交税金/应交营业税	应交税金	应交营业税	
12	应交税金	应交税金		
13	生产成本/基本生产成本/直接人工费	生产成本	基本生产成本	直接人工费
14	生产成本/基本生产成本/直接材料费	生产成本	基本生产成本	直接材料费

图 20-3 拆分会计科目

在 B2 单元格输入以下数组公式，按 <Ctrl+Shift+Enter> 组合键结束编辑，将公式复制到 B2:D14 单元格区域。

```
{=IFERROR(INDEX(IF({1},FILTERXML("<a><b>"&SUBSTITUTE($A2,"/","</
b><b>")&"</b></a>","a/b")),COLUMN(A1)),"")}
```

XML 是一种可扩展标记语言，由 XML 元素组成，每个 XML 元素包括一个开始标记、一个结

束标记及两个标记之间的内容。

本例公式中，<a> 是开始标记，</a> 是结束标记。<b> 是子元素的开始标记，</b> 是子元素的结束标记。

公式中的“"<a><b>"&SUBSTITUTE($A2,"/","</b><b>")&"</b></a>"”部分，首先使用 SUBSTITUTE 函数将分隔符 "/" 全部替换为 </b><b>，然后在替换后的字符前后分别连接字符串 "<a><b>" 和 "</b></a>"，得到一个 XML 结构的字符串：

```
<a>
<b> 管理费用 </b>
<b> 税费 </b>
<b> 水利建设资金 </b>
</a>
```

将FILTERXML函数的第二参数设置为““a/b””，表示要提取a元素下各个子元素b之间的内容。

“FILTERXML("<a><b>"&SUBSTITUTE($A2,"/","</b><b>")&"</b></a>","a/b")”部分，返回一个内存数组。

```
{" 管理费用 ";" 税费 ";" 水利建设资金 "}
```

使用 INDEX 函数，以 COLUMN(A1) 返回的序号为索引，从该内存数组中获取对应位置的元素。

当 A 列单元格中的会计科目仅有一个级别时，FILTERXML 函数会直接返回 A 列的文本而不能得到内存数组，此时 INDEX 函数会返回错误值。

将 IF 函数的第一参数设置为常量数组 {1}，第二参数设置为 FILTERXML 函数返回的结果，目的是将 FILTERXML 函数返回的结果强制转换为内存数组。

最后使用 IDNEX 函数依次提取出内存数组中的各个元素，并使用 IFERROR 函数屏蔽掉可能出现的错误值。

练习与巩固

1. 对 URL 地址（主要是中文字符）进行 UTF-8 编码，可以使用函数（____________）。

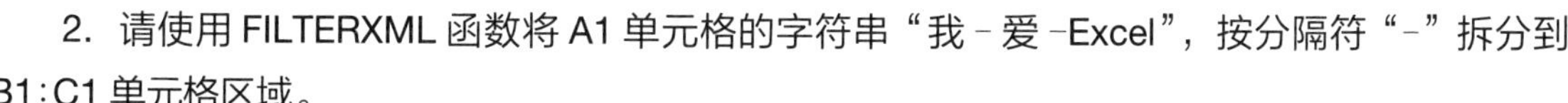

2. 请使用 FILTERXML 函数将 A1 单元格的字符串“我 - 爱 -Excel”，按分隔符“-”拆分到 B1:C1 单元格区域。

第 21 章　数据透视表函数

数据透视表是用来从 Excel 数据列表、关系数据库文件或 OLAP 多维数据集等数据源的特定字段中总结信息的分析工具。它是一种交互式报表，可以快速分类汇总大量数据，并可以随时选择其中页、行和列中的不同元素，快速查看数据源的不同统计结果。

如果用户既希望利用数据透视表的数据处理能力，同时又能使用自己设计的个性化表格，使用数据透视表函数是一个很好的选择。本章将详细介绍 GETPIVOTDATA 数据透视表函数的使用方法和技巧，以方便用户建立自己的个性化表格。

本章学习要点

（1）GETPIVOTDATA 函数的基础知识及语法。
（2）获取数据透视表数据。
（3）与其他函数的联合使用。
（4）利用数据透视表制作月报。
（5）学习数据类型的转换。

21.1　初识数据透视表函数

数据透视表函数是为了获取数据透视表中各种计算数据而设计的，最早出现在 Excel 2000 版本中，从 Excel 2003 版本开始，该函数的语法结构得到进一步改进和完善，并一直沿用至最新的 Excel 2019 版本。

21.1.1　数据透视表函数的基础语法

如果报表中的计算或汇总数据可见，则可以使用 GETPIVOTDATA 函数从数据透视表中检索出相应的数据，该函数的基本语法如下：

```
GETPIVOTDATA(data_field, pivot_table, [field1, item1, field2, item2], ...)
```

data_field：必需。包含要检索的数据字段的名称。

当 data_field 参数是文本字符串时，必须使用成对的双引号引起来。如果是单元格引用，必须将该参数转化为文本类型，可以使用文本类函数（如 T 函数），或直接将此参数后面连接一个空文本 ""，否则此公式计算结果为错误值“#REF!”。

pivot_table：必需。对数据透视表中的任意单元格或单元格区域的引用。此信息用于确定哪些数据透视表包含要检索的数据。

field1、Item1、field2、Item2：可选。1 到 126 对的字段名称和描述要检索的数据项名称，每一对可按任意顺序排列，该参数可以为单元格引用或常量文本字符串。

如果参数未描述可见字段，或者参数包含其中未显示筛选数据的报表筛选，则返回错误值“#REF!”。

21.1.2　快速生成数据透视表函数公式

数据透视表函数的参数较多，用户直接书写的时候会比较困难。Excel 提供了快速生成数据透视表公式的方法，操作步骤如下。

步骤① 如图 21-1 所示，在任意单元格输入一个等号“=”。

步骤② 选中数据透视表中需要提取的数据位置，如 C6 单元格，并按 <Enter> 键结束，即可生成数据透视表公式：

```
=GETPIVOTDATA(" 销售数量 ",$A$3," 员工部门 "," 蜀国 "," 岗位属性 "," 武 ")
```

Excel 中的【生成 GetPivotData】选项默认为选中状态，如果用户取消选中此选项，则引用数据透视表中的数据区域时，只会得到相应单元格的地址。

如需取消该选项的选中状态，可先单击透视表中的任意单元格，如 C6 单元格，然后在【数据透视表工具】选项卡的【分析】子选项卡中单击【选项】下拉按钮，在下拉菜单中单击【生成 GetPivotData】选项，如图 21-2 所示。

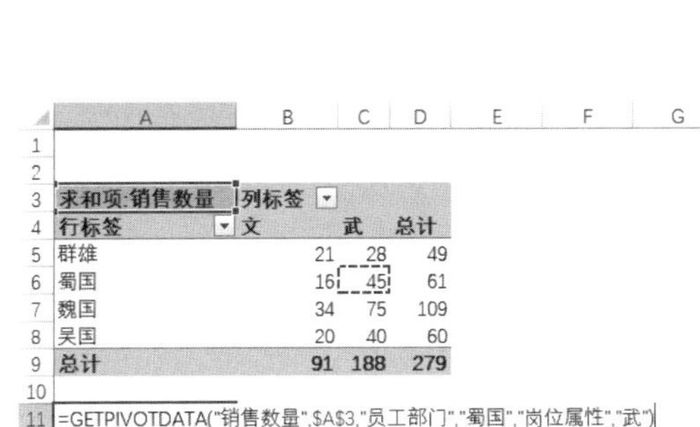

图 21-1　快速生成数据透视表函数

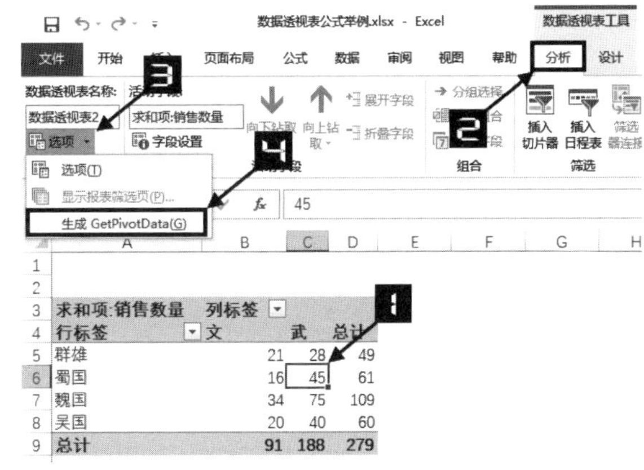

图 21-2　取消【生成 GetPivotData】选中

此时，再引用数据透视表中的单元格就只会得到相应单元格的引用，如图 21-3 所示。

还可以依次单击【文件】→【选项】命令，打开【Excel 选项】对话框，切换到【公式】选项卡，在右侧【使用公式】选项区中选中或取消选中【使用 GetPivotData 函数获取数据透视表引用】复选框，最后单击【确定】按钮，如图 21-4 所示。

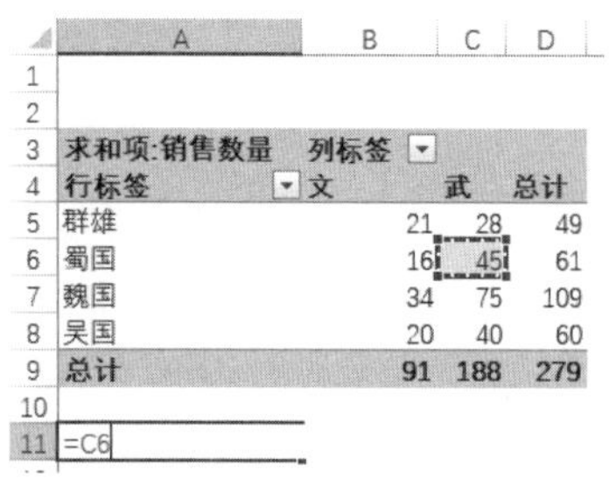

	A	B	C	D
1				
2				
3	求和项:销售数量	列标签		
4	行标签	文	武	总计
5	群雄	21	28	49
6	蜀国	16	45	61
7	魏国	34	75	109
8	吴国	20	40	60
9	总计	91	188	279
10				
11	=C6			

图 21-3　得到单元格的引用

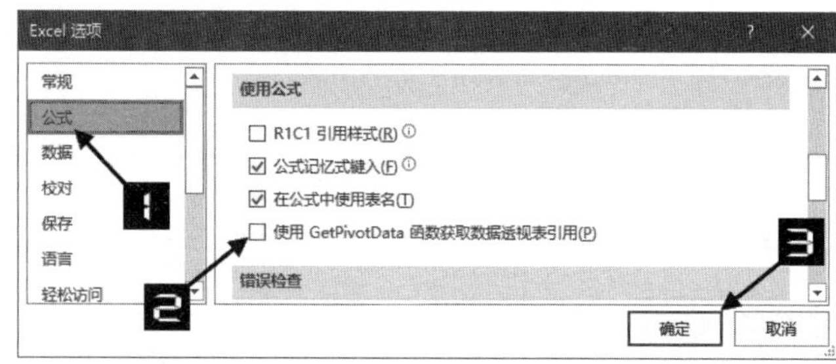

图 21-4　【使用 GetPivotData 函数获取数据透视表引用】选项

21.1.3　数据透视表函数解读

示例21-1　数据透视表公式举例

首先创建一张数据透视表，以统计不同维度的数据，如图 21-5 所示。

	A	B	C	D	E
1					
2					
3	求和项:销售金额		岗位属性		
4	员工部门	性别	文	武	总计
5	⊟群雄		14280	19040	33320
6		男	6120	19040	25160
7		女	8160		8160
8	⊟蜀国		14280	32640	46920
9		男	14280	32640	46920
10	⊟魏国		25160	52360	77520
11		男	17680	52360	70040
12		女	7480		7480
13	⊟吴国		14280	29240	43520
14		男		29240	29240
15		女	14280		14280
16	总计		68000	133280	201280

图 21-5　数据透视表统计结果

如图 21-6 所示，使用数据透视表函数从此数据表中提取相应的统计数据。

	A	B
18	公司总销售金额	201280
19	函数公式	=GETPIVOTDATA("销售金额",$A$3)
20		
21	群雄销售金额总计	33320
22	函数公式	=GETPIVOTDATA("销售金额",$A$3,"员工部门","群雄")
23		
24	魏国文官销售金额	25160
25	函数公式	=GETPIVOTDATA("销售金额",$A$3,"员工部门","魏国","岗位属性","文")
26		
27	蜀国女性销售金额	#REF!
28	函数公式	=GETPIVOTDATA("销售金额",$A$3,"性别","女","员工部门","蜀国")

图 21-6　提取相应的统计数据

（1）在 B18 单元格输入以下公式，提取公司总销售金额。

```
=GETPIVOTDATA(" 销售金额 ",$A$3)
```

第一个参数表示计算字段名称，本例中为“销售金额”。第二个参数为数据透视表中任意单元

格，本例中为“$A$3”。当 GETPIVOTDATA 函数只包含两个参数时，表示提取数据透视表的总计数，返回结果为 201 280。

（2）在 B21 单元格输入以下公式，提取群雄销售金额总计。

```
=GETPIVOTDATA(" 销售金额 ",$A$3," 员工部门 "," 群雄 ")
```

第三和第四个参数为分类计算条件组，提取员工部门为“群雄”的销售金额，返回结果为 33 320。

（3）在 B24 单元格输入以下公式，提取员工部门为“魏国”，岗位属性为“文”的销售金额。

```
=GETPIVOTDATA(" 销售金额 ",$A$3," 员工部门 "," 魏国 "," 岗位属性 "," 文 ")
```

第三到第六个参数为两对分类计算条件组，提取员工部门为“魏国”，并且岗位属性为“文”的销售金额，返回结果为 25 160。

（4）在 B27 单元格输入以下公式提取员工部门为“蜀国”，性别为“女”的销售金额，结果返回错误值“#REF!”。因为在数据透视表中不包含部门为“蜀国”，性别为“女”的数据。

```
=GETPIVOTDATA(" 销售金额 ",$A$3," 性别 "," 女 "," 员工部门 "," 蜀国 ")
```

根据本书前言的提示操作，可观看数据透视表函数解读的视频讲解。

21.1.4　Excel 2000 版本中的函数语法

数据透视表函数 GETPIVOTDATA 最早出现于 Excel 2000 版本，在 Excel 2003 版本中该函数的语法得到修改和完善，但出于兼容性的需求，仍然保留了 Excel 2000 版本的语法用法。

GETPIVOTDATA 函数在 Excel 2000 版本中的语法如下：

```
GETPIVOTDATA(pivot_table, name)
```

pivot_table：必需。对数据透视表中的任意单元格或单元格区域的引用。此信息用于确定包含要检索数据的数据透视表。

name：是一个文本字符串，它用一对双引号括起来，描述要提取数据的取值条件，表达的内容是：

```
data_field item1 item2 …… itemn
```

示例21-2 使用Excel 2000版本语法提取数据

	A	B	C	D	E
18	公司总销售金额	201280			
19	函数公式	=GETPIVOTDATA($A$3,"销售金额")			
20					
21	群雄销售金额总计	33320			
22	函数公式	=GETPIVOTDATA($A$3,"销售金额 群雄")			
23					
24	魏国文官销售金额	25160			
25	函数公式	=GETPIVOTDATA($A$3,"销售金额 魏国 文")			
26					
27	蜀国女性销售金额	#REF!			
28	函数公式	=GETPIVOTDATA($A$3,"销售金额 女 蜀国")			

图 21-7　使用 Excel 2000 版本语法书写数据透视表公式

沿用示例 21-1 中的数据源及数据透视表，使用 Excel 2000 版本语法书写数据透视表公式，如图 21-7 所示，可以实现效果相同的数据提取。

（1）在 B18 单元格输入以下公式提取公司总销售金额。

```
=GETPIVOTDATA($A$3,"销售金额")
```

第一个参数为数据透视表中任意单元格，本例中为“$A$3”。第二个参数表示计算字段名称，本例中为“销售金额”。最终提取出数据透视表的总计数，返回结果为 201 280。

（2）在 B21 单元格输入以下公式，提取群雄销售金额的总计。

```
=GETPIVOTDATA($A$3,"销售金额 群雄")
```

第二个参数为计算条件，提取部门为“群雄”的销售金额。其中的第一部分“销售金额”为计算字段的名称，“群雄”为计算条件，返回结果为 33 320。

（3）在 B24 单元格输入以下公式，提取部门为“魏国”，并且岗位属性为“文”的销售金额。

```
=GETPIVOTDATA($A$3,"销售金额 魏国 文")
```

第二个参数中的“销售金额”部分，为计算字段的名称，后半部分“魏国 文”为两个计算条件，返回结果为 25 160。。

（4）在 B27 单元格输入以下公式，提取部门为“蜀国”，并且性别为“女”的销售金额。

```
=GETPIVOTDATA($A$3,"销售金额 女 蜀国")
```

计算结果为错误值“#REF!”，因为在数据透视表统计中，不包含有部门为“蜀国”，并且性别为“女”的统计数据。

使用 Excel 2000 版本的语法，优点在于公式比较简洁，缺点是语法中会出现多个参数条件罗列在一起，不便于理解和维护，并且此函数公式无法自动生成，需要手动输入。

21.2 提取数据透视表不同计算字段数据

运用数据透视表可以统计出较复杂的计算结果，通过透视表函数来提取其中部分数据，以达到用户个性化表格的需求。

示例21-3 提取数据透视表不同计算字段数据

如图 21-8 所示，根据统计需要，在 A3:H17 单元格区域创建了数据透视表，需要在 B20:C22 单元格区域提取不同部门的销售数量和销售金额。

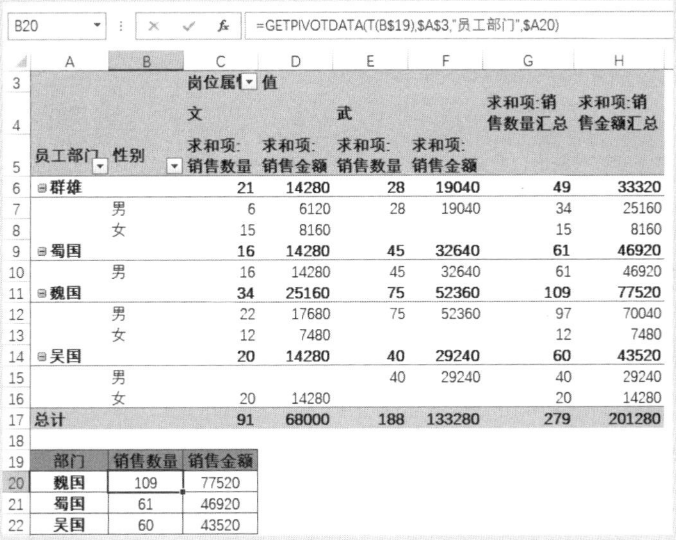

B20 =GETPIVOTDATA(T(B$19),$A$3,"员工部门",$A20)

	A	B	C	D	E	F	G	H
3			岗位属性	值				
4			文		武		求和项:销售数量汇总	求和项:销售金额汇总
5	员工部门	性别	求和项:销售数量	求和项:销售金额	求和项:销售数量	求和项:销售金额		
6	⊟群雄		21	14280	28	19040	49	33320
7		男	6	6120	28	19040	34	25160
8		女	15	8160			15	8160
9	⊟蜀国		16	14280	45	32640	61	46920
10		男	16	14280	45	32640	61	46920
11	⊟魏国		34	25160	75	52360	109	77520
12		男	22	17680	75	52360	97	70040
13		女	12	7480			12	7480
14	⊟吴国		20	14280	40	29240	60	43520
15		男			40	29240	40	29240
16		女	20	14280			20	14280
17	总计		91	68000	188	133280	279	201280
18								
19	部门	销售数量	销售金额					
20	魏国	109	77520					
21	蜀国	61	46920					
22	吴国	60	43520					

图 21-8 提取数据透视表不同计算字段数据

在 B20 单元格输入以下公式，复制到 B20:C22 单元格区域。

```
=GETPIVOTDATA(T(B$19),$A$3,"员工部门",$A20)
```

第一参数是单元格引用，所以必须将该参数转化为文本类型，本例中使用 T 函数转化，也可以在 B$19 后面连接一对半角状态下的双引号，变为“B$19&""”。

如果直接引用 B19 单元格的地址，将返回错误值“#REF!”，如图 21-9 所示。

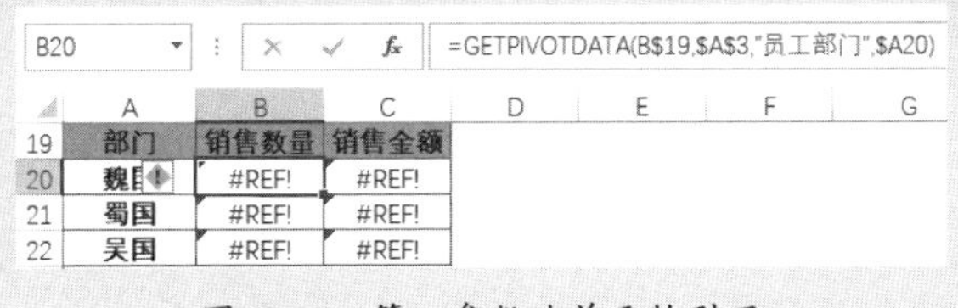

B20 =GETPIVOTDATA(B$19,$A$3,"员工部门",$A20)

	A	B	C
19	部门	销售数量	销售金额
20	魏国	#REF!	#REF!
21	蜀国	#REF!	#REF!
22	吴国	#REF!	#REF!

图 21-9 第一参数为单元格引用

21.3 提取各学科平均分前三名的班级

GETPIVOTDATA 函数中的 item 参数可以支持数组引用，并返回一个数组结果。

示例21-4 提取各学科平均分前三名的班级

如图 21-10 所示，A3:D12 单元格区域是使用数据透视表统计出的各班平均分，需要在 G4:I6 单元格区域提取各科平均分前三名的成绩，在 G9:I11 单元格区域提取各科前三名的班级。

班级	平均值项:语文	平均值项:数学	平均值项:英语
1班	58.46	68.31	66.00
2班	66.46	61.08	62.31
3班	73.42	62.67	60.83
4班	64.17	61.33	59.17
5班	57.67	54.83	71.17
6班	76.08	54.67	63.75
7班	62.25	65.50	61.00
总计	65.43	61.28	63.48

	语文	数学	英语
第1名	76.08	68.31	71.17
第2名	73.42	65.50	66.00
第3名	66.46	62.67	63.75

	语文	数学	英语
第1名	6班	1班	5班
第2名	3班	7班	1班
第3名	2班	3班	6班

图 21-10 提取各学科平均分前三名的班级

在 G4 单元格输入以下数组公式，按 <Ctrl+Shift+Enter> 组合键结束编辑，将公式复制到 G4:I6 单元格区域。

```
{=LARGE(GETPIVOTDATA(T(G$3),$A$3," 班级 ",$A$4:$A$10),ROW(1:1))}
```

GETPIVOTDATA 函数的第一个参数，使用 T 函数将 G3 单元格的值转化为文本类型。

第四个参数使用 $A$4:$A$10，分别提取 1 班到 7 班的语文平均分。整个 GETPIVOTDATA 函数公式部分计算得到一个内存数组：

```
{58.4615384615385;66.4615384615385;……;76.0833333333333;62.25}。
```

然后使用 LARGE 函数从这个内存数组中依次提取前三个最大的值，即平均分的前三名。

在 G9 单元格输入以下公式，将公式复制到 G9:I11 单元格区域，分别提取最高的 3 个平均分对应的相应班级。

```
=INDEX($A:$A,MATCH(G4,B:B,))
```

如果有相同平均分数的班级，该公式仅返回第一个符合条件的记录。

21.4 从多张数据透视表中提取数据

当计算涉及多张数据透视表时，还可以从多张数据透视表中同时提取相应的数据。

示例21-5　从多张数据透视表中提取数据

图 21-11 所示，是在 3 张不同工作表中的数据源。

序号	员工部门	武将	岗位属性	性别	员工级别	销售数量	销售金额
4	吴国	孙尚香	文	女	3级	20	14280
5	吴国	甘宁	武	男	4级	25	20400
18	吴国	孙权	武	男	11级	15	8840

序号	员工部门
2	蜀国
9	蜀国
11	蜀国
14	蜀国
16	蜀国

序号	员工部门
1	魏国
6	魏国
8	魏国
10	魏国
13	魏国
17	魏国

数据源1 | 数据源2 | 数据源3 | 魏国 | 蜀国 | 吴国 | 汇总

图 21-11　多工作表基础数据源

根据不同数据源，分别建立 3 张数据透视表，并将每张数据透视表所在的工作表分别修改名称为魏国、蜀国和吴国，如图 21-12 所示。

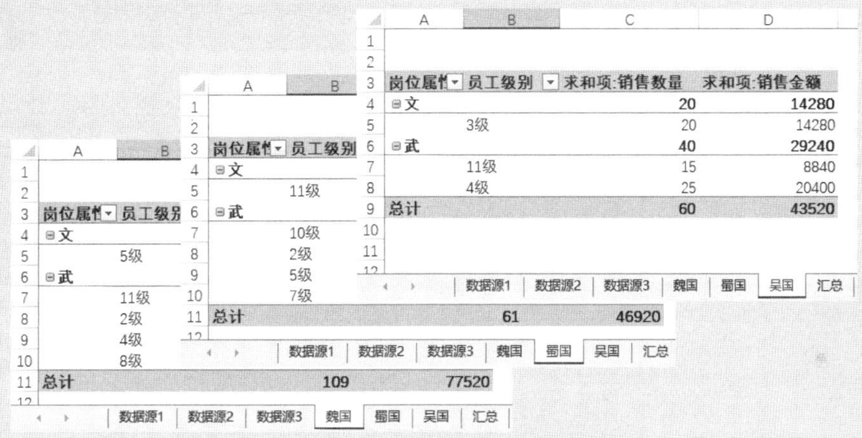

岗位属性	员工级别	求和项:销售数量	求和项:销售金额
⊟文		20	14280
	3级	20	14280
⊟武		40	29240
	11级	15	8840
	4级	25	20400
总计		60	43520

图 21-12　分别制作数据透视表

在“汇总”工作表中创建一张汇总表格，如图 21-13 所示，分别统计各部门文官、武官的销售数量和销售金额。

	文		武	
部门	销售数量	销售金额	销售数量	销售金额
魏国	34	25160	75	52360
蜀国	16	14280	45	32640
吴国	20	14280	40	29240

图 21-13　从多张数据透视表中提取数据

在 B3 单元格输入以下公式，复制到 B3:E5 单元格区域。

```
=GETPIVOTDATA(T(B$2),INDIRECT($A3&"!A3"),"岗位属性",LOOKUP("々",
$B$1:B$1))
```

T(B$2) 将 B2 单元格引用转化成文本。

INDIRECT($A3&"!A3") 函数，先将 A3 单元格的“魏国”与“"!A3"”连接，形成具有引用样式的文本字符串“"魏国!A3"”，再使用 INDIRECT 函数将其转换为真正的引用，从而引用“魏国”工作表中的数据透视表。

LOOKUP("々",$B$1:B$1) 函数，由于合并单元格只在其左上角的单元格有值，其余为空，当公式向右复制的时候，使用 LOOKUP 分别提取 B1:B1、B1:C1、B1:D1、B1:E1 单元格区域的最后一个文本，即可以分别得到结果：文、文、武、武，于是提取相应透视表中岗位属性为“文”或“武”的数据。

21.5　利用数据透视表函数制作月报

日常工作中，经常需要对基础数据进行必要的整理和统计，形成相应的月报。使用数据透视表及数据透视表函数制作模板，可以使月报汇总过程更加简单。

示例21-6　利用数据透视表函数制作月报

图 21-14 所示，是某电梯公司的销售安装基础数据，需要以此制作销售月报。

	A	B	C	D	E	F	G
1	合同号	项目名称	分公司	区域	开工日期	完工日期	完工月份
2	R00AJ7034	WHJRJDXM	广州	南区	2020/6/17	2021/1/15	1
3	R00AJ7035	WHJRJDXM	广州	南区	2020/6/17	2021/1/15	1
4	R00AJ7037	WHJRJDXM	广州	南区	2020/6/17	2021/1/15	1
5	R00AJ9942	XHSS	广州	南区	2019/12/12	2021/1/15	1
69	R00AH7869	SDHDW	宁波	东区	2018/12/29	2021/2/15	2
70	R00AH7870	SDHDW	宁波	东区	2018/12/29	2021/2/15	2
71	R00AH7873	SDHDW	宁波	东区	2018/12/29	2021/2/15	2
72	R00AH7874	SDHDW	宁波	东区	2018/12/29	2021/2/15	2
73	R00AJ9330	TXZAJQBMZ	宁波	东区	2019/5/2	2021/2/15	2
74	R00AJ9331	TXZAJQBMZ	宁波	东区	2019/5/2	2021/2/15	2
75	R00AJ9344	TXZAJQBMZ	宁波	东区	2019/5/2	2021/2/15	2
207	D99AN2120	HCHDEQ	深圳	南区	2020/6/27	2021/3/15	3
208	D99AN2121	HCHDEQ	深圳	南区	2020/6/27	2021/3/15	3
209	D99AN2122	HCHDEQ	深圳	南区	2020/6/27	2021/3/15	3
210	D99AN2123	HCHDEQ	深圳	南区	2020/6/27	2021/3/15	3
211	D99AN2124	HCHDEQ	深圳	南区	2020/6/27	2021/3/15	3
212	D99AN2125	HCHDEQ	深圳	南区	2020/6/27	2021/3/15	3

图 21-14　基础数据源

如图21-15所示，在【公式】选项卡下单击【名称管理器】按钮，打开【名称管理器】对话框，创建定义名称“动态数据源”，公式为：

```
=OFFSET(数据源!$A$1,,,COUNTA(数据源!$A:$A),COUNTA(数据源!$1:$1))
```

依次单击【插入】→【插入数据透视表】命令，在弹出的【创建数据透视表】对话框中，将表/区域更改为“动态数据源”，单击【确定】按钮，如图 21-16 所示。

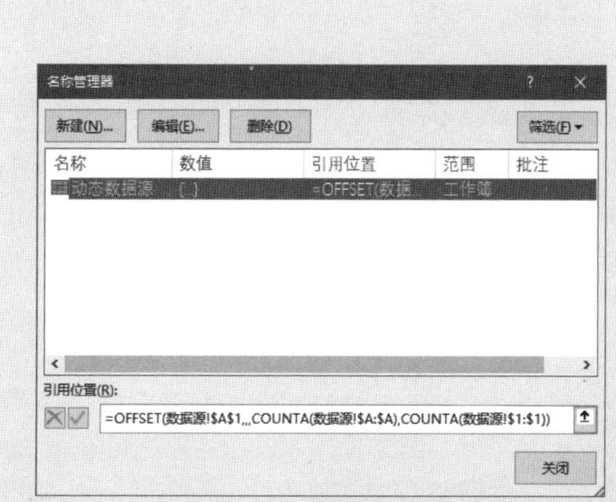

图 21-15　创建动态数据源

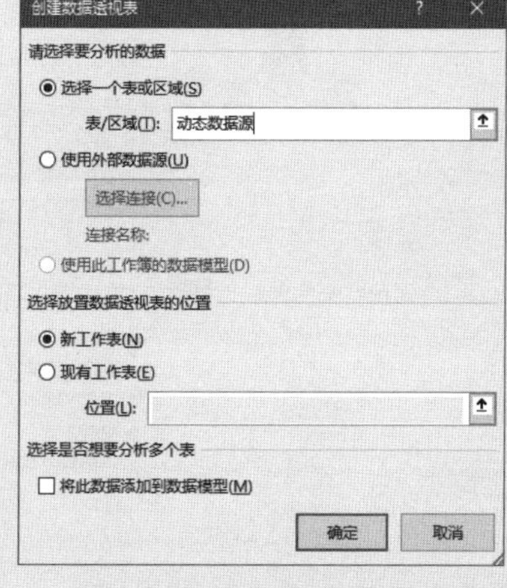

图 21-16　使用“动态数据源”

如图 21-17 所示，首先创建按不同月份统计的数据透视表。在【数据透视表字段】列表中，将“区域”和“分公司”字段拖动到【行】区域，将“完工月份”字段拖动到【列】区域，将“合同号”字段拖动到【值】区域，并修改此工作表名为“当月”。

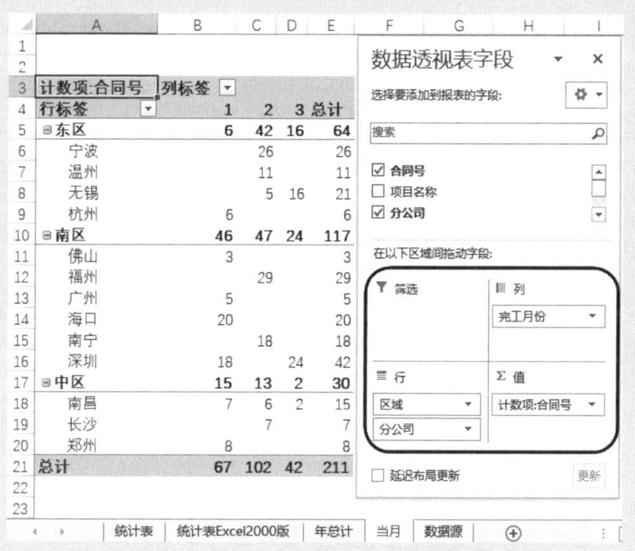

图 21-17　制作分月统计的数据透视表

接下来制作年总计统计的数据透视表，按照相同的过程制作一张数据透视表，修改此工作表名为“年总计”。

鼠标右击数据透视表值区域的任意单元格，在快捷菜单中依次选择【值显示方式】→【按某一字段汇总】命令，在弹出的【值显示方式】对话框中单击【基本字段】下拉按钮，在下拉列表中选择“完工月份”，最后单击【确定】按钮，如图 21-18 所示。

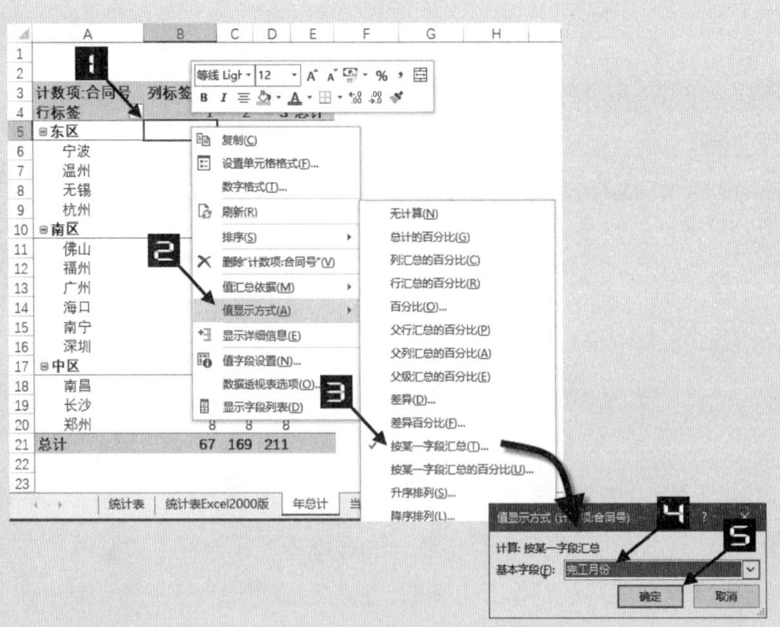

图 21-18　制作年总计统计的数据透视表

此时数据透视表中的汇总方式按照每个“完工月份”进行汇总累计，效果如图 21-19 所示。后一个月份均为之前所有月份数据之和，如 D5 单元格东区 3 月的数据等于 1 月的 6 加上 2 月的 42 加上 3 月的 16，累计结果为 64。

如图 21-20 所示，在“统计表”工作表中制作个性化的表格，列出本公司的全部区域和分公司，设置其他必要的标题，并适当调整部分单元格格式。

	A	B	C	D
1				
2				
3	计数项:合同号	列标签		
4	行标签	1	2	3
5	⊟东区	6	48	64
6	宁波	0	26	26
7	温州	0	11	11
8	无锡	0	5	21
9	杭州	6	6	6
10	⊟南区	46	93	117
11	佛山	3	3	3
12	福州	0	29	29
13	广州	5	5	5
14	海口	20	20	20
15	南宁	0	18	18
16	深圳	18	18	42
17	⊟中区	15	28	30
18	南昌	7	13	15
19	长沙	0	7	7
20	郑州	8	8	8
21	总计	67	169	211

图 21-19　年总计数据透视表

	A	B	C	D	E	F	G
1	区域/	1月		2月		3月	
2	分公司	当月	年总计	当月	年总计	当月	年总计
3	中区						
4	长沙						
5	南昌						
6	武汉						
7	郑州						
8	东区						
9	合肥						
10	南京						
11	宁波						
12	温州						
13	无锡						
14	杭州						
15	南区						
16	东莞						
17	佛山						
18	福州						
19	广州						
20	海口						
21	南宁						
22	深圳						
23	厦门						

图 21-20　制作个性化表格

在 B3 单元格输入以下公式，复制到 B3:G23 单元格区域。

```
=IFERROR(GETPIVOTDATA("合同号",INDIRECT(B$2&"!A3"),IF(RIGHT($A3)="区","区域","分公司"),$A3,"完工月份",INT(COLUMN()/2)),0)
```

“INDIRECT(B$2&"!A3")”部分，利用第 2 行的标题，形成对“当月”或“年总计”工作表中数据透视表的单元格引用。

“IF(RIGHT($A3)=" 区 "," 区域 "," 分公司 ")”部分，充分观察数据规律可以发现，所有的区域级别字段的最后一个字符均为“区”，通过对此字符的判断，来判断当前位置是提取“区域”还是“分公司”的数据。

“INT(COLUMN()/2))”部分，根据当前单元格的位置除以数字 2 并向下取整，形成有规律的数据序列：1、1、2、2、3、3、……，从而达到对相应月份数据的提取。

最后使用 IFERROR 函数，屏蔽可能存在的错误值。

还可以使用 Excel 2000 版本数据透视表公式的语法，在 B3 单元格输入以下公式，复制到 B3:E23 单元格区域。

```
=IFERROR(GETPIVOTDATA(INDIRECT(B$2&"!A3")," 合同号 "&$A3&" "&INT(
COLUMN()/2)),0)
```

第一个参数使用 INDIRECT(B$2&"!A3")，形成对“当月”或“年总计”工作表中数据透视表的单元格引用。

第二个参数“" 合同号 "&$A3&" "&INT(COLUMN()/2))”，该部分字符合并后的结果为：{" 合同号 中区 1"}，计算的是对中区 1 月合同号进行计数的结果。

模板制作完成后，再需要制作相同格式的月报，只需将新的数据粘贴到数据源工作表，刷新所有的数据透视表，然后复制统计表中前一个月份的统计，并粘贴到现有汇总数据右侧，最后完成一些必要的调整即可，完成效果如图21-21所示。

	A	B	C	D	E	F	G
1	区域/	1月		2月		3月	
2	分公司	当月	年总计	当月	年总计	当月	年总计
3	中区	15	15	13	28	2	30
4	长沙	0	0	7	7	0	7
5	南昌	7	7	6	13	2	15
6	武汉	0	0	0	0	0	0
7	郑州	8	8	0	8	0	8
8	东区	6	6	42	48	16	64
9	合肥	0	0	0	0	0	0
10	南京	0	0	0	0	0	0
11	宁波	0	0	26	26	0	26
12	温州	0	0	11	11	0	11
13	无锡	0	0	5	5	16	21
14	杭州	6	6	0	6	0	6
15	南区	46	46	47	93	24	117
16	东莞	0	0	0	0	0	0
17	佛山	3	3	0	3	0	3
18	福州	0	0	29	29	0	29
19	广州	5	5	0	5	0	5
20	海口	20	20	0	20	0	20
21	南宁	0	0	18	18	0	18
22	深圳	18	18	0	18	24	42
23	厦门	0	0	0	0	0	0

图 21-21　月报完成效果

练习与巩固

1. 在选中数据透视表区域的时候，如果希望不生成 GETPIVOTDATA 函数公式，而是生成直接的类似“=C3”的单元格引用，需要经过以下设置：(________________)。

2. 以下透视表函数公式的含义表示 (________________)。

```
=GETPIVOTDATA(" 销售金额 ",$A$3," 员工部门 "," 吴国 "," 岗位属性 "," 文 ")
```

第 22 章　数据库函数

对存储的列表或数据库中的数据进行分析的函数，被统称为数据库函数。本章重点学习数据库函数有关的基础知识及常用技巧。

本章学习要点

（1）认识全部数据库函数。

（2）使用数据库函数进行数据统计。

（3）跨工作表统计。

22.1　数据库函数基础

数据库函数与高级筛选较为相似，区别在于高级筛选是根据一些条件筛选出相应的数据记录，数据库函数则是根据条件进行分析与统计。

Excel 中有 12 个标准的数据库函数，都以字母 D 开头，各函数的主要功能如表 22-1 所示。

表 22-1　常用数据库函数与主要功能

函数	说明
DAVERAGE	返回所选数据库条目的平均值
DCOUNT	计算数据库中包含数字的单元格的数量
DCOUNTA	计算数据库中非空单元格的数量
DGET	从数据库提取符合指定条件的单个记录
DMAX	返回所选数据库条目的最大值
DMIN	返回所选数据库条目的最小值
DPRODUCT	将数据库中符合条件的记录的特定字段中的值相乘
DSTDEV	基于所选数据库条目的样本估算标准偏差
DSTDEVP	基于所选数据库条目的样本总体计算标准偏差
DSUM	对数据库中符合条件的字段求和
DVAR	基于所选数据库条目的样本估算方差
DVARP	基于所选数据库条目的样本总体计算方差

这 12 个数据库函数的语法与参数完全一致，统一为：

```
数据库函数 (database, field, criteria)
```

各参数的说明如表 22-2 所示。

表 22-2　数据库函数参数说明

参数	说明
database	构成列表或数据库的单元格区域。 数据库是包含一组相关数据的列表，其中包含相关信息的行为记录，而包含数据的列为字段。列表的第一行包含每一列的标签
field	指定函数所使用的列。 输入两端带双引号的列标签，如"使用年数"或"产量"；或是代表列表中列位置的数字（不带引号）：1 表示第一列，2 表示第二列，以此类推
criteria	包含指定条件的单元格区域。 可以为参数指定 criteria 任意区域，只要此区域包含至少一个列标签，并且列标签下至少有一个为列指定条件的单元格

数据库函数具有以下优势：

（1）运算速度快。

（2）支持多工作表的多重区域引用。

（3）可以较为方便直观地设置复杂的统计条件。

数据库函数也有一定的局限：

（1）database 和 criteria 参数只能使用单元格区域，不支持内存数组。

（2）设置多个条件时，公式不便于下拉复制。

22.2　数据库函数的基础用法

22.2.1　第二参数 field 为列标签

示例22-1　统计销售数据

如图 22-1 所示，A1:H19 为构成列表或数据库的单元格区域，J1:J2 为包含指定条件的单元格区域。

在 J5 单元格输入以下公式，计算“员工部门”为“蜀国”的“人数”。

```
=DCOUNTA(A1:H19,"姓名",J1:J2)
```

在 J8 单元格输入以下公式，计算“员工部门”为“蜀国”的“销售总数量”。

```
=DSUM(A1:H19,"销售数量",J1:J2)
```

在 J11 单元格输入以下公式，计算“员工部门”为“蜀国”的“人均销售金额”。

```
=DAVERAGE(A1:H19,"销售金额",J1:J2)
```

在 J14 单元格输入以下公式，计算“员工部门”为“蜀国”的“个人最小销售数量”。

```
=DMIN(A1:H19,"销售数量",J1:J2)
```

在 J17 单元格输入以下公式，计算“员工部门”为“蜀国”的“个人最大销售金额”。

```
=DMAX(A1:H19,"销售金额",J1:J2)
```

	A	B	C	D	E	F	G	H
1	序号	员工部门	姓名	岗位属性	性别	员工级别	销售数量	销售金额
2	1	魏国	张辽	武	男	2级	19	14280
3	2	蜀国	赵云	武	男	2级	14	8160
4	3	群雄	貂蝉	文	女	2级	15	8160
5	4	吴国	孙尚香	文	女	3级	20	14280
6	5	吴国	甘宁	武	男	4级	25	20400
7	6	魏国	夏侯惇	武	男	4级	11	4080
8	7	群雄	华雄	武	男	4级	12	8840
9	8	魏国	郭嘉	文	男	5级	22	17680
10	9	蜀国	刘备	武	男	5级	8	7480
11	10	魏国	甄姬	文	女	5级	12	7480
12	11	蜀国	张飞	武	男	7级	13	6800
13	12	群雄	华佗	文	男	8级	6	6120
14	13	魏国	曹操	武	男	8级	27	19720
15	14	蜀国	关羽	武	男	10级	10	10200
16	15	群雄	袁术	武	男	10级	16	10200
17	16	蜀国	诸葛亮	文	男	11级	16	14280
18	17	魏国	司马懿	武	男	11级	18	14280
19	18	吴国	孙权	武	男	11级	15	8840

J	K
员工部门	
蜀国	
人数	公式
5	=DCOUNTA(A1:H19,"姓名",J1:J2)
销售总数量	公式
61	=DSUM(A1:H19,"销售数量",J1:J2)
人均销售金额	公式
9384	=DAVERAGE(A1:H19,"销售金额",J1:J2)
个人最小销售数量	公式
8	=DMIN(A1:H19,"销售数量",J1:J2)
个人最大销售金额	公式
14280	=DMAX(A1:H19,"销售金额",J1:J2)

图 22-1　第二参数 field 为列标签

第二个参数 field，其字符必须要与 database 中的字符完全一致，但是不区分英文字母的大小写。

22.2.2　第二参数 field 为表示列位置的数字

示例22-2　第二参数field为表示列位置的数字

如图 22-2 所示，在 J5 单元格输入以下公式，计算“岗位属性”为“武”的“人数”。

```
=DCOUNTA(A1:H19,2,J1:J2)
```

在在 J8 单元格输入以下公式，计算“岗位属性”为“武”的“销售总数量”。

```
=DSUM(A1:H19,7,J1:J2)
```

在 J11 单元格输入以下公式，计算“岗位属性”为“武”的“人均销售金额”。

```
=DAVERAGE(A1:H19,8,J1:J2)
```

在 J14 单元格输入以下公式，计算“岗位属性”为“武”的“个人最小销售数量”。

```
=DMIN(A1:H19,7,J1:J2)
```

在 J17 单元格输入以下公式，计算“岗位属性”为“武”的“个人最大销售金额”。

```
=DMAX(A1:H19,8,J1:J2)
```

	A	B	C	D	E	F	G	H
1	序号	员工部门	姓名	岗位属性	性别	员工级别	销售数量	销售金额
2	1	魏国	张辽	武	男	2级	19	14280
3	2	蜀国	赵云	武	男	2级	14	8160
4	3	群雄	貂蝉	文	女	2级	15	8160
5	4	吴国	孙尚香	文	女	3级	20	14280
6	5	吴国	甘宁	武	男	4级	25	20400
7	6	魏国	夏侯惇	武	男	4级	11	4080
8	7	群雄	华雄	武	男	4级	12	8840
9	8	魏国	郭嘉	文	男	5级	22	17680
10	9	蜀国	刘备	武	男	5级	8	7480
11	10	魏国	甄姬	文	女	5级	12	7480
12	11	蜀国	张飞	武	男	7级	13	6800
13	12	群雄	华佗	文	男	8级	6	6120
14	13	魏国	曹操	武	男	8级	27	19720
15	14	蜀国	关羽	武	男	10级	10	10200
16	15	群雄	袁术	武	男	10级	16	10200
17	16	蜀国	诸葛亮	文	男	11级	16	14280
18	17	魏国	司马懿	武	男	11级	18	14280
19	18	吴国	孙权	武	男	11级	15	8840

J	K
岗位属性	
武	
人数	公式
12	=DCOUNTA(A1:H19,2,J1:J2)
销售总数量	公式
188	=DSUM(A1:H19,7,J1:J2)
人均销售金额	公式
11106.66667	=DAVERAGE(A1:H19,8,J1:J2)
个人最小销售数量	公式
8	=DMIN(A1:H19,7,J1:J2)
个人最大销售金额	公式
20400	=DMAX(A1:H19,8,J1:J2)

图 22-2　第二参数 field 为表示列位置的数字

其中的数字 7，代表 database 参数所在区域中的第 7 列，即“销售数量”列。同样，数字 8 代表“销售金额”列。

22.2.3　数据库区域第一行标签为数字

示例22-3 数据库区域第一行标签为数字

如图 22-3 所示，D1:H1 单元格区域代表 1 月到 5 月，D2:H8 单元格区域代表每人每月的销售数量。

	A	B	C	D	E	F	G	H
1	序号	员工部门	姓名	1	2	3	4	5
2	1	魏国	张辽	180	325	480	625	780
3	2	蜀国	赵云	200	350	500	650	800
4	3	群雄	貂蝉	220	375	520	675	820
5	4	吴国	孙尚香	240	400	540	700	840
6	5	吴国	甘宁	260	425	560	725	860
7	6	魏国	夏侯惇	280	450	580	750	880
8	7	群雄	华雄	300	475	600	775	900

J	K
员工部门	
蜀国	
4月销售总数量	公式
200	=DSUM(A1:H8,4,J1:J2)
4月销售总数量	公式
650	=DSUM(A1:H8,MATCH(4,A1:H1,),J1:J2)

图 22-3　数据库区域第一行标签为数字

在 K5 单元格输入以下公式，计算 4 月蜀国的销售总数量。

```
=DSUM(A1:H8,4,J1:J2)
```

此时求得的结果为 200，并未能正确得到 4 月份的数据，这个 200 是 1 月份蜀国的销售总数量，即 A1:H8 单元格区域中第 4 列的数据。

在 K8 单元格输入以下两种公式，都可计算出正确的结果：

```
=DSUM(A1:H8,"4",J1:J2)
```

将第二参数写为文本形式 "4"，按与之相同的列标签汇总计算。

```
=DSUM(A1:H8,MATCH(4,A1:H1,),J1:J2)
```

首先通过 MATCH(4,A1:H1,) 函数，得到 4 月份在 A1:H1 单元格区域中位于第 7 列。然后再通过 DSUM 函数求得 A1:H8 单元格区域中第 7 列的数据。

提示

若想直接使用列标签名作为第二参数，可以在建立表格时，将标题行的数字格式设置为文本。

22.3 比较运算符和通配符的使用

数据库函数的条件区域，可以使用比较运算符“>”“<”“=”“>=”“<=”和“<>”，同时也支持使用通配符“*”“?”及“~”。

22.3.1 比较运算符的使用

示例22-4 比较运算符的使用

如图 22-4 所示，在 J3 单元格输入条件“>10000”，在 L3 单元格输入以下公式，计算销售金额大于 10 000 元的员工的销售金额合计。

```
=DSUM(A1:H19,"销售金额",J2:J3)
```

在 J7 单元格输入条件“<=10”，在 L7 单元格输入以下公式，计算销售数量小于等于 10 的员工的数量。

```
=DCOUNT(A1:H19,,J6:J7)
```

	A	B	C	D	E	F	G	H	I	J	K	L	M
1	序号	员工部门	姓名	岗位属性	性别	员工级别	销售数量	销售金额					
2	1	魏国	张辽	武	男	2级	19	14280		销售金额		金额	公式
3	2	蜀国	赵云	武	男	2级	14	8160		>10000		135320	=DSUM(A1:H19,"销售金额",J2:J3)
4	3	群雄	貂蝉	文	女	2级	15	8160					
5	4	吴国	孙权之妹	文	女	3级	20	14280					
6	5	吴国	孙权之兄	武	男	4级	25	20400		销售数量		人数	公式
7	6	魏国	夏侯惇	武	男	4级	11	4080		<=10		3	=DCOUNT(A1:H19,,J6:J7)
8	7	群雄	华雄	武	男	4级	12	8840					
9	8	魏国	郭嘉	文	男	5级	22	17680					
10	9	蜀国	刘备	武	男	5级	8	7480		员工部门		数量	公式
11	10	魏国	甄姬	文	女	5级	12	7480		<>蜀国		218	=DSUM(A1:H19,"销售数量",J10:J11)
12	11	蜀国	张飞	武	男	7级	13	6800					
13	12	群雄	华佗	文	男	8级	6	6120					
14	13	魏国	曹操	武	男	8级	27	19720		姓名		数量	公式
15	14	蜀国	关羽	武	男	10级	10	10200		孙权		60	=DSUM(A1:H19,"销售数量",J14:J15)
16	15	群雄	袁术	武	男	10级	16	10200					
17	16	蜀国	诸葛亮	文	男	11级	16	14280					
18	17	魏国	司马懿	武	男	11级	18	14280		姓名		数量	公式
19	18	吴国	孙权	武	男	11级	15	8840		=孙权		15	=DSUM(A1:H19,"销售数量",J18:J19)

图 22-4 比较运算符的使用

DCOUNT 和 DCOUNTA 两个函数的第二参数 field 可以简写，如果简写该字段，DCOUNT 和 DCOUNTA 计算数据库中符合条件的所有记录数。

在 J11 单元格输入条件“<> 蜀国”，在 L11 单元格输入以下公式，计算非蜀国员工的销售数量。

```
=DSUM(A1:H19," 销售数量 ",J10:J11)
```

在 J15 单元格输入条件“孙权”，L15 单元格输入以下公式，计算姓名以“孙权”二字开头的员工的销售数量。

```
=DSUM(A1:H19," 销售数量 ",J14:J15)
```

在 J19 单元格输入条件“'= 孙权”，在 L19 单元格输入以下公式，计算孙权的销售数量。

```
=DSUM(A1:H19," 销售数量 ",J14:J15)
```

键入不带等号“=”的字符，默认是统计以该关键字开头的单元格。条件前加等号“=”，表示精确匹配，并且文本无须加半角双引号。

例如，键入文本“孙权”作为条件，将匹配“孙权”“孙权之兄”和“孙权之妹”。键入文本“'= 孙权”，则只匹配“孙权”。

22.3.2 通配符的使用

在函数公式中，“*”代表 0 个或任意多个字符，半角问号“?”代表 1 个字符。如果在前面加上波浪符“~”，如“~*”和“~?”，则表示“*”和“?”字符本身，排除其通配符的性质。

示例22-5 通配符的使用

如图 22-5 所示，B 列为长＊宽＊高样式的规格及产品名称的混合内容。

在 F3 单元格输入条件“＊茶几”，在 H3 单元格输入以下公式，计算“茶几”的销售金额。

```
=DSUM(A1:D13,"销售金额",F2:F3)
```

计算产品高度低于 1000mm 的餐桌的销售数量，即条件为规格中高度的部分是 3 位数，并且以字符“餐桌”结尾。

如果在 F7 单元格输入条件“*??? 餐桌”，在 H7 单元格输入以下公式，将无法得到正确的结果。

```
=DSUM(A1:D13,"销售数量",F6:F7)
```

条件“*??? 餐桌”表示以“餐桌”结尾，并且前面有至少 3 个字符的单元格。

正确的计算方式为，在 F11 单元格输入条件“*~*??? 餐桌”，在 H11 单元格输入以下公式：

```
=DSUM(A1:D13,"销售数量",F10:F11)
```

~ 部分，第一个星号表示通配符，第二个星号前面加上了波浪号，表示星号本身。条件“*~*??? 餐桌”表示符合“任意字符 + 星号 +3 位任意字符 + 餐桌”的单元格。

	A	B	C	D	E	F	G	H	I
1	序号	产品	销售数量	销售金额					
2	1	1000*400*1800衣柜	14	16800		产品		销售金额	公式
3	2	1000*500*2000衣柜	3	3000		*茶几		36000	=DSUM(A1:D13,"销售金额",F2:F3)
4	3	1200*500*2000衣柜	5	6400					
5	4	1400*1400*1400餐桌	8	10200					
6	5	1000*1200*1400餐桌	4	4200		产品		销售数量	公式
7	6	1000*1200*400餐桌	12	2600		*???餐桌		43	=DSUM(A1:D13,"销售数量",F6:F7)
8	7	1000*1200*600餐桌	2	800					
9	8	1000*1200*800餐桌	17	10200					
10	9	800*800*400茶几	4	4200		产品		销售数量	公式
11	10	1000*800*400茶几	23	13800		*~*???餐桌		31	=DSUM(A1:D13,"销售数量",F10:F11)
12	11	1200*600*500茶几	10	11400					
13	12	1200*800*600茶几	7	6600					

图 22-5 通配符的使用

22.4 多条件统计

第三参数 criteria 可以接受多条件统计，当条件处于同一行内时，表示逻辑“与”的关系，当条件处于多行之间时，表示逻辑“或”的关系。

示例22-6 多条件统计

仍以示例 22-4 中 A1:H19 单元格区域的数据为例。

例 1： 在 J2:L3 单元格区域按图 22-6 所示设置条件，在 J5 单元格输入以下公式，计算员工部门为蜀国，并且销售金额在 7 000 与 12 000 之间的员工的销售金额合计。

```
=DSUM(A1:H19,"销售金额",J2:L3)
```

条件区域可以对每个标签进行多次设置，如图 22-6 中“销售金额”的设置，使用两个条件来表示 7 000 到 12 000 这个范围。

例 2：在 J7:N9 单元格区域按图 22-7 所示设置条件，在 J11 单元格输入以下公式，计算岗位属性为武，或者性别为女的员工销售金额合计。

```
=DSUM(A1:H19,"销售金额",J7:N9)
```

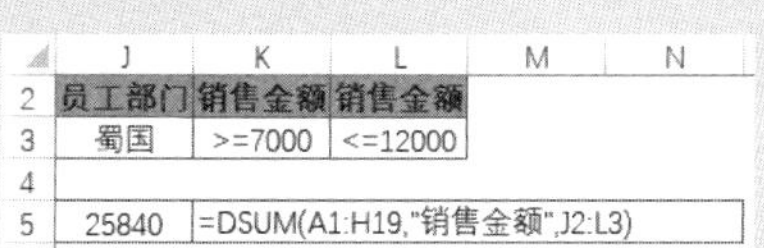

	J	K	L	M	N
2	员工部门	销售金额	销售金额		
3	蜀国	>=7000	<=12000		
4					
5	25840	=DSUM(A1:H19,"销售金额",J2:L3)			

图 22-6　同一行内表示逻辑“与”的关系

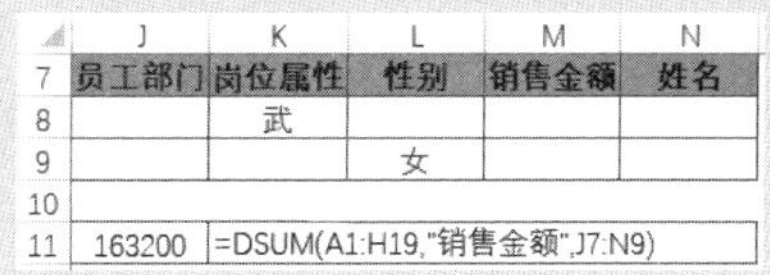

	J	K	L	M	N
7	员工部门	岗位属性	性别	销售金额	姓名
8		武			
9			女		
10					
11	163200	=DSUM(A1:H19,"销售金额",J7:N9)			

图 22-7　多行之间表示逻辑“或”的关系

在条件区域中，部分标签下没有设置相应的条件，如图 22-7 中“员工部门”“销售金额”“姓名”的设置，表示对相应的列不设置任何筛选条件。

例 3：在 J13:N16 单元格区域按图 22-8 所示设置条件，在 J18 单元格输入以下公式，计算以下三类员工的销售金额合计。

1. 员工部门为蜀国，并且销售金额在 7 000 与 12 000 之间。
2. 员工部门为吴国，并且岗位属性为武，性别为男。
3. 10 级及以上的员工，即级别数字为两位数的 10 级、11 级。

```
=DSUM(A1:H19,"销售金额",J13:O16)
```

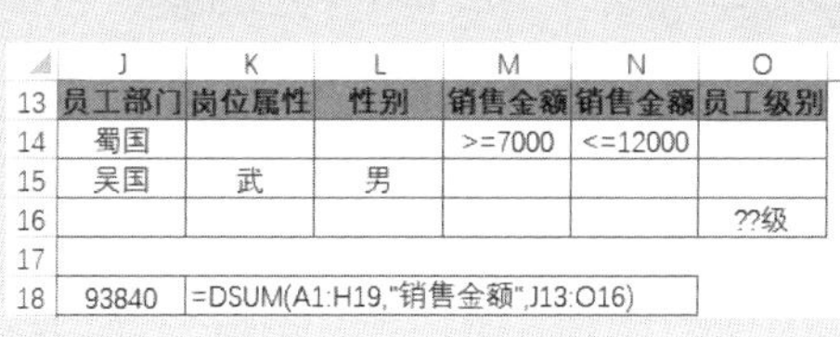

	J	K	L	M	N	O
13	员工部门	岗位属性	性别	销售金额	销售金额	员工级别
14	蜀国			>=7000	<=12000	
15	吴国	武	男			
16						??级
17						
18	93840	=DSUM(A1:H19,"销售金额",J13:O16)				

图 22-8　多条件统计

22.5　数据库函数在多单元格区域的使用

数据库函数一般是满足一个条件区域的设置后得出一个统计值，结合 SUM 函数可以实现在多单元格区域的使用。

示例22-7 数据库函数在多单元格区域的使用

	J	K	L	M
2	员工部门	岗位属性	销售金额	人数
3	蜀国	文	14280	1
4	蜀国	武	32640	4
5	吴国	文	14280	1
6	吴国	武	29240	2
7	魏国	文	25160	2
8	魏国	武	52360	4

图 22-9 数据库函数在多单元格区域的使用

仍以示例 22-4 中 A:H 列的数据为例，需要依次计算：部门为“蜀国”、岗位属性为“文”，部门为“蜀国”、岗位属性为“武”，……，部门为“魏国”、岗位属性为“武”的销售金额与人数，按图 22-9 中 J2:K8 单元格区域所示设置条件。

在 L3 单元格输入以下公式，向下复制到 L8 单元格。

```
=DSUM($A$1:$H$19,"销售金额",$J$2:K3)-SUM($L$2:L2)
```

在 M3 单元格输入以下公式，向下复制到 M8 单元格。

```
=DCOUNT($A$1:$H$19,"销售金额",$J$2:K3)-SUM($M$2:M2)
```

以 L5 单元格公式为例，公式为：

```
=DSUM($A$1:$H$19,"销售金额",$J$2:K5)-SUM($L$2:L4)
```

“DSUM($A$1:$H$19,"销售金额",$J$2:K5)”部分，条件区域为 $J$2:K5，不同行之间表示逻辑“或”的关系，实际计算的是部门为“蜀国”、岗位属性为“文”，部门为“蜀国”、岗位属性为“武”，部门为“吴国”、岗位属性为“文”这三部分员工的销售金额合计。

“SUM($L$2:L4)”部分，计算的是L5上方单元格合计，即公式所在行以上部分的销售金额合计。

最后将两部分相减，结果即为部门为“吴国”、岗位属性为“文”的销售金额。

使用 DSUM 函数的公式看似较为复杂，但在处理数据量较大时，运算效率远远高于 SUMIF、SUMIFS 等条件汇总类函数。

以上方法只对 DSUM、DCOUNT、DCOUNTA 三个数据库函数有效。

22.6 使用公式作为筛选条件

22.6.1 使用列标签作为筛选条件

如果在公式中使用数据透视表的列标签而不是相对单元格引用或区域名称，Excel 会在包含条件的单元格中显示错误值“#NAME?”或“#VALUE!”，但不影响区域的筛选。

示例22-8 使用数据透视表的列标签作为筛选条件

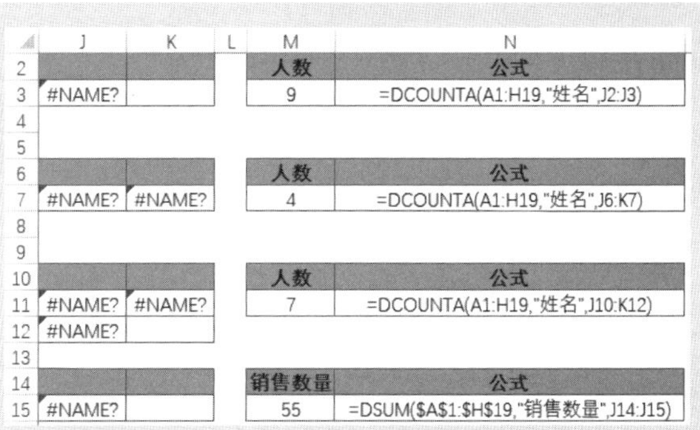

	J	K	L	M	N
2				人数	公式
3	#NAME?			9	=DCOUNTA(A1:H19,"姓名",J2:J3)
4					
5					
6				人数	公式
7	#NAME?	#NAME?		4	=DCOUNTA(A1:H19,"姓名",J6:K7)
8					
9					
10				人数	公式
11	#NAME?	#NAME?		7	=DCOUNTA(A1:H19,"姓名",J10:K12)
12	#NAME?				
13					
14				销售数量	公式
15	#NAME?			55	=DSUM($A$1:$H$19,"销售数量",J14:J15)

图 22-10　公式中使用列标签作为筛选条件

仍以示例 22-4 中 A:H 列的数据为例，如图 22-10 所示，分别使用以下公式完成不同需求的汇总计算。

例 1：在 J3 单元格输入以下公式作为计算条件。

```
=销售金额>10000
```

在 M3 单元格输入以下公式，用于汇总销售金额大于 10 000 的员工人数。

```
=DCOUNTA(A1:H19,"姓名",J2:J3)
```

例 2：在 J7 单元格和 K7 单元格分别输入以下公式作为计算条件。

```
=销售金额>10000
=员工部门="魏国"
```

在 M7 单元格输入以下公式，用于汇总员工部门为魏国，并且销售金额大于 10 000 的员工人数。

```
=DCOUNTA(A1:H19,"姓名",J6:K7)
```

例 3：在 J11、K11、J12 单元格分别输入以下公式作为计算条件。

```
=销售金额>10000
=员工部门="魏国"
=性别="女"
```

在 M11 单元格输入以下公式，用于汇总员工部门为魏国，并且销售金额大于 10 000，或者是性别为女的员工人数。

```
=DCOUNTA(A1:H19,"姓名",J10:K12)
```

例 4：在 J15 单元格输入以下公式作为计算条件，SUBSTITUTE 函数的作用是将“员工级别”字段中的“2 级”“3 级”等字符中的“级”替换为空文本。

```
=AND(--SUBSTITUTE(员工级别,"级",)<8,--SUBSTITUTE(员工级别,"级",)>4)
```

在 M15 单元格输入以下公式，用于汇总员工级别大于 4 并且小于 8 的员工的销售数量。

```
=DSUM($A$1:$H$19,"销售数量",J14:J15)
```

数据源中，“员工级别”字段中是数字与“级”字的组合。因此用 SUBSTITUTE(员工级别，

" 级 ",) 将“级”字替换掉，得到结果为文本型的数字。然后通过减负（--）运算，将文本型数字转化为数值型。

最后使用 AND 函数，判断出每一个员工级别是否大于 4 并且小于 8。

提示

使用公式作为筛选条件时，条件标签可以保留为空，或者使用与数据区域列标签不同的其他名称，如图 22-10 中 J2、J6、K6 等单元格。公式中所有使用到的列标签名称，均无须使用半角双引号。

22.6.2 使用单元格引用作为筛选条件

在公式中不仅可以使用列标签作为筛选条件，同样可以使用单元格引用作为筛选条件。用作条件的公式必须使用相对引用。另外，单元格引用要使用相应列的第二行单元格，即列标签下一行的单元格。

示例22-9 公式中使用单元格引用作为筛选条件

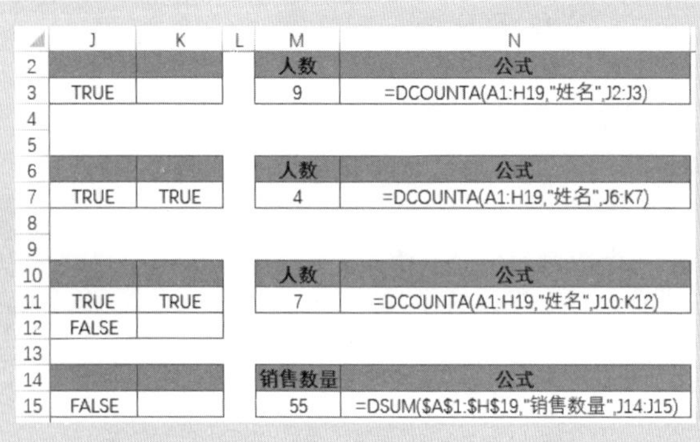

	J	K	L	M	N
2				人数	公式
3	TRUE			9	=DCOUNTA(A1:H19,"姓名",J2:J3)
4					
5					
6				人数	公式
7	TRUE	TRUE		4	=DCOUNTA(A1:H19,"姓名",J6:K7)
8					
9					
10				人数	公式
11	TRUE	TRUE		7	=DCOUNTA(A1:H19,"姓名",J10:K12)
12	FALSE				
13					
14				销售数量	公式
15	FALSE			55	=DSUM($A$1:$H$19,"销售数量",J14:J15)

图 22-11 公式中使用单元格引用作为筛选条件

仍以示例 22-4 中 A:H 列的数据为例，如图 22-11 所示，分别使用以下公式完成不同需求的汇总计算。

例 1：在 J3 单元格输入以下公式作为计算条件。

```
=H2>10000
```

在 M3 单元格输入以下公式，用于汇总销售金额大于 10 000 的员工人数。

```
=DCOUNTA(A1:H19," 姓名 ",J2:J3)
```

例 2：在 J7 和 K7 单元格分别输入以下公式作为计算条件。

```
=H2>10000
=B2=" 魏国 "
```

在 M7 单元格输入以下公式，用于汇总员工部门为魏国，并且销售金额大于 10 000 的员工人数。

```
=DCOUNTA(A1:H19," 姓名 ",J6:K7)
```

例 3：在 J11、K11、J12 单元格分别输入以下公式作为计算条件。

```
=H2>10000
```

```
=B2="魏国"
=E2="女"
```

在 M11 单元格输入以下公式，用于汇总员工部门为魏国，并且销售金额大于 10 000，或者是性别为女的员工人数。

```
=DCOUNTA(A1:H19,"姓名",J10:K12)
```

例 4：在 J15 单元格输入以下公式作为计算条件。

```
=AND(--SUBSTITUTE(F2,"级",)<8,--SUBSTITUTE(F2,"级",)>4)
```

在 M15 单元格输入以下公式，用于汇总员工级别大于 4 并且小于 8 的销售数量。

```
=DSUM(A1:H19,"销售数量",J14:J15)
```

例 5：如果使用的不是列标签下一行的单元格，则会因为相对位置的关系，造成计算结果错误。如图 22-12 所示，J19 单元格使用以下公式作为计算条件。

```
=H10>10000
```

在 M19 单元格输入以下公式，计算销售金额大于 10 000 的员工人数。

```
=DCOUNTA(A1:H19,"姓名",J18:J19)
```

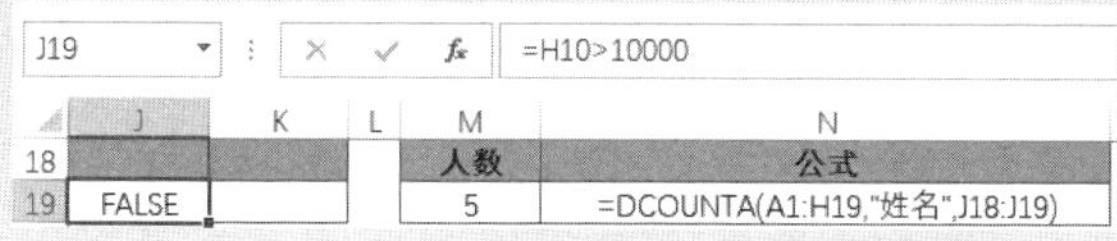
J19 fx =H10>10000

	J	K	L	M	N
18				人数	公式
19	FALSE			5	=DCOUNTA(A1:H19,"姓名",J18:J19)

图 22-12　非列标签下一行的单元格引用

此时的计算并不从数据源的第 2 行开始，而是从第 10 行向下到第 19 行的区域中符合条件的汇总结果。

22.7　认识 DGET 函数

数据库函数中，其他函数都是根据一定的条件，最终计算得到一个数值。只有 DGET 函数是根据一定的条件从数据库中提取一个值，这个值可以是数值也可以是文本。

如果没有满足条件的记录，DGET 函数将返回错误值“#VALUE!”。如果有多个记录满足条件，则 DGET 函数返回错误值“#NUM!”。

示例22-10 使用DGET函数提取值

仍以示例 22-8 中 A:H 列的数据为例，分别使用以下公式完成不同需求的汇总计算。

性别
销售金额
姓名
公式
女
>10000
孙权之妹
=DGET(A1:H19,"姓名",J2:K3)
员工部门
姓名
公式
吴国
#NAME?
孙权之兄
=DGET(A1:H19,"姓名",J6:K7)

图 22-13 DGET 函数提取唯一条件值

例 1：如图 22-13 所示，在 J3 单元格输入条件“女”，在 K3 单元格输入条件“>10000”，在 M3 单元格输入以下公式，提取性别为女并且销售金额大于 10 000 的员工姓名。

```
=DGET(A1:H19,"姓名",J2:K3)
```

例 2：在 J7 单元格输入条件“吴国”，在 K7 单元格输入条件“= 销售金额 =MAX(H:H)”，在 M7 单元格输入以下公式，提取员工部门为吴国，并且销售金额最高的员工姓名。

```
=DGET(A1:H19,"姓名",J6:K7)
```

22.8 跨工作表统计

多工作表汇总时，如果工作表名称有一定的数字规律，可以使用 ROW 函数构造多维区域。当工作表的名称无规律时，可以通过宏表函数 GET.WORKBOOK 构造多维区域。然后结合 INDIRECT 函数实现跨工作表统计。

22.8.1 有规律名称的跨工作表统计

示例22-11 有规律名称的跨工作表统计

如图 22-14 所示，工作表名称分别为 1 月、2 月、3 月、4 月、5 月，数据结构完全一致，。

1月

序号	员工部门
1	魏国
2	蜀国
3	蜀国
4	群雄
5	蜀国
6	魏国
7	吴国

2月

序号	员工部门
1	吴国
2	魏国
3	群雄
4	魏国
5	蜀国
6	魏国
7	蜀国
8	蜀国
9	魏国
10	吴国

5月

序号	员工部门	姓名	销售数量
1	魏国	张辽	28
2	群雄	貂蝉	9
3	蜀国	刘备	22
4	魏国	甄姬	25
5	蜀国	张飞	16
6	群雄	华佗	9
7	魏国	曹操	10
8	蜀国	关羽	5
9	群雄	袁术	19
10	蜀国	诸葛亮	22
11	魏国	司马懿	19

汇总 | 1月 | 2月 | 3月 | 4月 | 5月

图 22-14 工作表名称

例 1：如图 22-15 所示，在汇总表 A2:B3 单元格区域设置筛选条件。在 D3 单元格输入以下公式，计算 1 月到 5 月、部门为蜀国，并且销售数量大于 20 的人数。

```
=SUMPRODUCT(DCOUNT(INDIRECT(ROW($1:$5)&"月!A:D"),,A2:B3))
```

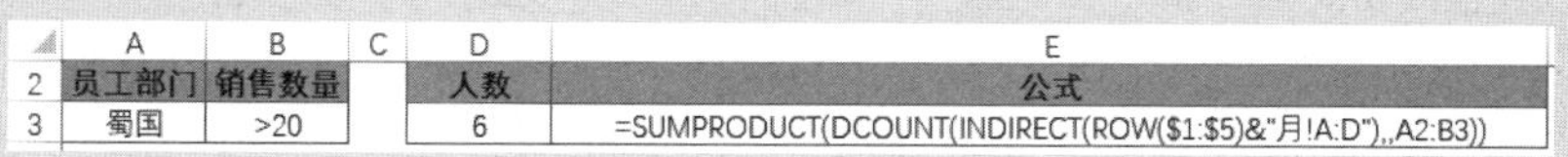

	A	B	C	D	E
2	员工部门	销售数量		人数	公式
3	蜀国	>20		6	=SUMPRODUCT(DCOUNT(INDIRECT(ROW($1:$5)&"月!A:D"),,A2:B3))

图 22-15 设置计数条件

“ROW($1:$5)&"月!A:D"”部分，根据工作表名称的规律，构造每张工作表的数据区域。

```
{"1月!A:D";"2月!A:D";"3月!A:D";"4月!A:D";"5月!A:D"}
```

其中 A:D 部分，使用整列引用形式，可以避免因每张工作表内数据的行数不一致，造成统计结果不正确的问题。

“INDIRECT(ROW($1:$5)&"月!A:D")”部分，使用 INDIRECT 函数将文本形式的单元格地址转换为实际的引用区域。

再使用 DCOUNT 函数依次对各个工作表区域计数，得到在每张工作表内满足条件的人数。

```
{1;1;2;0;2}
```

最后通过 SUMPRODUCT 函数求和，得到最终结果为 6。

例 2：如图 22-16 所示，在汇总表 A5:B6 单元格区域设置筛选条件。在 D6 单元格输入以下公式，计算 1 月到 5 月、员工部门为魏国，并且销售数量小于 10 的员工的销售数量。

```
=SUMPRODUCT(DSUM(INDIRECT(ROW($1:$5)&"月!A:D"),"销售数量",A5:B6))
```

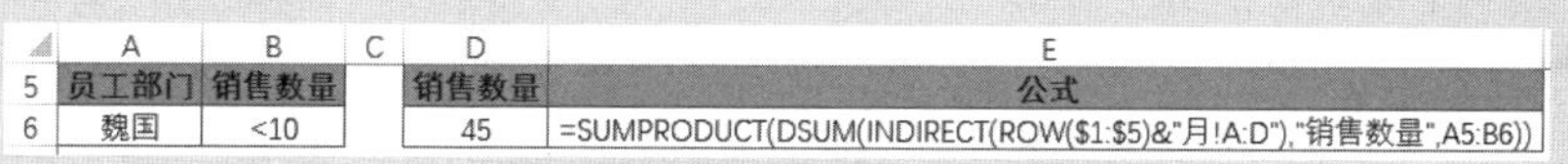

	A	B	C	D	E
5	员工部门	销售数量		销售数量	公式
6	魏国	<10		45	=SUMPRODUCT(DSUM(INDIRECT(ROW($1:$5)&"月!A:D"),"销售数量",A5:B6))

图 22-16 设置求和条件

计算原理与例 1 相同。

22.8.2 无规律名称的跨工作表统计

示例22-12 无规律名称的跨工作表统计

如图 22-17 所示，工作表名称分别为张辽、貂蝉等没有序列规律的字符。

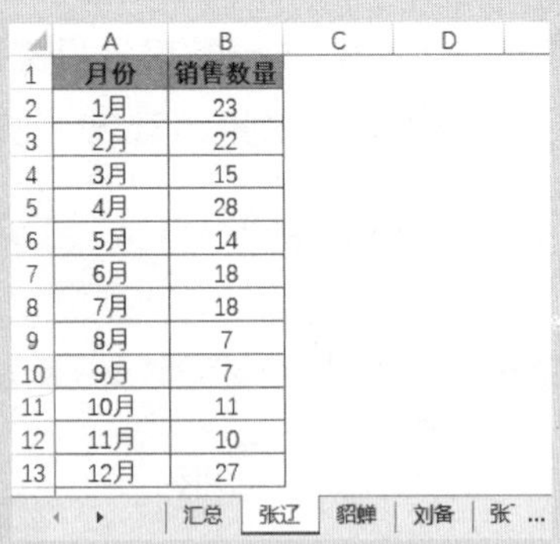

	A	B	C	D
1	月份	销售数量		
2	1月	23		
3	2月	22		
4	3月	15		
5	4月	28		
6	5月	14		
7	6月	18		
8	7月	18		
9	8月	7		
10	9月	7		
11	10月	11		
12	11月	10		
13	12月	27		

图 22-17 工作表名称

依次单击【公式】→【名称管理器】命令，打开【名称管理器】对话框，定义名称为“工作表名”，公式为：

```
=GET.WORKBOOK(1)&T(NOW())
```

例 1：如图 22-18 所示，在汇总表 A2:B3 单元格区域设置筛选条件，在 D3 单元格输入以下公式，计算 4 月份销售数量大于 20 的人数。

```
=SUMPRODUCT(DCOUNT(INDIRECT("'"&工作表名&"'!A:D"),,A2:B3))
```

	A	B	C	D	E
2	月份	销售数量		人数	公式
3	4月	>20		3	=SUMPRODUCT(DCOUNT(INDIRECT("'"&工作表名&"'!A:D"),,A2:B3))

图 22-18 设置计数条件

“"'"&工作表名&"'!A:D"”部分，通过定义名称中的宏表函数，得到包含所有工作表名称的数组，然后连接上字符串“!A:D”，形成每张工作表中对应区域的完整名称。

```
{"'[无规律名称的跨工作表统计.xlsm]汇总'!A:D","'[无规律名称的跨工作表统计.xlsm]
张辽'!A:D",……,"'[无规律名称的跨工作表统计.xlsm]关羽'!A:D"}
```

公式中使用一个较大的区域 A:D 作为引用范围，可以增加公式的扩展性，当数据不仅只有 A、B 两列时候，无须修改公式即可完成统计。

在工作表名两侧都加上半角的单引号，当工作表或工作簿的名称中包含空格或是数字等特殊字符，则必须将相应名称（或路径）用单引号（'）括起来。

例 2：如图 22-19 所示，在汇总表 A5:B6 单元格区域设置筛选条件。在 D6 单元格输入以下数组公式，按 <Ctrl+Shift+Enter> 组合键结束编辑，计算 1 月份销售数量小于 20 的销售数量合计。

```
{=SUM(IFERROR(DSUM(INDIRECT("'"&工作表名&"'!A:D"),"销售数量",A5:B6),0))}
```

	A	B	C	D	E
5	月份	销售数量		销售数量	
6	1月	<20		34	{=SUM(IFERROR(DSUM(INDIRECT("'"&工作表名&"'!A:D"),"销售数量",A5:B6),0))}

图 22-19 设置求和条件

由于 DSUM 函数会引用“汇总”工作表，而“汇总”工作表的 A:D 列区域内的第一行没有列标签，所以会计算得到带有错误值的数组结果。

```
{#VALUE!,0,0,14,0,8,0,0,12}
```

使用 IFERROR 函数，将错误值“#VALUE!”变为 0，不影响最终计算结果。

由于在定义名称时使用了宏表函数 GET.WORKBOOK，因此需要将工作簿保存为 xlsm 格式。

练习与巩固

1. 数据库函数的 database 参数只能使用单元格区域，不支持内存数组，表述正确吗?
2. 数据库函数的 criteria 参数既可以使用单元格区域，也支持内存数组，表述正确吗?

第 23 章　宏表函数

宏表函数是一类特殊的函数，它无法在工作表中直接使用，而且所有功能都可以被 VBA 取代。但是它可以帮助用户处理其他 Excel 工作表函数无法解决的问题，而且可以让不熟悉 VBA 的用户完成一些特殊功能。本章着重介绍部分常用宏表函数。

本章学习要点

（1）初步认识宏表。

（2）信息类宏表函数的应用。

（3）制作工作簿及工作表的超链接。

23.1　什么是宏表

在 Microsoft Excel 4.0 及以前的版本中并未包含 VBA，那时的 Excel 需要通过宏表来实现一些特殊功能。1993 年，微软公司在 Microsoft Excel 5.0 中首次引入了 Visual Basic，并逐渐形成了我们现在所熟知的 VBA。

经过多年的发展，VBA 已经可以完全取代宏表，成为 Microsoft Excel 二次开发的主要语言，但出于兼容性和便捷性，微软在 Microsoft Excel 5.0 及以后的版本中，一直还保留着宏表。

23.1.1　插入宏表

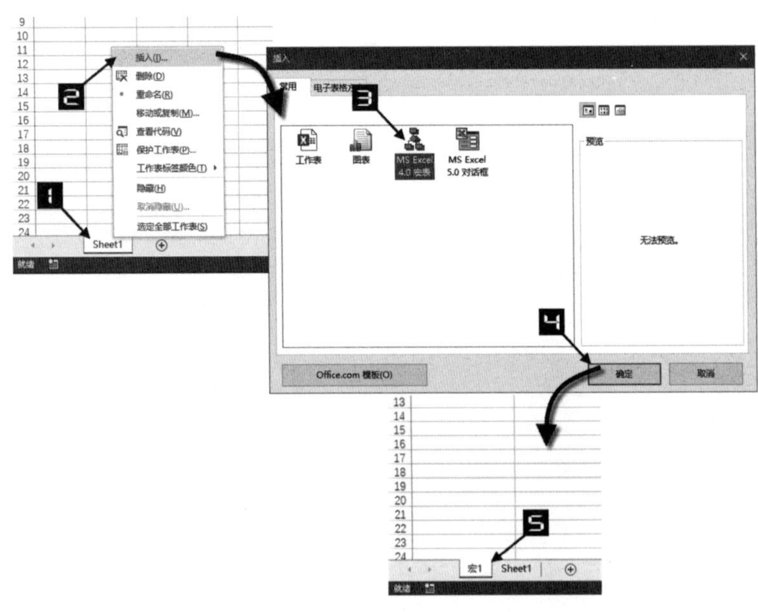

图 23-1　插入宏表

在 Excel 文档中插入宏表的方法如下，如图 23-1 所示。

步骤① 右击工作表标签，在弹出的快捷菜单上，单击【插入】命令。

步骤② 在【插入】对话框中，选中【MS Excel 4.0 宏表】，单击【确定】按钮。也可以按 <Ctrl+F11> 组合键插入宏表。

23.1.2　宏表与工作表的区别

- ❖ 在宏表工作表的公式列表中会显示多个宏表函数，这些函数在工作表中使用时会提示函数无效，如图 23-2 所示。
- ❖ 新建的宏表，默认是【显示公式】状态。
- ❖ 在宏表中有一些不可使用的功能，如条件格式、透视表、迷你图、数据验证等。
- ❖ 宏表中的函数公式无法自动重算，可以按照执行宏的方式，使用 <Alt+F8> 组合键运行代码，实现重新计算。也可以使用【分列】或【替换】功能，实现宏表函数的重新计算。
- ❖ 带有宏表函数的工作簿要保存成后缀名为 .xlsm、.xlsb 等可以保存宏代码的工作簿。如果保存成后缀名为 .xlsx 的工作簿，则会弹出如图 23-3 所示的提示。单击【是】按钮，则保存成为不含任何宏功能的 .xlsx 工作簿。单击【否】按钮，可以重新选择文件格式进行保存。

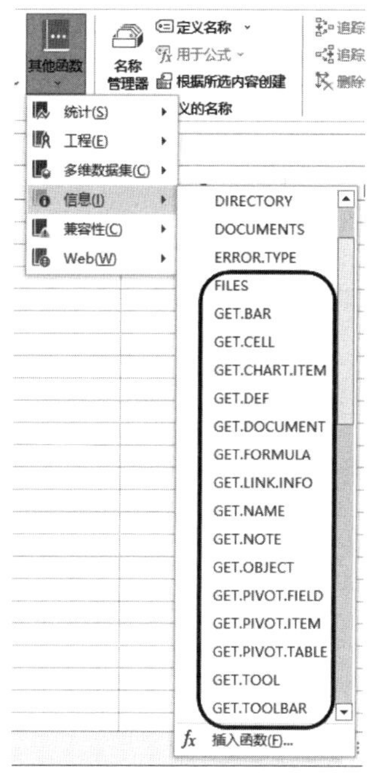

图 23-2　宏表中增加的部分函数

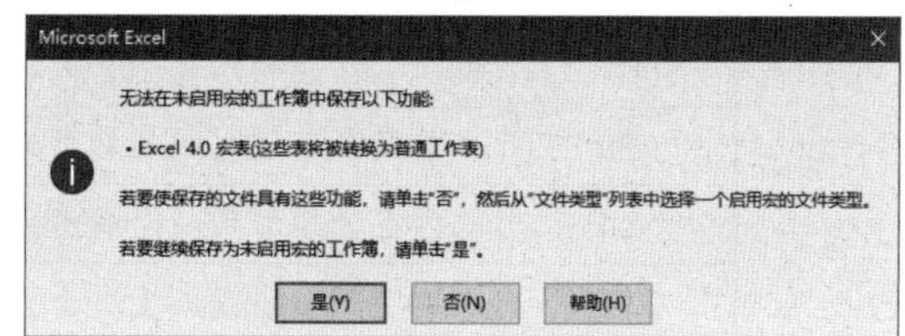

图 23-3　保存带有宏表函数的工作簿

23.1.3　设置 Excel 的宏安全性

如果打开带有宏表的工作簿时宏表函数无法运行且没有任何提示，可在【Excel 选项】对话框中依次单击【信任中心】→【信任中心设置】命令，在弹出的【信任中心】对话框中切换到【宏设置】选项卡下，将宏安全性设置为“禁用所有宏，并发出通知”，最后单击【确定】按钮关闭对话框，如图 23-4 所示。

重新打开工作簿，单击【安全警告】区域的【启用内容】按钮，如图 23-5 所示，此时即可正常运行宏。

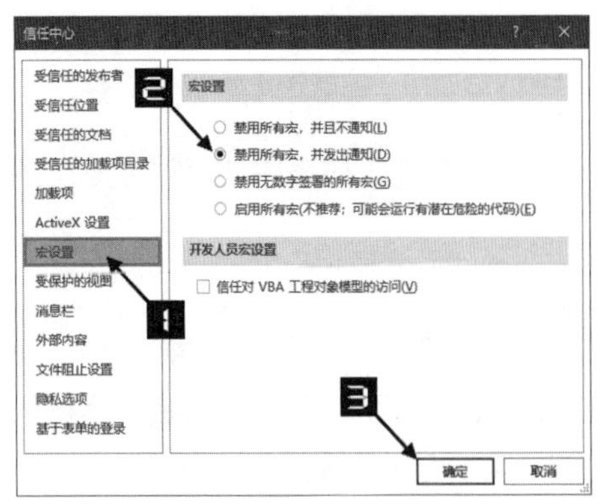

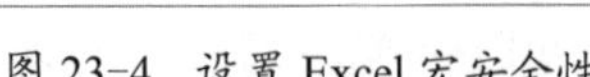

图 23-4　设置 Excel 宏安全性

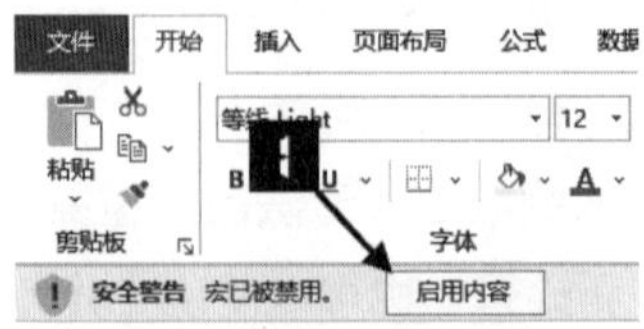

图 23-5　点击【启用内容】

如果设置为“禁用所有宏，并且不通知”，则宏功能不能正常运行。

如果设置为“启用所有宏”，在打开陌生文件时，可能会运行有潜在危险的代码。

23.2　用 GET.DOCUMENT 函数返回工作表信息

GET.DOCUMENT 函数用于返回关于工作簿相关的信息。其语法为：

```
GET.DOCUMENT(type_num, name_text)
```

type_num　指明信息类型的数。此数字范围介于 1~88 之间，表 23-1 为 type_num 的常用值与对应结果。

name_text　文件名，如果 name_text 被省略，则默认为当前工作簿。

表 23-1　GET.DOCUMENT 函数常用参数设置

type_num	返回
2	返回工作簿的路径。如果新建工作簿未被保存，会返回错误值“#N/A”
50	当前设置下欲打印的总页数
64	以内存数组形式，生成水平换行符之下相邻的行号
65	以内存数组形式，生成垂直换行符右侧相邻的列号
76	以“[工作簿名] 工作表名”的形式返回活动工作表的名称
88	返回活动工作簿名称

23.2.1　在宏表中获得当前工作表信息

在工作簿中插入一张宏表，依次单击【公式】→【显示公式】按钮，如图 23-6 所示。

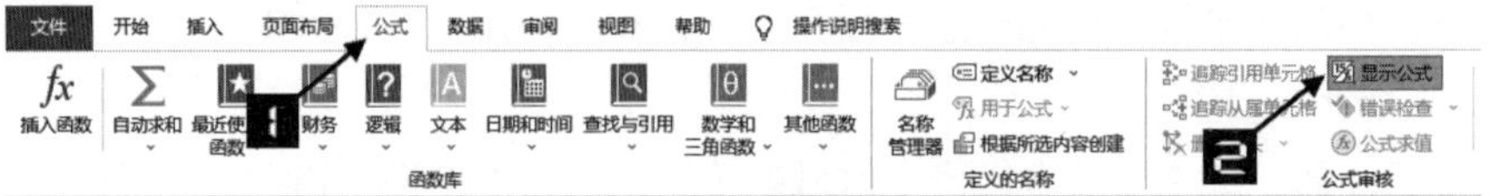

图 23-6　取消显示公式

也可以按 <Ctrl+`> 组合键取消显示公式。

示例23-1 获得当前工作表信息

如图 23-7 所示，在 A2 单元格输入以下公式，得到当前工作簿的路径。

```
=GET.DOCUMENT(2)
```

在 A3 单元格输入以下公式，以“[工作簿名] 工作表名”的形式得到当前工作表的名称。

```
=GET.DOCUMENT(76)
```

在 A4 单元格输入以下公式，得到当前工作簿的名称。

```
=GET.DOCUMENT(88)
```

	A	B
1	结果	公式
2	F:\Excel\写书\Excel2019函数公式大全\宏表函数\示例文件	=GET.DOCUMENT(2)
3	[获得当前工作表信息.xlsm]宏1	=GET.DOCUMENT(76)
4	获得当前工作表信息.xlsm	=GET.DOCUMENT(88)

图 23-7　获得当前工作表信息

宏表中的函数不能自动重算，可用以下方法实现重新计算。

方法 1：选中公式所在列（如 A 列），单击【数据】选项卡【分列】按钮，在弹出的【文本分列向导】对话框中单击【完成】，如图 23-8 所示。

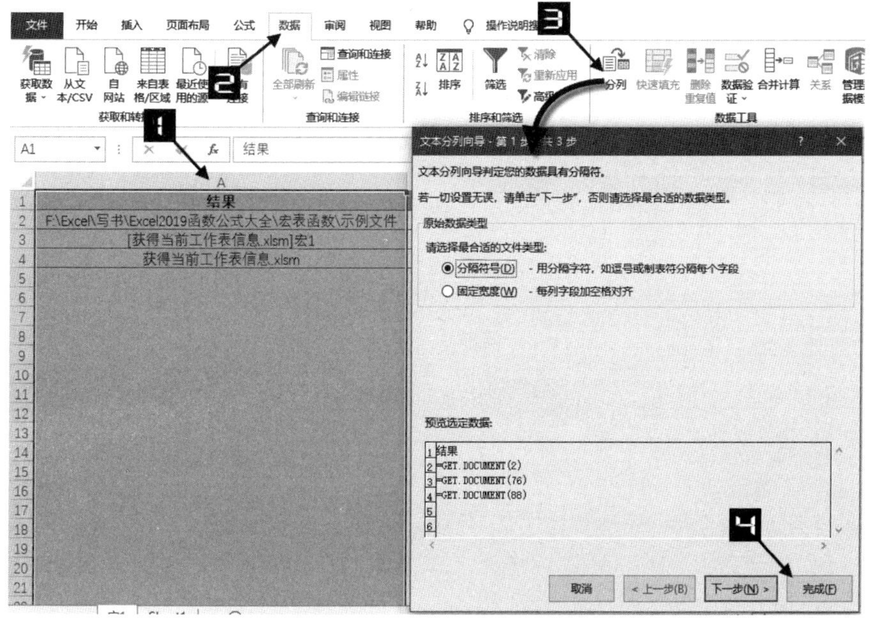

图 23-8　使用【分列】使宏表中的函数重算

方法 2：按 <Ctrl+H> 组合键，调出【查找和替换】对话框，切换到【替换】选项卡。在【查找内容】和【替换为】编辑框内均输入等号“=”，单击【全部替换】按钮，可实现当前宏表内所有公式的重算，如图 23-9 所示。

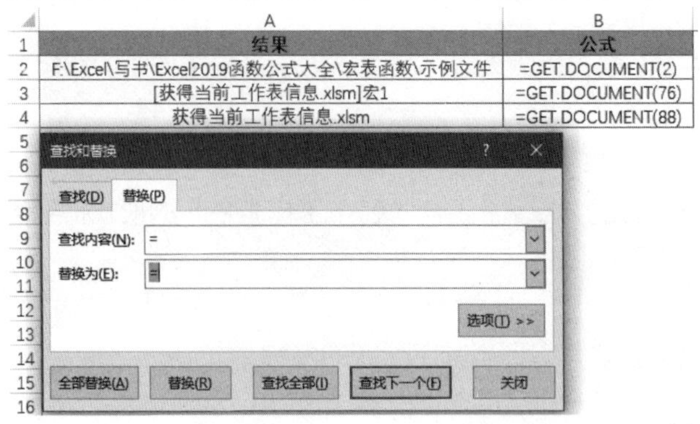

	A	B
1	结果	公式
2	F:\Excel\写书\Excel2019函数公式大全\宏表函数\示例文件	=GET.DOCUMENT(2)
3	[获得当前工作表信息.xlsm]宏1	=GET.DOCUMENT(76)
4	获得当前工作表信息.xlsm	=GET.DOCUMENT(88)

图 23-9　使用【替换】功能使宏表中的函数重算

提示

宏表函数不能在工作表中直接使用，仅可以在“宏表”及“定义名称”中使用。在宏表中书写宏表函数是为了公式书写方便且易于展示。本章后面的篇幅，均使用“定义名称”的方法应用宏表函数。

23.2.2　使用定义名称方法获得当前工作表信息

示例23-2　使用定义名称方法获得当前工作表信息

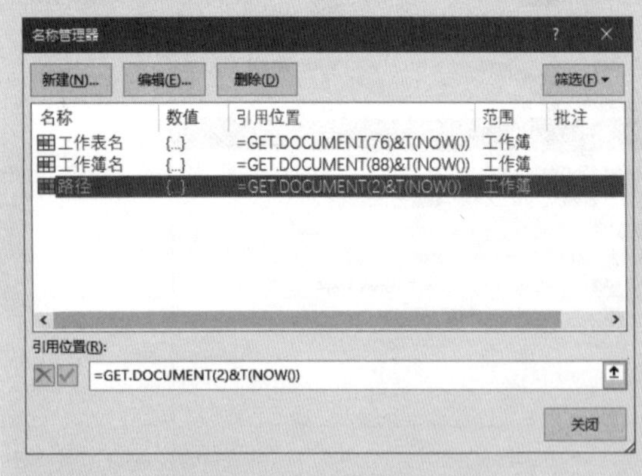

图 23-10　设置自定义名称

如图 23-10 所示，依次单击【公式】→【名称管理器】，打开【名称管理器】对话框。在对话框中依次定义名称“路径”，公式为：

```
=GET.DOCUMENT(2)&T(NOW())
```

定义名称“工作表名”，公式为：

```
=GET.DOCUMENT(76)&T(NOW())
```

定义名称“工作簿名”，公式为：

```
=GET.DOCUMENT(88)&T(NOW())
```

如图 23-11 所示，在 A2 单元格输入以下公式，得到当前工作簿的路径。

= 路径

在 A3 单元格输入以下公式，得到当前工作表的名称。

= 工作表名

在 A4 单元格输入以下公式，得到当前工作簿的名称。

= 工作簿名

	A	B
1	结果	公式
2	F:\Excel\写书\Excel2019函数公式大全\宏表函数\示例文件	=路径
3	[使用定义名称方法获得当前工作表信息.xlsm]Sheet1	=工作表名
4	使用定义名称方法获得当前工作表信息.xlsm	=工作簿名

图 23-11　使用定义名称方法获得当前工作表信息

关于定义名称的详细内容，请参阅第 9 章。

23.2.3　在 Excel 中触发重算的方法

绝大部分宏表函数不能自动重新计算，使宏表函数重算的常用方法是在定义名称时加入一个易失性函数。这样只要有单元格触发了重新计算，易失性函数就会发生重新计算，从而引起宏表函数重新计算。一般加入的易失性函数有两种。

❖ 计算结果为文本时，在公式后面连接 &T(NOW())。NOW 函数用于得到系统当前的日期时间，再使用 T 函数将其转换为空文本。原公式结果连接空文本，不影响单元格显示，如示例 23-2 中定义名称“路径”的公式：

```
=GET.DOCUMENT(2)&T(NOW())
```

❖ 计算结果为数值时，在公式后面连接 +NOW()*0。用 NOW 函数得到的日期时间乘以 0，结果为 0。原公式结果加 0，不影响最终计算结果，如示例 23-3 中定义名称“总页数”的公式：

```
=GET.DOCUMENT(50)+NOW()*0
```

提示

在单元格中执行编辑、输入或是按下 <F9> 键等操作时，会触发 NOW 函数重新计算，使得宏表函数也会重新计算得到最新的结果。

23.2.4　显示打印页码

示例23-3　显示打印页码

如图 23-12 所示，定义名称“总页数”，公式为：

```
=GET.DOCUMENT(50)+NOW()*0
```

定义名称“当前页”，公式为：

```
=FREQUENCY(GET.DOCUMENT(64)+NOW()*0,ROW())+1
```

如图 23-13 所示，在 D2、D19、D40 单元格输入以下公式：

```
="第"&当前页&"页 总共"&总页数&"页"
```

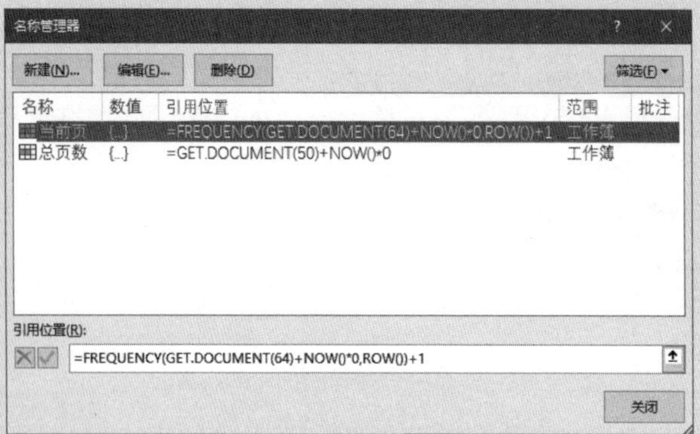

图 23-12 设置自定义名称

D2 =“第”&当前页&“页 总共”&总页数&“页”

	A	B	C	D
1	姓名	月份	销量	页码
2	魏国-曹操	1月	100	第1页 总共3页
3	魏国-曹操	2月	148	
17	魏国-夏侯惇	4月	146	
18	姓名	月份	销量	页码
19	蜀国-刘备	1月	132	第2页 总共3页
20	蜀国-刘备	2月	131	
38	蜀国-马超	4月	95	
39	姓名	月份	销量	页码
40	吴国-孙权	1月	77	第3页 总共3页
41	吴国-孙权	2月	105	
59	吴国-孙皓	4月	83	

图 23-13 输入公式

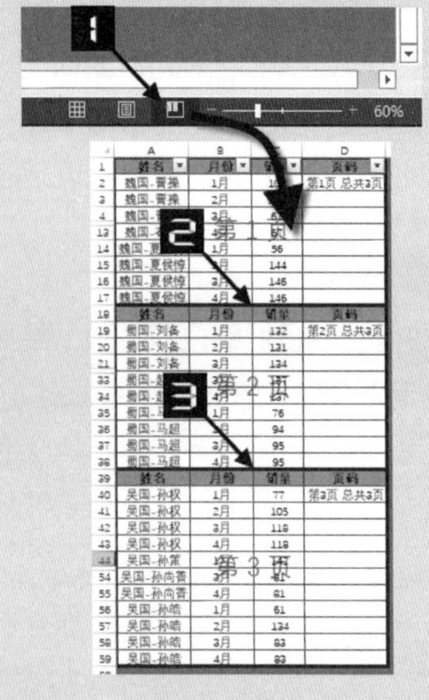

图 23-14 手动调整每页打印的行数

单击工作簿右下方【视图切换】区域的【分页预览】按钮，进入【分页预览】视图，使用鼠标拖动粗体蓝线，手动调整每页打印的行数，如图 23-14 所示。调整页面设置后，按 <F9> 键使公式重新计算，D2、D19、D40 单元格公式将显示调整后的页码。

公式中“GET.DOCUMENT(50)”部分，得到当前设置下需要打印的总页数。

加 NOW()*0 的作用是利用 NOW 函数的易失性，使得每次按下 <F9> 键，都可以使公式自动重算。

“GET.DOCUMENT(64)+NOW()*0”部分，得到水平换行符以下相邻行的行号数组，结果为 {18,39}。

最后使用 FREQUENCY 函数，得到公式所在行位于打印的第几页。

关于 FREQUENCY 函数的详细用法，请参阅 15.9 节。

由于每次调用 GET.DOCUMENT(64)，都会让 Excel 重新计算打印页码，所以用此方法计算页数会比较慢。

23.3 用 FILES 函数获取文件名清单信息

FILES 函数用于返回指定目录下的全部文件名构成的水平数组。使用 FILES 函数可以建立一个

文件名清单，其基本语法为：

```
FILES(directory_text)
```

directory_text：指定从哪一个目录中返回文件名。支持使用通配符星号（*）和半角问号（?）。

如果 directory_text 没有指定，FILES 函数返回活动工作簿所在目录下的所有文件名。

如果把 FILES 函数输入单个单元格，则只返回一个文件名。通常会结合 INDEX 函数，在内存数组中提取相应的文件名。

23.3.1　提取指定目录下的文件名

示例23-4　提取指定目录下的文件名

图 23-15 所示，是当前工作簿所在文件夹中所有的文件。

图 23-15　当前工作簿所在文件夹中的文件

如图 23-16 所示，定义名称“D 盘文件”，公式为：

```
=FILES("D:\*.*")&T(NOW())
```

定义名称“Excel 文件”，公式为：

```
=FILES(GET.DOCUMENT(2)&"\*.xls*")&T(NOW())
```

定义名称“当前工作簿”，公式为：

```
=FILES(GET.DOCUMENT(2)&"\*.*")&T(NOW())
```

定义名称“魏国”，公式为：

```
=FILES(GET.DOCUMENT(2)&"\魏国*.*")&T(NOW())
```

定义名称“头像”，公式为：

```
=FILES(GET.DOCUMENT(2)&"\*.jpg")&T(NOW())
```

定义名称“魏国头像”，公式为：

```
=FILES(GET.DOCUMENT(2)&"\魏国*.jpg")&T(NOW())
```

定义名称“指定路径”，公式为：

=FILES("F:\Excel\ 写书 \Excel2019 函数公式大全 \ 宏表函数 \ 示例文件 \ 提取指定目录下的文件名 *.*")&T(NOW())

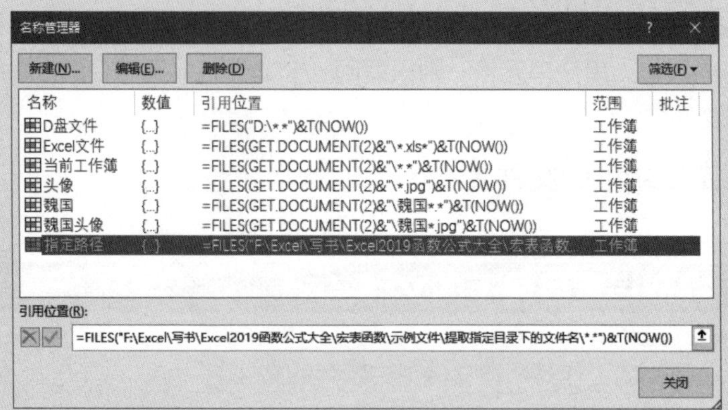

图 23-16 定义名称

如图 23-17 所示，在 A2 单元格输入以下公式，向下复制到 A9 单元格，得到 D 盘目录下所有文件的名称。

=INDEX(D 盘文件 ,ROW(1:1))

FILES 函数只能得到文件的名称，并不能得到文件夹的名称。如果电脑中没有 D 盘，或者 D 盘目录下只包含文件夹而没有任何文件，将返回错误值“#N/A”。

在 B2 单元格输入以下公式，向下复制到 B9 单元格，得到指定路径下的所有文件名称。

=INDEX(指定路径 ,ROW(1:1))

在 C2 单元格输入以下公式，向下复制到 C9 单元格，得到当前工作簿所在文件夹中的所有文件名称。

=INDEX(当前工作簿 ,ROW(1:1))

在 D2 单元格输入以下公式，向下复制到 D9 单元格，得到当前工作簿所在文件夹中的所有 Excel 文件，即 xls、xlsx、xlsm 等格式的文件。

=INDEX(Excel 文件 ,ROW(1:1))

在 B12 单元格输入以下公式，向下复制到 B19 单元格，得到当前工作簿所在文件夹中的所有 jpg 格式的图片名称，

=INDEX(头像 ,ROW(1:1))

在 C12 单元格输入以下公式，向下复制到 C19 单元格，得到当前工作簿所在文件夹中的所有

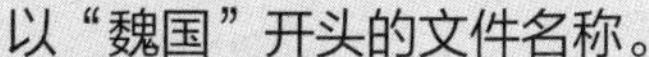

以“魏国”开头的文件名称。

=INDEX(魏国,ROW(1:1))

在 D12 单元格输入以下公式，向下复制到 D19 单元格，得到当前工作簿所在文件夹中的所有以“魏国”开头，并且为 jpg 格式的图片名称。

=INDEX(魏国头像,ROW(1:1))

	A	B	C	D
1	=INDEX(D盘文件,ROW(1:1))	=INDEX(指定路径,ROW(1:1))	=INDEX(当前工作簿,ROW(1:1))	=INDEX(Excel文件,ROW(1:1))
2	2013应用大全模板.dotm	吴国-华佗.jpg	吴国-华佗.jpg2	吴国-华佗.xlsx
3	宏表函数示例文件.docx	吴国-华佗.xlsx	吴国-华佗.xlsx	吴国-周瑜.xlsx
4	宏表函数示例文件.xlsx	吴国-周瑜.jpg	吴国-周瑜.jpg	吴国-孙尚香.xlsx
5	#REF!	吴国-周瑜.xlsx	吴国-周瑜.xlsx	吴国-孙权.xlsx
6	#REF!	吴国-孙尚香.jpg	吴国-孙尚香.jpg	提取指定目录下的文件名.xlsm
7	#REF!	吴国-孙尚香.xlsx	吴国-孙尚香.xlsx	蜀国-刘备.xlsx
8	#REF!	吴国-孙权.jpg	吴国-孙权.jpg	蜀国-张飞.xlsx
9	#REF!	吴国-孙权.xlsx	吴国-孙权.xlsx	蜀国-诸葛亮.xlsx
10				
11		=INDEX(头像,ROW(1:1))	=INDEX(魏国,ROW(1:1))	=INDEX(魏国头像,ROW(1:1))
12		吴国-华佗.jpg	魏国-夏侯惇.jpg	魏国-夏侯惇.jpg
13		吴国-周瑜.jpg	魏国-夏侯惇.xlsx	魏国-张辽.jpg
14		吴国-孙尚香.jpg	魏国-张辽.jpg	魏国-杨修.jpg
15		吴国-孙权.jpg	魏国-张辽.xlsx	魏国-甄姬.jpg
16		蜀国-刘备.jpg	魏国-杨修.jpg	魏国-郭嘉.jpg
17		蜀国-张飞.jpg	魏国-杨修.xlsx	#REF!
18		蜀国-诸葛亮.jpg	魏国-甄姬.jpg	#REF!
19		蜀国-赵云.jpg	魏国-甄姬.xlsx	#REF!

图 23-17　提取指定目录下的文件名

以定义名称“魏国头像”为例：

=FILES(GET.DOCUMENT(2)&"\魏国*.jpg")&T(NOW())

“GET.DOCUMENT(2)”部分，得到当前工作簿的路径。

“GET.DOCUMENT(2)&"\魏国*.jpg"”部分，利用通配符，使得 FILES 函数可以提取以“魏国”开头的 jpg 格式文件名。

FILES(GET.DOCUMENT(2)&"\魏国*.jpg") 部分，提取得到的数组为：

{"魏国-夏侯惇.jpg","魏国-张辽.jpg","魏国-杨修.jpg","魏国-甄姬.jpg","魏国-郭嘉.jpg"}

最后使用 INDEX 函数，依次提取数组中的名称，当提取的数量多于数组中元素的个数时，将返回错误值“#REF!”。

提示

为方便演示，本例每个公式只复制 8 个单元格，并未实际提取相应路径下的所有文件的名称。实际使用时，可根据需要复制到合适的位置，以便提取全部文件名称。

23.3.2 制作动态文件链接

利用 FILES 函数提取到相应的文件名，然后结合 HYPERLINK 函数制作超链接，以方便在 Excel 文件中建立链接，快速打开其他文件。

示例23-5 制作动态文件链接

如图 23-18 所示，选中 D1 单元格，依次单击【数据】→【数据验证】按钮，在弹出的【数据验证】对话框中，设置【允许】为“序列”，在【来源】处输入以下内容，单击【确定】按钮。

```
*，魏国 *，蜀国 *，吴国 *
```

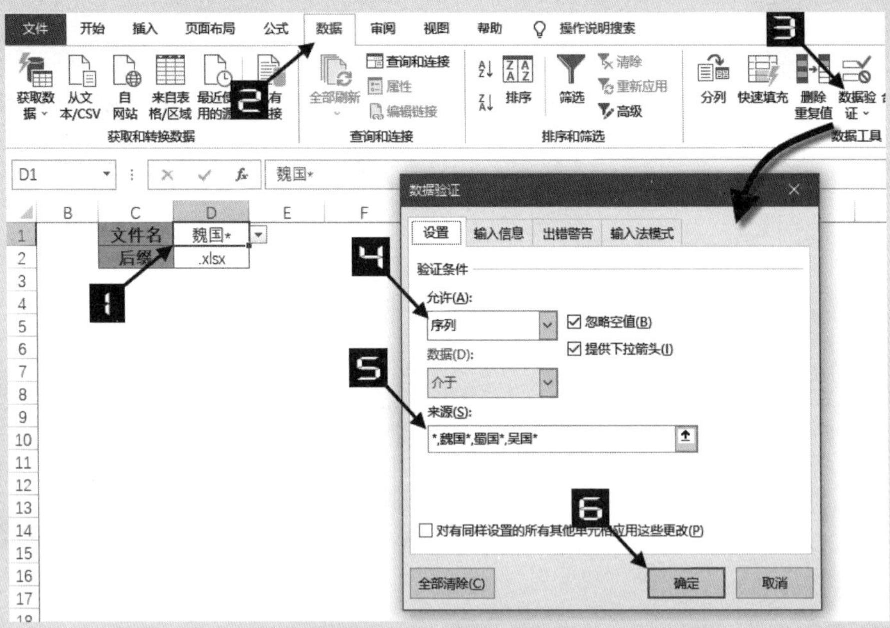

图 23-18 设置数据验证

以相同方式设置 D2 单元格的【数据验证】，将【序列】【来源】设置为：

```
.*,.jpg,.xlsx,.xls*
```

定义名称“路径”，公式为：

```
=GET.DOCUMENT(2)&T(NOW())
```

定义名称“文件名”，公式为：

```
=FILES(路径&"\"&Sheet1!$D$1&Sheet1!$D$2)&T(NOW())
```

在 A2 单元格输入以下公式，向下复制到 A20 单元格。

```
=IFERROR(HYPERLINK(路径&"\"&INDEX(文件名,ROW(1:1)),INDEX(文件名,ROW(1:1))),"")
```

设置完成后，更改 D1、D2 单元格的参数，即可创建对相应文件的链接。单击 A 列单元格中的超链接，即可打开该文件，如图 23-19 和图 23-20 所示。

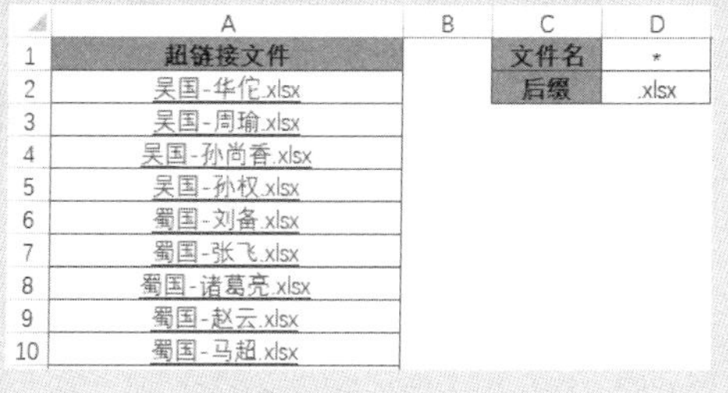

	A	B	C	D
1	超链接文件		文件名	*
2	吴国-华佗.xlsx		后缀	.xlsx
3	吴国-周瑜.xlsx			
4	吴国-孙尚香.xlsx			
5	吴国-孙权.xlsx			
6	蜀国-刘备.xlsx			
7	蜀国-张飞.xlsx			
8	蜀国-诸葛亮.xlsx			
9	蜀国-赵云.xlsx			
10	蜀国-马超.xlsx			

图 23-19　结果展示 1

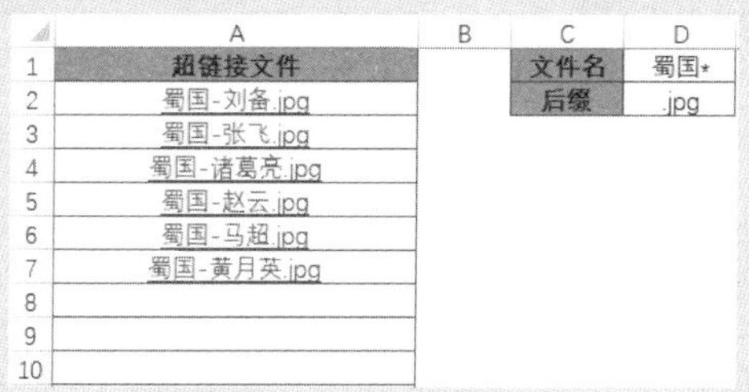

	A	B	C	D
1	超链接文件		文件名	蜀国*
2	蜀国-刘备.jpg		后缀	.jpg
3	蜀国-张飞.jpg			
4	蜀国-诸葛亮.jpg			
5	蜀国-赵云.jpg			
6	蜀国-马超.jpg			
7	蜀国-黄月英.jpg			
8				
9				
10				

图 23-20　结果展示 2

23.4　用 GET.WORKBOOK 函数获取工作簿信息

GET.WORKBOOK 函数用于返回关于工作簿的信息。语法为：

```
GET.WORKBOOK(type_num, name_text)
```

type_num 指明要得到的工作簿信息类型的数字。此数字范围介于 1~38 之间，表 23-2 为 type_num 的常用值与对应结果。当 type_num 为 1 时，将返回工作簿中的所有工作表名称。

name_text 待处理的工作簿的名称。如果 name_text 被省略，默认为当前工作簿。

表 23-2　GET.WORKBOOK 函数常用参数设置

type_num	返回
1	以水平数组形式返回工作簿中的所有工作表名称
4	工作簿中工作表的数量
33	显示在【文件】→【信息】→【属性】→【高级属性】→【摘要】选项卡中设置的文件标题
34	显示在【高级属性】→【摘要】选项卡中设置的文件主题
35	显示在【高级属性】→【摘要】选项卡中设置的作者
36	显示在【高级属性】→【摘要】选项卡中设置的关键词
37	显示在【高级属性】→【摘要】选项卡中设置的备注
38	活动工作表的名称

示例23-6 制作当前工作簿中各工作表链接

如图 23-21 所示，定义名称“目录”，公式为：

```
=GET.WORKBOOK(1)&T(NOW())
```

方法 1：在 A2 单元格输入以下公式，向下复制到 A8 单元格。

```
=IFERROR(HYPERLINK(INDEX(目录,ROW(1:1))&"!A1"),"")
```

单击 A 列单元格的超链接，即可跳转到相应工作表的 A1 单元格。

定义名称“目录”公式中的“GET.WORKBOOK(1)”部分，生成一个“[工作簿名]工作表名”形式的工作表名内存数组：

```
{"[制作当前工作簿中各工作表链接.xlsm]目录","[制作当前工作簿中各工作表链接.xlsm]魏国","[制作当前工作簿中各工作表链接.xlsm]蜀国","[制作当前工作簿中各工作表链接.xlsm]吴国"}
```

“INDEX(目录,ROW(1:1))&"!A1"”部分，依次提取该数组中的每一个元素，然后连接字符串“!A1”，形成一个“工作表名称!A1”形式的单元格地址。最后使用 HYPERLINK 函数建立超链接。

IFERROR 函数的作用是屏蔽错误值。

方法 2：在 C2 单元格输入以下公式，向下复制到 C8 单元格，如图 23-22 所示。

```
=IFERROR(HYPERLINK(INDEX(目录,ROW(1:1))&"!A1",MID(INDEX(目录,ROW(1:1)),FIND("]",INDEX(目录,ROW(1:1)))+1,99)),"")
```

	A
1	超链接目录
2	[制作当前工作簿中各工作表链接.xlsm]目录!A1
3	[制作当前工作簿中各工作表链接.xlsm]魏国!A1
4	[制作当前工作簿中各工作表链接.xlsm]蜀国!A1
5	[制作当前工作簿中各工作表链接.xlsm]吴国!A1
6	
7	

图 23-21 工作表超链接

	A	B	C
1	超链接目录		超链接目录
2	[制作当前工作簿中各工作表链接.xlsm]目录!A1		目录
3	[制作当前工作簿中各工作表链接.xlsm]魏国!A1		魏国
4	[制作当前工作簿中各工作表链接.xlsm]蜀国!A1		蜀国
5	[制作当前工作簿中各工作表链接.xlsm]吴国!A1		吴国
6			
7			

图 23-22 工作表超链接美化

由于“GET.WORKBOOK(1)”部分得到的是“[工作簿名]工作表名”形式的工作表名称。因此每个工作簿名后都有一个“]”符号，如“"[制作当前工作簿中各工作表链接.xlsm]魏国"”。先使用 FIND 函数查找“]”的位置，再使用 MID 函数，从此字符位置之后的一个字符提取文本，便得到相应的工作表名称，并以此作为 HYPERLINK 函数的第二参数，也就是单元格显示的内容。

23.5 GET.CELL 函数获取单元格信息

GET.CELL 函数返回关于格式化、位置或单元格内容的信息。其基本语法为：

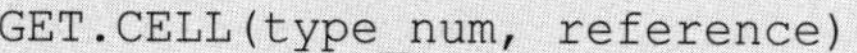

```
GET.CELL(type_num, reference)
```

type_num：指明单元格中信息类型的数字。此数字范围介于 1~66 之间，表 23-3 列出 type_num 的常用值与对应结果。

reference：需要返回信息的单元格或单元格范围。如果引用的是单元格范围，会使用引用范围中左上角的单元格。如果引用被省略，默认为活动单元格。

表 23-3　GET.CELL 函数常用参数设置

type_num	返回
6	以文本形式返回单元格中的公式，如果单元格中是常量，则返回单元格中的内容
7	以文字表示的单元格数字格式（如“m/d/yy”或“General”）
24	是 1~56 的一个数字，代表单元格中第一个字符的字体颜色。如果字体颜色为“自动”，返回 0
63	返回单元格的填充（背景）颜色
88	以 book1 的形式返回活动工作簿的名称

23.5.1　返回单元格格式

示例23-7　返回单元格格式

选中 B2 单元格，定义名称“格式”，公式为：

```
=GET.CELL(7,!A2)&T(NOW())
```

在 B2 单元格输入以下公式，并向下复制到 B12 单元格。

```
=格式
```

按 <F9> 键，使公式自动重算，得到 A 列相应单元格的单元格格式，如图 23-23 所示。

注意定义名称时，所选中单元格与引用单元格之间的相对位置。本例需要首先在 B2 单元格中输入公式。因此先选中 B2 单元格，然后定义名称时引用 A2 单元格。

reference 参数，去掉了“!”前面的工作表名称，只保留“!A2”，使得在本工作簿的任意工作表中使用此定义名称时，都可以得到其左侧单元格格式的文本，而不局限在当前的工作表内。

B2　=格式

	A	B
1	例	单元格格式
2	2021/7/28	yyyy/m/d
3	星期三	[$-zh-CN]aaaa;@
4	七月二十八日	[DBNum1][$-zh-CN]m"月"d"日";@
5	4.44E+04	0.00E+00
6	100.00%	0.00%
7	US$1.00	"US$"#,##0.00;-"US$"#,##0.00
8	000001	000000
9	12:00:00	[$-x-systime]h:mm:ss AM/PM
10	12时00分	h"时"mm"分"
11	1/2	# ???/???
12	abc	@

图 23-23　返回单元格格式

23.5.2 根据单元格格式求和

根据每个单元格的不同格式，使用 SUMIF 函数，实现不同格式分别求和。

示例23-8 根据单元格格式求和

选中 C2 单元格，定义名称“格式”，公式为：

```
=GET.CELL(7,!B2)&T(NOW())
```

在 C2 单元格输入以下公式，向下复制到 C9 单元格，按 <F9> 键，使公式自动重算。

```
=格式
```

在 F2 和 F3 单元格分别输入以下公式，得到不同币种的总额，如图 23-24 所示。

```
=SUMIF(C:C,"¥*",B:B)
=SUMIF(C:C,"$*",B:B)
```

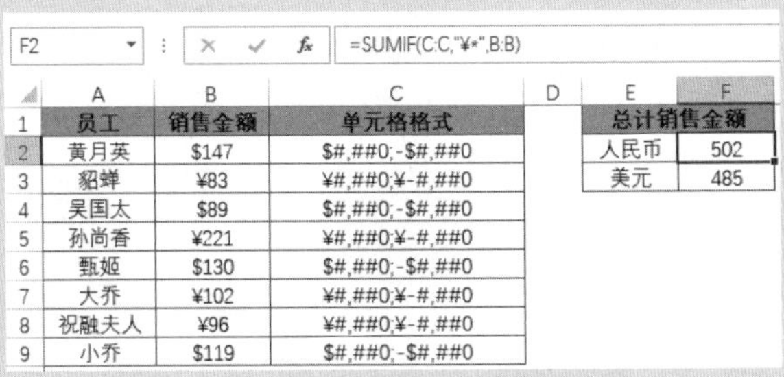

F2 =SUMIF(C:C,"¥*",B:B)

	A	B	C	D	E	F
1	员工	销售金额	单元格格式		总计销售金额	
2	黄月英	$147	$#,##0;-$#,##0		人民币	502
3	貂蝉	¥83	¥#,##0;¥-#,##0		美元	485
4	吴国太	$89	$#,##0;-$#,##0			
5	孙尚香	¥221	¥#,##0;¥-#,##0			
6	甄姬	$130	$#,##0;-$#,##0			
7	大乔	¥102	¥#,##0;¥-#,##0			
8	祝融夫人	¥96	¥#,##0;¥-#,##0			
9	小乔	$119	$#,##0;-$#,##0			

图 23-24 根据单元格格式求和

23.5.3 返回单元格的字体颜色和填充颜色

示例23-9 返回单元格的字体颜色和填充颜色

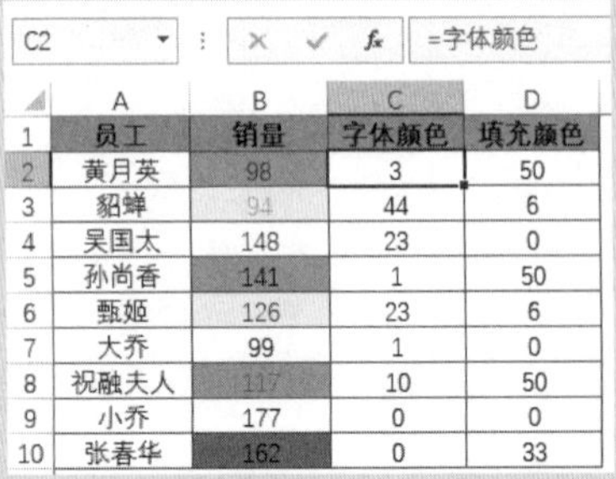

C2 =字体颜色

	A	B	C	D
1	员工	销量	字体颜色	填充颜色
2	黄月英	98	3	50
3	貂蝉	94	44	6
4	吴国太	148	23	0
5	孙尚香	141	1	50
6	甄姬	126	23	6
7	大乔	99	1	0
8	祝融夫人	117	10	50
9	小乔	177	0	0
10	张春华	162	0	33

图 23-25 单元格颜色值

如图 23-25 所示，选中 C2 单元格，定义名称“字体颜色”，公式为：

```
=GET.CELL(24,!B2)+NOW()*0
```

定义名称“填充颜色”，公式为：

```
=GET.CELL(63,!A2)+NOW()*0
```

在 C2 单元格输入以下公式，向下复制到 C10 单元格。

= 字体颜色

在 D2 单元格输入以下公式，向下复制到 D10 单元格。

= 填充颜色

颜色返回值为 1~56 之间的数字，对于一些相近的颜色，会返回相同的数值。

字体颜色返回值为 0，说明使用的默认的“自动”颜色。

填充颜色返回值为 0，说明使用的是“无填充”。

23.6　用 EVALUATE 函数计算文本算式

EVALUATE 函数的作用是对以文字表示的一个公式或表达式求值，并返回结果。其语法为：

```
EVALUATE(formula_text)
```

formula_text： 是一个要求值的文本形式的表达式。

23.6.1　计算简单的文本算式

示例23-10　计算简单的文本算式

选中 C2 单元格，定义名称“计算 1”，公式为：

```
=EVALUATE(!B2&T(NOW()))
```

在 C2 单元格输入以下公式，向下复制到 C9 单元格，计算出 B 列的算式结果，如图 23-26 所示。

```
= 计算 1
```

EVALUATE 函数的参数最多支持 255 个字符，超出时返回错误值“#VALUE!”。

C2　=计算1

	A	B	C
1	员工	销量	销售金额
2	黄月英	8*1800+6*3500	35400
3	貂蝉	1*1800+6*500+2*7000+5*3500	36300
4	吴国太	1*1800+1*7000+2*3500	15800
5	孙尚香	6*500+2*7000+5*3500	34500
6	甄姬	2*7000+6*3500	35000
7	大乔	2*1800+6*500	6600
8	祝融夫人	2*1800+6*500+9*3500	38100
9	小乔	2*1800+5*3500	21100

图 23-26　计算文本算式

根据本书前言的提示操作，可观看用 EVALUATE 函数计算文本算式的视频讲解。

23.6.2 计算复杂的文本算式

示例23-11 计算复杂的文本算式

选中 C2 单元格，定义名称“计算 2”，公式为：

```
=EVALUATE(SUBSTITUTE(SUBSTITUTE(!B2,"[","+N("""),"]",""")")&T(NOW()))
```

如图 23-27 所示，在 C2 单元格输入以下公式，复制到 C9 单元格。

```
=计算 2
```

C2 =计算2

	A	B	C
1	员工	销量	销售金额
2	黄月英	8*1800[空调]+6*3500[洗衣机]	35400
3	貂蝉	1*1800[空调]+6*500[电风扇]+2*7000[电视]+5*3500[洗衣机]	36300
4	吴国太	1*1800[空调]+1*7000[电视]+2*3500[洗衣机]	15800
5	孙尚香	6*500[电风扇]+2*7000[电视]+5*3500[洗衣机]	34500
6	甄姬	2*7000[电视]+6*3500[洗衣机]	35000
7	大乔	2*1800[空调]+6*500[电风扇]	6600
8	祝融夫人	2*1800[空调]+6*500[电风扇]+9*3500[洗衣机]	38100
9	小乔	2*1800[空调]+5*3500[洗衣机]	21100

图 23-27 计算复杂的文本算式

以 B2 单元格“8*1800[空调]+6*3500[洗衣机]”为例，主要思路为：

（1）将字符串中的中文部分剔除，如[空调][洗衣机]等。

（2）常规的直接替换的方法均无效。因此使用 N 函数。N 函数的参数如果为“文本”，则 N("文本") 结果为 0。

（3）目标：将以上字符串改为“8*1800+N("空调")+6*3500+N("洗衣机")”，这样便可以使用 EVALUATE 函数进行计算。

以下为公式中不同部分的说明：

（1）“SUBSTITUTE(!B2,"[","+N(""")”部分，首先将字符串中的左中括号“[”替换为“+N("”，得到字符串：“8*1800+N("空调]+6*3500+N("洗衣机]”。

（2）“SUBSTITUTE(SUBSTITUTE(!B2,"[","+N("""),"]",""")")”部分，将字符串中的右中括号“]”替换为“")”，得到字符串：“8*1800+N("空调")+6*3500+N("洗衣机")”

（3）“&T(NOW())”部分，连接易失性函数 NOW，以方便有单元格发生变化时进行自动重算。

注意

在函数中，如果得到的结果中需要英文状态的半角双引号，则公式中的双引号数量需要加倍，比如 A10 单元格输入公式：=""""，四个英文状态下的半角双引号，则 A10 单元格返回结果为一个双引号“"”，其中最外层的两个双引号表示文本引用符号，中间的两个双引号表示数量加倍后的双引号。

练习与巩固

1. 宏表函数只能通过定义名称进行运算并使用，不能在其他地方直接运用。这种说法是否正确?

2. 提取文件中的文件名称，可以使用（______________）函数。

3. 请说出计算文本算式的主要步骤及用到的函数名称。

第 24 章　自定义函数

自定义函数是用 VBA 代码创建的用于满足特定需求的函数，可以用来完成 Excel 工作表函数无法完成的功能。

本章学习要点

（1）认识自定义函数。
（2）创建和引用自定义函数。
（3）如何制作加载宏。
（4）常见自定义函数的应用。

24.1　自定义函数的特点

虽然 Excel 已经内置了数百个工作表函数，但是这些内置工作表函数并不能完全满足用户的特定需求，而自定义函数是对 Excel 内置工作表函数的扩展和补充。

自定义函数具有以下特点。

（1）可以简化公式：多个 Excel 工作表函数嵌套构成的公式比较冗长和烦琐，可读性差，不易于修改，通过自定义函数能够简化计算过程。

（2）仅凭借 Excel 工作表函数有时不能解决问题，此时可以使用自定义函数来满足实际工作中的个性化需求。

（3）将自定义函数保存为加载宏，能够多次重复使用。

自定义函数的效率要远远低于 Excel 工作表函数，完成同样的功能往往需要花费更长的时间。因此，使用 Excel 工作表函数可以直接完成的计算，无须再去开发同样功能的自定义函数。

24.2　自定义函数的工作环境

24.2.1　设置工作表的环境

由于自定义函数调用的是VBA程序，因此需要将宏安全性设置为“禁用所有宏，并发出通知”。关于设置 Excel 宏安全性的详细内容，请参阅 23.1.3 节。

Excel 功能区中默认不显示【开发工具】选项卡，显示【开发工具】选项卡的步骤如下。

步骤① 单击【文件】选项卡中的【选项】命令打开【Excel 选项】对话框。

步骤② 在打开的【Excel 选项】对话框中单击【自定义功能区】选项卡。

步骤③ 在右侧列表框中选中【开发工具】复选框，单击【确定】按钮关闭【Excel 选项】对话框，如图 24-1 所示。

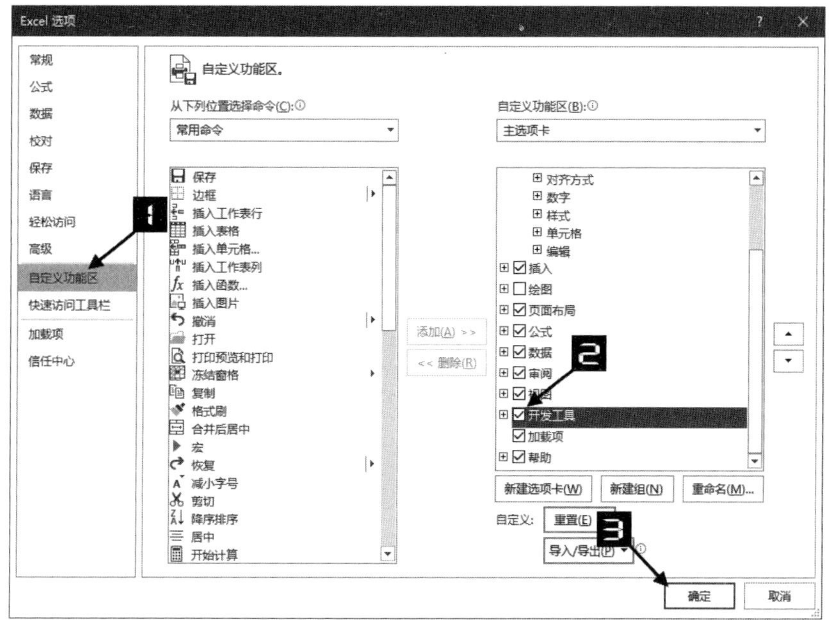

图 24-1　显示【开发工具】选项卡

设置完毕，在功能区即可显示【开发工具】选项卡，如图 24-2 所示。

图 24-2　【开发工具】选项卡

24.2.2　编写自定义函数

以编写返回工作表名称的自定义函数为例，操作步骤如下。

步骤① 如图 24-3 所示，单击【开发工具】选项卡【代码】组中的【Visual Basic】按钮，或是按 <Alt+F11> 组合键打开 Visual Basic 编辑器。

步骤② 单击【插入】→【模块】命令。或是在【工具 -VBAProject】(【工程资源管理器】) 窗口中鼠标右击，在快捷菜单中选择【插入】→【模块】命令。

步骤③ 在【代码窗口】编写自定义函数程序，输入以下代码：

```
Function ShtName()
    ShtName = ActiveSheet.Name
End Function
```

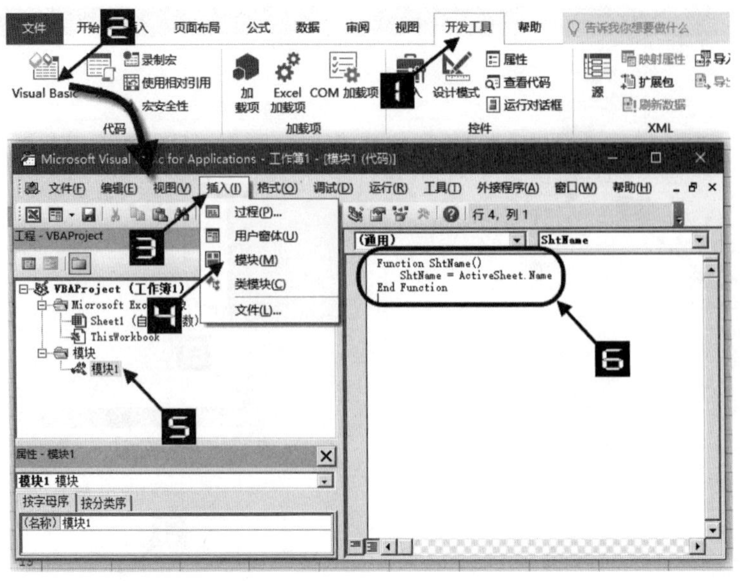

图 24-3 编写自定义函数

在工作表任意单元格输入以下公式，即可得到当前工作表的名称，如图 24-4 所示。

```
=ShtName()
```

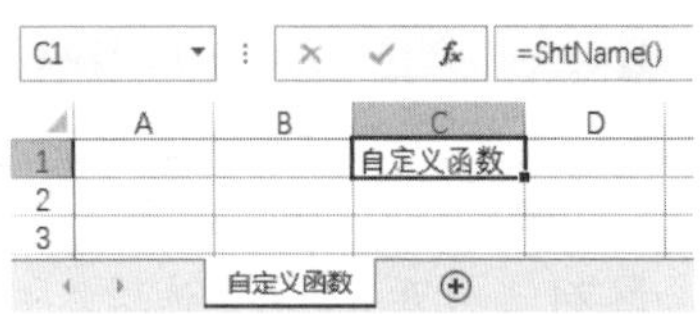

图 24-4 使用自定义函数

默认情况下，自定义函数只能用于代码所编写的工作簿，不能用于其他工作簿中。

24.2.3 制作加载宏

加载宏是通过增加自定义命令和专用功能来扩展功能的补充程序。可以从 Microsoft Office 网站或第三方供应商获得加载宏，也可使用 VBA 编写自定义加载宏程序。

如需将带有自定义函数的工作簿转换为加载宏，可以在 Excel 窗口中按 <F12> 功能键打开【另存为】对话框。

然后在【另存为】对话框单击【保存类型】的下拉列表框，选择保存类型为“Excel 加载宏 (*.xlam)”，保存位置为 Excel 默认的路径即可，最后单击【保存】按钮，如图 24-5 所示。

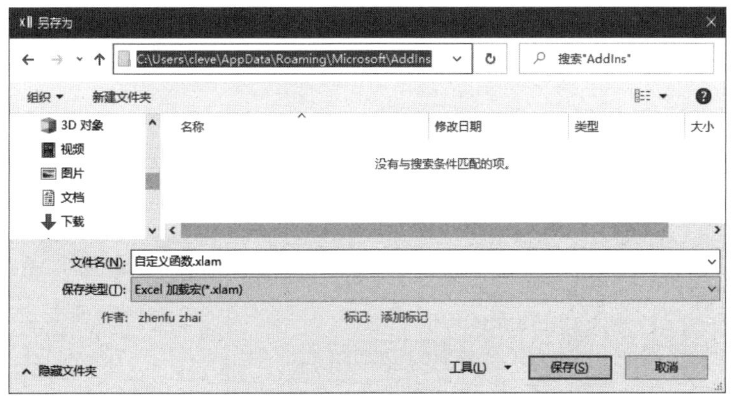

图 24-5　保存加载宏

24.2.4　使用加载宏

制作好的加载宏，需要通过 Excel 加载项加载到 Excel 中才可以使用。

步骤① 如图 24-6 所示，单击【开发工具】选项卡【加载项】组中的【Excel 加载项】按钮。

步骤② 在弹出的【加载项】对话框中，单击【浏览】按钮。

步骤③ 在弹出的【浏览】对话框中，打开加载宏文件所在的文件夹，选择相应的加载宏文件，单击【确定】按钮。

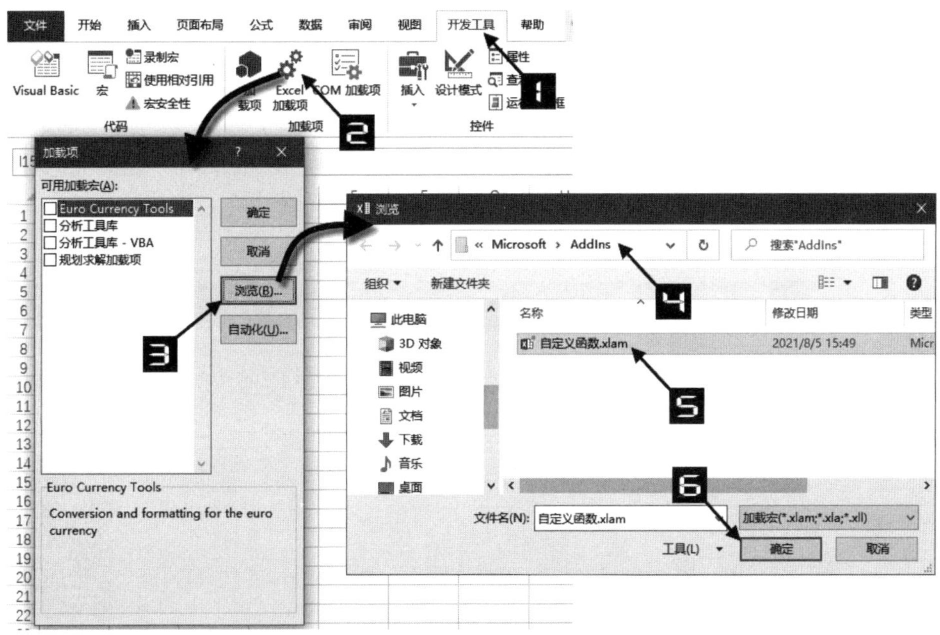

图 24-6　插入加载宏

步骤④ 返回到【加载宏】对话框，选中新加载的“自定义函数”，并单击【确定】按钮，如图 24-7 所示。

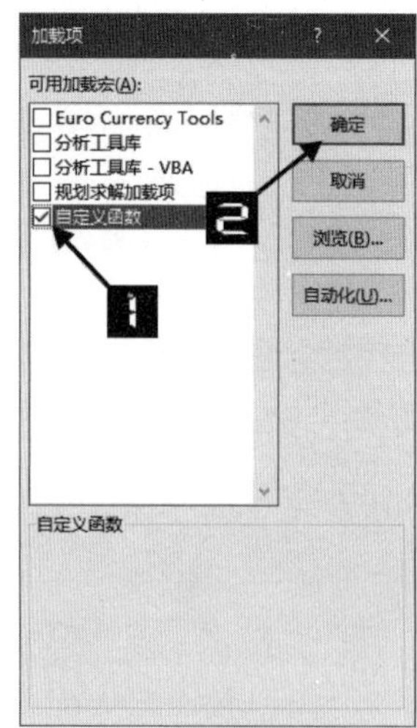

图 24-7 选中加载宏

至此，自定义函数已经被加载到 Excel 工作表中，用户可以像使用工作表内置函数一样，来使用这些自定义函数。

24.3 自定义函数实例

以下介绍几种常用的自定义函数实例。

24.3.1 人民币小写金额转大写

根据中国人民银行规定的票据填写规范，将阿拉伯数字转换为中文大写，是财务人员经常使用的一项功能。编写自定义函数并保存成加载宏，可以提高工作效率。

示例24-1 人民币小写金额转大写

在 VBE 界面中依次单击【插入】→【模块】命令，插入一个模块。在【模块】的【代码窗口】中输入代码，关闭 VBE 窗口。

请扫描右侧二维码查看或复制完整代码。

在 B2 单元格输入以下公式，并向下复制到 B13 单元格，如图 24-8 所示。

```
=CNUMBER(A2)
```

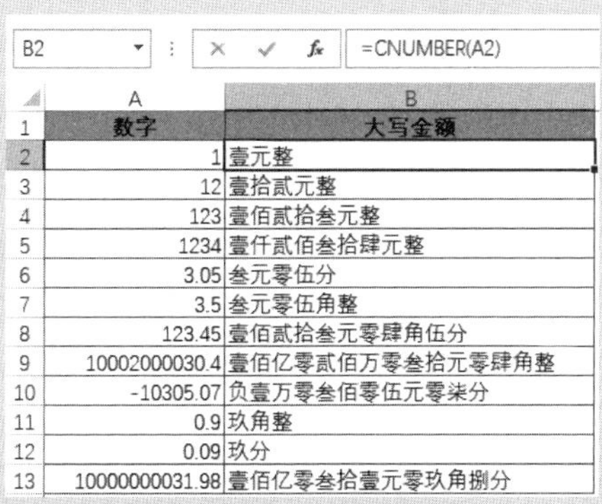

B2 =CNUMBER(A2)

	A	B
1	数字	大写金额
2	1	壹元整
3	12	壹拾贰元整
4	123	壹佰贰拾叁元整
5	1234	壹仟贰佰叁拾肆元整
6	3.05	叁元零伍分
7	3.5	叁元零伍角整
8	123.45	壹佰贰拾叁元零肆角伍分
9	10002000030.4	壹佰亿零贰佰万零叁拾元零肆角整
10	-10305.07	负壹万零叁佰零伍元零柒分
11	0.9	玖角整
12	0.09	玖分
13	10000000031.98	壹佰亿零叁拾壹元零玖角捌分

图 24-8　人民币小写金额转大写

24.3.2　汉字转换成汉语拼音

使用自定义函数，可以将汉字转换成汉语拼音。

示例24-2　汉字转换成汉语拼音

如图 24-9 所示，某公司需要根据员工姓名的汉语拼音，为员工设置公司邮箱。

在 VBE 界面中依次单击【插入】→【模块】命令，插入一个模块。在【模块】的【代码窗口】输入代码后关闭 VBA 窗口。

在 B2 单元格输入以下公式，向下复制到 B9 单元格，得到 A 列姓名的汉语拼音。

	A	B	C
1	姓名	汉语拼音	邮箱
2	刘备	liu bei	liubei@excelhome.com
3	关羽	guan yu	guanyu@excelhome.com
4	张飞	zhang fei	zhangfei@excelhome.com
5	赵云	zhao yun	zhaoyun@excelhome.com
6	马超	ma chao	machao@excelhome.com
7	黄忠	huang zhong	huangzhong@excelhome.com
8	诸葛亮	zhu ge liang	zhugeliang@excelhome.com
9	黄月英	huang yue ying	huangyueying@excelhome.com

图 24-9　汉字转换成汉语拼音

```
=PinYin(A2)
```

在 C2 单元格输入以下公式，向下复制到 C9 单元格，将拼音中间的空格替换为空并连接公司邮箱域名，以完成邮箱地址的设置。

```
=SUBSTITUTE(B2," ",)&"@excelhome.com"
```

请扫描右侧二维码查看或复制完整代码。

提示　此自定义函数无法根据上下文对多音字进行准确的注音。

24.3.3 提取不同类型字符

想要在字符串中提取不同类型的内容一直是工作表函数的短板。对于内容复杂，或规律不明显的数据，使用工作表函数提取会比较困难。在 VBA 中，使用正则表达式方法自定义函数，可以较好地处理此类问题。

自定义 GetChar 函数，用于从一个字符串中提取相应类型的字符，并形成一个一维的内存数组。该函数语法为：

```
GetChar(strChar, varType)
```

第一参数 strChar 为需要处理的字符串或单元格；第二参数 varType 为需要从字符串中提取的类型，包括以下 3 种。

数字 1 或 number，代表从字符串中提取数字，包括正数、负数、小数。

数字 2 或 english，代表从字符串中提取英文字母。

数字 3 或 chinese，代表从字符串中提取中文汉字。

参数 number、english、chinese 不区分大小写。

示例24-3 提取不同类型字符

在【模块】的【代码窗口】输入代码后，在 A2 单元格输入以下公式，向下复制到 A7 单元格，提取字符串中的数字，如图 24-10 所示。

```
=IFERROR(INDEX(GetChar($A$1,1),ROW(1:1)),"")
```

	A	B	C	D	E	F	G
1	张飞的肉铺卖了50两银子，看到关羽说Good Morning！问询-3.5加3.14等于多少，Bye！						
2	50	Good	张飞的肉铺卖了				
3	-3.5	Morning	两银子				
4	3.14	Bye	看到关羽说				
5			问询				
6			加				
7			等于多少				

图 24-10 提取字符基础应用

请扫描右侧二维码查看或复制完整代码。

“GetChar($A$1,1)”部分，函数的第二参数使用数字 1，代表提取数字，得到结果为一维数组：{"50","-3.5","3.14"}。

使用 INDEX 函数结合 ROW 函数，从该数组中依次提取出数字 50、-3.5、3.14 到相应的单元格。

最后使用 IFERROR 函数屏蔽错误值。

在 B2 单元格输入以下公式，向下复制到 B7 单元格，提取字符串中的英文字母。

```
=IFERROR(INDEX(GetChar($A$1,2),ROW(1:1)),"")
```

在 C2 单元格输入以下公式，向下复制到 C7 单元格，提取字符串中的汉字。

```
=IFERROR(INDEX(GetChar($A$1,3),ROW(1:1)),"")
```

在此字符串中，可以快速地直接提取第一组或最后一组数据，如图 24-11 所示。

	A	B	C	D	E	F	G
1	张飞的肉铺卖了50两银子，看到关羽说Good Morning！问询-3.5加3.14等于多少，Bye！						
9	提取第一组数字		50				
10	提取第一组英文单词		Good				
11	提取最后一组数字		3.14				
12	提取最后一组中文汉字		等于多少				

图 24-11　提取指定位置字符串

在 C9 单元格输入以下公式，提取字符串中的第一组数字。

```
=GetChar($A$1,1)
```

在 C10 单元格输入以下公式，提取字符串中的第一组英文单词。

```
=GetChar($A$1,2)
```

GetChar 函数的结果是一个数组，当在一个单元格中书写此公式的时候，该单元格中显示数组中的第一个元素，即得到字符串中第一组符合条件的结果。

在 C11 单元格输入以下公式，提取字符串中的最后一组数字。

```
=LOOKUP(" 々 ",GetChar($A$1,1))
```

使用 GetChar 函数得到的数字，是文本格式的数字，所以可以使用 LOOKUP 函数查找内存数组中的最后一个文本，便得到文本格式的数字 3.14。

在 C12 单元格输入以下公式，提取字符串中的最后一组汉字。

```
=INDEX(GetChar($A$1,3),COUNTA(GetChar($A$1,3)))
```

使用 COUNTA 函数计算出 GetChar 函数得到的数组中共有多少个元素，然后结合 INDEX 函数便可以提取到数组中的最后一组汉字。

GetChar 函数不仅可以直接提取字符，还可以作为参数嵌套在其他函数中进行计算，如使用 SUM、PRODUCT 函数进行求和、乘积的计算。

示例24-4 对GetChar函数的返回值计算

在 B2 单元格输入以下数组公式，按 <Ctrl+Shift+Enter> 组合键结束编辑，向下复制到 B4 单元格，用于计算 A 列混合内容中的数值之和，如图 24-12 所示。

```
{=SUM(--GetChar(A2,1))}
```

在 B8 单元格输入以下数组公式，按 <Ctrl+Shift+Enter> 组合键结束编辑，向下复制到 B10 单元格，用于计算 A 列混合内容中的数值乘积，如图 24-13 所示。

```
{=PRODUCT(--GetChar(A8,1))}
```

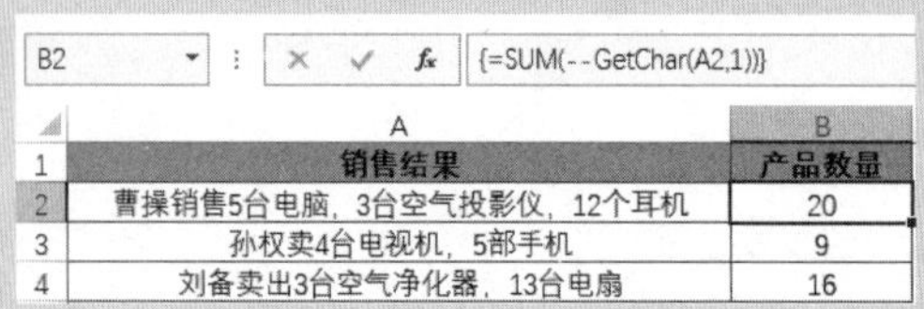

B2 {=SUM(--GetChar(A2,1))}

	A	B
1	销售结果	产品数量
2	曹操销售5台电脑，3台空气投影仪，12个耳机	20
3	孙权卖4台电视机，5部手机	9
4	刘备卖出3台空气净化器，13台电扇	16

图 24-12 对 GetChar 进行求和计算

B8 {=PRODUCT(--GetChar(A8,1))}

	A	B
7	销售结果	金额合计
8	曹操销售5台电脑，单价10999元	54995
9	孙权卖4台电视机，每台7899元	31596
10	刘备卖出3台空气净化器，每一台1988块钱	5964

图 24-13 对 GetChar 进行乘积计算

使用 GetChar 函数提取出来的数字是文本格式，并不能直接嵌套在 SUM、PRODUCT 等函数中进行计算，本例中采用“--”（计算负数的负数）的方式将文本型数字转换为可以用于计算的数值型数字。

练习与巩固

1. 自定义函数有哪些特点?
2. 简述使用自定义函数的主要步骤。

第三篇

函数综合应用

本篇综合了多种与工作、生活、学习密切相关的函数应用示例，包括循环引用、条件筛选技术、排名与排序技术、数据重构技巧和数据表处理等多个方面，向读者全面展示了函数公式的魅力，详细介绍了函数公式在实际工作中的多种综合技巧和用法。

第 25 章　循环引用

Excel 中的循环引用是一种特殊的计算模式。通过设置启用迭代计算来实现对变量的循环引用和计算，从而依照设置的条件对参数多次计算直至达到特定的结果。本章重点介绍循环引用在实际工作中的应用。

本章学习要点

（1）认识循环引用。　　（2）循环引用实例。

25.1　认识循环引用和迭代计算

循环引用是指引用自身单元格的值或引用依赖其自身单元格的值进行计算的公式。用户可以通过设置迭代次数，根据需要设置公式开启和结束循环引用的条件。在计算过程中调用公式自身所在单元格的值，随着循环引用次数的增加，对包含循环引用的公式重复计算，每一次计算都将计算结果作为新的变量代入下一步计算，直至达到特定的结果或完成用户设置的迭代次数为止。

25.1.1　产生循环引用的原因

当公式在计算过程中包含自身值时，无论是对自身单元格内容的直接引用还是间接引用，都会产生循环引用，以下三种情况都会产生循环引用。

- 在单元格中输入的公式引用了单元格本身而产生循环引用。例如，在 A1 单元格中输入以下公式，如图 25-1 所示。

```
=A1+1
```

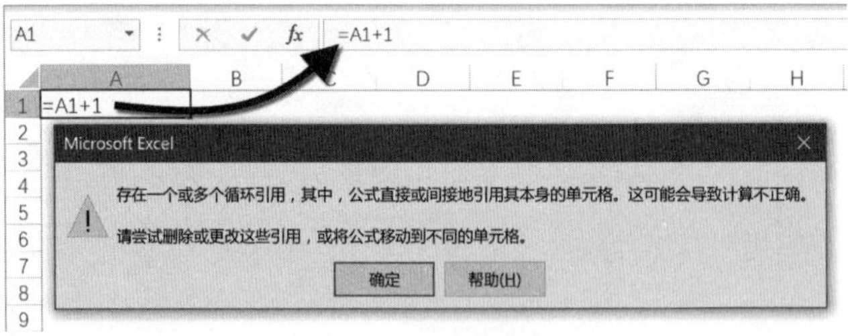

图 25-1　产生循环引用

提示

绝大部分函数参数不可以引用公式所在单元格，但也有少数例外，如 ROW、COLUMN 等函数，或 OFFSET 等函数的某些参数，其所返回的结果与引用单元格里的内容无关，所以不会因为引用了公式所在单元格而必然产生循环引用。

❖ 在单元格中输入的公式虽然没有引用本身，但是被引用的单元格里的公式引用到该单元格。例如在单元格 B1 中输入公式 =C1+1，在单元格 C1 中输入公式 =B1+1，两个公式互相引用，仍然是引用依赖其自身单元格的值。这类循环引用通常会在工作表中自动显示追踪箭头，如图 25-2 所示。

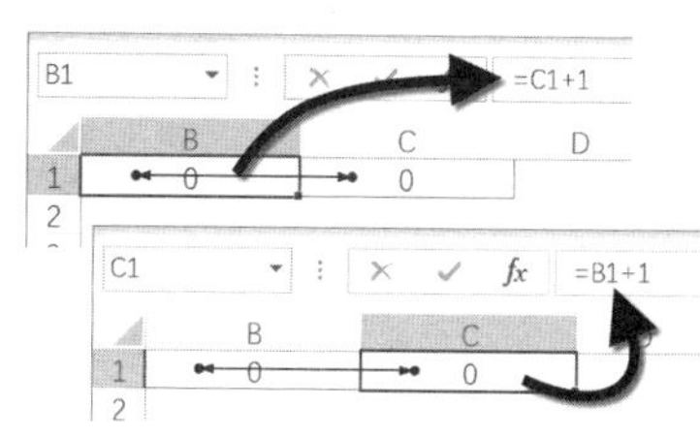

图 25-2　循环引用的追踪箭头

❖ 虽然没有使用公式所在单元格作为参数，但实际结果引用了公式所在单元格，如在 C3 单元格中输入以下公式：

```
=OFFSET(A1,2,2)
```

公式从 A1 开始，向下偏移两个单元格，向右偏移两个单元格，结果位置正好落在 C3 单元格，也即输入公式的单元格。因此产生循环引用。

为了避免公式计算陷入死循环，默认情况下 Excel 不允许在公式中使用循环引用。

当工作簿中存在循环引用计算时，状态栏左下角会提示循环引用的单元格；如果循环引用的单元格不在本工作表，可以依次单击【公式】→【错误检查】下拉选项中的【循环引用】命令，从中找到循环引用所在的单元格，如图 25-3 所示。

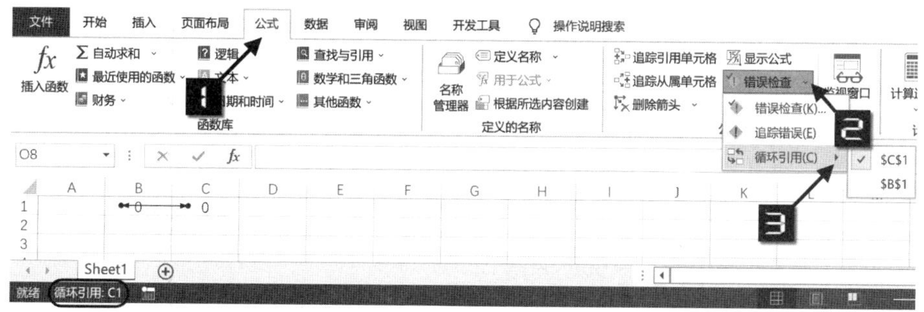

图 25-3　查找循环引用的单元格

【错误检查】工具并不会把工作簿中所有产生了循环引用的单元格都列出来，所以当工作簿中有多处循环引用时，每清除一处循环，提示循环引用的单元格地址会发生一次变化，直至所有循环引用都被清除为止。

25.1.2　设置循环引用的最多迭代次数和最大误差

要在 Excel 中使用循环引用进行计算，需要先开启计算选项中的迭代计算，并设定最多迭代次数和最大误差。

依次单击【文件】→【选项】，打开【Excel 选项】对话框。切换到【公式】选项卡，在右侧选中“启用迭代计算”复选框，根据需要填写最多迭代次数和最大误差，最后单击【确定】按钮，如图 25-4 所示。

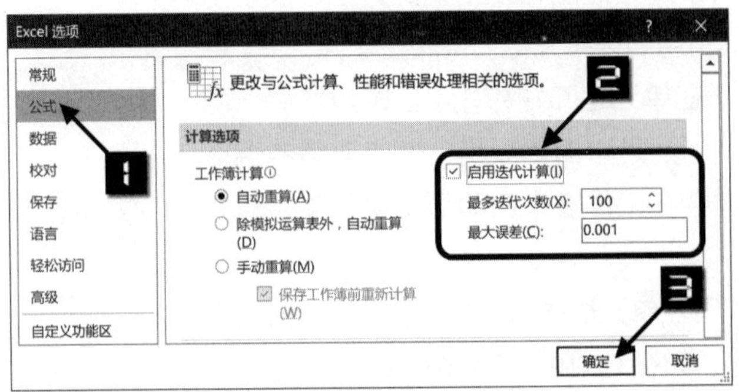

图 25-4　设置迭代次数

迭代次数是指在循环引用中重复运算的次数。最大误差是指两次重新计算结果之间的可接受的最大误差。

设置的最大误差数值越小，结果越精确。指定的最多迭代次数越大，在进行复杂的条件计算时越有可能返回满足条件的结果，但同时 Excel 执行迭代计算所需要的运算时间也越长。Excel 2019 支持的最少迭代次数为 1 次，最多迭代次数为 32 767 次，实际工作中应根据工作需求设置合理的最多迭代次数。

在工作簿中设置迭代次数时遵循以下规则。

- 可以针对每个单独的工作簿设置不同的计算选项，每个工作簿文件可以设置为不同的最多迭代次数和最大误差。
- 当打开设置了不同迭代计算选项的多个工作簿时，所有打开的工作簿都将应用第一个打开的工作簿中设置的迭代计算选项。因此建议单独使用启用了迭代计算功能的文件。
- 当用户同时打开多个工作簿时，改变迭代计算选项的操作会对所有打开的工作簿文件生效，但仅在当前操作的工作簿中保存该选项设置。
- 如果一张工作表中有多个不同的循环引用公式，只要有一个公式满足停止迭代计算条件时，即停止所有的迭代运算。

25.2　控制循环引用的开启与关闭

在使用循环引用的过程中，经常要用到启动开关、计数器和结束条件。

25.2.1　启动开关

通常利用 IF 函数的第一参数判断返回逻辑值 TRUE 和 FALSE，来开启或关闭循环引用。也可以使用表单控件中的“复选框”链接单元格来生成逻辑值 TRUE 和 FALSE。

示例25-1 利用启动开关实现或停止累加求和

如图 25-5 所示，需要将 A5 单元格中依次输入的数值累加求和，在 B5 单元格中显示累加结果，再利用 A2 单元格里的“开关”控制。

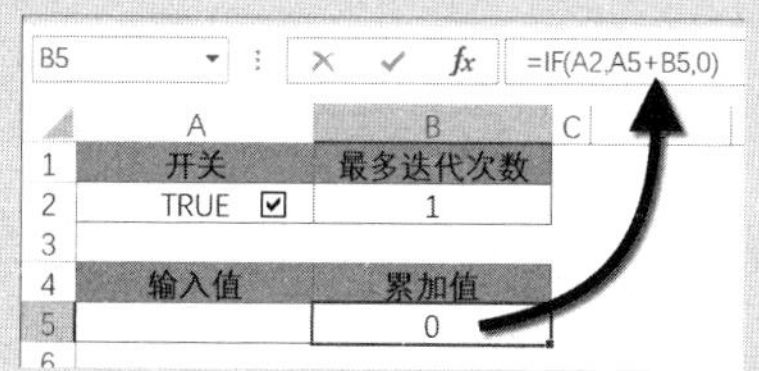

图 25-5 利用启动开关实现或停止累加求和

操作步骤如下。

步骤① 打开【Excel 选项】对话框，在【公式】选项卡下选中【启用迭代计算】复选框，将最多迭代次数设置为 1，最大误差为 0.001。

步骤② 依次单击【开发工具】→【插入】→【表单控件】中【复选框】按钮，拖动鼠标在 A2 单元格插入一个复选框，如图 25-6 所示。

步骤③ 按住 Ctrl 键同时单击复选框，将复选框内的文字删除。

步骤④ 保持复选框的选中状态，在编辑栏里输入以下公式，如图 25-7 所示。

```
=$A$2
```

图 25-6 插入表单控件复选框

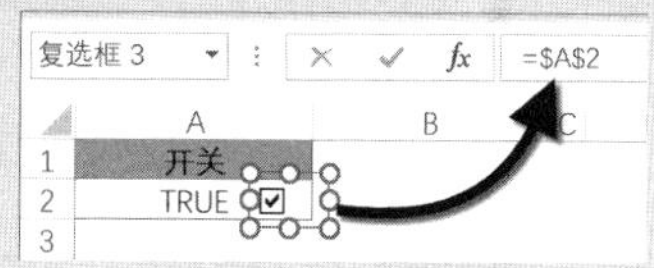

图 25-7 为复选框链接单元格

步骤⑤ 在 B5 单元格输入以下公式。

```
=IF(A2,A5+B5,0)
```

累加值初始为 0，在 A5 单元格输入 1 以后，累加值变成初始值 0 加输入值 1，结果为 1；在 A5 单元格继续输入 2，累加值 1 加输入值 2，结果为 3，以此类推。

将循环引用的公式转换为普通公式，能够更加直观地查看每一步的计算过程，在 E3 单元格输入以下公式，向下复制到 E5 单元格（假设只累加 3 次），如图 25-8 所示。

```
=D3+E2
```

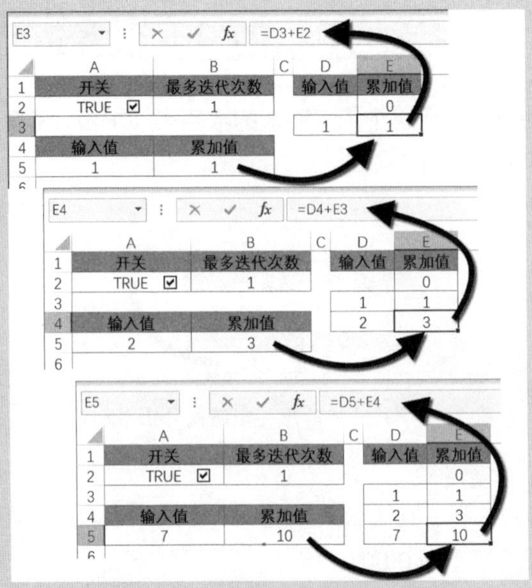

图 25-8　化循环引用为普通引用

累加值初始为 E2 单元格中的 0，在 D3 单元格中输入 1 以后，对应 E3 单元格里的累加值变成初始值 0 加 1，结果为 1；在 D4 单元格中输入 2 以后，对应 E4 单元格里的累加值变成 E3 单元格中的 1 加 2，结果为 3，以此类推。

当开关启动时，A2 单元格中返回逻辑值 TRUE。IF 函数以此作为第一参数，执行迭代计算；当开关关闭时，A2 单元格中返回逻辑值 FALSE，IF 函数以此作为第一参数，返回指定的内容 0。

示例25-2　计算指定总额的单据组合

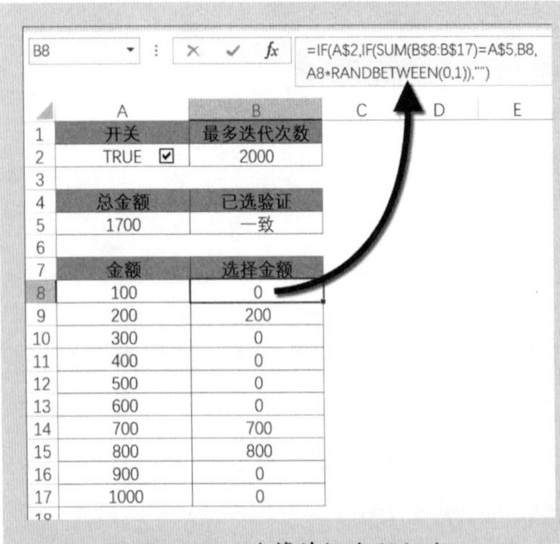

图 25-9　计算单据金额组合

如图 25-9 所示，已知某笔业务的总金额为 1 700 元，分别由多张不同单据组成。需要根据指定的总金额，判断可能由哪几张单据构成。

操作步骤如下。

步骤① 打开【Excel 选项】对话框，在【公式】选项卡下启用迭代计算，并设置最多迭代次数为 2 000，最大误差为 0.001。

步骤② 从【开发工具】选项卡中插入【复选框】控件按钮，设置控件格式，将其单元格链接设置为 A2 单元格。

步骤③ 在 B5 单元格输入以下公式，用于验证金额合计是否与总金额一致。

```
=IF(SUM(B8:B17)=A5,"一致","不一致")
```

步骤④ 在 B8 单元格输入以下公式，向下复制到 B17 单元格。

```
=IF(A$2,IF(SUM(B$8:B$17)=A$5,B8,A8*RANDBETWEEN(0,1)),"")
```

单击按钮开关，即可使 Excel 执行迭代计算。

在没有任何限制的前提下，B 列每个单元格里的结果有两种可能，即公式中“A8*RANDBETWEEN(0,1)”部分返回的结果，利用 RANDBETWEEN 函数随机生成 0 或 1，与 A8 相乘，得到对应 A8 的金额或 0。

但是这样一来，选择金额的总计未必能与 A5 中的要求一致，所以公式中增加了一个条件，即利用 IF 函数判断，用“SUM(B$8:B$17)=A$5”作为判断条件，也就是 B8 至 B17 单元格区域内列出的金额之和是否等于指定的总金额 A5 的 1 700 元。如果满足条件，保持 B8 的原值不变；否则继续进行迭代计算判断，直至返回满足条件的结果。

> 使用此方法时，如果有多个符合条件的组合，每次计算得到的组合结果为其中之一。如果要得到一组新的结果，可以关闭按钮开关后重新开启。

25.2.2　计数器

通常利用在单元格中设置包含自身值的公式来制作循环引用的计数器。在迭代计算的过程中，计数器可以按照用户设定的步长增加，每完成一次迭代计算，计数器增加一次步长。如果将步长设为 1，计数器记录的就是当前迭代计算的完成次数。

使用循环引用并非一定要使用计数器。将迭代次数设置为 1 时，或者需要用户手动按 <F9> 功能键来控制循环引用的过程时，都不必专门设置计数器公式。

当需要的迭代次数较大时，用户需要在开启循环引用的工作簿中设置计数器公式，利用其引用自身值的特点引发 Excel 的自动重算，保证循环引用可以正常运行直至达到用户设置的最多迭代次数。

在某些循环引用的公式中，迭代计算执行完毕之后需要按 <F9> 功能键手动激活 Excel 的重算，才能使循环引用继续向下执行。

> 受公式运算顺序的影响，需要将作为启动开关的单元格放在循环引用公式的上方或左侧，否则公式可能无法返回正确的结果。

示例25-3　求解二元一次方程组

利用 Excel 的循环引用功能，可以求解多元一次方程组。以二元一次方程组为例，需要求解的二元一次方程组为：

$$\begin{cases}2x+3y=33\\7y-5x=19\end{cases}$$

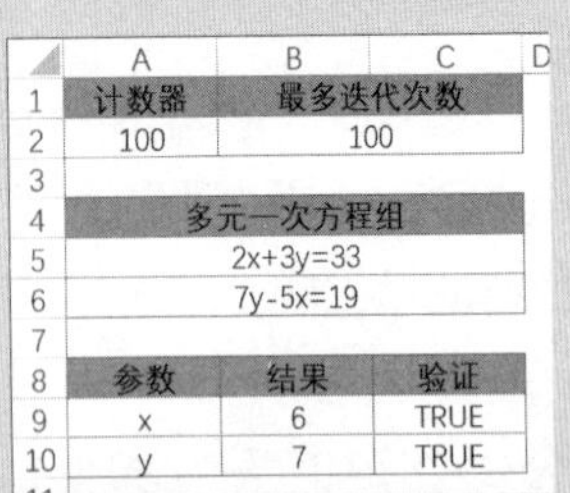

	A	B	C
1	计数器	最多迭代次数	
2	100	100	
3			
4	多元一次方程组		
5	2x+3y=33		
6	7y-5x=19		
7			
8	参数	结果	验证
9	x	6	TRUE
10	y	7	TRUE

图 25-10　求解二元一次方程组

如图 25-10 所示，在 D4 单元格和 D5 单元格需要分别计算出 x 值和 y 值。

操作步骤如下。

步骤① 打开【Excel 选项】对话框，在【公式】选项卡下启用迭代计算，并设置最多迭代次数为 100，最大误差为 0.001。

步骤② 在 A2 单元格使用以下公式设置计数器。

```
=MOD(A2,100)+1
```

公式利用 MOD 函数生成计数器，公式中的“+1”即步长。每循环一次，在原数值基础上加 1，生成 1 到 100 的数值。

提示

使用这一公式是建立在该二元一次方程 x 与 y 两个值均为 100 以内整数的前提下，如果 x 与 y 都是 100 以内并且有可能出现一位小数，则需要将公式改成：“=(MOD(A2,1000)+1)/10”，并且将最多迭代次数相应地增加到 1000。

步骤③ 在 B9 单元格输入以下公式：

```
=IF((33-2*A2)/3=(19+5*A2)/7,A2,B9)
```

“(33-2*A2)/3”部分是将公式 $2x+3y=33$ 中的 x 值进行运算，其中的 y 引用了 A2 单元格；“(19+5*A2)/7”部分则是将 $7y-5x=19$ 中的 x 值进行运算，其中的 y 同样引用了 A2 单元格。最后用 IF 函数判断，如果两者相等，则返回 A2 中的值，否则保持原 B9 的结果。

步骤④ 在 B10 单元格输入以下公式：

```
=IF((33-3*A2)/2=(7*A2-19)/5,A2,B10)
```

“(33-3*A2)/2”部分是将公式 $2x+3y=33$ 中的 y 值进行运算，其中的 x 引用了 A2 单元格；“(7*A2-19)/5”部分则是将 $7y-5x=19$ 中的 y 值进行运算，其中的 x 同样引用了 A2 单元格。最后用 IF 函数判断，如果两者相等，则返回 A2 中的值，否则保持原 B10 的结果。

为了便于验证计算出来的 x 值和 y 值是否符合方程组要求，在 C9 和 C10 单元格输入以下公式分别验证。

```
=2*B9+3*B10=33
=7*B10-5*B9=19
```

两个单元格都返回 TRUE，表示 x 值和 y 值计算结果符合方程组要求。

将循环引用转换成普通引用，计算过程会更加直观。如图 25-11 所示，在 E 列中列出计数器的递增值，在 F3 单元格输入以下公式，向下复制到 F9 或更多单元格。

```
=IF((33-2*E3)/3=(19+5*E3)/7,E3,F2)
```

在 G3 单元格输入以下公式，向下复制到 G10 或更多单元格。

```
=IF((33-3*E3)/2=(7*E3-19)/5,E3,G2)
```


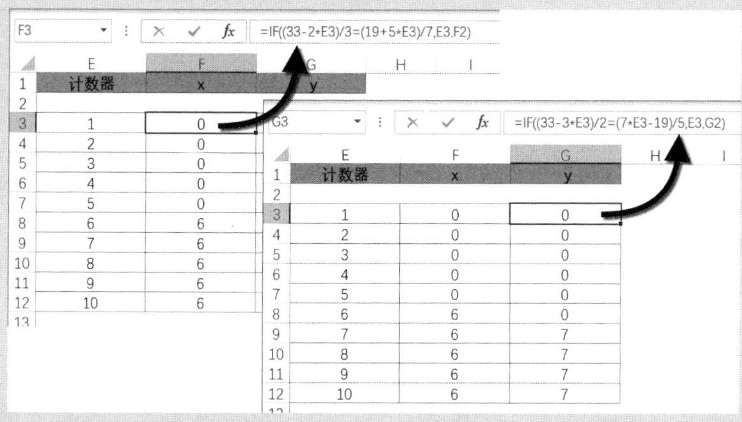

图 25-11　化循环引用为普通引用

以上公式将循环引用公式中的计数器换成 E 列的序列数，将原本引用自身的参数换成引用公式所在单元格上一个单元格的结果，显示出每一次循环计算的结果。

示例25-4　提取两个单元格中的相同字符

如图 25-12 所示，需要提取 A5:A8 单元格区域与其对应的 B5:B8 单元格区域中的相同字符。

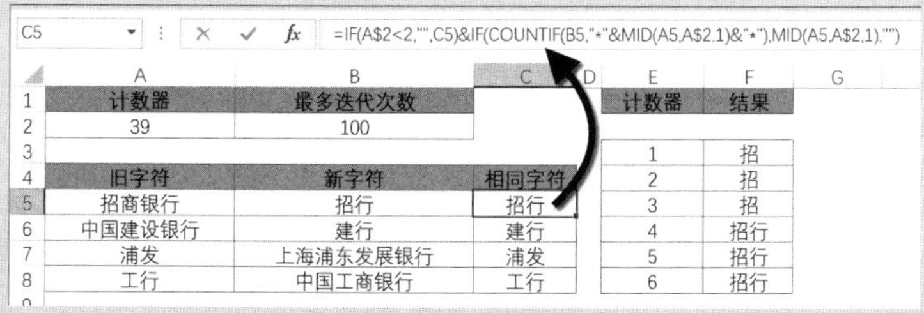

	A	B	C	D	E	F
1	计数器	最多迭代次数			计数器	结果
2	39	100				
3					1	招
4	旧字符	新字符	相同字符		2	招
5	招商银行	招行	招行		3	招
6	中国建设银行	建行	建行		4	招行
7	浦发	上海浦东发展银行	浦发		5	招行
8	工行	中国工商银行	工行		6	招行

图 25-12　提取两个单元格中的相同字符

操作步骤如下。

步骤① 打开【Excel 选项】对话框，在【公式】选项卡下启用迭代计算，并设置最多迭代次数为

100，最大误差为 0.001。

步骤② 在 A2 单元格中输入以下公式作为计数器，在每次计算过程中都将依次得到 1~100 的递增序列。

```
=MOD(A2,100)+1
```

步骤③ 在 C5 单元格输入以下公式，向下复制到 C8 单元格。

```
=IF(A$2<2,"",C5)&IF(COUNTIF(B5,"*"&MID(A5,A$2,1)&"*"),MID(A5,A$2,1),"")
```

在 A2 单元格计数器为 1 时：

“IF(A$2<2,"",C5)”部分结果为空文本 ""，如无此判断直接引用一个空单元格，将得到一个无意义的 0 值。

“MID(A5,A$2,1)”部分的结果是 A2 单元格中的第一个字符“招”。利用 COUNTIF(B5,"*"&MID(A5,A$2,1)&"*") 函数计算出 B5 单元格中包含该字符，COUNTIF 函数返回结果为 1。IF 函数以此作为第一参数，返回“MID(A5,A$2,1)”部分的计算结果“招”。最后将空文本和“招”连接，结果为“招”。

在 A2 单元格计数器为 2 时，由于 B5 单元格中不包含 A5 单元格中的第二个字符“商”，最终返回空文本“""”，再与原 B5 单元格中的“招”连接，结果仍是“招”。

在 A2 单元格计数器为 4 时，由于 B5 单元格中包含 A5 单元格中的第四个字符“行”，返回“行”，再与原 B5 单元格中的“招”连接，结果是“招行”。

以此类推。

将计数器每一次迭代所计算出来的结果在 E 列列出，在 F3 单元格输入以下公式，并向下复制到 F6 单元格或更多单元格，亦可将循环引用转换成普通引用。

```
=IF(E3<2,"",F2)&IF(COUNTIF(B$5,"*"&MID(A$5,E3,1)&"*"),MID(A$5,E3,1),"")
```

随着计数器的递增，逐个查找 A5 中每一个字符在 B5 中是否存在，如果存在，则前一个查找出来结果与之连接，否则以空文本与之连接。

25.2.3 同时使用开关和计数器

示例25-5 提取混合内容中的中文和数字

如图 25-13 所示，需要从 A 列的混合内容中分别提取出中文和数字。

开关	计数器	最多迭代次数
TRUE ☑	100	100

混合内容	中文	数字
订书机170（台）	订书机（台）	170
钢笔6640（支）	钢笔（支）	6640
钢笔10030（支）	钢笔（支）	10030
笔记本12830（台）	笔记本（台）	12830
订书机12620（台）	订书机（台）	12620
铅笔9040（支）	铅笔（支）	9040
订书机7200（台）	订书机（台）	7200
钢笔7190（支）	钢笔（支）	7190

计数器	中文	数字
1	订	
2	订书	
3	订书机	
4	订书机	1
5	订书机	17
6	订书机	170
7	订书机（	170
8	订书机（台	170
9	订书机（台）	170

图 25-13　提取混合内容中的中文和数字

操作步骤如下。

步骤① 打开【Excel 选项】对话框，在【公式】选项卡下启用迭代计算，并设置最多迭代次数为 100，最大误差为 0.001。

步骤② 从【开发工具】选项卡中插入【复选框】控件按钮，然后设置控件格式，将其单元格链接设置为 A2 单元格，开关先设置成 FALSE 状态。

步骤③ 在 B2 单元格输入以下公式作为计数器。

```
=MOD(B2,100)+1
```

步骤④ 在 B5 单元格输入以下公式，向下复制到 B12 单元格，用于提取中文。

```
=IF(A$2,B5&TEXT(MID(A5,B$2,1),";;;@"),"")
```

IF 函数的作用是，在开关开启状态下执行嵌套公式部分的运算，否则返回空文本 ""。

公式中的“(MID(A5,B$2,1)”部分，根据 B2 单元格中的结果，用 MID 函数依次返回 A5 单元格中不同位置的单个字符。

“TEXT(MID(A5,B$2,1),";;;@")”部分，是将A5中的单个字符进行转换，文本保持原有内容不变，数字部分转成空文本。

由于已经指定了在开关关闭状态下 B4 单元格中的初始值为空文本“""”。因此本例不再另外判断 C1 单元格计数器中的数值小于 2 的情况。

随着计数器中的数值不断增大，B4 单元格中的文字也会不断叠加，最终提取出混合内容中的中文。

步骤⑤ 在 C5 单元格输入以下公式，向下复制到 C12 单元格，用于提取数字。

```
=IF(A$2,C5&IFERROR(--MID(A5,B$2,1),""),"")
```

公式在 MID 函数提取出的字符前加上两个负号，通过减负运算，将文字转换为错误值，将文本型数字转换为数值。再使用 IFERROR 判断，如果是错误值则返回空文本。其余的计算思路与 B5 单元格中的公式思路相同。

步骤⑥ 将 A2 单元格里的开关调整成 TRUE 状态，使公式结果得以正确计算。

如果将计数器每一次迭代所计算出来的结果在 E 列列出，可将循环引用转换为普通引用。

在 F5 单元格输入以下公式，并向下复制到 F13 单元格或更多单元格。

```
=F4&TEXT(MID(A$5,E5,1),";;;@")
```

在 G5 单元格输入以下公式，并向下复制到 G13 单元格或更多单元格。

```
=G4&IFERROR(--MID(A$5,E5,1),"")
```

以上两个公式都是相同思路，用前一个单元格里的内容与符合条件的结果相连接，F5 单元格中公式用 TEXT(MID(A$5,E5,1),";;;@") 函数仅显示文本字符；G5 单元格中的公式则是用 IFERROR(--MID(A$5,E5,1),"") 函数仅显示数字。

25.2.4 结束条件

用户可以在循环引用的公式中设置结束条件，即当满足特定条件时公式退出迭代计算。

使用循环引用并非一定要设置结束条件。当用户关闭循环引用的开关或迭代计算的执行次数达到最多迭代次数时，循环引用都会结束。

示例25-6 获取指定范围的不重复随机数

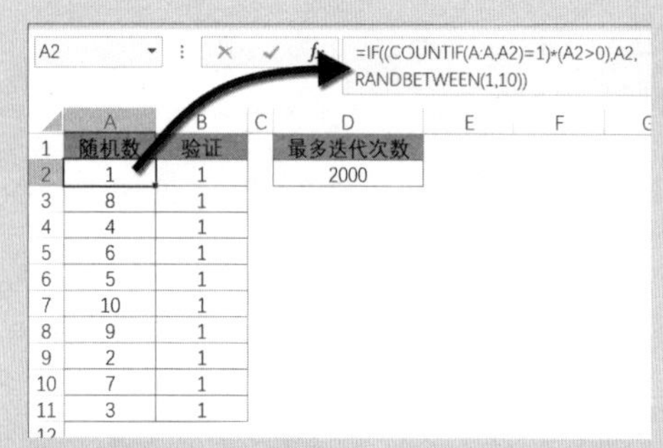

图 25-14 生成不重复随机数

使用随机函数结合迭代计算，能够在一列中生成指定范围的不重复随机数。如图 25-14 所示，在 A2:A11 单元格区域内生成 1~10 的不重复随机数。

打开【Excel 选项】对话框，在【公式】选项卡下启用迭代计算，并设置最多迭代次数为 2 000，最大误差为 0.001。

在 A2 单元格输入以下公式，向下复制到 A11 单元格。

```
=IF((COUNTIF(A:A,A2)=1)*(A2>0),A2,RANDBETWEEN(1,10))
```

首先使用“COUNTIF(A:A,A2)=1”和“A2>0”两个条件进行判断，如果 A2 单元格中的数值在 A 列是唯一的，并且该单元格中的数值大于 0，就返回 A2 本身的结果，否则用 RANDBETWEEN 函数生成 1 到 10 的随机数。

此处迭代计算自公式完成起开始执行，满足条件后迭代自动结束。

B2 单元格中的验证公式如下，如果 B2:B11 单元格中的结果均为 1，说明 A 列没有重复数据。

```
=COUNTIF(A:A,A2)
```

如果要得到一组新的随机顺序，可以单击选中 A2 单元格，然后双击右下角的填充柄向下复制公式即可。

25.2.5 其他

示例25-7 再投资情况下的企业利润计算

如图 25-15 所示，某企业将利润的 15% 作为再投资，用于扩大生产规模，而利润等于毛利润减去再投资部分的金额。需要计算毛利润为 1 500 万元时，利润和再投资额分别为多少。

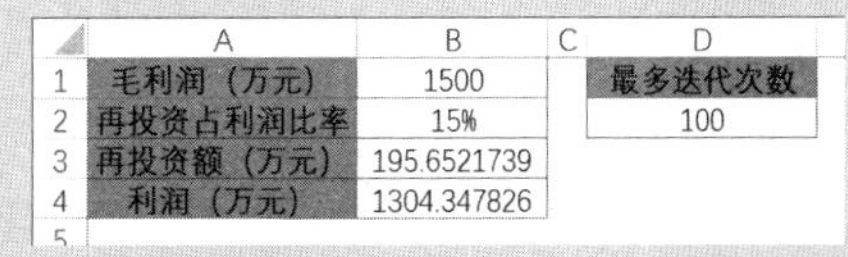

	A	B	C	D
1	毛利润（万元）	1500		最多迭代次数
2	再投资占利润比率	15%		100
3	再投资额（万元）	195.6521739		
4	利润（万元）	1304.347826		

图 25-15 再投资情况下的企业利润计算

操作步骤如下。

步骤① 打开【Excel 选项】对话框，在【公式】选项卡下启用迭代计算，并设置最多迭代次数为 100，最大误差为 0.001。

步骤② 在 B4 单元格输入以下公式，用 B1 单元格的毛利润减去 B3 单元格中的再投资额，计算出利润额。

```
=B1-B3
```

步骤③ 在 B3 单元格输入以下公式，用 B4 单元格中的利润额乘以 B2 单元格中的比率，计算出再投资额。

```
=B4*B2
```

示例25-8 自动记录数据录入时间

如图 25-16 所示，如果希望在 A 列单元格中输入或编辑内容时，在 B 列自动记录当时的日期和时间，也可以使用迭代计算功能完成。

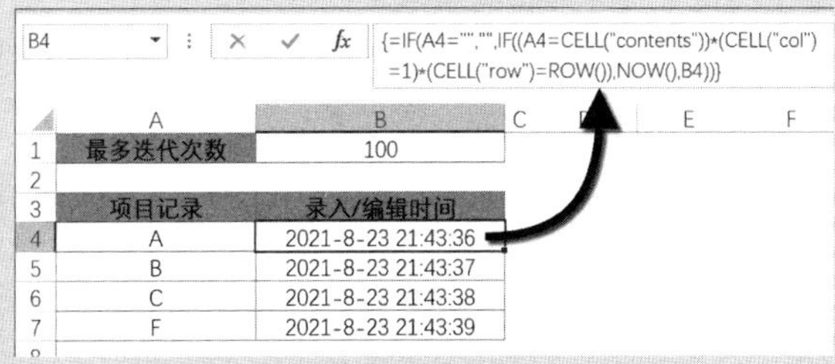

	A	B
1	最多迭代次数	100
2		
3	项目记录	录入/编辑时间
4	A	2021-8-23 21:43:36
5	B	2021-8-23 21:43:37
6	C	2021-8-23 21:43:38
7	F	2021-8-23 21:43:39

图 25-16 记录数据录入时间

操作步骤如下。

步骤① 打开【Excel 选项】对话框，在【公式】选项卡下启用迭代计算，并设置最多迭代次数为

100，最大误差为 0.001。

步骤② 为 B4:B7 单元格区域设置单元格数字格式为自定义的“yyyy-m-d h:mm:ss”。

步骤③ 在 B4 单元格输入以下公式，向下复制到 B7 单元格。

```
=IF(A4="","",IF((A4=CELL("contents"))*(CELL("col")=1)*(CELL("row")=ROW()),NOW(),B4))
```

NOW() 函数用于返回系统当前的日期和时间。CELL 函数用于返回单元格的格式、位置或内容的信息。

公式先使用 IF 函数判断 A2 是否为空单元格，如果 A2 是空单元格返回空文本 ""，否则执行下一段公式：

```
IF((A4=CELL("contents"))*(CELL("col")=1)*(CELL("row")=ROW()),NOW(),B4)
```

“CELL("contents")”部分，用于获取当前工作表中最后编辑的单元格内容。“CELL("col")”部分，用于获取活动单元格的列号。“CELL("row")”部分，用于获取活动单元格的行号。

三个条件相乘，表示“且”关系。如果 A4 等于最后编辑的单元格内容，并且活动单元格的列号为 1，同时活动单元格的行号等于公式所在单元格的行号，则返回当前的系统日期时间，否则仍然等于 B4 原有的值不变。

设置完成，在 A4~A7 单元格中输入或是编辑已有的内容操作完毕后按 <Enter> 键，在 B 列即可自动记录操作的日期和时间。

提示

本例中活动单元格列号的判断条件为等于 1，此处的 1 表示工作表的第 1 列，即 A 列。实际操作时可根据要输入数据的实际列号进行设置。

练习与巩固

1. 开启迭代计算的主要步骤为（____________）。

2. 当打开设置了不同迭代计算选项的多个工作簿时，所有打开的工作簿都将应用第（____________）个打开的工作簿中设置的迭代计算选项。

3. 如果一张工作表中有多个不同的循环引用公式，只要有一个公式满足停止迭代计算条件时，即（____________）。

4. 受公式运算顺序的影响，需要将作为启动开关的单元格放在循环引用公式的（____________）方或（____________）侧，否则公式可能无法返回正确的结果。

第 26 章　条件筛选技术

使用筛选功能，可以从数据列表中提取出符合特定条件的数据。除了 Excel 内置的筛选和高级筛选功能，还可以使用公式实现更加个性化、并且能够自动更新结果的数据提取。本章主要介绍如何利用 Excel 函数与公式进行条件筛选。

本章学习要点

（1）条件筛选。

（2）筛选不重复值。

（3）了解 Microsoft 365 专属 Excel 中的动态数组。

26.1　动态数组

Microsoft365 专属 Excel 用户可以看到数组公式的两种表现形式。一种是适用于 Excel 所有版本的传统数组公式，另一种则是动态数组。

26.1.1　动态数组及其溢出

在 Microsoft 365 专属 Excel 中，可以返回可变大小的数组的公式称为动态数组公式。如果内存数组中包含多个元素，除了输入公式的单元格以外，相邻的单元格也会显示数组中的元素，最终结果范围以蓝色线框突出显示，并与该数组本身实际的行列数一致。返回成功溢出的数组公式称为溢出数组公式，其显示效果如图 26-1 中的 D2:E10 单元格区域所示。

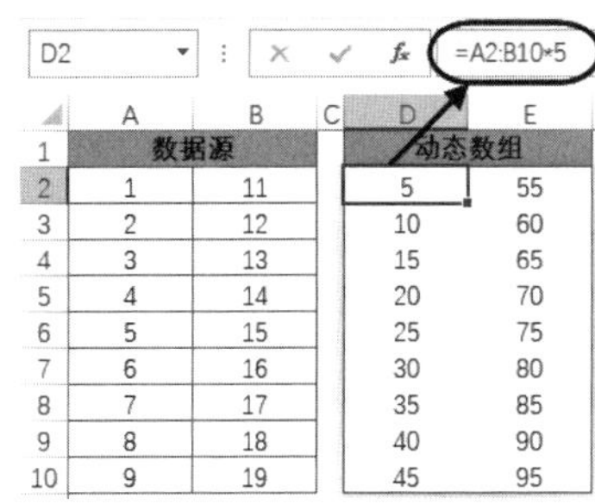

	A	B	C	D	E
1	数据源			动态数组	
2	1	11		5	55
3	2	12		10	60
4	3	13		15	65
5	4	14		20	70
6	5	15		25	75
7	6	16		30	80
8	7	17		35	85
9	8	18		40	90
10	9	19		45	95

图 26-1　数组公式的溢出效果

动态数组公式的几点注意事项如下。

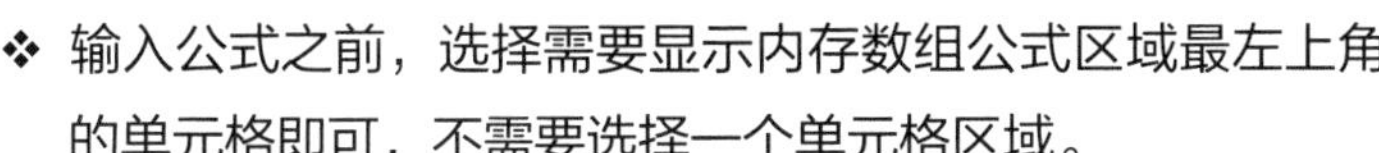

- 输入公式之前，选择需要显示内存数组公式区域最左上角的单元格即可，不需要选择一个单元格区域。
- 数组公式输入结束后，直接按 <Enter> 键，不需要再按下 <Ctrl+Shift+Enter> 组合键。
- 动态数组公式的结果区域是动态的，根据公式结果的大小自动溢出。
- 在动态数组公式区域内不能存在任何非空单元格，否则会因为溢出失败而返回错误值“#SPILL!”。如图 26-2 所示，原本应该显示公式结果的 D2:E10 单元格区域，因 E5 单元格中有内容而导致溢出失败。
- 除最左上角的公式以外，溢出部分的公式仅为显示效果，在单元格中并无实际内容。因此无法单独修改或删除。

在 Microsoft 365 专属 Excel 中输入的动态数组公式，再以其他版本打开时，会自动转换成传统的数组公式，如图 26-3 所示。

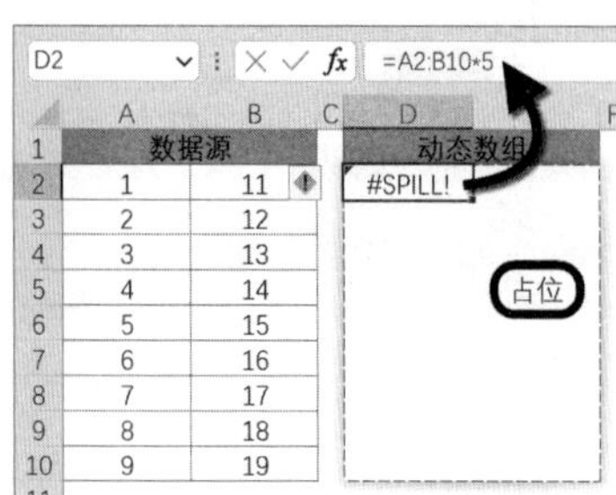

图 26-2 溢出失败返回错误值

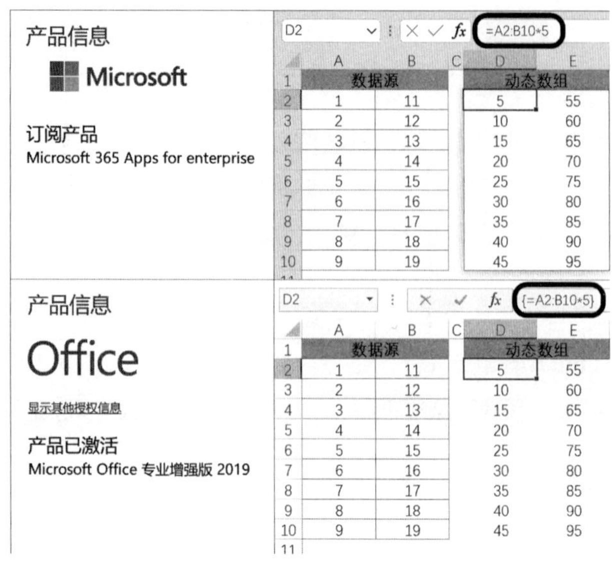

图 26-3 动态数组公式在不同版本中的显示差异

26.1.2 绝对交集

绝对交集也称隐式交集，隐式交集逻辑的目的是将公式返回的多个值强制减少为单个值。

❖ 如果公式返回的是单个值，则直接返回该值。

❖ 如果公式返回的值是一个区域，则返回与公式位于同一行或同一列中的单元格中的值。

❖ 如果公式返回的值为数组，则仅显示左上角的值。

图 26-4 产生绝对交集的公式在不同版本中的显示差异

随着动态数组的出现，Excel 不再局限于从公式返回单个值，因此不再需要无提示的隐式交集。某些在其他版本中输入的产生绝对交集的公式，再以 Microsoft 365 专属 Excel 打开时，会自动产生绝对交集符号“@”，如图 26-4 所示。

通常情况下，可以删除公式中的 @ 符号。如果公式返回的是单个值，删除 @ 符号时不会更改公式结果；如果公式结果返回的是区域或数组，删除 @ 符号后，公式结果会溢出到相邻单元格。

26.1.3 返回动态数组结果的函数

目前返回动态数组结果的函数包括 FILTER、UNIQUE、SEQUENCE、RANDARRAY、SORT 和 SORTBY 函数。其中常用于数据筛选的有 FILTER 函数和 UNIQUE 函数。

FILTER 函数可以基于定义的条件筛选一系列数据，该函数的基本语法如下：

```
FILTER(数组,包括,[if_empty])
```

第一参数数组，即用于筛选的单元格区域或数组，一般不包括标题行。

第二参数包括，即设置的筛选条件，这是一个行数与第一参数的行数一致，列数为 1 的单元格区域或数组，通常由逻辑值或相当于逻辑值的数值所组成。第二参数可以是单一条件，也可以是多个条件，包括“与条件”和“或条件”。

第三参数是可选参数，当筛选条件都不满足时返回的结果，可以是一个值，也可以是一个不限大小的单元格区域或数组。如缺省，当筛选条件都不满足时返回错误值“#CALC!”。

UNIQUE 函数用于返回列表或范围中的一系列唯一值。该函数的基本语法如下：

```
UNIQUE(array,[by_col],[exactly_once])
```

第一参数 array，即用于提取唯一值的单元格区域或数组。

第二参数 by_col 是可选参数，当参数为 TRUE 或不为 0 的数值时，按行提取唯一值；当参数为 FALSE、0，或者缺省时，按列提取唯一值。

第三参数 exactly_once 是可选参数，当参数为 TRUE 或不为 0 的数值时，返回只出现过一次的项；当参数为 FALSE、0，或者缺省时，返回每个唯一出现过的项。

SEQUENCE 函数，请参阅 27.2.1 节。RANDARRAY 函数，请参阅 12.6 节。SORT 和 SORTBY 函数，请参阅 27.2.2 节。

使用了动态数组函数的工作簿再使用 Excel 2019 等版本打开，公式前会自动加上“_xlfn._xlws.”和表示数组的一对大括号，且不能编辑修改，如图 26-5 所示。

图 26-5　动态数组函数在低版本中不能编辑

26.2　按条件筛选

根据筛选条件和需要返回的项目数不同，可以分成按单条件筛选单个结果、按多条件筛选单个结果、按单条件筛选多个结果及按多条件筛选多个结果。

26.2.1 单条件筛选单个结果

根据单一条件筛选出符合条件的唯一结果，也称为“一对一查询”，公式相对较为简单。

示例26-1 根据单一条件筛选出唯一符合条件的结果

如图 26-6 所示，A~D 列是某企业各地区销售明细表的部分内容，根据 G1 单元格中指定的销售日期，筛选出满足这一条件的唯一结果。

	A	B	C	D
1	销售人员	地区	销售日期	销售额
2	纳红	华东	2021-8-1	¥ 130.00
3	纳红	华东	2021-8-2	¥ 50.00
4	张鹤翔	华南	2021-8-3	¥ 90.00
5	张鹤翔	华南	2021-8-4	¥ 10.00
6	李承谦	东北	2021-8-5	¥ 80.00
7	施文庆	华东	2021-8-6	¥ 70.00
8	徐翠芬	华东	2021-8-7	¥ 120.00
9	杨红	华南	2021-8-8	¥ 30.00
10	李承谦	东北	2021-8-9	¥ 160.00
11	王丽卿	华南	2021-8-10	¥ 20.00
12	张坚	华东	2021-8-11	¥ 60.00
13	徐翠芬	华东	2021-8-12	¥ 40.00
14	张坚	华东	2021-8-13	¥ 140.00
15	杨红	华南	2021-8-14	¥ 110.00
16	王丽卿	华南	2021-8-15	¥ 100.00
17	施文庆	华东	2021-8-16	¥ 150.00

	F	G	H	I
1	销售日期	2021-8-2		
3	销售人员	地区	销售日期	销售额
4	纳红	华东	2021-8-2	¥ 50.00
6	销售人员	地区	销售日期	销售额
7	纳红	华东	2021-8-2	¥ 50.00
9	销售人员	地区	销售日期	销售额
10	纳红	华东	2021-8-2	¥ 50.00
12	销售人员	地区	销售日期	销售额
13	纳红	华东	2021-8-2	¥ 50.00

图 26-6 根据单一条件筛选出唯一符合条件的结果

在 F4 单元格中输入以下公式，向右复制到 I4 单元格，单击【填充选项】按钮，在下拉菜单中选择【不带格式填充】。

```
=INDEX(A:A,MATCH($G1,$C1:$C17,))
```

先利用 MATCH 函数查找到 G1 单元格在 C1:C17 单元格区域中出现的位置，再用 INDEX 函数以此结果为索引值，提取出 A 列中对应的结果。

公式中的 MATCH 函数部分全部使用了列绝对引用，以保证公式在向右复制的时候引用不变，而 INDEX 函数的第一参数则使用相对引用，公式向右复制后可以返回所需要的结果。

INDEX 和 MATCH 函数的用法请参阅 14.2.3 节和 14.2.4 节。

在 F7 单元格中输入以下公式，不带格式向右复制到 I7 单元格。

```
=LOOKUP(1,0/($G1=$C2:$C17),A2:A17)
```

LOOKUP 函数使用了按条件查找的模式化用法，具体用法请参阅 14.2.5 节。

在 Microsoft 365 专属 Excel 中，还可以在 F10 单元格输入以下公式，不带格式向右复制到 I10 单元格。

```
=XLOOKUP($G1,$C2:$C17,A2:A17)
```

或在 F13 单元格输入以下公式，结果自动溢出到 F13:I13 单元格区域。

```
=FILTER(A2:D17,C2:C17=G1)
```

公式利用 XLOOKUP 函数查找 G1 单元格里的内容，在 C2:C17 中对应 A2:A17 位置的结果，XLOOKUP 函数的用法请参阅 14.2.6 节。

FILTER 函数第一参数使用不带标题行的所有数据。第二参数“C2:C17=G1”部分设定了筛选的条件，即销售日期列的 C2:C17 单元格区域等于 G1 单元格中指定的销售日期。筛选结果即“C2:C17=G1”公式结果中返回 TRUE 的那一行。如图 26-7 所示，本示例中第二行结果为 TRUE，那么 FILTER 函数最终的结果就是第二行的数据。

=FILTER(	A2:D17				,	C2:C17=G1	)	结果			
	纳红	华东	2021-8-1	¥ 130.00		FALSE					
	纳红	华东	2021-8-2	¥ 50.00		TRUE		纳红	华东	2021-8-2	¥ 50.00
	张鹤翔	华南	2021-8-3	¥ 90.00		FALSE					
	张鹤翔	华南	2021-8-4	¥ 10.00		FALSE					
	李承谦	东北	2021-8-5	¥ 80.00		FALSE					
	施文庆	华东	2021-8-6	¥ 70.00		FALSE					
	徐翠芬	华东	2021-8-7	¥ 120.00		FALSE					
	杨红	华南	2021-8-8	¥ 30.00		FALSE					
	李承谦	东北	2021-8-9	¥ 160.00		FALSE					
	王丽卿	华南	2021-8-10	¥ 20.00		FALSE					
	张坚	华东	2021-8-11	¥ 60.00		FALSE					
	徐翠芬	华东	2021-8-12	¥ 40.00		FALSE					
	张坚	华东	2021-8-13	¥ 140.00		FALSE					
	杨红	华南	2021-8-14	¥ 110.00		FALSE					
	王丽卿	华南	2021-8-15	¥ 100.00		FALSE					
	施文庆	华东	2021-8-16	¥ 150.00		FALSE					

图 26-7　FILTER 函数的运算过程

26.2.2　多条件筛选单个结果

根据多个条件筛选出符合条件的唯一结果，也称为“多对一查询”，同样可以使用多种公式来实现。

示例26-2　根据多个条件筛选出唯一符合条件的结果

如图 26-8 所示，A~D 列是某企业各地区销售明细表的部分内容，根据 G1 单元格中指定地区和 I1 单元格中指定的销售日期，筛选出同时满足这两个条件的唯一结果。

	A	B	C	D	E	F	G	H	I
1	销售人员	地区	销售日期	销售额		地区	华南	销售日期	2021-8-3
2	纳红	华东	2021-8-1	¥ 130.00					
3	纳红	华东	2021-8-1	¥ 50.00		销售人员	地区	销售日期	销售额
4	张鹤翔	华南	2021-8-1	¥ 90.00		张鹤翔	华南	2021-8-3	¥ 10.00
5	张鹤翔	华南	2021-8-3	¥ 10.00					
6	李承谦	东北	2021-8-3	¥ 80.00		销售人员	地区	销售日期	销售额
7	施文庆	华东	2021-8-7	¥ 70.00		张鹤翔	华南	2021-8-3	¥ 10.00
8	徐翠芬	华东	2021-8-7	¥ 120.00					
9	杨红	华南	2021-8-7	¥ 30.00		销售人员	地区	销售日期	销售额
10	李承谦	东北	2021-8-7	¥ 160.00		张鹤翔	华南	2021-8-3	¥ 10.00
11	王丽卿	华南	2021-8-8	¥ 20.00					
12	张坚	华东	2021-8-8	¥ 60.00		销售人员	地区	销售日期	销售额
13	徐翠芬	华东	2021-8-8	¥ 40.00		张鹤翔	华南	2021-8-3	¥ 10.00
14	张坚	华东	2021-8-8	¥ 140.00					
15	杨红	华南	2021-8-8	¥ 110.00					
16	王丽卿	华南	2021-8-8	¥ 100.00					
17	施文庆	华东	2021-8-12	¥ 150.00					

图 26-8　根据多个条件筛选出唯一符合条件的结果

在 F4 单元格中输入以下数组公式，按 <Ctrl+Shift+Enter> 键，不带格式向右复制到 I4 单元格。

```
{=INDEX(A2:A17,MATCH($G1&$I1,$B2:$B17&$C2:$C17,))}
```

在 F7 单元格中输入以下公式，不带格式向右复制到 I7 单元格。

```
=LOOKUP(1,0/($G1&$I1=$B2:$B17&$C2:$C17),A2:A17)
```

在 Microsoft 365 专属 Excel 中，还可以在 F10 单元格输入以下公式，不带格式向右复制到 I10 单元格。

```
=XLOOKUP($G1&$I1,$B2:$B17&$C2:$C17,A2:A17)
```

或在 F13 单元格输入以下公式，结果自动溢出到 F13:I13 单元格区域。

```
=FILTER(A2:D17,(B2:B17=G1)*(C2:C17=I1))
```

在前三个公式中，查找内容是 G1 与 I1 连接后的字符串，查找范围则是将 B2:B17 单元格区域与 C2:C17 区域连接，其他与“一对一查询”中的用法并无区别。

在第四个公式中，FILTER 函数第二参数设定了两个条件，其中“B2:B17=G1”部分设定了第一个筛选的条件，即地区列的 B2:B17 单元格区域等于 G1 单元格中指定的地区；“C2:C17=I1”部分设定了第二个筛选的条件，即销售日期列的 C2:C17 单元格区域等于 I1 单元格中指定的销售日期。

{=	(B2:B17=G1)	*	(C2:C17=I1)	}	结果
	FALSE		FALSE		0
	FALSE		FALSE		0
	TRUE		FALSE		0
	TRUE		TRUE		1
	FALSE		TRUE		0
	FALSE		FALSE		0
	FALSE		FALSE		0
	TRUE		FALSE		0
	FALSE		FALSE		0
	TRUE		FALSE		0
	FALSE		FALSE		0
	FALSE		FALSE		0
	FALSE		FALSE		0
	TRUE		FALSE		0
	TRUE		FALSE		0
	FALSE		FALSE		0

图 26-9 “与条件”数组的运算过程

两个条件同时需要满足，使用乘法运算，这是数组中获得“与条件”结果的模式化用法，其运算规则如图26-9所示。

“B2:B17=G1”得出 16 行 1 列结果为 TRUE 或 FALSE 的数组，其中满足条件的结果为 TRUE，反之为 FALSE。

“C2:C17=I1”得出同样大小的结果为 TRUE 或 FALSE 的数组。

两列数组相乘，TRUE 被当作数值 1、FALSE 被当作数值 0 处理，当相同位置的两个结果都为 TRUE 时，即“1*1”，结果仍是 1，相当于 TRUE；相同位置中只要存在至少一个 FALSE，任意数与 0 相乘，结果都为 0，相当于 FALSE。

注意

因为 AND 函数只能返回单个结果。因此在数组运算中不能使用 AND 函数表示“与条件”。

26.2.3 单条件筛选多个结果

根据单个条件筛选出多个符合条件的结果，也称为“一对多查询”。

示例26-3 根据单个条件筛选出多个符合条件的结果

如图 26-10 所示，A~D 列是某企业各地区销售明细表的部分内容，根据 G1 单元格中的指定地区，筛选出满足这个条件的多个结果。

F4 {=INDEX(A:A,SMALL(IF($B$2:$B$17=$G$1,ROW($2:$17),50),ROW(A1)))}

	A	B	C	D
1	销售人员	地区	销售日期	销售额
2	纳红	华东	2021-8-1	¥ 130.00
3	纳红	华东	2021-8-1	¥ 50.00
4	张鹤翔	华南	2021-8-1	¥ 90.00
5	张鹤翔	华南	2021-8-3	¥ 10.00
6	李承谦	东北	2021-8-3	¥ 80.00
7	施文庆	华东	2021-8-7	¥ 70.00
8	徐翠芬	华东	2021-8-7	¥ 120.00
9	杨红	华南	2021-8-7	¥ 30.00
10	李承谦	东北	2021-8-7	¥ 160.00
11	王丽卿	华南	2021-8-8	¥ 20.00
12	张坚	华东	2021-8-8	¥ 60.00
13	徐翠芬	华东	2021-8-8	¥ 40.00
14	张坚	华东	2021-8-8	¥ 140.00
15	杨红	华南	2021-8-8	¥ 110.00
16	王丽卿	华南	2021-8-8	¥ 100.00
17	施文庆	华东	2021-8-12	¥ 150.00

F	G	H	I
地区	华东		
销售人员	地区	销售日期	销售额
纳红	华东	2021-8-1	¥ 130.00
纳红	华东	2021-8-1	¥ 50.00
施文庆	华东	2021-8-7	¥ 70.00
徐翠芬	华东	2021-8-7	¥ 120.00
张坚	华东	2021-8-8	¥ 60.00
徐翠芬	华东	2021-8-8	¥ 40.00
张坚	华东	2021-8-8	¥ 140.00
施文庆	华东	2021-8-12	¥ 150.00

图 26-10　根据单个条件筛选出多个符合条件的结果

❖ INDEX+SMALL+IF 解法。

在 F4 单元格中输入以下数组公式，按 <Ctrl+Shift+Enter> 键，不带格式向下向右复制到 F4:I11 单元格区域。

```
{=INDEX(A:A,SMALL(IF($B$2:$B$17=$G$1,ROW($2:$17),50),ROW(A1)))}
```

公式中的“IF($B$2:$B$17=$G$1,ROW($2:$17),50)”部分，是一个内存数组的结果。首先使用 IF 函数判断 B 列的地区是否等于 G1 单元格指定的地区，如果是则返回对应的行号，否则返回一个较大的数值，这个数值只要是大于 17 的任意数都可以，本示例中使用的是 50。其具体运算过程如图 26-11 所示。

为保证公式复制到其他单元格以后引用区域保持不变，这一部分所有单元格引用都使用了绝对引用方式。

ROW(A1) 部分返回 A1 单元格的行号，由于 A1 使用了相对引用，公式向下复制时，会依次得到 A2、A3、A4……单元格的行号，也就是一组以步长为 1 递增的数值。

SMALL 函数使用 ROW(A1) 的结果作为第二参数，将 IF 部分生成的内存数组从小到大依次排列。这部分是一个单一结果的公式，通过向下复制产生的序列结果如图 26-12 所示。

{=IF(	B2:B17=G1	,	ROW(2:17)	,	50	)}	结果
	TRUE		2		50		2
	TRUE		3		50		3
	FALSE		4		50		50
	FALSE		5		50		50
	FALSE		6		50		50
	TRUE		7		50		7
	TRUE		8		50		8
	FALSE		9		50		50
	FALSE		10		50		50
	FALSE		11		50		50
	TRUE		12		50		12
	TRUE		13		50		13
	TRUE		14		50		14
	FALSE		15		50		50
	FALSE		16		50		50
	TRUE		17		50		17

图 26-11 IF 部分数组的运算过程

{=SMALL(	IF(B2:B17=G1,ROW(2:17),50)	,	ROW(A1)	}	结果
	2		1		2
	3		2		3
	50		3		7
	50		4		8
	50		5		12
	7		6		13
	8		7		14
	50		8		17
	50		9		50
	50		10		50
	12		11		50
	13		12		50
	14		13		50
	50		14		50
	50		15		50
	17		16		50
	内存数组		单一结果公式向下复制		

图 26-12 SMALL 部分的运算过程

INDEX 函数以 SMALL 函数的结果作为索引值，从 A 列中提取出对应位置的销售人员名单。第一参数 A:A 使用相对引用，当公式向右复制时，要提取的数据范围随之发生变化，最终提取出符合条件的所有记录。

当 SMALL 函数返回结果为 50 时（确保第 50 行没有任何数据），INDEX 函数引用指定列中第 50 行的单元格。如果这一行中有数据，可以将 50 换成更大的值，如 4^8 即 65536，或 2^20 即 1048576。

此公式目前只向下复制到第 11 行，如果将公式继续向下复制，INDEX 函数的引用变成空白单元格时，会返回一个无意义的 0。一般情况下，可以使用与空文本“""”连接，屏蔽无意义的 0，使其在单元格中显示为空白。公式如下：

```
{=INDEX(A:A,SMALL(IF($B$2:$B$17=$G$1,ROW($2:$17),50),ROW(A1)))&""}
```

但是这样的公式会造成两个后果，一是数值列将变成文本型数字，不能直接进行求和等汇总；二是日期列将显示成文本型序列值。

对于这样的情况，可以对公式稍加改动，在 F4 单元格中输入以下数组公式，按 <Ctrl+Shift+Enter> 键，不带格式向下向右复制到 F4:I17 单元格区域。

```
{=IFERROR(INDEX(A:A,SMALL(IF($B$2:$B$17=$G$1,ROW($2:$17)),ROW
(A1))),"")}
```

IF 函数部分不指定第三参数，在不符合指定条件时返回逻辑值 FALSE。当 SMALL 函数全部提取出符合条件的行号后，公式继续向下复制会返回错误值。因此在最外层加上 IFERROR 函数进行除错。

如图 26-13 所示，将该公式不带格式向右向下复制后，不会影响日期的显示与数值的汇总。在 I18 单元格中输入如下公式对 I4:I17 单元格区域进行求和汇总。

```
=SUM(I4:I17)
```

F4 {=IFERROR(INDEX(A:A,SMALL(IF($B$2:$B$17=$G$1,ROW($2:$17)),ROW(A1))),"")}

	A	B	C	D
1	销售人员	地区	销售日期	销售额
2	纳红	华东	2021-8-1	¥ 130.00
3	纳红	华东	2021-8-1	¥ 50.00
4	张鹤翔	华南	2021-8-1	¥ 90.00
5	张鹤翔	华南	2021-8-3	¥ 10.00
6	李承谦	东北	2021-8-3	¥ 80.00
7	施文庆	华东	2021-8-7	¥ 70.00
8	徐翠芬	华东	2021-8-7	¥ 120.00
9	杨红	华南	2021-8-7	¥ 30.00
10	李承谦	东北	2021-8-7	¥ 160.00
11	王丽卿	华南	2021-8-8	¥ 20.00
12	张坚	华东	2021-8-8	¥ 60.00
13	徐翠芬	华东	2021-8-8	¥ 40.00
14	张坚	华东	2021-8-8	¥ 140.00
15	杨红	华南	2021-8-8	¥ 110.00
16	王丽卿	华南	2021-8-8	¥ 100.00
17	施文庆	华东	2021-8-12	¥ 150.00

F	G	H	I	J
地区	华东			
销售人员	地区	销售日期	销售额	
纳红	华东	2021-8-1	¥ 130.00	
纳红	华东	2021-8-1	¥ 50.00	
施文庆	华东	2021-8-7	¥ 70.00	
徐翠芬	华东	2021-8-7	¥ 120.00	
张坚	华东	2021-8-8	¥ 60.00	
徐翠芬	华东	2021-8-8	¥ 40.00	
张坚	华东	2021-8-8	¥ 140.00	
施文庆	华东	2021-8-12	¥ 150.00	
销售小计			¥ 760.00	=SUM(I4:I17)

图 26-13　对公式结果汇总求和

❖ INDEX+SMALL 解法

在 F4 单元格中输入以下数组公式，按 <Ctrl+Shift+Enter> 键，不带格式向下向右复制到 F4:I17 单元格区域。

```
{=IF(ROW(A1)<=COUNTIF($B:$B,$G$1),INDEX(A:A,SMALL(($B$2:$B$17<>$G$1)/1%
+ROW($2:$17),ROW(A1))),"")}
```

公式使用 IF 函数增加了一个判断条件，来消除 INDEX 函数的引用变成空白单元格时返回的无意义的 0。“ROW(A1)<=COUNTIF($B:$B,$G$1)”部分，先使用 COUNTIF($B:$B,$G$1) 函数统计出 B 列的组别中符合指定组别的个数，然后与行号 ROW(A1) 进行比较。

当公式向下复制时，如果公式行数大于指定的组别个数，IF 函数返回空文本“""”，否则执行 INDEX 函数部分的提取公式。

INDEX 函数部分与前一个公式最大的差异在于 SMALL 函数的第一个参数。先利用“$B$2:$B$17<>$G$1”，对 B 列的地区是否等于 G1 单元格指定的地区，如果不等于，返回 TRUE，否则返回 FALSE，再将这一列逻辑值结果除以百分之一，即乘以 100，最后将这个结果加上对应的行号，如图 26-14 所示。

{= (B2:B17<>G1)	/1%	+ ROW(2:17) }	结果
FALSE	100	2	2
FALSE	100	3	3
TRUE	100	4	104
TRUE	100	5	105
TRUE	100	6	106
FALSE	100	7	7
FALSE	100	8	8
TRUE	100	9	109
TRUE	100	10	110
TRUE	100	11	111
FALSE	100	12	12
FALSE	100	13	13
FALSE	100	14	14
TRUE	100	15	115
TRUE	100	16	116
FALSE	100	17	17

图 26-14　SMALL 函数第一参数的运算过程

此处数据源一共 16 行，如果超过 100 行，则需要将“/1%”改成“/1%%”，除以万分之一，即乘以 10 000。

SMALL 函数使用 ROW(A1) 函数的结果作为第二参数，在第一参数生成的内存数组中，从小到大依次提取出行号。最后再使用 INDEX 函数，根据 SMALL 函数的行号信息从 A 列中提取出对应位置的销售人员名单。

❖ FILTER 解法

如果是 Microsoft 365 专属 Excel，则可以在 F4 单元格输入以下公式：

```
=FILTER(A2:D17,B2:B17=G1)
```

此公式和“一对一查询”中的 FILTER 解法完全相同，因为该函数支持自动溢出数组，并无筛选结果个数的限制。

26.2.4　多条件筛选多个结果

根据多个条件筛选出多个符合条件的结果，即“多对多查询”，在普通版本的 Excel 中公式相对较为复杂。

示例26-4　根据多个条件筛选出多个符合条件的结果

如图 26-15 所示，A~D 列是某企业各地区销售明细表的部分内容，根据 G1 单元格中指定地区和 I1 单元格中指定的销售人员，筛选出同时满足这两个条件的多个结果。

F4　{=INDEX(A:A,SMALL(IF(($B$2:$B$17=$G$1)*($A$2:$A$17=$I$1),ROW($2:$17),50),ROW(A1)))}

	A	B	C	D
1	销售人员	地区	销售日期	销售额
2	纳红	华东	2021-8-1	¥ 130.00
3	纳红	华东	2021-8-1	¥ 50.00
4	张鹤翔	华南	2021-8-1	¥ 90.00
5	张鹤翔	华南	2021-8-3	¥ 10.00
6	李承谦	东北	2021-8-3	¥ 80.00
7	施文庆	华东	2021-8-7	¥ 70.00
8	徐翠芬	华东	2021-8-7	¥ 120.00
9	杨红	华南	2021-8-7	¥ 30.00
10	李承谦	东北	2021-8-7	¥ 160.00
11	王丽卿	华南	2021-8-8	¥ 20.00
12	张坚	华东	2021-8-8	¥ 60.00
13	徐翠芬	华东	2021-8-8	¥ 40.00
14	张坚	华东	2021-8-8	¥ 140.00
15	纳红	华南	2021-8-8	¥ 110.00
16	王丽卿	华南	2021-8-8	¥ 100.00
17	施文庆	华东	2021-8-12	¥ 150.00

	F	G	H	I
1	地区	华东	销售人员	纳红
3	销售人员	地区	销售日期	销售额
4	纳红	华东	2021-8-1	¥ 130.00
5	纳红	华东	2021-8-1	¥ 50.00

图 26-15　根据多个“与条件”筛选出多个符合条件的结果

在 F4 单元格中输入以下数组公式，按 <Ctrl+Shift+Enter> 键，不带格式向下向右复制到 F4:I5 单元格区域。

```
{=INDEX(A:A,SMALL(IF(($B$2:$B$17=$G$1)*($A$2:$A$17=$I$1),ROW($2:$17),50
),ROW(A1)))}
```

如果事先无法确定符合条件的结果有多少个，可参考示例 26-3 中在公式外侧套用 IFERROR 函数的用法。将公式修改为：

```
{=IFERROR(INDEX(A:A,SMALL(IF(($B$2:$B$17=$G$1)*($A$2:$A$17=$I$1),ROW($2
:$17)),ROW(A1))),"")}
```

如果是 Microsoft 365 专属 Excel，可以使用以下公式：

```
=FILTER(A2:D17,(B2:B17=G1)*(A2:A17=I1))
```

与示例 26-3 单条件筛选多个结果的公式相比，多条件的处理只是在条件上有细微变化，原来的单一条件变成了多个条件，本示例的两个条件需要同时满足，即“与条件”。公式中的“(B2:B17=G1)*(A2:A17=I1)”部分，用两个条件相乘表示“与条件”。

示例26-5 用多条件符合其一的方式筛选多个符合条件的结果

如图 26-16 所示，A~D 列是某企业各地区销售明细表的部分内容，根据 G1 和 H1 单元格中指定地区，筛选出至少满足其中一个条件的全部记录。

F4　fx　{=INDEX(A:A,SMALL(IF(($B$2:$B$17=$G$1)+($B$2:$B$17=$H$1),ROW($2:$17),50),ROW(A1)))}

	A	B	C	D	E	F	G	H	I
1	销售人员	地区	销售日期	销售额		地区	华东	东北	
2	纳红	华东	2021-8-1	¥ 130.00					
3	纳红	华东	2021-8-1	¥ 50.00		销售人员	地区	销售日期	销售额
4	张鹤翔	华南	2021-8-1	¥ 90.00		纳红	华东	2021-8-1	¥ 130.00
5	张鹤翔	华南	2021-8-3	¥ 10.00		纳红	华东	2021-8-1	¥ 50.00
6	李承谦	东北	2021-8-3	¥ 80.00		李承谦	东北	2021-8-3	¥ 80.00
7	施文庆	华东	2021-8-7	¥ 70.00		施文庆	华东	2021-8-7	¥ 70.00
8	徐翠芬	华东	2021-8-7	¥ 120.00		徐翠芬	华东	2021-8-7	¥ 120.00
9	杨红	华南	2021-8-7	¥ 30.00		李承谦	东北	2021-8-7	¥ 160.00
10	李承谦	东北	2021-8-7	¥ 160.00		张坚	华东	2021-8-8	¥ 60.00
11	王丽卿	华南	2021-8-8	¥ 20.00		徐翠芬	华东	2021-8-8	¥ 40.00
12	张坚	华东	2021-8-8	¥ 60.00		张坚	华东	2021-8-8	¥ 140.00
13	徐翠芬	华东	2021-8-8	¥ 40.00		施文庆	华东	2021-8-12	¥ 150.00
14	张坚	华东	2021-8-8	¥ 140.00					
15	杨红	华南	2021-8-8	¥ 110.00					
16	王丽卿	华南	2021-8-8	¥ 100.00					
17	施文庆	华东	2021-8-12	¥ 150.00					

图 26-16　根据多个“或条件”筛选出多个符合条件的结果

在 F4 单元格中输入以下数组公式，按 <Ctrl+Shift+Enter> 键，不带格式向下向右复制到 F4:I13 单元格区域。

```
{=INDEX(A:A,SMALL(IF(($B$2:$B$17=$G$1)+($B$2:$B$17=$H$1),ROW($2:$17),50
),ROW(A1)))}
```

本例中，条件是两个连续的单元格，且两个条件不可能同时满足。因此公式可以简化成：

```
{=INDEX(A:A,SMALL(IF(($B$2:$B$17=$G$1:$H$1),ROW($2:$17),50),ROW(A1)))}
```

如果是 Microsoft 365 专属 Excel，可以使用以下公式：

{=	(B2:B17=G1)	+	(B2:B17=H1)	}	结果
	TRUE		FALSE		1
	TRUE		FALSE		1
	FALSE		FALSE		0
	FALSE		FALSE		0
	FALSE		TRUE		1
	TRUE		FALSE		1
	TRUE		FALSE		1
	FALSE		FALSE		0
	FALSE		TRUE		1
	FALSE		FALSE		0
	TRUE		FALSE		1
	TRUE		FALSE		1
	TRUE		FALSE		1
	FALSE		FALSE		0
	FALSE		FALSE		0
	TRUE		FALSE		1

图 26-17 “或条件”数组的运算过程

```
=FILTER(A2:D17,(B2:B17=G1)+(B2:B17=H1))
```

本示例中的两个条件只需要满足其中任意一个，使用加法运算，这是数组中获得“或条件”结果的模式化用法，即公式中的“(B2:B17=G1)+(A2:A17=I1)”部分。

其运算过程如图 26-17 所示，TRUE 被当作数值 1、FALSE 被当作数值 0 处理。当相同位置中都是 FALSE 时，“0+0”结果为 0，即相当于 FALSE；当相同位置中存在一个 TRUE 时或是同时为 TRUE,“1+0”“1+1”结果不等于 0，即相当于 TRUE。

注意

由于 OR 函数只能返回单个值。因此在数组运算中不能使用 OR 函数来表示“或条件”。

示例26-6 从多个条件中根据共同特征筛选出多个符合条件的结果

如图 26-18 所示，A~D 列是某企业各地区销售明细表的部分内容，根据 G1 和 H1 单元格中指定地区，筛选出至少满足其中一个条件的全部记录。

F4 {=INDEX(A:A,SMALL(IF(ISNUMBER(FIND("东",$B$2:$B$17)),ROW($2:$17),50),ROW(A1)))}

	A	B	C	D
1	销售人员	地区	销售日期	销售额
2	纳红	华东	2021-8-1	¥ 130.00
3	纳红	华东	2021-8-1	¥ 50.00
4	张鹤翔	华南	2021-8-1	¥ 90.00
5	张鹤翔	华南	2021-8-3	¥ 10.00
6	李承谦	东北	2021-8-3	¥ 80.00
7	施文庆	华东	2021-8-7	¥ 70.00
8	徐翠芬	华东	2021-8-7	¥ 120.00
9	杨红	华南	2021-8-7	¥ 30.00
10	李承谦	东北	2021-8-7	¥ 160.00
11	王丽卿	华南	2021-8-8	¥ 20.00
12	张坚	华东	2021-8-8	¥ 60.00
13	徐翠芬	华东	2021-8-8	¥ 40.00
14	张坚	华东	2021-8-8	¥ 140.00
15	杨红	华南	2021-8-8	¥ 110.00
16	王丽卿	华南	2021-8-8	¥ 100.00
17	施文庆	华东	2021-8-12	¥ 150.00

F	G	H
地区	华东	东北

销售人员	地区	销售日期	销售额
纳红	华东	2021-8-1	¥ 130.00
纳红	华东	2021-8-1	¥ 50.00
李承谦	东北	2021-8-3	¥ 80.00
施文庆	华东	2021-8-7	¥ 70.00
徐翠芬	华东	2021-8-7	¥ 120.00
李承谦	东北	2021-8-7	¥ 160.00
张坚	华东	2021-8-8	¥ 60.00
徐翠芬	华东	2021-8-8	¥ 40.00
张坚	华东	2021-8-8	¥ 140.00
施文庆	华东	2021-8-12	¥ 150.00

图 26-18 从多个条件中寻找规律进行筛选

这里的条件列了两个，但是这两个条件有一个共同的特征，即地区中都带一个“东”字，而另一个不满足条件的地区“华南”中没有“东”字。

根据这一特征，可以在 F4 单元格中输入以下数组公式，按 <Ctrl+Shift+Enter> 键，不带格式向下向右复制到 F4:I13 单元格区域。

```
=INDEX(A:A,SMALL(IF(ISNUMBER(FIND("东",$B$2:$B$17)),ROW($2:$17),50),ROW(A1)))
```

如果是 Microsoft 365 专属 Excel，可以使用以下公式：

```
=FILTER(A2:D17,ISNUMBER(FIND("东",B2:B17)))
```

在以上两个公式中都使用了“ISNUMBER(FIND(" 东 ",B2:B17))”作为条件，先用 FIND 函数查找“东”字在 B2:B17 单元格区域中的位置，结果返回表示位置的数字或是错误值。再用 ISNUMBER 函数判断，存在“东”字的数值返回 TRUE，不存在的错误值返回 FALSE。其运算过程如图 26-19 所示。

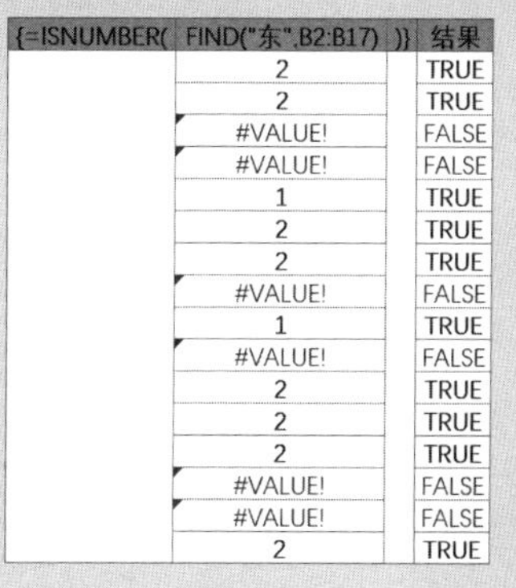

{=ISNUMBER(	FIND("东",B2:B17)	)}	结果
	2		TRUE
	2		TRUE
	#VALUE!		FALSE
	#VALUE!		FALSE
	1		TRUE
	2		TRUE
	2		TRUE
	#VALUE!		FALSE
	1		TRUE
	#VALUE!		FALSE
	2		TRUE
	2		TRUE
	2		TRUE
	#VALUE!		FALSE
	#VALUE!		FALSE
	2		TRUE

图 26-19　ISNUMBER 套 FIND 数组运算过程

26章

26.3　提取不重复值

26.3.1　一维区域筛选不重复记录

示例26-7 提取不重复的学校名称

图 26-20 展示的是某地区学校和学生姓名的部分内容，需要提取不重复的学校名称。

	A	B	C	D
1	姓名	所在学校		学校
2	李厚辉	金源五中		金源五中
3	赵会芳	进修中学		进修中学
4	杨红	进修中学		燕京一中
5	王燕	金源五中		大河附中
6	陆艳菲	进修中学		
7	张鹤翔	燕京一中		
8	任继先	大河附中		
9	杨庆东	大河附中		
10	赵会芳	进修中学		
11	王燕	燕京一中		
12	毕淑华	金源五中		
13	李光明	金源五中		
14	李从林	燕京一中		
15	赖群毅	燕京一中		
16	李厚辉	金源五中		
17	毕淑华	金源五中		

图 26-20　提取不重复的学校名称

❖ MATCH 函数去重法

在 D2 单元格输入以下数组公式，按 <Ctrl+Shift+Enter> 组合键结束编辑，向下复制到单元格显示空白为止。

```
{=INDEX(B:B,SMALL(IF(MATCH(B$2:B$17,B:B,)=ROW($2:$17),ROW($2:$17),50),R
OW(A1)))&""}
```

公式主要部分的运算过程如图 26-21 所示。

{=	MATCH(B2:B17,B:B,)	=	ROW(2:17)	}	结果	{=IF(	MATCH()=ROW()	,	ROW(2:17)	,	50	)}	结果
	2		2		TRUE		TRUE		2		50		2
	3		3		TRUE		TRUE		3		50		3
	3		4		FALSE		FALSE		4		50		50
	2		5		FALSE		FALSE		5		50		50
	3		6		FALSE		FALSE		6		50		50
	7		7		TRUE		TRUE		7		50		7
	8		8		TRUE		TRUE		8		50		8
	8		9		FALSE		FALSE		9		50		50
	3		10		FALSE		FALSE		10		50		50
	7		11		FALSE		FALSE		11		50		50
	2		12		FALSE		FALSE		12		50		50
	2		13		FALSE		FALSE		13		50		50
	7		14		FALSE		FALSE		14		50		50
	7		15		FALSE		FALSE		15		50		50
	2		16		FALSE		FALSE		16		50		50
	2		17		FALSE		FALSE		17		50		50

图 26-21　MATCH 函数去重法主要部分运算过程

公式中的“MATCH(B$2:B$17,B:B,)”部分，利用 MATCH 函数在 B 列中依次查找 B2:B17 单元格中每个元素首次出现的位置，如“金源五中”首次出现的位置是 2，这一列中所有的“金源五中”通过 MATCH 计算的结果都是 2，其他以此类推。

将以上内存数组结果与数据所在行号 ROW($2:$11) 进行比对，如果查找的位置序号与数据自身的位置序号一致，表示该数据是首次出现，否则是重复出现。

当 MATCH 函数结果与数据自身的位置序号相等时，返回当前数据行号，否则返回一个较大的数值，本示例中使用的是 50。

最后通过 SMALL 函数将行号从小到大依次取出，再由 INDEX 函数返回该位置的学校名称，得到不重复的列表。

❖ COUNTIF 函数和 MATCH 函数结合法

在 F2 单元格输入以下数组公式，按 <Ctrl+Shift+Enter> 组合键结束编辑后向下复制，到单元格显示空白为止。

```
{=INDEX(B:B,1+MATCH(,COUNTIF(F$1:F1,B$2:B$18),))&""}
```

正常情况下，COUNTIF 函数的第一参数是单元格区域，第二参数是单个的值，如果将第二参数扩展成一个单元格区域，那么这个公式的结果就变成了一个内存数组，其大小与 COUNTIF 函数的第二参数一致。

本例中就是利用 COUNTIF 函数，判断 B2:B18 单元格区域中的每一个单元格内是否有与 F1 单元格里相同的内容。F1 单元格中的内容并不是任何学校名称，所以返回的结果是 17 行 1 列的 0 值。

然后用 MATCH 函数在 COUNTIF 函数返回的数组中查找第一个 0 的位置，即查找下一个尚未出现的姓名所在的位置，再由 IDNEX 函数返回此位置对应的名称。由于数据表有一个标题行，所以将 MATCH 函数的结果加 1，用于匹配在数据表中的位置。

当公式向下复制到 F3 单元格时，COUNTIF 函数查找区域变为 F1:F2，而由 F2 单元格得出的

结果“金源五中”在 B2:B18 单元格区域出现过多次，所以公式结果是对应 B2:B18 单元格中内容为“金源五中”的返回 1，其他返回 0。

继续使用 MATCH 函数在 COUNTIF 函数返回的数组中查找第一个 0 的位置，并由 IDNEX 函数返回此位置对应的名称。

以此类推。

本例中 COUNTIF 函数的第二参数 B2:B18 比实际数据区域多出一行，目的是当公式复制的行数超出不重复数据的个数时，得到的内存数组中最后一个元素始终为 0，从而避免 MATCH 函数由于查找不到 0 而返回错误值。

当公式向下复制到 F17 单元格时，B2:B18 单元格区域中除了最后一个单元格因为空白而仍返回 0 以外，其他的都因为所有的学校名称都出现过所以返回 1。

❖ COUNTIF 函数和 MIN 函数结合法

在 H2 单元格输入以下数组公式，按 <Ctrl+Shift+Enter> 组合键结束编辑后向下复制，到单元格显示空白为止。

```
{=INDEX(B:B,MIN(IF(COUNTIF(H$1:H1,B$2:B$17),50,ROW($2:$17))))&""}
```

公式中的“IF(COUNTIF(H$1:H1,B$2:B$17),50,ROW($2:$17))”部分，是通过 IF 函数来判断，如果数据在公式之前的范围中出现过，返回一个较大的数值，本示例中使用 50，否则返回对应的行号，其运算过程如图 26-22 所示。

所在学校	H2单元格公式 {=IF(COUNTIF(H1:H1,B2:B17),50,ROW(2:17))}	H3单元格公式 ……COUNTIF(H1:H2,……	H4单元格公式 ……COUNTIF(H1:H3,……	H5单元格公式 ……COUNTIF(H1:H4,……	……
金源五中	2	50	50	50	……
进修中学	3	3	50	50	……
进修中学	4	4	50	50	……
金源五中	5	50	50	50	……
进修中学	6	6	50	50	……
燕京一中	7	7	7	50	……
大河附中	8	8	8	8	……
大河附中	9	9	9	9	……
进修中学	10	10	50	50	……
燕京一中	11	11	11	50	……
金源五中	12	50	50	50	……
金源五中	13	50	50	50	……
燕京一中	14	14	14	50	……
燕京一中	15	15	15	50	……
金源五中	16	50	50	50	……
金源五中	17	50	50	50	……

图 26-22　IF 嵌套 COUNTIF 函数部分的运算过程

随着公式的向下复制，用 MIN 函数依次提取尚未出现的姓名的最小行号，最后用 INDEX 函数得到该行号对应的姓名。

❖ UNIQUE 函数法

如果是 Microsoft 365 专属 Excel，可以使用以下公式：

```
=UNIQUE(B2:B17)
```

26.3.2 二维数据表提取不重复记录

示例26-8 提取不重复的姓名

图 26-23 展示的是某地区学校和学生姓名的部分内容，需要提取不重复的学生姓名。

D2 {=INDEX(A:A,SMALL(IF(MATCH(A$2:A$17&B$2:B$17,A:A&B:B,)=ROW($2:$17),ROW($2:$17),50),ROW(A1)))&""}

	A	B	C	D	E	F	G	H
1	姓名	所在学校		姓名				
2	李厚辉	金源五中		李厚辉				
3	赵会芳	进修中学		赵会芳				
4	杨红	进修中学		杨红				
5	王燕	金源五中		王燕				
6	陆艳菲	进修中学		陆艳菲				
7	张鹤翔	燕京一中		张鹤翔				
8	任继先	大河附中		任继先				
9	杨庆东	大河附中		杨庆东				
10	赵会芳	进修中学		王燕				
11	王燕	燕京一中		毕淑华				
12	毕淑华	金源五中		李光明				
13	李光明	金源五中		李从林				
14	李从林	燕京一中		赖群毅				
15	赖群毅	燕京一中						
16	李厚辉	金源五中						
17	毕淑华	金源五中						
18								

图 26-23 提取学生姓名

姓名列中有重复，但是其中有两位“王燕”是来自不同学校的同名同学，不能被简单地当成重复项来处理，需要将 A 列和 B 列结合起来去除重复项。

在 D2 单元格输入以下数组公式，按 <Ctrl+Shift+Enter> 组合键结束编辑后向下复制，到单元格显示空白为止。

```
{=INDEX(A:A,SMALL(IF(MATCH(A$2:A$17&B$2:B$17,A:A&B:B,)=ROW($2:$17),ROW(
$2:$17),50),ROW(A1)))&""}
```

与一维区域筛选不重复记录的公式相比，本示例只是在 MATCH 函数部分有所不同，即将 A 列和 B 列进行了连接，其他与“MATCH 函数去重法”一致。

如果是 Microsoft 365 专属 Excel，可以使用以下公式：

```
=INDEX(UNIQUE(A2:B17),,1)
```

先利用 UNIQUE 函数，提取出 A、B 两列里的唯一值，得到一个内存数组结果，再使用 INDEX 函数返回其结果的第一列。

示例26-9 提取不重复的姓名

图 26-24 是某公司排班表的部分内容，需要提取不重复的姓名列表。

	A	B	C	D	E	F	G
1	日期	排班表					姓名
2	2021-8-1	李厚辉	李光明	杨庆东	陆艳菲		李厚辉
3	2021-8-2	赵会芳	李从林	王燕	张鹤翔		李光明
4	2021-8-3	杨红	赖群毅	毕淑华	任继先		杨庆东
5	2021-8-4	王燕	李厚辉	李光明	杨庆东		陆艳菲
6	2021-8-5	陆艳菲	赵会芳	李从林	王燕		赵会芳
7	2021-8-6	张鹤翔	杨红	赖群毅	毕淑华		李从林
8	2021-8-7	任继先	王燕	李厚辉	李光明		王燕
9	2021-8-8	杨庆东	陆艳菲	赵会芳	李从林		张鹤翔
10	2021-8-9	王燕	张鹤翔	杨红	赖群毅		杨红
11							赖群毅
12							毕淑华
13							任继先
14							
15							
16							

图 26-24 从排班表中提取不重复姓名

❖ INDIRECT 解法

在 G2 单元格输入以下数组公式，按 <Ctrl+Shift+Enter> 组合键结束编辑，将公式向下复制到单元格显示为空白为止。

```
{=INDIRECT(TEXT(MIN(IF(COUNTIF(G$1:G1,B$2:E$10)=0,ROW($2:$10)*100+COLUMN(B:E),9999)),"R0C00"),0)&""}
```

公式使用 COUNTIF 函数，判断公式所在行之前的区域中是否包含有 B2:D8 单元格区域中的姓名。如果数据列表中的姓名没有出现过，返回对应的行号乘以 100 加列号，否则返回一个比较大的数，本示例使用的是 9999。

行号乘以 100 加列号的目的，是将行号放大 100 倍后再与列号相加，使其后 2 位为列号，之前的部分为行号，互不干扰，以 G3 公式为例，其运算过程如图 26-25 所示。

{=IF(	COUNTIF(G1:G2,B2:E10)=0				,	ROW(2:10)*100+COLUMN(B:E)				,9999)}	结果			
	FALSE	TRUE	TRUE	TRUE		202	203	204	205		9999	203	204	205
	TRUE	TRUE	TRUE	TRUE		302	303	304	305		302	303	304	305
	TRUE	TRUE	TRUE	TRUE		402	403	404	405		402	403	404	405
	TRUE	FALSE	TRUE	TRUE		502	503	504	505		502	9999	504	505
	TRUE	TRUE	TRUE	TRUE		602	603	604	605		602	603	604	605
	TRUE	TRUE	TRUE	TRUE		702	703	704	705		702	703	704	705
	TRUE	TRUE	FALSE	TRUE		802	803	804	805		802	803	9999	805
	TRUE	TRUE	TRUE	TRUE		902	903	904	905		902	903	904	905
	TRUE	TRUE	TRUE	TRUE		1002	1003	1004	1005		1002	1003	1004	1005

图 26-25 IF 部分运算过程

提示

> 如果数据源列数超过 99，则需要乘以 1 000，相应的，IF 函数的第二参数 9999 也要增大。

再使用 MIN 函数提取出加权计算后的最小行列号组合值 2003。TEXT 函数将其转换为“R1C1”引用样式的文本型单元格地址字符串“r2c03”。

INDIRECT 函数第二参数使用 0，表示以“R1C1”引用样式返回对文本型单元格地址字符串的引用。“r2c03”就是引用工作表中第三列第二行的单元格，即 C2 单元格。

❖ UNIQUE 解法

如果是 Microsoft 365 专属 Excel，可以使用以下公式：

```
=UNIQUE(INDEX(B2:E10,ROW(4:39)/4,MOD(ROW(4:39),4)+1))
```

“ROW(4:39)/4”部分，是分别用 4~39 除以 4，作为 INDEX 函数的第二参数，自动取整，得到相当于 1、1、1、1、2、2、2、2……这样每个数值重复四次的 36 个序列数。

“MOD(ROW(4:39),4)+1)”部分，是分别计算 4~39 除以 4 的余数后加 1 的结果，得到 1、2、3、4、1、2、3、4……这样重复循环的 36 个序列数。

利用 INDEX 函数，将 B2:E10 单元格区域转换成一列，最后再用 UNIQUE 函数提取出其中的唯一值。

注意

INDEX 函数的此种用法在动态数组中是一个内存数组的结果，但是在不支持动态数组的 Excel 版本，所得到的是一个“伪内存数组”，如果在公式外嵌套 ROWS 函数计算数组的行数，会得出错误结果 1。

26.3.3 提取指定条件的不重复记录

示例26-10 按条件提取不重复的姓名

如图 26-26 所示，A~D 列是某企业各地区销售明细表的部分内容，根据 H1 单元格中指定的销售日期，列出满足这一条件的销售人员名单，有重复时只显示一次。

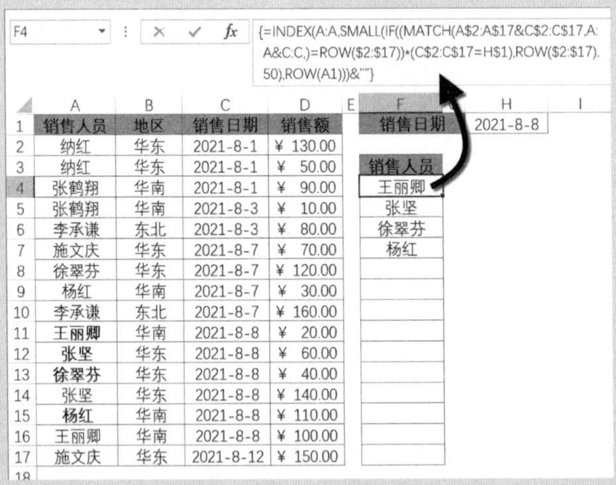

	A	B	C	D	E	F	G	H
1	销售人员	地区	销售日期	销售额		销售日期		2021-8-8
2	纳红	华东	2021-8-1	¥ 130.00				
3	纳红	华东	2021-8-1	¥ 50.00		销售人员		
4	张鹤翔	华南	2021-8-1	¥ 90.00		王丽卿		
5	张鹤翔	华南	2021-8-3	¥ 10.00		张坚		
6	李承谦	东北	2021-8-3	¥ 80.00		徐翠芬		
7	施文庆	华东	2021-8-7	¥ 70.00		杨红		
8	徐翠芬	华东	2021-8-7	¥ 120.00				
9	杨红	华南	2021-8-7	¥ 30.00				
10	李承谦	东北	2021-8-7	¥ 160.00				
11	王丽卿	华南	2021-8-8	¥ 20.00				
12	张坚	华东	2021-8-8	¥ 60.00				
13	徐翠芬	华东	2021-8-8	¥ 40.00				
14	张坚	华东	2021-8-8	¥ 140.00				
15	杨红	华南	2021-8-8	¥ 110.00				
16	王丽卿	华南	2021-8-8	¥ 100.00				
17	施文庆	华东	2021-8-12	¥ 150.00				

图 26-26 按条件提取不重复的姓名

在 F4 单元格输入以下数组公式，按<Ctrl+Shift+Enter>组合键结束编辑，向下复制到 F9 单元格。

```
{=INDEX(A:A,SMALL(IF((MATCH(A$2:A$17&C$2:C$17,A:A&C:C,)=ROW($2:$17))*(C
```

```
$2:C$17=H$1),ROW($2:$17),50),ROW(A1)))&""}
```

公式中的“MATCH(A$2:A$17&C$2:C$17,A:A&C:C,)”部分，先使用连接符将销售人员和销售日期两个字段连接形成单列数据，然后用 MATCH 函数返回连接后的字符串首次出现的位置。

再使用 MATCH 函数的位置结果与序号比较，并结合地区的判断条件 (C$2:C$17=H$1)，让符合地区条件且首次出现的销售人员记录返回对应行号，而不符合区域条件或是重复的销售人员记录返回 50。

最后利用 SMALL 函数从小到大提取出行号，并借助 INDEX 函数返回对应的销售人员记录。

如果是 Microsoft 365 专属 Excel，可以使用以下公式：

```
=UNIQUE(FILTER(A2:A17,C2:C17=H1))
```

先使用 FILTER 函数，从 A2:A17 单元格区域中提取出符合指定条件“C2:C17=H1”的结果，返回一个内存数组，再用 UNIQUE 函数从这个内存数组中提取不重复的记录。

练习与巩固

1. 请根据“练习 26-1.xlsx”中的数据，提取出满足条件为“北京”的所有记录。
2. 请根据“练习 26-2.xlsx”中的数据，提取出满足条件为指定订购日期之间的所有记录。
3. 请根据“练习 26-3.xlsx”中的数据，提取出满足条件为“2021 年 7 月”不重复人员的姓名。

第 27 章　排名与排序

日常工作中经常需要处理与排名、排序相关的计算，比如统计考试成绩名次、销售数据排序等。本章重点介绍排名与排序有关的技巧。

本章学习要点

（1）美式排名与中式排名。
（2）百分比排名。
（3）按条件排名。
（4）按数值、文本及混合排序。
（5）不重复数值的排序。

27.1　排名有关的应用

27.1.1　美式排名

美式排名是指出现相同数据时，并列的数据也占用名次。比如对 5、5、4 进行降序排名，结果分别为第 1 名、第 1 名和第 3 名。

排序函数包括 RANK.EQ 函数、RANK.AVG 函数和 RANK 函数。其中 RANK 函数被归入兼容函数类别，在高版本中被 RANK.EQ 函数替代，实际工作中已不建议再使用。

RANK.EQ 和 RANK.AVG 函数的语法完全一样，参数的用法也完全相同。

函数语法如下：

```
RANK.EQ(number,ref,[order])
RANK.AVG(number,ref,[order])
```

第一参数 number 是要找到其排位的数值。

第二参数 ref 是用于排序的一系列数据，其中至少要有一个数值与第一参数相同，否则返回错误值“#N/A”。参数中的非数值会被忽略。该参数必须是本工作簿内的单元格引用，包括联合区域引用，但不支持数组。

如图 27-1 所示，计算数值 1 在数据源区域中的排名。D2 单元格公式如下：

```
=RANK.EQ(1,A2:B10)
```

D5 单元格公式如下：

```
=RANK.EQ(1,(A2:A10,B2:B10))
```

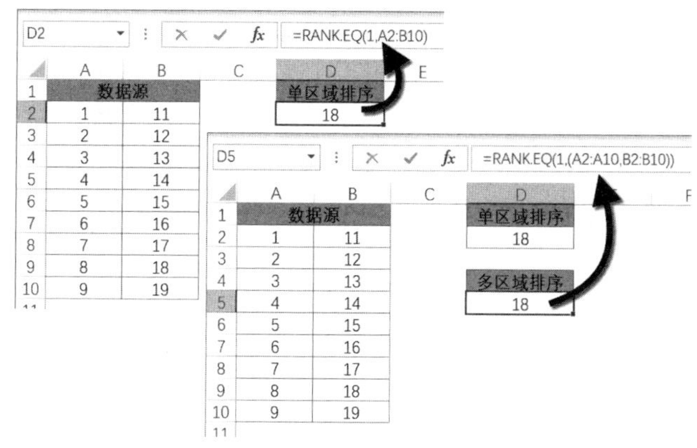

图 27-1　单区域排序与联合区域排序

虽然公式都是返回数值 1 在 A2:B10 这个单元格区域中的排名，公式结果也完全一样，但是第二参数采用了不同的写法，A2:B10 是单区域，(A2:A10,B2:B10) 则是多个单元格区域构成的联合区域。

使用联合区域的优势是能够支持不连续的单元格区域。

第三参数 order 为可选参数，当参数为 TRUE 或不为 0 的数值时，第二参数中的最小数值排名为 1；当参数为 FALSE、0，或者缺省时，第二参数中的最大数值排名为 1。

RANK.EQ 函数与 RANK.AVG 函数的差异如图 27-2 所示，在第二参数中存在多个重复数据时，RANK.EQ 函数返回该组数据的最高排位，而 RANK.AVG 函数则是返回该组数据的平均排位。

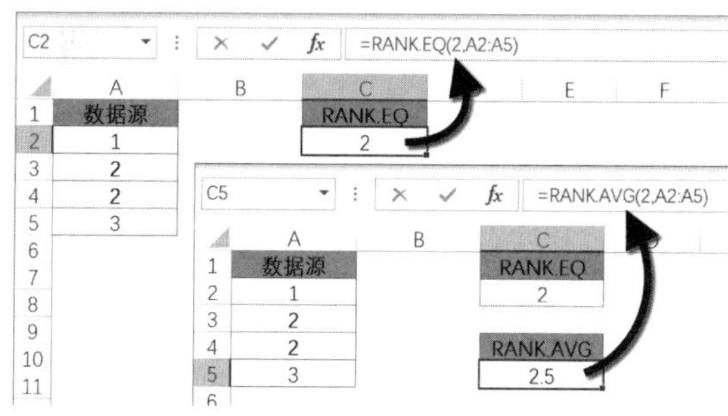

图 27-2　RANK.EQ 函数与 RANK.AVG 函数的差异

示例27-1　跨工作表排名

图 27-3 所示，是某年级三个班级学生成绩的部分内容，需要列出每个学生成绩的全年级排名。

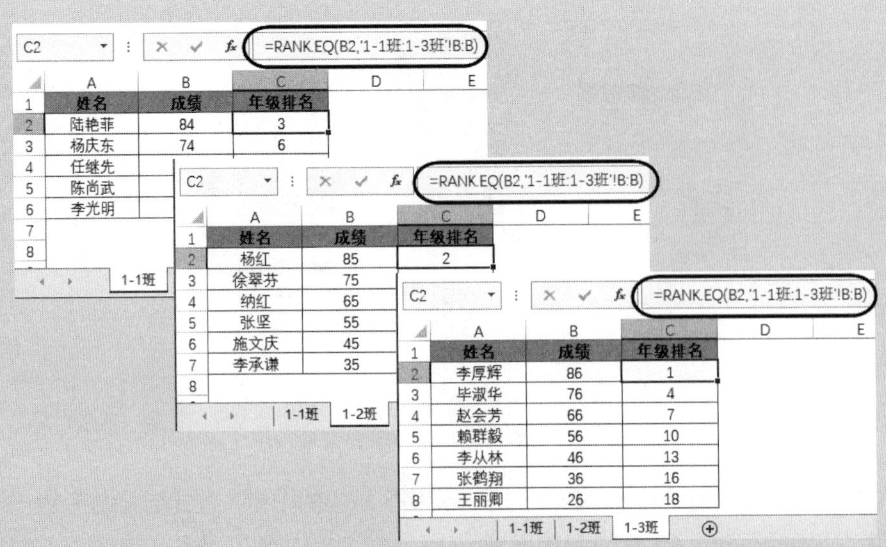

图 27-3 跨工作表排名

同时选取“1-1 班”“1-2 班”和“1-3 班”三张工作表，在 C2 单元格输入以下公式，再分别向下复制到每张工作表 C 列出现空白单元格为止。

```
=RANK.EQ(B2,'1-1 班:1-3 班'!B:B)
```

RANK.EQ 函数第二参数使用“'1-1 班:1-3 班'!B:B”，表示引用“1-1 班”和“1-3 班”工作表之间所有工作表的 B 列。

当工作表名开头不是数字或不包含空格等特殊符号时，工作表名前后不需要加单引号。

27.1.2 中式排名

另一种排名方式为连续名次，即无论有多少并列的情况，名次本身一直是连续的自然数序列。这种排名方式被称为密集型排名，也称“中式排名”。密集型排名的名次等于参与排名数据的不重复个数，最后一名的名次会小于或等于数据的总个数。比如有 10 个数据参与排名，名次可能是 1-2-2-3-4-5-6-6-6-7。

Excel 工作表函数中没有提供可以直接进行密集型排名计算的函数，需要借助其他函数组合来完成计算。

“中式排名”和“美式排名”只是对名次连续和名次不连续两种不同排名方式的习惯性叫法，并不对应哪个国家。

示例27-2 奥运会金牌榜排名

图 27-4 展示的是 2021 年东京奥运会不同国家和地区代表团的部分金牌记录，需要根据 B 列的金牌数统计金牌榜排名，分别使用两种不同的排名方式。

	A	B	C	D
1	国家/地区	金牌数	金牌排名	
2			美式排名	中式排名
3	美国	39	1	1
4	中国	38	2	2
5	日本	27	3	3
6	英国	22	4	4
7	俄罗斯奥委会	20	5	5
8	澳大利亚	17	6	6
9	荷兰	10	7	7
10	法国	10	7	7
11	德国	10	7	7
12	意大利	10	7	7
13	加拿大	7	11	8
14	巴西	7	11	8
15	新西兰	7	11	8
16	古巴	7	11	8
17	匈牙利	6	15	9

图 27-4 奥运会金牌榜排名

❖ 美式排名

在 C3 单元格输入以下公式，向下复制到 C17 单元格。

```
=RANK.EQ(B3,B$3:B$17)
```

❖ 中式排名

在 D3 单元格输入以下公式，向下复制到 D17 单元格。

```
=IF(B3=B2,D2,N(D2)+1)
```

公式通过 IF 函数判断 B3 单元格里的数值与 B2 是否相等，如果相等，则返回公式所在的上一个单元格的值，否则用上一个单元格的值加 1。

以 D3 单元格为例，B3 为数值，而 B2 为字段标题，二者不可能相等，此时如果直接用 D2 加 1，会因为 D2 单元格是文本内容而返回错误值，所以用 N 函数将文本转成 0 以后再与 1 相加。

以 D10 单元格为例，B10 和 B9 单元格里的金牌数都是 10，IF 函数的判断条件成立，此时返回 D9 单元格里的排名 7。

以此类推，以达到中式排名的效果。

但是，使用此公式有一个前提条件，就是 B 列数据必须事先按降序排列，如果 B 列数据是乱序，则可以使用以下数组公式，按 <Ctrl+Shift+Enter> 组合键结束编辑。

```
{=SUM(IF(B$3:B$17>=B3,1/COUNTIF(B$3:B$17,B$3:B$17)))}
```

公式相当于在符合“B$3:B$17>=B3”的条件时，计算 B 列数据区域中的不重复个数，计算过程可参考 16.4.1 节中的公式解释。

也可以写成以下数组公式，按 <Ctrl+Shift+Enter> 组合键结束编辑，计算思路与上述公式相同。

```
{=SUM((B$3:B$17>=B3)/COUNTIF(B$3:B$17,B$3:B$17))}
```

在 Microsoft 365 专属 Excel 中，还可以使用以下公式，此公式同样对 B 列的数据顺序没有特殊要求。

```
=COUNT(UNIQUE((B$3:B$18>=B3)*B$3:B$18))-1
```

公式中的“(B$3:B$18>=B3)*B$3:B$18)”部分，是将 B3:B18 单元格区域中大于或等于 B3 的数据全部列出，其他则返回 0，具体运算过程如图 27-5 所示。

金牌数	第3行公式 {=(B$3:B$18>=B3)*B$3:B$18}	第4行公式 ……>=B4*……	第5行公式 ……>=B5*……	……	第17行公式 ……>=B17*……
39	39	39	39	……	39
38	0	38	38	……	38
27	0	0	27	……	27
22	0	0	0	……	22
20	0	0	0	……	20
17	0	0	0	……	17
10	0	0	0	……	10
10	0	0	0	……	10
10	0	0	0	……	10
10	0	0	0	……	10
7	0	0	0	……	7
7	0	0	0	……	7
7	0	0	0	……	7
7	0	0	0	……	7
6	0	0	0	……	6
	0	0	0	……	0

图 27-5 UNIQUE 参数的运算过程

以第 3 行公式为例，只有一个符合条件，其他都转成 0，用 UNIQUE 函数提取不重复值后剩下两个值，最后利用 COUNT 函数计数后，再减去 1 修正结果。

以第 4 行为例，有两个符合条件，其他都转成 0，不重复的个数就是 3 个，COUNT 计数后再减 1 的结果是 2。

以此类推。

这个公式的引用区域比实际数据范围多一个，当所有条件都满足时，最后还留有一个不满足条件的 0，以保证 COUNT 计数后再减 1 结果不会出错。

示例27-3 分组排名计算

	A	B	C	D	E
1	地区	销售员	销量	销量排名	
2				美式排名	中式排名
3	北京	陆艳菲	82	1	1
4	北京	杨庆东	80	2	2
5	北京	任继先	80	2	2
6	北京	陈尚武	79	4	3
7	北京	李光明	75	5	4
8	上海	杨红	85	1	1
9	上海	徐翠芬	84	2	2
10	上海	纳红	83	3	3
11	上海	张坚	82	4	4
12	上海	施文庆	82	4	4
13	上海	李承谦	81	6	5
14	广州	李厚辉	82	1	1
15	广州	毕淑华	81	2	2
16	广州	赵会芳	79	3	3
17	广州	赖群毅	75	4	4
18	广州	李从林	75	4	4
19	广州	张鹤翔	74	6	5
20	广州	王丽卿	73	7	6

图 27-6 分组排名计算

图 27-6 展示的是某公司各地区不同销售人员的产品销量，需要按每个地区分别进行排名。

❖ 美式排名

在 D3 单元格输入以下公式，向下复制到 D20 单元格。

```
=RANK(C3,OFFSET(C$2,MATCH(A3,A:A,)-2,,COUNTIF(A:A,A3)))
```

公式中的 OFFSET 部分，是以 C2 单元格为起点，指定了向下偏移的位置和新引用区域的行数。

公式不断向下复制引用 A 列的不同单元格时，OFFSET 函数所生成的单元格区域如图 27-7 所示。

引用A3	引用A4	引用A5	引用A6	引用A7	引用A8	引用A9	……
82	82	82	82	82	85	85	
80	80	80	80	80	84	84	
80	80	80	80	80	83	83	
79	79	79	79	79	82	82	
75	75	75	75	75	82	82	
					81	81	

图 27-7　OFFSET 函数引用 A 列不同单元格时所生成的单元格区域

向下偏移的位置由 MATCH 函数实现，即 A 列中 A3 首次出现的位置。因为 OFFSET 的起始位置是 C2 单元格，所以减去 2 以修正结果。

新引用单元格区域的行数则由 COUNTIF 函数实现，即 A 列中 A3 的个数。

以 OFFSET 函数所生成的单元格区域作为 RANK 函数的第二参数，当公式在 D3:D7 单元格区域内时，RANK 函数的第二参数所引用的是 C3:C7 单元格区域；当公式向下复制到 D8 单元格时，RANK 函数的第二参数所引用的单元格区域变成了 C8:C13。

以此类推。

这个公式的前提是 A 列需要事先排序，将相同的地区排列到一起，如果 A 列是乱序，则可以使用以下数组公式，按 <Ctrl+Shift+Enter> 组合键结束编辑。

```
{=SUM(1*IF(A$3:A$20=A3,C$3:C$20>C3))+1}
```

先使用 IF 函数判断 A3:A20 单元格区域中的内容是否等于 A3 单元格中的地区，如果条件成立，就用 C 列对应的销量与 C3 单元格中的销量进行比较，返回一组逻辑值。

然后使用乘 1 的方法，将逻辑值转换为数值。再使用 SUM 函数求和，结果即为同一地区中销量大于当前销量的个数。

最后将结果加 1，得到排名结果。

❖ 中式排名

在 E3 单元格输入以下数组公式，按 <Ctrl+Shift+Enter> 组合键结束编辑，向下复制到 E20 单元格。

```
{=SUM((A$3:A$20=A3)*(C$3:C$20>=C3)*(MATCH(A$3:A$20&C$3:C$20,A$3:A$20&C$
3:C$20,0)=ROW($1:$18)))}
```

公式相当于在符合“A3:A20=A3”和“C3:C20>=C3”两个条件时，计算 A、C 两列连接后的不重复个数，计算过程可参考 18.2.5 节中的公式解释。

在 Microsoft 365 专属 Excel 中，还可以使用以下公式，此公式同样对 A、C 两列的顺序没有特殊要求。

```
=COUNT(UNIQUE((C$3:C$21>=C3)*(A$3:A$21=A3)*C$3:C$21))-1
```

这个公式与常规中式排名所使用的动态数组公式计算思路相同，只是多加了“A3:A20=A3”的判断条件。

示例27-4 按不同权重计算排名

	A	B	C	D	E	F
1	部门	员工姓名	绩效考核		加权排名	
2			个人评分	部门评分	美式排名	中式排名
3	销售部	陆艳菲	82	90	4	4
4	销售部	杨庆东	80	90	10	9
5	销售部	任继先	80	90	10	9
6	销售部	陈尚武	79	90	12	10
7	销售部	李光明	75	90	14	12
8	研发部	杨红	85	87	1	1
9	研发部	徐翠芬	84	87	2	2
10	研发部	纳红	83	87	3	3
11	研发部	张坚	82	87	6	6
12	研发部	施文庆	82	87	6	6
13	研发部	李承谦	81	87	9	8
14	采购部	李厚辉	82	89	5	5
15	采购部	毕淑华	81	89	8	7
16	采购部	赵会芳	79	89	13	11
17	采购部	赖群毅	75	89	15	13
18	采购部	李从林	75	89	15	13
19	采购部	张鹤翔	74	89	17	14
20	采购部	王丽卿	73	89	18	15
21						

图 27-8 按不同权重计算排名

图 27-8 展示的是某公司员工绩效考核的部分数据，现需要对每位员工的综合评分进行排名，综合评分的计算规则是：

= 个人评分 *80%+ 部门评分 *20%

❖ 美式排名

在 E3 单元格输入以下数组公式，按 <Ctrl+Shift+Enter> 组合键结束编辑，向下复制到 E20 单元格。

```
{=SUM(N(C$3:C$20*0.8+D$3:D$20*0.2>C3*0.8+D3*0.2))+1}
```

❖ 中式排名

在 F3 单元格输入以下数组公式，按 <Ctrl+Shift+Enter> 组合键结束编辑，向下复制到 F20 单元格。

```
{=SUM((C$3:C$20*0.8+D$3:D$20*0.2>=C3*0.8+D3*0.2)*(MATCH(C$3:C$20*0.8+D$3:D$20*0.2,C$3:C$20*0.8+D$3:D$20*0.2,0)=ROW($1:$18)))}
```

在 Microsoft 365 专属 Excel 中，还可以使用以下公式：

```
=COUNT(UNIQUE((C$3:C$21*0.8+D$3:D$21*0.2>=C3*0.8+D3*0.2)*(C$3:C$21*0.8+D$3:D$21*0.2)))-1
```

以上三个公式，要找到排位的不再是一个值，而是“C3*0.8+D3*0.2”的运算结果；用于排序的一系列数据不再是单独一列，而是“C3:C20*0.8+D3:D20*0.2”这样一个数组，其他与常规的排名并无差别。

27.1.3 百分比排名

用于百分比排名的函数包括 PERCENTRANK.EXC 函数、PERCENTRANK.INC 函数和 PERCENTRANK 函数。其中 PERCENTRANK 函数被归入兼容函数类别，在高版本中被 PERCENTRANK.INC 函数替代，实际工作中已不建议再使用。

PERCENTRANK.EXC 与 PERCENTRANK.INC 函数的语法完全一样，参数的用法也完全相同。

函数语法如下：

```
PERCENTRANK.EXC(array,x,[significance])
PERCENTRANK.INC(array,x,[significance])
```

第一参数 array 是用于排名的数据区域或数组。参数中的非数值会被忽略。

第二参数 x 是需要排位的值。x 大于等于 array 中的最小值且小于等于 array 中的最大值。如果 x 与第一参数的任何一个值都不匹配，则函数将进行插值以返回正确的百分比排位。

第三参数 significance 是可选参数，指返回结果所显示的小数点后的位数，默认为 3 位。如果该参数小于 1，则函数返回错误值“#NUM!”；如果该参数为小数时，将被截尾取整。

这两个函数都用于返回某个数值在一个数据集中的百分比排位，区别在于 PERCENTRANK.EXC 函数返回的百分比值的范围不包含 0 和 1，PERCENTRANK.INC 函数返回的百分比值的范围包含 0 和 1。

PERCENTRANK.EXC 函数的计算规则相当于：

```
=(比此数据小的数据个数 +1)/(数据总个数 +1)
```

PERCENTRANK.INC 函数的计算规则相当于：

```
=比此数据小的数据个数 /(数据总个数 -1)
```

示例27-5 开机速度打败了百分之多少的用户

图 27-9 展示的是部分电脑开机速度的记录，现需要列出每台电脑开机速度打败了整体百分之多少的用户。

选中 C 列，将单元格格式设置为百分比，小数位数设置为 2，然后在 C2 单元格输入以下公式，向下复制到 C19 单元格。

```
=1-PERCENTRANK.EXC(B$2:B$19,B2,6)
```

C2　=1-PERCENTRANK.EXC(B$2:B$19,B2,6)

	A	B	C
1	电脑编号	开机时间	打败了%多少的用户
2	A0001	0:00:18	84.21%
3	A0002	0:01:33	36.84%
4	A0003	0:00:20	78.95%
5	A0004	0:00:08	89.47%
6	A0005	0:02:08	26.32%
7	A0006	0:02:49	10.53%
8	A0007	0:02:33	21.05%
9	A0008	0:00:25	73.68%
10	A0009	0:01:27	42.11%
11	A0010	0:02:53	5.26%
12	A0011	0:01:13	47.37%
13	A0012	0:01:07	52.63%
14	A0013	0:00:39	68.42%
15	A0014	0:00:03	94.74%
16	A0015	0:00:52	63.16%
17	A0016	0:01:00	57.89%
18	A0017	0:02:49	15.79%
19	A0018	0:01:38	31.58%

图 27-9　百分比排名

无论是 PERCENTRANK.EXC 还是 PERCENTRANK.INC 函数，排列结果都是降序，即数字越大排名越靠前，但是开机时间则是越短排名越靠前，这就需要升序，所以这里公式用 1 减去 PERCENTRANK.EXC 函数的结果。

这个函数的第三参数用了 6，表示小数点后保留 6 位。保留的位数越多，精确度也就越高。

根据本书前言的提示操作，可观看百分比排名的视频讲解。

27.2 排序有关的应用

27.2.1 数值排序

将 SMALL 函数和 LARGE 函数的第二参数设置为常量数组形式，能够用于数值排序。

如需对 6、5、4、7 进行排序，得到从大到小排序结果的公式是：

```
=LARGE({6;5;4;7},ROW(1:4))
```

得到从小到大排序结果的公式是：

```
=SMALL({6;5;4;7},ROW(1:4))
```

Microsoft 365 专属 Excel 用户可以使用 SEQUENCE 函数生成一组序列数，这是一个动态数组函数，语法如下：

```
SEQUENCE(行,[列],[开始数],[增量])
```

第一参数行指返回结果的行数。

第二参数是可选参数，指返回结果的列数，默认为 1。

第三参数是可选参数，指返回结果的起始值，默认为 1。

第四参数是可选参数，指返回结果的步长，默认为 1。

函数结果如果是多行多列，则排列顺序是先行后列，如图 27-10 所示。

=SEQUENCE(3)
1
2
3

=SEQUENCE(4,2)	
1	2
3	4
5	6
7	8

=SEQUENCE(4,2,3)	
3	4
5	6
7	8
9	10

=SEQUENCE(4,2,3,2)	
3	5
7	9
11	13
15	17

图 27-10 SEQUENCE 函数结果

27.2.2 其他排序

Microsoft 365 专属 Excel 用户可以使用 SORT 或 SORTBY 两个动态数组函数进行排序，使用其他版本的用户则需要借助函数组合来完成排序。

❖ SORT 函数

SORT 函数可以对一个单元格区域或数组进行排序，该函数的基本语法如下：

```
SORT(数组,[sort_index],[sort_order],[by_col])
```

第一参数数组，即用于排序的单元格区域或数组，一般不包括标题行。

第二参数 sort_index 是可选参数，指定排序依据的列或行数，该参数最小为 1，最大则是第一参数的最大列数（或行数）。如缺省，则按第一列（或第一行）进行排序。

第三参数 sort_order 是可选参数，用于确定排序顺序。TRUE、1 或缺省为升序，-1 为降序。

第四参数 by_col 是可选参数，用于确定排序是按行还是按列：FALSE、0 或缺省时，按第一参数从上往下的顺序变化排序；TRUE 或 1 时，按第一参数从左往右的顺序变化排序。

❖ SORTBY 函数

SORTBY 函数可以根据指定值进行排序，该函数的基本语法如下：

```
SORTBY(数组,by_array1,[sort_order1],…,[by_array126],[sort_order126])
```

第一参数数组，即用于排序的单元格区域或数组，一般不包括标题行。

第二参数 by_array1，指排序依据的列，这是一个行数与第一参数行数相同、列数为 1 的单元格区域或数组。

第三参数是可选参数，用于确定排序顺序。TRUE、1 或缺省为升序，-1 为降序。

后面的参数全部为可选参数，以 by_array 和 sort_order 为一组，最多允许 126 组。

示例27-6 对数据表进行重新排序

图 27-11 是某公司办公用品领用明细的部分记录，原始数据按日期排序，现需要对数据进行重新排序。

	A	B	C	D	E	F	G	H	I	J	K	L	M	N	O
1	原始数据				按领用数量排序				按办公用品排序				依次按办公用品、领用数量排序		
2	日期	办公用品	领用数量		日期	办公用品	领用数量		日期	办公用品	领用数量		日期	办公用品	领用数量
3	2021-9-1	装订机	31		2021-9-7	打孔器	12		2021-9-9	传真纸	31		2021-9-11	传真纸	28
4	2021-9-2	打孔夹	18		2021-9-8	装订夹片	13		2021-9-11	传真纸	28		2021-9-9	传真纸	31
5	2021-9-3	印章箱	22		2021-9-14	印章箱	16		2021-9-16	传真纸	31		2021-9-16	传真纸	31
6	2021-9-4	印章箱	28		2021-9-17	装订夹片	17		2021-9-2	打孔夹	18		2021-9-2	打孔夹	18
7	2021-9-5	签字笔	24		2021-9-2	打孔夹	18		2021-9-6	打孔器	27		2021-9-7	打孔器	12
8	2021-9-6	打孔器	27		2021-9-15	装订夹片	18		2021-9-7	打孔器	12		2021-9-6	打孔器	27
9	2021-9-7	打孔器	12		2021-9-3	印章箱	22		2021-9-13	打孔器	31		2021-9-13	打孔器	31
10	2021-9-8	装订夹片	13		2021-9-5	签字笔	24		2021-9-10	公事包	24		2021-9-10	公事包	24
11	2021-9-9	传真纸	31		2021-9-10	公事包	24		2021-9-12	公事包	37		2021-9-18	公事包	30
12	2021-9-10	公事包	24		2021-9-6	打孔器	27		2021-9-18	公事包	30		2021-9-12	公事包	37
13	2021-9-11	传真纸	28		2021-9-4	印章箱	28		2021-9-5	签字笔	24		2021-9-5	签字笔	24
14	2021-9-12	公事包	37		2021-9-11	传真纸	28		2021-9-3	印章箱	22		2021-9-14	印章箱	16
15	2021-9-13	打孔器	31		2021-9-18	公事包	30		2021-9-4	印章箱	28		2021-9-3	印章箱	22
16	2021-9-14	印章箱	16		2021-9-1	装订机	31		2021-9-14	印章箱	16		2021-9-4	印章箱	28
17	2021-9-15	装订夹片	18		2021-9-9	传真纸	31		2021-9-1	装订机	31		2021-9-1	装订机	31
18	2021-9-16	传真纸	31		2021-9-13	打孔器	31		2021-9-8	装订夹片	13		2021-9-8	装订夹片	13
19	2021-9-17	装订夹片	17		2021-9-16	传真纸	31		2021-9-15	装订夹片	18		2021-9-17	装订夹片	17
20	2021-9-18	公事包	30		2021-9-12	公事包	37		2021-9-17	装订夹片	17		2021-9-15	装订夹片	18

图 27-11 办公用品领用明细

❖ 按领用数量排序

在 E3 单元格输入以下数组公式，按 <Ctrl+Shift+Enter> 组合键结束编辑，不带格式向右向下复制到 E3:G20 单元格区域。

```
{=INDEX(A:A,MOD(SMALL($C$3:$C$20/1%+ROW($3:$20),ROW(A1)),100))}
```

{=SMALL(	C3:C20/1%	+	ROW(3:20)	,	,ROW(A1)	)}	结果
	3100		3		1		1209
	1800		4		2		1310
	2200		5		3		1616
	2800		6		4		1719
	2400		7		5		1804
	2700		8		6		1817
	1200		9		7		2205
	1300		10		8		2407
	3100		11		9		2412
	2400		12		10		2708
	2800		13		11		2806
	3700		14		12		2813
	3100		15		13		3020
	1600		16		14		3103
	1800		17		15		3111
	3100		18		16		3115
	1700		19		17		3118
	3000		20		18		3714
	内存数组				单一公式结果向下复制		

图 27-12　SMALL 部分计算过程

"SMALL($C$3:$C$20/1%+ROW($3:$20),ROW(A1))"部分，先将 C 列的领用数据除以 1%，即乘以 100，再加上对应的行号，这样一来，1 个数就由两部分组成，千位和百位的领用数量与十位个位的对应行号，互不干涉。如果数据行数超过 100，则需要将"/1%"改成"/1%%"。

再用 SMALL 函数将这个内存数组从小到大排列，计算过程如图 27-12 所示。

再使用 MOD 函数计算与 100 相除的余数，结果就是要提取的行号。

最后使用 INDEX 函数，以 MOD 函数的结果为索引值，提取出对应位置的信息。

Microsoft 365 专属 Excel 用户可以使用以下公式：

```
=SORT(A3:C20,3)
```

其中 A3:C20 是要排序的单元格区域，3 表示以其中的第 3 列进行排序，第三参数省略，表示使用升序方式。

❖ 按办公用品排序

在 I3 单元格输入以下数组公式，按 <Ctrl+Shift+Enter> 组合键结束编辑，不带格式向右向下复制到 I3:K20 单元格区域。

```
{=INDEX(A:A,MOD(SMALL(COUNTIF($B$3:$B$20,"<"&$B$3:$B$20)/1%+ROW($3:$20),
ROW(A1)),100))}
```

办公用品	{=COUNTIF(B3:B20,"<"&B3:B20)}
装订机	14
打孔夹	3
印章箱	11
印章箱	11
签字笔	10
打孔器	4
打孔器	4
装订夹片	15
传真纸	0
公事包	7
传真纸	0
公事包	7
打孔器	4
印章箱	11
装订夹片	15
传真纸	0
装订夹片	15
公事包	7

图 27-13　利用 COUNTIF 函数比较文本的大小

在函数公式里，文本也可以按汉语拼音顺序比较大小。"COUNTIF(B3:B20,"<"&B3:B20)"部分就是文本比较大小的模式化用法，通过一列中每个单元格里的内容比自身"小"的单元格的数量进行大小的排名。如图 27-13 所示，"装订机"在整列中，比其"小"的一共有 14 个，其排名就是 14，其他以此类推。

将 COUNTIF 的结果除以 1%，即乘以 100。如果数据行数超过 100，则需要将"/1%"改成"/1%%"。

加上对应的行号后，利用 SMALL 函数从小到大排列后，再用 MOD 函数提取出后两位，结果即是行号。最后再用 INDEX 函数以此为索引，提取对应位置的信息。

Microsoft 365 专属 Excel 用户可以使用以下公式：

```
=SORT(A3:C20,2)
```

❖ 依次按办公用品、领用数量排序

在 M3 单元格输入以下数组公式，按 <Ctrl+Shift+Enter> 组合键结束编辑，不带格式向右向下复制到 M3:O20 单元格区域。

```
{=INDEX(A:A,MOD(SMALL(COUNTIF($B$3:$B$20,"<"&$B$3:$B$20)/1%%+$C$3:$C$20
/1%+ROW($3:$20),ROW(A1)),100))}
```

使用 COUNTIF 函数对文本比较大小后除以 1%%，即乘以 10 000，加上数值排序的结果除以 1%，即乘以 100，再加上行号，得到六位的数值。其中前两位是文本排列序号，中间两位是数值排列序号，最后两位是对应的行号，互不干涉。如果 C 列数据超过 100 或数据行数超过 100，则需要调整各个放大倍数。

利用 SMALL 函数从小到大排列后再用 MOD 函数提取出后两位，结果即是行号。最后再用 INDEX 函数以此为索引，提取对应位置的信息。

Microsoft 365 专属 Excel 用户可以使用以下公式：

```
=SORTBY(A3:C20,B3:B20,,C3:C20,)
```

公式中的 A3:C20 是要进行排序处理的数组，B3:B20 是要排序的第 1 个参照列，之后的参数缺省，表示该列的排序方式为升序；C3:C20 是要排序的第 2 个参照列，之后的参数缺省，表示该列的排序方式同样为升序。

示例27-7 提取不重复值后排序

图 27-14 是某公司办公用品领用明细的部分记录，现需要对数据提取不重复值后进行重新排序。

	A	B	C	D	E	F	G
1	原始数据				数值去重排序		文本去重排序
2	日期	办公用品	领用数量		领用数量		办公用品
3	2021-9-1	装订机	31		12		传真纸
4	2021-9-2	打孔夹	18		13		打孔夹
5	2021-9-3	印章箱	22		16		打孔器
6	2021-9-4	印章箱	28		17		公事包
7	2021-9-5	签字笔	24		18		签字笔
8	2021-9-6	打孔器	27		22		印章箱
9	2021-9-7	打孔器	12		24		装订机
10	2021-9-8	装订夹片	13		27		装订夹片
11	2021-9-9	传真纸	31		28		
12	2021-9-10	公事包	24		30		
13	2021-9-11	传真纸	28		31		
14	2021-9-12	公事包	37		37		
15	2021-9-13	打孔器	31				
16	2021-9-14	印章箱	16				
17	2021-9-15	装订夹片	18				
18	2021-9-16	传真纸	31				
19	2021-9-17	装订夹片	17				
20	2021-9-18	公事包	30				

图 27-14 提取不重复值后排序

❖ 数值提取不重复后排序

在 E3 单元格输入以下公式，向下复制到单元格显示空白为止。

```
=IFERROR(SMALL(IF(FREQUENCY(
C$3:C$20,C$3:C$20),C$3:C$20),ROW
(A1)),"")
```

公式中的“FREQUENCY(C$3:C$20,C$3:C$20)”部分，使用 FREQUENCY 函数

来判断 C3:C20 单元格区域各个数值出现的频次，如果 C3:C20 单元格中的数值是首次出现，该函数返回出现的次数，如果是重复出现则返回 0。

再以此作为 IF 函数的第一参数，如果 FREQUENCY 函数得到的内存数组结果中数值不等于 0，则返回 C3:C20 单元格区域中对应的数值，否则返回逻辑值 FALSE，相当于提取出了不重复的内存数组结果。其运算过程如图 27-15 所示。

{=IF(	FREQUENCY(C3:C20,C3:C20)	,	C3:C20	)}	结果
	4		31		31
	2		18		18
	1		22		22
	2		28		28
	2		24		24
	1		27		27
	1		12		12
	1		13		13
	0		31		FALSE
	0		24		FALSE
	0		28		FALSE
	1		37		37
	0		31		FALSE
	1		16		16
	0		18		FALSE
	0		31		FALSE
	1		17		17
	1		30		30
	0				FALSE

图 27-15　SMALL 函数第一参数运算过程

接下来使用 SMALL 函数从小到大依次提取出需要的结果。当公式向下复制时，SMALL 函数的第二参数大于内存数组中的数值个数，结果会返回错误值。因此最后用 IFERROR 屏蔽错误值。

Microsoft 365 专属 Excel 用户可以使用以下两个公式中的任意一个：

```
=UNIQUE(SORT(C3:C20))
=SORT(UNIQUE(C3:C20))
```

第一个公式是先使用 SORT 函数对数组进行排序，然后再使用 UNIQUE 函数提取出不重复值。而第二个公式则是先使用 UNIQUE 函数提取出不重复值，再使用 SORT 函数进行排序。

❖ 文本提取不重复后排序

在 G3 单元格输入以下数组公式，按 <Ctrl+Shift+Enter> 组合键结束编辑，向下复制到单元格显示空白为止。

```
{=INDEX(B:B,MOD(SMALL(IF(MATCH(B$3:B$20,B$3:B$20,)=ROW($1:$18),COUNTIF(
$B$3:$B$20,"<"&$B$3:$B$20)/1%+ROW($3:$20),9999),ROW(A1)),100))&""}
```

该公式是将去除重复的公式和文本排序公式结合在一起，然后利用 MATCH 函数判断 B3:B20 单元格区域中的每一个值是不是第一次出现，如果是，则进行下一步文本排序，否则返回一个较大的数值，本例为 9999。

接下来利用 SMALL 函数从小到大排列，再用 MOD 函数提取出后两位，结果即是行号。最后再用 INDEX 函数以此为索引，提取对应位置的信息。

Microsoft 365 专属 Excel 用户可以使用以下两个公式中的任意一个：

```
=UNIQUE(SORT(B3:B20))
=SORT(UNIQUE(B3:B20))
```

示例27-8 同一单元格内的数值排序

图 27-16 展示的是某公司年会抽奖的中奖记录，同一个部门的七组中奖号码用空格进行间隔，

需要将 B 列的中奖号码进行排序处理。

C2　　{=TEXTJOIN(" ",,SMALL(--MID(B2,COLUMN(A:G)*3-2,2),ROW($1:$7)))}

	A	B	C
1	部门	中奖号码	排序后
2	销售部	90 85 75 34 15 84 14	14 15 34 75 84 85 90
3	研发部	94 66 88 80 42 55 60	42 55 60 66 80 88 94
4	采购部	93 73 41 61 69 82 71	41 61 69 71 73 82 93
5	行政部	13 58 47 29 59 33 14	13 14 29 33 47 58 59
6	生产部	10 89 46 22 29 95 22	10 22 22 29 46 89 95
7			

图 27-16　同一单元格内的数值排序

在 C2 单元格输入以下数组公式，按 <Ctrl+Shift+Enter> 组合键结束编辑，向下复制到 C6 单元格。

```
{=TEXTJOIN(" ",,SMALL(--MID(B2,COLUMN(A:G)*3-2,2),ROW($1:$7)))}
```

公式中的“--MID(B2,COLUMN(A:G)*3-2,2)”部分，使用 MID 函数分别从 B2 单元格的第 1、4、7、10、13、16 和第 19 位开始，各提取两个字符，然后使用减负运算将提取到的文本结果变成真正的数值，相当于将 B2 单元格里的内容以空格为分隔符拆分成一行 7 列的内存数组。

再使用 SMALL 函数，从 MID 函数提取出的数值中依次返回第 1 至第 7 个最小值，也就是将内存数组中的 7 个数字从小到大排列。以上部分的运算过程如图 27-17 所示。

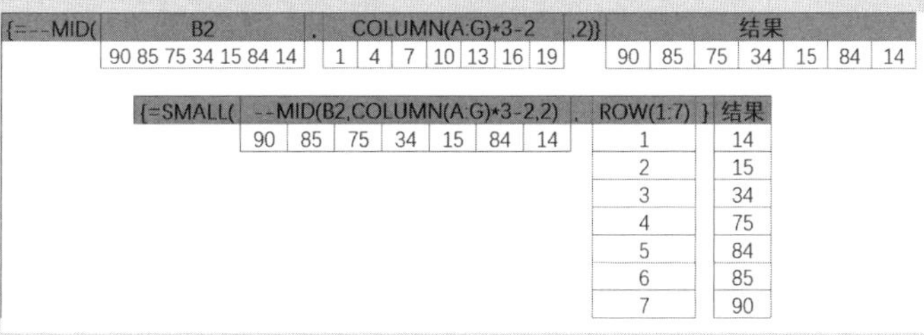

图 27-17　SMALL 部分运算过程

最后用 TEXTJOIN 函数，以空格为分隔符将其合并到一个单元格内。

练习与巩固

1. 如果列表中有多个重复的数据，RANK.EQ 函数返回该组数据的（____________）排位。而 RANK.AVG 函数则是返回该组数据的（____________）排位。

2. 在进行跨工作表排名时，当工作表名中不包含特殊符号或是不使用数字开头时，公式中的工作表名前后不需要加（____________）。

3. 理解中式排名公式的计算步骤。

4. PERCENTRANK.EXC 函数和 PERCENTRANK.INC 函数都用于返回某个数值在一个数据集中的百分比排位，区别在于（____________）。

第 28 章　数据重构技巧

在实际数据处理过程中，经常需要根据不同要求变换数据结构。通常情况下可以通过创建辅助列解决这类问题，但创建辅助列也有很多弊端，比如源数据结构不允许增删行列、源数据经常更新导致创建辅助列的重复操作等。在这些情况下，就需要对原始数据在函数公式中进行重新编辑、整理和提取，生成内存数组以便参与进一步运算。掌握常用的数据重构技巧和方法，能解决普通函数达不到的效果。

本章学习要点

（1）ROW 函数和 COLUMN 函数在数据重构中的应用。

（2）LOOKUP 函数在数据重构中的应用。

（3）FILTERXML 函数在数据重构中的应用。

（4）常量数组在数据重构中的应用。

（5）其他常见数据重构技巧。

28.1　单列数据转多列

示例28-1 单列数据转多列

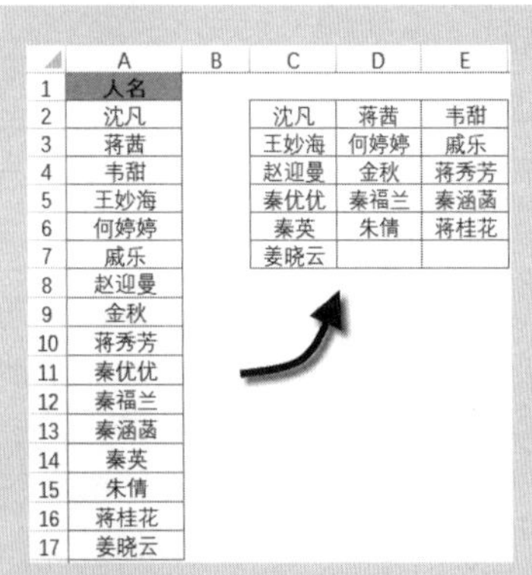

	A	B	C	D	E
1	人名				
2	沈凡		沈凡	蒋茜	韦甜
3	蒋茜		王妙海	何婷婷	戚乐
4	韦甜		赵迎曼	金秋	蒋秀芳
5	王妙海		秦优优	秦福兰	秦涵菡
6	何婷婷		秦英	朱倩	蒋桂花
7	戚乐		姜晓云		
8	赵迎曼				
9	金秋				
10	蒋秀芳				
11	秦优优				
12	秦福兰				
13	秦涵菡				
14	秦英				
15	朱倩				
16	蒋桂花				
17	姜晓云				

图 28-1　单列数据转多列

如图 28-1 所示，要求将 A2:A17 单元格区域的数据转换为 C2:E7 单元格区域的 N 行 3 列。

在 C2 单元格输入以下公式，并复制到 C2:E7 单元格区域。

```
=OFFSET($A$1,ROW(A1)*3-2+MOD(COLUMN(C1),3),0)&""
```

“ROW(A1)*3-2”部分，随着公式向下复制，返回 1、4、7…步长为 3 的递增序列号。“MOD(COLUMN(C1),3)”部分，随着公式向右复制，循环返回 0、1、2 的序列号。两者相加，随公式向下向右复制，得到如图 28-2 所示的矩阵递增序列，最后使用 OFFSET 函数以 A1 单元格为基点，根据矩阵序列依次向下偏移取数。

除了使用以上公式外，也可以同时选中 G2:I7 单元格区域后输入以下区域数组公式，按 <Ctrl+Shfit+Enter> 组合键完成编辑。

```
{=T(OFFSET(A1,ROW(A1:A6)*3-2+MOD(COLUMN(C1:E1),3),0))}
```

“ROW(A1:A6)*3-2+MOD(COLUMN(C1:E1),3)”部分，以内存数组的形式返回如图 28-2 所

示的矩阵序列。OFFSET 函数以 A1 单元格为基点，以该内存数组为第二参数，向下偏移取数，返回一个由文本值构成的多维内存数组，最后使用 T 函数在单元格区域中显示数组中各个多维引用的第一个文本，结果如图 28-3 所示。

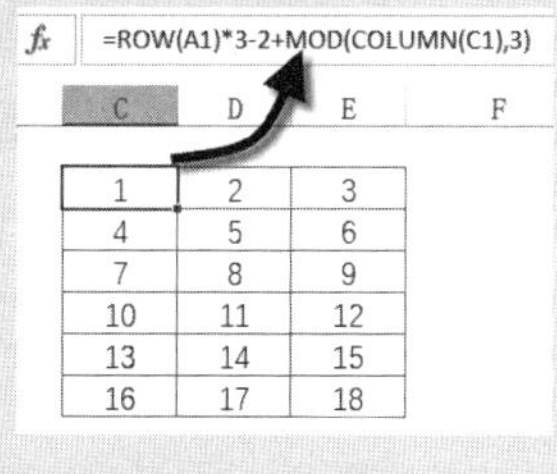

=ROW(A1)*3-2+MOD(COLUMN(C1),3)

C	D	E	F
1	2	3	
4	5	6	
7	8	9	
10	11	12	
13	14	15	
16	17	18	

图 28-2　矩阵序列

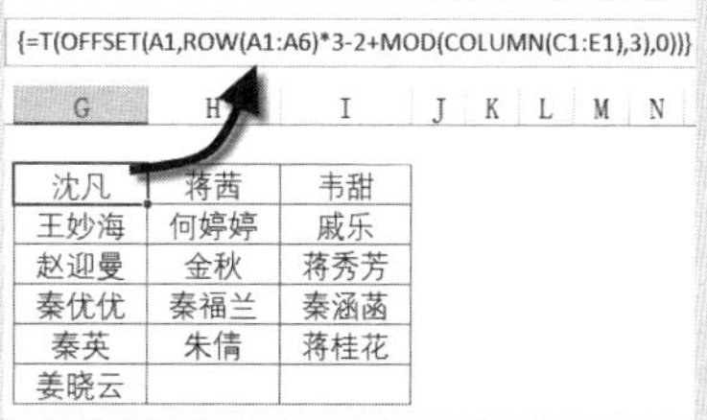

{=T(OFFSET(A1,ROW(A1:A6)*3-2+MOD(COLUMN(C1:E1),3),0))}

G	H	I	J	K	L	M	N
沈凡	蒋茜	韦甜					
王妙海	何婷婷	戚乐					
赵迎曼	金秋	蒋秀芳					
秦优优	秦福兰	秦涵菡					
秦英	朱倩	蒋桂花					
姜晓云							

图 28-3　单列转多列的区域数组公式

28.2　多列数据转单列

示例28-2　多列数据转单列

如图 28-4 所示，要求将 A2:C7 单元格区域中 N 行 3 列的数据转换为 E 列所示的单列结构。

在 E2 单元格输入以下公式，并向下复制直至公式计算结果返回空文本为止。

```
=OFFSET($A$1,INT(ROW(A3)/3),MOD(ROW(A3),3))&""
```

	A	B	C	D	E
1	人名1	人名2	人名3		人名
2	沈凡	蒋茜	韦甜		沈凡
3	王妙海	何婷婷	戚乐		蒋茜
4	赵迎曼	金秋	蒋秀芳		韦甜
5	秦优优	秦福兰	秦涵菡		王妙海
6	秦英	朱倩	蒋桂花		何婷婷
7	姜晓云				戚乐
8					赵迎曼
9					金秋
10					蒋秀芳
11					秦优优
12					秦福兰
13					秦涵菡
14					秦英
15					朱倩
16					蒋桂花
17					姜晓云
18					

图 28-4　多列数据转单列

“INT(ROW(A3)/3)”部分，随着公式向下复制，返回每三个单元格为一组的递增序列，比如 1、1、1、2、2、2……

“MOD(ROW(A3),3)”部分，随着公式向下复制，返回 0、1、2、0、1、2 的循环序列。

OFFSET 函数以 A1 单元格为基点，以 INT 函数的计算结果为第二参数，以 MOD 函数的计算结果为第三参数，向下向右偏移取值。

OFFSET 函数的参数如果是小数，会自动进行取整，因此也可以使用以下公式：

```
=OFFSET($A$1,ROW(A3)/3,MOD(ROW(A3),3))&""
```

除了使用以上公式外，也可以同时选中 G2:G18 单元格区域输入以下区域数组公式，按 <Ctrl+Shfit+Enter> 组合键完成编辑。

28章

```
{=IFERROR(FILTERXML("<a><b>"&TEXTJOIN("</b><b>",0,A2:C7)&"</b></a>","a/b"),"")}
```

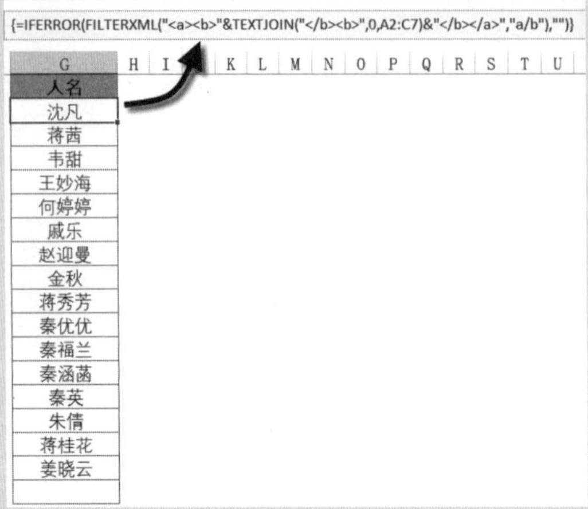

G
人名
沈凡
蒋茜
韦甜
王妙海
何婷婷
戚乐
赵迎曼
金秋
蒋秀芳
秦优优
秦福兰
秦涵菡
秦英
朱倩
蒋桂花
姜晓云

图 28-5 多列转单列的区域数组公式

公式首先使用 TEXTJOIN 函数以“</b><b>”为分隔符，将 A2:C7 单元格区域合并为一个字符串，结果返回一段 XML 格式的内容：

"<a><b> 沈凡 </b><b> 蒋茜 </b><b> 韦甜 </b><b> 王妙海 </b><b>……姜晓云 </b><b></b><b></b></a>"

FILTERXML 函数获取 XML 格式数据中“<b>”路径下的值，返回一个内存数组，再使用 IFERROR 函数屏蔽该内存数组中的错误值，结果如图 28-5 所示。

28.3 按指定次数重复数据

示例28-3 按指定次数重复数据

	A	B	C
1	重复内容	重复次数	结果
2	甲	3	甲
3	乙	4	甲
4	丙	2	甲
5			乙
6			乙
7			乙
8			乙
9			丙
10			丙
11			
12			

图 28-6 按指定次数重复数据

如图 28-6 所示，A2:A4 单元格区域为需要重复的数据，B2:B4 单元格区域为数据需要重复的次数，要求生成 C 列的结果。

在 C2 单元格输入以下数组公式，按 <Ctrl+Shfit+Enter> 组合键完成编辑，向下复制直到公式返回空文本。

```
{=INDEX(A:A,SMALL(IF(B$2:B$4>=COLUMN(A:Z),ROW(A$2:A$4),99),ROW(A1)))&""}
```

COLUMN(A:Z) 函数部分，生成 1~26 连续自然数的水平数组，ROW(A$2:A$4) 函数部分，返回 A 列数据行号 {2;3;4} 的垂直数组。

“IF(B$2:B$4>=COLUMN(A:Z),ROW(A$2:A$4),99)”部分，逐个判断指定重复的次数与 1~26 的大小，如果指定重复的次数大于等于 1~26 中的数字，则返回 ROW($2:$4) 函数生成数组中对应的值，否则返回第三参数 99。

IF 函数部分生成结果如图 28-7 所示。A2 单元格数据要重复 3 次，因此 2 这个行号在数组第一行出现 3 次。A3 单元格数据要重复 4 次，因此 3 这个行号在数组第二行出现 4 次。后面以此类推。

E16　{=IF(B$2:B$4>=COLUMN(A:Z),ROW(A$2:A$4),99)}

	D	E	F	G	H	I	J	K	L	M	N	O	P	Q	R	S	T	U	V	W	X	Y	Z	AA	AB	AC	AD
14																											
15		1	2	3	4	5	6	7	8	9	10	11	12	13	14	15	16	17	18	19	20	21	22	23	24	25	26
16	3	2	2	2	99	99	99	99	99	99	99	99	99	99	99	99	99	99	99	99	99	99	99	99	99	99	99
17	4	3	3	3	3	99	99	99	99	99	99	99	99	99	99	99	99	99	99	99	99	99	99	99	99	99	99
18	2	4	4	99	99	99	99	99	99	99	99	99	99	99	99	99	99	99	99	99	99	99	99	99	99	99	99

图 28-7　IF 函数部分生成结果

SMALL 函数按从小到大的顺序逐个输出符合条件的行号。当公式向下复制行数超过需重复的次数总和时，SMALL 函数返回值 99。

INDEX 函数根据 SMALL 函数返回的结果依次提取 A2:A4 单元格区域中的数据，当公式向下复制行数超过需重复的次数总和时，INDEX 函数返回 A99 这个空单元格的引用。公式最后用 &"" 屏蔽无意义的 0 值。

28.4　提取每个人成绩最大值求和

示例28-4　提取每个人成绩最大值求和

图 28-8 展示的是学生多次考试的成绩表，要求计算每名学生考试成绩最大值的合计数。

在 C8 单元格输入以下数组公式，按 <Ctrl+Shfit+Enter> 组合键完成编辑。

```
{=SUM(MOD(SMALL(ROW(A2:A6)*10^4+B2:E6,ROW(1:5)*4),10^4)) }
```

ROW(A2:A6) 函数部分生成 {2;3;4;5;6} 连续递增的自然数序列，元素个数与 A 列学生人数相同。“ROW(A2:A6)*10^4+B2:E6”部分将 {2;3;4;5;6} 扩大到原来的 10 000 倍，并与各次成绩相加。返回的结果如图 28-9 中 H2:K6 单元格区域所示，相当于为每一行的成绩加上了不同的权重。

	A	B	C	D	E
1	姓名	第1次	第2次	第3次	第4次
2	杨红	43	68	82	55
3	张坚	56	92	79	75
4	杨启	74	94	72	93
5	李炬	67	41	47	76
6	郭倩	55	94	85	84
7					
8	最好成绩合计		438		

图 28-8　提取每个人成绩最大值求和

H2　{=ROW(A2:A6)*10^4+B2:E6}

	A	B	C	D	E	F	G	H	I	J	K
1	姓名	第1次	第2次	第3次	第4次		姓名	第1次	第2次	第3次	第4次
2	杨红	43	68	82	55		杨红	20043	20068	20082	20055
3	张坚	56	92	79	75		张坚	30056	30092	30079	30075
4	杨启	74	94	72	93		杨启	40074	40094	40072	40093
5	李炬	67	41	47	76		李炬	50067	50041	50047	50076
6	郭倩	55	94	85	84		郭倩	60055	60094	60085	60084

图 28-9　构造数据结果

通过观察可以发现，数组中每一行的最大值为包含该学生最好成绩的数值，并且每一行的最大值都小于下一行的最小值。

因此，“杨红”的最好成绩为数组中的第 4 个最小值；“张坚”的最好成绩为数组中的第 8 个最小值；“杨启”的最好成绩为数组中的第 12 个最小值；后面以此类推。

ROW(1:5)*4 返回结果如下：

```
{4;8;12;16;20}
```

SMALL 函数从“ROW(A2:A6)*10^4+B2:E6”返回的数组中依次提取第 4、8、12、16、20 个最小值，返回结果如下：

```
{20082;30092;40094;50076;60094}
```

MOD 函数计算出 SMALL 函数结果除以 10 000 的余数，得到每名学生的最好成绩：

```
{82;92;94;76;94}
```

最后用 SUM 函数求和。

28.5　逆序排列数据

示例28-5　逆序排列数据

	A	B	C
1	姓名		逆序排列
2	甲		癸
3	乙		壬
4	丙		辛
5	丁		庚
6	戊		己
7	己		戊
8	庚		丁
9	辛		丙
10	壬		乙
11	癸		甲

图 28-10　逆序排列数据

如图 28-10 所示，要求将 A2:A11 单元格区域姓名在 C2:C11 单元格区域逆序显示。

同时选中 C2:C11 单元格区域，编辑栏中输入以下区域数组公式，按 <Ctrl+Shfit+Enter> 组合键完成编辑。

```
{=LOOKUP(11-ROW($1:$10),ROW($1:$10),A$2:A$11)}
```

“11-ROW($1:$10)”部分，生成如下递减数组：

```
{10;9;8;7;6;5;4;3;2;1}
```

LOOKUP 函数分别从 ROW($1:$10) 函数的返回结果中查找上述递减数组中的每个元素，并返回第三参数 A2:A11 在对应位置的姓名。生成内存数组如下：

```
{"癸";"壬";"辛";"庚";"己";"戊";"丁";"丙";"乙";"甲"}
```

提示　如果是行数组逆序排列，可以将公式中的 ROW 函数替换成 COLUMN 函数。

28.6　随机排列数据

示例28-6　随机排列数据

如图 28-11 所示，要求将 A2:A11 单元格区域姓名在 C2:C11 单元格区域内打乱顺序随机排列显示。

在 C2 单元格输入以下数组公式，按 <Ctrl+Shfit+Enter> 组合键完成编辑，向下复制到 C11 单元格。

	A	B	C
1	姓名		随机排列
2	甲		辛
3	乙		戊
4	丙		丙
5	丁		己
6	戊		甲
7	己		庚
8	庚		癸
9	辛		乙
10	壬		丁
11	癸		壬

图 28-11　随机排列数据

```
{=INDEX(A:A,SMALL(IF(COUNTIF(C$1:C1,A$2:A$11)=0,ROW(A$2:A$11)),RANDBETWEEN(1,11-ROW(A1))))}
```

公式首先使用 COUNTIF 函数判断 A2:A11 单元格区域的各个元素在 C$1:C1 单元格区域中出现的次数，如果未出现，则返回对应的行号，否则返回逻辑值 FALSE。然后使用 SMALL 函数从中随机取一个行号，最后使用 INDEX 函数根据这个行号信息从 A 列获取姓名。

当公式向下复制时，COUNTIF 函数的第一参数的范围不断扩大延伸，比如 C$1:C2、C$1:C3……以此排除已获取的人名，避免人名重复抽取排列。

除了使用以上公式外，也可以同时选中 C2:C11 单元格区域，在编辑栏中输入以下区域数组公式，按 <Ctrl+Shfit+Enter> 组合键完成编辑。

```
{=INDEX(A:A,RIGHT(SMALL(RANDBETWEEN(1^ROW(2:11),999)/1%+ROW(2:11),ROW(1:10)),2))}
```

公式首先使用 RANDBETWEEN 函数从 2 到 999 之间获取 10 个随机值，放大 100 倍后，再加上数据区域的各个行号，然后使用 SMALL 函数从中依次获取第 1 到第 10 个最小值，再使用 RIGHT 函数从 SMALL 函数返回的内存数组中取出行号信息，最后使用 INDEX 函数根据行号获取 A 列的姓名。

28.7　数组的扩展技巧

28.7.1　列方向扩展数组

示例28-7　数组的扩展技巧1

如图28-12所示，要求将A列数组的高度分别扩展为原来的2倍、3倍，构建两个新的内存数组。

	A	B	C	D	E	F	G
1	数组		重复2次		重复3次		重复3次
2	财务部		财务部		财务部		财务部
3	审计部		审计部		审计部		审计部
4	销售部		销售部		销售部		销售部
5			财务部		财务部		财务部
6			审计部		审计部		审计部
7			销售部		销售部		销售部
8					财务部		财务部
9					审计部		审计部
10					销售部		销售部

图 28-12　列方向扩展数组

在 C2:C7 单元格区域中输入以下多单元格数组公式，按 <Ctrl+Shfit+Enter> 组合键完成编辑。

```
{=LOOKUP(MOD(ROW(INDIRECT("1:"&2*ROWS(A2:A4)))-1,ROWS(A2:A4))+1,ROW(INDIRECT("1:"&ROWS(A2:A4))),A2:A4)}
```

“MOD(ROW(INDIRECT("1:"&2*ROWS(A2:A4)))-1,ROWS(A2:A4))+1”部分，利用MOD函数，生成数组{1;2;3;1;2;3}作为LOOKUP函数的第一参数，将原数组在列方向上扩展到原来的2倍。

在E2:E10单元格区域中输入以下多单元格数组公式，按<Ctrl+Shfit+Enter>组合键完成编辑。

```
{=LOOKUP(MOD(ROW(INDIRECT("1:"&3*ROWS(A2:A4)))-1,ROWS(A2:A4))+1,ROW(INDIRECT("1:"&ROWS(A2:A4))),A2:A4)}
```

将“2*ROWS(A2:A4)”替换为“3*ROWS(A2:A4)”，LOOKUP函数的第一参数将原数组在列方向上扩展到原来的3倍。

除使用以上公式外，也可以使用以下数组公式，按<Ctrl+Shfit+Enter>组合键完成编辑。

```
{=IFERROR(INDEX(FILTERXML("<a><b>"&REPT(TEXTJOIN("</b><b>",1,$A$2:$A$4)&"</b><b>",3)&"</b></a>","a/b"),ROW(A1)),"")}
```

公式首先使用TEXTJOIN函数以“</b><b>”为分隔符，将A2:A4单元格区域的值合并为一个字符串，再使用REPT函数将该字符串重复3次，得到一段XML格式的数据。

"<a><b>财务部</b><b>审计部</b><b>销售部</b><b>财务部</b><b>审计部</b><b>销售部</b><b>财务部</b><b>审计部</b><b>销售部</b><b></b></a>"

FILTERXML函数获取XML格式数据中“<b>”路径下的内容，返回一个内存数组，再使用INDEX函数将该数组的值依次取出。

28.7.2　行方向扩展数组

示例28-8 数组的扩展技巧2

	A	B	C	D	E	F	G	H
1	数组		扩展为两列			扩展为三列		
2	财务部		财务部	财务部		财务部	财务部	财务部
3	审计部		审计部	审计部		审计部	审计部	审计部
4	销售部		销售部	销售部		销售部	销售部	销售部

图 28-13　行方向扩展数组

如图28-13所示，需要将A列数组在行方向上分别扩展为两列、三列的内存数组。

在C2:D4单元格区域中输入以下多单元格数组公式，按<Ctrl+Shfit+Enter>组合键完成编辑。

```
{=IF({1,1},A2:A4)}
```

IF 函数第一参数 {1,1} 为一行两列的数组，由于都是非 0 数值，IF 函数判断结果为 TRUE。因此生成结果的第一列和第二列均返回 A2:A4 单元格区域数组中的元素，达到了将一列数组扩展为两列的目的。

在 F2:H4 单元格区域中输入以下多单元格数组公式，按 <Ctrl+Shfit+Enter> 组合键完成编辑，将一列数组扩展为三列。

```
{=IF({1,1,1},A2:A4)}
```

28.8　数组合并技巧

示例28-9　数组合并

如图 28-14 所示，要求将 A 列和 C 列的两个数组拼接合并为新的内存数组。

在 E2:E10 单元格区域中输入以下多单元格数组公式，按 <Ctrl+Shfit+Enter> 组合键。

```
{=IF(ROW(1:9)<4,A2:A4,LOOKUP(ROW(1:9),ROW(4:9)
,C2:C7))}
```

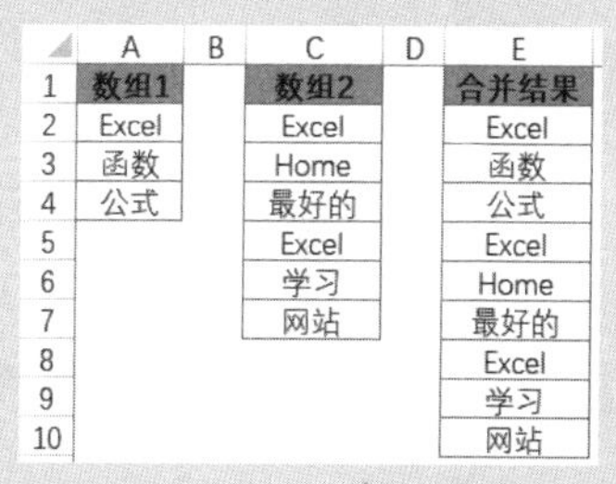

	A	B	C	D	E
1	数组1		数组2		合并结果
2	Excel		Excel		Excel
3	函数		Home		函数
4	公式		最好的		公式
5			Excel		Excel
6			学习		Home
7			网站		最好的
8					Excel
9					学习
10					网站

图 28-14　数组合并

“LOOKUP(ROW(1:9),ROW(4:9),C2:C7)”部分返回如下内存数组：

```
{#N/A;#N/A;#N/A;"Excel";"Home";"最好的";"Excel";"学习";"网站"}
```

数组总长度为 9，前 3 个元素为错误值“#N/A”，后 6 个元素为数组 2 中的元素。

再使用 IF 函数判断，当 ROW(1:9) 函数的返回值小于 4 时，返回数组 1 中的元素，当 ROW(1:9) 函数返回值大于等于 4 时，返回 LOOKUP 函数返回数组中第 4 个及之后的元素。

28.9　统计合并单元格所占行数

示例28-10　统计合并单元格所占行数

图 28-15 中 A 列为部门信息，包含合并单元格。要求统计出每个部门数据的行数。

在E2单元格输入以下数组公式，按<Ctrl+Shfit+Enter>组合键完成编辑，向下复制到E4单元格。

	A	B	C	D	E
1	部门	人员		部门	行数
2	财务部	陆艳菲		财务部	3
3		杨庆东		销售部	4
4		任继先		审计部	2
5	销售部	陈尚武			
6		李光明			
7		李厚辉			
8		毕淑华			
9	审计部	赵会芳			
10		赖群毅			

图 28-15 求合并单元格所占行数

```
{=SUM(IFERROR(SMALL(IF(A$2:A$10<>"",ROW(A$2:A$10)),{0,1}+ROW(A1)),11)*{-1,1})}
```

“IF(A$2:A$10<>"",ROW(A$2:A$10))” 部分，判断当A2:A10单元格区域为非空值时，返回对应行号，否则返回FALSE。返回内存数组为：

```
{2;FALSE;FALSE;5;FALSE;FALSE;FALSE;9;FALSE}
```

“{0,1}+ROW(A1)”部分返回数组{1,2}。SMALL函数以此作为第二参数，返以上内存数组中的第1个最小和第2个最小的数值：{2,5}。

“SUM({2,5}*{-1,1})”部分返回5减去2的差值，也就是第一个合并单元格所占的行数。

公式向下复制到E3单元格时，“{0,1}+ROW(A1)”部分变成“{0,1}+ROW(A2)”，返回数组{2,3}。SMALL函数得到IF函数结果数组中第二个最小和第三个最小的数值{5,9}。

“SUM({5,9}*{-1,1})”部分返回9减去5的差值，也就是第二个合并单元格所占的行数。后面以此类推。

当A列最后一个合并单元格最后一行为空时，SMALL函数计算最后一个合并单元格所占的行数会返回错误值。用IFERROR函数的作用是将错误值转化为A列最后一个合并单元格下面第一行的行号11。

练习与巩固

1. 以“练习 28-1.xlsx”中的数据为例，如图 28-16 所示，要求将A2:C7单元格区域中N行3列的数据转换为E列所示的单列结构。

2. 以“练习 28-2.xlsx”中的数据为例，如图 28-17 所示，要求在C8单元格，统计B2:E6单元格区域中每个姓名最差成绩的合计值。

	A	B	C	D	E
1	人名1	人名2	人名3		人名
2	沈凡	蒋茜	韦甜		沈凡
3	王妙海	何婷婷	戚乐		蒋茜
4	赵迎曼	金秋	蒋秀芳		韦甜
5	秦优优	秦福兰	秦涵菡		王妙海
6	秦英	朱倩	蒋桂花		何婷婷
7	姜晓云				戚乐
8					赵迎曼
9					金秋
10					蒋秀芳
11					秦优优
12					秦福兰
13					秦涵菡
14					秦英
15					朱倩
16					蒋桂花
17					姜晓云
18					

图 28-16 多列数据转单列

	A	B	C	D	E
1	姓名	第1次	第2次	第3次	第4次
2	杨红	43	68	82	55
3	张坚	56	92	79	75
4	杨启	74	94	72	93
5	李炬	67	41	47	76
6	郭倩	55	94	85	84
7					
8	最差成绩合计		267		

图 28-17 统计每个人成绩最小值的和

第四篇

其他功能中的函数应用

本篇重点介绍了函数与公式在条件格式、数据验证中的应用技巧，以及在高级图表制作中的函数应用。

第 29 章　在条件格式中使用函数与公式

使用 Excel 的条件格式功能，可以根据单元格中的内容应用指定的格式，改变某些具有指定特征数据的显示效果，使用户能够直观地查看和分析数据、发现关键问题。使用函数与公式作为条件格式的规则，能够实现更加个性化的数据展示需求，本章重点讲解条件格式中函数与公式的使用方法。

本章学习要点

（1）在条件格式中使用函数与公式的方法。

（2）在条件格式中选择正确的引用方式。

（3）函数与公式在条件格式中的应用实例。

29.1　条件格式中使用函数公式的方法

在条件格式中，可设置的格式包括数字、字体、边框和填充颜色等。Excel 内置的条件格式规则包括“突出显示单元格规则”“最前 / 最后规则”“数据条”“色阶”和“图标集”，能够满足大多数用户的应用需求。

在条件格式中使用函数公式时，如果公式返回的结果为 TRUE 或不等于 0 的任意数值，则应用预先设置的格式效果。如果公式返回的结果为 FALSE、数值 0、文本或是错误值，则不会应用预先设置的格式效果。

示例29-1　突出显示低于计划完成额的数据

图 29-1 所示，是某公司上半年销售记录表的部分内容。需要根据实际完成额和目标进行判断，突出显示低于目标的数据。

	A	B	C
1	日期	目标(万元)	实际完成(万元)
2	2021年1月	190	153
3	2021年2月	85	69
4	2021年3月	160	123
5	2021年4月	120	151
6	2021年5月	150	109
7	2021年6月	140	154

	A	B	C
1	日期	目标(万元)	实际完成(万元)
2	2021年1月	190	153
3	2021年2月	85	69
4	2021年3月	160	123
5	2021年4月	120	151
6	2021年5月	150	109
7	2021年6月	140	154

图 29-1　突出显示低于目标的数据

操作步骤如下。

步骤① 选中 C2:C7 单元格区域，在【开始】选项卡下单击【条件格式】下拉按钮，在弹出的下拉菜单中选择【新建规则】命令，如图 29-2 所示。

图 29-2　新建条件格式规则

步骤② 在弹出的【新建格式规则】对话框中，选中【选择规则类型】列表框中的【使用公式确定要设置格式的单元格】选项，然后在【为符合此公式的值设置格式】编辑框中输入以下公式：

```
=C2<B2
```

单击【格式】按钮，在弹出的【设置单元格格式】对话框中切换到【填充】选项卡，选择一种背景色，如绿色，单击【确定】按钮返回【新建格式规则】对话框，单击【确定】按钮关闭【新建格式规则】对话框，如图 29-3 所示。

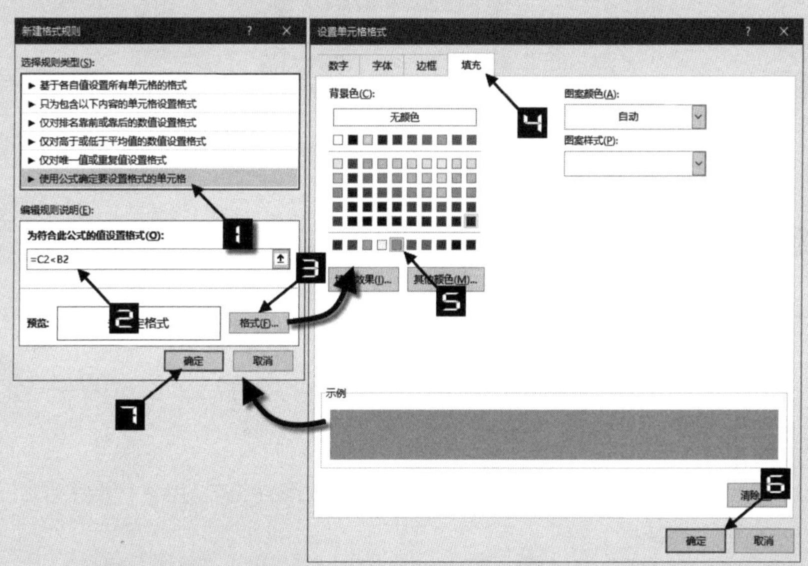

图 29-3　设置单元格格式

使用公式“=C2<B2”判断 C2 单元格的数值是否小于 B2 单元格的数值，返回逻辑值 TRUE 或是 FALSE，Excel 再以此作为条件格式的执行规则。

设置完成后，所选区域中小于目标的数据全部以指定的背景色突出显示。

29.1.1 选择正确的引用方式

在条件格式中使用函数与公式时，如果选中的是一个单元格区域，可以以活动单元格作为参照编写公式，设置完成后，该规则会应用到所选中范围的全部单元格。

如果需要在公式中固定引用某一行或某一列，或是固定引用某个单元格的数据，需要特别注意选择不同的引用方式。在条件格式的公式中选择不同引用方式时，可以理解为在所选区域的活动单元格中输入公式，然后将公式复制到所选范围内。

如果选中的是一列多行的单元格区域，需要注意活动单元格中的公式在向下复制时引用范围的变化，也就是行方向的引用方式的变化。

如果选中的是一行多列的单元格区域，需要注意活动单元格中的公式在向右复制时引用范围的变化，也就是列方向的引用方式的变化。

如果选中的是多行多列的单元格区域，需要注意活动单元格中的公式在向下、向右复制时引用范围的变化，也就是要同时考虑行方向和列方向的引用方式的变化。

示例29-2 自动标记业绩最高的业务员

如图 29-4 所示，需要根据 D 列的一季度业绩，整行突出显示业绩最高的业务员记录。

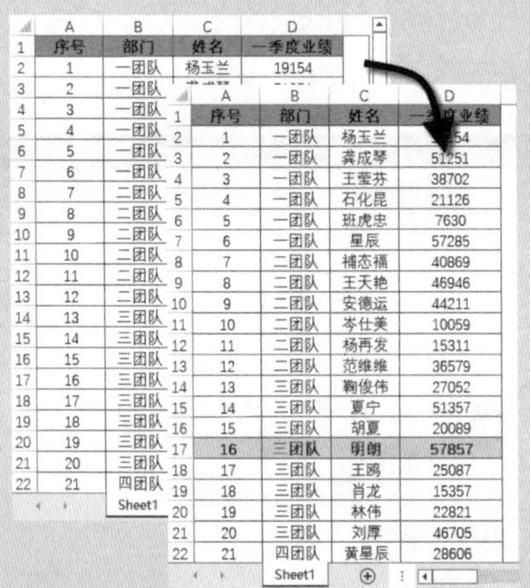

图 29-4 自动标记业绩最高的业务员

操作步骤如下。

步骤① 选中 A2:D25 单元格区域，依次单击【开始】→【条件格式】→【新建规则】命令，打开【新建格式规则】对话框。

步骤② 在弹出的【新建格式规则】对话框中，单击选中【选择规则类型】列表框中的【使用公式确定要设置格式的单元格】选项，然后在【为符合此公式的值设置格式】编辑框中输入以下公式，如图 29-5 所示。

```
=$D2=MAX($D$2:$D$25)
```

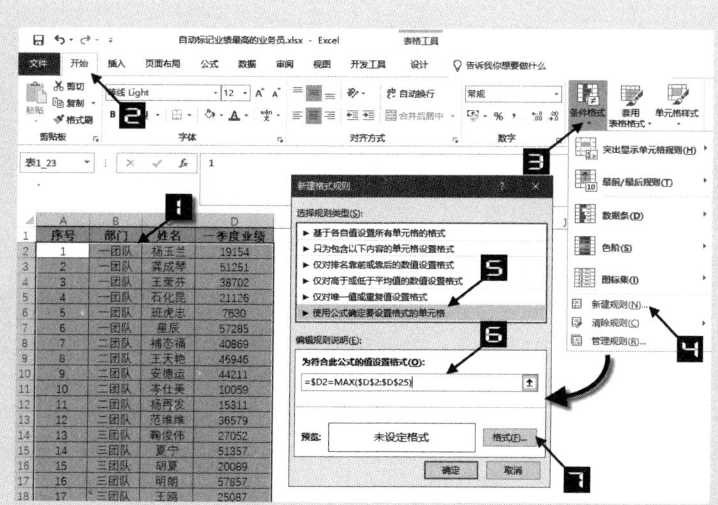

图 29-5　新建格式规则

步骤③ 单击【格式】按钮，打开【设置单元格格式】对话框。切换到【字体】选项卡，在【字形】列表框中选择【加粗】选项，单击【颜色】下拉按钮，在弹出的主题颜色面板中选择字体颜色为深蓝色。然后切换到【填充】选项卡，选择一种背景色，如蓝色，单击【确定】按钮返回【新建格式规则】对话框，再次单击【确定】按钮关闭对话框完成设置，如图 29-6 所示。

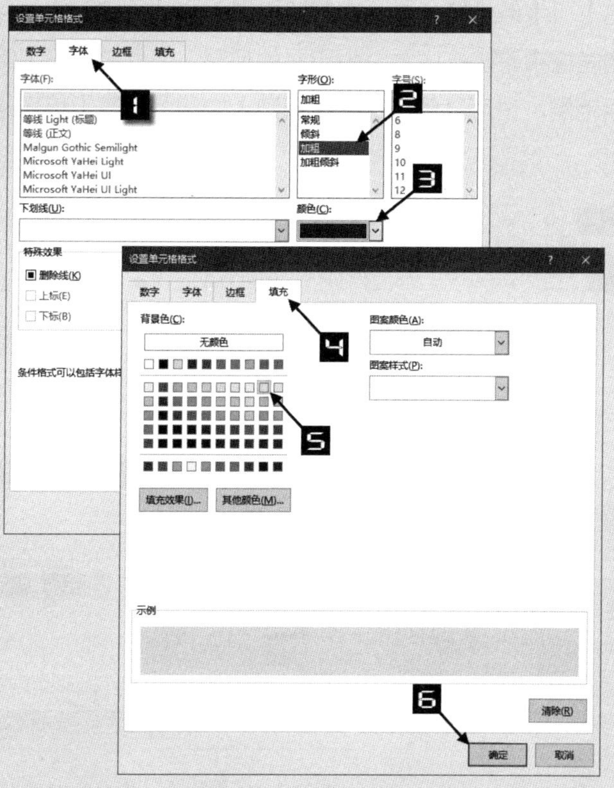

图 29-6　设置单元格格式

本例中条件格式设置的公式为：

```
=$D2=MAX($D$2:$D$25)
```

公式先使用 MAX($D$2:$D$25) 函数计算出 D 列的业绩最大值，然后与 D2 单元格中的数值进行比较，判断该单元格中的数值是否等于该列的最大值。

因为事先选中的是一个多行多列的单元格区域，并且每一行中都要以该行 D 列的业绩作为比对的基础，所以 $D2 使用列绝对引用。而每一行每一列中都要以 $D$2:$D$25 单元格区域的最大值作为判断标准，所以行列都使用了绝对引用方式。

提示

使用条件格式时，如果工作表中有多个符合条件的记录，这些记录都将应用预先设置的格式效果。

29.1.2 查看或编辑已有条件格式公式

如果要查看或编辑已有的条件格式公式，操作步骤如下。

步骤① 在【开始】选项卡下单击【查找和选择】下拉按钮，在弹出的下拉菜单中选择【条件格式】命令，选中当前工作表中所有设置了条件格式的单元格，如图 29-7 所示。

步骤② 依次选择【开始】→【条件格式】→【管理规则】命令，打开【条件格式规则管理器】对话框。在规则列表框中单击选中要编辑查看的规则，在【应用于】编辑框中可以修改当前条件格式的应用范围，也可以单击【编辑规则】按钮，打开【编辑格式规则】对话框，如图 29-8 所示。

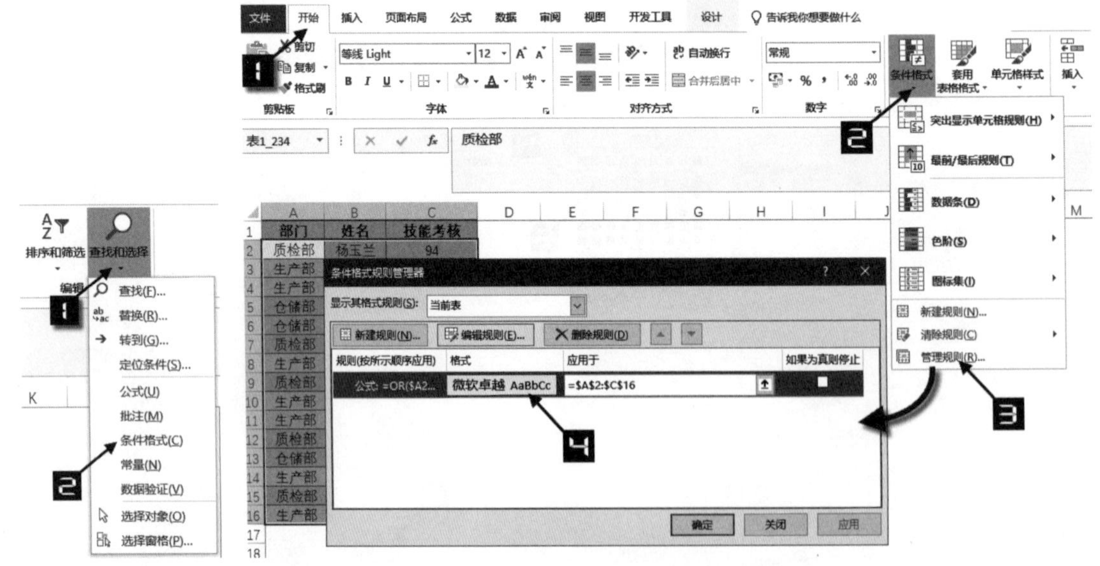

图 29-7 定位条件格式

图 29-8 条件格式规则管理器

步骤③ 如图 29-9 所示，在【编辑格式规则】对话框中，可以查看和编辑已有的公式，也可以重新设置其他格式规则。在【编辑格式规则】对话框中编辑公式时，与在工作表的编辑栏中编辑公式的方式有所不同。如果要按方向键移动光标位置，默认会添加加号和与活动单元格相邻的单元格地址，如图 29-10 所示。此时先按 <F2> 键，然后再按左右方向键，即可正常移动光标位置。

图 29-9 编辑格式规则

图 29-10 默认编辑公式

29.1.3 在工作表中编写条件格式公式

用户在工作表中输入函数名称时，Excel 默认会显示屏幕提示，帮助用户快速选择适合的函数，而在【编辑格式规则】对话框中输入函数名称时，则不会出现屏幕提示，而且【为符合此公式的值设置格式】编辑框也无法调整宽度。

在条件格式中使用较为复杂的公式时，在编辑框中不便于编写，可以先在工作表中编写公式，然后复制公式粘贴到【为符合此公式的值设置格式】编辑框中。

示例29-3 自动标记不同部门的销冠

图 29-11 所示，为某公司员工销售业绩表的部分内容，需要自动标记不同部门的销冠（第一名）。

操作步骤如下。

步骤① 选中任意空白单元格，如 F2 单元格，输入以下数组公式，但是无须按 <Ctrl+Shift+Enter> 组合键结束编辑。

```
=$D2=MAX(IF($B$2:$B$25=$B2,$D$2:$D$25))
```

步骤② 单击 F2 单元格，在编辑栏中选中公式，按 <Ctrl+C> 组合键复制公式，然后单击左侧的取消按钮 ×，如图 29-12 所示。

	A	B	C	D
1	序号	部门	姓名	一季度业绩
2	1	一团队	杨玉兰	19154
3	2	一团队	龚成琴	51251
4	3	一团队	王莹芬	38702
5	4	一团队	石化昆	21126
6	5	一团队	班虎忠	7630
7	6	一团队	星辰	57285
8	7	二团队	補态福	40869
9	8	二团队	王天艳	46946
10	9	二团队	安德运	44211
11	10	二团队	岑仕美	10059
12	11	二团队	杨再发	15311
13	12	二团队	范维维	36579
14	13	三团队	鞠俊伟	27052
15	14	三团队	夏宁	51357
16	15	三团队	胡夏	20089
17	16	三团队	明朗	57857
18	17	三团队	王鸥	25087
19	18	三团队	肖龙	15357
20	19	三团队	林伟	22821

图 29-11 标记不同部门的销冠

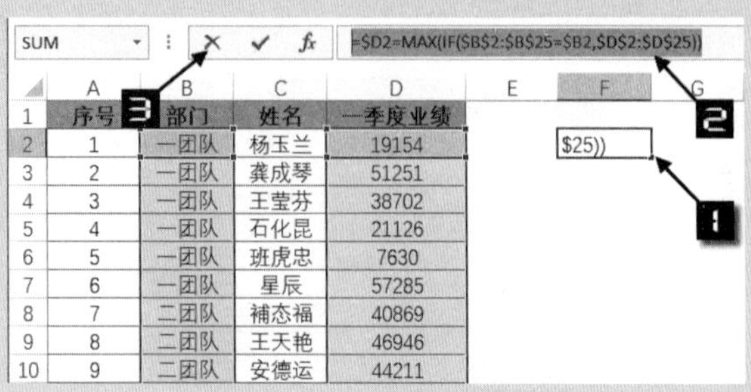

图 29-12 在编辑栏中复制公式

图 29-13 在【新建格式规则】对话框中粘贴公式

步骤③ 选中 A2:D25 单元格区域，依次单击【开始】→【条件格式】→【新建规则】命令，打开【新建格式规则】对话框。单击【为符合此公式的值设置格式】编辑框，然后按 <Ctrl+V> 组合键粘贴公式，再单击【格式】按钮，在【设置单元格格式】对话框中按需要设置格式效果即可，如图 29-13 所示。

条件格式中的公式首先使用 IF 函数，判断 $B$2:$B$25 单元格区域中的部门是否等于 $B2 单元格的部门，如果条件成立则返回 $D$2:$D$25 单元格区域中对应的数值，否则返回逻辑值 FALSE。

再用 MAX 函数忽略内存数组中的逻辑值计算出最大的数值。

最后将 $D2 单元格中的数值与 MAX 函数的结果进行比对，返回逻辑值 TRUE 或是 FALSE。

Excel 2019 中新增了 MAXIF 函数，可以代替以上公式中 MAX+IF 函数的嵌套使用方法，使用以下公式具有同等效果：

```
=$D2=MAXIFS($D$2:$D$25,$B$2:$B$25,$B2)
```

在同一个单元格区域的条件格式中可以添加多个规则。同样，也可以使用多个不同的公式作为条件格式规则，实现更加个性化的显示效果。

示例29-4 自动标记不同部门的销冠与公司的最后一名

在示例 29-3 中，四个部门的第一名都应用了突出显示颜色。如需将公司的末位也应用不同的颜色突出显示，可以在原有基础上再添加条件格式规则来完成，如图 29-14 所示。

	A	B	C	D
1	序号	部门	姓名	一季度业绩
2	1	一团队	杨玉兰	19154
3	2	一团队	龚成琴	51251
4	3	一团队	王莹芬	38702
5	4	一团队	石化昆	21126
6	5	一团队	班虎忠	7630
7	6	一团队	星辰	57285
8	7	二团队	補态福	40869
9	8	二团队	王天艳	46946
10	9	二团队	安德运	44211
11	10	二团队	岑仕美	10059
12	11	二团队	杨再发	15311
13	12	二团队	范维维	36579
14	13	三团队	鞠俊伟	27052
15	14	三团队	夏宁	51357
16	15	三团队	胡夏	20089
17	16	三团队	明朗	57857
18	17	三团队	王鸥	25087
19	18	三团队	肖龙	15357
20	19	三团队	林伟	22821

Sheet1

……标记不同部门的销冠与公司的最后一名

操作步骤如下。

步骤① 在任意空白单元格中，如 F2 单元格，输入以下公式：

```
=$D2=MIN($D$2:$D$25)
```

步骤② 单击 F2 单元格，在编辑……中公式，按 <Ctrl+C> 组……单击左侧的取消按钮 ✕……

步骤③ 选中 A2:D25 单元格区……件格式】→【新建规则】命令，打开【新建格式规则】对话……置格式】编辑框，然后按 <Ctrl+V> 组合键粘贴公式。再单……格格式】对话框中切换到【填充】选项卡，在颜色面板中选……次单击【确定】按钮关闭对话框。

设置完毕后，既可以……可以突出显示公司的最后一名。

提示

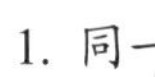

1. 同一……太多，否则就失去了突出显示数据的意义。

2. 设……区域选择即可，如果应用条件格式的范围较大或是……会使工作表运行缓慢。

3. 设……颜色效果不要过于鲜艳。

29.1.4 其他注意……

➲ Ⅰ 不能使用数……

如图 29-15 所……储部两个部门的所有记录。

在条件格式……如在【新建格式规则】对话框的【为符合此公式的值设置格式】……元格格式后，单击【确定】按钮会弹出如图 29-16 所示的错误提示……

```
=OR(A2={"质检部","仓储部……
```

	A	B	C
1	部门	姓名	技能考核
2	质检部	杨玉兰	94
3	生产部	龚成琴	70
4	生产部	王莹芬	79
5	仓储部	石化昆	93
6	仓储部	班虎忠	78
7	质检部	星辰	89
8	生产部	補态福	71
9	质检部	王天艳	93
10	生产部	安德运	87
11	生产部	岑仕美	71
12	质检部	杨再发	92
13	仓储部	范维维	86
14	生产部	鞠俊伟	83
15	质检部	夏宁	81
16	生产部	胡夏	72

图 29-15　突出显示两个部门的记录

图 29-16　错误提示

公式的正确写法应为：

```
=OR($A2=" 质检部 ",$A2=" 仓储部 ")
```

公式将数组常量拆分开，分别对 A2 单元格中的部门做两次判断。再使用 OR 函数，如果两个判断的结果中有一个是逻辑值 TRUE，Excel 即可应用预先设置的突出显示效果。

➲ Ⅱ　复制应用了公式规则的条件格式

在某个单元格区域中使用了条件格式之后，可以使用“格式刷”功能将其应用到工作表中的其他数据区域。如图 29-17 所示，B 列设置了条件格式，用于突出显示高于一组平均考核分数的记录，公式为：

```
=B4>$B$1
```

	A	B	C	D	E
1	一组平均分	82.5		二组平均分	89.3
2					
3	姓名	技能考核		姓名	技能考核
4	杨玉兰	94		夏宁	94
5	龚成琴	70		胡夏	95
6	王莹芬	79		明朗	92
7	石化昆	93		王鸥	83
8	班虎忠	78		肖龙	93
9	星辰	89		林伟	81
10	補态福	71		刘厚	95
11	王天艳	93		黄星辰	85
12	安德运	87		郑明明	80
13	岑仕美	71		肖从	95

图 29-17　复制应用了公式规则的条件格式

如果希望将条件格式复制到 E 列，突出显示高于二组平均考核分数的记录，操作步骤如下。

步骤① 选中已设置了条件格式的 B4:B13 单元格区域，然后在【开始】选项卡下单击【格式刷】命令。

步骤② 此时光标会变成✚🖌形，单击右侧单元格区域的起始位置 E4 单元格，即可将 B4:B13 单元格区域的所有格式应用到 E4:E13 单元格区域，如图 29-18 所示。

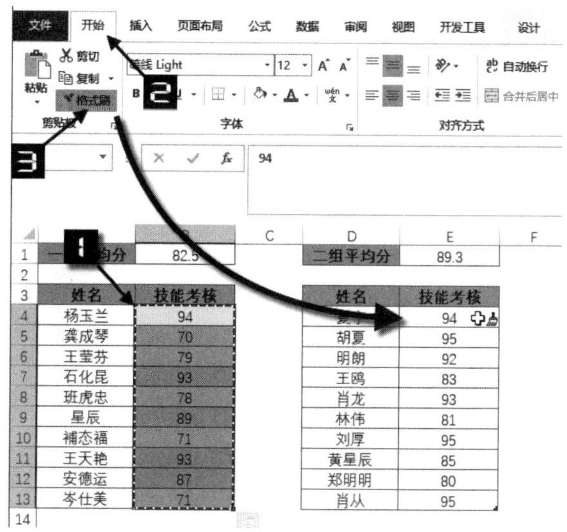

图 29-18　复制条件格式

注意

使用格式刷功能复制的条件格式中如果包含公式，必须要检查调整公式中的相对引用和绝对引用方式。

步骤③ 单击 E4 单元格，再依次单击【开始】→【条件格式】→【管理规则】命令，打开【条件格式规则管理器】。在规则列表框中单击选中格式规则，然后单击【编辑规则】按钮，打开【编辑格式规则】对话框，将【为符合此公式的值设置格式】编辑框公式中的 $B$1 修改为 $E$1，如图 29-19 所示，最后依次单击【确定】按钮关闭对话框。

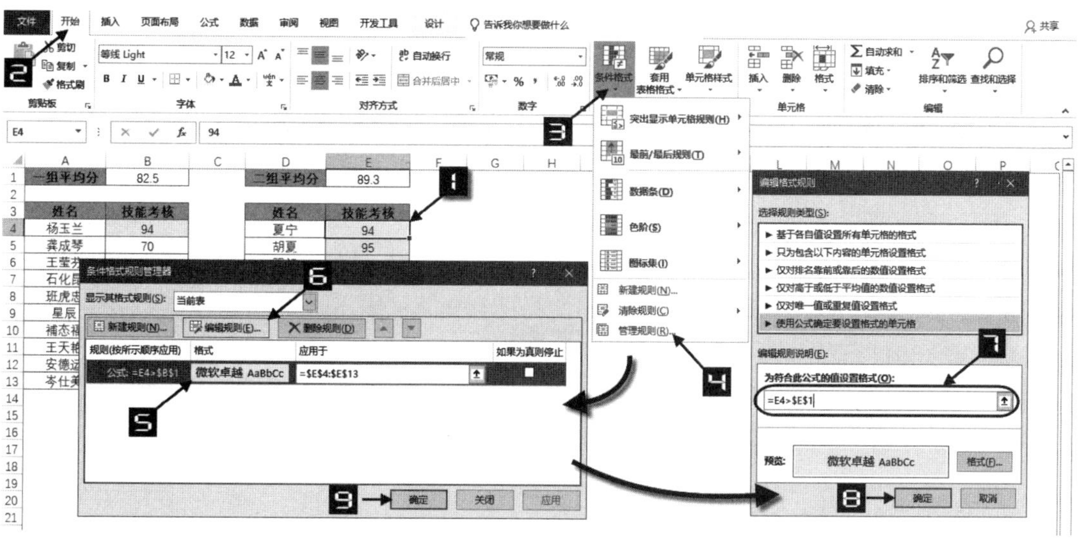

图 29-19　编辑格式规则

29.2 函数公式在条件格式中的应用实例

29.2.1 突出显示另一列中不包含的数据

在条件格式中使用 COUNTIF 函数，可以快速标记两列数据的差异情况。

示例29-5 突出显示本月新增员工

图 29-20 所示，是某公司的员工名单，需要根据 7 月份员工名单，突出显示本月新增员工。

	A	B	C	D	E
1	7月份名单			本月名单	
2	员工编号	姓名		员工编号	姓名
3	ZX0100121	杨玉兰		ZX0100121	(Ctrl)
4	ZX0100122	龚成琴		ZX0100122	龚成琴
5	ZX0100123	王莹芬		ZX0100123	王莹芬
6	ZX0100124	石化昆		ZX0100138	肖龙
7	ZX0100125	班虎忠		ZX0100139	郑明明
8	ZX0100126	星辰		ZX0100126	星辰
9	ZX0100127	補态福		ZX0100127	補态福
10	ZX0100128	王天艳		ZX0100128	王天艳
11	ZX0100129	安德运		ZX0100129	安德运
12	ZX0100130	岑仕美		ZX0100140	张龙
13	ZX0100131	杨再发		ZX0100131	杨再发
14	ZX0100132	范维维		ZX0100132	范维维
15	ZX0100133	鞠俊伟		ZX0100142	张龙
16	ZX0100134	夏宁		ZX0100134	夏宁
17	ZX0100135	胡夏		ZX0100135	胡夏
18	ZX0100136	明朗		ZX0100136	明朗
19	ZX0100137	王鸥		ZX0100137	王鸥
20				ZX0100130	岑仕美
21				ZX0100124	石化昆

图 29-20　突出显示本月新增员工

操作步骤如下。

步骤① 选中 D3:E21 单元格区域，依次单击【开始】→【条件格式】→【新建规则】命令，打开【新建格式规则】对话框。

步骤② 在【为符合此公式的值设置格式】编辑框中输入以下公式：

```
=COUNTIF($B:$B,$E3)=0
```

步骤③ 单击【格式】按钮，在【设置单元格格式】对话框的【填充】选项卡下选择一种颜色，如黄色，最后依次单击【确定】按钮关闭对话框。

公式中的 COUNTIF($B:$B,$E3) 函数部分，统计 B 列中包含多少个与 E3 单元格相同的姓名。如果 COUNTIF 函数的结果等于 0，则说明该员工是本月新增人员。

29.2.2 使用逐行扩展的数据范围

在工作表中使用公式时，经常会用到类似 $A$1: $A1 的引用方式，将公式复制到不同单元格时，引用范围能够自动扩展。在条件格式中也可以使用类似的引用方式，实现更加灵活的显示效果。

示例29-6 突出显示重复录入的姓名

在图 29-21 所示的员工信息表中，使用条件格式能够对重复录入的姓名进行标识。

	A	B
1	员工编号	姓名
2	ZX1001001	杨玉兰
3	ZX1001002	龚成琴
4	ZX1001003	王莹芬
5	ZX1001004	石化昆
6	ZX1001005	班虎忠
7	ZX1001006	星辰
8	ZX1001007	補态福
9	ZX1001008	王天艳
10	ZX1001009	安德运
11	ZX1001010	岑仕美
12	ZX1001011	龚成琴
13	ZX1001012	范维维
14	ZX1001013	補态福
15	ZX1001014	夏宁
16	ZX1001015	胡夏
17	ZX1001016	明朗
18	ZX1001017	杨玉兰

图 29-21 突出显示重复录入的姓名

操作步骤如下。

步骤① 选中 B2:B200 单元格区域，依次单击【开始】→【条件格式】→【新建规则】命令，打开【新建格式规则】对话框。

步骤② 在【为符合此公式的值设置格式】编辑框中输入以下公式：

```
=COUNTIF($B$2:B2,B2)>1
```

步骤③ 单击【格式】按钮，在【设置单元格格式】对话框的【填充】选项卡下选择一种颜色，如黄色，最后依次单击【确定】按钮关闭对话框。

COUNTIF 函数第一参数使用 $B$2:B2，用来形成一个从 $B$2 单元格开始到公式所在行的动态统计范围，在此范围中统计 B 列中的姓名个数是否大于 1。如果重复录入了姓名，则对出现重复姓名的单元格应用指定的突出显示规则。

> 如果复制其他单元格的内容粘贴到应用了条件格式的单元格，该单元格中的条件格式将丢失。

29.2.3 条件格式与日期函数的结合使用

示例29-7 合同到期提醒

在图 29-22 所示的销售合同列表中，通过设置条件格式，使合同在到期前 7 天开始以黄色背景色突出显示。合同到期前3天开始，以橙色背景色突出显示。合同到期后，以灰色背景色突出显示。

	A	B	C	D	E	F
1	编号	合同号	客户姓名	用款金额	放款日期	到期日期
2	X2883-01	202106048	温彩娟	330000	2020/8/25	2021/8/20
3	X2884-01	202104129	高国珍	500000	2020/12/2	2021/11/27
4	X2885-01	202009138	江少梅	970000	2021/3/31	2022/3/26
5	X2886-01	202104053	任进	900000	2020/9/21	2021/9/16
6	X2887-01	202102037	徐俊	770000	2020/8/17	2021/8/12
7	X2888-01	202106057	赵军	950000	2020/9/30	2021/9/25
8	X2889-01	202106016	刘胜男	360000	2020/9/13	2021/9/8
9	X2890-01	202106029	耿明智	620000	2020/9/23	2021/9/18
10	X2891-01	202104055	刘刚、杜国蓉	470000	2020/9/24	2021/9/19
11	X2892-01	202104144	吴丽芳	930000	2020/9/30	2021/9/25
12	X2893-01	202104087	谢树英	660000	2020/9/15	2021/9/10
13	X2894-01	202107008	符德师	560000	2020/9/12	2021/9/7
14	X2895-01	202107009	方秀娟	520000	2020/9/28	2021/9/23
15	X2896-01	202108001	潘卢琨	890000	2021/5/28	2022/5/23
16	X2897-01	202102021	王博民	910000	2020/9/20	2021/9/15
17	X2899-01	202104078	赵伟芸	590000	2020/10/2	2021/9/27
18	X2900-01	202104134	商晓东	420000	2020/12/7	2021/12/2
19	X2901-01	202104088	李丰江	510000	2020/9/19	2021/9/14
20	X2902-01	202107010	李先刚、熊英	210000	2020/10/7	2021/10/2
21	X2904-01	202107006	李宁	750000	2021/1/8	2022/1/3

图 29-22　合同到期提醒

操作步骤如下。

步骤① 选中 A2:F21 单元格区域，依次单击【开始】→【条件格式】→【新建规则】命令，打开【新建格式规则】对话框。

步骤② 在【为符合此公式的值设置格式】编辑框中输入以下公式：

```
=AND($F2>=TODAY(),$F2-TODAY()<7)
```

步骤③ 单击【格式】按钮，在【设置单元格格式】对话框的【填充】选项卡下选择一种颜色，如黄色，最后依次单击【确定】按钮关闭对话框。

步骤④ 重复步骤 1~ 步骤 2，在【为符合此公式的值设置格式】编辑框中输入以下公式：

```
=AND($F2>=TODAY(),$F2-TODAY()<3)
```

重复步骤 3，在【填充】选项卡下的背景色颜色面板中选择一种颜色，如橙色，最后依次单击【确定】按钮关闭对话框。

步骤⑤ 重复步骤 1~ 步骤 2，在【为符合此公式的值设置格式】编辑框中输入以下公式：

```
=$F2<TODAY()
```

重复步骤 3，在【填充】选项卡下的背景色颜色面板中选择一种颜色，如灰色，最后依次单击【确定】按钮完成设置。

本例第一个条件格式规则的公式中，分别使用两个条件对 F2 单元格中的日期进行判断。

第一个条件 $F2>=TODAY()，用于判断 F2 单元格中的合同到期日期是否大于等于当前系统日期。

第二个条件 $F2-TODAY()<7，用于判断 F2 单元格中的合同到期日期是否与当前系统日期的间隔小于 7。

第二个条件格式规则的公式原理与之相同。

第三个条件 $F2<TODAY()，用于判断 F2 单元格中的合同到期日期是否小于当前系统日期。

根据本书前言的提示操作，可观看条件格式与日期函数结合使用的视频讲解。

示例29-8 员工生日提醒

图 29-23 所示，为某企业员工信息表的部分内容，需要在员工生日前 7 天在 Excel 中自动提醒。

	A	B	C	D	E
1	员工编号	姓名	部门	性别	生日
2	ZX0100121	杨玉兰	销售部	男	1990/9/10
3	ZX0100122	龚成琴	行政部	女	1994/2/4
4	ZX0100123	王莹芬	人事部	女	1987/4/7
5	ZX0100124	石化昆	人事部	男	1982/8/11
6	ZX0100125	班虎忠	销售部	女	1993/2/9
7	ZX0100126	星辰	财务部	女	1995/7/12
8	ZX0100127	補态福	销售部	女	1992/12/28
9	ZX0100128	王天艳	财务部	男	1997/4/15
10	ZX0100129	安德运	财务部	男	1989/12/22
11	ZX0100130	岑仕美	销售部	男	1990/9/15
12	ZX0100131	杨再发	销售部	男	1988/9/8
13	ZX0100132	范维维	销售部	男	1992/2/17
14	ZX0100133	鞠俊伟	销售部	女	1993/3/24
15	ZX0100134	夏宁	运营部	女	1989/12/27
16	ZX0100135	胡夏	运营部	女	1989/6/1
17	ZX0100136	明朗	销售部	男	1992/6/2
18	ZX0100137	王鸥	客服部	男	1987/6/28
19					

图 29-23　员工生日提醒

操作步骤如下。

步骤① 选中 A2:E18 单元格区域，依次单击【开始】→【条件格式】→【新建规则】命令，打开【新建格式规则】对话框。

步骤② 在【为符合此公式的值设置格式】编辑框中输入以下公式：

```
=DATEDIF($E2,TODAY()+7,"yd")<=7
```

步骤③ 单击【格式】按钮，在【设置单元格格式】对话框的【填充】选项卡下选择一种颜色，如蓝色，最后依次单击【确定】按钮关闭对话框。

DATEDIF 函数用于计算两日期之间的间隔，第三参数为“yd”时，计算忽略年份的日期之差。

TODAY 函数用于返回当前的系统日期。

“DATEDIF($E2,TODAY()+7,"yd")”部分，用于计算 E2 单元格中的出生日期距离系统当前日期 7 天后的间隔天数。

提示

DATEDIF 函数第二参数在使用“YD”时的计算规则较为特殊，受闰年影响，当日期跨越 2 月 29 日时，计算结果可能会出现一天的误差。

示例29-9 突出显示本周工作安排

图 29-24 所示，是某单位工作计划安排表的部分内容，为了便于工作落实管理，需要突出显示本周的计划内容，以星期一到星期日为完整的一周。

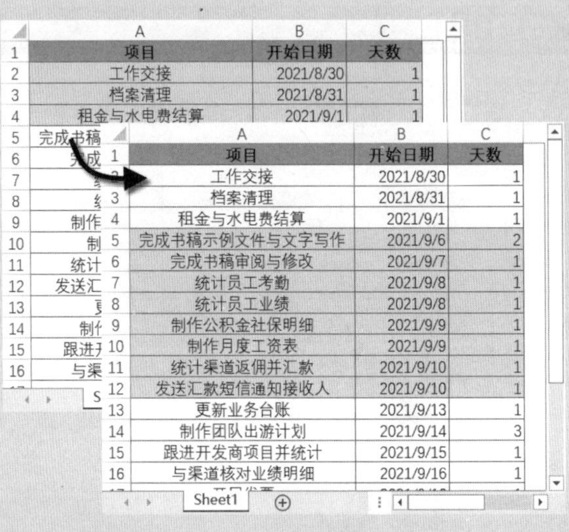

	A	B	C
1	项目	开始日期	天数
2	工作交接	2021/8/30	1
3	档案清理	2021/8/31	1
4	租金与水电费结算	2021/9/1	1
5	完成书稿示例文件与文字写作	2021/9/6	2
6	完成书稿审阅与修改	2021/9/7	1
7	统计员工考勤	2021/9/8	1
8	统计员工业绩	2021/9/8	1
9	制作公积金社保明细	2021/9/9	1
10	制作月度工资表	2021/9/9	1
11	统计渠道返佣并汇款	2021/9/10	1
12	发送汇款短信通知接收人	2021/9/10	1
13	更新业务台账	2021/9/13	1
14	制作团队出游计划	2021/9/14	3
15	跟进开发商项目并统计	2021/9/15	1
16	与渠道核对业绩明细	2021/9/16	1

图 29-24 突出显示本周计划内容

操作步骤如下。

步骤① 选中 A2:C22 单元格区域，依次单击【开始】→【条件格式】→【新建规则】命令，打开【新建格式规则】对话框。

步骤② 在【为符合此公式的值设置格式】编辑框中输入以下公式：

```
=($B2>TODAY()-WEEKDAY(TODAY(),2))*($B2<=TODAY()-WEEKDAY(TODAY(),2)+7)
```

步骤③ 单击【格式】按钮，在【设置单元格格式】对话框的【填充】选项卡下选择一种颜色，如绿色，最后依次单击【确定】按钮关闭对话框。

条件格式中的公式中，首先用 WEEKDAY(TODAY(),2) 函数计算出表示系统日期所属星期几的数值，假如系统日期为 2021 年 9 月 7 日，该部分的结果为 2。然后用系统当前日期减去这个结果，得到上周的最后一天。

“TODAY()-WEEKDAY(TODAY(),2)+7”部分，用上周的最后一天加上 7，得到本周的最后一天。

再分别判断 B2 单元格中的日期是否大于上周的最后一天，并且小于等于本周的最后一天。最后将两个判断条件相乘，如果两个条件同时符合，说明 B2 单元格中的日期在本周范围内，公式返回 1。否则就不是本周的日期，公式返回 0。

29.2.4　条件格式与 VBA 代码的结合使用

使用条件格式结合 VBA 代码，能够在单击某个单元格时，突出显示活动单元格所在行列，实现类似聚光灯的功能。在数据较多的工作表中，更便于用户查看和阅读。

示例29-10　制作便于查看数据的“聚光灯”

图 29-25 所示，是在销售记录表中制作出的聚光灯效果。

	A	B	C	D	E	F	G	H
1	客户姓名	产品归类	经办人	经办部门	公司可核创收	业务员创收	对比	进单时间
2	冯	信用贷	翔	业务四部	1500	1500		2018/1/2
3	毕	信用贷	翔	业务四部	2790	2790		2018/1/8
4	周	抵押贷	岳	业务三部	9250	9250		2018/1/22
5	李	信用贷	翔	业务四部	3000	3000		2018/1/4
6	韦	信用贷	勇	业务一部	1250	1250		2018/1/30
7	姚	抵押贷	英	业务二部	9150.9	9150.9		2018/3/20
8	戴	抵押贷	立	业务四部	22951.5	22951.5		2018/3/20
9	蔡	抵押贷	翔	业务四部	20000	20000		2018/3/26
10	陈	信用贷	立	业务四部	7500	7500		2018/4/2
11	梁	信用贷	立	业务四部	8700	8700		2018/4/8
12	陈	抵押贷	立	业务四部	13440	13440		2018/4/13
13	王	信用贷	立	业务四部	3240	3240		2018/5/14
14	刘	信用贷	翔	业务四部	2475	2475		2018/5/20
15	巩	信用贷	恩	业务一部	5265	5265		2018/6/5
16	王	信用贷	立	业务四部	13500	13500		2018/6/8
17	陈	信用贷	岳	业务三部	2700	2700		2018/6/11

图 29-25　聚光灯效果

操作步骤如下。

步骤① 单击数据区域任意单元格，按 <Ctrl+A> 组合键选中整个数据区域，依次单击【开始】→【条件格式】→【新建规则】命令，打开【新建格式规则】对话框。

步骤② 在【为符合此公式的值设置格式】编辑框中输入以下公式：

```
=(CELL("row")=ROW())+(CELL("col")=COLUMN())
```

步骤③ 单击【格式】按钮，在【设置单元格格式】对话框的【填充】选项卡下选择一种颜色，如蓝色，最后依次单击【确定】按钮关闭对话框。

步骤④ 保持数据区域的选中状态，再次单击【开始】→【条件格式】→【新建规则】命令，打开【新建格式规则】对话框。

步骤⑤ 在【为符合此公式的值设置格式】编辑框中输入以下公式：

```
=(CELL("row")=ROW())*(CELL("col")=COLUMN())
```

步骤⑥ 单击【格式】按钮，在【设置单元格格式】对话框的【填充】选项卡下选择一种颜色，如橙色，最后依次单击【确定】按钮关闭对话框。

步骤⑦ 按 <Alt+F11> 组合键打开 VBE 界面，在左侧的工程资源管理器中单击需要设置聚光灯的工作表对象，然后在右侧的代码窗口中输入以下代码，如图 29-26 所示。

```
Private Sub Worksheet_SelectionChange(ByVal Target As Range)
    Calculate
End Sub
```

图 29-26 输入格式代码

设置完成后，只要单击某个单元格，该单元格将显示为红色，所在行列显示为橙色。最后将文件另存为 Excel 启用宏的工作簿，即 xlsm 格式。

CELL 函数能够返回有关单元格的格式、位置或内容的信息。参数使用“"row"”，用于返回活动单元格的行号。参数使用“"col"”，用于返回活动单元格的列号。ROW 函数和 COLUMN 函数省略参数，返回公式所在单元格的行号和列号。

条件格式中的公式由两部分构成，第一部分“CELL("row")=ROW()”，用于比较活动单元格的行号是否等于公式所在单元格的行号。另一部分“CELL("col")=COLUMN()”用于比较活动单元格的列号是否等于公式所在单元格的列号。

第一个公式中，将两部分的对比结果相加，意思是只要满足其中一个条件即为符合规则。作用到条件格式中，只要公式所在的行号或列号与活动单元格行列号一致，即显示预先设置的橙色。

第二个公式中，将两部分的对比结果相乘，意思是两个条件同时满足方为符合规则。作用到条件格式中，只有公式所在的行号和列号与活动单元格的行列号完全一致时，即显示预先设置的红色。

CELL 函数虽然是易失性函数，但是在条件格式中使用的时候，并不能随活动单元格的变化而自动更新。因此还需要增加一段用于刷新的 VBA 代码。

代码使用了工作表的 SelectionChange 事件，意思是当代码所在工作表的活动单元格发生改变时，就执行一次计算，以此对 CELL 函数强制重算，实时刷新条件格式的显示效果。

提示

使用本例中的方法，在单元格中每执行一次单击就会引发重新计算，如果工作表中有较多的公式，会影响 Excel 的响应速度。

29.2.5　条件格式的其他应用

示例29-11　用条件格式制作项目进度图

图 29-27 所示，是某项目的进度安排表，使用条件格式能够制作出类似进度图的效果，每一行中的填充颜色表示该项目的落实日期，红色线条表示当前日期。

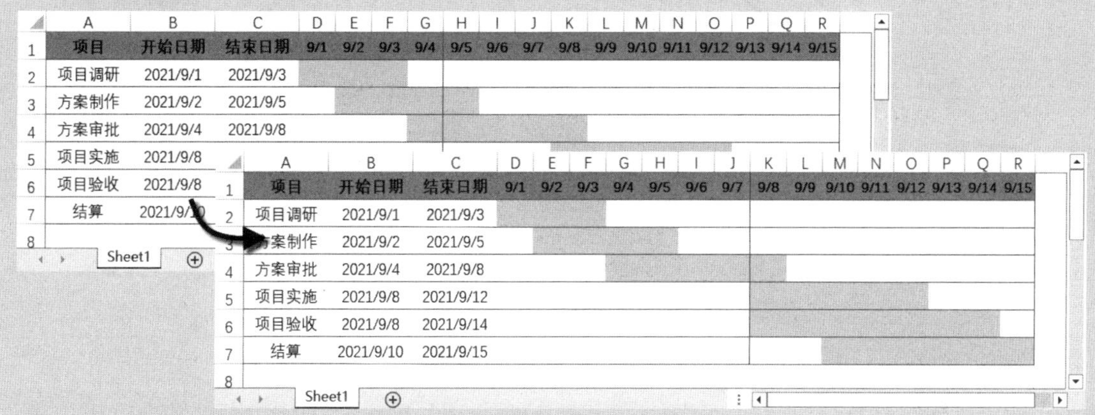

图 29-27　项目进度图

操作步骤如下。

步骤① 选中 D2:R7 单元格区域，依次单击【开始】→【条件格式】→【新建规则】命令，打开【新建格式规则】对话框。

步骤② 在【为符合此公式的值设置格式】编辑框中输入以下公式：

```
=(D$1>=$B2)*(D$1<=$C2)
```

步骤③ 单击【格式】按钮，在【设置单元格格式】对话框的【填充】选项卡下选择一种颜色，如蓝色，最后依次单击【确定】按钮关闭对话框。

步骤④ 选中 D1:R7 单元格区域，再次单击【开始】→【条件格式】→【新建规则】命令，打开【新建格式规则】对话框。

步骤⑤ 在【为符合此公式的值设置格式】编辑框中输入以下公式：

```
=D$1=TODAY()
```

步骤⑥ 单击【格式】按钮，在【设置单元格格式】对话框中切换到【边框】选项卡。在【样式】列表中单击选中实线样式，然后单击【颜色】下拉按钮，在主题颜色面板中选择红色，在【边框】区域单击选中右下角的【右框线】按钮，最后依次单击【确定】按钮关闭对话框，如图 29-28 所示。

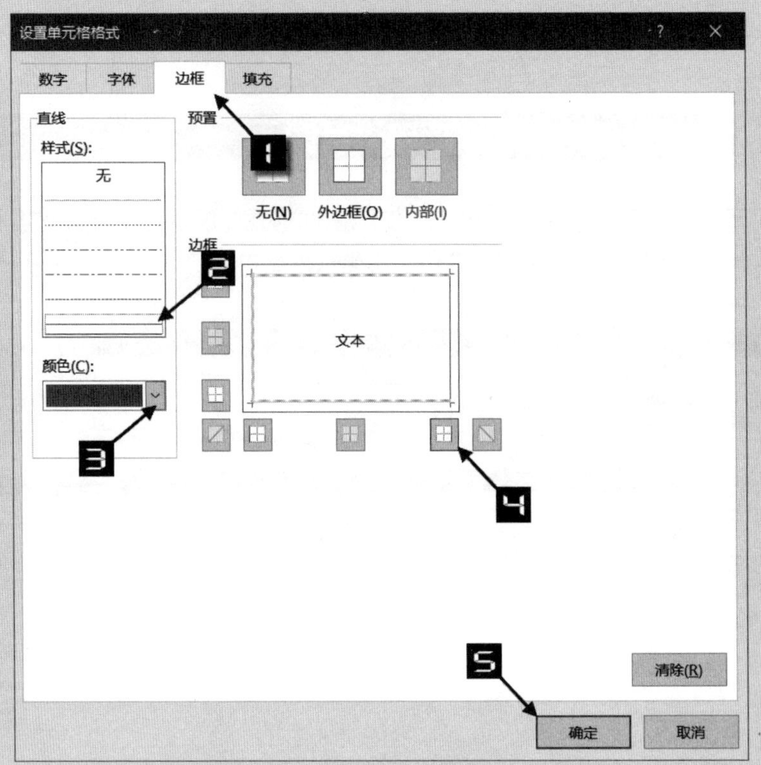

图 29-28 设置单元格格式

第一个公式中用 D1 单元格中的日期分别与 B2 单元格的项目开始日期和 C2 单元格的结束日期进行比较，如果大于等于项目开始日期并且小于等于项目结束日期，公式返回 1，单元格中显示指定的格式效果。

第二个公式用 D1 单元格中的日期与系统当前日期进行比较，如果等于系统当前日期，就在该列单元格的右侧显示虚线边框，突出显示当前日期在整个项目进度中的位置。

设置完成后，随着日期的变化，工作表中的“今日线”也会不断推进，能使用户更直观地查看每个项目的进度情况。

示例29-12 用条件格式标记不同部门的记录

图 29-31 所示，是某公司一季度各销售部门的销售业绩，B 列已经按部门排序。使用条件格式，能够将各部门的记录间隔着色，更便于查看数据。

	A	B	C	D
1	序号	部门	姓名	一季度业绩
2	1	一团队	杨玉兰	19154
3	2	一团队	龚成琴	51251
4	3	一团队	王莹芬	38702
5	4	一团队	石化昆	21126
6	5	一团队	班虎忠	7630
7	6	一团队	星辰	57285
8	7	二团队	補态福	40869
9	8	二团队	王天艳	46946
10	9	二团队	安德运	44211
11	10	二团队	岑仕美	10059
12	11	二团队	杨再发	15311
13	12	二团队	范维维	36579
14	13	三团队	鞠俊伟	27052
15	14	三团队	夏宁	51357
16	15	三团队	胡夏	20089
17	16	三团队	明朗	57857
18	17	三团队	王鸥	25087
19	18	三团队	肖龙	15357
20	19	三团队	林伟	22821
21	20	三团队	刘厚	46705
22	21	四团队	黄星辰	28606

Sheet1

图 29-29　标记不同部门的记录

操作步骤如下。

步骤① 选中 A2:D25 单元格区域，依次单击【开始】→【条件格式】→【新建规则】命令，打开【新建格式规则】对话框。

步骤② 在【为符合此公式的值设置格式】编辑框中输入以下公式：

```
=MOD(ROUND(SUM(1/COUNTIF($B$2:$B2,$B$2:$B2)),),2)
```

步骤③ 单击【格式】按钮，在【设置单元格格式】对话框的【填充】选项卡下选择一种颜色，如蓝色，最后依次单击【确定】按钮关闭对话框。

本例中公式的主要切入点是，自 A2 单元格开始向下依次判断有多少个不重复值，再判断不重复值的数量是不是 2 的倍数。

“SUM(1/COUNTIF($B$2:$B2,$B$2:$B2))”部分，$B$2 使用的是绝对引用，$B2 使用的是列绝对引用，其作用是对 B 列自 B2 开始，到公式所在的当前行的数据区域统计不重复的个数。不重复计数公式的原理请参阅 16.4.1 节。

如果直接将不重复计数的结果用作 MOD 函数的第一参数，会在部分情况下出现浮点误差，使条件格式的显示不正确。关于浮点误差请参阅 1.5 节。

如图 29-30 所示，在 F2 单元格中输入以下数组公式，按 <Ctrl+Shift+Enter> 组合键结束编辑，将公式向下复制到 F25 单元格，可以看到 F10 单元格和 F12 单元格都返回了错误结果。

```
{=MOD(SUM(1/COUNTIF($B$2:$B2,$B$2:$B2)),2)}
```

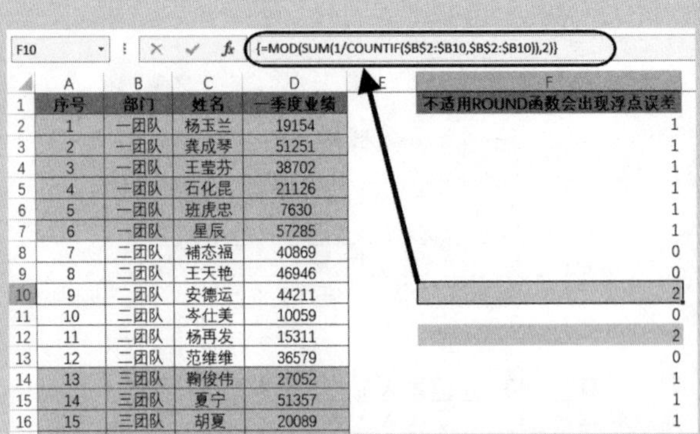

图 29-30　公式出现浮点误差

“ROUND(SUM(1/COUNTIF($B$2:$B2,$B$2:$B2)),)”部分，ROUND 函数简写第二参数 0，将不重复计数结果保留为整数。

再使用 MOD 函数计算与 2 相除的余数，结果返回 1 或是 0。Excel 在返回 1 的单元格区域应用预置的突出显示效果。

条件格式中使用函数，除了可以根据单元格中的内容应用指定的单元格格式外，还可以使用图标集规则来突出显示单元格中的内容变化。

示例29-13　为前N名的业务员设置红旗图标

图 29-31 所示，是某公司一季度各销售部门的销售业绩，使用函数公式结合条件格式中的图标集，单击右侧数值调节钮，能够动态为业绩排名前 N 名的业务员标上红旗。

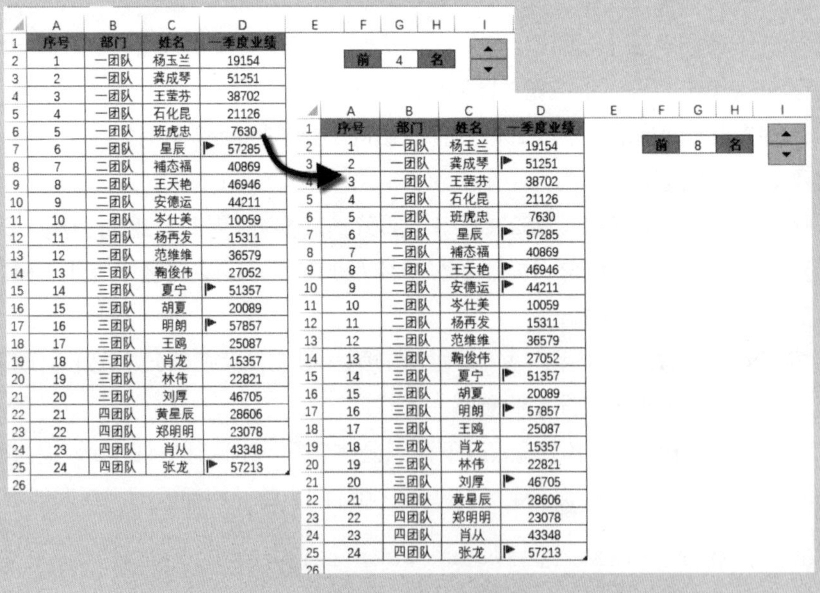

图 29-31　为前 N 名的业务员设置红旗图标

操作步骤如下。

步骤① 首先插入数值调节钮。

单击任意单元格，在功能区【开发工具】选项卡中单击【插入】→【数值调节钮（窗体控件）】命令，拖动鼠标在工作表中绘制一个数值调节钮，如图 29-32 所示。

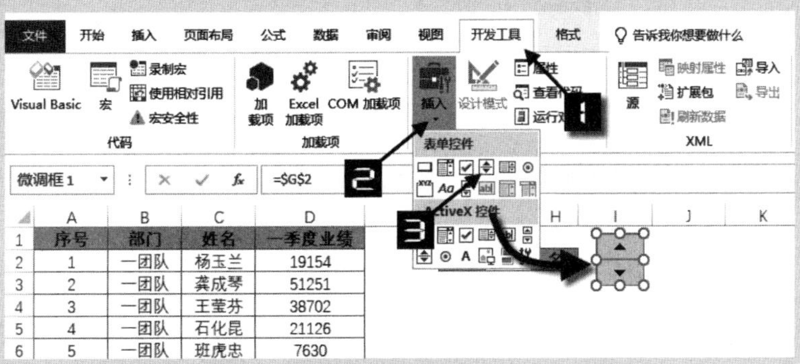

图 29-32　插入数值调节钮

在数值调节钮上右击鼠标，然后在快捷菜单中单击【设置控件格式】命令，打开【设置控件格式】对话框。

切换到【控制】选项卡下，将【最小值】设置为 1，【最大值】设置为 10，【步长】设置为 1，【单元格链接】设置为 G2 单元格，最后单击【确定】按钮关闭对话框完成设置，如图 29-33 所示。

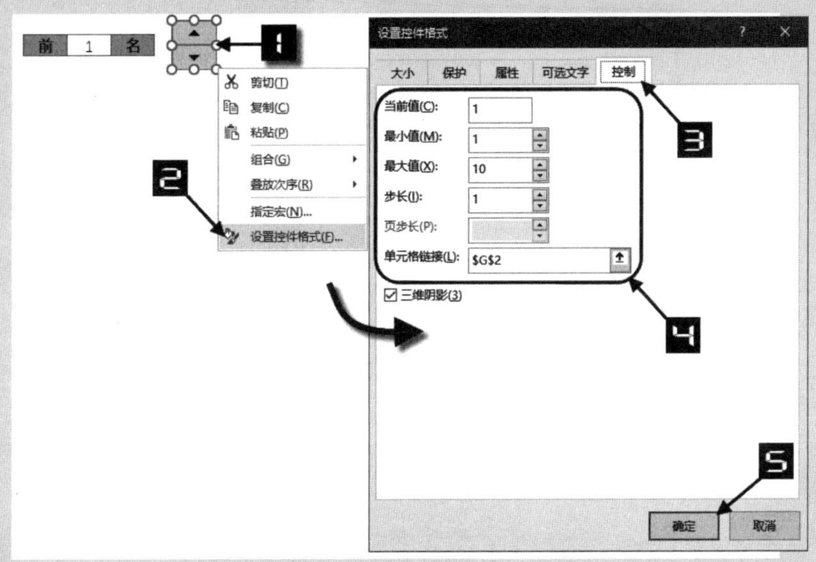

图 29-33　设置控件格式

步骤② 在任意空白单元格，如 F2 单元格，输入以下公式：

```
=LARGE($D$2:$D$25,$G$2)
```

单击 F2 单元格，在编辑栏中拖动鼠标选中公式，按 <Ctrl+C> 组合键复制，然后单击左侧的

取消按钮 ×。

步骤③ 选中 D2:D25 单元格区域，依次单击【开始】→【条件格式】→【新建规则】命令，打开【新建格式规则】对话框。

单击选中【选择规则类型】列表框中的【基于各自值设置所有单元格的格式】选项，然后在【格式样式】下拉列表中选择【图标集】选项，在【图标样式】下拉列表中选择【三色旗】选项。

在【根据以下规则显示各个图标】下方设置规则如下：

❖ 将【图标】设置为红旗，【当前值】设置为【>=】，【类型】为【公式】，将之前复制 F2 单元格的公式粘贴到【值】编辑框中。

❖ 将【图标】设置为【无单元格图标】，【当 < 公式且】设置为【>=】，【类型】为【数字】，在【值】编辑框中输入 0。

❖ 将【图标】设置为【无单元格图标】。

最后单击【确定】按钮关闭对话框完成设置，如图 29-34 所示。

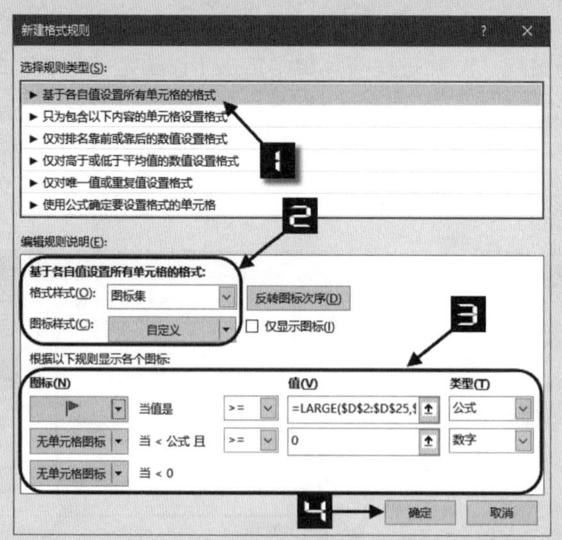

图 29-34 设置图标集格式规则

设置完毕后，通过点击数值调节钮即可为指定的前 N 名客户经理标上小红旗。

练习与巩固

1. 在条件格式中使用函数公式时，如果公式返回的结果为（______）或是不为（______）的数值，则应用预先设置的格式效果。如果公式返回的结果为（______）或是数值（______），则不会应用预先设置的格式效果。

2. 在条件格式中使用函数公式时，如果选中的是一个单元格区域，可以以（______）作为参照编写公式，设置完成后，该规则会应用到所选中范围的全部单元格。

3. 在【编辑格式规则】对话框中编辑公式时，先按（________）键，然后再按左右方向键，可正常移动光标位置。

4. 在条件格式中使用数组公式时，需要按 <Ctrl+Shift+Enter> 组合键结束编辑吗?

5. 如果复制其他单元格的内容粘贴到应用了条件格式的单元格，该单元格中的条件格式将（________）。

第 30 章　在数据验证中使用函数与公式

数据验证用于定义可以在单元格中输入或应该在单元格中输入哪些数据，防止用户输入无效数据。在数据验证中使用函数与公式，能够丰富数据验证的方式与内容，扩展使用范围。

本章学习要点

（1）在数据验证中使用函数与公式。

（2）数据验证中使用函数与公式的限制和注意事项。

30.1　数据验证中使用函数与公式的方法

数据验证能够建立特定的规则，限制用户在单元格输入的值或数据类型。此功能在 Excel 2010 及以前的版本中称为“数据有效性”，从 Excel 2013 开始更名为“数据验证”。

30.1.1　在数据验证中使用函数与公式

在数据验证中除了使用固定的数值作为验证条件外，还可以使用函数与公式构建更灵活的验证方式。设置数据验证的步骤如下。

步骤① 选中需要设置数据验证的单元格区域，单击【数据】选项卡下的【数据验证】按钮，打开【数据验证】对话框。

步骤② 在【设置】选项卡下的【允许】下拉列表中选择相应的类别，如选择【自定义】选项，如图 30-1 所示。

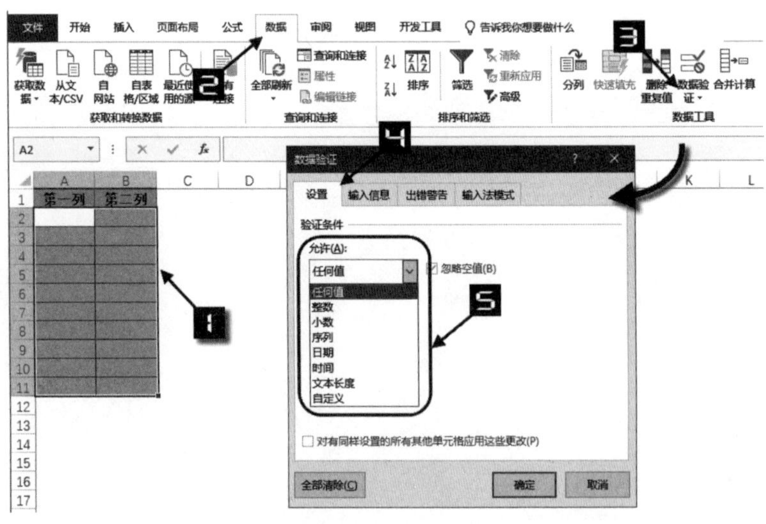

图 30-1　建立数据验证

步骤③ 在【公式】对话框中输入用于验证的公式。例如，输入以下公式，可以限定 A 列和 B 列每行输入的数值之和小于等于 1 000，最后单击【确定】按钮完成设置，如图 30-2 所示。

```
=$A2+$B2<=1000
```

设置完成后，在 A、B 两列中输入数值，当同一行的两列数值相加之和大于 1 000 时，将弹出如图 30-3 所示的警告对话框。

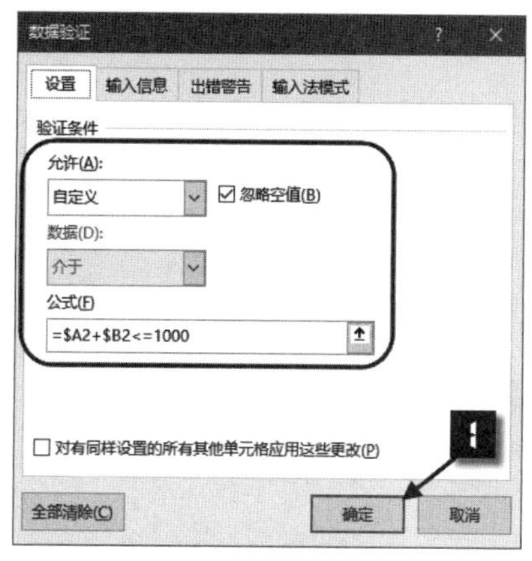

图 30-2　输入公式

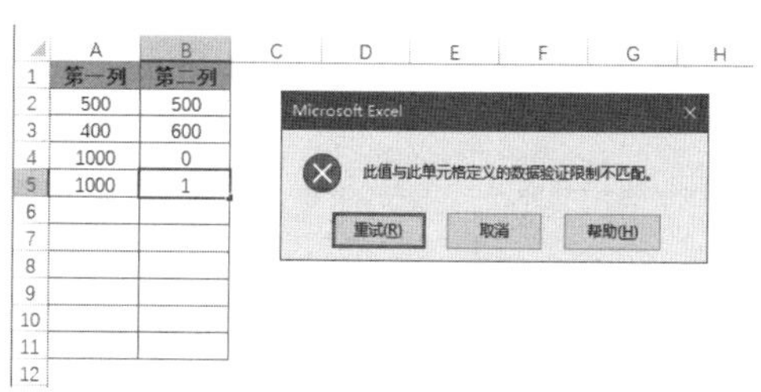

图 30-3　不满足条件出现提示

当验证条件设置为“自定义”时，可以使用结果为 TRUE 或 FALSE 的公式作为验证条件。当公式结果返回 TRUE 时，Excel 允许输入，如果返回 FALSE，则拒绝输入。实际应用时，如果公式的计算结果为 0，即相当于逻辑值 FASLE，如果为不等于 0 的数值，则相当于逻辑值 TRUE。

在数据验证中使用公式时，一般以活动单元格，即选中后反白的单元格为参考。例如，在图 30-1 中，选择单元格区域时的顺序为从 A2 到 B11，其中 A2 单元格为活动单元格。如果选择单元格区域时顺序为从 B11 到 A2，则数据验证的公式应为：

```
=$A11+$B11<=1000
```

针对活动单元格编写的数据验证公式规则，会自动应用到选中的其他单元格区域。因此，还需注意公式中的引用方式，根据需要选择相对引用、绝对引用或混合引用。

本例中，由于数据验证的条件是针对当前行的单元格数值。因此，公式采用行相对引用，使得公式引用范围在扩展时能随着行的变化而变化。

在列方向，A、B 两列的单元格都需应用相同的条件，即 A11 单元格和 B11 单元格的验证公式应相同。因此采用列绝对引用的方式。

30.1.2　查看和编辑已有的数据验证中的公式

想要查看或更改已有数据验证中的公式，可以单击已设置数据验证的任意单元格，然后依次单击【数据】→【数据验证】按钮，打开【数据验证】对话框。勾选【对有同样设置的所有其他单元格应用这些更改】复选框，最后单击【确定】按钮关闭对话框。如需清除所选单元格中的数据验证规则，可以单击对话框左下角的【全部清除】按钮，如图 30-4 所示。

当选择的单元格区域中包含不同的数据验证类型时，会弹出提示对话框，要求首先清除当前区域的验证条件才可以继续编辑，如图 30-5 所示。

如需将某个单元格中的数据验证规则应用到其他单元格区域，可以通过 <Ctrl+C> 组合键复制包含数据验证的单元格，然后选中目标单元格，按 <Ctrl+Alt+V> 组合键，调出【选择性粘贴】对话框，单击选中【验证】单选按钮，最后单击【确定】按钮关闭对话框，如图 30-6 所示。

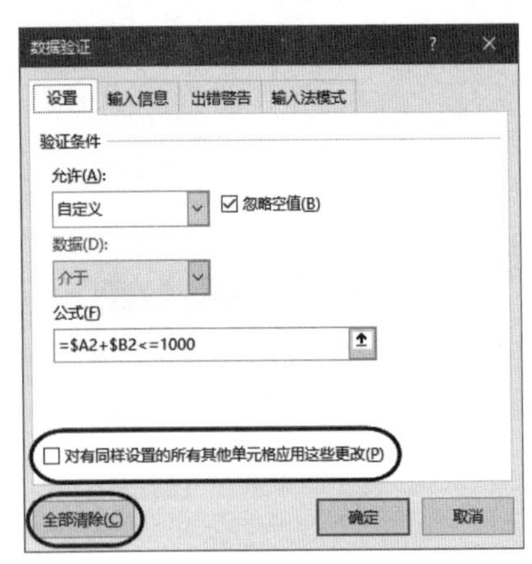

图 30-4　编辑数据验证

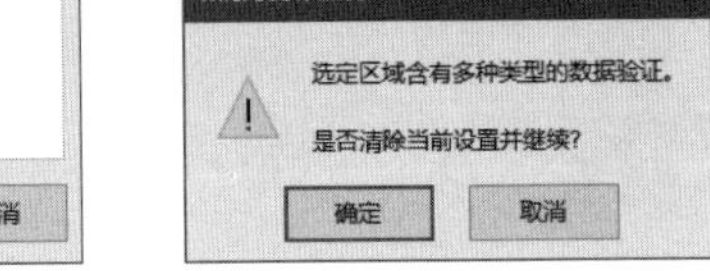

图 30-5　区域包含多种数据验证

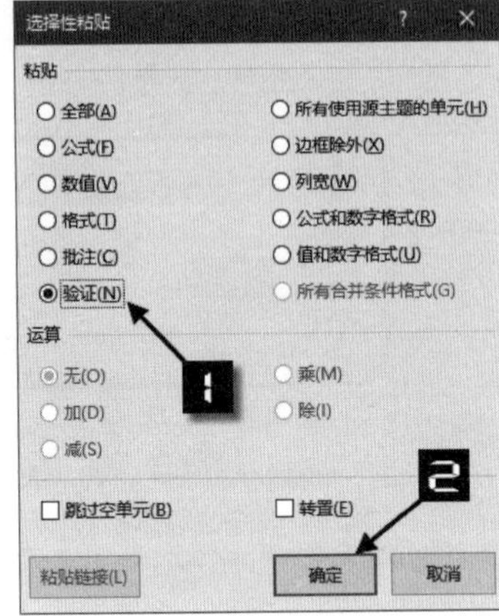

图 30-6　选择性粘贴验证

30.1.3　数据验证中公式的使用限制

在数据验证中使用公式时有以下限制。

- ❖ 不能引用其他工作簿中的数据。
- ❖ 公式中不能使用数组常量，如“=A1={1,2,3}”。
- ❖ 序列来源不能直接引用多行多列区域。

示例30-1　使用多行多列的单元格区域作为序列来源

如图 30-7 所示，需要在 A 列设置数据验证，仅允许将 D2:G6 单元格区域中四个团队的人员姓名填入 A 列。

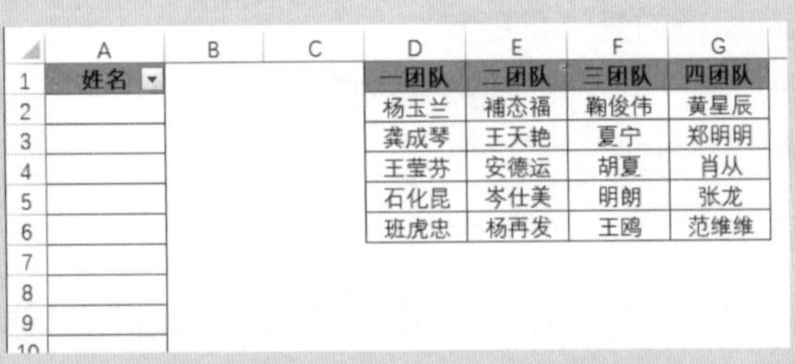

	A	B	C	D	E	F	G
1	姓名			一团队	二团队	三团队	四团队
2				杨玉兰	補态福	鞠俊伟	黄星辰
3				龚成琴	王天艳	夏宁	郑明明
4				王莹芬	安德运	胡夏	肖从
5				石化昆	岑仕美	明朗	张龙
6				班虎忠	杨再发	王鸥	范维维
7							
8							
9							

图 30-7　数据验证的序列来源为多行多列

数据验证的序列来源中既不能直接引用多行多列的区域，也不能直接使用多行多列区域的命名。可以使用变通的方法实现，具体操作步骤如下。

步骤① 选中 D2:D6 单元格区域，单击【公式】选项卡下的【定义名称】按钮，弹出【新建名称】对话框。在【名称】编辑框中输入名称，如输入“Name”，单击【确定】按钮关闭对话框，如图 30-8 所示。

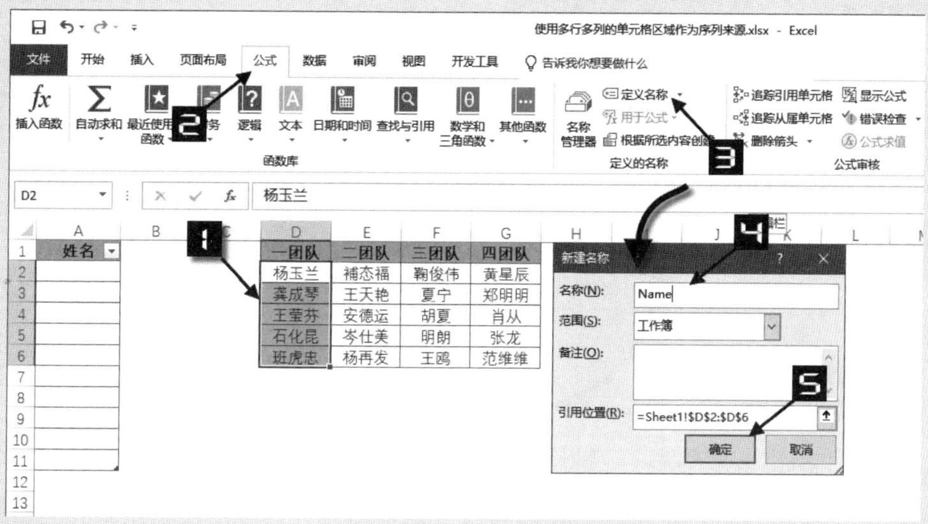

图 30-8　对第一列数据命名

步骤② 选中要设置数据验证的 A2:A11 单元格区域，依次单击【数据】→【数据验证】按钮，弹出【数据验证】对话框。在【设置】选项卡的【允许】下拉列表框中选择【序列】选项，在【来源】编辑框中输入“=Name”，最后单击【确定】按钮关闭对话框，如图 30-9 所示。

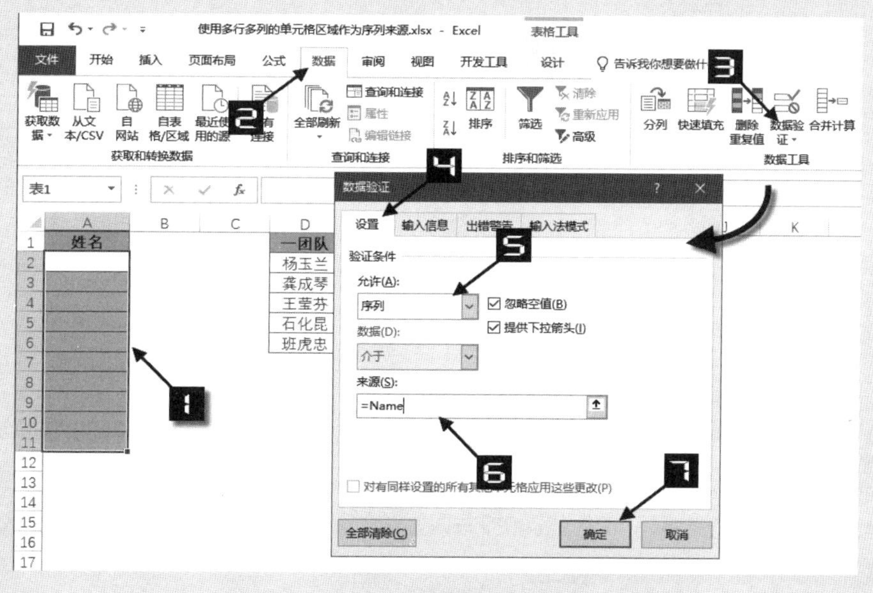

图 30-9　设置数据验证条件

步骤③ 单击【公式】选项卡下的【名称管理器】按钮，弹出【名称管理器】对话框，选择之前命名的名称“Name”，在【引用位置】编辑框中选择 D2:G6 单元格区域，单击【输入】按钮完成修改，最后单击【关闭】按钮关闭【名称管理器】对话框，如图 30-10 所示。

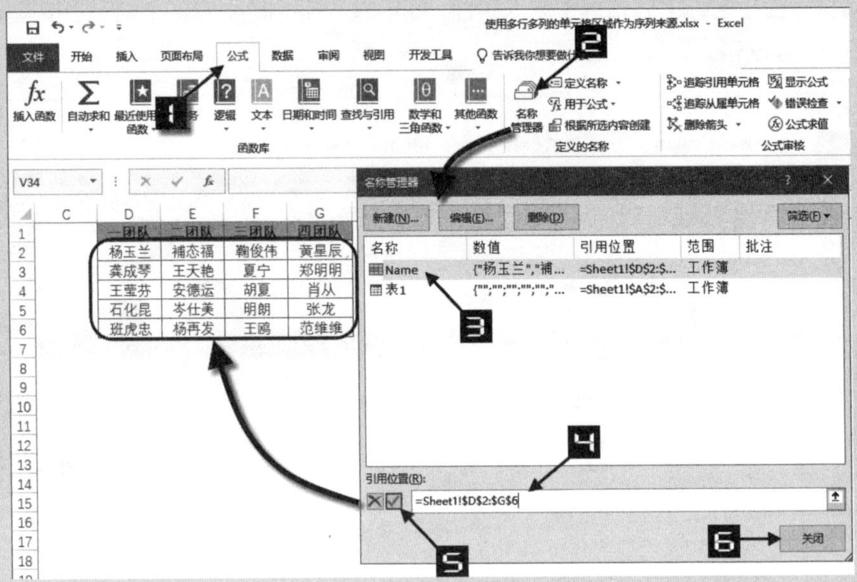

图 30-10　修改名称引用位置

设置完成后，单击 A 列单元格的下拉按钮，下拉列表中即可包含 D2:G6 单元格区域中的全部人员姓名，如图 30-11。

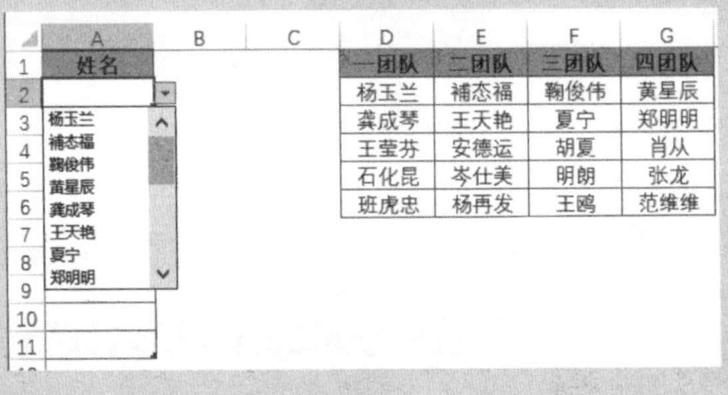

图 30-11　下拉列表中包含多行多列的引用

30.1.4　其他注意事项

在以下情况下，设置的数据验证规则可能无效。

- 设置数据验证时已完成输入的数据。针对已存在数据的单元格设置数据验证，无论单元格中的内容是否符合验证条件，均不会出现出错警告。
- 通过复制粘贴的方式或编写 VBA 代码的方式输入数据。
- 工作表开启了手动计算。
- 数据验证中的公式存在错误。

30.2　函数与公式在数据验证中的应用实例

30.2.1　借助 COUNTIF 函数限制输入重复信息

示例30-2　限制重复输入信息

图 30-12 所示，为某公司人员花名册的部分内容，A 列员工编号必须为唯一值。如录入有重复，需要弹出错误提示，禁止用户录入。

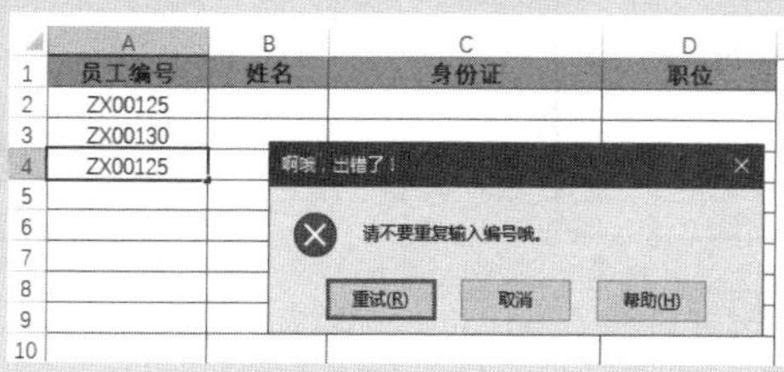

图 30-12　重复输入提示

步骤① 如图 30-13 所示，选中 A2:A11 单元格区域，依次单击【数据】→【数据验证】按钮，打开【数据验证】对话框。在【允许】下拉列表中选择【自定义】选项，在【公式】编辑框输入以下公式，最后单击【确定】按钮关闭对话框。

```
=COUNTIF(A:A,A2)=1
```

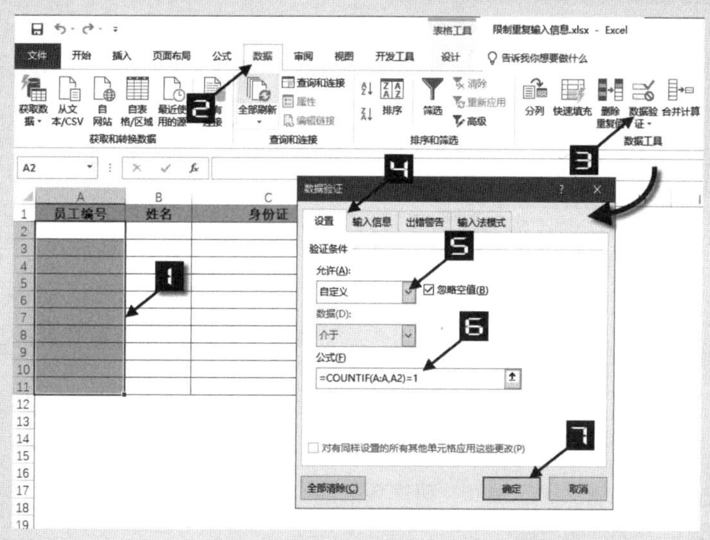

图 30-13　限制输入重复信息

COUNTIF 函数用于计算 A 列中等于 A2 的个数。限制条件为等于 1。如果条件符合返回 TRUE，Excel 允许输入。如果条件不符合则返回 FALSE，Excel 拒绝输入。

步骤② 如需设置自定义的出错警告内容，可在【数据验证】对话框中切换到【出错警告】选项卡下，然后在【样式】下拉列表框中选择【停止】选项，分别在【标题】和【错误信息】对话框中输入希望显示的错误提示，最后单击【确定】按钮关闭对话框，如图 30-14 所示。

设置完成后，如有重复内容输入，则会出现自定义的出错警告对话框，如图 30-15 所示。

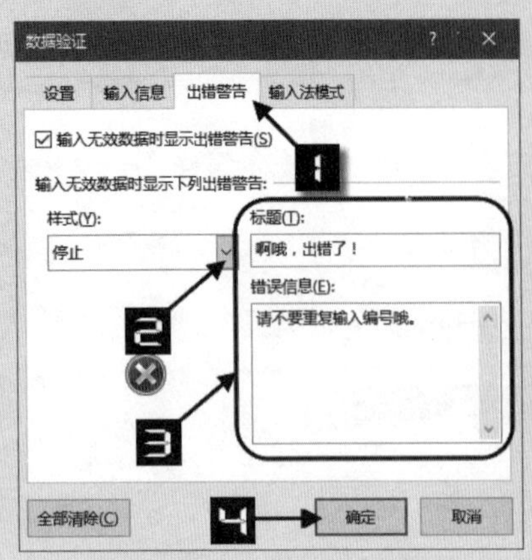

图 30-14　设置出错警告

图 30-15　自定义出错警告

使用以上公式统计数据出现的次数时，文本字符串与 15 位数字以内的数字均可以正常统计，如果数字超过 15 位，COUNTIF 只统计前 15 位有效数字，15 位之后的数字全部按 0 处理。

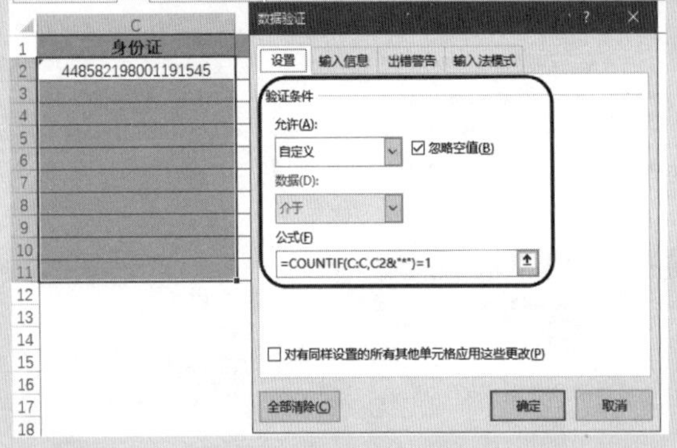

图 30-16　限制输入重复信息

如果用户在输入身份证号码时需要设置限制重复输入，可在设置【数据验证】时，将【数据验证】对话框中的公式更改为以下公式，如图 30-16 所示。

```
=COUNTIF(C:C,C2&"*")=1
```

在 C2 单元格后连接一个 "*"，利用 Excel 中数值不支持使用通配符的特性，来查找以 C2 单元格内容开始的文本，最终达到限制重复输入的效果。

根据本书前言的提示操作，可观看借助 COUNTIF 函数限制输入重复信息的视频讲解。

30.2.2　设置项目预算限制

示例30-3 设置项目预算限制

图30-17为某项目的预算表，需要在B列设置数据验证，使各分项预算之和不能超出预算总额。

	A	B	C	D	E
1	项目	金额			预算总额
2	清洁费				10000
3	交通费				
4	通讯费				
5	餐饮费				
6	运费				
7	人工费				
8	场地费				
9					

图 30-17　项目预算表

选中B2:B9单元格区域，依次单击【数据】→【数据验证】按钮，打开【数据验证】对话框。在【允许】下拉列表框中选择【自定义】选项，在【公式】编辑框中输入以下公式，如图30-18所示。

```
=SUM($B$2:$B$9)<=$E$2
```

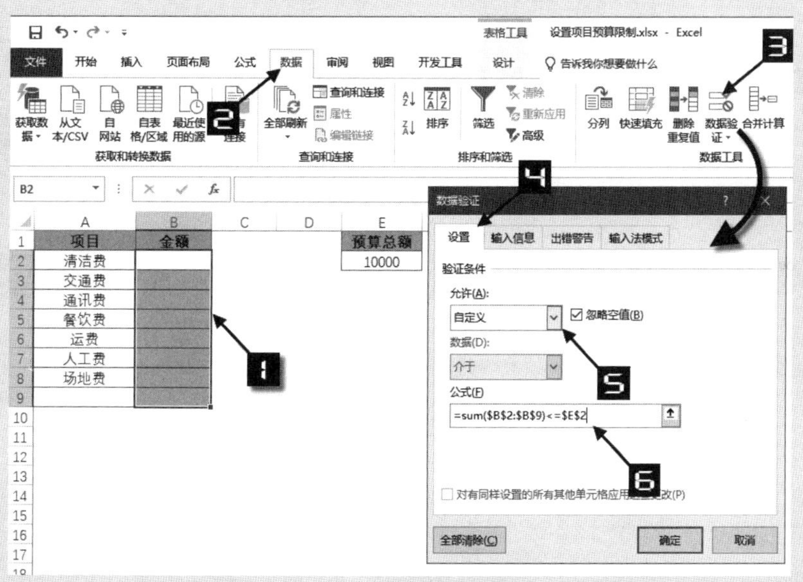

图 30-18　设置验证条件

由于此验证公式适用于所有选中单元格，不需要单元格引用随着公式的扩展发生变化，因此单元格区域都选择绝对引用。

切换到【出错警告】选项卡，在【样式】下拉列表中选择【停止】，然后输入自定义的错误提示信息，最后单击【确定】按钮关闭对话框，如图30-19所示。

当输入预算之和超出预算总额之后，会弹出自定义的出错警告对话框，如图30-20所示。

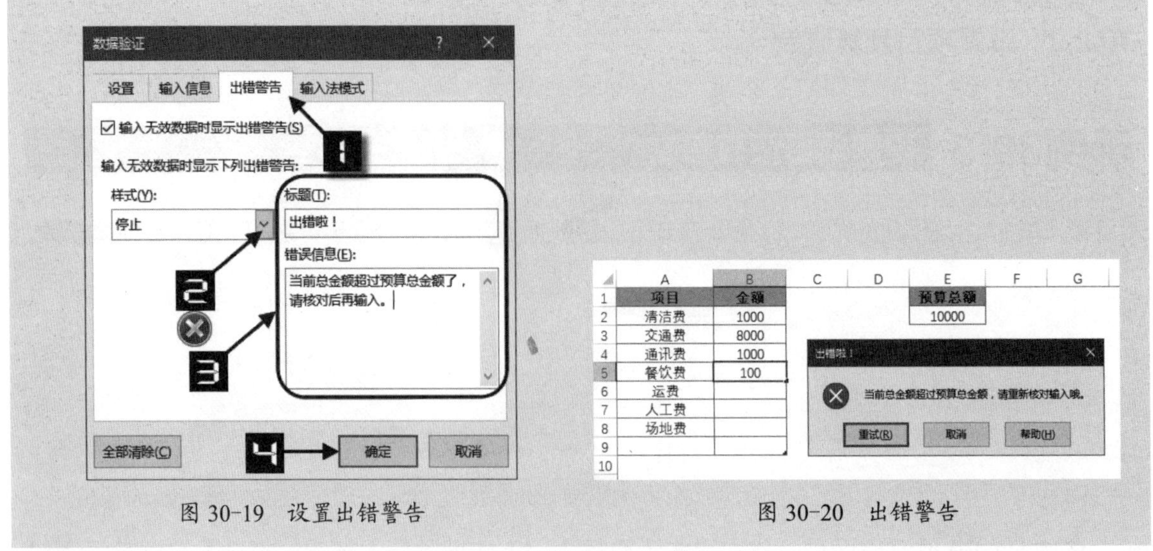

图 30-19 设置出错警告

	A	B	C	D	E
1	项目	金额			预算总额
2	清洁费	1000			10000
3	交通费	8000			
4	通讯费	1000			
5	餐饮费	100			
6	运费				
7	人工费				
8	场地费				

图 30-20 出错警告

根据本书前言的提示操作，可观看设置项目预算限制的视频讲解。

30.2.3 借助 INDIRECT 函数创建二级下拉列表

结合定义名称和 INDIRECT 函数，可以创建二级下拉列表，二级下拉列表中的选项能够根据一级下拉列表中的选项内容而发生变化。

示例30-4 创建地区信息二级下拉列表

图 30-21 二级下拉列表

图 30-21 所示，为员工信息登记表的部分内容，D、E 两列包含二级下拉列表，E 列的城市下拉列表会根据 D 列的内容自动发生变化。

基础数据如图 30-22 所示，左侧为需要设置二级下拉列表的区域，右侧为地区数据对照表。

	A	B	C	D	E
1	安徽省	北京	福建省	甘肃省	广东省
2	安庆市	北京市	福州市	白银市	潮州市
3	蚌埠市		龙岩市	定西市	东莞市
4	亳州市		南平市	甘南藏族自治州	东沙群岛
5	池州市		宁德市	嘉峪关市	佛山市
6	滁州市		莆田市	金昌市	广州市
7	阜阳市		泉州市	酒泉市	河源市
8	合肥市		三明市	兰州市	惠州市
9	淮北市		厦门市	临夏回族自治州	江门市
10	淮南市		漳州市	陇南市	揭阳市
11	黄山市			平凉市	茂名市
12	六安市			庆阳市	梅州市
13	马鞍山市			天水市	清远市
14	铜陵市			武威市	汕头市

图 30-22　二级下拉列表数据表

操作步骤如下。

步骤① 根据“地区参考表”中的内容创建名称。

首先选中“地区参考表”工作表的 A1:AE23 单元格区域，按 <Ctrl+G> 组合键，弹出【定位】对话框，单击【定位条件】按钮，在弹出的【定位条件】对话框中单击选中【常量】单选按钮，最后单击【确定】按钮关闭对话框，此时表格区域中的常量全部被选中，如图 30-23 所示。

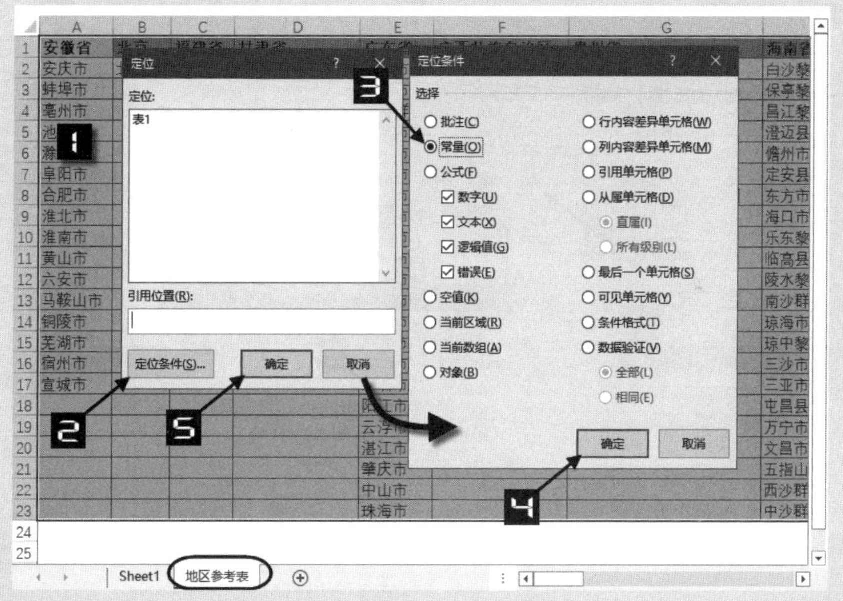

图 30-23　定位列表中的数据区域

步骤② 依次单击【公式】→【根据所选内容创建】按钮，在弹出的【根据所选内容创建名称】对话框中选中【首行】复选框，最后单击【确定】按钮关闭对话框，完成定义名称，如图 30-24 所示。

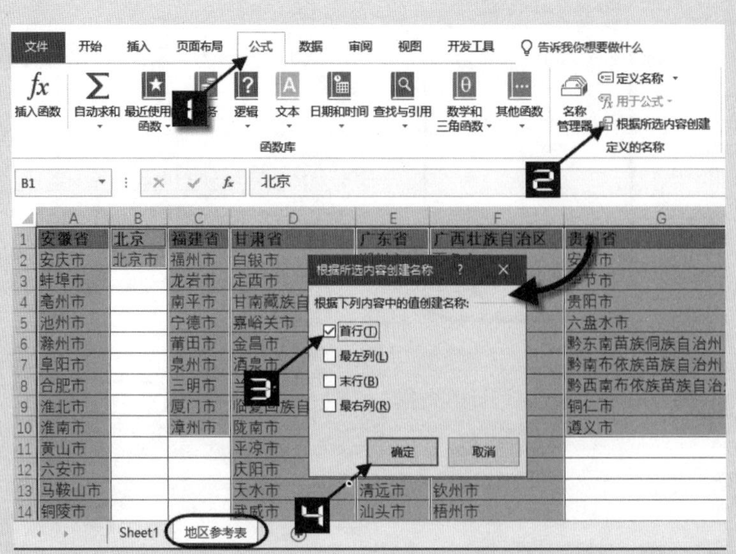

图 30-24 创建定义名称

步骤③ 创建一级下拉列表，即“省/直辖市”区域的下拉列表。

切换到“Sheet1”工作表，选中D2:D11单元格区域，依次单击【数据】→【数据验证】按钮，打开【数据验证】对话框。在【设置】选项卡下的【允许】下拉列表中选择【序列】选项，单击【来源】编辑框右侧的折叠按钮，切换到“地区参考表”工作表，选择A1:AE1单元格区域，最后单击【确定】按钮关闭对话框，如图30-25所示。

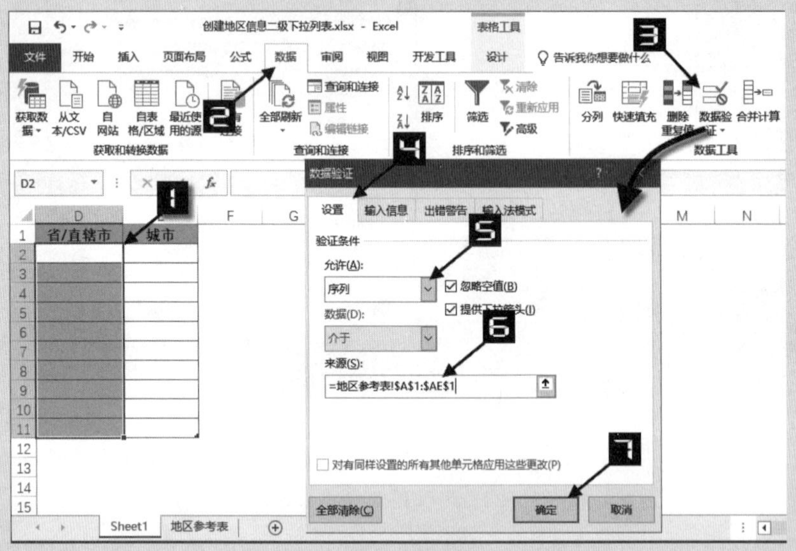

图 30-25 设置一级下拉列表

步骤④ 创建二级下拉列表，即“城市”区域的下拉列表。

选中“Sheet1”工作表E2:E11单元格区域，依次单击【数据】→【数据验证】按钮，打开【数据验证】对话框。在【设置】选项卡下的【允许】下拉列表中选择【序列】选项，在【来源】

编辑框中输入以下公式，最后单击【确定】按钮关闭对话框，如图 30-26 所示。

```
=INDIRECT(D2)
```

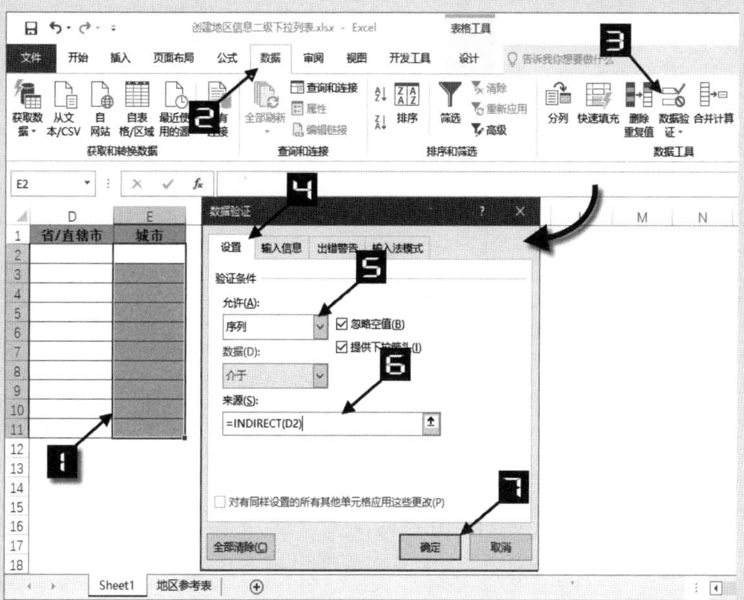

图 30-26　设置二级下拉列表

设置完成后，随着 D 列所选内容的不同，E 列中对应的下拉列表也会随之发生变化。

提示

在图 30-26 所示的【数据验证】对话框中，选中【忽略空值】复选框后，如果 D 列的一级下拉列表区域未输入任何内容，对应的 E 列二级下拉列表区域允许手工输入任意不符合验证条件的数据。如果取消选中【忽略空值】复选框，在 D 列的一级下拉列表区域未输入内容时，对应的 E 列二级下拉列表区域将不允许输入任何内容。

设置二级下拉列表时，如对应的一级下拉列表区域尚未输入内容，会弹出如图 30-27 所示的错误提示，单击【是】按钮即可。

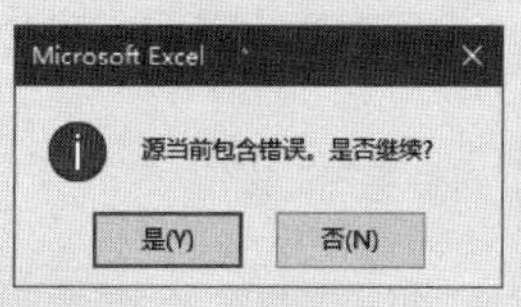

图 30-27　源包含错误提示

30.2.4　借助 OFFSET 函数创建动态二级下拉列表

使用示例 30-4 的方法创建的下拉列表，列表内容为固定区域的引用，不能随着区域大小变化而更新。结合 OFFSET 函数可创建引用区域自动更新的动态二级下拉列表。

示例30-5 创建动态二级下拉列表

在图 30-28 所示的员工信息表中，左侧为需要设置二级下拉列表的区域，右侧为部门信息对照表。

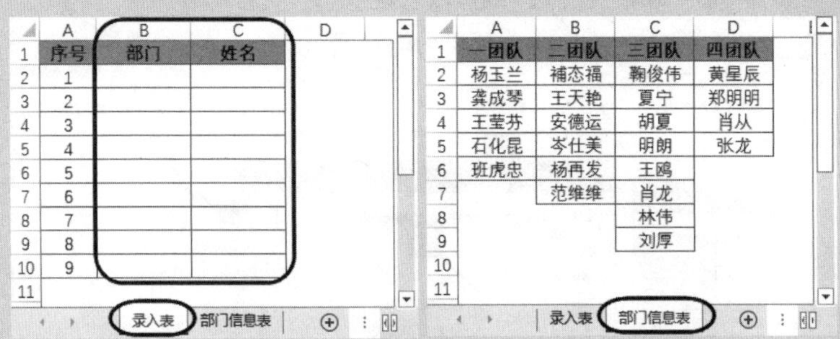

图 30-28 二级下拉列表数据表

操作步骤如下。

步骤① 创建一级下拉列表。

选中“录入表”工作表中的 B2:B10 单元格区域，依次单击【数据】→【数据验证】按钮，打开【数据验证】对话框。在【设置】选项卡下的【允许】下拉列表中选择【序列】选项，在【来源】编辑框中输入以下公式，最后单击【确定】按钮关闭对话框，创建动态一级下拉列表，如图 30-29 所示。

```
=OFFSET(部门信息表!$A$1,,,,COUNTA(部门信息表!$1:$1))
```

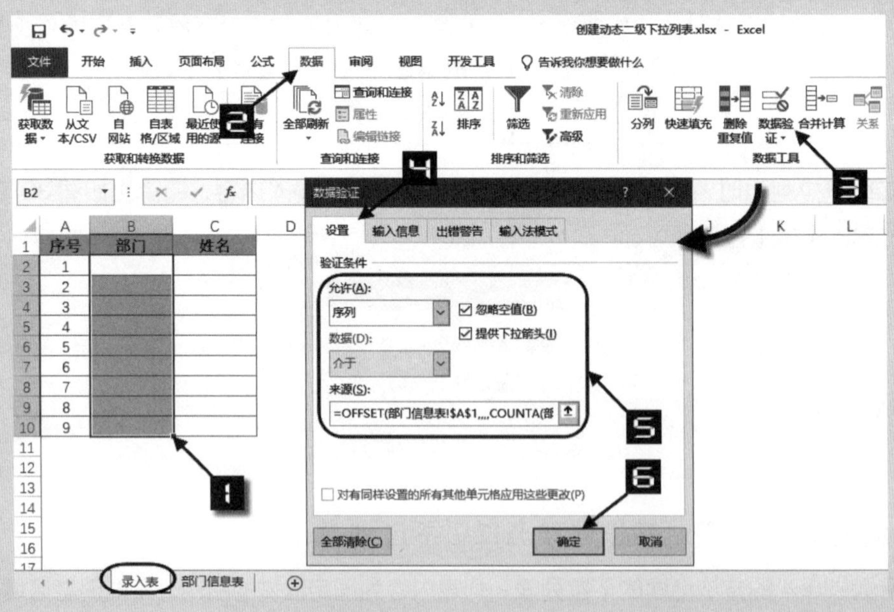

图 30-29 创建动态一级下拉列表

公式中的“COUNTA(部门信息表!$1:$1)”部分，用于计算“部门信息表”工作表中第一行的非空单元格个数，即一级下拉列表中的“部门”个数。

OFFSET 函数的常规用法如下：

```
=OFFSET(基点,偏移行数,偏移列数,新引用行数,新引用列数)
```

本例中第二至第四参数仅用逗号占位简写参数值，意思是以“部门信息表”工作表的 A1 单元格为基点，向下偏移的行数为 0 行，向右偏移的列数为 0 列，新引用的行数与基点行数相同，新引用的列数为 COUNTA 函数的计算结果。当部门数量增加时，COUNTA 函数得到的数量随之变化，OFFSET 函数则返回动态的区域引用，得到动态的一级下拉列表。

步骤② 创建二级下拉列表。

选中“录入表”工作表中的 C2:C10 单元格区域，依次单击【数据】→【数据验证】按钮，打开【数据验证】对话框，在【设置】选项卡下的【允许】下拉列表中选择【序列】选项，在【来源】编辑框中输入以下公式，最后单击【确定】按钮。

```
=OFFSET(部门信息表!$A$1,1,MATCH(B2,部门信息表!$1:$1,)-1,COUNTA(OFFSET(部门信息表!$A:$A,,MATCH(B2,部门信息表!$1:$1,)-1))-1)
```

公式中的“MATCH(B2,部门信息表!$1:$1,)”部分，用于定位 B2 单元格中的部门在“部门信息表”工作表第一行的第几列，返回的结果减 1，作为 OFFSET 函数列方向的偏移量。

再用 COUNTA 函数计算该列的非空单元格数量，返回的结果减 1(因为下拉列表中不需要包含标题行)，作为 OFFSET 函数新引用区域的行数。

公式以“部门信息表”工作表 $A$1 单元格为基点，向下偏移行数为 1，向右偏移列数为 A 列的部门在“部门信息表”工作表第一行的位置减 1，新引用的行数为该列实际的不为空的单元格个数减去标题所占的数量 1。

设置完成后，如果部门或是姓名数据有增减，COUNTA 函数的结果也会发生变化，再反馈给 OFFSET 函数，即可得到动态的引用区域，效果如图 30-30 所示。

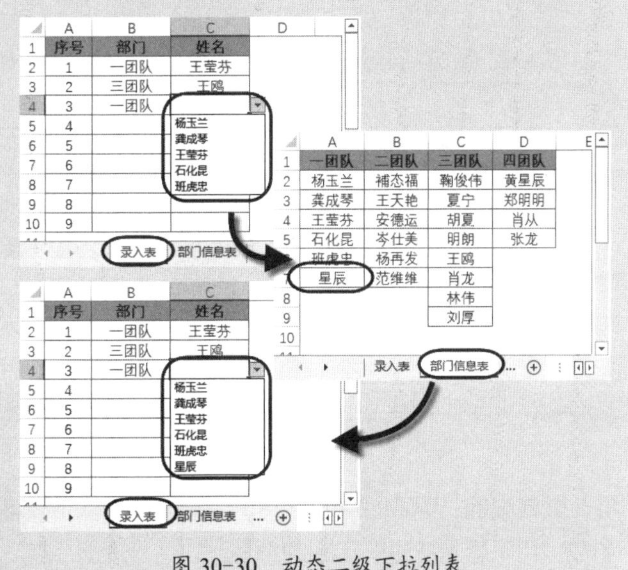

图 30-30　动态二级下拉列表

30.2.5　借助 CELL 函数创建模糊匹配下拉列表

在创建下拉列表时，如果可选择的条目太多，往往不易分辨查找。通过设置，可以根据输入的关键字，使下拉列表中只包含与已输入内容相关的项目。

示例30-6 借助CELL函数创建模糊匹配下拉列表

图 30-31 为某公司商品信息列表，为方便商品名称的输入及输入的准确性，可以使用数据验证生成模糊匹配的下拉列表。例如在 A2 单元格中输入“原创”，则所有包含“原创”的商品名称出现在下拉列表中，如图 30-31 所示。

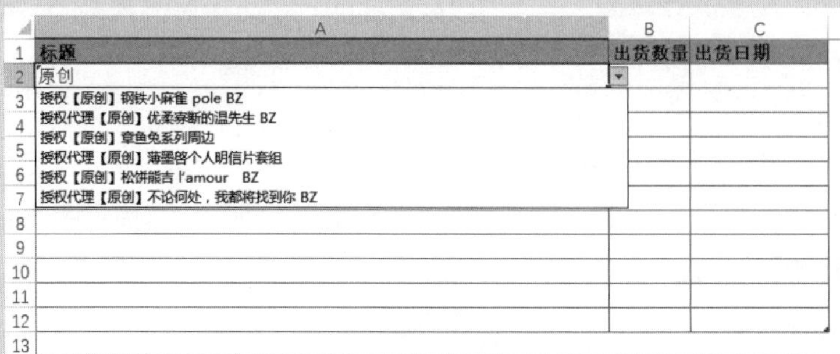

图 30-31 模糊匹配下拉列表

操作步骤如下。

步骤① 首先在“商品信息”工作表的 A 列准备所有商品名称的对照表。在 B2 单元格输入以下数组公式，按 <Ctrl+Shift+Enter> 组合键结束编辑，向下复制到 B249 单元格，如图 30-32 所示。

```
{=INDEX($A:$A,SMALL(IF(ISNUMBER(SEARCH("*"&CELL("contents")&"*",$A$2:
$A$1000)),ROW($A$2:$A$1000),4^8),ROW(1:1)))}
```

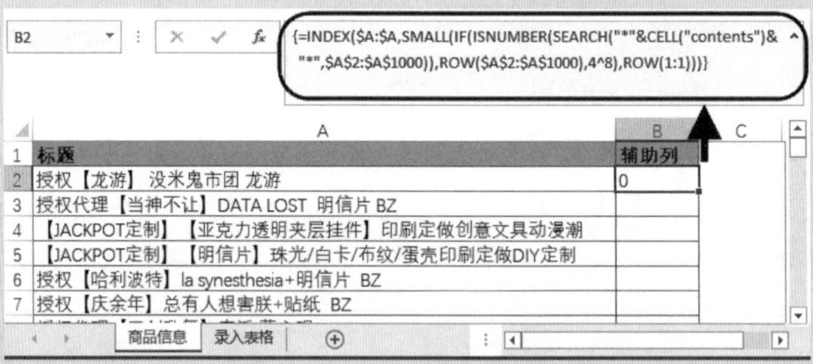

图 30-32 在辅助列中输入公式

公式中的“CELL("contents")”部分，CELL 函数的第一参数使用“contents”，并且省略第二参数，用于返回活动单元格中的值。

首先将 CELL 函数前后用连接符“&”与通配符“*”连接，形成包含关键字和通配符的新字符串。

接下来使用 SEARCH 函数，以新字符串作为查询值，在 $A$2:$A$1000 单元格区域中查找

该字符串在每个单元格中的位置信息。如果包含关键字，返回表示位置的数字，否则返回错误值“#VALUE!”。再使用 ISNUMBER 函数将 SEARCH 函数返回的数字转换为逻辑值 TRUE，将错误值转换为逻辑值 FALSE。以变通的形式实现是否包含关键字的判断。

然后使用 IF 函数进行判断，如果包含指定关键字则返回对应的行号，否则返回一个较大的数字 4^8。

用SMALL函数从小到大依次提取行号和数字作为INDEX函数的参数，返回A列对应行的内容。

由于公式中的“CELL("contents")”获取的是最后更改的单元格中的值，因此在 B2 单元格输入公式后会提示存在循环引用，单击【确定】按钮即可，如图 30-33 所示。

图 30-33　循环引用提示

步骤② 选中“录入表格”工作表的 A2:A12 单元格区域，依次单击【数据】→【数据验证】按钮，打开【数据验证】对话框。在【设置】选项卡下的【允许】下拉列表中选择【序列】选项，在【来源】编辑框中输入以下公式：

```
=OFFSET(商品信息!$B$1,1,,COUNTIF(商品信息!$B:$B,"*")-1)
```

公式中的“COUNTIF(商品信息!$B:$B,"*")”部分，用于返回商品信息工作表中 B 列中包含文字的单元格个数。

OFFSET 函数以商品信息工作表的 $B$1 单元格为基点，向下偏移 1 行，新引用的行数为 COUNTIF 函数的计算结果减去标题所占的行数 1。

步骤③ 切换到【数据验证】对话框的【出错警告】选项卡，取消选中【输入无效数据时显示出错警告】复选框，最后单击【确定】按钮完成设置，如图 30-34 所示。

设置完成后，在“录入表格”的 A2 单元格输入关键字，然后单击 A2 单元格右侧的下拉列表，即可在下拉列表中选择包含关键字的所有选项。

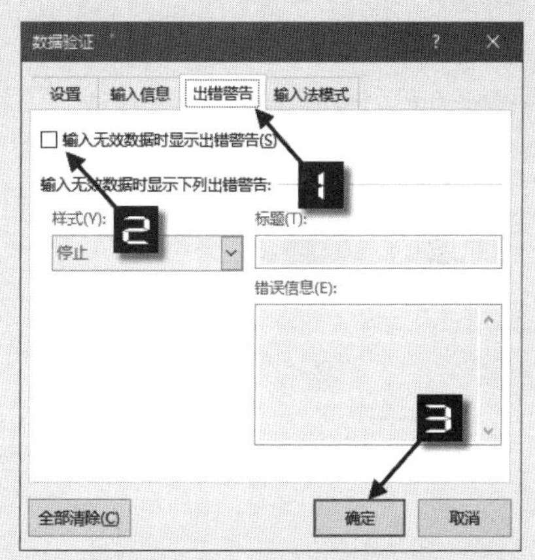

图 30-34　取消出错警告

30章

30.2.6　下拉列表中自动清除已输入的选项

结合函数与公式，可以使已经输入的选项不再出现在下拉列表中。

示例30-7 下拉列表中自动删除已出库商品

图 30-35 为某公司每天指定的出库数据，在 C 列输入出库商品名称时，希望已出库的商品名称不再出现在下拉列表中。

图 30-35　下拉列表中自动删除已出库商品名称

操作步骤如下。

步骤① 首先在“计划出库”工作表 D2 单元格输入以下数组公式，按 <Ctrl+Shift+Enter> 组合键结束编辑，向下复制到 D30 单元格，用于提取待出库的商品名称，如图 30-36 所示。

```
{=INDEX(A:A,SMALL(IF(COUNTIF(实际出库!C$2:C$30, 计划出库!A$2:A$30)=0,ROW($2:$30),4^8),ROW(A1)))}
```

	A	B	C	D
1	商品	出库数量		商品
2	授权【龙游】没米鬼市团 龙游	1172		授权【龙游】没米鬼市团 龙游
3	授权【龙游】龙游行团 龙游不包	413		授权【龙游】龙游行团 龙游不包邮团
4	【饰品配件】【樱花扣】金/银/玫	1485		【饰品配件】【樱花扣】金/银/玫瑰金
5	授权代理【刀剑乱舞】一时半晌	1403		授权代理【刀剑乱舞】一时半晌 冲田组
6	授权代理【idolish7】点心怪兽主	223		授权代理【idolish7】点心怪兽主题贴纸
7	授权代理【星际争霸】神族贴纸&	1900		授权代理【星际争霸】神族贴纸&串串
8	【饰品配件】【星星扣】金/银/玫	775		【饰品配件】【星星扣】金/银/玫瑰金
9	授权代理【鬼灭之刃】胧之间 闪	664		授权代理【鬼灭之刃】胧之间 闪粉亚克
10	授权【异度侵入】井の名侦探系	1558		授权【异度侵入】井の名侦探系列周边
11	【JACKPOT定制】【马口铁圆形徽	398		【JACKPOT定制】【马口铁圆形徽章】
12	授权代理【刀剑乱舞】全员拟猫	629		授权代理【刀剑乱舞】全员拟猫 猫咪

图 30-36　提取待派工名单

先使用 COUNTIF 函数，统计“计划出库”工作表 A 列的商品名称在“实际出库”工作表 C$2:C$30 单元格区域出现的次数。如果没有出现过，结果等于 0，IF 函数返回对应的行号，否则

返回一个较大值 4^8。

再使用 SMALL 函数从小到大提取出行号和数值，以此作为 INDEX 函数的参数，最终提取出在“实际出库”工作表中没有出现的名单。

步骤② 选中“实际出库”工作表的 C2:C30 单元格区域，依次单击【数据】→【数据验证】按钮，打开【数据验证】对话框。在【设置】选项卡下的【允许】下拉列表中选择【序列】选项，在【来源】编辑框中输入以下公式，最后单击【确定】按钮关闭对话框完成设置。

```
=OFFSET(计划出库!$D$1,1,,COUNTIF(计划出库!$D$2:$D$30,"*"))
```

先使用 COUNTIF 函数返回“计划出库”工作表 D 列中包含文字的单元格个数。

再使用 OFFSET 函数以“计划出库”工作表 $D$1 单元格为基点，向下偏移 1 行，新引用的行数为 COUNTIF 函数的计算结果。

当“实际出库”工作表 C 列中选择了某个商品名称后，“计划出库”工作表中的 D 列将不再包含此姓名，并以此作为动态的序列来源。

练习与巩固

1. 在数据验证中使用函数公式时，如果公式返回的结果为（______）或是不为 0 的数值，则允许在单元格中输入。如果公式返回的结果为（_____）或是数值（______），将出现错误警告。

2. 在数据验证中使用函数公式时，公式中可以使用数组常量吗？

3. 在数据验证中使用函数公式时，如果选中的是一个单元格区域，可以以（______）作为参照编写公式，设置完成后，该规则会应用到所选中范围的全部单元格。

4. 针对已存在数据的单元格设置数据验证，单元格中的内容不符合验证条件时，是否会出现出错警告？

5. 通过复制粘贴输入的数据是否受当前设置的数据验证的限制？

第 31 章　函数公式在图表中的应用

函数公式是高级图表制作中不可缺少的重要元素之一，使用函数公式对数据源进行整理，可以使图表的制作方法更加灵活。本章将介绍 Excel 函数在图表制作中的常用技巧。

本章学习要点

（1）SERIES 函数的使用。

（2）使用函数改造图表数据源。

（3）使用定义名称及 OFFSET 函数制作动态图表。

（4）使用 REPT 函数模拟图表效果。

31.1　认识图表中的 SERIES 函数

当用户创建一个图表时，在图表中就已经存在了函数。每一个数据系列均有一个图表中特有的 SERIES 函数，如图 31-1 所示，单击图表数据系列，可以在编辑栏中看到类似以下样式的函数公式。

```
=SERIES(Sheet1!$C$1,Sheet1!$A$2:$A$11,Sheet1!$C$2:$C$11,2)
```

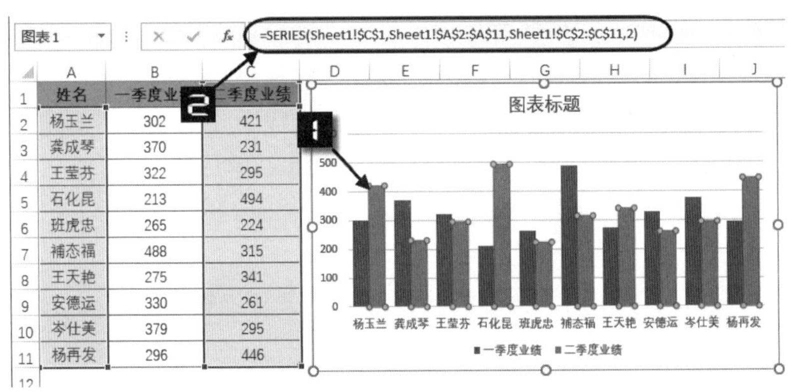

图 31-1　图表 SERIES 函数公式

SERIES 函数不能在单元格中进行运算，也不能在 SERIES 函数中使用工作表函数，但是可以在 SERIES 函数中使用定义名称，或者编辑参数以改变数据源的引用范围。

SERIES 函数的语法为：

```
=SERIES([系列名称],[分类轴标签],系列值,数据系列编号)
```

第一参数为系列名称，也就是图例上显示的名称。如果该参数为空，则默认以“系列 1”“系列 2”命名，如图 31-2 所示。

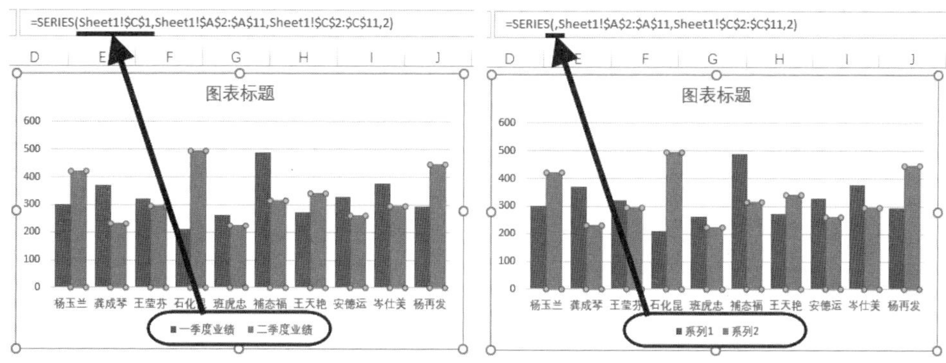

图 31-2 第一参数为空时的效果

第二参数为分类轴标签，也就是图表横坐标轴上的标签。如果该参数为空，分类标签会默认以数字依次排列，如图 31-3 所示。

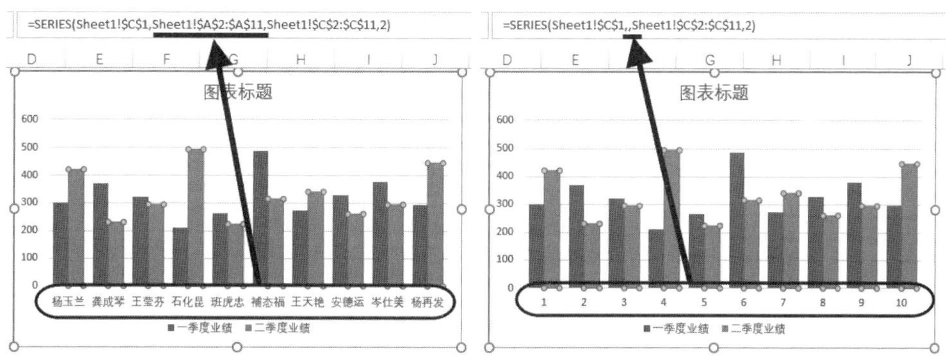

图 31-3 第二参数为空时的效果

第三参数为数据系列值，也就是柱形图上的柱形系列，根据这些数据的大小形成不同高低的柱形。

第四参数为图表中的第 N 个系列。如果图表中只有一个系列，那么此参数默认为 1，并且更改无效。但是如果有两个系列，可以更改此参数的值来改变系列的前后顺序，如图 31-4 所示。

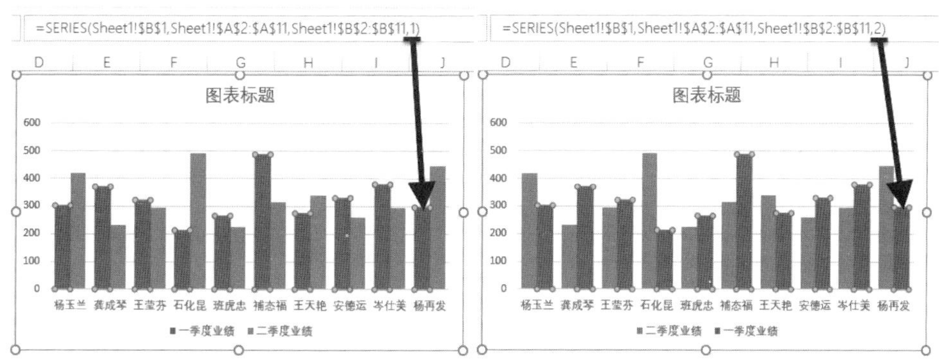

图 31-4 更改系列顺序效果

以上参数解释基于大部分图表类型，但是某些特殊图表类型的参数会有所不同，如散点图、气泡图等。

散点图中的 SERIES 函数第二参数为散点图的 X 轴数据，第三参数为散点图的 Y 轴数据。

气泡图中的 SERIES 函数比其他图表类型多了一个参数，第二参数为气泡图的 X 轴数据，第三参数为气泡图的 Y 轴数据，第四参数为气泡图系列的顺序，第五参数为气泡图的气泡大小数据。

如果用户无法判断公式中的参数对应图表中的哪个数据，或者想要更改图表中各元素数据区域时，除了可以在公式中修改参数，还可以单击图表，在功能区【图表工具】【设计】选项卡中单击【选择数据】按钮，打开【选择数据源】对话框。

在【选择数据源】对话框中选中某一系列后再单击【编辑】按钮，打开【编辑数据系列】对话框。其中的【系列名称】为图表 SERIES 函数的第一参数，【系列值】为大部分图表类型中 SERIES 函数的第三参数。

单击【水平(分类)轴标签】下的【编辑】按钮，打开【轴标签】对话框，【轴标签区域】则为 SERIES 函数的第二参数。选择系列后单击【上移】或【下移】按钮可以更改系列的顺序，也就是 SERIES 函数的第四参数，如图 31-5 所示。

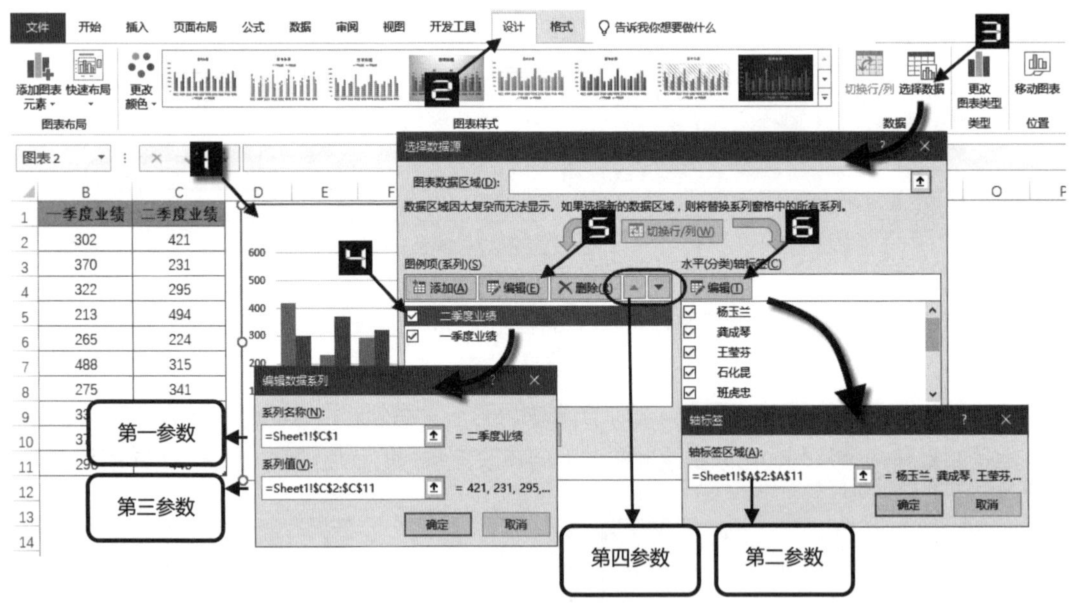

图 31-5 【选择数据源】对话框

气泡图与散点图的【编辑数据系列】对话框与对应的函数参数如图 31-6 所示，默认的气泡图与散点图没有分类标签。

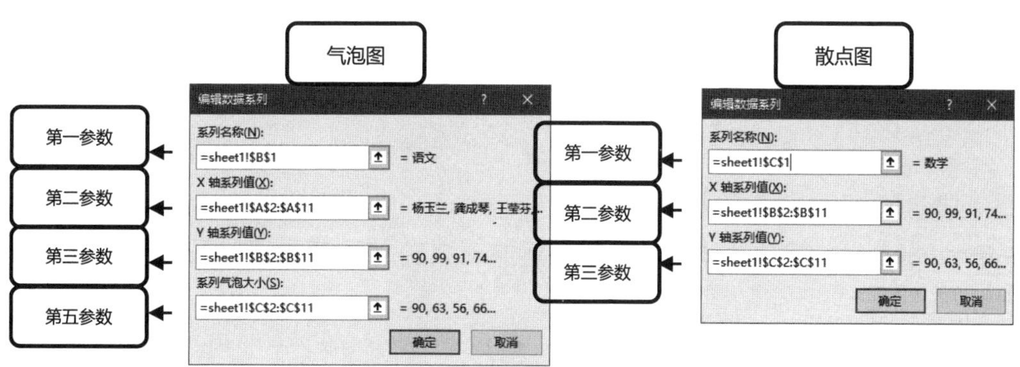

图 31-6　气泡图与散点图的数据系列对话框

31.2　使用 IF 函数辅助创建图表

31.2.1　使用 IF 函数判断数值区间制作柱形图

示例31-1　根据业绩区间变化颜色的柱形图

使用工作表函数来构建辅助列，能够使图表突破默认形态展示。如图 31-7 中所示的图表，就是利用 IF 函数构建辅助列制作而成的，图表柱形的颜色根据业绩区间自动变化，更改数据也无须重新设置格式。

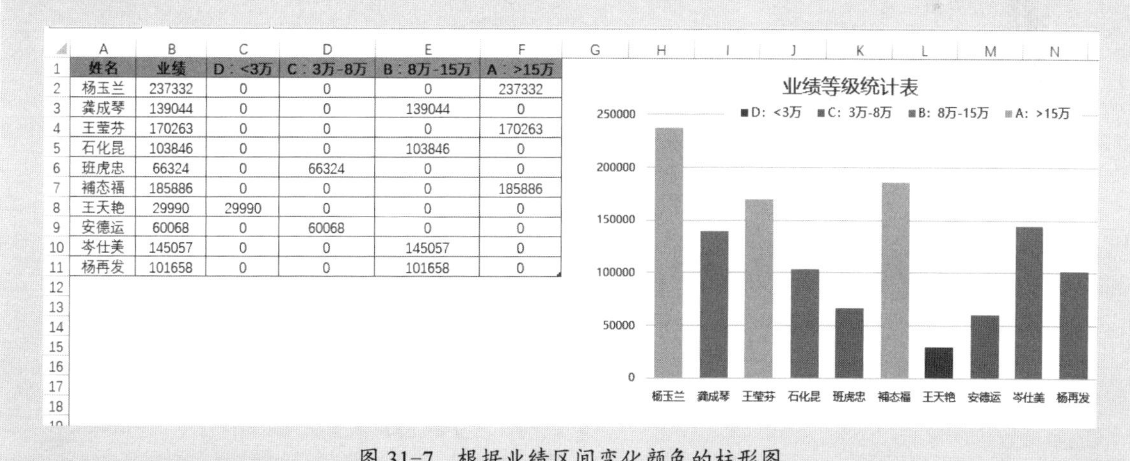

姓名	业绩	D：<3万	C：3万-8万	B：8万-15万	A：>15万
杨玉兰	237332	0	0	0	237332
龚成琴	139044	0	0	139044	0
王莹芬	170263	0	0	0	170263
石化昆	103846	0	0	103846	0
班虎忠	66324	0	66324	0	0
補态福	185886	0	0	0	185886
王天艳	29990	29990	0	0	0
安德运	60068	0	60068	0	0
岑仕美	145057	0	0	145057	0
杨再发	101658	0	0	101658	0

图 31-7　根据业绩区间变化颜色的柱形图

制作步骤如下。

步骤① 首先在C1单元格输入标题“D:<3万”，在C2单元格输入以下公式，向下复制到C11单元格。

```
=IF(B2<30000,B2,0)
```

如果B2单元格的值小于30000，那么IF函数返回第二参数，即B2单元格中的业绩，否则返回0。

在D1单元格输入标题“C:3万-8万”，在D2单元格输入以下公式，向下复制到D11单元格。

```
=IF((B2>=30000)*(B2<80000),B2,0)
```

如果B2单元格的值大于等于30 000，并且小于80 000，那么IF函数返回第二参数，即B2单元格中的业绩，否则返回0。

在E1单元格输入标题“B:8万-15万”，在E2单元格输入以下公式，向下复制到E11单元格。

```
=IF((B2>=80000)*(B2<150000),B2,0)
```

如果B2单元格的值大于等于80 000，并且小于150 000，那么IF函数返回B2单元格中的业绩，否则返回0。

在F1单元格输入标题“A：>15万”，在F2单元格输入以下公式，向下复制到F11单元格。

```
=IF(B2>=150000,B2,0)
```

如果B2单元格的值大于等于150 000，那么IF函数返回B2单元格中的业绩，否则返回0。

步骤② 选中A1:F11单元格区域，单击功能区【插入】选项卡，依次单击【插入柱形图或条形图】→【簇状柱形图】，在工作表中生成由5个数据系列构成的簇状柱形图，如图31-8所示。

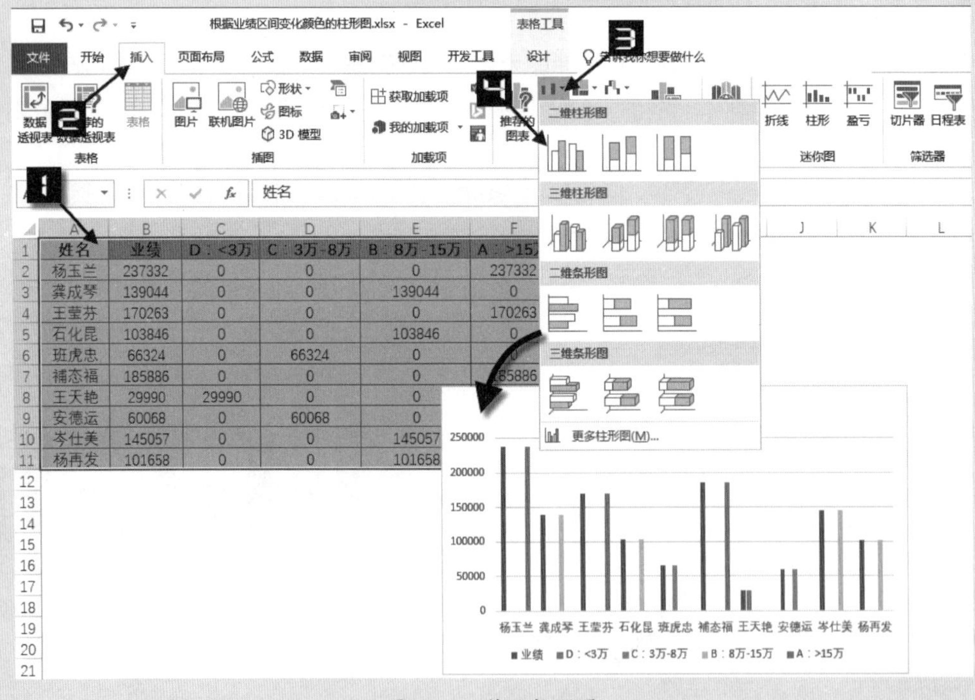

图31-8　簇状柱形图

步骤③ 双击图表数据系列，调出【设置数据系列格式】选项窗格，单击切换到【系列选项】选项卡，设置【系列重叠】为 100%，【间隙宽度】为 60%，如图 31-9 所示。设置【系列重叠】为 100%，目的是将 5 个系列的柱形完全重叠，使用 IF 函数判断得到的数据系列，不符合条件的均为 0，只有符合条件的系列才有数据，所以符合条件的数据系列会覆盖底部的柱形，设置各个系列不同颜色，以达到区间变化颜色的效果。

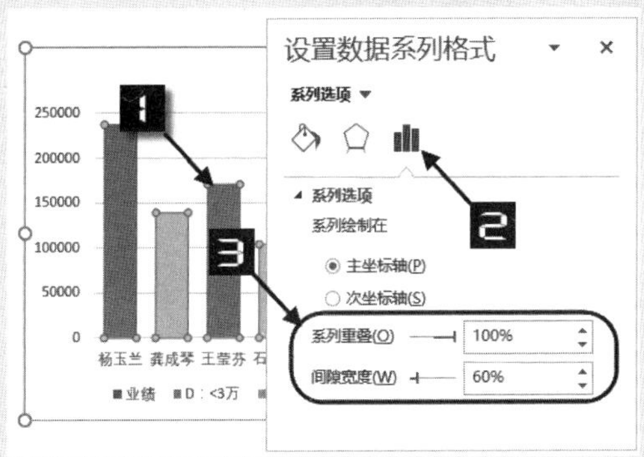

图 31-9　设置数据系列重叠与间隙宽度

切换到【填充与线条】选项卡，单击“A：>15 万”数据系列，设置【填充】为【纯色填充】，在【主题颜色】面板中设置颜色为橙色。如图 31-10 所示。

同样的方式设置其他数据系列的填充颜色。

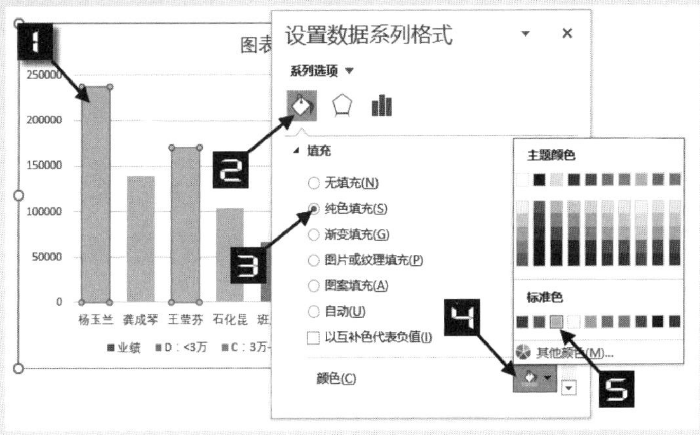

图 31-10　设置数据系列填充

步骤④ 单击图表区，在【设置图表区格式】选项窗格中单击【填充与线条】选项卡，设置【填充】为【无填充】，【边框】为【无线条】，如图 31-11 所示。

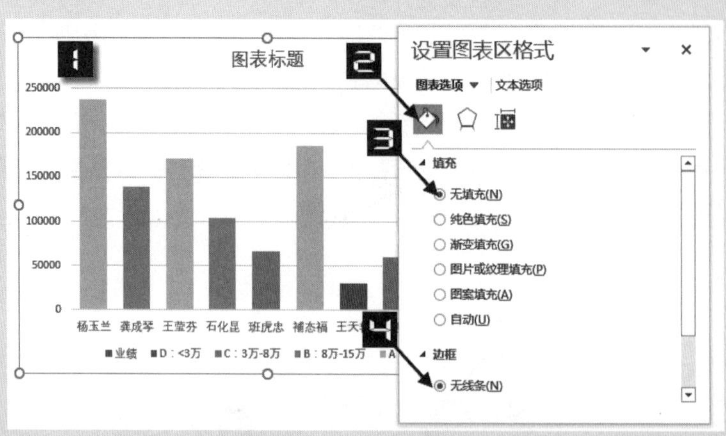

图 31-11　设置图表区格式

步骤5 单击图表标题，进入编辑状态后，输入文本“业绩等级统计表”。

步骤6 单击图表图例，再次单击“业绩”图例，单独选中“业绩”图例后按 <Delete> 键删除。保留另外 4 个系列的图例，拖动图例调整图例位置，在【设置图例格式】选项窗格中单击【填充与线条】选项卡，设置【填充】为【纯色填充】，在【主题颜色】面板中设置颜色为白色。

31.2.2 使用 IF 函数制作数据列差异较大的柱形图

示例31-2 展示数据列差异较大的柱形图

当数据系列之间差异很大时，可以利用函数公式重新计算数据，让数据系列趋势不变的情况下统一数据系列的数据等级，如图 31-12 所示。

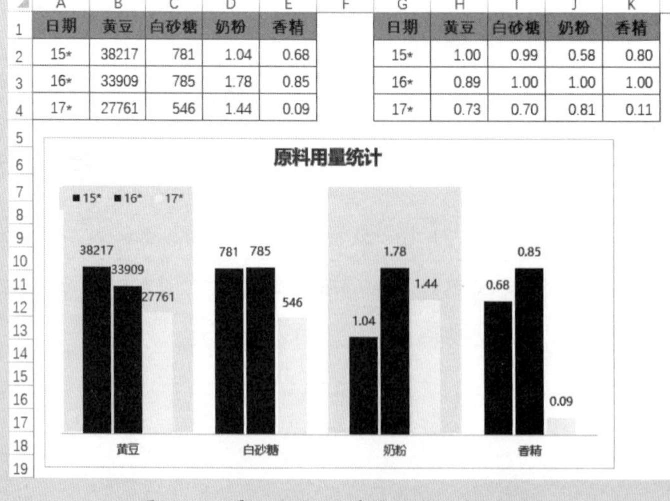

日期	黄豆	白砂糖	奶粉	香精
15*	38217	781	1.04	0.68
16*	33909	785	1.78	0.85
17*	27761	546	1.44	0.09

日期	黄豆	白砂糖	奶粉	香精
15*	1.00	0.99	0.58	0.80
16*	0.89	1.00	1.00	1.00
17*	0.73	0.70	0.81	0.11

图 31-12 展示数据列差异较大的柱形图

制作步骤如下。

步骤① 重新计算数据，将所有数据都缩小到一个量级相同的范围，这里将每个分类的最大值以 1 计算，其他数据均按比例计算。

如图 31-13 所示，选中 A1:E4 单元格区域，按 <Ctrl+C> 组合键复制，单击 G1 单元格，按 <Ctrl+V> 组合键粘贴。然后清除 H2:K4 单元格区域中的内容。在 H2 单元格中输入以下公式，将公式复制到 H2:K4 单元格区域。

```
=IF(MAX(B$2:B$4)=B2,1,B2/MAX(B$2:B$4))
```

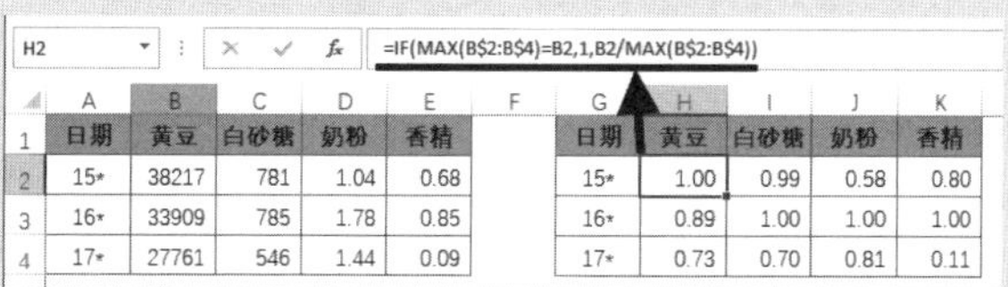

H2　=IF(MAX(B$2:B$4)=B2,1,B2/MAX(B$2:B$4))

	A	B	C	D	E	F	G	H	I	J	K
1	日期	黄豆	白砂糖	奶粉	香精		日期	黄豆	白砂糖	奶粉	香精
2	15*	38217	781	1.04	0.68		15*	1.00	0.99	0.58	0.80
3	16*	33909	785	1.78	0.85		16*	0.89	1.00	1.00	1.00
4	17*	27761	546	1.44	0.09		17*	0.73	0.70	0.81	0.11

图 31-13　重新计算数据

步骤② 选中 G1:K4 单元格区域，单击功能区【插入】选项卡，依次单击【插入柱形图或条形图】→【簇状柱形图】，在工作表中生成由 3 个数据系列构成的簇状柱形图。

步骤③ 双击图表“15*”数据系列，打开【设置数据系列格式】选项窗格。

切换到【系列选项】选项卡，设置【系列重叠】为 -10%，【间隙宽度】为 150%。

切换到【填充与线条】选项卡，设置【填充】为【纯色填充】，在【主题颜色】面板中设置颜色为黑色。如图 31-14 所示。

同样的方式设置“16*”的【填充】颜色为黑色，“17*”的【填充】颜色为黄色。

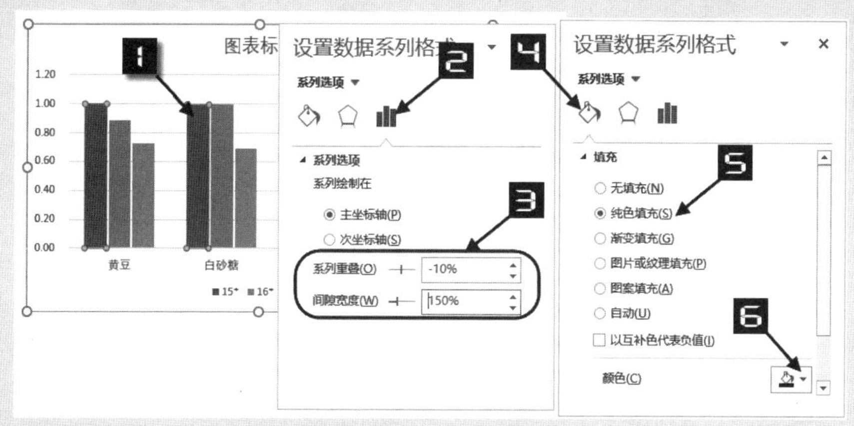

图 31-14　设置数据系列格式

步骤④ 单击图表纵坐标轴，在【设置坐标轴格式】选项窗格中，切换到【坐标轴选项】选项卡，设置【边界】→【最大值】为 1.5，【最小值】为 0。

步骤⑤ 单击图表区，然后单击右上角的【图表元素】快速选项按钮，取消选中【主要纵坐标轴】，选中【数据标签】，取消选中【网格线】，如图 31-15 所示。

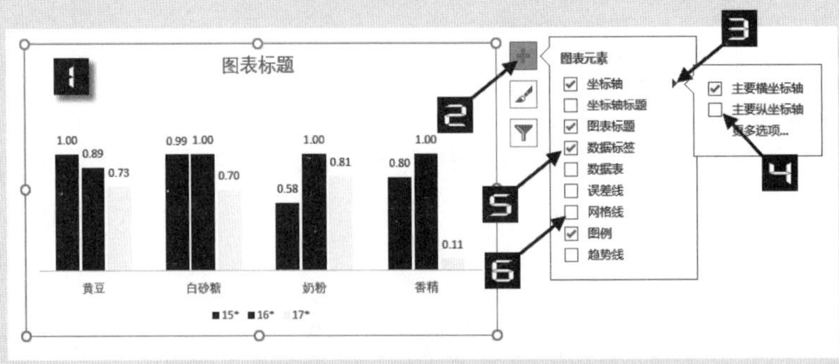

图 31-15　添加 / 删除图表元素

步骤⑥ 由于图表使用的是重新计算后的数据进行制作的，所以需要更改数据标签的数据显示。

单击图表“15*”数据系列数据标签，在【设置数据标签格式】选项窗格中，切换到【标签选项】选项卡，在【标签包括】下选择【单元格中的值】，打开【数据标签区域】对话框，在【选择数据标签区域】引用框中选择 B2:E2 单元格区域。单击【确定】按钮关闭【数据标签区域】对话框，取消选中【值】复选框。如图 31-16 所示。

同样的方式为“16*”数据系列数据标签区域更改为 B3:E3 单元格区域，“17*”数据系列数据标签区域更改为 B4:E4 单元格区域。

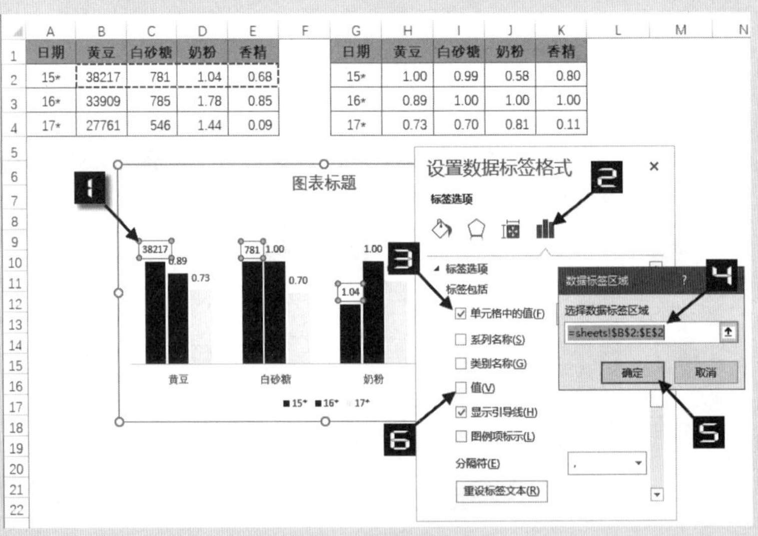

图 31-16　更改数据标签显示

步骤⑦ 为了让图表数据列分区更明显，可以利用背景的间隔颜色来区分。

切换到新工作表中，单击功能区【视图】选项卡，取消勾选【网格线】复选框。

调整第一行的行高，调整 A:L 列的列宽统一，选择 A1:C1 和 G1:I1 单元格区域，单击功能区【开始】选项卡，在【填充颜色】下拉按钮中选择灰色。如图 31-17 所示。

选择 A1:L1 单元格区域，按 <Ctrl+C> 组合键复制区域。

切换到数据与图表所在的工作表，双击图表绘图区，打开【设置绘图区格式】选项窗格，切换

到【填充与线条】选项卡，在【填充】选项中选择【图片或纹理填充】，单击【插入图片来自】下的【剪贴板】按钮，将复制的单元格区域粘贴到绘图区。如图 31-18 所示。

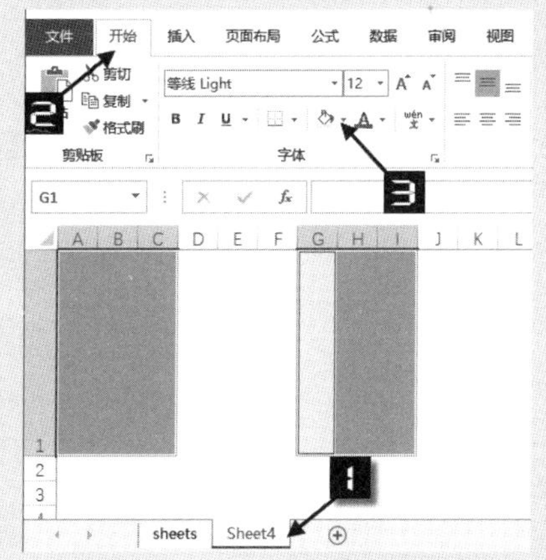

图 31-17　设置单元格填充格式

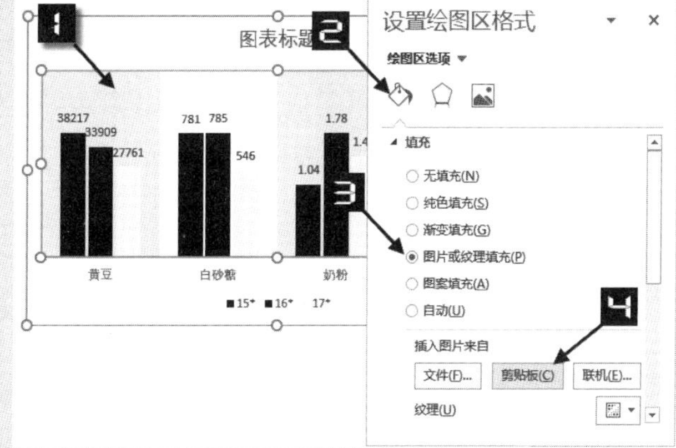

图 31-18　设置图表绘图区格式

最后为图表修改图表标题文字，调整图例位置即可。

31.2.3　使用 IF 函数制作动态甘特图

示例31-3 动态甘特图

甘特图也称项目进度图，如图 31-19 所示，用户可以利用函数构建辅助列，与控件【滚动条】组合来制作甘特图，可直观查看各项目进展情况。

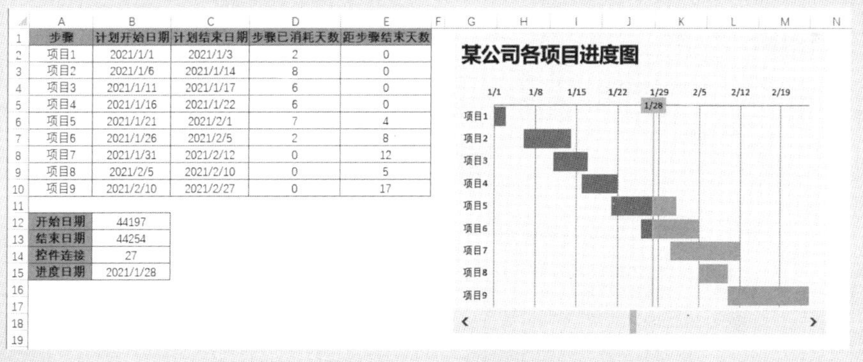

步骤	计划开始日期	计划结束日期	步骤已消耗天数	距步骤结束天数
项目1	2021/1/1	2021/1/3	2	0
项目2	2021/1/6	2021/1/14	8	0
项目3	2021/1/11	2021/1/17	6	0
项目4	2021/1/16	2021/1/22	6	0
项目5	2021/1/21	2021/2/1	7	4
项目6	2021/1/26	2021/2/5	2	8
项目7	2021/1/31	2021/2/12	0	12
项目8	2021/2/5	2021/2/10	0	5
项目9	2021/2/10	2021/2/27	0	17

开始日期	44197
结束日期	44254
控件连接	27
进度日期	2021/1/28

图 31-19　动态甘特图

操作步骤如下。

步骤 1 分别在 A12、A13、A14、A15 单元格中输入“开始日期”“结束日期”“控件连接”“进度日期”。在 B12 单元格中输入以下公式获得开始日期（最小值）。

```
=MIN(B2:C10)
```

31 章

在 B13 单元格中输入以下公式获得结束日期（最大值）。

```
=MAX(B2:C10)
```

将 B12 与 B14 单元格格式设置为【常规】。设置后效果如图 31-20 所示。

将日期设置为数值，目的是后期在图表中设置刻度的最大值与最小值时可快速查看。

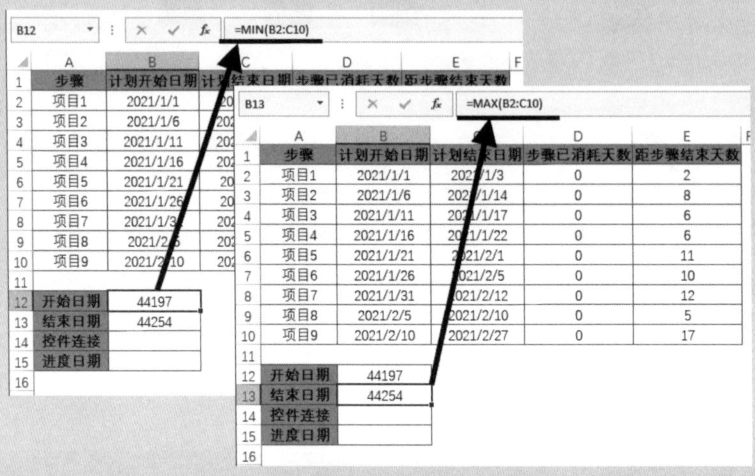

图 31-20　添加开始与结束日期

步骤② 单击任意单元格，在功能区【开发工具】选项卡中单击【插入】→【滚动条（窗体控件）】命令，拖动鼠标在工作表中绘制一个滚动条，如图 31-21 所示。

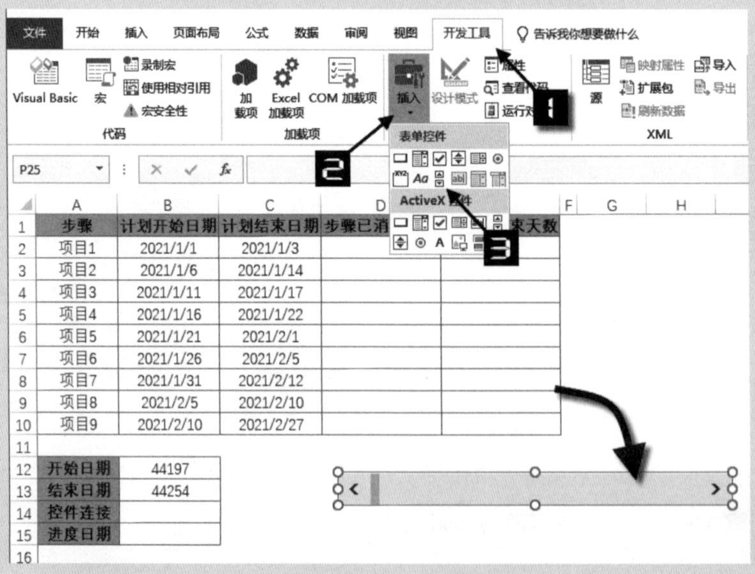

图 31-21　插入滚动条

在滚动条上单击鼠标右键，然后在快捷菜单中单击【设置控件格式】命令，打开【设置控件格式】对话框。

切换到【控制】选项卡下，将【最小值】设置为 1，【最大值】设置为 57（使用结束日期－开始日期得到的天数），【步长】设置为 1，【页步长】设置为 7，【单元格链接】设置为 B14 单元格，最后单击【确定】按钮关闭对话框，如图 31-22 所示。

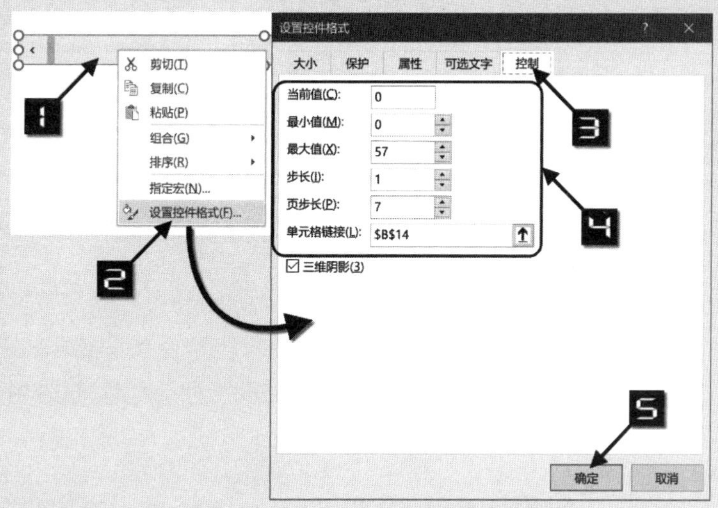

图 31-22　设置滚动条格式

步骤③ 在 B15 单元格中输入以下公式得到进度日期。

```
=B12+B14
```

在 D1 单元格中输入标题文字“步骤已消耗天数”，在 D2 单元格中输入以下公式，向下复制到 D10 单元格。

```
=IF($B$15>=C2,C2-B2,IF($B$15>B2,$B$15-B2,0))
```

公式表示判断进度日期是否大于等于“计划结束日期”，如果是，返回当前步骤的总天数，如果不是则继续判断“进度日期”是否大于“计划开始日期”，如果是，返回当前步骤所消耗的天数，否则返回 0。

在 E1 单元格中输入标题文字“距步骤结束天数”，在 E2 单元格中输入以下公式，向下复制到 E10 单元格。

```
=C2-B2-D2
```

公式用“计划结束日期”－“计划开始日期”－“步骤已消耗天数”计算出“距步骤结束天数”。

最终数据构建效果如图 31-23 所示。

步骤④ 选中 A1:B10 单元格区域，依次单击【插入】→【插入柱形图或条形图】→【堆积条形图】，生成一个堆积条形图。

选中 D1:E10 单元格区域，按 <Ctrl+C> 组合键复制，单击图表，按 <Ctrl+V> 组合键将数据粘贴进图表中。效果图 31-24 如所示。

	A	B	C	D	E
1	步骤	计划开始日期	计划结束日期	步骤已消耗天数	距步骤结束天数
2	项目1	2021/1/1	2021/1/3	2	0
3	项目2	2021/1/6	2021/1/14	8	0
4	项目3	2021/1/11	2021/1/17	6	0
5	项目4	2021/1/16	2021/1/22	5	1
6	项目5	2021/1/21	2021/2/1	0	11
7	项目6	2021/1/26	2021/2/5	0	10
8	项目7	2021/1/31	2021/2/12	0	12
9	项目8	2021/2/5	2021/2/10	0	5
10	项目9	2021/2/10	2021/2/27	0	17
11					
12	开始日期	44197			
13	结束日期	44254			
14	控件连接	20			
15	进度日期	2021/1/21			

图 31-23　数据构建效果

图 31-24　堆积条形图

步骤⑤ 双击图表纵坐标轴，打开【设置坐标轴格式】选项窗格，在【坐标轴选项】选项卡中的【坐标轴位置】下选中【逆序类别】复选框，使条形图的纵坐标轴按数据源顺序显示。如图 31-25 所示。

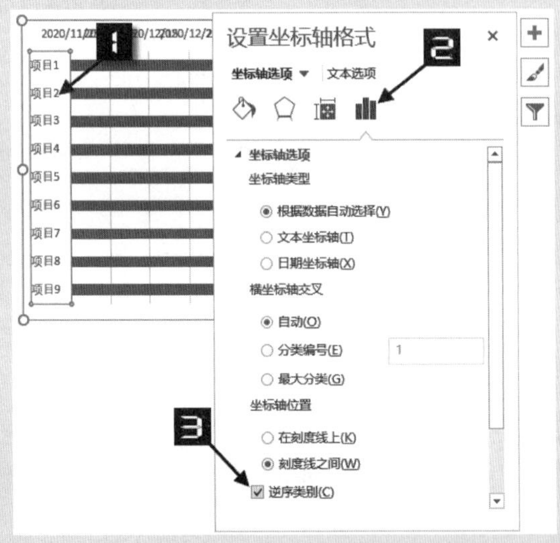

图 31-25　逆序类别

单击图表横坐标轴，在【设置坐标轴格式】任务窗格中切换到【坐标轴选项】。

设置【边界】→【最小值】为 44197（开始日期），【最大值】为 44254（结束日期）。设置【单位】→【大】为 7（一周）。

单击【数字】选项，设置【类别】为自定义，【格式代码】为 m/d，即“月 / 日”形式，最后单击【添加】按钮完成横坐标轴的数字格式设置。如图 31-26 所示。

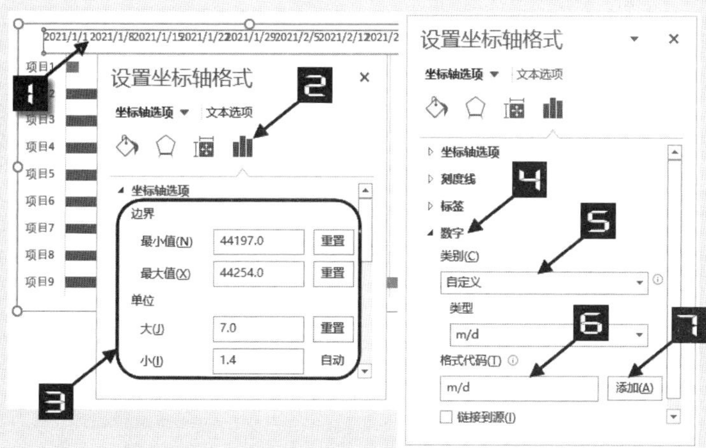

图 31-26　设置横坐标轴格式

步骤⑥ 单击图表数据系列，在【设置数据系列格式】选项窗格中切换到【系列选项】选项卡，设置【间隙宽度】为 18%。

单击【计划开始日期】数据系列，在【设置数据系列格式】选项窗格中切换到【填充与线条】选项卡，设置【填充】为【无填充】。

单击【步骤已消耗天数】数据系列，在【设置数据系列格式】选项窗格中切换到【填充与线条】选项卡，设置【填充】为【纯色填充】，在【主题颜色】面板中设置颜色为蓝色。

单击【距步骤结束天数】数据系列，在【设置数据系列格式】选项窗格中切换到【填充与线条】选项卡，设置【填充】为【纯色填充】，在【主题颜色】面板中设置颜色为灰色。

效果如图 31-27 所示。

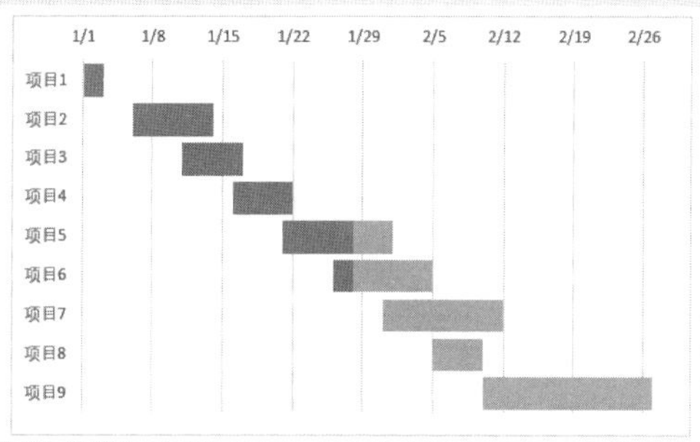

图 31-27　美化后效果

步骤⑦ 添加分隔线。

单击 B15 单元格，按 <Ctrl+C> 组合键复制，单击图表区，在【开始】选项卡中单击【粘贴】下拉按钮，在下拉菜单中选择【选择性粘贴】命令调出【选择性粘贴】对话框，设置【添加单元格为】新建系列，【数值 (Y) 轴在】列。最后单击【确定】按钮关闭对话框，如图 31-28 所示。

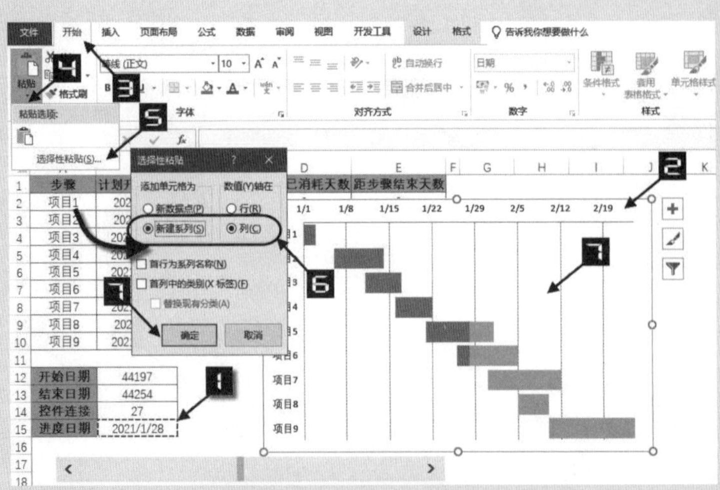

图 31-28　添加新系列

单击刚刚添加的数据系列，在【插入】选项卡中单击【插入散点图（X、Y）或气泡图】命令，选择【散点图】，将系列图表类型更改为散点图。

右击图表绘图区，在快捷菜单中单击【选择数据】命令调出【选择数据源】对话框。单击选中“系列4”再单击【编辑】按钮，打开【编辑数据系列】对话框，在【X轴系列值】中清除已有内容，设置单元格引用为B15，在【Y轴系列值】中清除已有内容，输入1，最后单击【确定】按钮关闭对话框。如图31-29所示。

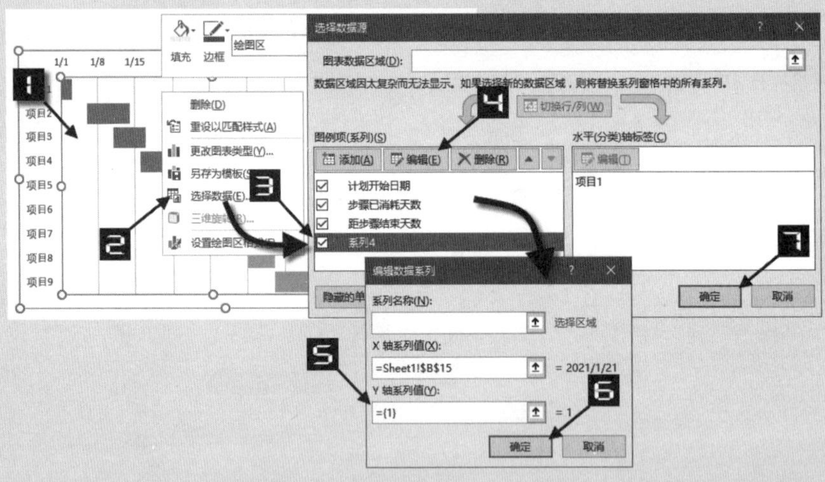

图 31-29　选择数据编辑系列

步骤 8 单击图表次要纵坐标轴，在【设置坐标轴格式】选项卡中切换到【坐标轴选项】。

设置【边界】→【最小值】为0，【最大值】为1（散点系列的【Y轴系列值】为1）。

单击【标签】选项，设置【标签位置】为无，将次要纵坐标轴隐藏。

步骤 9 单击散点系列，在【图表工具】【设计】选项卡下单击【添加图表元素】按钮，在下拉菜单中依次单击【误差线】→【标准误差】。如图31-30所示。

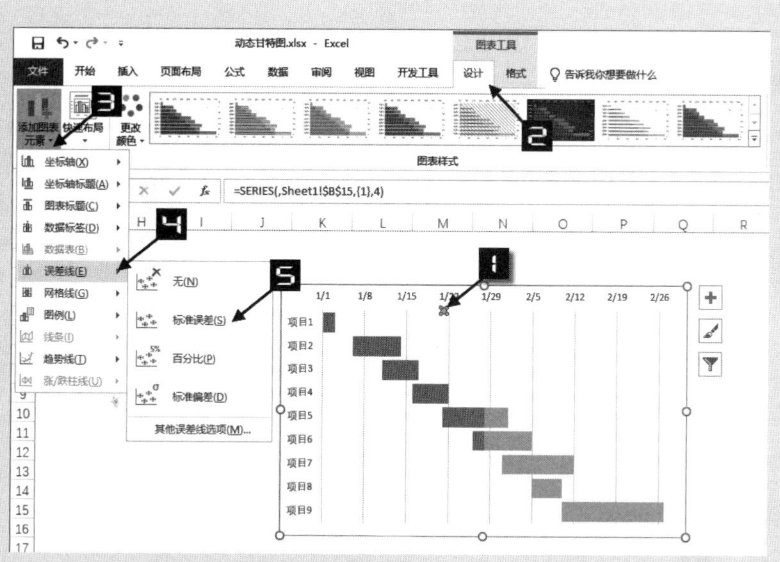

图 31-30　添加误差线

单击图表区，在【图表工具】【格式】选项卡中单击【图表元素】下拉按钮，在下拉菜单中单击“系列 4 Y 误差线”来选中误差线，按 <Ctrl+1> 组合键调出【设置误差线格式】选项窗格。

切换到【误差线选项】选项卡，设置【垂直误差线】的【方向】为【负偏差】,【末端样式】为【无线端】,【误差量】为【固定值】，在文本框中输入数值 1。

切换到【填充与线条】选项卡，设置【线条】为【实线】，在【主题颜色】面板中设置颜色为橙色,【宽度】为 1.5 磅。如图 31-31 所示。

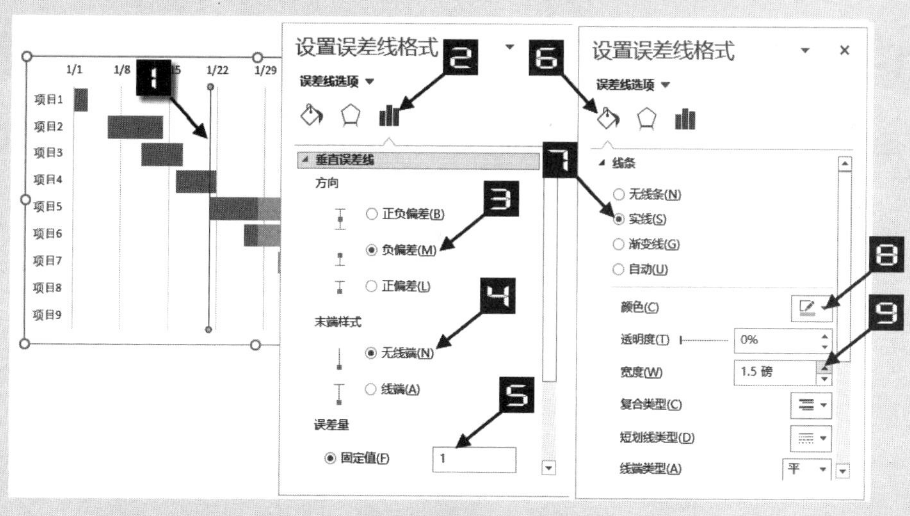

图 31-31　设置误差线格式

步骤10 选中散点图系列后右击鼠标，在快捷菜单中单击【添加数据标签】命令。

双击图表数据标签，打开【设置数据标签格式】选项窗格，切换到【标签选项】选项卡，设置【标签包括】为【X 值】,【标签位置】为【居中】，设置【数字】的【类别】为【自定义】，在【格式代码】框中输入“m/d”，单击【添加】按钮完成更改。

切换到【填充与线条】选项卡，设置【填充】为【纯色填充】，在【主题颜色】面板中设置颜色为橙色。如图 31-32 所示。

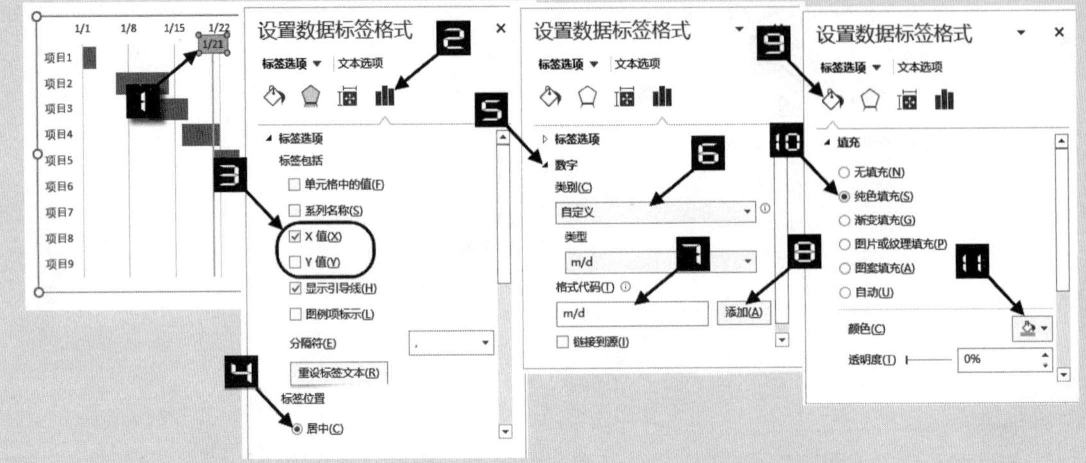

图 31-32　设置数据标签格式

最后给图表添加标题，并将滚动条与图表排版对齐。最终效果如图 31-19 所示，当用户点击滚动条时，数据与图表随之变化。

31.2.4　使用 IF+MAX 函数制作柱形图

示例31-4　动态突出显示最大值的柱形图

使用IF函数构建辅助列，还可以突出一组数据中的最大值或最小值。如图31-33中所示的图表，当更改数据时，图表中的最大值数据点将自动更新。

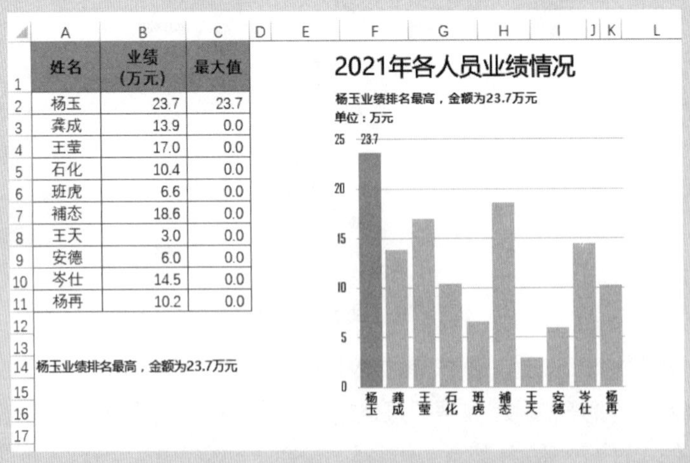

	A	B	C
1	姓名	业绩（万元）	最大值
2	杨玉	23.7	23.7
3	龚成	13.9	0.0
4	王莹	17.0	0.0
5	石化	10.4	0.0
6	班虎	6.6	0.0
7	補忞	18.6	0.0
8	王天	3.0	0.0
9	安德	6.0	0.0
10	岑仕	14.5	0.0
11	杨再	10.2	0.0
14	杨玉业绩排名最高，金额为23.7万元		

图 31-33　动态突出显示最大值的柱形图

制作步骤如下。

步骤① 首先构建“最大值”数据系列。在 C1 单元格输入标题文字“最大值”，在 C2 单元格输入以下公式，向下复制到 C11 单元格，如图 31-34 所示。

```
=IF(B2=MAX(B$2:B$11),B2,0)
```

先使用 MAX(B$2:B$11) 函数获取数据区域中的最大值，然后将 MAX 函数获取的最大值与 B2 单元格的业绩对比，如果当前 B2 单元格的值刚好等于最大值，那么返回 B2 单元格的业绩，否则返回 0。

步骤② 选中 A1:C11 单元格区域，单击功能区【插入】选项卡，依次单击【插入柱形图或条形图】→【簇状柱形图】，在工作表中生成由两个数据系列构成的簇状柱形图。

步骤③ 双击图表数据系列，调出【设置数据系列格式】选项窗格，切换到【系列选项】选项卡，设置【系列重叠】为 100%，【间隙宽度】为 20%，如图 31-35 所示。

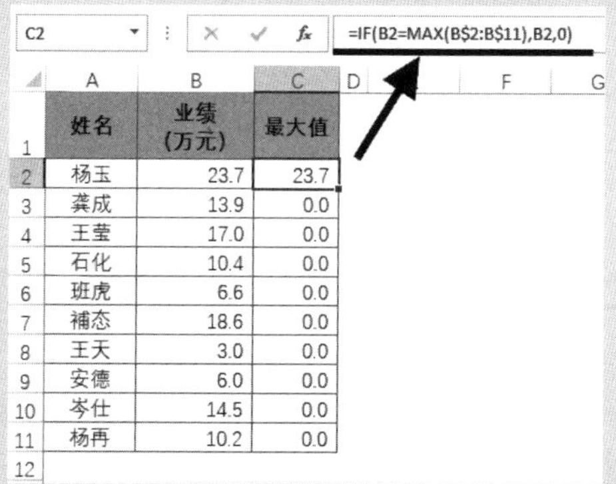

C2　=IF(B2=MAX(B$2:B$11),B2,0)

	A	B	C
1	姓名	业绩（万元）	最大值
2	杨玉	23.7	23.7
3	龚成	13.9	0.0
4	王莹	17.0	0.0
5	石化	10.4	0.0
6	班虎	6.6	0.0
7	補忞	18.6	0.0
8	王天	3.0	0.0
9	安德	6.0	0.0
10	岑仕	14.5	0.0
11	杨再	10.2	0.0
12			

图 31-34　创建辅助列

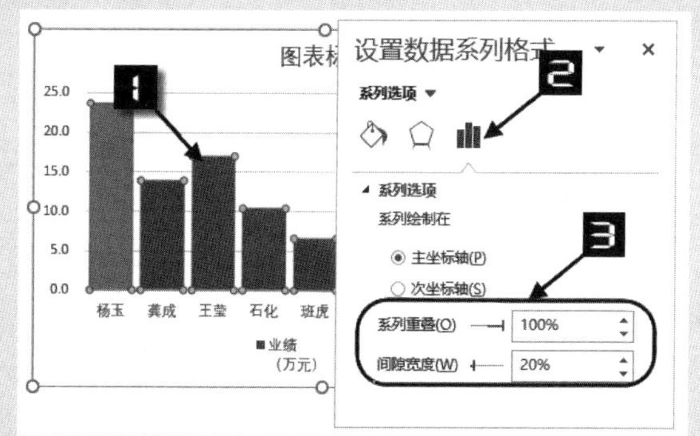

图 31-35　设置数据系列重叠与间隙宽度

切换到【填充与线条】选项卡，单击“最大值”数据系列，设置【填充】为【纯色填充】，在【主题颜色】面板中设置颜色为浅绿色。

单击“业绩（万元）”数据系列，设置【填充】为【纯色填充】，在【填充颜色】下拉菜单中选择【其他颜色】命令，打开【颜色】对话框，切换到【自定义】选项卡下，在【颜色模式】下拉列表中选择【RGB】，在【红色】文本框中输入值为 194，【绿色】值为 228，【蓝色】值为 156，最后单击【确定】按钮关闭【颜色】对话框。

在当前工作簿中使用的自定义颜色有记忆功能，便于用户快速重复使用。如图 31-36 所示。

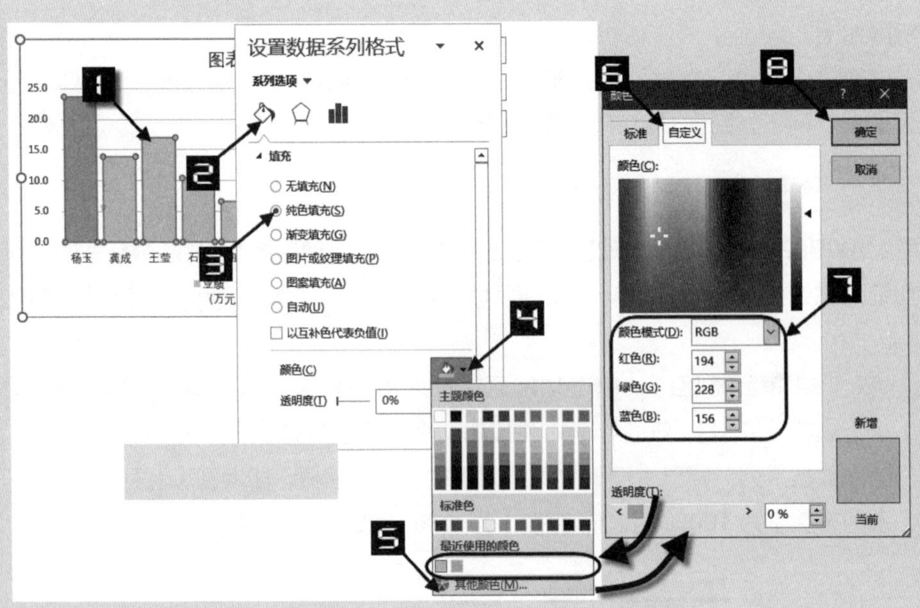

图 31-36　设置数据系列填充颜色

步骤④ 鼠标右击图表“最大值”数据系列，在快捷菜单中依次单击【添加数据标签】→【添加数据标签】选项，如图 31-37 所示。

此时“最大值”系列中数值为 0 的柱形也显示了数据标签，可以通过设置【数字】格式将 0 值隐藏。

步骤⑤ 单击图表“最大值”数据系列的数据标签，按 <Ctrl+1> 组合键调出【设置数据标签格式】选项窗格，在【设置数据标签格式】选项窗格中切换到【标签选项】选项卡，设置【数字】的【类别】为【自定义】，在【格式代码】框中输入“0.0;;;”，单击【添加】按钮完成更改，如图 31-38 所示。

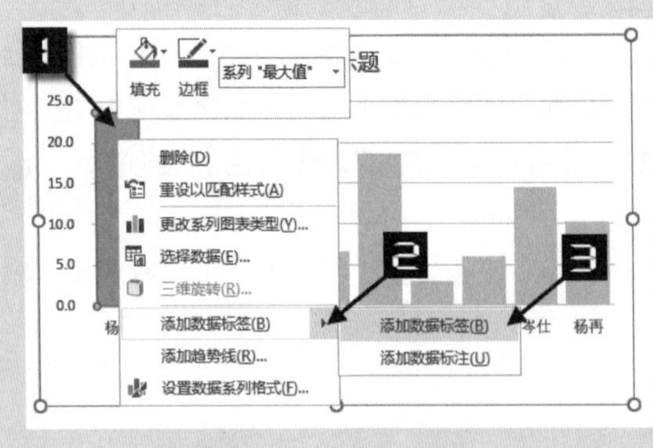

图 31-37　添加数据标签

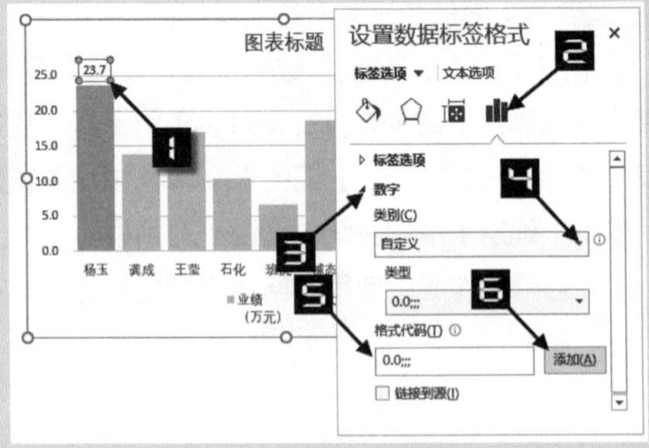

图 31-38　设置数据标签格式

自定义格式代码的作用是将正数显示为 1 位小数，等于 0 或是小于 0 及文本内容均不显示。

步骤⑥ 分别单击图例、图表标题，按 <Delete> 键删除。

保持图表选中状态，依次单击【插入】选项卡→【形状】→【文本框】命令，在图表中绘制一个文本框，如图 31-39 所示。绘制后在文本框中输入标题文字，并设置文字格式以达到所需效果。

再次插入文本框，输入文字说明。

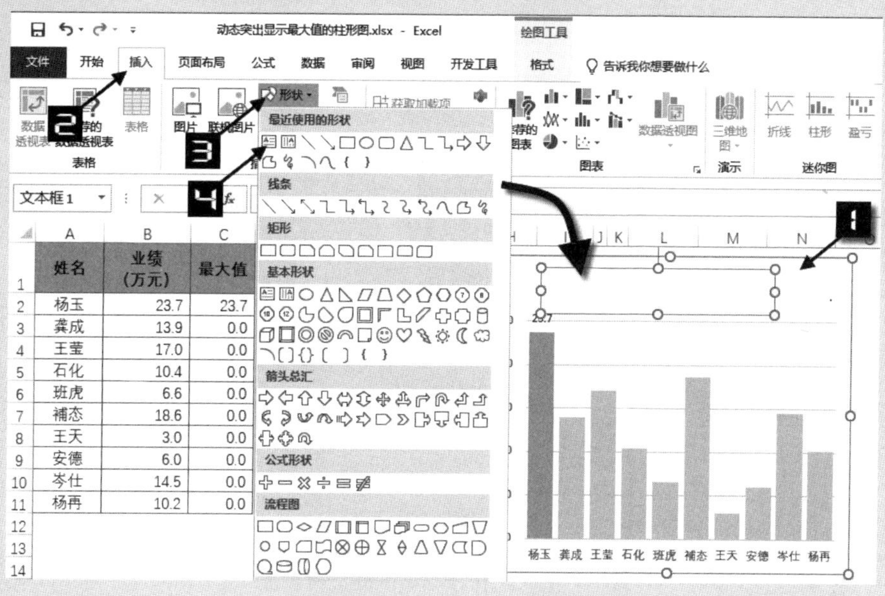

图 31-39　插入文本框

提示

> 选中图表后插入的形状，为图表中的一个元素，与图表为一体。移动图表时，形状跟随移动。如果单击工作表任意单元格后插入形状，则为单独的对象。

步骤⑦ 在 A14 单元格中输入以下公式，获取最大值的信息。如图 31-40 所示。

```
=INDEX(A2:A11,MATCH(MAX(B2:B11),B2:B11,))&"业绩排名最高，金额为
"&MAX(B2:B11)&"万元"
```

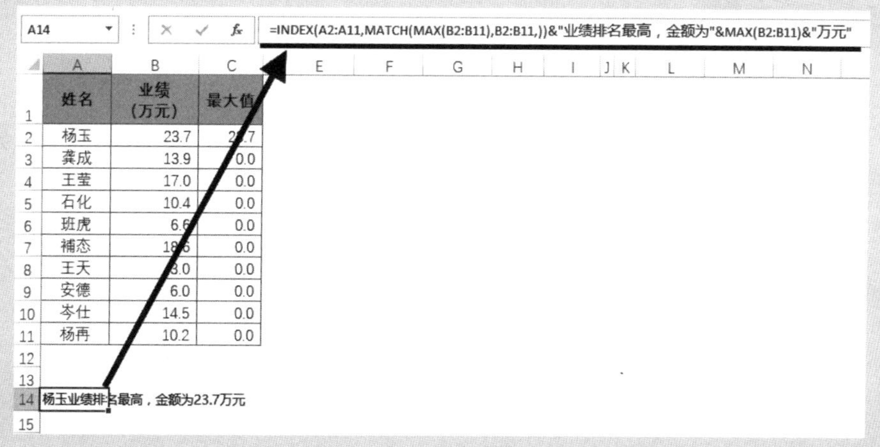

图 31-40　使用公式动态制作说明文字

步骤⑧ 选择A14:C14单元格区域，按<Ctrl+C>组合键复制区域，选中任意空白单元格后右击鼠标，在快捷菜单中单击【选择性粘贴】→【链接的图片】命令，将区域粘贴为可随单元格值变化的图片。如图31-41所示。

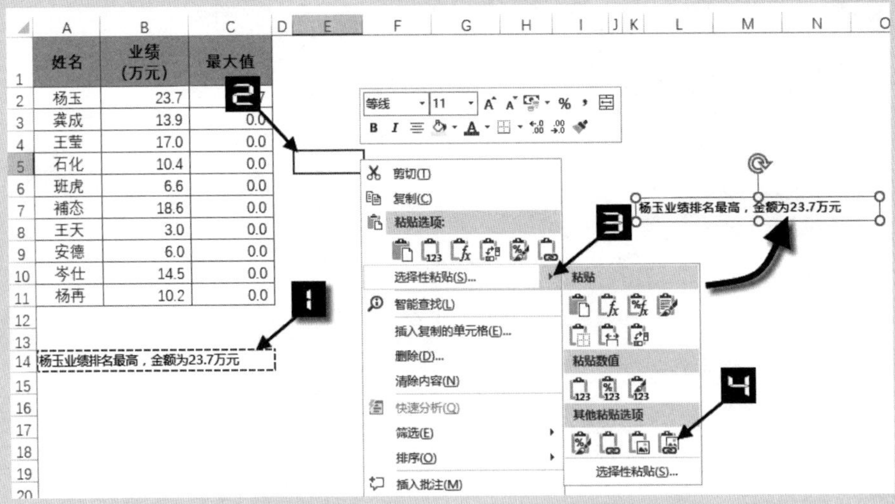

图31-41　选择性粘贴→链接的图片

步骤⑨ 调整图片与图表的排版位置，先选中刚刚粘贴的图片，再按住<Ctrl>键同时选中图表，在功能区【绘图工具】【格式】选项卡下，依次单击【组合】→【组合】按钮完成组合，如图31-42所示。组合后图表与图片为一个组合对象，可同时选中并移动。

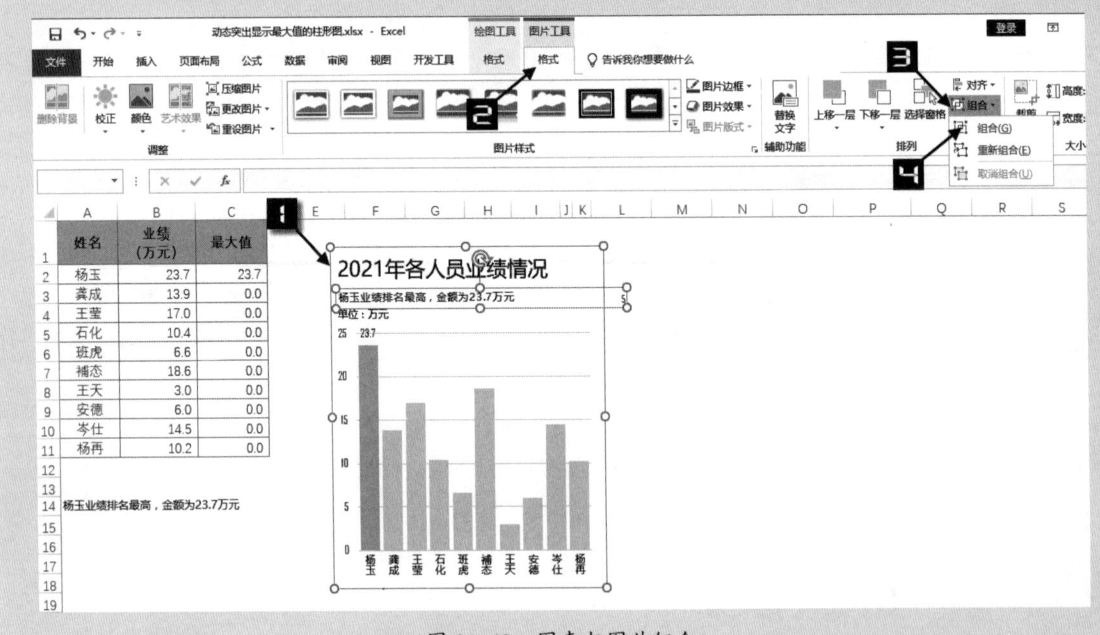

图31-42　图表与图片组合

31.2.5　使用 IF+NA 函数制作趋势图

示例31-5　突出显示最大最小值的趋势图

如图 31-43 所示，当用户需要在一个数据较多的趋势图中快速查看数据中的最大值、最小值时，可以使用函数与折线图来快速完成。

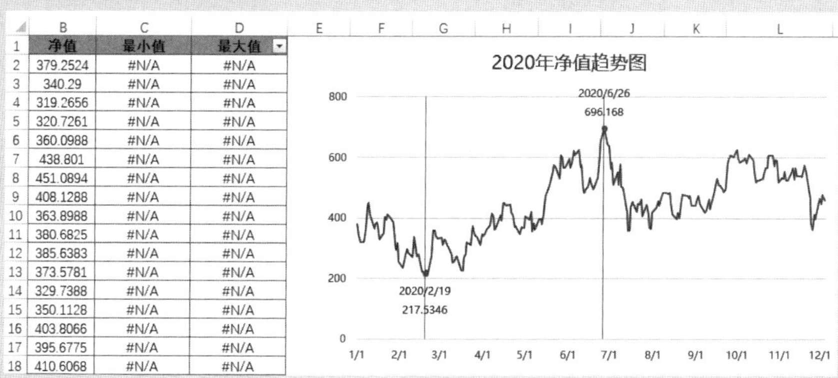

	B	C	D
1	净值	最小值	最大值
2	379.2524	#N/A	#N/A
3	340.29	#N/A	#N/A
4	319.2656	#N/A	#N/A
5	320.7261	#N/A	#N/A
6	360.0988	#N/A	#N/A
7	438.801	#N/A	#N/A
8	451.0894	#N/A	#N/A
9	408.1288	#N/A	#N/A
10	363.8988	#N/A	#N/A
11	380.6825	#N/A	#N/A
12	385.6383	#N/A	#N/A
13	373.5781	#N/A	#N/A
14	329.7388	#N/A	#N/A
15	350.1128	#N/A	#N/A
16	403.8066	#N/A	#N/A
17	395.6775	#N/A	#N/A
18	410.6068	#N/A	#N/A

图 31-43　突出最大值和最小值的趋势图

操作步骤如下。

步骤 1 首先在 C 列构建最小值辅助列，在 C1 单元格输入标题“最小值”，在 C2 单元格输入以下公式，向下复制到 C244 单元格。

```
=IF(B2=MIN(B$2:B$244),B2,0)
```

在 D 列构建最大值辅助列，D1 单元格输入标题“最大值”，在 D2 单元格输入以下公式，向下复制到 D244 单元格。

```
=IF(B2=MAX(B$2:B$244),B2,0)
```

步骤 2 选中 A1:D244 单元格区域，依次单击【插入】→【插入折线图或面积图】→【折线图】命令，生成一个包含 3 个系列的折线图。

步骤 3 双击折线图的“净值”数据系列，打开【设置数据系列格式】选项窗格。单击【系列选项】选项卡，切换到【填充与线条】选项卡，设置【线条】为【实线】，在【主题颜色】面板中设置颜色为蓝色，将【宽度】设置为 1.5 磅，如图 31-44 所示。

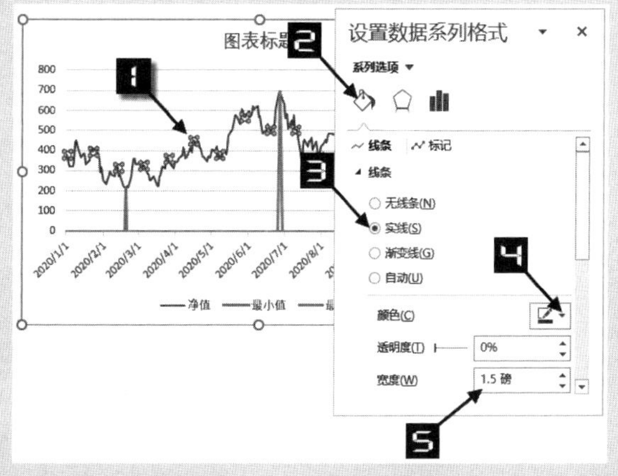

图 31-44　设置折线线条格式

步骤④ 设置折线图的“最小值”“最大值”数据系列格式。

单击折线图“最小值”数据系列，在【设置数据系列格式】选项窗格中单击【系列选项】选项卡，切换到【填充与线条】选项卡，设置【线条】为【无线条】。

单击【标记】选项卡，设置【数据标记选项】为【内置】，【类型】选择为圆形，将【大小】设置为 5。设置标记【填充】为【纯色填充】，在【主题颜色】面板中设置颜色为红色。设置标记【边框】为【无线条】，如图 31-45 所示。

同样的方式设置“最大值”数据系列。

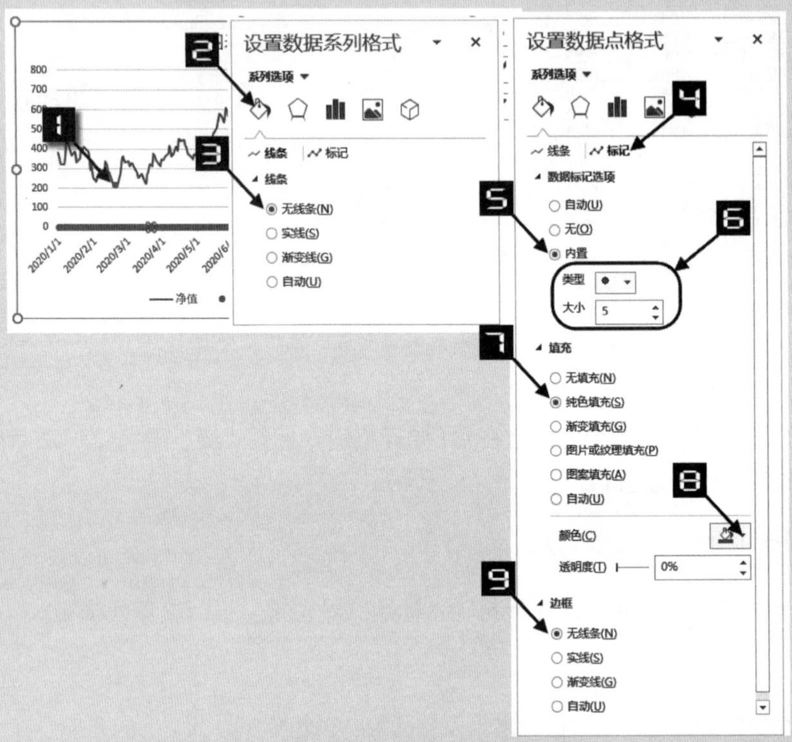

图 31-45 设置折线图标记格式

设置后的图表效果如图 31-46 所示。

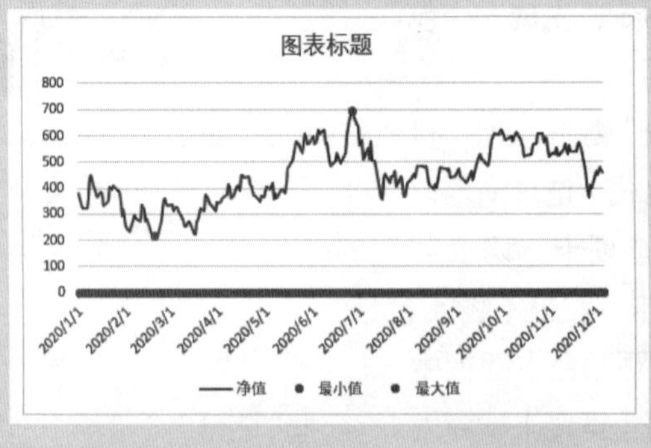

图 31-46 设置折线系列格式后的效果

步骤⑤ 对折线图设置【标记】时，0 值也会同时显示，而图表需要的是只显示最大值、最小值的一个标记点。因此在折线图或散点图中，如果需要对系列设置【标记】，占位的数据不能用 0 表示。可以将公式中的 0 更改为“NA()”，如图 31-47 所示。

NA 函数没有参数，用于返回错误值“#N/A”。在折线图和散点图中，NA 表示“无值可用”，不参与数据计算只做占位使用。

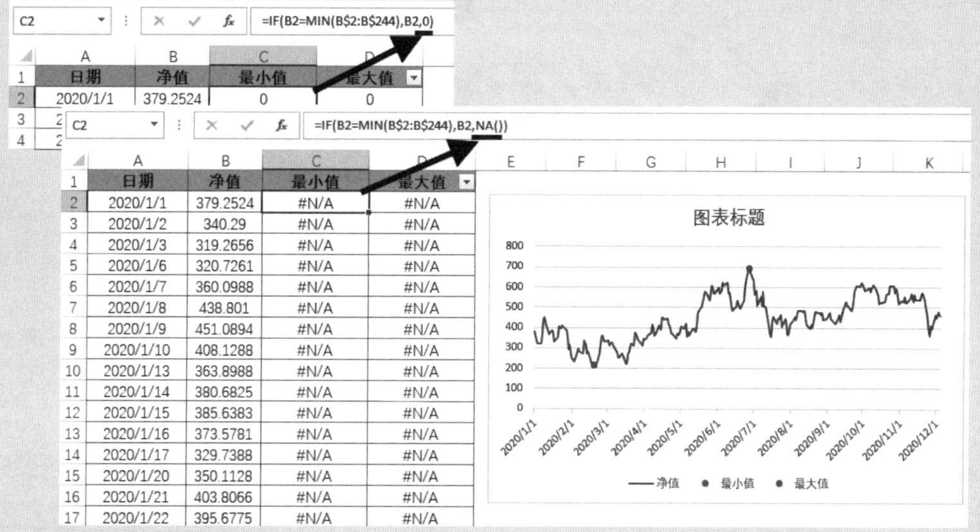

图 31-47　公式中的 0 更改为 NA()

步骤⑥ 在折线图或散点图中使用 NA 函数作为占位，占位的数据不会显示数据标签。如图 31-48 所示，单击折线图“最小值”数据系列，单击【图表元素】快速选项按钮，选择【数据标签】复选框，此时只有最小值的标记点显示数据标签。

同样的方式添加“最大值”系列的数据标签。

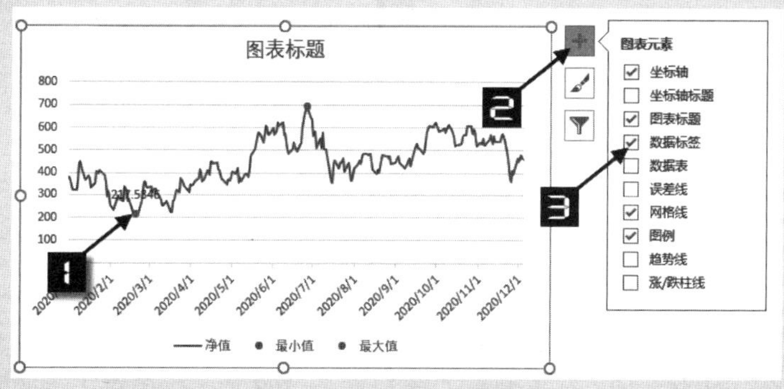

图 31-48　添加数据标签

步骤⑦ 单击“最小值”数据标签，按 <Ctrl+1> 组合键打开【设置数据标签格式】选项窗格，在【标签选项】中选中【类别名称】复选框，单击【分隔符】下拉按钮，选择【(新文本行)】,【标签位置】设置为【靠下】。如图 31-49 所示。

同样的方式设置“最大值”数据标签，并把数据标签的【标签位置】设置为【靠上】。

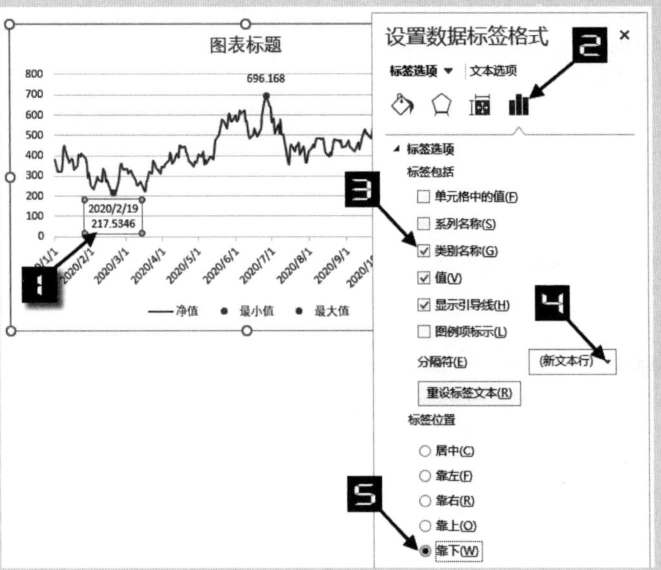

图 31-49　设置数据标签格式

步骤8 最大值、最小值数据点中的直线是利用误差线完成的，但是在添加误差线之前，需要先固定图表纵坐标轴【边界】的【最大值】与【最小值】。

双击图表纵坐标轴，打开【设置坐标轴格式】选项窗格，单击【坐标轴选项】选项卡，在【边界】下【最小值】文本框中输入 0、【最大值】文本框中输入 800，在【单位】下【大】文本框中输入 200，如图 31-50 所示。

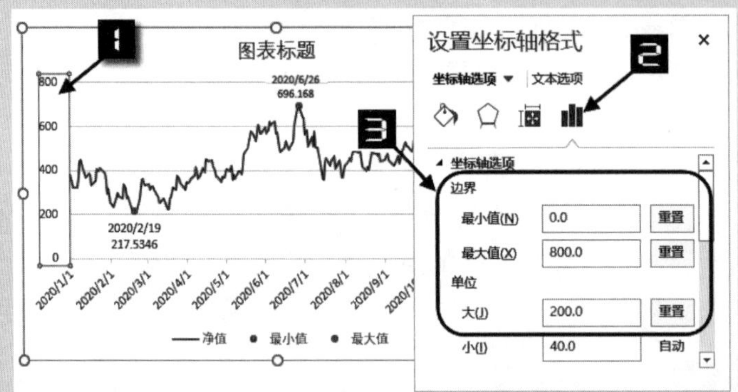

图 31-50　设置坐标轴边界

步骤9 单击“最小值”数据系列，在【图表工具】【设计】选项卡中单击【添加图表元素】按钮，在下拉菜单中单击【误差线】→【标准误差】，如图 31-51 所示。

同样的方式为“最大值”数据系列添加误差线。

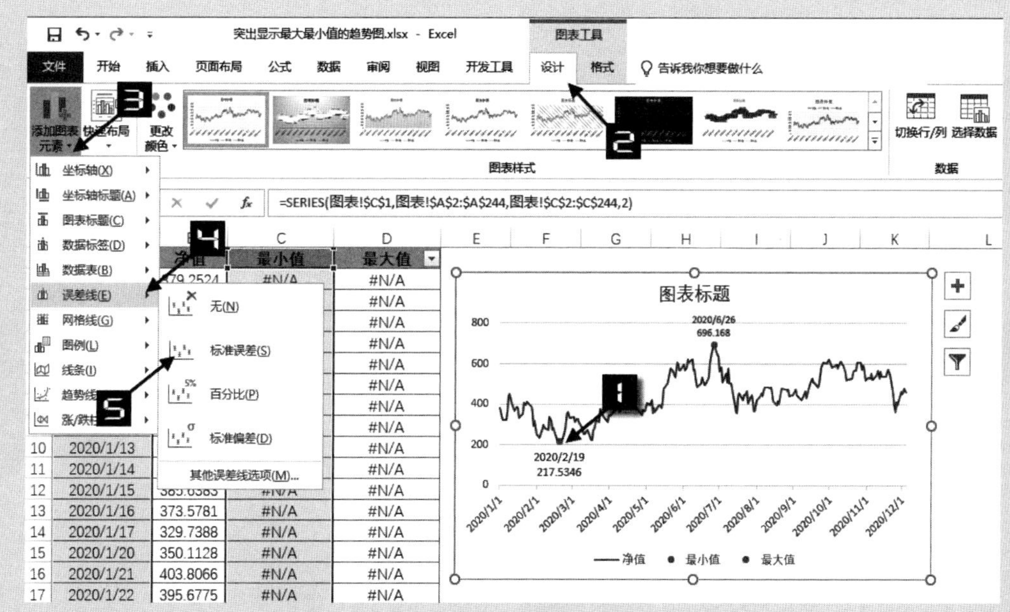

图 31-51　添加误差线

单击图表区，在【图表工具】【格式】选项卡中单击【图表元素】下拉按钮，在下拉菜单中选择“系列 " 最小值 "Y 误差线”，如图 31-52 所示。

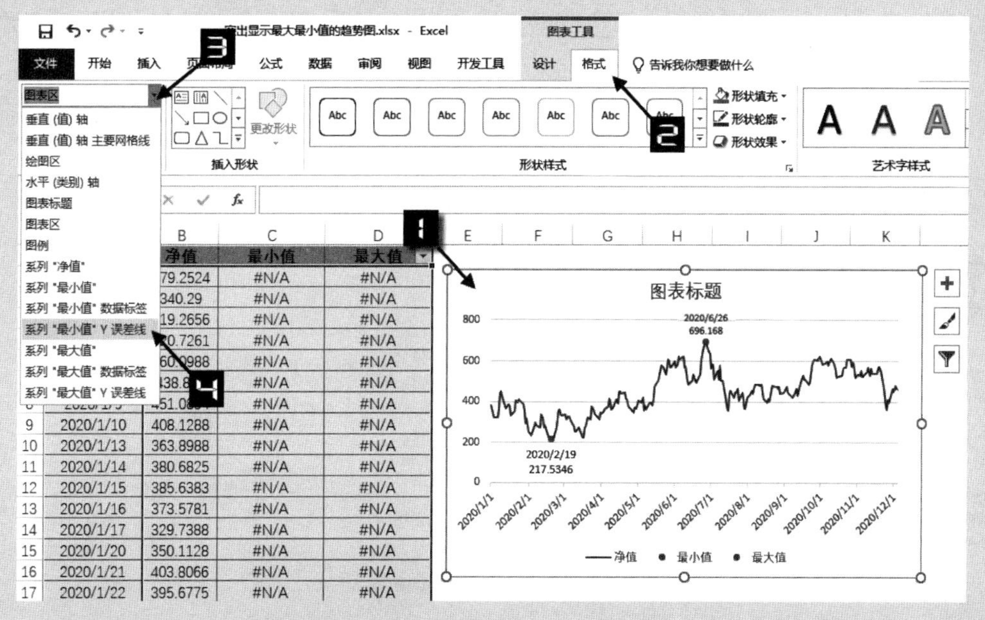

图 31-52　选择误差线

步骤⑩ 保持误差线的选中状态，按 <Ctrl+1> 组合键调出【设置误差线格式】选项窗格，切换到【误差线选项】选项卡，设置【方向】为【正负偏差】，【末端样式】为【无线端】，设置【误差量】为【固定值】，在文本框中输入 800。实际操作时，只要固定了坐标轴边界，误差量的固定值可设置得大一些。

切换到【填充与线条】选项卡，设置【线条】→【实线】，在【主题颜色】面板中设置颜色为红色，如图 31-53 所示。

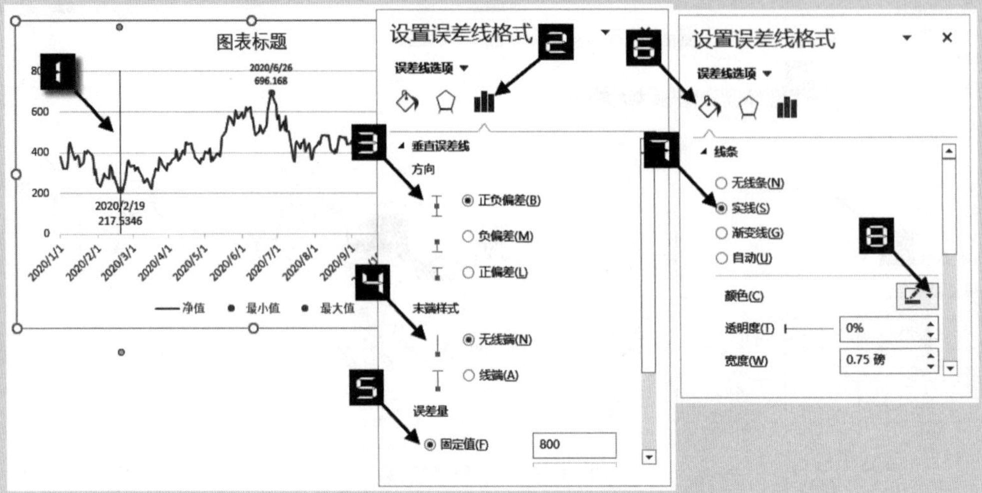

图 31-53 设置误差线格式

步骤⑪ 单击图表横坐标轴，在【设置坐标轴格式】选项窗格中切换到【坐标轴选项】选项卡，在【数字】区域将【格式代码】文本框中代码更改为 m/d，单击【添加】按钮完成设置，如图 31-54 所示。

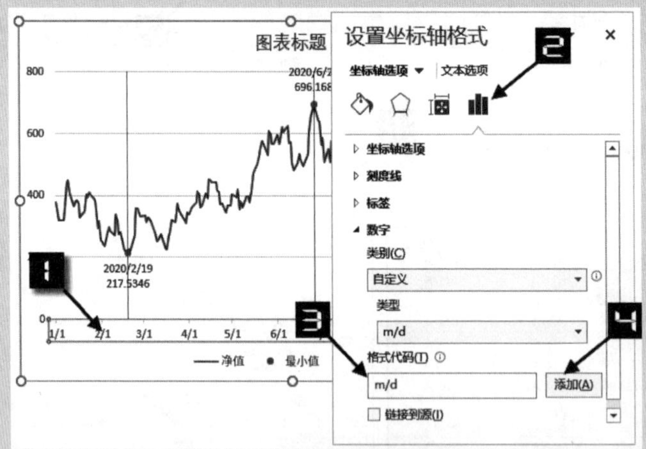

图 31-54 设置横坐标轴格式

最后删除多余图表元素，设置图表区文字格式与图表标题即可。

31.2.6 使用 IF+AND 函数制作玫瑰图

如图 31-55 所示，图表展示的是某个时间点的新冠肺炎全球疫情形势，图表类型新颖美观，在 Excel 中可以使用函数构建数据与填充雷达图来制作完成。

在 Excel 中制作玫瑰图，需要构建大量辅助数据来完成。用户需先了解填充雷达图数据构建原理。

首先在 A1:A25 单元格区域录入一组有规律的数据，如 1、2、3、4、5，重复输入 5 次。选中 A1:A25 单元格区域，单击【插入】选项卡中的【插入瀑布图、漏斗图、股价图、曲面图或雷达图】→【填充雷达图】命令，插入一个填充雷达图，如图 31-56 所示。

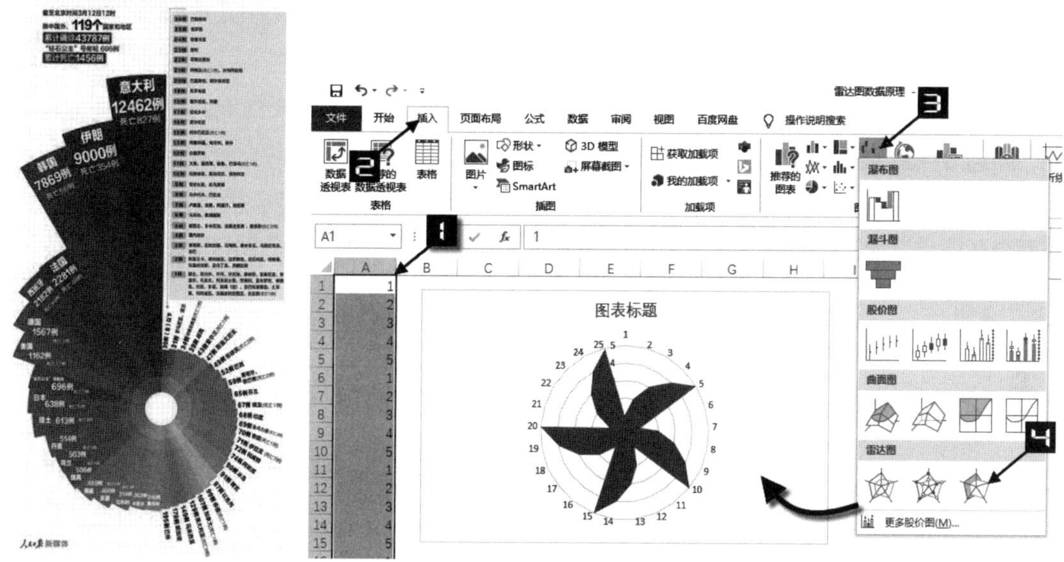

图 31-55　新冠肺炎全球疫情形势图表　　　图 31-56　插入填充雷达图

当使用一样的数据制作雷达图的时候，数据点越多，雷达图越接近圆形，如果使用 360 个相同的数据点，插入一个填充雷达图，图表会呈现出一个类似正圆形，如图 31-57 所示。

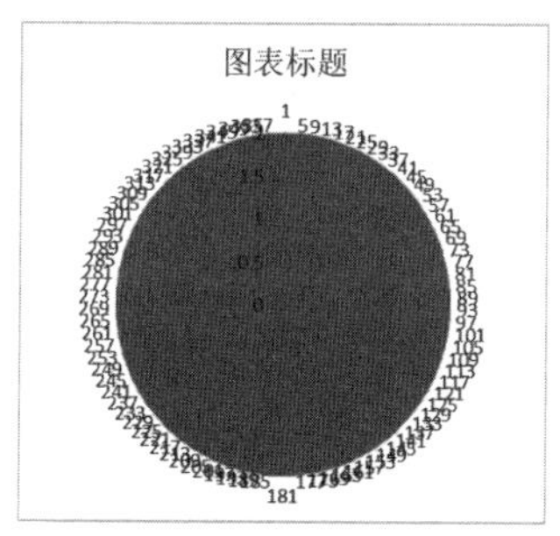

图 31-57　360 个数据点的雷达图

数据结构为单列时，雷达图中只有一个系列且只能设置一种颜色。若想要设置多种颜色，可以将数据写入不同列。如图 31-58 所示。

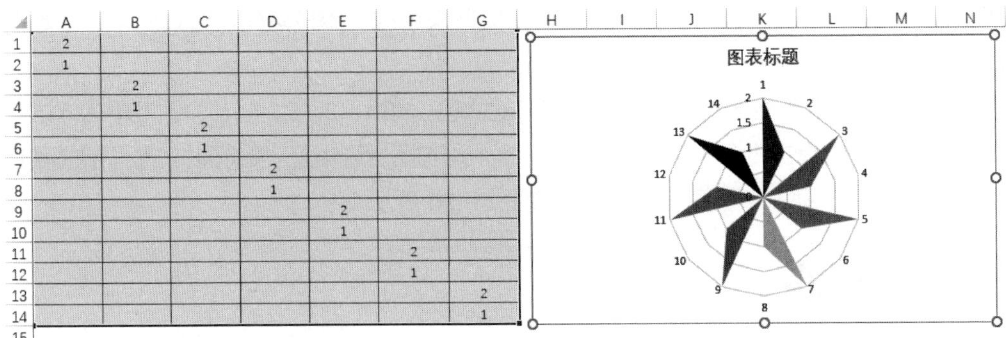

图 31-58　多系列雷达图

很多时候需要数据点与数据点连接形成不一样的效果图，可以在每列数据的交叉点重复相同的数据，如图 31-59 所示效果。

观察图 31-59 所示图表与数据，五角星的每个角为 3 个数据点形成，而数据结构中第一个角只有两个数据点，为了让五角星闭合，可以在 A10 单元格中输入 1，如图 31-60 所示。

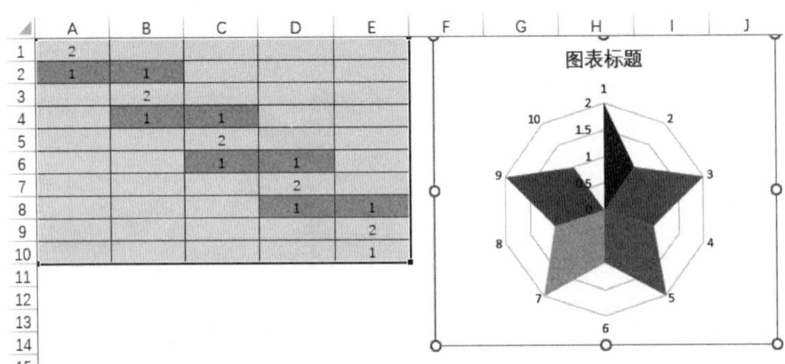

图 31-59　连接数据点

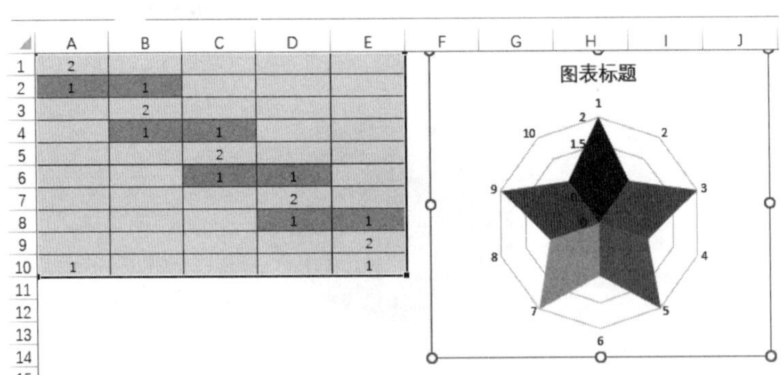

图 31-60　闭合的五角星

闭合的数据点根据图表形状的不同可设置在数据结构的第一列或在数据结构的最后一列，具体取决于最后闭合的是哪个角，如图 31-61 所示。

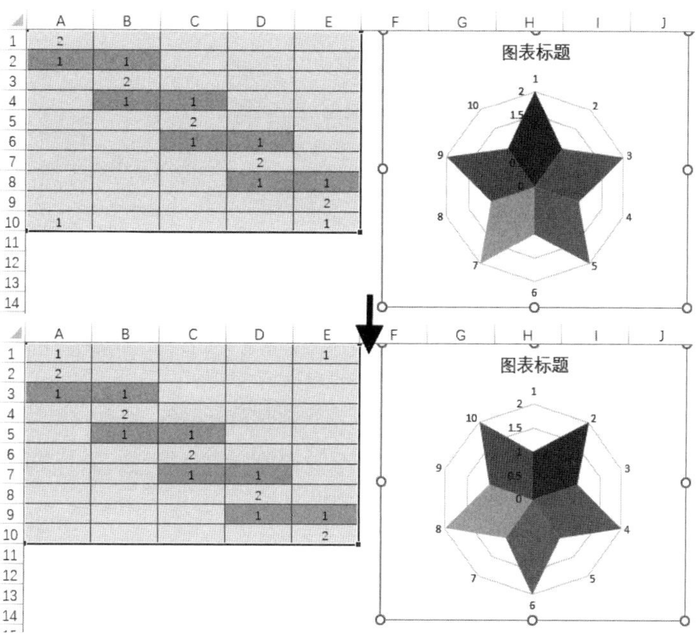

图 31-61　不同闭合数据点效果

示例31-6 南丁格尔玫瑰图

要制作如图 31-55 所示的图表，需要构建 360 行数据，将每个数据分布到设定好的角度。具体结构如图 31-62 所示。

	A	B	C	D	E	F	G	H	I	J	K	L	M	N	O	P	Q	R	S
1	姓名	业绩		数据	13800	17526	19504	21160	22080	22134	24567	25070	25502	26036	28350	29394	32568	33245	34926
2	刘炎	13800		开始角度	0	12	24	36	48	60	72	84	96	108	120	132	144	156	168
3	肖子	17526		结束角度	12	24	36	48	60	72	84	96	108	120	132	144	156	168	180
4	王嘉宣	19504		数据标签	刘炎	肖子	王嘉宣	邓丽	洪悦	杨再发	岑仕美	方秋子	龚艳	何秀秀	胡麟	刘大元	罗文	安德运	王天艳
5	邓丽	21160		1	13800	#N/A	#N/A	#N/A	#N/A	#N/A	#N/A	#N/A	#N/A	#N/A	#N/A	#N/A	#N/A	#N/A	#N/A
6	洪悦	22080		2	13800	#N/A	#N/A	#N/A	#N/A	#N/A	#N/A	#N/A	#N/A	#N/A	#N/A	#N/A	#N/A	#N/A	#N/A
7	杨再发	22134		3	13800	#N/A	#N/A	#N/A	#N/A	#N/A	#N/A	#N/A	#N/A	#N/A	#N/A	#N/A	#N/A	#N/A	#N/A
8	岑仕美	24567		4	13800	#N/A	#N/A	#N/A	#N/A	#N/A	#N/A	#N/A	#N/A	#N/A	#N/A	#N/A	#N/A	#N/A	#N/A
9	方秋子	25070		5	13800	#N/A	#N/A	#N/A	#N/A	#N/A	#N/A	#N/A	#N/A	#N/A	#N/A	#N/A	#N/A	#N/A	#N/A
10	龚艳	25502.4		6	13800	#N/A	#N/A	#N/A	#N/A	#N/A	#N/A	#N/A	#N/A	#N/A	#N/A	#N/A	#N/A	#N/A	#N/A
11	何秀秀	26036		7	13800	#N/A	#N/A	#N/A	#N/A	#N/A	#N/A	#N/A	#N/A	#N/A	#N/A	#N/A	#N/A	#N/A	#N/A
12	胡麟	28350		8	13800	#N/A	#N/A	#N/A	#N/A	#N/A	#N/A	#N/A	#N/A	#N/A	#N/A	#N/A	#N/A	#N/A	#N/A
13	刘大元	29394		9	13800	#N/A	#N/A	#N/A	#N/A	#N/A	#N/A	#N/A	#N/A	#N/A	#N/A	#N/A	#N/A	#N/A	#N/A
14	罗文	32568		10	13800	#N/A	#N/A	#N/A	#N/A	#N/A	#N/A	#N/A	#N/A	#N/A	#N/A	#N/A	#N/A	#N/A	#N/A
15	安德运	33245		11	13800	#N/A	#N/A	#N/A	#N/A	#N/A	#N/A	#N/A	#N/A	#N/A	#N/A	#N/A	#N/A	#N/A	#N/A
16	王天艳	34926		12	13800	17526	#N/A	#N/A	#N/A	#N/A	#N/A	#N/A	#N/A	#N/A	#N/A	#N/A	#N/A	#N/A	#N/A
17	補态福	37420		13	#N/A	17526	#N/A	#N/A	#N/A	#N/A	#N/A	#N/A	#N/A	#N/A	#N/A	#N/A	#N/A	#N/A	#N/A
18	李大丁	38200		14	#N/A	17526	#N/A	#N/A	#N/A	#N/A	#N/A	#N/A	#N/A	#N/A	#N/A	#N/A	#N/A	#N/A	#N/A
19	班虎忠	39359		15	#N/A	17526	#N/A	#N/A	#N/A	#N/A	#N/A	#N/A	#N/A	#N/A	#N/A	#N/A	#N/A	#N/A	#N/A
20	梁德	41970.4		16	#N/A	17526	#N/A	#N/A	#N/A	#N/A	#N/A	#N/A	#N/A	#N/A	#N/A	#N/A	#N/A	#N/A	#N/A
21	陈阳	45080		17	#N/A	17526	#N/A	#N/A	#N/A	#N/A	#N/A	#N/A	#N/A	#N/A	#N/A	#N/A	#N/A	#N/A	#N/A
22	叶慧燕	46000		18	#N/A	17526	#N/A	#N/A	#N/A	#N/A	#N/A	#N/A	#N/A	#N/A	#N/A	#N/A	#N/A	#N/A	#N/A

玫瑰图

图 31-62　玫瑰图数据结构

具体操作步骤如下。

步骤① 单击 B2 单元格，右击鼠标，在快捷菜单中依次单击【排序】→【升序】命令，将数据从小

31章

到大排序。

步骤② 分别在D1、D2、D3、D4单元格中输入标题文字“数据”“开始角度”“结束角度”“数据标签”，在D5:D364单元格区域中依次输入1到360的序号。

选择B2:B31单元格区域，按<Ctrl+C>组合键复制，选中E1单元格，右击鼠标，在快捷菜单的【粘贴选项】下单击【转置】命令，如图31-63所示。

同样的方法将A2:A31单元格区域的数据复制粘贴到E4:AH4单元格区域。

在E2单元格中输入以下公式，将公式向右复制到AH2单元格，作为图表各个系列的开始角度。

```
=SUM(D3)
```

在E3单元格中输入以下公式，将公式向右复制到AH3单元格，作为图表各个系列的结束角度。公式中的12为一个数据所占的角度，使用360度除以数据分类个数30所得，即一个分类数据在数据结构中重复12次。

```
=SUM(D3,12)
```

在E5单元格中输入以下公式，将公式向下、向右复制到E5:AH364单元格区域，作为图表各个系列的数据点。

```
=IF(AND($D5>=E$2,$D5<=E$3),E$1,NA())
```

更改AH5单元格公式，作为图表的闭合点。

```
=AH1
```

步骤③ 选中E4:AH364单元格区域，在【插入】选项卡中单击【插入瀑布图、漏斗图、股价图、曲面图或雷达图】→【填充雷达图】命令，插入一个填充雷达图。

步骤④ 分别单击图表标题、图例、网格线、坐标轴，按<Delete>键删除。效果如图31-64所示。

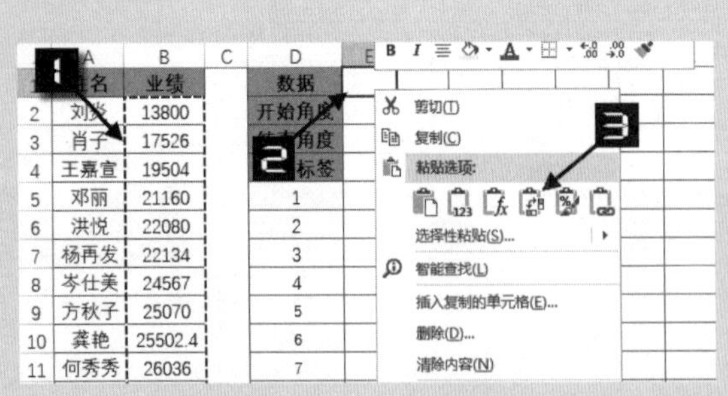

图31-63　选择性粘贴 - 转置

图31-64　玫瑰图效果

步骤⑤ 双击图表数据系列，打开【设置数据系列格式】选项窗格，切换到【填充与线条】选项卡，单击【标记】选项，设置【填充】为【纯色填充】，即可设置各系列颜色。如图31-65所示。

图 31-65　设置填充雷达图数据系列格式

最后可添加文本框来模拟图表数据标签和说明文字等。

31.3　使用 HLOOKUP 函数与数据验证制作动态图表

示例31-7 动态柱形图

图 31-66 展示了某公司各团队的销售数据，利用数据验证与函数结合，可制作动态选择团队的柱形图。

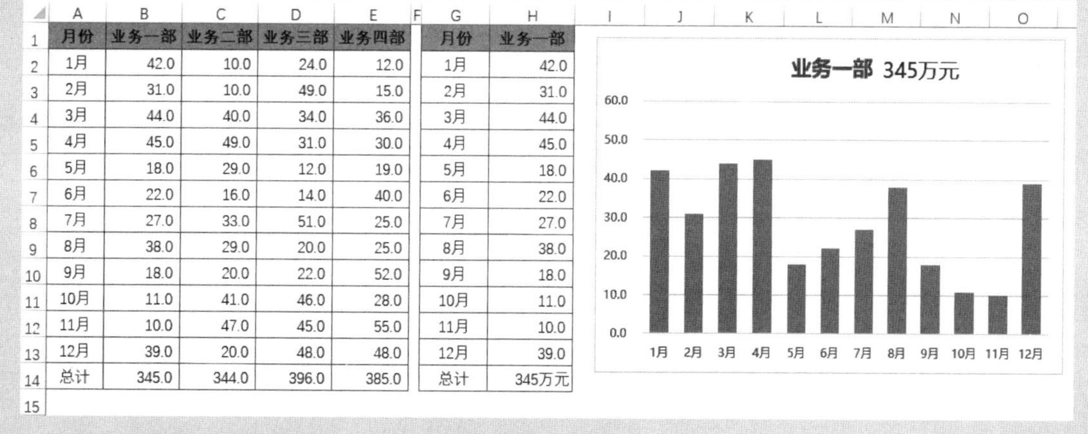

	A	B	C	D	E	F	G	H
1	月份	业务一部	业务二部	业务三部	业务四部		月份	业务一部
2	1月	42.0	10.0	24.0	12.0		1月	42.0
3	2月	31.0	10.0	49.0	15.0		2月	31.0
4	3月	44.0	40.0	34.0	36.0		3月	44.0
5	4月	45.0	49.0	31.0	30.0		4月	45.0
6	5月	18.0	29.0	12.0	19.0		5月	18.0
7	6月	22.0	16.0	14.0	40.0		6月	22.0
8	7月	27.0	33.0	51.0	25.0		7月	27.0
9	8月	38.0	29.0	20.0	25.0		8月	38.0
10	9月	18.0	20.0	22.0	52.0		9月	18.0
11	10月	11.0	41.0	46.0	28.0		10月	11.0
12	11月	10.0	47.0	45.0	55.0		11月	10.0
13	12月	39.0	20.0	48.0	48.0		12月	39.0
14	总计	345.0	344.0	396.0	385.0		总计	345万元
15								

图 31-66　销售数据

操作步骤如下。

步骤① 选中 A1:B14 单元格区域，按 <Ctrl+C> 组合键复制，单击 G1 单元格，按 <Ctrl+V> 组合键粘贴，然后清除 H1:H14 单元格中的内容。

单击 H1 单元格，在【数据】选项卡中单击【数据验证】命令，打开【数据验证】对话框。在【允许】下拉列表中选择【序列】，单击【来源】编辑框右侧的折叠按钮，选择 B1:E1 单元格区域，最后单击【确定】按钮关闭对话框，如图 31-67 所示。

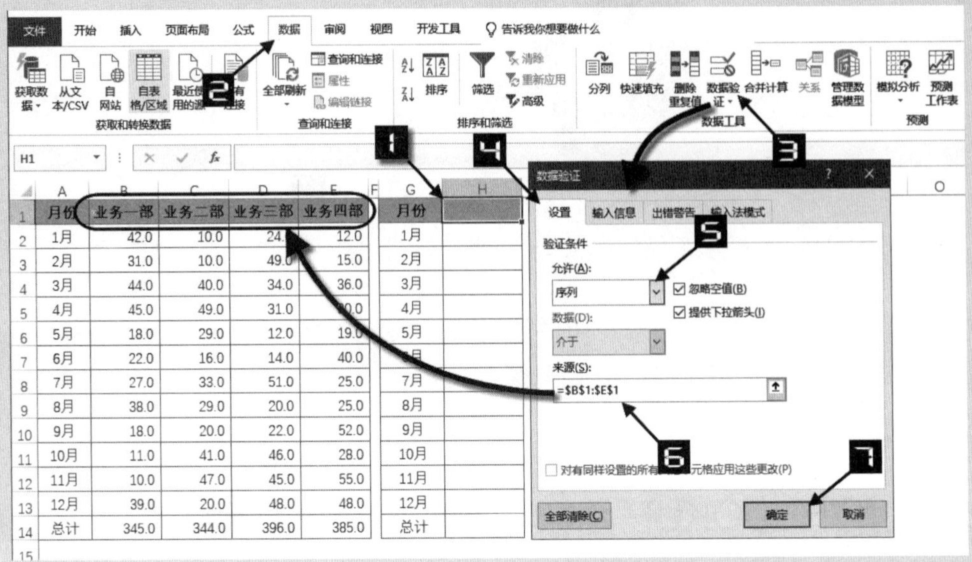

图 31-67　设置数据验证

步骤② 在 H2 单元格输入以下公式，向下复制到 H14 单元格，如图 31-68 所示。

```
=HLOOKUP(H$1,B$1:E$14,ROW(A2),)
```

H2 =HLOOKUP(H$1,B$1:E$14,ROW(A2),)

	A	B	C	D	E	F	G	H
1	月份	业务一部	业务二部	业务三部	业务四部		月份	业务一部
2	1月	42.0	10.0	24.0	12.0		1月	42.0
3	2月	31.0	10.0	49.0	15.0		2月	31.0
4	3月	44.0	40.0	34.0	36.0		3月	44.0
5	4月	45.0	49.0	31.0	30.0		4月	45.0
6	5月	18.0	29.0	12.0	19.0		5月	18.0
7	6月	22.0	16.0	14.0	40.0		6月	22.0
8	7月	27.0	33.0	51.0	25.0		7月	27.0
9	8月	38.0	29.0	20.0	25.0		8月	38.0
10	9月	18.0	20.0	22.0	52.0		9月	18.0
11	10月	11.0	41.0	46.0	28.0		10月	11.0
12	11月	10.0	47.0	45.0	55.0		11月	10.0
13	12月	39.0	20.0	48.0	48.0		12月	39.0
14	总计	345.0	344.0	396.0	385.0		总计	345.0

图 31-68　数据构建

公式中的“ROW(A2)”用于返回行号 2，随着公式向下复制，形成递增序列 2、3、4…以此作为 HLOOKUP 函数的第三参数，用于返回不同行的内容，得到 H1 单元格中的部门对应的各月份数据。

步骤③ 单击 H14 单元格，按 <Ctrl+1> 组合键调出【设置单元格格式】对话框，切换到【数字】选项卡，在【分类】下选择【自定义】，在右侧【类别】下的文本框中输入代码“0 万元”，单击【确定】按钮，为 H14 单元格加上单位，如图 31-69 所示。

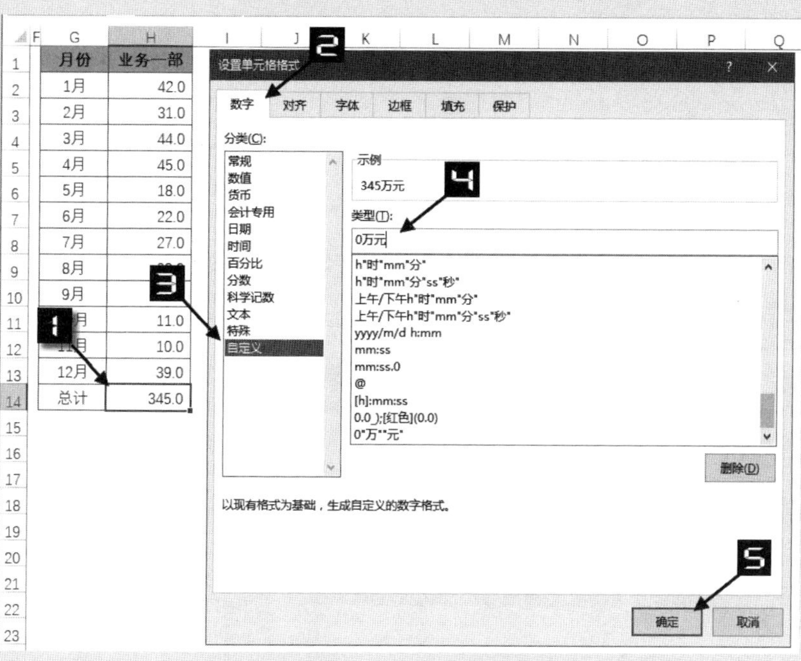

图 31-69　设置单元格格式

步骤④ 选中 G1:H13 单元格区域，在【插入】选项卡中依次单击【插入柱形图或条形图】→【簇状柱形图】命令，生成一个柱形图。

步骤⑤ 单击图表区，然后依次单击【插入】选项卡→【形状】→【文本框】命令，在图表中绘制一个文本框，选中文本框后，在编辑栏输入等号“=”，单击 H14 单元格后按 <Enter> 键完成。

最后设置图表格式即可。

单击 H1 单元格的下拉按钮，根据需要选择部门。随着 H1 单元格的变化，H2:H14 单元格区域中的数据和图表也会随之变化，如图 31-70 所示。

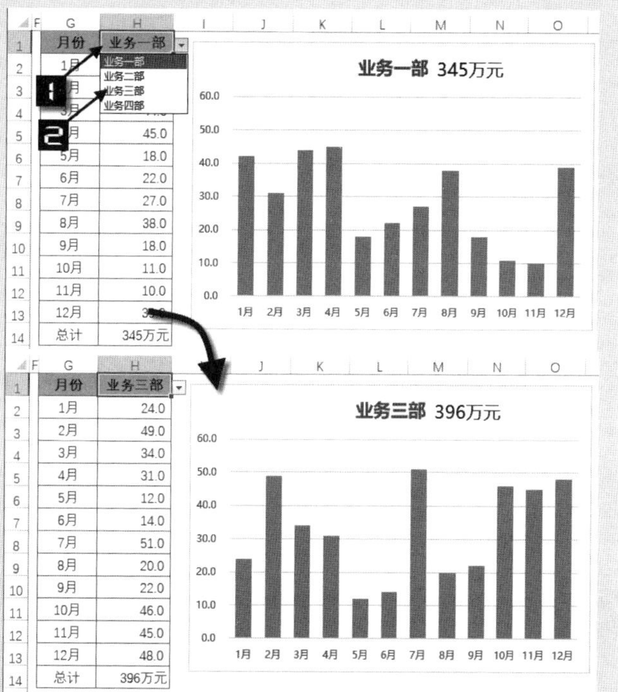

图 31-70　使用下拉菜单改变数据与图表效果

根据本书前言的提示操作，可观看用 HLOOKUP 函数与数据验证制作动态图表的视频讲解。

31.4 使用 LARGE+INDEX 函数制作自动排序的条形图

示例31-8 自动排序的条形图

如图 31-71 所示，A1:B14 单元格区域是初始数据源，数据为乱序排序。为了图表展示对比更清晰，可以使用函数公式将数据自动按照降序排序，使用排序后的数据制作图表，图表更直观。

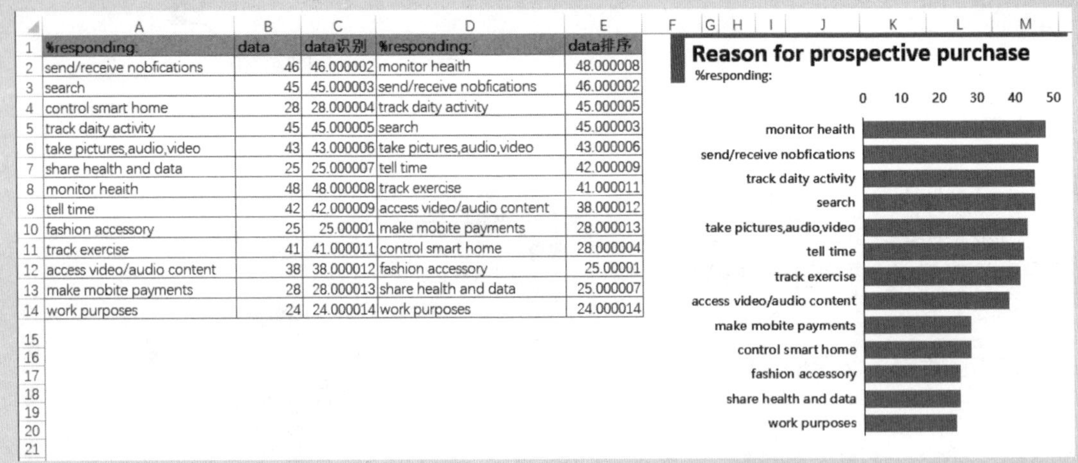

	A	B	C	D	E
1	%responding:	data	data识别	%responding:	data排序
2	send/receive nobfications	46	46.000002	monitor heaith	48.000008
3	search	45	45.000003	send/receive nobfications	46.000002
4	control smart home	28	28.000004	track daity activity	45.000005
5	track daity activity	45	45.000005	search	45.000003
6	take pictures,audio,video	43	43.000006	take pictures,audio,video	43.000006
7	share health and data	25	25.000007	tell time	42.000009
8	monitor heaith	48	48.000008	track exercise	41.000011
9	tell time	42	42.000009	access video/audio content	38.000012
10	fashion accessory	25	25.00001	make mobite payments	28.000013
11	track exercise	41	41.000011	control smart home	28.000004
12	access video/audio content	38	38.000012	fashion accessory	25.00001
13	make mobite payments	28	28.000013	share health and data	25.000007
14	work purposes	24	24.000014	work purposes	24.000014

图 31-71 使用公式对数据源自动排序

操作步骤如下。

步骤① 如图 31-72 所示，在 C2 单元格中输入以下公式，向下复制到 C14 单元格。

```
=B2+ROW()%%%
```

ROW() 函数返回当前公式所在单元格行号。目的是避免数据重复时获取分类名称出现错误，使用 ROW()%%% 的方法将当前行号除以 1 000 000 得到一个很小的小数，利用不同的行号给数据加上不同的小数来避免重复。

步骤② 在 E2 单元格输入以下公式，向下复制到 E14 单元格，对数据从大到小排序。

```
=LARGE($C$2:$C$14,ROW(A1))
```

步骤③ 在 D2 单元格输入以下公式，向下复制到 D14 单元格，获取数据对应的分类名称。

```
=INDEX(A$2:A$14,MATCH(E2,C$2:C$14,))
```

用 MATCH 函数查找排序后的数据在添加行号后的数据中的位置，再使用 INDEX 函数定位对应的分类名称。

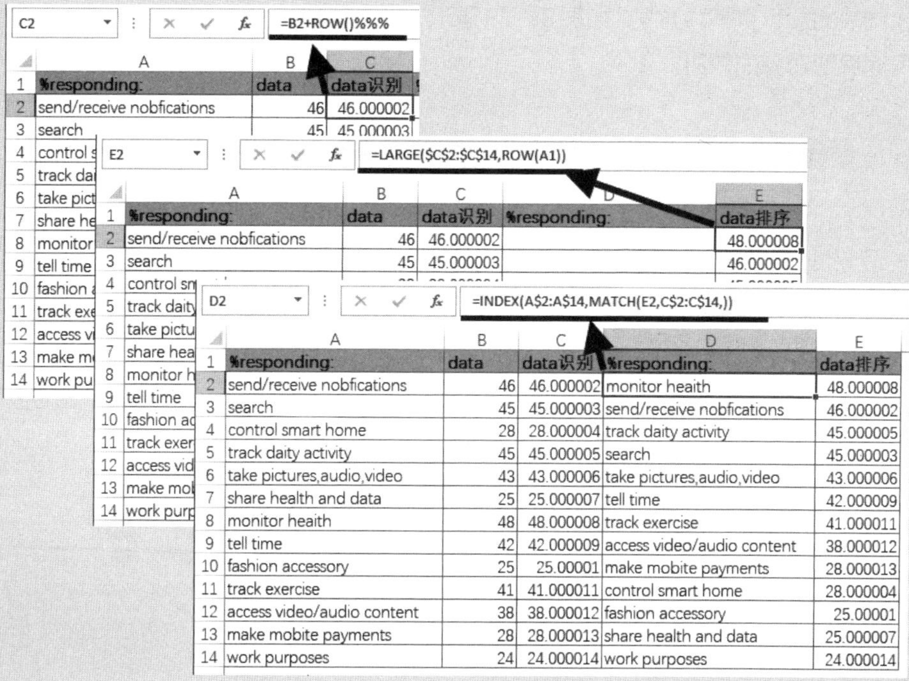

	A	B	C	D	E
1	%responding:	data	data识别	%responding:	data排序
2	send/receive nobfications	46	46.000002	monitor heaith	48.000008
3	search	45	45.000003	send/receive nobfications	46.000002
4	control smart home	28	28.000004	track daity activity	45.000005
5	track daity activity	45	45.000005	search	45.000003
6	take pictures,audio,video	43	43.000006	take pictures,audio,video	43.000006
7	share health and data	25	25.000007	tell time	42.000009
8	monitor heaith	48	48.000008	track exercise	41.000011
9	tell time	42	42.000009	access video/audio content	38.000012
10	fashion accessory	25	25.00001	make mobite payments	28.000013
11	track exercise	41	41.000011	control smart home	28.000004
12	access video/audio content	38	38.000012	fashion accessory	25.00001
13	make mobite payments	28	28.000013	share health and data	25.000007
14	work purposes	24	24.000014	work purposes	24.000014

图 31-72　创建辅助列

步骤④ 选中 D1:E14 单元格区域，依次单击【插入】→【插入柱形图或条形图】→【簇状条形图】命令，生成一个条形图。

步骤⑤ 双击图表纵坐标轴，打开【设置坐标轴格式】选项窗格，在【坐标轴选项】选项卡中的【坐标轴位置】下选择【逆序类别】，使条形图的纵坐标轴顺序与数据源中的顺序一致。

步骤⑥ 单击图表数据系列，在【设置数据系列格式】选项窗格中切换到【系列选项】选项卡，设置【间隙宽度】为 40。

切换到【填充与线条】选项卡，设置【填充】为【纯色填充】，在【主题颜色】面板中设置颜色为金色。

最后调整图表布局，添加图表标题及说明文字。

31.5 使用 SQRT 函数制作气泡图

示例31-9 百分比气泡图

百分比图表的展示有多种方式，如图 31-73 所示，利用 SQRT 函数公式计算气泡图的 Y 轴数据，达到各个气泡底部对齐的效果。

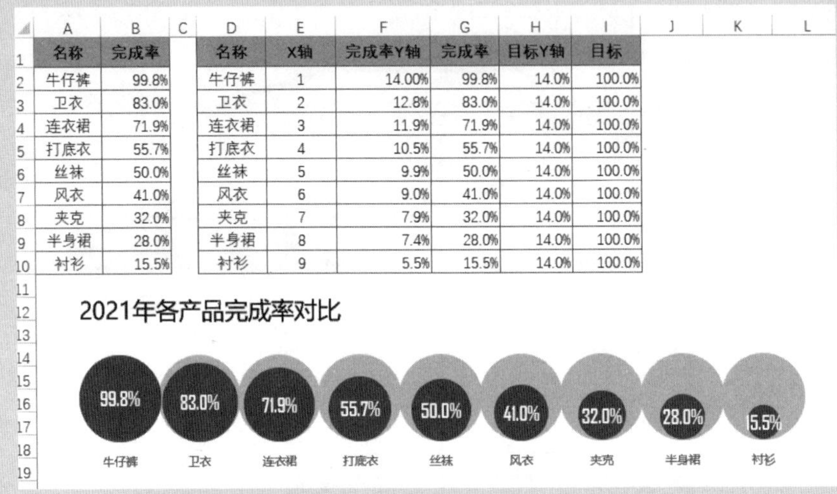

名称	完成率
牛仔裤	99.8%
卫衣	83.0%
连衣裙	71.9%
打底衣	55.7%
丝袜	50.0%
风衣	41.0%
夹克	32.0%
半身裙	28.0%
衬衫	15.5%

名称	X轴	完成率Y轴	完成率	目标Y轴	目标
牛仔裤	1	14.00%	99.8%	14.0%	100.0%
卫衣	2	12.8%	83.0%	14.0%	100.0%
连衣裙	3	11.9%	71.9%	14.0%	100.0%
打底衣	4	10.5%	55.7%	14.0%	100.0%
丝袜	5	9.9%	50.0%	14.0%	100.0%
风衣	6	9.0%	41.0%	14.0%	100.0%
夹克	7	7.9%	32.0%	14.0%	100.0%
半身裙	8	7.4%	28.0%	14.0%	100.0%
衬衫	9	5.5%	15.5%	14.0%	100.0%

图 31-73　百分比气泡图

操作步骤如下。

步骤① 如图 31-74 所示，对数据重新计算排列。

对表格 B 列数据进行【降序】排序。

在 E2:E10 单元格区域中输入序号 1、2、3……，作为图表 X 轴的数据源。

在 G2 单元格中输入以下公式，向下复制到 G10 单元格。

```
=B2
```

在 H2:H10 单元格区域输入目标 Y 轴数据 14%，在 I2:I10 单元格区域输入目标值 100%。

在 F2 单元格中输入以下公式计算完成率 Y 轴数据，向下复制到 F10 单元格。

```
=SQRT(G2)/SQRT(MAX($G$2:$G$10))*H2
```

先使用 MAX 函数计算出 G 列完成率的最大值，然后使用 SQRT 函数计算出最大完成率的平方根和 G 列中当前完成率的平方根后，二者相除，计算出其在最大值平方根中的占比，最后乘以 H2 单元格的目标 Y 轴。计算出每个完成率气泡中心点的相对位置，最后调整图表以达到气泡图形底部对齐的效果。

F2 　=SQRT(G2)/SQRT(MAX($G$2:$G$10))*H2

	A	B	C	D	E	F	G	H	I
1	名称	完成率		名称	X轴	完成率Y轴	完成率	目标Y轴	目标
2	牛仔裤	99.8%		牛仔裤	1	14.00%	99.8%	14.0%	100.0%
3	卫衣	83.0%		卫衣	2	12.8%	83.0%	14.0%	100.0%
4	连衣裙	71.9%		连衣裙	3	11.9%	71.9%	14.0%	100.0%
5	打底衣	55.7%		打底衣	4	10.5%	55.7%	14.0%	100.0%
6	丝袜	50.0%		丝袜	5	9.9%	50.0%	14.0%	100.0%
7	风衣	41.0%		风衣	6	9.0%	41.0%	14.0%	100.0%
8	夹克	32.0%		夹克	7	7.9%	32.0%	14.0%	100.0%
9	半身裙	28.0%		半身裙	8	7.4%	28.0%	14.0%	100.0%
10	衬衫	15.5%		衬衫	9	5.5%	15.5%	14.0%	100.0%

图 31-74　对数据重新计算排列

步骤② 选中 E2:E10 单元格区域，按住 <Ctrl> 键再选中 H2:I10 单元格区域，在【插入】选项卡下依次单击【插入散点图（X、Y）或气泡图】→【气泡图】命令。

步骤③ 单击图表区，在【图表工具】【设计】选项卡中单击【选择数据】按钮，打开【选择数据源】对话框。

步骤④ 在【选择数据源】对话框中单击“图例项（系列）”下的【添加】按钮打开【编辑数据系列】对话框，设置【系列名称】为 G1 单元格，设置【X 轴系列值】为 E2:E10 单元格区域，设置【Y 轴系列值】为 F2:F10 单元格区域，设置【系列气泡大小】为 G2:G10 单元格区域，最后单击【确定】按钮关闭对话框。如图 31-75 所示。

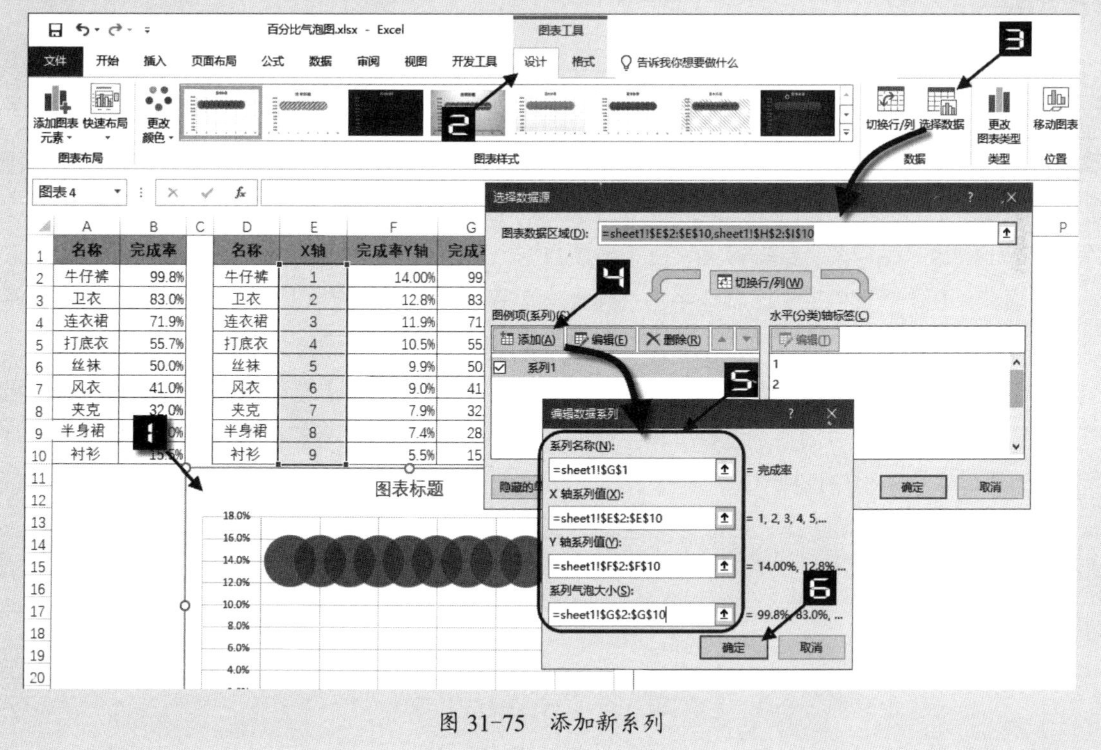

图 31-75　添加新系列

步骤④ 双击图表纵坐标轴，打开【设置坐标轴格式】选项窗格，切换到【坐标轴选项】选项卡，设置【边界】的【最大值】为 0.5，【最小值】为 0。

单击图表横坐标轴，在【设置坐标轴格式】选项窗格中切换到【坐标轴选项】选项卡，设置【边界】的【最大值】为 10，【最小值】为 0。

步骤⑤ 单击图表数据系列，在【设置数据系列格式】选项窗格中切换到【系列选项】选项卡，设置【大小表示】为【气泡面积】，【缩放气泡大小为】300，如图 31-76 所示。放大气泡图的大小。

单击“完成率”数据系列，在【设置数据系列格式】选项窗格中切换到【填充与线条】选项卡，设置【填充】为【纯色填充】，在【主题颜色】面板中设置颜色为深蓝色。

为另一个数据系列设置【填充】颜色为浅蓝色。

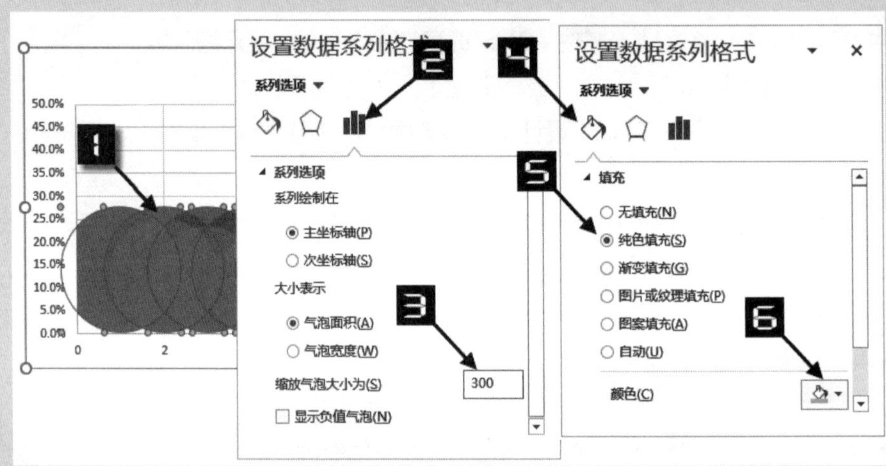

图 31-76 设置气泡大小

步骤⑥ 单击图表区，单击右上角的【图表元素】快速选项按钮，取消选中【坐标轴】，取消选中【图表标题】，取消选中【网格线】，选中【数据标签】。

步骤⑦ 单击图表“完成率”数据标签，在【设置数据标签格式】选项窗格中切换到【标签选项】选项卡，在【标签包括】区域选中【气泡大小】复选框，取消选中【Y 值】复选框。在【标签位置】中选中【居中】单选按钮。在【开始】选项卡中设置标签文字格式。

单击图表另一个数据系列的数据标签，在【设置数据标签格式】选项窗格中切换到【标签选项】选项卡，在【标签包括】下选择【单元格中的值】，打开【数据标签区域】对话框，在【选择数据标签区域】引用框中选择 A2:A10 单元格区域。单击【确定】按钮关闭【数据标签区域】对话框，取消选中【Y 值】复选框。在【标签位置】中选中【靠下】单选按钮。如图 31-77 所示。

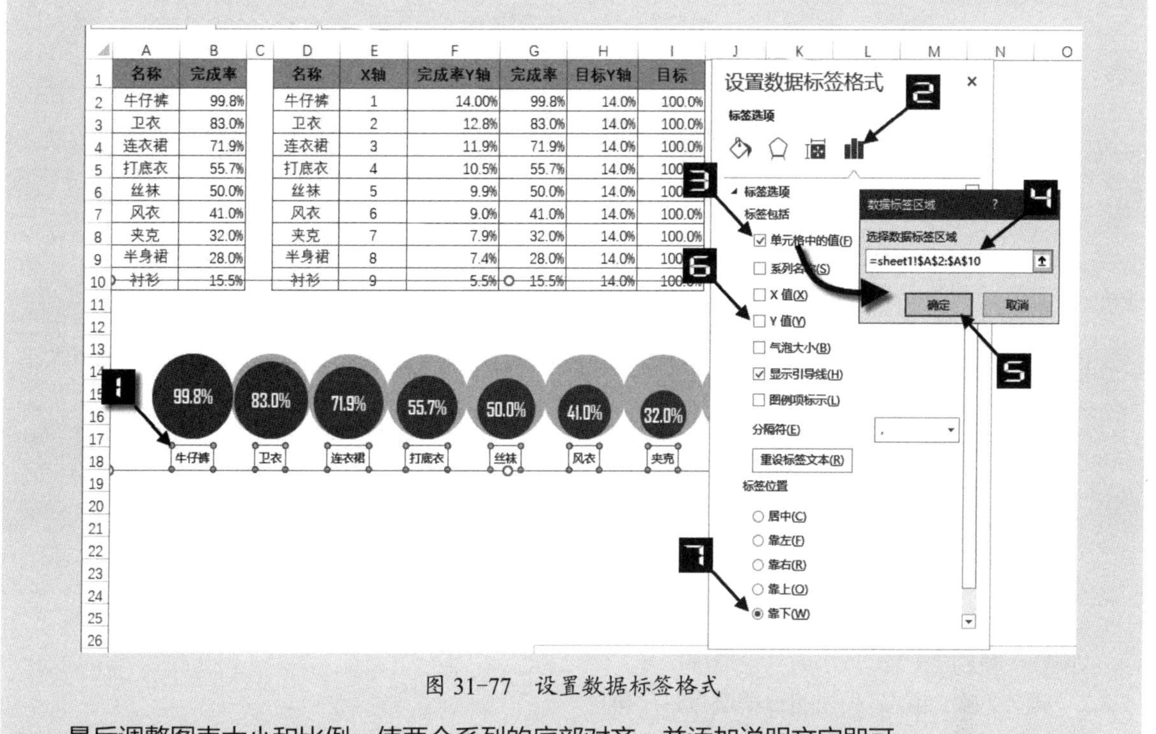

图 31-77　设置数据标签格式

最后调整图表大小和比例，使两个系列的底部对齐，并添加说明文字即可。

31.6　使用 OFFSET 函数结合定义名称、控件制作动态图表

除了使用函数公式设置辅助列的方法，还可以使用函数公式创建自定义名称，再用自定义名称作为图表数据源来制作动态图表。

31.6.1　使用 MATCH+OFFSET 函数定义名称制作动态趋势图

示例31-10　动态选择时间段的趋势图

如果数据量较多，用户需要自定义日期区间来显示该时间段的趋势图时，可以使用定义名称的方法作为图表数据来源，如图 31-78 所示。手动输入开始时间与结束时间，能动态显示该时间段的趋势。

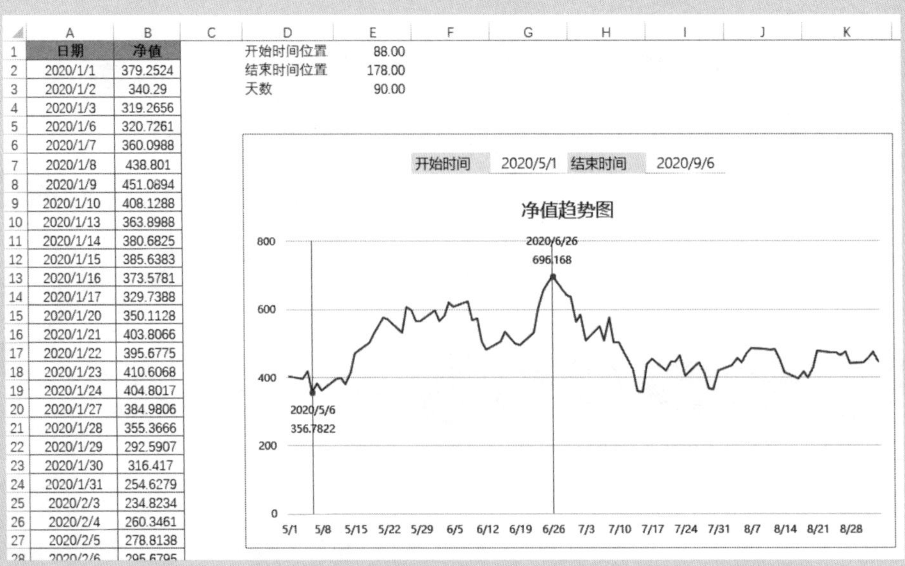

	A	B	C	D	E
1	日期	净值		开始时间位置	88.00
2	2020/1/1	379.2524		结束时间位置	178.00
3	2020/1/2	340.29		天数	90.00
4	2020/1/3	319.2656			
5	2020/1/6	320.7261			
6	2020/1/7	360.0988			
7	2020/1/8	438.801			
8	2020/1/9	451.0894			
9	2020/1/10	408.1288			
10	2020/1/13	363.8988			
11	2020/1/14	380.6825			
12	2020/1/15	385.6383			
13	2020/1/16	373.5781			
14	2020/1/17	329.7388			
15	2020/1/20	350.1128			
16	2020/1/21	403.8066			
17	2020/1/22	395.6775			
18	2020/1/23	410.6068			
19	2020/1/24	404.8017			
20	2020/1/27	384.9806			
21	2020/1/28	355.3666			
22	2020/1/29	292.5907			
23	2020/1/30	316.417			
24	2020/1/31	254.6279			
25	2020/2/3	234.8234			
26	2020/2/4	260.3461			
27	2020/2/5	278.8138			

图 31-78　动态选择时间段的趋势图

操作步骤如下。

步骤① 首先对数据区域 A 列的日期进行升序排序。

在 F7、H7、D1、D2、D3 单元格分别输入标题文字“开始时间”“结束时间”“开始时间位置”“结束时间位置”和“天数”。在 G7 单元格输入趋势图的开始时间，如“2020/5/1”，在 I7 单元格输入趋势图的结束时间，如“2020/9/6”。

在 E1 单元格输入以下公式：

```
=MATCH(G7,A:A,1)-COUNTIF(A:A,G7)
```

公式的作用是根据 G7 单元格的开始日期定位该日期在 A 列日期中所处的位置，如果 A 列没有 G7 单元格的日期，则返回比该日期大的最接近的一个日期所处的位置。

在 E2 单元格输入以下公式：

```
=MATCH(I7,A:A,1)
```

公式的作用是根据 I7 单元格中的结束日期，返回在 A 列日期中所处的位置，如果没有 I7 单元格的日期，则返回比该日期小的最接近的一个日期所处的位置

在 E3 单元格输入以下公式：

```
=E2-E1
```

步骤② 依次单击【公式】→【定义名称】，打开【新建名称】对话框。

在【新建名称】对话框中的【名称】编辑框中输入“data”，在【引用位置】编辑框输入以下公式，最后单击【确定】按钮关闭【新建名称】对话框，如图 31-79 所示。

```
=OFFSET(图表!$B$1,图表!$E$1,,图表!$E$3,)
```

图 31-79　新建名称

重复以上新建公式名称步骤，分别创建名称与公式如下。

日期：

```
=OFFSET(图表!$A$1,图表!$E$1,,图表!$E$3,)
```

最大值：

```
=IF(data=MAX(data),data,NA())
```

最小值：

```
=IF(data=MIN(data),data,NA())
```

步骤③ 选中 A1:B244 单元格区域，依次单击【插入】→【插入折线图或面积图】→【折线图】，生成一个折线图。

步骤④ 单击图表区，在【图表工具】【设计】选项卡中单击【选择数据】按钮，打开【选择数据源】对话框。在【选择数据源】对话框中单击“图例项（系列）”下的【编辑】按钮打开【编辑数据系列】对话框，将【系列值】引用框中的单元格地址更改为定义的名称 data，单击【确定】按钮关闭【编辑数据系列】对话框。在【选择数据源】对话框中单击右侧“水平（分类）轴标签”的【编辑】按钮，打开【轴标签】对话框。将【轴标签区域】引用框中的单元格地址更改为定义的名称日期，单击【确定】按钮关闭【轴标签】对话框，如图 31-80 所示。在【选择数据源】对话框中单击“图例项（系列）”下的【添加】按钮打开【编辑数据系列】对话框，在【系列名称】引用框中输入“最大值”，在【系列值】引用框中输入“=图表!最大值”。单击【确定】按钮关闭【编辑数据系列】对话框，如图 31-81 所示。

同样的方式添加定义名称为最小值的数据系列。

最后单击【确定】按钮关闭【选择数据源】对话框。

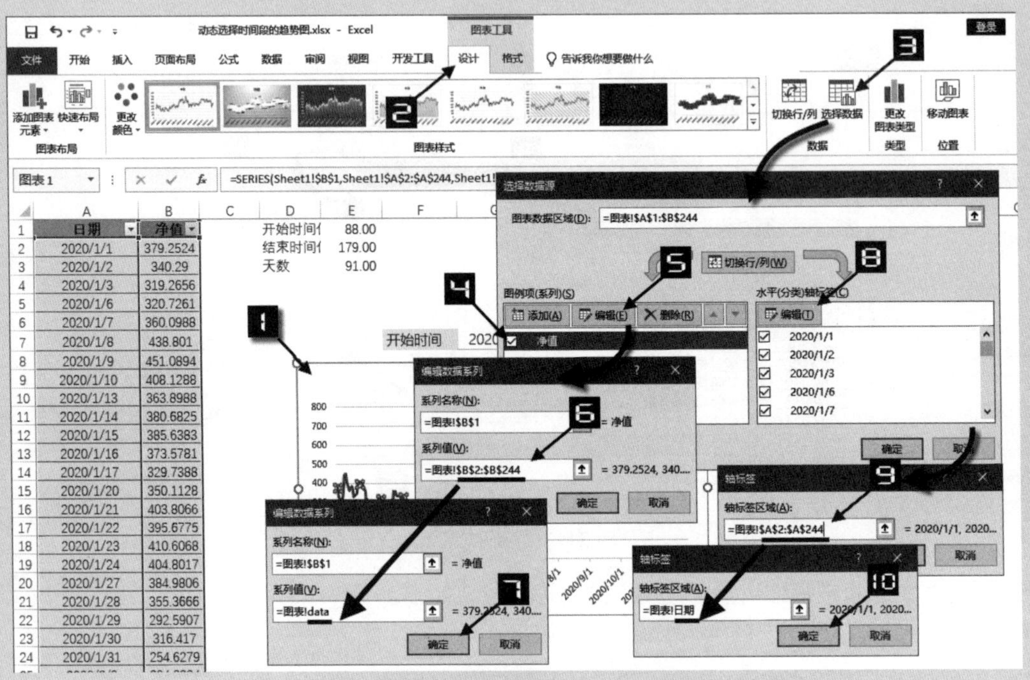

图 31-80　选择数据窗口更改数据系列

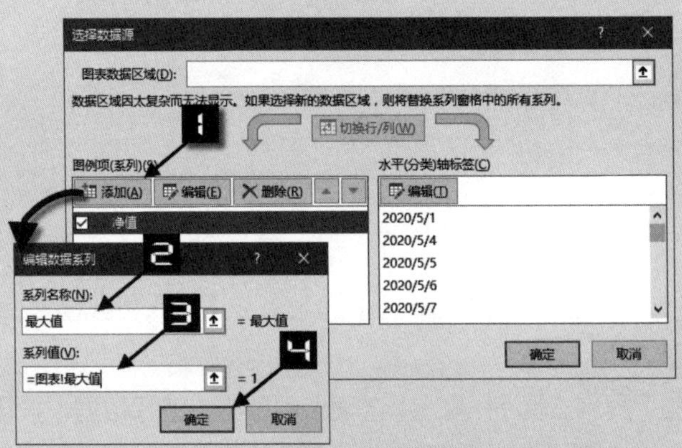

图 31-81　添加定义名称新数据系列

图表的美化部分可参阅 31.2.5 节。

步骤⑤ 为了限制用户输入开始时间与结束时间不规范，以及结束时间小于开始时间而导致公式错误，可以使用【数据验证】功能来规避。

单击 G7 单元格，依次单击【数据】→【数据验证】按钮，打开【数据验证】对话框。切换到【设置】选项卡，在【允许】下拉列表中选择【日期】，在【数据】下拉列表中选择【小于】，在【结束日期】引用框中输入“=I7”，最后单击【确定】按钮关闭【数据验证】对话框。如图 31-82 所示。

用类似的方法设置 I7 单元格，将【数据】下拉列表选择为【大于】，在【结束日期】引用框中输入“=G7”即可。

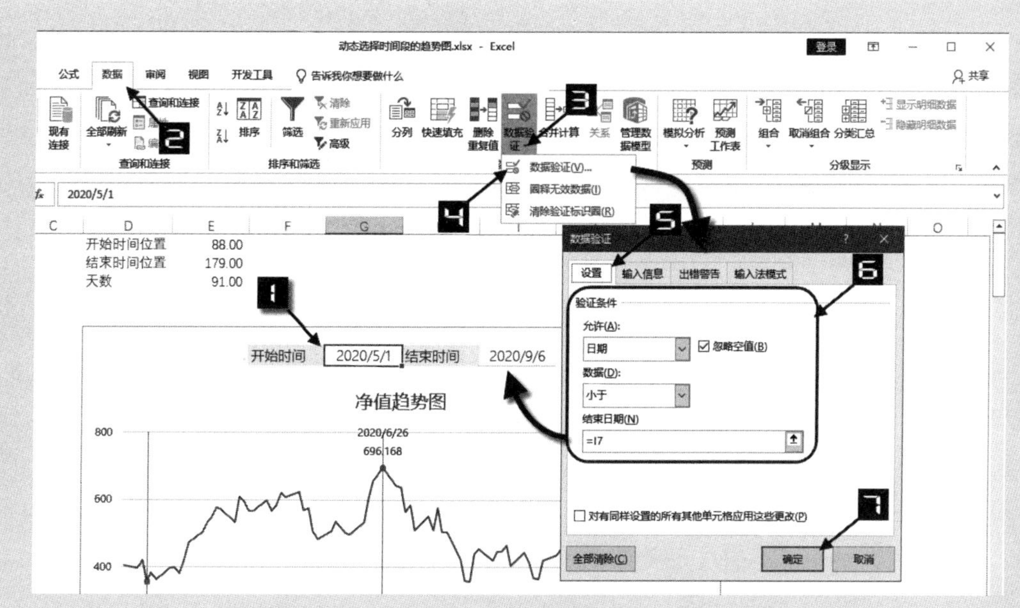

图 31-82　设置数据验证

在 Excel 2019 中，如更改已设置好格式的图表数据源，图表数据系列格式会恢复到默认的格式状态。

如图 31-83 所示，将图表系列的线条设置为红色，选择数据系列后，数据源中蓝色框中的数据区域则是当前数据系列的数据，光标停在蓝色框上后，光标形状变成十字箭头，这时候拖动鼠标移动蓝色框，可更改图表数据系列的数据区域。同时图表数据系列格式恢复到默认的格式状态。

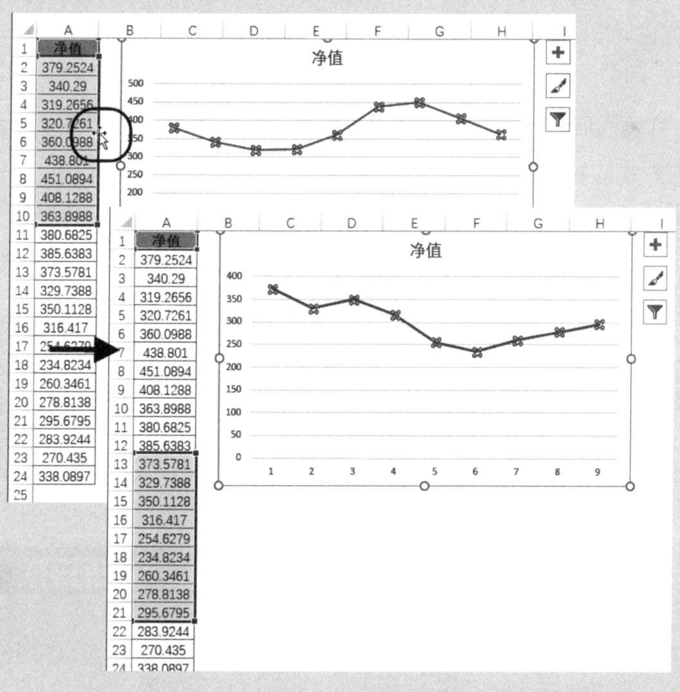

图 31-83　十字箭头移动

变成十字箭头后拖动蓝色框，这种操作不管如何移动，都是整体更改数据源区域的位置。而如果光标停在蓝色框的任意一个角，光标形状变成双向箭头后拖动蓝色框，这种操作可向上、向下扩展或收缩区域，如图 31-84 所示。

如果将整个图表数据源区域向下移动时希望保留格式，可先拖动蓝色框右下角，再拖动蓝色框右上角来达到效果。

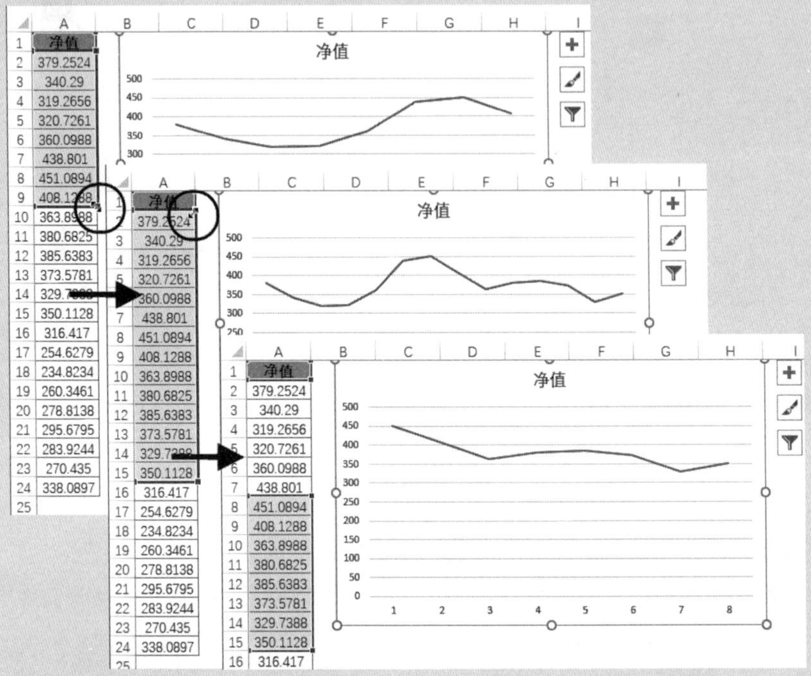

图 31-84　双向箭头拖动

在本示例中输入开始时间、结束时间时，不能同时将开始时间 G7、结束时间 I7 单元格的值删除后再输入，正确的方式应根据单元格中目前的时间来判断，当要输入的开始时间比当前 I7 单元格中的结束时间小时，应先输入开始时间，再输入结束时间。当要输入的开始时间比当前 I7 单元格中的结束时间大时，则应先输入结束时间，再输入开始时间。以达到扩展或收缩区域并保留图表数据系列设置好的格式。

选择图表区，光标停在数据区域蓝色框的右下角，光标形状变成双向箭头后向右拖动，可在图表中快速添加新的数据系列。

示例31-11 动态选择时间段的趋势图——自动更新日期

实际工作中如果需要实时添加数据，同时希望根据当前系统日期自动变化结束日期，可在 I7 单元格中输入公式得到动态更新日期。如图 31-85 所示。

```
=TODAY()
```

日期	净值
2021/1/1	379.2524
2021/1/2	340.29
2021/1/3	319.2656
2021/1/6	320.7261
2021/1/7	360.0988
2021/1/8	438.801
2021/1/9	451.0894
2021/1/10	408.1288
2021/1/13	363.8988
2021/1/14	380.6825
2021/1/15	385.6383
2021/1/16	373.5781
2021/1/17	329.7388
2021/1/20	350.1128
2021/1/21	403.8066
2021/1/22	395.6775
2021/1/23	410.6068
2021/1/24	404.8017
2021/1/27	384.9806
2021/1/28	355.3666
2021/1/29	292.5907
2021/1/30	316.417
2021/1/31	254.6279
2021/2/3	234.8234
2021/2/4	260.3461
2021/2/5	278.8138

开始时间位置	44.00
结束时间位置	160.00
天数	116.00

开始时间 2021/3/1　结束时间 2021/8/10

净值趋势图

2021/6/26 696.168

2021/3/16 224.5325

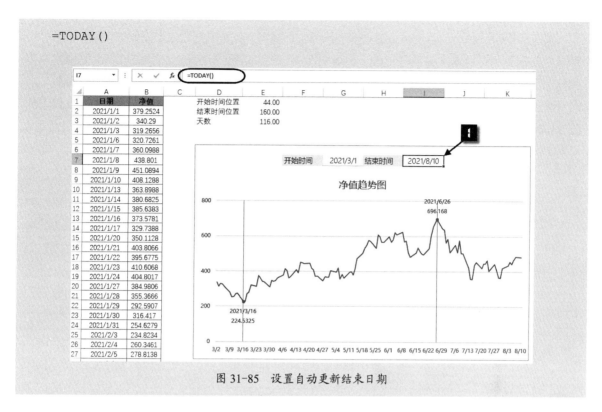

图 31-85　设置自动更新结束日期

31.6.2　使用 OFFSET 函数、定义名称、控件制作图表

示例31-12　动态更换图表类型

图 31-86 是使用同一组数据源的三种图表类型展示效果，使用控件结合自定义名称，能够动态选择展示不同类型的图表。

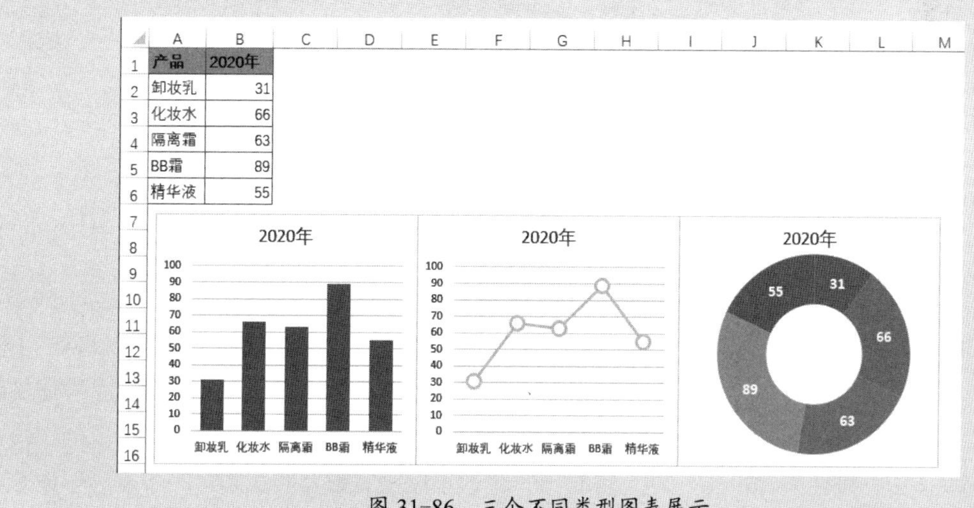

产品	2020年
卸妆乳	31
化妆水	66
隔离霜	63
BB霜	89
精华液	55

图 31-86　三个不同类型图表展示

操作步骤如下。

步骤① 先根据数据源依次生成柱形图、折线图和圆环图，进行适当美化。按住 <Ctrl> 键依次单击选择三个图表，按 <Ctrl+X> 组合键剪切，在“图表”工作表中按 <Ctrl+V> 组合键粘贴。

设置“图表”工作表列宽为 33，行高为 188，将各个图表缩放到与单元格大小一致。如图 31-87 所示。

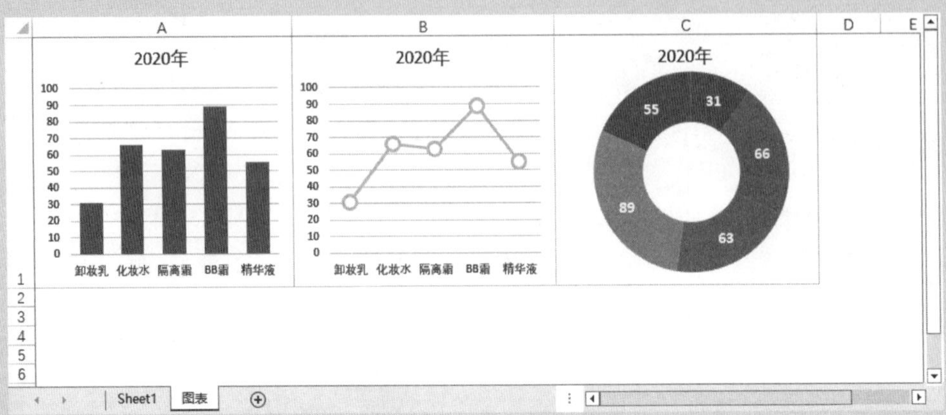

图 31-87 在新工作表粘贴图表

提示 按住 <Alt> 键拖动图表，可以自动将图表对齐到单元格边缘。

步骤② 切换到 Sheet1 工作表，单击任意单元格，在【开发工具】选项卡中依次单击【插入】→【选项按钮（窗体控件）】命令，拖动鼠标在工作表中绘制一个选项按钮，如图 31-88 所示。

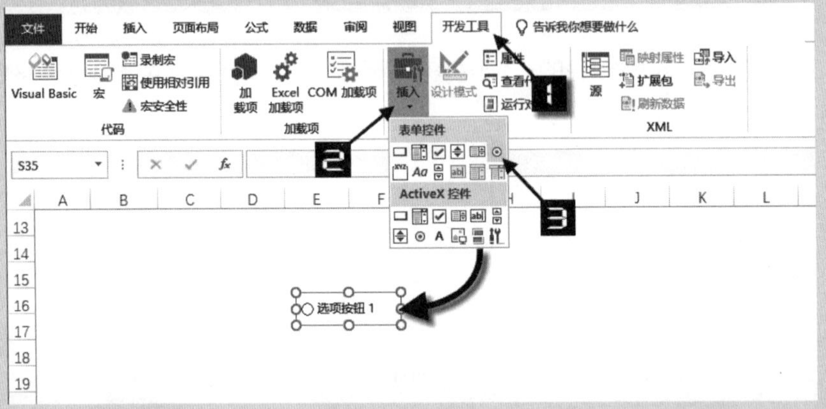

图 31-88 插入控件

在选项按钮上右击鼠标，在快捷菜单中单击【设置控件格式】命令，打开【设置控件格式】对话框。切换到【控制】选项卡下，设置【单元格链接】为 C1 单元格，最后单击【确定】按钮关闭对话框。

单击选项按钮，按住 <Ctrl> 键拖动，复制出一个选项按钮。重复两次同样的步骤，形成三个选项按钮。右击选项按钮，在快捷菜单中选择【编辑文字】命令，依次更改为“柱形图”“折线图”和“圆环图”，如图 31-89 所示。

	A	B	C	D
1	产品	2020年	1	◉ 柱形图
2	卸妆乳	31		
3	化妆水	66		○ 折线图
4	隔离霜	63		
5	BB霜	89		○ 圆环图
6	精华液	55		

图 31-89　编辑后的控件效果

步骤 ③ 依次单击【公式】→【定义名称】，打开【新建名称】对话框。在【新建名称】对话框中的【名称】编辑框中输入“区域”，在【引用位置】编辑框输入以下公式，最后单击【确定】按钮关闭【新建名称】对话框。

```
=OFFSET(图表!$A$1,,Sheet1!$C$1-1)
```

OFFSET 函数以图表工作表的 A1 单元格区域为基点，向下偏移 0 行，向右偏移的列数由 Sheet1 的 C1 单元格中的数值指定（控件链接的单元格）。Sheet1 的 C1 单元格根据控件选择分别会返回 1、2、3 的序号，而公式需要根据控件选择向右偏移的量为 0、1、2，所以公式中用 Sheet1 的 C1 单元格值减去 1 得到 0、1、2 的偏移量。

步骤 ④ 选中图表工作表的 A1 单元格，按 <Ctrl+C> 组合键复制，切换到 Sheet1 工作表，在空白单元格中右击鼠标，在快捷菜单中依次单击【选择性粘贴】→【图片】，如图 31-90 所示。

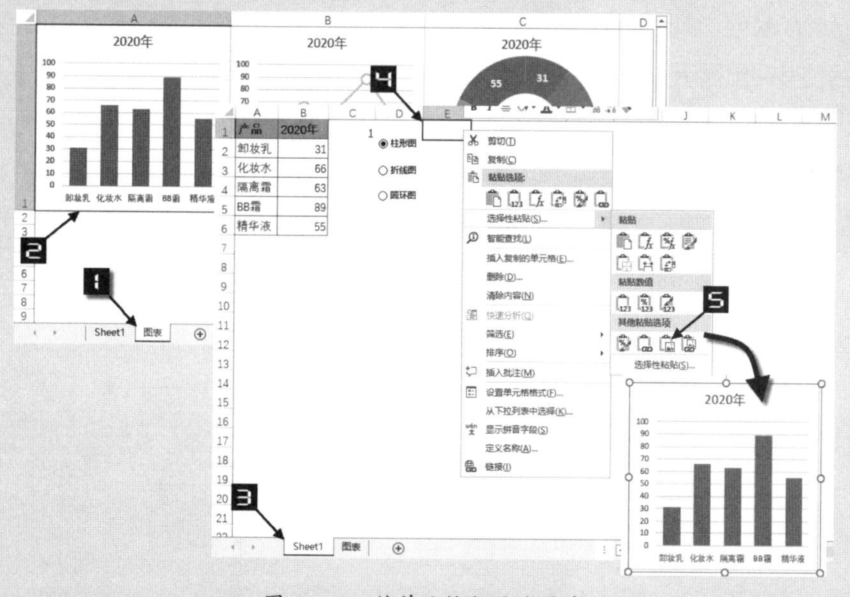

图 31-90　将单元格粘贴为图片

单击粘贴后的图片，在编辑栏中输入公式“= 区域”，单击左侧的【输入】按钮完成编辑，如图 31-91 所示。

单击任意选项按钮，图表变化为不同的类型展示，如图 31-92 所示。

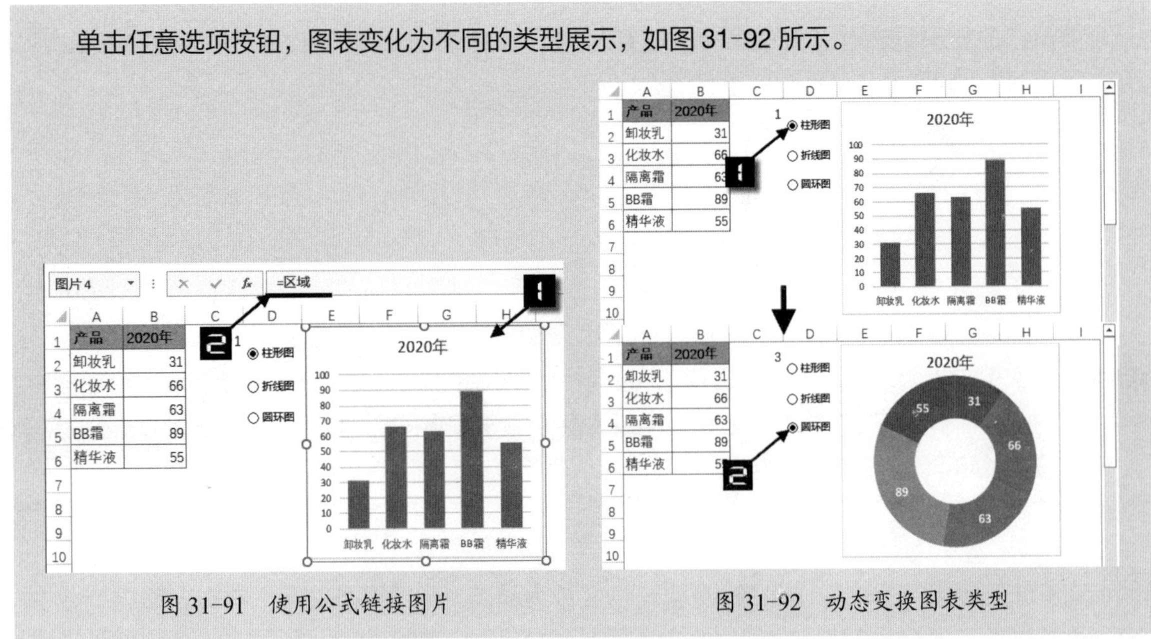

图 31-91　使用公式链接图片　　　　图 31-92　动态变换图表类型

31.6.3　使用 OFFSET、控件制作多系列趋势图

示例31-13　动态选择系列折线图

如果折线图的数据系列比较多，会显得比较杂乱。使用控件与自定义名称制作折线图，动态选择某一系列后使其突出显示，能够使图表更加直观，如图 31-93 所示。

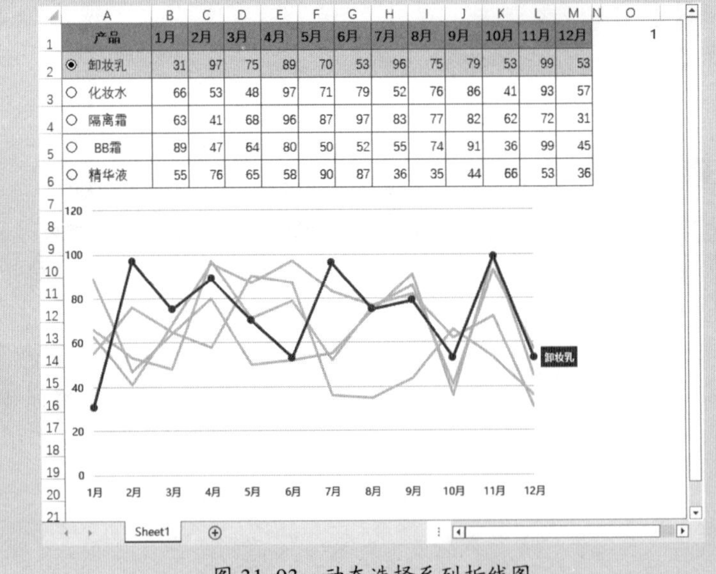

产品	1月	2月	3月	4月	5月	6月	7月	8月	9月	10月	11月	12月
卸妆乳	31	97	75	89	70	53	96	75	79	53	99	53
化妆水	66	53	48	97	71	79	52	76	86	41	93	57
隔离霜	63	41	68	96	87	97	83	77	82	62	72	31
BB霜	89	47	64	80	50	52	55	74	91	36	99	45
精华液	55	76	65	58	90	87	36	35	44	66	53	36

图 31-93　动态选择系列折线图

操作步骤如下。

步骤① 选择 A1:M6 单元格区域，在【插入】选项卡下依次单击【插入折线图或面积图】→【折线图】命令，生成一个折线图。将折线图所有系列的【线条颜色】设置为浅灰色，如图 31-94 所示。

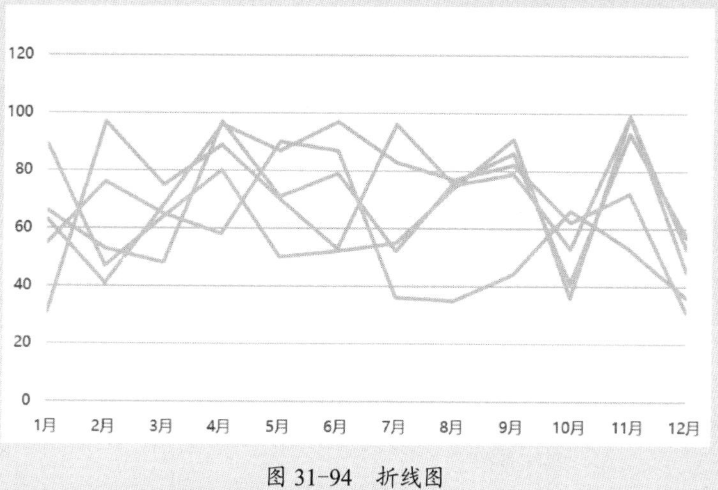

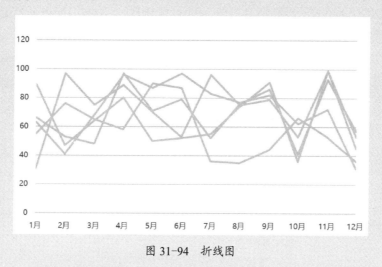

图 31-94　折线图

提示

设置一个系列【线条颜色】为浅灰色后，单击选中其他系列后按 <F4> 键可以快速重复上一次操作。

步骤② 单击任意单元格，在【开发工具】选项卡中依次单击【插入】→【选项按钮(窗体控件)】命令，拖动鼠标在工作表中绘制一个选项按钮。

在选项按钮上右击，在快捷菜单中单击【设置控件格式】命令，打开【设置控件格式】对话框。切换到【控制】选项卡下，设置【单元格链接】为 O1 单元格，最后单击【确定】按钮关闭对话框。

右击选项按钮，在快捷菜单中选择【编辑文字】命令，将按钮中的文字全部删除，移动选项按钮对齐到 A2 单元格。

单击选项按钮，按住 <Ctrl> 键拖动，复制出一个选项按钮。重复 4 次同样的步骤，形成 5 个选项按钮。按照复制的顺序将按钮分别对齐到 A3、A4、A5、A6 单元格，如图 31-95 所示。

	A	B	C	D	E	F	G	H	I	J	K	L	M
1	产品	1月	2月	3月	4月	5月	6月	7月	8月	9月	10月	11月	12月
2	◉ 卸妆乳	31	97	75	89	70	53	96	75	79	53	99	53
3	○ 化妆水	66	53	48	97	71	79	52	76	86	41	93	57
4	○ 隔离霜	63	41	68	96	87	97	83	77	82	62	72	31
5	○ BB霜	89	47	64	80	50	52	55	74	91	36	99	45
6	○ 精华液	55	76	65	58	90	87	36	35	44	66	53	36

图 31-95　对齐后的控件按钮

步骤③ 在 A9 单元格输入以下公式，向右复制到 M9 单元格。

```
=OFFSET(A1,$O$1,)
```

OFFSET 函数以 A1 单元格区域为基点，向下偏移的行数由 O1 单元格中的数值指定。公式中 A1 为相对引用，也就是当公式复制到 B 列时，A1 会变成 B1，这样可以根据公式复制时列的变化而获取当前列的数据。

步骤④ 选中 A9:M9 单元格区域，按 <Ctrl+C> 组合键复制单元格区域，单击图表区，按 <Ctrl+V> 组合键将数据添加到图表中。如图 31-96 所示。

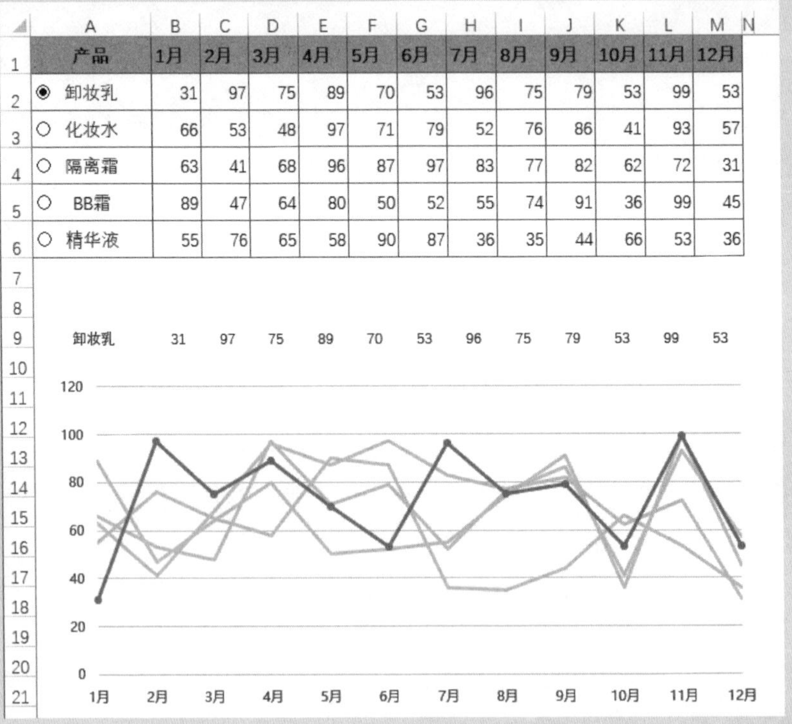

产品	1月	2月	3月	4月	5月	6月	7月	8月	9月	10月	11月	12月
◉ 卸妆乳	31	97	75	89	70	53	96	75	79	53	99	53
○ 化妆水	66	53	48	97	71	79	52	76	86	41	93	57
○ 隔离霜	63	41	68	96	87	97	83	77	82	62	72	31
○ BB霜	89	47	64	80	50	52	55	74	91	36	99	45
○ 精华液	55	76	65	58	90	87	36	35	44	66	53	36
卸妆乳	31	97	75	89	70	53	96	75	79	53	99	53

图 31-96　为图表添加系列

步骤⑤ 选中 A2:M6 单元格区域，依次单击【开始】→【条件格式】→【新建规则】按钮，打开【新建格式规则】对话框。单击【使用公式确定要设置格式的单元格】，在【为符合此公式的值设置格式】编辑框中输入以下公式：

```
=ROW(A1)=$O$1
```

单击【格式】按钮打开【设置单元格格式】对话框。切换到【填充】选项卡下，选择一种背景色，最后依次单击【确定】按钮关闭对话框，如图 31-97 所示。

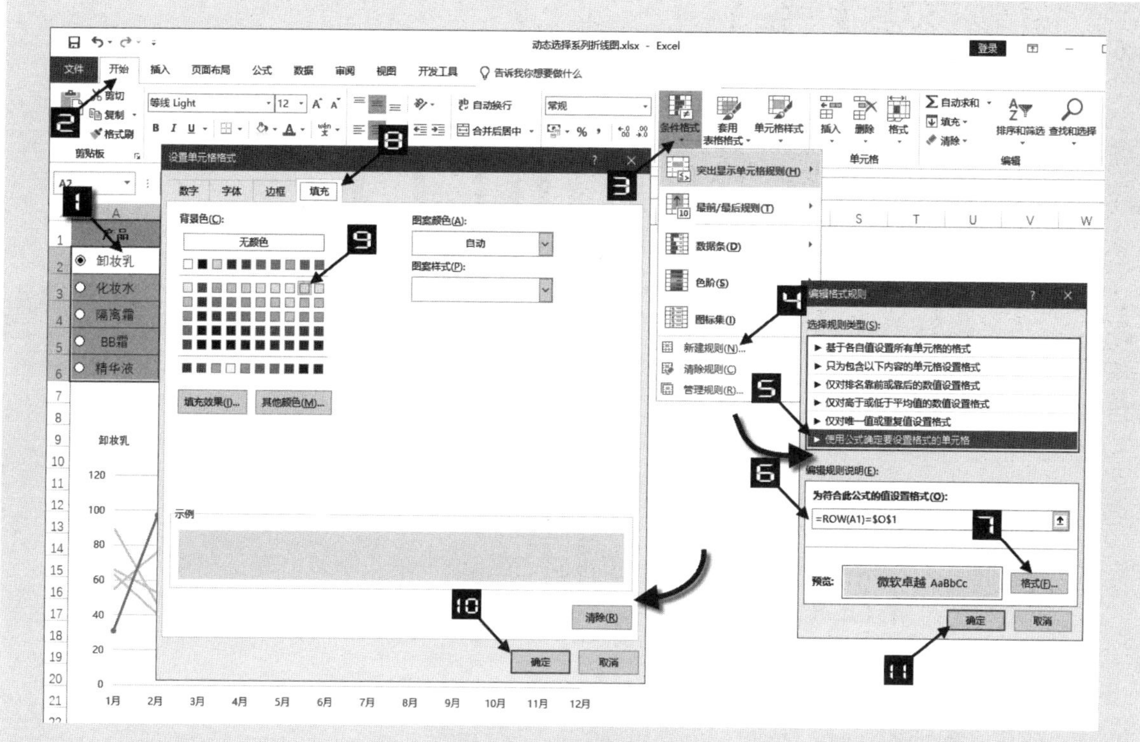

图 31-97　新建格式规则

步骤⑥ 双击图表区，打开【设置图表区格式】选项窗格，切换到【填充与线条】选项卡，设置【填充】为【纯色填充】，在【主题颜色】面板中设置颜色为白色，【边框】为【无线条】。最后设置新数据系列的线条颜色和标记类型、大小，调整图表位置覆盖住 A9:M9 单元格区域。

制作完成后，单击表格中的选项按钮，控件链接的单元格数字发生变化，数据源中突出显示对应的数据，同时图表也随之动态变化。

31.7　用 REPT 函数制作图表

除了 Excel 内置的图表，还可以在单元格中使用函数公式模拟图表的效果。

31.7.1　使用 REPT 函数制作柱形图

示例31-14 单元格柱形图

REPT 函数用于将指定内容按特定的次数显示，如果把特殊字符按照指定重复次数，将得到不同长度的形状。图 31-98 所示，是使用 REPT 函数模拟制作的柱形图表效果。

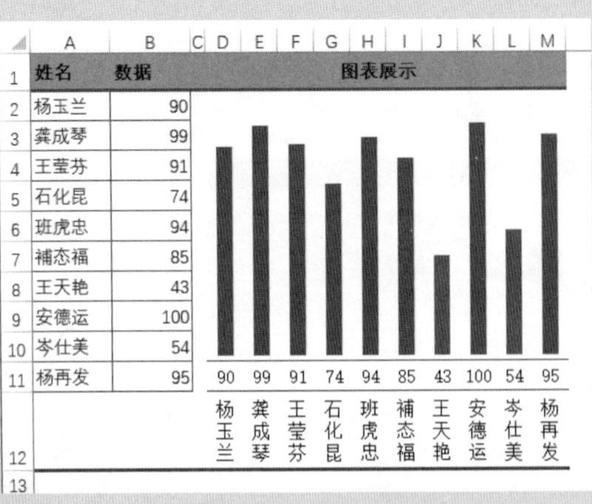

图 31-98　单元格柱形图

操作步骤如下。

步骤① 首先使用公式将数据转置为横向，以此模拟图表坐标轴标签。在 D11 单元格输入以下公式，向右复制到 M11 单元格。

```
=INDEX($B:$B,COLUMN(B1))
```

在 D12 单元格输入以下公式，向右复制到 M12 单元格。

```
=INDEX($A:$A,COLUMN(B1))
```

适当调整单元格列宽，设置边框，如图 31-99 所示。

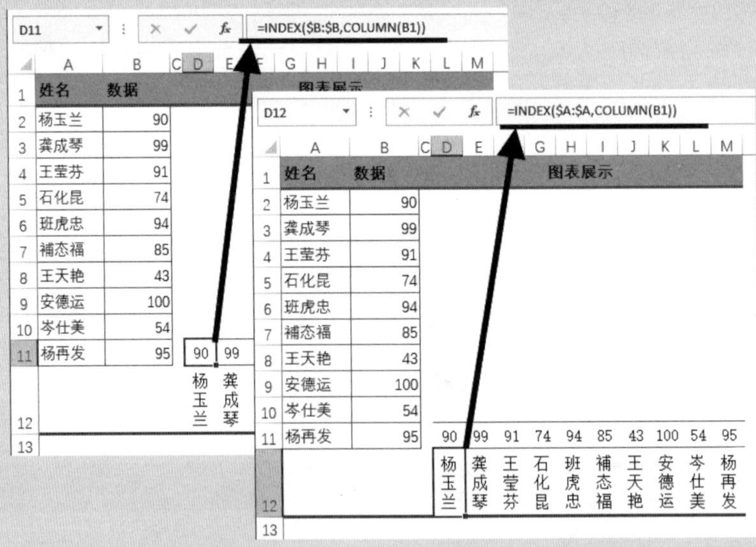

图 31-99　转置数据区域

步骤② 选中 D2:D10 单元格区域，设置【字体】为 Stencil，【字号】为 12，【字体颜色】为蓝色，设置对齐方式为【底端对齐】，并设置【合并后居中】，如图 31-100 所示。

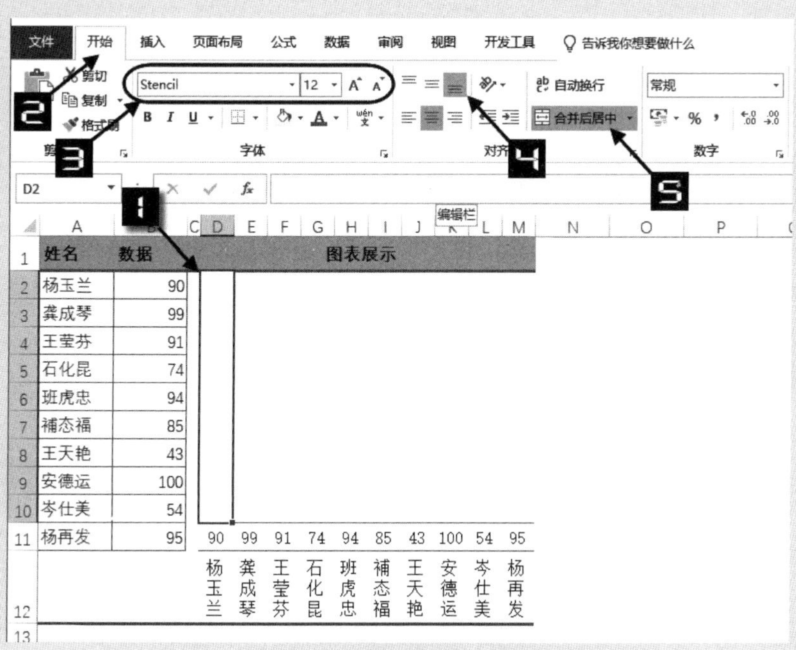

图 31-100　设置单元格对齐方式

步骤③ 在 D2 单元格输入以下公式，向右复制到 M2 单元格。

```
=REPT("|",D11)
```

步骤④ 选中 D2:M10 单元格区域，按 <Ctrl+1> 组合键调出【设置单元格格式】对话框，在【设置单元格格式】对话框中切换到【对齐】选项卡，设置【方向】为 90 度，最后单击【确定】按钮关闭对话框，如图 31-101 所示。

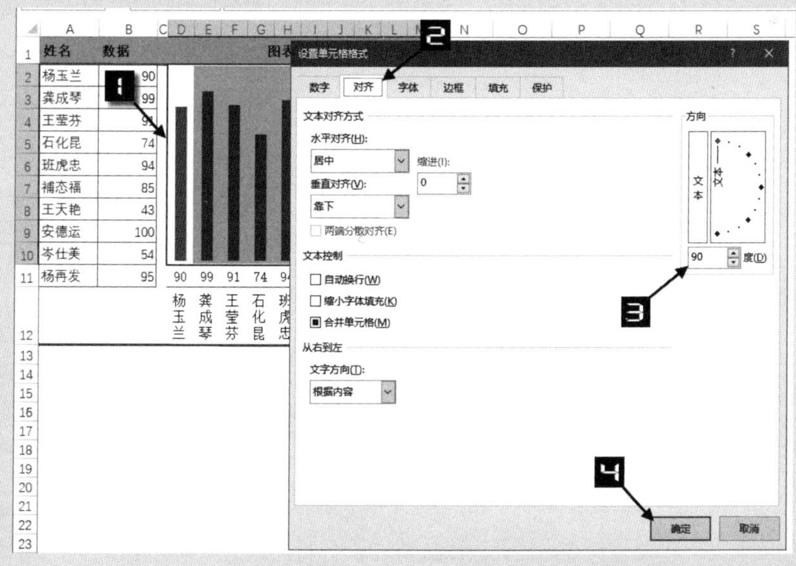

图 31-101　设置文字对齐方向

步骤⑤ 选中 D2:M10 单元格区域，依次单击【开始】→【条件格式】→【新建规则】按钮，打开【新建格式规则】对话框。单击【使用公式确定要设置格式的单元格】，然后在【为符合此公式的值设置格式】编辑框中输入以下公式：

```
=D$11<60
```

单击【格式】按钮打开【设置单元格格式】对话框。切换到【字体】选项卡下，设置字体颜色为红色，最后单击【确定】按钮关闭对话框。设置完毕，小于 60 的柱形将显示为红色。

31.7.2 使用 REPT 函数制作旋风图

示例31-15 单元格旋风图

使用函数公式，还可以将两列数据的表格做成类似旋风图的效果，如图 31-102 所示。

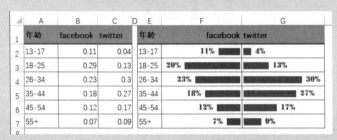

	A	B	C	D	E	F	G
1	年龄	facebook	twitter		年龄	facebook	twitter
2	13-17	0.11	0.04		13-17	11%	4%
3	18-25	0.29	0.13		18-25	29%	13%
4	26-34	0.23	0.3		26-34	23%	30%
5	35-44	0.18	0.27		35-44	18%	27%
6	45-54	0.12	0.17		45-54	12%	17%
7	55+	0.07	0.09		55+	7%	9%

图 31-102 单元格旋风图

操作步骤如下。

步骤① 单击 F2 单元格，设置字体为 Stencil，字号为 11，字体颜色为蓝色，设置对齐方式为右对齐。在 F2 单元格输入以下公式，向下复制到 F7 单元格，如图 31-103 所示。

```
=TEXT(B2,"0%")&"  "&REPT("|",B2*200)
```

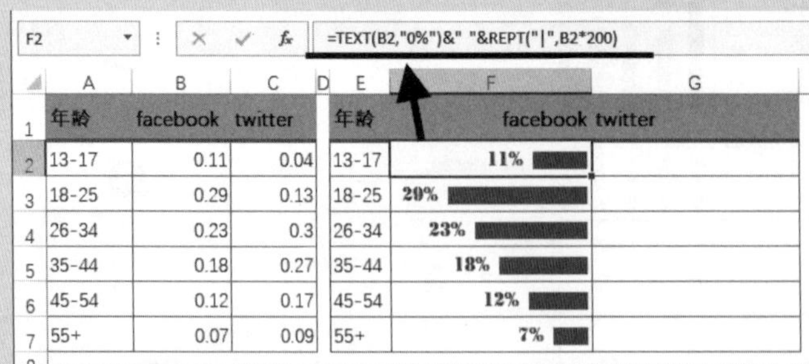

	A	B	C	D	E	F	G
1	年龄	facebook	twitter		年龄	facebook	twitter
2	13-17	0.11	0.04		13-17	11%	
3	18-25	0.29	0.13		18-25	29%	
4	26-34	0.23	0.3		26-34	23%	
5	35-44	0.18	0.27		35-44	18%	
6	45-54	0.12	0.17		45-54	12%	
7	55+	0.07	0.09		55+	7%	

图 31-103 输入公式

使用 TEXT 函数将 B2 单元格的引用结果设置为百分比格式，使用连接符“&”连接一个空格作为数字与条形之间的间隔，以此模拟图表数据标签。

REPT 第二参数必须使用整数，由于 B2 单元格为百分比，所以使用 B2*200 得到一个较大的整数。

步骤② 单击 G2 单元格，设置字体为 Stencil，字号为 11，字体颜色为红色，设置对齐方式为左对齐。在 G2 单元格输入公式，向下复制到 G7 单元格，如图 31-104 所示。

```
=REPT("|",C2*200)&"  "&TEXT(C2,"0%")
```

G2　=REPT("|",C2*200)&" "&TEXT(C2,"0%")

	A	B	C	D	E	F	G
1	年龄	facebook	twitter		年龄	facebook	twitter
2	13-17	0.11	0.04		13-17	11%	4%
3	18-25	0.29	0.13		18-25	29%	13%
4	26-34	0.23	0.3		26-34	23%	30%
5	35-44	0.18	0.27		35-44	18%	27%
6	45-54	0.12	0.17		45-54	12%	17%
7	55+	0.07	0.09		55+	7%	9%

图 31-104　输入公式

公式原理与 F2 单元格公式原理相同，只是将 TEXT 函数的结果放到 REPT 函数的右侧，模拟出图表数据标签效果。

31.8　用 HYPERLINK 函数制作动态图表

示例31-16　鼠标触发的动态图表

利用函数结合 VBA 代码制作动态图表，当光标悬停在某一选项上时，图表能够自动展示对应的数据系列，如图 31-105 所示。

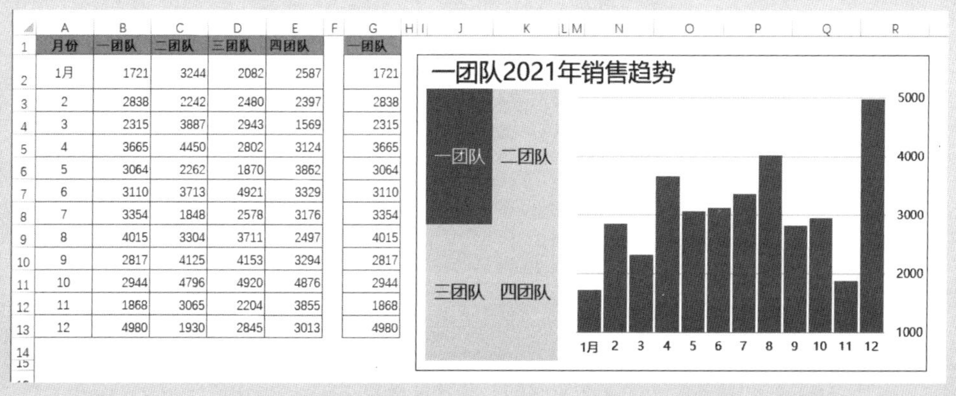

	A	B	C	D	E	F	G
1	月份	一团队	二团队	三团队	四团队		一团队
2	1月	1721	3244	2082	2587		1721
3	2	2838	2242	2480	2397		2838
4	3	2315	3887	2943	1569		2315
5	4	3665	4450	2802	3124		3665
6	5	3064	2262	1870	3862		3064
7	6	3110	3713	4921	3329		3110
8	7	3354	1848	2578	3176		3354
9	8	4015	3304	3711	2497		4015
10	9	2817	4125	4153	3294		2817
11	10	2944	4796	4920	4876		2944
12	11	1868	3065	2204	3855		1868
13	12	4980	1930	2845	3013		4980

图 31-105　鼠标触发动态图表

操作步骤如下。

步骤① 按 <Alt+F11> 组合键打开 VBE 窗口，在 VBE 窗口中依次单击【插入】→【模块】，然后在模块代码窗口中输入以下代码，关闭 VBE 窗口，如图 31-106 所示。

```
Function techart(rng As Range)
    Sheet1.[g1] = rng.Value
End Function
```

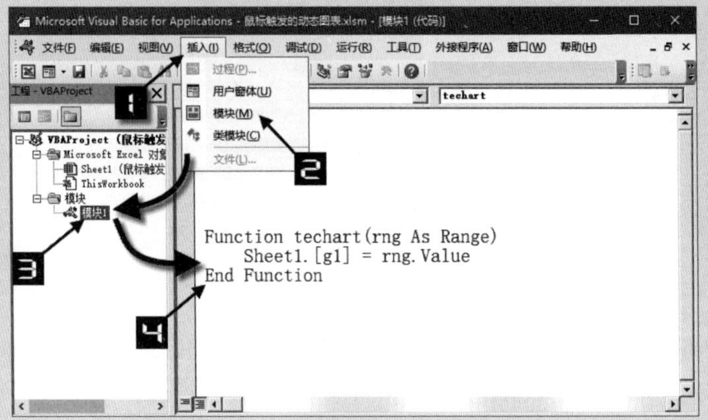

图 31-106 插入模块并输入代码

代码中的 Sheet1.[g1] 为当前工作表的 G1 单元格，用 G1 单元格获取触发后的分类，可根据实际表格情况设置单元格地址。

步骤② 在 G1 单元格中任意输入一个分类名称，如一团队，在 G2 单元格中输入以下公式，向下复制到 G13 单元格，如图 31-107 所示。

```
=HLOOKUP(G$1,B$1:E2,ROW(),)
```

G2 =HLOOKUP(G$1,B$1:E2,ROW(),)

	A	B	C	D	E	F	G
1	月份	一团队	二团队	三团队	四团队		一团队
2	1月	1721	3244	2082	2587		1721
3	2	2838	2242	2480	2397		2838
4	3	2315	3887	2943	1569		2315
5	4	3665	4450	2802	3124		3665
6	5	3064	2262	1870	3862		3064
7	6	3110	3713	4921	3329		3110
8	7	3354	1848	2578	3176		3354
9	8	4015	3304	3711	2497		4015
10	9	2817	4125	4153	3294		2817
11	10	2944	4796	4920	4876		2944
12	11	1868	3065	2204	3855		1868
13	12	4980	1930	2845	3013		4980

图 31-107 构建辅助列

步骤③ 选中 G1:G13 单元格区域，依次单击【插入】→【插入柱形图或条形图】→【簇状柱形图】，生成一个簇状柱形图。单击图表柱形系列，在编辑栏更改 SERIES 函数的第二参数为 A2:A13 单元格区域，适当美化图表。

步骤④ 选中 J3:J8 单元格，设置【合并后居中】，输入以下公式：

```
=IFERROR(HYPERLINK(techart(B1)),B1)
```

选中 K3:K8 单元格，设置【合并后居中】，输入以下公式：

```
=IFERROR(HYPERLINK(techart(C1)),C1)
```

选中 J9:J14 单元格，设置【合并后居中】，输入以下公式：

```
=IFERROR(HYPERLINK(techart(D1)),D1)
```

选中 K9:K14 单元格，设置【合并后居中】，输入以下公式：

```
=IFERROR(HYPERLINK(techart(E1)),E1)
```

公式中的 techart 函数，是之前在 VBE 代码中自定义的函数，将各产品的列标签单元格引用作为自定义函数的参数。

用 HYPERLINK 函数创建一个超链接，当光标移动到超链接所在单元格时，会出现屏幕提示，同时光标指针由【正常选择】切换为【链接选择】，当光标悬停在超链接文本上时，超链接会读取 HYPERLINK 函数第一参数返回的路径作为屏幕提示的内容。此时，就会触发执行第一参数中的自定义函数。

由于 HYPERLINK 的结果会返回错误值。因此使用 IFERROR 屏蔽错误值，将错误值显示为对应的产品名称。

步骤⑤ 选择 J3:K14 单元格区域，设置【填充颜色】为浅红色。然后依次单击【开始】→【条件格式】→【新建规则】，打开【新建格式规则】对话框。单击【使用公式确定要设置格式的单元格】，然后在【为符合此公式的值设置格式】编辑框中输入以下公式：

```
=J3=$G$1
```

单击【格式】按钮打开【设置单元格格式】对话框。切换到【字体】选项卡下，设置字体颜色为白色。再切换到【填充】选项卡，设置填充颜色为红色，最后依次单击【确定】按钮关闭对话框。设置条件格式的作用是凸显当前触发的产品名称。

步骤⑥ 在 J2 单元格输入以下公式作为动态图表的标题。

```
=G1&"2021 年销售趋势 "
```

由于文件中使用了 VBA 代码，所以要将工作簿保存为“Excel 启用宏的工作簿(*.xlsm)”格式。

练习与巩固

1. 制作突出显示某个指定条件数据点的图表时，通常会使用建立辅助列的方法，增加一个数据系列。假如数据存放在 B2:B10 单元格区域，要制作动态突出显示最大值的柱形图时，辅助列的公式应该怎样写?

2. 在设置坐标轴【边界】与【单位】时，手工输入数值 0 和保持默认的 0 有何区别?

3. NA 函数没有参数，用于返回错误值“#N/A”。在折线图和散点图中，NA 表示“无值可用”，不参与数据计算只做（______）使用。

4. 使用自定义名称作为图表数据源时，需要在自定义名称前添加（______________）和一个半角感叹号。

5. 使用控件结合 OFFSET 函数制作动态图表时，主要过程是通过控件调整某个单元格中的数值，再将这个可变化的数值用作 OFFSET 函数的行或列偏移参数，进而得到一个动态变化的引用范围，最后将这个动态引用范围作为图表的（__________）。

第五篇

函数与公式常见错误指南

本篇重点介绍实际工作中使用函数与公式时遇到的一些常见问题及处理建议和方法，主要包括常见不规范表格导致的问题及公式常见错误的处理等内容。

第 32 章　常见不规范表格导致的问题及处理方法

在日常工作中，很多用户会沿用过去手工制表的旧习惯，制作出一些不规范的表格，导致原本简单的统计需要使用特别复杂的函数公式，甚至用 VBA 代码等方法。本章介绍几种常见的不规范表格及其处理建议。

本章学习要点

（1）字段属性混乱的处理建议。
（2）使用非单元格对象的处理建议。
（3）使用合并单元格的处理建议。
（4）使用二维表的处理建议。
（5）拆分同结构数据表的处理建议。

32.1　规范字段属性

32.1.1　文本与数值混用

如果在一些原本应该输入数值的单元格里混用了文本，会增加数据统计所使用公式的难度。

示例32-1　数量与单位混用

图 32-1 所示是某公司办公用品明细表的部分数据，现需要根据数量和单位计算出每种办公用品的金额。

	A	B	C	D	E	F	G	H	I	J
1	不规范的数据源表					修改建议				
2	品名	数量	单价	金额		品名	数量	单位	单价	金额
3	电脑	10台	5000	50000		电脑	10	台	5000	50000
4	白板	17块	72	1224		白板	17	块	72	1224
5	墨盒	4盒	240	960		墨盒	4	盒	240	960
6	传真机	6台	180	1080		传真机	6	台	180	1080
7	打印机	15台	520	7800		打印机	15	台	520	7800
8	钢笔	7支	40	280		钢笔	7	支	40	280
9	号码机	16个	15	240		号码机	16	个	15	240
10	日记本	8本	6	48		日记本	8	本	6	48
11	笔座	19个	2	38		笔座	19	个	2	38
12	饮用水	5桶	10	50		饮用水	5	桶	10	50

图 32-1　办公用品明细表

由于数据输入不规范，B 列单元格中同时包含数量和计量单位，计算金额时需要使用较为复杂的公式。如果将数量和单位分别列出，如 G 列与 H 列所示，金额计算就变成了一个简单的乘法运算：

```
=G3*I3
```

示例32-2 使用空文本屏蔽0值

图 32-2 所示是某公司办公用品订购明细表及报价表的部分数据，其中 D 列的单价部分使用以下公式在右侧报价表中获取。

```
=IFERROR(VLOOKUP(A3,M:N,2,),"")
```

公式中 IFERROR 函数的第二参数使用了空文本，导致 E 列在使用乘法计算金额时结果出错。可将该参数改成 0，或者使用 SUMIF 函数代替 VLOOKUP 函数。

```
=SUMIF(M:M,A4,N:N)
```

如果不希望在工作表中显示 0 值，可以依次单击【文件】→【选项】，在打开的【Excel 选项】对话框中选择【高级】，再从【此工作表的显示选项】区域中取消勾选【在具有零的单元格中显示零】复选框，最后单击【确定】按钮即可，如图 32-3 所示。

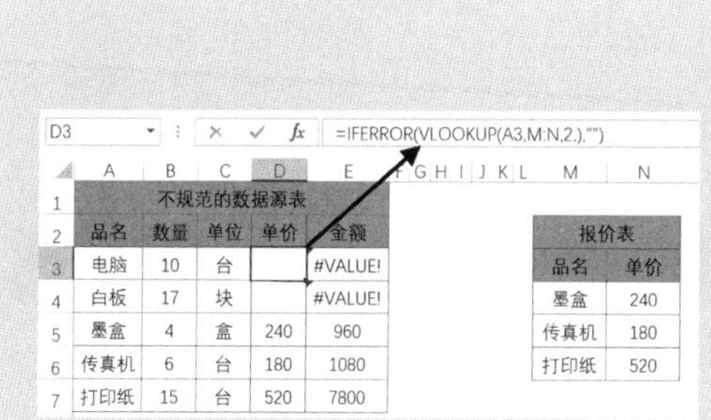

D3　=IFERROR(VLOOKUP(A3,M:N,2,),"")

不规范的数据源表				
品名	数量	单位	单价	金额
电脑	10	台		#VALUE!
白板	17	块		#VALUE!
墨盒	4	盒	240	960
传真机	6	台	180	1080
打印纸	15	台	520	7800

报价表	
品名	单价
墨盒	240
传真机	180
打印纸	520

图 32-2　订购明细表

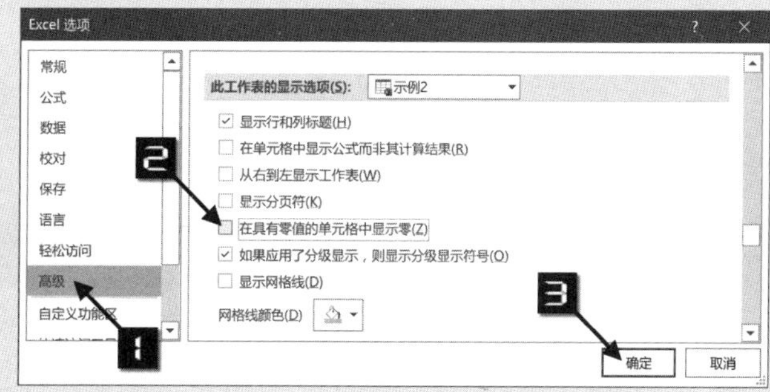

图 32-3　【Excel 选项】对话框

32.1.2　使用“伪日期”和“伪时间”

日期时间类函数的参数不支持绝大部分“伪日期”和“伪时间”，导致公式不能进行正常运算，从而增加公式难度。

示例32-3 计算加班费

图 32-4 所示是某公司出勤数据的部分内容，需要根据“时基本工资”和“加班时数”计算加班费。其中平日加班费标准为基本工资的 1.5 倍，周末加班费标准为基本工资的 2 倍。

由于 A 列使用了 Excel 不能识别的“伪日期”，在计算加班费时，需要使用 SUBSTITUTE 函数将其转换后再用 WEEKDAY 函数提取星期，公式如下：

	A	B	C	D	E
1	不规范的数据源表				
2	日期	姓名	加班时数	时基本工资	加班费
3	2021.7.26	张鹤翔	1	100	150
4	2021.7.27	张鹤翔	0.5	100	75
5	2021.7.28	张鹤翔	0.5	100	75
6	2021.7.29	张鹤翔	2.5	100	375
7	2021.7.30	张鹤翔	2.5	100	375
8	2021.7.31	张鹤翔	2	100	400
9	2021.8.1	张鹤翔	2	100	400
10	2021.8.2	张鹤翔	1.5	100	225
11	2021.8.3	张鹤翔	0.5	100	75
12	2021.8.4	张鹤翔	1	100	150

图 32-4 计算加班费

```
=IF(WEEKDAY(SUBSTITUTE(A3,".","-"),2)>5,2,1.5)*D3*C3
```

如果将 A 列内容修正为“真日期”，则 E3 单元格的公式如下：

```
=IF(WEEKDAY(A3,2)>5,2,1.5)*D3*C3
```

公式先使用 WEEKDAY 函数计算出 A3 单元格日期所属的星期，然后用 IF 函数判断其是否大于 5，如果大于 5，表示该日期是周六或周日，返回应执行的倍数为 2，否则返回 1.5，最后再使用倍数依次乘以 D 列的“时基本工资”和 C 列的“加班时数”，计算出对应的加班费。

一般“伪日期”中的间隔符号都是统一的，如点（.）、反斜杠（\）等，使用 SUBSTITUTE 函数进行转换相对简单。如果是“伪时间”，如将“7:08:09”写成“7 小时 8 分钟 9 秒”，甚至是“7°8'9''”，就需要多次使用 SUBSTITUTE 函数，使公式的编写过程更加复杂。

32.1.3 同一项目的名称不统一

如果同一项目的名称前后不统一，在进行汇总统计时也会增加公式难度。

示例32-4 全称与简称同时出现

如图 32-5 所示，两所学校的全称与简称在 B 列里混用，现需要统计各学校订购总数。

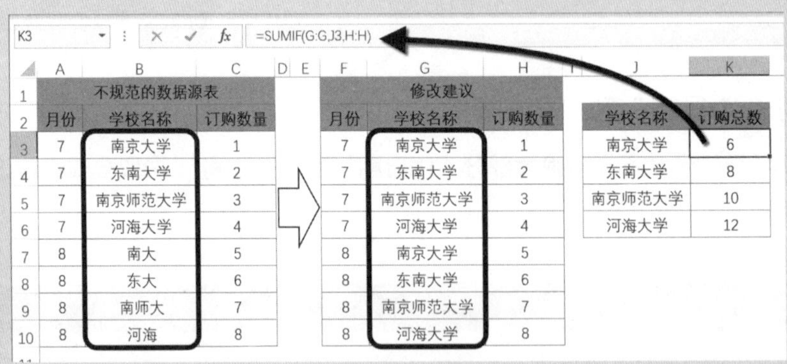
K3 =SUMIF(G:G,J3,H:H)

	A	B	C
1	不规范的数据源表		
2	月份	学校名称	订购数量
3	7	南京大学	1
4	7	东南大学	2
5	7	南京师范大学	3
6	7	河海大学	4
7	8	南大	5
8	8	东大	6
9	8	南师大	7
10	8	河海	8

F	G	H
修改建议		
月份	学校名称	订购数量
7	南京大学	1
7	东南大学	2
7	南京师范大学	3
7	河海大学	4
8	南京大学	5
8	东南大学	6
8	南京师范大学	7
8	河海大学	8

J 学校名称	K 订购总数
南京大学	6
东南大学	8
南京师范大学	10
河海大学	12

图 32-5 统计订购数量

单位或机构的全称与简称属于两种不同的属性，应该统一使用其中的一项。如果学校名称均为全称或简称，K3 单元格直接使用以下公式即可。

```
=SUMIF(G:G,J3,H:H)
```

32.1.4　缺少具有唯一标识的字段

表中缺少具有唯一属性的字段，在判定条件时也增加公式难度。

示例32-5　统计每户人数

图 32-6 所示，是某部门户籍记录表的部分内容，其中 A 列的“与户主关系字段”中同时包含“户主”及“与户主关系”，需要在 C 列统计每户人数。如果 A 列为户主，则计算该户人数，否则显示为空白。

	A	B	C	D	E	F	G	H
1	不规范的数据源表				修改建议			
2	与户主关系	姓名	人数		住址	与户主关系	姓名	人数
3	户主	汪云福	5		*幢101	户主	汪云福	5
4	妻子	王颖			*幢101	妻子	王颖	
5	长子	汪增华			*幢101	长子	汪增华	
6	长女	汪素珍			*幢101	长女	汪素珍	
7	次子	汪增德			*幢101	次子	汪增德	
8	户主	左维扬	2		*幢102	户主	左维扬	2
9	妻子	张莉			*幢102	妻子	张莉	
10	户主	王琼英	1		*幢103	户主	王琼英	1
11	户主	沈景科	2		*幢104	户主	沈景科	2
12	妻子	陈薇			*幢104	妻子	陈薇	

图 32-6　统计每户人数

在 C3 单元格输入以下公式，向下复制到 C12 单元格。

```
=IF(A3=" 户主 ",COUNTA(B3:B12)-SUM(C4:C12),"")
```

公式先使用 IF 函数进行判断，如果 A 列为“户主”，则执行后续的计算，否则返回空文本。

公式中的“COUNTA(B3:B12)-SUM(C4:C12)”部分，使用了错位引用技巧，与示例 32-7 中的计数统计思路相同。

事实上，表中因为缺少了具有唯一性标识的“住址”或是“户号”字段，才使计算变得较为复杂。补齐“住址”字段后，在 H3 单元格输入以下公式，将公式向下复制到数据区域最后一行，就可以统计每户人数。

```
=IF(F3=" 户主 ",COUNTIF(E:E,E3),"")
```

32.2　减少使用单元格以外的对象

32.2.1　使用手工标注颜色

工作表函数无法对颜色进行判断，如果用填充颜色或是字体颜色来标记某些数据的特殊含义，在统计汇总时只能使用宏表函数或是 VBA 代码进行处理。实际工作中，可以使用“备注”列来标记某些特殊数据的含义。

示例32-6 以颜色标注特殊情况

图 32-7 所示是某班学生成绩的部分数据，B 列用浅蓝色填充的三个单元格表示该成绩的考生属于中途转学，不在统计范围之内，现需要分别统计及格与不及格的人数。

J3 =COUNTIFS(F:F,">=60",G:G,"")

不规范的数据源表	
姓名	成绩
梁建邦	75
金宝增	46
陈玉员	96
冯石柱	87
马克军	98
戴靖	68
牟玉红	71
周梅	32
张映菊	33
陈包蓉	86
谭艺	30
杨柳	47

注：蓝色为中途转学，不在统计范围之内

修改建议		
姓名	成绩	备注
梁建邦	75	
金宝增	46	
陈玉员	96	
冯石柱	87	
马克军	98	
戴靖	68	转学
牟玉红	71	
周梅	32	转学
张映菊	33	转学
陈包蓉	86	
谭艺	30	
杨柳	47	

成绩	人数
及格	6
不及格	3

图 32-7 统计成绩

如果数据表右侧添加一个“备注”列，J3 单元格可以直接使用以下公式统计及格人数。

```
=COUNTIFS(F:F,">=60",G:G,"")
```

J4 单元格则可以直接使用以下公式统计不及格人数。

```
=COUNTIFS(F:F,"<60",G:G,"")
```

32.2.2 使用批注、文本框、表单控件等标记数据

工作表函数无法提取批注或文本框中的数据，如果用批注、文本框或是表单控件等标记某些数据的特殊含义，统计汇总时也只能依靠 VBA 代码进行处理。实际工作中可将批注或文本框中的内容移至“备注”列内，然后以备注列中的文字内容作为统计或判断的条件。

32.3 减少使用合并单元格

合并单元格只保留合并区域内左上角单元格中的数据，其余单元格内均为空白。很多操作因为使用了合并单元格而受到限制，甚至有些功能因为有合并单元格而无法使用，如自动适用最合适行

高 / 列宽、自动求和、填充、排序、筛选、删除重复项、合并计算、数据透视表等。而在使用函数公式时，合并单元格更加会增加公式编写的难度。实际工作中可先将合并单元格拆分，填充完整后再使用公式。

示例32-7　按合并单元格的分类进行统计

图 32-8 展示的是某产品在各个地区的销量数据，其中 A 列的省级名称使用了合并单元格，现需要对各省销量进行求和等统计。

	A	B	C	D	E	F
1	不规范的数据源表					
2	省级	市级	各市销量	求和	计数	平均
3	浙江省	杭州市	11	36	3	12
4		嘉兴市	12			
5		绍兴市	13			
6	安徽省	合肥市	14	29	2	14.5
7		安庆市	15			
8	江苏省	南京市	16	70	4	17.5
9		苏州市	17			
10		无锡市	18			
11		常州市	19			
12	上海市	徐汇区	20	20	1	20

图 32-8　统计求和、计数及平均值

❖ 在与 A 列结构相同的 D 列对各省销量进行求和。

同时选中 D3:D12 单元格区域，在编辑栏中输入以下公式，按 <Ctrl+Enter> 组合键。

```
=SUM(C3:C12)-SUM(D4:D12)
```

<Ctrl+Enter> 组合键的作用是多单元格同时输入。使用多单元格操作时，应按照从左到右、从上到下的顺序选中单元格区域，然后输入公式，否则会无法实现需要的结果。

先使用前半部分的 SUM 函数，从公式所在行的 C 列开始，到 C 列数据区域最后一行这个范围内求和。而后半部分的 SUM 函数，则是从公式所在行的下一个单元格开始，到 D 列数据区域最后一行这个范围求和。

此公式的核心思路是后面的公式结果会被前面的公式再次利用，将从当前行开始的 C 列求和结果减去 D 列下方的其他求和结果，剩余部分就是与当前合并单元格相同行数的求和结果。

如果从下往上查看每个单元格中的公式变化，能够更便于公式的理解。

❖ 在与 A 列结构相同的 E 列对各省城市进行计数。

同时选中 E3:E12 单元格区域，在编辑栏中输入以下公式，按 <Ctrl+Enter> 组合键。

```
=COUNT(C3:C12)-SUM(E4:E12)
```

计数统计的思路与求和类似，仍是使用了错位引用的技巧。其中的“COUNT(C3:C12)”部分，统计 C 列自公式所在行开始到 C 列数据区域最后一行这一范围内不为空的单元格的个数。再使用 SUM(E4:E12) 函数计算出自公式所在单元格以下区域的所有数据总和，二者相减，计算出相应的计数结果。

❖ 在与 A 列结构相同的 F 列统计各省销量的平均值。

平均统计需要借助 LOOKUP 函数来建构一个拆分合并单元格并填充的内存数组。

输入公式前先取消 F 列的合并单元格，在 F3 单元格输入以下数组公式，按 <Ctrl+Shift+Enter> 组合键结束编辑，向下复制到 F12 单元格。再使用格式刷将 A3:A12 单元格区域的格式复制到

F3:F12 单元格区域。

```
{=AVERAGE(IF(LOOKUP(ROW($1:$10),ROW($1:$10)/(A$3:A$12>0),A$3:A$12)=A3,C
$3:C$12))}
```

公式中的“LOOKUP(ROW($1:$10),ROW($1:$10)/(A$3:A$12>0),A$3:A$12)”部分，先使用行号 ROW($1:$10) 除以 (A$3:A$12>0)，如果 A3:A12 不等于空时返回对应的行号，否则返回错误值“#DIV/0!”，得到一个内存数组结果：

```
{1;#DIV/0!;#DIV/0!;4;#DIV/0!;6;#DIV/0!;#DIV/0!;#DIV/0!;10}
```

再利用 LOOKUP 函数忽略错误值的特性，以 ROW($1:$10) 为查询值，在内存数组中查询各个行号。当找不到具体的行号时，会以小于行号的最大值进行匹配，并返回第三参数 A$3:A$12 中对应的内容，最终得到一个填充完整的内存数组。

```
{"浙江省";"浙江省";"浙江省";"安徽省";"安徽省";"江苏省";"江苏省";"江苏省";"
江苏省";"上海市"}
```

接下来利用 IF 函数判断 LOOKUP 的结果是否等于 A3，如果相等则返回 C 列对应的销量，否则返回默认值 FALSE。最后再用 AVERAGE 函数进行平均计算。

示例32-8 填充合并单元格

图 32-9 是带合并单元格的数据，现需要对 A 列的合并单元格进行拆分，并将取消合并后的空白单元格填充完整。

步骤① 选取 A3:A12 单元格区域，单击【开始】选项卡下的【合并后居中】按钮，如图 32-10 所示。

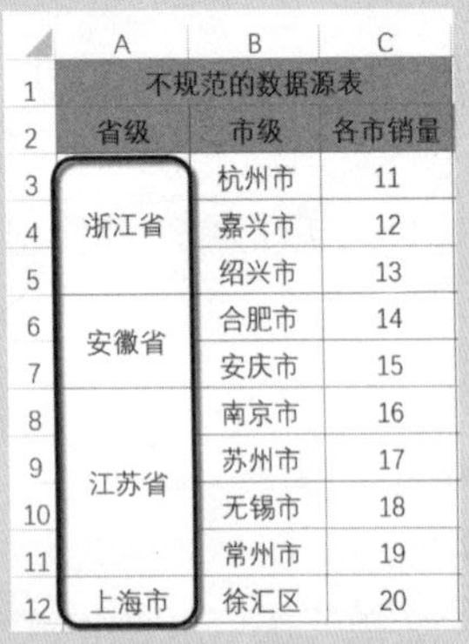

图 32-9 带合并单元格的数据表

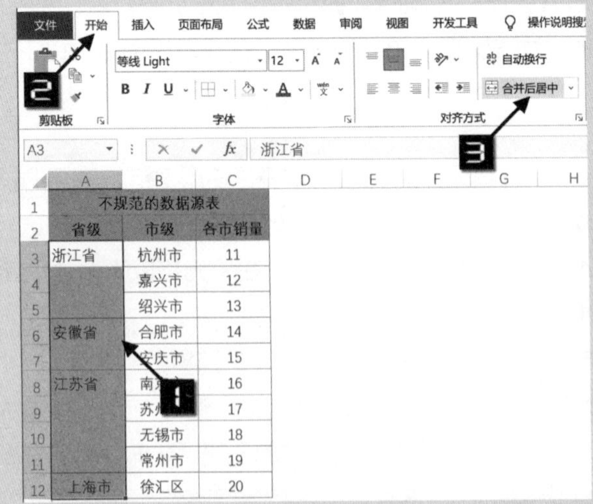

图 32-10 拆分合并单元格

步骤② 继续保持选取 A3:A12 单元格区域，按 <F5> 功能键调出【定位】对话框，单击【定位条件】按钮，在弹出的【定位条件】对话框中选中【空值】复选框。

步骤③ 以名称框中显示的单元格地址为参照，在编辑栏中输入其上一个单元格的地址，如图 32-11 所示，名称框中显示的是 A4 单元格，在编辑栏输入公式“=A3”，按 <Ctrl+Enter> 组合键。

步骤④ 选取 A 列，按 <Ctrl+C> 组合键复制，然后右击鼠标，在【粘贴选项】区域中单击【值】按钮。

另外也可以借助函数公式来实现拆分合并单元格并填充，如图 32-12 所示，在 D2 单元格输入以下公式，向下复制到数据区域最后一行即可。

```
=IF(A3="",D2,A3)
```

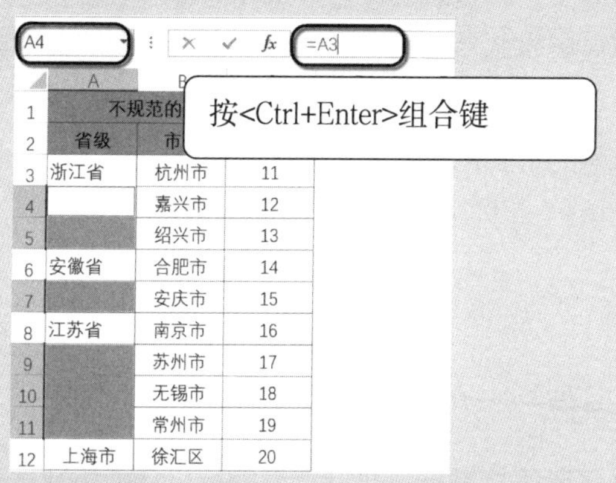

图 32-11 直接引用上一个单元格

D3 =IF(A3="",D2,A3)

	A	B	C	D
1	不规范的数据源表			
2	省级	市级	各市销量	辅助列
3	浙江省	杭州市	11	浙江省
4		嘉兴市	12	浙江省
5		绍兴市	13	浙江省
6	安徽省	合肥市	14	安徽省
7		安庆市	15	安徽省
8	江苏省	南京市	16	江苏省
9		苏州市	17	江苏省
10		无锡市	18	江苏省
11		常州市	19	江苏省
12	上海市	徐汇区	20	上海市

图 32-12 使用公式填充合并单元格

公式使用 IF 函数判断，当 A3 等于空时返回公式所在单元格上一个单元格中的内容，否则返回 A3 单元格中的内容。

32.4 不使用二维表存放数据

“一维表”和“二维表”并不是标准的数据库术语，Excel 中所指的二维表类似于数据库中的交叉表，由行、列两个方向的标题交叉定义数据的属性，同一种属性的内容存放于多列之中。Excel 的一维表则是每一行都是完整的记录，每一列用来存放一个字段，相同属性的内容只放在一列中。

一维表和二维表根据表格的标题行就能判断，从外观上很容易区分。如图 32-13 所示，右侧的是一维表，5 列分别存储五个类别的数据，列标题体现了对应的类别名称：“姓名”“日期”“出勤类别”“时数”和“备注”；而左侧的则为二维表的形式，除了“姓名”列以外，后面 6 列代表的是同一个类别“时数”，而“时数”却没有在标题中体现出来。

不规范的数据源表

姓名	1日		2日		3日	
	出勤	加班	出勤	加班	出勤	加班
梁建邦	8	2	8		8	
金宝增	8		8		8	
陈玉员	8		8		8	
冯石柱	1.5	4	8		8	

考勤员：当天年假4小时；事假2小时，迟到一次按缺勤半小时计。

修改建议

姓名	日期	出勤类别	时数	备注
梁建邦	2021-9-1	延时加班	2	
冯石柱	2021-9-1	年假	4	
冯石柱	2021-9-1	事假	2	
冯石柱	2021-9-1	迟到	0.5	迟到按缺勤半小时计
冯石柱	2021-9-1	延时加班	4	

图 32-13　二维表与一维表

二维表的字段往往会有重复，还可能会出现多行表头、斜线表头、合并单元格等，不仅会给后续的数据统计处理人为带来麻烦。更重要的是，二维表因其本身结构的限制，会导致数据记录不完整，使统计汇总更加复杂化。

解决方法是将二维表改成一维表样式，仅以流水账的形式记录下异常变化的数据。

32.5　保持数据表的完整

32.5.1　数据表内手工添加标题行、小计和空行

如果标题行下的数据不具有连续性，在中间插入了若干标题行、小计行或空行，会破坏数据表的完整性，影响后续的汇总计算，如图 32-14 所示。

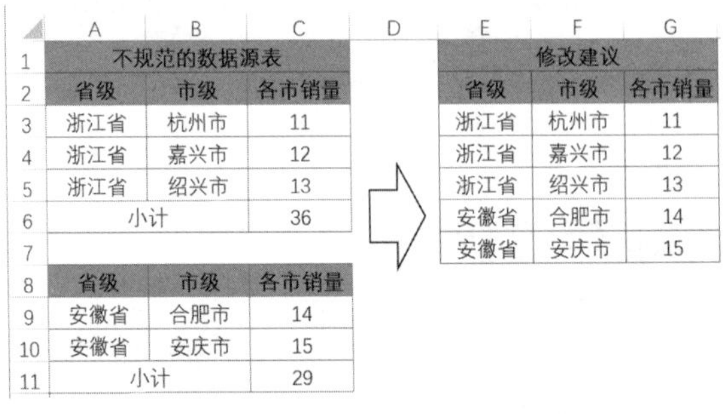

不规范的数据源表

省级	市级	各市销量
浙江省	杭州市	11
浙江省	嘉兴市	12
浙江省	绍兴市	13
小计		36
省级	市级	各市销量
安徽省	合肥市	14
安徽省	安庆市	15
小计		29

修改建议

省级	市级	各市销量
浙江省	杭州市	11
浙江省	嘉兴市	12
浙江省	绍兴市	13
安徽省	合肥市	14
安徽省	安庆市	15

图 32-14　数据表内手工添加标题行、小计和空行

在实际工作中，应删除工作表内多余的标题行、小计行和空行。如需分类显示，可使用分类汇总功能，在分页打印时还可以使用分类汇总与打印标题行功能相结合。

示例32-9　表内小计在下方的数据表汇总

如图 32-15 所示的销量表中，每个省级名称下方都手工插入了小计行，需要分别完成求和、计数、平均值、最大及最小值的计算。

	A	B	C	D	E	F	G
1	不规范的数据源表						
2	省级	市/区	求和	计数	平均	最大	最小
3	浙江省	杭州市	11	11	11	11	11
4	浙江省	嘉兴市	12	12	12	12	12
5	浙江省	绍兴市	13	13	13	13	13
6	小计						
7	安徽省	合肥市	14	14	14	14	14
8	安徽省	安庆市	15	15	15	15	15
9	小计						
10	江苏省	南京市	16	16	16	16	16
11	江苏省	苏州市	17	17	17	17	17
12	江苏省	无锡市	18	18	18	18	18
13	江苏省	常州市	19	19	19	19	19
14	小计						
15	上海市	徐汇区	20	20	20	20	20
16	小计						
17	总计						

图 32-15　表内小计在下方的汇总

❖ 小计与总计的求和

操作步骤如下。

步骤① 选中 C3:C16 单元格区域，按 <F5> 功能键调出【定位】对话框。单击【定位条件】按钮，在弹出【定位条件】对话框中单击选中【空值】选项按钮，最后单击【确定】按钮关闭对话框，如图 32-16 所示。

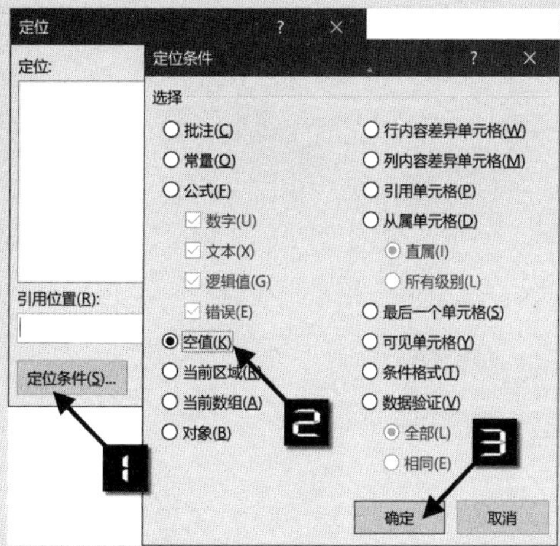

图 32-16　定位空值

步骤② 此时 C3:C16 单元格区域的空白单元格被全部选中，按 <Alt+=> 快捷键，完成小计求和。

步骤③ 在 C17 单元格输入以下公式计算总计：

```
=SUM(C3:C16)/2
```

❖ 小计与总计的其他统计

操作步骤如下。

步骤① 选取待统计的列，定位空值后按 <Alt+=> 组合键，完成小计求和。

步骤② 选取待替换的列，按 <Ctrl+H> 快捷键调出【替换】对话框，查找内容为“SUM”，替换为相应的函数名，如计数替换为“COUNT”、计算平均值替换为“AVERAGE”、计算最大最小值替换为“MAX”和“MIN”。

步骤③ 总计行的各个单元格可使用以下公式。

```
计数：=SUMIF(A:A,"小计",D:D)
平均：=AVERAGEIF(A:A,"<>*计",E:E)
最大：=MAX(F3:F16)
最小：=MIN(G3:G16)
```

示例32-10 表内小计在上方的数据表汇总

	A	B	C
1	不规范的数据源表		
2	省级	市/区	求和
3	小计		
4	浙江省	杭州市	11
5	浙江省	嘉兴市	12
6	浙江省	绍兴市	13
7	小计		
8	安徽省	合肥市	14
9	安徽省	安庆市	15
10	小计		
11	江苏省	南京市	16
12	江苏省	苏州市	17
13	江苏省	无锡市	18
14	江苏省	常州市	19
15	小计		
16	上海市	徐汇区	20
17	总计		

图 32-17 表内小计在上方的汇总

如图 32-17 所示的销量表中，每个名称上方都手工插入了小计行，需要使用公式计算小计结果。

步骤① 定位 C3:C16 单元格区域内的空单元格。

步骤② 在编辑栏中输入以下公式，按<Ctrl+Enter>组合键结束。

```
=SUM(C4:C$16)-SUMIF(A4:A$16,"小计",C4)*2
```

该公式仍然利用错位引用的技巧，后面的公式结果被前面的公式再次引用。

先使用“SUM(C4:C$16)”计算出公式所在行之下的所有销量总和，再使用“SUMIF(A4:A$16,"小计",C4)”汇总出公式所在行以下的小计总和。将 SUMIF 函数的结果乘以 2，目的是减去每个小计部分及该小计包含的各项明细记录。

最后二者相减得到求和结果。

示例32-11 使用分类汇总添加小计和总计行

	A	B	C
1	省级	市级	各市销量
2	安徽省	安庆市	15
3	江苏省	常州市	19
4	浙江省	杭州市	11
5	安徽省	合肥市	14
6	浙江省	嘉兴市	12
7	江苏省	南京市	16
8	浙江省	绍兴市	13
9	江苏省	苏州市	17
10	江苏省	无锡市	18
11	上海市	徐汇区	20

图 32-18 销售表

图 32-18 所示的销售表中，A 列为不同省级名称，现需要对每个省级名称进行分类汇总。

步骤① 对数据表的 A 列进行排序（升序或降序均可）。

步骤② 如图 32-19 所示，单击数据区域任意单元格，然后依次单击【数据】→【分类汇总】按钮，在弹出的【分类汇总】对话框中按需要选择【分类字段】为“省级”,【汇总方式】为“求和”，同时选中【选定汇总项】列表中的字段名称复选框，保留其他默认设置，最后单击【确定】按钮。

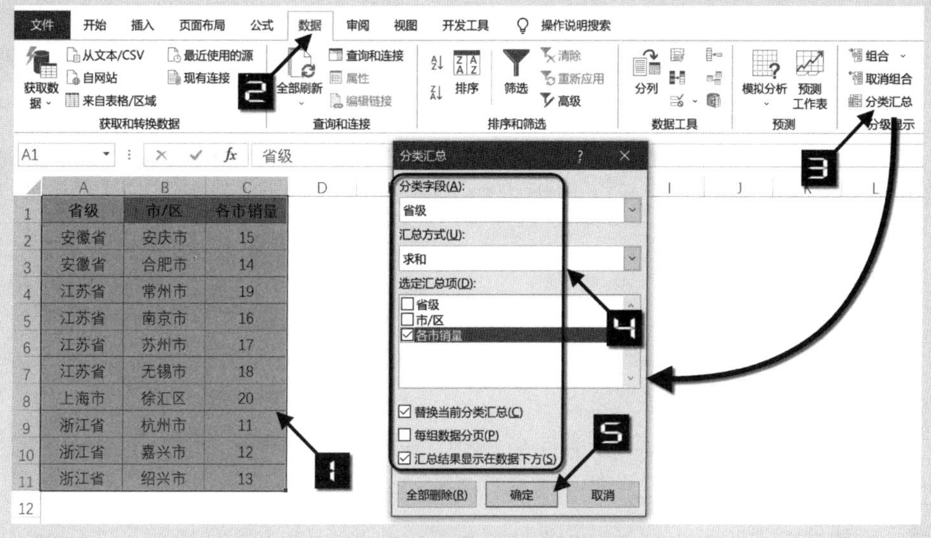

图 32-19　设置分类汇总

提示

分类汇总对话框里的【汇总结果显示在数据下方】选项可以决定小计行的位置，表内小计需要在上方可以取消选中此复选框，否则保留默认选中状态即可。

使用分类汇总后，数据表自动添加汇总行，并默认使用 SUBTOTAL 函数进行汇总。如果单击工作表左侧或左上角的分类级别按钮，还可以选择查看全部或部分明细或小计结果，如图 32-20 所示。

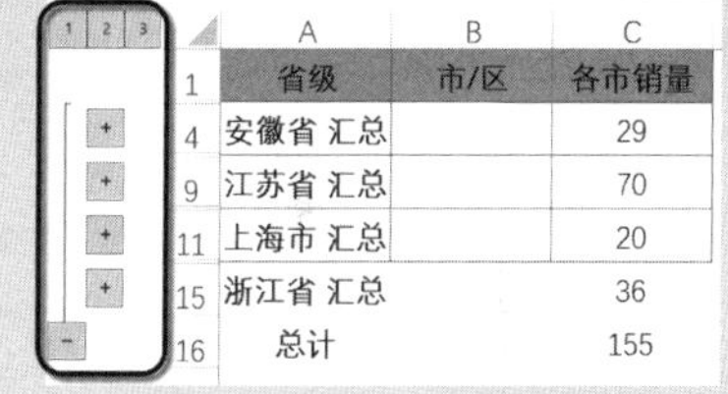

图 32-20　分类汇总结果

32.5.2　同结构数据表分多张工作表

相同结构的数据表按某个条件分别记录在不同的工作表中，如按月份分别记录等。在进行统计汇总时，会增加公式难度。

实际工作中的同一类数据尽可能记录在一张工作表内。按日期分类的数据可以以年为单位，一年的数据记录在一张工作表内。

数据总量超过 Excel 最大行数的，可以使用其他数据库工具（如 Access、SQL Server 等）储存数据，再通过 Excel 中的获取外部数据等功能，以数据透视表或 Power Pivot 的方式对数据进行统计汇总。

示例32-12 合并多张工作表

多张工作表无法用函数一步到位合并，通常使用 VBA 或 Power Query 来解决。

由 Excel Home 技术论坛开发的免费 Excel 插件“易用宝”，内置了工作表合并汇总有关的模块，使用该插件，用户可以快速实现合并工作表等使用函数公式难以完成的操作，如图 32-21 所示。

图 32-21 “易用宝”中关于工作表管理的内容

最新版的“易用宝 2021”可用于 32 位及 64 位的 Excel 2007~2019 版本，以及 office 365 和 WPS 表格，下载地址为 https://yyb.excelhome.net/download/。安装成功后，在 Excel 功能区中会显示“易用宝™”的选项卡，用户可以像使用 Excel 内置命令一样方便地调用各个功能模块，从而让烦琐的操作变得简单可行，甚至能够一键完成，使数据处理的过程更加简单。

32.5.3 同结构数据表分多个工作簿

多个工作簿更加无法用函数一步到位合并，甚至跨工作簿汇总都需要借助于 VBA 或 Power Query 来解决。免费插件“易用宝”同样内置了工作簿合并汇总有关的模块，使用该插件，用户可以快速实现合并、拆分工作簿等使用函数公式无法完成的操作，如图 32-22 所示。

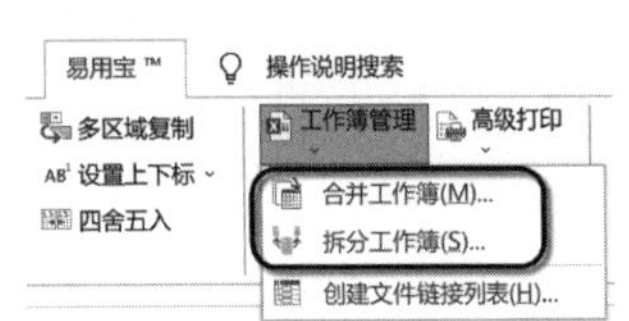

图 32-22 “易用宝”中关于工作簿管理的内容

32.6 正确区分数据源表、统计报表及表单

所谓数据源表，就是所有统计报表和表单的数据源。

统计报表是按照某种条件进行统计汇总的数据表，如按月统计的销量表、按各产品统计的产量表等。

表单是显示某字段中单一项目中部分或所有属性的表格，如员工履历表、产品装箱单、快递单、工资条等。

这三类表的制作过程是：先制作数据源表，且做好数据源表的日常备份，根据实际需要搭建统计报表和表单的框架，最后使用公式自动提取数据源表中的数据，填入统计报表和表单中。

在制作过程中，统计报表和表单需要兼顾美观和数据的自动查询汇总，本章中所有规范要求对这两种类型的表格不限制。而对数据源表的制作则要求必须规范，即本章中的各项建议内容。

32.6.1　数据源表与统计报表

制作数据源表时必须严格区分数据源表和统计报表。例如，示例 32-11 中，使用了分类汇总功能实现统计效果，但是分类汇总表是一个统计报表，所以不建议直接在数据源表上做分类汇总，更不建议直接在数据源表上手工添加小计行。

通过数据源表自动生成统计报表的方法非常多，除了常用的统计类函数，也可以使用数据透视表进行汇总统计。

32.6.2　数据源表与表单

数据源表制作的目的就是为了方便制作统计报表，所以不建议把表单当成数据源表来记录数据，而是由数据源表通过公式自动生成表单。

相比于统计报表，大部分表单的表格结构复杂，所以第一次制作时，需要先搭建好表格基础结构，再根据数据使用适合的公式。

根据本书前言的提示操作，可观看正确区分数据源表、统计报表及表单的视频讲解。

示例32-13　制作工资条

一般单位制作的工资表即数据源表，而工资条则属于表单形式。现需要根据工资表制作工资条，要求每条记录上方带有标题行，记录下方带有一个空行，如图 32-23 所示。

I2　=CHOOSE(MOD(ROW(A3),3)+1,A$2,VLOOKUP(ROW(A2)/3,$A:$G,COLUMN(A1),),"")

数据源表

序号	姓名	基本薪资	职等薪资	津贴	加班费	应发工资
1	梁建邦	5,000.00	4,800.00	39.31	-	9,839.31
2	金宝增	5,000.00	2,600.00	26.54	-	7,626.54
3	陈玉员	5,000.00	1,600.00	28.09	-	6,628.09
4	冯石柱	5,000.00	300.00	29.04	544.50	5,873.54
5	马克军	5,000.00	300.00	25.52	261.25	5,586.77
6	戴靖	5,000.00	300.00	59.99	275.00	5,634.99
7	牟玉红	5,000.00	300.00	32.19	327.25	5,659.44
8	周梅	5,000.00	3,050.00	96.75	-	8,146.75
9	张映菊	5,000.00	1,000.00	20.88	-	6,020.88
10	陈包蓉	5,000.00	725.00	93.72	-	5,818.72
11	谭艺	5,000.00	850.00	50.33	-	5,900.33
12	杨柳	5,000.00	2,900.00	77.49	-	7,977.49

表单

序号	姓名	基本薪资	职等薪资	津贴	加班费	应发工资
1	梁建邦	5,000.00	4,800.00	39.31	-	9,839.31
序号	姓名	基本薪资	职等薪资	津贴	加班费	应发工资
2	金宝增	5,000.00	2,600.00	26.54	-	7,626.54
序号	姓名	基本薪资	职等薪资	津贴	加班费	应发工资
3	陈玉员	5,000.00	1,600.00	28.09	-	6,628.09
序号	姓名	基本薪资	职等薪资	津贴	加班费	应发工资
4	冯石柱	5,000.00	300.00	29.04	544.50	5,873.54
序号	姓名	基本薪资	职等薪资	津贴	加班费	应发工资

图 32-23　工资表和工资条

操作步骤如下。

步骤① 在 I2 单元格输入以下公式，向右向下复制到 I2:O4 单元格区域。

```
=CHOOSE(MOD(ROW(A3),3)+1,A$2,VLOOKUP(ROW(A2)/3,$A:$G,COLUMN(A1),),"")
```

步骤② 选取 A2:G3 单元格区域，利用格式刷将其格式复制到 I2:O3 单元格区域。

步骤③ 选取 I3:O4 单元格区域，向下复制公式，复制行数为工资表最大行数的 3 倍，本例为 36 行。

公式中的“MOD(ROW(A3),3)+1”部分，用于生成 1、2、3、1、2、3……这样的循环序列数，将此结果作为 CHOOSE 函数的第一参数，再由后面三个参数指定不同行返回的内容。

当 CHOOSE 第一参数为 1 时，返回作为标题行的 A$2 单元格的内容，这里使用了行绝对、列相对引用，公式向右复制时，可以返回不同列的标题内容，向下复制时始终返回第一行。

当 CHOOSE 第一参数为 2 时，返回一个由 VLOOKUP 函数查找序号返回对应的结果。

VLOOKUP 函数的第一参数为 ROW(A2)/3，向下复制到第 3、6、9、12……行时，会返回序列数 1、2、3、4……，以此作为查找值，查询区域为 A:G 列，用 COLUMN 函数生成的递增序列数作为第三参数返回不同列中的内容。

当 CHOOSE 第一参数为 3 时，返回一个空文本。

示例32-14 制作职位说明书

职位说明书也是一种典型的表单样式，表格结构相对复杂，如图 32-24 所示。

	A	B	C	D	E	F	G
1	职位说明书						
2		编号	×××-01	分析日期	2021-9-25	分析人	梁建邦
3		职位名称	生产经理	一级部门	生产部	二级部门	
4		职等范围	经理	职位性质	关键岗位	工时制	不定时工时制
5		直属领导	2人		晋级方向	生产总监	
6	1	行政汇报	总经理				
7	2	职能汇报	生产总监				
8		直属下级	5人		晋级来源	车间主任	
9	1	一车间主任					
10	2	二车间主任					
11		以下省略					
12							

图 32-24 职位说明书

这样的表单不建议直接作为数据源表，虽然职位说明书并不涉及统计汇总，但是需要修改时，尤其是公司组织架构发生变化后的批量修改工作量也十分庞大。

可以按照以下步骤进行操作。

步骤① 建一个列出职位说明书中所有项目的数据源表，如图 32-25 所示。

	A	B	C	D	E	F	G	H
1	编号	分析日期	分析人	职位名称	一级部门	二级部门	职等范围	职位性质
2	×××-01	2021/9/25	梁建邦	生产经理	生产部		经理	关键岗位
3	×××-02	2021/8/4	金宝增	销售经理	销售部		经理	关键岗位
4	×××-03	2021/8/5	金宝增	分店店长	销售部	各分店	主管	关键岗位
5	×××-04	2021/8/6	金宝增	分店销售员	销售部	各分店	文员	关键岗位
6	×××-05	2021/9/12	马克军	行政经理	行政部		经理	非关键岗位

图 32-25　职位说明书的数据源表

步骤② 搭建职位说明书的空表框架，如图 32-26 所示。

	A	B	C	D	E	F	G
1		职位说明书					
2		编号		分析日期		分析人	
3		职位名称		一级部门		二级部门	
4		职等范围		职位性质		工时制	
5		直属领导			晋级方向		
6		1　行政汇报					
7		2　职能汇报					
8		直属下级			晋级来源		
9		1					
10		2					

图 32-26　搭建职位说明书的空表框架

步骤③ 填写职位说明书中的固定内容，如“编号”“分析日期”等。

步骤④ 为每一个需要填写内容的空单元格设置公式，如 E2 单元格设置以下公式：

```
=VLOOKUP(C2,数据源表!A:R,2,)
```

将其他单元格中也输入公式进行引用。

步骤⑤ 在 C2 单元格中填入“编号”，用以测试公式结果是否正确。

步骤⑥ 为 C2 单元格设置【数据验证】,【序列】来源设置为数据源表的“编号”列，本示例为数据源表的 A2:A6 单元格区域。

步骤⑦ 通过选取 C2 单元格中不同的编号，查看各职位说明书。未来如需要对职位说明书中的内容进行修改，可以直接在数据源表中进行。

练习与巩固

1. 使用工作表函数无法提取批注中的内容，所以最好使用（＿＿＿＿＿＿）代替批注。

2. 合并单元格实际只保留了合并区域（＿＿＿＿＿＿）单元格中的内容，不建议使用在数据源表中。

3. 表内小计求和在表下方的，可以定位空单元格以后，按下（＿＿＿＿＿＿）快捷键。

4. 需要小计行时，快捷的办法是使用分类汇总功能，其自动生成的统计公式用的是（＿＿＿＿＿＿）函数。

第 33 章　公式常见错误指南

本章主要介绍函数公式使用过程中常见的错误，如公式输入错误、参数设置错误和数据源数据类型混乱等，让读者了解导致错误的原因及掌握解决错误的方法。

本章学习要点

（1）了解公式常见错误。　　（2）掌握解决常见错误的方法。

33.1　参数设置错误

参数设置错误是比较常见的公式应用错误之一，包括输入了太多或太少的参数，混淆省略参数与省略参数值的概念，参数类型不符合规则及单元格引用方式错误等。

示例33-1　正确使用VLOOKUP函数的默认参数

有些函数默认参数的属性和常用方式并不一致，典型如 VLOOKUP 函数的第四参数，它的默认值是近似匹配，而不是最常使用的精确匹配。

如图 33-1 所示，A~C 列是某公司部分员工工资明细，需要在 F 列查询 E 列姓名的工资。

在 F2 单元格输入以下公式会返回错误的结果，如 A 列姓名中并不存在 E3 单元格的汤九灿，公式依然返回了工资 6 433。

```
=VLOOKUP(E2,A:C,3)
```

而以下两个 VLOOKUP 函数都可以返回正确的结果。如图 33-2 所示。

```
=VLOOKUP(E2,A:C,3,)
=VLOOKUP(E2,A:C,3,0)
```

F2　=VLOOKUP(E2,A:C,3)

	A	B	C	D	E	F
1	姓名	员工号	工资		姓名	工资
2	刘一山	EHS-01	6,761.00		孙玉详	5,723.00
3	李建国	EHS-02	5,194.00		刘情	5,723.00
4	吕国庆	EHS-03	6,833.00		汤九灿	6,433.00
5	孙玉详	EHS-04	5,030.00			
6	王建	EHS-05	5,199.00			
7	孙玉详	EHS-06	6,798.00			
8	刘情	EHS-07	5,723.00			
9	朱萍	EHS-08	6,589.00			
10	汤九	EHS-09	5,712.00			
11	刘烨	EHS-10	6,433.00			

图 33-1　错误的 VLOOKUP 函数公式

F2　=VLOOKUP(E2,A:C,3,0)

	A	B	C	D	E	F
1	姓名	员工号	工资		姓名	工资
2	刘一山	EHS-01	6,761.00		孙玉详	5,030.00
3	李建国	EHS-02	5,194.00		刘情	5,723.00
4	吕国庆	EHS-03	6,833.00		汤九灿	#N/A
5	孙玉详	EHS-04	5,030.00			
6	王建	EHS-05	5,199.00			
7	孙玉详	EHS-06	6,798.00			
8	刘情	EHS-07	5,723.00			
9	朱萍	EHS-08	6,589.00			
10	汤九	EHS-09	5,712.00			
11	刘烨	EHS-10	6,433.00			

图 33-2　正确的 VLOOKUP 函数公式

公式 VLOOKUP(E2,A:C,3) 省略了第四参数，表示近似匹配。

公式 VLOOKUP(E2,A:C,3,) 省略了第四参数的值，使用逗号占位，对第四参数留白处理，等同于公式 VLOOKUP(E2,A:C,3,0)，匹配模式为精确匹配。

不同函数对参数的类型有不同的要求，如果参数类型设置不正确，公式将会无法正常输入。

示例33-2 正确使用SUMIF的参数类型

图 33-3 所示，为某公司商品销售记录表。A~C 列是销售数据明细，需要在 F 列根据 E 列的商品编码统计 9 月份的销售总额。

在 F2 单元格输入以下公式，按 <Enter> 键结束公式输入，系统会弹出如图 33-4 所示的提示对话框。

```
=SUMIF(MONTH(A2:A94),9,C2:C94)
```

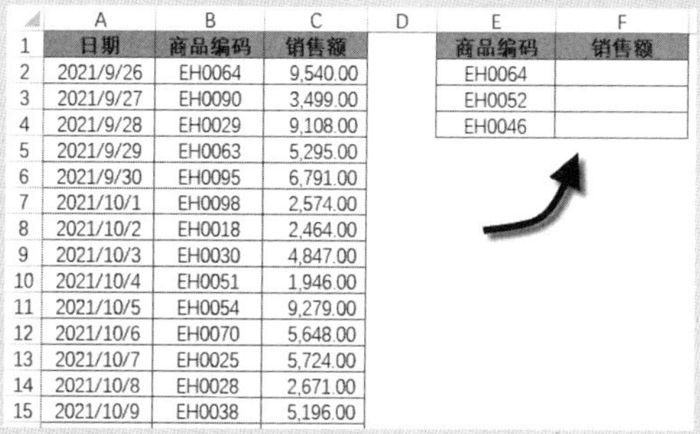

	A	B	C	D	E	F
1	日期	商品编码	销售额		商品编码	销售额
2	2021/9/26	EH0064	9,540.00		EH0064	
3	2021/9/27	EH0090	3,499.00		EH0052	
4	2021/9/28	EH0029	9,108.00		EH0046	
5	2021/9/29	EH0063	5,295.00			
6	2021/9/30	EH0095	6,791.00			
7	2021/10/1	EH0098	2,574.00			
8	2021/10/2	EH0018	2,464.00			
9	2021/10/3	EH0030	4,847.00			
10	2021/10/4	EH0051	1,946.00			
11	2021/10/5	EH0054	9,279.00			
12	2021/10/6	EH0070	5,648.00			
13	2021/10/7	EH0025	5,724.00			
14	2021/10/8	EH0028	2,671.00			
15	2021/10/9	EH0038	5,196.00			

图 33-3　商品销售明细

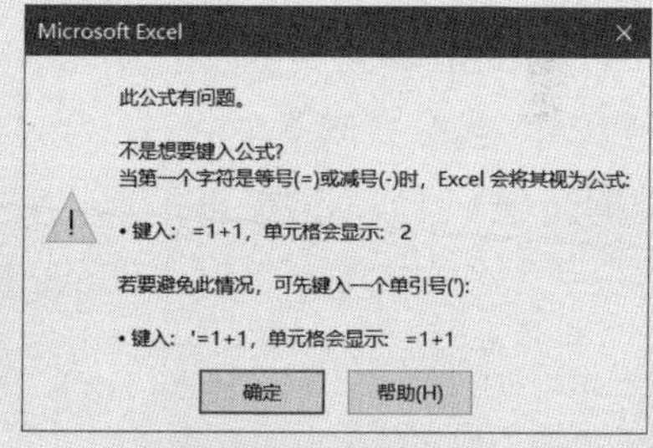

图 33-4　错误提示

这是由于 SUMIF 函数要求第一参数的类型必须为引用，而 MONTH(A2:A94) 部分返回的是一个内存数组。

使用以下 SUMPRODUCT 函数可以返回正确的计算结果。

```
=SUMPRODUCT((MONTH($A$2:$A$94)=9)*$C$2:$C$94)
```

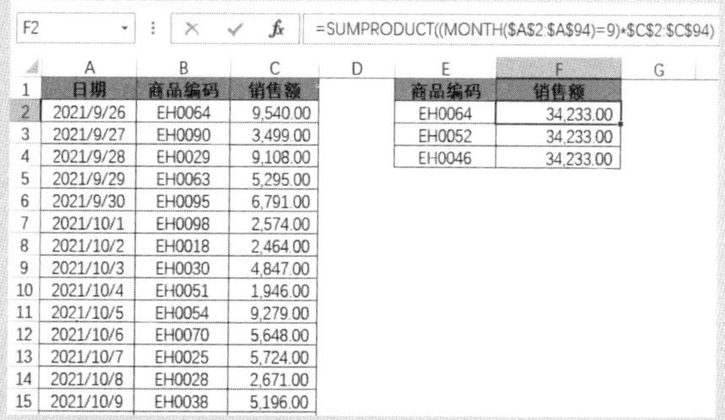

F2 =SUMPRODUCT((MONTH($A$2:$A$94)=9)*$C$2:$C$94)

	A	B	C	D	E	F	G
1	日期	商品编码	销售额		商品编码	销售额	
2	2021/9/26	EH0064	9,540.00		EH0064	34,233.00	
3	2021/9/27	EH0090	3,499.00		EH0052	34,233.00	
4	2021/9/28	EH0029	9,108.00		EH0046	34,233.00	
5	2021/9/29	EH0063	5,295.00				
6	2021/9/30	EH0095	6,791.00				
7	2021/10/1	EH0098	2,574.00				
8	2021/10/2	EH0018	2,464.00				
9	2021/10/3	EH0030	4,847.00				
10	2021/10/4	EH0051	1,946.00				
11	2021/10/5	EH0054	9,279.00				
12	2021/10/6	EH0070	5,648.00				
13	2021/10/7	EH0025	5,724.00				
14	2021/10/8	EH0028	2,671.00				
15	2021/10/9	EH0038	5,196.00				

图 33-5　统计销售额

公式先使用 MONTH 函数计算出 A 列各个日期的月份，然后用等式判断是否等于指定条件 9，最后将对比后的逻辑值与 C 列销售额相乘，并使用 SUMPRODUCT 函数得到乘积之和。

33.2 引用方式错误

引用是函数参数中最常见的类型之一，对于函数初学者而言，未能正确设置引用的样式，如绝对引用、混合引用等，是导致公式出错的常见问题之一。

示例33-3 正确设置引用样式

如图 33-6 所示，A~C 列是某公司部分员工工资明细，需要在 F 列查询 E 列姓名的工资。

在 F2 单元格输入以下公式，向下复制到 F2:F4 单元格区域。

```
=VLOOKUP(E2,A2:C11,3,0)
```

F3:F4 单元格区域最终返回错误值“#N/A”，这是由于 VLOOKUP 函数的第二参数 A2:C11 采用了相对引用，当公式向下复制时，会依次变成 A3:C12、A4:C13……，造成查询区域变化，查询范围数据遗漏，导致查询错误。

以下公式将查询范围绝对引用，可以返回正确的查询结果，如图 33-7 所示。

```
=VLOOKUP(E2,$A$2:$C$11,3,0)
```

F2 =VLOOKUP(E2,A2:C11,3,0)

	A	B	C	D	E	F
1	姓名	员工号	金额		姓名	工资
2	刘情	EHS-07	5,723.00		孙玉洋	5,030.00
3	汤九灿	EHS-09	5,712.00		刘情	#N/A
4	刘一山	EHS-01	6,761.00		汤九灿	#N/A
5	李建国	EHS-02	5,194.00			
6	吕国庆	EHS-03	6,833.00			
7	孙玉洋	EHS-04	5,030.00			
8	王建	EHS-05	5,199.00			
9	孙玉洋	EHS-06	6,798.00			
10	朱萍	EHS-08	6,589.00			
11	刘烨	EHS-10	6,433.00			

图 33-6 错误的引用样式

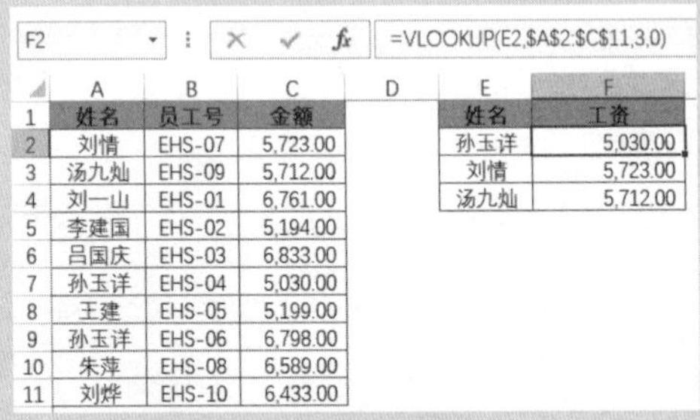

F2 =VLOOKUP(E2,$A$2:$C$11,3,0)

	A	B	C	D	E	F
1	姓名	员工号	金额		姓名	工资
2	刘情	EHS-07	5,723.00		孙玉洋	5,030.00
3	汤九灿	EHS-09	5,712.00		刘情	5,723.00
4	刘一山	EHS-01	6,761.00		汤九灿	5,712.00
5	李建国	EHS-02	5,194.00			
6	吕国庆	EHS-03	6,833.00			
7	孙玉洋	EHS-04	5,030.00			
8	王建	EHS-05	5,199.00			
9	孙玉洋	EHS-06	6,798.00			
10	朱萍	EHS-08	6,589.00			
11	刘烨	EHS-10	6,433.00			

图 33-7 正确的引用样式

如果将 VLOOKUP 函数的查找区域设置为整列引用，在垂直方向复制公式时，则无须考虑使用哪一种引用方式，如以下公式，也可正常查询数据。

```
=VLOOKUP(E2,A:C,3,0)
```

再如图 33-8 所示，A1:E5 单元格区域是某公司各部门四个季度的办公费用，需要在 B8:C9 单元格区域查询 A8:A9 单元格区域指定的部门和 B7:C7 单元格区域指定季度内的费用明细。

在 B8 单元格输入以下公式，并复制到 B8:C9 区域，公式会返回错误结果。

```
=VLOOKUP(A8,A1:E5,MATCH(B7,A1:E1,0),0)
```

正确公式如下：

```
=VLOOKUP($A8,$A$1:$E$5,MATCH(B$7,$A$1:$E$1,0),0)
```

VLOOKUP 函数的第一参数为 $A8，当公式向右复制时，需保持列引用不变，当公式向下复制时，需保持行引用递增。因此采用列绝对引用行相对引用的方式。

VLOOKUP 函数的第二参数为 $A$1:$E$5，作为查询范围，无论公式向下或向右复制，均需保持引用范围不变。因此采用绝对引用的方式。

VLOOKUP 函数的第三参数是 MATCH(B$7,$A$1:$E$1,0)，使用 MATCH 函数固定返回公式所在单元格第 7 行的季度在 $A$1:$E$1 单元格区域中的相对位置。

公式最终返回结果如图 33-9 所示。

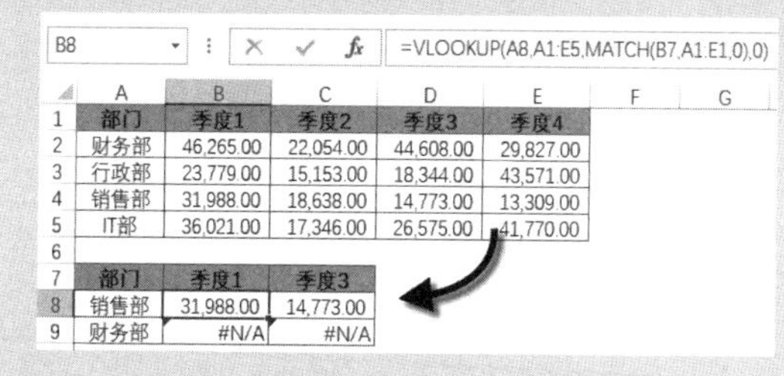

B8　=VLOOKUP(A8,A1:E5,MATCH(B7,A1:E1,0),0)

	A	B	C	D	E
1	部门	季度1	季度2	季度3	季度4
2	财务部	46,265.00	22,054.00	44,608.00	29,827.00
3	行政部	23,779.00	15,153.00	18,344.00	43,571.00
4	销售部	31,988.00	18,638.00	14,773.00	13,309.00
5	IT部	36,021.00	17,346.00	26,575.00	41,770.00
6					
7	部门	季度1	季度3		
8	销售部	31,988.00	14,773.00		
9	财务部	#N/A	#N/A		

图 33-8　错误的交叉表查询引用样式

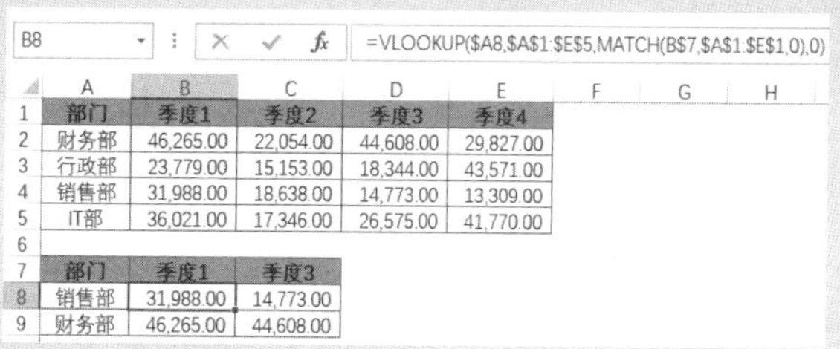

B8　=VLOOKUP($A8,$A$1:$E$5,MATCH(B$7,$A$1:$E$1,0),0)

	A	B	C	D	E
1	部门	季度1	季度2	季度3	季度4
2	财务部	46,265.00	22,054.00	44,608.00	29,827.00
3	行政部	23,779.00	15,153.00	18,344.00	43,571.00
4	销售部	31,988.00	18,638.00	14,773.00	13,309.00
5	IT部	36,021.00	17,346.00	26,575.00	41,770.00
6					
7	部门	季度1	季度3		
8	销售部	31,988.00	14,773.00		
9	财务部	46,265.00	44,608.00		

图 33-9　正确的交叉表查询引用样式

33.3　数据源数据类型错误

数据源数据类型混乱，是导致公式计算结果出错的常见原因。例如，数据中包含空格、不可见字符，文本型数值和数值不匹配、浮点误差带来的数值精度问题等。

示例33-4　空文本导致公式计算错误

如图 33-10 所示，需要在 D 列计算 B 列和 C 列两种商品的合计金额。

在 D2 单元格输入以下公式，向下复制到 D9 单元格，会发现 D3 单元格返回了错误值“#VALUE!”

```
=C2+B2
```

D2　=C2+B2

	A	B	C	D
1	日期	商品A	商品B	合计金额
2	2021/9/8	2,002.00		2,002.00
3	2021/9/9	6,880.00		#VALUE!
4	2021/9/10	2,596.00	7,128.00	9,724.00
5	2021/9/11	9,131.00	1,074.00	10,205.00
6	2021/9/12	9,986.00	6,792.00	16,778.00
7	2021/9/13	3,466.00	2,901.00	6,367.00
8	2021/9/14	3,582.00	8,523.00	12,105.00
9	2021/9/15	1,541.00	8,379.00	9,920.00

图 33-10　计算商品合计金额

这是由于在 Excel 中存在两种类型的空单元格。一种是单元格内没有任何数据，也叫真空单元格，如 C2 单元格。一种是假空单元格，单元格内存在空文本“""”。空文本作为文本值，不能直接参与数学运算，否则会返回错误值“#VALUE!”。

使用 ISBLANK 函数可以判断单元格是否真空，该函数返回结果为 TRUE 时，说明被计算的单元格为真空，为 FALSE 时，则说明为假空。

如图 33-11 所示，以下公式返回结果为 TRUE。

```
=ISBLANK(C2)
```

以下公式返回结果为 FALSE。

```
=ISBLANK(C3)
```

SUM 函数可以忽略引用中的文本值，即忽略空文本。本例可以使用以下公式返回正确的计算结果，如图 33-12 所示。

```
=SUM(B2:C2)
```

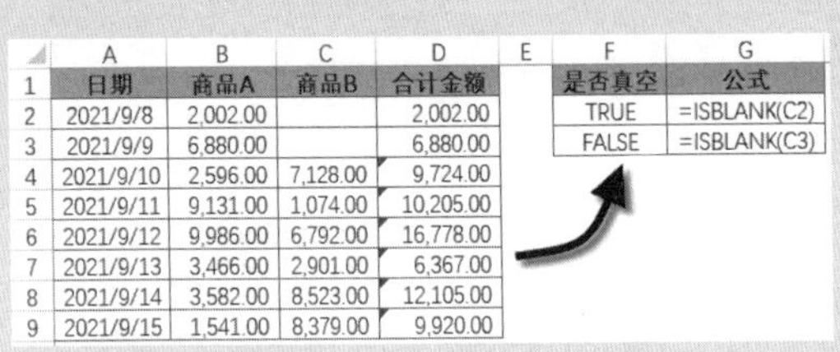

	A	B	C	D	E	F	G
1	日期	商品A	商品B	合计金额		是否真空	公式
2	2021/9/8	2,002.00		2,002.00		TRUE	=ISBLANK(C2)
3	2021/9/9	6,880.00		6,880.00		FALSE	=ISBLANK(C3)
4	2021/9/10	2,596.00	7,128.00	9,724.00			
5	2021/9/11	9,131.00	1,074.00	10,205.00			
6	2021/9/12	9,986.00	6,792.00	16,778.00			
7	2021/9/13	3,466.00	2,901.00	6,367.00			
8	2021/9/14	3,582.00	8,523.00	12,105.00			
9	2021/9/15	1,541.00	8,379.00	9,920.00			

图 33-11　判断单元格是否真空

D2　=SUM(B2:C2)

	A	B	C	D	E
1	日期	商品A	商品B	合计金额	
2	2021/9/8	2,002.00		2,002.00	
3	2021/9/9	6,880.00		6,880.00	
4	2021/9/10	2,596.00	7,128.00	9,724.00	
5	2021/9/11	9,131.00	1,074.00	10,205.00	
6	2021/9/12	9,986.00	6,792.00	16,778.00	
7	2021/9/13	3,466.00	2,901.00	6,367.00	
8	2021/9/14	3,582.00	8,523.00	12,105.00	
9	2021/9/15	1,541.00	8,379.00	9,920.00	

图 33-12　SUM 函数计算合计金额

有时从系统或网页获取的数据，在头部或尾部会包含数量不等的空格，进而导致公式的查询及统计返回错误。

示例33-5　处理空格导致的数据匹配错误

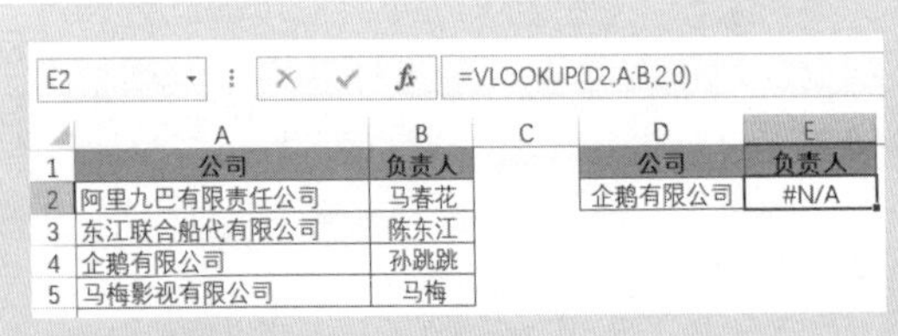

E2　=VLOOKUP(D2,A:B,2,0)

	A	B	C	D	E
1	公司	负责人		公司	负责人
2	阿里九巴有限责任公司	马春花		企鹅有限公司	#N/A
3	东江联合船代有限公司	陈东江			
4	企鹅有限公司	孙跳跳			
5	马梅影视有限公司	马梅			

图 33-13　查询负责人

如图 33-13 所示，A~B 列是客户名称及负责人的信息，需要在 E2 单元格查询 D2 单元格指定公司的负责人。

在 F2 单元格输入以下公式：

```
=VLOOKUP(D2,A:B,2,0)
```

公式本身没有问题，但返回了错误值“#N/A”，表示 A 列查无相关公司名称。

鼠标选中和 D2 单元格内容等同的 A4 单元格，在编辑栏可以发现在公司名称的尾部包含了大量的空格，如图 33-14 所示。

对于这种情况，可以拖动鼠标，在编辑栏中选取一个空格，然后选中 A1:A5 单元格区域，按 <Ctrl+H> 组合键打开【查找和替换】对话框，将空格全部替换为空白。替换完毕，E2 单元格的

VLOOKUP 函数将返回正确的结果，如图 33-15 所示。

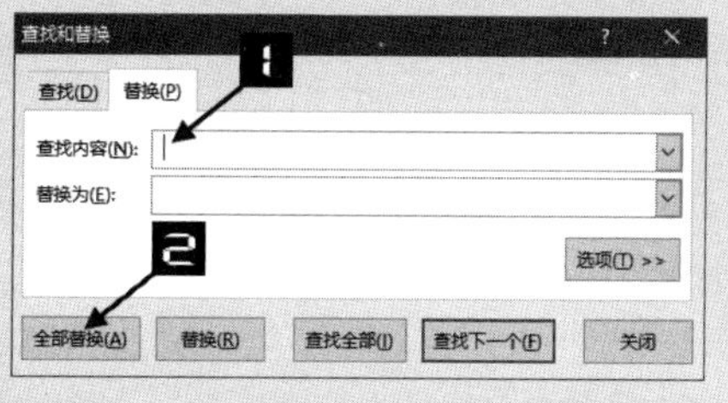

图 33-14　公司名称尾部包含空格

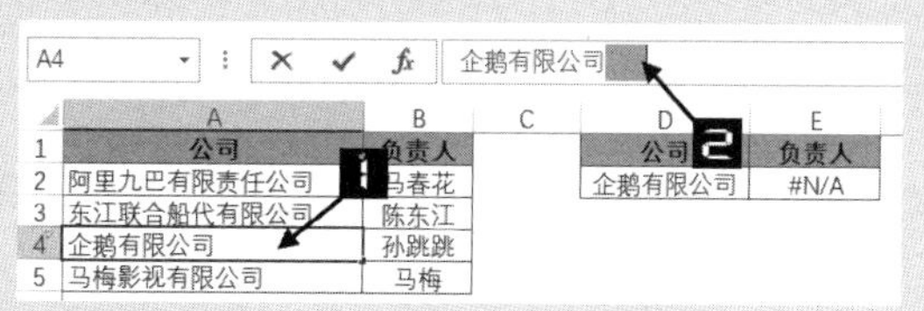

图 33-15　将空格替换删除

注意

由于空格有很多种类型，空格键键入的只是其中一种。在执行【查找和替换】时，建议从相关单元格的编辑栏中复制空格字符，然后在【查找内容】文本框中按 <Ctrl+V> 组合键粘贴，而非通过空格键键入。

除了空格外，有时从系统或网页获取的数据，在头部或尾部，会包含数量不等的不可见字符，也会导致公式的查询及统计返回错误。

示例33-6　处理不可见字符导致的数据匹配错误

如图 33-16 所示，A~B 列是往来公司的名称及负责人的信息，需要在 E2 单元格查询 D2 单元格指定公司的负责人。

在 F2 单元格输入以下公式后，返回了错误值“#N/A”。

```
=VLOOKUP(D2,A:B,2,0)
```

鼠标选中 A4 单元格，在编辑栏中并未发现公司名称的头部或尾部包含空格。但在 C2 单元格输入以下公式，向下复制到 C2:C5 单元格区域，可以发现公式返回的 A 列公司名称的长度和目测观察的并不相符。

```
=LEN(A2)
```

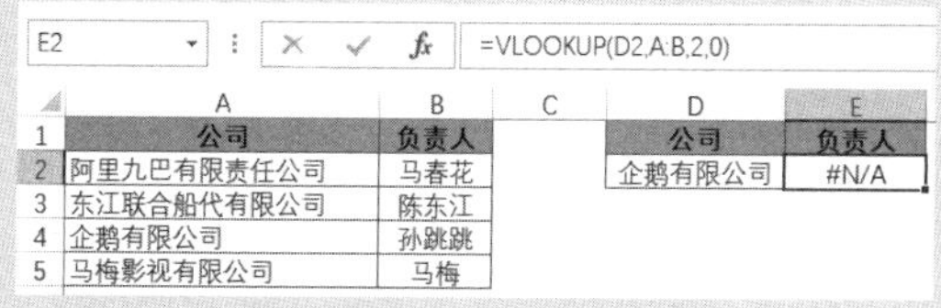

图 33-16　查询负责人

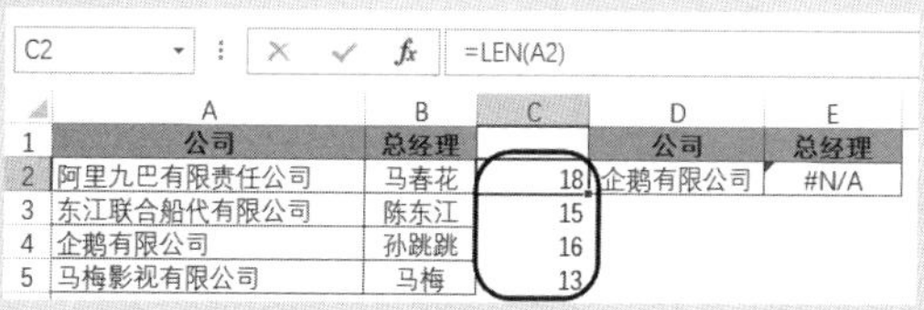

C2　=LEN(A2)

	A	B	C	D	E
1	公司	总经理		公司	总经理
2	阿里九巴有限责任公司	马春花	18	企鹅有限公司	#N/A
3	东江联合船代有限公司	陈东江	15		
4	企鹅有限公司	孙跳跳	16		
5	马梅影视有限公司	马梅	13		

图 33-17　计算字符长度

此时通常可以判断在字符串的头部或尾部包含不可见字符。

当以下 LEFT 函数公式返回结果为空文本时，说明不可见字符存在于字符串头部。

```
=LEFT(A2)
```

当以下 RIGHT 函数公式返回结果为空文本时，说明不可见字符存在于字符串尾部。

```
=RIGHT(A2)
```

假设不可见字符出现在公司名称的头部，使用以下公式可以将其替换删除。

```
=SUBSTITUTE($A$2:$A$5,LEFT(A2),"")
```

最后使用 LOOKUP 函数将 D2 单元格的公司名称和删除掉不可见字符的 A2:A5 单元格区域的公司名称作比对，即可返回正确结果，如图 33-18 所示。

```
=LOOKUP(1,0/(SUBSTITUTE($A$2:$A$5,LEFT(A2),"")=D2),B2:B5)
```

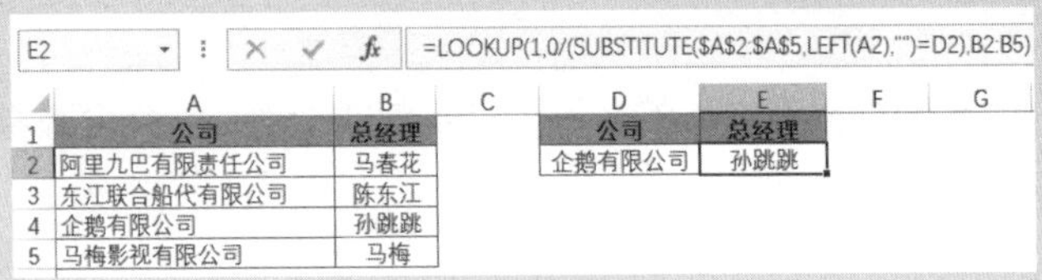

图 33-18 使用 LOOKUP 函数执行数据查询

文本数值和数值分别属于两种不同的数据类型，对于等式判断及 VLOOKUP 等查询与引用类函数来说，这两种数据类型的数据并不相等，以下等式将 1 和“1”相比较，结果返回 FALSE。

```
=1="1"
```

示例33-7 处理数据类型不一致的数据匹配错误

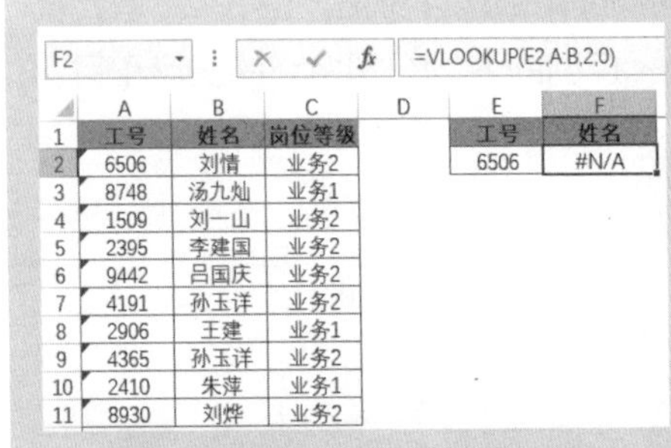

图 33-19 根据工号查询姓名

如图 33-19 所示，A~C 列为某公司部分员工明细数据，需要在 F2 单元格查询 E2 单元格的工号对应的姓名。

在 F2 单元格输入以下公式：公式返回了错误值“#N/A”，表示 A 列查无 E2 单元格指定的工号。

```
=VLOOKUP(D2,A:B,2,0)
```

这是由于 A 列的工号为文本型数字（单元格左上角有绿色三角标记），而 E2 单元格的工号为数值，VLOOKUP 函数认为两者并不相等。

使用以下两个公式均可以返回正确结果，如图 33-20 所示。

```
=VLOOKUP(E2&"",A:B,2,0)
```

VLOOKUP 函数的查找值为 E2&""，通过连接空文本的方式，将 E2 单元格的数值强制转换为文本型数值。

```
=LOOKUP(1,0/(A2:A11*1=E2),B2:B11)
```

公式使用 A2:A11*1 的方式将 A2:A11 的文本值转换为数值，使其和 E2 单元格的数值型工号相匹配。

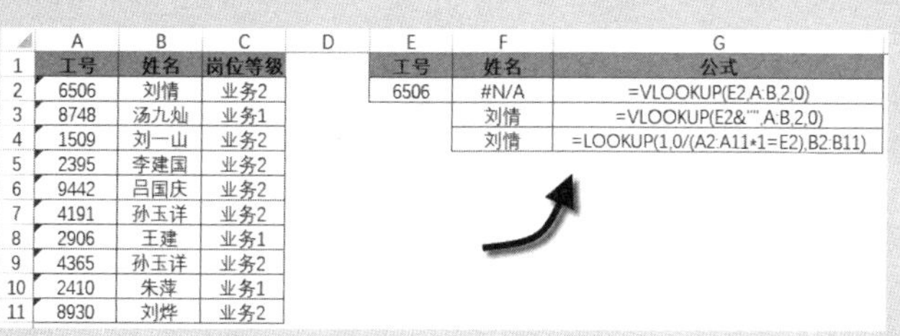

	A	B	C	D	E	F	G
1	工号	姓名	岗位等级		工号	姓名	公式
2	6506	刘情	业务2		6506	#N/A	=VLOOKUP(E2,A:B,2,0)
3	8748	汤九灿	业务1			刘情	=VLOOKUP(E2&"",A:B,2,0)
4	1509	刘一山	业务2			刘情	=LOOKUP(1,0/(A2:A11*1=E2),B2:B11)
5	2395	李建国	业务2				
6	9442	吕国庆	业务2				
7	4191	孙玉详	业务2				
8	2906	王建	业务1				
9	4365	孙玉详	业务2				
10	2410	朱萍	业务1				
11	8930	刘烨	业务2				

图 33-20　正确处理文本值数据查询问题

在计算机操作系统中，只能存储和处理二进制数据 1 和 0。Excel 在计算时，首先要把十进制的数值转换为二进制，再交给计算机处理，最后再把二进制的结果转换为十进制，显示到 Excel 中。在转换的过程中有时会产生浮点误差，由此造成公式结果错误。

示例33-8 处理浮点误差导致的数据匹配错误

如图 33-21 所示，A~D 列是某公司员工考核明细，需要根据 F 列的系数总分查询对应的员工姓名。

在 G2 单元格输入以下公式，并复制到 G2:G4 单元格区域。

D2 =B2+C2

	A	B	C	D	E	F	G
1	姓名	系数分1	系数分2	系数总分		系数总分	姓名
2	刘情	0.203	0.001	0.204		0.204	#N/A
3	汤八灿	0.2461	0.7227	0.9688		0.2913	吕国庆
4	刘一山	0.7866	0.2424	1.029		0.6752	王建
5	李建国	0.5294	0.436	0.9654			
6	吕国庆	0.2903	0.001	0.2913			
7	孙玉详	0.8427	0.838	1.6807			
8	王建	0.4237	0.2515	0.6752			
9	孙玉详	0.6365	0.2138	0.8503			

图 33-21　浮点误差的数据查询问题

```
=INDEX(A:A,MATCH(F2,D:D,0))
```

公式完成运算后，G2 单元格返回错误值“#N/A”，表示 MATCH 函数在 D 列并没有查询到 F2 单元格指定的系数总分。

但在 G2 单元格输入以下等式，会发现返回结果为逻辑值 TRUE。这说明在等式判断中 F2 单元格的系数总分和 D2 单元格的系数总分完全相等，如图 33-22 所示。

```
=F2=D2
```

这是由于 MATCH 和 VLOOKUP 函数对数值的计算精度要求远远高于等式。

在 D 列单元格的公式基础上加上 ROUND 函数进行修约运算，可以解决此类问题。如图 33-23 所示。

```
=ROUND(B2+C2,5)
```

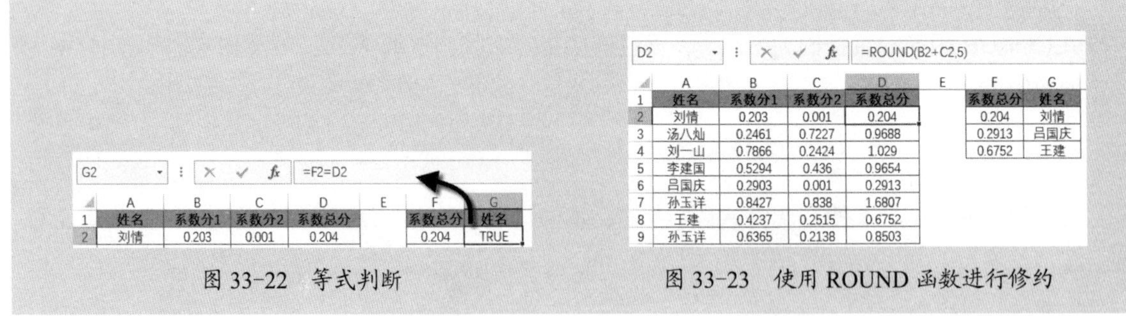

G2 =F2=D2

	A	B	C	D	E	F	G
1	姓名	系数分1	系数分2	系数总分		系数总分	姓名
2	刘情	0.203	0.001	0.204		0.204	TRUE

图 33-22　等式判断

D2 =ROUND(B2+C2,5)

	A	B	C	D	E	F	G
1	姓名	系数分1	系数分2	系数总分		系数总分	姓名
2	刘情	0.203	0.001	0.204		0.204	刘情
3	汤八灿	0.2461	0.7227	0.9688		0.2913	吕国庆
4	刘一山	0.7866	0.2424	1.029		0.6752	王建
5	李建国	0.5294	0.436	0.9654			
6	吕国庆	0.2903	0.001	0.2913			
7	孙玉详	0.8427	0.838	1.6807			
8	王建	0.4237	0.2515	0.6752			
9	孙玉详	0.6365	0.2138	0.8503			

图 33-23　使用 ROUND 函数进行修约

提示

当 Excel 涉及小数运算时，建议使用 ROUND 函数进行四舍五入，以避免浮点运算导致的运算错误。

33.4　公式输入错误

公式输入出错是导致公式无法正常运算的原因之一。例如，当使用了错误的函数名称、又或将关键字符括号、双引号等由半角输入成全角时，会返回错误值“#NAME?”。在文本格式的单元格中输入公式，会显示公式自身，而非运算结果等。

当用户输入公式的括号不全时，系统会进行自动补全，又或弹出如图 33-25 所示的提示框。例如，在工作表中输入以下公式，系统会自动弹出如图 33-24 所示的提示对话框，按 <Enter> 键确认后，系统会自动补全括号。

```
=MID(SUBSTITUTE("abc","a",""),2,1)
```

需要注意的是，这种行为并非总是正确的。当用户输入以下公式时，系统会弹出如图 33-25 所示的提示对话框，内容是“该公式缺少左括号或右括号”。但实际该公式缺失的是 INDEX 的相关参数。

```
=INDEX(IF(A1>2,B2:B10,D2:D10)
```

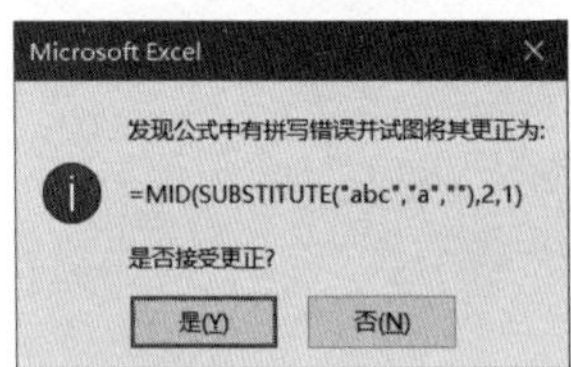

图 33-24　拼写更正提示框

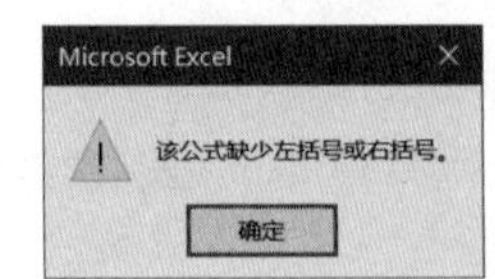

图 33-25　括号缺失提示框

33.4.1　循环引用

通常情况下，输入的公式中无论是直接还是间接引用，都不能包含对其自身值属性的引用，否则会因为数据的引用源头和数据的运算结果发生重叠，产生“循环引用”的错误。例如，在 A2

单元格中输入以下公式会产生循环引用，Excel 会弹出如图 33-26 所示的提示对话框。

```
=A2+B2
```

如果工作簿中存在循环引用，可以在 Excel 程序界面左下角查看产生循环引用的单元格地址，如图33-27所示。或是依次单击【公式】→【错误检查】→【循环引用】按钮来定位循环引用单元格。

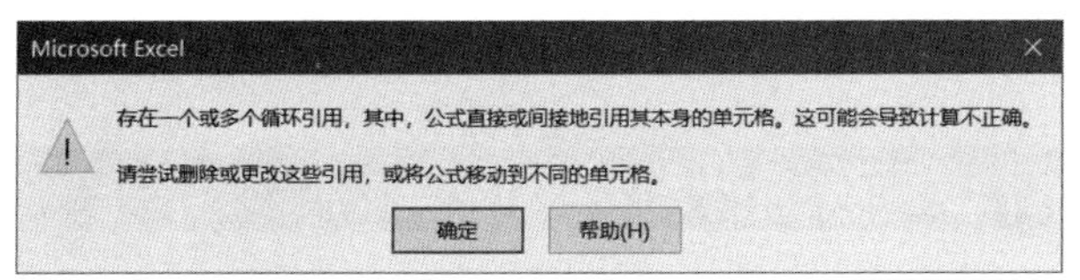

图 33-26　循环引用信息提示框

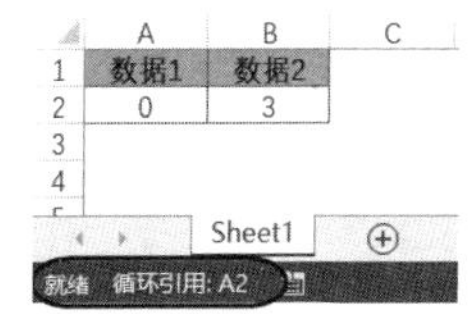

图 33-27　循环引用单元格信息

如果公式计算过程中与自身单元格的值无关，仅与自身单元格的行号、列标或文件路径等属性有关，则不会产生循环引用。例如，在 A1 单元格输入以下公式，都不会出现循环引用警告。

```
=ROW(A1)
=COLUMN(A1)
```

更多有关循环引用的技巧内容请参阅第 25 章。

33.4.2　单元格显示公式自身而非运算结果

当单元格的数字格式设置为文本时，输入函数公式后会显示公式自身，而非计算结果。

示例33-9　处理公式显示自身而非运算结果的错误

如图 33-28 所示，D 列单元格数字格式为文本。在 D2 单元格输入以下公式，复制到 D2:D9 单元格区域。该区域会显示公式自身，而非运算结果。

```
=B2+C2
```

选中 D2 单元格，将单元格数字格式设置为常规后，重新双击激活 D2 单元格的公式，并向下复制到 D9 单元格，可以使公式正常运算并返回计算结果。

D2　=B2+C2

	A	B	C	D
1	姓名	基本工资	奖金	工资合计
2	刘情	6798	300	=B2+C2
3	汤八灿	5836	300	=B2+C3
4	刘一山	5774	300	=B2+C4
5	李建国	6740	500	=B2+C5
6	吕国庆	6801	300	=B2+C6
7	孙玉详	6140	700	=B2+C7
8	王建	5040	300	=B2+C8
9	孙玉详	6463	300	=B2+C9

图 33-28　显示公式自身

33.5　手动重算

当工作簿内的公式引用了其他工作簿的数据时，打开该工作簿后，会看到如图 33-29 所示的信息提示框。

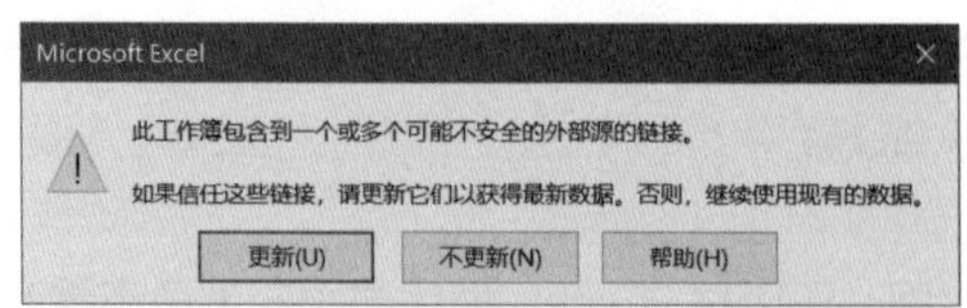

图 33-29　启用内容警告信息

如果单击【更新】按钮，而引用工作簿未打开或缺失的情况下，相关公式可能会返回无效值。

示例33-10　处理公式手动计算导致的计算结果错误

如果公式的计算方式设置为“手动”，将一个单元格的公式复制到其他单元格后，公式的计算结果并不会自动更新显示。

在 D2 单元格输入以下公式，然后复制到 D8 单元格。D3:D8 单元格区域显示的均是 D2 单元格公式的计算结果。如图 33-30 所示。

```
=B2+C2
```

在【公式】选项卡下依次单击【计算选项】→【自动】按钮，或者依次单击【文件】→【选项】→【公式】选项，选中【计算选项】组内的【自动重算】单选按钮，可以使工作簿内的公式执行自动重算。如图 33-31 所示。

D2 =B2+C2

	A	B	C	D
1	姓名	基本工资	奖金	工资合计
2	刘情	6798	300	7098
3	汤八灿	5836	300	7098
4	刘一山	5774	300	7098
5	李建国	6740	500	7098
6	吕国庆	6801	300	7098
7	孙玉详	6140	700	7098
8	王建	6000	300	7098

图 33-30　手动计算的结果

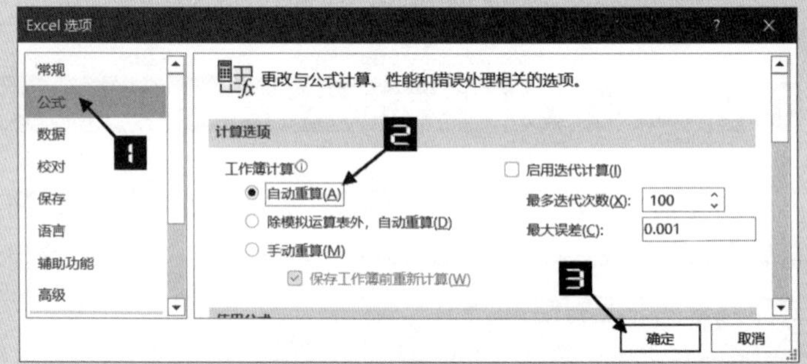

图 33-31　设置自动重算

根据本书前言的提示操作，可观看公式常见错误指南的视频讲解。

练习与巩固

1. 在工作表的 B1 单元格中输入公式 ="A1"+1，将返回计算结果（____________）。
2. 在单元格中输入公式后，显示公式自身，而非运算结果，通常的原因是（____________）。

附录

附录 A　Excel 2019 规范与限制

附表 A-1　工作表和工作簿规范

功能	最大限制
打开的工作簿个数	受可用内存和系统资源的限制
工作表大小	1,048,576 行 ×16,384 列
列宽	255 个字符
行高	409 磅
分页符个数	水平方向和垂直方向各 1026 个
单元格可以包含的字符总数	32767 个字符。单元格中能显示的字符个数由单元格大小与字符的字体决定；而编辑栏中可以显示全部字符
工作簿中的工作表张数	受可用内存的限制（默认值为 1 个工作表）
工作簿中的颜色数	1600 万种颜色（32 位，具有到 24 位色谱的完整通道）
唯一单元格格式个数 / 单元格样式个数	65,490
填充样式个数	256
线条粗细和样式个数	256
唯一字型个数	1024 个全局字体可供使用；每个工作簿 512 个
工作簿中的数字格式数	200 至 250 之间，取决于所安装的 Excel 的语言版本
工作簿中的命名视图个数	受可用内存限制
工作簿中的名称个数	受可用内存限制
工作簿中的窗口个数	受可用内存限制
窗口中的窗格个数	4
链接的工作表个数	受可用内存限制
方案个数	受可用内存的限制；汇总报表只显示前 251 个方案
方案中的可变单元格个数	32
规划求解中的可调单元格个数	200

续表

功能	最大限制
筛选下拉列表中项目数	10,000
自定义函数个数	受可用内存限制
缩放范围	10% 到 400%
报表个数	受可用内存限制
排序关键字个数	单个排序中为 64。如果使用连续排序，则没有限制
撤消次数	100
页眉或页脚中的字符数	253
数据窗体中的字段个数	32
工作簿参数个数	每个工作簿 255 个参数
可选的非连续单元格个数	2,147,483,648 个单元格
数据模型工作簿的内存存储和文件大小的最大限制	32 位环境限制为同一进程内运行的 Excel、工作簿和加载项最多共用 2 千兆字节（GB）虚拟地址空间。数据模型的地址空间共享可能最多运行 500~700MB，如果加载其他数据模型和加载项则可能会减少 64 位环境对文件大小不作硬性限制。工作簿大小仅受可用内存和系统资源的限制

附表 A-2 共享工作簿规范与限制

功能	最大限制
可同时打开文件的用户	256
共享工作簿中的个人视图个数	受可用内存限制
修订记录保留的天数	32,767（默认为 30 天）
可一次合并的工作簿个数	受可用内存限制
共享工作簿中突出显示的单元格数	32,767
标识不同用户所作修订的颜色种类	32（每个用户用一种颜色标识。当前用户所做的更改用深蓝色突出显示）
共享工作簿中的“表格”	0（如果在【插入】选项卡下将普通数据表转换为“表格”，工作簿将无法共享）

附表 A-3　计算规范和限制

功能	最大限制
数字精度	15 位
最大正数	9.99999999999999E+307
最小正数	2.2251E-308
最小负数	-2.2251E-308
最大负数	-9.99999999999999E+307
公式允许的最大正数	1.7976931348623158e+308
公式允许的最大负数	-1.7976931348623158e+308
公式内容的长度	8192 个字符
公式的内部长度	16,384 个字节
迭代次数	32,767
工作表数组个数	受可用内存限制
选定区域个数	2048
函数的参数个数	255
函数的嵌套层数	64
交叉工作表相关性	64,000 个可以引用其他工作表的工作表
交叉工作表数组公式相关性	受可用内存限制
区域相关性	受可用内存限制
每张工作表的区域相关性	受可用内存限制
对单个单元格的依赖性	40 亿个可以依赖单个单元格的公式
已关闭的工作簿中的链接单元格内容长度	32,767
计算允许的最早日期	1900 年 1 月 1 日（如果使用 1904 年日期系统，则为 1904 年 1 月 1 日）
计算允许的最晚日期	9999 年 12 月 31 日
可以输入的最长时间	9999:59:59

附表 A-4　数据透视表规范和限制

功能	最大限制
数据透视表中的数值字段个数	256
工作表上的数据透视表个数	受可用内存限制
每个字段中唯一项的个数	1,048,576
数据透视表中的行字段或列字段个数	受可用内存限制
数据透视表中的报表过滤器个数	256（可能会受可用内存的限制）
数据透视表中的数值字段个数	256
数据透视表中的计算项公式个数	受可用内存限制
数据透视图报表中的报表筛选个数	256（可能会受可用内存的限制）
数据透视图中的数值字段个数	256
数据透视图中的计算项公式个数	受可用内存限制
数据透视表项目的 MDX 名称的长度	32,767
关系数据透视表字符串的长度	32,767
筛选下拉列表中显示的项目个数	10,000

附表 A-5　图表规范和限制

功能	最大限制
与工作表链接的图表个数	受可用内存限制
图表引用的工作表个数	255
图表中的数据系列个数	255
二维图表的数据系列中数据点个数	受可用内存限制
三维图表的数据系列中数据点个数	受可用内存限制
图表中所有数据系列的数据点个数	受可用内存限制

附录B　Excel 2019常用快捷键

附表 B-1　Excel 常用快捷键

序号	执 行 操 作	快捷键组合
在工作表中移动和滚动		
1	向上、下、左或右移动单元格	方向键↑ ↓ ← →
2	移动到当前数据区域的边缘	Ctrl+ 方向键↑ ↓ ← →
3	移动到行首	Home
4	移动到窗口左上角的单元格	Ctrl+Home
5	移动到工作表的最后一个单元格	Ctrl+End
6	向下移动一屏	Page Down
7	向上移动一屏	Page Up
8	向右移动一屏	Alt+Page Down
9	向左移动一屏	Alt+Page Up
10	移动到工作簿中下一张工作表	Ctrl+Page Down
11	移动到工作簿中前一张工作表	Ctrl+Page Up
12	移动到下一工作簿或窗口	Ctrl+F6 或 Ctrl+Tab
13	移动到前一工作簿或窗口	Ctrl+Shift+F6
14	移动到已拆分工作簿中的下一个窗格	F6
15	移动到被拆分的工作簿中的上一个窗格	Shift+F6
16	滚动并显示活动单元格	Ctrl+BackSpace
17	显示“定位”对话框	F5
18	显示“查找”对话框	Shift+F5
19	重复上一次“查找”操作	Shift+F4
20	在保护工作表中的非锁定单元格之间移动	Tab
21	最小化窗口	Ctrl+F9
22	最大化窗口	Ctrl+F10
处于“结束模式”时在工作表中移动		
23	打开或关闭“结束模式”	End

续表

序号	执 行 操 作	快捷键组合
24	在一行或列内以数据块为单位移动	End，方向键↑ ↓ ← →
25	移动到工作表的最后一个单元格	End, Home
26	在当前行中向右移动到最后一个非空白单元格	End, Enter
	处于“滚动锁定”模式时在工作表中移动	
27	打开或关闭“滚动锁定”模式	Scroll Lock
28	移动到窗口中左上角处的单元格	Home
29	移动到窗口中右下角处的单元格	End
30	向上或向下滚动一行	方向键↑ ↓
31	向左或向右滚动一列	方向键← →
	预览和打印文档	
32	显示“打印内容”对话框	Ctrl+P
	在打印预览中时	
33	当放大显示时，在文档中移动	方向键↑ ↓ ← →
34	当缩小显示时，在文档中每次滚动一页	Page Up
35	当缩小显示时，滚动到第一页	Ctrl+ 方向键↑
36	当缩小显示时，滚动到最后一页	Ctrl+ 方向键↓
	工作表、图表和宏	
37	插入新工作表	Shift+F11
38	创建使用当前区域数据的图表	F11 或 Alt+F1
39	显示“宏”对话框	Alt+F8
40	显示“Visual Basic 编辑器”	Alt+F11
41	插入 Microsoft Excel 4.0 宏工作表	Ctrl+F11
42	移动到工作簿中的下一张工作表	Ctrl+Page Down
43	移动到工作簿中的上一张工作表	Ctrl+Page UP
44	选择工作簿中当前和下一张工作表	Shift+Ctrl+Page Down
45	选择当前工作簿或上一个工作簿	Shift+Ctrl+Page Up

续表

序号	执行操作	快捷键组合
在工作表中输入数据		
46	完成单元格输入并在选定区域中下移	Enter
47	在单元格中换行	Alt+Enter
48	用当前输入项填充选定的单元格区域	Ctrl+Enter
49	完成单元格输入并在选定区域中上移	Shift+Enter
50	完成单元格输入并在选定区域中右移	Tab
51	完成单元格输入并在选定区域中左移	Shift+Tab
52	取消单元格输入	Esc
53	删除插入点左侧的字符，或删除选定区域	BackSpace
54	删除插入点右侧的字符，或删除选定区域	Delete
55	删除插入点到行末的文本	Ctrl+Delete
56	向上下左右移动一个字符	方向键↑ ↓←→
57	移到行首	Home
58	重复最后一次操作	F4 或 Ctrl+Y
59	编辑单元格批注	Shift+F2
60	由行或列标志创建名称	Ctrl+Shift+F3
61	向下填充	Ctrl+D
62	向右填充	Ctrl+R
63	定义名称	Ctrl+F3
设置数据格式		
64	显示“样式”对话框	Alt+'（撇号）
65	显示“单元格格式”对话框	Ctrl+1
66	应用“常规”数字格式	Ctrl+Shift+~
67	应用带两个小数位的“贷币”格式	Ctrl+Shift+$
68	应用不带小数位的“百分比”格式	Ctrl+Shift+%
69	应用带两个小数位的“科学记数”数字格式	Ctrl+Shift+^
70	应用年月日“日期”格式	Ctrl+Shift+#

续表

序号	执 行 操 作	快捷键组合
71	应用小时和分钟“时间”格式，并标明上午或下午	Ctrl+Shift+@
72	应用具有千位分隔符且负数用负号（-）表示	Ctrl+Shift+!
73	应用外边框	Ctrl+Shift+&
74	删除外边框	Ctrl+Shift+_
75	应用或取消字体加粗格式	Ctrl+B
76	应用或取消字体倾斜格式	Ctrl+I
77	应用或取消下划线格式	Ctrl+U
78	应用或取消删除线格式	Ctrl+5
79	隐藏行	Ctrl+9
80	取消隐藏行	Ctrl+Shift+9
81	隐藏列	Ctrl+0（零）
82	取消隐藏列	Ctrl+Shift+0
	编辑数据	
83	编辑活动单元格，并将插入点移至单元格内容末尾	F2
84	取消单元格或编辑栏中的输入项	Esc
85	编辑活动单元格并清除其中原有的内容	BackSpace
86	将定义的名称粘贴到公式中	F3
87	完成单元格输入	Enter
88	将公式作为数组公式输入	Ctrl+Shift+Enter
89	在公式中键入函数名之后，显示公式选项板	Ctrl+A
90	在公式中键入函数名后为该函数插入变量名和括号	Ctrl+Shift+A
91	显示“拼写检查”对话框	F7
	插入、删除和复制选中区域	
92	复制选定区域	Ctrl+C
93	剪切选定区域	Ctrl+X
94	粘贴选定区域	Ctrl+V
95	清除选定区域的内容	Delete

续表

序号	执 行 操 作	快捷键组合
96	删除选定区域	Ctrl+-（短横线）
97	撤消最后一次操作	Ctrl+Z
98	插入空白单元格	Ctrl+Shift+=
在选中区域内移动		
99	在选定区域内由上往下移动	Enter
100	在选定区域内由下往上移动	Shift+Enter
101	在选定区域内由左往右移动	Tab
102	在选定区域内由右往左移动	Shift+Tab
103	按顺时针方向移动到选定区域的下一个角	Ctrl+.（句号）
104	右移到非相邻的选定区域	Ctrl+Alt+ 方向键→
105	左移到非相邻的选定区域	Ctrl+Alt+ 方向键←
选择单元格、列或行		
106	选定当前单元格周围的区域	Ctrl+Shift+*（星号）
107	将选定区域扩展一个单元格宽度	Shift+ 方向键↑ ↓← →
108	选定区域扩展到单元格同行同列的最后非空单元格	Ctrl+Shift+ 方向键↓ →
109	将选定区域扩展到行首	Shift+Home
110	将选定区域扩展到工作表的开始	Ctrl+Shift+Home
111	将选定区域扩展到工作表的最后一个使用的单元格	Ctrl+Shift+End
112	选定整列（可能与 Windows 系统或其他常用软件的组合键冲突）	Ctrl+ 空格
113	选定整行（可能与 Windows 系统或其他常用软件的组合键冲突）	Shift+ 空格
114	选定活动单元格所在的当前区域	Ctrl+A
115	如果选定了多个单元格则只选定其中的活动单元格	Shift+BackSpace
116	将选定区域向下扩展一屏	Shift+Page Down
117	将选定区域向上扩展一屏	Shift+Page Up
118	选定了一个对象，选定工作表上的所有对象	Ctrl+Shift+ 空格
119	在隐藏对象、显示对象之间切换	Ctrl+6
120	使用箭头键启动扩展选中区域的功能	F8

续表

序号	执 行 操 作	快捷键组合
121	将其他区域中的单元格添加到选中区域中	Shift+F8
122	将选定区域扩展到窗口左上角的单元格	ScrollLock, Shift+Home
123	将选定区域扩展到窗口右下角的单元格	ScrollLock, Shift+End
	处于“结束模式”时扩展选中区域	
124	打开或关闭“结束模式”	End
125	将选定区域扩展到单元格同行同列的最后非空单元格	End, Shift+ 方向键 ↓ →
126	将选定区域扩展到工作表上包含数据的最后一个单元格	End, Shift+Home
127	将选定区域扩展到当前行中的最后一个单元格	End, Shift+Enter
128	选中活动单元格周围的当前区域	Ctrl+Shift+*（星号）
129	选中当前数组，此数组是活动单元格所属的数组	Ctrl+/
130	选定所有带批注的单元格	Ctrl+Shift+O（字母 O）
131	选择行中不与该行内活动单元格的值相匹配的单元格	Ctrl+\
132	选中列中不与该列内活动单元格的值相匹配的单元格	Ctrl+Shift+|（竖线）
133	选定当前选定区域中公式的直接引用单元格	Ctrl+[（左方括号）
134	选定当前选定区域中公式直接或间接引用的所有单元格	Ctrl+Shift+{ （左大括号）
135	只选定直接引用当前单元格的公式所在的单元格	Ctrl+]（右方括号）
136	选定所有带有公式的单元格，这些公式直接或间接引用当前单元格	Ctrl+Shift+} （右大括号）
137	只选定当前选定区域中的可视单元格	Alt+;（分号）

注意：部分组合键可能与 Windows 系统或其他常用软件（如输入法）的组合键冲突。

附录 C　Excel 2019 常用函数及功能说明

序号	函数名称	函数功能
	兼容性函数	
1	BETADIST 函数	返回 beta 累积分布函数
2	BETAINV 函数	返回指定 beta 分布的累积分布函数的反函数
3	BINOMDIST 函数	返回一元二项式分布的概率
4	CHIDIST 函数	返回 χ2 分布的单尾概率
5	CHIINV 函数	返回 χ2 分布的单尾概率的反函数
6	CHITEST 函数	返回独立性检验值
7	CONCATENATE 函数	将 2 个或多个文本字符串联接成 1 个字符串
8	CONFIDENCE 函数	返回总体平均值的置信区间
9	COVAR 函数	返回协方差（成对偏差乘积的平均值）
10	CRITBINOM 函数	返回使累积二项式分布小于或等于临界值的最小值
11	EXPONDIST 函数	返回指数分布
12	FDIST 函数	返回 F 概率分布
13	FINV 函数	返回 F 概率分布的反函数
14	FLOOR 函数	向绝对值减小的方向舍入数字
15	FORECAST 函数	使用现有值来计算或预测未来值
16	FTEST 函数	返回 F 检验的结果
17	GAMMADIST 函数	返回 γ 分布
18	GAMMAINV 函数	返回 γ 累积分布函数的反函数
19	HYPGEOMDIST 函数	返回超几何分布
20	LOGINV 函数	返回对数累积分布函数的反函数
21	LOGNORMDIST 函数	返回对数累积分布函数
22	MODE 函数	返回在数据集内出现次数最多的值
23	NEGBINOMDIST 函数	返回负二项式分布
24	NORMDIST 函数	返回正态累积分布
25	NORMINV 函数	返回正态累积分布的反函数

续表

序号	函数名称	函数功能
26	NORMSDIST 函数	返回标准正态累积分布
27	NORMSINV 函数	返回标准正态累积分布函数的反函数
28	PERCENTILE 函数	返回区域中数值的第 k 个百分点的值
29	PERCENTRANK 函数	返回数据集中值的百分比排位
30	POISSON 函数	返回泊松分布
31	QUARTILE 函数	返回一组数据的四分位点
32	RANK 函数	返回一列数字的数字排位
33	STDEV 函数	基于样本估算标准偏差
34	STDEVP 函数	基于整个样本总体计算标准偏差
35	TDIST 函数	返回学生 t- 分布
36	TINV 函数	返回学生 t- 分布的反函数
37	TTEST 函数	返回与学生 t- 检验相关的概率
38	VAR 函数	基于样本估算方差
39	VARP 函数	计算基于样本总体的方差
40	WEIBULL 函数	返回 Weibull 分布
41	ZTEST 函数	返回 z 检验的单尾概率值
多维数据集函数		
42	CUBEKPIMEMBER 函数	返回重要性能指示器 (KPI) 属性，并在单元格中显示 KPI 名称。KPI 是一种用于监控单位绩效的可计量度量值，如每月总利润或季度员工调整
43	CUBEMEMBER 函数	返回多维数据集中的成员或元组。用于验证多维数据集内是否存在成员或元组
44	CUBEMEMBERPROPERTY 函数	返回多维数据集中成员属性的值。用于验证多维数据集内是否存在某个成员名并返回此成员的指定属性
45	CUBERANKEDMEMBER 函数	返回集合中的第 *n* 个或排在一定名次的成员。用来返回集合中的一个或多个元素，如业绩最好的销售人员或前 10 名的学生。

续表

序号	函数名称	函数功能
46	CUBESET 函数	通过向服务器上的多维数据集发送集合表达式来定义一组经过计算的成员或元组（这会创建该集合），然后将该集合返回到 MicrosoftOfficeExcel
47	CUBESETCOUNT 函数	返回集合中的项目数
48	CUBEVALUE 函数	从多维数据集中返回汇总值
49	数据库函数	
50	DAVERAGE 函数	返回所选数据库条目的平均值
51	DCOUNT 函数	计算数据库中包含数字的单元格的数量
52	DCOUNTA 函数	计算数据库中非空单元格的数量
53	DGET 函数	从数据库提取符合指定条件的单个记录
54	DMAX 函数	返回所选数据库条目的最大值
55	DMIN 函数	返回所选数据库条目的最小值
56	DPRODUCT 函数	将数据库中符合条件的记录的特定字段中的值相乘
57	DSTDEV 函数	基于所选数据库条目的样本估算标准偏差
58	DSTDEVP 函数	基于所选数据库条目的样本总体计算标准偏差
59	DSUM 函数	对数据库中符合条件的记录的字段列中的数字求和
60	DVAR 函数	基于所选数据库条目的样本估算方差
61	DVARP 函数	基于所选数据库条目的样本总体计算方差
日期和时间函数		
62	DATE 函数	返回特定日期的序列号
63	DATEDIF 函数	计算两个日期之间的天数、月数或年数。此函数在用于计算年龄的公式中很有用
64	DATEVALUE 函数	将文本格式的日期转换为序列号
65	DAY 函数	将序列号转换为月份日期
66	DAYS 函数	返回两个日期之间的天数
67	DAYS360 函数	以一年 360 天为基准计算两个日期间的天数
68	EDATE 函数	返回用于表示开始日期之前或之后月数的日期的序列号
69	EOMONTH 函数	返回指定月数之前或之后的月份的最后一天的序列号

续表

序号	函数名称	函数功能
70	HOUR 函数	将序列号转换为小时
71	ISOWEEKNUM 函数	返回给定日期在全年中的 ISO 周数
72	MINUTE 函数	将序列号转换为分钟
73	MONTH 函数	将序列号转换为月
74	NETWORKDAYS 函数	返回两个日期间的完整工作日的天数
75	NETWORKDAYS.INTL 函数	返回两个日期之间的完整工作日的天数（使用参数指明周末有几天并指明是哪几天）
76	NOW 函数	返回当前日期和时间的序列号
77	SECOND 函数	将序列号转换为秒
78	TIME 函数	返回特定时间的序列号
79	TIMEVALUE 函数	将文本格式的时间转换为序列号
80	TODAY 函数	返回今天日期的序列号
81	WEEKDAY 函数	将序列号转换为星期日期
82	WEEKNUM 函数	将序列号转换为代表该星期为一年中第几周的数字
83	WORKDAY 函数	返回指定的若干个工作日之前或之后的日期的序列号
84	WORKDAY.INTL 函数	返回日期在指定的工作日天数之前或之后的序列号（使用参数指明周末有几天并指明是哪几天）
85	YEAR 函数	将序列号转换为年
86	YEARFRAC 函数	返回代表 start_date 和 end_date 之间整天天数的年份数
工程函数		
87	BESSELI 函数	返回修正的贝赛耳函数 In(x)
88	BESSELJ 函数	返回贝赛耳函数 Jn(x)
89	BESSELK 函数	返回修正的贝赛耳函数 Kn(x)
90	BESSELY 函数	返回贝赛耳函数 Yn(x)
91	BIN2DEC 函数	将二进制数转换为十进制数
92	BIN2HEX 函数	将二进制数转换为十六进制数
93	BIN2OCT 函数	将二进制数转换为八进制数

续表

序号	函数名称	函数功能
94	BITAND 函数	返回两个数的按位“与”
95	BITLSHIFT 函数	返回左移 shift_amount 位的计算值接收数
96	BITOR 函数	返回两个数的按位“或”
97	BITRSHIFT 函数	返回右移 shift_amount 位的计算值接收数
98	BITXOR 函数	返回两个数的按位“异或”
99	COMPLEX 函数	将实系数和虚系数转换为复数
100	CONVERT 函数	将数字从一种度量系统转换为另一种度量系统
101	DEC2BIN 函数	将十进制数转换为二进制数
102	DEC2HEX 函数	将十进制数转换为十六进制数
103	DEC2OCT 函数	将十进制数转换为八进制数
104	DELTA 函数	检验两个值是否相等
105	ERF 函数	返回误差函数
106	ERF.PRECISE 函数	返回误差函数
107	ERFC 函数	返回互补误差函数
108	ERFC.PRECISE 函数	返回从 x 到无穷大积分的互补 ERF 函数
109	GESTEP 函数	检验数字是否大于阈值
110	HEX2BIN 函数	将十六进制数转换为二进制数
111	HEX2DEC 函数	将十六进制数转换为十进制数
112	HEX2OCT 函数	将十六进制数转换为八进制数
113	IMABS 函数	返回复数的绝对值（模数）
114	IMAGINARY 函数	返回复数的虚系数
115	IMARGUMENT 函数	返回参数 theta，即以弧度表示的角
116	IMCONJUGATE 函数	返回复数的共轭复数
117	IMCOS 函数	返回复数的余弦
118	IMCOSH 函数	返回复数的双曲余弦值
119	IMCOT 函数	返回复数的余弦值
120	IMCSC 函数	返回复数的余割值

续表

序号	函数名称	函数功能
121	IMCSCH 函数	返回复数的双曲余割值
122	IMDIV 函数	返回两个复数的商
123	IMEXP 函数	返回复数的指数
124	IMLN 函数	返回复数的自然对数
125	IMLOG10 函数	返回复数的以 10 为底的对数
126	IMLOG2 函数	返回复数的以 2 为底的对数
127	IMPOWER 函数	返回复数的整数幂
128	IMPRODUCT 函数	返回从 2 到 255 的复数的乘积
129	IMREAL 函数	返回复数的实系数
130	IMSEC 函数	返回复数的正切值
131	IMSECH 函数	返回复数的双曲正切值
132	IMSIN 函数	返回复数的正弦
133	IMSINH 函数	返回复数的双曲正弦值
134	IMSQRT 函数	返回复数的平方根
135	IMSUB 函数	返回两个复数的差
136	IMSUM 函数	返回多个复数的和
137	IMTAN 函数	返回复数的正切值
138	OCT2BIN 函数	将八进制数转换为二进制数
139	OCT2DEC 函数	将八进制数转换为十进制数
140	OCT2HEX 函数	将八进制数转换为十六进制数
财务函数		
141	ACCRINT 函数	返回定期支付利息的债券的应计利息
142	ACCRINTM 函数	返回在到期日支付利息的债券的应计利息
143	AMORDEGRC 函数	使用折旧系数返回每个记账期的折旧值
144	AMORLINC 函数	返回每个记账期的折旧值
145	COUPDAYBS 函数	返回从票息期开始到结算日之间的天数
146	COUPDAYS 函数	返回包含结算日的票息期天数

续表

序号	函数名称	函数功能
147	COUPDAYSNC 函数	返回从结算日到下一票息支付日之间的天数
148	COUPNCD 函数	返回结算日之后的下一个票息支付日
149	COUPNUM 函数	返回结算日与到期日之间可支付的票息数
150	COUPPCD 函数	返回结算日之前的上一票息支付日
151	CUMIPMT 函数	返回两个付款期之间累积支付的利息
152	CUMPRINC 函数	返回两个付款期之间为贷款累积支付的本金
153	DB 函数	使用固定余额递减法，返回一笔资产在给定期间内的折旧值
154	DDB 函数	使用双倍余额递减法或其他指定方法，返回一笔资产在给定期间内的折旧值
155	DISC 函数	返回债券的贴现率
156	DOLLARDE 函数	将以分数表示的价格转换为以小数表示的价格
157	DOLLARFR 函数	将以小数表示的价格转换为以分数表示的价格
158	DURATION 函数	返回定期支付利息的债券的每年期限
159	EFFECT 函数	返回年有效利率
160	FV 函数	返回一笔投资的未来值
161	FVSCHEDULE 函数	返回应用一系列复利率计算的初始本金的未来值
162	INTRATE 函数	返回完全投资型债券的利率
163	IPMT 函数	返回一笔投资在给定期间内支付的利息
164	IRR 函数	返回一系列现金流的内部收益率
165	ISPMT 函数	计算特定投资期内要支付的利息
166	MDURATION 函数	返回假设面值为￥100 的有价证券的 Macauley 修正期限
167	MIRR 函数	返回正和负现金流以不同利率进行计算的内部收益率
168	NOMINAL 函数	返回年度的名义利率
169	NPER 函数	返回投资的期数
170	NPV 函数	返回基于一系列定期的现金流和贴现率计算的投资的净现值
171	ODDFPRICE 函数	返回每张票面为￥100 且第一期为奇数的债券的现价

续表

序号	函数名称	函数功能
172	ODDFYIELD 函数	返回第一期为奇数的债券的收益
173	ODDLPRICE 函数	返回每张票面为￥100 且最后一期为奇数的债券的现价
174	ODDLYIELD 函数	返回最后一期为奇数的债券的收益
175	PDURATION 函数	返回投资到达指定值所需的期数
176	PMT 函数	返回年金的定期支付金额
177	PPMT 函数	返回一笔投资在给定期间内偿还的本金
178	PRICE 函数	返回每张票面为￥100 且定期支付利息的债券的现价
179	PRICEDISC 函数	返回每张票面为￥100 的已贴现债券的现价
180	PRICEMAT 函数	返回每张票面为￥100 且在到期日支付利息的债券的现价
181	PV 函数	返回投资的现值
182	RATE 函数	返回年金的各期利率
183	RECEIVED 函数	返回完全投资型债券在到期日收回的金额
184	RRI 函数	返回某项投资增长的等效利率
185	SLN 函数	返回固定资产的每期线性折旧费
186	SYD 函数	返回某项固定资产按年限总和折旧法计算的每期折旧金额
187	TBILLEQ 函数	返回国库券的等价债券收益
188	TBILLPRICE 函数	返回面值￥100 的国库券的价格
189	TBILLYIELD 函数	返回国库券的收益率
190	VDB 函数	使用余额递减法，返回一笔资产在给定期间或部分期间内的折旧值
191	XIRR 函数	返回一组现金流的内部收益率，这些现金流不一定定期发生
192	XNPV 函数	返回一组现金流的净现值，这些现金流不一定定期发生
193	YIELD 函数	返回定期支付利息的债券的收益
194	YIELDDISC 函数	返回已贴现债券的年收益。例如，短期国库券
195	YIELDMAT 函数	返回在到期日支付利息的债券的年收益
信息函数		

续表

序号	函数名称	函数功能
196	CELL 函数	返回有关单元格格式、位置或内容的信息
197	ERROR.TYPE 函数	返回对应于错误类型的数字
198	INFO 函数	返回有关当前操作环境的信息
199	ISBLANK 函数	如果值为空，则返回 TRUE
200	ISERR 函数	如果值为除 #N/A 以外的任何错误值，则返回 TRUE
201	ISERROR 函数	如果值为任何错误值，则返回 TRUE
202	ISEVEN 函数	如果数字为偶数，则返回 TRUE
203	ISFORMULA 函数	如果有对包含公式的单元格的引用，则返回 TRUE
204	ISLOGICAL 函数	如果值为逻辑值，则返回 TRUE
205	ISNA 函数	如果值为错误值“#N/A”，则返回 TRUE
206	ISNONTEXT 函数	如果值不是文本，则返回 TRUE
207	ISNUMBER 函数	如果值为数字，则返回 TRUE
208	ISODD 函数	如果数字为奇数，则返回 TRUE
209	ISREF 函数	如果值为引用值，则返回 TRUE
210	ISTEXT 函数	如果值为文本，则返回 TRUE
211	N 函数	返回转换为数字的值
212	NA 函数	返回错误值“#N/A”
213	SHEET 函数	返回引用工作表的工作表编号
214	SHEETS 函数	返回引用中的工作表数
215	TYPE 函数	返回表示值的数据类型的数字
逻辑函数		
216	AND 函数	如果其所有参数均为 TRUE，则返回 TRUE
217	FALSE 函数	返回逻辑值 FALSE
218	IF 函数	指定要执行的逻辑检测
219	IFERROR 函数	如果公式的计算结果错误，则返回指定值；否则返回公式的结果

续表

序号	函数名称	函数功能
220	IFNA 函数	如果该表达式解析为 #N/A，则返回指定值；否则返回该表达式的结果
221	IFS 函数	检查是否满足一个或多个条件，且是否返回与第一个 TRUE 条件对应的值
222	NOT 函数	对其参数的逻辑求反
223	OR 函数	如果任一参数为 TRUE，则返回 TRUE
224	SWITCH 函数	根据值列表计算表达式，并返回与第一个匹配值对应的结果。如果不匹配，则可能返回可选默认值
225	TRUE 函数	返回逻辑值 TRUE
226	XOR 函数	返回所有参数的逻辑“异或”值
查找和引用函数		
227	ADDRESS 函数	以文本形式将引用值返回到工作表的单个单元格
228	AREAS 函数	返回引用中涉及的区域个数
229	CHOOSE 函数	从值的列表中选择值
230	COLUMN 函数	返回引用的列号
231	COLUMNS 函数	返回引用中包含的列数
232	FORMULATEXT 函数	将给定引用的公式返回为文本
233	GETPIVOTDATA 函数	返回存储在数据透视表中的数据
234	HLOOKUP 函数	查找数组的首行，并返回指定单元格的值
235	HYPERLINK 函数	创建快捷方式或跳转，以打开存储在网络服务器、Intranet 或 Internet 上的文档
236	INDEX 函数	使用索引从引用或数组中选择值
237	INDIRECT 函数	返回由文本值指定的引用
238	LOOKUP 函数	在向量或数组中查找值
239	MATCH 函数	在引用或数组中查找值
240	OFFSET 函数	从给定引用中返回引用偏移量
241	ROW 函数	返回引用的行号
242	ROWS 函数	返回引用中的行数

续表

序号	函数名称	函数功能
243	RTD 函数	从支持 COM 自动化的程序中检索实时数据
244	TRANSPOSE 函数	返回数组的转置
245	VLOOKUP 函数	在数组第一列中查找，然后在行之间移动以返回单元格的值
数学和三角函数		
246	ABS 函数	返回数字的绝对值
247	ACOS 函数	返回数字的反余弦值
248	ACOSH 函数	返回数字的反双曲余弦值
249	ACOT 函数	返回一个数的反余切值
250	ACOTH 函数	返回一个数的双曲反余切值
251	AGGREGATE 函数	返回列表或数据库中的聚合
252	ARABIC 函数	将罗马数字转换为阿拉伯数字
253	ASIN 函数	返回数字的反正弦值
254	ASINH 函数	返回数字的反双曲正弦值
255	ATAN 函数	返回数字的反正切值
256	ATAN2 函数	返回 X 和 Y 坐标的反正切值
257	ATANH 函数	返回数字的反双曲正切值
258	BASE 函数	将一个数转换为具有给定基数的文本表示
259	CEILING 函数	将数字舍入为最接近的整数或最接近的指定基数的倍数
260	CEILING.MATH 函数	将数字向上舍入为最接近的整数或最接近的指定基数的倍数
261	CEILING.PRECISE 函数	将数字舍入为最接近的整数或最接近的指定基数的倍数。无论该数字的符号如何，该数字都向上舍入
262	COMBIN 函数	返回给定数目对象的组合数
263	COMBINA 函数	返回给定数目对象具有重复项的组合数
264	COS 函数	返回数字的余弦值
265	COSH 函数	返回数字的双曲余弦值
266	COT 函数	返回角度的余弦值

续表

序号	函数名称	函数功能
267	COTH 函数	返回数字的双曲余切值
268	CSC 函数	返回角度的余割值
269	CSCH 函数	返回角度的双曲余割值
270	DECIMAL 函数	将给定基数内的数的文本表示转换为十进制数
271	DEGREES 函数	将弧度转换为度
272	EVEN 函数	将数字向上舍入到最接近的偶数
273	EXP 函数	返回 e 的 n 次方
274	FACT 函数	返回数字的阶乘
275	FACTDOUBLE 函数	返回数字的双倍阶乘
276	FLOOR 函数	向绝对值减小的方向舍入数字
277	FLOOR.MATH 函数	将数字向下舍入为最接近的整数或最接近的指定基数的倍数
278	FLOOR.PRECISE 函数	将数字向下舍入为最接近的整数或最接近的指定基数的倍数。无论该数字的符号如何，该数字都向下舍入
279	GCD 函数	返回最大公约数
280	INT 函数	将数字向下舍入到最接近的整数
281	ISO.CEILING 函数	返回一个数字，该数字向上舍入为最接近的整数或最接近的有效位的倍数
282	LCM 函数	返回最小公倍数
283	LN 函数	返回数字的自然对数
284	LOG 函数	返回数字的以指定底为底的对数
285	LOG10 函数	返回数字的以 10 为底的对数
286	MDETERM 函数	返回数组的矩阵行列式的值
287	MINVERSE 函数	返回数组的逆矩阵
288	MMULT 函数	返回两个数组的矩阵乘积
289	MOD 函数	返回除法的余数
290	MROUND 函数	返回一个舍入到所需倍数的数字
291	MULTINOMIAL 函数	返回一组数字的多项式

续表

序号	函数名称	函数功能
292	MUNIT 函数	返回单位矩阵或指定维度
293	ODD 函数	将数字向上舍入为最接近的奇数
294	PI 函数	返回 pi 的值
295	POWER 函数	返回数的乘幂
296	PRODUCT 函数	将其参数相乘
297	QUOTIENT 函数	返回除法的整数部分
298	RADIANS 函数	将度转换为弧度
299	RAND 函数	返回 0 和 1 之间的一个随机数
300	RANDBETWEEN 函数	返回位于两个指定数之间的一个随机数
301	ROMAN 函数	将阿拉伯数字转换为文本式罗马数字
302	ROUND 函数	将数字按指定位数舍入
303	ROUNDDOWN 函数	向绝对值减小的方向舍入数字
304	ROUNDUP 函数	向绝对值增大的方向舍入数字
305	SEC 函数	返回角度的正割值
306	SECH 函数	返回角度的双曲正切值
307	SERIESSUM 函数	返回基于公式的幂级数的和
308	SIGN 函数	返回数字的符号
309	SIN 函数	返回给定角度的正弦值
310	SINH 函数	返回数字的双曲正弦值
311	SQRT 函数	返回正平方根
312	SQRTPI 函数	返回某数与 pi 的乘积的平方根
313	SUBTOTAL 函数	返回列表或数据库中的分类汇总
314	SUM 函数	求参数的和
315	SUMIF 函数	按给定条件对指定单元格求和
316	SUMIFS 函数	在区域中添加满足多个条件的单元格
317	SUMPRODUCT 函数	返回对应的数组元素的乘积和
318	SUMSQ 函数	返回参数的平方和

续表

序号	函数名称	函数功能
319	SUMX2MY2 函数	返回两数组中对应值平方差之和
320	SUMX2PY2 函数	返回两数组中对应值的平方和之和
321	SUMXMY2 函数	返回两个数组中对应值差的平方和
322	TAN 函数	返回数字的正切值
323	TANH 函数	返回数字的双曲正切值
324	TRUNC 函数	将数字截尾取整
统计函数		
325	AVEDEV 函数	返回数据点与它们的平均值的绝对偏差平均值
326	AVERAGE 函数	返回其参数的平均值
327	AVERAGEA 函数	返回其参数的平均值，包括数字、文本和逻辑值
328	AVERAGEIF 函数	返回区域中满足给定条件的所有单元格的平均值（算术平均值）
329	AVERAGEIFS 函数	返回满足多个条件的所有单元格的平均值（算术平均值）
330	BETA.DIST 函数	返回 beta 累积分布函数
331	BETA.INV 函数	返回指定 beta 分布的累积分布函数的反函数
332	BINOM.DIST 函数	返回一元二项式分布的概率
333	BINOM.DIST.RANGE 函数	使用二项式分布返回试验结果的概率
334	BINOM.INV 函数	返回使累积二项式分布小于或等于临界值的最小值
335	CHISQ.DIST 函数	返回累积 beta 概率密度函数
336	CHISQ.DIST.RT 函数	返回 x2 分布的单尾概率
337	CHISQ.INV 函数	返回累积 beta 概率密度函数
338	CHISQ.INV.RT 函数	返回 x2 分布的单尾概率的反函数
339	CHISQ.TEST 函数	返回独立性检验值
340	CONFIDENCE.NORM 函数	返回总体平均值的置信区间
341	CONFIDENCE.T 函数	返回总体平均值的置信区间（使用学生 t- 分布）
342	CORREL 函数	返回两个数据集之间的相关系数
343	COUNT 函数	计算参数列表中数字的个数

续表

序号	函数名称	函数功能
344	COUNTA 函数	计算参数列表中值的个数
345	COUNTBLANK 函数	计算区域内空白单元格的数量
346	COUNTIF 函数	计算区域内符合给定条件的单元格的数量
347	COUNTIFS 函数	计算区域内符合多个条件的单元格的数量
348	COVARIANCE.P 函数	返回协方差（成对偏差乘积的平均值）
349	COVARIANCE.S 函数	返回样本协方差，即两个数据集中每对数据点的偏差乘积的平均值
350	DEVSQ 函数	返回偏差的平方和
351	EXPON.DIST 函数	返回指数分布
352	F.DIST 函数	返回 F 概率分布
353	F.DIST.RT 函数	返回 F 概率分布
354	F.INV 函数	返回 F 概率分布的反函数
355	F.INV.RT 函数	返回 F 概率分布的反函数
356	F.TEST 函数	返回 F 检验的结果
357	FISHER 函数	返回 Fisher 变换值
358	FISHERINV 函数	返回 Fisher 变换的反函数
359	FORECAST 函数	返回线性趋势值
360	FORECAST.ETS 函数	通过使用指数平滑 (ETS) 算法的 AAA 版本，返回基于现有（历史）值的未来值
361	FORECAST.ETS.CONFINT 函数	返回指定目标日期预测值的置信区间
362	FORECAST.ETS.SEASONALITY 函数	返回 Excel 针对指定时间系列检测到的重复模式的长度
363	FORECAST.ETS.STAT 函数	返回作为时间序列预测的结果的统计值
364	FORECAST.LINEAR 函数	返回基于现有值的未来值
365	FREQUENCY 函数	以垂直数组的形式返回频率分布
366	GAMMA 函数	返回 γ 函数值
367	GAMMA.DIST 函数	返回 γ 分布
368	GAMMA.INV 函数	返回 γ 累积分布函数的反函数

续表

序号	函数名称	函数功能
369	GAMMALN 函数	返回 γ 函数的自然对数，Γ(x)
370	GAMMALN.PRECISE 函数	返回 γ 函数的自然对数，Γ(x)
371	GAUSS 函数	返回小于标准正态累积分布 0.5 的值
372	GEOMEAN 函数	返回几何平均值
373	GROWTH 函数	返回指数趋势值
374	HARMEAN 函数	返回调和平均值
375	HYPGEOM.DIST 函数	返回超几何分布
376	INTERCEPT 函数	返回线性回归线的截距
377	KURT 函数	返回数据集的峰值
378	LARGE 函数	返回数据集中第 *k* 个最大值
379	LINEST 函数	返回线性趋势的参数
380	LOGEST 函数	返回指数趋势的参数
381	LOGNORM.DIST 函数	返回对数累积分布函数
382	LOGNORM.INV 函数	返回对数累积分布的反函数
383	MAX 函数	返回参数列表中的最大值
384	MAXA 函数	返回参数列表中的最大值，包括数字、文本和逻辑值
385	MAXIFS 函数	返回一组给定条件或标准指定的单元格之间的最大值
386	MEDIAN 函数	返回给定数值集合的中值
387	MIN 函数	返回参数列表中的最小值
388	MINA 函数	返回参数列表中的最小值，包括数字、文本和逻辑值
389	MINIFS 函数	返回一组给定条件或标准指定的单元格之间的最小值
390	MODE.MULT 函数	返回一组数据或数据区域中出现频率最高或重复出现的数值的垂直数组
391	MODE.SNGL 函数	返回在数据集内出现次数最多的值
392	NEGBINOM.DIST 函数	返回负二项式分布
393	NORM.DIST 函数	返回正态累积分布
394	NORM.INV 函数	返回正态累积分布的反函数

续表

序号	函数名称	函数功能
395	NORM.S.DIST 函数	返回标准正态累积分布
396	NORM.S.INV 函数	返回标准正态累积分布函数的反函数
397	PEARSON 函数	返回 Pearson 乘积矩相关系数
398	PERCENTILE.EXC 函数	返回某个区域中的数值的第 *k* 个百分点值，此处的 *k* 的范围为 0 到 1（不含 0 和 1）
399	PERCENTILE.INC 函数	返回区域中数值的第 *k* 个百分点的值
400	PERCENTRANK.EXC 函数	将某个数值在数据集中的排位作为数据集的百分点值返回，此处的百分点值的范围为 0 到 1（不含 0 和 1）
401	PERCENTRANK.INC 函数	返回数据集中值的百分比排位
402	PERMUT 函数	返回给定数目对象的排列数
403	PERMUTATIONA 函数	返回可从总计对象中选择的给定数目对象（含重复）的排列数
404	PHI 函数	返回标准正态分布的密度函数值
405	POISSON.DIST 函数	返回泊松分布
406	PROB 函数	返回区域中的数值落在指定区间内的概率
407	QUARTILE.EXC 函数	基于百分点值返回数据集的四分位，此处的百分点值的范围为 0 到 1（不含 0 和 1）
408	QUARTILE.INC 函数	返回一组数据的四分位点
409	RANK.AVG 函数	返回一列数字的数字排位
410	RANK.EQ 函数	返回一列数字的数字排位
411	RSQ 函数	返回 Pearson 乘积矩相关系数的平方
412	SKEW 函数	返回分布的不对称度
413	SKEW.P 函数	返回一个分布的不对称度，用来体现某一分布相对其平均值的不对称程度
414	SLOPE 函数	返回线性回归线的斜率
415	SMALL 函数	返回数据集中的第 *k* 个最小值
416	STANDARDIZE 函数	返回正态化数值
417	STDEV.P 函数	基于整个样本总体计算标准偏差

续表

序号	函数名称	函数功能
418	STDEV.S 函数	基于样本估算标准偏差
419	STDEVA 函数	基于样本（包括数字、文本和逻辑值）估算标准偏差
420	STDEVPA 函数	基于样本总体（包括数字、文本和逻辑值）计算标准偏差
421	STEYX 函数	返回通过线性回归法预测每个 x 的 y 值时所产生的标准误差
422	T.DIST 函数	返回学生 t- 分布的百分点（概率）
423	T.DIST.2T 函数	返回学生 t- 分布的百分点（概率）
424	T.DIST.RT 函数	返回学生 t- 分布
425	T.INV 函数	返回作为概率和自由度函数的学生 t 分布的 t 值
426	T.INV.2T 函数	返回学生 t- 分布的反函数
427	T.TEST 函数	返回与学生 t- 检验相关的概率
428	TREND 函数	返回线性趋势值
429	TRIMMEAN 函数	返回数据集的内部平均值
430	VAR.P 函数	计算基于样本总体的方差
431	VAR.S 函数	基于样本估算方差
432	VARA 函数	基于样本（包括数字、文本和逻辑值）估算方差
433	VARPA 函数	基于样本总体（包括数字、文本和逻辑值）计算标准偏差
434	WEIBULL.DIST 函数	返回 Weibull 分布
435	Z.TEST 函数	返回 z 检验的单尾概率值
文本函数		
436	ASC 函数	将字符串中的全角（双字节）英文字母或片假名更改为半角（单字节）字符
437	BAHTTEXT 函数	使用 ß（泰铢）货币格式将数字转换为文本
438	CHAR 函数	返回由代码数字指定的字符
439	CLEAN 函数	删除文本中所有非打印字符
440	CODE 函数	返回文本字符串中第一个字符的数字代码
441	CONCAT 函数	将多个区域和 / 或字符串的文本组合起来，但不提供分隔符或 IgnoreEmpty 参数

续表

序号	函数名称	函数功能
442	CONCATENATE 函数	将几个文本项合并为一个文本项
443	DBCS 函数	将字符串中的半角（单字节）英文字母或片假名更改为全角（双字节）字符
444	DOLLAR 函数	使用￥（人民币）货币格式将数字转换为文本
445	EXACT 函数	检查两个文本值是否相同
446	FIND、FINDB 函数	在一个文本值中查找另一个文本值（区分大小写）
447	FIXED 函数	将数字格式设置为具有固定小数位数的文本
448	LEFT、LEFTB 函数	返回文本值中最左边的字符
449	LEN、LENB 函数	返回文本字符串中的字符个数
450	LOWER 函数	将文本转换为小写
451	MID、MIDB 函数	从文本字符串中的指定位置起返回特定个数的字符
452	NUMBERVALUE 函数	以与区域设置无关的方式将文本转换为数字
453	PHONETIC 函数	提取文本字符串中的拼音（汉字注音）字符
454	PROPER 函数	将文本值的每个字的首字母大写
455	REPLACE、REPLACEB 函数	替换文本中的字符
456	REPT 函数	按给定次数重复文本
457	RIGHT、RIGHTB 函数	返回文本值中最右边的字符
458	SEARCH、SEARCHB 函数	在一个文本值中查找另一个文本值（不区分大小写）
459	SUBSTITUTE 函数	在文本字符串中用新文本替换旧文本
460	T 函数	将参数转换为文本
461	TEXT 函数	设置数字格式并将其转换为文本
462	TEXTJOIN 函数	将多个区域和 / 或字符串的文本组合起来，并包括你在要组合的各文本值之间指定的分隔符。如果分隔符是空的文本字符串，则此函数将有效连接这些区域
463	TRIM 函数	删除文本中的空格
464	UNICHAR 函数	返回给定数值引用的 Unicode 字符
465	UNICODE 函数	返回对应于文本的第一个字符的数字（代码点）
466	UPPER 函数	将文本转换为大写形式

续表

序号	函数名称	函数功能
467	VALUE 函数	将文本参数转换为数字
与加载项一起安装的用户定义的函数		
468	CALL 函数	调用动态链接库或代码源中的过程
469	EUROCONVERT 函数	用于将数字转换为欧元形式，将数字由欧元形式转换为欧元成员国货币形式，或利用欧元作为中间货币将数字由某一欧元成员国货币转化为另一欧元成员国货币形式（三角转换关系）
470	REGISTER.ID 函数	返回已注册过的指定动态链接库 (DLL) 或代码源的注册号
WEB 函数		
471	ENCODEURL 函数	返回 URL 编码的字符串
472	FILTERXML 函数	通过使用指定的 XPath，返回 XML 内容中的特定数据
473	WEBSERVICE 函数	返回 Web 服务中的数据

附录 D　高效办公必备工具——Excel 易用宝

尽管 Excel 的功能无比强大，但是在很多常见的数据处理和分析工作中，需要灵活地组合使用包含函数、VBA 等高级功能才能完成任务，这对于很多人而言是个艰难的学习和使用过程。

因此，Excel Home 为广大 Excel 用户度身定做了一款 Excel 功能扩展工具软件，中文名为“Excel 易用宝”，以提升 Excel 的操作效率为宗旨。针对 Excel 用户在数据处理与分析过程中的多项常用需求，Excel 易用宝集成了数十个功能模块，从而让繁琐或难以实现的操作变得简单可行，甚至能够一键完成。

Excel 易用宝永久免费，适用于 Windows 各平台。经典版（V1.1）支持 32 位的 Excel 2003，最新版（V2.2）支持 32 位及 64 位的 Excel 2007/2010/2013/2016/2019、Office 365 和 WPS。

经过简单的安装操作后，Excel 易用宝会显示在 Excel 功能区独立的选项卡上，如下图所示。

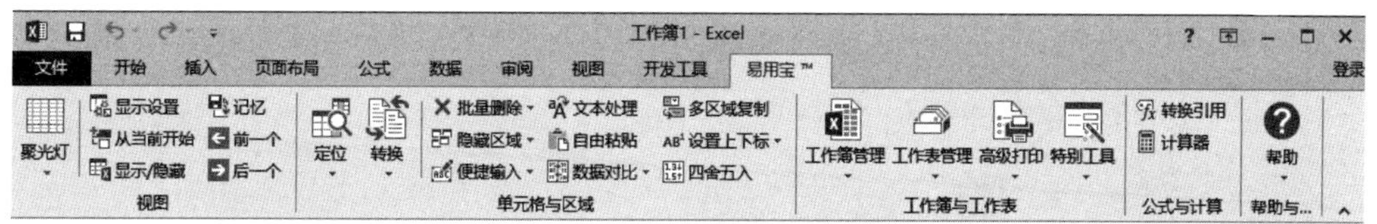

比如，在浏览超出屏幕范围的大数据表时，如何准确无误地查看对应的行表头和列表头，一直是许多 Excel 用户烦恼的事情。这时候，只要单击一下 Excel 易用宝“聚光灯”按钮，就可以用自己喜欢的颜色高亮显示选中单元格 / 区域所在的行和列，效果如下图所示。

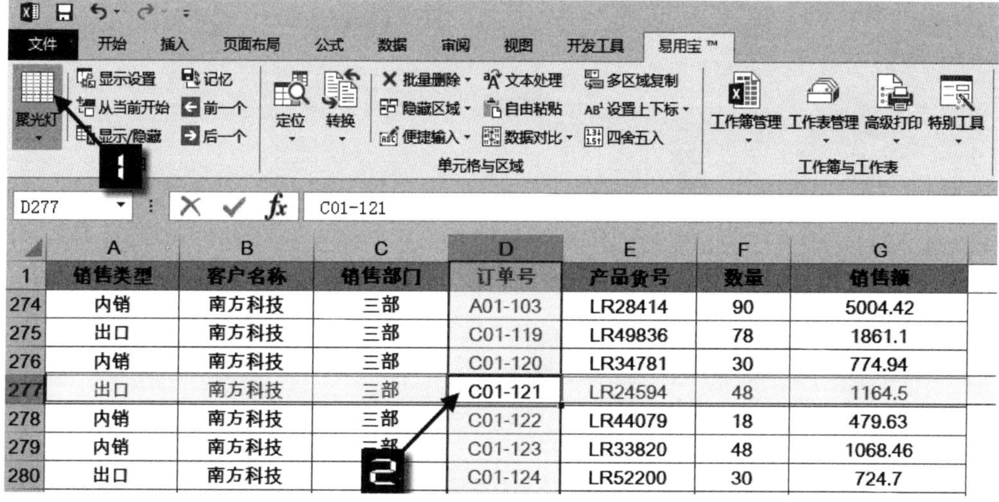

	A	B	C	D	E	F	G
1	销售类型	客户名称	销售部门	订单号	产品货号	数量	销售额
274	内销	南方科技	三部	A01-103	LR28414	90	5004.42
275	出口	南方科技	三部	C01-119	LR49836	78	1861.1
276	内销	南方科技	三部	C01-120	LR34781	30	774.94
277	出口	南方科技	三部	C01-121	LR24594	48	1164.5
278	内销	南方科技	三部	C01-122	LR44079	18	479.63
279	内销	南方科技	三部	C01-123	LR33820	48	1068.46
280	出口	南方科技		C01-124	LR52200	30	724.7

再比如，工作表合并也是日常工作中常见的需要，但如果自己不懂得编程的话，这一定是一项

“不可能完成”的任务。Excel 易用宝可以让这项工作显得轻而易举，它能批量合并某个文件夹中任意多个文件中的数据，如下图所示。

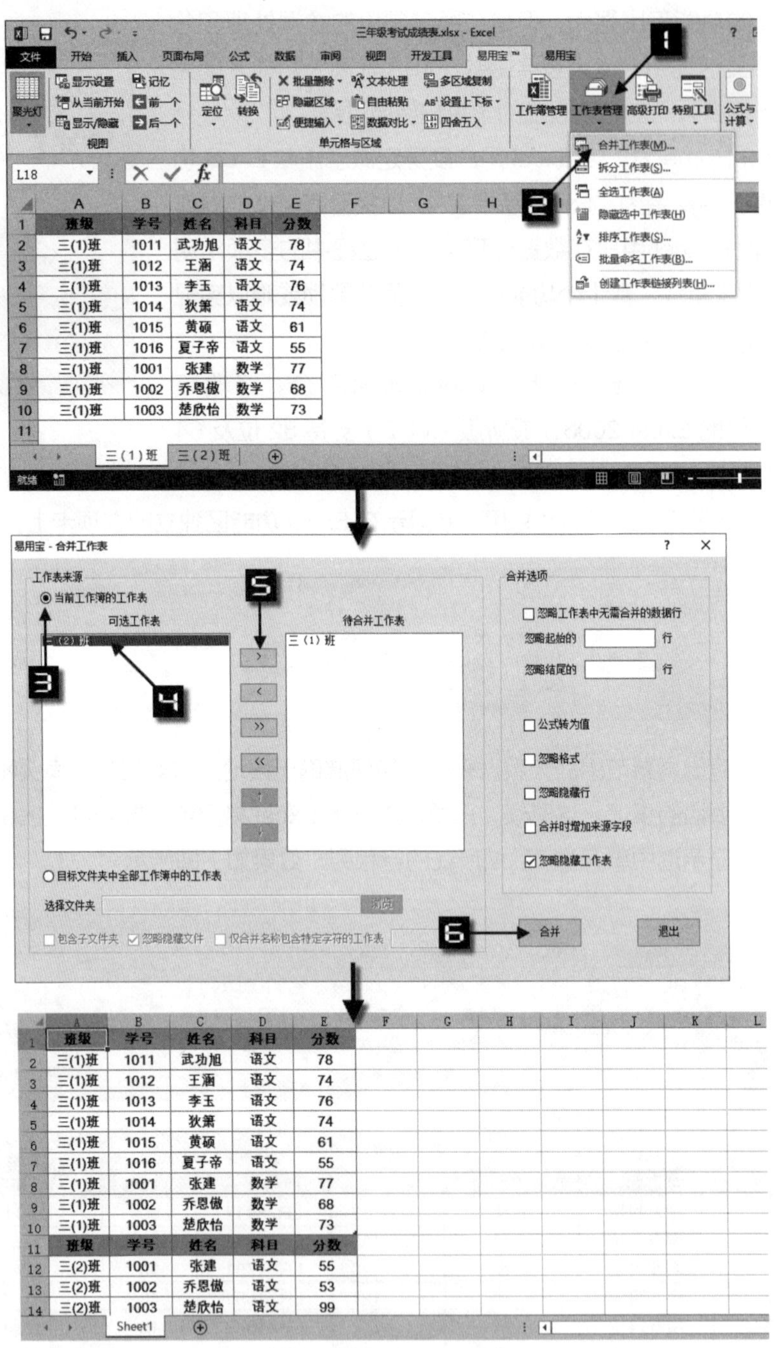

更多实用功能，欢迎您亲身体验，https://yyb.excelhome.net/。

如果您有非常好的功能需求，可以通过软件内置的联系方式提交给我们，可能很快就能在新版本中看到了哦。